TRAUNER VERLAG
GASTRONOMIE
Bildung, die begeistert!

Lehrbuch der Bäckerei

+ E-Book und digitales Zusatzpaket

HANS LUDWIG JANSSEN
UDO SAALFELD
ALFRED MAR
HERBERT JENECEK
JOHANN KAPPLMÜLLER
WOLFGANG NIMMERVOLL
HANNES PAYER
JOHANN SANDBICHLER
JOSEF SPERRER
MANFRED STEFAN

Unter Mitarbeit von
KLARA SCHRANZ

Dieses Buch wurde auf Papier aus nachhaltiger Forstwirtschaft gedruckt.

Impressum

Janßen u. a., Lehrbuch der Bäckerei
E-Book und digitales Zusatzpaket
3. Auflage 2020, aktualisierter Nachdruck 2025
TRAUNER Verlag, Linz

Das Autorenteam

DIPL.-HDL. HANS LUDWIG JANSSEN
Berufsbildende Schule für den Landkreis Wittmund; i. R.

DR. UDO SAALFELD
Berufsbildende Schule für den Landkreis Wittmund

DIPL.-ING. ALFRED MAR
Direktor der Höheren Technischen Lehranstalt für Lebensmitteltechnologie, Getreidewirtschaft und Biotechnologie in Wels i. R., Lehrbeauftragter an der Universität für Bodenkultur Wien

DIPL.-PÄD. HERBERT JENECEK. BED
Berufsschule für Bäcker, Konditoren und andere Berufe in Wien

DIPL.-ING. JOHANN KAPPLMÜLLER
Höhere Technische Lehranstalt für Lebensmitteltechnologie, Getreidewirtschaft und Biotechnologie in Wels

BOL DIPL.- PÄD. WOLFGANG NIMMERVOLL
Berufsschule 10 für Konditoren, Bäcker und andere Berufe in Linz

SCHULRAT DIPL.-PÄD. HANNES PAYER
Landesberufsschule St. Nikolaus für Bäcker, Konditoren und andere Berufe in Innsbruck

SCHULRAT DIPL.-PÄD. JOHANN SANDBICHLER
Landesberufsschule St. Nikolaus für Bäcker, Konditoren und andere Berufe in Innsbruck

SCHULRAT JOSEF SPERRER
Berufsschule 1 für Bäcker und andere Berufe in Ried im Innkreis; i. R.

BOL DIPL.-PÄD. MANFRED STEFAN
Landesberufsschule für Bäcker, Konditoren und andere Berufe in Baden (†)

UNTER MITARBEIT VON
KLARA SCHRANZ, Diätologin in Rankweil

Dieses Buch wurde auf der Grundlage eines Rahmenlehrplans erstellt; die Auswahl und die Gewichtung der Inhalte erfolgen durch die Lehrerinnen/Lehrer.

Lektorat/Produktmanagement:
Claudia Kraml, Constanze Aberer, BA
Grafik und Gestaltung: Wolfgang Kraml, Bettina Victor
Grafik: Adelheid Hinterkörner, Gertrud Kirschenhofer, Kornelia Lobmeier
Schulbuchvergütung/Bildrechte:
© Bildrecht GmbH/Wien
Gesamtherstellung:
Gutenberg-Werbering Gesellschaft m.b.H., Anastasius-Grün-Straße 6, 4020 Linz

202425049
PRINTED IN AUSTRIA

ISBN 978-3-99062-685-6

www.traunerverlag.de
/traunergastro

Einleitung

Das vorliegende Fachbuch ist ein Lehr- und Arbeitsbuch für die Ausbildung im Bäckerhandwerk, das auch Jahre später noch als wertvolles Nachschlagewerk dient.

Bei der Gestaltung des Buches wurde neben einer übersichtlichen Rezeptaufbereitung vor allem darauf geachtet, das Buch in der Praxis leicht handhabbar zu machen.
Das Zweispaltenlayout unterstützt den Lesefluss, Seitenverweise und Piktogramme ermöglichen darüber hinaus das schnelle Auffinden verwandter Themenbereiche und erleichtern die Orientierung.

Die am Beginn eines jeden Kapitels angeführten Zielformulierungen stellen die Lehrinhalte kurz vor. Die Aufgabenstellungen am Ende der Kapitel sollen die Eigenkontrolle und damit die Selbstständigkeit fördern.

Folgende Piktogramme wurden für die verschiedenen Bereiche gewählt:

- Unsere Ziele
- Fragen, Aufgaben
- Schreibaufgaben
- Wussten Sie, dass ...
- Wissenswertes, Tipps
- Zum selbstständigen Denken, zur Erinnerung
- Diskussionsaufgaben
- Gesetzliche Bestimmungen
- Download aus dem Internet
- Verknüpfung zu einem anderen Kapitel oder Gegenstand

Wir wünschen Ihnen viel Freude und ein erfolgreiches Arbeiten mit dem Buch!

Das Autorenteam

Lehrer/innen-Begleitpaket

Das Lehrer/innen-Begleitpaket können Sie ab Bestellung eines Klassensatzes der Bücher kostenlos direkt beim TRAUNER Verlag – buchservice@trauner.at – bestellen. Hier erhalten Sie nach Ihrer Registrierung einen eigenen Zugangscode.

Wenn Sie die Bücher nicht direkt bei uns bestellt haben, sondern z. B. über den Buchhandel, bitte Kopie des Rechnungsbelegs mitschicken! So können wir Ihnen das Lehrer/innen-Begleitpaket kostenlos zur Verfügung stellen.

Vorwort

Bäckerei, Berufsbild, Backwaren und noch mehr!

Was ist eine Bäckerei? Welche Produkte werden dort hergestellt? Welche Erwartungen und Wünsche hat die Verbraucherin/der Verbraucher der Bäckerei gegenüber? Welche Anforderungen werden an die Mitarbeiterinnen/Mitarbeiter und das Management gestellt?

Was müssen die Bäckerin und der Bäcker wissen und können? Welche Fertigkeiten und Fähigkeiten sind für deren erfolgreiche berufliche Tätigkeit erforderlich? ...

Klarheit über diese Fragen und Antworten auf diese Fragen sollten in einem Fachbuch für die Bäckerin und den Bäcker zu finden sein. Ein Fachbuch sollte darüber hinaus aber noch mehr sein!

Wie wünsche ich mir ein Fachbuch?

- Mein Fachbuch beinhaltet das Fachwissen, das ich in meiner Ausbildung zur Bäckerin/zum Bäcker, in der Technikerschule und für die Vorbereitung auf die Meisterprüfung brauche. Es ist mir darüber hinaus auch eine nützliche Quelle, z. B. beim Studium der Lebensmitteltechnologie.
- Mein Fachbuch ist der fachliche Rückhalt und ein Ratgeber in meiner beruflichen Tätigkeit und Laufbahn.
- Mein Fachbuch ist so aufgebaut und gestaltet,
  - dass ich es gerne in die Hand nehme,
  - dass ich mich leicht darin zurechtfinde,
  - dass mein Interesse geweckt und verstärkt wird,
  - dass ich weiß, worum es geht und was ich aus und mit dem Buch erarbeiten und lernen kann.
- Mein Fachbuch hat eine Sprache, die ich verstehe, es ist ein Buch, in dem Aussagen und Erklärungen bildhaft, anschaulich, verständlich und einprägsam sind.
- Mein Fachbuch beinhaltet Aufgaben, Fragen und Anwendungen, anhand derer ich feststellen kann, ob ich das gelernt habe, was ich lernen wollte.

Mit diesem umfassenden Werk wird der Wunsch nach einem mehr als zweckmäßigen Fachbuch erfüllt, denn es weist auch folgende bedeutende Merkmale und Besonderheiten auf:

- Fachlich richtig und anspruchsvoll, praxisbezogen, schülergemäß, handlungsorientiert, aktuell und umfassend, das heißt zusammengefasst „vorbildlich“ so lautet das Urteil über Konzeption, Gestaltung und Inhalt dieses Fachbuches.
- Die Bäckerin und der Bäcker müssen ständig rechnen. Das Kapitel „Fachrechnen für Bäckerinnen/Bäcker“ bietet rechenmethodisch und fachlich-inhaltlich ideale Voraussetzungen für das Erlangen einer fachspezifischen Rechenkompetenz.
- Die Autoren aus Österreich und Deutschland zeigen sich als sehr gute Praktiker des Backgewerbes und als erfahrene Lehrer. Erstaunlich ist auch, dass hier fachlich mit einer Stimme gesprochen wird – und dies trotz der Unterschiede im Berufsbild Bäckerin/Bäcker und der länderspezifischen Besonderheiten. Das Ergebnis ist das erste länderübergreifende deutschsprachige Fachbuch für den Unterricht in Bäckerklassen.
- Die Gliederung des Buches nach fachlich-sachlichen Gesichtspunkten macht das Buch offen für alle didaktischen und methodischen Konzepte des Unterrichts.
- Der Anhang des Buches spiegelt das anspruchsvolle Niveau dieses Buches wider. Hier findet sich nicht nur ein Stichwortverzeichnis, sondern auch viele nützliche und brauchbare Ergänzungen wie ein Literaturverzeichnis mit Links für das Internet, ein Rezeptregister, ein Lernfelderverzeichnis (BRD) und Fachausdrücke der Bäckerei und Konditorei.

Der Vollständigkeit halber sei erwähnt, dass dieses Fachbuch selbstverständlich den Anforderungen der Verordnung über die Berufsausbildung zur Bäckerin/zum Bäcker sowie dem Rahmenlehrplan der Kultusministerkonferenz (KMK) für den Ausbildungsberuf Bäckerin/Bäcker entspricht.

Eine erfolgreiche Bäckerin/ein erfolgreicher Bäcker zu sein erfordert neben praktischen Fertigkeiten ein immer größer werdendes Maß an fachlichen und wirtschaftlichen Einsichten und Erkenntnissen. Darüber hinaus sind geistige Beweglichkeit, Fantasie und ein ausgeprägtes technisches Verständnis sowie hohe soziale Kompetenz erforderlich.

Eine große Hilfestellung für das „erfolgreiche Backen“ gibt dieses Fachbuch.

Im Mai 2007
Prof. Peter Lausterer
Bäckermeister

Lernfelderverzeichnis

Lernfeld 1

Unterweisen einer neuen Mitarbeiterin / eines neuen Mitarbeiters

Lernfeld 2

Herstellen einfacher Teige/Massen

Lernfeld 3

Gestalten, Werben, Beraten und Verkaufen

Lernfeld 4

Herstellen von Feinen Backwaren aus Teigen

Inhaltsverzeichnis

ERNÄHRUNGSLEHRE

1 Physikalische und chemische Grundbegriffe

Die Bäckerin/der Bäcker stellt aus Rohstoffen, wie Mehl, Eiern, Zucker, Fett usw., Speisen für die Ernährung des Menschen her. Spezielles Fachwissen über Zusammensetzung, Aufbau, Eigenschaften, Gewinnung und Verwendung der Nahrungsmittel ist Voraussetzung für ihre/seine Arbeit. Das bedeutet, dass die Bäckerin/der Bäcker ständig mit chemischen und physikalischen Naturgesetzen konfrontiert wird.

Unsere Ziele

Nach Bearbeitung dieses Teilkapitels werden Sie ...

- die bei der Herstellung von Bäckereierzeugnissen stattfindenden physikalischen und chemischen Vorgänge kennen;
- über die Aggregatzustände von Stoffen informiert sein;
- den Unterschied zwischen anorganischer und organischer Chemie kennen;
- wissen, was Elemente, Atome und Moleküle sind;
- wissen, wodurch sich Säuren von Laugen und Salzen unterscheiden;
- über die Bedeutung des pH-Werts Bescheid wissen;
- die Eigenschaften der unterschiedlichen Stoffmischungen, Lösungen und Kolloide kennen.

1.1 Physik

Die **Physik** ist die **Lehre vom Verhalten der Stoffe.** Sie untersucht Vorgänge und Erscheinungen in der unbelebten Natur, wobei vorwiegend keine stofflichen Veränderungen vorkommen sollen. Sie beschäftigt sich mit den Eigenschaften von Körpern, ihren Zustandsformen und ihrem inneren Aufbau.

Teilgebiete der Physik sind z. B. die Mechanik, Akustik, Thermo- und Elektrodynamik, Optik, Atom- und Kernphysik. In der Bäckerei finden physikalische Vorgänge z. B. beim Aufgehen von Blätterteig, beim Kühlen von Teigen, beim Backprozess, beim Schlagen von Schlagsahne und Eiklar usw. statt.

Masse und Dichte

Setzt man einen Körper in Bewegung, so verspürt man einen Widerstand. Ebenso kommt ein bewegter Körper nicht von selbst zur Ruhe. Den Widerstand gegen die Bewegungsänderung bezeichnen wir als **Trägheit** des Körpers. Die Ursache für die Trägheit ist die **Masse (m),** also die Körpermaterie. Jeder Körper hat Masse, daher ist auch jeder Körper träge. Die Einheit, in der die Masse gemessen wird, ist das Kilogramm (kg). Die Masse eines Körpers ist an allen Orten gleich groß.

Dichte = $\frac{\text{Masse (m)}}{\text{Volumen (V)}}$

Setzt man die Masse ins Verhältnis zum Volumen (zum Raum eines Körpers), erhält man die **Dichte.** Körper von gleichem Volumen können eine unterschiedliche Masse aufweisen – sie haben eine unterschiedliche Dichte. Man nennt daher die Dichte eines Stoffes auch seine **spezifische Masse.**

Beispiele

Stoffe	Dichte in kg/dm³
Luft	0,00129
Wasser	1,00
Alkohol	0,8
Kork	0,20–0,35
Stahl	7,85
Gold	19,33
Holz	0,33–1,03

Kraft

Um den Bewegungszustand eines Körpers zu ändern – um ihn zu beschleunigen, zu bremsen oder seine Richtung zu ändern –, bedarf es einer Anstrengung. Diese nennt man **Kraft (F).**

Weitere Kräfte außer Muskelkraft sind die Erdanziehungskraft, die magnetische Kraft, die elektrische Kraft und die elastische Kraft einer gespannten Feder.

Muskelkraft

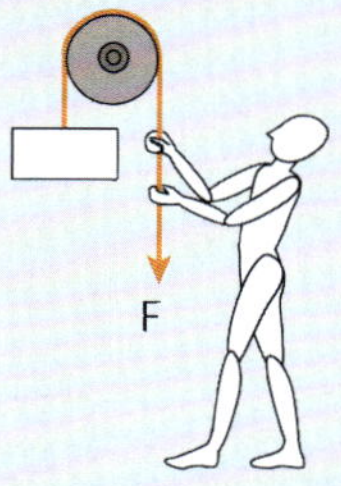

Arbeit und Energie

Unter Arbeit versteht man in der Umgangssprache jede mit körperlicher (oder geistiger) Anstrengung verbundene Tätigkeit: einen Wagen ziehen, eine Feder dehnen, einen Körper heben.

Im physikalischen Sinn wird **Arbeit (W)** verrichtet, wenn ein Körper einen **Weg (s)** oder eine Wegstrecke unter Einwirkung der Kraft (F) in Wegrichtung zurücklegt. Die Summe aller Arbeit, die in einen Körper hineingesteckt wurde, ergibt sein Arbeitsvermögen. Das Arbeitsvermögen eines Körpers nennt man seine **Energie (W).**

Arbeit (W) = Kraft (F) x Weg (s)

Die Einheit, in der Energie gemessen wird, heißt **Joule (J).** Ein Joule entspricht z. B. der Energiemenge, um eine Tafel Schokolade (100 g) in einer Sekunde einen Meter anzuheben. Früher wurde Energie in Kalorien (cal) gemessen.

Joule (J) = Einheit, in der Energie gemessen wird, benannt nach dem englischen Physiker J. P. Joule. Siehe dazu Kapitel Energie- und Nährstoffbedarf des Menschen, Seite 62.

Wärmelehre

Wärme ist eine Form von Energie. Sie beruht auf der Bewegung der kleinsten Teilchen – Moleküle und Atome – eines Körpers.

Energie ist an **Energieträger** oder **Energiequellen** gebunden:

- **Brennstoffe:** Energie wird durch einen chemischen Prozess, die Verbrennung, frei. Brennstoffe sind Erdgas, Erdölprodukte (Benzin, Diesel, Heizöl) und Holz.
- **Elektrische Energie:** Sie entsteht in chemischen Prozessen (Batterien, Akkus) oder durch die Bewegung von Metalldrähten in Magnetfeldern (z. B. Fahrraddynamo). Sie wird durch den Fluss von Elektronen (siehe Atomaufbau) meist in Metalldrähten transportiert.

! Die Sonne ist als **natürliche Wärme- und Energiequelle** für jedes pflanzliche und tierische Leben und für den Menschen von größter Bedeutung.

Die verschiedenen Formen von **Energie** sind ineinander **umwandelbar:**

- Umwandlung von Brennstoffen (Heizöl, Erdgas) in Wärmeenergie, z. B. Gasbrenner in Backöfen, Ölbrenner.
- Umwandlung von elektrischer Energie in Wärmeenergie, z. B. Elektroofen.
- Umwandlung von elektrischer Energie in mechanische oder Bewegungsenergie, z. B. Knetmaschinen, Antriebe für Teigteilmaschinen usw.

In der Backstube wird die Wärmeenergie meist auf folgende Arten übertragen:

- Wärmeströmung, z. B. in Heißluftöfen, Fritteusen, Boilern.
- Wärmestrahlung, z. B. Oberhitze eines Backofens.
- Wärmeleitung, z. B. Unterhitze eines Backofens, Pfannen auf der Herdplatte.

Die **Temperatur** ist ein Maß für den Wärmezustand eines Körpers. Sie kann durch Zufuhr oder Entzug von Wärmeenergie geändert werden. Durch Zufuhr von Wärmeenergie wird die Bewegungsenergie der Moleküle vergrößert und damit die Temperatur erhöht. Wenn alle Moleküle ruhen, ist der absolute Nullpunkt erreicht.

Bei Erwärmung dehnen sich fast alle Körper aus, da die Moleküle für ihre Bewegungen mehr Raum benötigen. Bei Abkühlung ziehen sich fast alle Körper zusammen.

Thermometerskalen

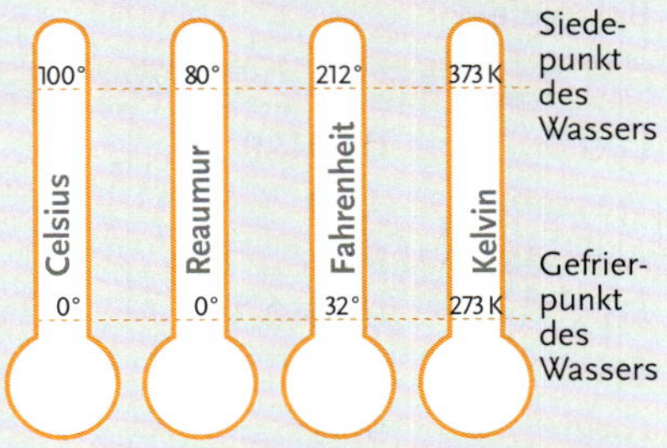

Der Mensch ist in der Lage, Temperatur zu fühlen. Für die genaue Messung der Temperatur werden **Thermometer (Wärmemesser)** verwendet. Verschiedene Thermometerskalen sind nach den Wissenschaftlern Celsius, Reaumur, Fahrenheit und Kelvin benannt.

Aggregatzustände

Den durch **Druck** und **Temperatur** bestimmten Zustand eines Stoffes nennt man Aggregatzustand.

Aggregatzustand	Charakteristika
Feste Stoffe	Die Moleküle liegen dicht und unbeweglich aneinander. Durch physikalische Einwirkung wie Schneiden, Reiben usw. verändern die Stoffe ihre Form, z. B. Zucker, Salz, Schokolade, Nüsse ...
Flüssige Stoffe	Die Moleküle bewegen sich, z. B. Wasser, Milch, Öl ...
Gasförmige Stoffe	Die Moleküle berühren einander nicht und streben auseinander. Sie füllen den Raum gleichmäßig aus und üben auf die umliegenden Stoffe Druck – Gasdruck – aus, z. B. Luft im Eischnee, CO_2-Gas im Hefeteig.

Die unterschiedlichen Aggregatzustände kann man bei Wasser am besten beobachten:

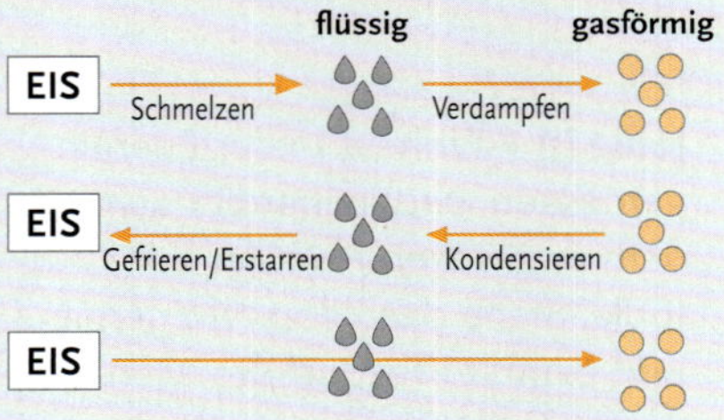

Eine **Änderung** des **Aggregatzustandes** kann man durch **Temperaturänderung** (Zufuhr oder Entzug von Wärmeenergie) oder durch **Druckänderung** bewirken.

- **Schmelzpunkt:** Feste Stoffe werden durch Wärmezufuhr flüssig, z. B. Butter, Eis, Schokolade.
- **Kondensationspunkt:** Gasförmige Stoffe werden durch Wärmeentzug (Abkühlung) flüssig, z. B. Destillation von Wasserdampf oder Alkohol.
- **Gefrierpunkt:** Flüssige Stoffe werden durch Wärmeentzug bei niedrigen Temperaturen fest, z. B. Wasser zu Eis.
- **Siedepunkt:** Flüssige Stoffe werden durch Wärmezufuhr bei hohen Temperaturen gasförmig, z. B. Wasser zu Wasserdampf.
- **Sublimation:** Feste Stoffe werden durch Wärme- oder Druckveränderung gasförmig, ohne flüssig zu werden, z. B. Gefriertrocknung unter Vakuum (Kaffee), Austrocknen von Gebäck im Gefrierschrank (Gefrierbrand), Trocknen gefrorener Wäsche an kalten Wintertagen.

1.2 Chemie

Die **Chemie** umfasst **alle Vorgänge, bei denen stoffliche Veränderungen eintreten.** Ihre Aufgabe ist es, den Aufbau verschiedener Stoffe zu erforschen und ihre Eigenschaften, Gewinnung, Verwendung, Umwandlung sowie allgemeingültige Gesetzmäßigkeiten im Verhalten zu ergründen. Bei der Veränderung entstehen neue Stoffe mit anderen Eigenschaften, z. B. Wasserstoff und Sauerstoff bilden Wasser. Diesen Vorgang nennt man chemische Reaktion.

Die Chemie unterteilt man in folgende Bereiche:

- **Anorganische Chemie:** Sie beschäftigt sich mit allen Elementen, die in der unbelebten Natur vorkommen. Anorganische Stoffe sind Salz, Wasser, Gestein, Metalle ...
- **Organische Chemie:** Sie befasst sich mit der Chemie der Kohlenwasserstoffverbindungen: Organische Stoffe sind Erdöl, Kohlenhydrate, Eiweißstoffe, Fette ...

Organisch = belebt, lebendig.

Organische Stoffe = Kohlenstoffverbindungen.

Elemente

Elemente sind chemische Grundstoffe, die nicht weiter in andere Stoffe zerlegt werden können. Derzeit sind über 100 Elemente bekannt, die alle einen wissenschaftlichen Namen haben. Jedem Element wird ein Symbol (z. B. Sauerstoff O) zugeordnet. Die Symbole sind die Anfangsbuchstaben der lateinischen oder griechischen Namen der Elemente. Diese Zeichensprache ist international gültig.

Elemente	Elementsymbol
Kohlenstoff (Carboneum)	C
Wasserstoff (Hydrogenium)	H
Sauerstoff (Oxygenium)	O
Stickstoff (Nitrogenium)	N
Phosphor	P
Schwefel (Sulfur)	S
Natrium	Na
Eisen (Ferrum)	Fe

Atome

Ein Atom ist der kleinste Baustein eines Elementes, das auch bei chemischen Reaktionen unversehrt bleibt. Es besteht aus einem Atomkern und einer Atomhülle bzw. -schale.

Aufbau eines Wasserstoffatoms

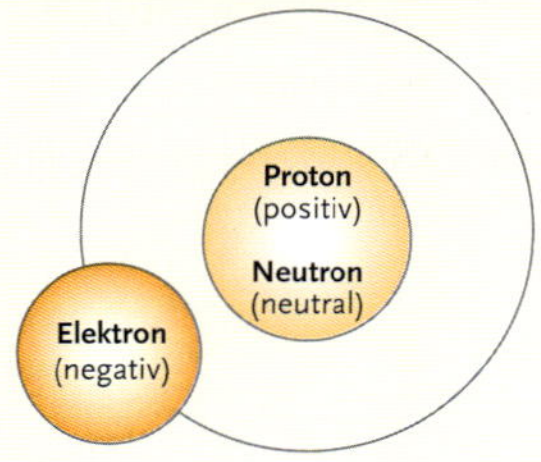

- Im **Atomkern** befinden sich die positiv geladenen Protonen und neutralen Neutronen.
- In der **Atomhülle** kreisen die negativ geladenen Elektronen.

Chemische Bindungsarten

Ionenbindungen

Diese entstehen bei der Verbindung von Metallen und Nichtmetallen, z. B. Natrium (Na^+) + Chlor (Cl^-) → Natriumchlorid (NaCl). Ionen sind elektrisch geladene Atome oder Moleküle, die durch Aufnahme oder Abgabe von Elektronen negativ oder positiv geladen sind.

Ionenbindungen in der Bäckerei		
NaCl	Natriumchlorid	Kochsalz
$NaHCO_3$	Natriumhydrogencarbonat	Speisesoda
NH_4HCO_3	Ammoniumhydrogencarbonat	Hirschhornsalz
K_2CO_3	Kaliumkarbonat	Pottasche
NaOH	Natriumhydroxid	Natronlauge

Speisesoda, Hirschhornsalz und Pottasche = Triebmittel zur Lockerung (siehe Kapitel Lockerungs- und Backtriebmittel, Seite 181).

Metallische Bindungen

Dabei werden die Atome der Metalle zusammengehalten. Metalle sind (mit Ausnahme von Quecksilber) bei Zimmertemperatur fest, leicht verformbar und weisen eine hohe elektrische Leitfähigkeit auf. Die hohe Leitfähigkeit beruht auf der leichten Beweglichkeit der Elektronen.

Atombindungen

Atombindungen sind die wichtigste Art der Bindung zwischen Nichtmetallatomen. Die Art der Bindung wird als **Wertigkeit** bezeichnet. Sie gibt an, mit wie vielen einwertigen Elementen sich ein Atom dieses Elementes binden kann.

1-wertig: H	2-wertig: O	3-wertig: N	4-wertig: C
Dies bedeutet, dass das Wasserstoffatom einen Bindearm hat.	H – O – H	H – N – H I H	H I H – C – H I H
	H_2O = Wasser	NH_3 = Ammoniak	CH_4 = Methan

Chemische Verbindungen

Verbindungen sind Stoffe, die aus zwei oder mehreren Elementen zusammengesetzt sind. Sie sind durch einen chemischen Vorgang **(Synthese)** entstanden. Die Stoffe haben andere Eigenschaften als ihre Ausgangsstoffe. Wird dieser neue Stoff wieder in seine Ausgangsstoffe zerlegt, so bezeichnet man diesen Vorgang als **Analyse.**

Moleküle

Verbinden sich mehrere Atome miteinander, so entsteht ein Molekül. Das Molekül ist also der kleinste Teil einer chemischen Verbindung oder eines Stoffes, der noch alle chemischen Eigenschaften dieser Verbindung aufweist.

Die **chemische Formel** eines Moleküls gibt an, welche Elemente in der Verbindung enthalten sind, und nennt zugleich die Anzahl der Atome.

Summenformel	Sie gibt die Art und Zahl der Atome an, z. B. ein Molekül Wasser (H_2O) besteht aus zwei H-Atomen und einem O-Atom.
Strukturformel	Sie zeigt die Gruppierung und Verknüpfung der einzelnen Atome, z. B. H – O – H.

Oxidation

Oxidationen sind chemische Vorgänge (Verbrennungsvorgänge), die im Allgemeinen Energie freisetzen (exotherme Reaktionen). Als Oxidation bezeichnet man:

- Die Verbindung eines Stoffes mit dem Sauerstoff der Luft: Dabei entstehen Oxide und Wärme, z. B. Eisenoxid (Rost), Abbau von Einfachzucker in den Zellen (Stoffwechsel), Kohlendioxid (Gärung), Verbrennen von Holz ...
- Die Abgabe von Wasserstoff, z. B. Oxidation der Fettsäuren (macht Fette ranzig).

Reduktion

Die Reduktion ist der gegenteilige Vorgang der Oxidation, im Besonderen die Aufnahme von Wasserstoff.

Beispiel: Reduzierende Zucker bewirken eine Reduktion ihrer Reaktionspartner. Sie spielen bei der Maillard-Reaktion eine bedeutende Rolle.

Die **Maillard-Reaktion** wurde erstmals vom französischen Chemiker Louis Maillard beschrieben.

Der Bräunungsvorgang beruht auf einer Reaktion der Aminosäuren mit Zuckerstoffen, z. B. Glukose.

Säuren

Säuren spalten in Wasser Wasserstoffionen (H^+) ab. Dadurch schmecken sie sauer und wirken in hoher Konzentration ätzend (Vorsicht!).

Säuren	Charakteristika
Anorganische Säuren	
Schwefelige Säure	Zum Konservieren von Trockenfrüchten, zur Weinerzeugung ...
Salzsäure	Bestandteil des Magensaftes
Kohlensäure	Im Mineralwasser, Bier, Sekt ...

Säuren	Charakteristika
Organische Säuren	
Milchsäure	Im Sauerteig, Lebkuchenlagerteig, in Milchprodukten
Essigsäure	Im Sauerteig (Konservierung und Geschmacksgebung)
Fettsäuren	Bausteine der Fette
Aminosäuren	Bausteine der Eiweißstoffe
Ascorbinsäure	In Fruchterzeugnissen (Geschmacksstoff), zur Mehlverbesserung
Fruchtsäuren	Säuerungsmittel

Fruchtsäuren = Apfel-, Zitronen- und Weinsäure; gelieren mit Pektin.

Laugen, Basen

Laugen spalten in Wasser Hydroxylionen (OH^-) ab. Sie schmecken seifig bzw. laugig und sind in hoher Konzentration ebenfalls ätzend. In der Bäckerei wird die Natronlauge bei der Herstellung von Laugengebäck und zur Säuregradbestimmung verwendet.

Beispiel: Na_2O + H_2O → 2 NaOH (Natronlauge)

Salze

Reagieren Säuren und Basen miteinander, so **neutralisieren** sie einander, und es entstehen ein Salz und Wasser.

Beispiel: Natronlauge (NaOH) + Salzsäure (HCl) → Kochsalz (NaCl) + Wasser (H_2O)

pH-Wert

Der pH-Wert gibt die **Konzentration der Wasserstoffionen** in Flüssigkeiten an. Er gibt an, wie konzentriert eine Säure oder Lauge ist. In Flüssigkeiten sind die Moleküle teilweise in positiv geladene Wasserstoffionen (H^+-Ionen) und negativ geladene Hydroxylionen (OH^--Ionen) gespalten.

- Überwiegen die positiven H^+-Ionen, so spricht man von Säuren.
- Überwiegen hingegen die negativ geladenen OH^--Ionen, so handelt es sich um Laugen.

Die Skala geht von 0 bis 14. In chemisch reinem Wasser befinden sich gleich viele H^+-Ionen und OH^--Ionen – das Wasser ist eine neutrale Lösung, es hat einen pH-Wert von 7.

Produkte	pH-Wert
Konzentrierte Salzsäure	0
Magensalzsäure	1,5
Zitronensaft	2
Sauerteige	3,5 – 5
Brotteige	5,5 – 6
Joghurt und saure Milch	4 – 5
Milch	6,7
Destilliertes Wasser	7
Blut	7,3
Spülmittel	9
Natronlauge	11 – 14
Kalilauge	14

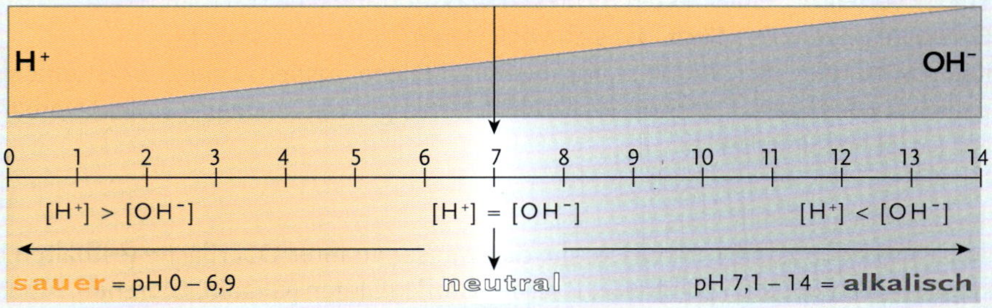

Je stärker eine Säure ist, desto niedriger ist ihr pH-Wert.

Je stärker eine Lauge ist, desto höher ist ihr pH-Wert.

Mithilfe von **pH-Metern** lässt sich der pH-Wert sehr genau messen. Der Wert kann auch mit Papieren, die mit **Indikatoren** getränkt sind, wie z. B. Lackmusstreifen, sehr einfach bestimmt werden. Säuren färben Lackmuspapier rot, Laugen färben es blau.

Der pH-Wert ist in der Lebensmittelverarbeitung sowie bei Vorgängen im menschlichen Organismus (Verdauung, Stoffwechsel) von großer Bedeutung. Je kleiner der pH-Wert eines Nahrungsmittels ist, desto stärker sind seine Säureaktivität und dadurch seine Haltbarkeit. Im neutralen bis schwach alkalischen Bereich wachsen Mikroorganismen am besten.

Mikroorganismen = Kleinstlebewesen; Sammelbezeichnung für Bakterien, Viren, Hefen und andere mikroskopisch kleine Lebewesen.

Bei der Brot- und Gebäckherstellung beeinflusst der Säuregehalt die Teigbeschaffenheit, die Geruchs- und Geschmacksbildung sowie die Frischhaltung der Backwaren. Des Weiteren verhindern die Gärungssäuren die Entwicklung von Brotkrankheiten.

Stoffmischungen

Viele Rohstoffe und Halbfertigprodukte der Bäckerei (Teige, Massen, Krems ...) sind Mischungen aus verschiedenen Stoffen. Das Verhalten der Stoffe innerhalb der Stoffmischungen ist für die Wahl der Herstellungstechnik entscheidend.

Stoffmischungen	Charakteristika
Gemenge	Sind Mischungen aus festen Stoffen, z. B. Mischungen für Kornspitz, Berliner Pfannkuchen, Biskuit, Mohnfüllungen usw.
Aufschlämmungen (Suspensionen)	Sind unstabile Mischungen aus Stoffen mit unterschiedlichem Aggregatzustand (flüssig und fest). Aufgrund der unterschiedlichen Dichte – des unterschiedlichen spezifischen Gewichts – entmischen sich Suspensionen mit der Zeit wieder, z. B. Hefe mit Wasser oder Krempulver mit Milch usw.
Emulsion	Ist eine Mischung aus zwei nicht miteinander mischbaren Flüssigkeiten, bei der die eine Flüssigkeit in Form kleiner Tröpfchen in der anderen verteilt ist, z. B. Milch (Fett-in-Wasser-Emulsion). Emulgatoren wie z. B. Lezithin (aus Eigelb oder der Sojabohne) stabilisieren die Emulsion.
Schaum	Ist die Mischung eines Gases mit einer Flüssigkeit, z. B. Eischnee, geschlagene Sahne, Bierschaum. Die Schaumstabilität ist abhängig von der Temperatur und Stehzeit.

Lösungen

Das sind stabile Mischungen von Flüssigkeiten mit festen oder gasförmigen Stoffen, die sich selbst nicht entmischen können. Wärme kann die Lösungsfähigkeit der Stoffe erhöhen (z. B. Zucker in Wasser) oder senken (z. B. Gase in Wasser). Jedes Lösungsmittel (z. B. Wasser, Luft) kann nur eine bestimmte Menge an gelösten Stoffen aufnehmen (Sättigungsgrad). Wird darüber hinaus Stoff zugeführt, bildet er einen Bodensatz oder in der Luft Kondensattröpfchen (Dampf, Nebel).

Beispiele: Kochsalz, Zucker, Essig, verdünnter Alkohol, Kohlensäure in Getränken, Sauerstoff in Wasser ...

Nach der Verteilung eines festen Stoffes in Wasser unterscheidet man:

- **Echte Lösungen:** Der **Stoff** löst sich vollkommen auf. Er ist **löslich.**
- **Keine Lösungen:** Der **Stoff** löst sich nicht auf (siehe Suspensionen). Er ist **unlöslich.**
- **Unechte Lösungen:** Der **Stoff** löst sich in Form großer Teilchen (Molekülverbände) auf. Er ist **kolloidal löslich.**

Kolloide (unechte Lösungen)

Kolloide bestehen aus Quellstoffen, die das Wasser an ihrer Oberfläche festhalten bzw. binden. Zu den Kolloiden gehören z. B. Eiweißstoffe (Gluten [Gliadin, Glutenin], Albumin, Globulin, Kollagen) und Kohlenhydrate (Stärke, Dextrine, Pentosane, Agar-Agar, Pektin, Johannisbrotkernmehl).

Die wichtigsten Kolloide in der Bäckerei sind Mehleiweiß, Hühnereiweiß, Stärke, Dextrine und Pentosane.

Eigenschaften

Kolloide Lösungen sind leimartig (zähflüssig) und oft klebrig. Durch bestimmte Einwirkungen (vor allem Hitze) verändern sie ihre Gestalt und ihren Zustand und dadurch auch ihre Eigenschaften, z. B. Stärke verkleistert, Eiweiß gerinnt.

Der Begriff Kolloide stammt vom lateinischen Wort „colla“, das heißt Leim.

Aggregatzustände

Bezeichnung	Zustand	Charakteristika
Sol	Flüssig	■ Das Verteilungsmittel (Wasser) ist reichlich vorhanden. ■ Das Kolloid bleibt gleichmäßig verteilt, z. B. Dextrinlösung.
Gel	Halbfest	■ Das Verteilungsmittel (Wasser) wurde teilweise entzogen bzw. ist an das Kolloid gebunden. ■ Das Kolloid erscheint in halbfestem Zustand, z. B. Feuchtkleber (ausgewaschen).
Koagel	Fest	■ Das Verteilungsmittel (Wasser) wurde zur Gänze entzogen. ■ Das Kolloid erscheint in festem Zustand, z. B. Trockeneiklar.

Reversible und irreversible Kolloide

Manche Kolloide sind reversibel, d. h., sie können von Sol zu Gel und Koagel und umgekehrt verwandelt werden.

Reversibel = umkehrbar,
irreversibel = nicht umkehrbar.

Beispiel:

- Flüssige Gelatine → Halbfeste Gelatine → Feste Gelatine
- Feste Gelatine → Halbfeste Gelatine → Flüssige Gelatine

Ein irreversibles Kolloid ist ein Kolloid, das sich nicht mehr in seine ursprüngliche Zustandsform zurückverwandeln lässt.

Siehe dazu Altbackenwerden von Brot, Seite 322.

Beispiel:

- Flüssiges Eiweiß → Geronnenes Eiweiß
- Stärkemilch (Suspension) → Verkleisterte Stärke

Stärke als Schutzkolloid

Versuche	Ergebnisse
■ Verquirlen Sie Eigelb mit Wasser und rühren Sie die Mischung in kochende Milch.	■ Das im Eigelb enthaltene Eiweiß gerinnt.
■ Verquirlen Sie Eigelb mit Stärke und Wasser und rühren Sie die Mischung in kochende Milch.	■ Das Eiweiß gerinnt nicht, da die verkleisterte Stärke das Eiweiß vor dem Gerinnen schützt.

Arbeitsaufgaben

1. Nennen Sie einige Beispiele, wo bei der Herstellung von Bäckereierzeugnissen chemische oder physikalische Prozesse stattfinden.
2. Erklären Sie den Begriff Dichte. Führen Sie Beispiele an, bei welchen Arbeitsvorgängen in der Bäckerei die unterschiedliche Dichte von Stoffen Bedeutung hat.
3. Erläutern Sie, was Wärme im physikalischen Sinn bedeutet.
4. Beschreiben Sie die verschiedenen Aggregatzustände.
5. Nennen Sie den Unterschied von organischer und anorganischer Chemie.
6. Definieren Sie folgende Begriffe: Elemente, Atome und Moleküle.
7. Erklären Sie die Begriffe Säuren, Laugen und Salze.
8. Erläutern Sie die Bedeutung des pH-Wertes. Skizzieren Sie dazu eine pH-Wert-Skala.
9. Erklären Sie die Begriffe Gemenge, Aufschlämmungen, Emulsion, Schaum und Lösungen anhand von Beispielen aus der Praxis.
10. Beschreiben Sie die Aggregatzustände der Kolloide.

Notizen zu den Arbeitsaufgaben:

2 Grundlagen der Ernährung

Unter Ernährung verstehen wir die Aufnahme und Verwertung von flüssigen und festen Nährstoffen im Organismus.

Das Bedürfnis nach Nahrung ist eines der wichtigsten Grundbedürfnisse des Menschen. Wohlbefinden, Gesundheit und Leistungsfähigkeit des Menschen stehen im unmittelbaren Zusammenhang mit seiner Ernährung.

Das vielfältige Lebensmittelangebot ermöglicht es, sich auf individuelle Weise optimal zu ernähren. Das Geheimnis richtiger Ernährung heißt Ausgewogenheit. Falsch zusammengestellte Kost ist der Wegbereiter für die meisten Wohlstandserkrankungen, jede Einseitigkeit bei der Nahrungsmittelauswahl führt zu Mangelerscheinungen.

Unsere Ziele

Nach Bearbeitung dieses Teilkapitels werden Sie ...

- erklären können, warum Sie essen und trinken;
- wissen, welchen Anforderungen eine biologisch vollwertige Nahrung entsprechen muss;
- die Faktoren kennen, die die Ernährungsweise des Menschen beeinflussen;
- über Nahrungs- und Genussmittel Bescheid wissen;
- über die Aufgaben der Nährstoffe im menschlichen Körper informiert sein.

2.1 Aufgaben der Nahrung

Warum wir essen und trinken

Für alle Lebensvorgänge wird Energie benötigt, die wir durch die Zufuhr der Nährstoffe sicherstellen. Die Ernährung dient zur Energieversorgung für

- den Aufbau und zur Erhaltung der Körpersubstanz (besonders im Wachstum und in der Schwangerschaft),
- die Funktion der Organe (Atmung, Herztätigkeit, Verdauung ...),
- die optimale geistige und körperliche Entwicklung und Leistungsfähigkeit.

Die Zufuhr der Nahrung hat die Natur durch Triebe – Hunger und Durst – bestens geregelt.

Um eine optimale Energieversorgung zu gewährleisten, braucht der Mensch eine biologisch vollwertige Nahrung. Deshalb muss die Kost

- alle zum Leben notwendigen Nährstoffe in verwertbarer Form und angemessener Menge enthalten,
- gut schmecken,
- appetitlich aussehen,
- frei von schädlichen Inhaltsstoffen sein (Forderung der Weltgesundheitsorganisation WHO).

Essen ist mehr ...

Essen und Trinken bedeutet mehr, als nur satt zu werden, nämlich auch Genuss, Behaglichkeit, Spaß und Geselligkeit. Essen ist eine wichtige Quelle der Lebensfreude und fördert das Wohlbefinden und die Gemeinschaft.

Essen und Trinken hält Leib und Seele zusammen

Richtiges Essen will gelernt sein

Schon in der Kindheit entwickelt sich ein bestimmtes Essverhalten, und die Bereitschaft zu Veränderungen sinkt mit zunehmendem Alter. Das Essverhalten des Kleinkindes wird anfangs von den Essgewohnheiten in der Familie und durch die Vorbildwirkung der Eltern geprägt. Auch Kindergarten und Schule können die Ernährungsgewohnheiten beeinflussen. Jugendliche orientieren sich meist am Lebensstil von Gleichaltrigen.

An welche Ernährungsvorschriften aus Ihrer Kindheit können Sie sich erinnern?

2.2 Ernährungsverhalten

Das vielfältige Lebensmittelangebot bietet viele individuelle Möglichkeiten einer optimalen Ernährungsweise. Bei jedem Lebensmittel sind die Menge, Zusammensetzung und Qualität entscheidend. Wissenschaftliche Institutionen geben für die meisten Nähr- und Wirkstoffe Empfehlungen ab, welche Mengen in verschiedenen Altersstufen bedarfsgerecht sind. Einem aktuellen Ernährungsbericht zufolge sollen die Menschen in den Industriestaaten

- den Verbrauch von Gemüse, Obst, pflanzlichen Ölen und Fisch noch mehr steigern,
- die Gesamtfettzufuhr verringern, indem sie weniger tierische Fette (Fleisch, Wurst, Sahne, Butter ...) verzehren,
- Vollkornprodukte bevorzugen,
- den Alkoholkonsum reduzieren.

Wussten Sie, dass ...
in Deutschland im EU-Vergleich die meisten Übergewichtigen leben? 75,4 % der Männer und 58,9 % der Frauen sind zu schwer. Als übergewichtig gilt, wessen Body-Mass-Index (BMI, siehe Seite 63) größer als 25 ist. Liegt der BMI über 30, sprechen Mediziner von **Fettsucht** oder **Adipositas.**
Laut einer aktuellen Studie des Robert-Koch-Instituts sind bereits 15 % der Kinder und Jugendlichen übergewichtig und 6,3 % adipös.

Eine überhöhte Energiezufuhr und Bewegungsmangel verursachen Übergewicht und Adipositas. Auch manche Krankheiten sind vorwiegend auf eine falsche Ernährungs- bzw. Lebensweise zurückzuführen. Folgen jahrelangen Ernährungsfehlverhaltens sind:

- Herz- und Kreislauferkrankungen,
- Diabetes mellitus,
- Gicht,
- Verstopfung,
- Karies,
- Leberschädigungen,
- Gallensteine,
- Osteoporose,
- Krebs.

Adipositas = Fettsucht.

Osteoporose = Schwund des festen Knochengewebes.

Faktoren, die die Ernährungsweise des Menschen beeinflussen

Psychische Verfassung
Angst, Unzufriedenheit, Ärger, Frust, Stress, Einsamkeit und Probleme können Esslust auslösen. Essen und Trinken wird dann zur Ersatzbefriedigung, es wird als Entschädigung für Kränkung (Kummerspeck) oder als Belohnung für die Überwindung von Schwierigkeiten konsumiert. Diese Haltung wird den Kindern von den Eltern oft anerzogen, wenn sie Essen als Belohnung einsetzen.

Einkommen
Die Menschen in den Industrieländern können sich bezüglich Essen und Trinken fast jeden Wunsch erfüllen. Laut einer aktuellen Statistik gibt die deutsche Bevölkerung ein Zehntel ihres Einkommens dafür aus. 1960 waren dafür noch drei Viertel notwendig.

Haushaltsstrukturen
Mehrpersonenhaushalte werden immer seltener. Kleinfamilien mit maximal zwei Kindern, Singles verschiedenen Alters und kinderlose Paare sind heute die häufigsten Haushaltsformen. Durch die zunehmende Berufstätigkeit der Frau wird die Zeit für die Zubereitung von Mahlzeiten knapper, das Basiswissen über Grundnahrungsmittel und die Kochkenntnisse schwinden. Die Nachfrage nach Kleinpackungen, Convenienceprodukten und Fertiggerichten, aber auch nach speziellen Lebensmitteln für bestimmte Altersgruppen nimmt ständig zu. Die Arbeitsbedingungen machen ein gemeinsames Essen oft nur mehr am Abend möglich. Zwischendurch konsumierte Snacks ersetzen Hauptmahlzeiten.

Convenienceprodukte = Lebensmittel, die für die Weiterverarbeitung vorbereitet sind.

Mobilität
Die Möglichkeit der schnellen Fortbewegung und das große Freizeitangebot erweitern die Nahrungsmittelvielfalt, verbinden Essen und Trinken mit Geselligkeit und sind ein Teil unserer Kultur.

Veränderte Esskultur
Unsere Kost ist im Vergleich zur Kost unserer Vorfahren gründlicher verarbeitet. Dadurch ist sie ballaststoffärmer, energiekonzentrierter und stärker gesalzen. Sie ist fett-, zucker- und eiweißreicher, meistens vitamin- und mineralstoffärmer. Die Nahrung wird deshalb weniger gekaut und in kürzerer Zeit und in größeren Mengen verzehrt. Meist wird der Appetit gestillt und nicht der Hunger. Täglich wird das Nahrungsangebot durch neue Produkte erweitert.

Überprüfen Sie Ihr Essverhalten, um ungünstige Gewohnheiten zu erkennen und zu ändern. Führen Sie dazu eine Woche lang ein persönliches Essprotokoll. Schreiben Sie alles auf, was Sie essen und trinken. Vergessen Sie nicht auf die Kleinigkeiten zwischendurch. Notieren Sie auch, wann, warum und wobei Sie gegessen haben.

Das Nebenbeiessen – Essen neben der Arbeit, auf dem Weg zur Schule oder zur Arbeit –, Snacking und Fingerfood sind Esstrends der Zukunft. Ihre Folgen sind der Verlust bewusster sinnlicher Wahrnehmung und die Verarmung der Genussfähigkeit. Dagegen richtet sich der Trend zum Slow Food. Immer mehr Menschen werden Anhänger dieser Kostform. Genuss, Freude an der Vielfalt, die Eigenheit der Produkte, hochspezifische Lebensmittel sowie ihre Herkunft und Verarbeitung stehen im Vordergrund.

Gesundheitsbewusstsein
Gesunde Lebensmittel liegen im Trend. Die Nachfrage nach als gesund geltenden Lebensmitteln, wie Obst, Gemüse, Milch- und Getreideprodukten, steigt, sofern sie schmackhaft und bekömmlich sind. Viele Konsumentinnen/Konsumenten sind gut über die in den Produkten enthaltenen Nährwerte informiert. Auch diätetische Lebensmittel werden zunehmend von gesundheitsbewussten Verbrauchern konsumiert.

Slow Food = Name einer internationalen Vereinigung. Der Grundgedanke von Slow Food ist: Nur langsam kann man genießen!

Medien
Die Medien beeinflussen das Essverhalten maßgeblich. Sie propagieren ein Schlankheitsideal, das viele zu einer rigiden Esskontrolle veranlasst. Fernsehspots preisen zumeist eher Lebensmittel mit geringem ernährungsphysiologischem Wert an. Gesundes wird selten beworben. Deshalb ist es wichtig, die Aussagen in den Medien zum Thema Essen und Körpergewicht zu hinterfragen. Wichtig ist eine realistische Einschätzung des Körpergewichtes und der Figur, besonders bei jungen Menschen.

? Gesundheitsfragebogen

Meine Gewohnheiten	Ja	Nein
Habe ich mir bisher relativ wenig Gedanken über das Essen gemacht?	☐	☐
Esse ich meist das, was gerade da ist?	☐	☐
Ist mir Einkaufen und Kochen lästig?	☐	☐
Esse ich gewöhnlich ziemlich schnell, d. h. in einer Zeit von höchstens zehn Minuten pro Mahlzeit?	☐	☐
Verzichte ich oft aufs Frühstück?	☐	☐
Esse ich öfter im Stehen?	☐	☐
Nasche ich häufig zwischendurch?	☐	☐
Esse ich manchmal aus Langeweile, bei Stress, wenn mich Probleme belasten?	☐	☐
Esse ich manchmal so viel, dass mich hinterher der Magen und das schlechte Gewissen drücken?	☐	☐
Esse ich jeden Tag Fleisch?	☐	☐
Habe ich in letzter Zeit wenig Gemüse, Salat und Obst gegessen?	☐	☐
Nehme ich mir nur an Wochenenden oder bei besonderen Gelegenheiten Zeit zum Essen?	☐	☐
Fahre ich lieber mit dem Aufzug oder der Rolltreppe, als Treppen zu Fuß hochzusteigen?	☐	☐
Fahre ich lieber mit dem Bus anstatt mit dem Fahrrad und gehe ich selten zu Fuß?	☐	☐
Bin ich unzufrieden mit meiner Figur, meinem Gewicht?	☐	☐

Je mehr Fragen Sie mit Nein beantwortet haben, desto besser für Sie. Wenn Sie jedoch relativ viele Fragen mit Ja beantwortet haben, sollten Sie Ihrer Gesundheit zuliebe etwas ändern!

2.3 Bestandteile der Nahrung

Der Mensch isst täglich eine Vielzahl verschiedener Lebensmittel. Sie müssen im Verdauungstrakt in ihre Bestandteile zerlegt (abgebaut) werden, weil der Organismus keine Lebensmittel, sondern nur Nährstoffe verwerten kann.

Lebensmittel

Lebensmittel im Sinne des Lebensmittelrechtes sind alle Stoffe, die dazu bestimmt sind, vom Menschen in unverändertem, zubereitetem oder verarbeitetem Zustand zu Ernährungs- und Genusszwecken verzehrt zu werden. Lebensmittel werden in **Nahrungsmittel** und **Genussmittel** eingeteilt.

Nahrungsmittel

Sie liefern die notwendigen Nährstoffe für den Aufbau und zur Erhaltung der Körpersubstanz und dienen der Gesundheit und Leistungsfähigkeit.

Einteilung der Nahrungsmittel

Nach der Herkunft	Nach dem Verarbeitungsgrad
▪ Pflanzliche Nahrungsmittel: Getreide, Gemüse, Obst … ▪ Tierische Nahrungsmittel: Fleisch, Fisch, Eier, Milch …	▪ Rohe Nahrungsmittel ▪ Verarbeitete Nahrungsmittel

Alkohol hat einen hohen Energiewert (ähnlich wie Fett) und sollte wegen der Suchtgefahr nicht regelmäßig konsumiert werden.

Genussmittel

Das sind Stoffe, meist pflanzlicher Herkunft, die beim Menschen ein angenehmes Empfinden erzeugen, z. B. Kaffee, Tee, Cola, alkoholische Getränke und Tabak. Sie enthalten nur wenige oder keine lebensnotwendigen Nährstoffe und regen sofort oder nach einiger Zeit das Nervensystem an.
In konzentrierter Form können sie wegen ihres Gehaltes an Koffein, Alkohol und Nikotin als Genussgift wirken. Die Wirkung der Genussmittel ist abhängig vom Alter, von der Tageszeit, Dosierung und Empfindlichkeit des Menschen. Besonders kritisch ist der Konsum von Genussmitteln in der Schwangerschaft und Stillzeit und im Kindes- und Jugendalter.

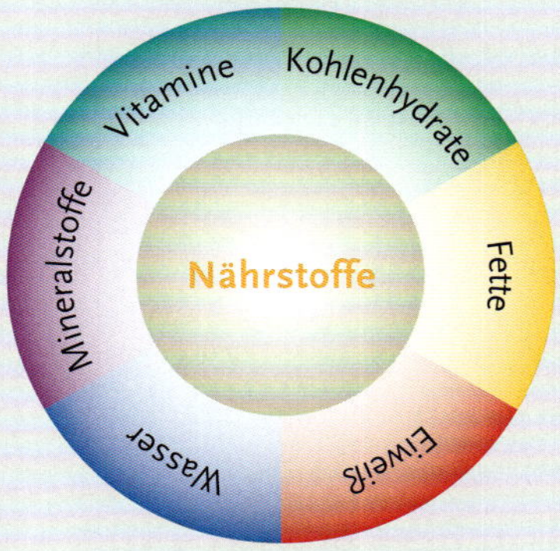

Nahrungsbestandteile

Nährstoffe

Die Hauptbestandteile unserer Nahrung werden als **Nährstoffe** bezeichnet. Sie dienen zum Aufbau und zur Erhaltung der Körpersubstanz, liefern Energie oder regeln Körpervorgänge.

Nach ihrer Funktion werden sie in **Brennstoffe, Baustoffe, Schutz- und Reglerstoffe** eingeteilt.

Bioaktive Substanzen

Zu den bioaktiven Substanzen zählen

- **Ballaststoffe:** Stoffe, die im menschlichen Darm nicht oder nur teilweise abgebaut werden können.
- **Sekundäre Pflanzenstoffe:** Stoffe, die in der Pflanze nur in geringen Mengen vorkommen und medizinische Wirkung haben.
- **Stoffe in fermentierten Lebensmitteln:** Lebensmittel sind durch Milchsäurebakterien vergoren (Joghurt, Sauerkraut, Essiggurken).

Nähere Informationen zum Thema bioaktive Substanzen erhalten Sie auf Seite 59.

Nahrungsmittel enthalten

Nährstoffe			Bioaktive Substanzen		
Baustoffe	**Brennstoffe**	**Schutz- und Reglerstoffe**	**Ballaststoffe**	**Sekundäre Pflanzenstoffe**	**Stoffe in fermentierten Lebensmitteln**
Sie dienen dem Körper vorwiegend zum Aufbau und zur Erhaltung.	Sie liefern dem Körper vorwiegend Energie für Bewegung und Wärme.	Sie regeln die Körpervorgänge.	Sie regen die Darmbewegung an und haben gesundheitsfördernde Wirkung.	Sie können gesundheitsfördernde Wirkung haben.	Sie haben gesundheitsfördernde Wirkung.
Eiweißstoffe, Wasser, Mineralstoffe	Fette, Kohlenhydrate	Vitamine, Mineralstoffe	z. B. Zellulose, Hemizellulose, Pektine	z. B. Farbstoffe, Bitterstoffe, Fruchtsäuren	z. B. Milchsäurebakterien

Körperzusammensetzung

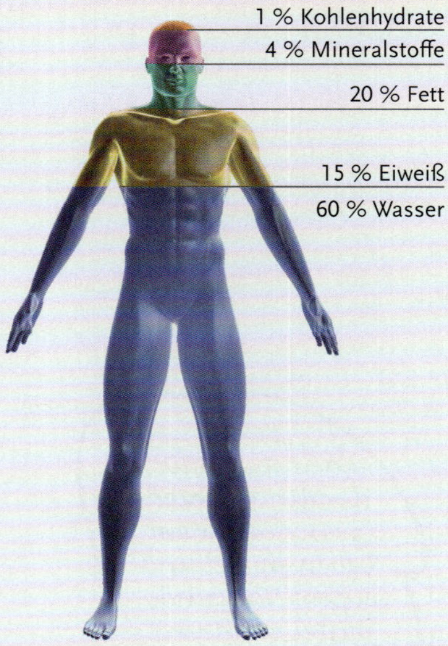

Arbeitsaufgaben

1. Erklären Sie die Bedeutung der Ernährung für den menschlichen Körper.
2. Beschreiben Sie die Beschaffenheit der Kost, die eine optimale Energieversorgung gewährleistet.
3. Nennen Sie mögliche Folgeerscheinungen einer falschen Ernährung.
4. Zählen Sie Faktoren auf, die die Ernährungsweise des Menschen beeinflussen können.
5. Erläutern Sie den Unterschied von Nahrungs- und Genussmitteln.
6. Nennen Sie die Aufgaben der Nährstoffe im menschlichen Körper.

Notizen zu den Arbeitsaufgaben:

3 Kohlenhydrate (Saccharide)

Kohlenhydrate sind mengenmäßig die wichtigsten Nährstoffe. Sie liefern am schnellsten Energie und bringen den Körper in Schwung. Täglich nehmen wir verschiedene Kohlenhydrate in Form von Brot, Kartoffeln, Getreideprodukten, Obst, Gemüse, Süßspeisen usw. auf. Ein Teil der Kohlenhydrate schmeckt süß und ist daher besonders begehrt. Die Vorliebe für Süßes ist angeboren.

Stärkereiche und ballaststoffhaltige Lebensmittel sind die Basis einer gesunden Ernährung.

Der Begriff Saccharid stammt vom griechischen Wort „sakcharon“, das heißt Zucker.

Genießen Sie Süßes, aber in Maßen!

Unsere Ziele

Nach Bearbeitung dieses Teilkapitels werden Sie ...

- wissen, was man unter Fotosynthese versteht;
- über den Aufbau und die Bedeutung der verschiedenen Arten von Kohlenhydraten unterrichtet sein;
- den eigenen Kohlenhydratbedarf kennen;
- wissen, wie Sie Ihren Kohlenhydratbedarf optimal decken sollen;
- die Wirkungsweise der Ballaststoffe im menschlichen Körper kennen.

3.1 Bildung

Der Begriff **Fotosynthese** setzt sich aus den Wörtern Foto = Licht und Synthese = Aufbau zusammen.

Kohlenhydrate sind pflanzliche Produkte, die aus den chemischen Elementen Kohlenstoff (C), Wasserstoff (H) und Sauerstoff (O) bestehen. Die Bildung von Kohlenhydraten findet in grünen Pflanzen statt. Diesen Vorgang nennt man Fotosynthese. Sie ist der wichtigste biochemische Vorgang in der Natur, bei dem aus anorganischen Stoffen organische Stoffe (Einfachzucker) entstehen.

Grundformel der Fotosynthese

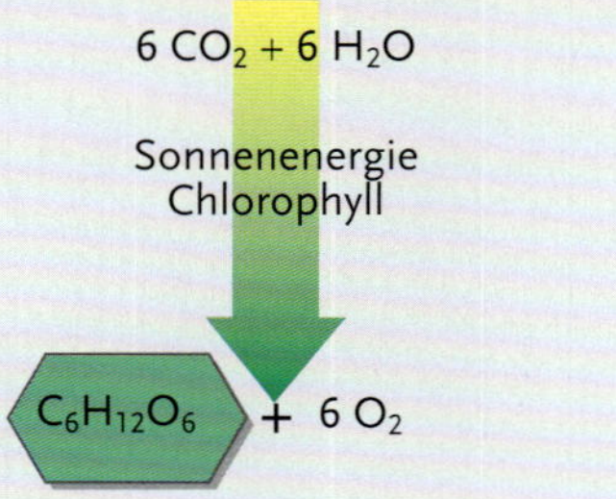

Kreislauf der Stoffe

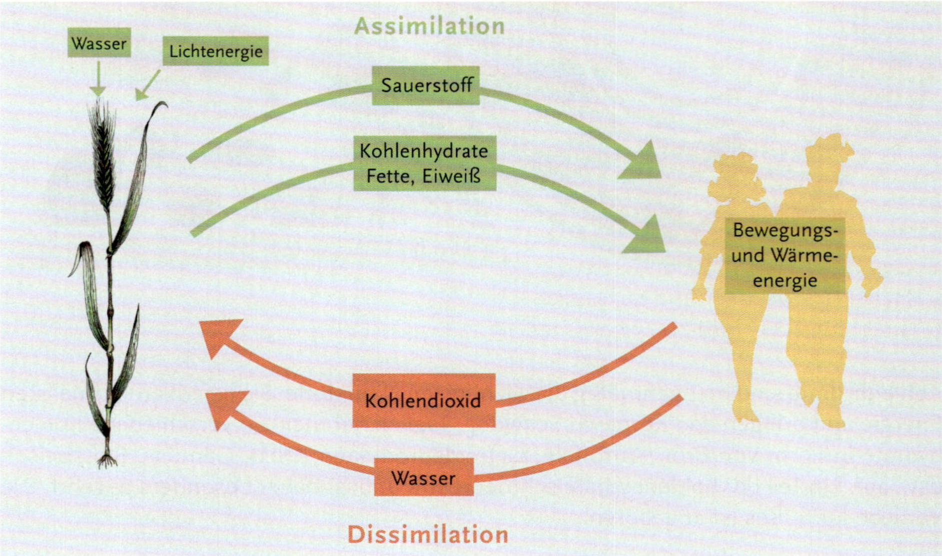

Die Kohlenhydratbildung in der Pflanze ist Voraussetzung für alles Leben auf der Erde.

- Die Pflanze nimmt aus dem Boden Wasser (H_2O) und aus der Luft Kohlendioxid (CO_2) auf. CO_2 wird von Mensch und Tier ausgeatmet.
- Aus diesen anorganischen Stoffen bildet die Pflanze mithilfe des Sonnenlichts (Lichtenergie) und des Blattgrüns (Chlorophylls) Traubenzucker (Einfachzucker), eine energiereiche organische Verbindung.
- Dabei gibt die Pflanze Sauerstoff (O_2) an die Luft ab.
- Anschließend werden diese Einfachzucker mithilfe von Enzymen zu Doppel- und Vielfachzuckern, Fetten und Eiweißstoffen aufgebaut.

3.2 Arten

Kohlenhydrate (Saccharide)

Einfachzucker (Monosaccharide)	**Zweifachzucker** (Disaccharide)	**Vielfachzucker** (Polysaccharide)
■ Traubenzucker (Glukose) ■ Fruchtzucker (Fruktose) ■ Schleimzucker (Galaktose)	■ Rohr- und Rübenzucker (Saccharose) ■ Malzzucker (Maltose) ■ Milchzucker (Laktose)	■ Stärke ■ Dextrine ■ Glykogen ■ Zellulose ■ Hemizellulose ■ Pektine ■ Inulin ■ Pflanzenschleime ■ Pflanzengummi

Einfachzucker (Monosaccharide)

Einfachzucker sind die kleinste Art der Kohlenhydrate und bestehen nur aus einem Zuckerbaustein. Sie sind Grundbausteine für alle weiteren Kohlenhydrate.

Summenformel der Einfachzucker
$C_6\,H_{12}\,O_6$

Für die Ernährung wichtige Einfachzucker	
Traubenzucker (Glukose)	■ Kommt in Honig, vielen Obst- und Gemüsesorten vor ■ Baustein von Zweifach- und Vielfachzuckern ■ Ist im menschlichen Blut in gelöster Form enthalten ■ Mittlere Süßkraft
Fruchtzucker (Fruktose)	■ Kommt in Honig, Obst und Invertzucker vor ■ Bestandteil des Rohr- und Rübenzuckers ■ Baustein des Vielfachzuckers Inulin ■ Starke Süßkraft
Schleimzucker (Galaktose)	■ Bestandteil des Milchzuckers in der Milch ■ Bestandteil von einigen Vielfachzuckern ■ Im Körper in Schleimstoffen enthalten, z. B. im Speicher ■ Schwache Süßkraft

Struktur der Glukose

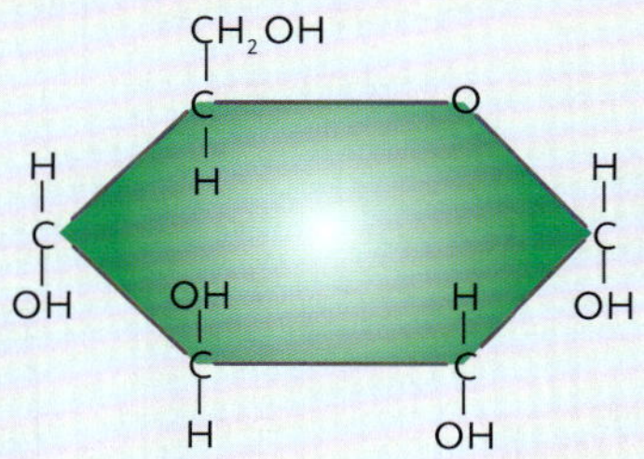

Symbol für Einfachzucker ist die Ringform

Eigenschaften der Einfachzucker

- Wasserlöslich.
- Werden bei der Verdauung nicht weiter abgebaut.
- Gehen direkt ins Blut und liefern rasch Energie.
- Haben unterschiedliche Süßkraft.
- Sind direkt durch Mikroorganismen vergärbar.

Fruchtzucker – der süßeste Zucker!

Alkoholische Gärung	Milchsäuregärung
Einfachzucker ▼ durch Hefepilze vergoren ▼ Alkohol und Kohlendioxid, z. B. zur Lockerung bei Hefeteigen	Einfachzucker ▼ durch Milchsäurebakterien vergoren ▼ Milchsäure, z. B. bei Sauerteigen, Lagerteigen (Lebkuchen), saurer Milch

Zweifachzucker (Disaccharide)

Zweifachzucker entstehen durch den Zusammenschluss von zwei Einfachzuckern. Bei diesem Vorgang wird Wasser abgespalten. Die Art der Zweifachzucker hängt davon ab, welche Einfachzucker sich miteinander verbinden.

Summenformel der Zweifachzucker
$C_{12}H_{22}O_{11}$

Bildung der Zweifachzucker (Disaccharide)

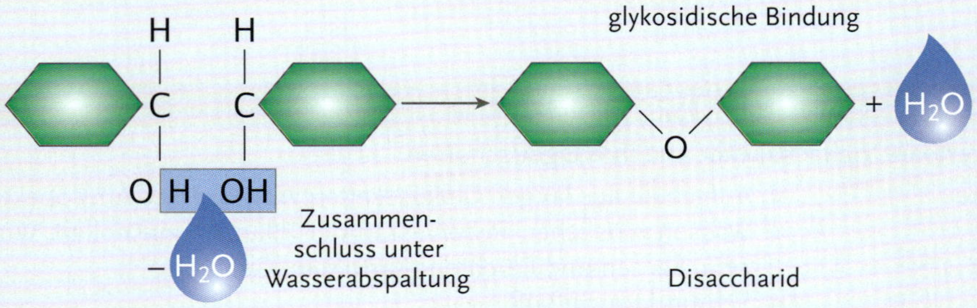

$$C_6H_{12}O_6 + C_6H_{12}O_6 \longrightarrow C_{12}H_{22}O_{11} + H_2O$$

Für die Ernährung wichtige Zweifachzucker	
Rohr- und Rübenzucker (Saccharose)  Glukose Fruktose	■ Kommt in der Zuckerrübe (16–20 %) und im Zuckerrohr (12–15 %) vor ■ Wird in Knollen und Früchten gespeichert ■ In Form von Kristall- und Puderzucker der am meisten verwendete Zucker in der Bäckerei ■ Bei übermäßiger Zufuhr mögliche Ursache für die Entstehung ernährungsbedingter Krankheiten

Regelmäßiges Zähneputzen nach dem Genuss zuckerhältiger Lebensmittel beugt Kariesbildung vor

Relative Süßkraft von Einfach- und Zweifachzuckern

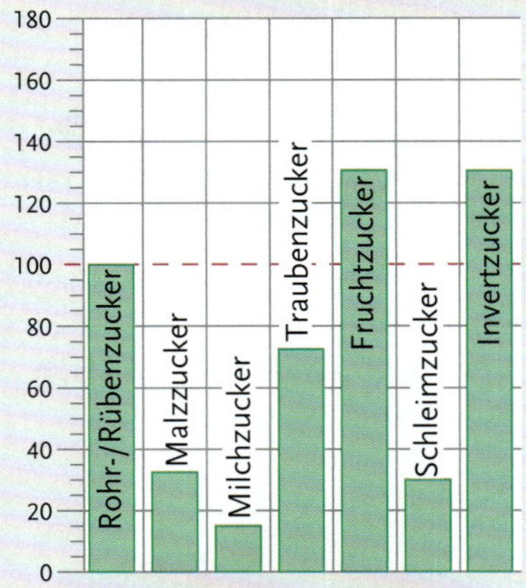

Die Angaben beziehen sich auf Rohr- oder Rübenzucker mit der Süßkraft 100.

Wussten Sie, dass ...
der Blutzuckerspiegel (Gehalt an Glukose im Blut) beim gesunden Erwachsenen nüchtern 60 bis 110 mg Glukose pro 100 ml Blut beträgt?

Stärke wird abgebaut durch:

- Enzyme, z. B. Verdauung.
- Erhitzen und gleichzeitige Säureeinwirkung, z. B. Stärkesirup.
- Trockenes Erhitzen (Rösten oder Backen, 120–160 °C), z. B. Krustenbildung, Glanzstreiche, Glasur.

Für die Ernährung wichtige Zweifachzucker	
Malzzucker (Maltose)  Glukose Glukose	■ Entsteht in keimenden Getreidekörnern durch enzymatischen Abbau von Stärke ■ Wird vor allem aus Gerste und Weizen gewonnen ■ Verwendung als Backmittel (Hefeteige)
Milchzucker (Laktose)  Glukose Galaktose	■ Kommt in der Muttermilch, in der Kuhmilch und in Milchprodukten vor ■ Kann durch Milchsäurebakterien zu Milchsäure abgebaut werden

Eigenschaften der Zweifachzucker

- Wasserlöslich.
- Haben unterschiedliche Süßkraft.
- Erhöhen schnell den Blutzuckerspiegel.
- Werden bei der Verdauung durch Enzyme in Einfachzucker gespalten und gelangen in dieser Form ins Blut.
- Sind erst nach der Spaltung in Einfachzucker vergärbar.

Invertzucker

Invertzucker kommt in natürlicher Form im Bienenhonig (70–75 %) vor. Er ist ein Gemisch aus Trauben- und Fruchtzucker, das durch Enzyme oder Kochen mit verdünnten Säuren aus Rohr- oder Rübenzucker entsteht. In der Lebensmittelindustrie wird er als Weich- und Frischhaltemittel verwendet.

Vielfachzucker (Polysaccharide)

Sie entstehen durch den Zusammenschluss (kettenförmiges Aneinanderlegen) von vielen Einfachzuckern (100 bis mehrere 1 000) unter Abspaltung von Wasser. Vielfachzucker sind verschieden gebaut und haben unterschiedliche Bedeutung.

Bildung der Vielfachzucker (Polysaccharide)

$$nC_6H_{12}O_6 \longrightarrow (C_6H_{10}O_5)_n + (n-1)H_2O$$

Für die Ernährung wichtige Vielfachzucker	
Verwertbare Vielfachzucker und ihre Eigenschaften	
Stärke	■ Aufgebaut aus langen Glukoseketten: Amylose und Amylopektin ■ Wasserunlöslicher Reservestoff der Pflanzen in Knollen, Wurzeln, Samen und Früchten (Kartoffeln, Getreide) ■ Schmeckt nicht süß ■ Wasserunlöslich ■ Verkleistert bei ca. 55–90 °C. Dient daher als Bindemittel, z. B. für Puddings, Krems usw.
Dextrine	■ Aufgebaut aus kurzen Glukoseketten ■ Abbauprodukte der Stärke ■ Wasserlöslich ■ Schmecken leicht süßlich
Glykogen	■ Aufgebaut aus stark verzweigten Glukoseketten ■ Reservestoff im tierischen und menschlichen Körper, in Leber und Muskulatur ■ Wichtiger Energiespeicher; bei Bedarf wird Glykogen zu Glukose abgebaut und dient als Energiequelle

Nicht verwertbare Vielfachzucker und ihre Eigenschaften	
Zellulose	▪ Aufgebaut aus parallel angeordneten, sehr langen Glukoseketten (8 000 bis 12 000 Glukosemolekülen) ▪ Gerüstsubstanz in den pflanzlichen Zellwänden, reichlich in Obst, Gemüse, Hülsenfrüchten, Kartoffeln und Getreiderandschichten ▪ Wasserunlöslich ▪ Wirkt sättigend ▪ Regt die Darmtätigkeit an
Hemizellulose	▪ Aufgebaut aus Pentosen und Hexosen ▪ Begleitstoff der Zellulose
Pektine	▪ Aufgebaut aus verschiedenen Einfachzuckern ▪ Kommen in Früchten, wie Quitten, Äpfeln, Johannisbeeren und Zitrusfrüchten, vor ▪ Stark quellfähig, daher Gelier- und Verdickungsmittel für die Herstellung von Konfitüren, Gelees usw. Gelieren mit Zusatz von Säuren ▪ Quellstoff im Darm
Inulin	▪ Aufgebaut aus Fruktose ▪ Kommt in Zichorie und Topinambur vor ▪ Ausgangsstoff für die Herstellung von Fruchtzucker und Diabetikernahrungsmittel
Pflanzenschleime und Pflanzengummi	▪ Aufgebaut aus verschiedenen Einfachzuckern ▪ Stark quellfähig, daher Gelier- und Verdickungsmittel in der Lebensmittelindustrie und Pharmazie ▪ Agar-Agar, Alginate und Carageen kommen in Algen vor ▪ Gummiarabikum und Tragant sind in den Säften von tropischen Pflanzen enthalten ▪ Guar wird aus der Guarbohne, Johannisbrotkernmehl aus den Johannisbrotkernen gewonnen

! Zellulose besteht wie Stärke aus Glukose, jedoch ist die Anordnung der Ketten anders aufgebaut.

Die quellfähigen, schleimigen **Pentosane** binden beim Anteigen viel Wasser.

Quellstoff = Ballaststoff mit hoher Wasserbindefähigkeit.

Topinambur = kartoffelgroße Knolle einer Sonnenblumenart.

! Pektine, Inulin und einige andere wasserlösliche Ballaststoffe wirken prebiotisch, d. h., sie unterstützen die Bildung von gesundheitsfördernden Darmbakterien.

? Für welche Produkte werden in der Bäckerei Pflanzenschleime verwendet?

3.3 Bedeutung für den Körper

Kohlenhydrate sind für den Körper die wichtigsten Energielieferanten. Die in der Nahrung enthaltenen Kohlenhydrate werden im Verdauungstrakt durch kohlenhydratspaltende Enzyme (Amylase, Maltase, Saccharase, Laktase) zu Einfachzuckern abgebaut (siehe Kapitel Stoffwechsel, Seite 66). Anschließend werden die Einfachzucker vom Darm in das Blut aufgenommen. Der Anstieg des Blutzuckerspiegels hängt von der Art der aufgenommenen Lebensmittel ab. Die Einfachzucker werden zur Leber transportiert. Die Leber ist das wichtigste Stoffwechselorgan.

1 g Kohlenhydrate liefert dem Körper 17 kJ.

Aufgaben der Kohlenhydrate

Energiegewinnung
Einfachzucker werden in den Zellen zu Kohlendioxid und Wasser abgebaut. Dabei wird Sauerstoff verbraucht, und Energie wird frei. Gehirn- und Nervenzellen können nur aus Einfachzuckern Energie gewinnen.

Speicherung
Traubenzucker, der nicht zur Energiegewinnung verwendet wird, kann in Glykogen umgewandelt werden. Glykogen wird kurzfristig in der Leber und in den Muskeln gespeichert. Bei Bedarf wird es wieder zu Traubenzucker abgebaut und zur Gewinnung von Energie verwendet.

Umbau zu Fett
Sind die Speicher mit Glykogen gefüllt und werden über längere Zeit sehr viele Kohlenhydrate zugeführt, bildet sich aus dem Kohlenhydratüberschuss Fett. Es wird im Fettgewebe gespeichert. Die Folge ist Gewichtszunahme.

Kohlenhydratstoffwechsel

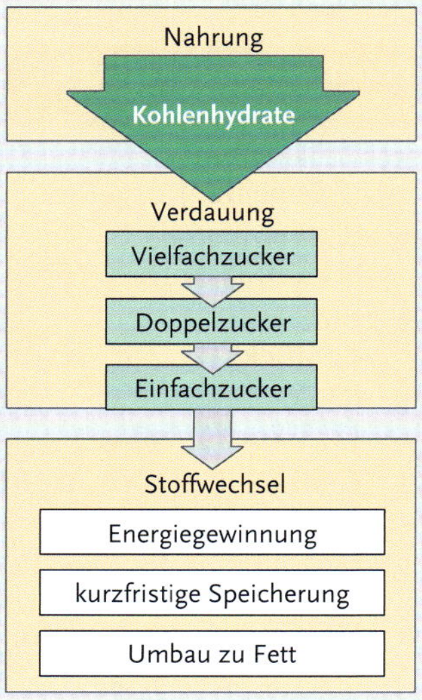

Trinken Sie genug! Zur Verdauung ballaststoffreicher Nahrungsmittel benötigt man viel Flüssigkeit!

Darmperistaltik = wellenartige Bewegungen des Darms zum Weitertransport des Speisebreis.

Der Tagesbedarf an Ballaststoffen beträgt mindestens 30 g.

Energiebedarf von Jugendlichen	
weiblich	männlich
ca. 9 800 kJ	ca. 12 200 kJ
50–60 % Kohlenhydrate =	
290–345 g	**360–430 g**

Wussten Sie, dass ...
ein Liter Cola 100 g Zucker enthält?

So können Sie Ihren täglichen Ballaststoffbedarf decken:

100 g	Vollkornbrot (2 Scheiben)	8,5 g
30 g	Vollkornhaferflocken (4 EL)	2,0 g
80 g	Brötchen (2 Stück)	1,0 g
300 g	Obst (2–3 Portionen)	6,0 g
300 g	Gemüse/Salat (je eine Portion)	6,0 g
250 g	Kartoffeln (1 Portion)	6,2 g
		29,7 g

Ballaststoffe

Ballaststoffe sind Bestandteile pflanzlicher Lebensmittel, die nicht oder nur teilweise von den Darmbakterien abgebaut werden können. Sie liefern keine Energie, erfüllen aber wichtige Funktionen im Körper.

Man unterscheidet

- **Unlösliche Ballaststoffe:** Zellulose und Hemizellulose.
- **Lösliche Ballaststoffe:** Pektine, Inulin, Pflanzenschleime und Pflanzengummi.

Ballaststoffe – Schlüssel zur Gesundheit

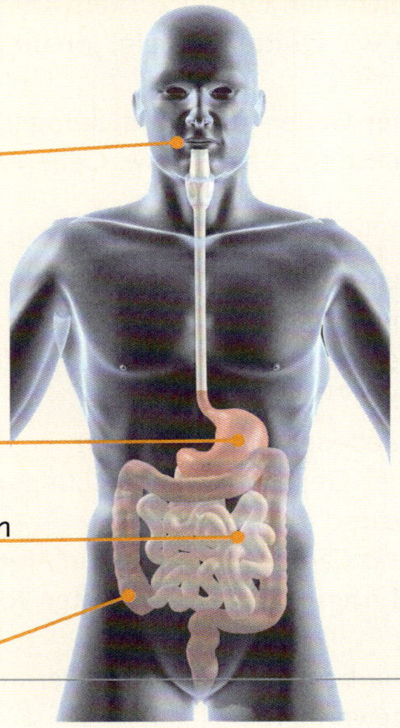

Ballaststoffe

- Regen die Kautätigkeit an, erhöhen dadurch den Speichelfluss.
- Fördern die vermehrte Abgabe von Verdauungsenzymen.
- Fördern das Sättigungsgefühl, weil die Entleerung des Magens verzögert wird. Dadurch wird Übergewicht vermieden.
- Verlangsamen die Kohlenhydrataufnahme ins Blut, wodurch die Insulinproduktion der Bauchspeicheldrüse entlastet wird.
- Regelmäßige Stuhlentleerung, da Ballaststoffe die Darmperistaltik anregen.
- Sorgen für die Ausscheidung von Giftstoffen.

Kohlenhydratbedarf

Kohlenhydrate sollen **Hauptbestandteil unserer Nahrung** sein. Auf die richtige Menge und sorgfältige Auswahl kommt es an.

Empfehlungen

- **50–60 % des täglichen Energiebedarfes** sollen durch Kohlenhydrate gedeckt werden.
- **Zwei Drittel** der erforderlichen Kohlenhydratmenge sollen durch **Vielfachzucker** aufgenommen werden. Der Bedarf kann durch die Zufuhr von ballaststoffreichen und stärkereichen Lebensmitteln wie Getreideprodukten, Kartoffeln, Gemüse und Hülsenfrüchten gedeckt werden.
- **Ein Drittel** der erforderlichen Kohlenhydratmenge kann in Form von **Einfach- und Zweifachzuckern** zugeführt werden. Es sollen jedoch maximal 10 % der Energiemenge durch Zucker gedeckt werden. Übermäßiger Zuckergenuss verursacht Karies, Übergewicht, Diabetes mellitus, Herz-Kreislauf-Erkrankungen, Gicht usw.

So decken Sie Ihren Kohlenhydratbedarf	
Genießen Sie viel ...	Essen Sie weniger ...
■ Obst und Gemüse ■ Brot, Reis, Getreideflocken, Breie und Teigwaren – am besten Vollkornprodukte ■ Kartoffeln und Hülsenfrüchte	■ Zucker, Süßigkeiten und Süßspeisen
Diese Lebensmittel enthalten viel Ballaststoffe, Stärke, Vitamine, Mineralstoffe und sekundäre Pflanzenstoffe.	Diese Lebensmittel enthalten neben Kohlenhydraten kaum wertvolle Begleitstoffe.

Arbeitsaufgaben

1. Beschreiben Sie die Bildung der Kohlenhydrate in der Pflanze.
2. Nennen Sie die verschiedenen Arten von Kohlenhydraten! Erklären Sie ihren spezifischen Aufbau.
3. Erläutern Sie die Vergärbarkeit der Kohlenhydrate mithilfe von Hefepilzen und Milchsäurebakterien.
4. Erörtern Sie die Bedeutung folgender Vielfachzucker in der Bäckerei: Stärke, Dextrine, Pektine und Pflanzenschleime.
5. Erklären Sie die Bedeutung der Kohlenhydrate für den menschlichen Körper.
6. Bestimmen Sie Ihren Kohlenhydratbedarf.
7. Erstellen Sie eine Auswahl an Kohlenhydraten, die eine optimale Bedarfsdeckung gewährleisten.
8. Beschreiben Sie die Wirkung der Ballaststoffe.

Notizen zu den Arbeitsaufgaben:

4 Fette (Lipide)

Mit Fett schmeckt alles besser! Aber wir essen zu viel davon und vor allem die falschen Fette. Fett liefert von allen Nährstoffen die meiste Energie – doppelt so viel wie Kohlenhydrate und Eiweiß. Daher ist Fett Hauptursache für die Bildung von Übergewicht. Das belastet den Körper und ist ein Risikofaktor für die Entstehung verschiedener Krankheiten, wie Herz-Kreislauf-Erkrankungen, Diabetes mellitus, Krebs usw.

Bewusst ausgewählt und maßvoll genossen, sind Fette ein wichtiger Bestandteil unserer Ernährung.

Unsere Ziele

Nach Bearbeitung dieses Teilkapitels werden Sie ...

- über den Aufbau der Fette unterrichtet sein;
- wissen, welchen Einfluss die Struktur der Fettsäuren auf ihre Eigenschaften hat;
- über die spezifischen Eigenschaften der Fette Bescheid wissen;
- die Bedeutung von Lezithin und Karotin kennen;
- über die möglichen Folgen eines erhöhten Blutcholesterinspiegels Bescheid wissen;
- über die Fetthärtung informiert sein;
- die ernährungsphysiologische Bedeutung der Fette kennen;
- wissen, wie Sie Ihren täglichen Fettbedarf optimal decken sollen.

4.1 Einteilung der Fette

Fette (Lipide)		
Einfache Lipide	**Komplexe Lipide** (fettähnliche Stoffe)	**Fettbegleitstoffe**
■ Triglyzeride	■ Phospholipide (Lezithin)	■ Sterine ■ Karotinoide

4.2. Einfache Lipide

Einfache Lipide haben mengenmäßig die größte Bedeutung. Der Einfachheit halber werden sie in den folgenden Kapiteln als Fette bezeichnet.

Aufbau

Fette werden in Pflanzen aus Kohlenstoff (C) Wasserstoff (H) und Sauerstoff (O) gebildet. Die Pflanzen bauen im Anschluss an die Fotosynthese durch Umlagerung von Kohlenhydraten Fette auf und lagern sie meist in den Samen und Früchten ab. Mensch und Tier nehmen Fett über die Nahrung auf, sie können es aber auch selbst – durch Umwandlung von Pflanzenfett und Kohlenhydraten – bilden.

Die Bausteine der Fette sind **Glyzerin** und **Fettsäuren.**

Bildung

Bei der Fettbildung verbindet sich ein Glyzerinmolekül mit drei Fettsäuremolekülen zu einem Fettmolekül. Bei diesem Vorgang werden drei Wassermoleküle abgespalten. Dieser Vorgang wird in der Chemie als **Veresterung** bezeichnet.

Fettbildung

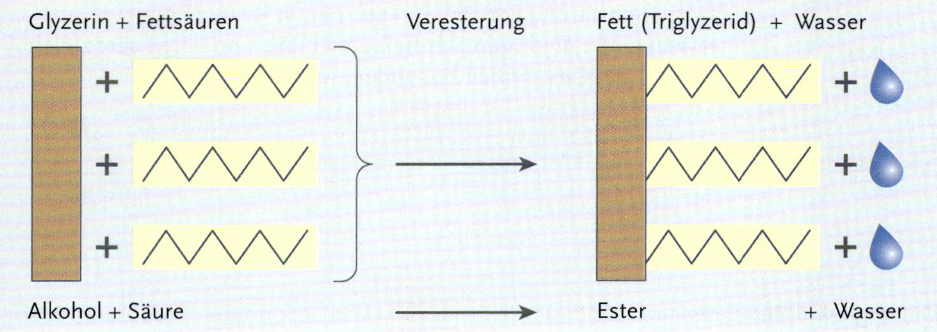

Glyzerin

Glyzerin ist ein dreiwertiger Alkohol. Er hat drei OH-Gruppen.

Fettsäuren

Fettsäuren sind organische Säuren mit unterschiedlichem chemischem Aufbau. Dieser beeinflusst die physikalischen und technologischen Eigenschaften sowie die ernährungsphysiologische Bedeutung. Die Fettsäuren unterscheiden sich durch

- die Anzahl der C-Atome (Kettenlänge),
- die Anzahl und die Lage der Doppelbindungen.

Fettbildung in der Pflanze

Die Traubenzuckermoleküle werden biochemisch umgewandelt und als Fette in den Samen gelagert.

Symbole für Fette

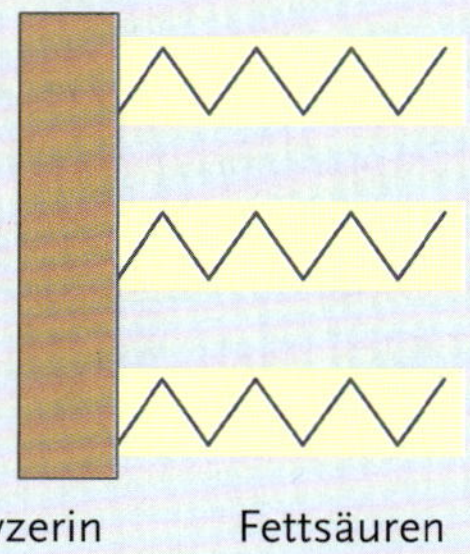

Aufgrund des chemischen Aufbaus werden Fette auch als **Triglyzeride** bezeichnet.

Wussten Sie, dass ...
Glyzerin auch als Feuchthaltemittel dient?

Fisch – ein wertvoller Lieferant von ungesättigten Fettsäuren

Fettsäuren	
Gesättigte	■ Stearinsäure ■ Palmitinsäure ■ Buttersäure
Einfach ungesättigte	■ Ölsäure
Zweifach ungesättigte	■ Linolsäure
Dreifach ungesättigte	■ Linolensäure

Linolsäure ist besonders in Maiskeim-, Sonnenblumenöl und Nüssen enthalten. **Linolensäure** ist vielfach in Raps-, Soja- und Walnussöl enthalten.

Omega 9 bedeutet, dass die erste Doppelbindung am neunten C-Atom liegt (ausgehend vom Kettenende, das keine Säuregruppe [COOH] trägt). Was bedeutet Omega 6?

Essenziell = lebensnotwendig.

Transfettsäuregehalt von Lebensmitteln	
Rinderfett (Milchfett)	3–6 %
Margarine	2–3 %
Pflanzenmargarine (weich)	bis 1 %
Blätterteig	bis 2 %
Mürbeteiggebäck	1,5–2 %
Pommes frites	2–3 %

Einteilung der Fettsäuren	
Nach der Kettenlänge – Anzahl der C-Atome	
Kurzkettige Fettsäuren	Enthalten 4–6 C-Atome, z. B. Buttersäure im Milchfett
Mittelkettige Fettsäuren	Enthalten 8–12 C-Atome, z. B. Laurinsäure im Kokosfett und Palmkernfett
Langkettige Fettsäuren	Enthalten 14–18 C-Atome, z. B. Stearinsäure in Milchfett, Schweinefett, Kakaobutter usw.

Je kürzer die Kettenlänge, desto niedriger der Schmelzpunkt. Je niedriger der Schmelzpunkt, desto **leichter verdaulich** sind die Fette, da sie vom Körper leichter aufgespalten und somit aufgenommen werden können.

Nach der Anzahl und Lage der Doppelbindungen	
Gesättigte Fettsäuren	Sie haben keine Doppelbindung, die Atome werden ausschließlich mit Einfachbindungen zusammengehalten. Gesättigte Fettsäuren sind meist in tierischen Fetten enthalten und haben einen hohen Schmelzpunkt. Diese Fette sind schwer verdaulich.
Stearinsäure	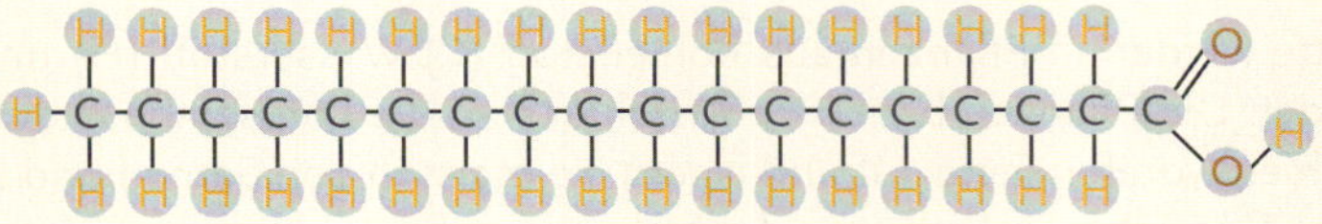
Einfach ungesättigte Fettsäuren	Sie haben eine Doppelbindung. Die erste Doppelbindung liegt am neunten C-Atom. Ölsäure in Oliven- und Rapsöl enthält diese Fettsäuren. Diese Öle sind für die Gesundheit besonders wertvoll.
Ölsäure	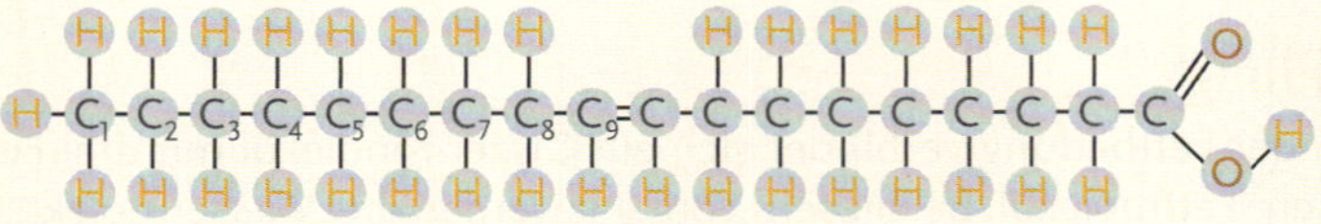
Mehrfach ungesättigte Fettsäuren	Sie haben zwei, drei oder vier Doppelbindungen. Die wichtigsten mehrfach ungesättigten Fettsäuren sind die **Linolsäure** (Omega-6-Fettsäure) und die **Linolensäure** (Omega-3-Fettsäure). Mehrfach ungesättigte Fettsäuren kommen in Pflanzenölen vor und haben einen niedrigen Schmelzpunkt. Sie sind leicht verdaulich und für die Gesundheit besonders wertvoll.
Linolsäure	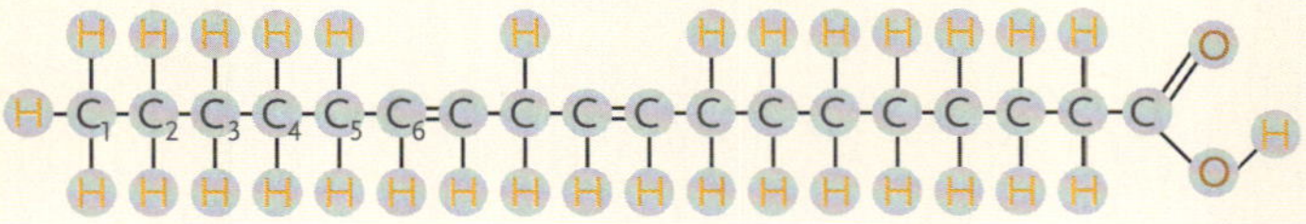

Die **ungesättigten Fettsäuren** sind für die Ernährung von besonderer Bedeutung. Mehrfach ungesättigte Fettsäuren sind essenziell. Sie müssen mit der Nahrung aufgenommen werden. Der Körper kann sie selbst nicht bilden.

Transfettsäuren sind ungesättigte Fettsäuren, die bei der Fetthärtung (besonders bei der teilweisen Härtung) und beim Hocherhitzen der Fette entstehen. Sie kommen in natürlicher Form auch in Milch und Milchprodukten (Wiederkäuerfetten) vor. Bei Aufnahme größerer Mengen von Transfettsäuren besteht ein gesteigertes Risiko für Herzerkrankungen.

Folgende Bäckerei- und Konditoreierzeugnisse enthalten Transfettsäuren:

- Milch-, Butter-, Sahnegebäcke und -füllungen
- Produkte mit Margarine aus/oder mit Wiederkäuerfetten (Rindertalg)
- Produkte mit Back- oder Ziehfetten aus (teilweise) gehärteten Pflanzenfetten
- Frittierte Erzeugnisse, Siedegebäcke

Fettsäuren beeinflussen den Blutspiegel

- **Einfach ungesättigte** und **mehrfach ungesättigte Fettsäuren** haben einen positiven Einfluss auf den Cholesteringehalt im Blut. Sie bewirken eine geringere Ablagerung von Blutfett an den Gefäßwänden.
- **Langkettige gesättigte Fettsäuren** und **Transfettsäuren** lassen den Blutfettspiegel ansteigen und bewirken eine stärkere Ablagerung an Blutfett (Arteriosklerose).

Menge und Zusammensetzung der Nahrungsfette sind daher für die Ernährung bedeutend.

Transfettsäuren in Wiederkäuerfetten entstehen durch den Stoffwechsel der Pansenbakterien. Wir lehnen chemisch identische Stoffe ab, weil sie aus der Fettfabrik und nicht aus dem Rindermagen kommen. Die physiologische Wirkung ist in beiden Fällen die gleiche! Diskutieren Sie Für und Wider!

Arteriosklerose = Gefäßverengung durch Ablagerungen von Fett, Kohlenhydraten, Blutbestandteilen usw. an der Arterieninnenwand.

Fettsäurezusammensetzung verschiedener Fette und Öle in Prozent

	gesättigte Fettsäuren	einfach ungesättigte Fettsäuren	mehrfach ungesättigte Fettsäuren
Tierisch			
Butter	60	37	3
Schweineschmalz	43	49	8
Pflanzlich			
Kokosfett	91	7	2
Olivenöl	15	77	8
Rapsöl	5	65	30
Erdnussöl	19	39	42
Sesamöl	14	42	44
Sojaöl	14	34	52
Maiskeimöl	14	33	53
Diätmargarine	23	22	55

Quelle: BMUJF

Wissenswertes dazu

Das Verhältnis der aufgenommenen Omega-6- zu Omega-3-Fettsäuren sollte weniger als 5 : 1 betragen. Es beträgt bei den Eskimos 1 : 1, bei der europäischen und amerikanischen Bevölkerung 20 bis 50 : 1, was zu einem Ungleichgewicht des Stoffwechsels führt.

Eigenschaften

Aufgrund ihres Aufbaus haben Fette verschiedene Eigenschaften.

Löslichkeit

- Fette sind in Wasser unlöslich. Sie haben ein geringeres spezifisches Gewicht als Wasser und setzen sich daher an der Oberfläche ab.
- Fette sind nur in Benzin, Benzol, Alkohol und Ether löslich. Diese werden daher auch als Fleckenentferner verwendet.
- Fette sind selbst Lösungsmittel für die fettlöslichen Vitamine A, D, E, K.

Schmelzbereich

Fette schmelzen bei unterschiedlichen Temperaturen. Den Temperaturbereich, in dem feste Fette durch Erwärmung zuerst weich und dann flüssig werden, bezeichnet man als Schmelzbereich. Die enthaltenen Fettsäuren beeinflussen den Schmelzpunkt.

- **Hoher Schmelzpunkt:** Der Schmelzpunkt eines Fettes ist umso höher, je langkettiger die enthaltenen Fettsäuren sind.
- **Niedriger Schmelzpunkt:** Der Schmelzpunkt ist umso niedriger, je mehr Doppelbindungen in den Fettsäuren enthalten sind.

Schmelzbereich einiger Nahrungsfette

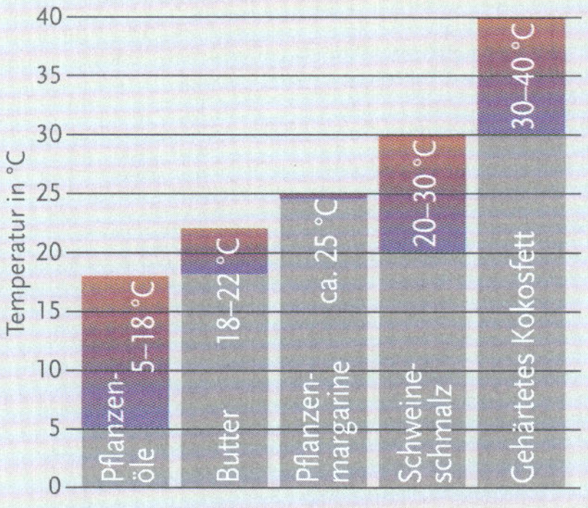

Öle sind bei Raumtemperatur flüssig, Fette fest.

Fetthärtung

Der Schmelzpunkt von Fett kann durch spezielle Verfahren erhöht werden.

Hydrierung – Wasserstoffanlagerung

Dabei werden durch Aufheben der Doppelbindungen die ungesättigten Fettsäuren zu gesättigten Fettsäuren umgewandelt. Da gesättigte Fettsäuren einen höheren Schmelzpunkt haben, werden aus flüssigen Ölen feste Fette. Dieser Vorgang hat besonders bei der Margarineherstellung Bedeutung. Auch der Rauchpunkt kann durch dieses Verfahren erhöht werden.

Fetthärtung durch Hydrierung

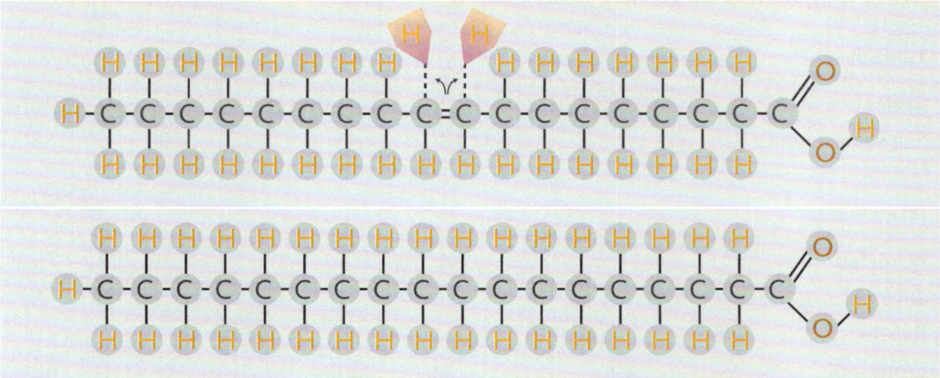

$C_{17}H_{33}COOH$ (ungesättigte Ölsäure) + 2 H-Atome = $C_{17}H_{35}COOH$ (gesättigte Stearinsäure)

Umesterung

Dabei werden ungesättigte Fettsäuren aus dem Fettmolekül herausgetrennt und durch gesättigte Fettsäuren ersetzt. So wird flüssiges Fett weich oder hart gemacht. Dieses Verfahren wird bei der Herstellung von Back- und Spezialfetten angewendet.

Rauchpunkt – Zersetzungspunkt

Fette sind unterschiedlich hoch erhitzbar. Bei der Überhitzung wird das Fett zunächst in Glyzerin und freie Fettsäuren gespalten. Anschließend entsteht ein stechend riechendes Gas, das Akrolein. **Akrolein** ist gesundheitsschädlich. Je mehr gesättigte Fettsäuren enthalten sind, desto höher ist der Rauchpunkt, desto höher lassen sich die Fette erhitzen. Der Beginn der Zersetzung wird als Rauchpunkt bezeichnet.

Rauchpunkt – Zersetzungspunkt

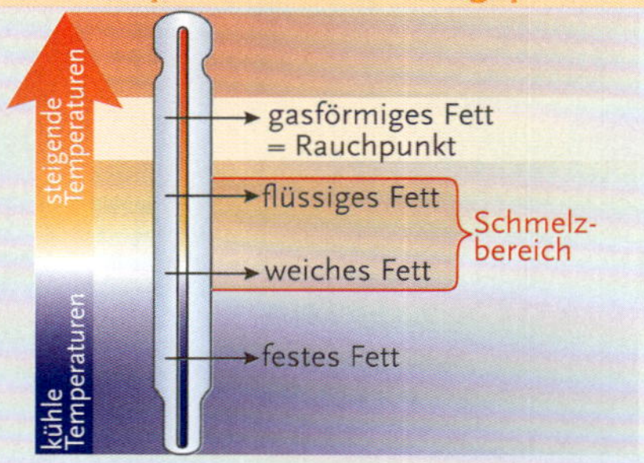

Nur Fette mit hohem Rauchpunkt eignen sich als Siedefette.

Zersetzungspunkt einiger Nahrungsfette

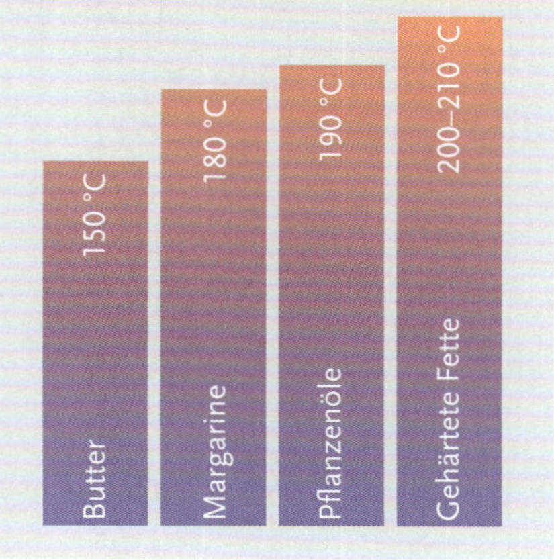

Emulgierbarkeit

Fette sind wasserunlöslich, können aber in Flüssigkeiten tröpfchenartig verteilt werden. Es entsteht eine **Emulsion.** Damit die Emulsion erhalten bleibt, ist der Zusatz eines Emulgators oder eines geeigneten Verfahrens (Homogenisieren) notwendig. Emulgatoren enthalten Wasser anziehende und Wasser abstoßende Anteile. Sie umschließen die Fetttröpfchen bzw. Wassertröpfchen und halten sie in Schwebe. Ein wichtiger Emulgator ist das Lezithin (siehe komplexe Lipide, Seite 36).

Öl in Wasser

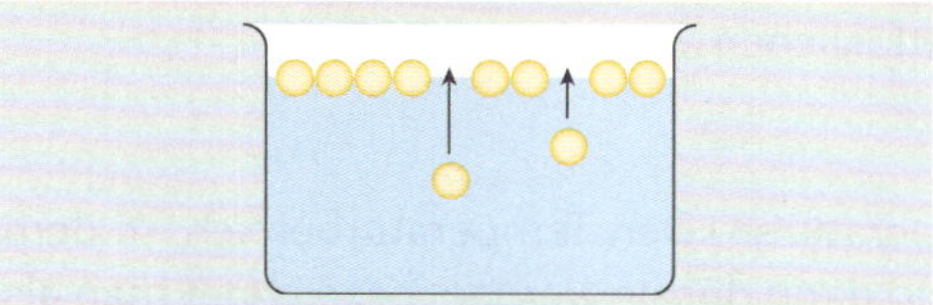

Fett schwimmt an der Oberfläche

Emulsion

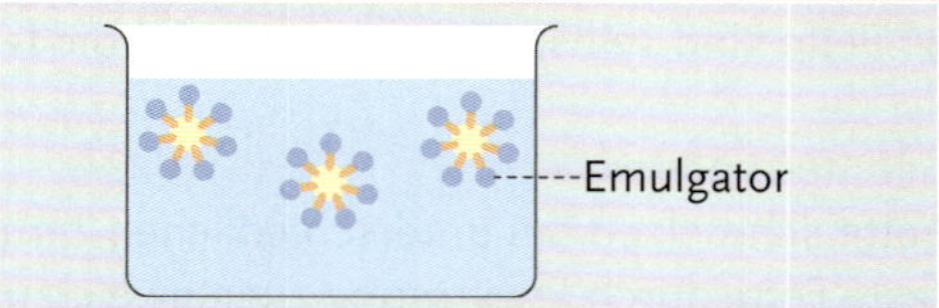

Fett, in Wasser tröpfchenartig verteilt

Emulgierte Fette sind leichter verdaulich, da sie durch die größere Oberfläche schneller von den Verdauungsenzymen angegriffen werden können.

Emulsionsarten

Wasser in Öl	Öl in Wasser
Butter	Milch
Margarine	Sahne
Mayonnaise	

Fettverderb

Fette verderben durch die Einwirkung von **Licht, Sauerstoff, Wärme, Metallen** (vor allem Kupfer) und **Mikroorganismen.** Dabei werden die Fette in ihre Bestandteile – Glyzerin und Fettsäuren – gespalten. Es bilden sich ein unangenehmer Geruch und Geschmack (Ranzigwerden). Ungesättigte Fettsäuren sind besonders gegen Sauerstoff empfindlich. Sind sie der Luft länger ausgesetzt, entstehen gesundheitsschädliche Stoffe. Der Zusatz von Vitamin E sowie kühle, trockene, licht- und luftgeschützte Lagerung verzögern den Verderb.

Bedeutung für den Körper

Die Fette der Nahrung werden bei der Verdauung emulgiert und anschließend durch Fett spaltende Enzyme (Lipasen) zu Glyzerin und Fettsäuren abgebaut. (siehe Kapitel Stoffwechsel, Seite 66). Sie gelangen vom Darm über die Lymphe in das Blut. Durch das Blut werden die Fette zur Leber und zu den Zellen transportiert, wo sie verschiedene Aufgaben erfüllen.

Aufgaben der Fette

Energiegewinnung

Fette sind die größten Energielieferanten. Bei Energiebedarf werden die Fette in den Zellen stufenweise zu Kohlendioxid und Wasser abgebaut. Dabei wird Sauerstoff verbraucht und Energie frei.

Speicherung

Ein Überschuss an Fett in der Nahrung wird im Körper vor allem im Unterhautgewebe gespeichert. Diese Fettreserven werden als **Depotfett** bezeichnet. Eine bestimmte Menge an Depotfett dient dem Körper als Schutz. Innere Organe wie Niere und Gehirn werden vor Stoß und Druck geschützt. Depotfett schützt auch vor Wärmeverlust nach außen. Bei ständiger Überversorgung mit Fett in Verbindung mit zu wenig körperlicher Bewegung entsteht Übergewicht.

Spezifische Aufgaben

Fette enthalten fettlösliche Vitamine und essenzielle Fettsäuren. Der Körper benötigt sie in der entsprechenden Menge. Essenzielle Fettsäuren sind vor allem für den Aufbau und die Funktion der Zellen wichtig. Die fettlöslichen Vitamine A, D, E, K und Betakarotin (Vorstufe des Vitamins A) können nur bei Anwesenheit von Fett aus dem Darm aufgenommen werden.

Fettbedarf

Fette liefern dem Körper bereits in kleinen Mengen sehr viel Energie. Daher muss die tägliche Zufuhr dem Bedarf angepasst werden.

Empfehlungen

- **25–30 %** des täglichen Energiebedarfs sollen durch Fett gedeckt werden.
- Bei körperlich schwer arbeitenden Menschen, Schwangeren und Stillenden, Kindern und Säuglingen ist eine Erhöhung auf 35 % vertretbar.
- Bevorzugen Sie **pflanzliche Fette** und schränken Sie tierische Fette ein.
- Erwachsene sollen täglich mindestens **10 g essenzielle Fettsäuren** aufnehmen.

Fettverderb

- Licht
- Sauerstoff
- Wärme
- Wasser
- Metalle
- Mikroorganismen

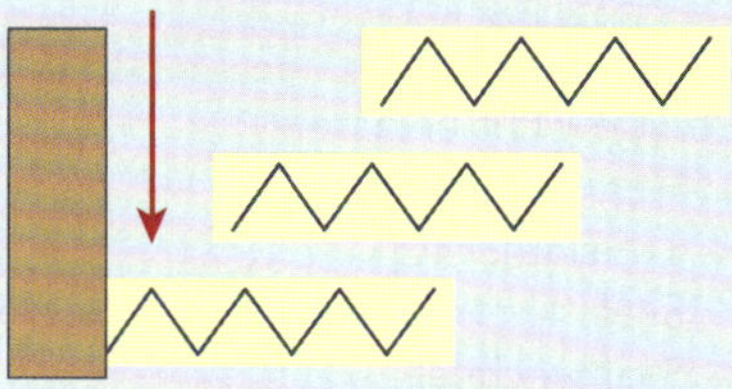

Zersetzte Fette sind gesundheitsschädlich!

Lymphe = Gewebsflüssigkeit, die sich in den Lymphgefäßen sammelt.

1 g Fett liefert dem Körper 37kJ!

Fettstoffwechsel

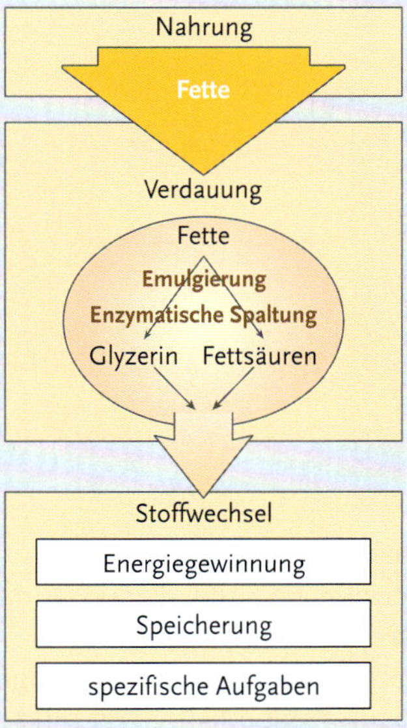

Optimale Zufuhr von Fettsäuren

Neben der Fettmenge ist vor allem die Art der aufgenommenen Fettsäuren von Bedeutung.

Fettbedarf von Jugendlichen	
weiblich	männlich
ca. 9 800 kJ	ca. 12 200 kJ
30 % Fett =	
80 g	**100 g**

Gesundheitsrisiko Übergewicht

Übergewicht belastet
- Herz
- Kreislauf
- Skelett
- Stoffwechsel

Lezithinmolekül

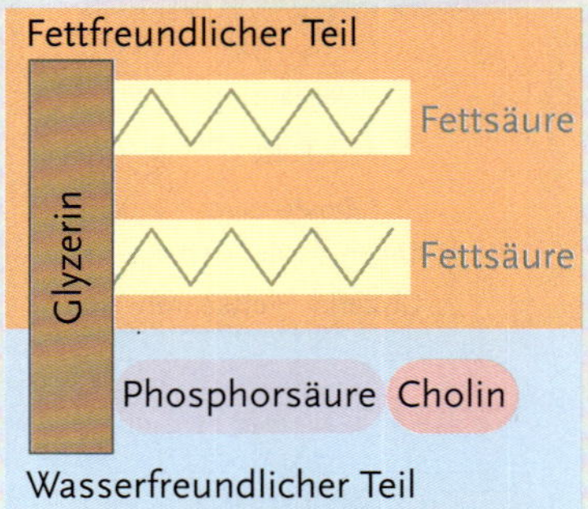

Lezithin hat sowohl eine fettfreundliche Seite als auch eine wasserfreundliche. Deshalb kann es Fette in einer wässrigen Lösung stabil halten: es wirkt als **Emulgator.**

Bildung von Arteriosklerose

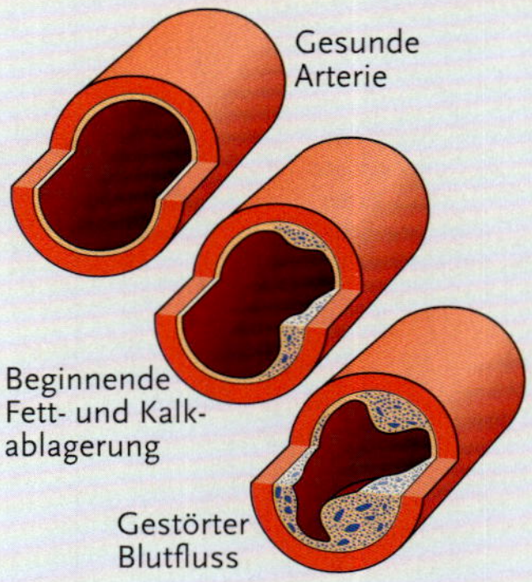

So decken Sie Ihren Fettbedarf	
20 % Kochfett	■ Hochwertiges Öl wie Raps-, Maiskeim-, Sonnenblumen-, Oliven-, Soja-, Walnussöl usw. verwenden ■ Täglicher Bedarf ca. 20–25 g ■ Fettarme Zubereitungsarten wie Dünsten, Dämpfen, Grillen wählen
30 % Streichfett	■ Butter oder Margarine ■ Täglicher Bedarf ca. 20 g ■ Streichfette nur dünn auftragen
50 % versteckte Fette	■ Fettarme Lebensmittel wählen ■ Fettarme Milch und Milchprodukte sowie magere Fleisch- und Wurstsorten vorziehen ■ Fettreiche Süßigkeiten nur in kleinen Mengen genießen

4.3 Komplexe Lipide (fettähnliche Stoffe)

Komplexe Lipide haben einen komplizierten, den Fetten ähnlichen Aufbau. Sie bestehen aus einem Glyzerin mit nur ein oder zwei Fettsäuren und anderen Säuren. Fettähnliche Stoffe kommen in jeder Zelle vor, besonders jedoch in der Gehirn- und Nervensubstanz. Der bekannteste Vertreter ist **Lezithin.**

Lezithin

Lezithin ist hauptsächlich in Eigelb und Soja enthalten. Im Körper ist es Baustoff der Gehirn- und Nervenzellen und der Zellmembranen. Seine emulgierende Wirkung (siehe Eigenschaften der Fette) wird in der Lebensmittel- und Pharmaindustrie sowie in der Küchenpraxis genützt.

4.4 Fettbegleitstoffe

Fettbegleitstoffe haben vom Aufbau her keine Gemeinsamkeit mit Fetten (besitzen keine Fettsäuren). Sie sind aber in Fetten enthalten. Zu ihnen zählen die **Sterine** und **Karotinoide.**

Sterine

Sterine sind fettlöslich. Es gibt tierische und pflanzliche Sterine.

Tierische Sterine

Der bekannteste Vertreter ist **Cholesterin.** Es kommt in tierischen Lebensmitteln wie Eigelb, Innereien, fetten Fleisch- und Wurstwaren sowie fetten Milchprodukten vor. Es wird im menschlichen und tierischen Körper gebildet und ist ein wichtiges **Stoffwechselzwischenprodukt.** Täglich werden im menschlichen Körper **1 bis 1,5 g** Cholesterin produziert.

Aufgaben von Cholesterin
- Baustein für die Gallensäurebildung.
- Baustein für die Bildung wichtiger Hormone.
- Baustein für die Bildung von Vitamin D.
- Baustein für die Zellwände.

Pro Tag sollten höchstens **300 mg Cholesterin** aufgenommen werden. Ein erhöhter Cholesteringehalt im Blut begünstigt die Fettablagerungen an den Gefäßwänden und die Entstehung von Herz- und Kreislauferkrankungen. Es kommt zu krankhaften Ablagerungen an den Blutgefäßen **(Arteriosklerose).**

Pflanzliche Sterine (Phytosterine)

Pflanzensterine sind hauptsächlich in fetthaltigen Pflanzenteilen enthalten. Ihr Aufbau ist ähnlich des Cholesterins. Phytosterine werden den sekundären Pflanzenstoffen (siehe Kapitel bioaktive Substanzen, Seite 59) zugeordnet. Sie haben eine Cholesterin senkende Wirkung und beugen Krebs vor.

Zu den pflanzlichen Sterinen zählt **Ergosterin,** das in pflanzlichen Lebensmitteln wie Weizenkeimöl, Hefe, Pilzen usw. enthalten ist. Es ist eine Vorstufe des Vitamins D. Unter Einwirkung von UV-Strahlen des Sonnenlichts wird in der Haut aus Ergosterin Vitamin D aufgebaut.

Karotinoide

Karotinoide sind in Pflanzen enthalten. Ihr bekanntester Vertreter ist das **Karotin.** Karotin ist ein rötlich orangefarbiger Farbstoff. Es kommt in Früchten und Gemüse sowie im Eigelb reichlich vor. Karotin ist die Vorstufe des Vitamins A und wird in der Darmwand zu Vitamin A umgewandelt (siehe Kapitel Vitamine, Seite 54).

? Arbeitsaufgaben

1. Erklären Sie, wo Fette gebildet bzw. aufgebaut werden.
2. Erläutern Sie die Einteilung der Fette. Erstellen Sie eine Mindmap.
3. Beschreiben Sie den Aufbau der Fette.
4. Skizzieren Sie den Aufbau eines Fettmoleküls.
5. Nennen Sie die verschiedenen Arten von Fettsäuren.
6. Beschreiben Sie die Struktur der verschiedenen Fettsäuren und ihre Eigenschaften.
7. Erklären Sie, den Vorgang der Fetthärtung. Nennen Sie Beispiele für die Nutzbarmachung der Fetthärtung.
8. Beschreiben Sie die Wirkung von Emulgatoren.
9. Nennen Sie Faktoren, die einen Fettverderb verursachen.
10. Erklären Sie den Fettstoffwechsel im menschlichen Körper.
11. Erläutern Sie, wie hoch der tägliche Fettbedarf des Menschen ist.
12. Zählen Sie Lebensmittel auf, mit denen Sie Ihren Fettbedarf optimal decken können.
13. Erklären Sie die Bedeutung von Lezithin.
14. Nennen Sie die Aufgaben, die Cholesterin im menschlichen Körper erfüllt.
15. Beschreiben Sie die möglichen Folgen eines überhöhten Cholesterinspiegels.
16. Erklären Sie, wozu der Fettbegleitstoff Karotin dient.

Notizen zu den Arbeitsaufgaben:

5 Eiweißstoffe (Proteine)

Eiweiß ist der Baustoff für das Leben! Denn jede Zelle unseres Körpers besteht aus Eiweiß. Wir benötigen Eiweiß zum Aufbau und zur Erneuerung der Körpersubstanz. Es gibt viele Arten von Eiweiß. Sie erfüllen im Körper unterschiedliche Aufgaben.

Eiweiß ist in tierischen und pflanzlichen Lebensmitteln enthalten. Wir müssen unserem Körper regelmäßig Eiweiß zuführen. Bei Eiweißmangel treten Krankheiten auf, was vor allem in Entwicklungsländern ein großes Problem darstellt.

Unsere Ziele

Nach Bearbeitung dieses Teilkapitels werden Sie ...

- wissen, welche Bedeutung die Eiweißstoffe für den Menschen haben;
- die Struktur der Eiweißstoffe kennen;
- die verschiedenen Arten der Eiweißstoffe kennen;
- über die Eigenschaften der Eiweißstoffe Bescheid wissen;
- über die biologische Wertigkeit der Eiweißstoffe unterrichtet sein;
- Ihren Eiweißbedarf kennen.

5.1 Bildung

Die Bausteine der Eiweißstoffe sind die Aminosäuren. Sie bestehen aus **Kohlenstoff (C), Wasserstoff (H), Sauerstoff (O)** und **Stickstoff (N)**, eventuell auch aus **Schwefel (S).**

Wussten Sie, dass ...
Eiweißstoffe die einzige vom Menschen verwertbare Stickstoffquelle sind?

Kreislauf der Eiweißstoffe

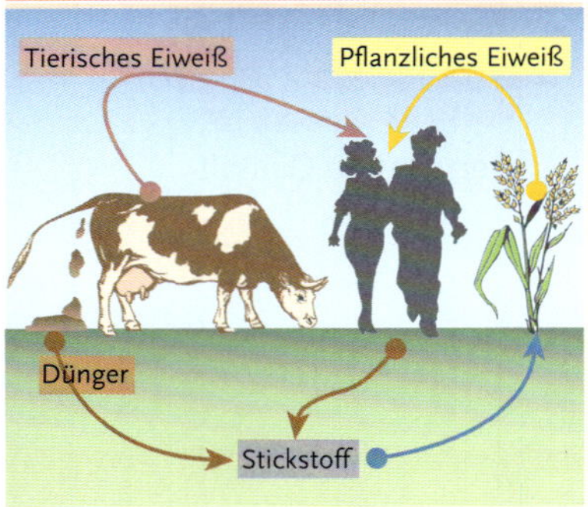

- Eiweiß wird in den Pflanzen oder durch Bakterien und Pilze gebildet. Die Pflanzen benötigen dazu den Einfachzucker aus der Fotosynthese und wasserlösliche Stickstoffverbindungen aus dem Boden.
- Tiere bauen das im Futter enthaltene Eiweiß zu körpereigenem Eiweiß um.
- Der Mensch kann sowohl aus pflanzlichem als auch aus tierischem Eiweiß Körpereiweiß aufbauen.

Bau der Aminosäure

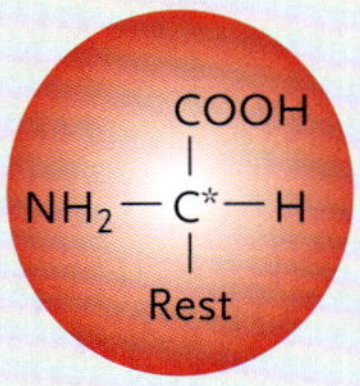

*C – zentrales Kohlenstoffatom

5.2 Aufbau

Für unseren Körper sind zwanzig verschiedene Aminosäuren von Bedeutung. Davon sind **acht Aminosäuren essenziell** (lebensnotwenig) und **zwei semiessenziell.** Sie müssen mit der Nahrung aufgenommen werden, da sie der Körper selbst nicht herstellen kann. Die restlichen Aminosäuren können bei Bedarf im Körper gebildet werden.

Semi = halb, fast, teilweise.

Essenzielle Aminosäuren	Semiessenzielle Aminosäuren
Isoleucin	Arginin
Leucin	Histidin
Lysin	
Methionin	
Phenylalanin	
Threonin	
Tryptophan	
Valin	

Semiessenzielle Aminosäuren sind für die menschliche Entwicklung (Wachstum) notwendig.

Die verschiedenen Aminosäuren können sich zusammenschließen und unterschiedliche Eiweißstoffe bilden. Schließen sich zwei bis hundert Aminosäuren zusammen, spricht man von **Peptiden.** Sind es mehr als hundert bis mehrere Tausend Aminosäuren, entstehen **Eiweißstoffe** oder Proteine.

Zusammenschluss von Aminosäuren

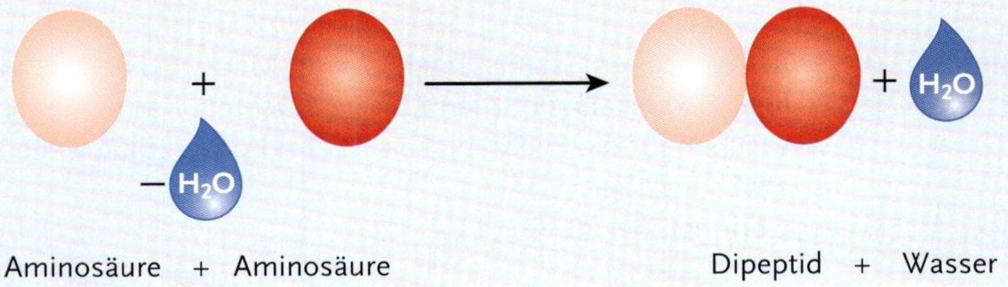

Aminosäureketten

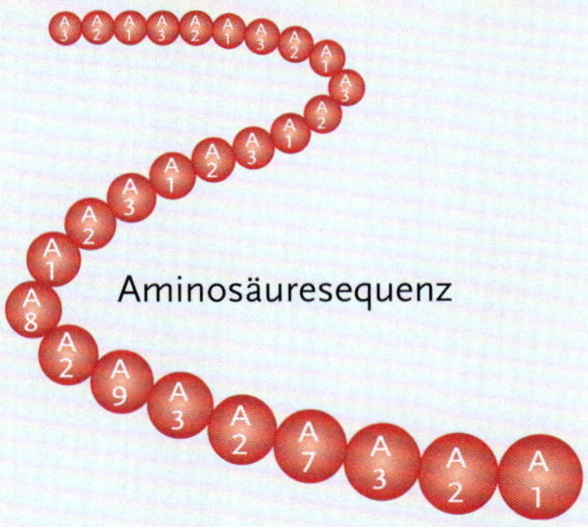

Räumliche Struktur

Eiweißstoffe haben eine räumliche (dreidimensionale) Struktur. Nur in dieser Anordnung können Lebensvorgänge ablaufen. Verschiedene Aminosäuren schließen sich zu einer **Kette** zusammen. Die am Aufbau der Kette beteiligten Aminosäuren und die Reihenfolge der Anordnung bestimmen die Eigenschaften und die weitere räumliche Struktur der Eiweißstoffe.

Die Kette kann **gefaltet** oder **schraubenförmig** angeordnet sein. Daraus bilden sich Knäuel oder faserförmige Gebilde.

Struktur der Eiweißstoffe

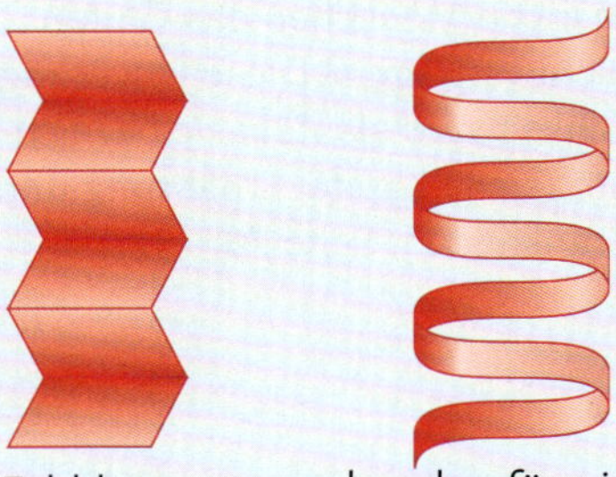

Faltblattstruktur — schraubenförmige Struktur

Räumliche Struktur	
Globuläre Struktur	**Fibrilläre Struktur**
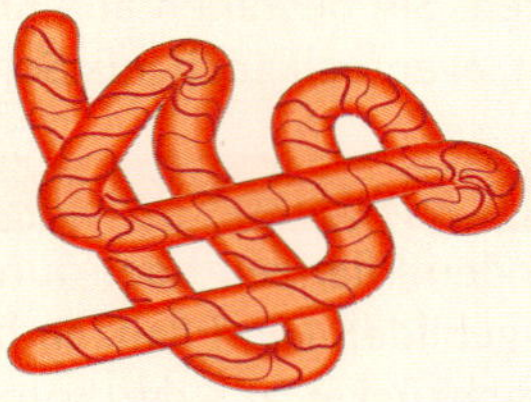	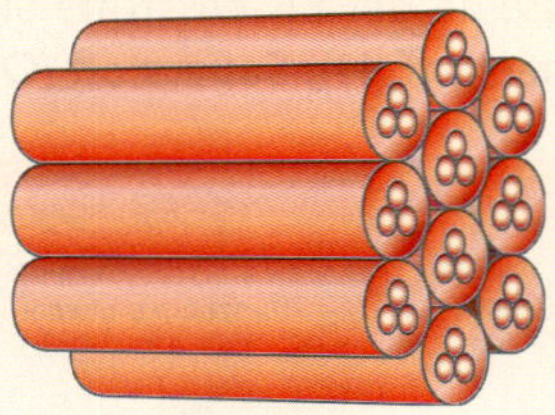
knäuelförmige Gestalt	faserförmige Gestalt

5.3 Arten

Eiweißstoffe (Proteine)

Einfache Proteine		Komplexe Proteine (zusammengesetzte Proteine)
Globuläre Struktur	Fibrilläre Struktur	
■ Albumine ■ Globuline ■ Gluten (Glutenin, Gliadin)	■ Kollagene ■ Keratine ■ Elastine	■ Kasein ■ Lipoproteine ■ Hämoglobin ■ Myoglobin

Einfache Proteine

Die einfachen Proteine bestehen nur aus Aminosäuren. Je nach dem räumlichen Aufbau unterscheidet man globuläre und fibrilläre Eiweißstoffe.

- **Globuläre Eiweißstoffe** kommen in vielen Lebensmitteln vor und sind leicht verdaulich. Sie enthalten viele essenzielle Aminosäuren.
- **Fibrilläre Eiweißstoffe** werden auch als Gerüsteiweißstoffe bezeichnet. Sie sind für den Aufbau von Knochen, Knorpeln, Haut, Sehnen, Haaren und Nägeln verantwortlich.

Globuläre Eiweißstoffe

Arten	Eigenschaften	Vorkommen
Albumine	■ Wasserlöslich; gehen beim Kochen in das Kochwasser über ■ Gerinnen bei 70 °C	■ In Milch, Ei, Fleisch, Fisch, Getreide, Hülsenfrüchten, Kartoffeln, Obst ■ Im Körper: Blut, Zellen, Enzyme
Globuline	■ In verdünnten Salzlösungen löslich, deshalb gibt man Eistreichen für die Fließfähigkeit etwas Salz bei ■ Gerinnen bei 70 °C	■ In Milch, Ei, Fleisch, Hülsenfrüchten, Kartoffeln, Nüssen ■ Im Körper: Blut, Zellen
Gluten (Glutenin, Gliadin)	■ Wasserunlöslich ■ Gerinnt ab 60 ° und bildet eine schnittfeste, elastische Krume ■ Wasserbindevermögen; macht Teige formbar und zäh	■ In Getreide: Weizen, Dinkel, Grünkern, Roggen, Hafer, Gerste

Wussten Sie, dass ...
manche Menschen das Gluten nicht vertragen? Diese Unverträglichkeit wird als Zöliakie bezeichnet (siehe Kapitel Ernährung und Krankheiten, Seite 76).

Fibrilläre Eiweißstoffe		
Arten	**Eigenschaften**	**Vorkommen**
Kollagene	■ Wasserunlöslich, stark quellfähig ■ Durch Kochen bildet sich ein Leim; aus Kollagen kann Gelatine hergestellt werden ■ Geringe biologische Wertigkeit	■ In Fleisch, Fisch, Knochen ■ Im Körper: Knochen, Knorpel, Haut
Keratine	■ Unlöslich ■ Unverdaulich ■ Für die Ernährung unbedeutend	■ Im Körper: Verhornte Teile wie Haare, Nägel
Elastine	■ Unlöslich ■ Unverdaulich ■ Für die Ernährung unbedeutend	■ In Fleisch, Bindegewebe ■ Im Körper: Haut, Blutgefäßwände

Komplexe Proteine

Zusammengesetzte Eiweißstoffe enthalten zusätzlich neben dem Eiweiß andere Stoffe (Nichteiweißanteil). Das können sein: Phosphorsäure, Fette, Kohlenhydrate, Farbstoffe, Metalle oder Nukleinsäuren. In der Ernährung spielen sie eine wichtige Rolle.

Arten	Eigenschaften	Vorkommen
Kasein	■ Nichteiweißanteil: Phosphor ■ Gerinnt durch Zusatz von Säure oder Lab ■ Hohe biologische Wertigkeit	Haupteiweißstoff der Milch
Lipoproteine	■ Nichteiweißanteil: Fette (Phospholipide, Cholesterin) ■ Transportieren Fette	Bildung im Körper: Blut, Lymphe
Hämoglobin	■ Nichteiweißanteil: eisenhältiger Farbstoff ■ Ermöglicht den Sauerstofftransport im Blut	Roter Farbstoff im Blut
Myoglobin	■ Nichteiweißanteil: eisenhältiger Farbstoff ■ Ermöglicht die Sauerstoffversorgung im Muskelgewebe	Roter Farbstoff im Muskel

Komplexe Proteine

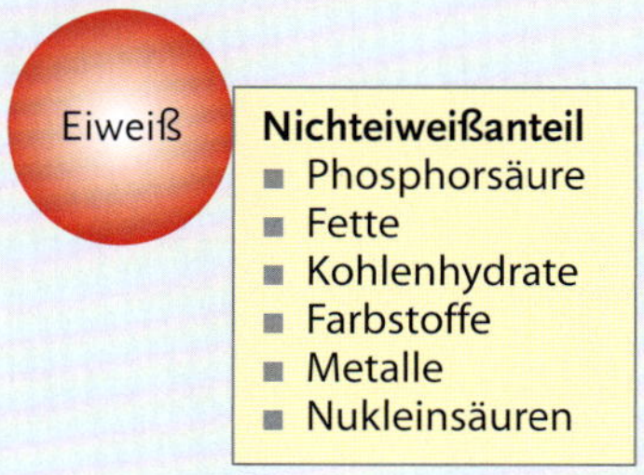

Nukleinsäure = wichtiger Bestandteil des Zellkerns.

Lab = Enzym des Kälbermagens.

5.4 Eigenschaften

Gerinnung (Denaturierung, Koagulation)

Eiweißstoffe werden durch die Einwirkung von Hitze, Säuren und Lab verändert. Dieser Vorgang wird als **Gerinnung (Denaturierung)** bezeichnet und ist nicht mehr rückgängig zu machen **(irreversibel).** Geronnenes Eiweiß ist leichter verdaulich. Bei längerer Erhitzung geben die Eiweißstoffe Quellungswasser ab. Die Struktur wird fester. Dadurch ist das Eiweiß wieder schwerer verdaulich.

Das Gerinnungsvermögen der Eiweißstoffe spielt in der Bäckerei und in der Lebensmittelindustrie eine wichtige Rolle:

- **Hitzegerinnung** (ab 60 °C): Gerinnung des Klebers beim Backprozess (bildet ein elastisches Gerüst), Herstellung von Eispeisen (Eiklar gerinnt und bildet ein lockeres Gerüst), Bildung der Milchhaut.
- **Säuregerinnung:** Herstellung von Käse und anderen Milchprodukten.
- **Enzymgerinnung:** Herstellung von Käse. Das Enzym Lab bewirkt eine säurefreie Gerinnung von Milch.

? Geben Sie etwas Zitronensaft oder Essigsäure in ein Glas Milch und lassen Sie die Probe fünf Minuten stehen. Anschließend filtrieren Sie die Probe. Welche Veränderung können Sie feststellen?

Wasserbindungsvermögen, Quellfähigkeit

Eiweißstoffe quellen auf und können Wasser binden. Das Wasserverbindungsvermögen ist in der Bäckerei von Bedeutung:

- Teigherstellung: Das Klebereiweiß nimmt bei der Teigherstellung ca. das Doppelte des Gewichtes an Flüssigkeit auf.
- Absteifen von Flüssigkeiten mit Gelatine: Schlagsahne oder Krems.

Erinnern Sie sich noch:
Worauf beruht der Bräunungsvorgang bei der Maillard-Reaktion?

Bräunungsvermögen

Bei einer Erhitzung von eiweißhältigen Speisen über 110 °C kommt es zur Bräunung und Bildung von Geruchs- und Geschmacksstoffen (Röstprodukten) – Maillard-Reaktion.

Löslichkeit

Wasserlösliche Eiweißstoffe (Albumine) können aus den Nahrungsmitteln ausgelaugt werden. Bei der Vor- und Zubereitung ist deshalb auf eine schonende Behandlung der Lebensmittel zu achten.

Verderb

Eiweißstoffe sind ein idealer Nährboden für Bakterien und Pilze (Mikroorganismen). Sie bewirken die Zersetzung der Eiweißstoffe. Dabei treten typische Farb- und Geruchsveränderungen auf. Die Aufnahme von verdorbenen eiweißreichen Lebensmitteln kann zu schweren Vergiftungen führen.

5.5 Bedeutung für den Körper

Die Eiweißstoffe der Nahrung gerinnen im Magen durch die im Magensaft vorhandene Salzsäure. Anschließend werden sie im Verdauungsbereich durch Eiweiß spaltende Enzyme wieder zu Aminosäuren, aus denen sie bestehen, abgebaut (siehe Bildung, Seite 39). Die Aminosäuren werden durch die Darmwand in das Blut aufgenommen und erfüllen im Körper wichtige Aufgaben.

1 g Eiweiß liefert dem Körper 17 kJ.

Aufgaben der Eiweißstoffe

Baustoff

Eiweiß ist Bestandteil jeder Körperzelle und wird zum Aufbau von Körpersubstanz benötigt. Aus den Aminosäuren werden in der Leber Bluteiweißstoffe aufgebaut. Sie transportieren Aminosäuren zu den Zellen. Dort findet eine ständige Erneuerung von Körpereiweißstoffen statt. Während des Wachstums müssen die Zellen zusätzlich auch vermehrt werden. Der Eiweißbedarf ist daher in dieser Phase wesentlich höher.

Eiweiß wird auch zum Aufbau von Bluteiweiß, Enzymen und Hormonen benötigt.

Eiweißstoffwechsel

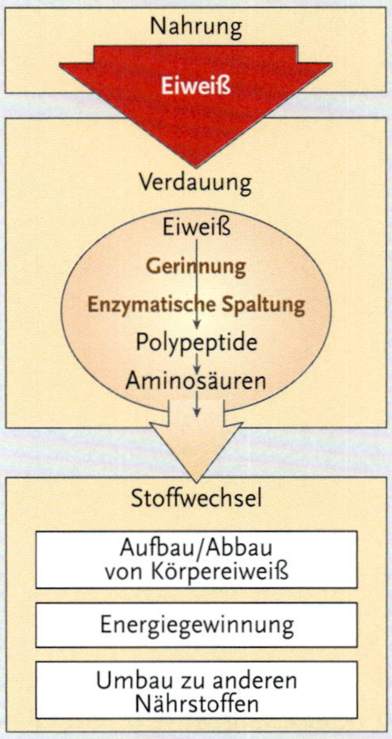

Energiegewinnung

Eiweiß kann im Körper nicht auf Vorrat gespeichert werden. Überschüssig aufgenommene Aminosäuren werden zur Energiegewinnung verwendet. Auch bei Kohlenhydratmangel werden Eiweißstoffe zur Energiegewinnung verwendet. Abbauprodukte dabei sind Kohlendioxid, Wasser und Harnstoff. Harnstoff muss von den Nieren ausgeschieden werden. Deshalb belastet ein Eiweißüberschuss die Nierentätigkeit.

Umbau zu anderen Nährstoffen

Bestimmte Aminosäuren können im Körper zu Glukose und Fettsäuren umgebaut werden. Umgekehrt kann der Körper auch aus Kohlenhydraten und Fetten Aminosäuren bilden. Die acht essenziellen und die zwei semiessenziellen Aminosäuren kann der Körper jedoch nicht aufbauen.

Der menschliche Körper ist auf die Zufuhr von Eiweiß angewiesen. Besondere Bedeutung hat dabei die biologische Wertigkeit.

Biologische Wertigkeit der Eiweißstoffe

Bei der Ernährung ist nicht nur die aufgenommene Menge, sondern auch die Qualität – die biologische Wertigkeit – der Eiweißstoffe zu beachten. Am besten kann der Körper nämlich die Eiweißstoffe verwerten, die dem Körpereiweiß am ähnlichsten sind.

Die biologische Wertigkeit der Lebensmittel ist sehr unterschiedlich. Entscheidend ist der **Gehalt an essenziellen und semiessenziellen Aminosäuren.** Diese Aminosäuren werden beim Aufbau bzw. bei der Erneuerung von Körpereiweiß in einer ganz bestimmten Reihenfolge miteinander verknüpft. Jene Aminosäure, die den geringsten Anteil hat, bestimmt die biologische Wertigkeit. Sie wird als **begrenzende Aminosäure** bezeichnet.

> Die biologische Wertigkeit gibt an, wie viel Prozent (Gramm) Körpereiweiß aus 100 g Nahrungsmitteleiweiß aufgebaut werden können.

Die biologische Wertigkeit von tierischem Eiweiß ist im Allgemeinen höher als die von pflanzlichem.

Nahrungsmittel	Biologische Wertigkeit des Nahrungseiweißes	Eiweißgehalt
Weizenmehl	35 %	11,0 %
Kartoffeln	67 %	2,0 %
Sojabohne	72 %	37,0 %
Rindfleisch (mager)	76 %	21,0 %
Rotbarschfilet	80 %	18,0 %
Milch	86 %	3,2 %
Vollei	94 %	13,0 %
Gelatine	0 %	84,0 %

Neben der biologischen Wertigkeit ist auch der Eiweißgehalt im Lebensmittel zu berücksichtigen.

Beispiel
100 g Sojabohnen enthalten 37 g Eiweiß. Davon können 72 % genutzt werden. Wie viel Körpereiweiß kann nach dem Verzehr der Sojabohnen aufgebaut werden?

$$100\,\% = 37\text{ g}$$

: 100

$$1\,\% = \frac{37\text{ g}}{100}$$

x 72

$$72\,\% = \frac{37\text{ g} \times 72}{100} = 26{,}64\text{ g}$$

Antwort: Aus 100 g Sojabohnen können 26,64 g körpereigenes Eiweiß aufgebaut werden.

Biologischer Ergänzungswert

Durch Mischen von Eiweißstoffen kann die biologische Wertigkeit erhöht werden. Man spricht vom **biologischen Ergänzungswert.** Nahrungseiweißstoffe können sich nur dann gegenseitig ergänzen, wenn sie unterschiedliche begrenzende Aminosäuren enthalten. Enthält ein Nahrungseiweiß jene Aminosäuren reichlich, die im anderen Eiweiß nur in geringen Mengen vorkommen, ergibt das einen guten Ergänzungswert.

Eine gute Ergänzung ist durch die **gemeinsame Aufnahme von tierischem und pflanzlichem Eiweiß** gegeben. Die höchste Wirkung ergibt die Kombination von Kartoffeln mit Ei oder mit Milchprodukten. Das Wissen um die Ergänzungswirkung ermöglicht eine biologisch hochwertige Nahrung zu einem günstigen Preis. Das hat besonders in den Entwicklungsländern Bedeutung. Bei Vegetariern kann durch eine optimale Eiweißkombination ein Eiweißmangel vermieden werden.

Biologische Wertigkeit von Milcheiweiß

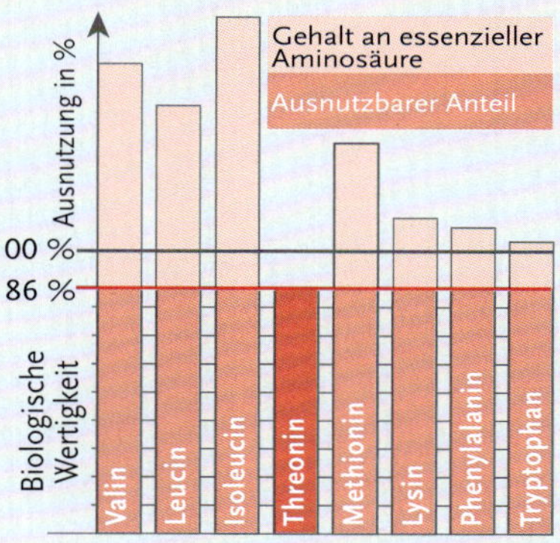

Aus 100 g Milcheiweiß können 86 g Körpereiweiß aufgebaut werden. 100 g Milcheiweiß sind in rund 3 l Milch enthalten!
Die begrenzende Aminosäure ist Threonin. Sie begrenzt die biologische Wertigkeit auf 86 %.

? Berechnen Sie, wie viel Gramm Körpereiweiß aus 100 g getrunkener Milch aufgebaut werden. Vergleichen Sie das Ergebnis mit dem der Sojabohnen.

Guter Ergänzungswert			Kein Ergänzungswert
Kartoffeln mit	Getreide mit	Hülsenfrüchte mit	■ Getreideerzeugnisse mit Soja ■ Hülsenfrüchte mit Kartoffeln ■ Getreideerzeugnisse mit Gemüse
■ Milch ■ Fleisch ■ Ei ■ Fisch	■ Milch ■ Fleisch ■ Ei ■ Fisch ■ Hefe ■ Hülsenfrüchten	■ Milch ■ Fleisch ■ Ei ■ Fisch ■ Getreide	

Eiweißbedarf

Eiweiß kann im Körper nicht auf Vorrat gespeichert werden. Es muss daher täglich mit der Nahrung zugeführt werden.

Empfehlungen

- **8–10 % des täglichen Energiebedarfs** sollen durch Eiweiß gedeckt werden.
- **0,8 g Eiweiß** soll der gesunde Erwachsene **pro Kilogramm Körpergewicht** zuführen.
- **Erhöhter Eiweißbedarf** besteht bei **Kindern** und **Jugendlichen, Schwangeren** und **stillenden Müttern.** Ebenso ist der Eiweißbedarf im **Alter** leicht erhöht, da die Nahrung schlechter verwertet wird.
- In **Stresssituationen** und bei **bestimmten Erkrankungen** steigt der Bedarf.
- Die Bedarfsdeckung soll durch **zwei Drittel pflanzliches** und ein **Drittel tierisches Eiweiß** erfolgen.

So decken Sie Ihren Eiweißbedarf	
Genießen Sie viel ...	Essen Sie weniger ...
■ Milch und Milchprodukte mit geringem Fettgehalt ■ Pflanzliche Eiweißträger wie Vollkornprodukte, Nüsse, Samen, Kartoffeln und Hülsenfrüchte in günstiger Kombination ■ Fisch (ein- bis zweimal pro Woche)	■ Fleisch bzw. Wurst (maximal 300–600 g fettarmes Fleisch bzw. fettarme Wurst pro Woche) ■ Eier (maximal zwei bis drei Eier pro Woche)

! Einer aktuellen Statistik zufolge beträgt die mittlere Eiweißzufuhr in Deutschland ca. 1,5 g pro Kilogramm Körpergewicht – sie liegt damit deutlich über dem Bedarf!

Eiweißüberschuss

Durch die erhöhte Aufnahme von tierischem Eiweiß werden auch vermehrt Fettsäuren, Cholesterin und Purine zugeführt. Diese Stoffe begünstigen die Entstehung von ernährungsabhängigen Erkrankungen. Bei erhöhter Eiweißzufuhr wird der Bedarf an wertvollen Kohlenhydraten meist nicht im ausreichenden Maß gedeckt.

Purine = Bestandteile der Zellen, die in fast allen Lebensmitteln in unterschiedlicher Menge vorkommen. Das Abbauprodukt der Purine ist die Harnsäure. Erhöhte Harnsäurewerte im Blut sind für die Gicht verantwortlich.

Arbeitsaufgaben

1. Erklären Sie die Aussage „Ohne Eiweiß kein Leben".
2. Beschreiben Sie die Bildung der Eiweißstoffe.
3. Nennen Sie die verschiedenen Eiweißarten.
4. Zählen Sie für die Ernährung des Menschen wichtige Eiweißarten auf.
5. Beschreiben Sie die Eigenschaften der Eiweißstoffe. Welche haben in der Bäckerei und Lebensmittelindustrie Bedeutung?
6. Erläutern Sie, wozu der Körper Eiweiß benötigt.
7. Erklären Sie, was man unter biologischer Wertigkeit der Eiweißstoffe versteht.
8. Definieren Sie den Begriff biologischer Ergänzungswert.
9. Bestimmen Sie Ihren täglichen Eiweißbedarf.
10. Nennen Sie Lebensmittel, mit denen Sie Ihren Eiweißbedarf optimal decken können.

Notizen zu den Arbeitsaufgaben:

6 Wasser

Ohne Wasser kein Leben!

- Wasser ist das Lebensmittel Nummer 1.
- Wasser ist ein kostbares, für Mensch, Tier und Pflanze unentbehrliches Gut.
- Wasser liefert im Unterschied zu den Nährstoffen keine Energie.

Genügend Trinkwasser zur Verfügung zu haben, ist für die meisten Deutschen eine wunderbare Selbstverständlichkeit. In vielen Teilen der Welt ist das leider anders. Die ausreichende Versorgung der Bevölkerung mit reinem Trinkwasser bereitet dort große Probleme. Umweltverschmutzung und sorgloser Umgang mit Wasser tragen zu einer Verschlechterung der Situation bei. Der bewusste Umgang mit Wasser wird immer wichtiger.

Können auch Sie etwas zur Sicherung unserer Wasservorräte beitragen?

Unsere Ziele

Nach Bearbeitung dieses Teilkapitels werden Sie ...

- über den Wasserkreislauf im vernetzten Ökosystem Bescheid wissen;
- die Qualitätskriterien für Trinkwasser kennen;
- über die Eigenschaften des Wassers und deren Auswirkungen bei der Herstellung von Backwaren Bescheid wissen;
- über die verschiedenen Härtegrade von Wasser informiert sein;
- die Aufgaben und Bedeutung des Wassers für den Körper beschreiben können;
- über die ernährungsphysiologische Bedeutung des Wassers Bescheid wissen;
- Ihren Flüssigkeitsbedarf kennen und wissen, welche Getränke besonders zu empfehlen sind.

Wasser – eine Kostbarkeit!

6.1 Trinkwasser

Wasserkreislauf

Die Erdoberfläche ist zu drei Vierteln mit Wasser bedeckt. Nur etwa 2 % des gesamten Wasservorrates der Erde sind Süßwasser. Die gesamte Wassermenge der Erde befindet sich in einem ständigen Kreislauf. Der Motor dafür ist die Sonne. Durch ihre Strahlungswärme verdunstet das Wasser und fällt als Niederschlag wieder auf die Erde. Dort wird es von Bächen, Seen und Flüssen (Oberflächenwasser) sowie vom Erdboden aufgenommen.

Erinnern Sie sich noch:
Woraus setzt sich ein Wassermolekül zusammen?

Wasserkreislauf im vernetzten Ökosystem

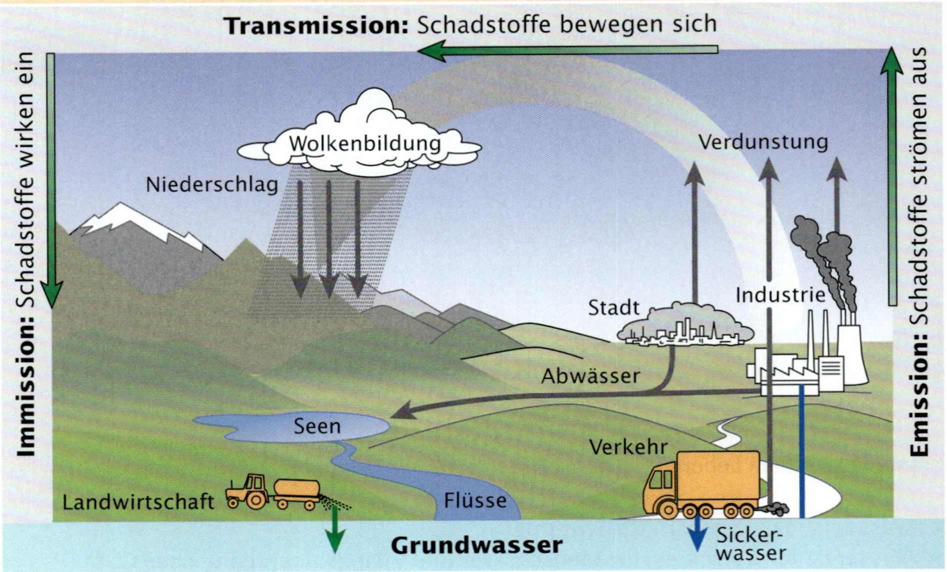

Transmission = Ausbreitung.

Immission = Einwirkungen von Verunreinigungen wie Schadstoffen, Strahlung, Lärm usw. auf die Umwelt.

Emission = Abgabe von Schadstoffen wie Gasen, Ruß u. Ä. in die Umwelt.

Wasser wird in der Natur durch Umweltverschmutzung mit Schadstoffen angereichert, aber es wird beim Versickern durch verschiedene Bodenschichten auch gereinigt. Schadstoffe werden herausgefiltert und Krankheitserreger unschädlich gemacht.

Wasser sammelt sich auf dem Weg durch die Natur als Grundwasser oberhalb undurchlässiger Gesteinsschichten.

Trinkwasserqualität

Im Sinne der Trinkwasserverordnung versteht man unter Wasser für den menschlichen Gebrauch Trinkwasser und Wasser für Lebensmittelbetriebe. In beiden Fällen spielen Herkunft und Aggregatzustand des Wassers keine Rolle.

Trinkwasser

Trinkwasser ist alles Wasser im ursprünglichen Zustand oder aufbereitetes Wasser, das zum Trinken, zum Kochen, zur Zubereitung von Speisen und Getränken oder zu anderen häuslichen Zwecken bestimmt ist, z. B. zur
- Körperpflege und -reinigung,
- Reinigung von Gegenständen, die mit Lebensmitteln in Berührung kommen,
- Reinigung von Gegenständen, die nicht nur vorübergehend mit dem menschlichen Körper in Kontakt kommen.

Dies gilt ungeachtet dessen, ob es für die Bereitstellung auf Leitungswegen, in Tankfahrzeugen, Flaschen oder anderen Behältnissen bestimmt ist.

Anforderungen an das Trinkwasser
- Einwandfreier, frischer Geschmack.
- Klar, farb- und geruchlos.
- Frei von Krankheitserregern.
- Gehalt an gelösten Mineralstoffen.

Begrenzter Gehalt an Schadstoffen wie z. B. Nitraten (maximal 50 mg pro Liter), Schädlings- und Unkrautbekämpfungsmitteln, Schwermetallen und krebserregenden Teersubstanzen.

Wasser für Lebensmittelbetriebe

Das ist alles Wasser, das in einem Lebensmittelbetrieb für die Herstellung, Behandlung, Konservierung oder zum Inverkehrbringen von Erzeugnissen oder Substanzen, die für den menschlichen Gebrauch bestimmt sind, verwendet wird. Weiters wird es zur Reinigung von Gegenständen und Anlagen, die mit Lebensmitteln in Berührung kommen können, verwendet – vorausgesetzt, die Qualität des verwendeten Wassers kann die Genusstauglichkeit des Enderzeugnisses nicht beeinträchtigen.

§ Die Anforderung an die Qualität des Trinkwassers ist in der Trinkwasserverordnung geregelt. Diese können Sie unter folgender Internetadresse downloaden: www.gesetze-im-internet.de

Wasserverbrauch

Wasser ist ein begrenztes Gut. Die Einsparung und der verantwortungsbewusste Umgang mit Trinkwasser im privaten Leben, aber auch in Industrie, Gewerbe und Landwirtschaft sind deshalb besonders wichtig.

Pro-Kopf-Verbrauch von Wasser

Verbrauch insgesamt: 127 Liter Wasser pro Tag und Kopf

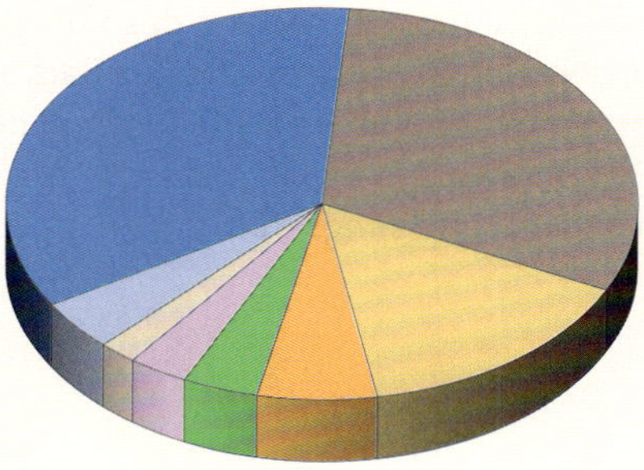

Baden, Duschen	44 l
Toilette	39 l
Wäsche waschen	19 l
Spülen	8 l
Wohnung reinigen	5 l
Kochen, Trinken	4 l
Garten	3 l
Sonstiges	5 l

6.2 Eigenschaften

Siedepunkt

Als Siedepunkt bezeichnet man die Temperatur, bei der ein Stoff vom flüssigen in den gasförmigen Aggregatzustand übergeht. Wasser hat diesen Punkt unter normalen atmosphärischen Druck bei 100 °C erreicht.
Mit ansteigendem Druck muss sich die Temperatur entsprechend erhöhen, um den Siedepunkt erreichen zu können. In der Praxis wird diese Eigenschaft bei **Druckkochtöpfen** angewendet. Die Garzeit von Lebensmitteln wird dabei wesentlich (bis zu 80 %) verkürzt. Bei geringerem Umgebungsdruck sinkt der Siedepunkt, z. B. beim Gefriertrocknen unter Vakuum. Dieses Verfahren wird zur Konservierung vieler Lebensmittel verwendet.

Am Siedepunkt hat der Dampfdruck eines Stoffes den Umgebungsdruck erreicht.

Durch Zusatz von **Salz** und **Zucker** steigt der Siedepunkt. Die gelösten Stoffe halten die Wassermoleküle fest. Daher muss mehr Energie (höhere Temperatur) zugeführt werden, um diese Bindung zu lösen.

Wussten Sie, dass ...
Wasser auf dem Gipfel des Mount Everest bereits bei 71 °C siedet?

Druckkochtopf

Gefrierpunkt

Wasser gefriert bei 0 °C und dehnt sich dabei aus. **Zucker, Salz** und **Alkohol** senken den Gefrierpunkt ab, da die gelösten Stoffe die Anziehungskraft der Wassermoleküle verringern.

Anomalie des Wassers

Wenn ein Körper kälter wird, zieht er sich zusammen. Wasser hat bei **+ 4 °C** die höchste Dichte. Kühlt man es weiter ab, dehnt es sich jedoch wieder aus, und zwar um fast 10 %. Dies ist der Grund dafür, dass mit Flüssigkeit gefüllte Behälter u. Ä. im Tiefkühlschrank nach einiger Zeit zerbrechen und Eis auf der Wasseroberfläche schwimmt – ein aus physikalischer Sicht durchaus ungewöhnlicher Vorgang.

Eiswürfel schwimmen auf der Wasseroberfläche

Lösungsvermögen

Wasser löst **feste, flüssige** und **gasförmige Stoffe** wie Salz, Zucker, Farb- und Geschmacksstoffe, Albumine, wasserlösliche Vitamine, Mineralstoffe usw. Durch Temperaturerhöhung werden feste Stoffe leichter bzw. schneller gelöst.

Quellvermögen

Stärke und bestimmte Eiweißstoffe lagern Wasser ein. Das Volumen wird dadurch vergrößert und das Gewebe gelockert. In der Praxis ist diese Eigenschaft bei der Teigbereitung und beim Einweichen von Gelatine und Trockenobst von Bedeutung. **Wärme** beschleunigt den Quellvorgang.

? Welche Inhaltsstoffe der Nahrungsmittel werden durch Wasser gelöst?

Wasserhärtebereiche	
Weich	< 1,5 mmol $CaCO_3$/l (ca. 0–8,4 °dH)
Mittel	1,5–2,5 mmol $CaCO_3$/l (ca. ab 8,4–14 °dH)
Hart	> 2,5 mmol $CaCO_3$/l (ca. ab 14 °dH)

Der Härtegrad wird mit Indikatoren bestimmt

Wussten Sie, dass ...
innerhalb von 24 Stunden etwa 1 400 Liter Wasser unser Gehirn und 2 000 Liter Wasser unsere Nieren durchströmen?

Wussten Sie, dass ...
bei einem Wasserverlust von 2 % (ca. 1,2 l) des Körpergewichtes die Leistungs- und Konzentrationsfähigkeit bereits deutlich absinkt? Ein Wasserverlust von mehr als 20 % ist lebensbedrohend.

Trinken Sie regelmäßig, auch wenn Sie keinen Durst verspüren! Durstgefühl signalisiert Wasserbedarf.

Wasserhärte

Wasser wird beim Versickern durch verschiedene Bodenschichten mit Mineralstoffen angereichert. Der Gehalt an gelösten Kalzium- und Magnesiumsalzen bestimmt die Wasserhärte. Die **Wasserhärte** wird nach dem **Wasch- und Reinigungsmittelgesetz** (WRMG vom 29. April 2007, BGBl. I S. 600) europaweit in **Millimol Kalziumcarbonat pro Liter Wasser** angegeben. Dabei entspricht ein deutscher Härtegrad, **1 °dH,** 10 mg Kalziumoxid sowie **0,18 mmol $CaCO_3$.**

- **Hartes Wasser** hat einen frischen Geschmack, eine geringere Lösungskraft und bewirkt Kalkablagerungen, z. B. bei der Warmwasseraufbereitung (Erhöhung des Energieverbrauches) oder in den Düsen der Schwadenrohre des Gärraumes und des Backofens.
- **Mittlere Härte** ist als Trinkwasser am günstigsten und zur Kaffeezubereitung am besten geeignet (die Kaffeesäure tritt nicht so stark hervor).
- **Weiches Wasser** schmeckt fade, hat jedoch eine gute Lösungskraft.

6.3 Bedeutung für den Körper

Wasser ist die Grundlage des Lebens. Ein Mangel an Wasser führt rasch zu schwerwiegenden Schäden und nach einigen Tagen zum Tod. Wasser erfüllt im Körper wichtige Aufgaben.

Aufgaben des Wassers

Baustoff
Wasser ist der **mengenmäßig wichtigste Bestandteil** des Körpers. Der Wasseranteil ist vom Geschlecht, Alter, Fettanteil und von der Muskelmasse des Körpers abhängig. Erwachsene haben einen Wasseranteil von etwa 60 %, das ergibt bei einem Körpergewicht von 70 Kilogramm 42 l Flüssigkeit. Im Vergleich dazu beträgt der Wasseranteil bei Neugeborenen 75 bis 80 %.

Das Wasser im Körper verteilt sich auf **Zellflüssigkeit (70 %), Gewebsflüssigkeit (20 %)** und **Blut (10 %).** Zwischen den einzelnen Bereichen erfolgt ein ständiger Flüssigkeitsaustausch.

Lösungs- und Transportmittel
Stoffe können im Körper nur in gelöster Form transportiert werden. Körperflüssigkeiten befördern die gelösten Nährstoffe und den Sauerstoff zu den Zellen. Der Abtransport der Stoffwechselprodukte und die Ausscheidung erfolgen ebenfalls mithilfe von Flüssigkeit.

Wärmeregler
Der Körper reagiert auf große körperliche Belastung oder hohe Temperaturen mit Abgabe von **Schweiß.** Durch die Verdunstung von Wasser gibt der Körper überschüssige Wärme ab – die Körpertemperatur wird geregelt.

Wasserbilanz

Ein gesunder Mensch hat normalerweise eine **ausgeglichene Wasserbilanz,** d. h., die aufgenommene und die ausgeschiedene Flüssigkeitsmenge stehen in einem ausgewogenen Verhältnis zueinander. Eine ausgeglichene Wasserbilanz ist für die Leistungsfähigkeit und für das Wohlbefinden von entscheidender Bedeutung.

Wasserbedarf

Ein gesunder Erwachsener sollte **täglich 2,5 bis 3 Liter Wasser** zu sich nehmen, davon mindestens 1,5 l in Form von Getränken. Dadurch wird der Flüssigkeitsverlust durch die Ausscheidung von Harn, Stuhl, Schweiß und Atmung wettgemacht. Der Wasserbedarf wird durch Alter, körperliche Tätigkeit, Klima, Gesundheitszustand und Zusammensetzung der Nahrung beeinflusst.

Der Wasserbedarf steigt durch:

- **Körperliche Anstrengung:** Beim Sport kann z. B. der Bedarf durch das starke Schwitzen enorm ansteigen.
- **Erhöhte Kochsalzzufuhr:** Zur Ausscheidung über die Nieren wird mehr Wasser benötigt.
- **Trockenes, heißes Klima:** Der Bedarf ist, bedingt durch das starke Schwitzen, ebenfalls höher.
- **Fieber, Durchfall, Erbrechen:** Besonders für Säuglinge kann der dabei entstehende Wasserverlust gefährlich sein (Austrocknungsgefahr).
- **Ballaststoffreiche Kost:** Ballaststoffe benötigen zum Quellen im Darm vermehrt Wasser, um wichtige Funktionen im Körper erfüllen zu können.

Bei extremem Sport scheidet der Körper bis zu zehn Liter Wasser aus

So decken Sie Ihren Flüssigkeitsbedarf

Trinken Sie viel ...	Trinken Sie wenig ...
■ Energiearme Getränke: Trinkwasser, Mineralwasser, Kräuter- und Früchtetee ■ Vitamin- und mineralstoffreiche Getränke: verdünnte Obst- und Gemüsesäfte (1 : 1 oder 1 : 2) ■ Fettarme Milchgetränke, Buttermilch	■ Energiereiche, vitamin- und mineralstoffarme Getränke: Limonaden, Fruchtsaftgetränke ■ Alkoholische Getränke ■ Koffeinhaltige Getränke: Kaffee, schwarzen Tee, Energydrinks

Energydrinks = alkoholfreie Getränke mit einem hohen Koffein- und Zuckergehalt.

Den restlichen Flüssigkeitsbedarf decken Sie durch den Verzehr von reichlich Obst, Gemüse, Salat, Beilagen (Kartoffeln, Teigwaren, Reis ...), Brot usw.

? Welche Energydrinks kennen Sie?

Wassermangel

Wenn man Wasserverlust nicht rechtzeitig ausgleicht, wird dem Blut und dem Gewebe Wasser entzogen. Das Blut fließt langsamer, Organe und Muskeln werden weniger gut durchblutet und daher schlechter versorgt. In weiterer Folge kann es zur Bluteindickung und zum Kreislaufversagen kommen.

Arbeitsaufgaben

1. Beschreiben Sie den Wasserkreislauf im vernetzten Ökosystem.
2. Nennen Sie Anforderungen an die Beschaffenheit von Trinkwasser.
3. Erklären Sie, was man unter der Anomalie des Wassers versteht.
4. Beschreiben Sie die Auswirkungen der verschiedenen Härtegrade von Wasser.
5. Erläutern Sie die Aufgaben des Wassers im menschlichen Körper.
6. Begründen Sie, warum der Mensch nur wenige Tage ohne Wasser überleben kann.
7. Nennen Sie die ersten Anzeichen eines Flüssigkeitsmangels.
8. Führen Sie den täglichen Flüssigkeitsbedarf an. Erstellen Sie eine Auswahl an Getränken, die den Flüssigkeitsbedarf am besten decken.
9. Nennen Sie mögliche Folgen eines Flüssigkeitsverlustes.

Notizen zu den Arbeitsaufgaben:

7 Mineralstoffe

Mineralstoffe – Elemente für das Leben!

Durch Mineralstoffe bleiben wir gesund und leistungsfähig. Mineralstoffe sorgen für das Funktionieren unseres Körpers. Sie regeln wichtige Abläufe im Stoffwechsel und sind auch am Körperaufbau beteiligt.

Mineralstoffe sind in unseren Lebensmitteln in natürlicher Form in unterschiedlichen Mengen enthalten. Eine abwechslungsreiche, vielseitige Kost ermöglicht es, den Bedarf an Mineralstoffen zu decken.

Unsere Ziele

Nach Bearbeitung dieses Teilkapitels werden Sie ...

- die lebensnotwendigen Mengen- und Spurenelemente und ihre Aufgaben im Körper kennen;
- über die Zusammensetzung von Kochsalz informiert sein;
- die wichtigsten Mangelerscheinungen kennen;
- wissen, mit welchen Lebensmitteln Sie Ihren Mineralstoffbedarf am besten decken können.

7.1 Arten

Mineralstoffe sind nicht brennbare Bestandteile der Nahrung (die Typenzahl beim Mehl gibt z. B. ihre Menge an). Sie werden in Wasser gelöst und von den Pflanzen aus dem Boden aufgenommen. Über pflanzliche und tierische Nahrung gelangen die Mineralstoffe in den Körper. Sie wirken schon in kleinsten Mengen. Viele Mineralstoffe sind lebensnotwenig.

Je nach der Menge des Vorkommens (Konzentration) im Körper unterscheidet man **Mengen-** und **Spurenelemente.** Mengenelemente kommen im Körper in hoher Konzentration vor, Spurenelemente hingegen sind nur in geringer Konzentration enthalten.

> ! Mineralstoffe liefern dem Körper keine Energie, sind aber für die Gesundheit und Leistungsfähigkeit sehr wichtig.

Mineralstoffe

Mengenelemente	Spurenelemente
▪ Kalzium (Ca) ▪ Phosphor (P) ▪ Magnesium (Mg) ▪ Natrium (Na) ▪ Chlor (Cl) ▪ Kalium (K) ▪ Schwefel (S)	▪ Jod (J) ▪ Fluor (F) ▪ Zink (Zn) ▪ Selen (Se) ▪ Mangan (Mn) ▪ Kupfer (Cu) ▪ Molybdän (Mo) ▪ Chrom (Cr) ▪ Kobalt (Co) ▪ Nickel (Ni)

Mineralstoffe
Konzentration im Körper

Mengenelemente
hoch
> 50 mg/kg Körpergewicht.

Spurenelemente
niedrig
< 50 mg/kg Körpergewicht.

Mengenelemente

Bezeichnung	Aufgaben	Bedarfsdeckung	Bedarf pro Tag	Mangelerscheinungen
Kalzium	▪ Knochen- und Zahnaufbau ▪ Blutgerinnung ▪ Muskel- und Nervenerregung	Milch, Milchprodukte, grünes Gemüse, Nüsse, Vollkornprodukte, Hülsenfrüchte, Mineralwasser (mindestens 150 mg/l)	1 000–1 200 mg	Osteoporose, Rachitis
Phosphor	▪ Knochen- und Zahnaufbau ▪ Energiestoffwechsel	Milch, Milchprodukte, Fisch, Fleisch, Hülsenfrüchte, Getreide	700–1 250 mg Erhöht: Jugendliche	Keine, da es in vielen Lebensmitteln ausreichend vorhanden ist
Magnesium	▪ Knochen- und Zahnaufbau ▪ Aktivierung von Enzymen ▪ Muskel- und Nervenerregung	Milch, Milchprodukte, Fisch, grünes Gemüse, Bananen, Vollkornprodukte, Hülsenfrüchte, Mineralwasser	300–400 mg Erhöht: Jugendliche, Stress	Muskelkrämpfe, Muskelschwäche, Nervosität, erhöhte Stressanfälligkeit, Störungen der Herz- und Skelettmuskulatur; Alkohol und Durchfall fördern Magnesiummangel
Natrium	▪ Wasserhaushalt ▪ Aufrechterhaltung des osmotischen Drucks außerhalb der Zellen ▪ Aktivierung von Enzymen ▪ Muskel- und Nervenerregung	Kochsalz, Mineralwasser, isotonische Getränke	min. 550 mg (Schätzwert)	Absinken des Blutdrucks, Kreislaufstörungen
Chlor	▪ Aufrechterhaltung des osmotischen Drucks außerhalb der Zellen ▪ Magensalzsäurebildung	Kochsalz, Mineralwasser, isotonische Getränke	min. 830 mg (Schätzwert)	Probleme bei der Eiweißverdauung; ein Mangel ist jedoch kaum möglich

Bezeichnung	Aufgaben	Bedarfsdeckung	Bedarf pro Tag	Mangelerscheinungen
Kalium	■ Aufrechterhaltung des osmotischen Drucks innerhalb der Zellen ■ Muskel- und Nervenerregung ■ Aktivierung von Enzymen	Gemüse, Obst (Bananen), Trockenfrüchte, Kartoffeln, Nüsse	min. 2 000 mg (Schätzwert)	Muskelschwäche, Herzfunktionsstörungen
Schwefel	■ Aufbau von Eiweißstoffen ■ Aktivierung von Enzymen ■ Entgiftung in der Leber	Eiweißreiche Lebensmittel, wie Milch, Milchprodukte, Fleisch, Eier, Hülsenfrüchte	Zufuhr gesichert; derzeit keine Angaben	Keine bekannt

Spurenelemente

Bezeichnung	Aufgaben	Bedarfsdeckung	Bedarf pro Tag	Mangelerscheinungen
Eisen	■ Sauerstoffspeicherung im Muskelgewebe ■ Bestandteil von Enzymen ■ Sauerstofftransport im Blut	Fleisch, Leber, Eigelb, Obst, Gemüse (Spinat), Nüsse, Vollkornprodukte, Hülsenfrüchte	Frauen: 15 mg Männer: 10 mg Erhöht: Schwangere, Stillende	Geringe Konzentrations- und Leistungsfähigkeit, Müdigkeit, Blässe, Anämie (Mangel an roten Blutkörperchen)
Jod	■ Bestandteil des Schilddrüsenhormons ■ Geistige und körperliche Entwicklung	Jodiertes Kochsalz, Seefisch, Milch	0,2 mg Erhöht: Schwangere, Stillende	Kropfbildung, Kretinismus (körperliche und geistige Entwicklungsstörung)
Fluor	■ Festigung der Knochen und Zähne ■ Härtung des Zahnschmelzes	Fisch, Walnüsse, Mineralwasser, Trinkwasser, schwarzer Tee	2,9–3,8 mg	Bildung von Karies
Zink	■ Bestandteil von Enzymen ■ Aktivierung von Enzymen ■ Bildung und Speicherung des Hormons Insulin	Fleisch, Fisch, Milch, Milchprodukte, Gemüse (Erbsen), Vollkornprodukte	7–10 mg	Wachstumsstörungen, Immunschwäche, gestörte Wundheilung, Stoffwechselstörungen
Selen	■ Bestandteil von Enzymen ■ Stärkung des Immunsystems ■ Schützt Zellen vor schädlichen Stoffen	Eiweißreiche Lebensmittel, wie Fisch, Fleisch, Nüsse, Vollkornprodukte, Sojabohnen, Pistazien	0,03–0,07 mg (Schätzwert)	Immunschwäche, Beschleunigung des Alterungsprozesses, Veränderung der Nägel, Depressionen

Quelle: D-A-CH-Referenzwerte für die Nährstoffzufuhr, Angaben für Jugendliche und Erwachsene (> 15 Jahre)

Aufgaben der Mineralstoffe

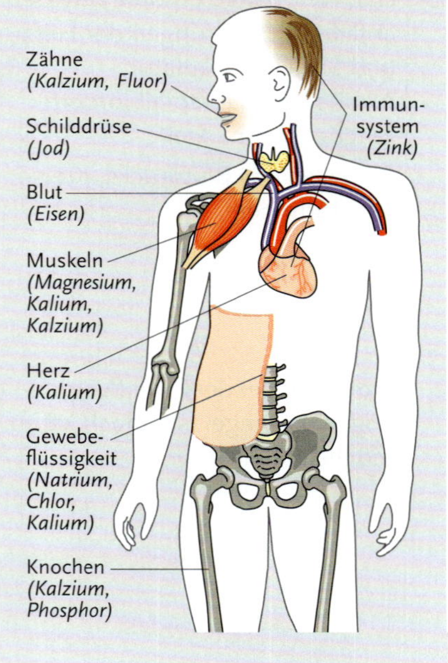

Toxische Spurenelemente

Toxische Stoffe wie Blei, Kadmium, Quecksilber, Arsen und radioaktive Stoffe gelangen durch die zunehmende Umweltverschmutzung über die Atemluft, das Wasser oder die Nahrung in den menschlichen Organismus. Sie schwächen das Immunsystem und verursachen in höheren Dosen schwere gesundheitliche Schäden.

7.2 Bedeutung für den Körper

Aufgaben der Mineralstoffe

Baustoffe

Mineralstoffe (Kalzium und Phosphor) bewirken die Festigkeit des Knochengerüstes und der Zähne. Die Mineralstoffe machen 4 % des Körpergewichtes aus.

Reglerstoffe

In gelöster Form beeinflussen die Mineralstoffe die Eigenschaften der Körperflüssigkeiten und wirken auf den Wasserhaushalt und die Erregbarkeit der Muskeln und Nerven.

Bestandteil organischer Verbindungen
Mineralstoffe sind Bestandteile von Enzymen, Hormonen und Vitaminen und erfüllen wichtige Aufgaben im Stoffwechsel, wie Sauerstofftransport, Blutgerinnung, Bildung von Magensalzsäure.

Mineralstoffbedarf

Kochsalz (Natriumchlorid) besteht aus den Mineralstoffen **Natrium** und **Chlor.** Daher ist der Bedarf dieser Mineralstoffe durch den Konsum von salzhaltigen Nahrungsmitteln meist gedeckt. Der tägliche Kochsalzbedarf liegt bei 5 g.

Kalzium, Magnesium, Eisen und **Jod** zählen zu den Mineralstoffen, die dem Körper oft unzureichend zugeführt werden. Der Magnesiumbedarf ist vor allem bei Jugendlichen, Schwangeren und älteren Menschen nicht immer gedeckt.

Empfehlungen

- Essen Sie täglich reichlich Getreide und Getreideprodukte (am besten Vollkornprodukte), Gemüse, Kartoffeln, Obst, Milch und Milchprodukte.
- Essen Sie pro Woche zwei- bis dreimal Fleisch, bis zu drei Eier, mindestens einmal Fisch.
- Trinken Sie reichlich Mineralwasser, gespritzte Frucht- und Gemüsesäfte. Wählen Sie Mineralwasser, das natriumarm, aber kalzium- und magnesiumreich ist.
- Nehmen Sie Mineralstoffpräparate nur auf ärztliche Anweisung hin ein.
- Verwenden Sie jodiertes Speisesalz.
- Garen Sie die Lebensmittel unzerkleinert in wenig Wasser, um ein Auslaugen der Mineralstoffe zu verhindern.

Arbeitsaufgaben

1. Begründen Sie, warum der Körper Mineralstoffe benötigt. Welche Aufgaben erfüllen sie?
2. Nennen Sie die wichtigsten Mineralstoffe.
3. Zählen Sie Personengruppen auf, die einen erhöhten Mineralstoffbedarf haben.
4. Beschreiben Sie mögliche Folgen einer überhöhten Kochsalzzufuhr.
5. Erstellen Sie eine Auswahl an Lebensmitteln, die den Bedarf an Mineralstoffen am besten decken.
6. Nennen Sie mögliche Folgen eines Kalzium-, Eisen- und Jodmangels.
7. Erklären Sie den Begriff toxische Spurenelemente.

Eine übermäßige Kochsalz- bzw. Natriumzufuhr bewirkt eine Verschiebung des Wasseranteiles im Körper. Dadurch können sich Wasseransammlungen bilden. Bluthochdruck kann entstehen.

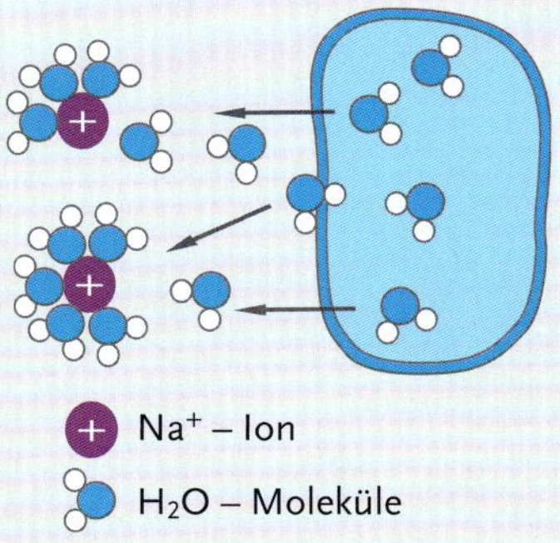

Natriumionen entziehen den Zellen Gewebsflüssigkeit. 8 g Natriumionen können 1 l Wasser binden.

Notizen zu den Arbeitsaufgaben:

8 Vitamine

Vitamine schützen uns!

Vitamine erfüllen im menschlichen Körper lebenswichtige Aufgaben. Sie sind essenzielle Nahrungsbestandteile. Der Stoffwechsel und viele andere Funktionen im Körper können ohne sie nicht richtig ablaufen. Der Körper ist auf die Zufuhr der Vitamine angewiesen. Wir benötigen Vitamine in sehr kleinen Mengen. Vitamine schützen den Körper vor Krankheiten.

Der Begriff **Vitamine** wurde im Jahr 1911 geprägt.

Einige Vitamine sind sogenannte Radikalfänger. Sie schützen die Zellen vor Angriffen der freien Radikale. Freie Radikale werden im Körper gebildet oder über die Nahrung bzw. die Atemluft aufgenommen. Sie sind sehr aggressiv, schädigen die Zellen und können Krankheiten wie Krebs auslösen. Vitamine können die schädlichen Stoffe abfangen und unschädlich machen.

Wussten Sie, dass ...
durch Rauchen, Umweltverschmutzung und Strahlenbelastung die freien Radikale im Körper zunehmen?

Unsere Ziele

Nach Bearbeitung dieses Teilkapitels werden Sie ...

- die wichtigsten Vitamine kennen;
- die Aufgaben der wichtigsten Vitamine kennen und wissen, in welchen Lebensmitteln diese Vitamine vorkommen;
- wissen, welche Personengruppen einen erhöhten Vitaminbedarf haben;
- die Folgen eines Vitaminmangels kennen;
- wissen, wie Lebensmittel behandelt werden müssen, um die Vitamine zu schonen und zu erhalten.

8.1 Arten

Vitamine sind lebensnotwendige organische Verbindungen. Der Körper kann sie nicht oder nicht in ausreichender Menge bilden. Sie müssen daher mit der Nahrung regelmäßig zugeführt werden. Wir nehmen sie als Vitamin oder als dessen Vorstufe (Provitamin) auf. Die Vorstufe wird im Körper unter bestimmten Bedingungen zum entsprechenden Vitamin umgewandelt.

Vita = Leben, **Amine** = Stickstoffverbindungen.

Vitamine sind unterschiedlich aufgebaut und wirken daher im Körper verschieden. Sie werden nach der Löslichkeit in **fettlösliche** und **wasserlösliche Vitamine** eingeteilt.

? Welche Vitamine kennen Sie?

Vitamine	
Fettlösliche Vitamine	**Wasserlösliche Vitamine**
▪ A, Betakarotin ▪ D, Ergosterin ▪ E ▪ K	▪ B_1 ▪ B_2 ▪ B_6 ▪ B_{12} ▪ Niacin ▪ Pantothensäure ▪ Folsäure ▪ C ▪ Biotin

Die wasserlöslichen Vitamine sind vorwiegend Bestandteil von Enzymen und werden für den Zellstoffwechsel benötigt. Fettlösliche Vitamine und Vitamin C erfüllen besondere Aufgaben im Blut oder in bestimmten Zellen.

Fettlösliche Vitamine

Fettlösliche Vitamine müssen immer gemeinsam mit geringen Fettmengen verzehrt werden, damit ihre Aufnahme aus dem Darm gesichert ist.

Bezeichnung	Aufgaben	Bedarfsdeckung	Bedarf pro Tag
A Retinol	▪ Aufbau und Funktion von Haut und Schleimhäuten ▪ Unterstützung des Sehvorganges ▪ Steigerung der Widerstandskraft gegen Infektionskrankheiten	Milch, Milchprodukte, Eier, Margarine, Öle, Leber, Weizen, Obst, Gemüse	1–1,1 mg oder 4,8–6 mg Betakarotin
Provitamin: Betakarotin	▪ Betakarotin: Radikalfänger		Erhöht: Schwangere, Stillende
D Calciferol	▪ Förderung der Kalzium- und Phosphoraufnahme aus dem Darm ▪ Bildung von Knochen, Knorpeln, Zähnen	Fische, Lebertran, Eigelb, Milch, Milchprodukte, Margarine	0,005–0,010 mg
Provitamin: Ergosterin, Cholesterin			Erhöht: Säuglinge, ältere Menschen
E Tocopherol	▪ Schutz mehrfach ungesättigter Fettsäuren vor der Oxidation ▪ Schutz der Zellmembranen ▪ Radikalfänger	Pflanzenöl, Vollkornprodukte, Weizenkeimling, Leber, Eigelb, Butter, Nüsse, Blattgemüse	12–15 mg Erhöht: Schwangere, Stillende
K Phyllochinon	▪ Blutgerinnung	Milch, Milchprodukte, grünes Blattgemüse, Fleisch, Eier, Getreide, Obst	0,07–0,08 mg

Wussten Sie, dass ...
pro Jahr in Entwicklungsländern 500 000 Kinder aufgrund eines **Vitamin-A-Mangels** erblinden und davon 60 % wenige Monate später sterben?

Wissenswertes dazu

- Betakarotin wird in der Darmschleimhaut zu Vitamin A umgewandelt.
- Ein Großteil des Vitamins D wird aus den Provitaminen in der Haut durch die Einwirkung von Sonnenlicht (UV-Strahlen) gebildet.
- Der Gehalt an Vitamin E ist in kaltgepresstem Weizenkeimöl am höchsten.

Wussten Sie, dass ...
Thiamin das erste wasserlösliche Vitamin war, dessen Bedeutung erkannt wurde?

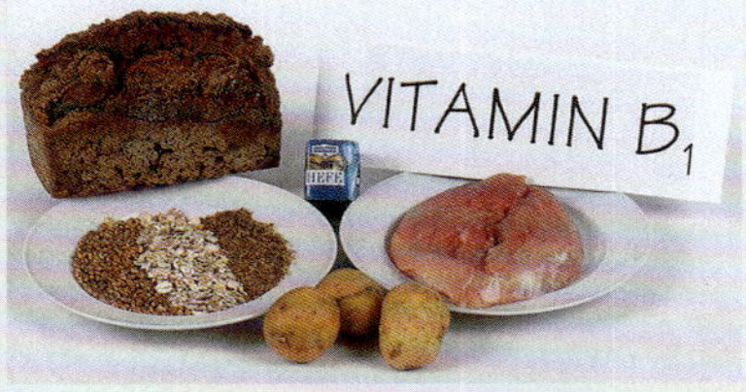

Vitamin-B_1-reiche Lebensmittel

Wasserlösliche Vitamine

Bezeichnung	Aufgaben	Bedarfsdeckung	Bedarf pro Tag
B_1 Thiamin	▪ Bestandteil wichtiger Enzyme für den Kohlenhydratstoffwechsel ▪ Erhaltung der Muskel- und Nervenfunktion	Schweinefleisch, Leber, einige Fischarten, Vollkornprodukte, Hülsenfrüchte, Kartoffeln, Hefe	1,0–1,3 mg Erhöht: Schwangere, Stillende, bei körperlicher Belastung
B_2 Riboflavin, Laktoflavin	▪ Bestandteil von Enzymen für den Energiestoffwechsel ▪ Förderung des Wachstums beim Embryo	Milch und Milchprodukte, Fleisch, Eier, Vollkornprodukte	1,2–1,5 mg Erhöht: Schwangere, Stillende, bei körperlicher Belastung
B_6 Pyridoxin	▪ Bestandteil von Stoffwechselenzymen ▪ Stärkung des Nerven- und Immunsystems	Fleisch, Fisch, Gemüse, Kartoffeln, Bananen, Nüsse, Vollkornprodukte	1,4–1,6 mg Erhöht: Schwangere, Stillende, bei Einnahme der Pille
B_{12} Cobalamin	▪ Blutbildung ▪ Bestandteil von Stoffwechselenzymen	Leber, Fleisch, Fisch, Eier, Milch und Milchprodukte, Sauerkraut	0,003 mg Erhöht: Schwangere, Stillende
Niacin	▪ Bestandteil von Stoffwechselenzymen	Fisch, Geflügel, Pilze, Vollkornprodukte	13–17 mg
Pantothensäure	▪ Bestandteil von Stoffwechselenzymen	Leber, Fleisch, Fisch, Milch und Milchprodukte, Vollkornprodukte, Hülsenfrüchte	6 mg (Schätzwert)
Folsäure	▪ Eiweißbildung und Zellvermehrung	Weizenkeime, Sojabohnen, Tomaten, grünes Blattgemüse, Weintrauben, Vollkornprodukte, Milch und Milchprodukte, Leber, Eier, Fleisch	0,4 mg Erhöht: Schwangere, Stillende
C Ascorbinsäure	▪ Bindegewebe- und Knochenaufbau ▪ Wachstum und Wundheilung ▪ Schutz vor Infektionen ▪ Eisenaufnahme und Eisenspeicherung ▪ Schützt andere Vitamine vor Zerstörung durch Sauerstoff (Antioxidantismittel), Radikalfänger ▪ Hemmung der Nitrosaminbildung	Frisches Obst: Kiwis, Johannisbeeren, Zitrusfrüchte; frisches Gemüse: Paprika, Brokkoli, Kräuter, Kartoffeln, Tomaten, grünes Blattgemüse; Sauerkraut	100 mg Erhöht: Schwangere, Stillende, Krankheit, Stress, Rauchen, Einnahme von Medikamenten, z. B. Pille
H Biotin	▪ Bestandteil von wichtigen Stoffwechselenzymen ▪ Schutz vor Hautentzündungen	Eier, Hülsenfrüchte, Nüsse, Haferflocken, Pilze	0,03–0,06 mg (Schätzwert)

Quelle: D-A-CH-Referenzwerte für die Nährstoffzufuhr, Angaben für Jugendliche und Erwachsene (> 15 Jahre)

Der Begriff **Folsäure** leitet sich von folium = Blatt ab.

Bei Rauchern kann sich der Vitamin-C-Bedarf um bis zu 40 % erhöhen

Nitrosamine = aus Nitrat und Aminen gebildeter krebserregender Stoff.

8.2 Bedeutung für den Körper

Ohne Vitamine ist kein Leben möglich, sie sind essenziell und müssen mit der Nahrung zugeführt werden. Kein Vitamin kann die Aufgabe eines anderen übernehmen.

Vitaminbedarf

Der Körper braucht die Vitamine, um die mit der Nahrung aufgenommenen Nährstoffe verwerten zu können. Sie wirken als Katalysatoren, sie ermöglichen oder beschleunigen Stoffwechselvorgänge. Sie werden dabei nur teilweise verbraucht und können nach Ablauf eines bestimmten Prozesses wieder neu verwendet werden. Deshalb ist der Vitaminbedarf, gemessen an der großen Aktivität im Stoffwechsel, relativ gering.

! Die Vitaminzufuhr ist gesichert, wenn reichlich Rohkost und Vollkornprodukte verzehrt werden und die Vielfalt der Lebensmittel ausgenützt wird.

Der Vitaminbedarf ist abhängig vom **Alter, Geschlecht, Ernährungsverhalten, von körperlicher Betätigung** und vom **Gesundheitszustand.** Ein Mangel, aber auch eine erhöhte Zufuhr von Vitaminen führt zu Erkrankungen.

Überhöhte Vitaminzufuhr (Hypervitaminose)

- **Wasserlösliche Vitamine** werden im Körper nicht gespeichert, sondern mit dem Harn ausgeschieden. Ein Zuviel im Körper ist daher nicht möglich.
- **Fettlösliche Vitamine** hingegen können in der Leber gespeichert werden. Es können Vergiftungserscheinungen (Erbrechen, Durchfall, Schleimhautblutungen) auftreten. Dies ist aber nur möglich, wenn sie in großen Mengen in Form von Nahrungsergänzungsmitteln (z. B. Vitaminpräparaten) oder funktionellen Lebensmitteln (z. B. Vitamindrinks) aufgenommen werden.

Vitaminmangel (Hypovitaminose)

Mangelerscheinungen kommen relativ oft vor. Sie äußern sich durch Müdigkeit, Blässe, Konzentrationsschwäche oder Infektionsanfälligkeit. Ursache sind meist eine einseitige Ernährung, die hauptsächliche Verwendung von stark verarbeiteten Lebensmitteln und die zu geringe Aufnahme von Frischobst. Es kann auch sein, dass ein erhöhter Bedarf zu wenig beachtet wird.

Erhöhter Vitaminbedarf besteht

- im Wachstum,
- in der Schwangerschaft und Stillzeit,
- im Alter,
- bei Infektions- und Darmerkrankungen,
- bei Einnahme bestimmter Medikamente, wie Antibiotika und Antibabypille,
- bei Stress,
- bei Rauchen,
- bei regelmäßigem Alkoholkonsum.

Antibiotika = von bestimmten Mikroorganismen erzeugte Substanzen, die Bakterien töten oder ihr Wachstum hemmen.

Wissenswertes dazu

Die Mangelerkrankung Skorbut wurde schon 450 v. Chr. von Hippokrates beschrieben. Die Eigenschaften und die Wirkung von Vitamin C sind aber erst seit wenigen Jahrzehnten bekannt.

Schwere Mangelerscheinungen, wie Skorbut bei Vitamin-C-Mangel, Nachtblindheit bei Vitamin-A-Mangel oder Rachitis bei Vitamin-D-Mangel, findet man heute nur mehr in den Entwicklungsländern.

8.3 Erhaltung von Vitaminen

Vitaminverluste entstehen bei der Lagerung und Verarbeitung der Lebensmittel durch **Hitze, Luft, Licht** und **Wasser.** Der Verlust hängt von der Dauer und Stärke der Einwirkung und von der Empfindlichkeit des Nährstoffes ab.

- **Fettlösliche Vitamine** werden durch Licht und Sauerstoff zerstört, sind aber gegenüber Hitze recht beständig.
- **Wasserlösliche Vitamine** sind gegenüber Hitze sehr empfindlich und gehen beim Kochen ins Kochwasser über, das dann meist weggeschüttet wird.

Essen Sie häufig frische, rohe Lebensmittel – am besten gewaschen und ungeschält, da viele der Vitamine sich in und unter der Schale befinden!

Vitaminverluste

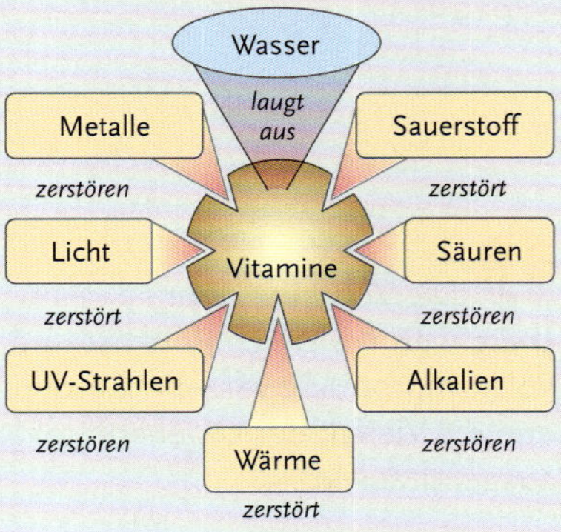

	Vitaminverluste durch					
Vitamine	Wasser	Hitze	Licht	Sauerstoff	Säuren	Alkalien
A						
D						
E						
K						
B_1						
B_2						
B_6						
B_{12}						
C						
H						

geringe Zerstörung — starke Zerstörung

Um die Vitaminverluste möglichst gering zu halten, sollen bei der Behandlung von Lebensmitteln einige wichtige Grundsätze beachtet werden.

So vermeiden Sie Verluste bei der Lagerung

- Lagern Sie die Lebensmittel dunkel, vor Sonnenlicht geschützt, möglichst im Ganzen und kurz.
- Lagern Sie Lebensmittel kühl. Beim **Tiefkühlen** entstehen keine Vitaminverluste, wenn man die Lagerdauer des Gefriergutes berücksichtigt.

So vermeiden Sie Verluste bei der Verarbeitung

- Waschen Sie die Lebensmittel unzerkleinert kurz und gründlich unter fließendem Wasser und lassen Sie sie nicht im Wasser liegen.
- Zerkleinern Sie Lebensmittel erst kurz vor der Verwendung.
- Vermeiden Sie unnötige Verarbeitungsschritte, da der Vitamingehalt bei jedem Arbeitsschritt durch Auswaschen oder Zerstörung verringert wird. Daher sollte der Großteil von Obst und Gemüse roh verzehrt werden.
- Wählen Sie anstelle von Kochen in viel Wasser Garmethoden wie Dämpfen oder Dünsten.
- Schütten Sie das Kochwasser nicht weg, sondern verwenden Sie den Gemüsesud für Saucen und Suppen.
- Garen Sie Lebensmittel so kurz wie möglich.
- Vermeiden Sie langes Warmhalten und mehrmaliges Aufwärmen.
- Verwenden Sie zur Aufbewahrung möglichst keine Metallgefäße. Sauerstoffempfindliche Vitamine werden darin noch rascher zerstört.

Notizen zu den Arbeitsaufgaben:

? Arbeitsaufgaben

1. Nennen Sie fettlösliche und wasserlösliche Vitamine.
2. Führen Sie einige Aufgaben an, die Vitamine im menschlichen Körper erfüllen.
3. Nennen Sie die Gruppe der Vitamine, die für den Stoffwechsel wichtig ist.
4. Zählen Sie vitaminreiche Lebensmittel auf.
5. Nennen Sie Personengruppen, die einen erhöhten Vitaminbedarf haben.
6. Beschreiben Sie die Merkmale eines Vitaminmangels. Nennen Sie jene Vitamine, bei deren Fehlen Mangelerscheinungen häufiger auftreten.
7. Nennen Sie Voraussetzungen für die Entstehung von Vitaminverlusten. Was können Sie tun, um Vitaminverluste zu vermeiden bzw. so gering wie möglich zu halten?

9 Bioaktive Substanzen

Bioaktive Substanzen fördern unsere Gesundheit!

Wer gesund und fit bleiben will, braucht mehr als Energie und lebensnotwendige Nährstoffe. Bioaktive Substanzen haben vielfältige gesundheitsfördernde Wirkungen, zählen aber nicht zu den Nährstoffen. Sie sind reichlich in Obst und Gemüse enthalten.

Je farbenprächtiger und je geschmacksintensiver eine Pflanze ist, desto höher ist ihr Gehalt an sekundären Pflanzenstoffen. Die Pflanze bildet diese Stoffe, um ihr Überleben zu sichern. Sie will sich vor Feinden schützen bzw. Nützlinge anlocken.

Man vermutet, dass für den Menschen über 10 000 bioaktive Substanzen von Bedeutung sind. Erst seit einigen Jahren wird auf diesem Gebiet intensiv geforscht.

Zu den bioaktiven Substanzen zählen
- sekundäre Pflanzenstoffe,
- Ballaststoffe,
- Stoffe in fermentierten Lebensmitteln.

Wussten Sie, dass ...
Menschen, die viel Obst und Gemüse essen, besser vor Herz-Kreislauf-Erkrankungen und Krebs geschützt sind?

Unsere Ziele

Nach Bearbeitung dieses Teilkapitels werden Sie ...
- wissen, welche Stoffe zu den bioaktiven Substanzen zählen;
- die wichtigsten bioaktiven Substanzen und ihre Bedeutung für die Gesundheit kennen;
- wissen, welche Lebensmittel reich an bioaktiven Substanzen sind;
- Empfehlungen für eine ausreichende Versorgung mit bioaktiven Substanzen geben können.

Wusssten Sie, dass ...
bereits im alten Ägypten Nahrungspflanzen zur Behandlung von Krankheiten eingesetzt wurden? So verwendete man beispielsweise Zwiebel zur Wundheilung.

Bedeutung

Bioaktive Substanzen haben seit Beginn der Menschheit große Bedeutung. Als ständige Begleiter der pflanzlichen Nahrung waren sie seit jeher an der Erhaltung und Förderung der Gesundheit beteiligt. Sekundäre Pflanzenstoffe wurden auch zur Heilung von Krankheiten eingesetzt. Mit der Entwicklung der modernen Medizin trat das Wissen über die gesundheitsfördernde Wirkung von sekundären Pflanzenstoffen in den Hintergrund.

Arten

Sekundäre Pflanzenstoffe

In Obst und Gemüse ist der Anteil an bioaktiven Substanzen am größten. Je nach Art und Menge der Nahrungsmittel nehmen wir ca. 1,5 g pro Tag auf.

Forschungsergebnisse sprechen dafür, dass sekundäre Pflanzenstoffe Schutzwirkungen im Körper ausüben. Viele Ergebnisse beruhen jedoch auf Tierversuchen.

Sekundäre Pflanzenstoffe	Vorkommen	Gesundheitliche Wirkungen
Karotinoide: Pflanzenfarbstoffe; 600 verschiedene Arten	Dunkelgrüne, rote und gelbe Obst- und Gemüsesorten	▪ Verhindern schädliche Oxidationen ▪ Beugen Krebs vor ▪ Stärken das Immunsystem
Glukosinolate: schwefelhaltige Verbindungen; scharf schmeckend und riechend	Kohlsorten (Weißkohl, Rotkohl, Grünkohl, Kohlrabi, Blumenkohl, Brokkoli), Meerrettich, Radieschen, Kresse, Senf, Sauerkraut	▪ Beugen Krebs vor ▪ Hemmen das Wachstum von Bakterien, Pilzen, Viren ▪ Senken den Cholesterinspiegel
Polyphenole: ▪ Flavonoide: Pflanzenfarbstoffe ▪ Phenolsäuren: Gerb- und Bitterstoffe	Flavonoide: Früchte, Beeren, Rotwein, grüner Tee Phenolsäuren: Randschichten von Getreide und Obst; Gemüse, schwarzer Tee	▪ Verhindern schädliche Oxidationen ▪ Beugen Krebs vor ▪ Hemmen das Wachstum von Bakterien, Pilzen, Viren ▪ Hemmen Entzündungen ▪ Regulieren Blutdruck und Blutzuckerspiegel
Sulfide: schwefelhaltige Wirkstoffe; flüchtig und geruchsintensiv	Lauch, Knoblauch, Zwiebel, Schnittlauch	▪ Verhindern schädliche Oxidationen ▪ Beugen Krebs vor ▪ Hemmen das Wachstum von Bakterien, Pilzen, Viren ▪ Stärken das Abwehrsystem
Phytosterine: pflanzliche Sterine	In Sonnenblumenkernen, Sesamsaaten; Soja, Getreidekeimen, Avocados, Nüssen; kalt gepressten Pflanzenölen (Raps- und Olivenöl)	▪ Senken den Cholesterinspiegel ▪ Beugen Krebs vor
Phytoöstrogene: pflanzliche, dem Östrogen ähnliche Hormone	Sojabohnen, Vollkornprodukte, Leinsamen	▪ Beugen Herz-Kreislauf-Erkrankungen und Krebs vor
Monotherpene: ätherische Pflanzenöle	Kümmel, Anis, Fenchel, Koriander, Basilikum, Zitrusfrüchte	▪ Beugen Verdauungsstörungen und Krebs vor ▪ Schützen vor Infektionen durch Bakterien, Viren, Pilze
Enzym-Inhibitoren: Pflanzenstoffe, die die Verdauung von Eiweiß und Stärke hemmen	Hülsenfrüchte, besonders Sojabohnen, Getreide, Kartoffeln (werden durch Erhitzen inaktiv)	▪ Schützen vor Krebs und Zellschäden durch freie Radikale und vor Diabetes

Weizenvollmehl hat zehnmal mehr Phenolsäure als Weißmehl

Erinnern Sie sich noch:
Was sind freie Radikale?

Sekundäre Pflanzenstoffe	Vorkommen	Gesundheitliche Wirkungen
Saponine: pflanzliche Abwehrmittel; bitter schmeckend; Emulgator- und Schaumwirkung	Hülsenfrüchte (Sojabohnen, Erbsen, grüne Bohnen), Spinat, Zuckerrüben Solanin: grüne Kartoffeln und grüne Tomaten	■ Senken möglicherweise den Cholesterinspiegel ■ Verhindern Infektionen

Solanin schädigt die Schleimhäute des Verdauungstraktes. Hoher Solaningehalt verursacht bei empfindlichen Menschen Übelkeit und Erbrechen bis hin zu Vergiftungen.

Ballaststoffe

Wirkungsweise siehe Aufgaben der Kohlenhydrate, Seite 27.

Stoffe in fermentierten Lebensmitteln

Probiotische Nahrungsmittel werden mit Milchsäure- oder Bifidusbakterien hergestellt. Bei der dabei stattfindenden **milchsauren Gärung** verändern sich Geschmack, Geruch und der Wert des Lebensmittels. Für diesen Vorgang eignen sich Milch, Gemüse, Getreide, Hülsenfrüchte, Fleisch und Fisch.

Eine regelmäßige Aufnahme dieser Produkte wirkt sich positiv auf die Darmflora aus. Voraussetzung dafür ist allerdings, dass die Milchsäurebakterien lebend den Dickdarm erreichen. Wärmebehandelter Joghurt oder erhitztes Sauerkraut sind kaum wirksam.

Der positive Einfluss auf die Darmflora soll
- Krebs vorbeugen,
- Infektionen hemmen,
- das Immunsystem stärken,
- den Cholesterinspiegel senken.

Wussten Sie, dass ...
die milchsaure Gärung ein bereits altes Konservierungsverfahren ist?

Die gesundheitsfördernde Wirkung der bioaktiven Substanzen kann sich nur bei ausreichender Versorgung mit allen lebensnotwendigen Nährstoffen optimal entfalten.

Empfehlungen für die Zufuhr

Eine vollwertige Ernährung mit einem hohen Anteil an Obst, Gemüse und Vollkornprodukten ist ein wichtiger Beitrag zur Gesunderhaltung.

So decken Sie Ihren Bedarf an bioaktiven Substanzen

- Genießen Sie **fünf Portionen Gemüse** und **Obst am Tag.** Davon sollten drei Portionen Gemüse und zwei Portionen Obst sein.
- Das Maß für eine Portion ist eine Handvoll.
- Essen Sie je eine Portion gegartes Gemüse, rohes Gemüse und Blattsalat sowie zwei Portionen frisches Obst.
- Ein Glas Gemüse- oder Fruchtsaft gilt als eine Gemüse- bzw. Obstportion.
- Achten Sie auf Abwechslung und wählen Sie regionale, erntefrische Produkte. Frische Lebensmittel enthalten mehr Pflanzenstoffe.
- Achten Sie auf eine schonende Behandlung der Lebensmittel.

5 am Tag
OBST & GEMÜSE

Empfehlung der Krebshilfe

Arbeitsaufgaben

1. Nennen Sie Stoffe, die zu den bioaktiven Substanzen zählen.
2. Beschreiben Sie die gesundheitsfördernde Wirkung sekundärer Pflanzenstoffe.
3. Erklären Sie anhand eines Beispiels die Empfehlung „Fünf am Tag".

Notizen zu den Arbeitsaufgaben:

10 Energie- und Nährstoffbedarf des Menschen

Der Mensch benötigt zur Aufrechterhaltung seiner Lebensfunktionen und für jede körperliche Tätigkeit Energie, die er durch die Nahrung zuführt. Die optimale Energiezufuhr setzt voraus, dass alle Nährstoffe in einem dem Bedarf entsprechenden Verhältnis aufgenommen werden.

Wir essen zu energiereich, zu einseitig und bewegen uns zu wenig. Das beweisen die zahlreich auftretenden ernährungsabhängigen Erkrankungen in unserer Zeit. Daher ist es notwendig, über den eigenen Energieverbrauch und den eigenen Bedarf an Nährstoffen sowie über den Gehalt dieser Stoffe in den Nahrungsmitteln Bescheid zu wissen.

Wiederholen Sie den Lehrstoff über den Energiegehalt der Nährstoffe und Ihren Tagesbedarf!

Unsere Ziele

Nach Bearbeitung dieses Teilkapitels werden Sie ...

- über Ihr Sollgewicht informiert sein;
- wissen, woraus sich der Energieverbrauch berechnet;
- über den Grund- und Energieumsatz Bescheid wissen;
- Ihren täglichen Energiebedarf berechnen können.

10.1 Das richtige Körpergewicht

Zur Bestimmung des Energieverbrauches und des Nährstoffbedarfes ist die Ermittlung des Sollgewichtes Voraussetzung. Berechnungsgrundlage für das Sollgewicht ist die Formel für den Body-Mass-Index (BMI):

$$\text{BMI} = \frac{\text{Körpergewicht in Kilogramm}}{(\text{Körpergröße in Metern})^2}$$

Beispiel: Körpergewicht 60 kg, Körpergröße 1,70 m
BMI = $60/1{,}70^2$ = **20,76**

Bewertung des BMI beim Erwachsenen

Klassifikation	männlich	weiblich
Untergewicht	< 20	< 19
Normal- bzw. Sollgewicht	20–25	19–24
Übergewicht	25–30	24–30
Adipositas (Fettsucht)	30–40	30–40
Massive Adipositas	> 40	> 40

Wussten Sie, dass ...
man mit dem Sollgewicht die höchste Lebenserwartung hat?

BMI-Empfehlungswerte
- Frauen: 19–24.
- Männer: 20–25.
- ab 65 Jahren: 24–29.

Unter folgender Internetadresse können Kinder und Jugendliche ihren BMI berechnen und einordnen:
www.adipositas-gesellschaft.de/aga/bmi4kids/

10.2 Energiebedarf – Energieverbrauch

Der Mensch braucht Energie
- zur Aufrechterhaltung der Körpertemperatur,
- zur Aufrechterhaltung der Körpervorgänge,
- für die körperliche Tätigkeit,
- für Wachstum, Schwangerschaft und Stillzeit.

Ziel einer bedarfsgerechten Ernährung ist eine ausgeglichene Energiebilanz, um das Sollgewicht zu erreichen und zu halten. Wird vom Körper mehr Energie aufgenommen als benötigt, so wird der Überschuss in Form von Fett gespeichert, es kommt zu Übergewicht, im Extremfall zu Adipositas. Ist hingegen der Energiebedarf größer als die Energieaufnahme, so werden körpereigene Energiereserven zur Deckung des Energiebedarfes abgebaut, das Körpergewicht nimmt ab.

Bei der Stoffumwandlung der Nährstoffe wird Energie frei. Diese Energie wird in **Kilojoule (kJ)** oder **Kilokalorien (kcal)** angegeben. Die Nährstoffe liefern unterschiedliche Energiemengen.

Wissenswertes dazu

1 kJ	= 1 000 J	
1 MJ	= 1 000 kJ	= 238 kcal
1 kcal	= 4,2 kJ	

Energiegehalt der Nährstoffe

1 g Kohlenhydrate	1 g Fett	1 g Eiweiß
= 17 kJ	= 37 kJ	= 17 kJ
= 4 kcal	= 9 kcal	= 4 kcal

Der **Energieverbrauch (Gesamtenergiebedarf)** ergibt sich aus
- dem **Grundumsatz** und
- dem **Leistungsumsatz.**

Der Energiebedarf wird häufig in **Megajoule (MJ)** angegeben.

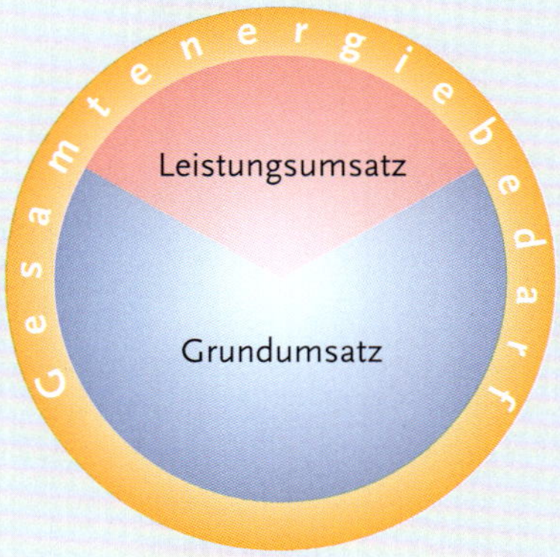

Grundumsatz

Der Grundumsatz hat den **höchsten Anteil am Energieverbrauch** und ist jene Energiemenge, die zur Erhaltung aller lebensnotwendigen Körperfunktionen, wie Atmung, Herztätigkeit, Aufrechterhaltung der Körpertemperatur, benötigt wird.

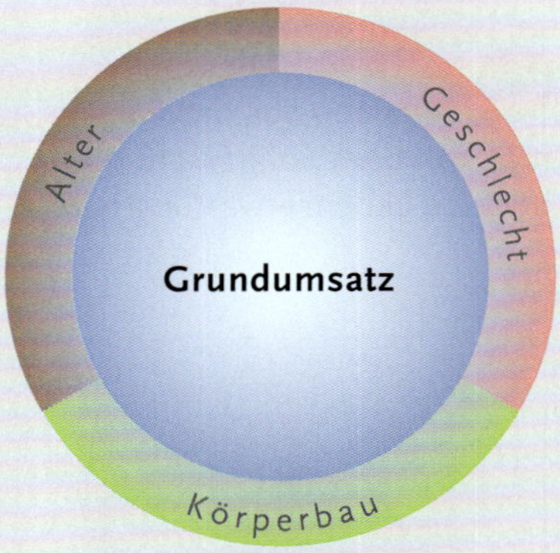

Die **Bestimmung des Grundumsatzes** erfolgt ruhig liegend zwölf Stunden nach der letzten Nahrungsaufnahme bei einer Raumtemperatur von 20 °C. Bei der Grundumsatzmessung werden Sauerstoffverbrauch, CO_2-Abgabe und Stickstoffausscheidung gemessen.

Der Grundumsatz wird von folgenden Faktoren beeinflusst:
- **Alter:** Der Grundumsatz steigt im Wachstum, ist im Jugendalter am höchsten und sinkt anschließend wieder mit zunehmendem Alter.
- **Geschlecht:** Der Grundumsatz ist bei Männern, bedingt durch Größe, Gewicht und Körperzusammensetzung, höher als bei Frauen. Frauen haben einen größeren Anteil an Fettgewebe. Fettgewebe verbraucht weniger Energie.
- **Körperoberfläche:** Größere Menschen haben einen höheren Grundumsatz, da über die größere Körperoberfläche mehr Wärme an die Umgebung abgegeben wird.
- **Körpermasse:** Je größer die Körpermasse (im Wachstum ansteigend), desto größer ist der Grundumsatz.
- **Körperzusammensetzung:** Muskelmasse verbraucht mehr Energie als Fettgewebe. Deshalb haben Leistungssportlerinnen und Leistungssportler einen höheren Grundumsatz.
- **Hormonstatus:** Hormone der Schilddrüse steuern den Grundumsatz. Eine Überfunktion bewirkt einen höheren Grundumsatz.
- **Stress** und **Nervosität** erhöhen den Grundumsatz, Depressionen senken ihn.
- **Fieber** erhöht den Grundumsatz, Medikamente können ihn senken.
- **Längeres Fasten:** Durch unzureichende Energiezufuhr, die eine rasche Gewichtsabnahme bewirkt, sinkt der Grundumsatz. Mäßige Einsparungen bei der Energiezufuhr und eine langsame Gewichtsreduktion haben keinen bzw. nur einen geringen Einfluss auf die Höhe des Grundumsatzes.

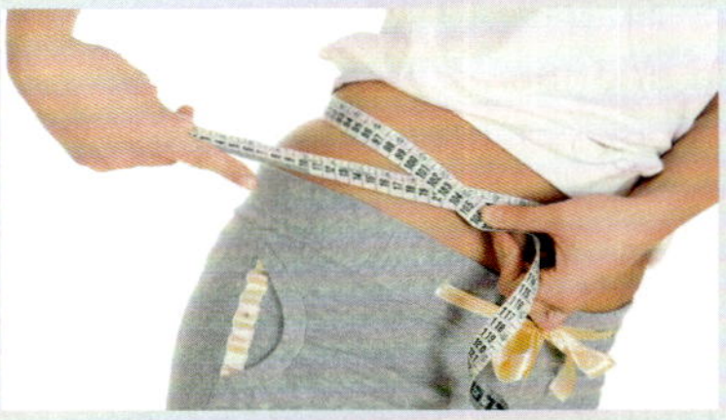

Fasten oder extreme Diäten sind keine sinnvolle langfristige Maßnahme zur Gewichtsreduktion

Leistungsumsatz

Der durchschnittliche Leistungsumsatz hängt von der beruflichen Tätigkeit und vom Freizeitverhalten ab. Der Leistungsumsatz ist in den letzten Jahren stark gesunken. Viele Menschen leisten heute leichte Arbeit. Wenn wir unsere Essgewohnheiten betrachten, müssten wir jedoch Schwerarbeit leisten, um die aufgenommene Energie zu verbrauchen.

Der Leistungsumsatz wird von folgenden Faktoren beeinflusst:
- **Klima:** Bei einer Temperatur unter 20 °C benötigt der Körper mehr Energie (Wärme), um die Körpertemperatur von 37 °C konstant zu halten. Bei höheren Temperaturen wird die Körpertemperatur durch das Schwitzen gesenkt.
- **Verdauungstätigkeit:** Für die Verwertung (Verdauung, Aufnahme, Speicherung) der Nährstoffe braucht der Körper ca. 8–10 % der Gesamtenergiezufuhr.
- **Körperliche Aktivität:** Ein erheblicher Teil des Energieumsatzes beruht auf dem Energiebedarf, der für körperliche Tätigkeiten im Beruf und in der Freizeit benötigt wird. Der dazu nötige Energieaufwand hängt vom Geschlecht, Alter und Körpergewicht ab.

Täglicher Energiebedarf

Die **Energiezufuhr** soll gleichmäßig über den Tag verteilt werden, denn die Einnahme von kleineren Mahlzeiten
- fördert die Konzentration und die Leistungsfähigkeit,
- verhindert Ermüdungserscheinungen,
- verhindert die Entstehung von Heißhunger und fördert dadurch ein vernünftiges Essverhalten.

Mahlzeiten	Energiezufuhr pro Tag
Frühstück	25 %
Zwischenmahlzeit	10 %
Mittagessen	30 %
Zwischenmahlzeit	10 %
Abendessen	25 %

Die Zwischenmahlzeiten sollen nicht mehr als 10 % der Gesamtenergiezufuhr betragen, d. h. ca. 980–1 220 kJ.

10.3 Nährstoffbedarf

Es ist nicht nur wichtig, dass mit der Nahrung der Energiebedarf gedeckt wird, sondern es müssen auch alle Nährstoffe in optimaler Menge und Zusammensetzung aufgenommen werden. Der Gesamtenergiebedarf wird durch die energieliefernden Nährstoffe Kohlenhydrate, Fett und Eiweiß gedeckt.

Verhältnis der energieliefernden Hauptnährstoffe, bezogen auf den Gesamtenergiebedarf (Beispiel: Auszubildende/Auszubildender mit einem Energiebedarf von ca. 9 800 kJ):

Nährstoffe	Anteil	Berechnung
Kohlenhydrate	50–55 %	55 % von 9 800 kJ = 5 390 kJ/17 kJ = 317 g
Fett	25–30 %	30 % von 9 800 kJ = 2 950 kJ/37 kJ = 80 g
Eiweiß	10–15 %	15 % von 9 800 kJ = 1 470 kJ/17 kJ = 85 g

Kohlenhydrate

- **50–55** % der Gesamtenergiezufuhr soll durch Kohlenhydrate gedeckt werden.
- Der Kohlenhydratanteil soll in Form von Vollkornbrot (fünf bis sieben Scheiben pro Tag), einer Portion fettarmer Beilage, kombiniert mit reichlich Salat und Gemüse, Obst in mäßigen Mengen (zwei bis drei Portionen), am besten regelmäßig auf mehrere Mahlzeiten über den Tag verteilt, aufgenommen werden.

Fett

- **25–30** % der Energiezufuhr sollen in Form von Fett aufgenommen werden, d. h. etwa 60–70 g pro Tag.
- Diese Menge kann in Form von fettarmen Milchprodukten (ca. zwei Portionen täglich), fettarmem Fleisch, fettarmer Wurst oder Fisch (täglich nur eine mäßige Portion), Eiern (zwei bis drei pro Woche) und bei sparsamer Verwendung (ca. 30 g pro Tag) in Form von Butter, Diätmargarine oder Pflanzenöl aufgenommen werden.

Eiweiß

- **10–15** % des Gesamtenergiebedarfes entsprechen 50–70 g Eiweiß pro Tag.
- Dieser Eiweißbedarf kann durch den Genuss von kleinen Mengen an tierischen Produkten, kombiniert mit großen Mengen pflanzlicher Nahrungsmittel, in ausreichender Menge und Qualität gedeckt werden.

Zusätzlich zu den energieliefernden Nährstoffen braucht der Mensch auch Nährstoffe, die keine Energie liefern, jedoch wichtige Aufgaben im Körper erfüllen:

- Vitamine,
- Mineralstoffe,
- Wasser,
- Ballaststoffe,
- bioaktive Substanzen.

Arbeitsaufgaben

1. Bestimmen Sie Ihr Sollgewicht.
2. Erläutern Sie, wozu der Mensch Energie braucht.
3. Nennen Sie Faktoren, die den Energieumsatz beeinflussen.
4. Ermitteln Sie Ihren täglichen Energiebedarf.
5. Erläutern Sie, wie viel Prozent des Gesamtenergiebedarfs durch Kohlenhydrate, wie viel durch Fett und wie viel durch Eiweiß gedeckt werden sollten.
6. Berechnen Sie das Verhältnis der energieliefernden Hauptnährstoffe für eine Auszubildende/einen Auszubildenden mit einem Energiebedarf von ca. 12 200 kJ.
7. Zählen Sie Nährstoffe auf, die keine Energie liefern, jedoch zusätzlich in der Nahrung enthalten sein müssen.

! Der Nährstoffbedarf richtet sich nach der Altersstufe. Kinder und Jugendliche bis zum 18. Lebensjahr brauchen mehr Nährstoffe für Wachstum und Entwicklung.

Beispiel für die Zusammensetzung einer Tageskost für eine Auszubildende/einen Auszubildenden mit einem Energiebedarf von ca. 9 800 kJ:

Nahrungsmittel	Menge
Milch (3,5 % F. i. T.)	250 g
Käse (20–40 % F. i. T.)	60 g
Fleisch, Fisch oder Ei	100 g
Streichfett (Butter)	20 g
Kochfett (Pflanzenöl)	24 g
Brot	360 g
Beilagen (Kartoffeln)	250 g
Zucker (Honig)	30 g
Gemüse, Salat, Rohkost	350 g
Frisches Obst	400 g
Süßes (Kekse)	15 g
Wasser	1,5 l
Salz mit Jod und Fluor	5 g

Notizen zu den Arbeitsaufgaben:

11 Stoffwechsel

Beim Sport vollbringt der Stoffwechsel Höchstleistungen.

Stoffwechsel – der Motor des Lebens!

Solange der Mensch lebt, arbeiten die Körperzellen unaufhörlich. Wie kleine Kraftwerke versorgen sie den Organismus mit Energie. In den Zellen können auch neue Stoffe gebildet werden. Als Rohmaterialien stehen dafür die Bestandteile der Nahrung zur Verfügung. Endprodukte des Stoffwechsels werden ausgeschieden. Für einen ungehinderten Ablauf aller Stoffwechselvorgänge spielen Hormone und Enzyme eine entscheidende Rolle.

Der Stoffwechsel ist eine Synergie (Zusammenwirken) chemischer Reaktionen, die in den Zellen aller Organismen – Mensch, Tier und Pflanze – ablaufen.

Unsere Ziele

Nach Bearbeitung dieses Teilkapitels werden Sie ...

- die Bedeutung der Hormone und Enzyme für den Stoffwechsel kennen;
- über die Enzymtätigkeit in Lebensmitteln informiert sein;
- die Aufgaben des Stoffwechsels kennen und wissen, welche Organsysteme am Stoffwechsel beteiligt sind;
- über den Vorgang der Verdauung unterrichtet sein.

11.1 Hormone

Hormone sind chemische Stoffe, die in kleinsten Mengen in den Hormondrüsen und in bestimmten Organen gebildet werden. Sie werden direkt an das Blut abgegeben.

Hormone regeln im Körper wichtige Vorgänge:
- Wachstum,
- Stoffwechsel,
- Fortpflanzung,
- Organfunktionen.

Hormone fördern oder hemmen beim Stoffwechsel bestimmte Abläufe. Die Steuerzentrale des Hormonsystems ist die Hirnanhangsdrüse (Hypophyse).

Stoffwechselhormone		
Bezeichnung	**Bildung im Körper**	**Wirkungen**
Insulin	Bauchspeicheldrüse	■ Ermöglicht die Aufnahme von Glukose in die Zellen ■ Wandelt überschüssige Glukose in Glykogen um ■ Ermöglicht die Fettspeicherung im Fettgewebe ■ Senkt den Blutzuckerspiegel
Glukagon	Bauchspeicheldrüse	■ Wandelt bei Bedarf Glykogen in Glukose um ■ Erhöht den Blutzuckerspiegel (entgegengesetzte Wirkung von Insulin)
Thyroxin	Schilddrüse	■ Steigert die Geschwindigkeit des Stoffwechsels ■ Erhöht bei Überfunktion den Grundumsatz
Adrenalin	Nebennierenmark (Stresssituationen)	■ Fördert den Glykogenabbau ■ Erhöht den Blutzuckerspiegel (entgegengesetzte Wirkung von Insulin) ■ Greift in den Fettstoffwechsel ein
Östrogene	Eierstöcke	■ Regeln das Wachstum der Geschlechtsorgane ■ Steuern den Menstruationszyklus und alle Fortpflanzungsfunktionen ■ Beeinflussen den Kalziumstoffwechsel ■ Erhöhen den Cholesterinspiegel ■ Verstärken Fett- und Wassereinlagerung im Gewebe
Testosteron	Hoden	■ Regelt das Wachstum der männlichen Geschlechtsmerkmale ■ Hat Einfluss auf den Knochenstoffwechsel ■ Regt die Ausbildung der Muskulatur an

Wussten Sie, dass ...
Insulinmangel den Blutzuckerspiegel ansteigen lässt? Das ist die Ursache für die Entstehung der Zuckerkrankheit.

Erinnern Sie sich noch:
Erinnern Sie sich noch: Was ist der Grundumsatz?

11.2 Enzyme

Enzyme sind **Eiweißstoffe,** die in lebenden Zellen gebildet werden. Sie bewirken im Organismus chemische Reaktionen, ohne sich selbst zu verändern.

Enzyme steuern den Verlauf und die Geschwindigkeit der Stoffwechselvorgänge. Ohne sie würden Stoffwechselvorgänge nur sehr langsam ablaufen oder überhaupt nicht stattfinden. Sie wirken sowohl in der lebenden Zelle als auch außerhalb.

Finden Sie eine Erklärung, warum Enzyme auch als **Biokatalysatoren** bezeichnet werden.

In Lebensmitteln verursachen sie einerseits erwünschte Veränderungen (z. B. Käseerzeugung, Reifen von Obst, Gemüse, Gare von Teigen ...), andererseits sind sie für den Lebensmittelverderb verantwortlich. Man schätzt die Zahl der Enzyme auf ca. 10 000 bei Bakterien und 30 000 beim Menschen.

Aufbau

Enzyme bestehen aus einem **Eiweißanteil** und einer **Wirkstoffgruppe.**

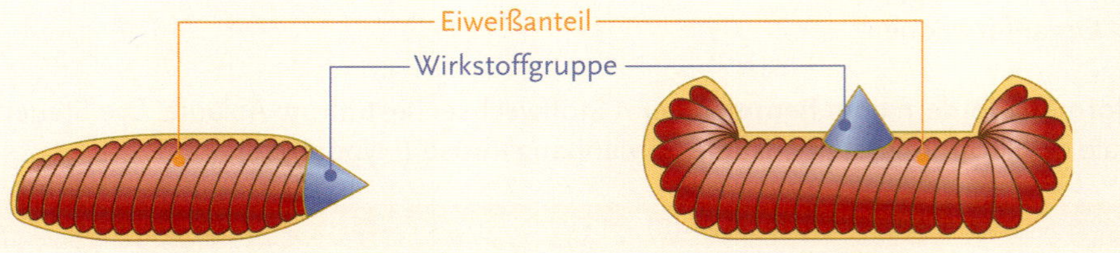

Der Eiweißanteil besteht aus ca. 150 Aminosäuren.

Die Wirkstoffgruppe setzt sich entweder aus Vitaminen oder Mineralstoffen zusammen.

Wirkungsweise

- Enzyme bauen Stoffe auf und ab. Den Nährstoff, der dabei auf- bzw. abgebaut wird, bezeichnet man als **Substrat.**

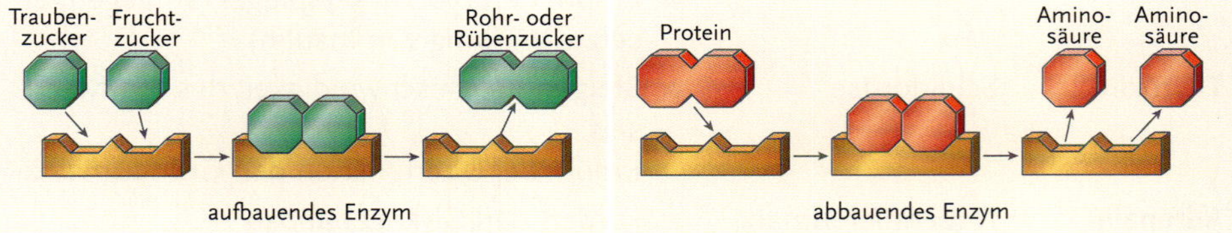

- Enzyme wirken artspezifisch, also immer nur auf ein bestimmtes Substrat. Sie können daher nur einen Nährstoff auf- oder abbauen **(Schlüssel-Schloss-Prinzip).** Zum Beispiel baut ein kohlenhydratspaltendes Enzym niemals Eiweiß ab, sondern immer nur Stärke.
- Enzyme werden beim Auf- und Abbau nicht verbraucht. Sie trennen sich vom Reaktionsprodukt und können weitere Substrate verändern.

Schlüssel-Schloss-Prinzip

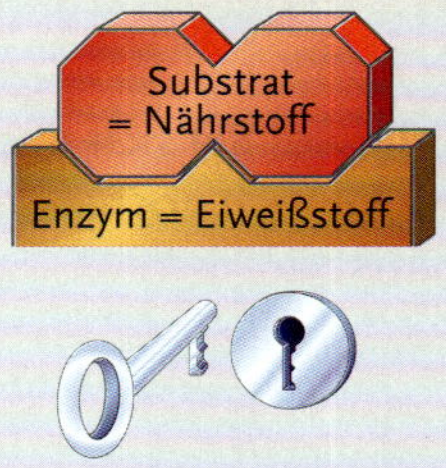

Enzyme passen zum Substrat wie ein Schlüssel zum Schloss.

Enzyme werden durch das Anfügen der Endung **„-ase“** an den Substratnamen gekennzeichnet, z. B. Amylose – Amylase.

Enzyme	Substrate – Nährstoffe	Reaktions- bzw. Abbauprodukte
Proteasen	Proteine (Eiweiß)	Aminosäuren
Lipasen	Lipide (Fette)	Glyzerin und Fettsäuren
α-Amylasen	Amylopektin	Dextrin
β-Amylasen	Amylose und Dextrin	Malzzucker
Maltasen	Maltose	Traubenzucker
Saccharasen	Saccharose	Trauben- und Fruchtzucker
Laktasen	Laktose	Trauben- und Schleimzucker
Enzymkomplex (Zymasen)	Trauben- und Fruchtzucker	CO_2 und Alkohol
Zellulasen	Zellulose	Traubenzucker
Pektinasen	Pektine	Zuckerstoffe

Die **α-Amylase** baut die langkettige Stärke zu Dextrinen (kürzeren Bruchstücken) ab. Parallel dazu spaltet die **β-Amylase** Dextrine zu Malzzucker.

Enzymaktivität

Die Enzymaktivität hängt von der Temperatur, der Feuchtigkeit und vom pH-Wert ab.

Temperatur

Körpereigene Enzyme sind bei Temperaturen zwischen 30 und 40 °C, Getreideenzyme zwischen 40 und 60 °C am aktivsten. Liegen die Temperaturen darunter, verlangsamen sie ihre Aktivität. Ab einer Temperatur von 42 °C (körpereigene Enzyme) bzw. 70 °C (Getreideenzyme) werden sie infolge der Eiweißgerinnung **zerstört.** Bei Temperaturen unter dem Gefrierpunkt stellen Enzyme ihre Aktivität völlig ein. Nur Fett spaltende Enzyme (Lipasen) verändern (verderben) Fette auch unter dem Gefrierpunkt. Beim Auftauen werden die Enzyme wieder aktiv (siehe Kapitel Haltbarmachung und Verderb von Lebensmitteln/ Chemische Veränderungen, Seite 192).

Enzymtätigkeit in Abhängigkeit von der Temperatur

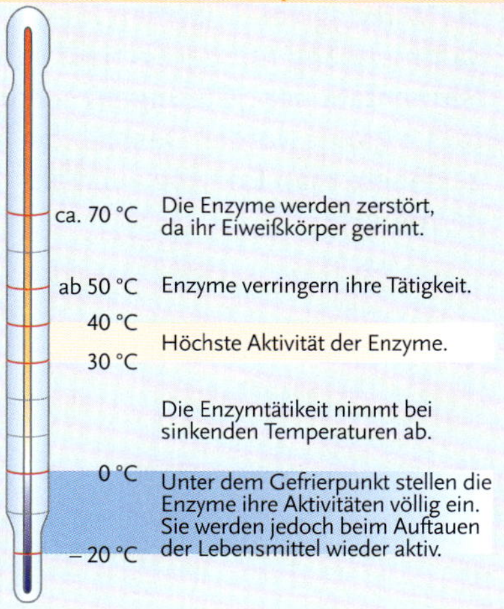

Feuchtigkeit

Enzyme benötigen für ihre Wirkung **frei verfügbares Wasser** (a_w-Wert). Die Verdauungsenzyme spalten ihre Nährstoffe unter Wasseranlagerung. In Lebensmitteln nimmt die Enzymtätigkeit mit steigendem Wassergehalt zu. Wasserentzug (z. B. Trocknen) schränkt die Aktivität der Enzyme ein.

a_w-Wert = Gehalt an frei verfügbarem Wasser im Lebensmittel.
0 = wasserfrei, 1 = reines Wasser.

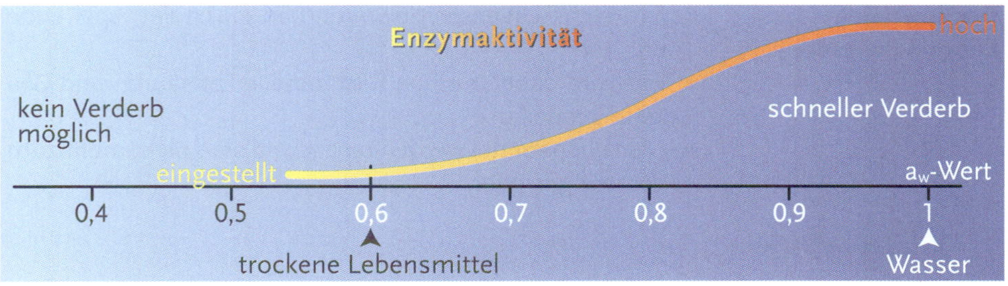

pH-Wert

Auch der pH-Wert beeinflusst die Enzymaktivität. Manche Enzyme sind auch bei pH-Werten über 7 aktiv. Ist der Bereich zu sauer oder zu laugig, schränken Enzyme ihre Aktivität ein oder können auch unwirksam werden.

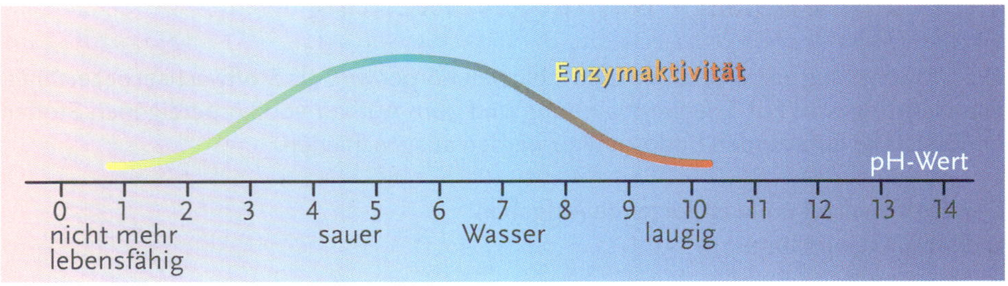

Die Amylasen im Getreide arbeiten am besten bei einem pH-Wert von 5.

Enzymtätigkeit in Lebensmitteln

Während der Lagerung oder Verarbeitung der Lebensmittel treten einerseits erwünschte Enzymreaktionen ein, die gefördert und gelenkt werden, andererseits kommt es zu unerwünschten Reaktionen, wie zum Verderb von Lebensmitteln (siehe Kapitel Verderb und Haltbarmachung von Lebensmitteln, Seite 192).

Erwünschte Enzymreaktionen	Unerwünschte Enzymreaktionen
Reifung und Lagerung von Mehl	Eiweiß- und Stärkeabbau bei der Mehllagerung
Gare von Teigen	Ranzigwerden von Fetten und Ölen
Milchsäuregärung im Roggenteig	Bräunungsvorgänge beim Obst
Alkoholgewinnung (Wein, Bier ...)	Fäulnis von Obst
Reifung von Obst, Gemüse, Joghurt, Käse	
Gewinnung von Honig	
Herstellung von Frischkäse	
Fermentierung von Kakaobohnen	

Die **Enzymaktivität** in Nahrungsmitteln wird herabgesetzt bzw. gehemmt durch

- Salzen,
- Säuern,
- Erhitzen,
- Wärmeentzug,
- Trocknen,
- Tiefgefrieren.

Wussten Sie, dass ...
frische Mehle bereits in der Mühle mit Ascorbinsäure angereichert werden, um die Mehlreifung zu unterstützen?

Wussten Sie, dass ...
die Wirkung von Enzymen im Zusammenhang mit dem Ablauf von **Fermentationen (Gärungen)** schon früh erkannt wurde? Deshalb bezeichnete man Enzyme auch als Fermente.

Enzymgruppen	
Kohlenhydratspaltende Enzyme 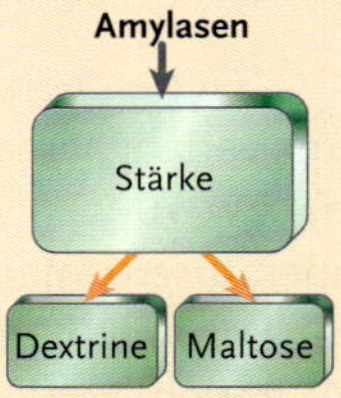	▪ Amylasen und Maltasen wirken zum Teil bereits während der Mehllagerung und ▪ sind besonders im feuchten und warmen Teig aktiv.
Eiweiß spaltende Enzyme (Proteasen) 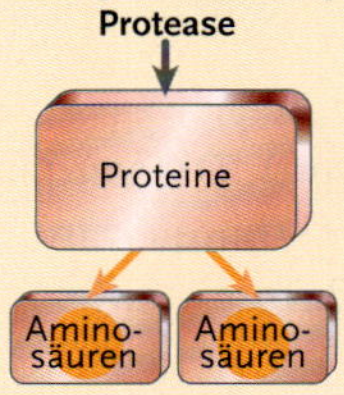	▪ Bereits während der Mehllagerung setzt der Eiweißabbau (Kleberabbau) ein. ▪ Teige aus kleberschwachem Mehl verlieren dabei an Elastizität und Gärstabilität. Gebäck aus solchen Teigen hat ein kleines Volumen und eine grobe Porung. ▪ Eiweißspaltende Enzyme einzelner Früchte (Ananas, Papayas, Kiwis) verhindern das Festwerden der Gelatine.
Fett spaltende Enzyme (Lipasen) 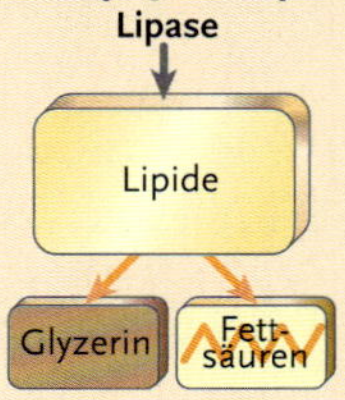	▪ Fettreiche Lebensmittel verderben durch Fett spaltende Enzyme. ▪ Fett wird dabei in seine Bestandteile Fettsäuren und Glyzerin gespalten. ▪ Die Lebensmittel werden ranzig und sind nicht mehr zum Verzehr geeignet.
Oxidasen	▪ Sie haben eine auf- und abbauende Wirkung, z. B. bewirken sie die Braunfärbung von Obst und die Mehlreifung durch Sauerstoffanlagerung.

11.3 Stoffwechsel – Nahrungsverwertung

„Wir leben nicht von dem, was wir essen, sondern von dem, was wir verdauen!"

Die Umwandlung von Stoffen im menschlichen Körper wird als Stoffwechsel bezeichnet. Die Nahrung wird zur Energiegewinnung und zum Aufbau von körpereigenen Stoffen benötigt. Die anfallenden Endprodukte werden ausgeschieden.

Der Stoffwechsel umfasst folgende Aufgaben:
- Nahrungsaufnahme
- Verdauung
- Resorption
- Zellstoffwechsel
- Ausscheidung

Nahrungsaufnahme
Aufnahme von Speisen und Getränken.

Verdauung
Die aufgenommene Nahrung wird im Verdauungstrakt durch Enzyme in die Grundbausteine zerlegt, damit sie ins Blut aufgenommen werden können.

Die Nahrungsbestandteile werden
- durch das Kauen und die Bewegungen der Verdauungsorgane zunächst **zerkleinert** und anschließend
- durch Enzyme **gespalten.**

Die Spaltung der Nährstoffe erfolgt unter Wasseranlagerung.

Ziele der Verdauung

- Abbau der Vielfachzucker und Zweifachzucker zu Einfachzuckern.
- Abbau der Fette zu Glyzerin und Fettsäuren.
- Abbau der Eiweißstoffe zu Aminosäuren.

Verdauung der Nährstoffe

Weg der Nahrung	Verdauungsorgan/ Verdauungssäfte	Vorgang
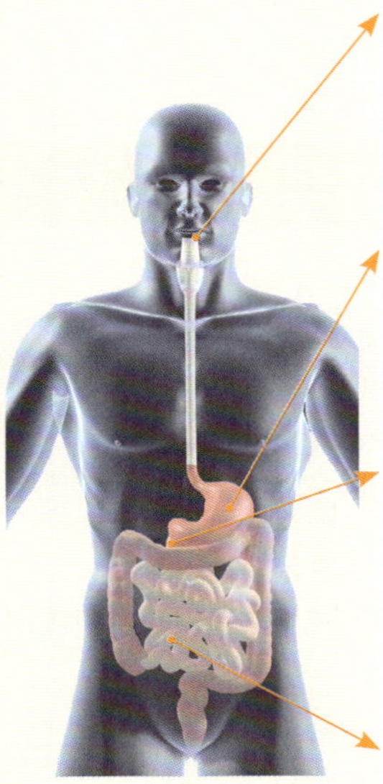	**Mund** Mundspeichel mit kohlenhydratspaltendem Enzym	■ Zerkleinerung ■ Einspeichelung ■ Schmelzen von Fett ■ Spaltung der Vielfachzucker zu Dextrin bzw. Malzzucker
	Magen Magensaft mit Magensäure (Salzsäure) und Eiweiß spaltenden Enzymen	■ Durch Salzsäure Gerinnung der Eiweißstoffe und Abtötung der Bakterien ■ Teilweise Spaltung von Eiweiß
	Zwölffingerdarm ■ Gallensaft ■ Bauchspeichel mit kohlenhydrat-, Fett und Eiweiß spaltenden Enzymen	■ Emulgierung der Fette ■ Spaltung von Vielfachzuckern, Fett und Eiweiß
	Dünndarm Dünndarmsaft mit kohlenhydrat-, Fett und Eiweiß spaltenden Enzymen	■ Vollständige Spaltung von Kohlenhydraten, Fetten und Eiweiß in die kleinsten Bestandteile ■ Aufnahme der Nährstoffe ins Blut

Enzymwirkung

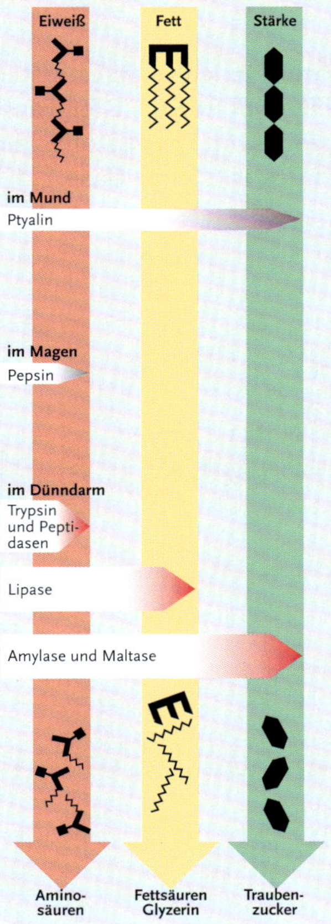

Bestimmte Nahrungsbestandteile können nicht in ihre Bausteine zerlegt werden. Sie dienen als **Ballaststoffe** und regen die Verdauungstätigkeit an.

Wussten Sie, dass ...
Ihre Verdauungsdrüsen täglich bis zu ca. acht Liter Verdauungssaft abgeben?

Resorption

Im Dünndarm werden die Grundbausteine durch die Darmwand in die Blut- und Lymphbahn aufgenommen **(resorbiert).** Von dort gelangen sie über die Pfortader zur Leber und zu den Zellen. Der Dünndarm ist mit unzähligen **Darmzotten** ausgekleidet, wodurch seine Oberfläche für die Resorption stark vergrößert ist. Durch die Darmbewegung (Peristaltik) wird der Darminhalt in den Dickdarm transportiert.

Pfortader = vom Darm zur Leber führende Vene.

Darmzotten

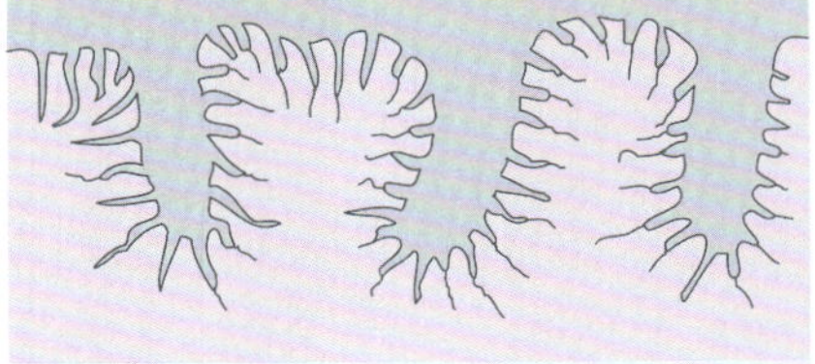

Zellstoffwechsel

Die Leber ist die Zentralstelle für den Zellstoffwechsel. Hier finden die wichtigsten Umbauvorgänge statt.

Der Zellstoffwechsel erfüllt drei wichtige Aufgaben:

- Energiegewinnung.
- Aufbau von körpereigenen Stoffen.
- Speicherung bestimmter Stoffe.

Zur **Energiegewinnung** werden die Nahrungsbestandteile, aber auch körpereigene Stoffe verwendet. Beim Abbau der Nährstoffe in den Zellen kommt es zur Bildung von Kohlendioxid und Wasser unter **Freisetzung von Energie.** Für diesen Vorgang wird der eingeatmete Sauerstoff benötigt.

Der Großteil der frei gewordenen Energie ist Wärme, der Rest steht dem Körper als ATP zur Verfügung.

ATP = Adenosintriphosphat; wichtigste energiereiche Verbindung des Körpers, die für die Muskeltätigkeit und den Stoffwechsel zur Verfügung steht.

Ausscheidung

Im Dickdarm wird ein Teil des Wassers resorbiert. Die unverdaulichen Nahrungsbestandteile (Ballaststoffe), die sich nun im Dickdarm befinden, werden durch den Wasserentzug eingedickt, teilweise durch Darmbakterien (Kolibakterien) zersetzt und ausgeschieden. Weitere Endprodukte des Stoffwechsels werden auch über die Nieren und die Haut ausgeschieden.

Darmbakterien vergären restliche Kohlenhydrate und leiten Fäulnisprozesse von Eiweißstoffen ein. Dadurch entstehen Gase.

Notizen zu den Arbeitsaufgaben:

Arbeitsaufgaben

1. Erklären Sie, wodurch der Stoffwechsel gesteuert wird.
2. Beschreiben Sie die Bildung von Hormonen im Körper und ihre Aufgaben.
3. Nennen Sie einige Enzyme und beschreiben Sie ihre Wirkungsweise.
4. Zählen Sie fünf Enzyme, ihre Substrate und Abbauprodukte auf.
5. Nennen Sie Faktoren, die die Enzymaktivität beeinflussen.
6. Schildern Sie erwünschte und unerwünschte Enzymreaktionen.
7. Nennen Sie Möglichkeiten, um die Enzymtätigkeit in Lebensmitteln zu steuern.
8. Erläutern Sie, welche Aufgaben der Stoffwechsel erfüllt.
9. Beschreiben Sie den Verdauungsvorgang.
10. Nennen Sie die wichtigsten Verdauungsenzyme und ihre Aufgaben.
11. Kauen Sie ein Stück Brot längere Zeit. Wie verändert sich der Geschmack? Haben Sie eine Erklärung dafür?
12. Könnte der Ausspruch „Man isst auch mit den Augen!“ Bedeutung für die Verdauung haben?
13. Beschreiben Sie den Vorgang der Resorption im Dünndarm.

12 Vollwertige Ernährung von Jugendlichen und Erwachsenen

Der **Ernährungskreis** wurde von der Deutschen Gesellschaft für Ernährung (DGE) entwickelt.

Lebensmittelgruppen im Kreis

1. Getränke
2. Getreide, Getreideprodukte, Kartoffeln
3. Gemüse, Hülsenfrüchte
4. Obst
5. Milch und Milchprodukte
6. Fisch, Fleisch, Eier
7. Fette, Öle

Eine vollwertige Ernährung

- hält gesund,
- erhöht die Leistungs- und Konzentrationsfähigkeit,
- trägt zum Wohlbefinden bei,
- beugt ernährungsabhängigen Krankheiten vor.

Die vollwertige Ernährung basiert auf einer vielseitigen und abwechslungsreichen Mischkost, die nahezu alle Nahrungsmittel und Zubereitungsmethoden einschließt.

Eine vollwertige Ernährung sorgt dafür, dass der Körper alle lebensnotwendigen Nährstoffe in ausreichender Menge und Zusammensetzung erhält, die er für seine Funktionen braucht. Diese Ernährungsweise ist vor allem für Kinder und Jugendliche besonders wichtig, da sie aufgrund des Wachstums sowie der körperlichen und der geistigen Entwicklung einen erhöhten Nährstoffbedarf haben.

! Die vollwertige Ernährung darf auf keinen Fall mit der sogenannten Vollwertkost nach Dr. Bruker verwechselt werden. Dabei handelt es sich um eine Ernährungsform, bei der die Lebensmittel so natürlich und unbehandelt wie möglich verzehrt werden sollen, d. h. viel Vollkorn, frisches Obst und Gemüse, Rohmilchkäse usw.

Unsere Ziele

Nach Bearbeitung dieses Teilkapitels werden Sie ...

- wissen, wie wichtig eine vollwertige Ernährung für alle Altersgruppen ist;
- die Nährstoffverteilung und Nahrungsmittelauswahl einer vollwertigen Ernährung kennen;
- die zehn Regeln für eine vollwertige Ernährung bei Ihrer Essensplanung berücksichtigen können.

Eine vollwertige Ernährung ist eine abwechslungsreiche, vielseitige Mischkost. Sie findet immer mehr Anhänger.

Merkmale einer vollwertigen Ernährung

- **Nährstoffverteilung: 50–55 % Kohlenhydrate** (vorwiegend aus Getreide, Kartoffeln und Obst), **25–30 % Fett** (vorwiegend pflanzlicher Herkunft), ca. **15 % Eiweiß** (je zur Hälfte tierischer und pflanzlicher Herkunft, z. B. Milch, Fleisch, Fisch, Eier, Getreide, Kartoffeln).
- **Nahrungsmittelauswahl: 90 % der Energie** werden durch Nahrungsmittel, die im Verhältnis zu ihrem Energiegehalt reichlich Vitamine, Mineralstoffe und bioaktive Substanzen enthalten, zugeführt. Hierzu zählen vor allem Gemüse, Obst, Kartoffeln, Getreide und Getreideprodukte, Milch und Milchprodukte, Fleisch und Pflanzenöle. Maximal 10 % der Nahrungsenergie entfallen auf Nahrungsmittel, die viel Energie liefern, aber nur wenig Vitamine und Mineralstoffe enthalten.
- Die **Mahlzeiten** werden auf **fünf Portionen pro Tag** verteilt: eine warme und zwei kalte Hauptmahlzeiten sowie zwei kleine Zwischenmahlzeiten.

! Mit Vitaminen oder anderen Stoffen angereicherte Lebensmittel sind bei dieser Ernährung überflüssig.

Lebensmittelauswahl

Basis für die Auswahl der Lebensmittel ist der Ernährungskreis der der Deutschen Gesellschaft für Ernährung (DGE). Darin werden die Lebensmittel in sieben verschiedene Gruppen eingeteilt. Die Kernaussagen des Ernährungskreises lauten:

- Täglich aus allen sieben Lebensmittelgruppen auswählen.
- Das dargestellte Mengenverhältnis berücksichtigen.
- Die Lebensmittelvielfalt der einzelnen Gruppen nutzen.

Vollwertiges Essen und Trinken nach den zehn Regeln der Deutschen Gesellschaft für Ernährung (DGE)

1. Vielseitig essen

Genießen Sie die Lebensmittelvielfalt. Bei einer ausgewogenen Ernährung kommt es auf die Menge, Auswahl und Kombination an.

Nudelgericht

2. Reichlich Getreideprodukte und Kartoffeln

Brot, Nudeln, Reis, Getreideflocken (am besten Vollkornprodukte) sowie Kartoffeln enthalten kaum Fett, aber reichlich Vitamine, Mineralstoffe, Spurenelemente sowie Ballaststoffe und sekundäre Pflanzenstoffe (siehe Kapitel Bioaktive Substanzen, Seite 59). Achten Sie bei der Verarbeitung dieser Lebensmittel auf eine fettarme Zubereitungsart.

Salatplatte

3. Gemüse und Obst – nimm fünf am Tag

Genießen Sie fünf Portionen Gemüse und Obst am Tag, möglichst frisch, nur kurz gegart oder auch als Saft – idealerweise zu jeder Hauptmahlzeit und auch als kleine Zwischenmahlzeit. Dadurch werden Sie reichlich mit Vitaminen, Mineralstoffen, Ballaststoffen und sekundären Pflanzenstoffen (z. B. Karotinoiden, Flavonoiden) versorgt. Das ist das Beste, was Sie für Ihre Gesundheit tun können.

4. Täglich Milch und Milchprodukte, ein- bis zweimal in der Woche Fisch; Fleisch, Wurstwaren und Eier in Maßen

Diese Lebensmittel enthalten wertvolle Nährstoffe, wie Kalzium (Milch), Jod, Selen und Omega-3-Fettsäuren (z. B. Seefisch). Fleisch ist wegen des hohen Gehalts an verfügbarem Eisen und an den Vitaminen B_1, B_6 und B_{12} vorteilhaft. Mengen von 300 bis 600 g Fleisch und Wurst pro Woche reichen aus. Bevorzugen Sie fettarme Produkte, vor allem bei Fleischerzeugnissen und Milchprodukten.

Fischgericht

5. Wenig Fett und fettreiche Lebensmittel

Fette liefern lebensnotwendige (essenzielle) Fettsäuren und fettlösliche Vitamine. Fett ist besonders energiereich, daher kann zu viel Nahrungsfett Übergewicht fördern, möglicherweise auch Krebs. Zu viele gesättigte Fettsäuren fördern langfristig die Entstehung von Herz-Kreislauf-Krankheiten. Bevorzugen Sie pflanzliche Öle und Fette (z. B. Raps- und Sojaöl sowie daraus hergestellte Streichfette). Achten Sie auf versteckte Fette in Fleischerzeugnissen, Milchprodukten, Gebäck und Süßwaren sowie in Fastfood- und Fertigprodukten. 70–90 g Fett pro Tag reichen aus.

6. Zucker und Salz in Maßen

Genießen Sie Zucker und mit verschiedenen Zuckerarten (z. B. Glukosesirup) hergestellte Lebensmittel nur gelegentlich. Würzen Sie kreativ mit Kräutern und Gewürzen und wenig Salz. Bevorzugen Sie jodiertes Speisesalz.

7. Reichlich Flüssigkeit

Wasser ist lebensnotwendig. Trinken Sie rund 1,5 l Flüssigkeit pro Tag. Bevorzugen Sie Trinkwasser und andere energiearme Getränke. Alkoholische Getränke sollten nur gelegentlich und nur in kleinen Mengen konsumiert werden.

8. Schmackhaft und schonend zubereiten

Garen Sie die Speisen bei möglichst niedrigen Temperaturen, so kurz wie möglich, mit wenig Wasser und wenig Fett – das erhält den natürlichen Geschmack, schont die Nährstoffe und verhindert die Bildung schädlicher Verbindungen.

9. Nehmen Sie sich Zeit, genießen Sie Ihr Essen

Bewusstes Essen hilft, richtig zu essen. Auch das Auge isst mit. Lassen Sie sich Zeit beim Essen. Das macht Spaß, regt an, vielseitig zuzugreifen, und fördert das Sättigungsempfinden.

10. Achten Sie auf Ihr Gewicht und bleiben Sie in Bewegung

Eine ausgewogene Ernährung, viel körperliche Bewegung und Sport (30 bis 60 Minuten pro Tag) wirken sich positiv auf Körper und Figur aus, steigern Ihr Wohlbefinden und fördern Ihre Gesundheit.

! Denken Sie bei Ihrer Essensplanung an den Ernährungskreis. Dann fällt es Ihnen leichter, täglich Nahrungsmittel aus allen sieben Gruppen zu essen. Bevorzugen Sie die Gruppen 1–5. Essen Sie weniger Lebensmittel aus den Gruppen 6 und 7.

? Arbeitsaufgaben

1. Begründen Sie, warum eine vollwertige Ernährung wichtig ist.
2. Nennen Sie Merkmale einer vollwertigen Ernährung.
3. Nennen Sie die zehn Regeln der Deutschen Gesellschaft für Ernährung (DGE) für eine vollwertige Ernährung.

Notizen zu den Arbeitsaufgaben:

13 Ernährung und Krankheiten

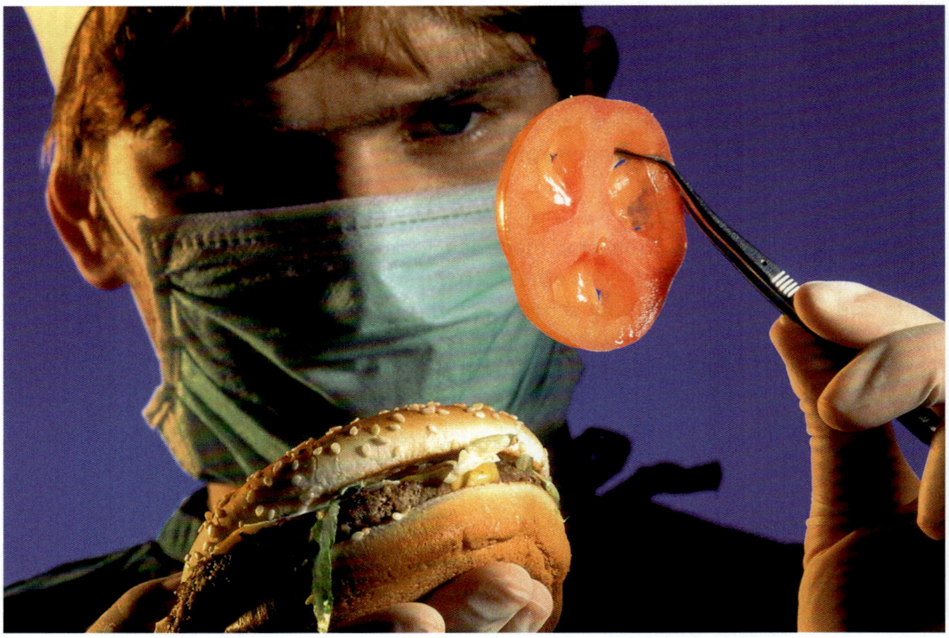

Die Menschen der Wohlstandsgesellschaft essen zu viel, zu fett, zu wenig abwechslungsreich, trinken zu viel Alkohol und machen kaum Bewegung. Dieses Ernährungsverhalten kann zu Erkrankungen wie Diabetes mellitus, Gicht, Herz-Kreislauf-Erkrankungen, Bluthochdruck, Verstopfung usw. führen. Die Folgen eines falschen Ernährungsverhaltens sind meist nicht sofort spürbar, sondern oft erst nach Jahrzehnten.

Die Zusammenhänge zwischen falscher Ernährung und Krankheit sind nicht immer eindeutig erkennbar und nicht leicht zu beweisen. Krankhafte Veränderungen im Körper sind meist auf mehrere Ursachen zurückzuführen, z. B. auf Erbanlagen oder schädliche Umwelteinflüsse. Mehr als die Hälfte aller Krankheiten hängt jedoch mit der Ernährung zusammen.

? Bietet Ihr Betrieb Backerzeugnisse für besondere Ernährungsbedürfnisse an? Wenn ja, welche?

In Deutschland gibt es Tausende von Menschen, die an den unterschiedlichsten Nahrungsmittelunverträglichkeiten leiden. Deshalb sollte die Bäckerin/der Bäcker über häufig auftretende ernährungsabhängige Krankheiten Bescheid wissen, um bei der Herstellung von Bäckereiprodukten die richtigen Maßnahmen treffen zu können.

Unsere Ziele

Nach Bearbeitung dieses Teilkapitels werden Sie ...

- den Zusammenhang zwischen Gesundheit, Krankheit und Ernährungsweise kennen;
- über die Lebensmittelauswahl in der leichten Vollkost Bescheid wissen;
- über das Krankheitsbild des Diabetes mellitus informiert sein;
- wissen, was Zöliakie (Sprue) ist;
- über die Milchzuckerunverträglichkeit (Laktoseintoleranz) Bescheid wissen;
- über Symptome und mögliche Folgen verschiedener Essstörungen informiert sein.

13.1 Leichte Vollkost

Die leichte Vollkost, früher als **Schonkost** bezeichnet, soll einzelne Verdauungsorgane oder das gesamte Stoffwechselsystem entlasten. Sie dient zur Vermeidung von Beschwerden, die nach dem Essen auftreten können, wie z. B. Magendruck, Völlegefühl, Blähungen, Übelkeit, Sodbrennen und dergleichen.

Die leichte Vollkost wird eingesetzt

- bei Erkrankungen der Verdauungsorgane,
- nach Operationen im Magen-Darm-Trakt,
- bei lange andauernden fieberhaften Erkrankungen mit langer Liegedauer.

Lebensmittelauswahl

Die Kost kennt keine starren Regeln – maßgeblich ist die individuelle Unverträglichkeit gegenüber bestimmten Lebensmitteln oder Speisen. Sie darf nicht zu einseitig sein und muss alle zum Leben notwendigen Nährstoffe enthalten. Der Unterschied zur Ernährung des gesunden Menschen liegt in der Auswahl der Lebensmittel und in der Zubereitungsart.

Erinnern Sie sich noch:
Erinnern Sie sich noch: Welche Nährstoffe sind lebensnotwendig?

Empfehlungen

- Meiden Sie fettreiche und stark zuckerhältige Lebensmittel.
- Meiden Sie stark blähende Lebensmittel.
- Wählen Sie Zubereitungsarten wie Dünsten, Dämpfen, Kochen, Garen in der Folie oder im Römertopf, Backen, Braten, Grillen.
- Würzen Sie die Speisen nur mild. Verwenden Sie frische Küchenkräuter.
- Meiden Sie kohlensäurehältige Getränke, starken Bohnenkaffee sowie Alkohol in größeren Mengen.

Für die leichte Vollkost geeignete bzw. ungeeignete Lebensmittel

Bezeichnung	☺	☹
Brot	Knäckebrot, altbackenes Weißbrot, Roggenbrot, Zwieback	Alle frischen und fettreichen Gebäck- und Brotsorten
Feine Backwaren	Leichtes Hefegebäck vom Vortag, z. B. Briochezopf, Backwaren aus leichter Biskuitmasse	Backwaren mit viel Fett, Schokolade, Nüssen; frischer Hefeteig
Kartoffeln	Gedämpft, gekocht, möglichst püriert	Gebratene oder frittierte Kartoffeln
Gemüse und Salate	Blumenkohlröschen, Brokkoli, Fenchel, gedünstete Gurken, gelbe Möhren, junger Kohlrabi, Rote Rüben, Spargel, Spinat, Kopf-, Feld- und Endiviensalat	Hülsenfrüchte, Pilze, Weiß- und Rotkohl, Gurken, Sauerkraut, Grünkohl, Paprikaschoten, Lauch, Rettich, Zwiebeln, Oliven
Obst	Vorzugsweise als Kompott oder Obstsaft, kleine Portionen Bananen, Erdbeeren, Himbeeren, Äpfel, Birnen, Mandarinen, Kiwis, Pfirsiche	Steinobst, Quitten, Rhabarber, Weintrauben, Johannisbeeren, Brombeeren, Orangen, Grapefruits, Trockenfrüchte, Nüsse
Fleisch und Fleischprodukte	Mageres, zartes Fleisch, gekocht, gedünstet oder gegrillt, vom Kalb, Rind, Schwein, Geflügel, Wild, milde Wurstsorten (Schinken), kalter Braten	Fettes, gebratenes, geräuchertes, scharf gewürztes Fleisch und Fleischprodukte, z. B. Gans, Ente, Salami, fetter Aufschnitt, Speck ...
Fisch und Fischprodukte	Magerer Fisch, gekocht, gegrillt, gedünstet, wie Forelle, Hecht, Kabeljau, Scholle, Schellfisch, Seehecht ...	Fette, gebratene, geräucherte und marinierte Fische, z. B. Aal, Hering, Karpfen, Schal- und Krustentiere
Eier	Weich gekocht, zum Legieren von Suppen, als mildes Rührei, in Form von Biskuit, Löffelbiskuit, Aufläufen	Hart gekochte oder gebratene Eierspeisen
Milch und Milchprodukte	Vollmilch, teilentrahmte Milch, Magermilch, Buttermilch, Joghurt, Quark, Käse (maximal 35 % Fett. i. Tr.)	Fettreiche Käsesorten (über 35 % Fett. i. Tr., Sahne in größeren Mengen

Knäckebrot

? Welche Backwaren enthalten viel Fett?

Fisch mit gekochten Kartoffeln und Gemüse

Empfehlungen zur Herstellung von Backerzeugnissen

- Verwenden Sie **Fett** nur in **kleinen Mengen,** um die Verdaulichkeit der Produkte zu gewährleisten.
  Bevorzugen Sie **Diätmargarine, Butter** oder verschiedene **Pflanzenöle.**
- Vermeiden Sie Lebensmittel mit einem zu hohen Anteil an gesättigten Fettsäuren, wie Schmalz, Kokosfett, gehärtete Fette (Zieh- und Backmargarine).
- Reduzieren Sie die Menge an fettreichen Zutaten oder ersetzen Sie sie durch **fettärmere Produkte,** z. B. Crème fraîche oder Schlagsahne durch saure Sahne, Vollmilch und Vollmilchprodukte durch teilentrahmte Milchprodukte oder Magermilchprodukte.

13.2 Diabetesdiät – Diät bei Zuckerkrankheit

Diabetes mellitus kommt aus dem Griechischen und bedeutet „honigsüß hindurchfließen".

Diabetes mellitus ist eine Stoffwechselerkrankung, die vor allem den Kohlenhydratstoffwechsel betrifft. Bei dieser Erkrankung ist der **Blutzuckerwert viel zu hoch.** Die Ursache ist ein **Mangel an Insulin.** Insulinmangel entsteht, wenn die Bauchspeicheldrüse kein oder zu wenig Insulin produziert oder das vorhandene Insulin zu wenig Wirksamkeit hat.

Erinnern Sie sich noch:
Was ist Insulin? Welche Aufgaben erfüllt es im Körper?

Welche Folgen hat ein Insulinmangel?
Bei Insulinmangel **steigt** zunächst der **Blutzuckerspiegel** an. Die Körperzellen können Glukose nicht als Energiequelle nutzen, wodurch auch der Fett- und Eiweißstoffwechsel gestört ist. Es werden vermehrt Säuren gebildet, sodass der pH-Wert des Blutes weiter in den sauren Bereich verschoben wird. Steigt der Blutzuckerspiegel auf 160–180 mg (Normalwert 60–110 mg Glukose pro 100 ml Blut), wird der Zucker über die Niere ausgeschieden.

Symptome hoher Blutzuckerwerte (Hyperglykämie) sind Müdigkeit, Abgeschlagenheit, Schwindel, Sehstörungen, starkes Durstgefühl und häufiges Wasserlassen, im Extremfall diabetisches Koma.

Ein **diabetisches Koma** entwickelt sich innerhalb von mehreren Tagen; Kennzeichen: Übelkeit, Erbrechen, Acetongeruch, Schläfrigkeit; Gegenmaßnahme: Insulingabe.

Diabetestypen	
Diabetes mellitus Typ 1	▪ Typ 1 tritt bereits im Kindesalter auf. Ursache ist ein **absoluter Insulinmangel,** d. h., Insulin wird gar nicht oder viel zu wenig produziert und muss von außen zugeführt werden. ▪ Die zugeführte Kohlenhydratmenge wird in Broteinheiten (BE) berechnet und dem Bedarf angepasst.
Diabetes mellitus Typ 2	▪ Mehr als 90 % der Erkrankungen sind vom Typ 2. Diese Form tritt im Erwachsenenalter, großteils bei übergewichtigen Personen, auf. Ursache ist ein **relativer Insulinmangel,** d. h., die Bauchspeicheldrüse produziert zwar Insulin, aber es ist zu wenig oder unzureichend. ▪ Durch eine richtige Ernährungsweise kann der Blutzuckerwert normalisiert werden. Manchmal ist eine zusätzliche Behandlung mit Tabletten oder Insulin notwendig.

Wussten Sie, dass ...
bei der Behandlung von Diabetes mellitus heute meist gentechnisch produziertes Insulin eingesetzt wird?

Welche Folgen hat eine zu hohe Insulinmenge?
Ein **Sinken der Blutzuckerkonzentration** durch zu hohe Insulinmengen oder durch zu knapp bemessene kohlenhydrathältige Kost und/oder zu starke körperliche Belastung (Sport) hat eine **Unterzuckerung (Hypoglykämie)** zur Folge.

Symptome sind Konzentrationsstörungen, Müdigkeit, Zittern, Schweißausbruch, Schwindel, Heißhunger, Aggressivität, im Extremfall Bewusstlosigkeit oder Koma bis hin zum Tod.

Diabetikerinnen und Diabetiker sollten für den Fall einer plötzlich auftretenden Unterzuckerung als Erste Hilfe immer ein Stück Zucker bei sich haben.

Diabetestherapie

Ziel jeder Diabetestherapie sind **Blutzuckerwerte im Normalbereich:** nüchtern 60–110 mg/100 ml Blut, nach den Mahlzeiten bis 140 mg/100 ml. Durch die Aufrechterhaltung eines konstanten Blutzuckerspiegels können Spätschäden, wie Sehstörungen, Durchblutungsstörungen, Schädigungen der Nieren, Bildung von Ekzemen und Geschwüren, Herzinfarkt und Schlaganfall, verhindert werden.

Die **Ernährung bei Diabetes mellitus** ist eine dem Energiebedarf angepasste, abwechslungsreiche, vollwertige, vitaminreiche, fett- und zuckerarme Kost, die auch für Personen mit normalem Stoffwechsel geeignet ist.

Siehe Kapitel Energie- und Nährstoffbedarf des Menschen, Seite 62.

Ernährungsempfehlungen

- Vermeidung übermäßiger Energiezufuhr. Daher den Brennwert der aufgenommenen Lebensmittel kontrollieren!
- Vermeidung übermäßiger Fett- und Eiweißaufnahme. Keinesfalls Backerzeugnisse verzehren, bei denen im Rezept Kohlenhydrate gegen Fett oder Eiweiß ausgetauscht worden sind!
- Vermeidung unkontrollierter Aufnahme von Zucker und anderen rasch abbaubaren Kohlenhydraten (z. B. Stärke).
  - **Zucker in reiner Form** ist nach Möglichkeit zu meiden, da er rasch aus dem Darm in die Blutbahn aufgenommen wird und den Blutzuckerspiegel rapide ansteigen lässt. Eine mäßige Aufnahme von weniger als 10 % der Gesamtenergie (ca. 30–50 g pro Tag) ist bei normalgewichtigen Diabetikern/Diabetikerinnen akzeptabel. Wird diese Menge Zucker in verpackter Form, verteilt über den Tag, zusammen mit anderen Nährstoffen aufgenommen, steigt der Blutzuckerspiegel nur mäßig an. Daher sind kleine Mengen an Süßspeisen oder Mehlspeisen vertretbar.
  - **Süßstoffe** wie Cyclamat, Saccharin, Aspartam und Acesulfam K sind keine Zuckerstoffe, sie sind kalorienfrei und belasten den Blutzuckerspiegel nicht. Sie können zum Süßen von Desserts, Krems, Saucen und teilweise zur Herstellung von Gebäck verwendet werden.
  - **Zuckeraustauschstoffe** wie Fruchtzucker und Sorbit sind kalorienhaltig und daher für übergewichtige Diabetikerinnen und Diabetiker keine Alternative zum Zucker. Außerdem kann der Konsum von größeren Mengen Blähungen und Durchfall verursachen.

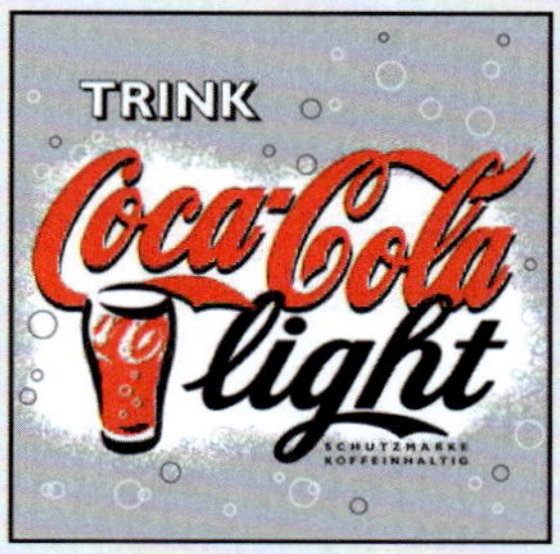

Wussten Sie, dass ...
Lightgetränke häufig Aspartam enthalten? Auch die Süßstoffe Acesulfam K und Cyclamat enthalten Aspartam.

Kohlenhydrataustauschtabelle

Insulinabhängige Diabetikerinnen und Diabetiker müssen ihren **Kohlenhydratanteil berechnen** und die zugeführte Insulinmenge darauf abstimmen. Die Einheit zur einfacheren Berechnung der Kohlenhydratmenge ist die **Broteinheit (BE).**

In der Austauschtabelle ist jene Menge eines Nahrungsmittels angegeben, die 12 g Kohlenhydrate enthält, die also einer Broteinheit entspricht. Danach lassen sich die einzelnen Nahrungsmittel austauschen. Eventuell ist der BE-Gehalt auch in den Nährwertangaben von Nahrungsmitteln enthalten.

Beispiele

Produkte	Menge enthält 12 g KH = 1 BE
Knäckebrot	15 g (2 Scheiben)
Roggenschrotbrot	30 g (ca. 1/2 Stück)
Weißbrot, Toastbrot	20 g (ca. 1 Stück)
Salzgebäck	15 g

Eine ausführliche Kohlenhydrataustauschtabelle für verschiedene Lebensmittelgruppen finden Sie im digitalen Zusatzpaket.

Nährwertberechnungen

Siehe Kapitel Fachrechnen, Seite 459.

Nicht für alle Menschen ist Weizen ein geeignetes Grundnahrungsmittel

Wussten Sie, dass ...
einer von zweihundert Menschen in Europa unter chronischer Glutenunverträglichkeit leidet?

Waldstaudekorn = Urform des Roggens.

Symbol für glutenfreie Lebensmittel

Beachten Sie, dass auch aus Malz hergestellte Produkte wie Bier, Bonbons oder Kaffee Gluten enthalten.

Wussten Sie, dass ...
in Nordeuropa etwa 5 bis 15 % der Bevölkerung von der Milchzuckerunverträglichkeit betroffen sind?

Testverfahren zur Feststellung der Laktoseintoleranz

- Laktosebelastungstest
- Laktose-H_2 -Atemtest

13.3 Glutenfreie Diät bei Zöliakie (Sprue)

Die **Zöliakie (Sprue)** ist eine **Erkrankung des Dünndarmes,** bei der eine Überempfindlichkeit der Dünndarmschleimhaut gegenüber **Gluten** (Klebereiweiß; siehe Kapitel Eiweißstoffe, Seite 38) besteht. Gluten besteht aus Glutenin und Gliadin. Krankheitsauslösend wirkt das Glutenin in Getreidearten wie Weizen, Dinkel, Grünkern, Kamut, Hafer, Roggen und Gerste.

Was bewirkt Gluten?
Gluten verändert die Dünndarmschleimhaut und die Dünndarmzotten werden reduziert. Dadurch werden die Nährstoffe nur ungenügend aufgenommen und über den Stuhl ausgeschieden.

Die Zöliakie (Sprue) tritt häufig im frühen Säuglingsalter auf und äußert sich durch gelegentliches Erbrechen, Appetitlosigkeit, aufgeblähten Bauch, Durchfälle und Gedeihstörungen. Bei Erwachsenen macht sich die Krankheit durch ständiges Völlegefühl und Blähungen, fallweise aber auch durch Depressionen und Abgeschlagenheit bemerkbar.

Ernährungstherapie

Zöliakie (Sprue) kann nur durch **glutenfreie Kost** erfolgreich behandelt werden. Die Darmzotten bilden sich dann neu und können ihre Funktion wieder aufnehmen. Diese Kost muss jedoch **ein Leben lang** eingehalten werden, denn schon durch kleinste Mengen an Gluten kann ein Rückfall erfolgen.

Empfehlungen für die Lebensmittelauswahl

- Alle **glutenhaltigen Lebensmittel** mit Gehalt an Erzeugnissen aus glutenhaltigen Getreidearten sind zu **meiden.** Zu den glutenhaltigen Getreidearten zählen Weizen (Dinkel, Kamut, Einkorn, Emmer ...), Roggen (Waldstaudekorn), Triticale, Gerste und Hafer.
- **Erlaubt** sind alle **glutenfreien Lebensmittel.** Glutenfreie diätetische Lebensmittel sind mit dem Symbol einer durchgestrichenen Weizenähre oder durch den Aufdruck „glutenfrei" gekennzeichnet und in Reformhäusern, Apotheken, im Lebensmittelhandel oder direkt beim Hersteller erhältlich.
- Mit **Vorsicht** zu genießen sind **Fertigprodukte** wie Fertiggerichte, Kartoffelgerichte, Konserven, Wurst, Dressings, Speiseeis, Süßigkeiten (gefüllte Schokolade, Pralinen, Marzipan, Müsliriegel usw.). Sie enthalten oft Gluten, das als Bindemittel, Stabilisator, Verdickungsmittel, Backtriebmittel und Trägersubstanz für Aroma- und Farbstoffe bei der Nahrungsmittelerzeugung eingesetzt wird.

Empfehlungen zur Herstellung von Backerzeugnissen

Siehe Kapitel Backerzeugnisse für besondere Ernährungsbedürfnisse, Seite 395.

13.4 Diät bei Milchzuckerunverträglichkeit (Laktoseintoleranz)

Milchzuckerunverträglichkeit beruht auf einem **Mangel an Laktase,** einem Enzym, das den Milchzucker im Darm in Einfachzucker (Trauben- und Schleimzucker) spaltet.

Welche Folgen hat ein Laktasemangel?
Bei einem Laktasemangel wird nur ein Teil des Milchzuckers gespalten und aufgenommen, der andere Teil gelangt unverdaut in den Dickdarm und wird dort von Darmbakterien zu Milchsäure, Essigsäure und Kohlendioxid abgebaut.

Symptome eines Laktasemangels sind kolikartige Bauchschmerzen, Völlegefühl, Blähungen, Durchfälle, Übelkeit, Erbrechen.

Ernährungstherapie

Je nach Schweregrad der Symptome kann eine Laktoseintoleranz durch eine **laktosefreie** (maximal 1 g Laktose pro Tag) oder **laktosearme Ernährung** (maximal 8–10 g Laktose pro Tag) behandelt werden.

Durchschnittlich nimmt der gesunde Erwachsene täglich 20–30 g Laktose, vorwiegend in Form von Milch und Milchprodukten, auf. Daher muss bei einer laktosefreien Ernährung auf Milch und Milchprodukte ganz oder teilweise verzichtet werden.

Laktosegehalt in Lebensmitteln

Laktosegehalt in Gramm pro 100 g Lebensmittel	Bezeichnung
Laktosefrei	▪ Kartoffeln, Reis, Maisgrieß, Getreide (Weizen, Roggen, Gerste, Hafer, Hirse, Dinkel); Brot, Gebäck und Teigwaren, die ohne Milch, Buttermilch oder Milchpulver hergestellt werden ▪ Obst, Gemüse (Natur), Obst- und Gemüsesäfte, Fruchtsirup, Fruchtsaftgetränke, Limonaden ▪ Konfitüren, Honig, Zucker, Kakaopulver, eventuell Zartbitterschokolade ▪ Schwarzer Kaffee und Tee ▪ Eier, Fleisch, Schinken, Wurstwaren und Fisch
Fast laktosefrei (unter 1 g)	▪ Butter, Butterschmalz, Hart- und Schnittkäse, Weichkäse, wie z. B. Ricotta, Schafkäse, Camembert, Parmesan, Mozzarella, Emmentaler, Tilsiter, Bergkäse, Pizzakäse …
1 bis 4,5 g	▪ Quark, Hüttenkäse, Frischkäsezubereitungen ohne Milchpulverzusatz, saure Sahne, Crème fraîche, Joghurt, Butter- und Sauermilch, Schlagsahne
Über 4,5 g	▪ Vollmilch-, Magermilch- und Molkenpulver, Milch, Molke, fettarmer Joghurt, Trinkkakao, Milchschokolade, Kondensmilch, Kaffeesahne

Empfehlungen zur Herstellung von Backerzeugnissen

- Bereiten Sie Backwaren nur mit Minus-L-Milch, Sojamilch oder Sojamilchprodukten zu.
- Überprüfen Sie die Zutatenliste von Convenienceprodukten auf den Laktosegehalt. Diesen Produkten wird aus technologischen Gründen häufig Laktose oder Milchpulver zugesetzt.
- Verwenden Sie anstelle von Kondensmilch laktosefreie Kaffeeweißer.
- Ersetzen Sie Vollmilchschokolade eventuell durch Zartbitterschokolade.

13.5 Essstörungen

In unserer Schlank-ist-schön-Gesellschaft wird Untergewicht selten als Problem gesehen. Im Gegenteil, die Dünnen werden eher beneidet. Doch die Folgen des Schlankheitswahns sind häufig Essstörungen. **Essstörungen sind psychische Störungen,** die besonders bei Mädchen und jungen Frauen, aber immer häufiger auch bei Männern auftreten.

Durch die ständige Kontrolle der Nahrungsaufnahme und die ständige Auseinandersetzung mit dem Körpergewicht kann es zu einer Störung des Essverhaltens kommen. Diese begünstigt die Entwicklung anderer Essstörungen wie:

- **Magersucht** (Anorexia nervosa),
- **Ess-Brech-Sucht, Bulimie** (Bulimia nervosa),
- **Heißhungerstörung** („Binge-Eating-Disorder“).

Milch und Milchprodukte können ersetzt werden durch:

- Minus-L-Milch: Laktosegehalt 0,1 g/100 g Milch,
- Sojaprodukte: Sojamilch, -desserts, -joghurt, Tofu, Sojaeis,
- Reis-, Kokos-, Hafermilch,
- milchfreie Margarine.

Die meisten **Käsesorten** sind gut verträglich, da ein Großteil des Milchzuckers bei der Herstellung in die Buttermilch übergeht bzw. in der Molke zurückbleibt und bei der Käsereifung abgebaut wird.

Was können Sie tun, wenn Sie vermuten, dass eine Freundin oder ein Freund von einer Essstörung betroffen ist?

Vermeiden Sie Vorwürfe – sprechen Sie aus, dass Sie sich Sorgen machen, und bieten Sie Hilfe an, z. B. gemeinsam Literatur besorgen, zu Beratungen begleiten, zuhören.

Ziehen Sie eine weitere Person ins Vertrauen (Lehrerin/Lehrer, Schulärztin/Schularzt, Eltern, Ansprechpartnerin/-partner einer Beratungsstelle), wenn Sie sich große Sorgen machen und selber nicht mehr weiterwissen.

Hier erhalten Betroffene Information und Hilfe:

- www.bzga.de

Warum entstehen Essstörungen?

Essstörungen sind **Süchte.** Das süchtige Verhalten ist eine Reaktion auf die Lebensverhältnisse. Es ist Flucht, Ablehnung, Hilflosigkeit, Verweigerung, stummer Protest, zugleich auch Resignation und Anpassung.

Essstörungen sind **keine Ernährungsstörungen.** Essgestörte müssen lernen, mit Gefühlen wie Aggression, Wut, Trauer und Sehnsucht umzugehen. Es ist notwenig, die Familie der Betroffenen in die Therapie einzubeziehen.

Magersucht (Anorexia nervosa)

Bei Jugendlichen (ca. 95 % der Betroffenen sind Mädchen) ist die Magersucht die häufigste Essstörung. Dabei steht der Wunsch nach extremer Schlankheit im Vordergrund. Der BMI liegt bei 17,5 oder darunter, Magersüchtige wiegen 40 kg oder sogar noch weniger. Gewichtsverluste werden durch Maßnahmen wie Hungern, Nahrungsverweigerung, Verwendung von Appetitzüglern und Abführmitteln und übertriebene körperliche Aktivitäten herbeigeführt.

Symptome

- Starker Gewichtsverlust, der durch weite Kleidung kaschiert wird.
- Übertriebene sportliche Aktivitäten als Beweis des Fitseins.
- Verzerrte Körperwahrnehmung: Magersüchtige finden sich immer zu dick, auch wenn sie bereits völlig abgemagert sind.
- Ausbleiben der Menstruation, Potenzverlust bei Männern.
- Kochen für Familie und Freunde, ohne selbst mitzuessen.
- Schlaf- und Konzentrationsstörungen, Gereiztheit, Depressionen.

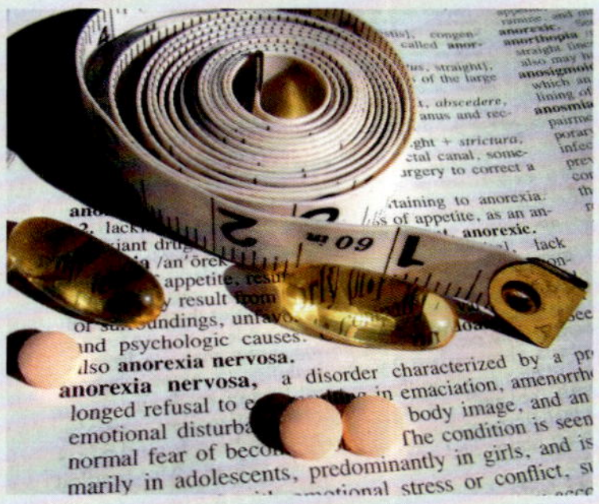

Magersüchtige finden sich immer zu dick, auch wenn sie bereits völlig abgemagert sind

Ursachen und Auslöser

Neben dem Schlankheitswahn sind die Ursachen meist im psychischen Bereich zu finden. Magersüchtige haben Schwierigkeiten mit ihrer Rolle in der Gesellschaft. Sie haben zu wenig Selbstbestätigung in der Kindheit erhalten, Probleme im Elternhaus und/oder in der Schule, Angst vor der Frauenrolle, Angst vor ungewohnten Situationen (Arbeitsleben, Sexualität). Magersüchtige sind oft überbehütete Musterkinder.

Kalorienzählen und Hungern wird zum Beweis der Stärke, hebt das Selbstwertgefühl und schafft einen persönlichen Freiraum, den die Familie oder die Bezugspersonen auf anderen Gebieten nicht zulassen. Die Verweigerung der Nahrungsaufnahme wird zum Machtspiel.

Die Magersucht ist gefährlich, denn sie kann sogar zum Tod durch Verhungern führen (ca. 9 %). Psychotherapeutische Hilfe ist unbedingt erforderlich. Knapp die Hälfte der Betroffenen kann erfolgreich behandelt werden, bei etwa einem Drittel wird die Magersucht chronisch, oder sie geht in eine Essbrechsucht über.

Bulimia = Ochsenhunger.

Ess-Brech-Sucht, Bulimie (Bulimia nervosa)

Diese Essstörung tritt meist bei jungen Frauen (ca. 95 %) im Alter zwischen 20 und 30 Jahren auf. Extreme Essanfälle werden mit anschließenden gewichtsregulierenden Maßnahmen, wie selbst herbeigeführtem Erbrechen oder dem Missbrauch von Abführmitteln und Appetitzüglern, ausgeglichen. Bulimiepatientinnen sind meist normalgewichtig.

Symptome

- Überzogene Angst vor einer Gewichtszunahme: Die Gedanken kreisen ständig um Gewicht und Waage.
- Gewichtsschwankungen von mehr als fünf Kilogramm innerhalb kurzer Zeit.
- Schwerste Selbstvorwürfe und Schuldgefühle.
- Übertriebene sportliche Aktivitäten.
- Essanfälle im Verborgenen: mindestens zweimal pro Woche bis mehrmals am Tag.
- Ausbleiben der Menstruation.
- Schlaf- und Konzentrationsstörungen, Depressionen.

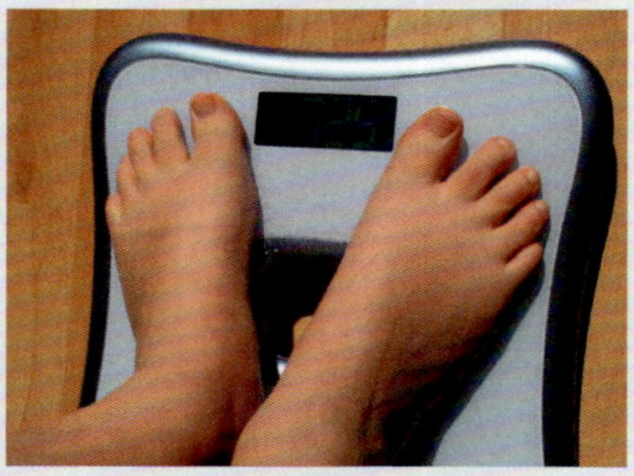

Körperliche Komplikationen und mögliche Folgeschäden
- Müdigkeit, Schwindel.
- Zerstörung des Zahnschmelzes durch die Magensalzsäure beim Erbrechen, Entzündungen der Speiseröhre, geschwollene Ohrspeicheldrüsen, chronische Heiserkeit, Halsschmerzen.
- Wasseransammlungen im Gewebe, Nierenschäden.
- Durchfälle, Verstopfung, Darmlähmung.
- Herz-Kreislauf-Probleme.

Ursachen und Auslöser
Ess-Brech-Süchtige streben nach traditionell männlichen Werten (starkes Erfolgs- und Leistungsdenken, Selbstdisziplin, Selbstständigkeit). Erfolge werden nur schlecht wahrgenommen. Misserfolge stehen dafür im Mittelpunkt der Aufmerksamkeit. Das Selbstwertgefühl ist stark von Figur und Gewicht abhängig. Bei psychotherapeutischer Hilfe besteht auch bei dieser Krankheit eine gute Heilungschance.

Heißhungerstörung („Binge-Eating-Disorder")
Wiederholte Heißhungeranfälle ohne gewichtsregulierende Maßnahmen, wie Fasten, Erbrechen oder Verwendung von Abführmitteln, werden als „Binge-Eating-Disorder" bezeichnet. Die Betroffenen sind übergewichtig. Der BMI liegt bei Adipositas über 30.

Symptome
- Heißhungerattacken: Es werden wahllos große Nahrungsmengen ohne Hungergefühl und ohne gewichtsregulierende Maßnahmen konsumiert, weit über die Sättigung hinaus bis zum Unwohlsein.
- Selbstverachtung und Schuldgefühle nach den Essanfällen.
- Stetige Gewichtszunahme.
- Depressionen, Persönlichkeitsstörungen.

Therapie bei Essstörungen
Bei der Diagnose und Therapie von Essstörungen ist die Zusammenarbeit von Psychologen, Medizinern und Ernährungsfachleuten sinnvoll. Bei allen Essstörungen, besonders aber bei der Magersucht, ist die Psychotherapie ein sehr wichtiger Teil der Therapie. In die Therapie von Kindern und Jugendlichen sollte die Familie einbezogen werden.

Wussten Sie, dass ...
Magersüchtige von sich selbst glauben, nicht krank zu sein? Bulimiepatientinnen und Personen mit Heißhungerstörungen hingegen wissen sehr genau, dass sie krank sind, und leiden unter ihrer Krankheit.

Wussten Sie, dass ...
auch Fettsucht (Obesity) zu den Essstörungen zählt? Laut International Obesity Task Force sind derzeit weltweit ca.155 Millionen Schulkinder übergewichtig, 30 bis 45 Millionen haben Adipositas (Fettsucht).

Arbeitsaufgaben
1. Beschreiben Sie, wann die leichte Vollkost empfohlen wird.
2. Machen Sie Vorschläge für die Lebensmittelauswahl in der leichten Vollkost.
3. Erklären Sie das Krankheitsbild des Diabetes mellitus.
4. Beschreiben Sie die beiden Diabetestypen.
5. Nennen Sie die Ernährungsempfehlungen bei Diabetes mellitus.
6. Erklären Sie den Begriff Zöliakie (Sprue).
7. Nennen Sie jene Lebensmittel, die bei einer glutenfreien Diät zu meiden sind.
8. Erläutern Sie den Begriff Laktoseintoleranz.
9. Geben Sie Empfehlungen zur Herstellung von laktosefreien Backwaren.
10. Zählen Sie die verschiedenen Arten von Essstörungen auf.
11. Beschreiben Sie das Krankheitsbild der Magersucht und der Ess-Brech-Sucht.
12. Nennen Sie Ursachen für eine Essstörung.

Notizen zu den Arbeitsaufgaben:

ROHSTOFFKUNDE

1 Getreide und Getreideprodukte

Wussten Sie, dass ...
Getreide bis zur Mitte des 19. Jahrhunderts als Zahlungsmittel verwendet wurde?

Karat war die Maßeinheit für Getreide – ein Karat entsprach drei Gersten- oder vier Weizenkörnern. Fuhrleute, Hirten und Schmiede wurden meist mit Getreide bezahlt. Getreide bedeutete Reichtum und Macht.

Getreide – kleine Körner mit tausendjähriger Geschichte!

Ursprünglich wurde das Getreide ganz oder gemahlen eingeweicht und als Brei gegessen. Später wurde der Brei auf heißen Steinen zu Fladen gebacken. Diese waren hart und konnten nur warm verzehrt werden. Bereits 2 000 Jahre vor Christi Geburt entdeckten die Ägypter den Sauerteig. Mit ihm konnte erstmals gelockertes Brot hergestellt werden. Von Ägypten aus gelangten die Kenntnisse des Brotbackens nach Europa. In Rom entstanden zahlreiche Bäckereien, in denen täglich mehr als 30 Tonnen Getreide vermahlen und verbacken wurden.

Brot galt lange Zeit als Festtags- bzw. Herrenspeise, die sich nur die Reichen leisten konnten. Der Großteil der Bevölkerung aß weiterhin Brei. Erst ab dem späten Mittelalter wurde das Brot zum Volksnahrungsmittel.

Getreide ist auch heute noch das **Hauptnahrungsmittel der Weltbevölkerung.** Auf 60 Prozent der Weltackerfläche wird Getreide angebaut. Die mengenmäßig wichtigsten Getreidearten sind Weizen, Mais und Reis. Weltweit werden von jeder dieser Getreidearten mehr als 600 Millionen Tonnen pro Jahr erzeugt. Getreide ist nicht nur ein wichtiges Nahrungsmittel, es hat auch einen hohen Stellenwert bei der Tierfütterung (Futtergetreide).

Unsere Ziele

Nach Bearbeitung dieses Teilkapitels werden Sie ...

- den Unterschied zwischen Getreidearten und Pseudogetreidearten kennen;
- über die Vermahlung von Getreidekörnern Bescheid wissen;
- über Ausmahlungsgrad und Typenzahl des Mehles informiert sein;
- die Inhaltsstoffe der Mehle und die daraus resultierenden Auswirkungen bei der Herstellung von Backwaren kennen;
- über Prüfmethoden zur Qualitätskontrolle der Mehle Bescheid wissen;
- über die Eigenschaften von Stärkemehlen unterrichtet sein;
- wissen, wie Malz gewonnen wird.

1.1 Getreide

Getreidefelder machen in Deutschland mehr als die Hälfte, in Österreich etwa 45 Prozent des Ackerlands aus. Deutschland kann seinen Getreidebedarf selbst decken und produziert darüber hinaus noch einen Überschuss.

Getreideanbaugebiete

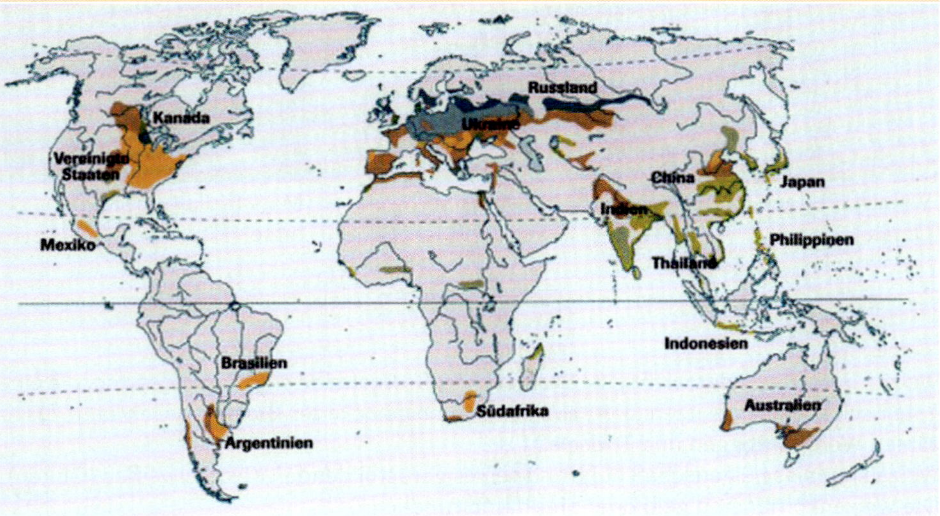

Getreidearten

- Reis
- Hafer
- Gerste
- Roggen
- Mais
- Hirse
- Weizen

Wissenswertes dazu

- Im Jahr 2005 wurden in Deutschland 24 000 000 Tonnen Weizen und 2 800 000 Tonnen Roggen geerntet (Quelle: Eurostat).
- Überschüsse innerhalb der EU werden in sogenannte Interventionslager eingebracht.

Aufbau und Zusammensetzung des Getreidekorns

Getreidekorn	Bestandteile	Inhaltsstoffe
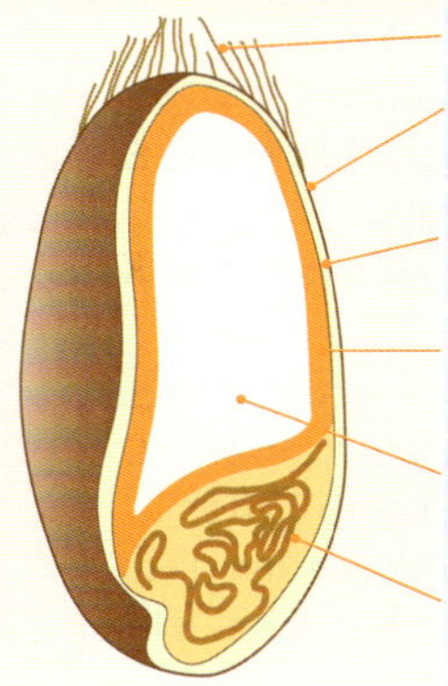	**Bärtchen**	
	Fruchtschale (äußere Schale)	Ballaststoffe (Zellulose), Vitamine, Mineralstoffe
	Samenschale (innere Schale)	Ballaststoffe (Zellulose), Mineralstoffe, Farbstoffe
	Aleuronschicht	Eiweißstoffe, Vitamine, Mineralstoffe, etwas Fett
	Mehlkörper (Endosperm)	Stärke, Eiweißstoffe
	Keimling	Fette, Eiweißstoffe, Vitamine, Mineralstoffe

Inhaltsstoffe eines Getreidekorns

Bestandteile	Weizen	Roggen
Schale	6 %	9 %
Aleuronschicht	7–9 %	10–12 %
Mehlkörper	82–85 %	75–78 %
Keimling	2–3 %	3–4 %

Wiederholen Sie die Wirkungsweise der Ballaststoffe im Kapitel Kohlenhydrate, Seite 23 sowie die Wirkungsweise von Enzymen im Kapitel Stoffwechsel, Seite 66.

- **Bärtchen:** Fortsatz der Fruchtschale.
- **Frucht- und Samenschale:** Schützt den Mehlkörper und den Keimling. Die Samenschale gibt dem Korn seine Eigenfarbe, z. B. die grünlich blaugraue Farbe des Roggens. Die Schale kann bei der Mehlgewinnung nicht ganz entfernt werden, da sie mit dem Mehlkörper verwachsen ist. Die im Mehl enthaltenen Schalenteilchen bezeichnet man als **Kleie.** Je mehr Schalenteilchen vorhanden sind, desto schlechter sind die Backeigenschaften der Mahlprodukte.
- **Aleuronschicht:** Sie enthält viele Eiweißstoffe. Hier werden wichtige Enzyme gebildet.
- **Mehlkörper:** Er enthält den **größten Anteil an Stärke** und viel **Klebereiweiß.**
- **Keimling:** Er dient zur Bildung einer neuen Pflanze (Keimanlage für Blatt- und Wurzelkeim). Der Keimling enthält den **größten Anteil an Fett.** Er besteht aus 12 % Fett (essenzielle Fettsäuren) und 50 % enzymreichen Eiweißstoffen.

Das Getreidekorn ist von einer Hüll- oder Deckschicht **(Spelze)** umgeben, die mehr oder weniger fest an der Schale haftet. Die Spelze wird bei einigen Getreidesorten (Weich- und Durumweizen, Roggen und Triticale) bereits bei der Ernte (Dreschen) entfernt, bei anderen Getreidearten wie Dinkel, Gerste und Hafer in einem eigenen Verarbeitungsvorgang (Entspelzen).

Triticale = Kreuzung aus Weizen und Roggen.

Die kurzen oder langen borstenartigen Fortsätze der Spelze bezeichnet man als **Grannen.**

Getreideähre mit Grannen

Getreidearten – kultivierte Gräser

Die Getreidearten zählen zur Familie der Gräser (Süßgräser). Sie wurden im Laufe der Jahrhunderte aus zahlreichen Wildgräsern kultiviert.

Nach dem **Fruchtstand** unterscheidet man folgende Getreidearten:

Ährengetreide	Rispengetreide	Kolbengetreide

Weizen, Roggen, Triticale, Gerste	Reis, Hafer, Hirse	Mais (Kukuruz), Kolbenhirse

Wissenswertes dazu

- Gräser sind einkeimblättrige Pflanzen. Aus dem Samen der Pflanze entwickeln sich bei der Keimung der Wurzel- und der Blattkeim.
- Je nach Anzahl der Blattkeime – ein- oder zweipaarig angeordnete Blätter – unterscheidet man zwischen einkeim- und zweikeimblättrigen Pflanzen.

Wussten Sie, dass ...
Getreidearten als Zerealien bezeichnet werden? Diesen Begriff verwendet man auch für Getreideprodukte (z. B. Frühstückszerealien).

Ährengetreide

Weizen

Weizen ist weltweit das wichtigste **Brotgetreide.** Brotgetreide sind Getreidearten, die eine gute Backfähigkeit besitzen, d. h., aus denen man **gelockertes Brot** herstellen kann. Dazu zählen **Weizen, Roggen** und **Triticale.**
Weizen hat diese Eigenschaft aufgrund seines gerüstbildenden Klebereiweißes (Gluten). Die Weizenkörner sind gelb oder braun und rundlich.

Weizen

Sorten	Charakteristika und Verwendung
Weichweizen Saat-, Vulgare-, gemeiner Weizen	■ Überwiegend angebaute Weizenart. ■ Ergibt gut backfähige Mehle zur Herstellung aller Teige und Massen.
Hartweizen Durumweizen	■ Glasig harte Körner mit gelblichem Mehlkörper. ■ Hartweizen liefert ein stärkearmes, kleberreiches Mehl. Er eignet sich für die Herstellung von Teigwaren.
Khorasanweizen (Kamut®)	■ Zuchtform des Hartweizens. Er ist aufgrund des hohen Karotingehalts leicht gelblich.
Spelzweizen Dinkel	■ Er ist anspruchsloser als Saatweizen, muss jedoch entspelzt werden, da die Spelze mit der Schale fest verwachsen ist. ■ Schmeckt aromatisch und hat gute Backeigenschaften.
Grünkern	■ Unreif geernteter Dinkel. Die grünen Körner werden nach der Ernte bei 120 °C drei bis vier Stunden über Buchenholzfeuer geröstet (gedarrt) und entspelzt. ■ Eignet sich nicht zum Backen (kein Kleberaufbau bis zur Ernte). ■ Für pikante Getreidegerichte und Aufläufe.
Einkorn, Emmer	■ **Urformen des Weizens.** Neuerdings gewinnen diese alten Weizenarten immer mehr an Bedeutung, da sie Backwaren einen besonderen Geschmack verleihen, z. B. dem Rührkuchen.

Verwendung: für Brot, Feine Backwaren, Teigwaren usw., in der Nahrungsmittelindustrie, zur Erzeugung von Stärke, Weizenmalz für Weißbier und Backmittel und als Futtermittel.

Weizenmalz = gekeimtes Getreide.

Roggen

Roggen

Roggen ist neben dem Weizen die wichtigste Brotgetreideart. Er bildet allerdings kein Klebergerüst und ist nur mit versäuerten Teigen backfähig. Die Roggenkörner sind grünlich blaugrau und länglich.

Verwendung: für Brot-, Gebäck- und Lebkuchenteige.

Triticale

Sie ist die jüngste vom Menschen geschaffene Brotgetreideart, die häufig im Biolandbau kultiviert wird. Diese Mischform hat sowohl die Eigenschaften von Weizen als auch von Roggen. Die Triticalekörner sind gelbbraun, länglich und etwas dicker als Roggenkörner.

Verwendung: überwiegend als Futtermittel.

Gerste

Gerste ist das älteste Kulturgetreide der Menschheit. Die Geschichte dieser kultivierten Nahrungspflanze lässt sich bis in die Jungsteinzeit (ca. 10 000 Jahre vor Christus) zurückverfolgen. Gerste hat einen hohen Mineralstoffgehalt. Die Gerstenkörner sind strohgelb, etwas bauchig, mit anhaftender Spelze.

Verwendung: als Braugerste zur Herstellung von Gerstenmalz (Bier), für die Spirituosenerzeugung, für Getreidekaffee (Malzkaffee), als Rollgerste (Graupen) in der Nahrungsmittelindustrie, als Futtermittel (größter Teil der Ernte).

Gerste

Rispengetreide

Reis

Reis und Weizen sind die wichtigsten Kulturpflanzen der Erde. Reis ist das Grundnahrungsmittel in vielen Ländern Asiens, vor allem Ost- und Südostasiens. Reis besteht zu etwa 70 Prozent aus Stärke, enthält nur wenig Eiweiß und ist glutenfrei.

Vollkornreis (entspelzter, ungeschälter Naturreis) ist reich an essenziellen Aminosäuren, Mineralstoffen und Vitaminen. **Poliertem** (geschältem, weißem) **Reis** mangelt es an diesen wichtigen Nährstoffen.
Nach der Form der Körner unterscheidet man **Langkorn-, Mittelkorn-** und **Rundkornreis.**

Verwendung: als Reisstärke, als Beilage, für süße und pikante Aufläufe usw.

Wussten Sie, dass ...
Wildreis, auch Indianerreis genannt, kein Reis ist? Er ist die Frucht einer Wasserpflanze. Die ungeschälten, fast schwarzen, länglichen Körner kommen meist in Reismischungen in den Handel.

Hafer

Hafer ist ebenso wie Weizen und Gerste eine der ältesten Getreidearten. Er hat den **höchsten Eiweiß- und Fettgehalt** aller Getreidesorten und wird deshalb schnell ranzig. Die Haferkörner sind strohgelb, länglich, mit anhaftender Spelze. Hafer bildet beim Kochen wegen der reichlich enthaltenen löslichen Ballaststoffe einen Schleim, ist jedoch **nicht backfähig.**

Verwendung: als Diät- und Kindernahrung; als Flocken für Müsli, für Breie, Süßspeisen und Suppen.

Hafer

Hirse

Hirse ist ein **Sammelbegriff für verschiedene Getreidearten,** die kleine, rundliche Körner bilden. Hirse gehört zu den ältesten Getreidearten und dient vor allem in Afrika, zum Teil auch in Südamerika, der Ernährung der Bevölkerung. Hirse ist das **mineralstoffreichste Getreide.** Durch längere Lagerung werden die Körner bitter.

Verwendung: für Fladenbrote, Getreidegerichte und Spirituosenerzeugung.

Hirse

Kolbengetreide

Mais, Kukuruz

Auf dem amerikanischen Kontinent steht Mais an erster Stelle unter den Getreidearten und wird dort als „corn" bezeichnet. Mais ist reich an ungesättigten Fettsäuren, enthält Fett und viel Stärke, Vitamine und Mineralstoffe. Es fehlen ihm jedoch wichtige Eiweißstoffe. Die Maiskörner haben eine rundliche oder zahnähnliche Form. Sie sind je nach Sorte dunkelgelb, rot oder bräunlich und zur Spitze hin weiß.

Verwendung: zum Rohgenuss (Zuckermais), als Maisstärke (Krempulver), Maisgrieß (Polenta), für Cornflakes, Popcorn, als Beilage; aus dem Keimling wird Maiskeimöl gewonnen; zwei Drittel der Welternte werden als Futtermittel verwendet.

Wissenswertes dazu

- Der ursprünglich aus Zentralamerika stammende Mais wurde erst Anfang des 16. Jahrhunderts von Kolumbus nach Europa gebracht.
- Da er besonders im östlichen Mittelmeerraum kultiviert wurde, nannte man ihn auch **Türkenkorn** oder **Kukuruz** (türkisch: Mais).

Mais

Pseudogetreidearten – Körnerfrüchte

Die Pseudogetreidearten bzw. Pseudozerealien sind keine Getreidearten, werden jedoch genauso verwendet. Sie sind zweikeimblättrige Pflanzen und haben eine ähnliche Nährstoffzusammensetzung wie Getreide.

Die **wichtigsten Pseudogetreidearten** sind **Buchweizen** (Heiden), **Amarant** und **Quinoa** (Inkakorn, Inkahirse).

Buchweizen

Buchweizen (Heiden)

Buchweizen ist ein glutenfreies, einjähriges Knöterichgewächs. Es enthält viel Stärke und besonders hochwertiges Eiweiß. Buchweizen lässt sich wie Getreide zu Mehl verarbeiten. Die Körner sind gelbbraun und dreieckig.

Verwendung: für Backwaren, Süßspeisen und diätetische Produkte.

Amarant wird in Österreich als Alternativpflanze zu den Massenkulturpflanzen angebaut.

Amarant

Amarant war ebenso wie Quinoa Grundnahrungsmittel in Zentralamerika und in den Andenländern Südamerikas. Er gehört zur Familie der Gartenfuchsschwanzgewächse. Amarant ist glutenfrei und enthält hochwertiges Eiweiß, bis zu 75 Prozent ungesättigte Fettsäuren, wichtige Mineralstoffe und Spurenelemente sowie Vitamine. Amarant hat besonders kleine Körner.

Verwendung: in Kombination mit anderen Getreidearten zur Herstellung von Backwaren und für Müsli.

Erinnern Sie sich noch:
Was sind Saponine?

Quinoa

Quinoa (Inkakorn, Inkahirse)

Quinoa ist ein glutenfreies Gänsefußgewächs. Es ist reich an Kalzium, Eisen und Zink. Die Körner müssen geschält werden, weil die Saponine der Schale stark bitter schmecken.

Verwendung: Quinoa quillt wie Reis in Wasser auf und kann pikant oder süß zubereitet werden.

Getreidesorten

Von den einzelnen Getreidearten werden verschiedene Sorten mit bestimmten Eigenschaften (z. B. gute Backfähigkeit, Widerstandsfähigkeit gegen Rost- und Ährenkrankheiten) gezüchtet, angebaut und geerntet.

Die wichtigsten **Ziele bei der Entwicklung neuer Getreidesorten** sind:

- Gute Mahl- und Backeigenschaften.
- Immunität gegen Krankheiten und Unempfindlichkeit gegenüber Umwelteinflüssen.
- Sicherung und Steigerung des Ertrages (z. B. dichtes Wurzelwerk, damit die Pflanze Nährstoffe und Wasser besser aufnehmen kann).

Methoden der Saatgutzucht	
Bestäubung	■ Die Narbe des Fruchtblattes einer Getreidepflanze wird mit den Pollen einer anderen Sorte bestäubt. Dadurch entsteht eine neue Sorte.
Kreuzung	■ Getreidepflanzen mit ungleichem Erbgut werden gekreuzt. ■ Das Ergebnis ist eine neue Getreideart, z. B. Triticale (Kreuzung aus Weizen und Roggen).
Gentechnische Verfahren	■ Bruchstücke von Genen einer Pflanze werden in eine andere Pflanze transferiert. ■ Es entstehen neue Sorten, die als gentechnisch veränderte oder modifizierte Organismen (GVO, GMO) bezeichnet werden, z. B. GVO-Mais aus den USA.

Wussten Sie, dass ...
man das Ergebnis der Kreuzungen von Pflanzen oder Tieren als **Hybriden** bezeichnet?

Weltweit werden gentechnisch veränderte Pflanzen im Freiland getestet. In weiten Teilen Europas wird Genfood jedoch von den Konsumentinnen und Konsumenten abgelehnt. In Deutschland und Österreich ist die Aussaat von GVO-Pflanzen (noch) nicht zugelassen.
Wie denken Sie darüber? Diskutieren Sie Für und Wider!

Getreidequalität

Neben der Getreidesorte beeinflussen folgende Faktoren die Getreidequalität:

Bodenbeschaffenheit	■ Unterschiedliche Getreidearten stellen unterschiedliche Ansprüche an die Bodenqualität, z. B. humusreiche, kalkhaltige, sandige Böden.
Kultivierungsverfahren	■ Aussaatzeitpunkt (Winter- oder Sommerweizen), ■ Düngung (Art, Menge und Zeitpunkt), ■ Pflanzenschutzmaßnahmen (Pflanzenschutzmittel).
Klima	■ Gemäßigte oder kältere Zonen, Tropengebiete.

Witterungs-einflüsse	- **Frost** in den frühen Wachstumsperioden (kühle Sommer) verzögert die Reifung des Korns. Frostweizen hat aufgrund des hohen Anteils an unreifen Körnern eine geringe Mahlausbeute. - **Trockenheit** vor der Ernte ergibt das sogenannte **Schmachtkorn,** ein kümmerlich ausgebildetes Getreidekorn (verminderte Größe). Das Getreide hat ein geringes Hektolitergewicht (siehe Prüfung der Getreidequalität) und ergibt trocken backende Mehle. - **Regen** und **hohe Luftfeuchtigkeit** verursachen den sogenannten **Auswuchs,** d. h. das Auskeimen der Getreidekörner bereits auf der Pflanze. Es kommt, ausgehend vom Keimling, zu einer verstärkten Enzymaktivität (Amylasen und Proteasen). Dadurch werden Stärke und Eiweiß des Korns abgebaut, was eine verminderte Backfähigkeit zur Folge hat.

! Auswuchsmehle sind Mehle aus Getreidekörnern, in denen ein enzymatischer Abbau bereits bei der Keimung auf der Pflanze stattgefunden hat.

Nährstoffgehalt

Getreide ist aufgrund seines Nährstoffgehaltes ein wertvolles Nahrungsmittel für den Menschen. Die Zusammensetzung des Korns und der Energiegehalt der einzelnen Getreidearten sind verschieden.

Nährstoffe in Gramm pro 100 g Getreide	Weizen	Roggen	Mais	Hafer
Kohlenhydrate	62,0	62,0	67,6	63,2
Eiweißstoffe	12,7	10,7	9,4	13,0
Fette	2,1	1,7	3,8	7,4
Ballaststoffe	11,0	14,0	9,2	10,6
Mineralstoffe	1,8	1,8	1,5	2,0

Die Differenz auf 100 ergibt den Wassergehalt.

Ernährungsphysiologische Bedeutung

- Getreide ist die wichtigste Kohlenhydratquelle,
- hat einen hohen Anteil an pflanzlichem Eiweiß,
- enthält wenig Fett, dafür reichlich ungesättigte Fettsäuren (Keimlingsöl),
- ist reich an Ballaststoffen,
- enthält viele Mineralstoffe und Spurenelemente sowie
- Vitamine, vor allem Vitamine der B-Gruppe und Vitamin E (Keimlingsöl).

Ernte

Der Zeitpunkt der Getreideernte ist abhängig von der Getreideart, vom Klima (von der Region) und von den Witterungseinflüssen während der Wachstumsperiode. In unseren Breiten werden die meisten Getreidearten im Juli und August, manchmal auch schon Ende Juni geerntet. Die Maisernte erstreckt sich von September bis November.

§ Der Wassergehalt von Getreide darf laut einer EU-Verordnung höchstens 14,5 % betragen.

Getreide wird heute fast ausschließlich mit dem **Mähdrescher** geerntet. Mit ihm kann man in einem Arbeitsgang mähen, dreschen und das Stroh von den Körnern trennen. Gleichzeitig werden Spelzen, die mit der Schale des Getreidekorns nicht verwachsen sind, entfernt. Die Körner werden lose in Ladewagen abgefüllt und vor dem Lagern im Silo gegebenenfalls getrocknet.

Das Stroh wird zu Ballen gepresst oder fein zerhäckselt gleich wieder aufs Feld gestreut und zur Bodenverbesserung eingearbeitet.

Prüfung der Getreidequalität

Bei der Anlieferung des Getreides unterzieht die Müllerin/der Müller das Getreide einer Sichtprüfung. Dabei wird die Farbe des Getreides beurteilt und eine mögliche Qualitätsminderung durch Wanzenstiche festgestellt. Weiters wird die zu erwartende **Mahlausbeute** nach folgenden Methoden bestimmt:

! Das Mischen verschiedenster Getreidechargen garantiert eine gleichbleibende Qualität der Mahlprodukte.

- **Besatz:** kornfremde Bestandteile wie Unkrautsamen, Schädlinge, Steine, Metalle, Spreu, Staub und Verunreinigungen.
- **Hektolitergewicht:** Gemessen wird in Liter- oder Viertellitergefäßen. Das durchschnittliche Hektolitergewicht von Weizen beträgt 76 bis 85 kg, von Roggen 68 bis 78 kg.
- **Feuchtigkeitsgehalt:** Er wird mit einem elektrischen Schnellfeuchtigkeitsbestimmungsgerät ermittelt. Bei einem Wassergehalt von über 15 % muss das Getreide getrocknet werden, um eine Erwärmung und Enzymaktivität zu verhindern.

Hektolitergewicht = Gewicht eines Hektoliters Getreide.

Anschließend wird die zu erwartende Backfähigkeit des Getreides im Mühlenlabor untersucht (siehe Qualitätskontrolle der Mehle).

Lagerung

Vor der Einlagerung in Silos wird das Getreide vorgereinigt. Mithilfe von Sieben und Luftstrom werden Verunreinigungen wie Erdklumpen, große Steine, Sand, Stroh, Spelzen, Staub, Insektenteile usw. entfernt. Zu feuchtes Getreide wird vor der Einlagerung schonend getrocknet. Teilweise wird die Lagerung bereits nach Qualitäten getrennt vorgenommen.

Temperaturen bei der Lagerung

Während der Lagerung darf die Temperatur des Getreides nicht wesentlich ansteigen, um einen mikrobiologischen Verderb durch Bakterien oder Pilze, die Entwicklung von Schadinsekten (Kornkäfern, Reismehlkäfern) sowie Gewichtsverlust zu verhindern. Steigt die Temperatur an, muss das Getreide durch das Belüften in entsprechenden Silos oder durch das Umziehen abgekühlt werden.

Umziehen: Das Getreide wird durch eine Fördereinrichtung von einem Silo in einen anderen oder innerhalb eines Silos von unten nach oben befördert.

Minderung der Getreidequalität

Getreidekrankheiten

Sie werden durch Mikroorganismen (Pilze) verursacht. Diese verhindern bereits während des Wachstums die Ausbildung der Getreidepflanze oder vernichten die Nährstoffe des Korns.
Zur Bekämpfung werden verschiedene Methoden eingesetzt: Bodenbearbeitung, Fruchtfolge, Saatgutbeizung und Fungizidspritzung (bei beginnender Krankheit).

Flugbrand

gesunde Ähre kranke Ähre
Ährenfusariose

Krankheiten	Ursache und Auswirkungen
Steinbrand	■ Der Steinbrandpilz verursacht eine Keimlingsinfektion, dringt in die Ährenanlage ein (Brandähren) und zerstört den gesamten Mehlkörper des Getreidekorns. ■ Die Körner, sogenannte Brandbutten, ▸ sind innen schmierig **(Schmierbrand),** ▸ stinken **(Stinkbrand)** ▸ und werden hart **(Steinbrand).**
Flugbrand	■ Der Brandpilz staubt zur Zeit der Getreideblüte aus den brandigen Ähren. Seine Sporen gelangen in die geöffneten Ährchen der Getreidepflanze, wo sie auskeimen und durch Ausbreitung eines Myzeles (Fadengeflecht) den Embryo besiedeln. ■ Anstelle der Ähren entwickelt sich eine **Brandmasse.**
Schwarzrost	■ Der Pilz verursacht hauptsächlich auf Halmen und Blattscheiden der wachsenden Pflanze (selten auf Ähren und Rispen) schokoladebraune Flecken **(Sommersporenlager),** aus denen sich im weiteren Verlauf schwarzbraune Flecken bilden **(Wintersporenlager).** ■ Der dabei stattfindende Saftentzug behindert die Ausbildung der Getreidepflanze (Schmachtkörner).
Ährenfusariose	■ Durch den Pilzbefall (Fusarium culmorum) können sich die Ähren nicht entwickeln und sterben ab. ■ Teilweise kommt es dabei zu einer Rotfärbung der Körner und zu Mykotoxinbildung. Dadurch ist das Getreide auch als Futtergetreide unbrauchbar.
Mutterkorn	■ Der Pilz führt zu einer Fehlentwicklung des Korns. Die Getreidekörner sind von unbestimmter Größe und haben eine dunkelviolette Farbe. Schon geringe Mengen sind gesundheitsschädigend (Ergotismus). ■ Mutterkorn kann durch Getreidereinigungsmaschinen (Trieure) abgetrennt werden.

Mutterkorn

Ergotismus = Mutterkornvergiftung. Ergotin, Bestandteil des Mutterkorns, verursacht geistige und körperliche Schäden.

Unkrautsamen im Getreide

Die Samen von wild wachsenden Pflanzen werden als Unkrautsamen bezeichnet. Sie vermindern die Qualität des Getreides bzw. Mehles – Farbe, Geruch, Geschmack und Backfähigkeit – und müssen vor der Vermahlung entfernt werden.

Pflanzengattungen	Unkrautarten
Gräser	Flughafer, Trespe, Taumellolch
Schmetterlingsblütler	Erbse, Wicke, Lupine, Linse, Klee
Kreuzblütler	Ackersenf, Hederich, Hirtentäschel, Hellerkraut
Hahnenfußgewächse	Ackerhahnfuß, Rittersporn, Schwarzkümmel
Doldenblütler	Haftdolde, Hundspetersilie oder Gartenschierling
Nelkengewächse	Kornrade, Taubenkopf
Korbblütler	Kornblume, Disteln, Kamille
Rachenblütler	Wachtelweizen, Klappertopf
Sonstige Unkräuter	Mohn, Stiefmütterchen, Winde, Skabiose, Knoblauch usw.

Ackersenf

Feldschädlinge

Sie verursachen Fraßschäden oder machen das Getreide durch Verunreinigungen (z. B. Kot) unbrauchbar. Zur Bekämpfung werden Phosphorinsektizide und Mikrogranulate eingesetzt.

Schädlinge	Ursache und Auswirkungen
Getreidewanze	▪ Sie besaugt Blätter, Stängel und zur Zeit der Milchreife die Ähren. ▪ Der Wanzenspeichel baut das Eiweiß und die Stärke des Korns ab (Leimkleberbildung), die Backfähigkeit geht verloren. ▪ Wanzenstichige Getreidekörner weisen helle Flecken mit dunklem Mittelpunkt auf.
Getreidegallmücke	▪ Sie legt zur Zeit der Milchreife die Eier, aus denen sich die Larven entwickeln, hinter die Spelzen. ▪ Der Fruchtknoten stirbt ab, es kommt je nach Befallsstärke zur Verkrümmung der Pflanze und zur Bildung von Schmachtkorn.
Engerlinge	▪ Die Larven des Maikäfers ernähren sich vom Wurzelwerk und von den Stängeln der Getreidepflanze. ▪ Dadurch welken die Pflanzen und sterben ab.
Drahtwürmer	▪ Die mehlwurmartigen Larven des Saatschnellkäfers ernähren sich anfänglich von den Haarwurzeln der Jungpflanze und bohren sich anschließend durch das Außenblatt bis in das innere Herzblatt. ▪ Dadurch vergilben die Blätter und sterben ab.
Feldmaus, Ziesel, Hamster	▪ Sie verursachen Fraßschäden an allen Halmfrüchten und Mais. ▪ Man bekämpft sie durch Auswässern und Vergasen.

Getreidewanzen

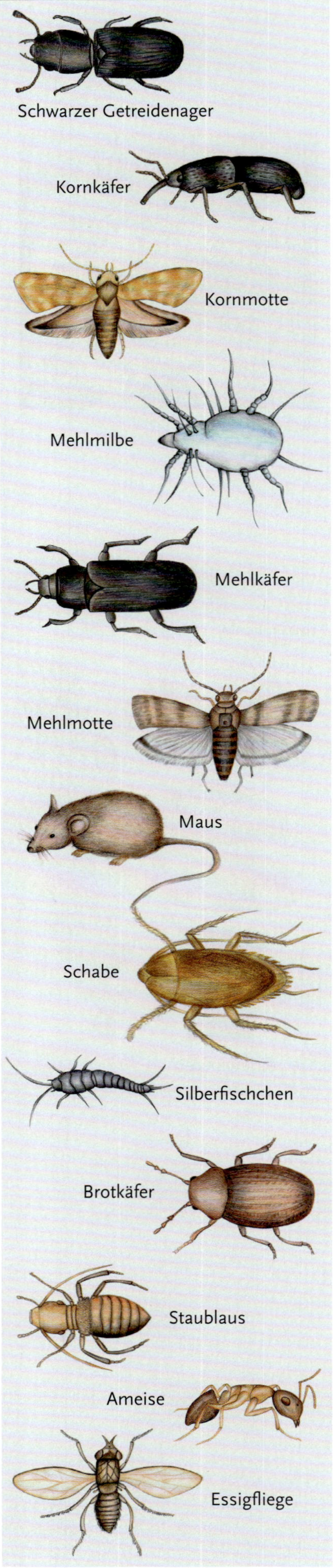

Vorratsschädlinge

Vorratsschädlinge verunreinigen Lebens- und Futtermittel und übertragen krankheitserregende Mikroorganismen. Zudem erregen sie Ekel. Da sich die Schädlinge von den befallenen Lebensmitteln ernähren, verursachen sie in erster Linie Fraßschäden. Darüber hinaus wird das Lebensmittel durch Haare, Spinnfäden, Kot usw. verschmutzt.

Reste von Insekten können Hautreizungen und -erkrankungen, Allergien der Atemwege oder Darmerkrankungen hervorrufen. Daher müssen befallene Lebensmittel immer entsorgt werden. Bei schwerem Befall sind die Reinigung und die Entwesung des gesamten Betriebs erforderlich.

Schädlinge	Vorkommen	Anzeichen
Schwarzer Getreidenager	▪ Bei Getreide, Mahlprodukten, Trockenobst usw.	▪ Angefressene Körner (Bevorzugung der Keimlinge) ▪ Fresslöcher in der Sichterbespannung und in Säcken, Bohrlöcher in Holzteilen
Kornkäfer	▪ In Getreide	▪ Käfer entwickeln sich im Getreide
Kornmotten	▪ In Getreide, Massenauftreten meist nur unter feuchten Bedingungen	▪ Angefressene Körner (Bevorzugung der Keimlinge) ▪ Unangenehm riechende Gespinstklumpen aus Körnern und Kot
Mehlmilben	▪ In Getreide, Mahlprodukten, Schrot, vor allem bei feuchter Lagerung	▪ Süßlicher Milbengeruch ▪ Bei Massenbefall sind die Produkte mit einer hellen, leicht rötlichen Staubschicht überzogen
Mehlkäfer	▪ In Mahlprodukten und Getreideabfällen	▪ Verunreinigungen von Mahlprodukten ▪ Angefressene Körner
Mehlmotten	▪ In Mahlprodukten (Weizenmehl, Grieß, Haferflocken), Mandeln, Nüssen, Schokolade	▪ Gespinstklumpen in Mahlprodukten, an Geräten usw.
Mäuse, Ratten	▪ Bei Rohstoffen und im Lager	▪ Angefressene Vorräte, Kotballen, Schlupflöcher
Schaben	▪ An dunklen, warmen, feuchten Orten	▪ Verunreinigte Lebensmittel durch Keimübertragung ▪ Schädlinge sind nachtaktiv, dadurch kaum sichtbar
Silberfischchen	▪ An warmen, feuchten Orten	▪ Nagespuren an stärke- und zuckerhaltigen Produkten, auch an Hefe
Brotkäfer	▪ In Mahlprodukten, getrocknetem Brot und Gebäck u. Ä.	▪ Bohrlöcher in Verpackungsmaterialien und Lebensmitteln
Staublaus	▪ An warmen, feuchten Orten	▪ Befall von Getreide, Lebensmitteln u. Ä. ▪ Staub in Mahlprodukten aus lebenden und toten Läusen
Ameisen	▪ Besonders bei süßen Lebensmitteln	▪ Ameisenstraßen an Fenstern, Türen, Ritzen und Rillen
Essigfliege	▪ In geschlossenen, meist warmen Räumen	▪ Befall von zerteiltem Obst, faulenden Pflanzenresten, Abfällen usw. ▪ Besonders lästig bei der Sauerteigbereitung

1.2 Vermahlung

In den Mühlen wird aus den Getreidekörnern Mehl erzeugt. Zahlreiche Arbeitsschritte sind dabei notwendig.

Reinigung

- **Vorreinigung (Schwarzreinigung):** Alle kornfremden Bestandteile (Besatz) wie Mutterkorn, Unkrautsamen, Schädlinge, Metalle, Steine, Spreu, Schalenteilchen, Staub usw. werden mit **Getreidereinigungsmaschinen** (Magneten, Aspirateuren, Langkorn-, Rundkorn-, optischen Trieuren) entfernt. Da sie sich durch Größe, Form und Dichte vom Getreidekorn unterscheiden, ist eine Abtrennung möglich.
- **Hauptreinigung (Weißreinigung):** Mit Schäl- oder Scheuermaschinen werden die Randschichten (Bärtchen, Schale) und der Keimling vom Korn getrennt. Gleichzeitig werden auch Verunreinigungen wie Pestizide und andere Umweltgifte entfernt.

Getreidereinigungsmaschinen

Aspirateur

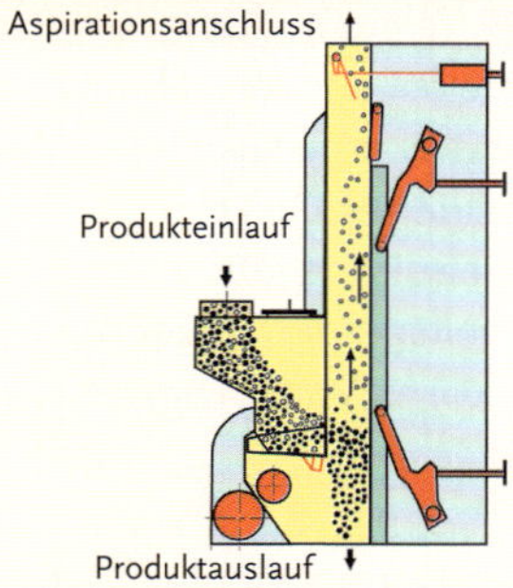

Er reinigt das Getreide mithilfe verschiedenster Siebe und durch intensive Belüftung.

Trieur

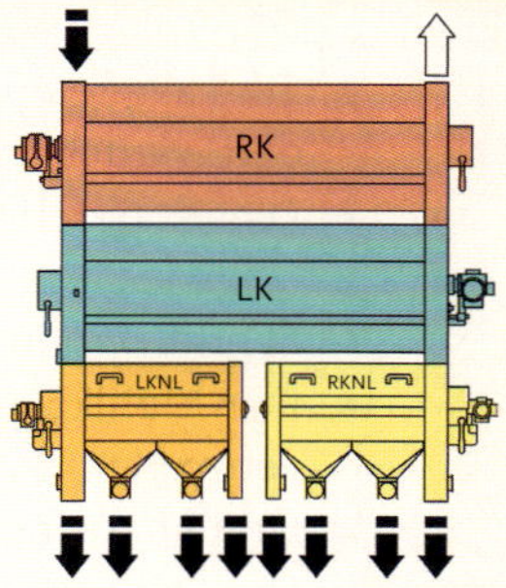

Er trennt das Getreide nach der Kornform.

Konditionierung

Nach der Reinigung wird das Getreide benetzt, bis der Wassergehalt ca. 17 % beträgt. Dadurch verlieren die Schalenteilchen ihre Sprödigkeit, werden zäh und können bei der Vermahlung leichter abgetrennt werden. Anschließend wird das Getreide im **Walzenstuhl** vermahlen.

Vermahlung und Sichtung

Der Vermahlungsvorgang besteht aus zehn bis zwanzig Zerkleinerungsstufen. An jeden Zerkleinerungsdurchgang schließt ein Siebvorgang im Plansichter an.

Vom Getreide zum Mehl

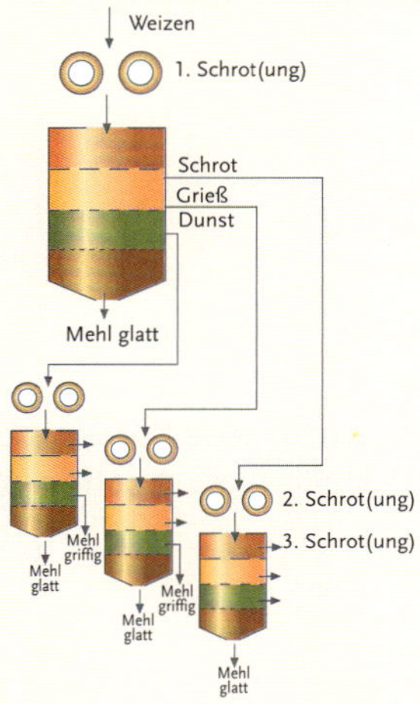

- **Schroten:** Im Walzenstuhl wird das Korn vorsichtig zwischen Riffelwalzen grob zerkleinert (6–8 Schrotungen, je nach Kornsorte).
- **Sichten:** Im Plansichter wird der Schrot mit immer feiner werdenden Sieben gesichtet und sortiert. Je nach Feinheit unterscheidet man:
  ▸ Schrot, ▸ Grieß, ▸ Dunst, ▸ Mehl.
- **Putzen und Auflösen:** Dunst und Grieß werden mit Putzmaschinen von den Schalenteilchen (Kleie) befreit und anschließend zwischen glatten oder fein geriffelten Walzen fein vermahlen.
- Der Schrot der ersten Sichtung wird weiteren Vermahlungsvorgängen unterzogen.
- Die bei der Sichtung anfallenden Mehle werden je nach Helligkeit und Mineralstoffgehalt zu den gesetzlich festgelegten Mehltypen vermischt.

Walzenstuhl

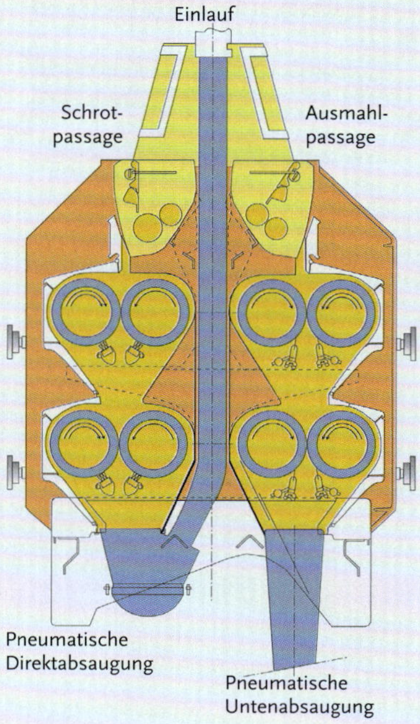

Plansichter

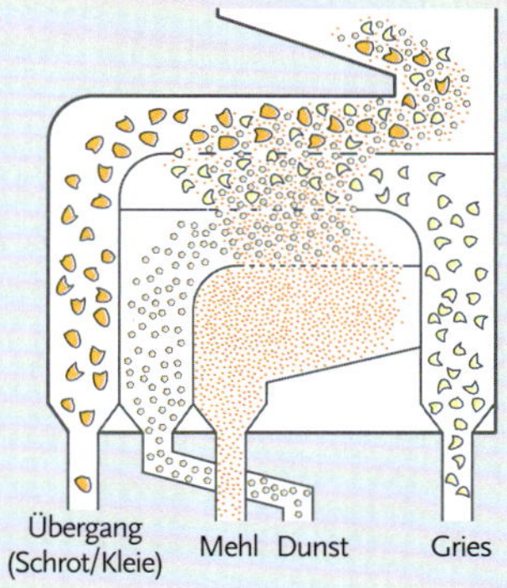

Wissenswertes dazu

- Übergänge und Grieße können samt Keimling über Glattwalzen geführt werden, wobei der Keimling aufgrund seines Fettgehalts flach gedrückt wird und dadurch abgesiebt werden kann.
- Am Ende der Vermahlung werden Prallmaschinen (Entoleter) eingesetzt, die Eier oder Larven durch Aufprall zerstören.

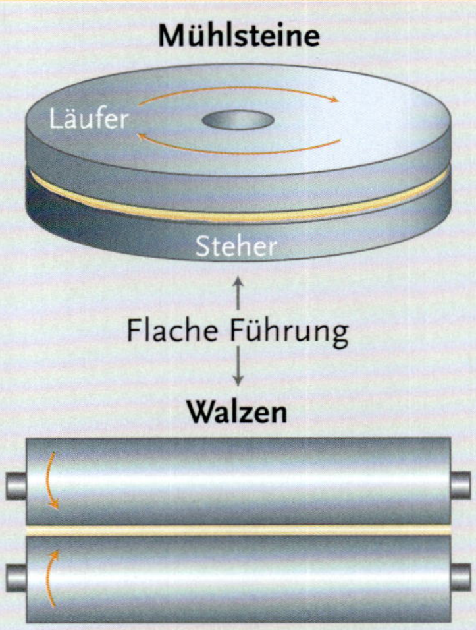

Mahlverfahren

Weizen und Roggen werden unterschiedlich vermahlen:

Getreide	Mahlverfahren	Kennzeichen
Roggen	**Flachmüllerei**	Flache (tiefe, enge) Führung der Walzen oder Steine: ■ Dadurch wird das Korn schon bei den ersten Passagen stark zerrieben. Es fällt sofort viel Mehl ab. Daher: **Mehlmüllerei.** ■ Durch den starken mechanischen Angriff (Reibung) auf das Korn entsteht eine hohe Mahlwärme, die die Backfähigkeit des Weizens beeinträchtigen könnte. Daher: **Roggenmüllerei.**
Weizen	**Hochmüllerei (Halbhochmüllerei)**	Hohe (weite) Führung der Walzen: ■ Das Korn wird schonend zerkleinert. Es entsteht eine geringe Mahlwärme. ■ Durch den weiten Abstand der Walzen fallen Grieße als Zwischenprodukt an. Daher: **Grießmüllerei.**

Mahlerzeugnisse	
Kleie	■ Sind alle Teile des Getreidekorns, die bei der Vermahlung ausgesondert werden (hochwertiges Futtermittel, Speisekleie)
Schrot	■ Das ist geschältes, sehr grob zerkleinertes Getreide ■ Ungeschältes, grob zerkleinertes Getreide ergibt Vollkornschrot ■ Schrot wird in verschiedenen Feinheitsgraden angeboten
Grieß	■ Der Mehlkörper oder das ganze Korn (Vollkorngrieß) wird grob vermahlen ■ Grieß hat einen sandigen Griff
Dunst	■ Der Feinheitsgrad liegt zwischen Grieß und Mehl
Mehl	■ Ist pulverförmig, hat den höchsten Feinheitsgrad

1.3 Mehle

Mehle sind mengenmäßig das wichtigste Getreideprodukt. In der Bäckerei wird vor allem Roggen- und Weizenmehl verwendet. In der Vollwerternährung werden Vollkornmehle der verschiedenen Getreidearten verwendet.

Vollkornmehl

Es wird aus ganzen Getreidekörnern gewonnen. Das Mehl wird durch die enthaltenen Randschichten dunkler. Es enthält um ca. 10 % mehr Ballaststoffe als helles Mehl. Es sind auch mehr Mineralstoffe, Spurenelemente, Vitamine und ungesättigte Fettsäuren enthalten. Durch den hohen Fettgehalt werden Vollkornmehle leichter ranzig.

Erinnern Sie sich noch: Welcher Kornbestandteil ist reich an ungesättigten Fettsäuren?

Arten

- Weizenvollkornmehl,
- Dinkelvollkornmehl,
- Roggenvollkornmehl,
- spezielle Vollkornmehle: Buchweizen- und Grünkernmehl.

Mehl mit geringer Ausmahlung

Es wird aus dem Mehlkörper gewonnen.

- **Glattes Mehl:** ist sehr fein vermahlen.
- **Griffiges Mehl:** enthält noch Dunstteilchen und hat eine feine, trockene Körnung.
- **Doppelgriffiges Mehl:** hat einen höheren Anteil an Dunstteilchen und ist sehr grobkörnig.

Zusammensetzung

Die Zusammensetzung des Mehles hängt vom **Ausmahlungsgrad** und von der **Typenzahl** ab. Das Getreidekorn wird von außen nach innen vermahlen.

Ausmahlungsgrad	Typenzahl
Der Ausmahlungsgrad gibt an, wie viel Kilogramm Mehl aus 100 kg Getreide gemahlen werden können.	Die Typenzahl des Mehles gibt an, wie viel Milligramm Mineralstoffe in 100 g wasserfreiem Mehl enthalten sind.

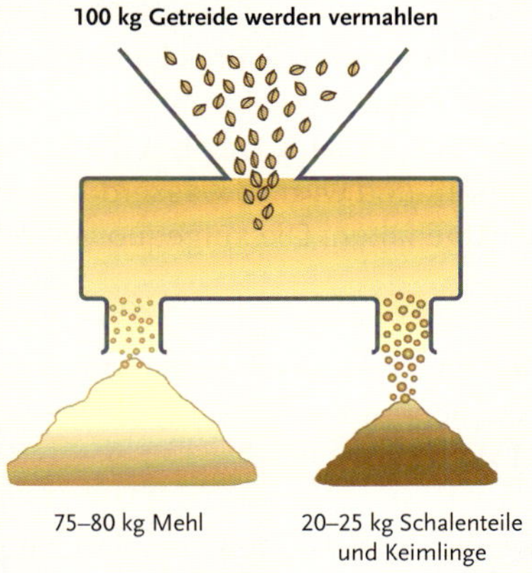

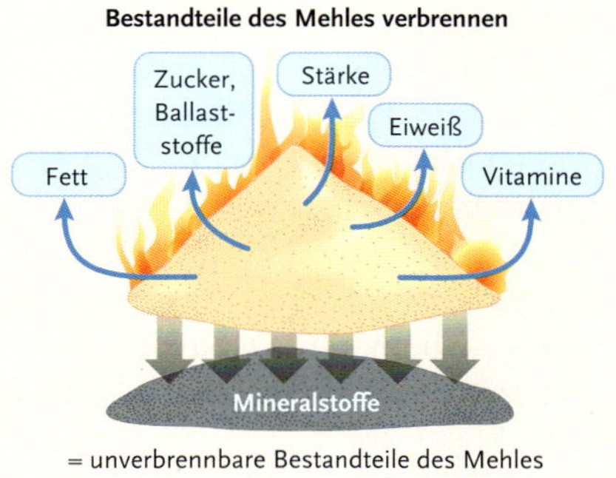

Je höher der Ausmahlungsgrad, desto größer der Schalenanteil, z. B. Vollkornmehl 100 %.	Je höher die Typenzahl, desto größer der Schalenanteil, z. B. Roggenmehl Type 1150, Weizenmehl Type 405.

! Der Ausmahlungsgrad nimmt vom Zentrum des Mehlkörpers nach außen hin zu.

Beispiel
Bleiben beim Verbrennen von 100 g Mehl ca. 405 mg Mineralstoffe übrig, so spricht man von der Mehltype 405. Des Weiteren gibt die Typenanzahl an, um welche Getreideart es sich handelt. Mineralstoffe sind hauptsächlich in den Randschichten des Korns enthalten.

Bestimmung der Mehltype

Dazu werden folgende Werte der Reihenfolge nach ermittelt:

- **Mineralstoffgewicht:** 5 g Mehl werden bei 900 °C 90 Minuten lang verascht. Der Rückstand (Mineralstoffe) wird abgewogen.
- **Mineralstoffgehalt in der Trockenmasse:** Die Berechnung erfolgt mit dem Mineralstoffgewicht unter Berücksichtigung der Mehlfeuchtigkeit.

Beispiel: Mineralstoffgewicht: 0,0241 g, Mehlfeuchtigkeit: 13,1 %

$$\frac{\text{Mineralstoffgewicht x 20 x 100}}{\text{(100–Mehlfeuchtigkeit)}} = \frac{\text{0,0241 g x 20 x 100}}{\text{86,9 (100–13,1)}} = $$ **0,55 % Mineralstoffgehalt in der Trockenmasse**

- **Mehltype:** Mineralstoffgehalt in der Trockenmasse x 1 000 = 0,55 x 1 000 = **550**

Inhaltsstoffe

Inhaltsstoffe von Mehlen mit vergleichbaren Ausmahlungsgraden	Weizenmehl	Roggenmehl
Kohlenhydrate		
■ Stärke	67 %	67 %
■ Schleimstoffe	2 %	6 %
■ Zellulose	1 %	1 %
■ Malzzucker	1 %	3 %
Fett	1 %	1 %
Eiweiß		
■ Wasserlösliche Eiweißstoffe	2 %	2 %
■ davon Enzyme	in Spuren	in Spuren
■ Quellfähige Eiweißstoffe	12 %	6 %
Wasser	13 %	13 %
Mineralstoffe (K, P, Ca, Mg, Na, Fe)	1 %	1 %
Vitamine (E, B_1, B_2, Niacin, A)	in Spuren	in Spuren

! Die Prozentangaben der Inhaltsstoffe sind je nach Mehltype unterschiedlich.

Struktur des Stärkekorns

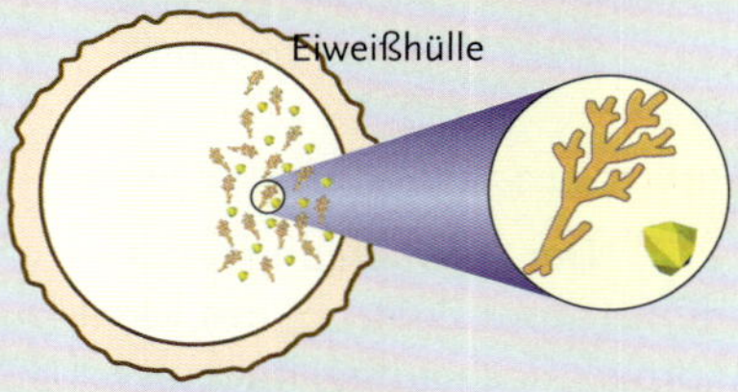

Stärkemoleküle
- Amylopektin (ca. 80 %) ist quellfähig
- Amylose (ca. 20 %) ist löslich

Amylopektine vor der Verkleisterung

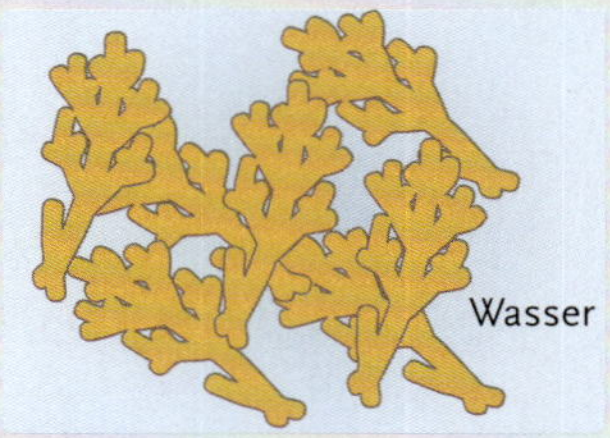

Amylopektine bei der Verkleisterung

Eigenschaften

Sie hängen von den einzelnen Inhaltsstoffen ab.

Stärke

Sie ist ein Vielfachzucker. Die Stärkekörnchen befinden sich in den Zellen des Getreidemehlkörpers. Beim Gärungsprozess in Hefeteigen wird die Hefe von den Abbauprodukten der Stärke ernährt. In Verbindung mit den Eiweißstoffen bildet Stärke die Krume und gibt dem Gebäck die Festigkeit.

- **Verkleisterung:** Bei der Teigbereitung lagert die Stärke einen Teil ihres Eigengewichtes an Wasser an der Oberfläche an. Erst bei einer Temperatur von ca. 40 °C beginnt die Stärke zu quellen, sie nimmt langsam Flüssigkeit auf. Ab 60 °C beginnt die Stärke zu verkleistern. Die Eiweißhaut des Stärkekorns gerinnt und wird so wasserdurchlässig. Wasser wird angesaugt und vom Amylopektin festgehalten. Die aufgequollenen Stärkekörner werden größer.

  Roggenteige müssen versäuert werden, um den enzymatischen Abbau der Roggenstärke zu hemmen. Dadurch kann die Stärke quellen und verkleistern (siehe Kapitel Backmittel und Convenienceprodukte, Seite 115).

- **Dextrinbildung:** Ab 100 °C wird die Stärke abgebaut und es entstehen Dextrine. Sie sind je nach Molekülgröße wasserlöslich oder quellfähig und schmecken süß. Wenn man die Gebäcke vor und nach dem Backen mit Wasser besprüht, bilden die Dextrine eine glänzende Kruste.

Malzzucker

Malzzucker entsteht hauptsächlich durch enzymatischen Abbau im Getreidekorn.
- In Teigen dient der Malzzucker der Hefe als Nahrung. Aus Zucker stellt die Hefe Lockerungsgas (CO_2) und Alkohol her.
- Unter Einwirkung von Hitze wird der Doppelzucker in der Gebäckkruste braun.

Zellulose

Sie ist für den menschlichen Körper unverdaulich.
- Der Anteil dieser Rohfaser ist je nach Mehlsorte unterschiedlich (er bestimmt die Helligkeit des Mehles).
- Zellulose ist in Wasser unlöslich, lagert aber Wasser an ihrer Oberfläche an.

Wasser

Der Wasseranteil darf höchstens 15 % betragen, da sich sonst die Lagerfähigkeit verschlechtert und die Güte des Mehles verringert. Ebenso wird die Teigausbeute (TA) negativ beeinflusst, denn eine verstärkte Enzymtätigkeit greift den Kleber und die Stärke an. Schimmelsporen und andere Mikroorganismen können sich rasch entwickeln und das Mehl verderben.

Die **Teigausbeute (TA)** ist die Teigmenge aus Mehl und Zuguss (Wasser, Milch), wobei die Mehlmenge immer 100 % beträgt (siehe Kapitel Fachrechnen, Seite 435).

Mehleiweiß

Weizenkleber

Die Kleber bildenden **Eiweißstoffe** im Weizenmehl bestehen aus ca. **75 % Gliadin** und **25 % Glutenin.** Sie bilden in Verbindung mit Wasser und Knetenergie den Kleber. Gliadin ist für die Wasserbindung zuständig und Glutenin für die Festigkeit.
- **Wasserunlöslich:** Das Auswaschen von Stärke für die Kleberprobe ist möglich.
- **Wasserbindend und quellfähig:** Teige können viel Wasser aufnehmen. Dadurch wird die Teigbindung herbeigeführt.
- **Dehnbar und elastisch:** Daraus ergeben sich eine gute Formbarkeit und das Gashaltevermögen der Teige.
- **Säurelöslich:** Alte, säurereiche Teige verlieren durch das Auflösen der Kleberstränge an Elastizität.
- **Gerinnung durch Hitze bei ca. 65 bis 70 °C:** Die Ofenhitze bewirkt das Gerinnen, also das Festwerden der Kleberstränge. Dadurch entsteht das Porengerüst (Krume). Das frei werdende Wasser wird von der verkleisternden Stärke aufgenommen bzw. ein Teil des Wassers verdampft.

Weitere Reaktionen des Weizenklebers bei der Teigbereitung (Kleberbildung) finden Sie im Kapitel Weizenteigtechnologie, Seite 259 beschrieben.

Vergleichen Sie dazu die Inhaltsstoffe von Roggen- und Weizenmehl (siehe Tabelle, Seite 97).

Roggeneiweiß

Die Eiweißstoffe (Secalin, Glutenin) im Roggenmehl bilden kein gashaltiges Klebergerüst.

- **Keine Kleberbildung:** Die Schleimstoffe (Pentosane) im Roggenmehl legen sich zwischen die Eiweißstoffe und verhindern dadurch die Kleberbildung.
- **Wasserlöslich:** Daher kann kein Kleber ausgewaschen werden.
- **Geringe Dehnbarkeit und Elastizität:** Roggenteige sind aufgrund der fehlenden Kleberbildung feucht und kurz und haben nur ein geringes Gashaltevermögen.

Auswirkungen der Inhaltsstoffe von Roggenmehl auf die Teig- und Backeigenschaften finden Sie im Kapitel Roggenteigtechnologie, Seite 288 beschrieben.

Fett

Da der Keimling nicht ganz entfernt werden kann, gelangt Keimlingsfett in das Mehl.

- Der Fettanteil wirkt sich positiv auf die Elastizität des Klebers aus.
- Ein zu großer Fettanteil lässt das Mehl allerdings leichter ranzig werden.

Mineralstoffe

In Mehl kommen vor allem Kalium, Magnesium, Kalzium, Phosphor und Eisen vor.

- Die Mineralstoffe bilden die Grundlage für die Typenbestimmung.
- Sie stärken den Kleber und begünstigen die Arbeit der Hefezellen und der Enzyme.

Vitamine

Mehle enthalten Vitamine der B-Gruppe und in kleinen Mengen Vitamin A.

- Ein Teil der Vitamine geht beim Backprozess durch Hitze verloren, vor allem die Vitamine der B-Gruppe.
- Um die Kleberelastizität zu steuern, wird dem Mehl Vitamin C beigegeben.

Enzyme

Im Mehl sind Zucker, Eiweiß und Fett spaltende Enzyme sowie Oxidasen vorhanden.

- Wichtig ist der Gehalt an Amylase. Sie baut die Stärke im Teig zu Malzzucker ab und verbessert dadurch die Gärkraft der Hefe.
- Eiweiß und Fett spaltende Enzyme verschlechtern bei längerer Lagerung die Teig- und Gärstabilität.
- Oxidasen bewirken die Mehlreifung durch den Sauerstoff der Luft.

Um die Enzymtätigkeit zu steuern und damit die Kleberqualität zu verbessern, werden frische Mehle bereits in der Mühle mit L-Ascorbinsäure (1–2 g pro 100 kg Mehl) angereichert, die die Mehlreifung unterstützt.

Qualitätskontrolle der Mehle

Die Eigenschaften der Mehle hängen stark von den Eigenschaften der Stärke und des Klebers ab und werden ständig im Mühlenlabor überprüft. Das zu untersuchende Getreide wird auf speziellen Labormühlen, z. B. Quadrumat Junior oder Hammermühle, vermahlen.

Prüfmethoden im Labor

Überprüft werden

- **Menge und Qualität der Inhaltsstoffe:** Wasser, Eiweiß, Feuchtkleber, Mineralstoffe, Malzzucker usw.
- **Verhalten der Inhaltsstoffe:** Verkleisterungseigenschaften, Enzymaktivität, Malzzuckerbildung, Quellvolumen der Eiweißstoffe, Kleberabbau usw.
- **Verhalten der Mehle bei der Be- und Verarbeitung:** Dehnbarkeit, Teigausbeute, Knet- und Backeigenschaften usw.

Folgende Geräte werden dazu verwendet:

Geräte	Was sie überprüfen
Infrarot-Schnellbestimmungsgerät	■ Wasser-, Eiweiß-, Feuchtklebergehalt
Trockenschrank	■ Wassergehalt
Glutomatic	■ Feuchtklebermenge
Glutograph	■ Feuchtkleberqualität
Fallzahlgerät	■ Enzymatischen Abbau der Stärke
Amylograph	■ Verkleisterungsfähigkeit der Stärke
Farinograph	■ Wasseraufnahmefähigkeit ■ Kneteigenschaften
Extensograph	■ Dehneigenschaften

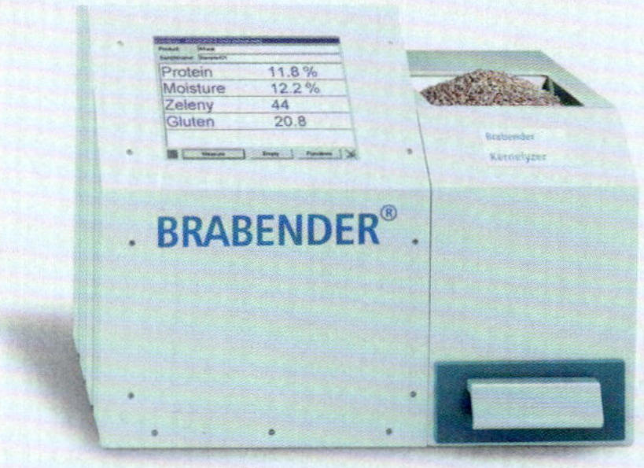

Infrarot-Schnellbestimmungsgerät

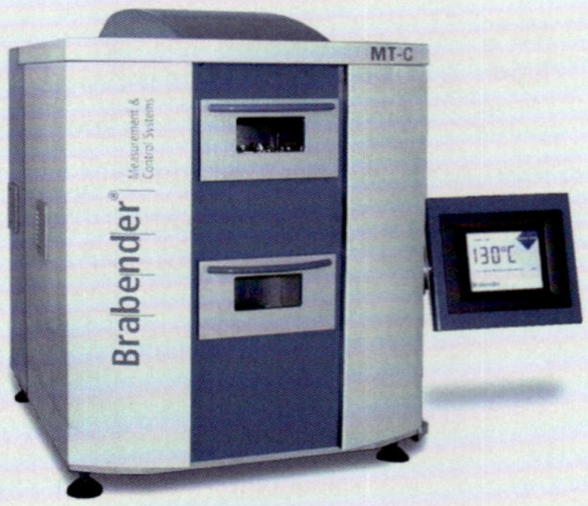

Trockenschrank

Wassergehalt

Die Bestimmung des Wassergehalts dient zur Feststellung der Lagerfähigkeit.

Prüfmethode: Mehl wird im Trockenschrank bei 130 °C eine Stunde getrocknet. Der gemessene Gewichtsverlust entspricht dem Wassergehalt des Mehles. Er darf höchstens 15 % betragen.

Wassergehalt (in %) $= \frac{(E-A) \times 100}{E}$

E = Einwaage
A = Auswaage (Trockensubstanz)

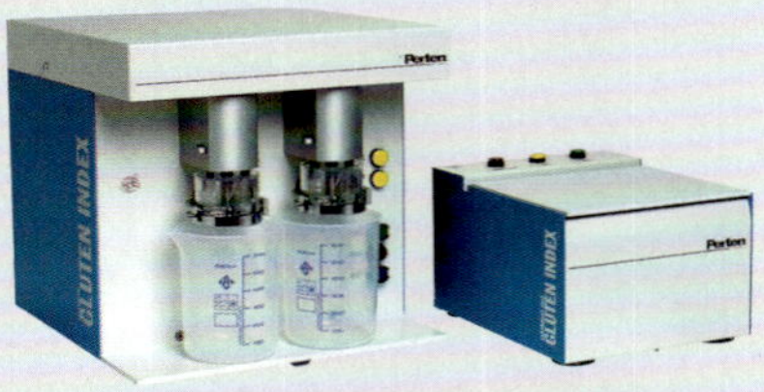

Glutomatic, Gerät zur Bestimmung der Feuchtklebermenge

Feuchtklebermenge

Die Menge des Feuchtklebers gibt Aufschluss über die Backeigenschaften des Mehles.

Prüfmethode: Aus einem Weizenmehlteig (10 g Mehl und 5,5 ml zweiprozentige Kochsalzlösung) wird der Kleber durch Auswaschen wasserlöslicher Bestandteile, wie z. B. Stärke, abgetrennt und anschließend abgewogen.

Feuchtklebermenge in Prozent = Feuchtklebergewicht x 10

Feuchtkleberwerte	Beurteilung und Auswirkungen
> 28 %	■ Hinweis auf gute Backeigenschaften ■ Hohe Wasseraufnahmefähigkeit der Mehle (Teige) ■ Teige mit gutem Gashaltevermögen und Elastizität

Feuchtkleberqualität

Die Qualität des ausgewaschenen Feuchtklebers oder einer Teigprobe gibt eine genauere Auskunft über das Backverhalten der Mehle. Im Vergleich zur quantitativ gemessenen Feuchtklebermenge werden bei dieser Prüfmethode qualitätsbeschreibende Angaben zu den Kleberproteinen gemacht.

Relaxen = entspannen.

Prüfmethode: Die entsprechende Feuchtklebermenge oder Teigprobe wird zwischen zwei geriffelten Platten fixiert. Die untere Platte wird mit konstanter Kraft gegen die obere, feste Platte gedreht. Die Auslenkung der Probe wird zeitabhängig aufgezeichnet. Nach Erreichen einer bestimmten Auslenkung wird die Probe entlastet und relaxiert entsprechend ihrer Elastizität.

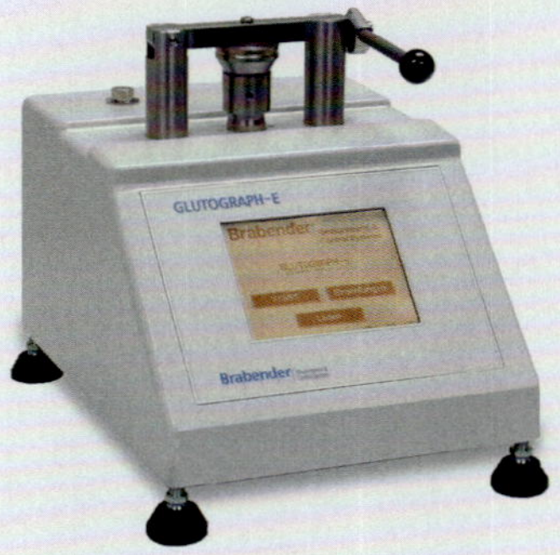

Glutograph-E

Glutogramm	
Starkes Mehl	**Schwaches Mehl**
GLUTOGRAPH E	GLUTOGRAPH E
Datum: 22.03.2004	Datum: 23.03.2004
Zeit: 14:30	Zeit: 09:50
Bediener: BRAB	Bediener: BRAB
Probentyp: GLUT5	Probentyp: GLUT.T4
Dehnung: 46s/800.2BE	Dehnung: 125s/408.9BE
Relaxation: 10s/631.7BE	Relaxation: 10s/330.1BE

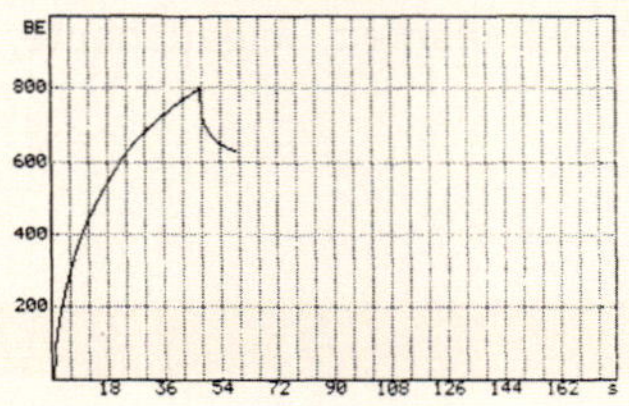

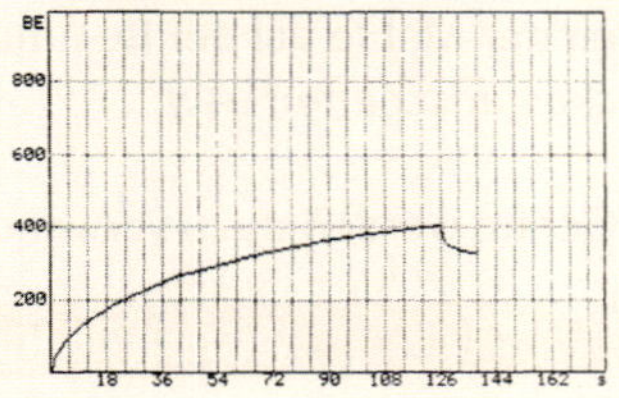

Sedimentationswert

Der Sedimentationswert gibt Auskunft über das **Quellvolumen der Eiweißstoffe.** Ein höheres Quellvermögen ist allgemein ein Indiz für eine höhere Kleberqualität.

Prüfmethode: Weizenmehl wird mit einer Farbstoff-, Milchsäure- und Isopropanolalkohollösung vermischt. Die Eiweißstoffe quellen auf und bilden einen messbaren Bodensatz.

Sedimentationswerte (ml)	Beurteilung	Auswirkungen hoher Werte
< 30	Nicht ausreichend	■ Verbessertes Gashaltevermögen (Gärstabilität)
30–40	Ausreichend	■ Längere Gärtoleranz (Teigstand)
41–50	Befriedigend	■ Großes Gebäckvolumen
51–60	Gut	
> 60	Sehr gut	

! Je höher der Sedimentationswert, desto besser ist das Backverhalten des Weizenmehles.

Fallzahl

Die Enzymaktivität der Stärke abbauenden α-Amylasen hat einen erheblichen Einfluss auf das Backverhalten der Mehle. Die Fallzahl gibt den Grad des Stärkeabbaus an.

Diese Untersuchung ist besonders bei Roggenmehlen wichtig, da diese bei der Teigbereitung keinen Kleber bilden. Der Stärkekomplex und seine Verkleisterungseigenschaften spielen deshalb bei Roggenmehlen eine wesentlich bedeutendere Rolle als bei Weizenmehlen.

Prüfmethode: Eine Mehl-Wasser-Suspension wird so lange im Wasserbad erhitzt, bis die Stärke verkleistert und sich anschließend wieder bis zu einem bestimmten Grad verflüssigt. Die Konsistenz des Mehlkleisters hängt von der Enzymaktivität der α-Amylasen ab.

Die **Fallzahl** wird in Sekunden angegeben. Sie setzt sich aus der Rührzeit (60 Sekunden) und der Zeit, die ein genormter Rührstab braucht, um durch den Kleister auf den Boden zu sinken, zusammen.

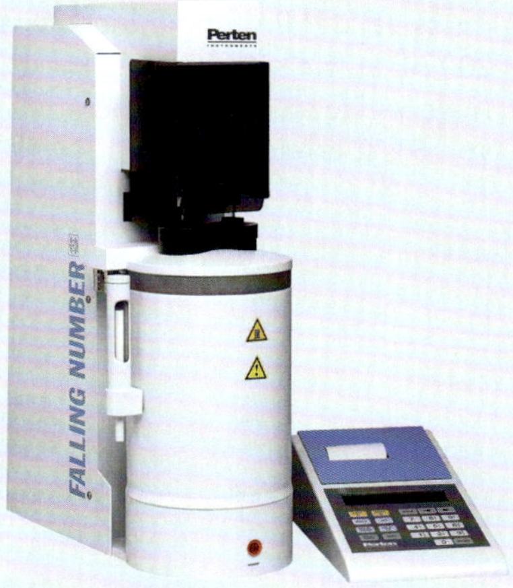

Fallzahlgerät

Fallzahlwerte	Beurteilung und Auswirkungen
< 250 s	■ Es liegen Auswuchsschädigungen vor, es hat bereits eine starke Enzymaktivität stattgefunden. ■ Schlechte Verkleisterungsfähigkeit, geringes Wasserbindevermögen ■ Höherer Malzzuckergehalt, dadurch haben die Teige ein höheres Triebvermögen (schnellerer Gärablauf).

! Auswuchsmehle haben eine niedrige Fallzahl.

Amylogramm

Das Amylogramm dient zur Feststellung der **Verkleisterungseigenschaft der Stärke** (vor allem bei Roggenmehlen).

Prüfmethode: Eine Mehl-Wasser-Suspension wird in einen Messtopf gefüllt. Der Topf dreht sich mit konstanter Geschwindigkeit und wird von außen beheizt. Die Temperatur der Suspension steigt pro Minute um 1,5 °C. In den Topf ragt ein Messfühler, der durch die zunehmende Viskosität des Mehlkleisters gegen eine Federkraft ausgelenkt wird **(Kraft-Zeit-Diagramm).**

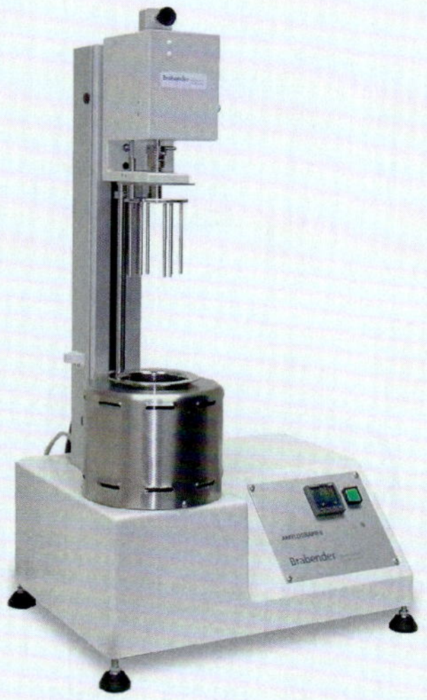
Amylograph-E

Prüfvarianten

Normalamylogramm (Viskositäts- oder Verkleisterungskurve)

Es zeichnet die Veränderungen der Viskosität der Mehl-Wasser-Suspension während des Temperaturanstiegs auf. Da der Temperaturanstieg ähnlich wie beim Backprozess abläuft, liefert das Normalamylogramm wichtige Informationen über die Wasserbindefähigkeit der Stärke beim Backprozess. Ebenso zeigt es die verflüssigende Wirkung der Amylasen auf, die während der gesamten Aufheizphase (bzw. Aufarbeitungsphase in der Bäckerei) aktiv sind.

Die **Temperaturen am Verkleisterungsbeginn** und am **Verkleisterungsmaximum** geben Aufschluss über das Verhalten der Stärke während des Backprozesses bzw. über den Ofentrieb.

Amylogrammwerte von Roggenmehl	Beurteilung und Auswirkungen
Verkleisterungsmaximum: 400–600 AE	■ Gute Backfähigkeit
Verkleisterungstemperatur: 63–68 °C	■ Gute Verkleisterungsfähigkeit

AE = Amylogramm–Einheiten.

! Roggen, der in Deutschland als Brotroggen bezeichnet wird, muss bei der Prüfung mindestens 200 AE aufweisen und eine maximale Verkleisterungstemperatur von 63 °C erreichen.

Amylogramm von Roggenmehl

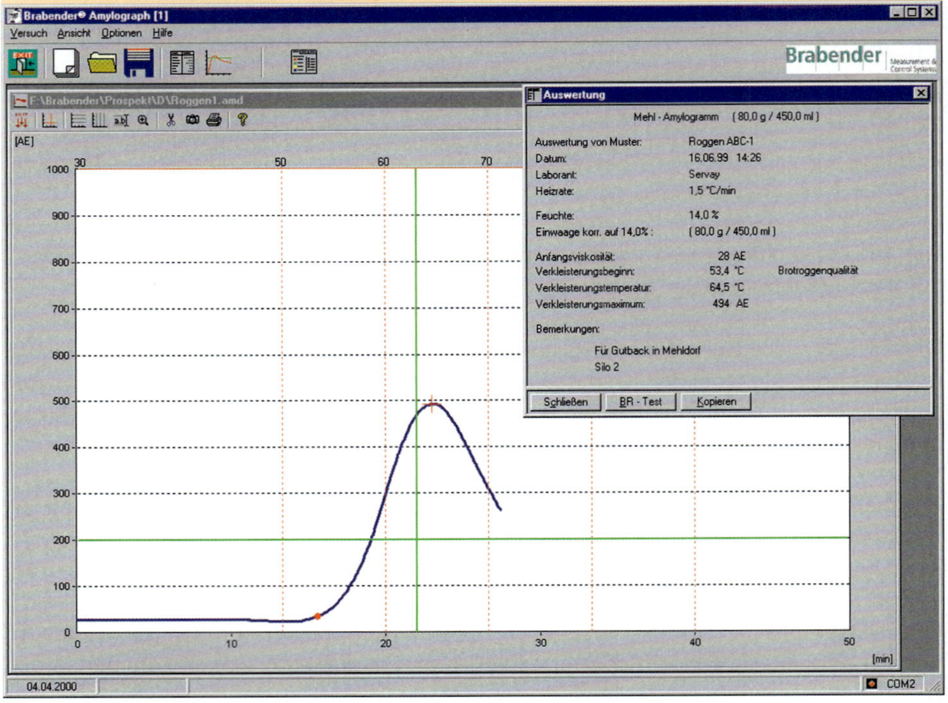

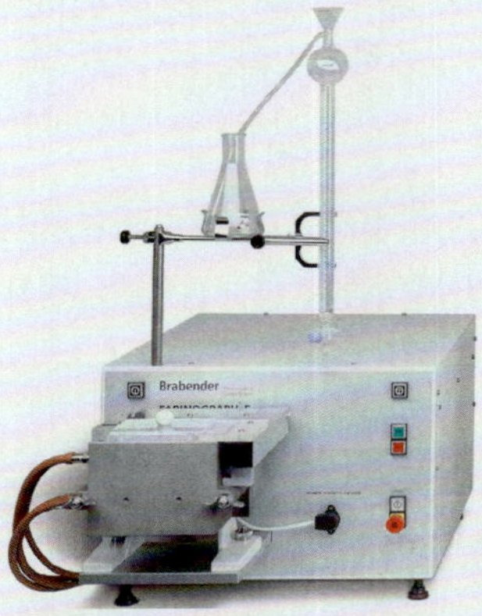

Farinograph-E

FE = Farinogramm-Einheiten.

Die farinografische Untersuchung ist ein messtechnisches Knetverfahren mit genau definierten Parametern wie

- Drehzahl,
- Knetergeometrie,
- Mehlmenge,
- Teigtemperatur,
- Standardmethoden.

Quellkurve

Sie gibt Aufschluss über die **Wasseraufnahmefähigkeit** eines Mehles (vorwiegend Roggenmehles) bei der Teigherstellung. Die Suspension hat während der gesamten Untersuchungsdauer eine konstante Temperatur von 30 °C.

Die Quellkurve und die Viskositätskurve stehen bei einem normal backfähigen Mehl in einem ausgewogenen Verhältnis zueinander:

- Eine hohe Quellkurve bedeutet eine hohe Wasseraufnahmefähigkeit. Diese ist Voraussetzung für eine gute Stärkeverkleisterung.
- Ist die Quellkurve zu niedrig, steht der Stärke beim Verkleistern zu wenig Wasser zur Verfügung. Die Folge ist eine trockene Krume.

Farinogramm

Die farinografische Untersuchung gibt Aufschluss über die **Wasseraufnahmefähigkeit (Teigausbeute)** der Mehle (Teige) sowie über ihre **mechanische Beanspruchung** während des gesamten Herstellungsprozesses. Daraus ersichtlich sind die optimale Knetzeit, das Knetverhalten, die Stabilität (Knet- und Gärtoleranz) und die Teigerweichung.

Prüfmethode: Es wird der Widerstand des Teiges gegen das Knetwerkzeug laufend gemessen und in Form eines **Knetenergie-Zeit-Diagramms** (Farinogramms) aufgezeichnet.

Farinogrammwerte	Beurteilungen und Auswirkungen
Wasseraufnahmefähigkeit: > 56 % Teigstabilität: > 4 min Teigerweichung: < 70 FE	▪ Gute Kleberqualität ▪ Gutes Quellvermögen ▪ Gute Teigstabilität beim Kneten, bei der Aufarbeitung und auf der Gare

Farinogramm

Starkes Mehl | Schwaches Mehl

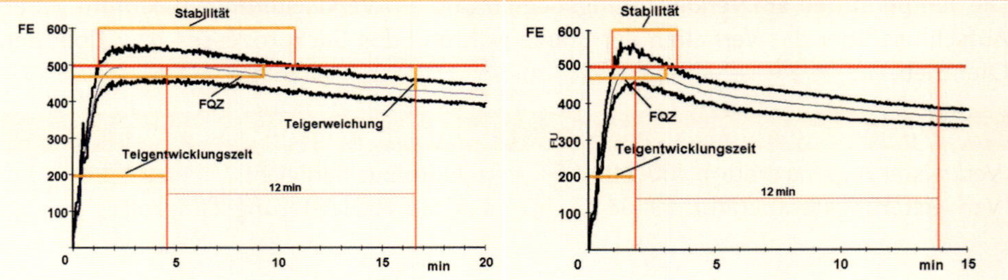

Extensogramm

Der Extensograph misst die **Dehneigenschaft der Teige.** Verschiedene Backerzeugnisse erfordern unterschiedliche Dehneigenschaften, die durch Zugabe von Zusatzstoffen gesteuert werden können. Der Extensograph ist somit für die Einstellung der Qualität der Bäckermehle unerlässlich.

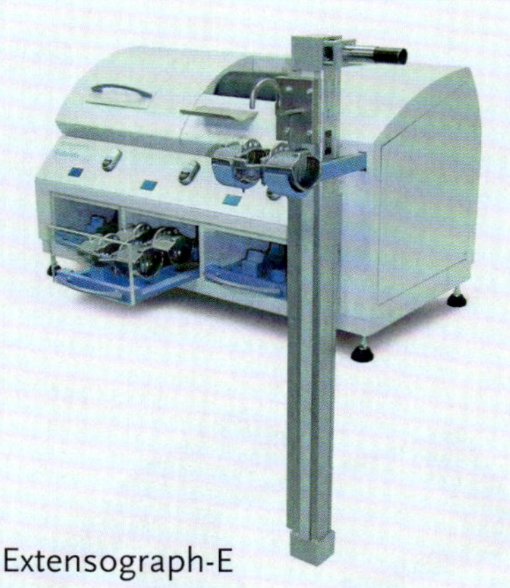

Extensograph-E

Prüfmethode: Mithilfe des Farinographen wird ein Teig aus Mehl, destilliertem Wasser und 2 % Kochsalz geknetet (es wird keine Hefe verwendet!). Anschließend wird eine bestimmte Teigmenge entnommen, rund gedreht und zu einem Zylinder geformt. Der Teigstrang wird in eine Teighalterung eingespannt und in eine auf 30 °C temperierte Gärkammer gestellt.

Nach einer Gärzeit von 45, 90 und 135 Minuten wird der Teig jeweils einer Dehnprüfung unterzogen.

Das Extensogramm liefert folgende Werte:	
Dehneigenschaften	▪ Länge der Kurve: Dehnlänge des Teiges. ▪ Höhe der Kurve nach einer bestimmten Dehnlänge (50 mm) und am Maximum: Widerstand gegen die Dehnung. ▪ Fläche der Kurve: Energieaufwand für die Dehnung bis zum Abreißen des Teiges. ▪ Verhältniszahl (Dehnwiderstand : Dehnbarkeit).
Reifeverhalten	▪ Änderung der Dehneigenschaften bzw. Kurvenform: Mit zunehmender Teigreife wird die Dehnlänge kürzer und der Dehnwiderstand höher.
Wirkungen von Zusatzstoffen auf den Kleber	▪ Ascorbinsäure (Teig reifender Zusatzstoff): Je höher der Gehalt, desto kleiner die Dehnlänge, desto höher der Dehnwiderstand. ▪ Proteasen (Enzympräparate), Zystein (Aminosäure): Je höher der Gehalt, desto größer die Dehnlänge, desto kleiner der Dehnwiderstand.

Extensogramm

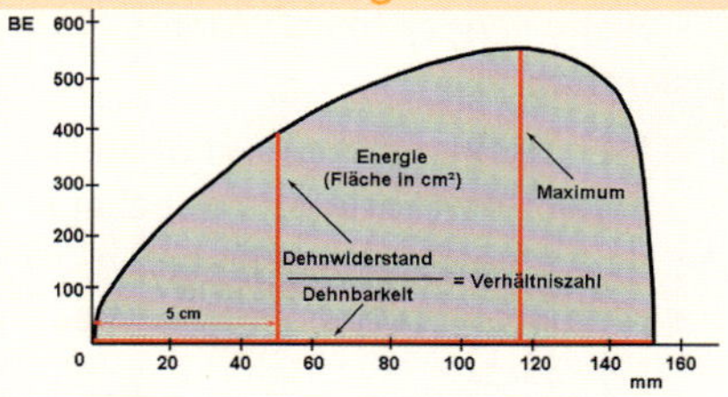

Werte für gute Mehlqualität (Type 550)	
Dehnbarkeit	150 mm
Energie	120 cm²
Verhältniszahl	4,0

Mit diesen Werten lässt sich die Mehlqualität (Dehneigenschaften) relativ sicher und reproduzierbar bestimmen. Die Werte korrelieren gut mit dem Backvolumen und den Führungseigenschaften eines Mehles (kurz oder lang).

Korrelieren = einander bedingen; miteinander in Beziehung stehen.

Extensogramm

Wirkung von unterschiedlichen Mengen Ascorbinsäure auf den Kleber

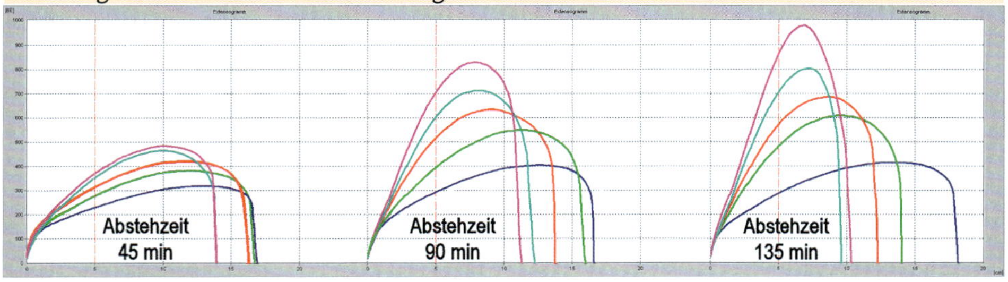

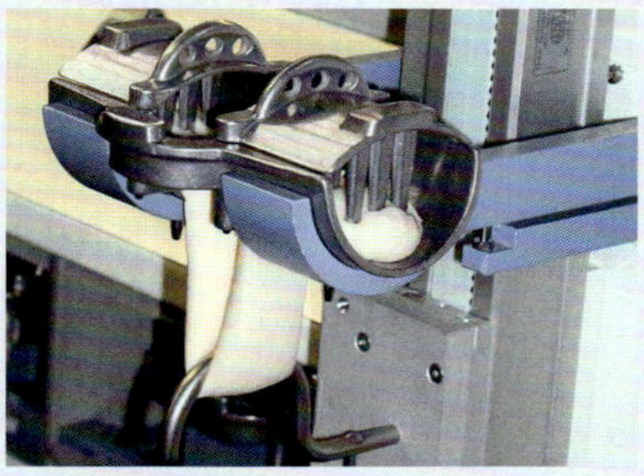

Dehnprüfung

Je höher der Ascorbinsäuregehalt, desto steiler die Kurve und desto kürzer die Dehnbarkeit.

Prüfmethoden in der Backstube (Sinnesprüfungen)

Einige Qualitätsmerkmale von Mehlen, wie z. B. Mehlfarbe und -geruch, lassen sich auch ohne chemische und physikalische Methoden mithilfe unserer Sinne überprüfen.

Sinnesprüfungen	
Geruch, Geschmack	■ Mehl muss arttypisch nach Getreide riechen und schmecken. ■ Es darf keinen Fremdgeruch, z. B. schimmelig oder muffig, haben.
Farbe	■ Sie soll der Getreideart entsprechen (Weizenmehl gelblich, Roggenmehl bläulich grau) und hängt weiters vom Ausmahlungsgrad ab. ■ Frische Mehle sind matt glänzend. ■ Alte Mehle sind durch die Zerstörung des Karotins matt.
Feuchtigkeit	Bei der Ballenprobe (Mehl der gleichen Mehltype in der Hand fest zusammendrücken) zerfällt ■ Mehl mit normalem Wassergehalt grob, ■ Mehl mit hohem Wassergehalt nicht (Ballen bleibt), ■ Mehl mit geringem Wassergehalt pulvrig.
Feinheit	Bei der Griffprobe fühlt sich ■ einwandfreies Mehl körnig (griffig), ■ falsch vermahlenes Mehl schliffig an.

Backversuche

Backversuche zur Mehlprüfung werden vorwiegend in Laborbäckereien oder Mühlen vorgenommen. Dabei werden das Backverhalten und die Wirkung von Zusatzstoffen überprüft.

Pekarprobe

Die Pekarprobe macht Farbunterschiede vergleichbarer Mehle sichtbar:

- Mehlproben mit einem Spatel auf ein Brett drücken, dabei auf deutliche Grenzlinien achten.
- Mehlproben vorsichtig in Wasser tauchen.
- Die Kleieteilchen saugen sich voll und verstärken die getreidetypische Mehlfarbe.

Handelsformen

Mehltypen nach DIN 10355	Mineralstoffgehalt in 100 g wasserfreiem Mehl		Verwendung für
	Minimum	Maximum	
Weizen			
405	–	0,50	■ Feine Backwaren
550	0,51	0,63	■ Helle Brötchen
812	0,64	0,90	■ Dunkle Brötchen ■ Helles Mischbrot
1050	0,91	1,20	■ Mischbrot
1600	1,21	1,80	■ Dunkles Mischbrot
1700	–	2,10	■ Weizenbackschrot für Schrotbrot
Roggen			
815	–	0,90	■ Helle Roggenbrote
997	0,91	1,10	■ Helles Mischbrot
1150	1,11	1,30	■ Roggenmischbrot
1370	1,31	1,60	■ Roggenbrot
1740	1,61	1,80	■ Roggenbrot
1800	–	2,20	■ Roggenbackschrot für Schrotbrot
Dinkel			
630	–	0,70	■ Dinkelbrot und -brötchen
812	0,71	0,90	
1050	0,91	1,20	

! Von der Typenzahl kann die Bäckerin/der Bäcker auf die Eignung des Mehles für verschiedene Verwendungszwecke schließen.

Schrot ≠ Schrot

- **Vollkornschrot, -mehl:** Alle Bestandteile des Getreidekorns sind enthalten.
- **Backschrot:** Teile der äußeren Fruchtschale sowie Anteile des Keimlings fehlen.

Lagerung

Mikroorganismen werden mit zunehmender Feuchtigkeit des Mehles aktiver. Das Mehl beginnt säuerlich und ranzig zu schmecken.

- Kühl bei ca. 20 °C, dunkel und trocken aufbewahren.
- Verschlossen lagern, um das Mehl vor Fremdgerüchen und Schädlingsbefall zu schützen.

1.4 Stärkemehle

Stärke ist ein Vielfachzucker. Sie ist Ausgangsprodukt für Glukose-(Stärke-)Sirup und Dextringlasur sowie Bestandteil verschiedener Bindemittel (Saftbinder, Eisbindemittel).

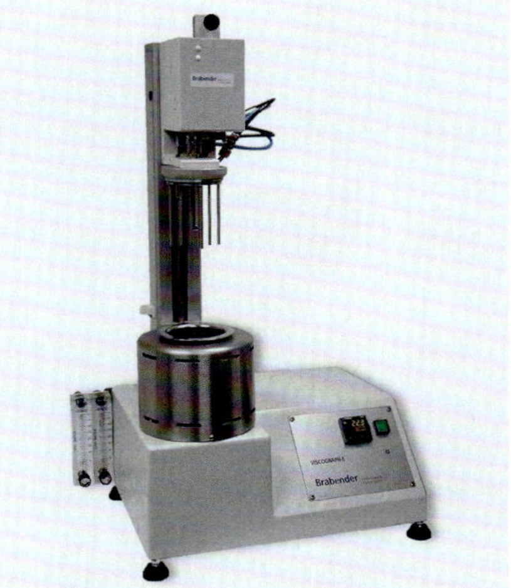

Viscograph-E, Gerät zur temperatur- und zeitabhängigen Viskositätsmessung bei Weizen-, Roggen-, Reis-, Mais- und Kartoffelstärke

Gewinnung

Stärke wird aus Weizen, Roggen, Mais, Reis und Kartoffeln oder aus tropischen Pflanzen (Sagopalme, Tapioka, Maniok) durch Auswaschen mit Wasser oder Trocknen der zerkleinerten Pflanzenteile gewonnen. Bei Getreidestärke ist eine chemische Trennung des Klebers und der Zellulose unerlässlich.

Qualitätskontrolle der Stärke – Viskositätsmessung

Die Viskositätseigenschaften werden vom nativen Naturprodukt vorgegeben oder durch entsprechende Herstellungsverfahren für bestimmte Verwendungszwecke modifiziert. Das Viskogramm gibt Auskunft über die Eigenschaften, wie Verdickungsleistung, Gelbildung, Heiß- und Kaltviskosität, Stabilität, Quellverhalten usw.

Prüfmethode: Eine Wasser-Stärke-Suspension wird in einem rotierenden Messtopf programmgesteuert erhitzt. Die Erhöhung der Konsistenz und somit die Verkleisterung der Stärke wird durch einen Messfühler erfasst und als Drehmoment aufgezeichnet. Nach der Heizperiode wird die Temperatur für eine gewisse Zeit konstant gehalten. Im letzten Temperaturabschnitt wird die verkleisterte Stärke gekühlt.

Viskogramm

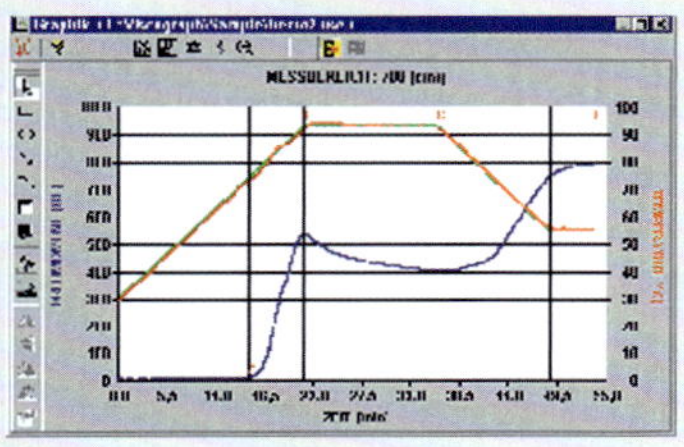

Viskositätsmessung (Schemadiagramm)

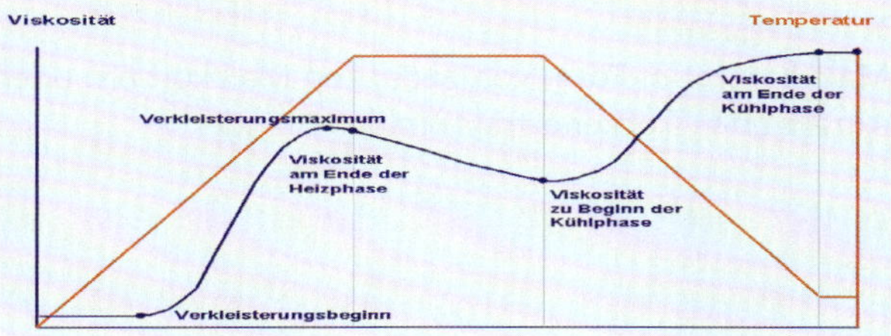

Die Eigenschaften der Stärke werden anhand von

- Verkleisterungsbeginn,
- Verkleisterungsmaximum,
- Verkleisterungstemperatur,
- Viskosität in der Haltezeit,
- Viskosität am Ende der Kühlphase ermittelt.

Eigenschaften

- **Feuchtigkeitsanziehend:** gleicht unerwünschte Saftbildung bei Fruchtbelägen aus, z. B. Saftbinder.
- **Geruch- und geschmacklos:** Massen, Krems usw. behalten ihren typischen Geruch und Geschmack.
- **Wasserunlöslich, schwerer als Wasser:** sinkt in angerührten Kremansätzen vor dem Verkleistern ab.
- **Nicht teigbildend:** keine Ausbildung des Teiggerüstes.
- **Nicht vergärbar:** Hefen enthalten keine Enzyme, mit denen sie Stärke direkt abbauen können.
- **Abbaubar und spaltbar:** Stärke wird durch **trockene Hitze** (ca. 140 °C) zu Dextrinen, durch **Kochen mit Säure** oder durch **Stärke und Zucker spaltende Enzyme** zu Dextrinen, Malz- und Traubenzucker abgebaut.
- **Quellbar:** Stärke bindet im kalten Zustand ca. 30 bis 60 % ihres Eigengewichts an Wasser.
- **Verkleisterbar:** In Verbindung mit Hitze (55 bis 90 °C, je nach Stärkeart) kann Stärke das Zehn- bis Fünfzehnfache des Eigengewichtes an Wasser binden.

Stärkearten

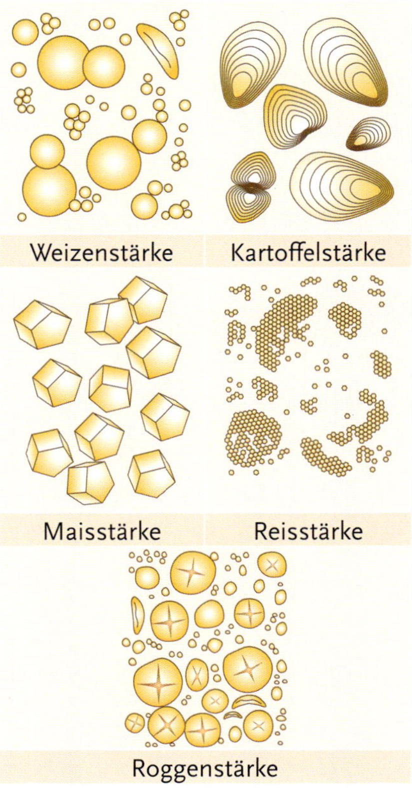

Handelsformen

Stärke kommt

- in reiner Form (Stärkemehl),
- mit Geschmacks- und Farbstoffen versetzt (Krempulver),
- als modifizierte Stärke (Zusatzstoff) und
- als Quellstärke (bereits vorverkleisterte Stärke, z. B. Kaltkrempulver, Saftbinder) in den Handel.

Malzgewinnung

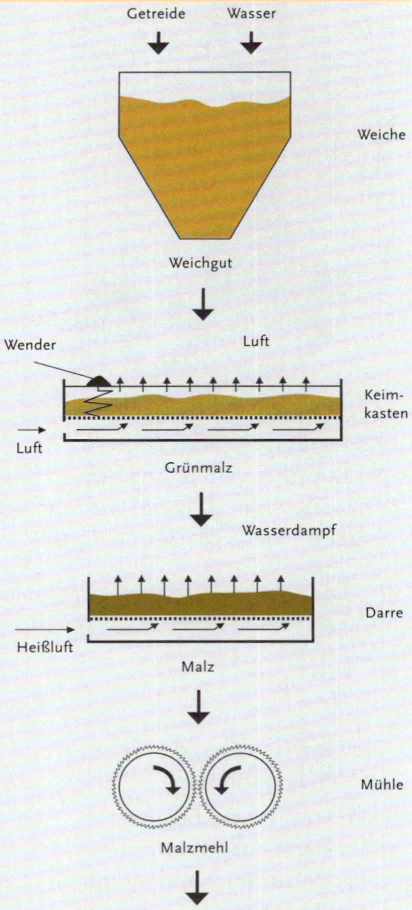

1.5 Malz

Malz ist ein wichtiger Bestandteil von Backmitteln. Bei der Herstellung macht man sich die Keimung des Getreides zunutze.

Gewinnung (Mälzung)

Die Erzeugung gemälzten Getreides erfolgt in mehreren Abschnitten:

- **Weichen:** Nassreinigung des Getreides und Anheben des Wassergehalts auf über 48 %. Dieser Prozess erstreckt sich über ein bis zwei Tage.
- **Keimen:** Enzymaktivierung, Mürbung des Mehlkörpers, Ausbildung der Wurzel- und Blattkeime und Bildung von Abbaustoffen (z. B. Malzzucker aus Stärke) unter oben angeführten Bedingungen. Der Keimvorgang dauert vier bis sechs Tage. Es entsteht **Grünmalz.**
- **Darren:** Das Grünmalz wird getrocknet, bis es einen Wassergehalt von etwa 10 % hat. Dabei bleiben die Enzyme aktiv. Der Darrprozess dauert ca. einen Tag und besteht aus zwei aufeinander folgenden Vorgängen:
  - **Schwelken:** Trocknung bei niedrigen Temperaturen (ca. 40 °C).
  - **Darren:** Trocknung bei höheren Temperaturen (bis zu 80 °C für helle Malze, bis zu 100 °C für dunkle Malze).

  Es entsteht Darrmalz, das zu Malzmehl vermahlen wird.

Verwendung

- **Gerstenmalz:** zur Bierherstellung, in der Nahrungsmittelindustrie.
- **Weizenmalz:** wie Gerstenmalz, Malzmehl und Malzextrakt für Backmittel (siehe Kapitel Backmittel und Convenienceprodukte, Seite 115).

Handelsformen

Malz kommt in Form von gedarrten Malzkörnern oder als Backmalz (Malzmehl, Malzextrakt oder Trockenextrakt) in den Handel.

Notizen zu den Arbeitsaufgaben:

Arbeitsaufgaben

1. Beschreiben Sie den Aufbau und die Zusammensetzung eines Getreidekorns.
2. Kreuzen Sie in der folgenden Tabelle die Inhaltsstoffe an, die in den einzelnen Bestandteilen enthalten sind.

Bestandteile	Stärke	Eiweiß	Fett	Zellulose	Mineralstoffe	Vitamine
Schalen						
Aleuronschicht						
Mehlkörper						
Keimling						

3. Tragen Sie folgende Getreidearten und Pseudogetreidearten in die Tabelle ein: Amarant, Buchweizen, Gerste, Hafer, Hirse, Mais, Quinoa, Reis, Roggen, Weizen. Kreuzen Sie an, welchen Fruchtstand sie haben.

Arten		Ähren	Rispen	Kolben
Getreide				
Pseudogetreide				

4. Nennen Sie Brotgetreidearten und Nicht-Brotgetreidearten. Erklären Sie die Unterschiede.
5. Nennen Sie besonders fett-, stärke- und mineralstoffreiche Getreidearten.
6. Zählen Sie Faktoren auf, die die Getreidequalität beeinflussen.
7. Beschreiben Sie Bedingungen, die bei der Getreidelagerung zu beachten sind.
8. Nennen Sie einige Getreidekrankheiten und erläutern Sie ihre Auswirkungen auf die Getreidequalität.
9. Beschreiben Sie einige Feld- und Vorratsschädlinge.
10. Erklären Sie den Vermahlungsvorgang.
11. Erläutern Sie, warum die Roggenmüllerei als Flachmüllerei bezeichnet wird.
12. Nennen Sie die Getreideprodukte, die sich bei der Vermahlung ergeben.
13. Zählen Sie die Inhaltsstoffe von Weizen- und Roggenmehl auf.
14. Beschreiben Sie die Eigenschaften der Mehle.
15. Nennen Sie Prüfmethoden zur Qualitätskontrolle der Mehle.
16. Erklären Sie, wie der Wassergehalt von Mehl festgestellt werden kann.
17. Beschreiben Sie die Berechnung der Feuchtklebermenge.
18. Erläutern Sie den Begriff Sedimentationswert.
19. Erklären Sie den Begriff Fallzahl.
20. Erläutern Sie, welche Ergebnisse die Fachfrau/der Fachmann dem Amylogramm entnimmt.
21. Nennen Sie Prüfmethoden zur Beurteilung der Dehneigenschaft der Mehle.
22. Beschreiben Sie Möglichkeiten, wie Sie in Ihrem Betrieb die Qualität der Mehle überprüfen können.
23. Nennen Sie Verwendungsmöglichkeiten von Weizen- und Roggenvollkornschrot.
24. Beschreiben Sie die fachgerechte Lagerung von Mehlen.
25. Nennen Sie Eigenschaften von Stärkemehlen und ihre Wirkungen in Backerzeugnissen.
26. Beschreiben Sie die Gewinnung von gemälztem Getreide.
27. Nennen Sie Verwendungsmöglichkeiten von Malz in der Bäckerei.

2 Zucker und Süßungsmittel

Zucker – das meistverwendete Süßungsmittel der Welt – ist Nahrungsmittel und zugleich Genussmittel.

Der Mensch hatte schon immer ein Verlangen nach Süßem. Die süßen Gaumenfreuden galten in der Frühzeit als Götterspeisen und Vorboten des Paradieses. Über weite Strecken der Geschichte musste sich die Menschheit mit Honig, Frucht- und Rohrzucker sowie Palmzucker begnügen.

Durch die Kolonialisierung im 17. Jahrhundert gelangte das Zuckerrohr in den karibischen Raum, wo es in Plantagen angebaut und nach Europa exportiert wurde. Zucker blieb weiterhin ein begehrtes Luxusgut der Reichen, das gemeine Volk süßte nach wie vor mit Honig.

Im 18. Jahrhundert entdeckte der Naturwissenschaftler **Andreas Sigismund Marggraf** bei Untersuchungen den Zuckergehalt der Runkelrübe. Sein Schüler **Franz Carl Achard** führte sein Werk weiter und baute 1798 die erste Zuckerfabrik in Niederschlesien. Von diesem Zeitpunkt an ging es mit der Zuckerproduktion steil bergauf, und auch der Zuckerkonsum stieg rapide an.

In der Bäckerei werden Zucker und Süßungsmittel vor allem bei der Herstellung von Feinen Backwaren verarbeitet.

Unsere Ziele

Nach Bearbeitung dieses Teilkapitels werden Sie ...

- über die Zuckergewinnung informiert sein;
- über die backtechnologischen Eigenschaften von Zucker Bescheid wissen;
- wissen, wie Glukosesirup hergestellt wird;
- verschiedene Honigarten kennen und über die Eigenschaften von Honig Bescheid wissen;
- wissen, wodurch sich Zuckeraustauschstoffe von Süßstoffen unterscheiden.

2.1 Zucker

Herkunft

Zucker wird aus dem Zuckerrohr und der Zuckerrübe gewonnen.

Zuckerpflanzen	Charakteristika
Zuckerrohr 	■ Schilfrohrähnliche Pflanze; die 2 bis 5 cm dicken Halme werden ca. 4 m hoch. ■ Der Zucker befindet sich in den Stängeln. ■ Hauptanbauländer sind Indien, Australien, Thailand, Südafrika, Kuba, Jamaika, die Dominikanische Republik und Brasilien.
Zuckerrübe 	■ Stammt aus dem Mittelmeerraum, ist eine der jüngsten Nutzpflanzen. ■ Wird in Deutschland im südlichen Niedersachsen, im Rheinland, in Gebieten am Main, an der Donau, am nördlichen Oberrhein, in Württemberg, in Sachsen-Anhalt, in der Leipziger Tieflandbucht und im Erfurter Becken sowie in Mecklenburg-Vorpommern angebaut.

Zusammensetzung

Zuckerrübe und Zuckerrohr bestehen aus den folgenden Stoffen:

- Saccharose: Zuckerrübe ca. 16–20 %, Zuckerrohr ca. 12–15 %.
- Wasser, Eiweiß, Pektin, Säure, Mineralstoffen und Zellulose.

Gewinnung aus der Zuckerrübe

Zur Herstellung von 1 000 g Zucker benötigt man ca. sechs Kilogramm Rüben.

- **Ernten:** Die Zuckerrübenernte und Zuckergewinnung, die so genannte Zucker- oder Rübenkampagne, erstreckt sich von Oktober bis Dezember.
- **Reinigen und schneiden:** Die Rüben werden gewaschen und anschließend mit Schneidemaschinen zu Schnitzeln zerkleinert.
- **Rohsaft gewinnen:** Der Saft wird aus den Schnitzeln durch heißes Wasser im Gegenstrom herausgelöst (Extraktion). Er wird als **Rohsaft** bezeichnet. Die ausgelaugten Schnitzel werden gepresst, getrocknet und als Futtermittel verkauft.
- **Rohsaft reinigen (Dünnsaft gewinnen):** Die Nichtzuckerstoffe im Rohsaft werden durch Zugabe von Kalkmilch und Kohlensäure ausgefällt. Dann werden Nichtzuckerstoffe und Kalk in Filteranlagen herausgefiltert. Der gereinigte Rohsaft wird als **Dünnsaft** bezeichnet.
- **Dicksaft gewinnen:** Der Dünnsaft wird in einer mehrstufigen Verdampfung eingedickt. Es entsteht ein Dicksaft mit ca. 70 % Zuckergehalt.
- **Kristallisieren:** Der Dicksaft wird in den Kochapparaten unter Vakuum weiter eingedickt. Die Kristallisation wird durch Hinzufügen von kleinsten Zuckerkristallen (Impfen) ausgelöst. Durch weiteres Eindicken wachsen die Kristalle bis zur gewünschten Zuckerkorngröße.
- **Zentrifugieren:** Die Zuckerkristalle werden in Zentrifugen von anhaftender Melasse getrennt. Die Endprodukte sind:
  - ▸ Der **reine Zucker,** der getrocknet und in Silos bis zur Weiterverarbeitung gelagert wird.
  - ▸ Die **Melasse,** die noch einen hohen Zuckeranteil hat und für die Erzeugung von Backhefe und für die Alkoholerzeugung als Rohstoff verwendet wird.

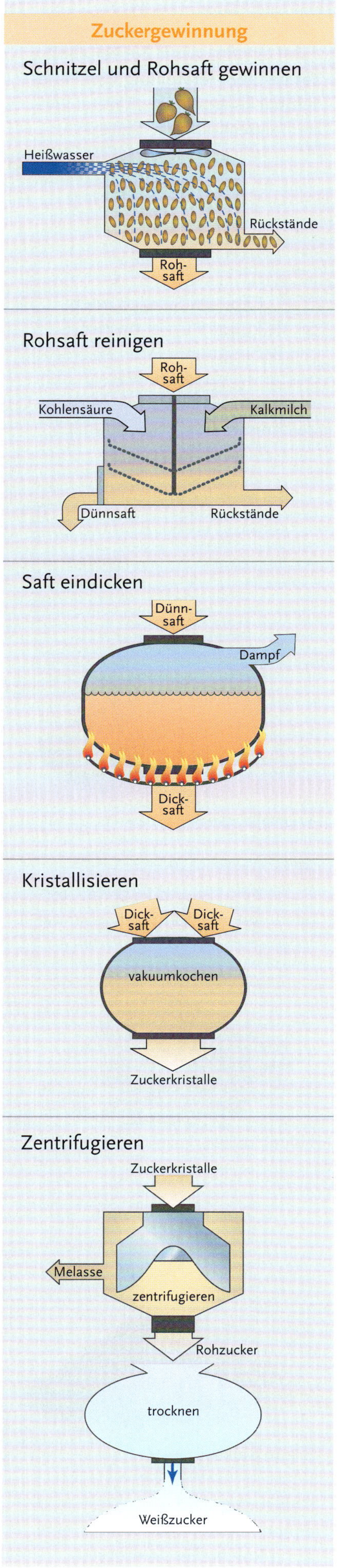

Einfluss von **Zucker als Zutat bei der Herstellung von Hefefeinbackwaren** siehe Kapitel Weizenteigtechnologie, Seite 259.

Erinnern Sie sich noch: Stoffe können unter bestimmten Bedingungen ihren Aggregatzustand verändern. Was versteht man unter Gefrierpunkt? Was bezeichnet man als Siedepunkt?

Eigenschaften

- **Süßungsmittel:** Zucker gibt Geschmack und verstärkt die Aromen. Das richtige Dosieren ist dabei zu beachten.
- **Stabilisierung:** Zucker stabilisiert beim Schlagen des Eischnees das Eiweißgerüst.
- **Natürliches Konservierungsmittel:** Durch seine Wasser bindende Wirkung entzieht der Zucker den Bakterien das Wasser. Diese Eigenschaft kann bei der Herstellung von Gelees, Konfitüren, Obstsäften sowie Dickzuckerfrüchten genutzt werden.
- **Karamellisierung:** Wird Kristallzucker trocken erhitzt, schmilzt er zunächst und färbt sich dann braun – er karamellisiert. Karamell zeichnet sich durch seinen besonderen Geschmack und seine Farbe aus. Die Süßkraft nimmt jedoch mit zunehmender Bräunung ab.
- **Gefrier- und Siedepunktveränderung:** Durch die Beigabe von Zucker wird entsprechend der Konzentration der Gefrierpunkt gesenkt (z. B. bei der Gärunterbrechung) und der Siedepunkt erhöht (z. B. beim Zuckerkochen).
- **Wasserlöslichkeit:** Zucker kann in Wasser gelöst werden. Je wärmer das Wasser und je kleiner die Kristalle, desto schneller lösen sie sich und desto mehr Zucker kann gelöst werden. Der Vorgang wird durch Bewegung (Rühren, Schlagen) beschleunigt.

Lagerung

- Trocken und verschlossen aufbewahren, weil Zucker Feuchtigkeit anzieht.
- Zucker ist bei richtiger Lagerung fast unbegrenzt haltbar.

Kristallzucker

Kristall- und Puderzucker bestehen aus 100 % Saccharose.

Hagelzucker

Braunzucker

Gelbzucker wird von verschiedenen Firmen unter der Bezeichnung **Rohzucker** vertrieben.

Handelsformen

Bezeichnung	Charakteristika	Verwendung
Kristallzucker	■ Raffinadezucker in verschiedenen Korngrößen	■ Für Teige, Massen, Krems ...
Puderzucker	■ Fein vermahlener, gesiebter Kristallzucker	■ Zum Bestreuen von Backwaren ■ Für Buttermassen, Mürbeteige, Glasuren, Krems, Marzipan ...
Dekorzucker (Puderschnee, süßer Schnee)	■ Mit Stärke und aufgesprühtem Fett behandelter Puderzucker ■ Wärme- und feuchtigkeitsresistent	■ Zum Bestreuen von feuchten oder warmen Oberflächen, z. B. Siedegebäck, Stollen, Quarkschnitten, Obstkuchen ...
Hagelzucker	■ Grobkörnige Zuckersorte ■ Backfest	■ Als Dekor von Hefefeingebäcken, Mürbeteigen, Lebkuchen ...
Fondant	■ Masse aus gekochtem Zucker und Glukosesirup	■ Zum Glasieren von Plunder-, Blätterteiggebäck, Berliner Pfannkuchen ...
Flüssigzucker	■ Konzentrierte Zuckerlösung aus Kristallzucker und Wasser (mindestens 62 % Zuckeranteil) ■ Verteilt sich in Teigen schnell und gleichmäßig	■ Häufig in der Lebensmittelindustrie (z. B. Bäckereien mit computergesteuerten Dosieranlagen) ■ Der Wasseranteil muss bei der Bemessung der Schüttflüssigkeit berücksichtigt werden ■ Zum Süßen von Schlagsahne im Sahnebläser
Braunzucker	■ Aus Rohr- und Rübenzuckersirup hergestellter, brauner Kristallzucker ■ Malziger, karamellartiger Geschmack	■ Für Lebkuchen, Spekulatius und dunkle Füllungen
Farinzucker (Gelbzucker)	■ Weiße Zuckerkristalle mit anhaftendem Zuckersirup	■ Für Lebkuchen, Krems ... ■ In der Lebensmittelindustrie

Bezeichnung	Charakteristika	Verwendung
Vollzucker	■ Schonend getrockneter Zuckerrübensaft mit den Inhaltsstoffen der Zuckerrübe ■ Kleinkörnig, leicht karamellartiges Aroma	■ Zum Backen und Süßen wie herkömmlicher Zucker ■ Als Süßungsmittel in der Vollwerternährung
Invertzucker, Invertzuckerkrem	■ Gemisch aus Trauben- und Fruchtzucker, das durch Kochen von Saccharose in verdünnten Säuren oder durch Enzymwirkung (Invertase) entsteht ■ Wird zu Invertzuckerkrem verarbeitet und kann Honigaroma und Farbstoffe enthalten ■ Verzögert das Auskristallisieren von Rohr- und Rübenzucker	■ Zur Weich- und Frischhaltung von Feinbackwaren
Nonpareille	■ Mit Stärke vermischte, eingefärbte Zuckerkügelchen ■ Backfest	■ Als Dekor von Mürbeteiggebäcken, Lebkuchen, Windbäckerei
Kandiszucker	■ Zuckerkristalle von unterschiedlicher Größe und Farbe ■ Wird durch langsames Auskristallisieren reiner Zuckerlösung gewonnen	■ Zum Süßen von Tee, Bowle, Punsch ...
Würfelzucker	■ Feiner, gepresster Kristallzucker	■ Zum Süßen von warmen Getränken, zum Abreiben von Zitronen- und Orangenschalen
Rohrrohzucker	■ Brauner Kristallzucker; besteht aus 100 % Rohrzucker ■ Je dunkler die Farbe, desto kräftiger der Geschmack	■ Für verschiedene Backwaren ■ Beliebtes Süßungsmittel in der Vollwerternährung
Gelierzucker	■ Feinkristallzucker mit Apfelpektin und Zitronensäure	■ Für Konfitüren und Gelees
Vanillezucker	■ Feinkristallzucker mit echter Vanille	■ Zum Aromatisieren von Feinen Backwaren, Krems ...
Vanillinzucker	■ Kristall- oder Puderzucker mit mindestens 1 % Vanillin	
Traubenzucker	■ Aus Stärke gewonnenes, geruchloses, weißes Pulver	■ In der Back- und Süßwarenindustrie

Invertzuckerkrem (Kunsthonig) hat dieselben backtechnischen und frisch haltenden Eigenschaften wie Honig und den gleichen Energiewert. Sie darf jedoch für Waren, die in ihrer Bezeichnung „Honig" anführen, nicht verwendet werden!

Nonpareille

Brauner Kandiszucker erhält durch Karamellisieren der Zuckerlösung die braune Farbe

Vanillin ist einer der ersten synthetisch hergestellten Aromastoffe; qualitativ nicht so hochwertig, jedoch billiger als echte Vanille.

2.2 Sirupe

Glukosesirup (Stärkesirup)

Glukosesirup ist ein Gemisch aus 40 % Traubenzucker, 40 % Dextrinen und 20 % Wasser. Er wird durch den Abbau von Stärke mit Säure oder Enzymen gewonnen.

Gewinnung

- Stärke wird mit Wasser verkleistert.
- Die Verzuckerung erfolgt durch Kochen mit Säure (oder Enzymen) unter Druck. Dabei zerfallen die Vielfachzucker in Dextrine und Einfachzucker (Traubenzucker). Der Kochvorgang wird beim gewünschten Abbaugrad unterbrochen.
- Der Glukosesirup wird neutralisiert und filtriert.
- Der Wassergehalt wird durch Eindampfung auf 20 % reduziert.

Glukose-(Stärke-)Sirup

! Glukosesirup immer mit einem nassen Werkzeug dem Behälter entnehmen.

Eigenschaften
- Glukosesirup ist durchsichtig, leicht süßlich und sehr zäh.
- Sein hoher Gehalt an Traubenzucker verzögert das Auskristallisieren von Rohr- und Rübenzucker.

Verwendung: zur Frischhaltung von Feinen Backwaren, Lebkuchen, Marzipan, Füllungen usw.

Lagerung: Trocken und verschlossen aufbewahren, da bei feuchter Lagerung die Gefahr von Schimmelbildung besteht.

Gewinnung von Ahornsirup

Ahornsirup

Ahornsirup wird aus dem Saft des Zuckerahornbaumes gewonnen und eingedickt (45 Liter Saft ergeben einen Liter Sirup). Er enthält 58 bis 65 % Saccharose. Ahornsirup hat ein ganz eigenes Aroma.

Verwendung: in der Lebensmittelindustrie, in der Vollwerternährung usw.

2.3 Honig

In der Bäckerei wird Honig wegen seines intensiven Geschmacks vor allem zur Herstellung von Lebkuchen verwendet.

Wussten Sie, dass ...
Honig über 120 flüchtige Aromastoffe enthält? Diese verleihen ihm seinen charakteristischen Geschmack.

Zusammensetzung

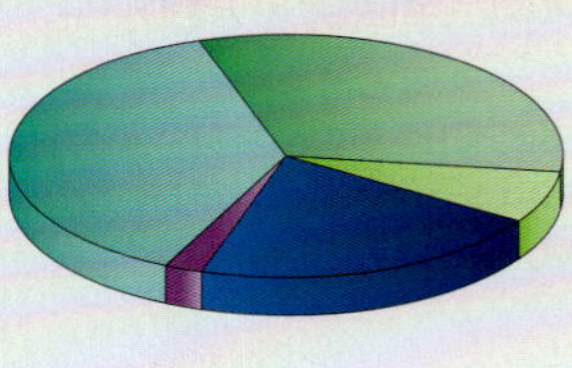

Inhaltsstoffe			Prozent
Zucker	Invertzucker	Fruchtzucker	38 %
		Traubenzucker	32 %
	Malzzucker		7 %
Wasser			21 %
Mineralstoffe, Vitamine, Säuren, Enzyme			in Spuren

Gewinnung

- **Rohstoffe umwandeln:** Die Bienen sammeln den Nektar der Pflanzen und Honigtau und reichern ihn mit dem Kopfdrüsensekret an. Die im Sekret enthaltenen Enzyme wandeln Zweifachzucker in Invertzucker um. Weiters wird das im Nektar vorhandene Wasser großteils entzogen und so der Saft konzentriert und eingedickt.
- **Reifen:** Honig wird zum Reifen in Waben eingefüllt. Diese werden mit einer dünnen Wachsschicht verschlossen. Durch das Enzym Invertase wird Saccharose in Trauben- und Fruchtzucker gespalten, und es entsteht Invertzucker.
- **Schleudern:** Der Imker öffnet (entdeckelt) die Waben und hängt sie in eine Zentrifuge. Der Honig wird durch das Ausschleudern der Waben gewonnen.
- **Abfüllen:** Der Honig wird gesiebt und in Gläser abgefüllt.

Nektar = pflanzliches Drüsensekret; hoher Zuckergehalt; dient als Lockmittel.

Honigtau = durch Insekten auf Pflanzen gebildetes, süßes Sekret.

Arten

Bezeichnung	Charakteristika
Waldhonig, Honigtauhonig	■ Rohstoff: Honigtau von Laubpflanzen oder Nadelbäumen ■ Geschmack: kräftig, malzig und würzig ■ Farbe: rot- bis dunkelbraun ■ Sortenhonig: Tannenhonig, Fichtenhonig, Blatthonig
Blütenhonig	■ Rohstoff: Nektarsäfte von Blüten ■ Geschmack: blumig-mild bis intensiv aromatisch ■ Farbe: hell- bis dunkelgelb ■ Sortenhonig: Akazien-, Klee-, Löwenzahn-, Raps-, Kastanien-, Lindenblüten- und Sonnenblumenhonig

Sortenhonig = Honig, bei dem eine bestimmte Blütensorte überwiegt.

Eigenschaften

- **Süßungsmittel:** Aufgrund seines feinen, milden Aromas wird Honig für Lebkuchen, Mohn- und Nussfüllungen sowie in der Vollwerternährung verwendet.
- **Braunfärbung:** Seine Eigenfarbe verleiht Backwaren eine schöne Braunfärbung und Glanz.
- **Weich- und Frischhaltemittel:** Durch seinen hohen Gehalt an Invertzucker bleiben Gebäcke über längere Zeit frisch, z. B. Lebkuchen.
- **Hitzeempfindlichkeit:** Ab 40 °C gehen wertvolle Inhaltsstoffe sowie Aromastoffe verloren. Honig sollte deshalb nicht stark erhitzt werden.

Lagerung

- Kühl bei ca. 18 °C. Verschlossen und lichtgeschützt aufbewahren, um Honig vor Fremdgerüchen, Enzym- und Vitaminschädigung zu schützen.
- Honig ist bei richtiger Lagerung bis zu zwei Jahre haltbar, kristallisiert jedoch bei längerer Lagerung aus (keine Qualitätseinbuße).

Wussten Sie, dass ...
auskristallisierter Honig im Wasserbad (bis maximal 40 °C) wieder verflüssigt werden kann?

2.4 Zuckeraustauschstoffe (Zuckeralkohole)

Zuckeraustauschstoffe sind natürlich vorkommende süße Stoffe, die aus Einfach- oder Zweifachzucker oder Stärke gewonnen werden. Sie werden im Körper langsamer als Zucker aufgenommen und benötigen zum Abbau kein oder nur geringe Mengen Insulin. Deshalb werden sie für die Herstellung von Diabetikerprodukten verwendet.

Wussten Sie, dass ...
Zuckeraustauschstoffe mit Ausnahme von Fruchtzucker nicht mit den Aminosäuren des Lebensmittels reagieren und deshalb beim Backen keine Maillard-Reaktion stattfindet?

Arten und Eigenschaften

Bezeichnung	Herkunft/Gewinnung	Charakteristika
Fruchtzucker	▪ Einfachzucker aus Rohr- und Rübenzucker, Honig und Früchten	▪ Koch- und backfest ▪ Rasche Braunfärbung ▪ Abführende Wirkung: maximale Tagesdosis 60 g, Einzeldosis 25 g ▪ Als weißes, kristallines, leicht lösliches Pulver im Handel
Sorbit	▪ Zuckeralkohol aus Einfachzucker ▪ Industriell aus Stärke oder Früchten gewonnen	▪ Koch- und backfest ▪ Wasserbindevermögen: Verwendung als Feuchthaltemittel ▪ Abführende Wirkung: maximale Tagesdosis 30–50 g ▪ In Verbindung mit Saccharin (siehe Süßstoffe) im Handel
Xylit	▪ Xylose (Holzzucker) wird aus verschiedenen Laubholzarten gewonnen ▪ Kommt auch in Beeren und Früchten vor	▪ Koch- und backfest ▪ Abführende Wirkung: maximale Tagesdosis 30–50 g
Isomalt	Saccharose wird enzymatisch umgewandelt in ▪ Glukose und Sorbit und/oder ▪ Glukose und Mannit	▪ Koch- und backfest ▪ Schwache Wasseranziehungskraft: Verwendung für Zuckerarbeiten ▪ Abführende Wirkung: maximale Tagesdosis 50 g
Maltit	▪ Industriell aus Stärke gewonnen	▪ Koch- und backfest ▪ Abführende Wirkung: maximale Tagesdosis 40–50 g
Mannit	▪ Zuckeralkohol aus Traubenzucker	▪ Koch- und backfest ▪ Abführende Wirkung: maximale Tagesdosis 10–20 g
Laktit	▪ Milchzucker	▪ Koch- und backfest ▪ Abführende Wirkung: maximale Tagesdosis 40 g

Relative Süßkraft von Zuckeraustauschstoffen

Die Angaben beziehen sich auf Rohr- und Rübenzucker mit der Süßkraft 100.

! Xylit und Isomalt werden zur Herstellung von Kaugummi, Diätlimonaden oder Fruchtbonbons verwendet, da sie von den Mundbakterien nicht zu Säuren abgebaut werden.

! Zuckeraustauschstoffe können bei Einnahme größerer Mengen Blähungen und Durchfall verursachen.

Die Verwendung von Süßstoffen ist in der Verordnung über die Zulassung von Zusatzstoffen zu Lebensmitteln (BGBl. I 1998, 230, 231) geregelt. Diese finden Sie zum Downloaden unter www.gesetze-im-internet.de.

Süßkraft von Süßstoffen	
Bezeichnung	Süßkraft
Cyclamat	ca. 30- bis 50-mal höher
Acesulfam K	ca. 200-mal höher
Aspartam	
Saccharin	ca. 300- bis 500-mal höher
Neohesperidin DC	ca. 600- bis 1 500-mal höher
Thaumatin	ca. 2 000- bis 3 000-mal höher

Die Angaben beziehen sich auf die Süßkraft von Rohr- und Rübenzucker.

Personen mit der Stoffwechselerkrankung Phenylketonurie dürfen aspartamhaltige Süßstoffe nicht verwenden. Lebensmittel, die mit diesen Süßstoffen gesüßt werden, müssen den Warnhinweis „Enthält Phenylalanin“ tragen.

Notizen zu den Arbeitsaufgaben:

2.5 Süßstoffe

Süßstoffe sind synthetische oder natürliche süße Stoffe, die chemisch mit Zucker nicht verwandt sind. Sie sind meist energiefrei und werden deshalb als Süßungsmittel bei Diabetes mellitus, Fettstoffwechselstörungen und Übergewicht empfohlen.
Mischungen aus Zuckeraustauschstoffen mit Süßstoffen sind als Streusüßen im Handel.

Arten und Eigenschaften

Bezeichnung	Charakteristika
Synthetische Süßstoffe	
Saccharin	■ Bedingt koch- und backfest, zerfällt im sauren Bereich ■ In warmem Wasser gut löslich ■ Der bittere Geschmack wird durch die Verbindung mit Cyclamat gemildert ■ Tagesdosis: maximal 2,5 mg/kg Körpergewicht
Acesulfam K	■ Koch- und backfest ■ Tagesdosis: maximal 9 mg/kg Körpergewicht
Aspartam	■ Nicht koch- und backfest, zerfällt im sauren Bereich ■ Tagesdosis: maximal 40 mg/kg Körpergewicht
Cyclamat	■ Koch- und backfest ■ Gut löslich ■ Tagesdosis: maximal 12 mg/kg Körpergewicht
Natürliche Süßstoffe	
Thaumatin	■ Wird aus den Samen einer westafrikanischen Pflanze gewonnen ■ Proteinsüßstoff und Geschmacksverstärker ■ Lakritzeähnlicher Geschmack ■ Nicht koch- und backfest
Neohesperidin DC	■ Gewinnung aus Flavonoiden, die in Zitrusfrüchten enthalten sind ■ Lakritzeähnlicher Geschmack ■ Hitzebeständig

Arbeitsaufgaben

1. Nennen Sie die zwei Pflanzen, aus denen Zucker gewonnen wird.
2. Beschreiben Sie die Zuckergewinnung.
3. Zählen Sie Zuckersorten auf, die in der Bäckerei verwendet werden.
4. Schildern Sie Gewinnung, Eigenschaften und Verwendung von Glukosesirup.
5. Fertigen Sie eine Mindmap nach unten stehendem Muster an. Beantworten Sie folgende Fragen:

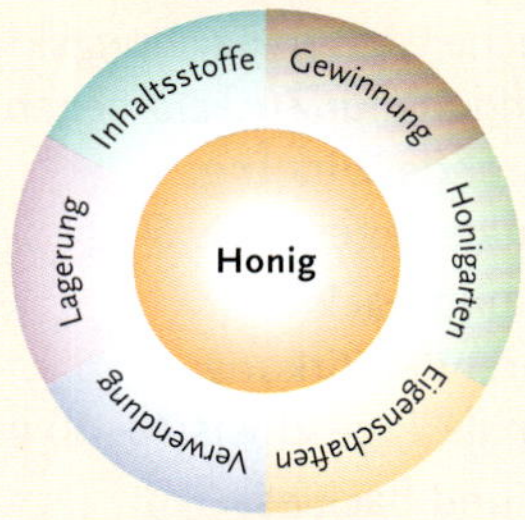

- Welche Inhaltsstoffe enthält Honig?
- Wie wird Honig gewonnen?
- Welche Honigarten unterscheidet man?
- Welche Eigenschaften hat Honig?
- Wofür wird Honig verwendet?
- Wie soll Honig gelagert werden?

6. Erklären Sie den Unterschied von Honig und Invertzuckerkrem.
7. Beschreiben Sie die Gewinnung und die Eigenschaften von Zuckeraustauschstoffen.
8. Nennen Sie einige Süßstoffe. Wofür werden sie hauptsächlich verwendet.

3 Backmittel und Convenienceprodukte

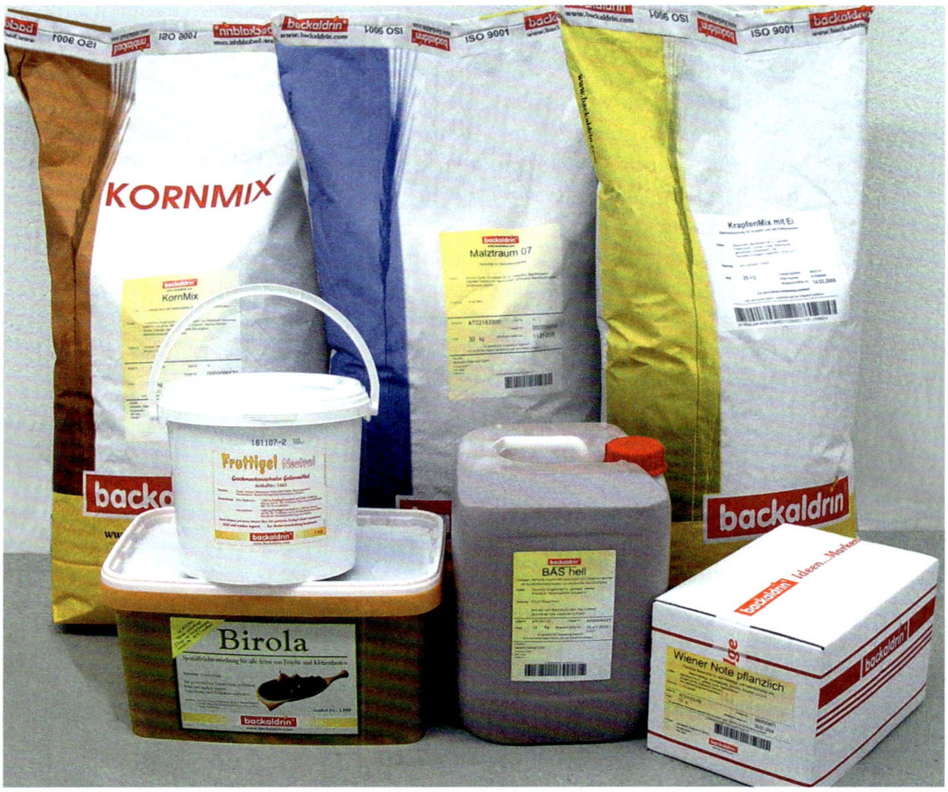

Backmittel, wie wir sie heute kennen, gibt es erst seit knapp hundert Jahren. In diesem Zeitraum haben sich die Lebens- und Essgewohnheiten der Menschen, vor allem aber die Herstellung und Qualität der Lebensmittel in ungeahnter Weise verändert.

Backmittel sind Mischungen von Lebensmitteln, die häufig auch Zusatzstoffe enthalten. Die darin enthaltenen Wirkstoffe verbessern und sichern die Qualität der Backwaren.

Convenienceprodukte sind vorgefertigte Lebensmittel, die wie Backmittel die Herstellung der Backerzeugnisse erleichtern und zusätzlich verkürzen. Sie werden für alle Sparten der Lebensmittelbranche, wie Bäckerei, Konditorei, Gastronomie und Haushalt, hergestellt.

Die Konsumentinnen und Konsumenten wünschen eine gleichbleibende Qualität der Backerzeugnisse, erwarten jedoch gleichzeitig, dass die Lebensmittel weitgehend zusatzstofffrei sind. Wie könnte man Ihrer Meinung nach dieses Problem lösen?

Unsere Ziele

Nach Bearbeitung dieses Teilkapitels werden Sie ...

- über die Wirkungsweise der einzelnen Bestandteile von Backmitteln informiert sein;
- wissen, wodurch sich Backmittel von Backmischungen und Fertigmehlen unterscheiden;
- die für die Bäckerei wichtigsten Gruppen von Convenienceprodukten kennen;
- wissen, welche Vorteile sich durch den gezielten Einsatz von Convenienceprodukten ergeben.

§ Die Verwendung von **Zusatzstoffen** (siehe Kapitel Lebensmittelrecht, Seite 199) ist in der Zusatzstoffverordnung geregelt. Es sind nur gesundheitlich völlig unbedenkliche Stoffe in jenen geringen Mengen zugelassen, die ausreichen, um eine technologische Wirkung zu erzielen.

3.1 Backmittel

Backmittel sind zusammengesetzte Lebensmittel in pulver-, pasten- oder manchmal auch flüssiger Form. Zur Erzielung bestimmter backtechnologischer Eigenschaften enthalten Backmittel häufig auch pflanzliche oder chemische Zusatzstoffe.

Warum werden Backmittel verwendet?

- Backmittel sichern eine von der Konsumentin und vom Konsumenten gewünschte gleichbleibende Qualität der Backerzeugnisse,
- sie gleichen Rohstoffschwankungen aus, z. B. erntebedingte Schwankungen der Getreide- und Mehlqualität,
- sie vereinfachen und erleichtern die Herstellung von Backerzeugnissen,
- sie verbessern Qualitätsmerkmale, wie Gebäckvolumen, Krustenbildung und Rösche, Krumenelastizität und Schnittfähigkeit, Geschmack und Frischhaltung der Produkte,
- sie erhöhen die Betriebssicherheit durch Anpassung von Teig- und Masseneigenschaften an verschiedene Herstellungsmethoden und Teigführungsarten.

Einteilung der Backmittel

Backmittel enthalten Wirkstoffe, die auf die Bedürfnisse abgestimmt sind. Nach ihrem Verwendungszweck unterscheidet man

- Backmittel für Roggen- und Roggenmischbrote,
- Backmittel für Weizenbrote und Weizenkleingebäcke sowie Hefefeinbackwaren aus Weizenteigen,
- Backmittel für Fein- und Konditorbackwaren, vor allem aus Massen.

Bestandteile und Wirkungsweise von Backmitteln

Bestandteile	Roggen- und Roggenmischbrote	Weizenteige mit Hefe	Feine Backwaren aus Massen
Säuernde Stoffe			
Quellende Stoffe			
Emulgatoren			
Enzyme			
Zucker			
Mehlbehandlungsmittel			
Fett			
Trägerstoffe			
Trennmittel			

immer oder häufig enthalten, manchmal enthalten, nicht oder selten enthalten

Säuernde Stoffe

Roggen wird erst durch Versäuerung backfähig. Backmittel mit säuernder Wirkung können bei der Verarbeitung von Roggenmehl anstelle von Sauerteig oder zusätzlich beigegeben werden.

Auswirkungen säuernder Stoffe

Säuernde Stoffe **hemmen den enzymatischen Abbau** der Roggenstärke durch die Amylasen, vor allem durch die α-Amylasen. Besonders bei enzymaktivem Auswuchsroggenmehl können durch Zugabe von säuernden Stoffen Brotfehler vermindert werden.

Erinnern Sie sich noch:
Wie wirken α- und β-Amylasen? Was versteht man unter Auswuchsmehl?

Folgende haltbar gemachte säuernde Stoffe werden verwendet:	
Sauerteige	■ Pulverförmige Sauerteige ■ Pastenförmige Sauerteige ■ Durch Säuerungsmittel stabilisierte, flüssige Sauerteige
Milchprodukte	■ Sauermilchpulver ■ Joghurtpulver ■ Trockenquark ■ Gesäuertes Molkenpulver
Säuerungsmittel (Zusatzstoffe)	■ Milchsäure (E 270): aus Gärung mit Milchsäurebakterien ■ Essigsäure (E 260): aus Gärung mit Essigbakterien ■ Zitronensäure (E 330): aus Gärung mit Schimmelpilzen ■ Weinsäure (E 334): aus Weinstein

Lebensmittelzusatzstoffe tragen eine E-Nummer, die europäische Registrierungsnummer. Unter folgender Internetadresse finden Sie die aktuelle Liste der Lebensmittelzusatzstoffe und ihrer E-Nummern zum Download: www.gesetze-im-internet.de

Weinstein = weinsaures Kalium, das während der Gärung aus dem werdenden Wein abgeschieden wird.

Was bewirken Säureregulatoren?
In manchen Fällen, besonders bei der Herstellung von Tiefkühlteiglingen, wirkt sich eine übermäßige Säuerung ungünstig auf das Klebergerüst des Weizens aus. Deshalb werden dazu Backmittel verwendet, die Säureregulatoren enthalten. Säureregulatoren sind Stoffe, die die Wirkung der Säure abschwächen.

Säureregulatoren sind z. B.:
- Zitrate: Salze der Zitronensäure.
- Tartrate: Salze der Weinsäure.
- Phosphate: Salze der Phosphorsäure.

Milchsäure und Essigsäure werden auch Teigsäuerungsmittel genannt, weil sie im Sauerteig vorkommen (siehe Kapitel Roggenteigtechnologie, Seite 288).

Quellende Stoffe

Eine ausreichende Quellung bzw. Wasserbindung während der Teigführung ist Voraussetzung für die Qualität und Frischhaltung der Backerzeugnisse.

Während des Backprozesses verkleistert die Stärke und bindet dabei einen hohen Anteil an Wasser. Das Wasser stammt überwiegend vom Eiweiß, das beim Backen gerinnt und dadurch seine Wasserbindefähigkeit weitgehend verliert.

Bei roggenhaltigen Backwaren spielen die Schleimstoffe (Pentosane) eine wichtige Rolle bei der Quellung im Teig sowie im fertigen Gebäck. Sie verändern während des Backens ihr Quellvermögen kaum. Roggenhaltige Backerzeugnisse haben daher eine höhere Teigausbeute als Weizengebäck. Sie sind saftiger und bleiben länger frisch.

Erinnern Sie sich noch:
Durch welche Prüfmethode im Labor kann die Wasseraufnahmefähigkeit von Roggenmehl festgestellt werden?

Wann sind quellende Stoffe erforderlich?
Sie sind erforderlich, wenn Stärke und Eiweiß die für die Qualität der Backerzeugnisse notwendige Wassermenge nicht oder nicht ausreichend binden können. **Quellende Stoffe** sorgen **für einen optimalen Wasseranteil** im Teig und im Gebackenen.

Die Mehlbestandteile binden folgende Wassermengen, bezogen auf ihr Eigengewicht:

Bestandteile	Gebundenes Wasser	
	im Teig	im Gebäck
Stärke	0,5	< 10
Eiweiß	2	0
Schleimstoffe	ca. 10	ca. 10

Beispiel: Wasserbindung von 100 g Weizenmehl

Bestandteile	Gebundenes Wasser im Teig
66 g Stärke	33 g
14 g Eiweiß	28 g
	61 g

Auswirkungen quellender Stoffe

- **Weizengebäck:** höhere Krumensaftigkeit und Frischhaltung durch eine höhere Wasserbindung.
- **Roggengebäck aus trocken backendem Roggenmehl:** Die Stärke liegt zur Gänze in nicht abgebauter Form vor. Bei der Teigbildung wird zu wenig Wasser aufgenommen. Durch den fehlenden Wasseranteil bei der Verkleisterung im Ofen wird die Krume trocken und krümelig. Quellende Stoffe erhöhen den Wasseranteil und bewirken dadurch eine saftige, elastische Krume.

Trocken backende Roggenmehle = Roggenmehle mit niedriger Enzymaktivität.

§ Backmittel, die Getreideprodukte (Weizen, Roggen, Gerste, Hafer ...) oder Soja enthalten, sind allergenkennzeichnungspflichtig (siehe Kapitel Lebensmittelrecht, Seite 199).

Funktionsschema der Emulgatoren

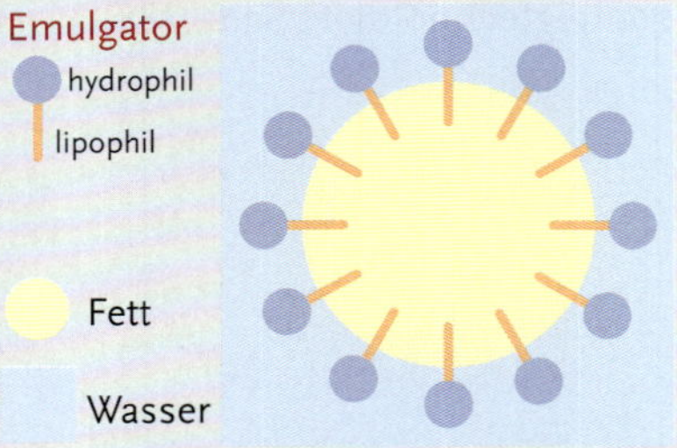

Die fettfreundlichen Molekülteile lagern sich an die Fetttröpfchen an und die wasserfreundlichen an die Wasserphase

Aufbau eines Emulgators

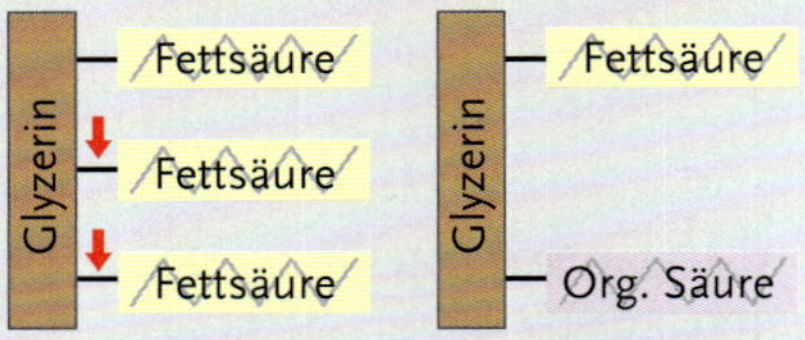

Fett (Triglyzerid) — Monoglyzerid, verestert

Folgende quellende Stoffe werden verwendet:	
Quellmehle	■ Durch Kochen oder Dämpfen vorverkleisterte Getreidemehle (z. B. Weizen, Mais) oder Kartoffelmehle (-flocken). ■ Quellen im kalten Zustand im Teig.
Quellstärken	■ Durch Kochen oder Dämpfen vorverkleisterte Getreidestärken (z. B. Weizen, Mais). ■ Quellen im kalten Zustand im Teig.
Weizenkleber (Gluten)	■ Nebenprodukt bei der Herstellung von Weizenstärke. ■ Der Kleber bindet etwa die doppelte Menge seines Eigengewichtes an Wasser und verbessert die gashaltende Gerüststruktur im Teig.
Trockenmolke, Molkenproteine	■ Nebenprodukt bei der Käseherstellung. ■ Wasserbindung durch Eiweißstoffe.
Sojamehl	■ Nebenprodukt bei der Herstellung von Sojaöl. Es wird sowohl entfettetes Sojamehl (hoher Eiweißgehalt bis zu etwa 45 %) als auch nicht entfettetes Sojamehl (geringerer Eiweißgehalt) verwendet. ■ Wasserbindung durch Eiweißstoffe.
Verdickungsmittel (Zusatzstoffe)	■ Guarkernmehl (Guar, E 412) aus den Samen des (sub)tropischen Guarstrauches. ■ Johannisbrotkernmehl (E 410) aus den Samen des (sub)tropischen Johannisbrotbaumes.

Emulgatoren

Emulgatoren zählen zu den fettähnlichen Stoffen. Emulgatormoleküle bestehen aus

- einem fettfreundlichen (lipophilen), Wasser abweisenden (hydrophoben) Teil und
- einem wasserfreundlichen (hydrophilen) Teil.

Warum sind Emulgatoren wichtig?

Werden zwei nicht mischbare Stoffe (Phasen), z. B. Fett und Wasser, verrührt, entmischen sich die beiden Phasen rasch wieder. Bedingt durch ihre große Grenzflächenspannung, ziehen sich gleichartige Teilchen rasch an und bilden größere Zusammenschlüsse (z. B. Fettaugen auf einer Suppe). Durch Zugabe von Emulgatoren wird die Grenzflächenspannung der beiden Phasen gesenkt, und es entsteht eine **stabile Emulsion.** Der Emulgator bildet sozusagen „Kupplungen" zwischen den beiden nicht mischbaren Phasen.

Aufbau eines Emulgators

Emulgatoren leiten sich chemisch vom Fett ab. Ein Fettmolekül besteht aus Glyzerin und drei Fettsäuren **(Triglyzerid).** Das Molekül hat nur fettfreundliche Eigenschaften. Werden zwei Fettsäuren abgespalten, entsteht ein **Monoglyzerid,** wird nur eine Fettsäure abgespalten, ein **Diglyzerid.**

Mono- und Diglyzeride haben bereits **Emulgatorwirkung.** Sie bestehen aus einem fettfreundlichen Teil (Fettsäure) und einem wasserfreundlichen Teil (freien Glyzerinrest). Wird an den Glyzerinrest eine wasserfreundliche organische Säure (z. B. Milch-, Essig- oder Weinsäure) gebunden, wird die wasserfreundliche Wirkung verstärkt.

Auswirkungen von Emulgatoren

- **Unterstützen die Kleberbildung:** Der Emulgator bildet Kupplungen zwischen dem fettfreundlichen Gliadin und dem wasserfreundlichen Glutenin. Die Weizenteige werden dadurch geschmeidiger, leichter verarbeit- und formbar und haben ein besseres Gashaltevermögen.
- **Unterstützen die Verteilung der Gasbläschen (Poren)** in Weizenteigen und Aufschlagmassen. In Teigen bildet der Emulgator Kupplungen zwischen den Wasser abweisenden Gasbläschen (Kohlendioxid) und dem wasserfreundlichen Teig. In Massen bildet er Kupplungen zwischen den eingeschlagenen, Wasser abweisenden Luftbläschen und dem wasserfreundlichen Eiweiß der Masse. Dadurch werden die Gasbläschen besser verteilt (besseres Porenbild), haben Teige eine optimale Gärstabilität und -toleranz, Backwaren ein höheres Volumen.

- **Unterstützen die Fettverteilung in Teigen** (z. B. Stollenteigen) oder Aufschlagmassen mit hohem Fettgehalt (z. B. Sandmassen).
- Manche Emulgatoren **verzögern die Entquellung** bzw. **Rückkristallisation der Stärke (Retrogradation),** die nach dem Backen und bei der Lagerung von Backerzeugnissen eintritt. Dadurch halten sich die Backwaren länger frisch.

Folgende Emulgatoren (Zusatzstoffe) werden verwendet:	
Mono- und Diglyzeride (E 471)	■ Gewinnung durch Abspaltung von Fettsäuren aus Fetten. ■ Monoglyzeride werden vor allem in Aufschlagmitteln zur Unterstützung der Frischhaltung verwendet.
Lezithin (E 322)	■ Nebenprodukt bei der Herstellung von Sojaöl. ■ Es wird für Roggenmischbrot, Weizenbrot, Weißgebäck und Hefefeinbackwaren verwendet.
DAWE (E 472e)	■ Monoglyzeride mit gekoppelter Weinsäure und zwei Essigsäuren. ■ DAWE ist der am häufigsten verwendete Emulgator für die Herstellung von Weißgebäck. Die Teige sind leicht zu bearbeiten, haben eine hohe Gärstabilität und -toleranz und die Gebäcke ein großes Volumen.

Wussten Sie, dass ...
Emulgatoren für Massen auch als Aufschlagmittel bezeichnet werden?

Retrogradation siehe Kapitel Roggenteigtechnologie/ Altbackenwerden, Seite 322.

DAWE = Diacetylweinsäureester von Monoglyzeriden.

Enzyme

Enzyme sind in lebensmittelrechtlicher Hinsicht **Verarbeitungshilfsstoffe, die im Endprodukt keine Wirkung mehr haben** und darin nicht oder nur geringfügig vorkommen. Da Enzyme Eiweißstoffe sind, werden sie beim Backprozess inaktiviert (Ausnahme: Bakterien-β-Amylasen).

Enzyme können auch in Form **enzymaktiver Lebensmittel** (z. B. Malzmehl, Sojamehl) zugegeben werden. Sie sind in der Zutatenliste zu kennzeichnen.

Wann werden Enzyme verwendet?
Enzyme werden beigegeben, wenn Roggenmehle zu wenig Enzyme enthalten (z. B. trocken backende Roggenmehle) oder Weizenmehle enzymschwach sind.

Verarbeitungshilfsstoffe sind nach der Lebensmittelinformationsverordnung nicht zu deklarieren (siehe Kapitel Lebensmittelrecht, Seite 199).

Wiederholen Sie die Wirkungsweise von Enzymen im Kapitel Stoffwechsel, Seite 66.

Auswirkungen von Enzymen

- **Weizenteige:** Stärke abbauende Enzyme bewirken eine optimale Verarbeitungsfähigkeit und sorgen für einen stärkeren Abbau der Stärke zu Malzzucker. Malzzucker verbessert die Gärkraft der Hefe (Lockerung) und dient der Bräunung und Krustenbildung.
- **Roggenteige:** Schleimstoffabbauende Enzyme bauen die Schleimstoffe ab und verbessern dadurch das Quellvermögen und die Formbarkeit von Roggenteigen.

Folgende Enzyme oder enzymaktive Lebensmittel werden verwendet:	
Malzmehl	■ Wird aus gemälztem Getreide (Weizen, Gerste) gewonnen (siehe Kapitel Getreide und Getreideprodukte, Seite 86). ■ Weist sowohl eine hohe Aktivität an Stärke abbauender α-Amylase, als auch an Malzzucker abspaltender β-Amylase auf. ■ Die in Malz enthaltenen Proteasen bauen den Kleber ab. Malzmehl wird daher nur Weizenteigen mit hoher Kleberqualität zur Erhöhung der α-Amylase-Aktivität beigegeben.
Enzymaktiver Malzextrakt	■ Wässriger Auszug aus Malzmehl. ■ Malzextrakt ist zähflüssig und wirkt wie Malzmehl.
Sojamehl	■ Wird aus den Sojabohnen gewonnen. ■ Enthält u. a. ein fettoxidierendes Enzym (Lipoxidase), das die Krume von Weißbroten durch Oxidation gelber, fettverwandter Stoffe (z. B. Karotine) aufhellt.
Bakterien-β-Amylasen	■ Gewinnung aus Bakterien (meist Bazillusarten). ■ Sind in gesäuerten Teigen wenig wirksam, werden beim Backen nur teilweise inaktiviert. Dadurch bauen sie im fertigen Gebäck die Stärke weiter ab und tragen bei entsprechender Dosierung zur Frischhaltung bei. Bei Überdosierung kann es zum Krumenabbau kommen! ■ Sie sind als Zusatzstoff in der Zutatenliste zu kennzeichnen.

Wussten Sie, dass ...
Malz das älteste Backmittel ist?

Die Enzymaktivität des Malzextraktes ist von der Temperatur der Extraktion abhängig.

In Backmitteln werden meist nur α-Amylasen verwendet, da β-Amylasen im Mehl stets ausreichend vorhanden sind.

Folgende Enzyme oder enzymaktive Lebensmittel werden verwendet:	
Pilz-α-Amylasen	▪ Gewinnung aus Schimmelpilzen (meist Aspergillusarten). ▪ Sind auch in gesäuerten Teigen wirksam, werden beim Backen inaktiviert.
Proteasen	▪ Bauen den Kleber ab und werden daher nur selten verwendet. ▪ Können kurzen Teigen zur Verbesserung der Dehn- und Formbarkeit beigegeben werden.
Pentosanasen, Xylanasen	▪ Bauen die Schleimstoffe in Roggenteigen ab. Bei trocken backenden Roggenmehlen verbessern sie das Quellvermögen, die Formbarkeit des Teiges und das Brotvolumen. ▪ Xylanasen sind eine besondere Art der Pentosanasen, sie bauen Xylane, einen Vielfachzucker des Zuckers Xylose, ab.

Wiederholen Sie die verschiedenen Zuckerarten im Kapitel Kohlenhydrate, Seite 23!

Erinnern Sie sich noch:
Was ist die Maillard-Reaktion?

Zucker

Neben seiner süßenden Wirkung hat Zucker in Backerzeugnissen folgende Wirkung:

- **Hefenahrung im Teig,** sofern die Hefe den Zucker verwerten kann.
- **Bräunungsreaktion und Krustenbildung** während des Backprozesses (reduzierende Zucker für die Maillard-Reaktion). Zucker ist daher für die Gebäckrösche besonders wichtig!

Wenn Mehl, besonders Weizenmehl, zu wenig Aktivität an Stärke abbauenden Enzymen und somit zu wenig Malzzucker aufweist, kann die Zugabe zuckerhältiger Backmittel Abhilfe schaffen.

Stoffwechsel der Hefe, siehe Kapitel Lockerungs- und Backtriebmittel, Seite 181.

Folgende Zucker oder zuckerhältige Zutaten werden verwendet:	
Saccharose (Rohr- oder Rübenzucker)	▪ Wird durch Hefepilze in Trauben- und Fruchtzucker gespalten, anschließend von den Hefezellen aufgenommen und zu CO_2 veratmet oder vergoren. ▪ Saccharose liegt erst nach der Spaltung in Einfachzucker als reduzierender Zucker vor. In dieser Form ist Saccharose, sofern sie von der Hefe nicht verbraucht wird, an der Bräunung und Krustenbildung beteiligt.
Maltose (Malzzucker)	▪ Wird durch Hefepilze in zwei Traubenzucker gespalten, anschließend von der Hefezelle aufgenommen und zu CO_2 veratmet oder vergoren. ▪ Ist ein reduzierender Zucker, trägt zur Bräunungsreaktion bei.
Enzyminaktiver Malzextrakt	▪ Die enthaltenen Enzyme werden durch Hocherhitzung inaktiv. ▪ Malzextrakt hat einen hohen Gehalt an Malzzucker, daher dieselbe Wirkung.
Laktose (Milchzucker)	▪ Wird durch Hefepilze nicht gespalten. ▪ Ist ein reduzierender Zucker, trägt zur Bräunungsreaktion bei.

Mehlbehandlungsmittel

Sie werden Weizenteigen beigeben, um bestimmte Mehl- bzw. Teigeigenschaften zu erzielen.

Folgende Mehlbehandlungsmittel werden verwendet:	
L-Ascorbinsäure (Vitamin C, E 300)	▪ Kommt in Früchten und Gemüse vor, wird aber meist durch chemische Verfahren aus Traubenzucker gewonnen. ▪ Bewirkt eine Vernetzung des Klebers. Dadurch wird das Gashaltevermögen erhöht und das Gebäckvolumen vergrößert. Gleichzeitig werden die Teige kürzer, schwerer formbar und sie reifen rascher. ▪ Wird Weizenmehl meist schon in der Mühle beigemischt, um die Kleberqualität zu verbessern (ca. 1–2 g je 100 kg Mehl).
L-Zystein (Aminosäure, E 920)	▪ Gewinnung durch Abbau von pflanzlichem oder tierischem Eiweiß. ▪ Hat die gegenteilige Wirkung von L-Ascorbinsäure, es macht Weizenteige dehnbarer, geschmeidiger und leichter formbar. ▪ L-Zystein wird nur Weizenmehlen mit kurzen, bockigen Klebereigenschaften beigegeben.

Fett
Fett wird nicht nur als Backzutat verwendet, sondern ist auch Bestandteil mancher pastenförmiger Backmittel. Fett macht Weizen- aber auch Roggenteige geschmeidig, verbessert das Gashaltevermögen und die Frischhaltung.

Trägerstoffe
Backmittelbestandteile werden in so geringer Menge verwendet, dass eine Dosierung und gleichmäßige Verteilung im Teig nur schwer möglich ist. Zudem neigen manche Bestandteile, z. B. Emulgatoren, zum Zusammenklumpen. Deshalb setzt man Trägerstoffe ein, die für eine gleichmäßige Verteilung im Teig sorgen.

Trägerstoffe in pulverförmigen Backmitteln sind Getreideprodukte wie Mehle, Stärke oder Maltodextrine.

Maltodextrine = abgebaute Stärke.

Trennmittel
Trotz Verwendung von Trägerstoffen lässt sich das Zusammenklumpen mancher Backmitteln nicht ganz verhindern. Durch Beigabe von Trennmitteln werden die feinen Teilchen voneinander getrennt und können nicht mehr zusammenkleben.

Folgende Trennmittel werden verwendet:	
Calciumphosphat (E 341)	▪ Gehört zu den Mineralstoffen ▪ Wirkt als Hefenährstoff und Säureregulator
Calciumcarbonat (E 170)	▪ Gehört zu den Mineralstoffen ▪ Wirkt als Säureregulator

3.2 Convenienceprodukte

In Bezug auf die Bäckerei versteht man unter dem Begriff Convenienceprodukte vorgefertigte Lebensmittel, die gleich den Backmitteln
- die Herstellung der Backerzeugnisse erleichtern,
- zusätzlich verkürzen,
- lebensmittelrechtlich sicherer gestalten.

Typische Beispiele dafür sind Backmischungen, Fertigfüllungen, Puddingpulver, Kaltkrems, Schokoladesaucen, Glasuren und Überzugsmassen, gekühlte oder tiefgekühlte Teige und geformte Teiglinge.

Wodurch unterscheiden sich Backmittel von Convenienceprodukten?
Der wesentliche Unterschied zwischen Backmitteln und Convenienceprodukten besteht darin, dass Convenienceprodukte zusätzlich zu Bestandteilen mit Backmittelwirkung weitere Zutaten enthalten, die für die Beschaffenheit des Backerzeugnisses wesentlich sind, z. B. speziell aufbereitete Getreideerzeugnisse für Mehrkornbrot oder sortierte und geriebene Nüsse für Nussfüllungen.

Convenienceprodukte werden je nach Zusammensetzung unterschiedlich bezeichnet:
- **Backmischungen:** Convenienceprodukte, die zu Backerzeugnissen verarbeitet werden. Die Bäckerin/der Bäcker braucht dieser Backmischung nur noch Mehl, Wasser, Salz und Hefe beigeben.
- **Fertigmehle:** Convenienceprodukte, die auch den gesamten oder zumindest überwiegenden Anteil an Mehl enthalten.

Nachfolgend werden einige für die Bäckerei wichtige Gruppen von Convenienceprodukten besprochen.

Wissenswertes dazu
- Das englische Wort **„convenience“** wird allgemein mit „Bequemlichkeit“, im Besonderen mit „bequeme Einrichtung mit Vorteil“ übersetzt.
- Unter **„convenience food product“** wird ein teilweise oder zur Gänze zubereitetes, auch gekochtes oder gebackenes Lebensmittel verstanden. Somit haben verzehrfertige Lebensmittel den höchsten Grad an Convenience, Fertiggerichte müssen noch erwärmt werden.

Backmischungen und Fertigmehle für Brote

Betrachten Sie die vielen Zutaten, besonders die Getreideschrote, Vollkornprodukte und Ölsaaten.
Welchen Arbeitsaufwand für die Zutatenvorbereitung würde ein derart vielfältiges Rezept ohne Convenienceprodukt bedeuten?
Welcher Vorteil erwächst der Bäckerin/dem Bäcker aus der Zutat „Sauerteig getrocknet"?

Produktbeispiel: Kornbrot

Zutaten

Getreideschrot (Roggen, Weizen, Hafer, Buchweizen, Gerste, Hirse), Weizenvollkornmehl, Sauerteig getrocknet, Sonnenblumenkerne, Reis, Leinsaat, Malzmehl, Salz, Zucker.

Rezept und Herstellungsempfehlungen

- Quellstück aus Kornbrotmischung und Wasser (45–50 °C) zubereiten, TA 200.
- 60 Minuten abstehen lassen.
- Quellstück mit Hefe und Wasser mischen und langsam zu einem Brotteig kneten (Teigtemperatur: 30–32 °C, Knetzeit: 10–12 Minuten).
- Nach einer Teigruhe von ca. zwei Stunden in befettete Formen füllen.
- 30 Minuten garen lassen, mit Schwaden anbacken.
- Backzeit: 60 Minuten, Backtemperatur: 240 °C, auf 200 °C fallend.

Zusatzinformationen

- Exakte Anleitung zur Herstellung von sterilisiertem Schnittbrot.
- Angaben zur Lebensmittelkennzeichnung (einschließlich allergener Zutaten) und Nährwertkennzeichnung (siehe Kapitel Lebensmittelrecht, Seite 199).

Backmischungen und Fertigmehle für Kleingebäck

Betrachten Sie das Rezept und die Herstellungsempfehlungen. Welchen Vorteil hat die Bäckerin/der Bäcker davon?

Produktbeispiel: Kornspitz

Zutaten

Weizenschrot, Roggenschrot, Weizenkleie, Sojaschrot, Leinsamen, Malzschrot, getoastetes Roggen- und Weizenmehl, Sojamehl, Salz, Säuerungsmittel (Zitronensäure), Gewürze (Fenchel, Kümmel, Koriander), Mehlbehandlungsmittel (Ascorbinsäure).

Rezept und Herstellungsempfehlungen

- 100 Teile Weizenmehl (Type 550) und 36 Teile Kornspitzmischung mit Wasser, Hefe, Salz und Backmittel für Kleingebäck (Malzbackmittel) zu einem mittelfesten Teig mischen (Teigtemperatur: 28–30 °C, Knetung im Spiralkneter: 5–8 Minuten Stufe 1, 7–10 Minuten Stufe 2).
- Nach einer Teigruhe von 5 bis 10 Minuten die Teigstücke rund wirken.
- In der Wickelmaschine kurz formen, in Roggenmehl rollen und auf Bleche setzen.
- Bei Dreiviertelgare schräg einschneiden, mit Salz und Kümmel bestreuen.
- Mit Schwaden backen.
- Backzeit: 16–18 Minuten, Backtemperatur: 230–240 °C.

Zusatzinformationen

Angaben zur Lebensmittelkennzeichnung (einschließlich allergener Zutaten und Zusatzstoffdeklaration aus dem Backmittel) und Nährwertkennzeichnung.

Backmischungen und Fertigmehle für Feingebäck aus Teigen oder Massen

Produktbeispiel: Blechkuchen

Zutaten

Weizenmehl, Zucker, Eipulver, Backtriebmittel (Natriumphosphat und Natriumhydrogencarbonat), Milchzucker, Emulgator (E 475, E 471), Verdickungsmittel (Xanthan), Salz, Gewürze, Aroma.

Rezept und Herstellungsempfehlungen

- Backmischung mit Wasser und Speiseöl mit einer Rühr- und Schlagmaschine oder Planetenrührmaschine bei mittlerer Stufe zu einer Masse mischen.
- Die Masse in einen mit Öl bestrichenen Kapselrahmen streichen und mit Früchten belegen. Anstelle der Fruchtauflage kann auch eine Nussfüllung (Convenienceprodukt) aufdressiert werden.
- Ohne Schwaden backen.
- Backzeit: 45–50 Minuten, Backtemperatur: 190 °C.
- Nach dem Auskühlen mit Fertiggelee (Convenienceprodukt) gelieren.

Zusatzinformationen
Angaben zu allergenen Zutaten und zur Nährwertkennzeichnung.

Fertigfüllungen

Produktbeispiel: Haselnussfüllung für Strudel, Plunder- und Blätterteig

Zutaten
Zucker, geröstete Haselnüsse, Quellmehl, Sojamehl, Hühnereiweißpulver, Kakao, Zimt, Salz, Vanillin.

Rezept und Herstellungsempfehlungen
- Haselnussmischung mit heißem Wasser im Verhältnis 3 : 1 mischen.
- Nach einer halben Stunde Quellzeit hat die Füllung eine dressierfähige Konsistenz und kann weiterverarbeitet werden.

Zusatzinformationen
Angaben zu allergenen Zutaten und zur Nährwertkennzeichnung.

Vor- und Nachteile von Convenienceprodukten

Convenienceprodukte
- sichern eine gleichbleibende Qualität der Backerzeugnisse,
- erleichtern die Herstellung von Backerzeugnissen und verringern den zeitlichen Aufwand (Vorwegnahme von Arbeitsschritten), wodurch ein Teil der Arbeitszeit eingespart werden kann,
- befreien von lästigen, oft zeitaufwendigen Routinearbeiten (Sortieren, Aufbereiten und Mischen verschiedener Rohstoffe, wie Getreidekörner, Mohn oder Nüsse, für Füllungen usw.),
- erhöhen die Lebensmittelsicherheit durch den Einkauf geprüfter Rohstoffe und deren aufbereiteter Mischungen, was einen wichtigen Schritt im HACCP-Konzept darstellt,
- verlängern die Lagerzeit von Rohstoffen durch entsprechende Vorbehandlung, z. B. durch die Hitzestabilisierung von Mohn in Mohnfüllungen,
- ermöglichen der Bäckerin und dem Bäcker, jederzeit auf rasch verfügbares Rohmaterial zurückzugreifen,
- erhöhen die Sicherheit, auf Endprodukten die kennzeichnungsrechtlich richtige Zutatenaufzählung anzubringen,
- erhöhen die Sortimentsvielfalt durch mitgelieferte Produktideen,
- schränken großteils die Kreativität der Bäckerin/des Bäckers ein,
- führen zu einer Einheitlichkeit der Bäckereierzeugnisse und in weiterer Folge zu einem Imageverlust des Bäckerberufes.

Betrachten Sie die vielfältigen Produktempfehlungen, die mit einem Convenienceprodukt bereitgestellt werden.
Welche Vorteile ergeben sich daraus für die Bäckerin/den Bäcker? Was könnte aber die Folge sein, wenn alle Bäckerinnen und Bäcker das gleiche Produkt anfertigen?

Betrachten Sie die jederzeitige Verfügbarkeit eines Convenienceproduktes. Welcher Vorteil ergibt sich daraus in Bezug auf Einkauf und Lagerhaltung?

HACCP-Konzept, siehe Kapitel Hygiene, Seite 246.

Arbeitsaufgaben

1. Begründen Sie die Verwendung von Backmitteln.
2. Nennen Sie die Bestandteile von Backmitteln für Roggen- und Roggenmischbrot.
3. Nennen Sie die Bestandteile von Backmitteln für Feine Backwaren aus Massen.
4. Zählen Sie Lebensmittel mit säuernder Wirkung auf.
5. Beschreiben Sie die Wirkung von quellenden Stoffen.
6. Erläutern Sie, wann Roggen- und Weizenmehlen Enzyme beigegeben werden.
7. Nennen Sie Emulgatoren und Mehlbehandlungsmittel, die in Backmitteln vorkommen.
8. Erklären Sie den Unterschied von Backmitteln und Convenienceprodukten.
9. Erläutern Sie den Unterschied von Backmischungen und Fertigmehlen.
10. Nennen Sie für die Bäckerei wichtige Gruppen von Convenienceprodukten.

Notizen zu den Arbeitsaufgaben:

4 Eier

Das Ei gilt als Symbol der Schöpfung und Quelle des Lebens. Für die ersten Christen waren Eier Zeichen der Wiedergeburt. Sie wurden – wie auch heute noch – gekocht, verziert und zu Ostern verschenkt.

Das Ei ist ein reines Naturprodukt und ernährungs- sowie backtechnologisch von großer Bedeutung.

Laut Lebensmittelgesetz versteht man unter Eiern immer Hühnereier. Eier von Enten, Gänsen, Puten, Perlhühnern, Tauben und Wachteln sind deklarationspflichtig. Zudem ist bei ihrem Verzehr die Gefahr einer der Salmonelleninfektion besonders groß, speziell bei Enteneiern.
In Convenienceprodukten sind Eier meist in getrockneter Form enthalten.

Unsere Ziele

Nach Bearbeitung dieses Teilkapitels werden Sie ...

- den Aufbau und die Zusammensetzung des Hühnereies kennen;
- die gesetzlichen Bestimmungen für die Behandlung und Lagerung von Eiern kennen;
- die Frische von Eiern nach verschiedenen Methoden überprüfen können;
- über Güte- und Gewichtsklassen von Eiern Bescheid wissen;
- über die Kennzeichnung von Eiern und Eierpackungen informiert sein;
- verschiedene Methoden der Eikonservierung kennen.

Aufbau des Hühnereies

Aufbau des Hühnereies

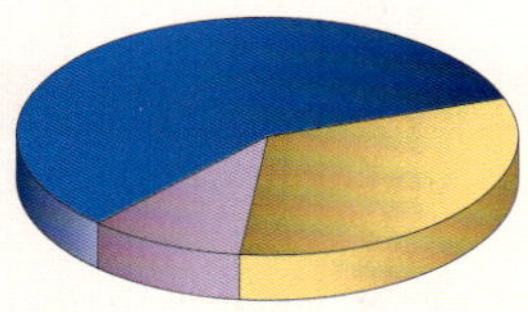

Eischale	10 %
Eiklar	58 %
Eigelb	32 %

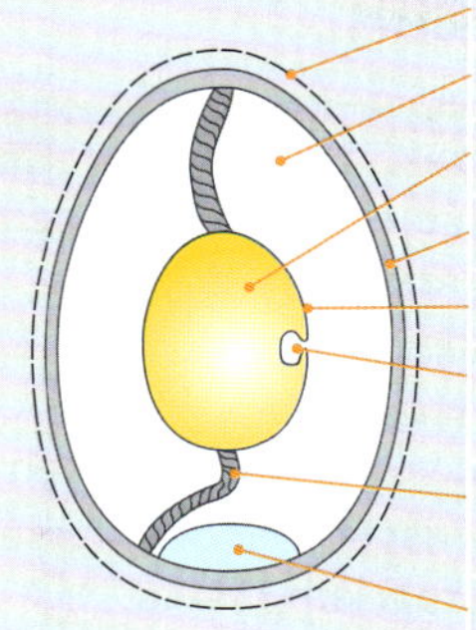

Zusammensetzung des Hühnereies

Inhaltsstoffe	Eiklar	Eigelb (Dotter)
Eiweißstoffe (Albumine, Globuline)	10,6 %	16,5 %
Fette	in Spuren	32,6 %
Kohlenhydrate	0,9 %	1,0 %
Wasser	87,9 %	48,7 %
Mineralstoffe (Kalzium, Eisen, Phosphor)	0,6 %	1,1 %
Vitamine	B_1, B_2	A, D, B_1, B_2

Behandlung

Bei der Behandlung und Lagerung von Eiern müssen besondere Hygienemaßnahmen eingehalten werden, um die Gefahr einer Salmonelleninfektion zu verhindern. Siehe **Hygienebestimmungen** für die Behandlung von Frischeiern in Schale, Seite 253.

Lagerung

- In einem eigenen Kühlbereich bei +5 bis +8 °C, Eiprodukte bei maximal +4 °C.
- Frei von Fremdgerüchen: Eier sind wegen ihrer porösen Schale geruchsempfindlich.
- Bei hoher Luftfeuchtigkeit: Durch die poröse Kalkschale geht Feuchtigkeit verloren.
- Tiefkühlen: Vor dem Einfrieren (–18 °C) von der Schale befreien und als Vollei (gut durchgerührt) oder getrennt als Eigelb und Eiklar einfrieren. Eigelb vor dem Tiefkühlen mit etwas Wasser verrühren und ohne Hitzezufuhr auftauen, damit es sich besser schaumig rühren lässt.

Frischeprüfung

Durch längere Lagerung verliert das Ei Wasser und Aroma, die Luftkammer vergrößert sich. Die Frische von Eiern kann durch folgende Methoden überprüft werden:

- **Schüttelprobe:** Das Ei in Höhe des Ohrs kräftig schütteln. Beim alten Ei hört man ein Geräusch, beim frischen Ei ist nichts zu hören.
- **Geruchsprobe:** Frische Eier haben einen angenehmen, frischen Geruch.
- **Trennprobe:** Bei frischen Eiern lassen sich Eigelb und Eiklar sauber trennen, bei alten Eiern fließt das Eigelb in das Eiklar.
- **Schwimmprobe:** Dazu legt man das Ei in ein mit Wasser gefülltes Gefäß. Frische Eier bleiben am Boden des Gefäßes. Beim alten Ei richtet sich das stumpfe Ende leicht nach oben.
- **Eier aufschlagen:** Bei frischen Eiern ist das Eiklar zähflüssig und das Eigelb kugelförmig. Bei alten Eiern ist das Eigelb abgeflacht, das Eiklar ist wässrig und fließt auseinander.
- **Lichtprobe:** Das Ei wird gegen eine starke Lichtquelle gehalten. Je höher die Luftkammer, desto älter ist das Ei.

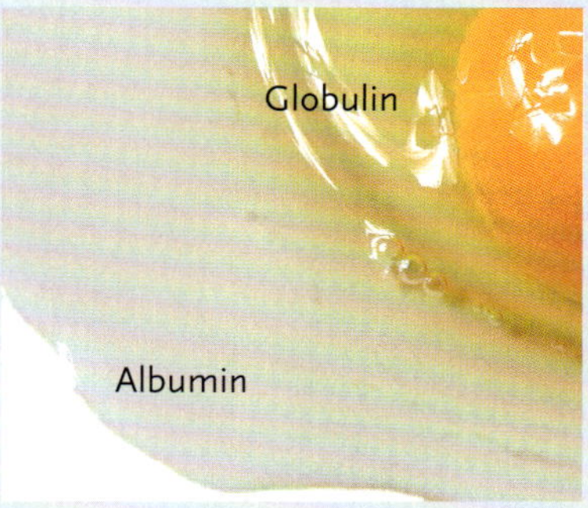

Albumin ist dünnflüssig, Globulin zähflüssig

Das Fett des Eigelbs enthält
- Lezithin (Emulgator),
- Karotin (Farbstoff),
- Cholesterin (Fett).

Frischeuhr

Trennprobe

Frisches Ei

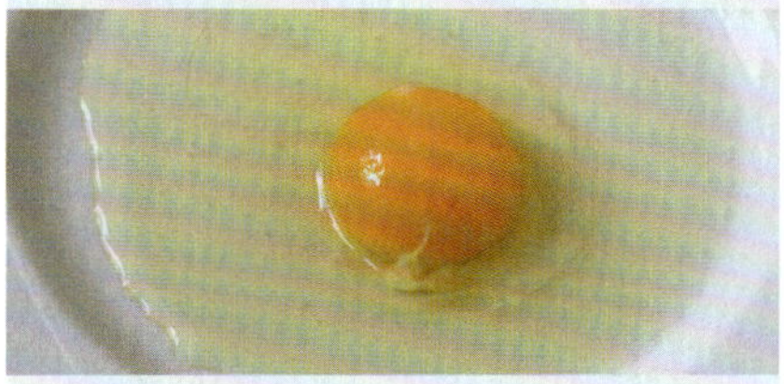

Altes Ei

Güteklassen

Im Lebensmittelhandel sind Eier der Güteklasse A erhältlich. Eier der Klasse B und Eier, die den Anforderungen der Klassen A und B nicht entsprechen, werden in der Lebensmittel- oder Nonfoodindustrie verwendet.

Nonfoodindustrie = nicht Lebensmittel produzierende Industrie.

Güteklassen	Qualitätsmerkmale
Klasse A	■ Frische Eier, die nicht haltbar gemacht und nicht unter +5 °C gelagert werden. ■ Schale: sauber und unverletzt. Sie darf weder gewaschen noch gereinigt werden. ■ Geruch: frei von Fremdgerüchen
Klasse A extra	■ Besonders frische Eier der Klasse A, die nicht älter als sieben Tage (ab Verpackung) sind.
Klasse B	■ Meist haltbar gemachte Eier ■ Schale: unverletzt ■ Geruch: frei von Fremdgerüchen
Nicht sortierte Eier	■ Z. B. Knick-, Bruch-, oder Schmutzeier

Gewichtsklassen

Eier der Güteklasse A werden nach dem Gewicht sortiert. Das Gewicht des Eies hängt vom Alter des Huhnes, von der Fütterung und von der Stalltemperatur ab.

Gewichtsklassen		
Klasse	Größe	Gewicht
XL	sehr groß	73 g und darüber
L	groß	63 bis 72 g
M	mittel	53 bis 62 g
S	klein	unter 53 g

Wussten Sie, dass ...
ältere Hühner größere Eier legen?

Kennzeichnung von Eiern und Eierpackungen

Neben den für alle Lebensmittel gültigen Kennzeichnungsvorschriften findet man auf Eierschachteln zusätzlich Informationen über

- die Güteklasse und die Gewichtsklasse,
- die Stückzahl,
- den letzten Verkaufstag: „Verkauf bis ...",
- die Aufbewahrung: „Bei Kühlschranktemperatur aufbewahren. Nach Ablauf des Mindesthaltbarkeitsdatums durcherhitzen",
- die Art der Legehennenhaltung.

Die Eier sind mit einem **Stempel** versehen, der einen Code für das Haltungssystem und den Erzeugerstaat sowie die Betriebs- und Stallnummer enthält.

Es gibt verschiedene Möglichkeiten der Legehennenhaltung (Käfig-, Boden- und Freilandhaltung).
Diskutieren Sie Für und Wider!

Eierstempel

Code für das Haltungssystem
0 = biologische Erzeugung (immer Freilandhaltung)
1 = Freilandhaltung
2 = Bodenhaltung
3 = Käfighaltung

Identifizierung des Betriebes

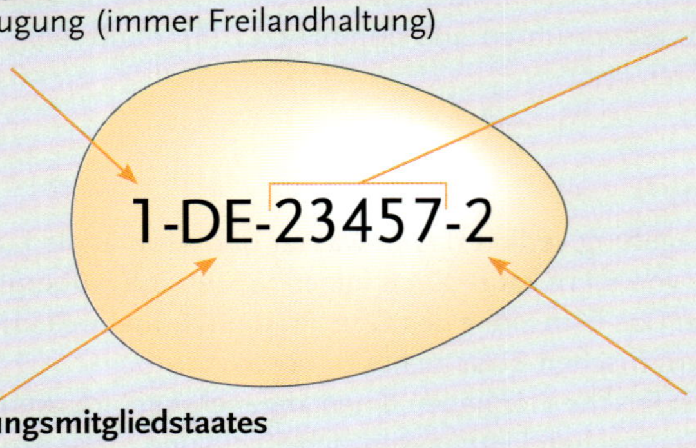

Stallnummer

Code des Registrierungsmitgliedstaates
DE = Deutschland
AT = Österreich
BE = Belgien
NL = Niederlande

Was steht auf dem Ei?
Geben Sie unter www.was-steht-auf-dem-ei.de die auf dem Ei angegebene Buchstaben- und Zahlenkombination ein, und Sie erhalten neben dem Namen und der Adresse aktuelle Bilder vom Legebetrieb, dem Stall und den Hühnern.

Eikonserven

Die Eier werden durch verschiedene Methoden haltbar gemacht. Die Verarbeitungshinweise sind der Verpackung zu entnehmen.

Trockeneiprodukte

- Die Eier werden pasteurisiert und getrocknet (Sprühtrocknung).
- Vollei und Eigelb sind als Pulver erhältlich, Eiklar wird pulverisiert und in kristalliner Form angeboten.
- Bei Bedarf werden sie mit Wasser gemischt. Das Verhältnis Eiprodukt zu Wasser beträgt bei
  - Vollei 1 : 3,
  - Eigelb 1 : 1,
  - Eiklar 1 : 9.
- Pulverisiertes Eiklar ist sofort aufschlagfähig, Eiklar in kristalliner Form benötigt eine längere Quellzeit.

Flüssigeiprodukte (pasteurisierte Eier)

- Die Eier werden durch Pasteurisieren haltbar gemacht.
- Sie sind als Vollei, Eiklar und Eigelb erhältlich.
- Sie eignen sich vor allem zur Herstellung von Produkten, die nach der Herstellung nicht mehr vollständig durcherhitzt werden.

Tiefkühleiprodukte

- Die Eier werden von der Schale befreit, pasteurisiert und anschließend tiefgekühlt.
- Sie sind als Vollei, Eigelb und Eiklar erhältlich.
- Die Tiefkühlkette darf bei diesen Produkten nie unterbrochen werden!

Arbeitsaufgaben

1. Beschreiben Sie den Aufbau des Hühnereies.
2. Erläutern Sie, wodurch sich die Zusammensetzung des Eiklars von der des Eigelbs unterscheidet.
3. Beschreiben Sie die Behandlung und Lagerung von Eiern.
4. Schildern Sie, wie lange Sie Eier ohne Qualitätsverlust lagern können.
5. Beschreiben Sie Methoden zur Überprüfung der Frische von Eiern.
6. Beschreiben Sie die Güte- und Gewichtsklassen von Eiern.
7. Nennen Sie Möglichkeiten der Eikonservierung.
8. Begründen Sie die Verwendung von pasteurisierten Eiern.

Notizen zu den Arbeitsaufgaben:

5 Milch und Milchprodukte

Unsere Vorfahren haben schon sehr früh den Wert der Milch erkannt. Im Alten Testament wird das Gelobte Land als das Land, in dem Milch und Honig fließen, beschrieben.

Milch und Milchprodukte sind wegen ihres Nährstoffgehalts besonders wertvolle Nahrungsmittel. Muttermilch ist für den Menschen und alle Säugetiere in der ersten Zeit nach der Geburt das einzige Lebensmittel. Sie enthält alle lebensnotwendigen Nährstoffe, damit der Körper aufgebaut und mit Energie versorgt werden kann, z. B. Kalzium für den Knochen- und Zahnaufbau, essenzielle Aminosäuren für den Aufbau der Körperzellen.

Unsere Ziele

Nach Bearbeitung dieses Teilkapitels werden Sie ...

- die Bedeutung der Milch für die menschliche Ernährung kennen;
- die Zusammensetzung und die Inhaltsstoffe der Milch kennen;
- über die Gewinnung von Milch und Milchprodukten informiert sein;
- die spezifischen Eigenschaften der Milchinhaltsstoffe kennen;
- über die Lagerbedingungen von Milch und Milchprodukten Bescheid wissen.

5.1 Milch

Unter Milch als Handelsware versteht man nur die Kuhmilch. Die Milch anderer Tiere darf nur mit deutlicher Kennzeichnung der Tierart, z. B. Ziegen-, Schaf- oder Stutenmilch, verkauft werden. In der Bäckerei und Konditorei wird ausschließlich Kuhmilch verwendet.

Zusammensetzung

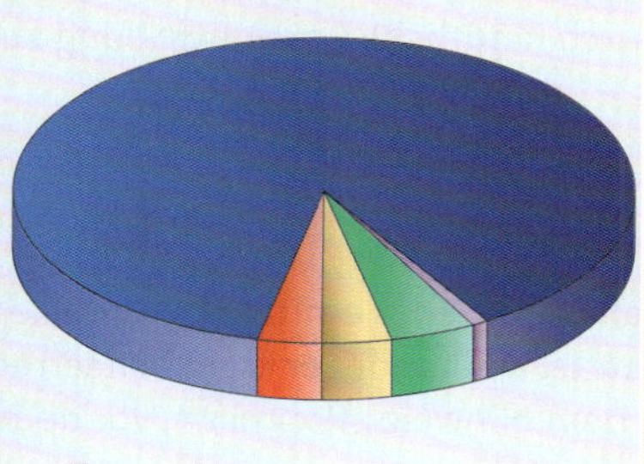

Inhaltsstoffe	Vollmilch
Kohlenhydrate (Milchzucker)	4,5 %
Fett	3,5 %
Eiweiß (80 % Kasein, 20 % Albumine und Globuline)	3,3 %
Wasser	87,0 %
Mineralstoffe (Ca, Mg, Na, K, P)	0,7 %
Vitamine (A, B_1, B_2, B_{12}, C, D, E, K)	in Spuren

Gewinnung

- **Melken:** Die Kühe werden zweimal täglich unter Beachtung der notwendigen Hygienemaßnahmen gemolken. Die Rohmilch wird sofort gekühlt und mit Milchtankwagen in die Molkerei geliefert.
- **Milchprüfung:** Im Molkereilabor werden der Gehalt an Inhaltsstoffen (Fett, Eiweiß, Wasser), der Gehalt an Mikroorganismen und an Hemmstoffen (Antibiotika), Geruch, Geschmack sowie das Aussehen der Milch untersucht.
- **Zentrifugieren (Separieren):** Mit einer Tellerzentrifuge (Schleudergerät zur Trennung von Flüssigkeiten) wird unter Ausnutzung der Schwerkraft das leichtere Milchfett von den schweren, wässrigen Milchteilen getrennt.
- **Standardisieren:** Der gewünschte Fettgehalt der Milchprodukte (z. B. Vollmilch mit 3,5 % Fett) wird erwirkt, indem man Magermilch und Rahm in einem bestimmten Verhältnis miteinander mischt. Der überschüssige Rahm wird weiterverarbeitet (z. B. zu Butter oder Schlagsahne).
- **Homogenisieren:** Die Milch wird durch feinste Düsen gepresst. Dabei werden die Fettkügelchen stark zerkleinert und gleichmäßig verteilt, das Aufrahmen wird verhindert. Die Milch schmeckt vollmundiger und ist leichter verdaulich.
- **Hitzebehandlung:** Um krankheitserregende Keime zu reduzieren oder abzutöten, wird die Milch einer Hitzebehandlung unterzogen. Dadurch wird auch die Haltbarkeit verlängert. Die häufigste Methode ist das Pasteurisieren. Nach dem Erhitzen wird die Milch sofort auf +4 bis +6 °C abgekühlt.
- **Abfüllen:** Die Milch wird maschinell abgefüllt.

Eigenschaften

Milchzucker

- Milchzucker kann nur durch Kefirkulturen in Kohlensäure und Alkohol oder durch Milchsäurebakterien in Milchsäure vergoren werden. Durch Backhefe wird Milchzucker nicht vergoren!
- Milchzucker hat nur geringe Süßkraft (siehe Kapitel Kohlenhydrate, Seite 26).

Milcheiweiß

Milcheiweiß ist biologisch hochwertig. Es besteht vor allem aus Albumin und Kasein, die unterschiedliche Eigenschaften haben:

- **Albumin** gerinnt ab 70 °C. Beim Erhitzen der Milch sammelt es sich an der Oberfläche und gerinnt (Hautbildung). Das Wasser bildet darunter Dampf und bringt so die Milch zum Überkochen. Durch Umrühren wird die Milchhaut zerstört, und die Milch kann nicht mehr so leicht überkochen.
- **Kasein** gerinnt durch Milchsäure oder das Enzym Lab (im Kälbermagen vorhanden). Es flockt aus und wird als Klümpchen sichtbar (beim Sauerwerden bzw. Dicklegen der Milch, ist bei der Quark- und Käseherstellung von Nutzen).

Wussten Sie, dass ...
Milch und Milchprodukte die wichtigsten Kalziumquellen für den Menschen sind?

Von der Rohmilch zur Trinkmilch

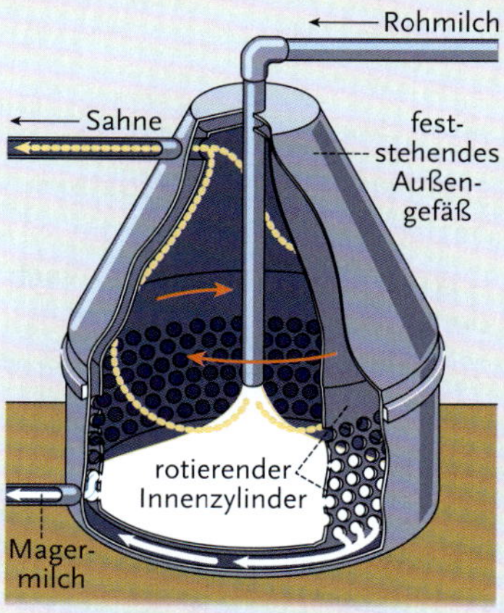

Zentrifugieren: Die Trennung von Magermilch und Rahm wird auch als **Separieren** bezeichnet.

Homogenisieren

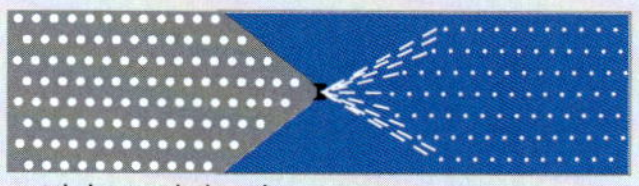

Milch wird durch enge Düsen gepresst. So werden die Fetttröpfchen zerkleinert.

Hitzebehandlung

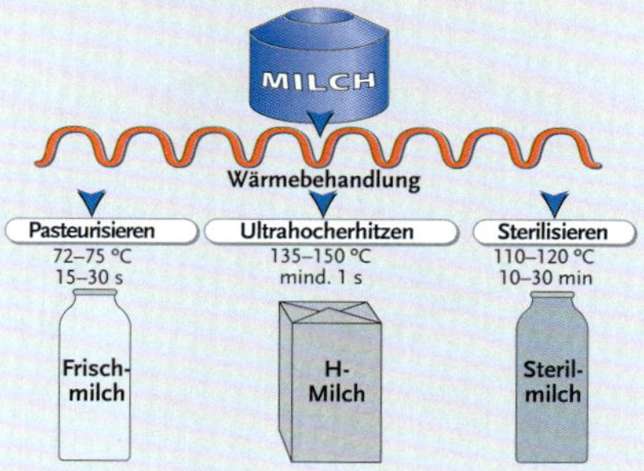

Wussten Sie, dass ...
Albumin auch für das Anbrennen der Milch beim Erhitzen verantwortlich ist? Es brennt sich am Geschirrboden fest. Daher sollte man das Geschirr vorher mit kaltem Wasser ausspülen.

Wussten Sie, dass ...
vor allem bei kleinen Kindern allergische Reaktionen auf Eiweißstoffe in der Milch auftreten können? Deswegen soll Kuhmilch nicht vor dem 13. Lebensmonat verabreicht werden.

Wissenswertes dazu

- Das auf der Verpackung angegebene Haltbarkeitsdatum bezieht sich immer auf die ungeöffnete Verpackung. Nach dem Öffnen ist auch H-Milch im Kühlschrank aufzubewahren und innerhalb weniger Tage zu verbrauchen.
- Je nach Kühlschranktemperatur kann die Haltbarkeit auch im geöffneten Zustand deutlich verlängert werden. Eine Absenkung der Kühltemperatur von 7 auf 5 °C kann die mikrobielle Stabilität zusätzlich um einige Tage verlängern.

Milchpulverherstellung

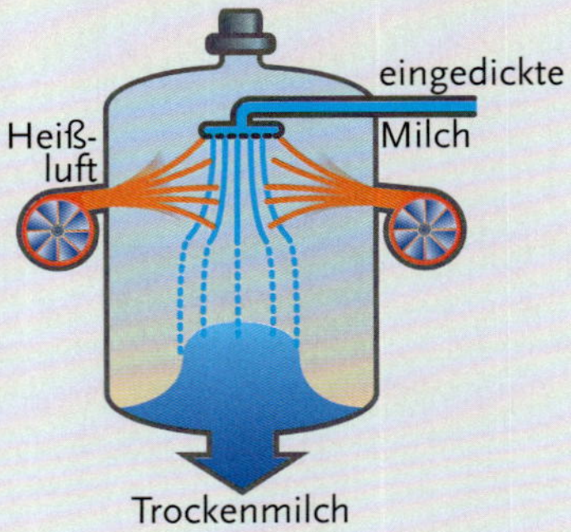

? Haltbarmachung von Milch siehe Physikalische Konservierungsmethoden, Seite 194.

Wussten Sie, dass ...
Bifidusmilch einen hohen Anteil an rechtsdrehender Milchsäure hat? Diese kann vom Körper rasch aufgenommen und verwertet werden.

Milchfett

Es ist in der Milch als Emulsion verteilt. Milchfett ist leicht verdaulich und hat einen breiten Schmelzbereich (10 bis 36 °C). Innerhalb dieses Schmelzbereichs ist Milchfett weich, darunter fest, darüber flüssig. Je flüssiger das Milchfett, desto intensiver der Geschmack.

Lagerung

- Kühl bei maximal +6 °C.
- Verschlossen aufbewahren, damit die Milch keine Fremdgerüche annehmen kann und lichtempfindliche Vitamine nicht zerstört werden.
- Bei Sauermilchprodukten (z. B. Joghurt) kann es durch natürliche Gasentwicklung zu einer Wölbung der Behälter kommen.

Handelsformen

Milch wird selten als **Rohmilch** (3,5 bis 5 % Fettgehalt), die weder erhitzt noch molkereimäßig bearbeitet wird, verkauft. Sie darf wegen eventuell vorhandener krankheitserregender Mikroorganismen nur direkt vom Bauern mit dem Hinweis „Rohmilch, vor dem Verzehr abkochen" abgegeben werden.

Auch **Vorzugsmilch** (3,5 bis 4 % Fettgehalt) wird unerhitzt angeboten. Sie erreicht unter strengen Kontrollen und Hygienemaßnahmen die Läden. Für Schwangere, Säuglinge, Kranke und Menschen mit geschwächter Immunabwehr sollte man Vorzugsmilch immer abkochen.

Bezeichnung	Fettgehalt	Charakteristika und Verwendung
Vollmilch	mind. 3,5 %	▪ Für Teige, Massen, Krems, Mixgetränke und als Trinkmilch
Landmilch	mind. 3,8 %	▪ Für Mixgetränke und als Trinkmilch
Fettarme Milch (teilentrahmte Milch)	1,5–1,8 %	▪ Als Trinkmilch
Magermilch (entrahmte Milch)	max. 0,3 %	▪ Für Ernährungsbewusste
H-Milch (fettarm, entrahmt)	unterschiedlich	▪ Milch wird durch Ultrahocherhitzen haltbar gemacht ▪ Ungekühlt 8–12 Wochen haltbar, nach dem Öffnen rasch verbrauchen ▪ Zur Vorratshaltung; Verwendung wie Voll- und Magermilch
Kondensmilch	mind. 7,5 %	▪ Milch wird im Vakuum auf ein Drittel eingedickt, abgefüllt und sterilisiert ▪ Zum Aufhellen von Kaffee
Milchpulver ▪ Vollmilchpulver ▪ Magermilchpulver	unterschiedlich	▪ Gewinnung durch Eindicken von Voll- oder Magermilch und anschließende Sprüh- oder Walzentrocknung ▪ Trocken, bei Zimmertemperatur lagern ▪ Bei Bedarf in Wasser auflösen (ca. 120 bis 150 g Pulver pro Liter Wasser) oder trocken mit Mehl, Zucker usw. versieben
Sauermilchprodukte ▪ Sauermilch ▪ Buttermilch ▪ Bifidusmilch ▪ Kefir ▪ Joghurt	unterschiedlich	▪ Milch wird mit Bakterienkulturen (Milchsäurebakterien, Joghurt- und Kefirkulturen ...) geimpft und anschließend wärmebehandelt, um den Reifungsprozess zu fördern. Die Produkte werden teilweise dick gelegt (siehe Quarkgewinnung). ▪ Sauermilchprodukte haben eine flüssige, kremige oder stichfeste Konsistenz ▪ Für Teige, Krems, Milchmixgetränke

5.2 Sahne (Rahm)

Sahne ist ein sehr fettreiches Milchprodukt, das in verschiedenen Fettstufen und auch in gesäuerter Form (saure Sahne) angeboten wird.

Zusammensetzung

Inhaltsstoffe	Süße Sahne	Kaffeesahne	Saure Sahne
Kohlenhydrate (Milchzucker)	3,2 %	3,6 %	3,3 %
Fett	30,0 %	20,0 %	10,0 %
Eiweiß	2,5 %	2,8 %	3,1 %
Wasser	63,8 %	73,0 %	82,2 %
Mineralstoffe, Vitamine	0,5 %	0,6 %	1,4 %

Gewinnung

- Sahne wird durch **Abschöpfen (Abrahmen)** nicht homogenisierter Milch oder durch **Zentrifugieren** (gängigste Art) gewonnen (siehe Milchgewinnung).
- **Standardisieren** des Fettgehalts.
- **Reifezeit:** Nach ca. 24 Stunden ist die Sahne schlagfähig.

Gewinnung durch Abschöpfen

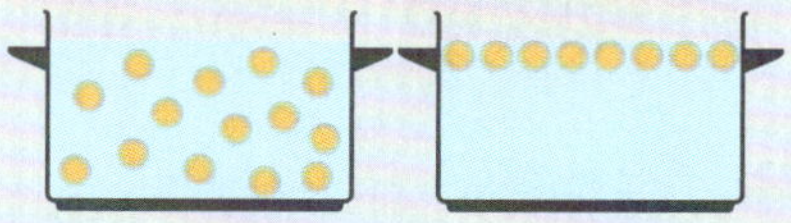

Ursprünglich sind die Fetttröpfchen im Milchserum verteilt

Nach 24 Stunden: Die Fetttröpfchen sammeln sich an der Oberfläche

Eigenschaften

- Sahne hat einen feinen, vollmundigen Geschmack.
- Ab einem bestimmten Fettgehalt (ca. 30 %) ist Sahne schlagfähig.
- Geschlagene Sahne ist begrenzt formbar (dressierfähig) und standfest. Zucker, Gelatine, Kakaobutter u. Ä. erhöhen die Standfestigkeit.
- Kaffeesahne ist wegen des geringen Fettgehalts nicht schlagfähig.
- Sahne kann durch Zusatz von Milchsäurebakterien gesäuert werden, dadurch verändern sich Haltbarkeit, Geschmack und Konsistenz (saure Sahne). Saure Sahne wird häufig zur Herstellung verschiedener Saucen, Kuchen, Marinaden und Speisen verwendet.

! Schlagsahne nimmt beim Schlagen bis zu 40 % an Volumen zu.

Lagerung

- Kühl lagern bei +4 °C oder tiefkühlen bei –18 °C.
- Verschlossen aufbewahren, damit Sahne keine Fremdgerüche annehmen kann.

! Schlagsahne verliert durch Einfrieren an Schlagfähigkeit. Diese kann jedoch durch Pasteurisieren und Homogenisieren wiederhergestellt werden.

Handelsformen

Bezeichnung	Fettgehalt	Charakteristika und Verwendung
Schlagsahne **H-Schlagsahne**	mind. 30 %	■ Wegen des niedrigeren Fettgehaltes geringere Schlagfähigkeit ■ Für Krems, als Beigabe, Dekor … ■ H-Schlagsahne zur Vorratshaltung
Schlagsahne extra	mind. 36 %	■ Durch den höheren Fettgehalt besser aufzuschlagen ■ Höhere Standfestigkeit
Kaffeesahne **H-Kaffeesahne**	mind. 10 %	■ Nicht schlagfähig ■ Zum Aufhellen von Kaffee ■ H-Kaffeesahne zur Vorratshaltung
Saure Sahne	10–15 %	■ Sahne wird durch Zugabe von Milchsäurebakterien gesäuert. Dadurch verändern sich die Konsistenz, der Geschmack und die Haltbarkeit. ■ Für Saucen, Dressings, Speisen …
Crème fraîche	30–40 %	■ Sehr fettreiche saure Sahne
Crème double	mind. 40 %	■ Verwendung wie saure Sahne
Schmand	20–29 %	

Butter in Bäckereierzeugnissen bürgt für Qualität.

Fettanteil und Fettsäurezusammensetzung der Butter

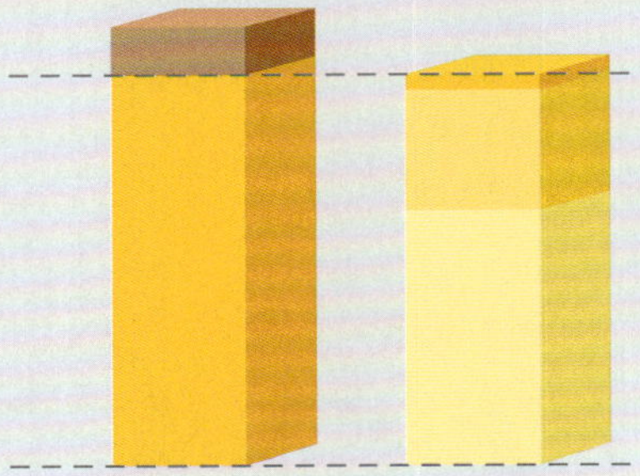

- 11 % Glyzerin
- 89 % Fettsäuren
  - 4 % mehrfach ungesättigte Fettsäuren
  - 31 % einfach ungesättigte Fettsäuren
  - 65 % gesättigte Fettsäuren

Vom Rahm zur Butter

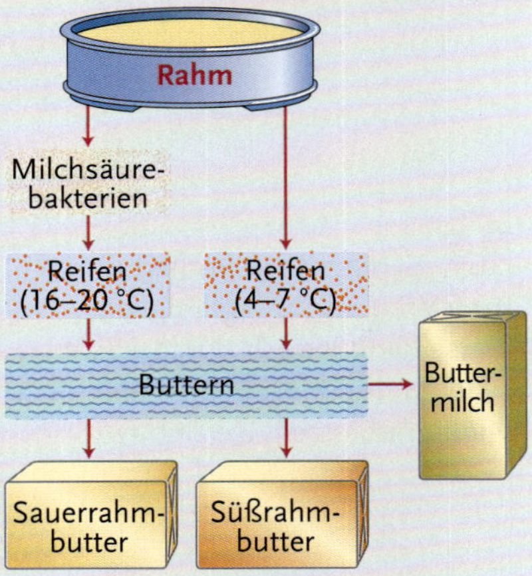

Wussten Sie, dass …
warm gereifte Butter streichfähiger ist als kalt gereifte?

Butter wird bei unsachgemäßer Lagerung gelb, ranzig sowie schmierig und schmeckt seifig.

5.3 Butter

Der feine, unnachahmliche Geschmack von Butter bestimmt die Charakteristik vieler Bäckereiprodukte. Einige dieser Erzeugnisse tragen auch in ihrer Bezeichnung das Wort Butter, z. B. Butterhörnchen, Buttercroissant, Buttergebäck, Butterkrem usw.

Zusammensetzung

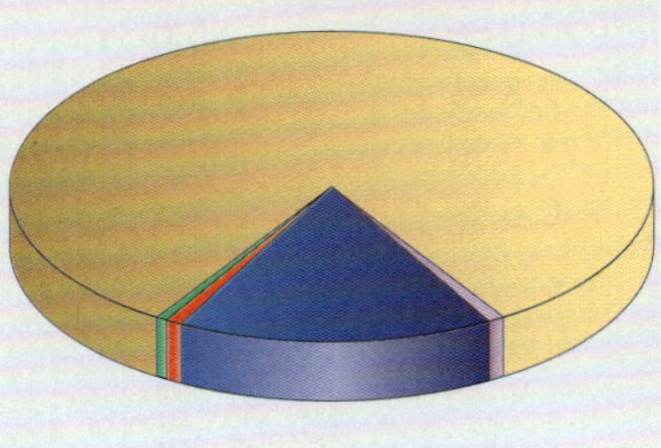

Inhaltsstoffe	Prozent
Kohlenhydrate (Milchzucker)	0,7 %
Fett	82,0 %
Eiweiß	0,7 %
Wasser	16,0 %
Mineralstoffe (Na, K, P …)	0,6 %
Vitamine (A, D, E, K …)	in Spuren

Gewinnung

Zur Herstellung von 1 000 g Butter werden rund 23 Liter Vollmilch benötigt.

- **Zentrifugieren:** Rohmilch wird in Rahm und Magermilch getrennt (siehe Milch).
- **Hitzebehandlung:** Rahm mit einem Fettgehalt von ca. 40 % wird einige Sekunden auf ca. 105 °C erhitzt. Dabei werden schädliche Mikroorganismen abgetötet und Eiweiß und Fett spaltende Enzyme inaktiviert. Anschließend wird der Rahm rasch auf +4 °C abgekühlt. Nach sechs bis acht Stunden Kühlzeit werden Süßrahm- und Sauerrahmbutter unterschiedlich hergestellt.
- **Süßrahmbutter:** Der Rahm bleibt unbehandelt und wird bis zu 20 Stunden kühl gelagert, damit sich ausreichend Fettkristalle bilden können.
- **Sauerrahmbutter:** Der Rahm wird mit speziellen Milchsäurebakterien (Buttereikulturen) versetzt. Die Reifung erfolgt unter Rühren 10–18 Stunden lang. Bei der **Kaltreifung** beträgt die Temperatur 12–14 °C, bei der **Warmreifung** anfänglich 16–18 °C, anschließend 12–14 °C. Dabei entsteht das typische Butteraroma.
- **Buttern:** Rahm wird im Butterfertiger (in rotierenden Stahltrommeln) so lange gerührt, bis sich das Milchfett vereint **(Butterkorn)** und von der Buttermilch trennt. Das Eiweiß bleibt großteils in der Buttermilch.
- **Kneten, Formen** und **Verpacken:** Nach dem Ablassen der Buttermilch wird die Butter geknetet, anschließend geformt und verpackt.

Eigenschaften

- **Schmelzverhalten:** Die Schmelzeigenschaften von Butter hängen von der Zusammensetzung der Fettsäuren ab. Butter ist bei +4 bis +6 °C fest, ab ca. 30 °C flüssig und dazwischen weich.
- **Wassergehalt:** Durch den hohen Wassergehalt ist Butter als Siedefett ungeeignet.
- **Erhitzbarkeit:** Die Kohlenhydrate und die Eiweißstoffe in der Butter verändern durch Hitzeeinwirkung ihre Eigenschaften (Maillard-Reaktion). Bei Temperaturen zwischen 110 und 140 °C entstehen geschmacksstoffreiche Verbindungen, bei höherer Erhitzung jedoch Verbrennungsprodukte. Die Butter beginnt ab ca. 150 °C zu rauchen. Deshalb wird zum höheren Erhitzen Butterschmalz verwendet.

Lagerung

- Kühl (+4 bis +6 °C) und lichtgeschützt aufbewahren, da Mikroorganismen den Fettabbau (Abspaltung der Fettsäuren) verursachen und Lichteinstrahlung den Fettverderb durch Oxidation (Ranzigwerden) fördert.
- Verschlossen aufbewahren, damit die Butter keine Fremdgerüche annehmen kann.
- Butter ist bei +4 bis +6 °C drei Monate, tiefgekühlt (–18 °C) bis zu sechs Monaten haltbar.
- Butterreinfett ist bei 0 bis +5 °C bis zu drei Jahren haltbar.

Handelsformen

Bezeichnung	Charakteristika und Verwendung
Deutsche Markenbutter	■ Süß- oder Sauerrahmbutter von erster Qualität ■ Als Streichbutter, für Teige, Massen, Krems, die kalte Küche …
Deutsche Molkereibutter	■ Verarbeitungsbutter von geringer Qualität ■ Für Teige, Massen, zum Kochen …
Kräuterbutter	■ Butter mit Kräuter- und Salzzusatz ■ Für die warme und die kalte Küche
Halbfettbutter	■ Butter mit einem Milchfettgehalt von mindestens 39 % und maximal 41 % ■ Als Streichbutter
Butterreinfett	■ Wird durch Kochen (Ausschmelzen) von Butter gewonnen ■ Reines Milchfett, besteht aus mind. 99,3 % Fett, max. 0,5 % Wasser und 0,2 % fettfreier Trockenmasse ■ Intensiverer Geschmack, lange haltbar ■ Für Teige, Massen, als Siedefett …

Butterreinfett kann höher erhitzt werden, da es keine Eiweiß-, Kohlenhydrat- und Wasserbestandteile enthält. Diese werden bei der Gewinnung entfernt.

5.4 Quark, Frischkäse

Quark zählt zu den ältesten Käsesorten der Welt und ist wegen seiner vielseitigen Verwendungsmöglichkeiten ein beliebter Rohstoff in der Bäckerei. Er wird zur Herstellung von Broten, Gebäck, Snacks, Aufstrichen usw. verwendet.

Wussten Sie, dass …
Nomaden bereits vor 9 000 Jahren Milchwirtschaft mit Schafen und Ziegen betrieben haben? Sie stellten wahrscheinlich den ersten Käse her, einen aus Sauermilch gewonnenen Quark.

Zusammensetzung

Quark wird in unterschiedlichen Fettstufen angeboten. Der Fettgehalt des Quarks wird als Fettgehalt in der Trockenmasse (Fett i. Tr.) in Prozent angegeben. Die **Trockenmasse** besteht aus **Kohlenhydraten, Fett** und **Eiweiß** – sie enthält kein Wasser.

Inhaltsstoffe Speisequark	Magerstufe	Halbfettstufe	Fettstufe
Kohlenhydrate (Milchzucker)	3,9 %	3,6 %	3,2 %
Fett	0,4 %	4,4 %	10,3 %
Eiweiß	12,2 %	10,8 %	9,0 %
Wasser	80,7 %	79,6 %	76,0 %
Mineralstoffe, Vitamine	2,8 %	1,6 %	1,5 %

Speisequark ist nach der Käseverordnung ein Frischkäse. Er muss in der Magerstufe mindestens 18 % Trockenmasse und 12 % Eiweiß enthalten. Die **Käseverordnung (KäseV)** können Sie unter www.gesetze-im-internet.de downloaden.

Grundregel zum Berechnen des Fettanteils im Käse

$$\frac{\text{Trockenmasse x Fettgehalt in der Trockenmasse}}{100} = \text{Gesamtfettgehalt in \%}$$

Beispiel: 100 g Speisequark enthalten 43 % Fett i. Tr., TM = 24 %.

$$\frac{24\,\%\ \text{x}\ 43\,\% = 10\,\%}{100}$$

In 100 g Speisequark sind 10,3 g Fett enthalten.

Gewinnung

- **Vorbereiten der Milch:** Die Milch wird auf den gewünschten Fettgehalt eingestellt und pasteurisiert.
- **Dicklegen:** Durch Zusatz von Milchsäurebakterien (Säureweckern) oder des Enzyms Lab gerinnt das Kasein der Milch zu einer Gallerte.
- **Flüssigkeit abscheiden:** Die Gallerte wird in kleine Stücke geschnitten – es entsteht der **Quarkbruch.** Dieser wird durch Pressen von der Molke getrennt, passiert (Ausnahme: Cottage-Cheese), bei Bedarf mit Rahm angereichert und rasch auf +4 °C abgekühlt, um eine weitere Säuerung zu verhindern.

Käseharfe

Gallerte = eine halbfeste, gelatineartige Masse.

Molke = eine äußerst vitamin- und mineralstoffreiche, fast fettfreie, gesunde Flüssigkeit.

Wussten Sie, dass ...
fettarme Käsesorten, wie Quark und Sauermilchkäse, den höchsten Eiweißgehalt haben?

Fettstufe	Fett. i. Tr. in %	Fettgehalt in %			
		Hartkäse	Schnittkäse	Weichkäse	Frischkäse
Doppelrahm	60–87	≥ 42	≥ 36	≥ 30	≥ 18
Rahm	≥ 50	≥ 35	≥ 30	≥ 25	≥ 15
Vollfett	≥ 45	≥ 32	≥ 27	≥ 23	≥ 14
Fett	≥ 40	≥ 28	≥ 24	≥ 20	≥ 12
Dreiviertelfett	≥ 30	≥ 21	≥ 18	≥ 15	≥ 9
Halbfett	≥ 20	≥ 14	≥ 12	≥ 10	≥ 6
Viertelfett	≥ 10	≥ 7	≥ 6	≥ 5	≥ 3
Mager	< 10	< 7	< 6	< 5	< 3

Käseherstellung

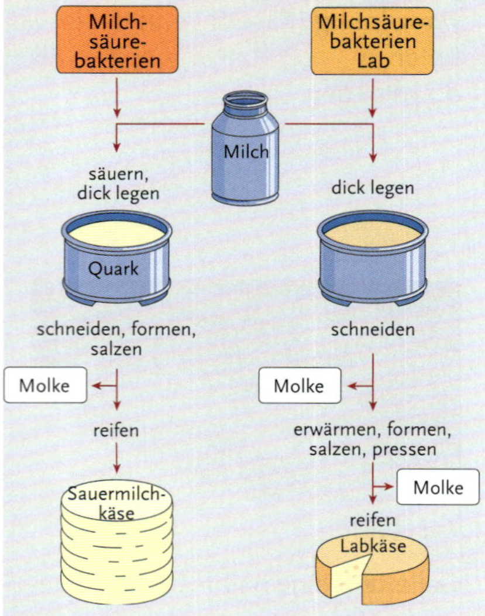

Paraffin = wachsähnlicher Stoff.

Eigenschaften

- Quark ist bei entsprechendem Fettgehalt **kalorienarm** und liefert dem Körper wertvolles Eiweiß.
- Quark hat einen **neutralen Geschmack** und eignet sich daher sowohl für süße als auch für pikante Speisen.
- Quark hat einen **hohen Wasseranteil.** Die frei werdende Wassermenge muss bei der Verarbeitung teilweise gebunden werden, z. B. durch Beigabe von Krempulver.

Lagerung

- Kühl (+4 bis +6 °C) und verschlossen aufbewahren, um eine Übersäuerung zu verhindern.
- Quark kann bis zu einem Jahr tiefgekühlt werden.

Handelsformen

Bezeichnung	Fettgehalt	Charakteristika und Verwendung
Magerstufe	10 % Fett i. Tr.	Für Diätprodukte und Ernährungsbewusste
Halbfettstufe	20 % Fett i. Tr.	Für Krems, Füllungen, Teige, kalte Küche
Fettstufe	40 % Fett i. Tr.	

5.5 Käse

Käse wird zum größten Teil aus Kuhmilch hergestellt. Es gibt aber auch Schaf-, Ziegen- und Büffelmilchkäse. Für 1 000 g Käse werden acht bis dreizehn Liter Milch benötigt.

Zusammensetzung

Käse setzt sich aus der Trockenmasse (siehe Quark) und Wasser zusammen. Der Anteil der Trockenmasse bestimmt die Konsistenz des Käses. Je höher der Trockenmasseanteil, desto härter ist ein Käse. Je geringer der Anteil, desto weicher ist er.

Fett in der Trockenmasse – Fett i. Tr.
Während der Käsereifung verdunstet laufend Wasser. Das Gewicht des Käses ändert sich. Die Trockenmasse bleibt annähernd konstant. Aus diesem Grund wird der Fettgehalt in Prozent der Trockenmasse angegeben.

Gewinnung

- **Käsebruch:** Nach dem Dicklegen der Milch (siehe Quark) wird die Gallerte je nach Käsesorte in grobe oder feine Stücke geschnitten (Käseharfe). Je kleiner die Stücke, desto fester wird der Käse. Verschiedene Zusätze, wie Gewürze, Schimmelpilz- oder Bakterienkulturen, beeinflussen den Geschmack und Charakter des Käses.
- **Formen und pressen:** Der Bruch wird erwärmt, in Formen gefüllt und gepresst.
- **Salzen:** Anschließend wird der Bruch im Salzbad behandelt. Salz entzieht teilweise das Wasser, wodurch der Käse fester und haltbarer, die Rinde härter und der Geschmack intensiver wird.
- **Reifen:** Käse muss je nach Sorte einige Tage bis mehrere Monate bei einer bestimmten Temperatur und Luftfeuchtigkeit reifen. Manche Käsesorten werden mehrmals gewendet und abgerieben. Durch die Tätigkeit von Bakterien, Hefen und Schimmelpilzen erhält der Käse seine Aromastoffe und Struktur (Konsistenz, Lochung und Rinde). Die Reifung entfällt bei Frischkäsesorten.
- **Verpacken:** Käse wird je nach Sorte mit Paraffin, Wachs oder Kunststoff beschichtet oder in Alufolie verpackt. Frischkäse wird meist in Kunststoffbecher gefüllt.

Eigenschaften

- Jede Käsesorte hat einen charakteristischen Geruch und Geschmack.
- Die Festigkeit von Käse ist vom Wasser- und Fettgehalt, vom Reifegrad und von der Temperatur abhängig und beeinflusst die Schnittfähigkeit.

Lagerung

- Kühl (+4 bis +6 °C), verschlossen und lichtgeschützt aufbewahren, um ein Austrocknen und Aromaverlust zu vermeiden.
- Je höher der Trockenmasseanteil, desto länger ist der Käse haltbar. Hartkäse ist demnach am längsten (mehrere Wochen) genießbar. Frischkäse sollte so bald wie möglich verzehrt werden, Schmelzkäse ist mehrere Monate haltbar.
- Schnittflächen am besten mit Alufolie (bei Edelschimmelkäse) oder Frischhaltefolie (bei Hart- und Schnittkäse) abdecken.

Handelsformen

Bezeichnung	Käsesorten	Charakteristika und Verwendung
Frischkäse	Quark, Gervais, Mascarpone, Schichtkäse, Cottage-Cheese ...	■ Wird meist durch Milchsäuregerinnung hergestellt ■ Kein Reifungsprozess ■ Für Backwaren, Krems, kalte Küche
Labkäse ■ Hartkäse	Emmentaler, Parmesan, Bergkäse ...	■ Wird durch Labgerinnung hergestellt ■ Lange Reifezeit
■ Schnittkäse	Edamer, Gouda, Raclette, Grün- und Blauschimmelkäse, Butterkäse, Tilsiter, Mondseer ...	■ Schimmelkulturen entwickeln sich bei Schnittkäse im Käseinneren ■ Weichkäsesorten reifen von außen nach innen
■ Weichkäse	Camembert, Brie, Romadur, Schlosskäse ...	■ Für Käsemürbeteige, für die warme und die kalte Küche
Sauermilchkäse	Harzer Käse, Graukäse, Kochkäse, Steirerkäse ...	■ Wird durch Milchsäuregerinnung hergestellt ■ Ist fast fettfrei ■ Intensiver Geruch und Geschmack ■ Für die kalte Küche
Schmelzkäse	Aus verschiedenen Käsesorten	■ Käse wird zerkleinert, mit Schmelzsalzen versetzt, geschmolzen, heiß geformt und verpackt ■ Für Käseteige und die kalte Küche

Arbeitsaufgaben

1. Zählen Sie die Inhaltsstoffe der Vollmilch auf.
2. Beschreiben Sie, wie aus Rohmilch Trinkmilch gewonnen wird.
3. Erklären Sie die unterschiedliche Wirkung der Milcheiweißstoffe.
4. Erläutern Sie, wodurch Milchzucker vergoren werden kann.
5. Erklären Sie die Begriffe Homogenisieren und Pasteurisieren.
6. Beschreiben Sie die Herstellung und Verwendung von Milchpulver.
7. Erklären Sie die Verarbeitung von Schlagsahne.
8. Nennen Sie die Unterschiede von Süßrahm- von Sauerrahmprodukten.
9. Beschreiben Sie die Herstellung von Butter.
10. Begründen Sie, warum Butterschmalz als Siedefett geeignet ist.
11. Erklären Sie die Quarkgewinnung.
12. Beschreiben Sie die Erzeugung von Hartkäse.
13. Erklären Sie, was passiert, wenn der Käsebruch nach dem Abfüllen stark gepresst wird.
14. Erklären Sie die unterschiedliche Herstellung von Labkäse, Sauermilchkäse, Schimmelkäse und Frischkäse.
15. Beschreiben Sie die fachgerechte Lagerung von Milch und Milchprodukten.

Alle Käsesorten (außer Frischkäse) müssen temperiert werden, damit sich der Geschmack besser entfalten kann. Deshalb sollten sie ca. ein bis zwei Stunden vor dem Verzehr aus dem Kühlschrank genommen werden.

Wie kommen die Löcher in den Käse?

- Runde Löcher entstehen durch die Bildung von Gasen. Bei der Reifung des Emmentalers beispielsweise vergären Propionsäurebakterien die Milchinhaltsstoffe in Propion- und Essigsäure bzw. Kohlendioxid.
- Eine unregelmäßige Bruchlochung (wie z. B. beim Tilsiter oder bei Weichkäsen) entsteht, wenn der Bruch nach dem Abfüllen nicht gepresst wird und dadurch Luft eingeschlossen bleibt. Wird der Bruch gepresst, entsteht entweder eine geschlitzte Lochung, oder es bilden sich gar keine Löcher.
- Blauschimmelkäse werden angestochen, damit Luft in das Innere treten kann. Erst dadurch kann sich der Blauschimmel voll entfalten.

Notizen zu den Arbeitsaufgaben:

6 Speisefette

Fette können rein tierisch, rein pflanzlich oder eine Mischung aus tierischem und pflanzlichem Fett sein. Sie liegen als reines Fett oder als Emulsion vor und sind je nach ihrem Gehalt an gesättigten oder ungesättigten, langkettigen oder kurzkettigen Fettsäuren bei Zimmertemperatur fest, halbfest oder flüssig.

Fette als Backzutaten beeinflussen die Beschaffenheit und Lockerung von Teigen und Massen und begünstigen die Frischhaltung der Gebäcke. Fette sind nicht nur Geschmacksstoffträger, sie geben einigen Backwaren auch ihren charakteristischen Geschmack, z. B. Butterteiggebäcken.

Fette finden in der Bäckerei in vielen Bereichen und in vielen Formen Anwendung, z. B. als Milchfett (Butter), Margarine, Pflanzenöle oder Trennfette. Spezielle Kenntnisse der unterschiedlichen Zusammensetzung und der Eigenschaften der vielen Fettarten sind Voraussetzung, um die Fette gezielt einsetzen zu können.

Unsere Ziele

Nach Bearbeitung dieses Teilkapitels werden Sie ...

- wissen, welche Speisefette in der Bäckerei verwendet werden;
- über die Gewinnung von Speisefetten unterrichtet sein;
- über die Eigenschaften der verschiedenen Speisefette Bescheid wissen;
- wissen, was Sie im Umgang mit Siedefetten beachten müssen;
- über Trennfette informiert sein;
- die Verwendung und Lagerbedingungen von Speisefetten kennen.

6.1 Arten

Butter

Butter ist ein Emulsionsfett. Sie ist geschmacklich der Margarine vorzuziehen, egal ob als Backzutat für Feine Backwaren oder als Bestandteil von Krems und Füllungen. Für bestimmte Verwendungszwecke, z. B. das Tourieren von Blätter- und Plunderteigen, ist Butter wegen ihrer Schmelzeigenschaften nur bedingt einsetzbar.

In Deutschland gibt es viele Bäckereiprodukte, deren Fettanteil ausschließlich aus Butter bestehen darf. Die Eigenschaften von Butter sind mit denen der Margarine vergleichbar.

Zusammensetzung, Gewinnung, Eigenschaften und Lagerung von Butter siehe Kapitel Milch und Milchprodukte, Seite 128.

§ Leitsätze für Feine Back- und Konditorwaren finden Sie unter www.bmel.de zum Downloaden.

Schweineschmalz

Schweineschmalz wird durch Ausschmelzen des Fettgewebes gewonnen. Es ist weiß und körnig, es schmeckt und riecht angenehm. Reines Schweineschmalz ist lange haltbar, wenn es trocken und kühl aufbewahrt wird.

Verwendung: zur Herstellung von Laugen- und Weizenkleingebäck, als Siedefett.

! Ausgeschmolzene Fette haben einen sehr niedrigen Wassergehalt (ca. 0–1 %). Sie eignen sich als Siedefette, wenn der Anteil an ungesättigten Fettsäuren gering ist.

Rindertalg, Fischöle, Waltran, Gänseschmalz

Diese Fette werden durch Ausschmelzen oder Pressen des Körperfettes gewonnen.

Verwendung: zur Herstellung von Margarinen, Spezialfetten und diätetischen Lebensmitteln.

Pflanzenöle

Herkunft

Pflanzenöle werden aus den fetthaltigen Früchten und Samen von Ölfrüchten gewonnen. Ölhaltige Pflanzen gedeihen in warmen und sonnigen Gebieten besonders gut. Je intensiver die Sonnenbestrahlung ist, desto mehr Fett kann die Pflanze bilden. Pflanzenöle haben einen sehr hohen Anteil an ungesättigten und mehrfach ungesättigten Fettsäuren und sind deshalb für die Ernährung besonders wertvoll.

Fettbildung in der Pflanze siehe Kapitel Fette (Lipide), Seite 30.

Gewinnung

Pflanzenöle werden in Ölmühlen durch Auspressen oder Extraktion von ölhaltigen Früchten oder Samen bzw. durch eine Kombination der beiden Verfahren gewonnen.

- **Auspressen:** Die gereinigten Ölfrüchte werden auf ca. 70 °C erhitzt, zerquetscht und durch Schneckenpressen (Fleischwolfprinzip) ausgepresst. Der verbleibende Presskuchen enthält noch sehr viel Öl, sodass der Vorgang des Zerkleinerns und Auspressens wiederholt wird. Das restliche Öl kann durch Extrahieren herausgeholt werden. Bei **kaltgepresstem Öl** entfällt das Erhitzen. Dadurch werden die Fettinhaltsstoffe geschont, jedoch sind die Ausbeute und Haltbarkeit wesentlich geringer.
- **Extrahieren:** Auch bei diesem Verfahren wird die Ölsaat zerkleinert. Dann wird das Öl mit Lösungsmitteln fast vollständig herausgelöst. Das Lösungsmittel wird im Anschluss durch Destillation wieder vom Öl getrennt.
- **Raffinieren:** Die so gewonnenen Öle müssen gereinigt (raffiniert) werden, um pflanzliche Verunreinigungen und freie Fettsäuren, die Farbe, Geschmack, Geruch und Haltbarkeit beeinträchtigen würden, zu entfernen. Die Raffination erfolgt in drei Stufen:
  - **Neutralisieren und entschleimen:** Ölbegleitende Stoffe (Lezithin, freie Fettsäuren) und Schleimstoffe werden vom Wasser gebunden und durch Zentrifugieren vom Öl getrennt.
  - **Entfärben:** Unerwünschte Farbstoffe werden durch nochmalige Reinigung und Filterung entfernt.
  - **Dämpfen:** Unerwünschte Geruchs- und Geschmacksstoffe werden durch heißen Wasserdampf, der unter Vakuum durch das Öl geblasen wird, entfernt Diesen Vorgang bezeichnet man auch als **Desodorieren**.

Speiseöl- und Speisefettgewinnung

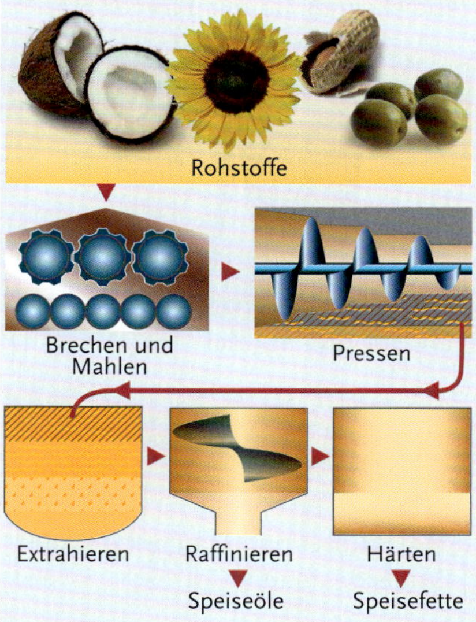

Erinnern Sie sich noch:
In welchen Stoffen sind Fette löslich?

- **Härten:** Durch die Härtung der Fette und Öle kann der Schmelzbereich genau an die Verarbeitungserfordernisse angepasst werden. Dabei wird der Anteil an gesättigten Fettsäuren größer, und der Anteil an ungesättigten Fettsäuren nimmt ab. Es entstehen teil- und vollgehärtete Fette.

➡ Umesterung und Hydrierung siehe Kapitel Fette (Lipide), Seite 30.

Fette mit maßgeschneidertem Schmelzbereich können durch verschiedene Verfahren hergestellt werden:

Verfahren	Charakteristika
Fraktionierung	Flüssige Öle bzw. weiche Fette bestehen zum Teil aus festen Fettfraktionen. Diese werden von den flüssigen Bestandteilen durch Kühlen und Auspressen getrennt, z. B. Tourierbutter.
Umesterung	Austausch der Fettsäuren, z. B. Margarine
Hydrierung	Wasserstoffanlagerung, z. B. gehärtetes Erdnussfett als Siedefett

Kopra = getrocknetes Fruchtfleisch der Kokosnuss.

Kürbiskernöl, Distelöl, Weizenkeimöl

Rapsöl, Sojaöl, Erdnussöl

Maiskeimöl, Sonnenblumenöl

Olivenöl, nativ (natürlich, unverändert) und normal

Arten

Bezeichnung	Anbaugebiete	Ölgehalt	Verwendung
Kürbiskerne	Mitteleuropa; Österreich: Steiermark	40 %	Für die kalte Küche
Samen der Sojabohne	Nord- und Südamerika, China, Indien, Russland	17–18 %	Für Brat- und Backfett, Speiseöl, für Margarineherstellung
Samen der Sonnenblume	Osteuropa, Kanada, Südamerika, USA	bis 65 %	Für Speise- und Salatöl, für Margarineherstellung
Frucht der Ölpalme	Afrika, Malaysia, Indonesien	65–72 %	Palmöl für Brat- und Backfett, Margarineherstellung
Kerne der Ölpalme		bis 50 %	Palmkernfett für Siedefett, für Margarineherstellung
Samen der Rapspflanze	Kanada, Indien, China, Nord- und Mitteleuropa	bis 40 %	Für Speise- und Salatöl, für Brat- und Backfett und Margarineherstellung
Erdnuss	Zentralasien und -afrika, Nord- und Südamerika	40–50 %	Für Speiseöl, Siedefett
Kokosnuss	Alle tropischen Klimazonen der Erde	Kopra 65–67 %	Für Siedefett und Margarineherstellung
Maiskeime	Alle gemäßigten Klimazonen der Erde	27–30 %	Für Speise- und Salatöl
Baumwollsaat	USA, Südrussland, Indien, Sudan, Zentralafrika, Pakistan	18–25 %	Für Brat- und Backfett, für Speiseöl und Margarineherstellung; reich an Vitamin E
Oliven	Südeuropa, Kalifornien, Florida	15–45 %	Für die kalte Küche, für Salatöl; am besten kalt gepresst
Weizenkeime	Alle gemäßigten Klimazonen der Erde	9–11 %	Für Speise- und Salatöl, für diätetische Zwecke; reich an Vitamin E

Margarine

Zusammensetzung

Margarine ist wie Butter eine Fettemulsion mit folgenden Inhaltsstoffen:

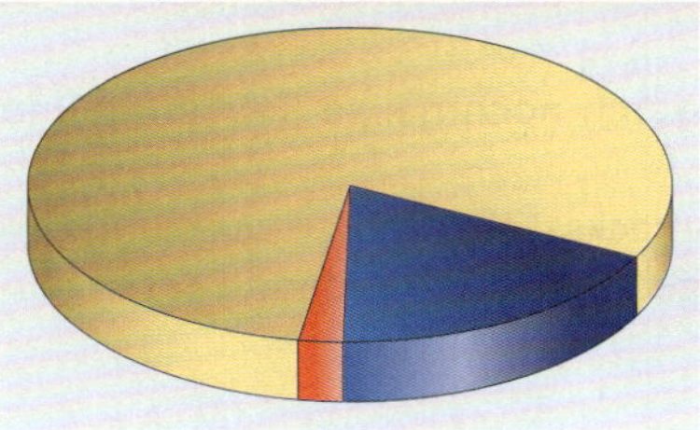

Inhaltsstoffe	Prozent
Öle und Fette	80 %
Frischmilch (entrahmt, gesäuert) und/oder Wasser	18 %
Trockensubstanz: Milcheiweiß, Milchzucker, Salz, Lezithin, Stärke, Karotin, Vitamin A, D, E	2 %

! Butter und Margarine sind Emulsionsfette.

Herstellung

Margarine besteht aus Fett und Wasser, und sie wird in mehreren Schritten zubereitet.

- **Fettphase:** Sie besteht aus reinem Pflanzenöl, Hartfett, Lezithin, Karotin und fettlöslichen Vitaminen.
- **Milch-Wasser-Phase:** Sie besteht aus Sauermilch, Wasser, Stärke und Zitronensäure.
- **Mischen:** Die Fett- und die Milch-Wasser-Phase werden im Verhältnis 4 : 1 bei –15 °C in einem geschlossenen Schnellkühlsystem zu einer Emulsion vermischt. Dabei werden kleinste Wassertröpfchen in die Fettphase eingebettet. Es entsteht Margarine. Sie wird unmittelbar nach dem Austritt aus dem Schnellkühler verpackt.

Margarineherstellung

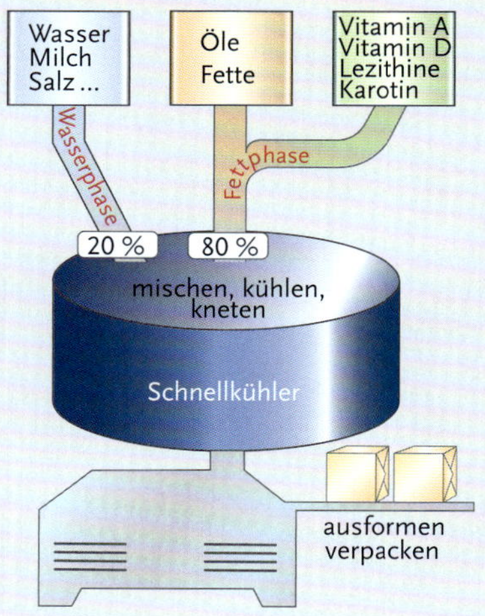

Handelsformen

Bezeichnung	Charakteristika und Verwendung
Margarine	■ Enthält pflanzliche und tierische Fette, gesäuerte, entrahmte Milch und Wasser ■ Zum Backen und Kochen
Halbfettmargarine	■ Margarine mit einem Fettgehalt von mindestens 41 % ■ Als Streichfett
Diätmargarine	■ Margarine mit einem großen Anteil an mehrfach ungesättigten Fettsäuren
Kremmargarine	■ Margarine mit niedrigem Schmelzpunkt und hohem Aufschlagvolumen ■ Für Krems
Backmargarine	■ Margarine mit einem hohen Anteil an Emulgatoren. Diese Spezialmargarine ▸ hat eine mittlere Festigkeit, ▸ ist im Teig leicht mischbar, ▸ wird nicht ölig. ■ Für Mürbe- und Hefeteige
Ziehmargarine	■ Margarine mit einem höheren Fettanteil (ca. 90 %). Diese Spezialmargarine ▸ ist besonders gut dehnbar, ▸ hat eine hohe Bindefähigkeit und ▸ eine hohe Toleranz im Schmelzbereich. ■ Für Blätter- und Plunderteige
Backkrem	■ Hat einen geringeren Fettgehalt (ca. 40 %), der bei der Herstellung von Backwaren berücksichtigt werden muss (Änderung von Rezepturen!). ■ Für Hefe- und Mürbeteige sowie Sandmassen

Spezialmargarinen

! Backmargarine wirkt dem Brandigwerden (Fett- und Mehlteilchen trennen sich) von Mürbeteigen entgegen.

! Der Handel bietet Ziehmargarineplatten, sogenannte Plunderplatten, zum Tourieren von Plunder- und Blätterteig an.

Spezialmargarinen

Sie werden vom Hersteller genau an die Bedürfnisse der Verbraucher angepasst, vor allem wird auf ein bestimmtes Verhältnis von gesättigten und ungesättigten Fettsäuren in den verwendeten Fetten geachtet. Dadurch unterscheiden sie sich in ihrer Konsistenz und ihren Schmelzeigenschaften von anderen Fetten.

Die Anteile an festen Fetten bei bestimmten Temperaturen sind entscheidend für die Verwendung und den Geschmack der unterschiedlichen Margarinesorten.

Margarinesorten	Festfettanteile		
	bei 20 °C	Bei 30 °C	bei 35 °C
Ziehmargarine	36–44 %	20–26 %	10–15 %
Backmargarine	28–34 %	12–16 %	4–6 %
Kremmargarine	22–26 %	8–9 %	1–2 %

Festfettanteile in Spezialmargarinen

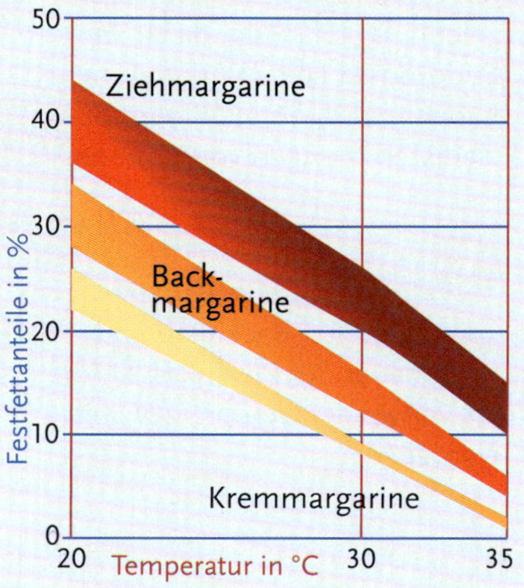

Siedefette

Das sind Fette, in denen Siedegebäcke schwimmend gebacken werden.

Arten

- Gehärtete und ungehärtete Pflanzenfette: Kokos-, Erdnuss- und Palmkernfett.
- Schweineschmalz: zum Backen von Traditionsgebäcken, zur Herstellung von Laugen- und Weizenkleingebäcken.
- Butterschmalz: hauptsächlich zum Backen von Traditionsgebäcken.

Eigenschaften

- **Hoher Rauchpunkt:** Der Rauchpunkt sollte nicht unter 220 °C liegen.
- **Hitzebeständigkeit:** Sie steigt mit dem Anteil an gesättigten Fettsäuren. Deshalb sind Siedefette meist gehärtete Pflanzenfette.
- **Wasserfrei:** Siedefette dürfen kein oder maximal 1 % Wasser enthalten, um Spritzen zu vermeiden.
- **Neutraler Geschmack,** da sie beim Backen in die Gebäcke eindringen und den Geschmack verändern würden.
- **Schmelzpunkt:** Er sollte zwischen 30 und 36 °C liegen, um einerseits eine gute Bekömmlichkeit, andererseits eine trockene Gebäckoberfläche zu gewährleisten.

! Fette mit einem niedrigen Schmelzpunkt sind leichter verdaulich, da sie leichter gespalten und aufgenommen werden können.

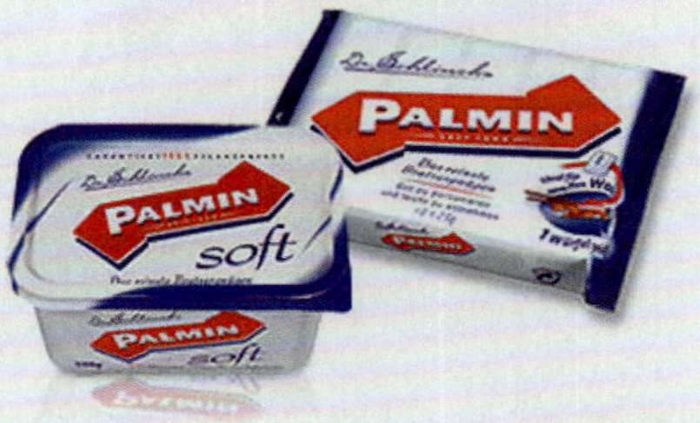

Beachtenswertes im Umgang mit Siedefetten

- Fett langsam schmelzen. Heizschlangen unbedingt bedeckt halten, sonst kann es zu Verbrennung bzw. Entflammung kommen.
- Fettgeräte sauber halten, besonders Heizschlangen von Verharzungen befreien.
- Siedefett abdecken. Licht, Luft, Wärme und Feuchtigkeit begünstigen die Oxidation und beschleunigen die Zersetzung.
- Siedefett regelmäßig filtern, da Verunreinigungen verbrennen und den Rauchpunkt senken.
- Siedefett nie über 180 °C erhitzen. Daher regelmäßig das Thermostat des Fettgerätes mit einem Thermometer überprüfen.
- Die Temperatur des Siedefettes in den Arbeitspausen auf ca. 110 °C zurückschalten.
- Das Siedefett sensorisch prüfen: Farbe, Geruch und Geschmack. Mit speziellen Schnelltests (Fritests) wird die Verwendbarkeit oder Verdorbenheit angezeigt.

! Verdorbene Fette sind als Sondermüll zu entsorgen.

Kennzeichen von verdorbenen Siedefetten

- Starke Dunkelfärbung und zähflüssige Konsistenz des Fettes.
- Schlechter Geruch und Geschmack des Backgutes und des Fettes.
- Rauchpunkt unter 180 °C.
- Starkes Schäumen: feinblasiger, zäher Schaum, der nicht mehr zusammenfällt.
- Verlängerte Backzeit.
- Verharzungen an den Seitenwänden und Heizschlangen.

Trennmittel, Trennfette

§ Trennmittel sind nach dem Lebensmittelgesetz Verarbeitungshilfsstoffe. Sie sind nicht kennzeichnungspflichtig, da sie im Endprodukt keine Wirkung mehr haben und darin nicht oder nur in kleinsten Mengen vorkommen.

Trennmittel ermöglichen eine leichte Trennung der Backerzeugnisse von Backformen oder von Backblechen. Sie bestehen aus Lebensmitteln und/oder Zusatzstoffen.

Bezeichnung	Charakteristika und Verwendung
Trennfette Gehärtete Pflanzenfette	■ Sehr hitzebeständige Fette ■ Zum Befetten von Backblechen und -formen, vor allem für Produkte ohne längere Lagerung, z. B. Sandkuchen
Trennemulsionen	■ Durch Emulgatoren stabilisierte Öl-in-Wasser-Emulsionen ■ Zum Aufsprühen auf Backformen oder -bleche
Trennwachse ■ Bienenwachs ■ Kandelillawachs ■ Karnaubawachs	■ Hitzebeständige, fettähnliche Stoffe, die lange haltbar sind ■ Zum Befetten von Blechen, als Beschichtung für Trennpapier ■ Für Dauerwaren, da sie nicht ranzig werden. Bienenwachs eignet sich wegen des feinen Aromas besonders für Lebkuchengebäcke.

! Trennmittel sollen entsprechend der Backhitze und Lagerdauer der Produkte, für die sie verwendet werden, gewählt werden.

6.2 Eigenschaften

- **Luftaufnahmevermögen:** Beim Schaumigrühren von Butter oder Margarine (für schwere Massen oder Krems) wird Luft aufgenommen und durch die Gerüstbildung der Fettkristalle festgehalten. Zum Schaumigrühren eignen sich vor allem Fette mit einem engen Schmelzbereich (steiler Fettstoffkurve), da das Fett zum Aufschlagen weich (20 °C), aber dennoch fest genug sein muss, um die Luft auch halten zu können. So entstehen großvolumige Gebäcke und schaumige Krems. Fett kann jedoch das Luftaufnahmevermögen von Eiern, vor allem von Eiklar, stark beeinträchtigen.
- **Geschmacksstoffträger:** Die Verwendung von Fett bewirkt, dass die Geschmacksstoffe anderer Rohstoffe besser zur Geltung kommen.
- **Frischhaltevermögen:** Mit steigendem Fettanteil trocknen Gebäcke nicht so rasch aus, sie bleiben länger weich bzw. saftig, da das Fett das Altbackenwerden durch Retrogradation verzögert. Bei manchen Gebäcken (Stollen, gezogenen Strudeln) wird durch Bestreichen mit Fett während oder nach dem Backprozess ein Austrocknen verhindert.
- **Rauchpunkt – Zersetzungspunkt:** Wasserhaltige Fette verlieren beim Erhitzen ihre Form als Emulsion – das Wasser verdampft (Spritzen), und das verbleibende Fett verfärbt sich bei weiterer Erhitzung braun und beginnt zu rauchen.
  Reine Fette können auf Temperaturen weit über 100 °C erhitzt werden. Sie können nicht sieden, sie erreichen jedoch den Rauchpunkt, an dem chemische Veränderungen durch Hitzeeinwirkung auftreten **(Akroleinbildung!).**

  - Der Rauchpunkt ist bei verschiedenen Fetten sehr unterschiedlich.
  - Je höher der Rauchpunkt, desto eher ist ein Fett als Siedefett geeignet.
  - Der Rauchpunkt sinkt mit wiederholtem Erhitzen und durch Fremdstoffe (Mehlpartikel, Teigteilchen, Konfitüre ...).
  - Beim Erreichen des Rauchpunktes macht sich zusätzlich ein stechender, beißender Geruch von erhitztem Fett bemerkbar.

6.3 Lagerung

- Fette kühl, trocken und lichtgeschützt aufbewahren, um bakteriologische und enzymatische Veränderungen zu verhindern.
- In der Verpackung oder in einer Folie aufbewahren, um sie vor Sauerstoff und Fremdgerüchen zu schützen.

Arbeitsaufgaben

1. Zählen Sie einige wichtige Bäckereifette auf.
2. Beschreiben Sie Verfahren, die zur Gewinnung von Pflanzenölen verwendet werden.
3. Zählen Sie einige Ölpflanzen auf. Nennen Sie Beispiele für ihre Verwendung.
4. Begründen Sie die Härtung der Fette.
5. Nennen Sie Möglichkeiten der Fetthärtung.
6. Zählen Sie die Bestandteile der Margarine auf.
7. Erklären Sie die Margarineherstellung.
8. Zählen Sie in der Bäckerei verwendete Spezialmargarinen auf.
9. Nennen Sie einige wichtige Eigenschaften von Siedefetten.
10. Beschreiben Sie die Bedeutung von Trennmitteln und -fetten in der Bäckerei.
11. Beschreiben Sie die Eigenschaften von Speisefetten.
12. Erklären Sie den Begriff Rauchpunkt.
13. Beschreiben Sie die ideale Lagerung von Speisefetten.

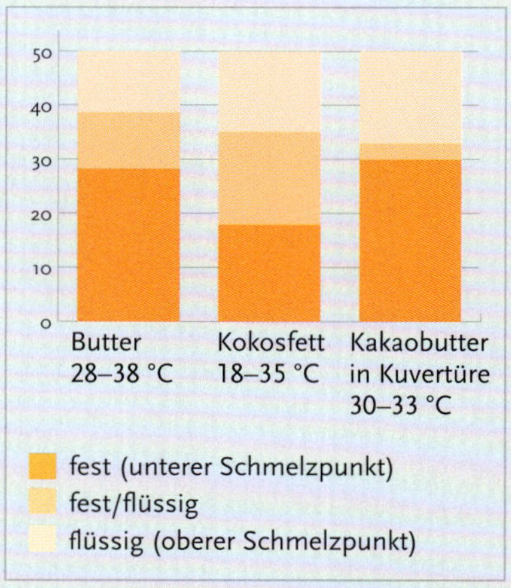

Schmelzbereich von Fetten

Wissenswertes dazu

Der Name **Akrolein** setzt sich aus zwei lateinischen Wörtern zusammen, und zwar aus „acer" (scharf) und „oleum" (Öl). Akrolein ist eine unangenehm stechend riechende, giftige Flüssigkeit. Aufgrund der gesundheitsschädlichen Wirkung von Akrolein sollte überhitztes Fett keinesfalls weiterverwendet werden.

! Palmfett und gehärtetes Erdnussfett haben einen Rauchpunkt von über 200 °C und sind deshalb ideal als Siedefett.

Einfluss von **Fett als Zutat bei der Herstellung von Hefefeinbackwaren** siehe Kapitel Weizenteigtechnologie, Seite 259.

Notizen zu den Arbeitsaufgaben:

7 Obst und Gemüse

Früchte, Wurzeln, Blätter und andere essbare Teile von Pflanzen waren schon immer wichtige Nahrungsmittel. Früher waren sie nicht so ansehnlich, geschmackvoll und saftig wie heute. In einem Zeitraum von vielen Jahrtausenden wurden Wildformen zu Kulturformen entwickelt. Durch Auslese und Züchtung konnten Ertrag und Vielfalt gesteigert werden. Es wurden größere, gleichmäßigere, teilweise kernlose, dünnschalige und länger lagerfähige Produkte geschaffen. Dabei haben sich aber auch der ursprüngliche typische Geschmack, das Aroma sowie der Vitamin- und Mineralstoffgehalt verändert.

Für Bäckereiprodukte bedeutet die Verwendung von Früchten und Gemüse eine unerschöpfliche Vielfalt an kreativen Möglichkeiten, sowohl in geschmacklicher als auch optischer Hinsicht.

Unsere Ziele

Nach Bearbeitung dieses Teilkapitels werden Sie ...

- die Obstarten und ihre Sorten kennen;
- über die Verwendung der einzelnen Sorten Bescheid wissen;
- wissen, worauf beim Einkauf, bei der Lagerung und Verarbeitung von Obst zu achten ist;
- all jene Gemüsesorten kennen, die in der Bäckerei verarbeitet werden.

7.1 Obst

Obst schmeckt nicht nur köstlich, sondern hat wegen seines hohen Vitamin-, Mineralstoff- und Ballaststoffgehaltes auch große Bedeutung für die Ernährung.

Obst enthält mit Ausnahme der Nüsse reichlich Wasser und ist energiearm (120–420 kJ pro 100 g). Die in Obst enthaltenen sekundären Pflanzenstoffe schützen vor Krebs, Herz-Kreislauf-Erkrankungen, Diabetes mellitus, Entzündungen, Zellschäden durch freie Radikale sowie vor Infektionen und stärken das Immunsystem.

Obwohl mittlerweile die meisten Obstsorten rund ums Jahr verfügbar sind, sollten doch die Früchte aus heimischer Ernte berücksichtigt werden. Denn nur zur Reifezeit sind Geschmack und Aroma voll entfaltet, und das Obst ist reich an Wirkstoffen. Moderne Lagertechniken und verschiedene Konservierungsmethoden ermöglichen es, die Früchte über die Saison hinaus haltbar zu machen und auch ihr Aroma zu erhalten.

Obst ist gesund – es enthält ...
- 13–23 % Kohlenhydrate: Fruktose, Glukose, Saccharose,
- weniger als 1 % Fett (außer Schalenobst),
- wenig Eiweiß,
- Vitamine: Betakarotin, Vitamin C, B_1, B_2 und Folsäure,
- Mineralstoffe: Kalium, Magnesium, zum Teil Eisen,
- Ballaststoffe: Pektine, Zellulose,
- Aromastoffe: organische Säuren,
- sekundäre Pflanzenstoffe: Karotinoide, Flavonoide ...

Handelsübliche Einteilung von Obst

Obstarten	Obstsorten	Charakteristika
Kernobst	Äpfel, Birnen, Quitten	▪ Im Inneren der Frucht befindet sich ein Kerngehäuse, in das die Kerne (Samen) eingebettet sind. ▪ Kernobst gedeiht weltweit in den gemäßigten Klimazonen.
Steinobst	Aprikosen, Kirschen, Pfirsiche, Nektarinen, Zwetschgen, Pflaumen	▪ Diese Früchte haben ein saftiges Fruchtfleisch und einen harten, verholzten Kern, der den Samen umschließt.
Beerenobst	Erdbeeren, Himbeeren, Brombeeren, Heidelbeeren, Johannisbeeren, Stachelbeeren, Weintrauben ...	▪ Beerenfrüchte sind saftige, kleine Früchte, deren Samen in das Fruchtfleisch eingebettet sind.
Schalenobst (Nüsse)	Walnüsse, Haselnüsse, Mandeln, Pistazien, Maronen (Edelkastanien), Paranüsse, Pekannüsse, Macadamianüsse ...	▪ Fett- oder stärkereiche Samen, die von einer harten, ungenießbaren Schale umgeben sind. ▪ Wegen ihres hohen Fettanteils werden sie auch als **Ölsaaten** bezeichnet.
Südfrüchte	Zitrusfrüchte, Melonen, Kiwis, Feigen ...	▪ Früchte, die in Gebieten mit mediterranem Klima gedeihen.
Exotische Früchte	Ananas, Bananen, Mangos, Karambolen ...	▪ Früchte, die in tropischen und subtropischen Klimazonen gedeihen.

Nach der **Herkunft** wird Obst in
- einheimische Früchte und
- Südfrüchte eingeteilt.

Wussten Sie, dass ...
unter dem Begriff Schalenobst, allgemein als Nüsse bezeichnet, verschiedene Fruchttypen zusammengefasst sind: echte Nüsse wie Haselnüsse oder Maronen und Steinfrüchte wie Mandeln oder Pistazien.

Kernobst

Äpfel

Äpfel sind das am meisten verwendete Obst in Küche und Bäckerei. Sie haben eine vitaminreiche Schale und ein festes, saftiges Fruchtfleisch. Äpfel sind sehr pektinreich, haben relativ viel Säure und enthalten mehr als 30 verschiedene Mineralstoffe und Spurenelemente sowie wichtige Vitamine.

Äpfel werden häufig vor der Reife gepflückt und müssen einige Wochen nachreifen. Die Apfelernte erstreckt sich von Ende September bis Ende Oktober.

Sorten: Die über 1 000 Sorten werden in Tafel- und Wirtschaftsäpfel eingeteilt.
- Tafeläpfel: Granny Smith, McIntosh, Golden Delicious, Gloster, Idared, Boskop, Goldrenette, James Grieve ...
- Wirtschaftsäpfel: Ontario, Maschansker, Lederäpfel ...

Ein bekannter Spruch lautet: "An apple a day keeps the doctor away!" Stimmt diese Aussage? Wenn ja, warum?

Wussten Sie, dass ...
die Äpfel beim Reifungsprozess das Gas Ethylen abgeben, das andere Früchte rascher altern lässt? Deshalb sollten Äpfel nicht mit anderen Früchten gelagert werden.

Nashis, Asien- oder japanische Birnen sind apfelförmige Früchte mit dünner Schale und hellem, saftigem, säuerlichem Fruchtfleisch. Sie eignen sich zum Rohgenuss, für Desserts oder Konfitüre.

Geschälte Apfel- und Birnenstücke immer mit etwas Zitronensaft beträufeln, um eine Braunfärbung zu vermeiden.

Kirschen

Aprikosen

Persipan = marzipanähnliche Backmasse (siehe Kapitel Marzipan, Seite 156).

Verwendung

- Zum Rohgenuss. In der Bäckerei werden Äpfel gegart oder roh verarbeitet, z. B. als Füllung für Apfelstrudel und Apfelkuchen.
- Äpfel kann man nur in Stücke geschnitten tiefkühlen.

Birnen

Birnen haben im reifen Zustand ein weiches, saftiges Fruchtfleisch und einen geringen Säuregehalt. Sie werden vor der Reife geerntet und benötigen eine Nachreifezeit. Reife Birnen sind sehr weich und leicht verderblich. Sie müssen sofort verarbeitet werden.

Sorten: Williams Christbirne, Butterbirne, Gute Luise, Alexander Lucas ...

Verwendung

- Zum Rohgenuss. In der Bäckerei werden sie meist blanchiert für Strudelfüllungen oder Blechkuchen verwendet. Zum Garen eignen sich Früchte, die noch nicht voll ausgereift sind.
- Birnen eignen sich nicht zum Tiefkühlen, da sie wässrig werden.

Quitten

Quitten sind harte, im Rohzustand ungenießbare Früchte. Sie sind apfel- oder birnenförmig, von zitronen- oder goldgelber Farbe. Reife Quitten duften zitronenähnlich und haben einen hohen Pektingehalt. Wegen des intensiven Geruchs sollen Quitten nicht mit anderen Früchten gelagert werden.

Sorten: Apfelquitten, Birnenquitten.

Verwendung

- Vor der Verarbeitung reibt man den feinen, haarigen Flaum mit einem Tuch ab.
- Für Blechkuchen, Gelee und Konfitüre.

Steinobst

Kirschen

Sie sind je nach Sorte süß oder säuerlich, hell- oder dunkelrot und haben ein saftiges Fruchtfleisch. Die Süßkirsche stammt von der wild wachsenden Vogelkirsche ab.

Sorten: Vogelkirschen, Süßkirschen (Herz- und Maikirschen), Sauerkirschen.

Verwendung

- Zum Rohgenuss, für Kirschenkuchen und -strudel, als Geschmacksgeber für Krems und Füllungen.
- Dick gezogen als Belegkirschen.
- Entsteinte Kirschen eignen sich zum Tiefkühlen. Die Kirschen einige Minuten in den Froster legen. Dadurch wird das Fruchtfleisch fester, und der Stein lässt sich leichter entfernen.

Aprikosen

Aprikosen sind orangegelbe, aromatische Früchte, die, wenn sie noch nicht vollreif sind, leicht mehlig schmecken.

Sorten: Bergeron, Goldrich, Orangered, Lambertin, Rouge de Roussillon ...

Verwendung

- Zum Rohgenuss, für Obstkuchen und Obststrudel, Kompott, Konfitüre, Aprikosenbrand; getrocknet als Einlage und Rohkost.
- Kerne zur Herstellung von Persipan.
- Entsteinte Aprikosen eignen sich zum Tiefkühlen.

Pfirsiche
Sie haben eine leicht behaarte Schale. Ihr saftiges, weißes, gelbes oder orangefarbiges Fruchtfleisch löst sich je nach Sorte leicht oder schwer vom Stein. Sie sollten vollreif geerntet werden, da sich ihr Geschmack erst in den letzten Tagen der Reife entwickelt.

Sorten
- Mayflower (früher Alexander), South Heaven, Redhaven, Springcrest ...
- **Nektarinen** sind eine Kreuzung aus Pfirsich und Reneklode (Ringlotte). Sie haben eine glatte, unbehaarte Schale und ein festes, weißes oder gelbes Fruchtfleisch. Der Stein lässt sich meist leicht vom Fruchtfleisch lösen.

Verwendung
- Zum Rohgenuss, für Blechkuchen, Konfitüre und als Belegfrüchte. Zum Schälen kurz blanchieren, anschließend die Haut abziehen.
- Kerne zur Gewinnung von Bittermandelöl.
- Pfirsiche eignen sich zum Tiefkühlen.

Pfirsiche

Pflaumen, Zwetschgen
Da es aus botanischer Sicht keinen Unterschied zwischen Pflaumen und Zwetschgen gibt, ist Pflaume der Oberbegriff für einen Formenkreis, zu dem die echte Pflaume, Zwetschgen, Mirabellen und Renekloden gehören.

Zwetschgen haben eine rötliche oder blaue Haut und ein saftiges, süßsäuerliches, grüngelbes Fruchtfleisch. Sie sind oval mit spitzen Enden, und der Stein lässt sich leicht lösen. **Pflaumen** sind rundliche oder ovale, dunkelblaue, violette, rote oder gelbe Früchte mit gut sichtbarer Fruchtnaht.

Zwetschgen

Sorten: Hauszwetschge, Bühler Zwetschge, Ortenauer, Pruneau de Provence, Schöneberger ...

Verwendung
- Zum Rohgenuss, als Belegfrüchte, für Pflaumenmus, Branntwein; getrocknet als Einlage und Rohkost.
- Entsteinte Zwetschgen eignen sich zum Tiefkühlen.

Beerenobst
Erdbeeren
Erdbeeren gehören zur Familie der Rosengewächse. Die Früchte haben ein hell- bis dunkelrotes, in reifem Zustand sehr saftiges, aromatisches Fruchtfleisch.

Erdbeeren enthalten bis zu 90 % Wasser

Sorten: Die Größe der Erdbeeren hängt von der Sorte ab.
- Walderdbeeren: klein, wild wachsend, aromatisch.
- Gartenerdbeeren: groß, hellrot.
- Monatserdbeeren: klein, dunkelrot, helles bis weißes Fruchtfleisch.

Verwendung
- Zum Rohgenuss, als Belegfrüchte, für Konfitüre und für Erdbeermark als Geschmacksgeber in Krems und Füllungen.
- Erdbeeren eignen sich mit Ausnahme von Walderdbeeren zum Tiefkühlen.

Wussten Sie, dass ...
die Erdbeere im Grunde genommen gar keine Beere, sondern – botanisch gesehen – eine **Sammelnussfrucht** ist? Die eigentlichen Früchte sind die kleinen, gelbgrünen, im roten Fleisch eingebetteten Nüsschen.

Tiefkühlen von Beeren siehe Lagerung von Obst, Seite 151.

Himbeeren
Die Himbeere setzt sich aus vielen kleinen Beeren zusammen, die eine Frucht bilden. Das Fruchtfleisch ist dunkelrot, sehr saftig und aromatisch.

Sorten
- Waldhimbeeren: klein, sehr aromatisch, wild wachsend.
- Gartenhimbeeren: groß, gelbes oder rotes Fruchtfleisch.

Verwendung wie Erdbeeren.

Himbeeren

Brombeeren
Die schwarzblauen Früchte bestehen wie die Himbeeren aus vielen kleinen Beeren. Sie sind nur vollreif zum Verzehr geeignet.

Loganbeeren = Kreuzung aus Himbeeren und Brombeeren.

Sorten: wilde Brombeeren, Kulturbrombeeren, Loganbeeren.

Verwendung wie Erdbeeren.

Johannisbeeren

Johannisbeeren
Die kleinen Beeren sitzen an kurzen Stielen in Trauben zusammen (Rispen).

Sorten
- Rote Johannisbeeren haben den höchsten Fruchtsäureanteil aller Beeren.
- Weiße Johannisbeeren schmecken milder und weniger aromatisch.
- Schwarze Johannisbeeren sind herbwürzig und säuerlich.

Cassis = Likör aus schwarzen Johannisbeeren.

Verwendung
- Zum Rohgenuss, als Belegfrüchte, für Konfitüre und Cassis.
- Rote Johannisbeeren eignen sich gut zum Tiefkühlen.

Stachelbeeren

Stachelbeeren
Stachelbeeren haben eine behaarte oder glatte Schale und ein weiches, saftiges Fleisch, das viele kleine, essbare Kerne enthält. Sie enthalten viel Säure und in vollreifem Zustand relativ viel Zucker.

Sorten: rote, gelbe und weißgrüne Stachelbeeren.

Verwendung
- Vollreif zum Rohgenuss, unreif und grün eingekocht für Konfitüre und für Blechkuchen.
- Stachelbeeren eignen sich nicht zum Tiefkühlen.

Heidelbeeren

Heidelbeeren, Blaubeeren, Schwarzbeeren
Heidelbeeren sind schwarzblaue, kleine Früchte, die von Juni bis September reifen. Sie wachsen in Waldgebieten und gebirgigem Gelände bis in große Höhen.

Sorten
- Waldheidelbeeren: klein und sehr aromatisch.
- Kulturheidelbeeren: größer und mit hellem Fruchtfleisch.

Verwendung
- Zum Rohgenuss, als Belegfrüchte, als Geschmacksgeber für Krems und Füllungen.
- Heidelbeeren eignen sich gut zum Tiefkühlen und Trocknen.

Wussten Sie, dass ...
nur etwa 10 % der weltweiten Traubenernte Tafeltrauben sind? 5 % werden getrocknet, und der Rest wird zu Wein und Sekt verarbeitet.

Weintrauben
Weinbeeren sind saftige (80 % Wasser), dünnschalige, bei manchen Sorten kernlose Früchte. Viele Beeren bilden eine Traube. Sie enthalten Wein- und Gerbsäure.

Sorten: Tafeltrauben und Keltertrauben (für die Weinherstellung).

Getrocknete Weinbeeren
- Sultaninen: getrocknete Beeren von kernlosen weißen Trauben.
- Rosinen: getrocknete Beeren von kernreichen weißen Trauben.
- Korinthen: getrocknete, kleine, kernlose, dunkelblaue Weinbeeren aus der Gegend von Korinth (Griechenland).

Verwendung
- Zum Rohgenuss, als Belegfrüchte und Dekor, für Fruchtsalate, zur Herstellung von Wein und Fruchtsaft.
- Trockenfrüchte als Einlage und Rohkost und für Füllungen. Sie sind meist geschwefelt und gewachst. Getrocknete Weinbeeren, die nicht erhitzt werden, müssen ungeschwefelt sein. Vor Verwendung waschen und aussuchen (Stängel, Steinchen)!

Korinthen, Rosinen, Sultaninen

Schalenobst

Nüsse haben eine völlig andere Zusammensetzung als andere Obstarten. Sie sind wegen ihres geringen Wassergehaltes und hohen Fettanteiles (50–70 %) mit reichlich ungesättigten Fettsäuren wesentlich energiereicher.

Haselnüsse

Botaniker bezeichnen die Haselnuss als **echte Nuss,** da sich die Frucht beim Reifen nicht öffnet. Sie wächst vorwiegend an Sträuchern. Die rundlichen oder ovalen Haselnüsse haben einen weißlichen Kern. Er ist von einer braunen Samenhaut umgeben, die sich nach dem Rösten der Kerne leicht entfernen lässt. Haselnüsse enthalten ca. 60 % Fett.

Sorten: Kerasunder und Levantiner (Türkei), Neapolitaner, Piemonteser, Römer und Sizilianer (Italien), Negretas (Spanien).

Verwendung

- Zum Rohgenuss, im Ganzen, geröstet oder ungeröstet, gehackt, gerieben oder gehobelt für Teige, Massen, Füllungen, Nougat und Krokant sowie als Dekor.
- Zur Herstellung von Haselnussmark werden die stark gerösteten, feinstgeriebenen Haselnüsse im Melangeur ölig gerieben.

Durch das **Rösten der Haselnüsse**
- wird die Haltbarkeit verbessert,
- entwickeln sich die Geschmacksstoffe,
- lässt sich die Samenhaut leichter lösen.

Walnüsse

Die Walnuss ist nach neuesten wissenschaftlichen Erkenntnissen keine Steinfrucht, sondern eine **echte Nuss,** die an hohen Bäumen wächst. Der zwei- bis vierlappige weiße Kern ist von einer dünnen, bräunlichen Samenhaut umgeben, die sich nur bei frischen Kernen entfernen lässt und bitter schmeckt. Walnüsse weisen einen hohen Fettgehalt auf, der überwiegend aus ungesättigten Fettsäuren besteht.

Sorten

- Papiernüsse: groß, dünnschalig.
- Pekannüsse: länglich, glattschalig.
- Steinnüsse: klein, harte Schale.

Verwendung: zum Rohgenuss, im Ganzen, geröstet oder ungeröstet, gehackt oder gerieben für Teige, Massen, Füllungen und Nougat sowie als Dekor.

Walnüsse

Pekannüsse

Mandeln

Mandeln sind keine Nüsse, sondern **pfirsichähnliche Steinfrüchte** des Mandelbaumes. Die Kerne sind von einer bräunlichen Samenhaut und einer steinharten Schale umgeben. Der aus zwei Hälften bestehende Mandelkern ist weiß und länglich. Er enthält das wertvolle Mandelöl (ca. 55 %).

Sorten: süße Mandeln (Barimandel, Valencia, California ...) und Bittermandeln.

Verwendung

- Mandeln kommen ungeschält und geschält, gestiftelt, gehobelt oder gerieben in den Handel. Vor dem Schälen blanchiert man die Kerne, anschließend wird die Samenhaut mit der Hand oder maschinell mit Gummiwalzen abgezogen.
- Zum Halbieren (z. B. für die Ohren von Neujahrsschweinchen) die geschälten Mandeln in kaltem Wasser einweichen, bis sich die Hälften lösen (bei Bedarf das Wasser wechseln). Um Haltbarkeit, Aussehen und Geschmack der Mandelhälften zu optimieren, müssen sie getrocknet und leicht angeröstet werden.
- Süße Mandeln zum Rohgenuss, für Teige, Massen, Füllungen, als Dekor, zur Herstellung von Krokant, Mandelnougat und vor allem Marzipanrohmasse.
- Bittermandeln, denen die Bitterstoffe entzogen worden sind, werden zur Herstellung von Marzipanrohmasse und Mandelöl verwendet.

Mandeln, im Ganzen, in Stifte geschnitten und gehobelt

Pistazien

Pinienkerne

Maronen

Wissenswertes dazu

Kokoswasser wird fälschlicherweise oft als Kokosmilch bezeichnet. **Kokosmilch** ist geraspeltes Kokosfleisch, das mit Wasser versetzt und dann ausgepresst wird. Sie wird vom Handel in verschiedener Konsistenz angeboten.

! Machen Sie beim Kauf der Kokosnuss eine Schüttelprobe: Ist kein Geräusch mehr zu hören, ist die Kokosnuss alt, ungenießbar und schmeckt seifig.

Pistazien

Pistazien sind **Steinfrüchte,** die in dichten Trauben an Bäumen wachsen. Gegen Ende der Reifezeit beginnt sich das Fruchtfleisch von der graubraunen, dünnen Schale zu lösen. Der zweigeteilte, grüne oder gelbgrüne Kern ist von einer dünnen, rötlich braunen Samenhaut umgeben. Pistazien haben einen süßlichen, mandelähnlichen Geschmack. Ihr Fettgehalt beträgt etwa 50 %. Pistazien sind sehr teuer!

Sorten: Kerman (Iran), Feminella und Minnulara (Italien).

Verwendung

- Pistazien kommen ungeschält, geschält, gehackt, geröstet und gesalzen in den Handel.
- Zum Rohgenuss, als Dekor, gerieben oder gehackt als wertbestimmender Anteil für Bäckerwaren, deren Bezeichnung auf Pistazien hinweist (z. B. Pistazienstrudel).

Pinienkerne, Pignolien

In den Schuppen der Pinienzapfen reifen jeweils zwei längliche Samenkerne, die von einer Steinschale und einer Samenhaut umgeben sind.

Verwendung

- Pinienkerne kommen geschält, geröstet und gesalzen in den Handel.
- Zum Rohgenuss, für Gebäck aus Makronenmassen, als Dekor und Kuchenfrüchte, als Knabberei.
- Pinienkerne können Mandeln ersetzen.

Maronen, Edelkastanien

Maronen sind **Nussfrüchte,** die von einer mit Stacheln besetzten Fruchthülle umgeben sind. Das gelbweiße Fleisch ist von einer braunen Samenhaut und einer braunroten, lederartigen Schale umgeben. Beide müssen vor dem Verzehr entfernt werden. Maronen sind im Rohzustand ungenießbar, gegart haben sie einen süßlichen, mehligen Geschmack.

Verwendung

- Zur Herstellung von Kastanienmehl.
- Maronenpüree (gekochte, passierte Edelkastanien mit Zuckerzusatz) für Krems, Füllungen, zu Dekorzwecken ...
- Marrons glacés (kandierte, glasierte Maronen) als Dekor.
- Gebraten zum sofortigen Verzehr.

Cashewnüsse

Die Cashewnuss wächst als harter Auswuchs aus einer fleischigen, apfelähnlichen Frucht heraus. Der Kern ist zweigeteilt und sichelförmig gebogen. Das Fruchtfleisch ist weiß und sehr zart im Biss. Haut und Kern sind essbar. Die Schale enthält toxisches Öl und muss durch Rösten entfernt werden.

Verwendung: anstelle von Nüssen und Mandeln sowie für Rohkostmischungen.

Kokosnüsse

Die Kokosnuss zählt zu den **Ölfrüchten,** da aus ihr Kokosfett gewonnen wird. Sie ist eine Steinfrucht, bei der die äußere grüne Fruchtschicht sowie die darunter liegende Faserschicht gleich nach der Ernte entfernt wird. Im Inneren der Frucht befindet sich ein Hohlraum, der mit trinkbarem Kokoswasser gefüllt ist. Es verfestigt sich mit zunehmender Reife zum weißen Fruchtfleisch.

Verwendung

- Frische Kokosraspel zum Bestreuen von Torten u. Ä.
- Getrocknete Kokosraspel für Gebäck, als Dekor.
- Kokosmilch zum Ablöschen von Currygerichten, für Saucen.
- Kokosfett ist Bestandteil vieler gehärteter Fette und kakaohaltiger Fettglasuren und wird zum Ausbacken, Backen und Kochen verwendet.

Südfrüchte

Zitrusfrüchte, Agrumen

Die orangefarbigen, gelben oder grünen Früchte wachsen auf immergrünen Bäumen oder Sträuchern. Die weißen oder rosa Blüten enthalten wie die Blätter, Schale und Früchte ätherische Öle, die für Aroma und Geschmack verantwortlich sind. Im Inneren sind die Früchte spaltenförmig aufgebaut. Jede Spalte ist von einer dünnen Haut umgeben. Die porige, bitter schmeckende Schale enthält besonders viele Geschmacks- und Aromastoffe und wird unbehandelt zu Orangeat und Zitronat verarbeitet.

Agrumen kommt vom italienischen agrumi (agro = sauer).

Zitronat, Sukkade = dick gezogene Schale der Zedratzitrone.

Sorten	Charakteristika und Verwendung
Orangen (Apfelsinen)	■ Saftiges, gelbes oder blutrotes Fruchtfleisch; hoher Vitamin-C-Gehalt. ■ Zum Rohgenuss, als Belegfrüchte. ■ Die Schale unbehandelter Orangen kann dick gezogen werden (für Rohkost, Kuchenfrüchte, Früchtebrot). ■ **Bitterorangen** werden zu Konfitüre und Likör verarbeitet, aus den Schalen wird Orangeat hergestellt.
Mandarinen	■ Sammelbegriff für all jene Kreuzungen und Varietäten, die sich von der Orange durch ihre dünne, leicht ablösbare Schale, die kleinere Größe sowie durch ihre Süße und das fruchttypische Aroma unterscheiden. Zu dieser Gruppe gehören die **Clementinen** und die **Tangerinen.** ■ Als Belegfrüchte (Dosenfrüchte), für Salate und Krems.
Zitronen	■ Hellgelbe Früchte mit dünner, glatter oder dicker, grober Schale. Sie haben ein blassgelbes, saftreiches, saures Fruchtfleisch (bis zu 6 % Zitronensäure). ■ Saft und abgeriebene Schale unbehandelter Früchte als Würzmittel. ■ Zesten und Zitronenscheiben als Dekor.
Limetten	■ Grüne Früchte mit pikanterem Geschmack als Zitronen. Sie haben eine sehr dünne Schale und meist ein kernloses, hocharomatisches, saftiges Fruchtfleisch. ■ Verwendung wie Zitronen.
Zedratzitronen	■ Früchte mit einer sehr dicken, grüngelben Schale. Ihr Fruchtfleisch ist stark kernhaltig und wenig saftig. Sie haben einen säuerlich herben oder süßen Geschmack und werden in erster Linie zur Zitronatgewinnung angebaut. ■ Zitronat für Kuchenfrüchte und Füllungen.

Zitrusfrüchte

Wussten Sie, dass ...
die Pomelo (eine grapefruitähnliche Frucht) die größte Zitrusfrucht ist?

Zeste = hauchdünne, in feinste Streifen geschnittene Schale unbehandelter Früchte.

Kiwis, chinesische Stachelbeeren

Die Kiwi ist eine tropische Kletterpflanze. Ihre ovalen Früchte haben eine raue, grünbraune, pelzig behaarte, dünne Schale und ein grünes Fruchtfleisch. Rund um die helle Mittelachse sind strahlenartig zahlreiche kleine, schwarze Samen angeordnet. Reife Früchte geben auf Druck leicht nach und schmecken süßsäuerlich. Kiwis sind reich an Vitamin C.

Verwendung: zum Rohgenuss, als Belegfrüchte (z. B. Früchteplunder).

Kiwis enthalten wie die Ananas ein Eiweiß spaltendes Enzym, das die Gelierfähigkeit von Gelatine herabsetzt

Feigen

Feigen sind birnenförmige Scheinfrüchte des westasiatischen Feigenbaumes, die bis zu dreimal im Jahr geerntet werden. Sie haben eine grüngelbe oder blauviolette Schale. Ihr hellrosa oder rötliches, kremiges Fruchtfleisch enthält unzählige kleine Samen. Feigen haben einen angenehm süßlichen Geschmack.

Verwendung

- Frische Feigen zum Rohgenuss und als Dekor.
- Getrocknete Feigen für Früchtebrot, Zwetschgenkrampusse, Fruchtfüllungen, Rohkost.

Mit zunehmender Reife bildet sich auf der Schale von frischen Feigen ein weißer Film

Datteln

Datteln

Datteln sind Beerenfrüchte der Dattelpalme, die auf langen Rispen inmitten der Baumkrone wachsen. Die pflaumenartigen Früchte sind rotbraun und haben einen harten Kern. Sie schmecken honigartig und enthalten viel Zucker.

Verwendung wie Feigen.

Exotische Früchte

Sie erfreuen sich in der Bäckerei und Gastronomie größter Beliebtheit, da sie fast das ganze Jahr über erhältlich sind.

Ananas

Ananas

Die Ananas besteht aus vielen kleinen Beerenfrüchten, die zu einer großen Frucht verwachsen sind. Von jeder einzelnen Beere ist außen nur noch der feste, grünlich gelbe Schuppenteil zu sehen. Das Fruchtfleisch ist gelb, faserig, sehr saftig und schmeckt süßsäuerlich. Es umschließt einen holzigen Strunk, der ungenießbar ist und entfernt werden muss. Frische Ananas enthalten das Enzym Bromelin, das jedoch durch Konservierung (Erhitzung) seine Wirkung verliert.

Bromelin = ein Eiweiß spaltendes Enzym. Es verhindert das Festwerden von Gelatine. Deshalb empfiehlt es sich, die Krem mit Agar-Agar abzusteifen oder die Früchte zu erhitzen.

Sorten: Hawaiiananas, Babyananas ...

Verwendung

- Die Ananas von oben nach unten dünn schälen. Anschließend die in diagonalen Reihen verlaufenden Augen keilförmig herausschneiden.
- Zum Rohgenuss, als Belegfrüchte (z. B. Früchteplunder) und als Trockenfrüchte.

Bananen

Bananen wachsen auf Stauden und haben ein aromatisches, weiches, weißes Fruchtfleisch. Vollreif platzen sie leicht auf, faulen schnell und schmecken mehlig. Deshalb werden sie auch in den Anbauländern stets grünreif geerntet und erhalten anschließend in speziellen Reifungsanlagen die Handelsreife.

Sorten: Obstbananen, Zucker- oder Babybananen, Kochbananen, Apfelbananen.

Verwendung: zum Rohgenuss, als Belegfrüchte, für Krems, als Trockenfrüchte.

Wussten Sie, dass ...
Bananen nicht nach unten hängend, sondern an den Stauden nach oben wachsen?

Mango

Mangos

Die runde oder ovale Mango ist die Steinfrucht des Mangobaumes. Die lederartige Schale ist gelb oder rot und lässt sich leicht abziehen. Das gelbliche bis orangefarbene, mehr oder weniger faserige, saftige Fruchtfleisch ist mit dem Samenkern verwachsen. Die Früchte haben einen süßherben, sehr charakteristischen Geruch und Geschmack. Mangos werden für den Export halbreif geerntet, da sie vollreif schlecht lagerfähig sind. Das Nachreifen vermindert jedoch den Geschmack und die Qualität.

Verwendung

- Die Früchte der Länge nach in drei Teile schneiden, dabei das Messer dicht am Stein entlangführen. Von beiden Außenteilen das Fruchtfleisch mit einem Löffel aus der Schale lösen und in die gewünschte Form (Würfel, Spalten ...) schneiden. Vom Mittelstück schneidet man rundherum die Schale ab und streift dann mit einem Messer das anhaftende Fruchtfleisch vom Stein.
- Für Fruchtsalate, als Belegfrüchte (z. B. Früchteplunder).

Karambole

Karambolen, Sternfrüchte

Die Karambole ist eine fleischige Beerenfrucht mit fünf ausgeprägten Rippen und einem durchscheinenden Fruchtfleisch. Vollreif ist sie dunkelgelb und hat einen leicht säuerlichen Geschmack.

Verwendung: für Fruchtsalate und als Dekor.

Physalis, Kapstachelbeeren

Physalis sind robuste, kirschengroße Früchte eines exotischen Nachtschattengewächses, die von einer trockenen, papierartigen Hülle umgeben sind. Die gelbe oder orange Schale umschließt das süßsäuerliche, saftige, erfrischende Fruchtfleisch mit seinen kleinen, essbaren Samen.

Verwendung: zum Rohgenuss, für Fruchtsalate, Konfitüre, mit papierartiger Hülle als Dekor.

Physalis

Verarbeitung

- Belegfrüchte immer mit Gelee überziehen, damit sie länger frisch aussehen.
- Fallen saisonmäßig zu viele Früchte an, so können sie durch verschiedene Methoden zu Obsterzeugnissen (siehe Konservierung) weiterverarbeitet oder tiefgekühlt werden.
- Zur Herstellung von Fruchtmus die Beerenfrüchte immer passieren, da die Kerne das Mus bitter und unansehnlich machen; vor allem Brombeeren und Walderdbeeren.
- Früchte möglichst dünn schälen, da sich die meisten Vitamine unter der Schale befinden.
- Früchte, die nicht geschält werden, vor der Verwendung immer gründlich, aber nur kurz unter fließendem Wasser waschen. Durch längeres Einweichen gehen wichtige Geschmacks- und Wirkstoffe verloren.
- Früchte sehr kurz garen, da Vitamin C durch Hitze zerstört wird. Wenn möglich, die Früchte frisch und roh verarbeiten.

Wussten Sie, dass ...
bei tiefgekühlten oder erhitzten Beeren das Aroma besser zur Geltung kommt, da der Zellsaft mit all seinen Aromen austritt? Deshalb müssen tiefgekühlte Beeren als Belegfrüchte sofort geliert werden, um ein zu starkes Austreten des Zellsaftes zu vermeiden.

Einkauf

- Die meisten Obstsorten werden in unreifem Zustand geerntet. Beim Einkauf muss man darauf achten, dass die Früchte nicht zu hart, grün, geschmacklos, aber auch noch nicht vollständig ausgereift sind.
- Früchte, die lange vor der eigentlichen Saison auf den Markt kommen oder einen sehr langen Anlieferungsweg haben, haben meist keinen intensiven Geschmack, auch wenn sie reif wirken.
- Zur Erntezeit ist einheimisches Obst nicht nur am qualitativ wertvollsten, sondern auch am billigsten. Deshalb sollte es zu dieser Zeit auf Vorrat gekauft und tiefgekühlt oder zu Obsterzeugnissen weiterverarbeitet werden.

Lagerung

- Angefaulte Früchte müssen sofort entfernt werden, da die Fäulniserreger auch auf andere Früchte übergreifen.
- **Kernobst,** vor allem Äpfel, ist gut lagerfähig und kann je nach Sorte bis zu acht Monate in kühlen, lichtgeschützten Räumen aufbewahrt werden.
- **Stein- und Beerenobst** ist wegen des hohen Wassergehalts leicht verderblich und kann nur wenige Tage aufbewahrt werden. Es eignet sich jedoch gut zum **Tiefkühlen.** Die Früchte zum Einfrieren flach ausbreiten und schockfrosten. Dadurch werden die Zellen geschont, und die Früchte, vor allem Beeren, können, ohne dass sie zusammenkleben, verpackt werden.
- Bei **Schalenobst** besteht die hohe Gefahr von Mottenbefall! Deshalb sollte man die Früchte bereits beim Einkauf genauestens kontrollieren und gut verschlossen, kühl, trocken und lichtgeschützt aufbewahren. Zur Sicherheit können sie sofort geröstet oder tiefgekühlt werden. Die Früchte können wegen des hohen Fettgehalts bei zu warmer oder zu langer Lagerung leicht ranzig werden. Durch Rösten werden sie länger lagerfähig.
- **Zitrusfrüchte** sind wegen ihres hohen Gehalts an Fruchtsäuren lange lagerfähig. Sie sollen bei Zimmertemperatur (nicht im Kühlschrank oder Froster) gelagert werden. An Druckstellen kann sich Schimmel bilden.
- Die meisten **exotischen Früchte** sind nur sehr kurz lagerfähig. Sie sind sehr kälteempfindlich und sollen daher nie im Kühlschrank aufbewahrt werden. Sie eignen sich auch nicht zum Tiefkühlen.

Faulige Äpfel

Wiederholen Sie den Lehrstoff über die verschiedenen Konservierungsmethoden im Kapitel Verderb und Haltbarmachung von Lebensmitteln, Seite 190.

Diffusionsvorgänge beim Dickziehen (Osmose)

- Wasser aus den Zellen wandert in Richtung der konzentrierten Lösung.
- Die Konzentration der Zuckerlösung wird geringer (verwässert).
- Die Konzentration in den Zellen steigt (entwässert).

- Die entwässerten Zellen der Frucht haben große Saugkraft.
- Die verwässerte Zuckerlösung wird in die Zellen gesaugt.
- Es tritt Konzentrationsausgleich ein.

Gemüse ist gesund – es enthält …

- Vitamine: Vitamin C, Vitamine der B-Gruppe, Karotin, Folsäure,
- Mineralstoffe: Kalium, Magnesium, Eisen, Kalzium, Phosphor,
- 0,1–1,5 % Fett,
- 2–15 % Kohlenhydrate: Stärke, Glukose, Fruktose, Saccharose,
- Ballaststoffe: Zellulose, Pektine,
- sekundäre Pflanzenstoffe: Karotinoide, Flavonoide, Glukosinolate, Sulfide, Phytosterine …

Konservierung

Warum man Früchte konserviert

- **Beschaffenheit:** Der hohe Wassergehalt macht viele Früchte anfällig für rasches Verderben. Verschiedene Konservierungsmethoden bewirken, dass die Entwicklung von Mikroorganismen und die Enzymaktivität verlangsamt oder gestoppt werden.
- **Verfügbarkeit:** Nicht alle Früchte sind jederzeit zu einem günstigen Preis erhältlich.
- **Hoher Ernteertrag:** Es ist nicht möglich, die ganze Ernte frisch zu verbrauchen.

Konservierungsart	Auswirkungen und Verwendung
Kühlen	■ Wärmeentzug verzögert den Verderb. ■ Äpfel, Bananen …
Tiefkühlen (Schockgefrieren)	■ Wärmeentzug bewirkt eine längere Haltbarkeit. ■ Farbe und Geschmack bleiben erhalten. ■ Tiefkühlfrüchte
Trocknen	■ Durch Wasserentzug steigt der Zuckeranteil. Dadurch wird der Fruchtgeschmack intensiver. ■ Trockenfrüchte: Äpfel, Birnen, Aprikosen, Zwetschgen, Datteln, Weintrauben, Feigen …
Einlegen in Alkohol	■ Durch Beigabe von hochprozentigem Alkohol und eventuell auch Zucker wird die Entwicklung von Mikroorganismen gehemmt. ■ Rohe Früchte sind beinahe unbegrenzt haltbar. ■ Alkoholfrüchte (z. B. Pflaumen, Sauerkirschen …)
Erhitzen und luftdicht verschließen	■ Dabei werden Mikroorganismen durch Erhitzen abgetötet. Der Sauerstoffentzug hemmt das Mikroorganismenwachstum, das Verschließen verhindert das Eindringen von Mikroorganismen. ■ Natürliche Geschmacks- und Aromastoffe bleiben erhalten. ■ Kompotte, Dunstobst (ähnlich Kompott, jedoch ohne Zuckerzusatz), Fruchtmark und Fruchtsaft
Kochen und Zuckerzusatz	■ Die gereinigten, zerkleinerten Früchte werden mit Zucker bis zur Gelierprobe (Tropfen erstarren beim Erkalten auf einer kühlen Fläche) gekocht. Dabei werden Mikroorganismen abgetötet. ■ Die benötigte Zucker- und Pektinmenge hängt vom Säure- und Eigenpektingehalt ab. ■ Die Erzeugnisse sind auch bei nicht luftdichter Lagerung lange haltbar. ■ Konfitüren, Gelee und Sirup
Einlegen in Zucker (Dickziehen)	■ Die Schale unbehandelter Früchte oder ganze Früchte werden weich gekocht und stufenweise in heiße Zuckerlösungen mit steigender Zuckerkonzentration (16–36° Bé) eingelegt. ■ Dabei wird den Früchten Wasser entzogen, und es wird durch Zucker ersetzt **(Osmose).** Durch die hohe Zuckerkonzentration werden Mikroorganismen nicht wirksam. ■ Dickzuckerfrüchte (Aranzini, Zitronat, Dickzuckerkirschen …)

7.2 Gemüse

Unter Gemüse versteht man die essbaren Pflanzenteile von kultivierten oder wild wachsenden Pflanzen. Gemüse ist im Unterschied zu Obst meist weniger zart, da Gemüse reicher an Ballaststoffen ist. Aufgrund des hohen Wassergehalts (ca. 75 bis 95 %) ist der Energiegehalt äußerst gering. Die in Gemüse enthaltenen sekundären Pflanzenstoffe haben gesundheitsfördernde Wirkung (siehe Einleitung Obst).

Nachfolgend finden Sie eine Beschreibung all jener Gemüsesorten, die in der Bäckerei verwendet werden.

Möhre, Mohrrübe, gelbe Möhre

Die gelbe oder orange Möhre ist eine ursprünglich aus Afghanistan stammende Speicherwurzel. Je nach Sorte ist die Form der Wurzel spitz zulaufend oder walzenförmig. Gelbe Möhren haben einen hohen Fruchtzuckergehalt und den höchsten Karotingehalt aller Gemüsesorten. Sie sind wegen ihrer guten Lagerfähigkeit das ganze Jahr über erhältlich.

Verwendung

- Als Rohkost, zur Saftgewinnung, für Backwaren, Suppen, Salate und Babynahrung.
- Gelbe Möhren eignen sich zum Tiefkühlen.

Möhren

Rhabarber

Die grünen und roten Blattstiele des innerasiatischen Knöterichgewächses haben ein saftiges, fleischiges, säuerliches Fruchtfleisch.

Sorten

- Blutrhabarber: rot; stark säuerlicher Geschmack.
- Himbeerrhabarber: rote Schale, hellgrünes Fruchtfleisch; mild säuerlicher Geschmack.

Verwendung

- Als Kuchenbelag, für Krems und Konfitüre.
- Der säuerliche Geschmack kann durch Zugabe von süßen Früchten, wie Erdbeeren oder Himbeeren, angenehm ergänzt werden.

Rhabarber ist ein Gemüse, das als Obst verwendet wird

Tomaten

Die Tomate gehört zur Familie der Nachtschattengewächse. Die Stängel und Blätter sind mit Drüsenhaaren besetzt, die der Pflanze ihren charakteristischen Geruch verleihen. Die Beerenfrüchte sind gelb, rot, rosa, orangerot oder violett und hängen in Trauben an den Stängeln.

Reife Tomaten enthalten die Karotinoide **Lykopin** und **Karotin.** Diese sekundären Pflanzenstoffe (siehe Kapitel Bioaktive Substanzen, Seite 59) geben der Tomate die intensive Farbe und neutralisieren im Körper die schädlichen freien Radikale. **Unreife, grüne Tomaten** enthalten das Alkaloid **Solanin,** das gesundheitliche Beschwerden verursachen kann.

Die über 250 verschiedenen **Sorten** unterscheiden sich vor allem in Form, Größe und Farbe der Früchte.

- Runde Tomaten: gängigste Sorte; enthalten verhältnismäßig viel Fruchtsäure.
- Fleischtomaten: große, gerippte, schnittfeste Früchte; süßlicher Geschmack.
- Flaschentomaten: süßlicher Geschmack.
- Eiertomaten: intensives Aroma.
- Kirsch-, Cherry- oder Cocktailtomaten: kirschgroß; süßlicher Geschmack.

Verwendung

- Als Rohkost, für pikante Backwaren, Saucen, Salate, Suppen usw.
- Tomaten sind kälteempfindlich und sollten daher nicht unter 10 °C gelagert werden.

Wussten Sie, dass ...
konzentriertes Tomatenmark und Dosentomaten aus reifen Tomaten wesentlich mehr Lykopin (ca. 62 mg/100 g) enthalten als frische Tomaten?

Schälen von Tomaten

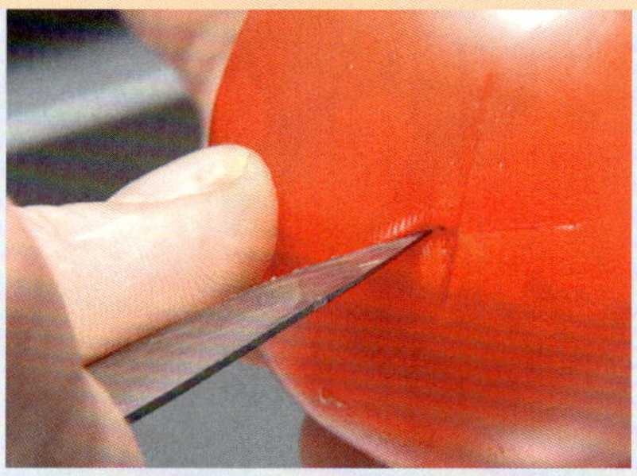

- Tomaten oben kreuzweise einritzen.
- Kurz in kochendes Wasser legen.
- Anschließend in Eiswasser abschrecken und schälen.

Spinat

Spinat ist ein beliebtes **Blattgemüse,** das das ganze Jahr über frisch als **Blattspinat** (geputzt) oder als **Wurzelspinat** (ungeputzt) angeboten wird. Spinat enthält Eisen sowie reichlich Vitamin A, B_2 und C. Er wirkt Blut bildend und verdauungsfördernd.

Verwendung

- Als Füllung (z. B. Spinatstrudel) und Beilage.
- Blanchierter Spinat eignet sich sehr gut zum Tiefkühlen.

Zwiebel, Speisezwiebel

Sie ist eine der ältesten Kulturpflanzen und zählt zu den wichtigsten Gemüsearten und Heilpflanzen. Die Zwiebel besteht aus übereinanderliegenden, fleischigen Blättern, in denen sie die Nährstoffe für ein schnelles Wachstum im Frühjahr speichert. Sie wird von mehreren trockenen Häuten umhüllt und enthält bis zu 90 % Wasser, Vitamine, Mineralstoffe, Zucker und ätherische Öle.

Warum Sie beim Zwiebelschneiden weinen müssen
Die Speisezwiebel enthält wie Knoblauch das ätherische Öl **Allizin.** Dieses ist für den milden bis scharfen Geschmack verantwortlich und reizt beim Verarbeiten die Schleimhäute – die Augen tränen, die Nase läuft.

Schalotten = feinste Speisezwiebeln mit mildem Geschmack.

Kürbis

Zucchini

! Kartoffeln bilden heute neben dem Brotgetreide die wichtigste Grundlage der menschlichen Ernährung.

Wissenswertes dazu

- Nachtschattengewächse sind Pflanzen, die tagsüber Energie speichern und sie nachts in Biomasse umwandeln.
- Der Name rührt aus der alten Wortbedeutung des Wortes „Schade" her, das früher für Feind stand. Diese Verknüpfung ist auf das giftige Alkaloid Solanin zurückzuführen, das, in großen Mengen genossen, zu einem Feind werden kann.

Frische Zwiebeln schmecken würzig und scharf, getrocknete mild und aromatisch. Auch beim Backen verändert sich der Geschmack, und er kann, je nach Zubereitung, sogar süßlich werden.

Sorten: Sie unterscheiden sich in Form, Größe, Farbe und Geschmack.

- Rote, gelbe, weiße Speisezwiebel.
- Frühlingszwiebel, Porree, Schalotten.

Verwendung: für Zwiebelbrote, Pizzas, Snacks usw.

Kürbis

Der Kürbis ist eine bis zu 100 kg schwere Beerenfrucht einer am Boden rankenden Gemüsepflanze. Die Schale sollte unversehrt und ohne Druckstellen und Flecken sein. Sommerkürbisse sind nur wenige Tage haltbar. Winterkürbisse sind kühl und trocken gelagert bis zum Frühjahr haltbar.

Sorten: Gelber Zentner, Butternuss, Schlangen-, Spaghetti-, Markkürbis ...

Der **Gartenkürbis** dient als Frucht und Gemüse. Er hat eine dicke, harte Schale und ein gelbes, weißes oder grünes, sehr saftiges Fruchtfleisch. Es enthält nur wenig Zucker und überhaupt keine Säure. Die flachen, mandelförmigen Samen (Kerne) enthalten bis zu 40 % Öl.

Verwendung

- Fruchtfleisch zum Kochen, Backen und Braten.
- Kürbiskerne kommen getrocknet oder geröstet in den Handel und werden wie Mandeln und Nüsse verwendet. Im Ganzen, gehackt oder gerieben für Backwaren, zum Knabbern, für Salate oder Müsli.
- Kürbiskernöl wird aus gerösteten Kürbiskernen hergestellt. Es ist dunkelgrün, dickflüssig, hocharomatisch und schmeckt nach Nüssen.

Zucchini

Sie ist eine kleine Gemüsekürbisart mit einer weichen, je nach Sorte grünen oder gelben Schale, die nicht entfernt werden muss. Das hellgrüne Fruchtfleisch ist in rohem Zustand geschmacksneutral. Zucchini sind am besten, wenn sie jung, fest und klein sind.

Verwendung

- Als Rohkost, für Salate, zum Backen in Fett, zum Füllen, für Kuchen.
- Die gelben Zucchiniblüten sind mit Fleisch gefüllt und in Fett gebacken eine Spezialität für Feinschmecker.

Kartoffel, Erdapfel

Die Kartoffelknolle ist eine Stängelverdickung eines aus dem Andengebiet stammenden Nachtschattengewächses. Aufgrund ihres hohen Stärkegehaltes muss sie gegart verwendet werden, da der Körper rohe Kartoffelstärke nicht spalten kann. Sie sollte ohne Triebe, fest und ohne grüne Stellen sein, da auskeimende Kartoffeln, grüne Schalenteile und die Kartoffelaugen den Giftstoff Solanin enthalten.

Die über 200 Sorten lassen sich in drei Kochtypen einteilen:

Bezeichnung	Charakteristika und Verwendung
Festkochende Kartoffeln	■ Sind meist oval mit niedrigem Stärkegehalt ■ Springen beim Kochen nicht auf ■ Für Salat, Gratin ...
Vorwiegend festkochende Kartoffeln	■ Sind mittelfest oder mehlig ■ Springen beim Kochen nur wenig auf ■ Für Suppen, Salat, Gratin ...
Mehligkochende Kartoffeln	■ Haben einen hohen Stärkegehalt ■ Springen beim Kochen auf ■ Für Püree, Klöße, Backwaren usw.

Verwendung
- Kartoffeln kommen getrocknet, tiefgekühlt, in Dosen oder frittiert in den Handel.
- Kartoffelstärke wird für Backwaren und als Bindemittel für Suppen, Saucen und Puddings verwendet.

Kohlgemüse

Blumenkohl

Der Kohlkopf ist der noch nicht voll entwickelte Blütenstand der Pflanze. Die knospigen Blütenstände sind meist weiß oder elfenbeinfarben, da sie im Wachstum von Blättern umhüllt sind oder mit Folien abgedeckt werden, um sie vor Licht zu schützen. Blumenkohl ist bekömmlich und leicht verdaulich.

Besonders in Italien und Frankreich sind auch violette und grüne Zuchtformen verbreitet, die durch Lichteinwirkung ihre Farbe erhalten. Der grüne **Romanesco** gleicht in seinen Inhaltstoffen und Eigenschaften dem weißen Blumenkohl, hat jedoch einen höheren Vitamin-C-Gehalt.

Brokkoli

Er besteht aus grün oder bläulich schimmernden Knospen, die auf fleischigen Stielen sitzen. Brokkoli ist reich an Vitamin C (bis zu 50 % mehr als Blumenkohl), Karotin, Eisen und Mineralstoffen. Er hat einen kräftigeren, blumenkohlähnlichen Geschmack und ist gut verdaulich.

Weißkohl

Es ist die wichtigste Kohlart. Der Kopf besteht aus weißgrünen oder grünen, glänzenden, glatten Blättern und kann, je nach Sorte, spitz bis rund sein. Weißkohl hat den höchsten Vitamin-C-Gehalt aller Kohlarten (46 mg/100 g). Es werden ihm zahlreiche heilende Eigenschaften zugeschrieben.

Nach dem Erntezeitpunkt unterscheidet man Früh-, Herbst- und Winterkohl.

Verwendung von Kohlgemüse
- Für Strudel, pikantes Blätter- oder Plunderteiggebäck und Snacks.
- Lagerfähige Weißkohlsorten werden großteils durch Milchsäuregärung zu Sauerkraut verarbeitet.

Blumenkohl

Wussten Sie, dass ...
Blumenkohl wegen des Lichtmangels kein Chlorophyll bilden kann und deshalb eine weiße Farbe hat?

Weißkohl

Sauerkraut ist in den Wintermonaten ein wichtiger Vitamin-C-Lieferant!

Arbeitsaufgaben

1. Nennen Sie die handelsübliche Einteilung von Obst.
2. Zählen Sie Kernobstsorten auf und beschreiben Sie ihre Verwendung.
3. Erläutern Sie, was bei der Aufbewahrung von Äpfeln zu beachten ist.
4. Schildern Sie, was beim Tiefkühlen von Steinobst zu beachten ist.
5. Erklären Sie, wofür die Kerne von manchen Steinobstarten verwendet werden können.
6. Nennen Sie einige Beerenobstsorten und ihre Verwendung.
7. Zählen Sie einige Schalenfrüchte auf, die in der Bäckerei wichtig sind.
8. Nennen Sie Schalenfrüchte, die auch zu den Ölfrüchten zählen.
9. Beschreiben Sie einige in der Bäckerei verwendete Südfrüchte und exotische Früchte.
10. Beschreiben Sie einige wichtige Zitrusfrüchte und ihre Verwendung.
11. Erläutern Sie die Aufbewahrung von Südfrüchten und exotischen Früchten.
12. Wie sollen Früchte behandelt werden, damit die Vitamine erhalten bleiben?
13. Zählen Sie einige Punkte auf, die beim Einkauf von Obst zu beachten sind.
14. Erklären Sie die Lagerbedingungen verschiedener Obstarten.
15. Nennen Sie Methoden der Obstkonservierung.
16. Beschreiben Sie einige für die Bäckerei wichtige Gemüsesorten.

Notizen zu den Arbeitsaufgaben:

8 Marzipan

Der Name Marzipan dürfte sich von „marci panis", dem Brot des Markus aus Venedig, herleiten – ein Hinweis darauf, dass diese süße Köstlichkeit über Venedig nach Mitteleuropa gelangte.

Marzipan ist in Süd- und Mitteleuropa schon seit dem Mittelalter bekannt. Zum ersten Mal dürfte Marzipan jedoch im Nahen Osten, der Heimat des Mandelbaumes, hergestellt worden sein, von wo aus es etwa 800 n. Chr. nach Europa gelangte.

Marzipan und Marzipanrohmasse sind Halbfabrikate aus Zucker, fein geriebenen süßen Mandeln, einem geringen Anteil an Bittermandeln und weiteren Zusätzen.

In der Bäckerei werden Marzipan- und Persipanrohmasse zur Herstellung von Feinbackwaren verwendet. Sie sind beliebte Füllungen für Hefe-, Plunder- und Blätterteiggebäcke oder geschmacksgebende Bestandteile von Massen.

Unsere Ziele

Nach Bearbeitung dieses Teilkapitels werden Sie ...

- über die verschiedenen Arten von Marzipan unterrichtet sein;
- die Methoden der Herstellung von Marzipan und Persipan kennen;
- über die Behandlung und Lagerung von Marzipan Bescheid wissen.

Marzipanrohmasse

Marzipanrohmasse wird für alle Erzeugnisse mit Mandelgeschmack verwendet.

Zusammensetzung

Marzipanrohmasse besteht aus **zwei Teilen Mandeln** und **einem Teil Zucker.**

Herstellung

- **Mandeln auslesen, reinigen und schälen:** Beschädigte Mandeln und Bruchmandeln werden entfernt (händisch und computergesteuert). Die Mandeln werden durch Sieben und im Luftstrom vom Staub befreit, mit heißem Wasser (98 °C) überbrüht und zwischen rotierenden Gummiwalzen geschält. Ein Quellvorgang begünstigt die Lösung des Zuckers und die gewünschte Konsistenz sowie die helle Farbe der Rohmasse.
- **Mischen und Reiben:** Die Mandeln werden mit dem entsprechenden Zuckeranteil vermischt und zuerst grob zerrieben, anschließend fein gewalzt, bis die gewünschte Feinheit erreicht ist. Dabei darf die Masse weder zu fein noch zu grob und auch nicht ölig werden.
- **Rösten:** Die Masse wird bei etwa 85 bis 90 °C im Wasserbad unter ständiger Bewegung geröstet. Dies bewirkt:
  - die Entwicklung des typischen Geschmacks,
  - die Lösung des größten Teils des Zuckers,
  - das Verdampfen eines Teils des Wassers (die Rohmasse wird haltbarer),
  - eine bessere Bindung,
  - die Abtötung vorhandener Keime.
- **Abkühlen und Verpacken:** Danach wird die Masse durch Zufuhr keimfreier Luft gut abgekühlt und vakuumverpackt.

Angewirktes Marzipan (deutsches Marzipan)

Marzipan eignet sich zum Eindecken von Torten und Schnitten, als Füllung und Dekor.

Zusammensetzung

Bei **angewirktem Marzipan** beträgt das Verhältnis **Mandeln** zu **Zucker 1 : 2.**

Herstellung

- Marzipanrohmasse, Puderzucker und andere erlaubte Beigaben wie z. B. Glukose- und Invertzucker (verhindern die Zuckerkristallisation, fördern Geschmeidigkeit und Bindung) oder Spirituosen (dienen als Geschmacksstoff, beeinflussen die Konsistenz), zusammenwirken. Dabei den Zucker in den Sirup einarbeiten und anschließend mit der Rohmasse zusammenwirken.
- Kleine Mengen auf einer kühlen Arbeitsfläche mit der Hand anwirken, größere Zutatenmengen langsam und schonend in der Knetmaschine. Wird Marzipan zu stark geknetet, tritt das Mandelöl aus. Dadurch sind die Bindung und die Verarbeitungsfähigkeit der Masse stark beeinträchtigt.
- Nach Bedarf mit Lebensmittelfarben oder natürlichen Farbstoffen (z. B. Kakaopulver) färben.

§ **Bestimmungen für Marzipan, Marzipan- und Persipanrohmasse** finden Sie unter www.bmel.de (Leitsätze für Ölsamen und daraus hergestellte Massen und Süßwaren) zum Downloaden.

Herstellung von Marzipanrohmasse

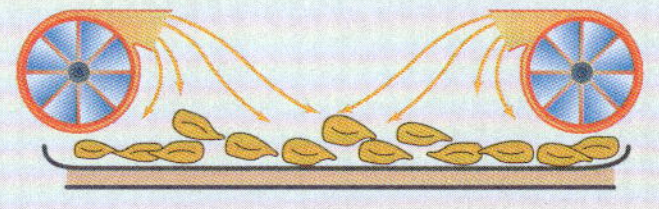
Reinigen

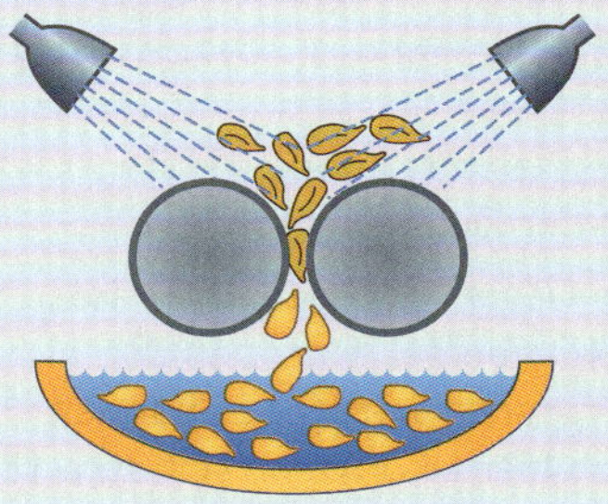
Schälen

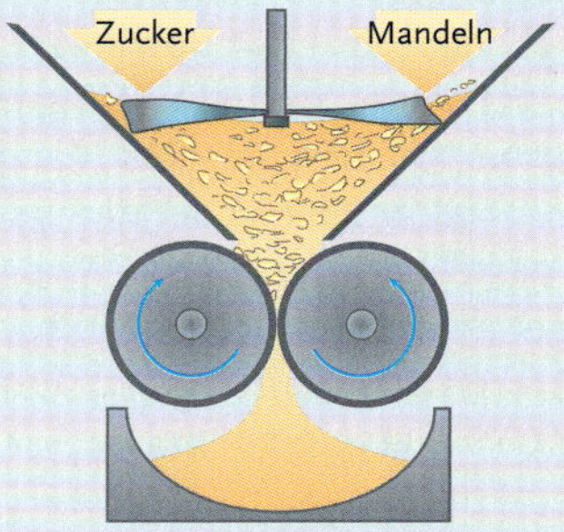

Mischen und Reiben

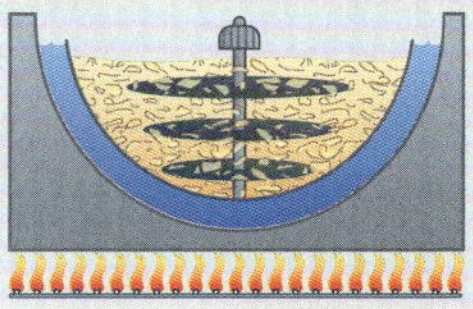
Rösten

! Die Qualität von Marzipan ist von der eingewirkten Zuckermenge abhängig – je weniger Zucker, desto besser die Qualität. Für modellierfähiges und haltbares Marzipan beträgt das Verhältnis Marzipanrohmasse zu Puderzucker 1 : 1.

Modelliermarzipan

Dieses speziell für Modellierarbeiten hergestellte Marzipan wird von diversen Firmen als Halbfabrikat angeboten. Es enthält mehr Zucker als Marzipanrohmasse sowie Glukosesirup, Invertzucker usw. Modelliermarzipan ist in verschiedenen Farben erhältlich und bedarf keiner weiteren Behandlung vor der Verarbeitung.

Persipanrohmasse und Persipan

Persipanrohmasse

Sie besteht völlig oder teilweise aus den inneren, mandelähnlichen Kernen von Aprikosen.

- Die Aprikosenkerne werden getrocknet, bis sie einen Wassergehalt von 10 % aufweisen, und dann aus der Schale gebrochen.
- Der weitere Herstellungsvorgang ist derselbe wie bei Marzipanrohmasse, und der Zuckeranteil von Persipanrohmasse entspricht dem der Marzipanrohmasse.

Persipan

Es entsteht durch Anwirken von Persipanrohmasse mit Puderzucker zu gleichen Teilen. Persipanrohmasse und Persipan unterscheiden sich durch den Geschmack (leicht herbbitter) deutlich von Marzipanrohmasse und Marzipan. Alle anderen Eigenschaften sind identisch.

Eigenschaften von Marzipan

- Marzipanhaltige Gebäcke und Füllungen bleiben weicher.
- Der Zuckeranteil muss im Rezept berücksichtigt werden, sonst erhält man brüchige Gebäcke durch zu viel Zucker.
- Der Zuckeranteil treibt Gebäcke in die Breite, deshalb kann etwas Mehl zugegeben werden.

Behandlung von Marzipan

- Immer auf sauberen Arbeitsflächen arbeiten, damit möglichst wenig die Gärung fördernde Substanzen in die Masse gelangen.
- Mit sauberen und trockenen Händen (evtl. Handschuhen) arbeiten (Bakterien!).
- Beim Ausrollen nur mit Puderzucker oder Weizenpuder stauben (Mehl enthält die Gärung fördernde Enzyme!).
- Teilweise kristallisierte Marzipanrohmasse vor der Verarbeitung melangieren.

Lagerung von Marzipan

- Trocken, dunkel und kühl lagern (nicht im Kühlschrank – Schimmelgefahr!).
- Luftdicht aufbewahren (z. B. in einem Plastiksack), um das Marzipan vor dem Austrocknen und vor Schädlingsbefall zu schützen.
- Marzipan ist wegen des hohen Zuckergehalts besser haltbar als Marzipanrohmasse.
- Mit Marzipan eingedeckte oder dekorierte Erzeugnisse sollten möglichst nicht im Kühlschrank oder Froster gelagert werden, da der hohe Zuckergehalt das Wasser stark anzieht und die Oberfläche rasch feucht und unansehnlich wird.

Wussten Sie, dass ...
Aprikosen zur Herstellung von Persipanrohmasse speziell gezüchtet werden und nicht genießbar sind? Essbare Aprikosen enthalten süße Kerne, denen das typische Bittermandelaroma fehlt.

Wussten Sie, dass ...
Lübecker Marzipan eine geschützte Herkunftsbezeichnung ist? Diese Marzipanerzeugnisse müssen aus Lübeck (Hafenstadt an der Ostsee) stammen.

Im Gegensatz dazu darf das **Königsberger Marzipan** überall hergestellt werden. Es handelt sich hierbei um eine seit dem 18. Jahrhundert in Königsberg entwickelte Art der Marzipanherstellung – ein meist mit Rosenwasser aromatisiertes und mit geringem Zuckeranteil hergestelltes Marzipan. Die Oberfläche der daraus hergestellten Erzeugnisse wird abgeflämmt, wodurch sie ihre charakteristische gelblich bräunliche Röstfarbe erhalten.

Königsberger Marzipan

Arbeitsaufgaben

1. Beschreiben Sie die Herstellung von Marzipanrohmasse.
2. Erklären Sie den Unterschied von Marzipanrohmasse und angewirktem Marzipan.
3. Schildern Sie die Herstellung von Modelliermarzipan.
4. Erläutern Sie den Unterschied zwischen angewirktem Marzipan und Persipan.
5. Erörtern Sie die fachgerechte Behandlung von Marzipan.
6. Beschreiben Sie die Lagerung von Marzipan und Marzipanerzeugnissen.

Notizen zu den Arbeitsaufgaben:

9 Kakao- und Schokoladenerzeugnisse

„Xocolatl“ (xoco: sauer, herb, würzig, atl: Wasser) hieß jenes Getränk, das spanische Eroberer im 16. Jahrhundert in Süd- und Mittelamerika kennenlernten und nach Europa brachten. Sie mischten es mit Zucker und bezeichneten es als „chocolate“. Zu Beginn des 17. Jahrhunderts wurde die Schokolade in Deutschland bekannt, wo sie zunächst nur als Heilmittel in Apotheken verkauft wurde. Nach und nach entwickelte sich aus dem Getränk die feste Schokolade.

Kakao ist nicht nur ein alkaloidhaltiges Genussmittel, sondern auch ein Nahrungsmittel. Er hat einen hohen Nährstoffwert und ist leicht verdaulich. Das in kleiner Menge enthaltene Alkaloid Theobromin wirkt wie Koffein anregend auf das Nervensystem, ohne jedoch Herz und Kreislauf zu belasten. Kakao kann deshalb auch von Kindern getrunken werden.

Wussten Sie, dass ...
heute der durchschnittliche Schokoladekonsum eines Westeuropäers auf etwa sieben bis acht Kilogramm jährlich geschätzt wird?

Alkaloide = kompliziert gebaute stickstoffhaltige Verbindungen, die in Pflanzen vorkommen.

Unsere Ziele

Nach Bearbeitung dieses Teilkapitels werden Sie ...

- über die Ernte und Aufbereitung der Kakaobohnen informiert sein;
- über die Herstellung und Verwendung von Kakaomasse Bescheid wissen;
- wissen, wie Kakaopulver hergestellt wird;
- die Verfahren der Kuvertüre- und Schokoladenherstellung nennen können;
- die Eigenschaften von kakaohaltigen Fettglasurmassen kennen;
- über die Zusammensetzung von Nougatmassen und Nougat informiert sein.

9.1 Kakao

Herkunft

Kakaobäume gedeihen in einer Lage von höchstens 600 Metern über dem Meeresspiegel, bei hoher Luftfeuchtigkeit und im Schatten größerer tropischer Bäume.

Anbaugebiete: Afrika (Elfenbeinküste, Madagaskar), Mittelamerika (Mexiko, Costa Rica, Trinidad), Südamerika (Brasilien, Kolumbien), Südostasien (Java, Sri Lanka), südlicher Pazifik. Weitere Gebiete siehe Karte.

1753 erhielt der Kakaobaum vom schwedischen Wissenschaftler Carl von Linné seine bis heute gültige Bezeichnung „Theobroma cacao". Das Wort Theobroma setzte sich aus zwei griechischen Wörtern zusammen, und zwar „theos" (Gott) und „broma" (Speise), es heißt also Götterspeise.

Kakaoanbaugebiete

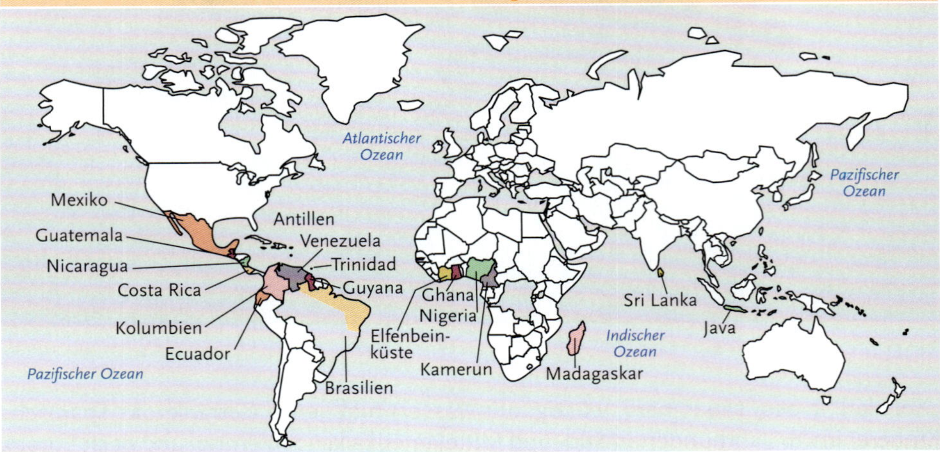

Der Kakaobaum kann wild wachsend zehn bis fünfzehn Meter hoch werden, wird aber in Plantagen bei maximal acht Metern kultiviert, um die Früchte besser ernten zu können. Von den zahlreichen Theobromaarten werden heute in Kulturpflanzungen die Varietäten Criollo und Forastero verwendet.

- **Criollo:** aromareicher, milder Edelkakao. Er wird vorwiegend für die Schokoladeerzeugung verwendet.
- **Forastero:** Konsumkakao (etwa 90 % der Weltproduktion). Er ist etwas bitter und säuerlicher im Geschmack.

! **Trinitario** ist eine Kreuzung aus Criollo und Forastero, der die Vorteile beider Sorten (Qualität und Widerstandsfähigkeit) vereinen soll.

Die gelben oder braunen Früchte wachsen direkt am Stamm oder an starken Ästen. Sie sind länglich (100 bis 200 mm), wiegen durchschnittlich 300 bis 500 g und enthalten 25 bis 50 Kakaosamen (-bohnen). Sie sind in ein helles, süßliches Fruchtmus eingebettet. Pro Jahr liefert jeder Baum maximal zwei Kilogramm Kakaobohnen.

Gewinnung

Ernte

Die reifen Früchte werden händisch mit äußerster Sorgfalt vom Stamm abgenommen. Dabei wird darauf geachtet, dass weder unreife Früchte noch die Ansätze am Holz verletzt werden. Die Schnittstellen am Baum werden anschließend versiegelt, damit sich neue Blüten bilden können.

Kakaobohnen vor der Fermentation

Aufbereitung

- **Aufschlagen und Auslösen:** Die Früchte werden aufgeschlagen (halbiert), und das Fruchtfleisch mit den Kakaosamen wird herausgelöst.
- **Fermentieren:** Die Kakaosamen werden mit dem Fruchtfleisch aufgehäuft, mit Bananenblättern abgedeckt und in der Tropensonne fünf bis zehn Tage einem Gärungsprozess ausgesetzt. Dabei verlieren sie ihren bitteren Geschmack und die Keimfähigkeit. Noch anhaftende Fruchtfleischreste werden gelöst. Gleichzeitig wird Fett angereichert. Aroma- und Farbstoffe werden gebildet, Gerbsäure wird abgebaut.
- **Trocknen:** Die Kakaobohnen werden ausgebreitet und in der Tropensonne unter ständigem Wenden getrocknet. Beim Trocknen entwickelt sich das Kakaoaroma weiter.
- **Verpacken:** Die getrockneten Kakaobohnen **(Rohkakao)** werden in Jutesäcke von 60 bis 90 Kilogramm verpackt und in die Verbraucherländer exportiert.

Kakaobohnen nach der Fermentation. Erst die fermentierten Samen werden als Kakaobohnen bezeichnet.

9.2 Kakaoerzeugnisse

Kakaomasse

Sie ist das Ergebnis der Vermahlung der gerösteten und geschälten Kakaobohnen. Ihr darf nichts zugesetzt oder entzogen werden. Sie ist das Ausgangsprodukt für alle Kakaoerzeugnisse (z. B. Kuvertüre, Schokolade usw.).

Zusammensetzung

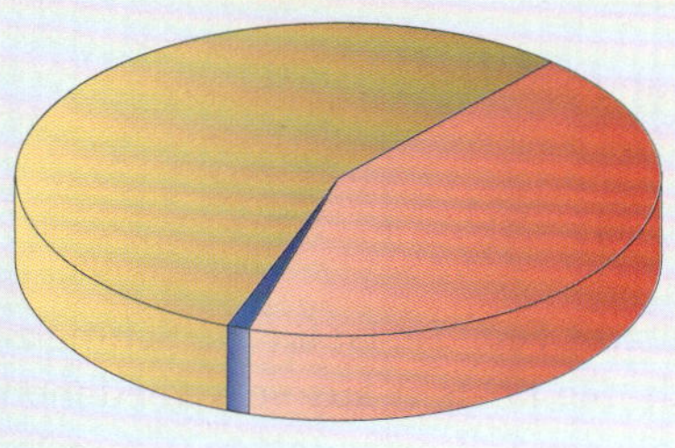

Inhaltsstoffe	Prozent
Kakaobutter	50–58 %
Kakaotrockenbestandteile: Eiweiß, Stärke, Mineralstoffe, Gerbstoffe, Theobromin, Koffein	40–45 %
Wasser	ca. 1 %

Herstellung

- **Kakaobohnen reinigen:** Dies geschieht bereits in den Fabriken der Verbraucherländer. In speziellen Anlagen wird der Rohkakao mit stark saugenden Luftströmen, Sieben, Bürsten und Magneten gereinigt. Fremdkörper wie Steinchen, Holzteile etc. werden dabei entfernt.
- **Rösten:** Der Röstprozess ist ein wichtiger Schritt bei der Schokoladenherstellung. Die Kakaobohnen werden, streng nach Sorten getrennt, in großen, elektrisch gesteuerten Anlagen je nach gewünschtem Bräunungsgrad 10 bis 35 Minuten bei einer Temperatur zwischen 80 und 140 °C geröstet.
  Zweck des Röstprozesses:
  - Verdampfen des Wassergehaltes bis auf 1 %.
  - Lösung von Samenschale und Keimling.
  - Entstehung von Aromastoffen und Röstprodukten.
  - Färbung zum endgültigen Schokoladenbraun.
- **Brechen und Schälen:** Die ausgekühlten gerösteten Kakaobohnen werden in Brechanlagen zerkleinert und von ihren Schalen getrennt. Übrig bleibt der Kakaokernbruch, in der Fachsprache **Nibs** genannt.
- **Mischen und Mahlen:** Um die gewünschte Qualität zu erhalten, wird Kakaokernbruch verschiedener Sorten gemischt und anschließend in mehreren Stufen in der Kakaowalze (Kakaomühle) feinstens vermahlen. Durch die dabei entstehende Reibungswärme tritt das Fett aus den Zellen aus, es entsteht die dunkelbraune, glänzende, dickflüssige **Kakaomasse.** Kakaomasse ist das Ausgangsprodukt für Kakaopulver, Kakaobutter und Schokoladen aller Art.

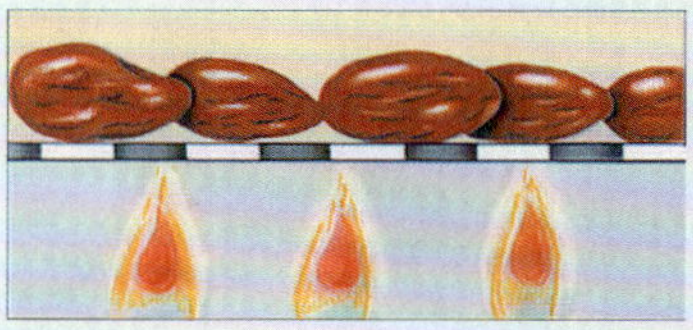

Rösten

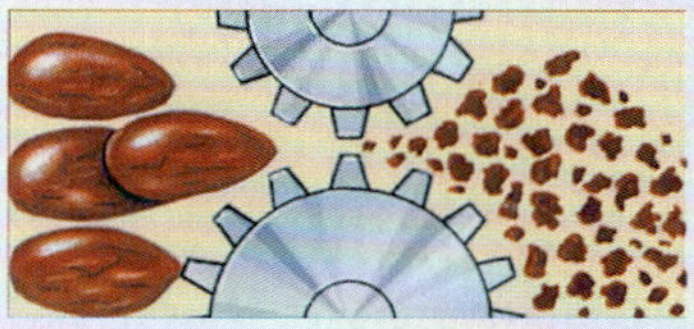

Brechen

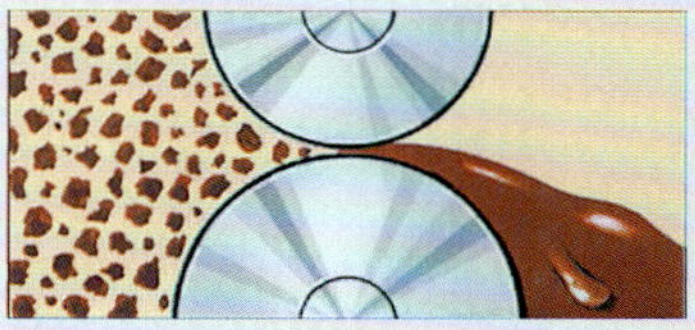

Mahlen

Von der Qualität der Kakaomasse hängt letztendlich auch die Qualität der daraus hergestellten Schokolade ab

Eigenschaften

- Sehr bitter, aber geschmacksintensiv
- In zerlassenem Zustand zähflüssig, in erstarrtem Zustand hart und spröde

Verwendung

Zum Abschmecken von Krems oder Fondants

Kakaopulver

Es wird durch Abpressen der Kakaomasse gewonnen.

Zusammensetzung

Kakaopulver besteht vor allem aus Kakaotrockenbestandteilen, enthält jedoch auch Kakaobutter. Nach der Größe des verbliebenen Fettanteils im Presskuchen unterscheidet man:

Magerkakao	■ Stark entöltes Kakaopulver mit mindestens 8 % Fett i. Tr. ■ Er ist fein gemahlen, hell und herb im Geschmack.
Edel- oder Vollkakao	■ Schwach entöltes Kakaopulver mit mindestens 20 % Fett i. Tr. ■ Er ist dunkel, mild, sehr nahrhaft und grob gemahlen.

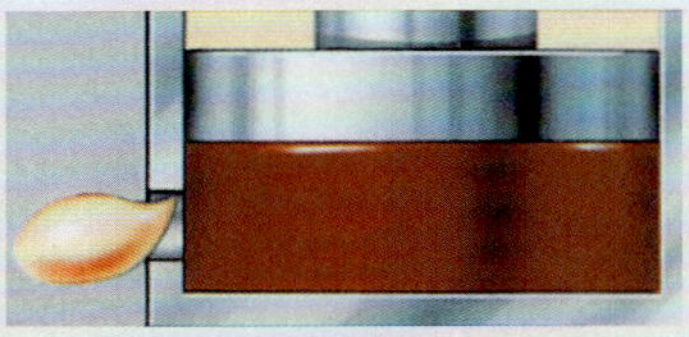
Pressen

Der Presskuchen hat einen Durchmesser von ca. 450 mm und ist 50 mm dick

Pulverisieren

Kakaobutter

Gewinnung

- **Kakaomasse pressen:** Die warme Kakaomasse wird in schweren Kakaopressen unter Wärmezufuhr und hohem Druck zusammengepresst, wobei die Kakaobutter austritt. Zurück bleibt der fettarme **Kakaopresskuchen.**
- **Pulverisieren:** Der Presskuchen wird maschinell zerkleinert und anschließend in großen Anlagen zu feinem Pulver vermahlen. Durch das Einhalten bestimmter Temperaturen bei der Vermahlung entsteht die typische Kakaofarbe.

Verwendung

- Zur Herstellung von Trinkkakao
- Als Dekormittel
- Als Geschmacks- und Farbstoff für Massen, Teige und Speiseeis

Kakaobutter

Kakaobutter ist ein besonders hochwertiges und haltbares Fett. Sie ist für die Schmelzeigenschaften aller Kakaoerzeugnisse verantwortlich. Sie besteht aus verschiedenen Fettsäuren (Stearin- und Palmitinsäure) mit unterschiedlichen Schmelzpunkten (Schmelzbereich zwischen 28 und 34 °C). Diese machen eine spezielle Behandlung (Temperierung) der flüssigen Kakaobutter notwendig, um beim Erstarren eine gleichmäßige Kristallbildung und damit eine matt glänzende Oberfläche zu erhalten.

Gewinnung

Das Fett, das beim Pressen der warmen Kakaomasse austritt, ist die Kakaobutter (siehe Gewinnung von Kakaopulver).

Verwendung

- Als Zusatz bei der Herstellung von Kuvertüren, Schokoladen usw.
- Zum Verdünnen von Kuvertüren

9.3 Schokoladenerzeugnisse

Kuvertüren (Schokoladenüberzugsmassen)

Die Kuvertüre ist keine Verzehrschokolade, sondern wird im gewerblichen Bereich verwendet.

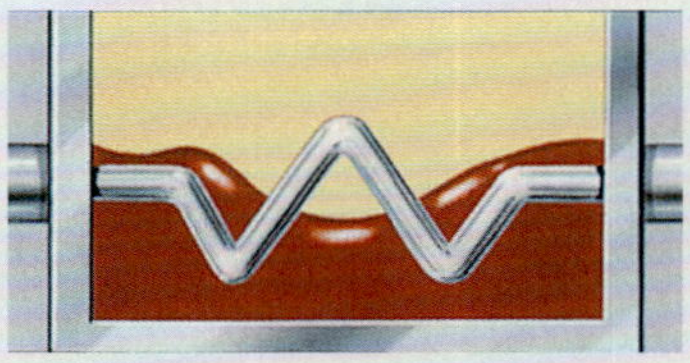
Mischen

Walzen

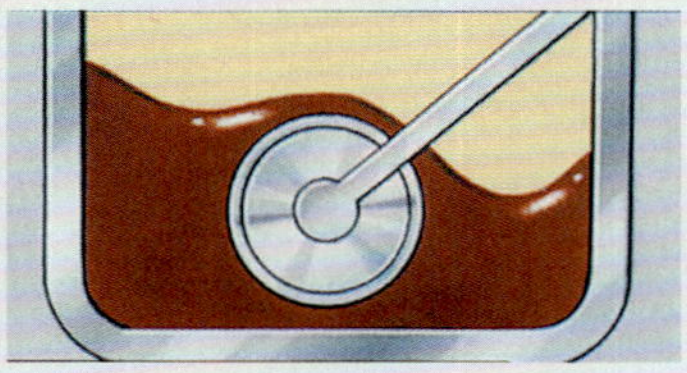
Konchieren

Zusammensetzung von Kuvertüren

Inhaltsstoffe	Dunkle Kuvertüre	Milchkuvertüre	Weiße Kuvertüre
Fettfreie Kakaotrockenmasse			
Kakaobutter			
Zucker			
Milchtrockenmasse			
Fett			
Milchfett			

enthalten, nicht enthalten

Herstellung

- **Zutaten mischen:** Kakaomasse, Kakaobutter, Zucker und eventuell Milchpulver werden zerkleinert und durch Kneten vermischt.
- **Walzen:** Die Masse wird durch Walzen stufenweise feinstens vermahlen.
- **Konchieren:** Durch das Konchieren werden die Bestandteile intensiv vermischt. Durch das ständige Reiben und Bewegen der Masse durch schwere Walzen werden die Trockenbestandteile weiter zerkleinert. Das restliche Wasser entweicht durch Verdunstung, und verschiedene Geschmacksstoffe (Gerbsäuren) reagieren mit dem Luftsauerstoff (der Geschmack wird milder). In modernen Fabriken dauert dieser Vorgang etwa 45 Minuten.
- **Temperieren:** Wird die Kuvertüre in Formen abgefüllt, muss sie temperiert werden.

Eigenschaften
- Zarter Schmelz
- Muscheliger Bruch
- Kuvertüre enthält als einziges Fett Kakaobutter (die Milchkuvertüre auch Milchfett). Daher liegt der Schmelzbereich ebenfalls zwischen 28 und 34 °C.

Verwendung
- Zum Überziehen von Torten, Teegebäck usw.
- Zur Herstellung von Krems

Schokolade
Schokolade ist der Kuvertüre sehr ähnlich, sie hat aber einen höheren Zuckergehalt und weniger Kakaobestandteile. Außerdem können für die Schokoladenherstellung Zusätze wie Nougat, Sahne, Nüsse, Rosinen, Kremfüllungen usw. verwendet werden. Schokolade wird für den Endverbraucher in Tafel- oder Fantasieform angeboten und ist, mit Ausnahme von Schokoladenmasse und Koch- oder Konsumschokolade, kein Halbfabrikat.

Herstellung
Schokolade wird wie die Kuvertüre hergestellt. Die Zusätze werden je nach Beschaffenheit vor dem Konchieren (z. B. Nougat) oder unmittelbar vor dem Abfüllen zu Tafeln (z. B. ganze Nüsse, Rosinen ...) beigegeben.

Eigenschaften
- Im geschmolzenen Zustand sehr dickflüssig
- Ungeeignet zum Überziehen

Wissenswertes dazu
- Die Zahlenkombination, z. B. 60/40/35, auf der Verpackung gibt Auskunft über Zusammensetzung, Geschmack und Qualität der Kuvertüre. Diese Kuvertüre enthält 60 % Kakaotrockenbestandteile, 40 % Zucker und 35 % Kakaobutter.
- Die Mengenangabe der Inhaltsstoffe ist für den Verwendungszweck und beim Mischen von unterschiedlichen Kuvertüren von Bedeutung.

§ Die Verordnung über Kakao- und Schokoladenerzeugnisse (Kakaoverordnung) finden Sie unter www.gesetze-im-internet.de zum Downloaden.

9.4 Lagerung von Kakao- und Schokoladenerzeugnissen

- Ideal ist eine Lagertemperatur von 15 bis 18 °C. Bei höheren Temperaturen (26 °C) kann sich Fettreif bilden.
- Verschlossen aufbewahren, um sie vor Schädlingsbefall zu schützen.
- Kakaopulver immer trocken, licht- und geruchsgeschützt bei Temperaturen bis maximal 20 °C lagern.
- Kakaobutter kann bei 15 bis 18 °C lange aufbewahrt werden.

Fehler durch falsche Lagerung	
Fettreif	▪ Beim Schmelzen der Schokolade und Wiedererstarren ohne Temperierung setzt sich Kakaobutter an der Oberfläche ab und bildet einen grauen Film. ▪ Der Fettreif verschwindet wieder, wenn man die Schokolade oder Kuvertüre schmilzt und temperiert.
Zuckerreif	▪ Bei feuchter oder zu kühler Lagerung kann sich an der Oberfläche zuckerhaltiger Schokoladeprodukte der Zucker durch Kondenswasser lösen. Beim Wiederauskristallisieren dieses gelösten Zuckers durch Wasserverdunstung entstehen feine, weiße Punkte (Zuckerreif). ▪ Zuckerreif löst sich durch Schmelzen nicht mehr auf. Es bleiben Klümpchen zurück, die die Verarbeitungsfähigkeit beeinträchtigen.

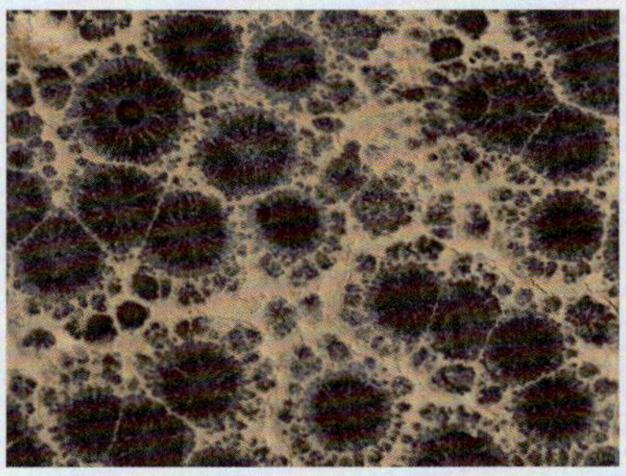
Fett- und Zuckerreif sehen ähnlich aus, haben jedoch unterschiedliche Ursachen

9.5 Lebensmittel mit Kakaoerzeugnissen oder Schokoladen

§ **Bestimmungen für kakaohaltige Fettglasuren** finden Sie in den Leitsätzen für Feine Backwaren unter www.bmel.de zum Downloaden.

Kakaohaltige Fettglasuren

Sie enthalten nur geringe Mengen Kakaobutter (aus dem verwendeten Magerkakao), hauptsächlich jedoch andere, zum Teil gehärtete Pflanzenfette. Sie werden in verschiedener Qualität angeboten, und zwar in Abhängigkeit von der Qualität der verwendeten Fette. Neben den kakaohaltigen Fettglasuren gibt es auch Fettglasuren ohne Kakao in verschiedenen Geschmacksrichtungen im Handel.

Eigenschaften

- Fettglasuren müssen nicht temperiert werden.
- Sie sind je nach Art der eingesetzten Rohstoffe Fett und Kakao in verschiedener Qualität, in unterschiedlichen Geschmacksrichtungen, Farben und Härten erhältlich.
- Sie eignen sich zum Überziehen und Dekorieren Feiner Backwaren und Dauerbackwaren.

Nougatmassen

Nougatmassen sind Halbfabrikate aus Haselnüssen, Walnüssen oder Mandeln, Zucker und Kakaoerzeugnissen. Je nach Art der Kerne, Beigabe des Zuckers sowie Art und Menge der zugesetzten Kakaoerzeugnisse können verschiedene Nougatmassen erzeugt werden. Sie unterscheiden sich in Farbe, Konsistenz und Geschmack.

Zusammensetzung von Nougatmassen und Nougat

- **Nougatmassen:** Bei schnittfesten Massen liegt das mengenmäßige Verhältnis von **Kernen** zu **Zucker** und zu **Kakaoerzeugnissen** bei ca. **1 : 1 : 1.** Es dürfen auch bestimmte Würzstoffe und andere Zusätze beigegeben werden.

- **Nougat** besteht aus **zwei Teilen Nougatmasse** und **einem Teil Zucker.**

Lagerung von Nougatmassen und Erzeugnissen aus Nougatmassen

- Trocken, dunkel und kühl (15 bis 18 °C) lagern. Bei zu feuchter Lagerung (z. B. im Kühlschrank) besteht Schimmelgefahr.
- Verschlossen aufbewahren, um sie vor Fremdgerüchen, Austrocknung und Schädlingsbefall zu schützen.

? Arbeitsaufgaben

1. Beschreiben Sie den Weg der Kakaobohne von der Ernte bis zum Versand.
2. Erläutern Sie die Herstellung von Kakaomasse.
3. Zählen Sie Produkte auf, die aus Kakaomasse gewonnen werden.
4. Erklären Sie die Zahlenkombination 65/35/41 auf der Verpackung von Kuvertüre.
5. Beschreiben Sie die Lagerung von Kakao- und Schokoladenerzeugnissen.
6. Erörtern Sie, wodurch Fett- und Zuckerreif entsteht.
7. Erklären Sie, was bei der Verwendung von kakaohaltigen Fettglasuren zu beachten ist.
8. Nennen Sie die Zusammensetzung von Nougatmassen.

Notizen zu den Arbeitsaufgaben:

10 Kaffee

Das Wort Kaffee leitet sich vom altarabischen Wort „qahwa“ ab, was „Aufguss“ bedeutet. Von den Türken als „qahvé“ ausgesprochen, ist dieses Wort vermutlich die Wurzel der europäischen Versionen Kaffee, coffee, café, caffè.

Die ursprüngliche Heimat des Kaffees ist wahrscheinlich Äthiopien, wo noch heute der wild wachsende Kaffeebaum zu finden ist. Schließlich gelangte er nach Arabien, dort gab es bereits im 15. Jahrhundert Kaffeehäuser.

Im Jahre 1615 kam der Kaffee nach Venedig. Von diesem Zeitpunkt an stand der Ausbreitung der Kaffeehäuser nichts mehr im Wege. In Wien soll das erste Kaffeehaus nach der Türkenbelagerung von 1683 entstanden sein.

Im 17. und 18. Jahrhundert begann nach der Kolonialisierung der klassischen Kaffeeanbauländer der Anbau von Kaffee auf Plantagen. Brasilien und Vietnam sind heute die größten Kaffeeproduzenten der Welt.

Unter Kaffee versteht man ein Aufgussgetränk aus den aufbereiteten, gemahlenen Samen der dunkelroten Kaffeekirsche.

Unsere Ziele

Nach Bearbeitung dieses Teilkapitels werden Sie ...

- die wichtigsten Kaffeeanbaugebiete kennen;
- über die Eigenschaften jener Kaffeesorten Bescheid wissen, die wirtschaftlich von Bedeutung sind;
- wissen, durch welche Verfahren Kaffee aufbereitet wird;
- wissen, wie Kaffee geröstet wird;
- wissen, was bei der Lagerung von Kaffee zu beachten ist;
- die Auswirkungen von Koffein auf den menschlichen Organismus kennen;
- den Begriff Surrogate im Zusammenhang mit Kaffee erklären können.

Setzlinge von Kaffeepflanzen

Hauptanbauländer
Brasilien, Kolumbien, Costa Rica, Mexiko, El Salvador, Elfenbeinküste, Guatemala, Indonesien, Vietnam, Uganda, Indien.

Wussten Sie, dass ...
die besten Kaffeesorten aus Mittelamerika (außer Mexiko) und Kenia kommen?

Herkunft

Die Kaffeepflanze stellt hohe Ansprüche an ihre Umgebung. Um hervorragende Qualität und Erträge zu garantieren, benötigt sie:

- feuchtwarmes, tropisches oder subtropisches Klima,
- lockere, humusreiche Böden,
- ausreichende Niederschläge,
- Temperaturen von 18 bis 28 °C.

Länder, die zwischen dem 30. Breitengrad nördlich und dem 30. Breitengrad südlich des Äquators liegen, erfüllen diese Anforderungen.

Kaffeeanbaugebiete

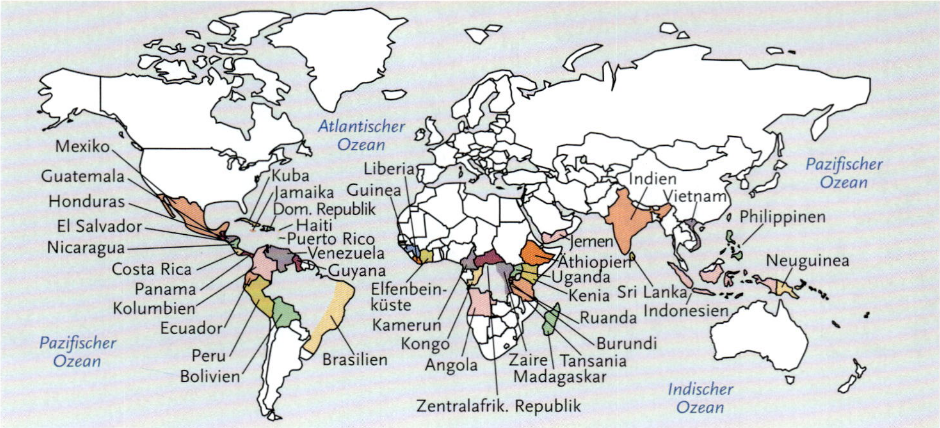

Nach den Anbaugebieten unterscheidet man zwischen **Hochlandkaffee** (1 000 bis 2 000 Meter über dem Meeresspiegel) und **Tieflandkaffee.** Hochlandkaffee ist wegen der vielen Aromastoffe und der feinen Säure sehr begehrt und teurer als der qualitativ nicht so hochwertige Tieflandkaffee.

Von wirtschaftlicher Bedeutung sind jedoch nur die Sorten **Coffea arabica** und **Coffea robusta.**

Kaffeekirschen am Strauch

Kaffeesorten	Charakteristika
Coffea arabica Ca. 75 % der Weltkaffeeproduktion	■ Hochlandpflanze ■ Kleine, feste Bohnen mit ausgeprägtem Aroma. Sie wachsen langsam und enthalten wenig Wasser (geringer Ernteertrag). ■ Milder, aromareicher Kaffee ■ Koffeinarm (Koffeingehalt 0,8–1,5 %)
Coffea robusta Ca. 25 % der Weltkaffeeproduktion	■ Widerstandsfähige Tieflandpflanze ■ Große, schnell reifende Bohnen – mehrere Ernten im Jahr sind möglich ■ Rauer Kaffeegeschmack ■ Enthält mehr Säure und Gerbstoffe ■ Höherer Koffeingehalt (2 % und mehr)

Kaffeefrucht (-kirsche)

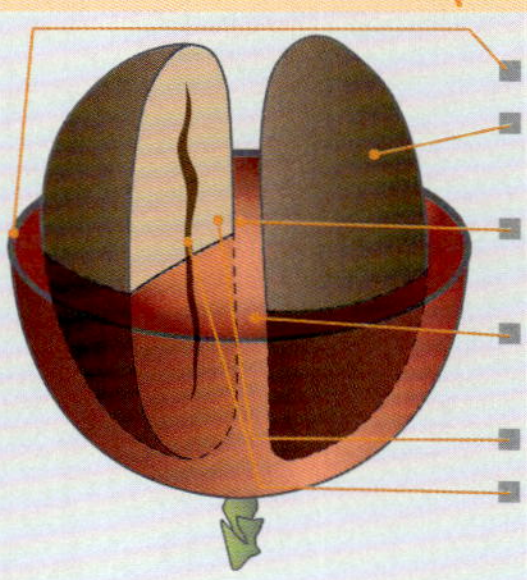

Kaffee wird aus den Früchten des Kaffeestrauches (Coffea) gewonnen.

- **Kaffeestrauch:** Der kultivierte Kaffeebaum ist ein immergrüner Strauch, der in einer Höhe von ca. zwei bis drei Metern beschnitten wird, um die Früchte besser ernten zu können. Wildformen erreichen eine Höhe von acht bis zwölf Metern.
- **Kaffeefrucht:** Sie wird wegen ihres Aussehens oft als **Kirsche** bezeichnet. Ihre Farbe verändert sich mit zunehmender Reife von Grün über Gelb zu Rot. Sie enthält meist zwei Samenkerne – die Kaffeebohnen.

Gewinnung

Ernte

Die Kaffeekirschen werden meist händisch geerntet. Die Ernte erstreckt sich über sechs bis acht Wochen, da die Kaffeesträucher Früchte in verschiedenen Reifestadien tragen, die in mehreren Durchgängen gepflückt werden.

Aufbereitung

Nach der Ernte werden die Früchte am Ernteort nass oder trocken aufbereitet, um die Kaffeebohnen haltbar und lagerfähig zu machen.

Nasse Aufbereitung (gewaschener Kaffee)

- **Quellen und Waschen** der Kaffeekirschen im Schwemmkanal.
- **Zerquetschen:** Die Kirschen werden im sogenannten Pulper zerquetscht. Das Fruchtfleisch wird mit Wasser weggeschwemmt.
- **Fermentieren im Fermentationstank:** Die Früchte werden in Behältern einige Tage einem Gärungsprozess ausgesetzt.
- **Waschen:** Fruchtfleischreste werden durch Waschen entfernt. Das Ergebnis ist der sogenannte Hornschalenkaffee.
- **Trocknen:** Die Bohnen werden mit Heißluft oder in der Sonne getrocknet.
- **Schälen:** In Schäl- und Poliermaschinen werden die Pergamentschicht und das Silberhäutchen entfernt.
- **Sortieren und Reinigen:** Die Bohnen werden nach der Größe sortiert. Unreife oder beschädigte Bohnen werden entfernt. Die Bohnen werden mit einem Luftstrom gereinigt.
- **Verpacken:** Der fertig aufbereitete Rohkaffee wird in Säcke oder Kisten gefüllt und so in die Verbraucherländer exportiert.

Trockene Aufbereitung (ungewaschener Kaffee)

- **Reinigen** der Kaffeekirschen (meist im Schwemmkanal).
- **Trocknen:** Die Kirschen werden in der Sonne getrocknet, wobei das Fruchtfleisch spröde wird.
- **Aufbrechen und Schälen:** Die getrockneten Kirschen werden durch Walzen in der Brechmaschine aufgebrochen und von der Pergamentschicht und vom Silberhäutchen befreit.
- **Sortieren, Reinigen und Verpacken** siehe nasse Aufbereitung.

Rösten

Geröstet werden die Bohnen erst in den Verbraucherländern. Dort werden die Kaffeemischungen nach den landesüblichen Konsumgewohnheiten zusammengestellt und geröstet.

Röstvorgang

- Der Rohkaffee wird in Rösttrommeln oder im Heißluftstrom schwebend bei etwa 100–260 °C geröstet. Dabei gibt er Wasserdampf und flüchtige Aromastoffe ab.
- Die Bohnen färben sich braun, ihr Volumen vergrößert sich bis auf das Doppelte, und das Gewicht verringert sich um 15–20 %.
- Anschließend wird der Kaffee auf Raumtemperatur abgekühlt. Die Bohnen sind nun spröde und mahlbar.

Die unterschiedliche Dauer und Temperatur des Erhitzens bestimmen Farbe und Geschmack des Kaffees. Zu schnell gerösteter Kaffee schmeckt sauer, zu dunkel gerösteter Kaffee bitter. Nach dem Rösten werden die Bohnen im Ganzen oder gemahlen verpackt.

Lagerung

- Trocken, kühl, lichtgeschützt in luftdicht abschließenden Gefäßen aufbewahren.
- In geöffnetem Zustand sollte Bohnenkaffee nicht länger als zwei Wochen, gemahlener Kaffee nicht länger als eine Woche gelagert werden.
- Vakuumverpackter, ungeöffneter Kaffee ist bis zu einem Jahr haltbar.
- Kaffee eignet sich auch zum Tiefkühlen.

Trocknen

Getrocknete Kaffeekirschen

Schäl- und Poliermaschine

Rohe Robustabohnen

Robustabohnen mit mittlerer Röstung

! Gerösteter Kaffee verliert unter dem Einfluss von Sauerstoff sehr rasch sein Aroma. Er ist deshalb nur kurze Zeit lagerfähig.

Handelsformen

Bezeichnung	Charakteristika	Verwendung
Bohnenkaffee	■ Meist als Mischung im Handel, um die optimale Qualität in Bezug auf Aroma, Säure und Fülle zu gewährleisten.	Als Getränk, zur Herstellung von Kaffee-Extrakt und Instantkaffee
Instantkaffee, löslicher Kaffee	■ Gefrier- oder sprühgetrockneter Bohnenkaffee.	Als Geschmacksstoff für Füllungen und Krems
Kaffee-Extrakt	■ Wird durch Eindicken von Bohnenkaffee gewonnen.	
Koffeinfreier, koffeinarmer Kaffee	■ Das Koffein wird vor dem Rösten ganz oder teilweise aus den Bohnen herausgelöst (mit Wasserdampf oder chemischen Lösungsmitteln).	Für Personen mit Herz- oder Kreislaufbeschwerden
Säurearmer, reizarmer Kaffee	■ Ein Teil der Gerbsäure wird aus den Bohnen entfernt (mit Wasserdampf oder chemischen Lösungsmitteln). ■ Mit und ohne Koffein im Handel.	Für Personen mit empfindlichem Magen, empfindlicher Galle oder Leber
Aromatisierte Kaffeemischungen	■ Bohnen werden vor, während oder nach dem Rösten mit Aromen versetzt, um den Kaffeegeschmack abzurunden.	Als Getränk

Koffeinfreier Kaffee enthält maximal 0,08 % Koffein, koffeinarmer 0,2 %.

Rezepte für Kaffeegetränke und Kaffeespezialitäten finden Sie im Kapitel Getränke, Seite 417.

Wirkung des Kaffees

Kaffee sollte in Maßen genossen werden, da er das **Alkaloid Koffein** enthält. Es wirkt auf das zentrale Nervensystem. Koffein steigert die Herztätigkeit und den Blutdruck (vorübergehende Leistungssteigerung, aber auch Schweißausbrüche und nervöses Zittern bei Überdosierung). Koffein ist geruchlos, schmeckt bitter und bewirkt keine Sucht. Eine Tasse Kaffee enthält ca. 60 bis 120 mg Koffein.

Erinnern Sie sich noch: Was sind Alkaloide?

Kaffeeersatz (Surrogate)

Das sind geröstete Produkte aus verschiedenen Pflanzenteilen. Sie enthalten **kein Koffein.** Der Geschmack hängt von der Röstung und den Beigaben (Gewürzen, Kakao) ab. Wegen ihrer Bekömmlichkeit sind Kaffeeersatzprodukte ein beliebtes Getränk in der Schwangerschaft, im Alter, aber auch für Ernährungsbewusste.

Surrogate = Ersatz(mittel).

Bezeichnung	Charakteristika
Malzkaffee	Wird hauptsächlich aus Gerstenmalz, aber auch aus Roggen und Weizenmalz gewonnen.
Zichorienkaffee	Wird aus Zichorienwurzeln hergestellt.
Gersten-, Roggenkaffee	Geröstete Gersten- und Roggenkörner
Feigenkaffee	Reife Feigen werden getrocknet und anschließend vorsichtig geröstet.

Wussten Sie, dass ... Bohnenkaffee durch Beigabe von etwas Kaffeeersatz mehr Fülle erhält?

Arbeitsaufgaben

1. Zählen Sie einige Länder auf, in denen Kaffee angebaut wird.
2. Erklären Sie den Unterschied zwischen Hochland- und Tieflandkaffee.
3. Beschreiben Sie die Eigenschaften der zwei wichtigsten Kaffeesorten.
4. Erläutern Sie die Gewinnung von Kaffee.
5. Erklären Sie den Röstvorgang.
6. Beschreiben Sie die Lagerung von Kaffee.
7. Nennen Sie einige Handelsformen.
8. Beschreiben Sie die Wirkung von Koffein auf den menschlichen Organismus.
9. Erklären Sie den Begriff Surrogate.

Notizen zu den Arbeitsaufgaben:

11 Tee

Das Wort Tee ist möglicherweise das einzige Wort, das ursprünglich aus dem Chinesischen stammt und heute in fast allen Sprachen der Welt, wenngleich in abgewandelter Form, wie z. B. tea, thé oder tè, vorkommt.

Unter Tee versteht man ein Aufgussgetränk aus den aufbereiteten Blättern des Teestrauches.

Der Teestrauch ist eine jahrtausendealte Kulturpflanze, die 400 n. Chr. in China kultiviert und als Heilmittel verwendet wurde. In Europa wurde der Tee allerdings erst im 16. Jahrhundert bekannt. England ist der traditionelle Hauptimporteur von Tee mit vielen alteingesessenen Teehandelshäusern.

Wussten Sie, dass ...
Tee nach Wasser das am häufigsten getrunkene Getränk ist?

Unsere Ziele

Nach Bearbeitung dieses Teilkapitels werden Sie ...

- die wichtigsten Teeanbaugebiete kennen;
- den Unterschied zwischen Hochland-, Tiefland- und Mittellandtee kennen;
- über die Aufbereitung der verschiedenen Teearten informiert sein;
- wissen, was unter Blatt-Tee, Broken Tea, Fannings und Dust zu verstehen ist;
- über die richtige Lagerung von Tee Bescheid wissen;
- über die Gewinnung von teeähnlichen Erzeugnissen informiert sein;
- über die Wirkung der Teeinhaltsstoffe unterrichtet sein.

Herkunft

Der Teestrauch ist eine äußerst anspruchsvolle Pflanze. Er benötigt

- ein feuchtwarmes, tropisches oder subtropisches Klima,
- eine Luftfeuchtigkeit von 70 bis 90 %,
- ausreichend Niederschläge und Sonnenschein,
- mittlere Jahrestemperaturen von 18 bis 20 °C.

Länder, die zwischen dem 38. Breitengrad nördlich und dem 38. Breitengrad südlich des Äquators liegen, erfüllen diese Anforderungen.

Teeanbaugebiete

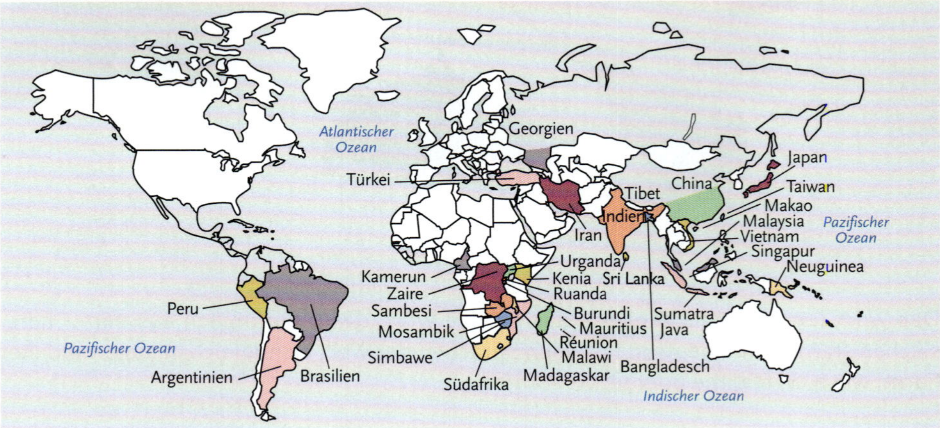

Nach den Anbaugebieten unterscheidet man zwischen **Hochland-, Mittelland- und Tieflandtee.**

Bezeichnung	Charakteristika
Hochlandtee	■ Zartduftender Tee mit feinem Aroma. ■ Er wächst 1 200 bis 2 000 Meter über dem Meeresspiegel. ■ Die bekanntesten Hochlandtees kommen aus **Darjeeling** und **Assam** sowie aus den Gebieten Uva und Dimbula auf Ceylon. ■ Darjeelingtees haben ein leichtes, blumiges Aroma. ■ Assamtees sind kräftig, würzig und von rotbrauner Farbe. Sie sind Hauptbestandteil vieler Teemischungen.
Mittellandtee	■ Tee mit kräftigerem Geschmack und etwas stärkerem Aroma. ■ Er wächst 300 bis 1 200 Meter über dem Meeresspiegel.
Tieflandtee:	■ Tee mit kräftigherbem Geschmack. ■ Im Tiefland wächst der Tee sehr rasch, daher sind mehrere Ernten möglich.

Als Tee bezeichnet man die aufbereiteten Blätter des Teestrauches.

- **Teestrauch(-baum):** Der kultivierte Teebaum ist ein immergrüner Strauch, der in Plantagen auf eine Höhe von ein bis eineinhalb Metern beschnitten wird, damit er möglichst viele Zweige bildet und der Tee leicht zu ernten ist. Wild wachsend erreicht der Teebaum eine Höhe von fünfzehn Metern.
- Die **Teeblätter** sind immergrün, glänzend und im jungen Zustand fein behaart.
- Die **Blüten** sind weiß oder rosafarben.

Teearten und ihre Aufbereitung

Die erste **Ernte** ist am etwa fünfjährigen Strauch möglich. In den Qualitätsplantagen wird ausschließlich mit der Hand gepflückt, und zwar die Blattknospen und die zwei jüngsten Blätter („two leaves and a bud"). Die Blüten werden nicht verwendet.

Darjeeling und Assam

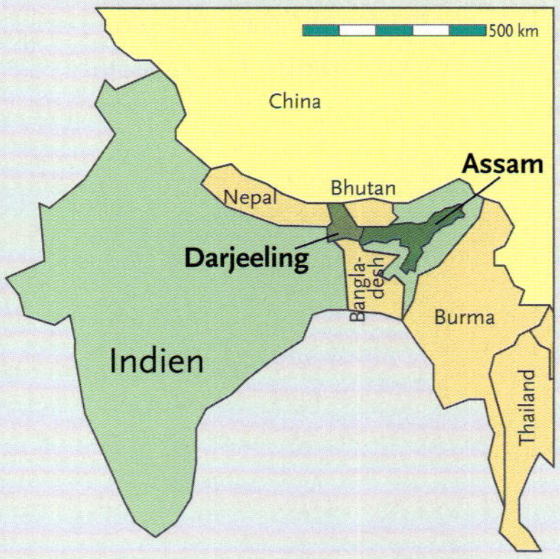

Darjeeling liegt am Fuße des Himalajas im Norden Indiens

Wussten Sie, dass ...
eine Teepflückerin bis zu 30 kg Teeblätter pro Tag erntet?

Für ein Kilogramm aufbereiteten Tee benötigt man die vierfache Menge an frischen Teeblättern.

In Teefabriken werden die Blätter bis zum fertigen Endprodukt aufbereitet.

Schwarzer Tee (fermentierter Tee)

- **Welken:** Die Blätter werden auf luftdurchlässigen Unterlagen ausgebreitet. Dabei gehen 30 % der Feuchtigkeit verloren.
- **Rollen:** Die welken Blätter werden in rotierenden Maschinen gerollt, dabei brechen die Blattzellen auf.
- **Fermentieren:** Der beim Rollen austretende Zellsaft wird einem Oxidations- und Gärungsprozess ausgesetzt. Es bildet sich das Aroma, und die Gerbsäure wird abgebaut. Die Teeblätter färben sich zunächst kupferrot.
- **Trocknen:** Die Blätter werden mit Heißluft getrocknet. Dabei bekommen sie ihre schwarze Farbe, und die Aromastoffe binden sich an das Teeblatt.
- **Sortieren:** Über Stufensiebe werden die Blätter nach verschiedenen Größen – Blatt-Tee, Broken Tea, Fannings oder Dust – sortiert und gleichzeitig gereinigt.
- **Verpacken:** Der Tee wird in Sperrholzkisten, die mit Metallfolie ausgekleidet sind (gegen Aromaverlust), verpackt.

! Der Fermentationsprozess ist für die Qualität des Tees besonders wichtig und wird vom Teamaker überwacht.

Schwarzer Tee

Oolong-Tee

Grüner Tee

Oolong-Tee (halb fermentierter Tee)

- Die Fermentation wird unterbrochen.
- Halb fermentierter Tee hat einen blumig-fruchtigen bis zart-würzigen Geschmack.

Grüner Tee (unfermentierter Tee)

- Die Blätter werden nach dem Welken kurz gedämpft oder geröstet, leicht gerollt und sofort getrocknet. Dadurch behalten sie ihre olivgrüne Farbe.
- Grüner Tee hat ein feines Aroma, schmeckt aber wegen des hohen Gerbsäuregehaltes etwas bitter.

Weißer Tee

- Die Blätter werden nur gerollt und an der Luft getrocknet – sie werden weder fermentiert noch gedämpft.

! Weißer Tee hat ein feines Aroma und gilt als der edelste Tee.

Teesortierungen und Teebezeichnungen

Sie beziehen sich auf die Stellung des gepflückten Blattes am Teestrauch und auf den Zerkleinerungsgrad des Blattes (Blattgrade) – man kann jedoch keinen Rückschluss auf die Qualität des Tees ziehen.

Teesortierungen (-bezeichnungen) nach der Stellung des Blattes am Teestrauch	
Flowery Orange Pekoe	▪ Feinste Sortierung. Es werden nur die Blattknospen der Triebspitzen verwendet.
Orange Pekoe	▪ Das erste Blatt nach der Blattknospe ▪ Lange, zarte Blätter, manchmal mit gelben Blattspitzen und Knospen
Pekoe	▪ Das zweite und dritte Blatt ▪ Kurze, gröbere Blätter mit mehr Blattrippen
Souchong	▪ Blätter ab dem vierten Blatt ▪ Schwaches Aroma, schwacher Aufguss
Teesortierungen (-bezeichnungen) nach dem Zerkleinerungsgrad (Blattgrade)	
Blatt-Tee	▪ Die Blätter werden beim Rollen nur wenig gebrochen. ▪ Das Wasser kann die Teeblätter nur geringfügig auslaugen. Der Aufguss von Blatt-Tees ist deshalb leicht und aromatisch.
Broken Tea	▪ Die Blätter werden mehrmals gebrochen. ▪ Kräftigerer Aufguss, da wegen der größeren Oberfläche mehr Geschmacks- und Aromastoffe im Teewasser gelöst werden können.
Fannings	▪ Kleine Blattteilchen mit höherem Blattfleischanteil, die beim Sieben größerer Sortierungen abfallen. ▪ Sie färben den Aufguss sehr rasch und kräftig und werden daher beigemischt oder für Teebeutel verwendet.
Dust	▪ Kleinstblättriger Tee, der den Aufguss rasch und kräftig färbt. ▪ Er wird hauptsächlich für die Beutelproduktion verwendet.

Flowery = blumig, der Tee hat ein sehr blumiges Aroma.

Broken Teas werden durch ein zusätzliches B gekennzeichnet, z. B. FBOP (Flowery Broken Orange Pekoe).

Tee, der einmal Feuchtigkeit angenommen hat, ist nicht mehr zu verwenden.

Einkauf und Lagerung

- Beim Einkauf von Tee sollte die Qualität und nicht der Preis maßgebend sein.
- Luftdicht und trocken lagern. Am besten eignen sich dafür gut verschließbare Blechdosen oder lichtundurchlässige Gläser.
- Schwarz- und Kräutertee getrennt lagern, da Schwarztee leicht Fremdgerüche annimmt.

Handelsformen

Bezeichnung	Charakteristika und Verwendung
Schwarzteemischungen	■ Mischungen verschiedener Teesorten, z. B. aus Darjeeling-, Ceylon- oder Assamtees ■ Für Aufgussgetränke
Aromatisierte Tees	■ Schwarze oder grüne Tees, mit natürlichen oder naturidentischen Aromastoffen sowie getrockneten Schalen, Blüten oder Gewürzen angereichert ■ Für Aufgussgetränke
Teeähnliche Erzeugnisse Früchte- und Kräutertees	■ Getrocknete, stark aromatische Pflanzenteile wie Früchte, Blüten, Blätter oder Wurzeln ■ Sie werden ähnlich wie Tee zubereitet, manche haben eine beruhigende oder sogar heilende Wirkung, z. B. Baldrian-, Fenchel-, Kamillen-, Lindenblüten-, Pfefferminztee usw.
Tee-Extrakte	■ Aufbereitetem Tee wird das Wasser durch spezielle Verfahren entzogen ■ Zum Aromatisieren von Krems
Instanttee	■ Tee wird durch Trocknungsverfahren pulverisiert, oft auch aromatisiert ■ Für Getränke
Eistee	■ Wird mit Extrakten aus Tee (mindestens 0,12 %) bzw. mit Tee hergestellt ■ Als Erfrischungsgetränk

Rezepte für Teegetränke und Teespezialitäten finden Sie im Kapitel Getränke, Seite 419.

Tee enthält ...
- das Alkaloid Koffein (Tein),
- die Gerbsäure Tannin (wirkt beruhigend),
- ätherische Öle,
- die Vitamine B_1 und B_2,
- Kalium, Fluor und Mangan,
- Flavonoide (hauptsächlich im grünen Tee).

Wirkung des Tees

Tee zählt wie Kaffee zu den alkaloidhaltigen Getränken. Eine Tasse Tee enthält ca. 60 mg Koffein (Tein). Im Unterschied zum Kaffee ist die Wirkung des Teins langsam anregend auf das Nervensystem und nicht unmittelbar aufputschend für den Kreislauf. Der Inhaltsstoff **Theanin** steigert das Wohlbefinden und wirkt beruhigend. Außerdem trägt er zum typischen Geschmack des grünen Tees bei.

Arbeitsaufgaben

1. Nennen Sie Teeanbaugebiete in Südamerika, Afrika, Europa und Asien.
2. Erklären Sie den Unterschied zwischen Hochland-, Mittelland- und Tieflandtee.
3. Beschreiben Sie die Aufbereitung von Schwarztee.
4. Erörtern Sie, warum der grüne Tee seine Farbe behält.
5. Kann man aus den Teebezeichnungen bzw. Teesortierungen Rückschlüsse auf die Teequalität ziehen?
6. Erklären Sie folgende Blattgrade: Blatt-Tee, Broken Tea, Fannings und Dust.
7. Erklären Sie den Unterschied zwischen fermentiertem, halb fermentiertem und unfermentiertem Tee! Nennen Sie Beispiele.
8. Beschreiben Sie, worauf bei der Lagerung von Tee zu achten ist.
9. Schildern Sie die Gewinnung von teeähnlichen Erzeugnissen.
10. Beschreiben Sie die Wirkung des Teins auf den menschlichen Organismus.

Notizen zu den Arbeitsaufgaben:

12 Würzmittel – Ölsaaten

Würzmittel sind geschmacksgebende Stoffe. Sie verleihen Lebensmitteln, in kleinsten Mengen beigegeben, einen besonderen Geschmack.

Ölsaaten sind für den charakteristischen Geschmack mancher Backwaren verantwortlich, gehören jedoch nicht zu den Würzmitteln.

Unsere Ziele

Nach Bearbeitung dieses Teilkapitels werden Sie ...

- die in der Bäckerei verwendeten Würzmittel kennen;
- über die verschiedenen Gewürze und ihre Verwendung Bescheid wissen;
- über die verschiedenen Arten von Salz unterrichtet sein;
- verschiedene Aromastoffe kennen;
- wissen, wie Genusssäuren in Bäckereiprodukten wirken;
- in der Bäckerei verwendete Ölsaaten kennen.

Würzen Sie nach dem Motto „Weniger ist mehr".

Wussten Sie, dass ...
der Handel mit Gewürzen viele Jahrhunderte lang Reichtum und Macht bedeutet hat? Kriege, Kirchen- und Palastbauten wurden mit Gewinnen aus dem Gewürzhandel finanziert. Die Gewürzpreise waren unvorstellbar hoch.

12.1 Würzmittel

Beim Würzen bzw. Abschmecken von Bäckereierzeugnissen muss darauf geachtet werden, dass die richtige Dosis an Würzmitteln in der richtigen Qualität verwendet wird, um den Eigengeschmack der Produkte nicht zu zerstören.

Würzmittel				
Gewürze	Speisesalz	Aromen	Genusssäuren	Spirituosen

Gewürze

Das sind getrocknete Pflanzenteile, die besonders intensive Geruchs- und Geschmacksstoffe enthalten.

Herkunft

Die meisten Gewürze, die heute verwendet werden, stammen aus tropischen und subtropischen Ländern. Sie wurden deshalb erst durch die Heimkehrer aus den Kreuzzügen und durch die Seefahrer des Mittelalters in Europa bekannt, die sie als Beutegut mitbrachten. Heute ist der Gewürzanbau in vielen ehemaligen europäischen Kolonien von besonderer wirtschaftlicher Bedeutung.

Zusammensetzung

Geruchs- und Geschmacksstoffe sind im Zellgewebe der Gewürze gespeichert.

- **Ätherische Öle:** flüchtige, fettähnliche Aromastoffe, die bei unsachgemäßer Lagerung entweichen. Sie sind fettlöslich, jedoch nicht wasserlöslich. Deshalb wirkt die Beigabe von Fett häufig geschmacksverstärkend.
- **Gerbstoffe:** Bitterstoffe, die wasserlöslich und nicht flüchtig sind.
- **Harze:** fettlösliche Bestandteile der Gewürze, die einen scharfen Geschmack verleihen.

Arten

Im Folgenden werden die in der Bäckerei verwendeten Gewürze beschrieben.

Kümmel

Kümmel
Das sind die getrockneten Spaltfrüchte der Kümmelpflanze. Die hellbraunen, sichelförmig gebogenen Samenkörner enthalten 2–3 % ätherisches Öl und haben einen intensiven, aromatischen Geschmack.

Verwendung: für Brot, Gebäck, Kartoffeln, Käse und Gewürzmischungen.

Fenchel

Fenchel
Das sind die reifen, getrockneten Spaltfrüchte eines Doldengewächses, die auch nach dem Trocknen ihre grüne Farbe behalten. Sie haben einen süßen, aromatischen, anisartigen Geschmack.

Verwendung: für Brotgewürzmischungen und Backwaren. Stängel und Fenchelgrün werden auch frisch verwendet.

Koriander

Koriander
Das sind pfefferkornähnliche Spaltfrüchte der Korianderpflanze. Die ca. 4 mm großen, mittelbraunen Körner haben einen milden, würzigsüßlichen Geschmack.

Verwendung: für Brotgewürz- und sonstige Gewürzmischungen.

Anis

Anis
Das ist eine reife, getrocknete Frucht eines ca. 50 cm hohen Doldengewächses. Die tropfenförmigen Samenkörner haben einen kleinen Stiel am Ende und einen süßlich-aromatischen Geruch und Geschmack. Aniskörner enthalten 2–3 % ätherische Öle.

Verwendung: für Back- und Süßwaren sowie für Gewürzmischungen.

Sternanis

Das ist die sternförmige, rotbraune Samenkapsel eines Magnolienbaumes. Sie enthält Anisöl und andere Aromen. Ihr Geschmack ist anisähnlich, jedoch stärker.

Verwendung: für Gebäck und Gewürzmischungen.

Sternanis

Muskatnuss, Muskatblüte

Sie stammen aus den Kernen der pfirsichähnlichen Früchte des Muskatbaumes, die beim Reifwerden aufspringen. Der Samen, die Muskatnuss (bis 16 % ätherische Öle), wird von einer orangegelben Schale, der Muskatblüte, umschlossen. Beide haben ein würziges, exotisches Aroma.

Verwendung: für Suppen, Kuchen, Süßspeisen und Gewürzmischungen.

Die **Muskatblüte** wird als **Mazis** bezeichnet und enthält 12 % ätherische Öle

Piment (Neugewürz)

Das sind die getrockneten Beerenfrüchte des Nelkenpfefferbaumes. Die ca. 7 mm großen Beeren haben einen nelken- bzw. pfefferähnlichen Geschmack und enthalten ca. 5 % ätherische Öle.

Verwendung: für Gewürzmischungen (Lebkuchen) und Weihnachtsbäckerei.

Piment

Kardamom

Das sind die getrockneten Samenkörner aus der Fruchtkapsel der Kardamomstaude, eines Ingwergewächses. Die Samenkörner sind ca. 3 mm lang, dunkelbraun und haben einen aromatischen Geruch und würzig scharfen Geschmack.

Verwendung: für Backwaren und Wurst sowie für Gewürzmischungen.

Kardamom

Ingwer

Er stammt aus den Wurzeln der schilfartigen Ingwerstaude. Die Ingwerwurzel enthält ca. 5 % ätherisches Öl und hat einen aromatischen Geruch und scharfen, intensiven Geschmack.

Verwendung

- Für Ingwergebäcke oder Gewürzmischungen sowie kandiert für Rohkostmischungen.
- Zur Getränkeherstellung (Gingerale).

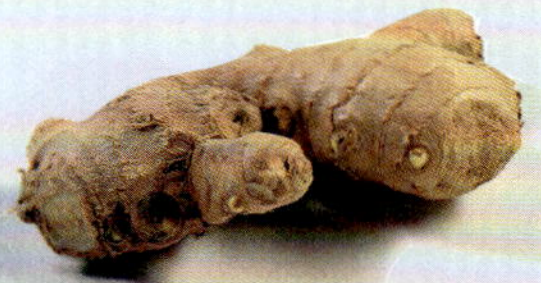

Ingwer

Pfeffer

Er ist die Beerenfrucht des Pfefferstrauches. Pfefferkörner enthalten 1,5–3,5 % ätherische Öle. Pfeffer ist das weltweit meistgehandelte Gewürz.

Sorten

- Schwarzer Pfeffer: wird unreif geerntet und getrocknet; scharfer Geschmack.
- Weißer Pfeffer: wird reif geerntet und fermentiert; milderer, feinerer Geschmack.
- Grüner Pfeffer: wird unreif geerntet und eingelegt, aromatischer Geschmack (weniger scharf als schwarzer Pfeffer).

Verwendung: für Pfefferkuchen, Käsegebäcke oder pikante Speisen.

Pfeffer

Paprika

Paprika ist ein rotes Pulver, das aus den getrockneten Früchten der Paprikapflanze (Nachtschattengewächs) gewonnen wird.

Sorten

- Delikatesspaprika: mild; dient mehr zum Rotfärben als zum Würzen von Speisen.
- Edelsüßer Paprika: mild-würziger Geschmack.
- Halbsüßer Paprika: scharf-würziger Geschmack.
- Rosenpaprika: sehr scharf.
- Chilli aus Ostasien ist die schärfste Sorte.

Verwendung: für Käsegebäcke, Käsekrems, pikante Speisen oder Gewürzmischungen.

Paprika

Wussten Sie, dass ...
Safran das teuerste Gewürz der Welt ist? Für ein Kilogramm Safran benötigt man zwischen 80 000 und 200 000 Blüten.

Wussten Sie, dass ...
Bourbonvanille die hochwertigste Vanillesorte ist?

Vanilleschote

Zitronenschale

Zimt

Gewürznelken

Safran

Safran sind die orangegelben, getrockneten Blütenfäden des Safrankrokus. Safran enthält ca. 1 % ätherische Öle und schmeckt leicht bitter. Er färbt gelb und ist deshalb ein natürlicher Farbstoff.

Verwendung
- Safran sollte vor der Verwendung in heißer Flüssigkeit aufgelöst werden.
- Zum Färben von Gebäcken (z. B. Sandkuchen).

Vanille

Die Vanilleschote ist die getrocknete, fermentierte, dunkelbraune Kapselfrucht einer tropischen Orchidee. Sie ist 150–200 mm lang und enthält als wichtigsten Bestandteil das Vanillin (1,5–4,5 %). Vanille ist ein sehr teures Gewürz und wird häufig durch das naturidentische Aroma Vanillin ersetzt.

Verwendung
- Die Vanilleschote wird der Länge nach aufgeschnitten. Das Fruchtmark mit den kleinen, schwarzen Kernen wird herausgeschabt.
- Bei gekochten Erzeugnissen wird die aufgeschnittene Vanilleschote mitgekocht. Durch Einlegen der Vanilleschoten in Puderzucker erhält man vanillierten Zucker.
- Für Teige, Massen, Krems (Vanillekrems) und Schokolade.

Zitronenschale

Die abgeriebene Schale von unbehandelten Zitronen wird frisch oder konserviert (mit Zucker versetzt, als Paste oder gefriergetrocknet) zum Würzen verwendet. Zitronenöl ist das aus der Schale gelöste, mit Alkohol gebundene ätherische Öl der Zitronenschale.

Verwendung: für Teige, Massen, Krems, Zuckerglasuren und Getränke.

Zimt

Das ist die getrocknete rötliche, innere Rinde des Zimtlorbeerbaumes. Die abgelösten Rindenstücke werden ineinandergeschoben. Sie rollen sich von beiden Seiten her ein. Der Rindenbruch wird zu Zimtpulver vermahlen. Zimt enthält ca. 5 % ätherisches Öl und hat einen milden, aromatischen Geruch und Geschmack.

Verwendung
- **Zimtpulver:** für Teige und Massen, die Nüsse und andere Kerne enthalten sowie für Gewürzmischungen.
- **Zimtstangen:** zum Mitkochen in Kompotten oder Glühwein.

Gewürznelken

Gewürznelken sind die aufbereiteten und getrockneten Blütenknospen des Gewürznelkenbaumes. Sie enthalten ca. 15 % ätherische Öle. Gewürznelken haben einen intensiven aromatischen Geruch und einen würzigen, leicht brennenden Geschmack.

Verwendung: Nelkenpulver wie Zimtpulver, Gewürznelken wie Zimtstangen.

Gewürzmischungen

Dabei handelt es sich um Mischungen verschiedener Gewürze zur Erzielung einer typischen Geschmacksrichtung (Brotgewürz-, Lebkuchenmischung). Eine sehr bekannte Gewürzmischung ist Currypulver (Mischung aus drei bis fünfzehn gemahlenen Gewürzen), das besonders für Reis- oder Fischspeisen und für pikante Saucen geeignet ist.

Lagerung

- Kühl und trocken lagern, um Schimmelbildung zu verhindern.
- Verschlossen aufbewahren, da sich sonst die ätherischen Öle verflüchtigen und der Geschmack verloren geht. Außerdem verändert die Einwirkung von Licht die Eigenschaften.

Speisesalz

Speisesalz ist das wichtigste Würzmittel in der Bäckerei. Es wird vor allem für Brot und Gebäck, sonstige pikante Erzeugnisse (Käsegebäck, Aufstriche usw.) sowie für Feine Backwaren aus Hefe- und Blätterteigen oder Brand- und Eiermassen verwendet.

Arten

Bezeichnung	Gewinnung
Steinsalz	■ Steinsalz wird aus unterirdischen Salzlagern gewonnen. Diese haben sich durch das Versiegen vorgeschichtlicher salzhaltiger Meere gebildet. ■ Steinsalz wird zerkleinert und gesiebt, dabei werden Verunreinigungen entfernt.
Siedesalz	■ Quellwasser in den Salzbergwerken löst das Salz aus dem Salzgestein (Salzsee). Diese Salzlösung (Sole) wird in Salinen verdampft (gesiedet), übrig bleibt kristallines Salz.
Meersalz	■ Meerwasser, das ca. 2–3 % Kochsalz enthält, wird in Becken geleitet. Das Wasser verdunstet durch die Sonneneinstrahlung, und das auskristallisierte Salz wird abgeschöpft. ■ Meersalz enthält im Gegensatz zu Steinsalz zusätzlich Jod.

Lagerung

Bei trockener Lagerung unbegrenzt haltbar.

Wussten Sie, dass ...
das Kochsalz zur Vorbeugung gegen Kropfkrankheiten jodiert werden kann?

Wussten Sie, dass ...
das Meerwasser des Toten Meeres einen Salzgehalt von 23 % hat? Es ist die am stärksten konzentrierte Mineralquelle der Welt. Mit einem Mineralstoffgehalt von 213 g pro Liter fühlt es sich fast ölig an.

Aromen

Aromen werden auch als **Essenzen** (konzentrierte Auszüge) oder **Extrakte** bezeichnet. Sie sind konzentrierte Würzstoffe, die Lebensmitteln in kleinsten Mengen beigegeben werden. Sie aromatisieren und verbessern die Lebensmittel.
In der Bäckerei werden kleinen Massen die Aromastoffe nach Gefühl und Geschmack beigegeben. Bei größeren Massen sind die Angaben über die durchschnittlichen Zugabemengen vom Hersteller zu beachten. Üblich sind 3 bis 5 g Aroma pro 1 000 g Masse.

§ In der Aromenverordnung (BGBl. I 2006, 1135–1137) sind die Höchstmengen (in mg/kg) für verschiedene Aromen, die Getränken und Lebensmitteln beigegeben werden dürfen, festgelegt.

Arten

Natürliche Aromastoffe

Die Geruchs- und Geschmacksstoffe werden aus natürlichen Ausgangsstoffen extrahiert (z. B. Vanilleextrakt, Orangenschalenessenz) oder durch andere physikalische, enzymatische oder mikrobiologische Verfahren aus pflanzlichen oder tierischen Stoffen (z. B. Butteraroma) gewonnen. Zur Extraktion verwendet man Lösungsmittel, die anschließend wieder entfernt werden.

Die Gewinnung natürlicher Aromastoffe erfolgt durch:
- Pressen,
- Zentrifugieren,
- Extrahieren,
- Destillieren.

Naturidentische Aromastoffe

Ihre chemische Zusammensetzung ist dieselbe wie bei natürlichen Aromastoffen, sie werden aber synthetisch hergestellt, z. B. Vanillin. Naturidentisch heißt nicht, dass die Stoffe auch in den Lebensmitteln natürlich vorkommen müssen. Es bedeutet, dass sie in der Natur nachgewiesen und im Labor nachgebaut wurden.

Naturidentische Aromastoffe sind hitzebeständiger als natürliche Aromastoffe, verflüchtigen sich nicht und sind deshalb lange lagerfähig.

Künstliche Aromastoffe

Sie kommen in der Natur nicht vor, sie werden künstlich hergestellt, und ihre chemische Zusammensetzung ist nicht gleich wie die natürlich vorkommender Aromastoffe. Beispiel: Ethylvanillin wird aus Sulfitablaugen hergestellt, die bei der Zellstoffgewinnung (bzw. aus Erdöl) anfallen.

Lagerung

- Verschlossen aufbewahren, damit sich die ätherischen Öle nicht verflüchtigen können.
- Die vom Hersteller angegebene Mindesthaltbarkeit beachten.

Genusssäuren

Genuss- oder Fruchtsäuren dienen in der Bäckerei nicht nur als Würzmittel, sondern erfüllen auch einige andere Funktionen.

Arten

Zitronensäure

Die in natürlicher Form vorkommende Genusssäure wird heute synthetisch hergestellt. Melasse wird mit dem Schimmelpilz „Aspergillus niger" vergoren. Dabei werden die Zuckerstoffe in Fruchtsäure (Zitronensäure) umgewandelt.

Melasse = Endprodukt bei der Zuckergewinnung (siehe Kapitel Zucker und Süßungsmittel, Seite 108).

Verwendung

- Als Teigsäuerungsmittel.
- Als Geschmacksstoff für Fruchtgetränke, Zuckererzeugnisse, Gelees, Konfitüren und Fruchtkrems.
- Als Zusatz, um bestimmte Reaktionen zu erreichen: in Pektingelee (Gelierhilfe), Backpulver (Reaktion mit Natron) oder Zuckererzeugnissen (verhindert das Auskristallisieren).

Essigsäure

Sie ist in Essig enthalten. Essig wird aus dem Alkohol von Wein und Obst mithilfe von Essigsäurebakterien gewonnen, z. B. Weinessig, Apfelessig oder Himbeeressig.

! Sonstige Säuren wie Wein-, Apfel-, Gerbsäure usw. werden in der Bäckerei als eigenständiges Würzmittel nicht verwendet.

Verwendung

- Als Teigsäuerungsmittel.
- Als Geschmacksstoff für Brote, Blätterteige, in der warmen und kalten Küche.
- Als Zusatz, um bestimmte Reaktionen zu erreichen: unterstützt die Kleberbindung bei Blätterteig, erhöht die Quellfähigkeit des Klebers (höhere Dehnbarkeit).
- Wegen der konservierenden Wirkung, z. B. in Brot oder Sauergemüse.

Milchsäure

Sie entsteht bei der Umwandlung von Zucker durch Milchsäurebakterien (Laktobazillen).

Verwendung

- Milchsäure als Teigsäuerungsmittel macht Roggenbrote backfähig.
- Milchsäure kann Lebkuchenteigen zur rascheren Säuerung und Lockerung beigegeben werden.
- Milchsäurehaltige Produkte (z. B. Joghurt oder saure Sahne) sind Geschmacksgeber für viele Erzeugnisse.

Spirituosen

Sie sind Geschmacksgeber für viele Bäckereierzeugnisse. Der Alkoholgehalt und die individuelle Geruchs- und Geschmacksnote machen Spirituosen zu wertvollen Zutaten bei der Herstellung von Feinen Backwaren. Als Würzmittel dienen vor allem hochprozentige Alkoholprodukte (Rum, Weinbrände, Liköre u. Ä.), da diese auch in kleinen Mengen sehr geschmacksintensiv sind.

12.2 Ölsaaten

Ölsaaten sind fetthaltige Samenkerne verschiedener Pflanzen. Sie gedeihen vorwiegend in gemäßigten Klimazonen. Aus ihnen wird Öl gewonnen, es werden aber auch die ganzen Kerne in der Bäckerei verarbeitet.

Zu den in der Bäckerei verwendeten Ölsaaten zählen Mohn, Sesam, Leinsamen, Sonnenblumen- und Kürbiskerne, Hanfsamen sowie Mandeln und Nüsse. Da Mandeln und Nüsse auch als Schalenobst bezeichnet werden, werden sie im Kapitel Obst (Seite 142) beschrieben.

Mohn

Mohn sind die kugelförmigen Samen der Mohnpflanze (Schlaf- oder Ölmohn). In der Mohnkapsel befinden sich bis zu 2 000 Samen, die nur reif verwendbar sind. Sie sind sehr ölhaltig und haben einen leicht süßlichen Geschmack.

Sorten

- Weißmohn ist der ölreichste Mohn. Er hat auch den höchsten Eiweißgehalt.
- Grau- oder Schwarzmohn.
- Blaumohn hat einen intensiveren, würzigeren Geschmack und wird aus optischen Gründen (z. B. zum Bestreuen) dem Graumohn vorgezogen.

Weißmohn wird auch als Berliner Mohn bezeichnet.

Verwendung

- Im Ganzen zum Bestreuen von Brot und Gebäck.
- Gemahlen (Mohnmühle) als Füllung, für Kuchen und Torten. Beim Mahlen werden das Fett und die Aromastoffe freigesetzt.
- Zur Ölgewinnung (Mohnöl aus Weißmohn).

Mohn

Lagerung

- Ganze Mohnkörner sind bei kühler, trockener Lagerung mehrere Monate haltbar. Bei feuchter Lagerung besteht Schimmelgefahr!
- Gemahlene Mohnkörner werden sehr leicht ranzig. Deshalb sollte man sie sofort erhitzen oder nur für kurze Zeit kühl lagern oder tiefkühlen.

Sesam

Das sind kleine Samenkörner einer alten Kultur- und Ölpflanze. Braune, ungeschälte Sesamkörner sind intensiv aromatisch, helle sind milder, schwarze haben ein feines nussiges Aroma, das sich jedoch erst beim Braten oder Rösten entwickelt. Das Fett der Sesamsamen ist sehr hochwertig.

Sesam

Verwendung

- Im Ganzen zum Bestreuen von Brot und Gebäck, als Teigbeigabe.
- Gemahlen zum Würzen von Füllungen sowie Brot- und Backwaren.
- Zur Herstellung spezieller Röstmassen.
- Zur Ölgewinnung (Sesamöl).

Lagerung: Bei kühler und trockener Lagerung sind sie bis zu einem Jahr haltbar.

Leinsamen

Dies sind die Samen des Flachses (oder Leines), der früher zur Gewinnung von Fasern diente.

Leinsamen

Verwendung

- Zur Ölgewinnung (Leinöl).
- Zum Bestreuen von Brot und Gebäck.
- Als Diätnahrung.
- Das Schroten fördert die Quellfähigkeit; Leinsamen werden als Teigzutat nur im gequollenen Zustand beigegeben.

Lagerung

- Ganze Leinsamen sind bei kühler Lagerung ca. ein Jahr haltbar.
- Das Fett geschroteter Leinsamen wird schnell ranzig (siehe Mohn).

! Leinsamen sorgen durch ihren hohen Gehalt an Schleim- und Ballaststoffen für eine regelmäßige Stuhlentleerung.

Sonnenblumenkerne

Kürbiskerne

Wissenswertes dazu

- Kürbiskernöl ist eine Spezialität der Steiermark (Österreich).
- Steirische Kürbiskerne haben die verholzende Schale durch eine Mutation vor etwa 100 Jahren verloren. Der Samenkern ist nur durch ein dünnes, grünliches Silberhäutchen geschützt, das nicht entfernt wird.
- Die weiche Konsistenz der Kerne ermöglicht eine effiziente Pressung des Öls. Durch das Häutchen erhält das Öl die dunkelgrüne Farbe.

Hanfsamen

Notizen zu den Arbeitsaufgaben:

Sonnenblumenkerne

Die weißen oder schwarzen Samen der Sonnenblume werden von der Samenschale befreit. Die Kerne enthalten viele essenzielle Fettsäuren und haben einen nussartigen Geschmack.

Verwendung

- Als Backzutat, zum Bestreuen von Brot und Gebäck.
- Für Produkte in der Vollwert-Ernährung.
- Zur Herstellung spezieller Röstmassen.
- Zur Ölgewinnung (Sonnenblumenöl).

Lagerung wie bei Mohn.

Kürbiskerne

Die flachen, mandelförmigen Samen des Kürbisses sind ins Fruchtfleisch eingebettet. Sie sind von einer harten, graugrünen Samenschale umgeben, die entfernt werden muss. Kürbiskerne enthalten bis zu 40 % Öl. Ihr Geschmack ist nussartig und sehr aromatisch.

Verwendung

- Zum Bestreuen und Mitbacken.
- Zur Herstellung spezieller Röstmassen.
- Zur Ölgewinnung (Kürbiskernöl).
- Geröstete Kürbiskerne (mit Salz oder Karamellzucker) als Knabberei.

Lagerung wie bei Mohn.

Hanfsamen

Die Hanfsamen zählen zu den Nussfrüchten. Das in den Samen enthaltene Protein enthält alle acht essenziellen Aminosäuren, die der Mensch mit der Nahrung aufnehmen muss. Aus den Samen wird Hanföl gewonnen. Das Speiseöl hat einen nussartigen Geschmack und zeichnet sich durch einen ausgewogenen Anteil an mehrfach ungesättigten Fettsäuren aus. Hanfsamen kommen ungeschält, geschält und geröstet in den Handel.

Verwendung

- Für Brot- und Backwaren sowie für Müsli.
- Zur Ölgewinnung (Hanföl) und Margarineerzeugung.

Arbeitsaufgaben

1. Erklären Sie, was man unter Würzmittel versteht.
2. Zählen Sie einige Würzmittel auf.
3. Beschreiben Sie die geruchs- und geschmacksgebenden Bestandteile der Gewürze.
4. Nennen Sie einige typische Brotgewürze.
5. Erklären Sie, was bei der Verwendung von Vanilleschoten zu beachten ist.
6. Schildern Sie, in welcher Form Zitrone als Gewürz verwendet werden kann.
7. Erörtern Sie, wofür Zimt und Nelken verwendet werden.
8. Zählen Sie einige Gewürze auf, die Bestandteil von Gewürzmischungen sind.
9. Nennen Sie ein Gewürz, das aus Wurzeln stammt.
10. Beschreiben Sie die fachgerechte Lagerung von Gewürzen.
11. In welche Arten werden Aromen eingeteilt?
12. Erklären Sie, was bei der Verwendung von Aromen zu beachten ist.
13. Zählen Sie einige Genusssäuren auf.
14. Erklären Sie die Bedeutung von Essig- und Milchsäure in Bäckereiprodukten.
15. Zählen Sie in der Bäckerei verwendete Ölsamen auf.
16. Beschreiben Sie die Mohnsamen, ihre Verwendung und Lagerung.

13 Lockerungs- und Backtriebmittel

Durch den Zusatz dieser Mittel wird die Gebäckkrume gelockert. Das gelockerte Gebäck ist leichter verdaulich, das Volumen wird vergrößert und der Geschmack verbessert.

Lockerungsmittel

Biologische Lockerungsmittel	**Physikalische Lockerungsmittel**	**Chemische Lockerungsmittel**
■ Hefe ▶ Backhefe ▶ Sauerteighefe	■ Wasserdampf ■ Luft ■ Fett	■ Backpulver ■ Natriumhydrogencarbonat ■ Ammoniumhydrogencarbonat ■ Kaliumcarbonat

Die Lockerung von verschiedenen Teigen oder Massen erfolgt oftmals durch eine Kombination der angeführten Lockerungsmittel. So werden beispielsweise Plunderteige biologisch und physikalisch oder schwere Sandmassen chemisch und physikalisch gelockert.

Unsere Ziele

Nach Bearbeitung dieses Teilkapitels werden Sie ...

- über Hefe als Lebewesen Bescheid wissen und ihre Lockerungsfähigkeit gezielt einsetzen können;
- den Unterschied zwischen Hefeatmung und Hefegärung kennen;
- über Gärungsvorgänge in Teigen Bescheid wissen;
- über gärfördernde und gärhemmende Hefeteigzutaten unterrichtet sein;
- über die Wechselbeziehung von Sauerteighefen und Milchsäurebakterien Bescheid wissen;
- die Bedeutung der physikalischen Lockerungsmittel bei der Teig- und Massenherstellung kennen;
- wissen, welche Auswirkungen Backtriebmittel auf die Teigbeschaffenheit haben.

13.1 Biologische Lockerungsmittel

Der Stoffwechsel von bestimmten Mikroorganismen, vor allem Hefen, wird zur Lockerung genutzt. In Sauerteigen tragen neben Hefen auch bestimmte Arten von Milchsäurebakterien zur Lockerung bei. Die Mikroorganismen bilden aus Zucker das gewünschte Kohlendioxid.

Wussten Sie, dass ...
Backhefe in Österreich als Germ bezeichnet wird?

Hefe

Backhefe

Hefe ist das am meisten verwendete biologische Lockerungsmittel. Sie ist ein Pilz, ein sogenannter Sprosspilz. Hefen sind in der Natur weit verbreitet. Sie sind so klein, dass sie nur unter dem Mikroskop sichtbar werden. Aus den natürlich vorkommenden Hefearten wurden für die Bäckerei geeignete ausgesucht und gezüchtet.

Sprosspilz = Pilz, der sich durch Sprossung (Bildung von Tochterzellen) vermehrt.

Zusammensetzung

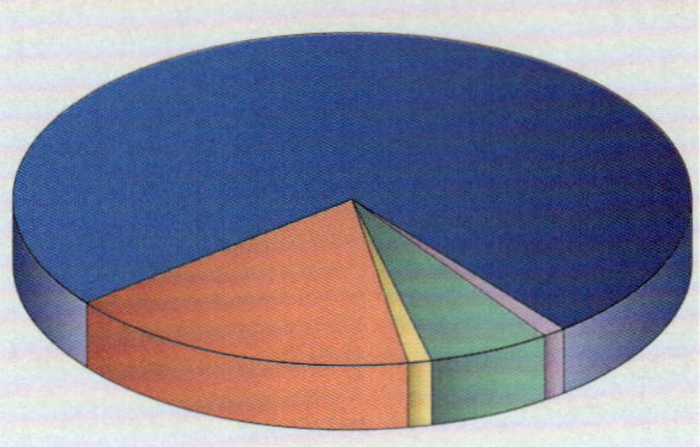

Inhaltsstoffe der Hefezelle	Prozent
Kohlenhydrate (Zucker)	6 %
Fett	1 %
Eiweiß	17 %
Wasser	ca. 75 %
Salze	1 %

Aufbau der Hefezelle

Die Hefezelle ist rund oder oval und durchscheinend farblos. Jede Zelle ist ein selbstständiges Lebewesen.

Bestandteile

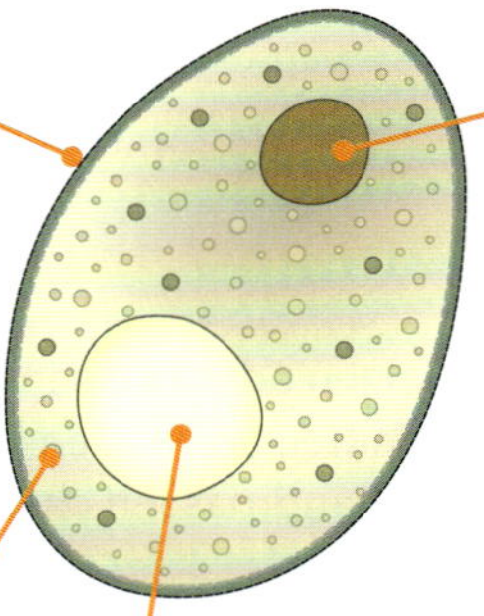

Zellhaut: Sie ist halbdurchlässig. Durch die Zellhaut nimmt die Hefe ihre Nährstoffe und den Sauerstoff auf und gibt Gärgas CO_2 und Alkohol ab.

Zellplasma: Hier finden in sogenannten Organellen die Stoffwechselvorgänge der Hefezelle statt. Das Plasma besteht hauptsächlich aus Wasser und Eiweiß.

Zellkern: Er ist Träger aller Erbanlagen und spielt bei der Vermehrung eine wesentliche Rolle. Der Zellkern spaltet sich dabei in zwei Teile, wobei ein Teil von ihm in die neue Zelle (Tochterzelle) übergeht. Das Ergebnis sind zwei gleiche Hefezellen.

Vakuole: Sie ist mit zuckerreichem Zellsaft gefüllt und kann ihre Größe verändern. In frischer Hefe ist sie vergleichsweise klein, mit zunehmendem Alter und bei Nahrungsmangel (hungernden Zellen) vergrößert sie sich.

Sprossung

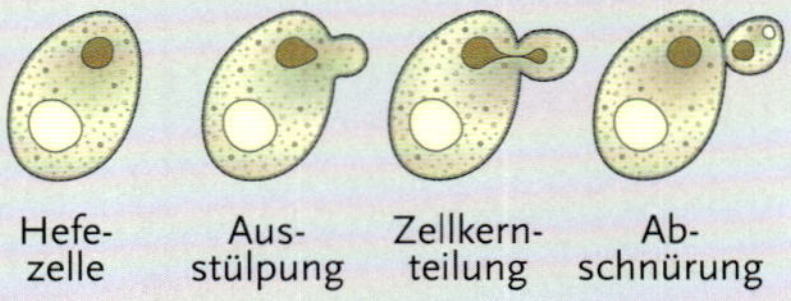

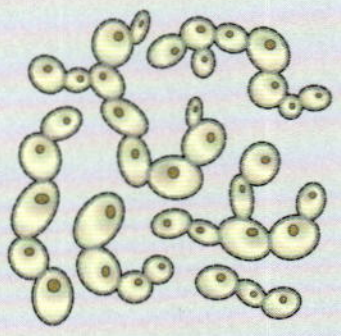

Sprossverbände

Hefestoffwechsel

Die Hefe kann Stärke nicht selbst abbauen. Sie ist dabei auf die mehleigenen Enzyme oder auf die Enzyme aus Backmitteln angewiesen, die die Stärke zu Maltose oder bis zur Glukose abbauen. Manchen Teigen, besonders Hefefeinteigen, wird Saccharose, auch als Bestandteil von Backmitteln, zugegeben.

Die Hefe kann nur Einfachzucker (Glukose, Fruktose) in die Zelle aufnehmen. Zweifachzucker (Maltose, Saccharose) muss sie erst außerhalb der Zelle durch sogenannte extrazelluläre Enzyme, die sie an ihre Umgebung im Teig abgibt, in Einfachzucker spalten. Je nachdem, welche Zweifachzucker sie spalten, heißen die Enzyme Maltase oder Saccharase (Invertase).

! Früher wurden Enzyme, mit deren Hilfe die Hefe Einfachzucker zu Kohlendioxid und Alkohol vergärt, mit dem Sammelbegriff „Zymase“ bezeichnet.

Die in die Zellen aufgenommenen Einfachzucker können auf zwei Stoffwechselwegen abgebaut werden:

Hefestoffwechsel	
Aerober Hefestoffwechsel (Hefeatmung)	■ Einfachzucker werden bei ausreichend vorhandenem Sauerstoff zu Kohlendioxid und Wasser abgebaut: $C_6H_{12}O_6 + 6\ O_2 \rightarrow 6\ CO_2 + 6\ H_2O$ ■ Die optimale Temperatur für die Hefeatmung liegt bei 26 °C. Unter diesen Bedingungen vermehrt sich die Hefe. ■ Die Hefeatmung hat vor allem bei der Hefeherstellung Bedeutung.
Anaerober Hefestoffwechsel (Hefegärung)	■ Einfachzucker werden beim Fehlen von Sauerstoff bzw. bei Sauerstoffmangel zu Kohlendioxid und Alkohol (Ethanol) abgebaut: $C_6H_{12}O_6 \rightarrow 2\ CO_2 + 2\ C_2H_5OH$ ■ Die optimale Temperatur für die Hefegärung liegt bei 35 °C. Dabei kommt es zu keiner Hefevermehrung. ■ Die Hefegärung ist bei der Teigherstellung von Bedeutung.

Gärungsvorgänge in Teigen

	Zuckerarten	Zucker	Enzymgruppe	Enzym	Abbauprodukt	Enzym	Abbauprodukt
GETREIDE / TEIG	Polysaccharide	Stärke →	Amylasen →	α-Amylase →	Dextrine →	β-Amylase →	Maltose
	Disaccharide	Maltose →		Maltase		→	Glukose
		Saccharose →		Invertase		→	Glukose Fruktose
HEFETEIG		Glukose →		Enzymkomplex		→	Alkohol CO_2
SAUERTEIG	Monosaccharide	Glukose →		Enzymkomplex	HOMOFERMENTATIV	→	Milchsäure
		Glukose →		Enzymkomplex	HETEROFERMENTATIV	→	Milchsäure CO_2 Essigsäure oder Ethanol

Ethanol = Ethylalkohol, Alkohol.

Wirkungsweise – Hefelockerung

Der Alkohol und teilweise das Kohlendioxid gehen bei der Lockerung verloren (Gärverlust). Ein Teil des Kohlendioxids wird im Teig, im Weizenteig von den Eiweißstoffen, gehalten, bildet Poren und treibt das Gebäck in die Höhe.

Herstellung von Backhefe

- **Hefezellen züchten:** Im Labor wird die Reinzuchthefe stufenweise vermehrt: Aus Reinzuchthefe, Melasse, Wasser und Mineralstoffen werden bei schwacher Belüftung Stellhefe und Alkohol gewonnen (überwiegend anaerobe Gärung).
- **Vermehrung der Stellhefe zur Versandhefe:** Vermehrt wird sie in Gärbottichen (Gärtanks, Fermentoren genannt) unter optimalen Belüftungsbedingungen (aerober Stoffwechsel):
  - Nahrung (Zuckerstoffe der hitzesterilisierten Melasse, Nährsalze),
  - Wärme (25 bis 30 °C),
  - starke Belüftung (keimfreie Luft),
  - schwach saures Milieu (pH-Wert ca. 4,5 bis 6,8).

  Die Vermehrung dauert ca. 16 Stunden. Es bildet sich Kohlendioxid, jedoch wegen der intensiven Belüftung kein Alkohol (aerober Stoffwechsel).

Herstellung von Backhefe

Vermehrung der Stellhefe zur Backhefe

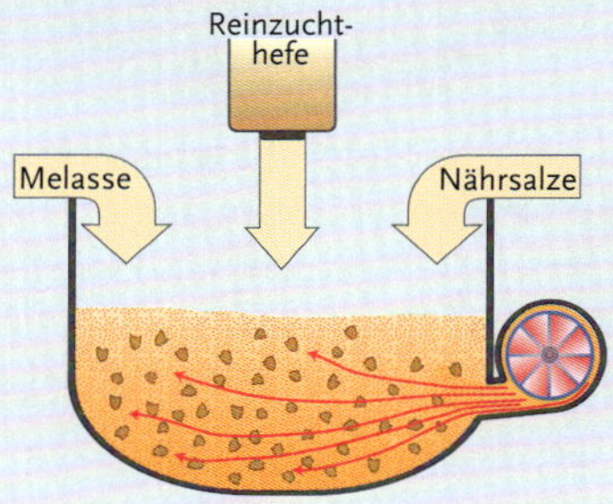

Zentrifugieren

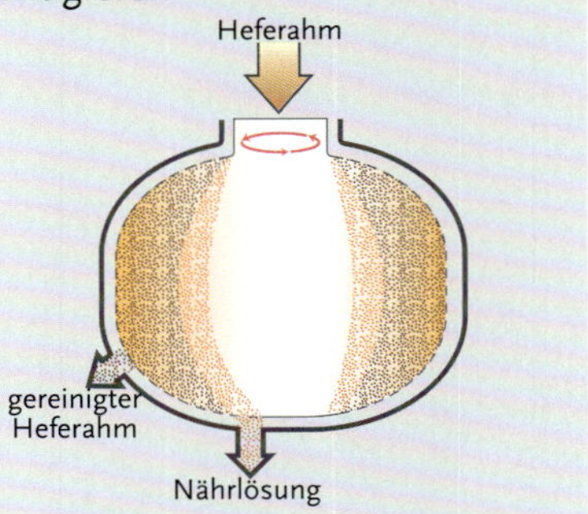

Filtern

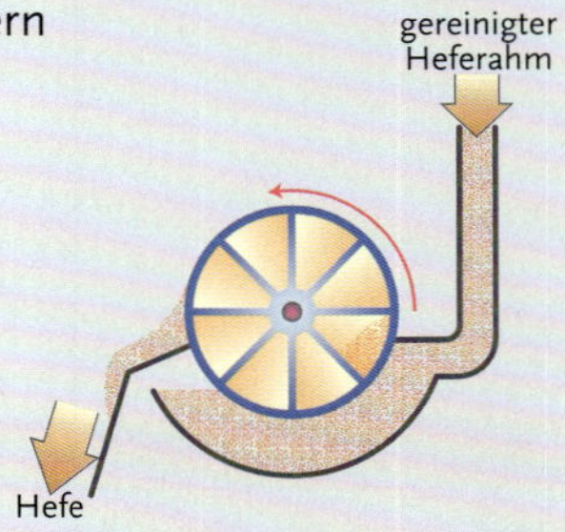

Lebenstätigkeit der Hefe in Abhängigkeit von der Temperatur

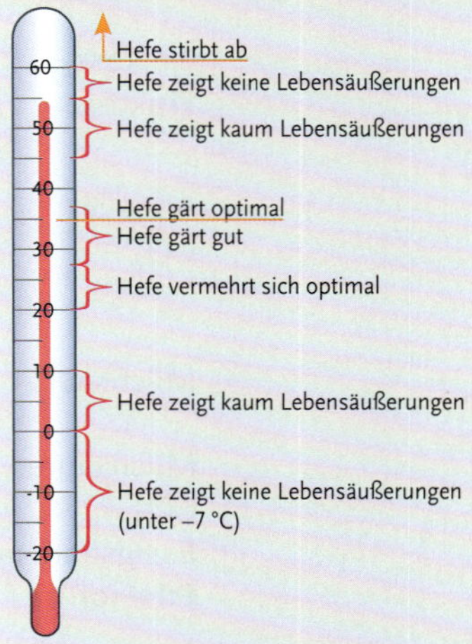

Nur frische Hefe ist triebkräftig und hat den typischen angenehmen Hefegeruch und Hefegeschmack

- **Zentrifugieren (Separieren):** In der Separatorenstation wird der Heferahm durch Zentrifugieren von der restlichen Nährlösung getrennt.
- **Filtern:** Durch einen Vakuumdrehfilter wird dem Heferahm das Wasser entzogen, die verbleibende Hefe bildet eine bröckelige, hellbraune Masse.
- **Verpacken:** Die Hefe wird gepresst und in den gewünschten Mengen abgepackt.

Lebensbedingungen

Hefe braucht wie alle Lebewesen zum Leben:

- **Nahrung:** Hefe benötigt hauptsächlich Einfachzucker. Die im Mehl enthaltene Stärke wird im Teig durch Enzyme in Malzzucker und Traubenzucker abgebaut. Weiters dient Saccharose der Hefe als Nahrung.
- **Wasser:** Hefe kann nur gelöste Stoffe aufnehmen. Deshalb benötigt sie Wasser, das die Nährstoffe (Einfachzucker) löst. Folglich hat sie in weichen Teigen bessere Lebensbedingungen, weiche Teige begünstigen eine starke Hefetätigkeit.
- **Wärme:** Die Lebenstemperaturen von Hefe liegen zwischen 0 und 55 °C. Unter 20 °C und über 40 °C verlangsamen sich die Lebensvorgänge der Hefe, über 60 °C sterben die Hefezellen ab. Die optimale Temperatur für ihre Vermehrung und die Hefeatmung liegt bei 26 °C.
- **Sauerstoff:** Zur Atmung benötigt die Hefe Sauerstoff. Die Gärung erfolgt ohne Sauerstoff.

Die übrigen Hefeteigzutaten haben folgende Auswirkungen auf die Lebensbedingungen der Hefe:

- **Salz:** Obwohl es nur in geringen Mengen (10–20 g/1 000 g Mehl) zugesetzt wird, verhindert es eine zu intensive Hefetätigkeit. Der Zucker wird langsamer abgebaut. Eine ausreichende Gasbildung bei der Endgare und im ersten Drittel des Backprozesses ist dadurch gewährleistet.
- **Zucker:** Eine Zuckerbeigabe von mehr als 50 g pro 1 000 g Mehl setzt die Aktivität der Hefe herab. Der Zucker entzieht der Hefe einen Teil des Wassers. Ausgeglichen wird dies bei zuckerreichen Teigen durch die Zugabe von mehr Hefe oder durch Verwendung von osmotoleranter Hefe (siehe besondere Arten von Bäckerhefe).
- **Fett:** Fettreiche Teige sind meist feste (wasserarme), kalte Teige. Dies erschwert die Gasbildung der Hefe.

Lagerung

- Trocken, kühl und luftig lagern. Die beste Lagertemperatur liegt zwischen +4 und +6 °C. Bei hoher Luftfeuchtigkeit besteht Schimmelgefahr!
- Vor Fremdgerüchen schützen, da Hefe schnell andere Gerüche aufnimmt.
- Verschlossen aufbewahren, um ein Austrocknen zu verhindern.
- Hefe bei Temperaturen von –20 °C tiefgefrieren (schockfrosten), langsam auftauen.
- Mindesthaltbarkeit beachten, da bei zu langer Lagerung die Hefe abstirbt.

Eigenschaften frischer, gärfähiger Hefe

- Hellgraue bis hellbraune Farbe.
- Frischer Geruch und Geschmack.
- Glatte, etwas elastische Oberfläche.
- Muschelartiger Bruch.

Besondere Arten von Bäckerhefe

Bezeichnung	Wirkungsweise	Verwendung
Osmotolerante Hefe	■ Sie verträgt eine hohe Zuckerkonzentration im Teig, ohne dabei ihr Gärvermögen einzuschränken.	■ Zur Herstellung von zuckerreichen Hefeteigen
Starktriebhefe	■ Sie kann den im Mehl vorhandenen Malzzucker gleichzeitig mit Saccharose zu Einfachzuckern abbauen und in CO_2 umsetzen.	■ Für eine schnelle Teiglockerung
Kälteresistente Hefe	■ Sie ist widerstandsfähig gegenüber tieferen Temperaturen. ■ Es kommt zu keinem Triebkraftverlust nach der Temperaturerhöhung.	■ Für langzeitgeführte Teiglinge, die gekühlt oder tiefgekühlt werden

Handelsformen

Bezeichnung	Charakteristika und Verwendung
Frischhefe (Presshefe)	■ Wird in unterschiedlichen Würfelgrößen angeboten ■ Für gewerbliche Zwecke und den Haushalt
Trockenhefe	■ Der Hefe wurde Wasser entzogen. ■ Zur Vorratshaltung, Verwendung wie Frischhefe
Flüssighefe	■ Kann in Silos eingelagert werden; wird in vorgekühlten (2–5 °C) Packungen mit 20 bis 25 kg angeboten ■ Für die Backwarenindustrie und das Handwerk

Sauerteighefe

Sauerteige enthalten neben Milchsäurebakterien Sauerteighefen, die die Bildung von Kohlendioxid bewirken. Sauerteighefen gehören wie die Backhefe zur Gruppe der Sprosspilze. Ihre länglich-ovale Zellstruktur entspricht in etwa dem Aufbau der Backhefe. Das gebildete Kohlendioxid bewirkt die Lockerung von Roggenbrotteigen.

Sauerteighefen, siehe Kapitel Roggenteigtechnologie, Seite 288.

Lebensbedingungen

Auch die Lebensbedingungen sind ähnlich denen der Backhefe.

- **Vermehrung:** Sie erfolgt ebenfalls durch Zellteilung. Als Nährboden dient ein Gemisch aus Roggenmehl und Wasser. Weiters ist eine Verarbeitungstemperatur von ca. 25 bis 27 °C notwendig. Der Vermehrungsvorgang dauert je nach Bedingungen (Temperatur, Teigausbeute) zwei bis vier Stunden.
- **Säurestabilität:** Sauerteighefen sind im Gegensatz zur Backhefe weniger säureempfindlich. Die Lebensgemeinschaft (Symbiose) mit den heterofermentativen Milchsäurebakterien (Säurebildnern) begünstigt ihr Wachstum und fördert die Gasbildung.

Die Milchsäure schützt die Sauerteighefen vor schädlichen Bakterien.

13.2 Physikalische Lockerungsmittel

Luft

Die Luft ist ein veränderbarer Körper.

- Bei Wärme dehnt sie sich aus und vergrößert dadurch das Volumen.
- Bei Kälte zieht sich Luft zusammen, wodurch das Volumen vermindert wird.

Die Lockerung erfolgt in zwei Phasen:

- Durch das Einbringen der Luft durch Schlagen oder Rühren.
- Durch das Ausdehnen der Luft beim Backprozess.

Wasserdampf

Wasser in Teigen und Massen bildet unter Hitzeeinwirkung Dampf. Dampf hat ein wesentlich größeres Volumen als Wasser, wodurch die Lockerung bewirkt wird (z. B. bei Blätter- und Plunderteig oder Brandmasse). Bei durch Dampf gelockertem Gebäck wird die Oberfläche beim Backprozess durch Schwadengabe lange feucht gehalten, um ein vorzeitiges Festwerden der Gebäckkruste und Rissbildung zu verhindern.

Wussten Sie, dass ... aus einem Milliliter Wasser ca. 1,5 l Wasserdampf entstehen?

Fett

In fettreichen, kurz gemischten Teigen (Mürbeteigen) sind feste Teilchen (Mehl, Zucker) in Fett eingebettet. Verflüssigt sich das Fett beim Backen, wird es von den flüssigkeitsbindenden Bestandteilen (vor allem Mehl) aufgenommen. Der Raum, der vom festen Fett eingenommen wurde, wird frei. Eine flache Porung entsteht.

Die festen Teilchen, vor allem Mehl, sind nach dem Backen von einem Fettfilm umgeben. Beißt man in ein Backerzeugnis aus Mürbeteig, lässt dieser Fettfilm die festen Teilchen aneinander vorbeigleiten. Der dabei entstehende mürbe Eindruck wird als Mürbung bezeichnet.

Backtriebmittel sind Stoffe oder Kombinationen aus Stoffen, die Gas freisetzen und dadurch das Volumen eines Teiges oder einer Masse vergrößern.

Wirkung von Backpulver

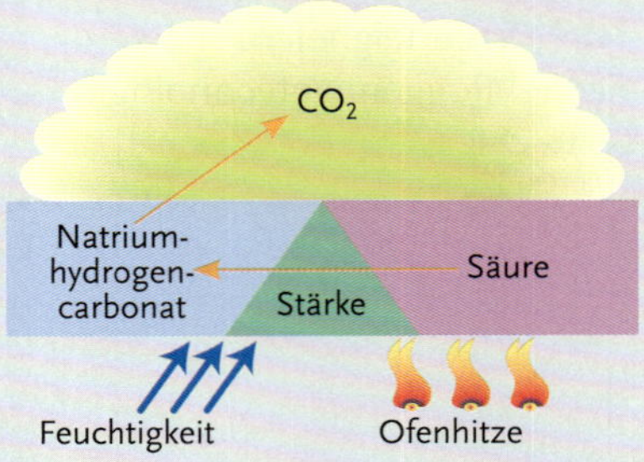

Erinnern Sie sich noch: Warum werden Backmitteln Trägerstoffe bzw. Trennmittel zugesetzt?

Das Verhältnis von Vortrieb zu Haupttrieb wird vom Verhältnis Zitronensäure zu saurem Diphosphat bestimmt.

Wissenswertes dazu

Die Wirkungsweise von Natriumhydrogencarbonat wurde früher als „Trieb in die Breite", die von Ammoniumhydrogencarbonat als „Trieb in die Höhe" bezeichnet. Dies führte jedoch zu der Fehlauffassung, dass das CO_2 aus Speisesoda sich zu den Seiten und das CO_2 aus Ammoniumhydrogencarbonat sich nach oben hin ausbreiten würde, was natürlich nicht stimmt, da sich Gase nach allen Seiten hin gleichmäßig ausbreiten!

13.3 Chemische Lockerungsmittel, Backtriebmittel

In Teigen und Massen mit hohem Zucker- und niedrigem Wassergehalt, z. B. Lebkuchen- und Mürbeteigen sowie schweren Biskuit- und Sandmassen, herrschen für die Hefe keine optimalen Lebensbedingungen. Diese Teige und Massen können daher durch chemische Lockerungsmittel, sogenannte Backtriebmittel, gelockert werden. Wesentlich ist es, dass die Backtriebmittel CO_2 freisetzen. Dies kann in chemischen Reaktionen schon im Teig oder in der Masse erfolgen (Vortrieb) oder erst während des Backens (Haupttrieb).

Backpulver

Backpulver ist ein zusammengesetztes Backtriebmittel. Es besteht aus drei oder vier Komponenten.

Bestandteile	Wirkungsweise
Natriumhydrogencarbonat (E 500)	▪ Es ist der CO_2 liefernde Bestandteil.
Säure z. B. Zitronensäure (E 330)	▪ Sie setzt imTeig oder in der Masse CO_2 frei (Vortrieb).
Saures Dinatrium-Dihydrogen-Diphosphat (E 450)	▪ Es entwickelt erst beim Backen im Ofen Säurecharakter und bewirkt daher den Haupttrieb.
Stärke	▪ Stärke wird als Trägerstoff bzw. Trennmittel zugesetzt. ▪ Sie erhöht die Lagerfähigkeit von Backpulver und verhindert bei höherer Luftfeuchtigkeit eine vorzeitig einsetzende chemische Reaktion während der Lagerung.

Verwendung

Backpulver wird zum Lockern von aufgeschlagenen Massen und Mürbeteigen, denen Flüssigkeit beigegeben wird, verwendet.

Beachtenswertes bei der Verarbeitung

- Trockenes Backpulver in der vorgegebenen Menge verarbeiten. Bei Verwendung von zu viel Backpulver gehen die Backwaren zuerst stark auf, fallen jedoch vor dem Ausbacken ein. Grund dafür ist die zu starke Gasentwicklung bei noch nicht ausgebildeter, gashaltiger Krume. Zu wenig Backpulver ergibt ein kleines Volumen und eine ungenügende Lockerung der Gebäcke.
- Das Backpulver mit dem Mehl sieben und vermischen.

Lagerung

- Trocken und verschlossen aufbewahren.
- Es ist bis zu drei Monaten lagerfähig, ohne seine Triebwirkung einzubüßen. Bei zu lang gelagertem Backpulver die **Reaktion prüfen.** Dazu das Backpulver mit etwas Wasser verrühren, eventuell erwärmen. Schäumt es auf, hat es Triebwirkung.

Natriumhydrogencarbonat, Natron, Speisesoda

Es kann auf verschiedene Arten CO_2 freisetzen:

- **Spaltung in der Hitze im Ofen:** Dabei entsteht neben Kohlendioxid Soda, das Backwaren einen laugigen Geschmack verleiht.
- **Spaltung mit Säure:** Dabei entsteht kein Soda, jedoch findet die Reaktion bereits im Teig oder in der Masse statt.

Auswirkungen auf die Teigbeschaffenheit

Die im Teig oder in der Masse gelösten Natriumionen ergeben eine nachlassende, fließende Teigbeschaffenheit.

Ammoniumhydrogencarbonat, Ammoniumbicarbonat (ABC-Trieb), Ammonium, Hirschhornsalz

Ammoniumhydrogencarbonat ist ein weißes Salz mit stechendem Ammoniakgeruch, das in der Hitze des Backofens CO_2 freisetzt. Dabei entsteht allerdings giftiger Ammoniak, der während des Backens völlig ausgetrieben werden muss.

Auswirkungen auf die Teigbeschaffenheit

Die im Teig gelösten Ammoniumionen stärken den Stand des Teiges.

Verwendung

Ammoniumhydrogencarbonat wird nur für flache, gut ausgebackene Backerzeugnisse wie Lebkuchen oder Mürbeteiggebäck verwendet, da in zu hohem Gebäck Ammoniakrückstände verbleiben. Diese gefährden die Gesundheit und bewirken eine Grünfärbung der Krume.

Beachtenswertes bei der Verarbeitung

- Ammoniumhydrogencarbonat wird vor der Teigbeigabe immer in etwas Flüssigkeit (Wasser, Milch oder Eiklar) aufgelöst, damit es sich im Teig gleichmäßig verteilen kann.
- Bei gleichzeitiger Verwendung von Kaliumcarbonat werden Ammoniumhydrogencarbonat und Kaliumcarbonat getrennt aufgelöst und auch getrennt beigegeben.

Wirkung von Ammoniumhydrogencarbonat

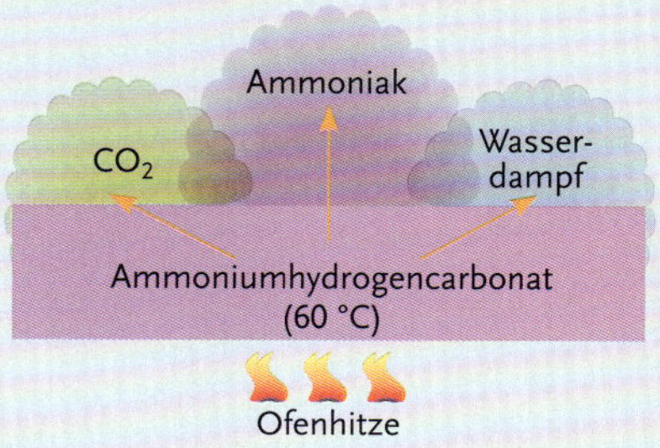

Wussten Sie, dass ...
Kaliumcarbonat das älteste chemische Triebmittel ist?

Kaliumcarbonat, Pottasche

Kaliumcarbonat ist das traditionelle Backtriebmittel für Lebkuchenteige. Es setzt CO_2 durch Säureeinwirkung frei. Die Säure stammt aus der Milchsäuregärung im Lagerteig (Vorteig).

Auswirkungen auf die Teigbeschaffenheit

Die im Teig oder in der Masse gelösten Kaliumionen ergeben eine nachlassende, fließende Teigbeschaffenheit (Breitlaufen).

Verwendung

- Es können nur Teige gelockert werden, die eine Eigensäure aufweisen, so z. B. Lagerteig (Lebkuchen), andernfalls werden dem Teig Säuren beigesetzt.
- Auflösen und Teigbeigabe wie bei Ammoniumhydrogencarbonat.

Wirkung von Kaliumcarbonat

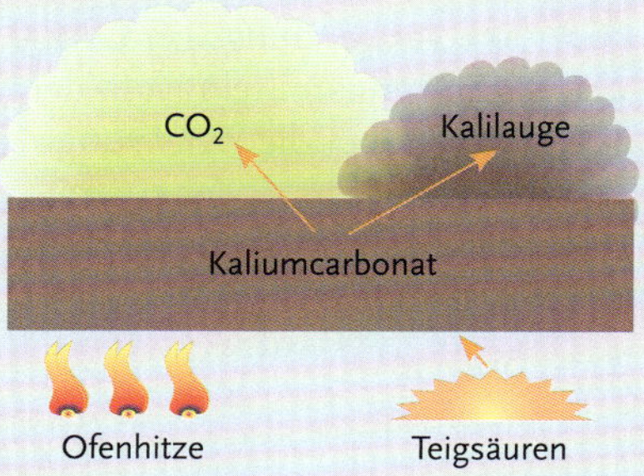

Die Kalilauge gibt den Lebkuchen ihren typischen leicht laugigen Geschmack und hält sie länger frisch.

Arbeitsaufgaben

1. Begründen Sie die Verwendung von Lockerungsmitteln.
2. Zählen Sie die verschiedenen Gruppen von Lockerungsmitteln auf.
3. Beschreiben Sie den Hefestoffwechsel.
4. Erklären Sie die Gärungsvorgänge in Teigen.
5. Beschreiben Sie die Herstellung von Backhefe.
6. Nennen Sie die Lebensbedingungen von Hefe.
7. Beschreiben Sie die Wirkung von Salz, Zucker und Fett auf die Lebensvorgänge der Hefe.
8. Nennen Sie eine Bäckerhefe, mit der eine schnelle Teiglockerung möglich ist.
9. Nennen Sie Faktoren, die das Wachstum und die Gärung von Sauerteighefen begünstigen.
10. Nennen Sie drei Möglichkeiten der physikalischen Lockerung.
11. Beschreiben Sie in der Bäckerei verwendete Backtriebmittel. Erklären Sie ihre jeweilige Wirkung auf die Teigbeschaffenheit.
12. Begründen Sie, warum Backpulver Stärke beigefügt wird.
13. Erläutern Sie, warum Ammoniumhydrogencarbonat nur zum Lockern von Flachgebäcken verwendet wird.

Notizen zu den Arbeitsaufgaben:

14 Gelier- und Verdickungsmittel

§ Die Verwendung von Gelier- und Verdickungsmitteln ist in der Verordnung über die Zulassung von Zusatzstoffen zu Lebensmitteln zu technologischen Zwecken (ZZulV) geregelt.

Gelier- und Verdickungsmittel sind pflanzliche oder tierische Stoffe, die Flüssigkeiten binden. Diese Gelierfähigkeit beruht auf ihrer hohen Quellfähigkeit.

- Geliermittel geben Lebensmitteln durch Gelbildung eine verfestigte Form.
- Verdickungsmittel erhöhen die Viskosität eines Lebensmittels.

Unsere Ziele

Nach Bearbeitung dieses Teilkapitels werden Sie ...

- verschiedene Gelier- und Verdickungsmittel kennen;
- über die Herkunft und Gewinnung von Gelier- und Verdickungsmitteln informiert sein;
- wissen, wie Gelier- und Verdickungsmittel ihren Eigenschaften gemäß zu verwenden und zu dosieren sind.

Bezeichnung	Herkunft	Gewinnung	Eigenschaften	Verwendung / Menge pro Liter
Gelatine	Knochen, Sehnen und Gewebe frisch geschlachteter Tiere	▪ Auskochen	▪ Quillt in kaltem Wasser ▪ Löst sich bei maximal 40 °C ▪ Hitzeempfindlich ▪ Bindet beim Erkalten	▪ Für Gelees (30 g/l) ▪ Für Schlagsahne, Sahnekrems und schnittfeste Desserts (8 bis 15 g/l)
Agar-Agar (E 406)	Rotalgen	▪ Abernten unter Wasser ▪ Auskochen oder extrahieren ▪ Trocknen, eventuell vermahlen	▪ Quillt im Wasser ▪ Löst sich beim Erhitzen ▪ Bindet beim Erkalten (eventuell Säure als Geschmacksgeber zusetzen)	▪ Für Tortengelees, Füllungen, Krems und Speiseeis (1 bis 5 g/l)
Carrageen (E 407)				
Alginate (E 400–405)	Braunalgen			
Guarkernmehl (E 412)	Samen der Guarkernpflanze	▪ Kerne trocknen und vermahlen	▪ Quillt im Wasser	▪ Für Tortengelees, als Speiseeisbinder (20 bis 40 g/l)
Gummiarabikum (E 414)	Aus dem afrikanischen Akazienbaum gewonnen	▪ Baumrinde ritzen ▪ Gummiknollen einsammeln ▪ Trocknen, eventuell vermahlen	▪ Quillt im Wasser ▪ Löst sich beim Erwärmen ▪ Bindet und trocknet beim Erkalten	▪ Zum Abglänzen von Makronen und Lebkuchen (ca. 150 g/l)
Johannisbrotkernmehl (E 410)	Kerne des Johannisbrotbaumes	▪ Schoten auslesen ▪ Kerne trocknen und vermahlen	▪ Quillt im Wasser ▪ Löst sich beim Erwärmen ▪ Bindet kaltes Wasser sofort	▪ Für Tortengelees, als Speiseeisbinder (20 bis 40 g/l)
Pektin (E 440)	Apfeltrester, Schalen von Zitrusfrüchten	▪ Extraktion	▪ Löst sich in heißem Wasser ▪ Bindet bei Säurezusatz ▪ Gelierung ist irreversibel	▪ Für Fruchtsäfte und -mark, für Kaltgelees und Konfitüren (15 bis 50 g/l)
Stärke	Weizen, Roggen, Mais, Reis, Kartoffeln, tropische Pflanzen (Sagopalme, Tapioka, Maniok)	▪ Auswaschen	▪ Bindet bei ca. 65 bis 80 °C und verkleistert	▪ Für Krems, Puddings und Saucen (30 bis 150 g/l)

Lagerung

- Trocken und verschlossen lagern.
- Die vom Hersteller angegebene Mindesthaltbarkeit beachten, da die Gelierfähigkeit nachlassen kann.

Wiederholen Sie den Lehrstoff über die Stärkemehle (siehe Kapitel Getreide und Getreideprodukte, Seite 86).

Arbeitsaufgaben

1. Nennen Sie fünf Gelier- und Verdickungsmittel und beschreiben Sie ihre Herkunft, Gewinnung, Eigenschaften und Verwendung.
2. Versuchen Sie herauszufinden, welche Gelier- und Verdickungsmittel tierischer und welche pflanzlicher Herkunft sind.
3. Erinnern Sie sich noch, welche Eiweiß spaltenden Enzyme in Früchten ein Festwerden der Gelatine verhindern?
4. Erklären Sie den Unterschied von Quellstärke und natürlicher Stärke.

Notizen zu den Arbeitsaufgaben:

15 Verderb und Haltbarmachung von Lebensmitteln

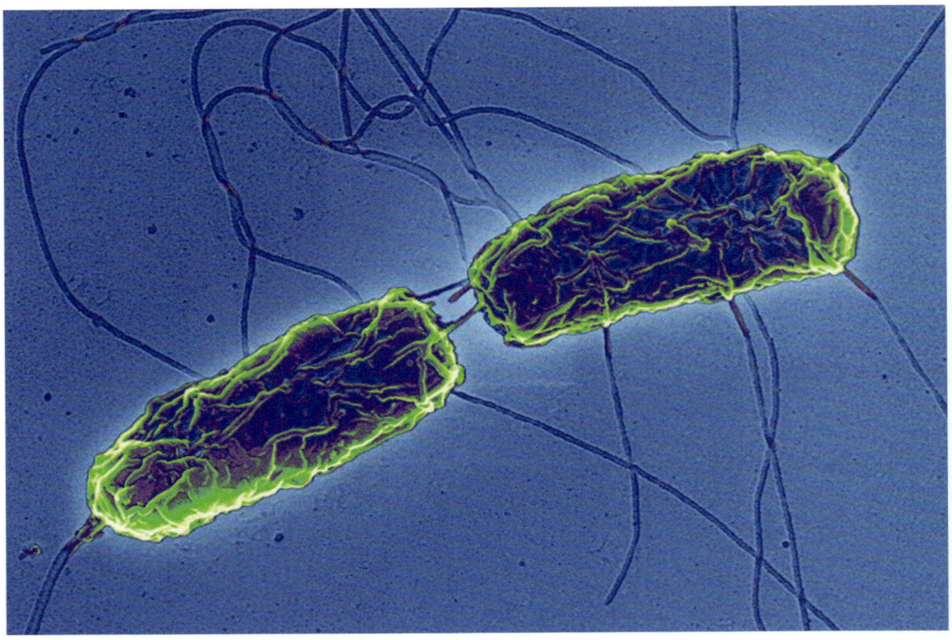

Bereits in Ägypten und im antiken Rom war der Mensch bestrebt, Lebensmittel, die zu Erntezeiten in großen Mengen vorhanden waren, für Not- und Mangelzeiten haltbar zu machen. Wichtige Methoden der Haltbarmachung waren Trocknen, Salzen, Räuchern und die mikrobiologische Säuerung (Fermentation).

Lebensmittel pflanzlicher und tierischer Herkunft unterliegen vom Zeitpunkt ihrer Bearbeitung an ständigen Veränderungen. Bei den meisten Lebensmitteln vermindert sich im Lauf der Zeit die Qualität, und in weiterer Folge verderben sie. Viele Produkte sind entweder nur saisonal verfügbar oder werden nur in bestimmten Regionen angebaut oder erzeugt.

Ziel der Konservierung ist, dem Verderb entgegenzuwirken und die Qualität sowie den Genusswert eines Lebensmittels zu erhalten. Die Arten der Lebensmittelkonservierung werden ständig weiterentwickelt.

Unsere Ziele

Nach Bearbeitung dieses Teilkapitels werden Sie ...

- die verschiedenen Ursachen des Verderbs von Lebensmitteln kennen;
- über Krankheitserreger in Lebensmitteln Bescheid wissen;
- verschiedene Konservierungsmethoden und ihre Anwendung kennen.

15.1 Ursachen des Verderbs

Eine unerwünschte stoffliche Veränderung eines Lebensmittels wird als Verderb bezeichnet. Zu den wichtigsten Verderbsvorgängen zählen mikrobiologische, chemische und physikalische Veränderungen.

Mikrobiologische Veränderungen durch ...	Chemische Veränderungen durch ...	Physikalische Veränderungen durch ...	Verderb durch Vorratsschädlinge durch ...
■ Mikroorganismen ■ Bakterien, ■ Hefen, ■ Schimmelpilze.	■ enzymatische Reaktionen, ■ nicht enzymatische Reaktionen.	■ Luftsauerstoff, ■ Temperatur, ■ Feuchtigkeit.	■ Übertragung von Schmutz, ■ Mikroorganismen, ■ Pilzsporen.

Verdorbene Lebensmittel werden nach § 5 LFGB (2005) als „nicht sicher" im Sinne des Artikel 14 der Verordnung (EG) Nr. 178/2002 (siehe Kapitel Lebensmittelrecht, Seite 199) betrachtet.

Mikrobiologische Veränderungen

Bakterien

Bakterien befallen wasserreiche Lebensmittel wie Eier, Fleisch, Wurst, Fisch und Obst. Übertragen werden sie durch die Luft oder durch die Hände (Schmierinfektion). Bei eiweißreichen Lebensmitteln tritt beim Abbau ein fäulnisartiger Geruch auf. Der Abbau kann sowohl auf der Oberfläche, wobei es zur Bildung schleimig-schmieriger Beläge kommen kann, als auch im Inneren des Lebensmittels stattfinden. Dabei kann es zur Bildung von giftigen Stoffen (Toxinen) kommen. Der Verzehr von verfaulten Lebensmitteln kann eine Lebensmittelvergiftung hervorrufen.

Milchsäurebakterien

Diese Mikroorganismen werden einerseits bei der Erzeugung von Lebensmitteln gezielt eingesetzt (z. B. Sauerteig, Joghurt, Sauerkraut), andererseits können sie Frischmilch verderben. Milchsäurebakterien bauen den Milchzucker der Milch zu Milchsäure ab. Die Milch wird bei Zimmertemperatur rasch sauer. Durch Kühlung kann die Säuerung verzögert werden. Durch Erhitzen (Pasteurisieren) der Milch werden die meisten Milchsäurebakterien, vor allem aber krankmachende Keime abgetötet.

Pasteurisieren siehe Physikalische Konservierungsmethoden, Seite 194.

Essigsäurebakterien

Das sind einerseits bei der Erzeugung von Essig gezielt eingesetzte Mikroorganismen, andererseits können sie alkoholische Getränke verderben. Sie vergären z. B. den Alkohol des Weines zu Weinessig.

Das Risiko des Verderbs durch Bakterien können Sie einschränken, indem Sie ...

- leicht verderbliche Nahrungsmittel nicht auf Vorrat kaufen (z. B. Frischmilch).
- Lebensmittel trocken, kühl (2–6 °C) oder tiefgekühlt (–18 °C) lagern.
- die Kühlkette nicht unterbrechen.
- das Mindesthaltbarkeitsdatum (MHD) beim Einkauf und bei der Lagerung beachten.

MHD siehe Kapitel Lebensmittelrecht, Seite 199.

Hefepilze

Hefen kommen überall vor. Eine Übertragung auf Lebensmittel ist also sehr leicht möglich. Hefen verursachen die Gärung von Fruchtsäften, Konfitüren, Kompotten usw. Sie zerlegen Zucker in Alkohol und Kohlendioxid. Deswegen riechen gärende Lebensmittel leicht nach Alkohol.

Sogenannte Kahmhefen bilden auf der Flüssigkeit von sauren Gurken, Mixed Pickles und Sauerkraut eine dünne Schicht und verändern den Geschmack und das Aroma. Andere Hefen bilden myzelartige Geflechte, z. B. der Kreideschimmel auf Brotoberflächen.

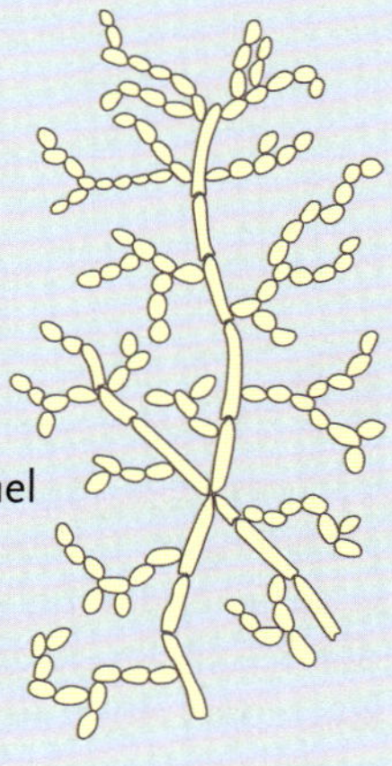

Kreideschimmel

Die Aktivität von Hefen können Sie einschränken, indem Sie ...

- Lebensmittel pasteurisieren: Die Hefen sterben bei 60 °C ab.
- Getränkeflaschen, Konfitüregläser etc. immer gut verschlossen halten.
- Lebensmittel nur mit sauberen Werkzeugen den Behältern entnehmen.

Schimmelpilze

Schimmelpilze werden durch Sporen übertragen. Sie werden auf Lebensmitteln leicht durch Hände, Arbeitsbekleidung oder Werkzeug verbreitet. Auch verschimmeltes Mauer-

Fadengeflecht = Myzel, es reicht wie ein Wurzelgeflecht weit in das Lebensmittel hinein. Es kann Mykotoxine (Pilzgifte) erzeugen.

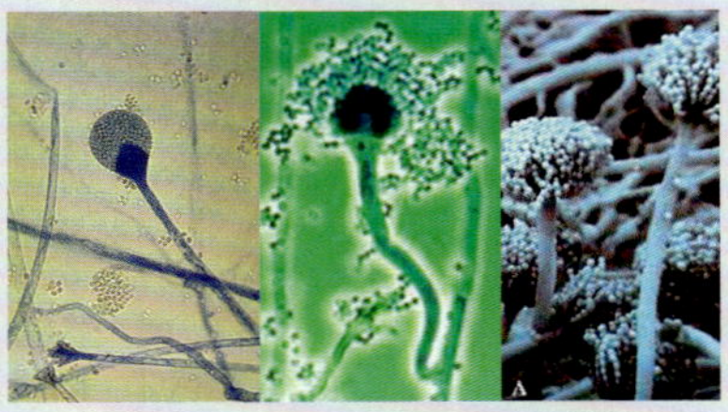

Köpfchenschimmel Gießkannenschimmel Pinselschimmel

werk erhöht die Gefahr von Schimmelbefall. Besonders gefährdet sind Nüsse, Backwaren, Obst, Konfitüren, Gelees, Fleisch und Wurstwaren.

Die Sporen wachsen in kurzer Zeit zu einem Fadengeflecht heran. Aus ihm wachsen dann die Sporenträger mit einer ungeheuren Anzahl an Sporen. Je nach Schimmelart sind sie gelb, grünlich oder schwarz. **Mykotoxine** (unter anderem Aflatoxine) können Krebs erregen und die inneren Organe und das Nervensystem schädigen. Einige schädigen sogar das Erbgut. Mykotoxine werden auch beim Backen und Kochen nicht zerstört. Deshalb müssen von Schimmelpilz befallene Lebensmittel vollständig entsorgt werden.

Schimmelbefall können Sie verhindern, indem Sie ...

- Lebensmittel trocken lagern,
- luftdicht verpacken und
- nur mit sauberen Werkzeugen den Behältern entnehmen.
- Weitere Empfehlungen siehe Kapitel Roggenteigtechnologie, Seite 288.

! Unter den Schimmelpilzen gibt es auch nützliche Arten, wie z. B. Penicillium camemberti (Pinselschimmel), der bei der Erzeugung von Edelschimmelkäse benötigt wird und völlig unschädlich ist.

Chemische Veränderungen

Chemische Veränderungen treten beispielsweise als oxidativer Verderb von Fetten, Ölen und fetthaltigen Lebensmitteln auf, die ranzig werden.

Wirkung von enzymatischen und nicht enzymatischen Prozessen in Lebensmitteln

Erwünschte Wirkung	Unerwünschte Wirkung
■ Mürbwerden von Fleisch ■ Reifen von Obst, Gemüse, Käse ■ Aromabildung bei Tee, Kakao, Kaffee ■ Klebervernetzung durch Ascorbinsäure	■ Ranzigwerden von Fetten und Ölen ■ Braunfärbung von Obst und Kartoffeln ■ Zerstörung einiger Vitamine (z. B. C, E, Karotinoide) in Obst und Gemüse

Chemische Veränderungen können Sie einschränken, indem Sie ...

- Lebensmittel erhitzen: blanchieren (eventuell mit Salz- oder Säurezusatz), garen, sterilisieren; ab 70 °C werden die Enzyme in den Nahrungsmitteln inaktiviert.
- Lebensmitteln Wasser entziehen: trocknen, salzen, zuckern.
- Lebensmittel tiefkühlen; mit zunehmender Kälte wird die Enzymtätigkeit gehemmt.
- Lebensmittel säuern: Im sauren Milieu haben Enzyme geringere bis keine Wirkung, z. B. mit Zitronensaft beträufelte Bananen.
- Lebensmittel optimal lagern: Fette und Öle kühl, trocken, dunkel und verschlossen lagern.

! Nach dem Auftauen wirken die Enzyme durch die Schädigung der Zellwände (Austritt des Zellsaftes) jedoch verstärkt. Aufgetaute Lebensmittel müssen deshalb schnell verarbeitet werden.

Physikalische Veränderungen

- **Luftfeuchtigkeit:** Geringe Luftfeuchtigkeit bewirkt ein Austrocknen sowie Gewichts- und Aromaverluste. Obst und Gemüse werden welk. Brot, Käse usw. werden hart. Hohe Luftfeuchtigkeit lässt Lebensmittel feucht werden. Salz und Zucker verklumpen. Kleingebäck wird weich.
- **Kälte und Frost:** Sie zerstören die Zellwände bei Gemüse, Obst oder Kartoffeln. Dadurch wird der chemische Verderb eingeleitet (Austreten des Zellsaftes, einsetzende Enzymwirkung oder Abbautätigkeit durch Mikroorganismen).
- **Licht:** Licht verursacht Farbveränderungen, teilweise auch Aroma- und Vitaminverluste. Es begünstigt das Ranzigwerden von Fetten, Ölen und Fleischwaren.
- **Wärme:** Die Enzym- und Bakterientätigkeit wird begünstigt (20–40 °C).
- **Hitze:** Sie verursacht Gewichts- und Vitaminverluste.

Physikalische Veränderungen können Sie einschränken, indem Sie ...

- Lebensmittel gekühlt,
- vor Licht und Frost geschützt und
- bei einer entsprechenden Luftfeuchtigkeit lagern.

! Die Verhinderung des Vorkommens von Vorratsschädlingen in Lebensmittel verarbeitenden Betrieben sollte durch Einhaltung des Hygienekonzeptes einschließlich HACCP gewährleistet sein (Dokumentationspflicht!).

Verderb durch Vorratsschädlinge

Siehe Kapitel Getreide und Getreideprodukte, Seite 86.

15.2 Krankheitserreger in Lebensmitteln

Sind Mikroorganismen krankheitserregend, spricht man von einer Lebensmittelinfektion. Manche Mikroorganismen können beim Abbau der Nährstoffe (z. B. Fäulnis) sogenannte Toxine (Giftstoffe) bilden, die beim Menschen Krankheiten verursachen. In diesem Fall liegt eine Lebensmittelvergiftung vor.

! Vergiftungen, die durch Bakterien verursacht werden, müssen von der Ärztin/vom Arzt der Gesundheitsbehörde gemeldet werden.

Mikroorganismen	Infektionsquelle	Krankheitsbild
Salmonellen	■ Darmflora von Mensch und Tier; infizierte Lebensmittel, wie Wasser, Fleisch, Fische, Eiprodukte oder Geflügel	■ Es kommt zu Brechdurchfall, Fieber, Kopf- und Muskelschmerzen. ■ Besonders gefährlich für Kleinkinder und ältere Menschen, bei denen die Krankheit tödlich enden kann.
Staphylokokken Eitererreger	■ Menschen mit eitrigen Wunden, Schnupfen, Husten. Haustiere, Vögel …	■ Es kommt zu Brechdurchfall, Leibschmerzen und Kreislaufschwäche.
Clostridium	■ Eingekochte Lebensmittel, Konserven: Dosen mit Bombage bzw. von selbst aufgegangene Einmachgläser können infiziert sein. ■ Fertige Zubereitungen von Fleisch, Suppen und Saucen, die zu langsam abgekühlt werden.	■ Es treten Schluck-, Atem- und Sprechbeschwerden auf. ■ Die Lähmung des Nervensystems führt zum Tod. ■ Leibkrämpfe, Erbrechen und Kreislaufprobleme
Campylobacter	■ Geflügelfleisch und Geflügelinnereien, Rohmilch, verunreinigtes Trinkwasser	■ Durchfall, Fieber
Listerien	■ Rohmilch, rohes Fleisch, Salate, Weichkäse	■ Grippeähnliche Beschwerden, hohes Fieber ■ Besonders gefährlich für Schwangere, da die Bakterien den Embryo schädigen können.
Enterokokken	■ Dickdarm von Mensch und Tier	■ Durchfall, Erbrechen und Leibschmerzen
Enterobacteriacaea Coliforme Keime Escherichia coli	■ Darmflora, Eiter- und Entzündungserreger außerhalb des Darmes ■ Rohmilch, unzureichend erhitztes Rindfleisch, hygienisch nicht einwandfreies Trinkwasser	■ Entzündungen aller Art ■ Durchfall, Bauchkrämpfe und Erbrechen ■ Gefahr einer Nierenschädigung, besonders bei Kindern und älteren Menschen
Noroviren (Caliciviridae)	■ Stuhl des Menschen; Übertragung vorwiegend fäkal-oral direkt von Mensch zu Mensch oder durch kontaminierte Speisen, Getränke und Gegenstände	■ Heftiges Erbrechen, starke Durchfälle, Kopfschmerzen, Übelkeit, Mattigkeit und erhöhte Temperaturen ■ Gefahr eines zu hohen Flüssigkeitsverlustes, besonders bei Kindern und älteren Menschen
Schimmelpilze	■ Nüsse, Getreide, Futtermittel, Milch (Aflatoxin), Obst und Obstsäfte (Patulin [Schimmelpilzgift])	■ Krebserregend, z. B. Leberkrebs ■ Zell- und Nervengift, ist erbgutschädigend

Bombage = Auswölben von Boden und Deckel von Konservendosen, z. B. durch bakterielle Gasentwicklung bei der Zersetzung des Inhalts.

15.3 Fremdstoffe in Lebensmitteln

- **Physikalische Gefahren:** Rohstoffe wie Mehl, Sultaninen, Nüsse können mit Schalenteilen, Staub, Steinchen, Glassplittern, Metallteilchen usw. verunreinigt sein. Sie müssen deshalb vor der Verwendung immer genau kontrolliert werden, da sie laut HACCP-Konzept eine Gefahr bedeuten!
- **Chemische Gefahren:** Rückstände in Lebensmitteln aus der landwirtschaftlichen Produktion, wie Düngemittel und Pflanzenschutzmittel, belasten die Rohstoffe. Ebenso Rückstände aus der Industrie (Schwermetalle wie Blei, Cadmium oder Quecksilber).

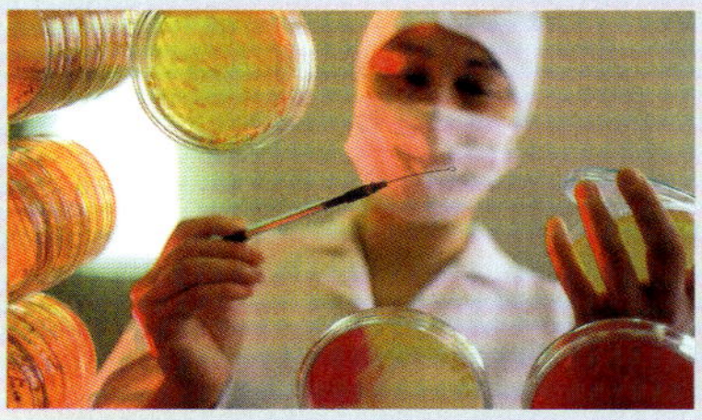

Erst im Labor werden viele Krankheitserreger sichtbar!

15.4 Konservierungsmethoden

Der Verderb von Lebensmitteln kann durch verschiedene Methoden verlangsamt oder unterbunden werden.

! Essig, Zucker, Kochsalz und Alkohol und sind natürliche Stoffe, die zu den Lebensmitteln und nicht zu den Zusatzstoffen zählen.

Physikalische Konservierungsmethoden	Chemische Konservierungsmethoden
■ Kältebehandlung ■ Hitzebehandlung ■ Trocknen ■ Gasatmosphäre ■ Filtrieren ■ Schutzschicht ■ Bestrahlen	■ Milchsäure(gärung) ■ Essigsäure(gärung), Essig ■ Zucker ■ Kochsalz ■ Räuchern ■ Alkohol ■ Chemische Konservierungsmittel ■ Antioxidantien

Physikalische Konservierungsmethoden

Konservierungsmethode	Beschreibung	Anwendung	Beurteilung
Gekühlt lagern Wärmeentzug: Lagerung von Lebensmitteln bei Temperaturen von 0 bis +4 °C (max. +6 °C). **Kühl lagern** +15 bis max. +18°C.	■ Entwicklung der Mikroorganismen wird verlangsamt	■ Milch, Milchprodukte, Eier, Fleisch, Fette, Wurst, Fisch, Gemüse, Obst ■ Obst, Kerne, Pralinen	■ Bei kurzer Lagerung entstehen keine größeren Qualitätsverluste ■ Lagerdauer: ein bis mehrere Tage
Tiefgefrieren, Tiefkühlen Rascher Wärmeentzug bei –30 °C bis –40 °C (Schockgefrieren) und anschließende Lagertemperatur von –18 °C.	■ Keine Vermehrung der Mikroorganismen ■ Verlangsamte Enzymtätigkeit	■ Für fast alle Nahrungsmittel geeignet ■ Die Tiefkühlkette vom Erzeuger bis zum Verbraucher darf nicht unterbrochen werden; tiefgekühlte Ware luftgeschützt verpacken, da sonst Gefrierbrand (Austrocknung) an der Oberfläche entsteht	■ Die Verluste an Vitaminen und Mineralstoffen sind sehr gering ■ Die Geschmacks- und Aromastoffe bleiben weitgehend erhalten ■ Gemüse wird vor dem Einfrieren blanchiert. Enzyme und Mikroorganismen werden dadurch inaktiviert und ein schneller Vitaminabbau sowie Geschmacks- und Farbveränderungen verhindert.
Pasteurisieren Erhitzen unter 100 °C. Unterschiede bei Temperatur und Erhitzungszeit: ■ **Dauererhitzung** bei 62–65 °C für mind. 30 Minuten ■ **Kurzzeiterhitzung** bei 85 °C für 4 Sekunden	■ Mikroorganismen werden abgetötet, nicht jedoch ihre Sporen ■ Lebensmittel werden **keimarm,** jedoch nicht keimfrei gemacht	■ Milch, Milchprodukte, Gemüse- und Obstsäfte, Sauergemüse, Fischmarinaden, Salate, Eier und Halbkonserven	■ Relativ kurze Haltbarkeit ■ Wirkstoff- und Aroma schonend
Sterilisieren Erhitzen unter Druck bei 110–135 °C für 15–20 Minuten	■ Mikroorganismen einschließlich der beständigen Sporen werden abgetötet ■ Lebensmittel werden **keimfrei** gemacht	■ Gemüse, Obst, Pilze, Fleischwaren, Fische, Fertiggerichte, Vollkonserven und Milch	■ Ohne Kühlung mehrere Jahre lagerfähig ■ Wirkstoffverluste, Farb- und Aromaveränderungen
Ultrahocherhitzung (UHT) Sterilisieren bei 135–150 °C für 1–10 Sekunden		■ Fleisch, Fisch, Gemüse, Obst und Milch	■ Inhalts- und Aromastoffe bleiben weitgehend erhalten ■ Es entsteht jedoch der typische Kochgeschmack

Konservierungsmethode	Beschreibung	Anwendung	Beurteilung
IR-Strahlen (Infrarotstrahlen)	▪ Mikroorganismen werden abgetötet	▪ Verpacktes Schnittbrot.	▪ Keine Geschmacksveränderungen ▪ Längere Haltbarkeit
Trocknen ▪ **Lufttrocknen** durch warme Luft ▪ **Dörren** im Wärmeschrank oder Backrohr ▪ **Walz-, Sprühtrocknen, Vakuumtrocknen**	▪ Durch Wasserentzug verlieren Mikroorganismen und Enzyme ihre Lebensgrundlage	▪ Hülsenfrüchte, Getreide, Teigwaren, Instantkaffee, -kakao, Milch-, Ei- und Kakaopulver, Obst, Gemüse, Kräuter, Kartoffeln, Fleisch und Trockensuppen	▪ Vitaminverluste; Farb- und Aromaveränderungen
Gefriertrocknen Wasserentzug im Vakuum bei –30 °C	▪ Tiefgekühlten Lebensmitteln wird im Vakuum Flüssigkeit entzogen	▪ Gemüse, Obst, Pilze, Kräuter, Garnelen, Käse	▪ Vitamine, Farb- und Aromastoffe bleiben weitgehend erhalten ▪ Hohe Kosten
Gasatmosphäre ▪ **Vakuumverpackung** ▪ **Schutz durch spezielle Gase** ▪ **CA-Lagerung** (controlled atmosphere)	▪ Luftabsaugung ▪ Verpackung enthält Gaspolster aus Kohlendioxid oder Stickstoff Einflussnahme auf Lagerbedingungen: ▪ Temperatur: +2 bis +4 °C. ▪ Relative Luftfeuchtigkeit: ca. 90 % ▪ Bewegung der Luft ▪ Luftzusammensetzung: Sauerstoffreduktion, CO_2-Anreicherung	▪ Kaffee, Fleisch, Käse, Gemüse ▪ Vorgeschnittene, abgepackte Salate, Kartoffelchips ▪ Obst	▪ Bei Vakuumverpackung und CA-Lagerung bleiben Vitamine, Farb- und Aromastoffe weitgehend erhalten ▪ Bei Schutzgasverpackung kommt es besonders bei vorgeschnittenen Lebensmitteln zu Vitaminverlusten, Farb- und Aromaveränderungen
Filtrieren Kaltentkeimung von Flüssigkeiten	▪ Bakterien, Hefe- und Schimmelpilze werden durch besonders feinporige Filtermembranen aus Flüssigkeiten entfernt	▪ Bier, Wein und Most	▪ Keine Wertveränderungen, die keimfreie Abfüllung und Aufbewahrung sind Voraussetzungen für die Haltbarkeit
Schutzschicht Abdichtung	▪ Verhindert ein Eindringen schädigender Einflüsse	▪ Überziehen von Käse oder Zitrusfrüchten mit einer Wachsschicht ▪ Einlegen in Öl, z. B. von Fischen, Fleisch, Oliven	▪ Je nach Art der Schutzschicht treten Geschmacksveränderungen auf ▪ Bei Ölen ist der Fettgehalt zu beachten
UV-Strahlen (Ultraviolette Strahlen)	▪ Mikroorganismen werden abgetötet	▪ Oberflächenbehandlung von Verpackungsmaterial (z. B. Schnittbrot) ▪ Entkeimung von Wasser, Luft (Sterilräume)	▪ Nur oberflächliche Anwendung
Ionisierende Strahlen ▪ Nur bestimmte Strahlungsarten, wie Gamma-, Röntgen- und Elektronenstrahlen auf niedrigem Energieniveau dürfen eingesetzt werden ▪ Die Lebensmittel selbst werden durch die Bestrahlung nicht radioaktiv	▪ Schädlinge und Mikroorganismen werden abgetötet ▪ Der Reifungsprozess bzw. Verderb wird verzögert ▪ Das Auskeimen wird verhindert	▪ Tötet Salmonellen auf Fleisch und Geflügel, Garnelen und Fischen ab ▪ Verzögert das Reifen bzw. Verderben von Früchten und Gemüse ▪ Verhindert das Auskeimen von Kartoffeln, Zwiebeln und Gewürzen	▪ Gesundheitsschäden im Zusammenhang mit Lebensmittelbestrahlung konnten bis jetzt noch nicht nachgewiesen werden ▪ Die Bestrahlung wird bei der Produktion von Militärverpflegung, Astronautennahrung und für sterile Krankenhausverpflegung verwendet

Chemische Konservierungsmethoden

Konservierungsmethode	Beschreibung	Anwendung	Beurteilung
Milchsäure(gärung)	■ Milchsäure aus natürlicher Säuerung durch Milchsäurebakterien ■ Im sauren Milieu kommt es zu keiner Vermehrung anderer Bakterien	■ Saures Gemüse (Sauerkraut), Sauermilchprodukte, Salami, Sauerteig	■ Die Geschmacksveränderungen sind durchaus erwünscht, für die meisten dieser Lebensmittel sogar charakteristisch
Essigsäure(gärung) **Essig**	■ pH-Absenkung durch Gärung oder Essigbeigabe ■ Die meisten Mikroorganismen stellen im sauren Milieu ihre Tätigkeit ein	■ Essigerzeugung (z. B. Weinessig), ■ Essiggemüse, Essiggurken	
Zucker	■ Zucker in hoher Konzentration hemmt das Wachstum von Mikroorganismen	■ Konfitüren, Obstmark, Fruchtsirupe, Marzipan, Dickzuckerfrüchte	■ Der hohe Zuckergehalt von 50–60 % ist zu beachten
Kochsalz	■ Lebensmitteln wird durch Vermischen, Bestreuen oder Einreiben mit Kochsalz Wasser entzogen ■ Durch den Wasserentzug verlieren Mikroorganismen und Enzyme ihre Lebens- und Wirkungsgrundlage	■ Matjeshering, Sardellen, Sardinen, Kaviar, Salzgemüse, Schinken, Speck	■ Die Geschmacksveränderungen sind erwünscht ■ Der hohe Salzgehalt ist zu beachten
Räuchern	■ Durch Wasserentzug verlieren Mikroorganismen und Enzyme ihre Lebensgrundlage ■ Rauchinhaltsstoffe enthalten keimhemmende Substanzen	■ Räucherfleisch, -speck, -fisch (z. B. Räucherlachs)	■ Die Geschmacksveränderungen sind erwünscht ■ Nur Kalträucherverfahren, da bei Räuchern über offenem Feuer krebserregende Stoffe entstehen könnten
Alkohol	■ Durch hochprozentigen Alkohol und eventuell auch Zucker werden Mikroorganismen abgetötet	■ Rumtopf, Rumkirschen, Branntweinobst, diverse Liköre	■ Der Alkohol- und Zuckergehalt ist zu beachten
Chemische Konservierungsmittel (Zusatzstoffe)	■ Sie verlängern in geringen Mengen die Haltbarkeit von Lebensmitteln ■ Sie verhindern das Keimwachstum und dadurch die Entstehung von Pilzgiften aus Schimmelpilzen	■ Sie dürfen nur bestimmten Lebensmitteln in bestimmten Höchstmengen beigegeben werden	■ Alle erlaubten Stoffe werden in der in der Verordnung über die Zulassung von Zusatzstoffen zu Lebensmitteln zu technologischen Zwecken (ZZulV) aufgezählt (siehe Kapitel Lebensmittelrecht, Seite 199) ■ Unter folgender Internetadresse finden Sie die aktuelle Liste der Zusatzstoffe und ihrer E-Nummern: www.gesetze-im-internet.de
Antioxidantien (Zusatzstoffe)	■ Sie behindern die Reaktion von Sauerstoff mit Lebensmittelinhaltsstoffen und damit den Verderb ■ Sie bestehen aus teils natürlichen, teils synthetischen Stoffen		

Notizen zu den Arbeitsaufgaben:

Arbeitsaufgaben

1. Nennen Sie Ursachen für den Verderb von Lebensmitteln.
2. Beschreiben Sie mikrobiologische Veränderungen.
3. Erörtern Sie, wie man einen durch Mikroorganismen hervorgerufenen Verderb verhindern kann.
4. Schildern Sie, welche erwünschten und unerwünschten Wirkungen enzymatische und nicht enzymatische Prozesse in Lebensmitteln hervorrufen können.
5. Zählen Sie einige Krankheitserreger in Lebensmitteln auf.
6. Beschreiben Sie physikalische Konservierungsmethoden.
7. Erklären Sie einige chemische Konservierungsmethoden.

16 Funktionelle Lebensmittel (Functional Food)

Funktionelle Lebensmittel sind Lebensmittel, die zusätzlich zu ihrem Nährwert eine positive Wirkung auf die Gesundheit, die Leistungsfähigkeit oder das Wohlbefinden haben. Sie werden auch als Functional Food bezeichnet.

Lebensmittel mit gesundheitlichem Zusatznutzen liegen im Trend. Die Verbraucherin/der Verbraucher geht häufig davon aus, dass angereicherte Lebensmittel einen wichtigen Beitrag zu einer gesunden Ernährung leisten.

Unsere Ziele

Nach Bearbeitung dieses Teilkapitels werden Sie ...

- wissen, was Functional Food bedeutet;
- wissen, womit funktionelle Lebensmittel angereichert werden;
- den Unterschied zwischen probiotischen und prebiotischen Lebensmitteln kennen;
- über die ernährungsphysiologische Bedeutung funktioneller Lebensmittel Bescheid wissen.

Arten und Wirkung

Functional Food wird mit Stoffen wie Ballaststoffen, Aminosäuren, Vitaminen (Antioxidantien), Mineralstoffen, Omega-3-Fettsäuren, Milchsäurebakterien, sekundären Pflanzenstoffen usw. angereichert.

Folgende Wirkungen sollen von diesen Lebensmitteln ausgehen:

- Stärkung des Immunsystems
- Steigerung der körperlichen und geistigen Leistungsfähigkeit
- Positive Beeinflussung der Darmflora
- Senkung des Risikos von Herz-Kreislauferkrankungen und des Krebsrisikos
- Förderung der Knochengesundheit

! **Nahrungsergänzungsmittel** werden in dosierter Form, d. h. als Tabletten, Kapseln oder Pastillen angeboten, z. B. Vitamin- oder Mineralstoffpräparate, Knoblauchdragees usw.

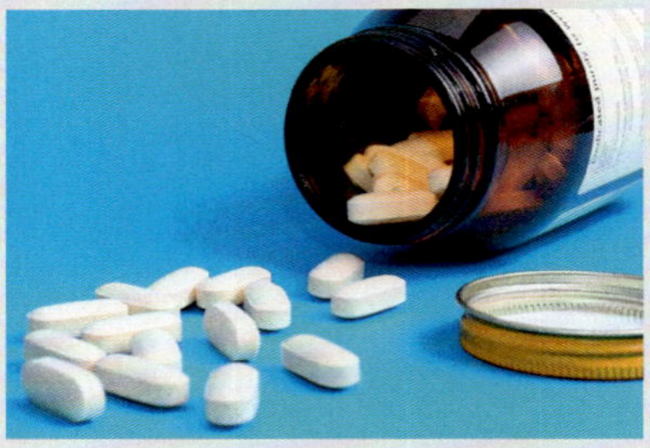

Pro- und prebiotische Lebensmittel	
Probiotische Lebensmittel	■ Probiotische Bakterien, z. B. Milchsäurebakterien sind natürliche, lebende Mikroorganismen, welche die Magen- und Dünndarmpassage lebend überstehen (hohe Resistenz gegen Magen- und Gallensäure). Dadurch sind sie in der Lage die Darmflora aufzubauen, und haben somit gesundheitsfördernde Wirkungen. ■ Die bekanntesten probiotischen Lebensmittel sind fermentierte Milchprodukte. Probiotische Milchprodukte können bei regelmäßigem Verzehr das Immunsystem stärken und Durchfallerkrankungen positiv beeinflussen. Sie sind bei den Konsumentinnen und Konsumenten besonders beliebt.
Prebiotische Lebensmittel	■ Das sind Lebensmittel mit **unverdaulichen Kohlenhydraten** (siehe Kapitel Kohlenhydrate/Ballaststoffe, Seite 28). ■ Prebiotika fördern das Wachstum von bestimmten Bifidobakterien im Dickdarm. Bifidobakterien hemmen das Wachstum gesundheitsschädigender Keime im Darm und können so die Gesundheit des Menschen verbessern.
Symbiotische Lebensmittel	■ Kombinationen aus pro- und prebiotischen Lebensmitteln.

§ Funktionelle Lebensmittel unterliegen dem Lebensmittelgesetz. Aussagen, die sich auf die Beseitigung von Krankheiten beziehen, sind nicht erlaubt (siehe Kapitel Lebensmittelrecht, Seite 199).

Ernährungsphysiologische Bedeutung

Eine vollwertige Ernährung (siehe Seite 73) sollte die Basis für eine gesunde Ernährungsweise sein. Funktionelle Lebensmittel sind dafür nicht unbedingt erforderlich, sie können eine Bereicherung des Speiseplans sein. Angereicherte Lebensmittel können ein grundsätzlich falsches Essverhalten nicht ausgleichen. Eine einseitige Auswahl an angereicherten Lebensmitteln kann unter Umständen sogar zu einer Überversorgung mit einzelnen Nährstoffen führen und in weiterer Folge die Gesundheit schädigen.

Notizen zu den Arbeitsaufgaben:

? Arbeitsaufgaben

1. Erläutern Sie, was funktionelle Lebensmittel sind.
2. Zählen Sie Nährstoffe auf, die angereicherten Lebensmitteln am häufigsten zugesetzt werden.
3. Erklären Sie, wodurch sich probiotische Lebensmittel von prebiotischen unterscheiden.
4. Erörtern Sie, welche Bedeutung angereicherte Lebensmittel für die Ernährung haben.

17 Lebensmittelrecht

Der Schwerpunkt des deutschen Lebensmittelrechts liegt beim Schutz der Konsumentin/des Konsumenten.

Mit dem Beitritt Deutschlands zur Europäischen Union (EU) 1995 sind die Bestimmungen des EU-Lebensmittelrechts, die EU-Verordnungen und EU-Richtlinien auch für Deutschland wirksam geworden.

Gesetze und Verordnungen werden mit einer fortlaufenden Nummer und einer Jahreszahl bezeichnet. Verordnungen der EU tragen ein EG vorangestellt. Deutsche Gesetze und Verordnungen haben „BGBl." (Bundesgesetzblatt) vorangestellt.

In diesem Lehrbuch zitierte Bestimmungen stellen immer den Stand zum Zeitpunkt der Herausgabe dar und können sich kurzfristig wieder ändern.

Unsere Ziele

Nach Bearbeitung dieses Teilkapitels werden Sie ...

- über die wichtigsten Grundlagen des Lebensmittelrechts informiert sein;
- fähig sein, einige Beispiele für die Anwendung des Lebensmittelrechts im Berufsalltag der Bäckerin/des Bäckers anzuführen.

17.1 Lebensmittelrecht als europäisches Gemeinschaftsrecht

Die Europäische Union (EU) oder **Europäische Gemeinschaft (EG),** früher Europäische Wirtschaftsgemeinschaft (EWG), stellt wirtschaftlich betrachtet den sogenannten Binnenmarkt dar. Das heißt, dass **zwischen allen Mitgliedsstaaten freier Warenverkehr** besteht. Voraussetzung für den freien Warenverkehr ist eine gemeinschaftliche Regelung für bestimmte Warengruppen, allen voran für Lebensmittel. Das bedeutet **gleiche lebensmittelrechtliche Bestimmungen für alle Mitgliedsstaaten der EU.**

In der EU wird das Gemeinschaftsrecht für Lebensmittel auf zwei Arten umgesetzt:

- **EU-Verordnungen:** werden von der EU erlassen und gelten in allen Mitgliedsstaaten (z. B. Verordnung EG Nr. 178/2002 zur Festlegung der allgemeinen Grundsätze und Anforderungen des Lebensmittelrechts).
- **EU-Richtlinien:** werden von der EU herausgegeben und sind von den einzelnen Mitgliedsstaaten innerhalb festgesetzter Fristen in einzelstaatliches Recht, meist nationale Verordnungen, umzusetzen.

Lebensmittelrecht in der EU und in Deutschland

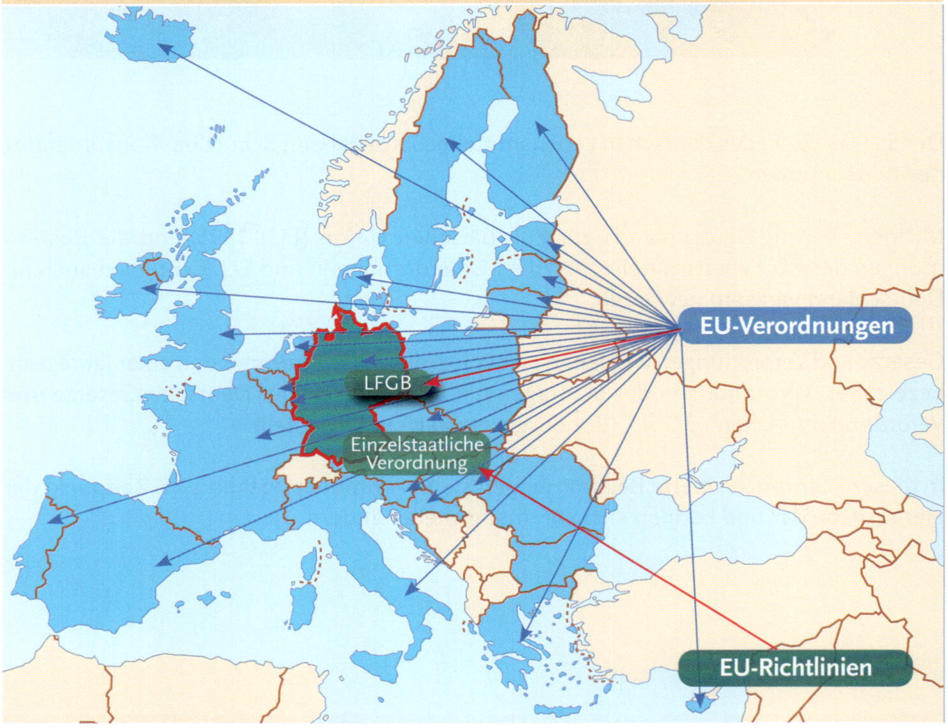

Wissenswertes dazu

Gemeinschaftsrecht und freier Warenverkehr bedeuten auch:

- Ist ein Lebensmittel in einem Mitgliedsstaat verkehrsfähig, d. h. zugelassen, ist es auch in allen anderen Mitgliedsstaaten verkehrsfähig.
- Dieses Prinzip nennt man nach einem Urteil des Europäischen Gerichtshofes „Cassis-de-Dijon-Prinzip“, benannt nach dem alkoholischen Getränk Cassis. Dieses Getränk ist – unabhängig von den nationalen Regelungen für den Mindestalkoholgehalt für Liköre – in allen Mitgliedsstaaten verkehrsfähig.

! EU-Gemeinschaftsrecht hat immer Vorrang gegenüber einzelstaatlichem Recht!

17.2 Deutsches Lebensmittelrecht

Im deutschen Lebensmittelrecht herrscht folgende Rangordnung:

Lebensmittel-, Bedarfsgegenstände- und Futtermittelgesetzbuch (LFGB)

Oberstes und wichtigstes Gesetz seit 1. September 2005, in der Neufassung vom 15. September 2021.

Durchführungsverordnungen

Basieren auf dem LFGB und den Richtlinien der EU,

- z. B. die Anwendung der Verordnung (EU) Nr. 1169/2011 vom 25. Oktober 2011 – als sogenannte Lebensmittelinformationsverordnung (LMIV) – seit dem 13. Dezember 2014 zur Kennzeichnung von Lebensmitteln,
- die Zusatzstoffzulassungsverordnung (ZZulV): regelt die Zulassung von allgemein und beschränkt zugelassenen Zusatzstoffen in einer Fundstellenliste.

Unter folgender Internetadresse können Sie das „Lebensmittel-, Bedarfsgegenstände- und Futtermittelgesetzbuch“, auch Lebensmittel- und Futtermittelgesetzbuch (LFGB), einsehen: www.gesetze-im-internet.de/lfgb

Deutsches Lebensmittelbuch

Das Deutsche Lebensmittelbuch ist eine **Sammlung von Leitsätzen,** in denen Herstellung, Beschaffenheit oder sonstige Merkmale von Lebensmitteln, die für die Verkehrsfähigkeit der Lebensmittel von Bedeutung sind, beschrieben werden (§ 15 LFGB).

Diese **Leitsätze** sind **keine Rechtsnormen,** sie ergänzen diese und haben den Charakter objektivierter Sachverständigengutachten, die der gerichtlichen Nachprüfung unterliegen. In den Leitsätzen wird die Verkehrsauffassung der am Lebensmittelverkehr Beteiligten beschrieben, d. h. der redliche Hersteller- und Handelsbrauch unter Berücksichtigung der Erwartung der Durchschnittsverbraucher an die betreffenden Lebensmittel.

Die allgemeine Verkehrsauffassung über die Herstellung und Beschaffenheit von Backwaren wird beschrieben
- in den Leitsätzen für Brot und Kleingebäck sowie
- in den Leitsätzen für Feine Backwaren des Deutschen Lebensmittelbuches.

Die Leitsätze berücksichtigen besonders die allgemeine Verkehrsauffassung über Mindestanforderungen wertbestimmender Zutaten (z. B. Butter, Sauerteig, Ölsaaten usw.) oder über die Herstellungsweise (z. B. Holzofenbrot, Steinofenbrot, Gersterbrot u. Ä.).

Der **Deutschen Lebensmittelbuchkommission** gehören derzeit paritätisch aus den Kreisen der Wissenschaft, der Lebensmittelüberwachung, der Verbraucherschaft und der Lebensmittelwirtschaft 32 Mitglieder an. Die Kommission arbeitet nach einer vom BMLEH erlassenen Geschäftsordnung.

Zur Vorbereitung ihrer Beschlüsse hat die Kommission acht Fachausschüsse eingesetzt, die unter Beteiligung von Personen mit spezieller Sachkenntnis Leitsatzentwürfe erarbeiten. Diese Leitsatzentwürfe werden den nach § 16 (2) LFGB zu beteiligenden Kreisen zur Stellungnahme zugeleitet, bevor sie der Kommission zur Beschlussfassung vorgelegt werden.

Die Leitsätze werden von der Deutschen Lebensmittelbuch-Kommission hinsichtlich der Überzeugungskraft grundsätzlich einstimmig beschlossen und vom Bundesministerium für Ernährung, Landwirtschaft und Verbraucherschutz im Einvernehmen mit den Bundesministerien der Justiz und für Wirtschaft veröffentlicht.

! Das **Deutsche Lebensmittelbuch** ist streng genommen kein Rechtstext, ist aber in der täglichen Rechtspraxis eine wichtige Hilfe.

Paritätisch = gleichgestellt, gleichberechtigt.

BMLEH = Bundesministerium für Landwirtschaft, Ernährung und Heimat

Ziele des Lebensmittelrechts

- Schutz der Verbraucherinnen und Verbraucher vor gesundheitlichem Schaden.
- Schutz der Verbraucherinnen und Verbraucher vor Täuschung und Irreführung.

Das Inverkehrbringen folgender Lebensmittel ist daher streng verboten:
- **Nicht sichere Lebensmittel:** Das sind gesundheitsschädliche (z. B. Backerzeugnisse mit Schimmelpilzbefall) oder für den menschlichen Verzehr ungeeignete Lebensmittel (z. B. Fadenziehendes Weizenbrot).
- **Lebensmittel mit irreführenden, täuschenden Angaben:** z. B. über die Beschaffenheit, Zusammensetzung, Menge, Haltbarkeit, Herkunft usw. Dazu zählen auch Lebensmittel, die ausdrücklich mit der Vorbeugung, Behandlung und Heilung einer Krankheit in Verbindung gebracht werden (Verbot der **krankheitsbezogenen Angaben,** z. B. „ballaststoffangereichtes Brot schützt vor Darmkrebs").
  Gesundheitsbezogene Angaben (z. B. „ballaststoffangereichtes Brot fördert die Verdauung") dürfen nur bei vorliegender verordnungsmäßiger Genehmigung oder nach wissenschaftlichem Nachweis und Genehmigung angebracht werden.
- **Ekelerregende Lebensmittel:** Das sind Lebensmittel, bei deren Produktion ekelige Bedingungen geherrscht haben, ohne dass dadurch eine Gesundheitsgefährdung entsteht, z. B. Schimmel im Sahnekühlschrank.

Unter **Inverkehrbringen** von Lebensmitteln wird laut EG-Verordnung 178/2002 das Bereithalten für Verkaufszwecke und jede Form der entgeltlichen oder unentgeltlichen Weitergabe verstanden.

In einem **Rahmengesetz** werden Grundsätze, Begriffsbestimmungen und allgemeine Regelungen festgehalten. Details werden innerhalb dieses Rahmens mit Durchführungsverordnungen geregelt, die auf der Rechtsgrundlage dieses Rahmengesetzes erlassen werden.

Wissenswertes dazu

Seit dem 1. Januar 2006 gelten die neuen EU-Verordnungen des sogenannten Lebensmittelhygienepaketes (VO (EG) Nr. 852/2004, VO (EG) Nr. 853/2004 und VO (EG) Nr. 854/2004).

Sie sind in allen Mitgliedstaaten unmittelbar anzuwendendes Recht und lösen die nationalen Produktvorschriften (z. B. die Milchverordnung, die Fischhygieneverordnung) in diesem Bereich ab.

Damit besteht jetzt ein EU-einheitliches Hygieneregelwerk, das dem Grundsatz des EU-Weißbuchs zur Lebensmittelsicherheit „Vom Acker bis zum Teller" entspricht. Diese Hygienevorschriften gelten für die Erzeugung und Vermarktung aller Lebensmittel. Sie umfassen alle Stufen der Lebensmittelherstellung und Vermarktung einschließlich der landwirtschaftlichen Primärproduktion.

Die Beachtung und Einhaltung der EU-einheitlichen Hygienevorschriften sind eine wesentliche Voraussetzung für ein hohes Niveau der Lebensmittelsicherheit und den ungestörten Warenverkehr im Binnenmarkt. Auch der internationale Handel wird durch ein EU-einheitliches Hygienerecht als Grundlage für sichere Wirtschaftsbeziehungen erleichtert.

Unter folgender Internetadresse können Sie die Neufassung der Verordnung über Lebensmittel für bestimmte Verbrauchergruppen (LMBVV) downloaden: www.gesetze-im-internet.de

Das deutsche Lebensmittel- und Futtermittelgesetzbuch (LFGB)

Dieses Gesetz stellt in der Neufassung vom 15. September 2021, zuletzt geändert durch Artikel 11 des Gesetzes vom 6. Mai 2024, den wichtigsten Rahmen für das deutsche Lebensmittelrecht dar (Rahmengesetz). Das Gesetz ist in elf Abschnitte gegliedert.

Inhalte des LFGB

- Es enthält den Bezug auf das EU-Gemeinschaftsrecht (vor allem EU-Verordnung [EG] Nr. 178/2002) und die Rechtsgrundlage für die Wirksamkeit und Umsetzung weiterer EU-Verordnungen und EU-Richtlinien,
- die Ziele des Lebensmittelrechts,
- die Rechtsgrundlage für deutsche Durchführungsverordnungen.

Aufgaben des LFGB

Es regelt die Verantwortung von Lebensmittelunternehmen u. a. für
- Abschnitt 2: Verkehr mit Lebensmitteln,
- Abschnitt 5: Verkehr mit sonstigen Bedarfsgegenständen,
- Abschnitt 6: Gemeinsame Vorschriften für alle Erzeugnisse,
- Abschnitt 7: Überwachung.

Grundsätze des LFGB

Zur Erreichung der Ziele des Lebensmittelrechts werden folgende Grundsätze angewendet:
- **Risikoanalyse:** Stellt der Verzehr des Lebensmittels eine Gefahr für die Verbraucherinnen und Verbraucher dar? Die Analyse wird nach den jeweils bekannten wissenschaftlichen Erkenntnissen durchgeführt. Daher machen neue Erkenntnisse eine Novellierung des Gesetzes oder das Erlassen einer Durchführungsverordnung erforderlich.
- **Vorsorgeprinzip:** Bei unsicherer wissenschaftlicher Basis werden sofort Risikomanagementmaßnahmen ergriffen, z. B. Sperren von Lieferchargen, Rückholaktionen.
- **Transparenz:** Die Öffentlichkeit wird umgehend informiert, wenn ein begründeter Verdacht besteht, dass ein Lebensmittel als nicht sicher gilt, z. B. Warnhinweise über Firmenaussendungen, Zeitungen, Rundfunk usw.

Rückverfolgbarkeit

Jede Lebensmittelunternehmerin/jeder Lebensmittelunternehmer hat exakte Aufzeichnungen zu führen und sie im Bedarfsfall für das Risikomanagement (z. B. für Rückholaktionen) anzuwenden. Zu dokumentieren sind
- die verwendeten Rohstoffe (z. B. Lieferscheindaten, Lagerbuchhaltung der Rohstoffe),
- die Verarbeitung der Rohstoffe zu Erzeugnissen (Rezepte, Backzettel mit Tagesproduktion, Zwischenprodukt-Lagerbuchhaltung),
- die ausgelieferten Erzeugnisse (Lieferscheindaten).

Auf diese Weise ist zurückverfolgbar,
- wann ein bestimmter Rohstoff zu einem Backerzeugnis verarbeitet wurde und
- wann und an wen dieses Produkt ausgeliefert wurde.

Begriffsbestimmungen

Im LFGB sind wesentliche Begriffe des Lebensmittelrechts definiert:

Begriffe	Definitionen
Lebensmittel	■ Sind dazu bestimmt, dass sie unverarbeitet, teilweise verarbeitet oder verarbeitet vom Menschen aufgenommen werden. ■ Dazu zählen auch Getränke, Kaugummi und alle Stoffe einschließlich Wasser, die einem Lebensmittel bei der Herstellung oder Verarbeitung absichtlich zugesetzt werden.
Diätetische Lebensmittel	■ Lebensmittel für besondere Ernährungsformen. ■ Sie unterscheiden sich von Lebensmitteln des allgemeinen Verzehrs durch die besondere Zusammensetzung oder das besondere Herstellungsverfahren. ■ Sie sind für den zu kennzeichnenden Ernährungszweck geeignet, z. B. Erzeugnisse für Verbraucherinnen und Verbraucher mit Stoffwechselstörungen (Diabetes mellitus).

Begriffe	Definitionen
Lebensmittelzusatzstoffe	■ Stoffe mit oder ohne Nährwert, die nicht zu Ernährungs- oder Genusszwecken verzehrt und nicht als charakteristische Zutat eines Lebensmittels verwendet werden. ■ Sie werden aus technologischen Gründen zugesetzt und sind dadurch Bestandteile des Lebensmittels, z. B. Säuerungsmittel, Emulgatoren, Konservierungsmittel usw.
Verarbeitungshilfsstoffe	■ Sind keine Lebensmittel. ■ Sie werden Lebensmitteln bei der Be- und Verarbeitung aus technologischen Gründen zugesetzt und kommen im oder am Endprodukt nicht oder nur geringfügig vor, z. B. Wachse. ■ Sie gelten als gesundheitlich unbedenklich.
Bedarfsgegenstände	■ Sind Materialien und Gegenstände, die mit Lebensmitteln in Berührung kommen und die ihre Bestandteile an Lebensmittel abgeben können, z. B. Verpackungsmaterial, Oberflächen von Maschinen und Einrichtungen, Werkzeuge oder Gefäße.

! Die EG-Verordnung Nr. 1169/2011 über die Information der Verbraucher über Lebensmittel **(Lebensmittelinformationsverordnung [LMIV])** löste im Dezember 2014 die Lebensmittelkennzeichnungsverordnung und im Dezember 2016 die Nährwert-Kennzeichnungsverordnung ab. Die wesentlichen Änderungen sind:

- Mindestschriftgröße („x“ = mind. 1,2 mm)
- Allergenkennzeichnung für unverpackte Lebensmittel
- Erweiterte Herkunftsangaben bei Fleisch
- Imitatkenneichnung (z. B. Analogkäse)
- Verpflichtende Nährwertdeklaration

Lebensmittelinformationsverordnung (LMIV)

Die Lebensmittelkennzeichnung informiert die Verbraucherinnen und Verbraucher über Art, Eigenschaften, Inhaltsstoffe, Qualitätsmerkmale, Zubereitung und Verwendung des Lebensmittels. Die Lebensmittelkennzeichnung ist für die Verbraucherinnen und Verbraucher eine wichtige Orientierungs- und Entscheidungshilfe bei der Auswahl und beim Kauf von Lebensmitteln.

Die Kennzeichnung von Lebensmitteln wird auf europäischer Ebene geregelt. Verpackte Lebensmittel müssen eine einheitliche Grundkennzeichnung aufweisen.

Verpackte Lebensmittel sind Waren, die in Behältern oder Umhüllungen abgegeben werden und deren Inhalt ohne Öffnen oder Verändern der Verpackung nicht vermehrt oder vermindert werden kann. Das heißt in der Praxis, dass die Verpackung nachhaltig und deutlich merkbar verändert oder sogar zerstört werden muss, um an das Lebensmittel zu gelangen.

Die Kennzeichnungselemente sind wie folgt anzugeben bzw. anzubringen:

- leicht verständlich,
- an gut sichtbarer Stelle,
- deutlich lesbar,
- dauerhaft angebracht,
- nicht durch andere Angaben verdeckt.

Die Bestimmungen der Lebensmittelinformationsverordnung gelten nicht für Lebensmittel, die in der Verkaufsstätte zur alsbaldigen Abgabe an die Verbraucherinnen und Verbraucher hergestellt und dort, jedoch nicht zur Selbstbedienung, abgegeben werden.

! Lebensmittel in der Selbstbedienung unterliegen immer den Bestimmungen der Lebensmittelinformationsverordnung.

Kennzeichnungselemente (Kennzeichnungsangaben)

Verkehrsbezeichnung

Hefezopf

Der Name dient der Erkennung des Produktes, seiner Abgrenzung von ähnlichen Produkten und dem Schutz vor Täuschung. Fantasienamen oder registrierte Markennamen ersetzen die Verkehrsbezeichnung nicht. Der Fantasiename muss durch die verbindlich vorgeschriebene Verkehrsbezeichnung ergänzt werden, z. B. „Fitnessbrötchen“ durch „Vollkornbrötchen“.

Name oder Firma und Anschrift des Herstellers, Verpackers oder eines in einem Mitgliedstaat der EU oder in einem anderen Vertragsstaat des Abkommens über den EWR niedergelassenen Verkäufers.

EWR = Europäischer Wirtschaftsraum

Bäckerei Mustermann – 26409 Wittmund

Auf jedem Produkt muss ersichtlich sein, wer das Produkt hergestellt bzw. in Verkehr gebracht hat. Die Angabe des Herkunftslandes ist innerhalb der EU nicht vorgeschrieben, d. h., Postleitzahl und Ortsbezeichnung reichen in der Regel aus. Eine freiwillige Kennzeichnung, z. B. Käse aus Deutschland, ist aber möglich.

! Das Mindesthaltbarkeitsdatum eines Lebensmittels ist das Datum, bis zu dem dieses Lebensmittel unter angemessenen Aufbewahrungsbedingungen seine spezifischen Eigenschaften behält.

Mengenkennzeichnung

MENGENKENNZEICHNUNG: 350 G

Die Mengenkennzeichnung wird bei
- festen Waren in Gramm (g) oder Kilogramm (kg),
- bei Flüssigkeiten in Milliliter (ml), Zentiliter (cl) oder Liter (l) angegeben (metrisches System).

Bei bestimmten Produkten genügt die Angabe der Stückzahl (Eier, Backoblaten, Strudelteig). Bei Lebensmitteln in einer Aufgussflüssigkeit (Gemüse- oder Obstkonserven) ist die Angabe von Nettofüllmenge und Abtropfgewicht vorgeschrieben. Die Mengenangaben entfallen bei Gewürzen und Kräutern sowie bei Waren unter fünf Gramm oder unter fünf Millilitern.

Mindesthaltbarkeitsdatum (MHD) oder Verbrauchsdatum

MINDESTENS HALTBAR BIS 20.01.

Das **Mindesthaltbarkeitsdatum (MHD)** gibt an, bis zu welchem Datum das Lebensmittel unter den angegebenen Lagerbedingungen seine spezifischen Eigenschaften und seinen Geschmack behält. Da das MHD kein Verfallsdatum ist, kann das Lebensmittel auch nach diesem Datum verkauft werden. Das abgelaufene Produkt muss dann jedoch deutlich gekennzeichnet werden.

Das **Verbrauchsdatum** ist für besonders leicht verderbliche Waren, wie für rohes Hackfleisch, Knochen, rohes Huhn oder Rohmilch, zwingend vorgeschrieben. Der Text auf der Verpackung lautet: „Zu verbrauchen bis ...“, gefolgt von Tag, Monat und Jahr. Nach diesem Datum dürfen diese Lebensmittel nicht mehr in Verkehr gebracht werden, da sie sehr schnell eine Gefahr für die menschliche Gesundheit werden können.

Angabe des Mindesthaltbarkeitsdatums

Das Mindesthaltbarkeitsdatum wird immer in folgender Reihenfolge angegeben: Tag, Monat, Jahr (TT.MM.JJJJ.).
- **Tag und Monat (TT.MM):** bis drei Monate haltbar, z. B. bei Milchprodukten.
- **Monat und Jahr (MM.JJJJ):** drei bis 18 Monate haltbar, z. B. bei Getreideerzeugnissen.
- **Jahr (JJJJ):** über 18 Monate haltbar, z. B. bei Konserven.

Lagerbedingungen und Lagertemperaturen

BEI TEMPERATUREN UNTER 7 °C LAGERN

Diese Informationen müssen angegeben werden, wenn ihre Einhaltung für die Haltbarkeit wesentlich ist, z. B. Gefrierfach mit drei Sternen.

Zutatenverzeichnis, Zutatenliste

ZUTATEN: WEIZENMEHL, WASSER, ZUCKER, BUTTER, VOLLEI, ROSINEN, VOLLMILCHPULVER, AROMA, SALZ, BACKMITTEL (ALLERGENE BESTANDTEILE, ZUSATZSTOFFKLASSE + E-NUMMER ODER SPEZIFISCHER NAME)

Im Zutatenverzeichnis sind alle jene Stoffe angegeben, die bei der Herstellung oder Zubereitung verwendet werden und im Endprodukt vorhanden sind. Die Aufzählung der Zutaten ist mit einer Bezeichnung einzuleiten, die das Wort „Zutaten“ enthält, z. B. Zutatenliste. Die Zutaten (mit Ausnahme von Wasser) werden nach ihrem Gewichtsanteil bei der Herstellung in absteigender Reihenfolge angeführt.
- Wasser wird nach dem Gewichtsanteil im gebackenen Produkt gereiht (Rezeptmenge abzüglich Backverlust).
- Unter der Bezeichnung „Zucker“ wird Saccharose jeder Art verstanden, z. B. auch Hagelzucker zum Bestreuen.
- Bei Trockenmilchprodukten wird zwischen Vollmilchpulver und Magermilchpulver unterschieden.
- Wird Vollmilchpulver als „Vollmilch“ deklariert, muss der entsprechende Wasseranteil der Vollmilch dazugerechnet werden (9 Teile Wasser auf 1 Teil Trockenvollmilch), und die Zutaten müssen nach dem neu errechneten Gewichtsanteil neu gereiht werden.

Der Backverlust ist nur vom verbleibenden Wasser abzuziehen. Ergibt sich nach Abzug ein Wasseranteil von weniger als 5 %, berechnet auf das Endgewicht, kann die Wasserangabe entfallen.

- **Zusatzstoffe** werden mit dem Namen der Zusatzstoffklasse laut Anhang VII der LMIV bezeichnet (z. B. Farbstoff, Konservierungsmittel, Emulgator, Säuerungsmittel usw.), gefolgt vom spezifischen Namen des Zusatzstoffes oder der **E-Nummer** (z. B. Säuerungsmittel Zitronensäure oder Säuerungsmittel E 330).
- **Aromen** können entweder einzeln mit der genauen Bezeichnung oder mit dem Wort „Aroma" deklariert werden.
- **Zusammengesetzte Zutaten** (z. B. Backmischungen) **mit mindestens 2 % Gewichtsanteil** im Endprodukt werden mit der üblichen Verkehrsbezeichnung, gefolgt von der Aufzählung der einzelnen Zutaten, deklariert.
- **Zusammengesetzte Zutaten** (z. B. Backmittel) **mit weniger als 2 % Gewichtsanteil** im Endprodukt werden mit der üblichen Verkehrsbezeichnung „Backmittel", gefolgt von den allergenen Zutaten und den Zusatzstoffen, gekennzeichnet.
- Zusatzstoffe, die aus zusammengesetzten Zutaten in das Endprodukt übertragen („carry over") werden, müssen nur dann gekennzeichnet werden, wenn sie im Endprodukt eine technologische Wirkung ausüben, d. h., wenn sie sensorisch wahrnehmbar sind (z. B. Farbstoffe, Säuerungsmittel, Verdickungsmittel) oder die Haltbarkeit verlängern (z. B. Konservierungsmittel).
  Im Fall von Unsicherheiten kann beim Hersteller der zusammengesetzten Zutat oder bei der Bäckerinnung in der Wirtschaftskammer eine Auskunft eingeholt werden.

Wissenswertes dazu

- **E-Nummer** ist die Abkürzung für **Europäische Registrierungsnummer.** Sie bedeutet, dass ein Zusatzstoff in der EU überprüft, als gesundheitlich unbedenklich und technologisch notwendig befunden und registriert wurde.
- Die E-Nummer darf nicht mit der **EAN,** der **Europäischen Artikelnummer** verwechselt werden.
- Die EAN ist 13- oder 8-stellig und meist mit einem Strichcode für Lesegeräte ausgeführt. Sie besteht aus einem Ländercode, einer Betriebs- und Artikelnummer und einer Prüfziffer. Sie dient zur Erkennung von Waren in Lager- und Kassensystemen.

9 066000 171707

Allergenkennzeichnung

Seit November 2005 muss auf der Verpackung von Lebensmitteln die Verwendung allergener Zutaten in der Zutatenliste mit ihrem spezifischen Namen angegeben werden. Dies gilt auch für Zutaten,

- die nur indirekt über andere Zutaten ins Lebensmittel gelangen und dort keine Wirkung mehr haben (z. B. Zusatzstoffe) oder
- wenn sie nur für den Herstellungsprozess, nicht aber für das Lebensmittel selbst von Bedeutung sind.

Klassennamen müssen detaillierter angegeben werden (z. B. pflanzliches Öl aus Soja), ebenso die Quelle eines natürlichen Aromastoffes (z. B. Nuss). Damit ist gewährleistet, dass das fertige Produkt keine versteckten Allergene enthält. Unter die Allergenkennzeichnung fallen 14 Produktgruppen und die daraus hergestellten Erzeugnisse. Für Bäckereibetriebe ist die Allergenkennzeichnung ein wichtiges Thema, da etwa die Hälfte der kennzeichnungspflichtigen Produkte Waren, die in der Bäckerei verarbeitet werden (Getreide, Eier, Nüsse ...), sind.

Wissenswertes dazu

Manche Lebensmittelunternehmen kennzeichnen **auf freiwilliger Basis** auch mögliche enthaltene Spuren von anderen Zutaten, die zwar im Betrieb, nicht aber im gegenständlichen Produkt vorkommen, z. B. auf der Verpackung einer dunklen Schokolade: „Kann Spuren von Nüssen und Milchbestandteilen enthalten".

Allergenkennzeichnungspflichtige Produktgruppen

- Glutenhaltiges Getreide (Weizen, Gerste, Roggen, Dinkel, Hafer, Triticale, Kamut ...)
- Krebstiere
- Eier
- Fisch
- Erdnüsse
- Soja
- Milch (einschließlich Laktose)
- Schalenfrüchte (Mandeln, Haselnüsse, Walnüsse, Pistazien ...)
- Sellerie
- Senf
- Sesamsamen
- Schwefeldioxid und Sulfite (ab 10 mg/kg oder Liter), z. B. geschwefelte Sultaninen
- Lupinen
- Weichtiere

Mengenmäßige Zutatenkennzeichnung – Quantitative Inhaltsstoff Deklaration (QUID)

Nach der europäischen QUID-Richtlinie sind prozentuelle Mengenangaben auf den Zutatenlisten bei verpackten Lebensmitteln seit dem Jahr 2000 verpflichtend.
Hersteller müssen bei allen Zutaten den prozentuellen Gewichtsanteil im Endprodukt entweder bei der Verkehrsbezeichnung oder in der Zutatenliste deklarieren, wenn die Zutat

- in der Verkehrsbezeichnung des Endproduktes vorkommt (z. B. Kakaokuchen),
- bildlich auf der Verpackung erscheint oder
- von wesentlicher Bedeutung für die Charakterisierung der Ware ist (z. B. Eigelbgehalt von Berliner Pfannkuchen).

§ Die mengenmäßige Zutatenkennzeichnung ist in Artikel 22 der Lebensmittelinformationsverordnung (LMIV) geregelt.

QUID-Berechnungen, siehe Kapitel Fachrechnen, Seite 435.

Beispiele für QUID-pflichtige und nicht QUID-pflichtige Bäckereierzeugnisse

Roggenbrot
Nach den Leitsätzen für Brot und Kleingebäck enthält Roggenbrot mindestens 90 % Roggenmehl, bezogen auf Getreidemahlerzeugnisse. Davon unterscheidet sich ein aus 100 % Roggenmehl hergestelltes Roggenbrot aus der Sicht der Verbraucherinnen und Verbraucher nur geringfügig. Der Unterschied ist für die Kaufentscheidung unerheblich. Daher ist bei Roggenbrot eine QUID-pflichtige Zutatenangabe des Roggenanteils nicht erforderlich. Gleiches gilt für weitere Brotsorten, bei denen der Anteil der in der Verkehrsbezeichnung genannten Zutat mindestens 90 % beträgt.

- Weizen- und Dinkelbrot
- Weizenvollkorn- und Roggenvollkornbrot
- Weizenschrot- und Roggenschrotbrot

Roggenmischbrot
Nach den Leitsätzen für Brot und Kleingebäck enthält Roggenmischbrot mehr als 50 %, jedoch weniger als 90 % Roggenmehl, bezogen auf Getreidemahlerzeugnisse.
Diese doch recht weitgefasste Spannbreite des Roggenmehlanteils von immerhin 51–89 % kann anders als beim Roggenbrot sehr wohl für die Kaufentscheidung der Verbraucherinnen und Verbraucher von Bedeutung sein. Deshalb ist beim Roggenmischbrot eine Mengenkennzeichnung des Roggenmehlanteils erforderlich. Gleiches gilt für weitere Brotsorten, bei denen der Anteil der in der Verkehrsbezeichnung genannten Zutat ebenfalls zwischen 50% und 90 % liegt.

- Weizenmischbrot
- Weizenroggenvollkornbrot
- Roggenweizenvollkorn- und Roggenweizenschrotbrot

Hafer-, Reis-, Mais-, Hirse- und Buchweizenbrot
Bei diesen Brotbezeichnungen beträgt der Anteil der genannten Zutat nach den Leitsätzen für Brot und Kleingebäck mindestens 20 %. Die zugesetzte Menge kann jedoch auch wesentlich höher sein und für die Kaufentscheidung der Verbraucherinnen und Verbraucher von Bedeutung sein. Die ausgelobte Getreideart dient weder der alleinigen Geschmacksprägung noch ist die zugesetzte Menge als geringfügig anzusehen. Eine Kennzeichnung ist daher erforderlich.

Mohnbrötchen
Das Mohnbrötchen enthält die genannten Ölsamen (hier Mohn) nur auf der Oberfläche und in geringfügiger Menge. Der Mohn dient einem verbesserten Aussehen sowie der Geschmacksprägung. Ein aufgrund der Bezeichnung „Mohnbrötchen" bedeutsamer Unterschied im Mohnanteil, der für die Kaufentscheidung der Verbraucherinnen und Verbraucher ausschlaggebend wäre, besteht nicht. Den Verbraucherinnen und Verbrauchern ist allgemein bekannt, dass sich die namensgebende Zutat „Mohn" nur auf der Oberfläche des Brötchens befindet. Daher ist eine Mengenkennzeichnung nicht erforderlich.

Leinsamenbrot
Nach den Leitsätzen für Brot und Kleingebäck beträgt der Anteil an Leinsamen mindestens 8 %, jedoch kann der Anteil an Leinsamen auch deutlich höher sein. Ob eine Mengenkennzeichnung erforderlich ist, hängt in diesem Fall davon ab, ob die Zutat bei geringen Mengen nur der Geschmacksverbesserung dient. In diesem Fall kann die Mengenkennzeichnung entfallen. Bei größeren Zugabemengen, die nicht allein der Geschmacksverbesserung dienen, ist dagegen eine Mengenkennzeichnung verpflichtend. Gleiches gilt für die Bezeichnungen Sonnenblumenkern-, Kürbiskern-, Sojabrot usw.

Mandelstollen
Mandelstollen enthalten auf 100 kg Getreidemahlerzeugnisse mindestens 20 kg Mandeln. Der Mandelanteil ist für die Kaufentscheidung der Verbraucherinnen und Verbraucher von Bedeutung, sodass die in der Verkehrsbezeichnung genannte Zutat „Mandeln" zu kennzeichnen ist. Entsprechend gilt eine Mengenkennzeichnungspflicht für:

- Marzipan-, Persipan-, Mohn-, Nuss-, Butter- und Quarkstollen,
- Mandelbienenstich,
- Käsekuchen und Käsetorte.

Bienenstich
In diesem Fall weist die Verkehrsbezeichnung „Bienenstich“ keine wertbestimmende Zutat auf. Dennoch verbinden die Verbraucherinnen und Verbraucher mit dieser Bezeichnung die Vorstellung, dass in der Masse des Belages Mandeln, Haselnüsse oder Walnüsse in nicht geringer Menge vorhanden sind, was für die Kaufentscheidung erheblich sein kann. Eine Mengenkennzeichnung ist daher vorgeschrieben.

Brot und Kleingebäck		Feine Backwaren	
QUID-Pflicht	**Keine QUID-Pflicht**	**QUID-Pflicht**	**Keine QUID-Pflicht**
▪ Roggen- und Weizenmischbrot ▪ Keimlingsbrot ▪ Haferbrot ▪ Brot mit fettreichen Samen ▪ Molkenbrot ▪ Kartoffelbrot ▪ Mehrkornbrot ▪ Früchtebrot ▪ Buttertoast	▪ Roggen- und Weizenbrot ▪ Mischbrot ▪ Land-, Bauernbrot ▪ Gewürzbrot ▪ Steinmetzbrot ▪ Pumpernickel ▪ Knäckebrot ▪ Holz- und Steinofenbrot ▪ Weißgebäck ▪ Laugengebäck	▪ Butter- ▪ Milch- ▪ Eier- ▪ Schokolade-, Kakao- ▪ Berliner Pfannkuchen (Eigelb, Füllung) ▪ Biskuit, Löffelbiskuit (Eier) ▪ Nuss- und Mandelmakronen ▪ Nuss-, Mandel- und Marzipanlebkuchen	▪ Salz- und Käsegebäck ▪ Teegebäck, Teekuchen ▪ Marmorkuchen ▪ Bischofsbrot ▪ Lebkuchen ▪ Waffeln

Gentechnikkennzeichnung

Die EU-Verordnung (1829/2003) über Lebensmittel und Futtermittel und die EU-Verordnung (1830/2003) über die Rückverfolgbarkeit und Kennzeichnung von gentechnisch veränderten Organismen (GVO) regeln die neuen Vorschriften zur Gentechnikkennzeichnung in allen EU-Mitgliedstaaten.

Alle Lebens- und Futtermittel, die gentechnisch veränderte Stoffe enthalten, daraus bestehen oder daraus hergestellt wurden, sind kennzeichnungspflichtig. Die Informationen über Gentechnikanwendung müssen auf jeder Stufe des Produktionsprozesses verfügbar sein und müssen von einer Verarbeitungsstufe zur nächsten weitergegeben werden.

Eine allfällige Kennzeichnung erfolgt im Zutatenverzeichnis als Zusatz bei der jeweiligen Zutat oder als Fußnote in gleicher Schriftgröße:

- Zum Beispiel „Mais (Soja) genetisch verändert“ oder „aus genetisch verändertem Mais (Soja) hergestellt“ oder
- die Zutat wird mit Kategorie oder Klasse bezeichnet, z. B. Öl: „enthält genetisch veränderten Mais (Soja)“ oder „enthält aus genetisch verändertem Mais (Soja) hergestelltes Öl“.

Bei speziellen Fragen zur Verwendung von einzelnen Zutaten bzw. Zusatzstoffen können Sie unter folgender Internetadresse die geltende Fassung der jeweiligen Verordnung downloaden: www.bmel.de oder www.gesetze-im-internet.de

Nährwertkennzeichnung

Die Nährwertkennzeichnung war bis zum 12. Dezember 2016 freiwillig. Seit 13. Dezember 2016 ist die Nährwertdeklaration Pflicht. Sieben Nährwerte müssen unter Bezugnahme auf 100 g des Lebensmittels oder pro Portion angegeben werden:

- Brennwert in kJ und kcal
- Fett in Gramm
- davon gesättigte Fettsäuren in Gramm
- Kohlenhydrate in Gramm
- davon Zucker in Gramm
- Eiweiß in Gramm
- Salz in Gramm

Laut Lebensmittelinformationsverordnung (LMIV) sind Lebensmittel, einschließlich handwerklich hergestellter Lebensmittel, ausdrücklich von der verpflichtenden Nährwertkennzeichnung befreit, wenn

- die Waren aus eigener Herstellung stammen,
- sie direkt an den Verbraucher abgegeben werden,
- sie an den regionalen Einzelhandel geliefert werden, der seinerseits die Waren unmittelbar an den Endverbraucher abgibt.

Notizen zu den Arbeitsaufgaben:

Arbeitsaufgaben

1. Erklären Sie, auf welche zwei Arten EU-Gemeinschaftsrecht in einzelstaatliches Lebensmittelrecht umgesetzt wird.
2. Nennen Sie das wichtigste Gesetz im deutschen Lebensmittelrecht.
3. Führen Sie Inhalte des Deutschen Lebensmittelbuchs an.
4. Erklären Sie die Ziele des Lebensmittelrechts.
5. Erläutern Sie den Begriff Rückverfolgbarkeit.
6. Zählen Sie die wichtigsten Kennzeichnungselemente auf.
7. Führen Sie einige in der Bäckerei verwendete Zutaten mit allergener Wirkung an.
8. Erläutern Sie, wie die QUID-Kennzeichnung vorgenommen wird.

GERÄTE- UND MASCHINENKUNDE

1 Unfallverhütung, Brandschutz und Erste Hilfe

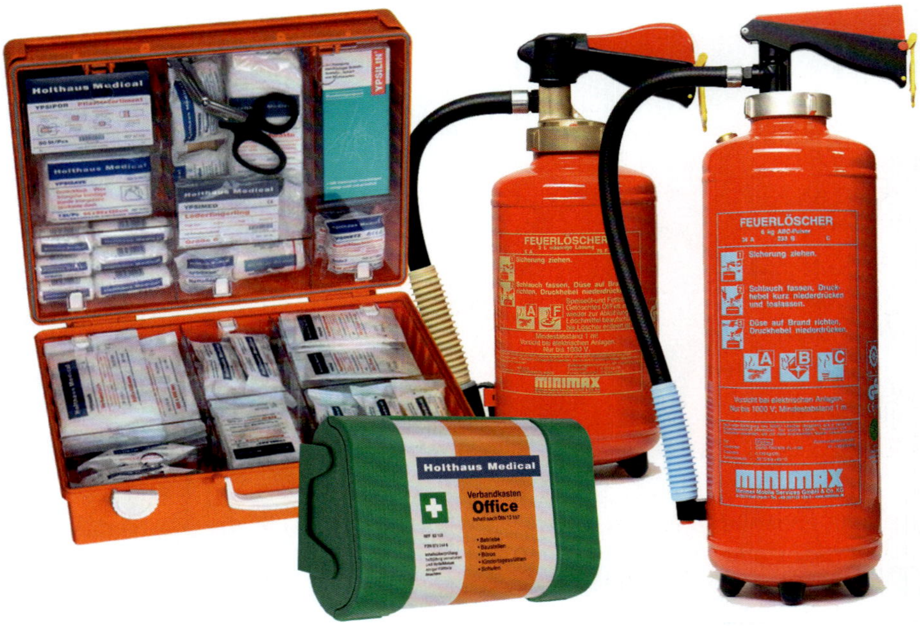

Unfälle und Brände in Backstuben lassen sich durch Einhaltung entsprechender Sicherheits- und Unfallverhütungsvorschriften sowie Brandschutzmaßnahmen weitgehend verhindern.

Was Sie jedoch tun müssen, wenn doch ein Brand ausbricht oder sich eine Mitarbeiterin/ein Mitarbeiter Verletzungen zuzieht, erfahren Sie in diesem Kapitel.

Unsere Ziele

Nach Bearbeitung dieses Teilkapitels werden Sie ...

- Sicherheitsbestimmungen und Maßnahmen zur Unfallverhütung kennen;
- über die Arbeitsplatzevaluierung informiert sein;
- über das richtige Verhalten im Brandfall unterrichtet sein;
- über Erste-Hilfe-Maßnahmen bei verschiedenen Verletzungen Bescheid wissen.

1.1 Unfallverhütung

Die meisten Arbeitsunfälle in der Bäckerei ereignen sich durch Unkenntnis der Gefahrenquellen, durch Leichtsinn und Bequemlichkeit, Gedankenlosigkeit und schlechte Planung der Arbeitsabläufe.

Grundregeln zur Unfallverhütung

Unfälle können vermieden werden durch

- geistige und körperliche Fitness der Mitarbeiterinnen/Mitarbeiter – Einhaltung der gesetzlich vorgeschriebenen Arbeitsstunden,
- überlegtes und konzentriertes Arbeiten, speziell beim Umgang mit Maschinen, Geräten und Werkzeugen,
- Verwendung von Schutzmechanismen,
- Tragen von gesetzlich vorgeschriebener Arbeitskleidung,
- eine gute Gesamtorganisation des Betriebes,
- genügend Personal und periodische Schulungen der Mitarbeiterinnen/Mitarbeiter über Unfallverhütung,
- Arbeitsplatzevaluierung.

Sicherheitsanforderungen und Sicherheitsvorschriften

Geräte und Maschinen

- Sie müssen den gesetzlichen Sicherheits- und Unfallverhütungsvorschriften entsprechen. Beim Kauf dieser Geräte ist auf entsprechende Prüfzeichen zu achten, z. B. CE-Kennzeichnung für Arbeitsgeräte und Maschinen, die im europäischen Wirtschaftsraum hergestellt wurden.
- Keine Schutzvorrichtungen von Maschinen und Geräten entfernen. Das Entfernen befreit die Unfallversicherung von ihren Leistungen und zieht unter Umständen strafrechtliche Folgen nach sich.
- Vor der ersten Inbetriebnahme einer neuen Maschine oder eines neuen Gerätes die Bedienungsanleitung genau lesen und beachten. Diese muss ebenso wie die Sicherheitsvorschriften in unmittelbarer Nähe des Gerätes sichtbar angebracht sein.
- Nie in laufende Maschinen greifen.
- Bei Brotschneidemaschinen (Kreismessermaschinen) den Resthalter als Fingerschutz benützen.
- Vor dem Reinigen sind die Maschinen gegen unbeabsichtigte Inbetriebnahme zu sichern und von der Stromquelle zu trennen.
- Elektroinstallationen in Feuchtraumausführung; allfällige Reparaturen dürfen nur von einer Fachkraft durchgeführt werden. Defekte Steckdosen, Schalterdeckel, Kabel, Leuchten u. Ä. müssen sofort repariert werden.

Spezielle Sicherheitsanforderungen gibt es an mit **Gas oder Öl beheizte Backöfen.** Sie müssen mit zwei voneinander unabhängigen Sicherheitsvorrichtungen ausgestattet sein, um eine Explosionsgefahr zu verhindern.

- **Mechanische Sicherung:** Abschmelzen der Halterung eines Fallgewichtes bei Flammenrückschlag. Das Fallgewicht sperrt die Öl- bzw. Gaszufuhr. Oder die Öl- bzw. Gaszuleitung ist mit dem Heizgasabzug gekoppelt. Die Öl- oder Gaszufuhr erfolgt erst nach dem Öffnen des Heizgasabzuges.
- **Elektronische Sicherung:** Der Zündmechanismus des Öl- bzw. Gasbrenners wird durch Selenzellen kontrolliert. Die Gas- bzw. Ölzufuhr erhält bei einwandfreier Zündung über ein Relais den Impuls zum Öffnen, bei Fehlzündung zum Schließen.
- Bei Gasgeruch die Geräte sofort ausschalten, lüften und den Fachmann verständigen.

Werkzeuge und sonstige Arbeitsbehelfe

- Messer, scharfe Maschinenteile oder sonstige spitze Gegenstände niemals in das Spülbecken geben.
- Messer geordnet bzw. in Schutzhaltern (Magnetaufhängung) aufbewahren.
- Nie nach fallenden Messern greifen.
- Dosen, Flaschen und sonstige Behälter ausschließlich mit den dafür geeigneten Werkzeugen öffnen.

Unfallursachen

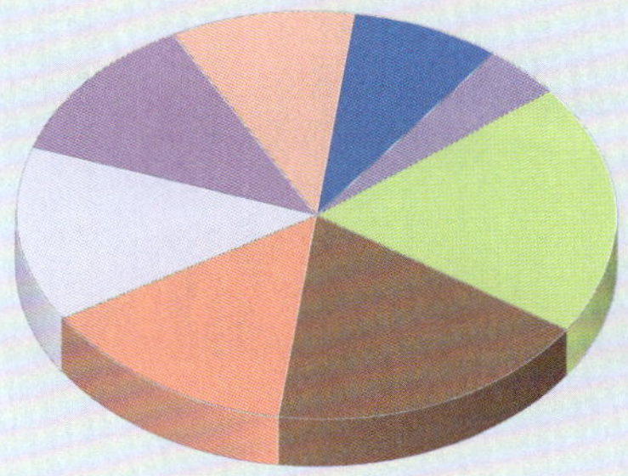

Böden, Arbeitswege	20 %
Heben, Tragen	18 %
Stufen, Stiegen, Leitern	14 %
Werkzeuge, Messer, Geschirr	14 %
Maschinen, Geräte	12 %
Scherben, Konserven, Strom, Verbrennungen, Verätzungen	8 %
Mitarbeiterinnen/Mitarbeiter	4 %
Sonstiges	10 %

! Die Betriebsinhaberin/der Betriebsinhaber oder die Betriebsleitung hat darauf zu achten, dass die im Betrieb verwendeten Arbeitsmittel den gesetzlichen Sicherheits- und Unfallverhütungsvorschriften entsprechen.

CE = Communauté Européenne (Konformität Europa). Die CE-Kennzeichnung bedeutet, dass das Produkt mit der/den jeweils zutreffenden europäischen Richtlinie(n) konform geht.

Das **CE-Zeichen** ist kein Qualitätszeichen, sondern nur das Zeichen dafür, dass der Hersteller/die Herstellerin die Mindestsicherheitsanforderungen einhält.

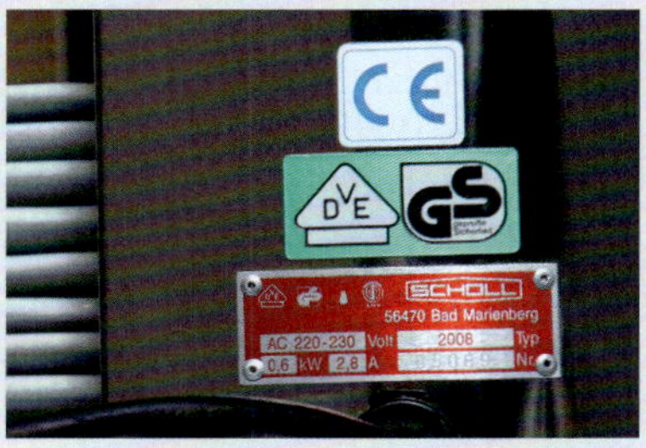

Selenzellen = Fotozellen, lichtempfindliche Zellen.

Böden

- Bereits bei der Planung der Betriebsräume auf rutschfeste, ebene, leicht zu reinigende Böden achten, um ein Stolpern oder Ausgleiten zu verhindern.
- Durch Nässe, Fett oder sonstige Speisen verunreinigte Böden sofort reinigen und trocken wischen.
- Auf Durchgangswegen nie Behälter und Geräte abstellen.

Arbeitsplatz

- Den Arbeitsplatz immer ordentlich und sauber halten.
- Bleche, Formen, Pfannenstiele und u. Ä. nie über eine Tischkante hinausstehen lassen. Immer davon ausgehen, dass sie heiß sein könnten.

Arbeitskleidung

- Langärmelige Arbeitskleidung verhindert Verbrennungen durch spritzendes Koch- und Gargut.
- Eine entsprechende Kopfbedeckung schützt vor Verletzungen, die durch das Offentragen langen Haares entstehen können.
- Schürzen immer hinten binden oder Bänder in die Schürze hineinstecken, damit sie nicht in eine Maschine gelangen können.
- Festes, geschlossenes Schuhwerk schützt vor Verletzungen durch herabfallende Gegenstände und verhindert Verbrennungen durch verschüttete Flüssigkeiten. Sicherheitsschuhe mit Stahlkappen und rutschfester, antistatischer und schock-absorbierender Profilsohle sind ein zuverlässiger Schutz.
- Die Verwendung von Isolierhandschuhen beim Bewegen von heißen Gegenständen verhindert Verbrennungen.
- Schutzhandschuhe, Brillen und Stiefel verhindern Verätzungen beim Arbeiten mit Brezellauge.

Arbeitsplatzevaluierung

Grundidee der Evaluierung ist es, dass sich Arbeitgeberinnen/Arbeitgeber eigenverantwortlich und innovativ um die Sicherheit und den Gesundheitsschutz ihrer Arbeitnehmerinnen/Arbeitnehmer kümmern – bevor etwas passiert!

Durch **Evaluierung** können Arbeitsunfälle vermieden werden. Unter Evaluierung versteht man die **Analyse** und **Bewertung eines Sachverhalts.**

Im konkreten Fall geht es um die Ermittlung und Beurteilung von Gefahren (§9 des ArbSchG). Das heißt, dass mögliche auftretende Unfallgefahren von den jeweiligen Mitarbeiterinnen/Mitarbeitern erfasst und je nach Gefährdungsgrad beurteilt werden. Um künftig Unfälle zu vermeiden, werden hiefür mit verantwortlichen Personen Schutzmaßnahmen – gegebenenfalls unter Einbeziehung von Fachkräften aus dem Arbeiternehmerschutzbereich – ausgearbeitet und schriftlich dokumentiert. Die Einhaltung dieser Maßnahmen ist verpflichtend.

Die Unternehmerin/der Unternehmer kann die Gefahrenermittlung selbst durchführen oder eine Mitarbeiterin/einen Mitarbeiter damit beauftragen. Die Anzahl der Evaluierungsbereiche ergibt sich bei der Betrachtung der Arbeitsstätte: Je mehr Gefahren, desto kleiner muss man die Betrachtungseinheiten wählen, umso mehr Evaluierungsbereiche erhält man. Dabei werden gleiche Tätigkeiten nur einmal beschrieben.

Ziele der Evaluierung

- Die Sicherheit und den Schutz der Gesundheit zu gewährleisten.
- Gefahrenquellen erkennen und einschätzen zu können.
- Schutzmaßnahmen zu optimieren.
- Das Sicherheitsdenken und die Verantwortung jeder Mitarbeiterin/jedes Mitarbeiters zu erhöhen.

Jedes Unternehmen ist verpflichtet, zur Verhütung von Arbeitsunfällen und Krankheiten jede neue Mitarbeiterin/jeden neuen Mitarbeiter gleich zu Beginn des Arbeitsverhältnisses über Unfallgefahren und Schutzmaßnahmen zu informieren und entsprechend einzuschulen.

Wissenswertes dazu

- Die Arbeitsplatzevaluierung ist ein wichtiger Bestandteil des Gesetzes über die Durchführung von Maßnahmen des Arbeitsschutzes zur Verbesserung der Sicherheit und des Gesundheitsschutzes der Beschäftigten bei der Arbeit (ArbSchG).
- Die Durchführung und Überwachung von Arbeitsschutzmaßnahmen erfolgt durch die Berufsgenossenschaft Nahrungsmittel und Gaststätten (BGN).
- Die BGN ist auch zuständig für die Folgekosten, die durch Arbeitsunfälle (z.B. Verbrennungen) oder durch Berufskrankheiten (z. B. Bäckerasthma) entstehen.

1.2 Brandschutz

Brandschutzmaßnahmen

Unter Brandschutz versteht man das Ergreifen aller Maßnahmen, die der Entstehung eines Brandes und somit der Ausbreitung von Feuer und Rauch vorbeugen. Vorbeugende Brandschutzmaßnahmen sind auf der Grundlage der Arbeitsstättenverordnung (Arb StättV) in den Brandschutzverordnungen der Länder geregelt.

Die Betriebsinhaberin/der Betriebsinhaber bzw. die Betriebsleitung ist verpflichtet,

- die Mitarbeiterinnen/Mitarbeiter in regelmäßigen Abständen über die geltenden Brandschutzmaßnahmen zu belehren,
- Tafeln mit den Maßnahmen für das Verhalten im Brandfall sichtbar anzubringen,
- elektrische Geräte und Gasgeräte regelmäßig überprüfen zu lassen – schadhafte Strom- und Gasleitungen sind eine häufige Brandursache und müssen deshalb sofort repariert werden,
- verwendete Feuerlöscher neu zu füllen und zu warten.

Größere Betriebe haben eine(n) ausgebildete(n) **Brandschutzbeauftragte(n),** die/der folgende Aufgaben zu erfüllen hat:

- Ausarbeitung einer Brandschutzordnung und eines Brandschutzplanes (Alarm-, Flucht- und Rettungsplan) für den Betrieb.
- Kontrolle der Brandsicherheit, z. B. regelmäßige Kontrolle der Feuerlöscher.
- Veranlassung von Brandschutzübungen.

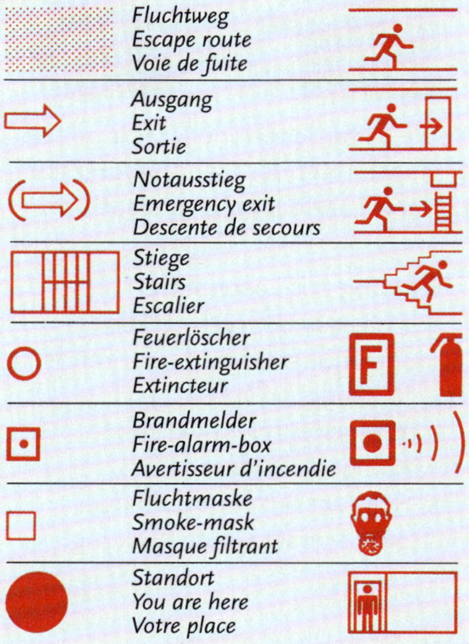

Brandursachen in Backstuben

- Feuerungsanlagen.
- Überhitztes Fett.
- Fettablagerungen in Abzugsrohren, Kaminen, Dunst- und Entlüftungsabzügen.
- Elektrische Anlagen.
- Gasherde.
- Staubexplosionen.
- Maschinen und Geräte.
- Schadhafte Leitungen.

Brandbekämpfung

Neben ruhigem Handeln – Hektik führt meist zu Fehlverhalten – sollte folgender Grundsatz beachtet werden: Alarmieren – Retten – Löschen.

- **Alarmieren:**

Notrufe	Deutschland	Österreich	Schweiz
Euro-Notruf		**112**	
Feuerwehrnotruf	112	122	118
Polizeinotruf	110	133	117
Rettungsnotruf	112/19 222	144	144

- **Retten:** Alle Mitarbeiterinnen und Mitarbeiter in Sicherheit bringen!
- **Löschen:** Von vorne nach hinten und von unten nach oben löschen, außer Tropf- und Fließbrände: Sie sind von oben nach unten zu löschen. Mehrere Feuerlöscher gleichzeitig und nicht hintereinander einsetzen!

! Beim Wählen des Euro-Notrufs gelangen Sie in Deutschland zur nächsten Notrufleitstelle.

Handfeuerlöscher nach DIN EN3

Brandklassen und Löschmittel

Die Art des Löschmittels hängt von der Entzündungstemperatur des brennbaren Materials ab. Nach **DIN EN3** erfolgt eine Einteilung der verschiedenen Feuerlöscher in Brandklassen. Jede Brandklasse repräsentiert dabei bestimmte Stoffeigenschaften. Die DIN EN2 gibt damit Anhaltspunkte, welche Feuerlöscher bei bestimmten Objekten eingesetzt werden dürfen.

DIN = Deutsches Institut für Normung.

! Feuerlöschgeräte müssen
- gut sichtbar angebracht,
- auffallend gekennzeichnet,
- jederzeit leicht erreichbar und stets gewartet sein.

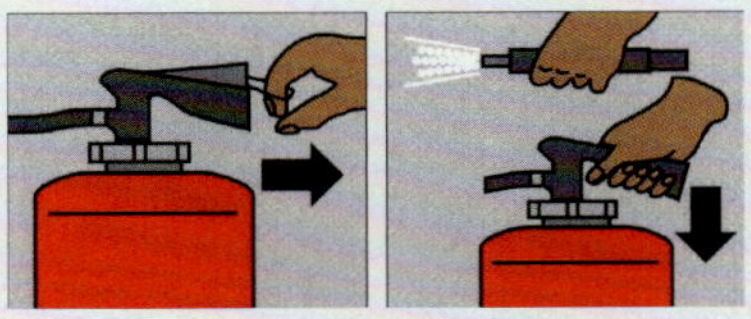

Alle Mitarbeiterinnen/Mitarbeiter müssen mit der Handhabung von Handfeuerlöschern vertraut sein.

Wirkung der Löschmittel
- **Pulver** beeinträchtigt die Reaktionsfähigkeit – störende Wirkung.
- **Wasser** entzieht Wärme – kühlende Wirkung.
- **Schaum** entzieht Luftsauerstoff – erstickende Wirkung.

! Jeder ist verpflichtet, Erste Hilfe zu leisten! Helfen Sie nicht, können Sie nach Strafgesetzbuch § 323c wegen unterlassener Hilfeleistung bestraft werden. Sie sollten jedoch keine Maßnahmen ergreifen, die nur ausgebildeten Fachkräften (Ärztin/Arzt, Sanitäterin/Sanitäter ...) vorbehalten sind.

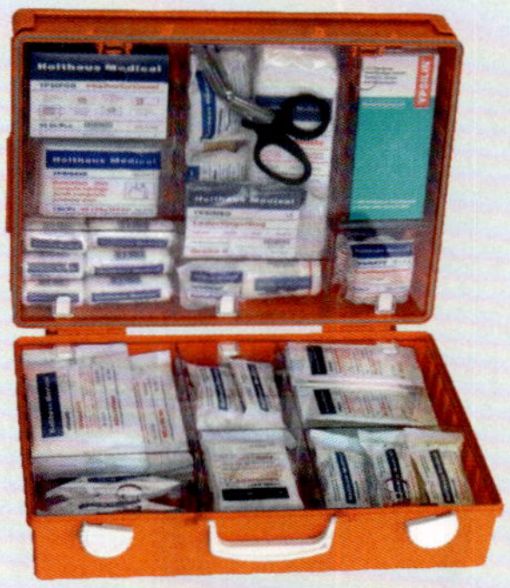

Zum **Erste-Hilfe-Material** zählen Verbandstoffe, alle Hilfsmittel und medizinischen Geräte sowie Arzneimittel. Geeignetes Erste-Hilfe-Material ist z. B. in den nach **DIN 13 169** (großer Verbandkasten C), sowie in den nach **DIN 13 157** (kleiner Verbandkasten C) inhaltlich genormten Verbandkästen enthalten.

Brandklassen		Löschmittel
A	**Brände von festen Stoffen,** z. B. Holz, Kohle, Papier, Stroh, Faserstoffen, Textilien	Wasser, Handfeuerlöscher, Löschdecke
B	**Brände von flüssigen oder flüssig werdenden Stoffen,** z. B. Ölen, Fetten, Benzin, Heizöl, Alkohol, Stearin etc.	Handfeuerlöscher, Löschdecke
C	**Brände von Gasen,** z. B. Wasserstoff, Methan, Erdgas, Propan, Stadtgas	Handfeuerlöscher
D	**Brände von Metallen,** z. B. Aluminium, Magnesium, Natrium, Kalium und deren Legierungen	Handfeuerlöscher, kein Wasser oder Schaum – Gefahr einer heftigen explosionsartigen Reaktion!
F	**Brände von Speiseölen, -fetten,** z. B. pflanzlichen oder tierischen Ölen und Fetten in Frittier- und Fettbackgeräten	Handfeuerlöscher mit Fettbrandlöschmittel, kein Wasser oder Schaum – Gefahr einer Fettexplosion!

Löschmittel	Brandklassen				
	A	B	C	D	F
Pulverlöscher mit Glutbrandpulver	geeignet	geeignet	geeignet	ungeeignet	ungeeignet
Pulverlöscher mit Metallbrandpulver	ungeeignet	ungeeignet	ungeeignet	geeignet	ungeeignet
Pulverlöscher mit Spezialpulver	ungeeignet	geeignet	geeignet	ungeeignet	ungeeignet
Kohlendioxidlöscher	ungeeignet	geeignet	ungeeignet	ungeeignet	geeignet
Wasserlöscher	geeignet	ungeeignet	ungeeignet	ungeeignet	ungeeignet
Schaumlöscher	geeignet	geeignet	ungeeignet	ungeeignet	ungeeignet

geeignet, ungeeignet

1.3 Erste Hilfe

Erste Hilfe sind jene **lebensrettenden Sofortmaßnahmen,** die man als Ersthelferin/Ersthelfer einzuleiten hat, bis die Rettunwg eintrifft. In der **Unfallverhütungsvorschrift BGV A1** ist geregelt, wie viele Ersthelferinnen/Ersthelfer in einem Unternehmen mindestens zur Verfügung stehen müssen.
- Jeder Betrieb mit zwei bis zu zwanzig anwesenden Beschäftigten braucht mindestens eine Ersthelferin/einen Ersthelfer.
- Darüber hinaus muss die Anzahl der Ersthelferinnen/Ersthelfer 10 % der anwesenden Beschäftigten betragen, in Verwaltungs- und Handelsbetrieben 5 %. Mit anwesenden Beschäftigten sind diejenigen gemeint, die sich zu den betrieblichen Arbeitszeiten am Arbeitsplatz im Unternehmen befinden und nicht – wie häufig angenommen – die Anzahl der Beschäftigten eines Betriebes.
- Ersthelferinnen/Ersthelfer müssen alle zwei Jahre durch das sogenannte Erste-Hilfe-Training fortgebildet werden.

Erste-Hilfe-Material ist im Betrieb
- jederzeit schnell erreichbar und leicht zugänglich aufzubewahren,
- gegen schädigende Einflüsse wie Verunreinigungen, Nässe oder hohe Temperaturen geschützt unterzubringen,
- in ausreichender Menge bereitzuhalten,
- rechtzeitig zu ergänzen und zu erneuern (Kontrolle durch das Arbeitsinspektorat).

Erste-Hilfe-Maßnahmen bei Unfällen

Unfälle	Erste-Hilfe-Maßnahmen
Mechanische Wunden ▪ Schnitt-, ▪ Riss-, ▪ Quetsch-, ▪ Platz-, ▪ Schürf-, ▪ Stichwunden.	▪ Keimfreier Verband ▪ Bei starker Blutung: Druckverband ▪ Große, stark verschmutzte und tief gehende Wunden müssen innerhalb von sechs Stunden von der Ärztin/vom Arzt versorgt werden (Infektionsgefahr, Wundnaht)

Unfälle	Erste-Hilfe-Maßnahmen
Mechanische Wunden	**Verboten ist das** ■ Berühren der Wunde (Infektionsgefahr), ■ Entfernen von Fremdkörpern aus der Wunde, ■ Auswaschen von Wunden, ■ Aufbringen von Puder, Salbe etc.
Schlagaderblutung	■ Mit einem Druckverband die Stelle der Verletzung versorgen
Knochenbrüche	■ Die Verletzte/den Verletzten liegend lagern ■ Notschienen dürfen nur von geschulten Personen angelegt werden ■ Die Rettung verständigen
Verbrennungen	Die Erste Hilfe richtet sich nach dem Grad der Verbrennung. ■ Verbrannte Körperteile zur Schockbekämpfung und Schmerzlinderung unter fließendes reines kaltes Wasser halten (eventuell gekühltes Gelkissen auflegen). Nicht klebenden Verband (Metallineverband) anlegen. Keine Salben oder Hausmittel verwenden. ■ Fangen Kleider Feuer, den Brennenden sofort am Boden wälzen und mit Löschdecken das Feuer löschen. Löschdecken müssen in Backstuben griffbereit aufbewahrt werden. ■ Anklebende, mit heißen Flüssigkeiten getränkte Kleidung nicht herunterreißen, sondern mit Wasser begießen und eventuell vorsichtig entfernen.
Schockbekämpfung	Anzeichen eines Schocks sind: kalte Haut, Schweiß auf der Stirn, Blässe, das Bewusstsein ist vorhanden, aber getrübt. ■ Blutstillung und Pulskontrolle ■ Schocklagerung für eine bessere Durchblutung des Gehirns ■ Atemkontrolle, Öffnen beengender Kleidung und Zufuhr von Frischluft ■ Zudecken zum Schutz vor Unterkühlung (Erhaltung der Körperwärme) ■ Die Verunglückte/den Verunglückten beruhigen ■ Sofort Ärztin/Arzt und Rettung verständigen
Stromunfälle	■ Den Stromkreis sofort unterbrechen (Stecker ziehen) ■ Die Verunglückte/den Verunglückten nicht mit den bloßen Händen berühren, sondern mit Plastiksackerln, trockenen Handschuhen, Tüchern usw. ■ Durch den Stromdurchfluss werden die Herztätigkeit und die Atmung beeinflusst. Daher sofort Ärztin/Arzt und Rettung verständigen.

Tragen Sie zur Versorgung von blutenden Wunden unbedingt Einweghandschuhe, um Infektionen zu verhindern!

Verbrennungsgrade
1. Grad
Rötung, Schwellung, Schmerz
2. Grad
Blasenbildung, oberflächliche Zerstörung der Haut
3. Grad
Schorfbildung, Verkohlung

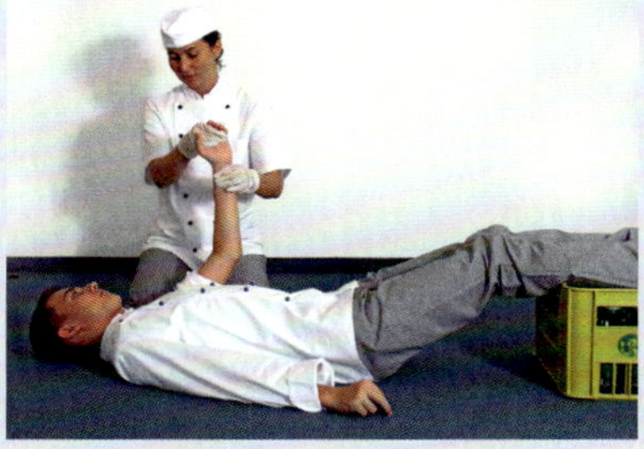

Schocklagerung: Flachlagerung, Anheben und Hochlagern der Beine

Arbeitsaufgaben

1. Erklären Sie, wodurch Unfälle vermieden werden können.
2. Beschreiben Sie, was beim Umgang mit technischen Anlagen zu beachten ist.
3. Nennen Sie Sicherheitsvorrichtungen für mit Gas oder Öl beheizte Backöfen.
4. Beschreiben Sie die richtige Arbeitskleidung, mit der die Unfallgefahr bei der Arbeit reduziert werden kann.
5. Begründen Sie, warum die Arbeitsplatzevaluierung ein wichtiger Bestandteil des Arbeitnehmerinnen- und Arbeitnehmerschutzgesetzes ist.
6. Nennen Sie den Grundsatz, den Sie bei der Brandbekämpfung beachten sollten.
7. Erklären Sie, mit welchen Mitteln Papier- und Fettbrände zu löschen sind.
8. Beschreiben Sie Erste-Hilfe-Maßnahmen, die bei mechanischen Wunden zu ergreifen sind.
9. Schildern Sie Ihr Verhalten, wenn sich eine Mitarbeiterin/ein Mitarbeiter Verbrennungen zuzieht.
10. Erläutern Sie die Maßnahmen, die bei einem Stromunfall zu ergreifen sind.

Notizen zu den Arbeitsaufgaben:

2 Bäckereiausstattung

Damit sich die Bäckerin/der Bäcker in der Backstube auch wie in einer Stube wohlfühlt, ist es notwendig, sie nach ergonomischen Grundsätzen einzurichten. Dazu gehören die der Körpergröße angepassten Arbeitstische genauso wie ein durchdachtes System des Arbeitsablaufes, d. h., eine Backstube muss exakt geplant werden.

Werkzeuge, Geräte und Maschinen, die in der Bäckerei täglich zum Einsatz kommen und einen reibungslosen, rationellen Arbeitsablauf ermöglichen, sind ebenfalls Gegenstand dieses Kapitels.

Unsere Ziele

Nach Bearbeitung dieses Teilkapitels werden Sie ...

- wissen, was Ergonomie bedeutet, und die Ziele einer ergonomischen Arbeitsgestaltung nennen können;
- die in der Bäckerei verwendeten Werkzeuge kennen;
- über die Funktion verschiedener Geräte und Maschinen Bescheid wissen;
- über Kühlgeräte und Kühlanlagen informiert sein;
- die Vorteile verschiedener Backöfen kennen.

2.1 Ergonomische Grundlagen

Der Begriff kommt aus dem Griechischen. Unter Ergonomie versteht man die Lehre von der Anpassung der Arbeitsbedingungen und der Betriebsmittel an den Menschen. Die Lehre von den Maßen des Menschen liefert die Grundlage für die Ergonomie. Aufgrund von Durchschnittswerten können Arbeitsräume und Arbeitsplätze eingerichtet, Geräte und Einrichtungsgegenstände angefertigt und Maschinen hergestellt werden, die dem arbeitenden Menschen entsprechen.

Nachdem statistisch gesehen nur ca. fünf Prozent aller Arbeitenden mit ihren Maßen über oder unter dem Durchschnittswerten liegen, können auf Basis dieser Werte allgemeine Aussagen getroffen werden.

Durch Einrichtung eines Betriebes nach ergonomischen Grundsätzen werden folgende Ziele erreicht:

Humane Ziele	Wirtschaftliche Ziele
■ Die Beanspruchung wird vermindert. ■ Unfälle werden vermieden. ■ Die Person hat Freude an der Arbeit.	■ Der Zeitablauf wird optimiert. ■ Der Betriebsmitteleinsatz wird optimiert. ■ Die Qualität wird gesteigert.

Die Ergonomie nimmt demnach Einfluss auf eine optimale Arbeitsgestaltung. Es gilt, mit wenigen Arbeitswegen, kurzen Bewegungsabläufen und schonendstem Körpereinsatz die größtmögliche Effizienz zu erreichen. Dazu benötigt man Kenntnisse über bestimmte Bewegungsabläufe.

Körperhaltung (Arbeitshaltung)

Die Art, wie gearbeitet wird, ist für Arbeitszeit, Belastung und Ergebnis ausschlaggebend. Entscheidend sind der einzelne Handgriff und die Kraft, die aufgewendet werden muss, um die Arbeit zu verrichten.

Belastung in fünf Minuten bei verschiedenen Körperhaltungen

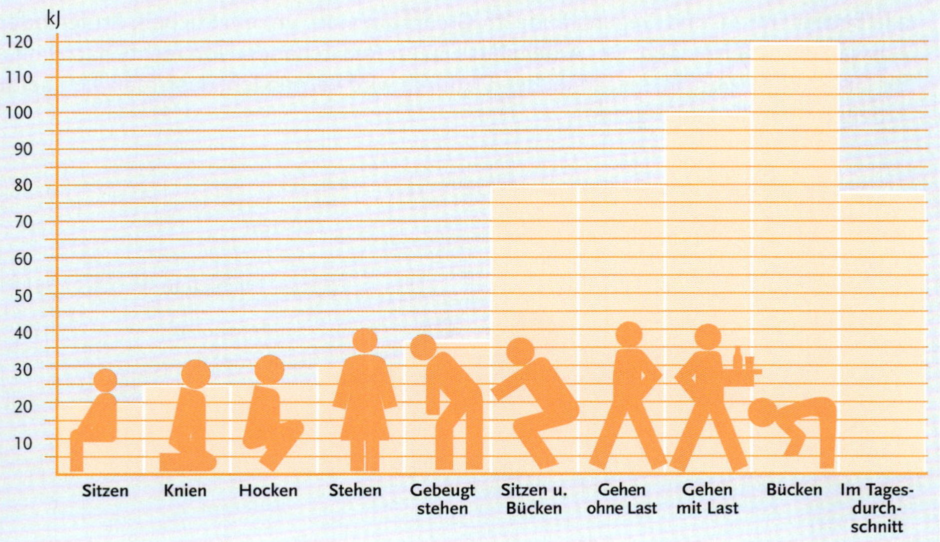

Eine falsche Körperhaltung verursacht Leistungsverlust. Die/der Arbeitende muss für das Arbeitsergebnis mehr Kraft als notwendig aufbringen. Daher ist es günstig, wenn während eines Arbeitsablaufs Arbeitsflächen gesenkt oder erhöht werden können und Arbeitsstühle höhenverstellbar sind. Die/der Arbeitende soll die Möglichkeit haben, die Körperhaltung wählen zu können, die die Ausführung der Arbeit bei geringster Belastung erlaubt.

! Durch eine falsche Körperhaltung können gesundheitliche Schäden auftreten. Es steigt auch das Unfallrisiko.

! Sportliche Freizeitbetätigungen schaffen einen Ausgleich zu oft ungünstigen arbeitsbedingten Körperhaltungen und machen fit für den anstrengenden Berufsalltag.

Ideale Körperhaltung beim Stehen: Arbeitsfläche durchschnittlich 85–90 cm

Ideale Körperhaltung beim Sitzen: Arbeitsfläche durchschnittlich 65–70 cm

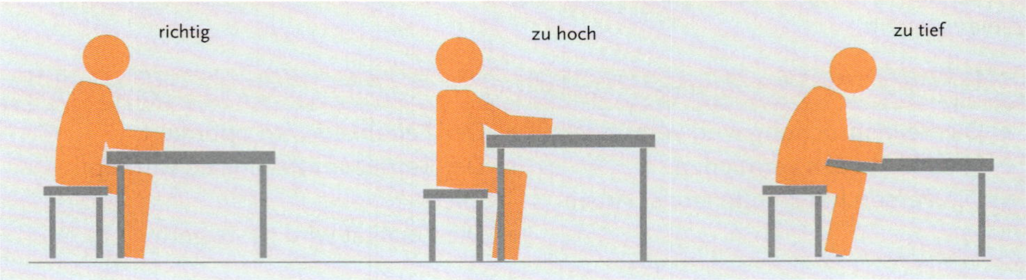

Kraftangriffspunkte sollen möglichst nahe am Körper sein

Der **Greifraum** ist jener Bereich, in dem man ohne große Anstrengung arbeiten kann.

Wohlbefinden und Entspanntheit beschränken sich nicht nur auf die Freizeit. Diese Zustände können auch am Arbeitsplatz unter Beachtung folgender Punkte herbeigeführt werden:

- einseitige Arbeiten sowie Arbeiten über der Schulterhöhe vermeiden,
- aufrechte Körperhaltung und ein Wechsel der Körperhaltung bei länger andauernden Tätigkeiten entlasten die Wirbelsäule,
- Lasten immer gleichmäßig verteilen,
- Kraftangriffspunkte sollen möglichst nahe am Körper sein – je weiter weg, desto größer ist die Anstrengung und desto kleiner die Wirkung,
- runde, fließende Bewegungen, bei denen der Schultergürtel und die Arme gleichmäßig bewegt werden, durchführen,
- möglichst mit beiden Händen arbeiten. Die Arbeit muss so vorbereitet sein, dass alle Betriebsmittel und Gegenstände im **Greifraum** sind, um ein Suchen, Prüfen oder Auswählen zu vermeiden. Der **Arbeitsfluss** ist für Rechtshänder von rechts nach links, für Linkshänder von links nach rechts. Dadurch wird vermieden, dass man sich beim Arbeiten über die Hand greift.

Arbeitsplatz im kleinen Greifbereich

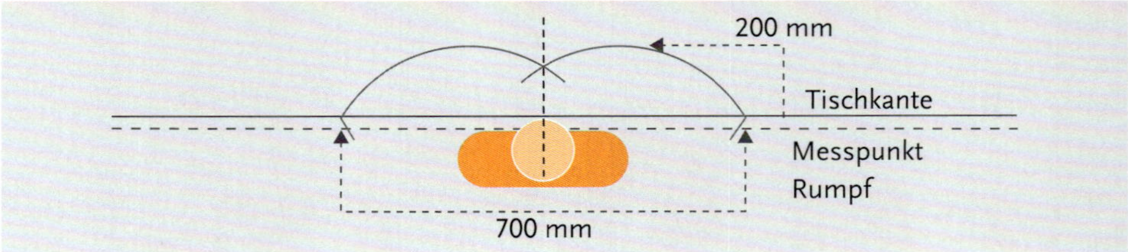

Arbeitsplatz im maximalen Greifbereich

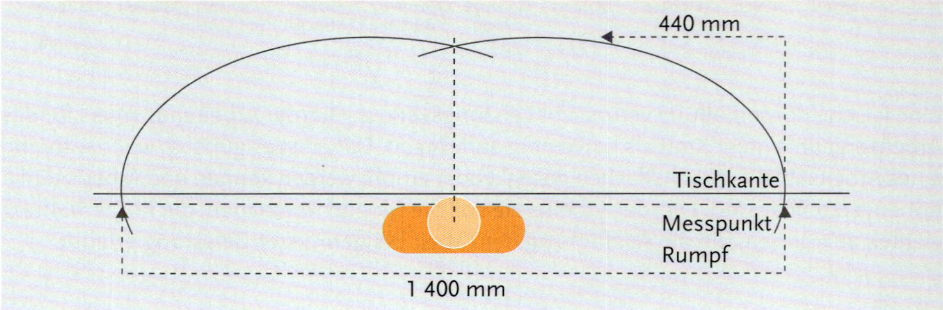

2.2 Backstube

Die Größe der Backstube hängt vom Betriebstyp – Klein-, Mittel- oder Großbäckerei – ab. Darauf abgestimmt sind die Art und Größe der Produktionseinrichtungen. Ebenso ist bei der Planung der Backstube das voraussichtliche Produktionsprogramm zu berücksichtigen. Bäckereien mit einem umfangreichen Sortiment an Feinbackwaren und sonstigen Konditoreierzeugnissen benötigen für die Produktion weitere Betriebsräume.

Beispiel einer Backstube für die Produktionsaufgaben einer mittelgroßen Bäckerei:

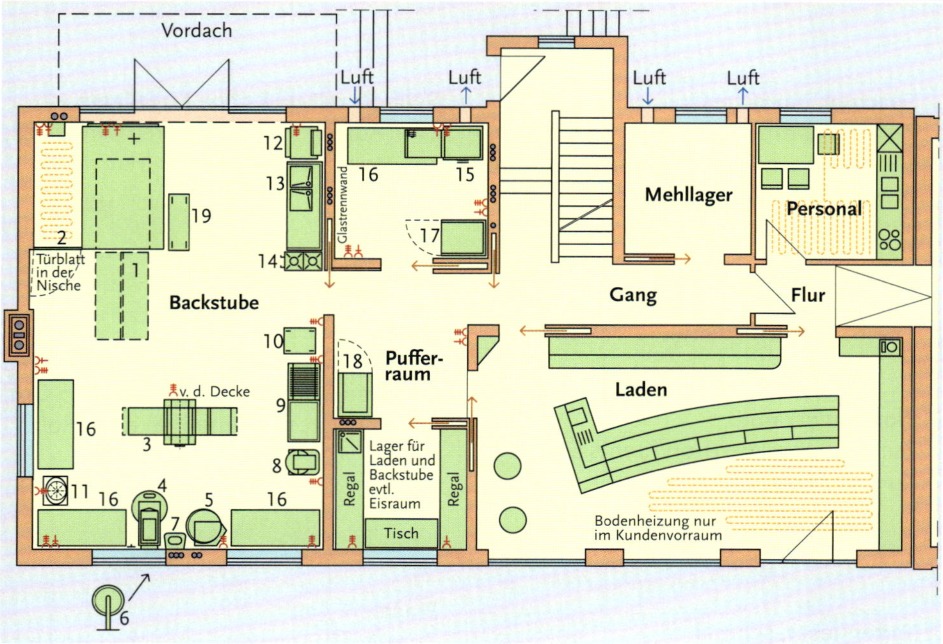

1. Backofen
2. Gärraum mit Klimasteuerung
3. Ausroll- und Wickelmaschine
4. Spiralkneter
5. Hubkneter
6. Silowaage über dem Kneter
7. Handwaschbecken
8. Rühr- und Schlagmaschine
9. Brötchenanlage
10. Stikken
11. Teigteil- und Rundwirkmaschine
12. Gewerbespülmaschine
13. Gewerbespülbecken
14. Gaskocher
15. Fettbackgerät mit Abzugshaube
16. Arbeitstische
17. Kälteanlage (Froster, Gärunterbrechung, Gärverzögerung)
18. Kühl-, Klimaschrank
19. Brotregalwagen

Gastronorm (GN)

Die Gastronorm ist ein Maßsystem, bei dem alle Einsätze, Bleche und Schalen in maßgerechte Backöfen, Blechwägen, Kühlschränke, Gärschränke, Tiefkühler, Förderbänder, Schubladen, Bains-Marie, Eisvitrinen und Geschirrspülmaschinen passen.

Die Backstube lässt sich im Baukastensystem gestalten. Die einzelnen Geräte verschiedener Fabrikate lassen sich zu Arbeitseinheiten bzw. zu Blöcken zusammenstellen. Gläser, Tassen, Schalen und Bestecke werden in entsprechende GN-Geschirrkörbe geschlichtet und zum Waschen, Transportieren und Lagern bis zur Wiederverwendung darin belassen.

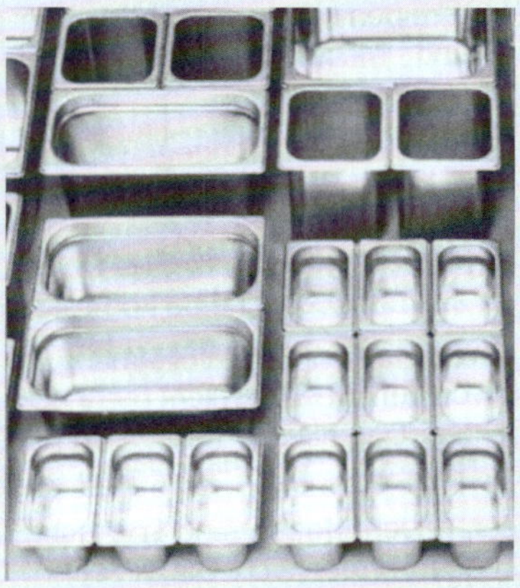

- GN-Bleche sind in den Größen 2/1, 1/1 und 1/2 erhältlich.
- GN-Schalen sind in den Größen 2/1 bis 1/9 und mit 40, 65, 100, 150 und 200 mm Tiefe erhältlich.
- GN-Behälter sind Allzweckbehälter zum Bereithalten von kalten und warmen Speisen, zum Abräumen und Aufbewahren von Speisen.

Beispiel für die Anordnung von Einsätzen:
Das Grundmaß 1/1 beträgt 530 x 325 mm, davon abgeleitet 2/1 530 x 650 mm.

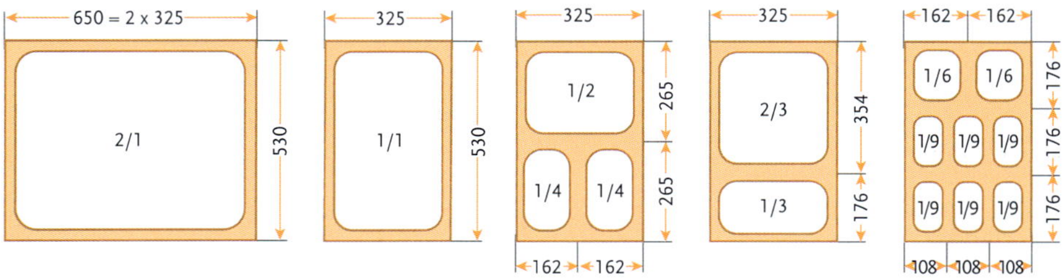

Alle Werkzeuge müssen jederzeit sauber, intakt und am richtigen Ort anzutreffen sein.

2.3 Werkzeuge und Geräte

Um immer einwandfreies Werkzeug zur Verfügung zu haben, ist es notwendig, es auch zu pflegen.

- Bei Messern sind ein guter Schliff, saubere und abrutschsichere Handgriffe sowie ein entsprechender Aufbewahrungsort wichtig.
- Schneidwerkzeuge und sonstige scharfe Werkzeuge, wie z. B. Tischschaber, nie in das Spülbecken legen, sondern sofort reinigen (Unfallverhütung!).

Werkzeuge

Sägemesser, Brotmesser
Zum Schneiden von Brot, Kuchen, Hefe- und Blätterteiggebäcken

Tortenmesser
Zum Schneiden von Torten, Schnitten, Desserts

Palette
Zum Einstreichen, Glasieren, Anheben und Wenden von Kuchen, Torten, Desserts

Schaber
Zur Blechreinigung

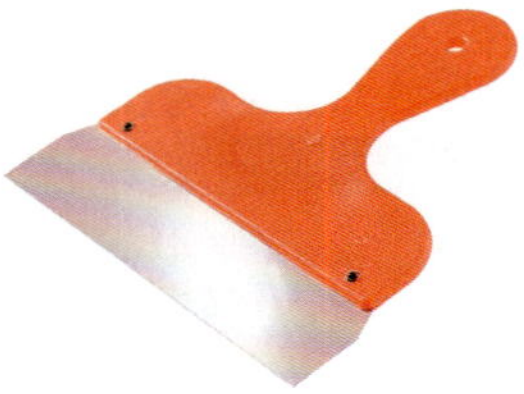

Tischschaber
Schaber für die Tischreinigung (Holztafeln); Griff aus Kunststoff oder Holz, geschärfte Stahlklinge; nur in Faserrichtung führen

Stielschaber
Zum Ausputzen von Kesseln, Schüsseln und Pfannen

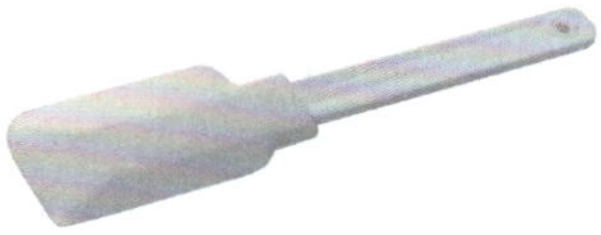

Spachtel, Hörnchen
Zum Zusammenschieben von Massen, Teigen usw.; aus Kunststoff; in verschiedenen Größen und Stärken erhältlich, je nach Bedarf

Florentinerkamm
Zum Strukturieren von Krems und Kuvertüren

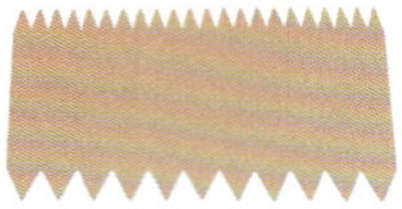

Tortenheber, schmal
Zum Anheben von Gebäck und Kuchenstücken

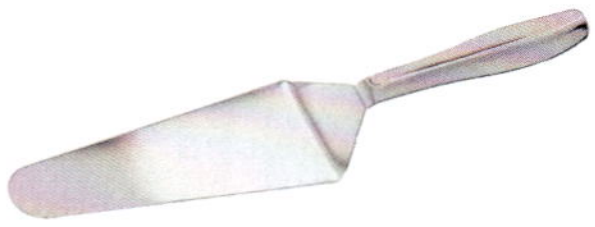

Tortenheber, breit
Zum Anheben von Fladen, Obstkuchen, Pizzas, Schnitten usw.

Universalschaufel, Mehlschaufel
Zum Schaufeln von Mehl, Zucker usw.; aus Aluminium, Chrom-Nickel-Stahl, Kunststoff

Vorlänger
Zum Ausrollen von Teigen; meist aus Ahorn-, Eichen- oder Buchenholz; Teigreste abwaschen und nicht abschaben

Rollholz mit und ohne Kugellager
Zum Ausrollen und Tourieren von Teigen; aus Holz, Kunststoff oder Marmor

Anstreichbürste
Zum Bestreichen von Brot und sonstigen Backwaren, rund oder rechteckig; Griff aus Kunststoff, Aluminium oder Holz

Pinsel
Zum Auftragen von Eistreiche und Fett, zum Aprikotieren und Glasieren von Feinen Backwaren; aus reinen Borsten, Kunststoff oder Silikon

Tischbesen
Zum Abkehren von Teigen beim Tourieren, aus Kunststoff, Rosshaar oder reinen Borsten; nur trocken verwenden

Putzbürste
Zum Reinigen von Brotkörben; aus Kunststoff oder Holz

Schneebesen
Zum Rühren und Schlagen von Krems

Teigrändel
Zum Schneiden von Teig; glatt oder gezackt

Schneideroller, Rollmesser
Zum Schneiden von Streifen, Strudel usw.

Teigschneider
Zum Schneiden von Teigbahnen; ausziehbar, fünf- bis siebenteilig, glatt und gezackt, aus Chrom-Nickel-Stahl

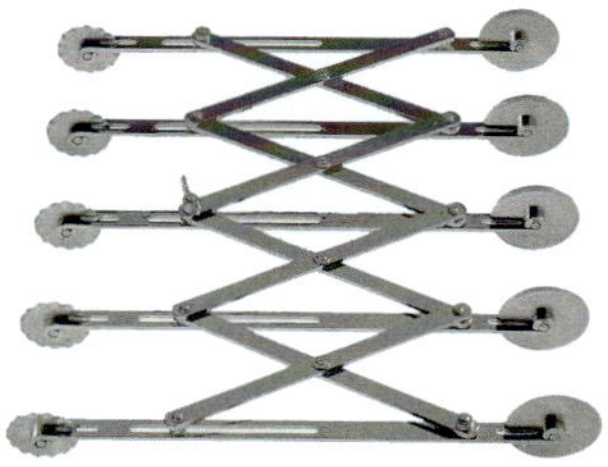

Gitterschneider
Zum Einschneiden von Plunder- und Blätterteig

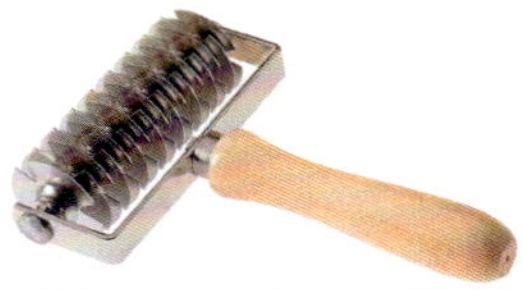

Teigigel (Stipprolle)
Zum Stechen von Löchern in Teigstücke; aus Kunststoff, Chrom-Nickel-Stahl oder verchromt

Teigabstecher
Zum Aufteilen von Teigen

Passiersieb
Zum Abseihen von Früchten und Saucen (säurefest), zum Passieren von Saucen

Sieb
Zum Absieben von Mehl, Puderzucker, Nüssen; in verschiedenen Maschengrößen; aus Metall oder Kunststoff; Siebe auskehren, nicht ausklopfen

Backschüssel, Pizzaschüssel
Zum Einschießen von Backgut; aus Holz mit und ohne Stiel; aus Aluminium gelocht und ohne Stiel

Teig- und Zugussthermometer
Zur Temperaturkontrolle; Gehäuse wasser- und mehlstaubdicht; Fühler aus Chrom-Nickel-Stahl

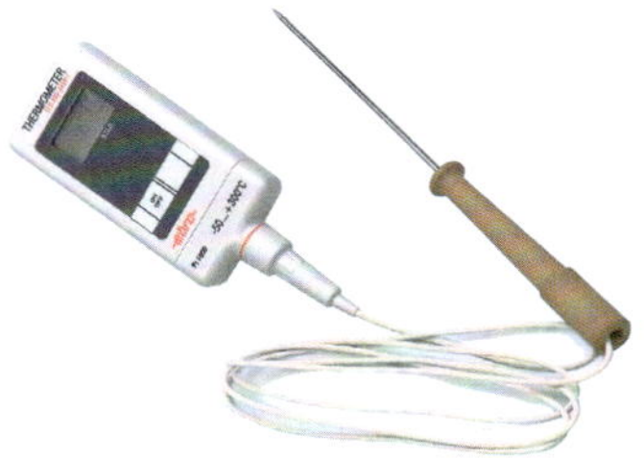

Spritzbeutel
Zum Dressieren; Einwegspritzbeutel aus Polyethylen; aus Baumwolle, kochfest und imprägniert

Dekortüllen
Zum Dressieren von Krems, Massen, Füllungen, zum Garnieren von Lebkuchen; Loch-, Zweiloch-, Dreiloch-, Stern-, Sternband-, Blatt-, Rosentülle usw.

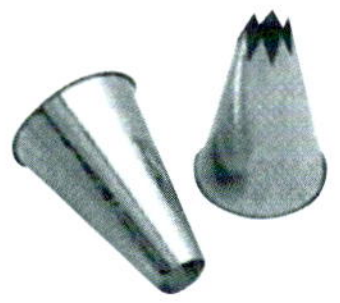

Brötchenstempel
Aus Weißblech; zum Formen der Oberfläche von Salz-, Mohn- und Kümmelbrötchen

Ofenhandschuhe
Für die Arbeit am Ofen, zum Bewegen von heißen Gegenständen

Ausstecher
Zum Ausstechen von runden, oder ovalen Formen, Herz-, Sternformen usw.; glatt oder gezackt; Ausstecher aus Weißblech nach der Reinigung gut trocknen, da sie sehr leicht rosten

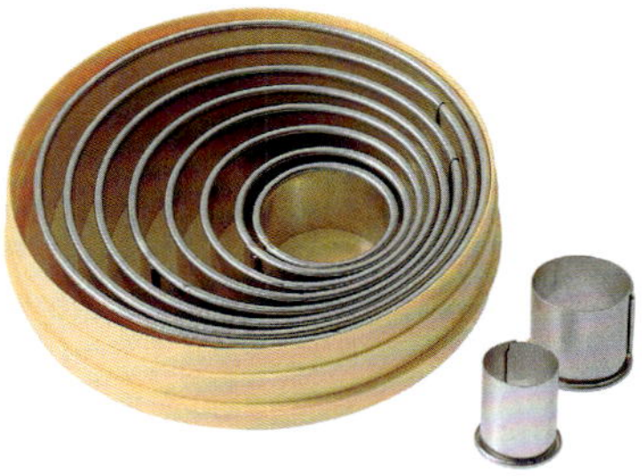

Ausstechmatten für Teegebäck
Zum rationellen und platzsparenden Ausstechen; aus Kunststoff; schlag- und kratzfest

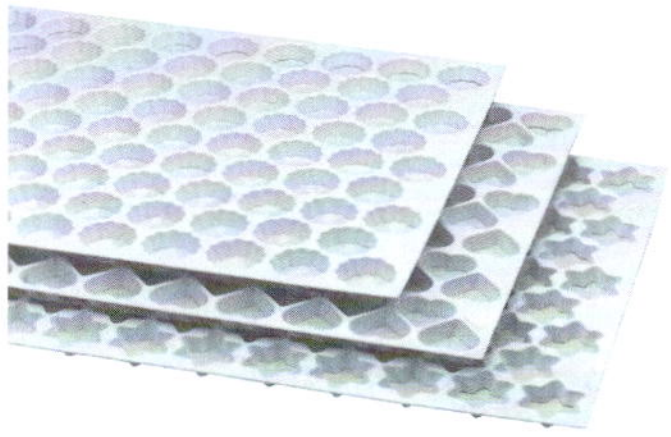

Silpatmatte
Aus Silikon; erspart das Einfetten der Bleche; zum Backen und Tiefkühlen

Lochblech
Mit und ohne Unterteilung; zum gleichmäßigen Backen von Blätterteigböden; für Brezeln, Baguettes (sechs Mulden), Salzstangen (zehn Mulden); 2- und 3-Randbleche; mit Trennwachs befetten oder besprühen

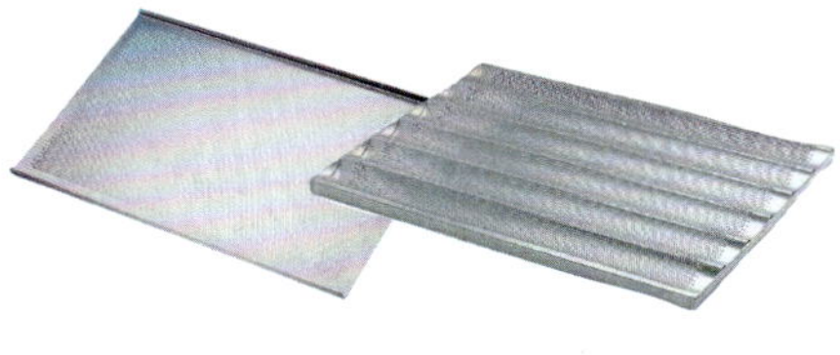

Gärgutträger, Sturzkasten
Zum Transportieren und Stürzen von Teiglingen; aus Holz, Kunststoff oder Aluminium

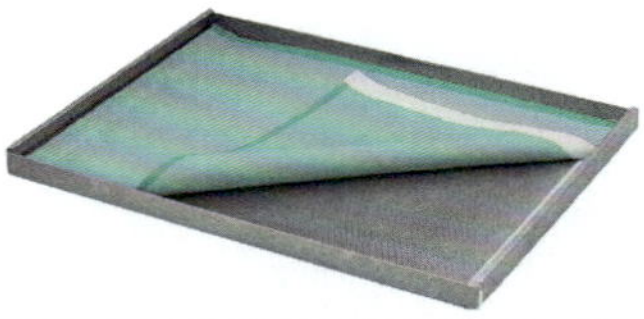

Teigbrett
Gärgutträger aus Holz, Stirnkanten aus Leichtmetall (ohne Schrauben und Leim verbunden); dazupassende Tücher aus Reinleinen

Messbecher
Zum genauen Abmessen von Flüssigkeiten; in verschiedenen Größen (1–5 l Inhalt); aus Kunststoff oder Metall; mit Einteilung in Deziliter oder Brüche (z. B. 1/16 l)

Geräte

Tisch- und Wandwaagen
In mechanischer und elektronischer Ausführung; zum Abwiegen von Zutaten, Teigen, Massen usw.

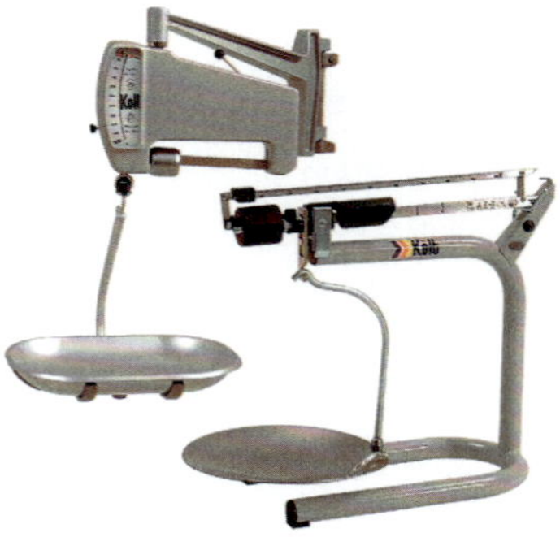

Präzisionswaage
Sie arbeitet im Grammbereich; zum Abwiegen von Backpulver, Gewürzen u. Ä.

Elektronische Kleinwaage
Mit und ohne Preisberechnung; zum Abwiegen von Zutaten, Backwaren in den Verkaufsläden usw.

Sprühpistole
Zum Besprühen von Brot und Gebäck mit Wasser; wird direkt an den Wasserhahn angeschlossen

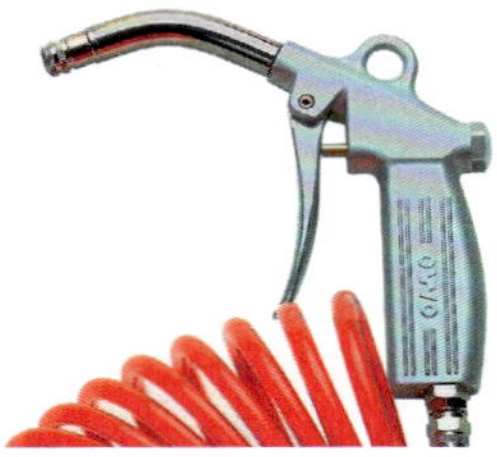

Spritzpistole
Zum rationellen Einfetten von Blechen und Formen

Brezellaugenapparat
Zum manuellen Belaugen von Gebäck

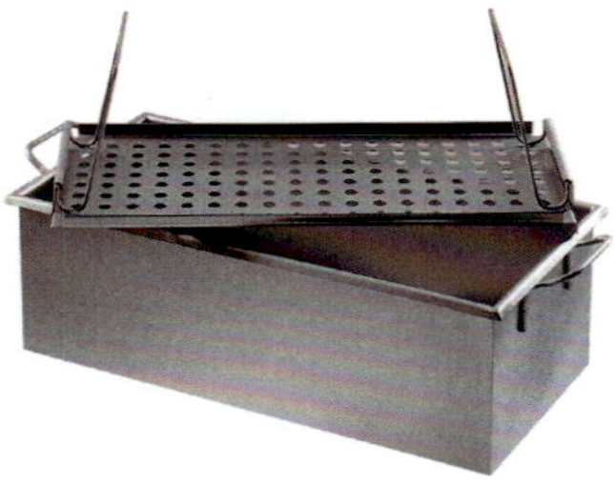

Gebäckfüller
In mechanischer und elektronischer Ausführung, zum Füllen von Berliner Pfannkuchen nach dem Backen mit Konfitüre, jedes Gebäck erhält genau gleich viel Füllung

Stabmixer
Zum Mixen und Emulgieren von Krems im Topf oder Kessel; darf erst nach dem völligen Stillstand aus dem Gefäß genommen werden, da das Gerät nach dem Ausschalten nachläuft

Geleesprühgerät
Zum rationellen und gleichmäßigen Besprühen von Fruchttörtchen, -schnitten usw.; eignet sich auch zum Abglänzen von Sandwichs mit Aspik

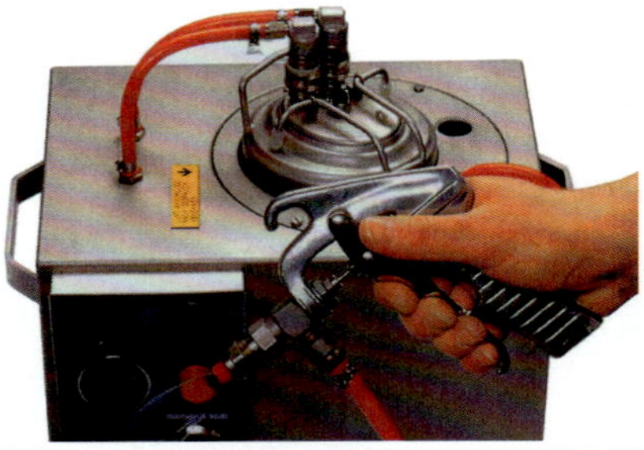

Temperiergerät
Zum Schmelzen und Temperieren von Kuvertüre

Fettbackgerät
Zum Schwimmendherausbacken von Berliner Pfannkuchen, Spritzkuchen usw. in heißem Siedefett. Um ein Überhitzen des Siedefettes zu vermeiden, ist das Gerät mit einem Thermostat ausgestattet. Das verbrauchte Fett kann über einen Ablasshahn entleert werden.

Bei **Standmodellen** ist im unteren Bereich ein Gärschrank angebracht, der es ermöglicht, die Berliner in einer Kippvorrichtung aufgehen zu lassen. Diese Kippvorrichtung erleichtert auch das Einlegen in heißes Fett.

2.4 Kessel und Formen

Kessel sind vorwiegend aus **Chrom-Nickel-Stahl (CNS),** daher säurefest und lebensmittelgerecht.

Formen sind meistens aus **Weißblech** oder **Aluminium** und müssen daher besonders gepflegt werden. Ein schonender Umgang ist deshalb erforderlich, weil sie leicht zu verbiegen sind.

Einige dieser Formen werden auch **teflonisiert** oder **silikonisiert** angeboten. Mit Silikon beschichtete Formen haben eine gute Leitfähigkeit, die für eine optimale Wärmeverteilung sorgt und so ein gleichmäßiges Backen ermöglicht. Allerdings sind diese Formen ebenso wie Formen aus Schwarzblech nicht spülmaschinengeeignet.

Seit einigen Jahren werden viele der traditionellen Formen auch aus Kunststoff (Silikon) angeboten. **Silikonformen und -matten** sind sowohl hitzebeständig als auch frostfest und ermöglichen ein zeitsparendes, rationelles Arbeiten. Das Material garantiert ein perfektes Entnehmen aus der Form ohne vorheriges Einfetten und ist vielseitig einsetzbar, z. B. für Backwaren, Sahnekremdesserts usw.

Kunststoffformen

Teigschüssel
Zum Aufbewahren von Krems, Teigen, Früchten usw.; mit glattem oder bordiertem Rand

Rührschüssel
Zum Herstellen von Sahnekrems, Teigen usw.

Schneekessel
Zum Aufschlagen von Krems, Massen, Schlagsahne, zum Kochen von Früchten usw.; aus Chrom-Nickel-Stahl

Maschinenkessel
Zum maschinellen Aufschlagen von größeren Mengen

Schiffchen, Tortelett- und Backformen
Zum Auslegen mit Mürbeteig oder Hefefeinteig (Brioches); in verschiedenen Formen – flach oder tief, glatt oder gerippt

Schillerlockenform
Zum Umwickeln mit Blätterteig für Schillerlocken usw.; spitz, leicht konisch oder gerade

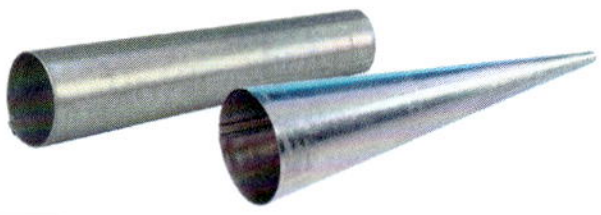

Gugelhupfform, Napfkuchenform
Zum Backen von Massen und gerührten Teigen; in verschiedenen Varianten

Kranzform
Zum Backen von Massen und gerührten Teigen; glatt oder gerippt

Rehrückenform
Zum Backen von Sandmassen; konisch oder rund

Obsttortenform
Für Kuchen, Quiches, Pies, Flans; rund, glatt oder gerippt, flach oder tief

Springform
Seitlich zu öffnen, mit verschiedenen Einsätzen

Tortenring
In unterschiedlichen Größen, Höhen und Formen; verstellbar zum Backen; aus Kunststoff zum Einsetzen von Sahnekremtorten

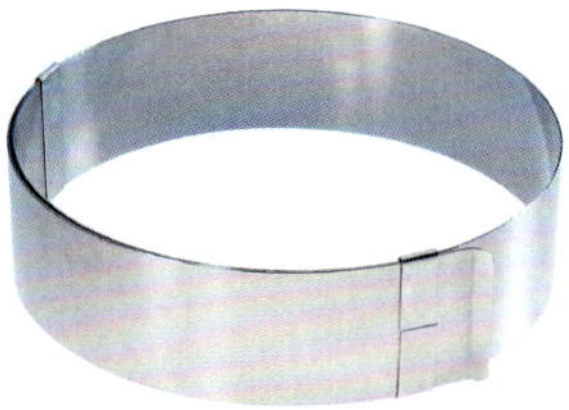

Backrahmen, Kapselrahmen
Beiderseits ausziehbar; zum Backen und Einsetzen von Schnitten

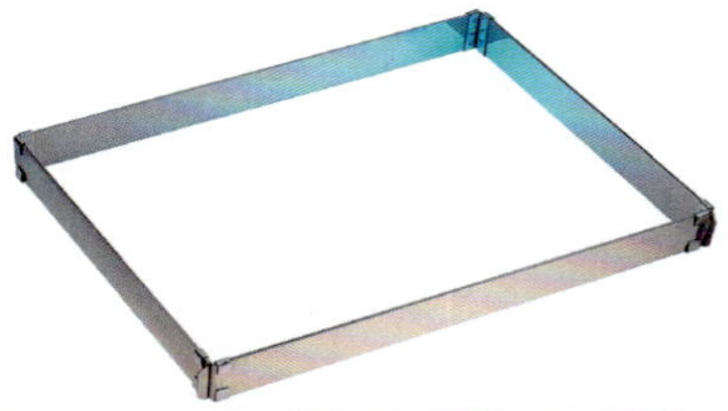

Kastenform
Konisch und halbrund; in verschiedenen Größen, auch ausziehbar

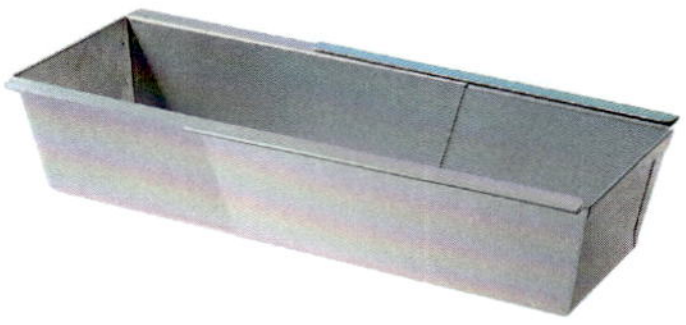

Toastbrotformen
Einzelne oder mehrere verbundene Formen aus Aluminium oder Blaublech; innen strukturiert; mit Deckel

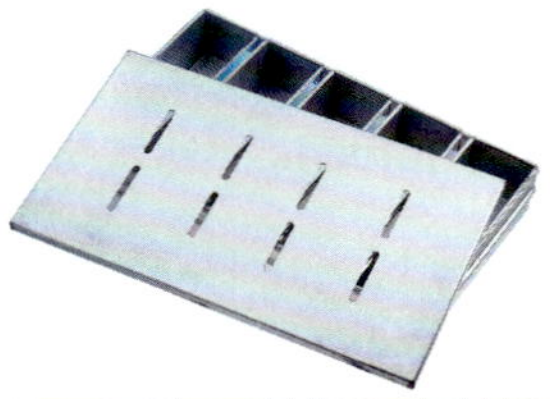

Formen aus Alufolie
Zum Backen von Fruchttörtchen, Brioches, Tortenböden usw.; in verschiedenen Formen und Größen

Brotkorb
Zum Backen von Bauern-, Landbrot usw.; aus Kunststoff oder Peddigrohr; rund oder länglich; innen gerillt

2.5 Maschinen und Anlagen

Da Maschinen und Anlagen besonders teure Investitionsgüter sind, ist auf ihre sorgfältige Pflege zu achten, die die Lebensdauer erhöht und die Reparaturanfälligkeit verringert. Reparaturen sollten nur von einer Fachkraft durchgeführt werden.

2.5.1 Maschinen zur Mehlaufbereitung

Das Mehl muss vor der Verarbeitung sowohl aus hygienischen, als auch aus backtechnologischen Gründen aufbereitet werden. Unter Aufbereitung versteht man das Mischen und Sieben des Mehles.
Zum Aufbereiten von kleineren Mehlmengen werden Handsiebe verwendet. Größere Mengen werden mit Siebmaschinen gemischt und gesiebt.

Vorteile von Siebmaschinen
- Zeitersparnis.
- Geringer Verstaubungsverlust.
- Bessere Auflockerung des Mehles, dadurch höhere Wasseraufnahmefähigkeit (um ca. 0,5–1 %) bei der Teigbereitung.

Siebmaschine

! Je rationeller die Rohstoffbereitstellung und je genauer die Dosierung, desto höher ist die Wirtschaftlichkeit des Betriebs.

Siebmaschinen, Trommelsiebmaschinen

Das Mehl wird von der Zentrifugalkraft der schnell rotierenden Siebtrommel erfasst und gegen die Trommelwand gedrückt. Stillstehende Eisenstäbe lenken das Mehl durch die Trommelwand zum Auslauf.

Mehlaufbereitungsanlagen

Das Mehl aus dem Silo wird automatisch ausgetragen, gesiebt, rezeptgenau dosiert (abgewogen) und weiter in den Knetkessel befördert.

Je nach technischer Ausstattung unterscheidet man zwischen halbautomatischen und vollautomatischen Mehlaufbereitungsanlagen.

Technische Ausstattung	Halbautomatische Mehlaufbereitungsanlagen	Vollautomatische Mehlaufbereitungsanlagen
Mehlanlieferung	■ In Säcken	■ In Tankwägen, von dort gelangt das Mehl mit Luftstrom in den Lagersilo
Silo	■ Belüfteter Tagessilo	■ Lager- und Tagessilo
Mehlbeförderung	■ Über Siloschleusen, Fallrohre oder mit Luftstrom	■ Mit Luftstrom in Druckrohren
Siebmaschine	■ Meist Trommelsiebmaschine	■ Trommelsiebmaschine
Waage	■ Automatische Waage vor dem Auslauf	■ Automatische Waage vor dem Auslauf

Mehrere Silos oder Silos mit mehreren Kammern ermöglichen über elektronisch gesteuerte Anlagen die Mischung verschiedener Mehlsorten.

Vorteile von Mehlaufbereitungsanlagen

- Zeitersparnis, vor allem bei vollautomatischen Anlagen.
- Größtmögliche Hygiene; das Mehl wird geschützt von äußeren Einflüssen von Station zu Station befördert.
- Rezeptgenaue Dosierung durch entsprechende Waagen vor dem Auslauf.

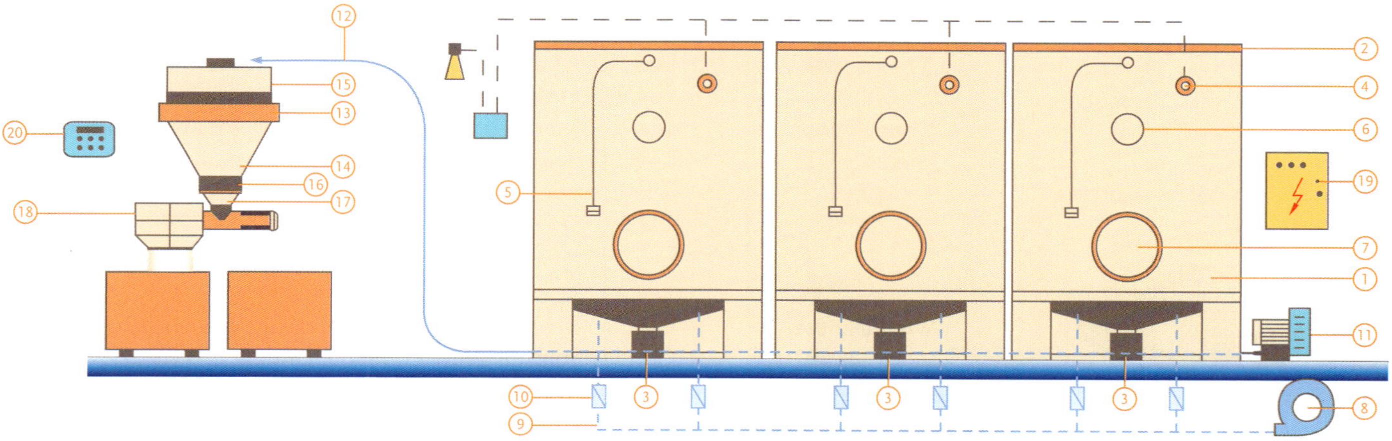

1 Silobehälter mit Fließbettaustragung
2 Siloflächenfilter
3 Durchblaseschleuse
4 Vollmelder
5 Tankwagenbefüllung
6 Schauglas
7 Einstiegluke
8 Belüftungsventilator
9 Belüftungsrohrleitung
10 Luftdrosselkappe
11 Fördergebläse
12 Förderrohrleitung
13 Elektronikwaage
14 Waagebehälter
15 Waagefilter
16 Absperrklappe
17 Drehring
18 Siebmaschine
19 E-schrank
20 Wiegecomputer

2.5.2 Maschinen zur Wasseraufbereitung – Wassermischgeräte

Wasser muss bei der Teigbereitung temperiert und in der richtigen Menge verwendet werden, um einen optimalen Backerfolg zu erzielen. Zusätzlich ist auf die Reinheit (Trinkwasserqualität) und die Wasserhärte zu achten.

Die einfachste Art, Wasser zu temperieren, ist das manuelle Mischen von kaltem und heißem Wasser. Dafür benötigt man einen Schüttkübel mit Maßeinteilung (z. B. 0,25 l, 1 l, 2 l, 12 l, usw.), Hohlmaße und ein Digitalthermometer oder eine Waage und ein Thermometer.

Da diese Methode jedoch sehr zeitaufwendig ist, werden in den Bäckereien voll- und halbautomatische Wasseraufbereitungsanlagen eingesetzt.

Wasseraufbereitungsanlagen – Wassermisch- und Dosiergeräte

Diese Geräte temperieren und dosieren das Wasser automatisch. Am Gerät sind die gewünschte Wassertemperatur und Wassermenge einzustellen und über den Startknopf abzurufen. Ein integriertes Thermometer und ein Wassermengedurchlaufzähler dienen zur Kontrolle des Gerätes.

Vollautomatische Steuerungsgeräte können nicht nur die Wassermenge dosieren, sondern **ermitteln** aufgrund der Mehl- und Raumtemperatur sowie der vorgegebenen Teigerwärmung beim Knetprozess die benötigte **Schüttwassertemperatur.**

Wussten Sie, dass ...
zu hartes Wasser mit einem Ionenaustauscher enthärtet werden kann? Das Austauschmaterial besteht aus porösem Kunstharz. Dieses ist fähig, die in Wasser gelösten Kalzium- und Magnesiumionen durch Natriumionen auszutauschen. Um das Austauschmaterial zu regenerieren, wird eine Salzlösung durch den Austauscher geleitet.

Wassermisch- und Dosiergerät

! Knetmaschinen müssen
- die Arbeitssicherheit gewährleisten,
- den Hygienevorschriften entsprechen,
- Umweltschutzbedingungen erfüllen,
- für optimale Arbeitsbedingungen sorgen.

Hubkneter in verschiedenen Ausführungen:
- fahrbare Maschine,
- Standgerät mit ausfahrbarem Knetkessel.

Doppelwellenkneter (Wendelkneter)

Spiralkneter der neuen Generation werden auch für Klein- und Mittelbetriebe mit Temperaturfühler, digitaler Steuerung oder PC-tauglicher Elektronik angeboten

2.5.3 Maschinen zur Teigbereitung

Knetmaschinen

Je nach Betriebsgröße, Betriebsstruktur und Produktionsprogramm werden zur Teigbereitung Knetmaschinen verschiedener Systeme und Größen eingesetzt. In handwerklichen Betrieben werden meist Universalmaschinen verwendet. Diese Maschinen eignen sich sowohl für die Zubereitung von Weizen- als auch Roggenteigen.

Knetsysteme	Funktionen und Verwendung
Drehhebelkneter	▪ Der Knetarm beschreibt im Knetkessel einen Kreis bzw. eine Ellipse. ▪ Der Knetkessel ist frei drehend, zwangsläufig angetrieben oder wahlweise schaltbar. ▪ Für Weizen- und Roggenteige, besonders für Schrotteige.
Hubkneter 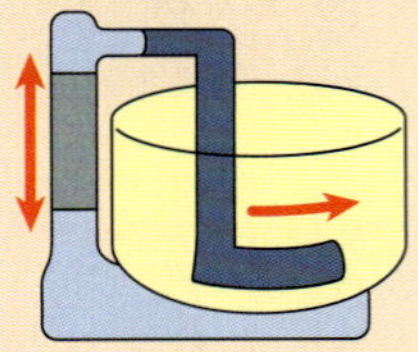	▪ Der Knetarm bewegt sich im Knetkessel auf und ab und beschreibt eine Ellipse. ▪ Der zwangsläufig angetriebene Knetkessel dreht sich entgegengesetzt zur Knetarmbewegung. ▪ Gute Knetleistung. ▪ Das Getriebe läuft in einem Vollölbad (geringe Wartung!). ▪ Für alle Brotteige.
Doppelkonuskneter 	▪ Das Knetwerkzeug (zwei miteinander verbundene Konusse) dreht sich entgegengesetzt zum zwangsläufig angetriebenen Knetkessel. ▪ Gute Knetleistung. ▪ Für Weizen- und Roggenteige.
Wendelkneter 	▪ Die zwei wendelförmigen Knetwerkzeuge drehen sich mit hoher Geschwindigkeit gegen- und ineinander. ▪ Der Knetkessel dreht sich entgegengesetzt zum Wirkungsbereich des Knetwerkzeuges. ▪ Für Weizenteige.
Spiralkneter (Intensivkneter) 	▪ Das Knetwerkzeug (die Spirale) dreht sich in gleichbleibender Richtung im äußeren Drittel des Knetkessels. ▪ Beim Mischen sollte sich der Knetkessel in die entgegengesetzte Richtung drehen, damit sich die Teigbestandteile besser vermengen. ▪ Beim Kneten drehen sich Knetwerkzeug und Knetkessel in die gleiche Richtung und erhöhen dadurch die Knetwirkung. ▪ Bei beiden Prozessen bewegt sich die Spirale immer schraubenförmig nach unten. ▪ Die Spiralknetung ist zurzeit das am häufigsten verwendete Knetsystem, es eignet sich für alle Teige.
Rundlaufschlagkneter (Hochleistungskneter) 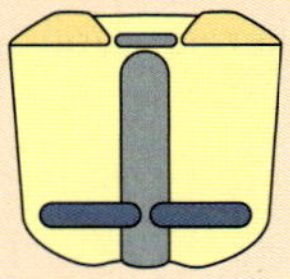	▪ Die Knetflügel drücken das Knetgut mit hoher Geschwindigkeit (ca. 1 500 Umdrehungen pro Minute = 3 000 Schnitte) schraubenförmig nach unten. ▪ Dabei kommt es zu einer starken Erwärmung des Knetgutes. ▪ Die Knetzeit beträgt ca. 40 bis 60 Sekunden. ▪ Als Zusatzmaschine.
Zweiarmiges Knetsystem (Gabelkneter) 	▪ Die Knetarme drehen sich in dem zwangsläufig angetriebenen Knetkessel gegen- und übereinander. ▪ Zum Kneten kann ein Arm hochgezogen werden. ▪ Dieses Knetsystem wird vorwiegend in Frankreich, Italien und der Schweiz zur Herstellung von weichen Weizenteigen verwendet.

Knetkesselkipper

Die Maschine (Vorrichtung) kippt den Knetkessel über seine eigene Achse, sodass eine rationelle Teigentleerung möglich ist.

Verwendung: in Großbetrieben (Spezialbäckereien).

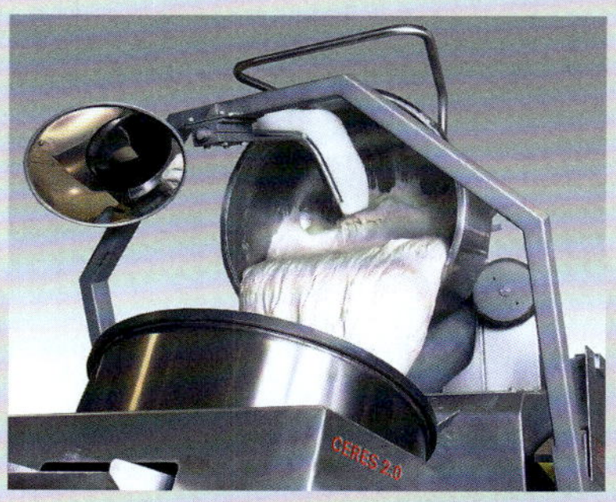

Hebekipper

Auspressbottich

Der Teig fällt durch den geöffneten Boden des Knetkessels in einen Schacht und wird von einer Förderschnecke erfasst. Diese presst den Teig zum Auslauf.

Verwendung: für Schrot- und Vollmehlteige.

Maschine zur kontinuierlichen Teigbereitung

Kontinuierlich = stetig, fortdauernd, durchlaufend.

Die Maschine wird in Großbetrieben (Spezialbäckereien) zur Teigbereitung eingesetzt.

- Mehl, Wasser und alle Zutaten (meist in gelöster Form) werden dem kontinuierlichen Mischer über eine automatische Dosierung zugeführt. Im Mischer werden die Rezepturbestandteile homogen und schonend durchgemischt.
- Anschließend wird der Teig, als durchgehender Strang, über ein Förderband dem Kneter zugeführt. Restteig kann ebenfalls über das Förderband zugegeben werden.
- Im Kneter erfolgt das homogene, schonende Durchkneten des Teiges. Über die Austragsöffnung des Kneters wird der kontinuierliche Teigstrang dann der weiterverarbeitenden Maschine zur Verfügung gestellt.

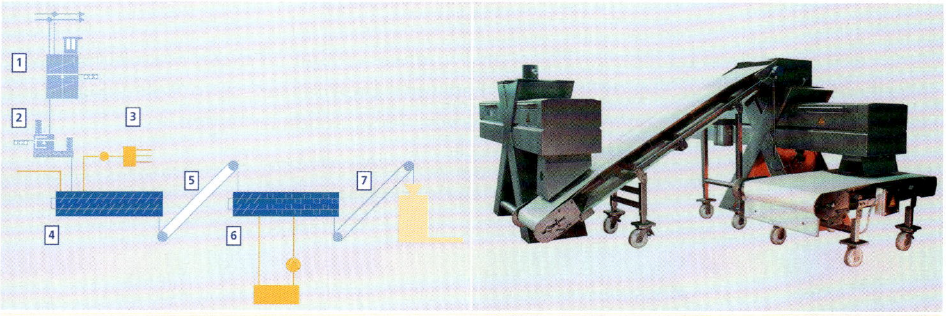

❶ Trockenstoffmischer
❷ Gravimetrisches Dosiersystem
❸ Wassermischeinheit
❹ Mischer
❺ Übergabeband Mischer – Kneter
❻ Kneter
❼ Teigruheband

Kontinuierliche Teigbereitung

Sauerteiganlage

Sie wird zur Herstellung von weichen Weizenvor- und Sauerteigen sowie zur Restbrotverarbeitung (Brotfermentation) verwendet. Durch die intensive Vermengung des Mischgutes und optimale Belüftung der Vorteige vermehren und entwickeln sich die Gärungsorganismen besser.

! Moderne Sauerteiganlagen optimieren nicht nur die Produktqualität, sondern auch die Produktionsprozesse.

Die Größe und Ausstattung einer Sauerteiganlage richten sich nach den betrieblichen Anforderungen:

- Rührwerke zum Homogenisieren aller Rohstoffe zu einem gleichmäßigen, stabilen Sauerteig oder Messerrührwerke zum Zerkleinern von ganzen Brotlaiben.
- Einfache Steuerung mit frei veränderbarem Programmablauf.
- Steuerungsmodul mit allen Funktionen für einen vollautomatischen Betrieb.
- Eingebaute Dosierpumpe (kraftvolle, trockenlaufgeeignete Zahnradpumpe) zum Dosieren des fertigen Sauerteiges.
- Rohrleitsystem für räumlich unabhängige Installation.
- Hygiene- und reinigungsfreundliche Konstruktion der Anlage aus lebensmittelgeeignetem, zugelassenem Material.
- Gesamter Anlagendeckel zum Öffnen (Antrieb von unten) für eine leichte Belüftung und Reinigung.
- Steuerung mit prozessabgestimmtem Programm.

Wasserzufuhr

Mehlbeigabe

Beispiel für die Funktion einer Mehrstufen-Sauerteig-Produktionsmaschine

- Das Anstellgut wird manuell über die Behälteröffnung an der Oberseite des Gerätes eingebracht. Der Deckel wird mit Patentverschlüssen druckdicht verschlossen.

Vollsauer nach ca. 19 Stunden

Austragung

Planetenrühr- und Knetmaschine

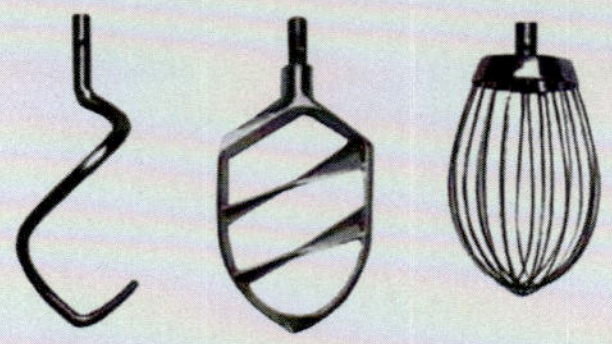

Rühr- und Knetwerkzeuge

! Die Funktion aller Teigteilmaschinen beruht auf dem Prinzip der Volumenteilung.

- Anschließend wird abwechselnd Wasser – Mehl – Wasser zugeführt. Das Mehl wird rezeptgesteuert in der richtigen Menge in den Behälter geblasen und mit dem Wasser vermengt. Das Wasser wird über rotierende Hochdrucksprühköpfe zugeführt, die zugleich auch für die vollautomatische Reinigung der Sauerteigmaschine verantwortlich sind.
- Während der Zufuhr sorgt das in wechselnder Drehrichtung rotierende Rührwerk für eine optimale Vermengung des Sauerteiges. In der anschließenden Ruhephase wird der Sauerteig in Intervallen durchgerührt. Nach acht Stunden beginnt die zweite Sauerteigstufe.
- Nun werden Mehl und Wasser für die zweite Stufe und nach acht Stunden für die dritte Stufe rezeptgesteuert eingebracht.
- Nach ca. 19 Stunden hat der Vollsauer seine optimale Konsistenz und Qualität erreicht und wird durch Druckbeaufschlagung schonend ausgetragen.

2.5.4 Maschinen zur Massen-, Teig- und Krembereitung

Planetenrühr- und Knetmaschine

Diese Maschine arbeitet mit einem sogenannten **Planetenrührsystem.** Das eingespannte Rühr- oder Knetwerkzeug dreht sich nach rechts um die eigene Achse, während sich die Antriebsachse in die Gegenrichtung bewegt. Dadurch ist eine optimale Nutzleistung in kürzester Zeit gegeben.

Die Rühr- bzw. Knetgeschwindigkeit kann durch ein so genanntes Variospeed-Getriebe stufenlos den gewünschten Teigen oder Massen angepasst werden.

Durch den Einsatz verschiedener Rühr- und Knetwerkzeuge ist diese Maschine universell einsetzbar, z. B. zur Herstellung von Fett- und Eiermassen, zum Aufschlagen von Schlagsahne oder Krems sowie zum Kneten von verschiedenen Teigen.

Arbeitsstellung und Funktionsprinzip der Planetenrühr- und Knetmaschine

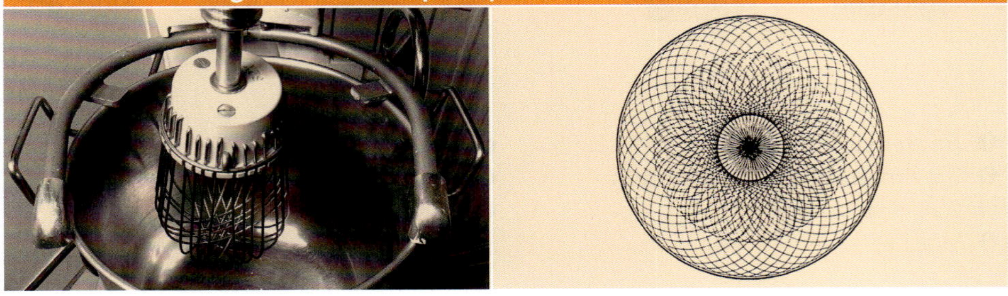

Rühr- und Schlagmaschine

Sie wird zum Rühren und Schlagen verwendet. Beim Rühren dreht sich das Rührwerkzeug um die eigene Achse und beschreibt eine kreisende Bewegung im Rührkessel. Beim Schlagen dreht sich das eingespannte Rührwerkzeug nicht um die eigene Achse, sondern schwingt lediglich in Form eines Kreises aus.

Die Maschine eignet sich zur Herstellung von Fett- und Eiermassen, zum Aufschlagen von Schlagsahne oder Krems, zum Rühren von Teigen (z. B. gerührten Hefeteigen) usw.

2.5.5 Maschinen zur Teigaufbereitung

Die Teigaufbereitung – vom Abwiegen bzw. Teilen über die Formgebung bis hin zum Wegsetzen – ist der aufwendigste Abschnitt in der Backwarenproduktion. Deshalb werden spezielle Maschinen eingesetzt, die diese Tätigkeiten nicht nur erleichtern, sondern auch entsprechend beschleunigen.

Teigteilmaschine, Teigteil- und Rundwirkmaschine (Halbautomaten)

Der abgewogene und rund gewirkte Teig (Presse) wird auf einer Pressplatte flach gedrückt und in die Maschine eingespannt. Auf Knopfdruck (mit beiden Händen, um Verletzungen auszuschließen) senkt sich der Oberteil und presst hydraulisch den Teig breit. Dann wird der Teig mit einem Messerstern in 30 gleichmäßige Teigstücke geteilt.

Nach dem Teilvorgang beginnt der Unterteil mit der Pressplatte zu rotieren, und die Teigstücke werden zu runden Wirklingen geformt.

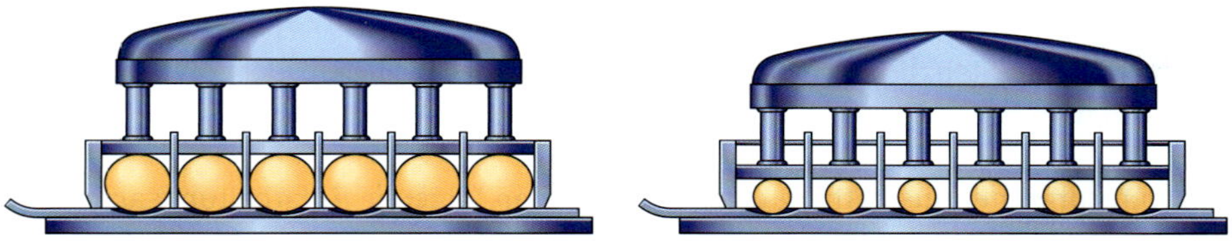

Kammernteiler – Teigteiler ohne Rundwirkeinrichtung

Für den Teilvorgang gibt es unterschiedliche Systeme.

Systeme	Funktionen
Saugteiler	■ Der Teig wird aus dem Teigtrichter angesaugt, ■ in eine Messkammer gepresst, ■ mit einem Drehschieber vom restlichen Teig abgetrennt.
Druckteiler	Diese Maschine arbeitet mit einem geschlossenen Teigbehälter. Eine kontinuierliche Teigbeschickung ist deshalb nicht möglich. ■ Der Teig wird aus der Druckkammer in eine Messkammer gepresst, ■ vom übrigen Teig abgetrennt und ausgestoßen.
Kammernteiler	Diese Maschine eignet sich nur für roggenhaltige Teige, die ein entsprechendes Fließverhalten haben. ■ Der Teig wird über Förderwalzen in seiner natürlichen Fließrichtung durch eine Messkammer transportiert, ■ ohne Pressvorgang abgetrennt und ausgestoßen.

Teigteilsysteme

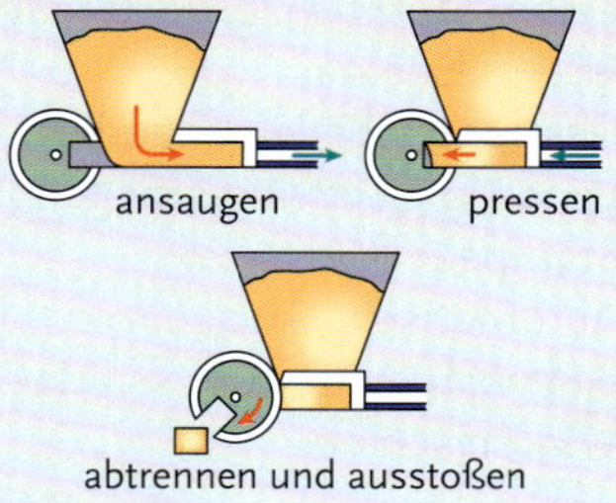

Saugteiler

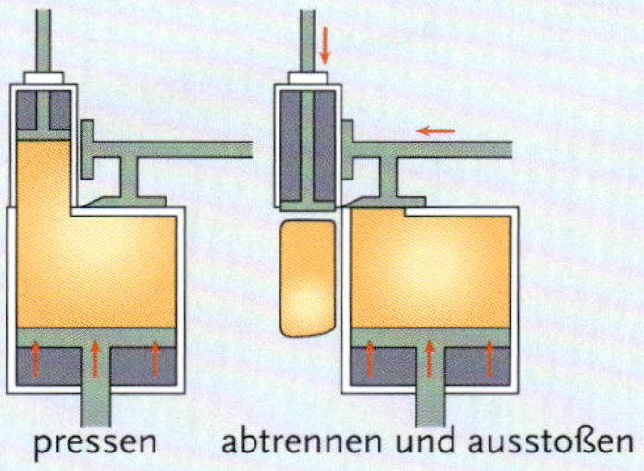

Druckteiler

Beim Teilen von großen Teigmengen muss das Kammernvolumen während der Aufarbeitung verstellt werden, da sich die Teigdichte durch die Gärung verändert.

Kopfmaschinen (Vollautomaten) – Teigteiler mit Rundwirkeinrichtung

Die Kopfmaschine ist eine Teigteil- und Wirkmaschine, die ohne Vorportionieren (Abwiegen von Pressen) teilt und wirkt. Die Teilfunktion beruht auf dem Prinzip der Kammernteilung (Volumenteilung).

! Vollautomatische Teigteil- und Wirkmaschinen werden hauptsächlich als „Kopfmaschinen" für Aufbereitungsanlagen verwendet.

Funktion einer Kopfmaschine mit Wirktrommel

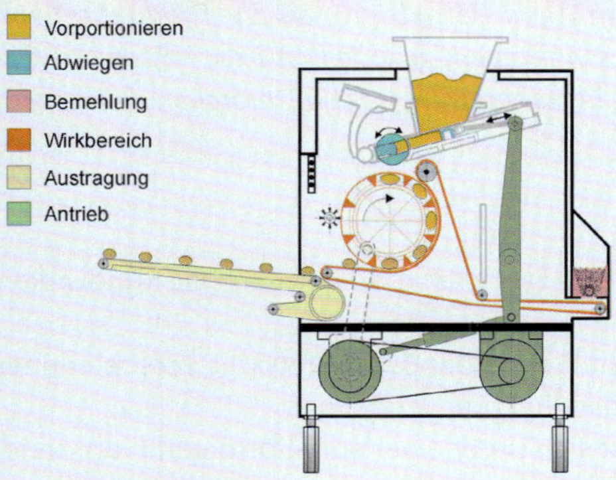

- Der Teig wird als grober Teigklumpen über einen Trichter zugeführt,
- durch Messkolben geteilt,
- durch die Bewegung der Kammern- und Basistrommel rund gewirkt.

Kleingebäckanlagen – Brötchenwirkmaschinen

Brötchenwirkmaschinen dienen zum oberflächlichen Formen von Kleingebäck. Sie sind rein technisch nicht in der Lage, die Formgebung mit der Hand (Sternbildung durch Einschlagen) nachzuahmen.

- Der Brötchenstern wird mit einem mit Messern ausgestatteten Stempel in die angegarten Teiglinge gestanzt (geschnitten).

Wirk- und Stanzmaschine

Der Stanzvorgang ist je nach Wirk- und Stanzmaschine unterschiedlich:

- **Auf- und abgehende Stanzbrücke:** Das Becherwerk bleibt im Moment des Wirkvorgangs kurzzeitig stehen. Die Stempel werden von oben mit einer Drehung in die im Becher liegenden, vorgegarten Teiglinge gedrückt.
- **Schwingende Stanzbrücke:** Die Stanzbrücke wandert mit dem Becherwerk mit. Das Wirken der vorgegarten Teiglinge erfolgt im Gleichlauf.

Je nach technischer Ausstattung unterscheidet man folgende Aufarbeitungsanlagen:

Einfache Aufarbeitungsanlage	▪ Kopfmaschine ▪ Absetzvorrichtung
Brötchenanlage	▪ Kopfmaschine ▪ Vorgärschrank mit Formstanze ▪ Absetzvorrichtung
Halbautomatische Brötchenanlage	▪ Kopfmaschine ▪ Vorgärschrank mit Formstanze ▪ Absetzvorrichtung für Paletten
Kompaktanlage	▪ Kopfmaschine ▪ Vorgärschrank mit Formstanze ▪ Nachgärschrank ▪ Bestreuungsstation ▪ Absetzvorrichtung für Paletten
Vollautomatische Brötchenanlage (Brötchenstraße)	▪ Kopfmaschine ▪ Vorgärschrank mit Formstanze ▪ Absetzvorrichtung in den Nachgärschrank mit Übergabebrücke auf den Durchlaufofen (ein- bzw. zweifluriger Tunnel- oder Mehretagenofen mit Lader)

Technische Entwicklung der Brötchenwirkmaschinen:

- Handstüpfler.
- Vorerst handbetriebene, später mit Motor angetriebene, mit einem Stempel ausgestattete Wirkmaschine.
- Mehrere nebeneinanderliegende, gleichzeitig arbeitende Stempel.
- Automatische Anlage mit eingebauter, leistungsstarker Wirkmaschine.

Handstüpfler

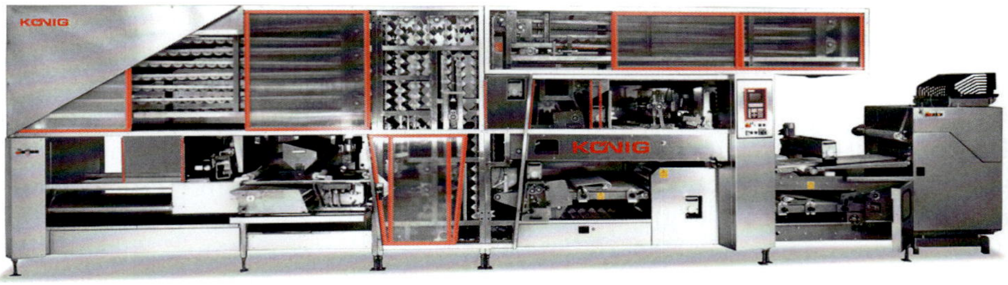

Besonders vielseitige Kleingebäckanlage für mittlere Betriebsgrößen zur Produktion von geformten, lang gerollten, eingeschlagenen, geschnittenen, gewickelten bzw. bestreuten Gebäcken wie Kaisersemmel, Salzstangerl, Steirische Langsemmel, Schnittbrötchen, Schrippen, Wachauer oder Kornspitz

Rundwirkmaschine

Bei der Formgebung werden Weizenteige generell zunächst rund gewirkt. Das Rundwirken kann auf unterschiedliche Art erfolgen:

- **Bandwirken:** Zwei schräg zueinandergestellte Filzbänder laufen mit verschiedener Geschwindigkeit gegeneinander. Die Bandstellung ist verstellbar.
- **Kegelwirken:** Ein gerillter Metallkegel dreht sich unter einer spiralförmigen Hohlrinne. Der Abstand der Hohlrinne wird auf die Teiggröße und Teigart eingestellt.

Rundwirkmaschine

Langwirkmaschine

Diese gibt den Teiglingen ihre Endform. Weizenteiglinge müssen nach dem Rundwirken kurz ruhen, damit sich der Teig entspannen kann. Teiglinge mit einem hohen Roggenanteil können unmittelbar nach dem Rundwirken geformt werden.

- Der Teigling wird zwischen zwei Walzen flach gedrückt, anschließend vorne umgeschlagen und auf dem Filzband durch ein Schleppnetz aufgerollt.
- Mit dem höhenverstellbaren Wirkbrett wird der Teig in die gewünschte Länge gerollt.

Langwirkmaschine

Ausrollmaschine

Sie erleichtert das gleichmäßig dicke Ausrollen von Teigen. Das Ausrollen erfolgt stufenweise, dabei ist die jeweils gewünschte Teigstärke vor jedem Ausrollvorgang einzustellen.

- Der Teig wird über die beiden Transportbänder durch die Walzen hin und her geführt. Diese übereinanderliegenden Stahlwalzen (mit Abstreifer ausgestattet) können beliebig verstellt werden. Dadurch ist ein kontinuierliches Dünnerwalzen des Teiges möglich.
- Um das Auffalten des ausgewalzten Teiges auf dem Transportband zu verhindern, wird über ein Synchrongetriebe das jeweils aufnehmende Band doppelt so schnell wie das abgebende Band geführt.

Wickelmaschine

Sie wird auch als **Teigstrangmaschine** bezeichnet, da sie die Vorbereitung und Herstellung verschiedener Gebäcksorten wie Salzstangen, Hörnchen, Zeilen, Blätter usw. erleichtert und beschleunigt.

Die Wickelmaschine funktioniert nach demselben Prinzip wie eine Langwirkmaschine. Die meisten Modelle sind serienmäßig mit einer Mehlstreuvorrichtung ausgestattet.

2.5.6 Kühlgeräte und Kühlanlagen

In der Bäckerei werden Kühlgeräte und Kühlanlagen zur Gärsteuerung und Gärverzögerung von Teiglingen, zum Lagern von kühlpflichtigen Lebensmitteln sowie zum Aufbewahren von Fertigprodukten benutzt.

Kälteerzeugung

Physikalisch gesehen bedeutet Kälteerzeugung oder Kälteübertragung lediglich den Entzug von Wärme.

Kälteverfahren	Charakteristika
Konventionelle Kälte – Kälteerzeugung mittels Wärmepumpe	▪ Kompressionskältemaschinen, bei denen das Kältemittel in einem geschlossenen Röhrensystem zirkuliert. Das Kältemittel wird mit einer Pumpe komprimiert, im Kondensator durch Kühlung verflüssigt und im Verdampfer unter Wärmeaufnahme verdampft. ▪ Die meisten Kühl- und Gefrieranlagen arbeiten mit Kompressionskältemaschinen.
Cryogene Kälte – Kälteerzeugung mittels Flüssiggas	▪ Teiglinge können auch mit flüssigem Stickstoff oder flüssiger Kohlensäure gefrostet werden. ▪ Flüssiger Stickstoff hat eine Temperatur von –196 °C. Beim Versprühen in der Frosteranlage geht er in den gasförmigen Zustand über. Die dazu notwendige Verdampfungsenergie (-wärme) wird der Umgebung entzogen. Die Teiglinge erreichen innerhalb weniger Minuten eine Kerntemperatur von –7 °C. ▪ Dieses Verfahren wird häufig in Großbäckereien angewendet, da sich die Anschaffungskosten für eine derartige Anlage erst ab einer bestimmten Produktionsmenge lohnen.
Kälteerzeugung mittels Vakuumkühlung	▪ Über eine Vakuumpumpe wird ein Vakuum aufgebaut, wobei Flüssigkeit verdampft und somit dem Backgut Verdampfungswärme entzogen wird. Das Backgut kühlt sehr schnell ab, es entstehen jedoch höhere Flüssigkeits- und Aromaverluste. ▪ Dieses Verfahren eignet sich nur zum Abkühlen von ofenheißen teil und fertig gebackenen Backwaren.

Kühlschrank

Wegen seiner niedrigen Luftfeuchtigkeit eignet er sich besonders zur Lagerung von
- Rohstoffen,
- Waren, die mit Fondant oder Kuvertüre glasiert sind und
- gefrorenen Teigstücken, die für den Tagesbedarf gelagert werden müssen.

Schockfroster

Werden Teiglinge oder ofenfrische Backwaren tiefgekühlt, müssen sie beim Gefrieren in kürzester Zeit die Kerntemperatur erreichen. Der Schockfroster arbeitet darum mit –45 °C und mit bis zu 95 % Luftfeuchtigkeit. Nur dadurch wird erreicht, dass die sich im Gebäck

! Moderne Ausrollmaschinen sind mit einer vorprogrammierten Steuerung ausgestattet, die den Teig selbstständig auf die gewünschte Teigstärke ausrollen.

Wickelmaschine

➔ Kälteverfahren siehe Kapitel Kältetechnik, Seite 324.

Erinnern Sie sich noch:
Wodurch ändert sich der Aggregatzustand eines Stoffes?

! Cryogene Gase werden auch bei der Kneterkühlung (punktgenaue Kühlung mit wenig technischem Aufwand) eingesetzt.

Kälteschrank

! Teiglinge zum Schockfrosten luftdicht verpacken, um Gefrierbrand zu vermeiden.

bildenden Eiskristalle ganz fein sind. Dies wiederum verhindert ein frühzeitiges Austrocknen der Ware und damit das Absplittern der Kruste sowie Gewichts- und Aromaverluste.

Tiefkühler

Wegen der geringen Luftfeuchtigkeit sollten darin nur Rohwaren, Früchte und Speiseeis gelagert werden. Fertige Backwaren würden zu schnell austrocknen.

Anlage zur Gärsteuerung von Teiglingen

Die Geräte führen folgende Funktionen voll- oder halbautomatisch durch: Schnellabkühlen (Schocken), Gärunterbrechen, Gärverzögern, Gären und Nachbehandeln von Teiglingen. Dadurch können jederzeit Frischbackwaren angeboten werden.

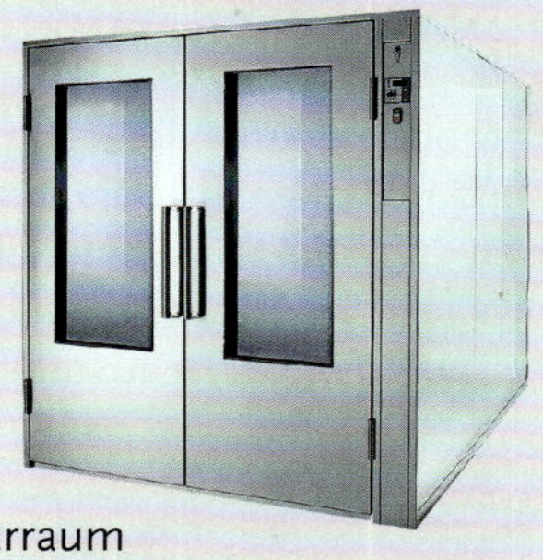

Gärraum

Wissenswertes dazu

- Luft kann immer nur eine bestimmte Wassermenge aufnehmen. Hat sie diese zur Gänze (zu 100 %) aufgenommen, ist sie gesättigt. Hat sie nur einen Teil davon aufgenommen, ist sie ungesättigt.
- Die relative Luftfeuchtigkeit gibt das Verhältnis zwischen dem in der Luft vorhandenen Wasserdampf und der maximal möglichen Aufnahmemenge an.
- Die Wasseraufnahmefähigkeit der Luft ist von ihrer Temperatur abhängig. Warme Luft kann mehr Wasserdampf aufnehmen als kalte Luft. So kann z. B. ein Kubikmeter Luft bei einer Temperatur von 30 °C ca. 30 g Wasser, im Vergleich dazu bei 20 °C nur ca. 17 g aufnehmen.
- Kühlt warme, stark wasserhaltige Luft ab, gibt sie diese Feuchtigkeit in Form von Kondenswasser oder Nebel ab.

2.5.7 Gärklimazellen (Gärräume, -schränke)

In Gärklimazellen wird der Gärverlauf (Gärreife und -zeiten) von Teigen über Wärme und Feuchtigkeit gesteuert.

Klimageräte erzeugen mit elektrischer Energie Wärme und in Verbindung mit Wasser Wasserdampf. Wärme und Luftfeuchtigkeit werden über ein Thermostat und Hygrostat geregelt, um optimale klimatische Bedingungen für die Gärvorgänge zu schaffen – Wärme begünstigt die Gärung, Luftfeuchtigkeit verhindert das Austrocknen (Verhauten) der Teigoberfläche und hält diese elastisch.

Für Weizenhefeteige sind eine Temperatur zwischen 30 und 35 °C und eine **relative Luftfeuchtigkeit** von 75 bis 80 % optimal.

2.5.8 Backöfen

Da der Backofen das Herzstück der Bäckerei ist, kommt ihm eine besondere Bedeutung zu. Mit ihm können geformte und gegarte Teigstücke in schmackhafte, schnitt- und kaufähige Brote und Gebäcke, rohe Massen in herrlich mundende Feinbackwaren umgewandelt werden. Die Umwandlung erfolgt durch Hitzeeinwirkung.

Die Backöfen von heute sind im Vergleich zu den Backöfen von vor 50 Jahren keine Öfen im herkömmlichen Sinn, sondern steuerbare Backmaschinen. Sie können gezielt auf die erforderlichen Backbedingungen eingestellt und kontrolliert werden, sind leicht zu bedienen und liefern eine gleichbleibende Qualität der Backwaren.

Bei der Auswahl bzw. Neuanschaffung eines Backofens sind folgende Kriterien zu berücksichtigen:

- **Größe:** Der Ofen soll wenig Platz (Aufstellfläche) einnehmen, aber viel Backnutzfläche bieten (Leistungsfähigkeit).
- **Beheizungsart (Öl, Gas, Strom):** Die anfallenden Kosten für Energie sollten so gering wie möglich sein. Backöfen mit gut steuerbarer Hitzeerzeugung und Wärmebeweglichkeit.
- **Funktion:** Backatmosphäre usw. Der Backofen soll zum Backen einer breiten Produktpalette geeignet sein.
- **Beschickung:** Stikken, Auszugsöfen, Aufsetzapparate u. Ä. erleichtern die Beschickung des Backofens.
- **Leichte Bedienung, Wartung** und **Pflege.**
- **Geringe Umweltbelastung.**
- **Sicherheit:** Der Ofen muss den gesetzlichen Sicherheits- und Unfallverhütungsvorschriften entsprechen.

! Die Kapazität und Rentabilität eines Betriebes sowie die Qualität der Backwaren hängen von der richtigen Auswahl des Backofens ab.

Anfallende Kosten für Energie

Anfallende Kosten	Strom	Flüssiggas	Stadt- bzw. Erdgas	Öl
Netzanschluss				
Lager/Tank				
Wartung für Kamin, Brenner				
Kosten der Vorratshaltung				

Lehmbackofen – Holzbackofen

Der Lehmbackofen ist ein direkt beheizter Ofen: Das Feuer wird direkt im Backraum abgebrannt. Die frei werdende Hitze wird teilweise im Backherdgewölbe und in der Herdsohle gespeichert. Nach der Säuberung des Ofens wird diese Speicherhitze zum Backen genutzt.

- Zug öffnen.
- Holz einschlichten (vorne mehr als hinten).
- Holz abbrennen.
- Zug nach und nach schließen.
- Glut anklopfen, auskühlen lassen.
- Asche herausziehen (ausgraben).
- Ofen abstehen lassen.
- Einschießen (hohe Anfangstemperatur, niedrige Ausbacktemperatur).

Der Lehmbackofen kann auch mit Öl oder Gas beheizt werden (Brustfeuerungsbackofen). Im gewerblichen Betrieb ist dieser Ofentyp überholt. Vereinzelt findet man ihn noch in Pizzerias oder Bäckereien, die sich auf die Herstellung von Spezialbroten (Holz- und Steinofenbrot) spezialisiert haben.

Kanal- oder Unterzugsofen

Er ist ein indirekt beheizter Ofen: Die Flammen werden, durch Schuber gelenkt, um den dickwandigen Backherd geführt. Die Hitzeübertragung in den Backraum erfolgt über die Wände des Backofens.

Dieser Ofentyp ist überholt, da er eine schlechte Wärmeausnutzung besitzt.

Dampfbackofen (Ringrohrbackofen)

Die Hitze wird durch nahtlos gezogene Stahlrohre (Perkins-, Mannesmanrohre) in den Backraum geführt.

- Die Rohre sind in sich geschlossen und etwa zur Hälfte mit Wasser gefüllt. Die Rohrenden ragen in den Heizschacht des Ofens.
- Durch die Hitze, die sich beim Verbrennen von Kohle, Holz, Öl oder Gas entwickelt, entsteht in den Rohren Dampf.
- Der Dampf gelangt durch den hohen Druck zum Backherd und fließt nach Abgabe der Hitze zur Heizstelle zurück.

Dieses System der indirekten Beheizung – Endlosrohre, die um mehrere Backöfen führen – wurde weiterentwickelt und ist noch heute üblich.

Thermoölofen

Der Ofen kann mit Heizöl, Gas oder elektrischem Strom beheizt werden. Das Thermoöl ist ein technisches Öl, es befindet sich in den Rohrleitungen und kann bis ca. 300 °C erhitzt werden kann. Da es durch den Gebrauch altert, muss es regelmäßig erneuert werden. Altöl ist der Ölverwertung zu übergeben.

- Das Thermoöl wird in einer separaten Kesselanlage erhitzt. Eine solche Anlage reicht aus, um mehrere Backöfen gleichzeitig zu beheizen.
- Von der Kesselanlage aus wird das heiße Thermoöl in einem Rohrsystem um die einzelnen Backherde geführt. Im Gegensatz zu den Dampfbacköfen entsteht dabei in den Rohren kein erhöhter Druck.
- Rohrsysteme, die sich ober- und unterhalb der Backherde befinden, übertragen die Hitze in den Backraum.

Funktionsprinzip eines Thermoölofens

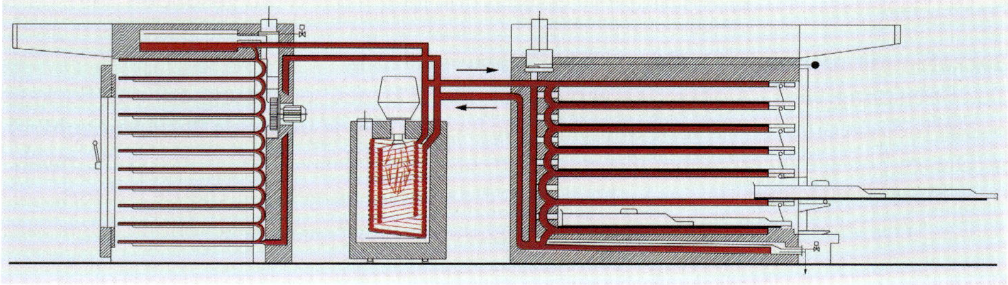

Holzbackofen

Wussten Sie, dass ...
der Kanal- oder Unterzugsofen der „Vater" der indirekt beheizbaren Backöfen ist? Mit der Entwicklung dieses Ofens war es erstmals möglich, mehrere Backöfen übereinander anzuordnen.

Entwicklung der Dampfbacköfen

- **Früher:** gemauerter Dampfbackofen.
- Stahlbauweise (Einschießöfen).
- Auszugsöfen.
- **Heute:** Dampfbacköfen mit mehreren Herden, mit modernen Beschickungsvorrichtungen.

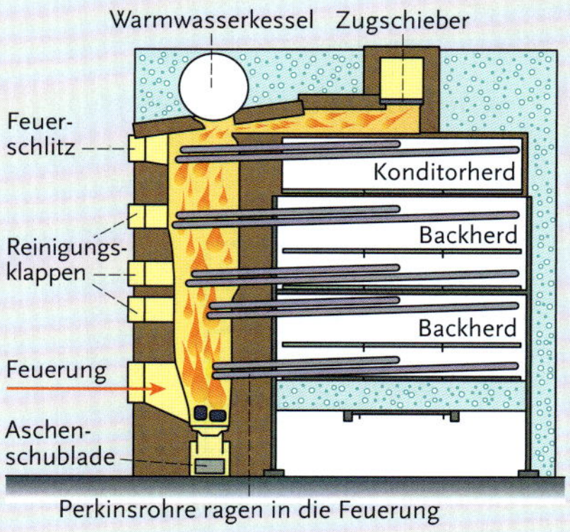

Dampfbackofen

! Öl- oder gasbeheizte Dampfbacköfen und Thermoölöfen müssen mit einem Sicherheitstemperaturbegrenzer ausgestattet sein, um ein Überhitzen zu vermeiden.

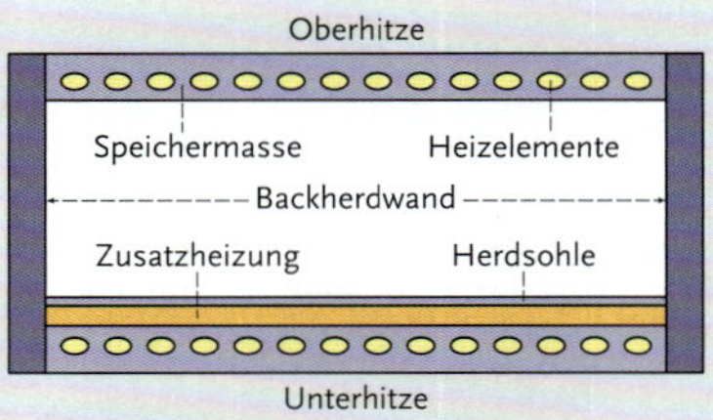

Elektroofen

Mit Gas oder Öl beheizte Backöfen müssen mit besonderen Sicherheitsvorrichtungen ausgestattet sein, um eine Explosionsgefahr zu verhindern (siehe Unfallverhütung, Seite 211). Diese Sicherheitsvorrichtungen müssen jederzeit einwandfrei funktionieren.

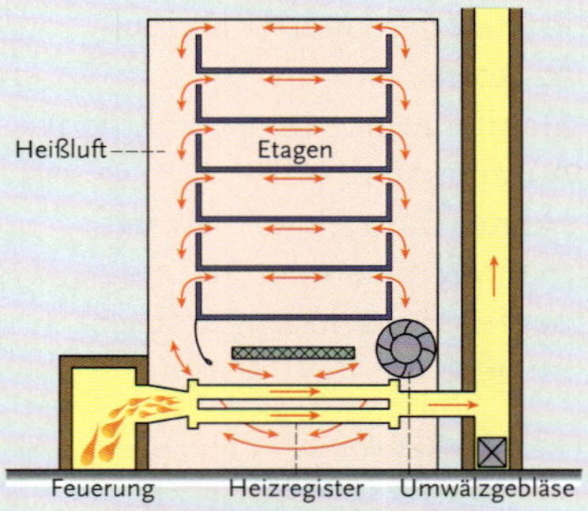

Heißluftumwälzung in einem Etagenbackofen

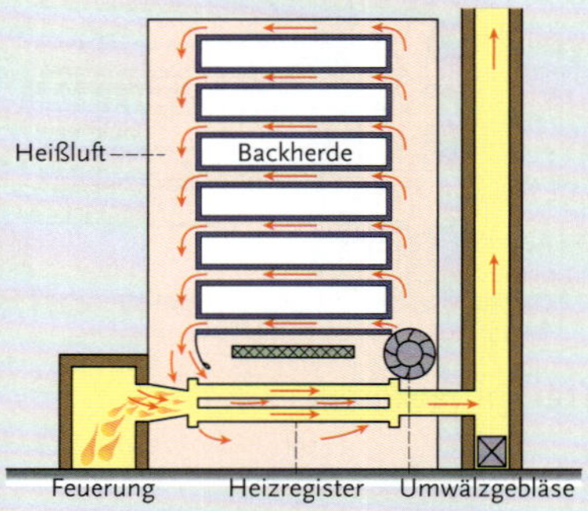

Heißluftumwälzung in einem Backofen mit mehreren Herden

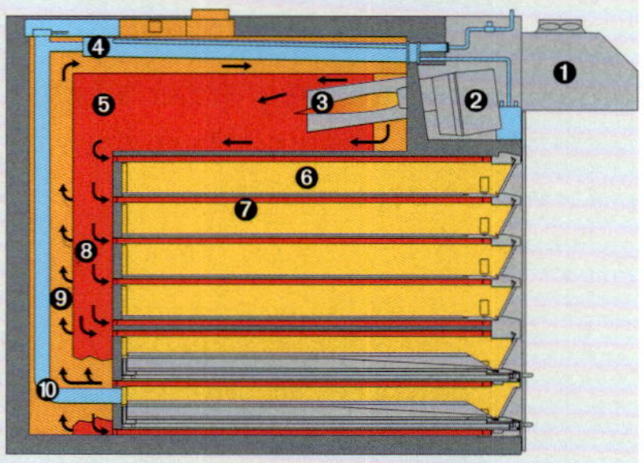

1 Dunstfang
2 Brenner
3 Brennkammer
4 Schwadenerzeuger
5 Energieteil
6 Backkammer
7 Heizradiator
8 Verteilerkanal
9 Sammelkanal
10 Be- und Entschwadung

Heizgasumwälzung in einem Backofen mit mehreren Herden

Elektroofen (mit Speicher)

Die Wärmeübertragung auf das Backgut erfolgt durch die Wände des Backherds.

- Die Speichermassen werden mit elektrischem Strom durch die Heizelemente, die sich ober- und unterhalb des Backherds befinden, aufgeheizt. Je nach Bauart, kann bei zu geringer Speicherkapazität eine Zusatzheizung eingeschaltet werden.
- Der Schwaden wird in Verdampfern erzeugt und den einzelnen Backherden gesondert zugeführt.
- Die Backatmosphäre ist stillstehend.

Vorteile dieses Ofentyps

- Ober- und Unterhitze können getrennt geregelt werden
- Keine Kosten durch Brennstofflagerung
- Kein Kamin (geringer Wartungsaufwand)
- Sauberkeit

Gasofen

Flammen und Heizgase werden durch einen Zug von Reihenbrennern um die Wände des Backherds geführt. Die Wärmeübertragung auf das Backgut erfolgt durch Umwälzung der Heizgase.

- Die Heizgase gelangen vom Brenner an das Ende der Backherde.
- Von da aus durchströmen sie die Heizkanäle ober- und unterhalb der Backflächen nach vorn und strömen anschließend nach hinten zurück. Dadurch werden Temperaturunterschiede zwischen den Heizkanälen ausgeglichen, die durch die Wärmeabgabe an die Backherde entstehen. Durch die unterschiedlichen Abstände der Gasdüsen in den Reihenbrennern wird die Hitze gleichmäßig verteilt.
- Die Abgase werden durch einen Abzugskanal abgeführt (von vorne nach hinten).

Vorteile dieses Ofentyps

- Bequeme Wartung der Bauelemente (Brenner usw.)
- Umweltfreundlich

Zyklothermbacköfen

Bei diesen Öfen wird die erzeugte Hitze durch Ventilatoren umgewälzt.

Etagenbackofen mit Heißluftumwälzung

Der Ofen kann mit Öl, Gas oder Strom beheizt werden. Die Wärmeübertragung auf das Backgut erfolgt direkt durch die Umwälzluft **(bewegte Backatmosphäre).**

- Die im Energieteil frei werdende Hitze wird auf das Heizregister übertragen. Die dabei entstehende Heißluft wird durch das Umwälzgebläse in periodisch wechselnder Richtung durch die Backetagen und über das Heizregister geführt.
- Der Schwaden wird in Verdampfern erzeugt und allen Backetagen gleichzeitig mit der Umwälzluft zugeführt.

Vorteil dieses Ofentyps

- Geringe Energiekosten
- Gute Wärmebeweglichkeit
- Große Backfläche im Verhältnis zur Aufstellfläche

Backofen mit mehreren Herden, mit Heißluftumwälzung

Er kann mit Öl, Gas oder Strom beheizt werden. Die Wärmeübertragung auf das Backgut erfolgt indirekt durch die Wände und die Sohle des Backherds **(ruhende Backatmosphäre).**

- Die entstehende Heißluft wird durch das Umwälzgebläse in gleichbleibender Richtung um die dünnwandigen Backherde geführt.
- Der Schwaden wird in Verdampfern erzeugt und jedem Backherd gesondert zugeführt.

Backofen mit mehreren Herden, mit Heizgasumwälzung

Zur Beheizung wird Öl oder Gas verwendet. Die Wärmeübertragung auf das Backgut erfolgt indirekt durch die Wände und die Sohle des Backherds **(ruhende Backatmosphäre).**

- Die im Energieteil entstehenden Flammen und Heizgase werden durch ein Umwälzgebläse in gleichbleibender Richtung um die dünnwandigen Backherde geführt.
- Der Schwaden wird in Verdampfern erzeugt und jedem Backherd gesondert zugeführt.

Stikkenofen (Backschrank)

Der Stikkenofen ist ein befahrbarer Umluftofen. Er funktioniert grundsätzlich wie ein Etagenbackofen mit Heißluftumwälzung.

Stikken (Schragen) sind fahrbare Wagen, die einen rollenden Produktionsablauf ermöglichen:

- Sie befördern die Teiglinge auf Backgutträgern (Lochblechen) in den Gärraum oder in Anlagen zur Gärsteuerung, weiter
- in den Stikkenofen zum Backen der Teigstücke und
- transportieren die fertigen Backwaren in den Verkaufsraum oder in das Lager.

Der Stikken kann während des Backens stillstehen oder sich drehen.

Backofen mit stillstehendem Stikken

- Die Umwälzluft wird durch zwei Gebläsewalzen in periodisch wechselnder Richtung durch den Backraum und über das Heizregister oder die Heizstäbe geführt.
- Die gleichmäßige Verteilung der Wärme kann durch Einstellen der Lamellen an der Backraumwand gesteuert werden.
- Der in den Verdampfern erzeugte Schwaden gelangt mit Umwälzluft in den Backraum. Während der Schwadengabe herrscht eine stillstehende Backatmosphäre.

Backofen mit drehendem Stikken

- Die Umwälzluft wird durch ein Gebläse in gleichbleibender Richtung durch den Backraum und über das Heizregister oder die Heizstäbe geführt.
- Die gleichmäßige Verteilung der Wärme wird durch das Drehen des Stikkens erzielt. Dieser dreht sich entgegengesetzt zur Umwälzluft.
- Der in den Verdampfern erzeugte Schwaden gelangt mit der Umwälzluft in den Backraum. Während der Schwadengabe herrscht eine stillstehende Backatmosphäre.

Vorteile dieses Ofentyps

- Geringer Platzbedarf, große Backnutzfläche
- Rollende Produktion möglich
- Gute Energienutzung

Netzbandöfen (Industriebacköfen)

Sie werden zur Herstellung von Backwaren einer Sorte in hoher Stückzahl verwendet. Ein bewegtes Netzband dient als Backgutträger.

Halbautomatischer Netzbandofen (Reversierofen)

Der Netzband- oder Reversierofen ist häufig ein Elektroofen.

- Das Netzband wird zum Beschicken in den Backofen eingefahren,
- nach Beendigung des Backvorgangs wird es zum Entleeren wieder zurückgefahren.

Vollautomatischer Netzbandofen (Durchlaufofen)

Die Wärmeübertragung erfolgt durch Umwälzung der Heißluft oder Heizgase oder durch die Wände des Backherds (Elektroöfen).

- Das Backgut wird vom Netzband durch die Backzonen des Backraumes transportiert.
- Die Backtemperatur und Backatmosphäre in den einzelnen Zonen sowie die Durchlaufgeschwindigkeit müssen auf das Backgut abgestimmt sein.
- Bei der Produktion von rustikalen, roggenbetonten Brotsorten kann dem Netzbandofen eine Vorbackzone mit Steinplatten (bis zu ca. 350 °C, drei bis vier Minuten) vorgesetzt werden, um ein optimales Backergebnis zu erzielen.

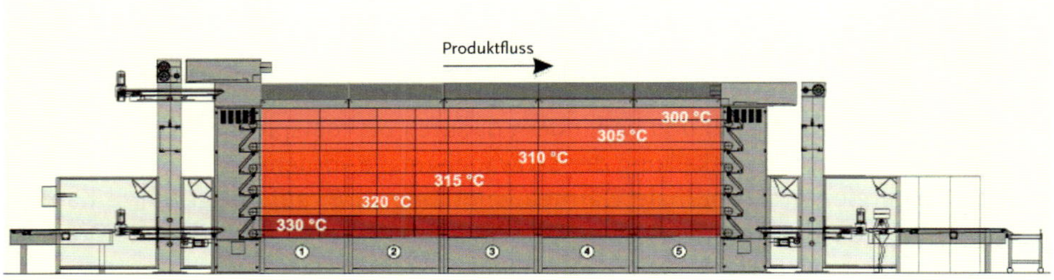

Stikkenofen

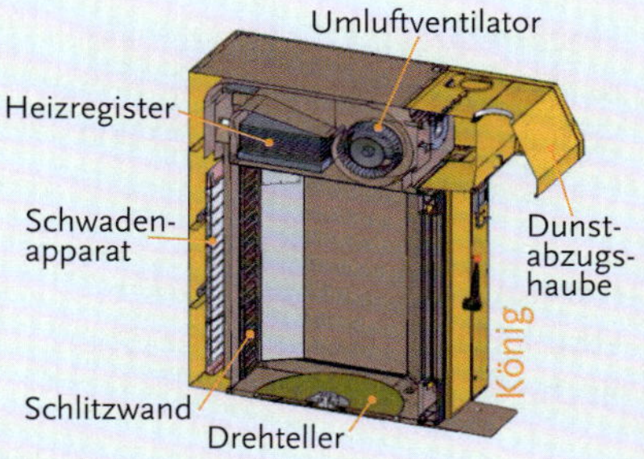

Querschnitt Stikkenofen

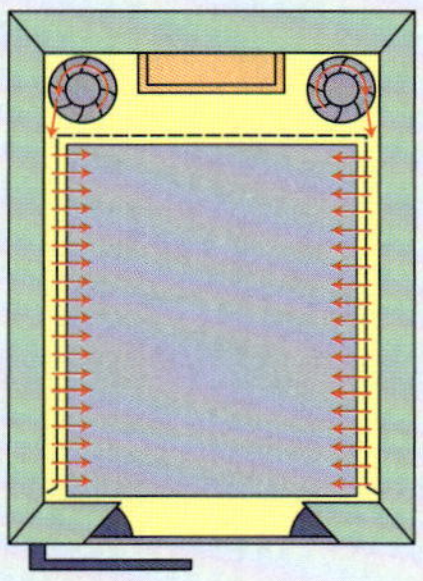

Stillstehender Stikken

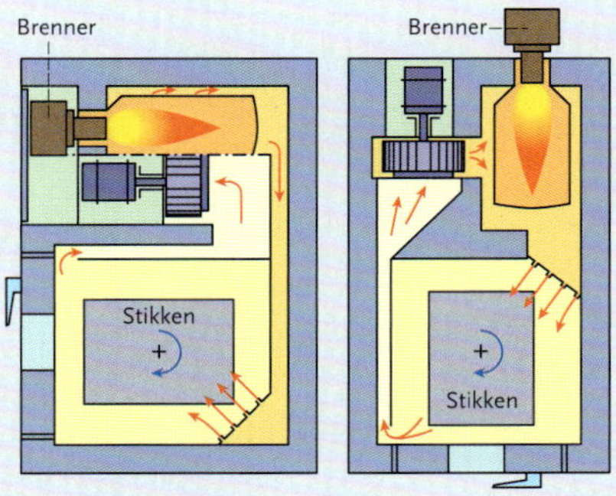

Drehender Stikken

Wussten Sie, dass ...
vollautomatische Netzbandöfen über 25 m lang sind?

Hochfrequenz = Gebiet der elektrischen Schwingungen mit hoher Schwingungszahl ab ca. 20 000 Hertz.

Infrarot = unsichtbare Wärmestrahlen zur Bräunung der Oberfläche von Backwaren.

Ladenbackofen, Schaubackofen

Er wird immer öfter im Ladenbereich aufgestellt. Das große Glas in der Ofentüre gewährt der Kundschaft Einblick in das Innere, auf die frisch zubereiteten Backwaren. Der Duft regt zusätzlich die Kauflust an. Da diese Geräte über modernste Steuerungsanlagen (Computersteuerungen) verfügen, ist es auch dem Verkaufpersonal möglich, damit zu backen.

Ladenbacköfen sind sowohl als Elektroöfen mit Heißluftumwälzung als auch als Elektroetagenbacköfen üblich. Verschiedene Modelle sind mit einer Auftauvorrichtung ausgestattet.

Hochfrequenz-Infrarot-Backofen

Durch die hohen Schwingungen der Wärmestrahlen werden die Moleküle des Backgutes in Bewegung gesetzt. Dabei entsteht Reibungswärme.
Dieser Ofen wird derzeit nur für die Herstellung von Teegebäck verwendet.

Schwadenapparate

Sie befinden sich im hinteren oder unteren Teil des Backofens. Die Anzahl – ein oder mehrere Schwadenapparate – variiert je nach Backfläche (Backherd). Schwadenapparate bestehen häufig aus Rohren, die im Inneren Stahlschienen oder Stahlkugeln oder Stahlrinnen zur besseren Wärmespeicherung enthalten können.

Schwadenerzeugung

- Durch Öffnung eines Ventils wird Wasser durch ein Spritzrohr gegen die heißen Stahlteile gesprüht.
- Der dabei entstehende Wasserdampf gelangt durch sogenannte Schwadeneintrittsschlitze in den jeweiligen Backherd oder Backraum.
- Überschüssiges Wasser wird über einen Abfluss abgeleitet.

Die Schwadenerzeugung verbraucht bis zu 30 % der gesamten Energie des Backprozesses. Durch Kalkablagerungen, die beim Verdampfen des Wassers entstehen, verschlechtert sich die Wärmeübertragung und der Energieverbrauch steigt. Deshalb sollten Schwadenapparate regelmäßig entkalkt werden.

Backofenpflege

Die einzelnen Bauelemente des Backofens müssen aus Gründen

- der Hygiene,
- der Sicherheit,
- der Wirtschaftlichkeit

regelmäßig gewartet, gereinigt und gepflegt werden.

Pflege aus hygienischen Gründen

Der Backofen muss in einem hygienisch einwandfreien Zustand sein. Deshalb müssen die beim Backvorgang entstehenden Rückstände (z. B. Ruß) täglich aus dem Backofen entfernt werden. Zur Reinigung werden Geräte wie Ofenwischer, Ofenhobel, Spezialsauger usw. verwendet.

Pflege aus Sicherheitsgründen

Um eine optimale Arbeitssicherheit zu gewährleisten, müssen

- Öfen mit Öl- oder Gasbrennern mindestens einmal jährlich von einer Fachkraft überprüft werden,
- Sicherheitsvorrichtungen wie Gasmangelsicherung, Zündsicherungen, Flammenüberwachung, Abgasschieber, Kontrolllampen und Alarmvorrichtungen täglich von der Bäckerin/vom Bäcker kontrolliert werden.

! Bei unverbranntem Gas oder Öl im Heizkanal besteht Explosionsgefahr.

Pflege aus wirtschaftlichen Gründen

Regelmäßig gewartete und gepflegte Backmaschinen

- funktionieren störungsfrei und verhindern dadurch oft kostspielige Produktionsausfälle, z. B. regelmäßig Entkalkung der Schwadenanlage vornehmen,
- sparen Energie durch optimale Wärmeausnutzung, z. B. auf gut gekehrte Kamine (guter Zug), gut isolierte Brennräume, rußfreie Brennrohre, gut gewartete Brenner, hochwertiges oder entsprechend aufbereitetes Heizmaterial usw. achten.

! Kalkablagerungen erhöhen den Energieverbrauch!

2.5.9 Maschinen zur Restbrotverwertung

In jedem Backbetrieb fällt Restbrot an. Je nach Brotart und Grad der Alterung wird das Restbrot zu Bröseln gerieben, in Würfeln geschnitten, bei der Brotherstellung wiederverarbeitet. Das Restbrot muss bis zur Verarbeitung trocken und staubgeschützt gelagert werden.

Bröselmaschine, Universalreibmaschine

Mit ihr wird trockenes Gebäck zu Bröseln gerieben. Zur Zerkleinerung werden Kegel-, und Walzenmühlen sowie Schlägerwerke eingesetzt. Die Brösel sollen den richtigen Feinheitsgrad aufweisen, d. h., sie sollen nicht zu staubig, aber auch nicht zu grob sein.

Weißbrotwürfel-Schneidemaschine

Sie schneidet einige Tage altes Weißbrot würfelig oder nudelig.

- Die Weißbrote werden beim Einlauf mit dem Holzstößel eingeschoben,
- von einem senkrecht arbeitendem Messer in Scheiben geschnitten,
- anschließend von einem waagrechten Metallstößel durch das Messergitter gedrückt.

Brotwolf, Brotmixer

Er dient zur Wiederverwertung von altbackenem Roggen- und Roggenmischbrot. Das Brot wird mit Wasser zu einem homogenen Brei gemixt. Dieser wird dem Brotteig zugesetzt. In der Praxis wird zur Brotfermentation oftmals eine Sauerteiganlage (siehe Seite 227) eingesetzt.

Restbrot ist ein Nahrungsmittel und kein Futtermittel!

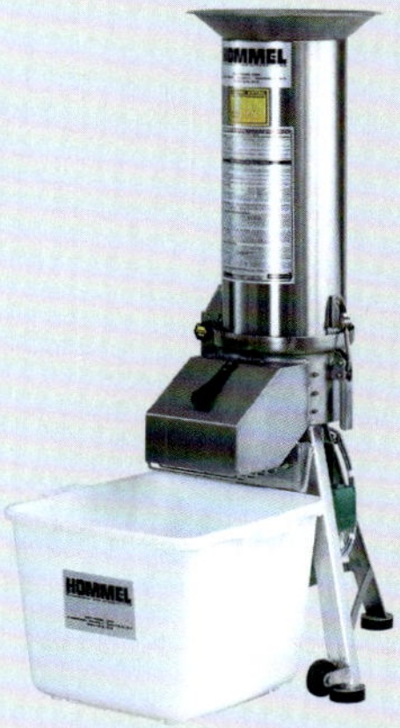

Universalreibmaschine zum Reiben von Gebäck, Restbrot, Biskuit, Schokolade, Käse usw.

2.5.10 Brotschneidemaschinen

Sie können mit verschiedenen Messersystemen ausgestattet sein:

Systeme	Funktionen
Kreismesser 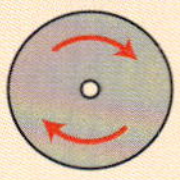	■ Schneidet das Brot durch schnelle Rotation um die eigene Achse in Scheiben. ■ Mitlaufende Messerabstreifer reinigen das Messer während des Schneidevorgangs.
Schlagmesser 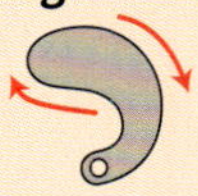	■ Schneidet das Brot in kreisender Schlagbewegung in Scheiben. ■ Dieses System eignet sich zum Schneiden aller Brotsorten.
Gattermesser 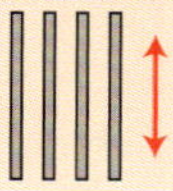	■ Mehrere parallele Schneidemesser schneiden ein ganzes Brot in einem Arbeitsschritt in Scheiben.

Moderne Brotschneidemaschinen passen die Schneidegeschwindigkeit an die zu schneidenden Brote an. Sie werden mit und ohne Beölung angeboten. Bei Maschinen mit Beölung werden die Schneidemesser dünn mit einem Schneideöl, einem harzfreien Spezialöl, behandelt, damit die Brotscheiben eine glatte Schnittfläche haben.

Brotschneidemaschinen gehören zu den gefährlichsten Maschinen in der Bäckerei. Deshalb sollten beim Umgang mit diesen Maschinen die Sicherheitsvorschriften genauestens eingehalten werden (siehe Unfallverhütung, Seite 211).

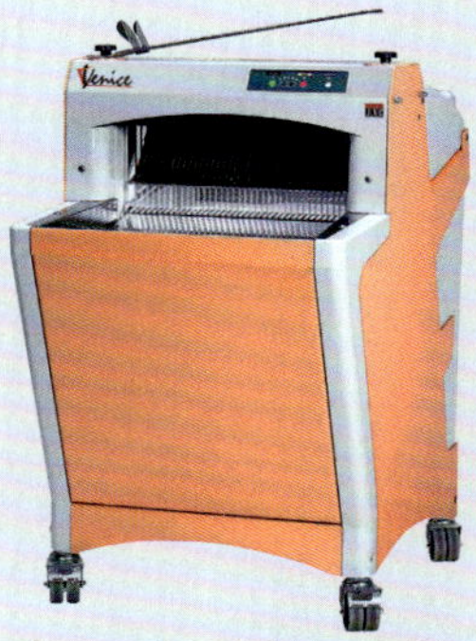

Gatterbrotschneidemaschine

2.5.11 Verpackungsmaschinen

Die Verpackung schützt geschnittenes Brot nicht nur vor Verschmutzung und dem Austrocknen, sondern wirkt auch dem Verderb entgegen (konservierende Wirkung). Moderne Verpackungsmaschinen können zusätzlich zum Verpackungsvorgang

- der Verpackung Luft entziehen (Vakuumverpackung): verhindert Schimmelbefall,
- die Verpackung mit Schutzgasen füllen: Gaspolster aus Kohlendioxid oder Stickstoff verhindern das Wachstum von Mikroorganismen,
- schrumpf- und siegelfähige Folien durch Hitze verkleben: Schutz vor Verschmutzung,
- den Verpackungsinhalt durch Erhitzen keimfrei machen.

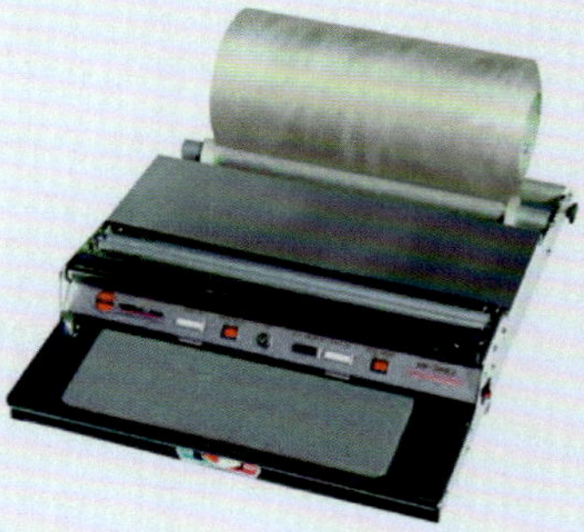

Verpackungsmaschine (für kleine Mengen)

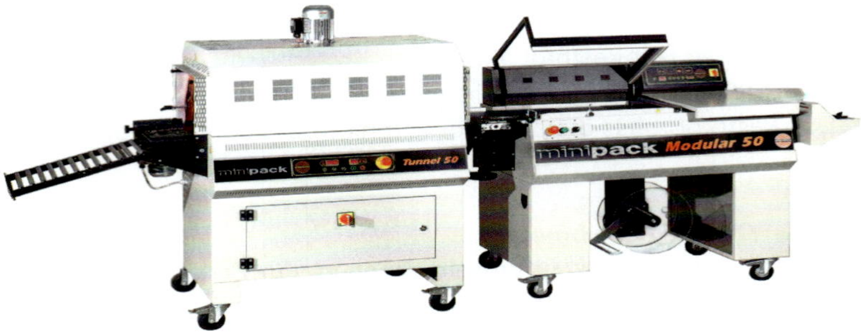

Verpackungsanlage (für mittlere und große Mengen)

Notizen zu den Arbeitsaufgaben:

Arbeitsaufgaben

1. Erklären Sie den Begriff Ergonomie.
2. Beschreiben Sie jene Körperhaltung, die Sie am Arbeitsplatz bei bestimmten Tätigkeiten einnehmen sollten, um Verspannungen zu vermeiden.
3. Erläutern Sie, worauf bei der Planung einer Backstube geachtet werden sollte.
5. Nennen Sie einige in der Bäckerei verwendete Werkzeuge.
6. Zählen Sie einige Geräte auf, die in der Bäckerei verwendet werden.
7. Nennen Sie Vorteile, die sich durch die Verwendung von Silikonformen ergeben.
8. Beschreiben Sie, wie eine Mehlaufbereitungsanlage funktioniert.
9. Schildern Sie, wie Sie die Zugussflüssigkeit bei der Teigbereitung manuell temperieren können.
10. Zählen Sie Vorteile von Wassermisch- und Dosiergeräten auf.
11. Erklären Sie, wie Sie hartes Wasser enthärten können.
12. Beschreiben Sie, wie ein Spiralkneter funktioniert.
13. Erläutern Sie den Unterschied zwischen einer halbautomatischen Teigteilmaschine und einer vollautomatischen.
14. Erklären Sie, was man unter einem Kammernteiler versteht.
15. Beschreiben Sie, wie eine Langwirkmaschine funktioniert.
16. Zählen Sie Kühl- und Gefrieranlagen auf, die in der Bäckerei verwendet werden.
17. Schildern Sie, welches Verfahren Großbäckereien zum Frosten der Teiglinge einsetzen.
18. Nennen Sie Kriterien, von denen die Auswahl des Backofens abhängt.
19. Beschreiben Sie die Funktionen eines Thermoölofens.
20. Erklären Sie, wodurch die Wärmeübertragung bei Zyklothermbacköfen erfolgt.
21. Beschreiben Sie die Vorteile eines Stikkenofens.
22. Erklären Sie, wozu Netzbandöfen verwendet werden.
23. Nennen Sie Gründe für eine gewissenhafte Backofenpflege.
24. Beschreiben Sie Maschinen, die zur Restbrotverwertung verwendet werden.

SPEZIELLE FACHKUNDE

1 Berufscharakteristika

In diesem Kapitel erfahren Sie Näheres über die geschichtliche Entwicklung des Bäckerhandwerks und das moderne Berufsbild der Bäckerin/des Bäckers.

Unsere Ziele

Nach Bearbeitung dieses Teilkapitels werden Sie ...

- über die Geschichte des Bäckerhandwerks unterrichtet sein;
- über die Ausbildungsvorschriften des Berufsausbildungsgesetzes informiert sein;
- wissen, welche Kenntnisse Sie in den einzelnen Ausbildungsjahren erlangen sollen.

1.1 Bäckerhandwerk – früher und heute

Die Geschichte des Brotes begann aller Wahrscheinlichkeit nach in Ägypten, wo sich bereits 7 000 Jahre vor Christus der Getreideanbau entwickelte. Dort entstand ca. **4 000 vor Christus** das erste Brot.

Die Vorstufe des Brotes war ein **ungesäuerter, harter Fladen.** Dazu wurde Getreide mit Reibsteinen zermahlen und mit Wasser zu einem Brei angerührt. Dieser wurde anschließend auf erhitzten Steinen zu rundlichen Fladen gebacken.

Die **Erfindung des Sauerteiges** bzw. des ersten gesäuerten Brotes dürfte auf einen Zufall zurückzuführen sein. Es wird vermutet, dass ein übrig gebliebener Brei durch wilde Hefen aus der Luft vergoren wurde und durch anschließendes Ausbacken des Breis ein schmackhaftes, lockeres Brot entstand.

Die alten Ägypter kannten bereits 2 000 bis 3 000 Jahre vor Christus die Funktionsweise von Sauerteig und stellten zwischen 16 und 30 verschiedene gesäuerte und ungesäuerte Backwaren her.

Die Griechen verdankten den Ägyptern die Kunst des Backens, sie übernahmen deren Kenntnisse und Wissen über die Backkultur. Bald entstanden die ersten gewerbsmäßigen Bäckereien. Die Griechen verfeinerten ihre Backwaren mit Milch, Wein, Honig, Feigen, Leinsamen, Quitten und Gewürzen. Im antiken Griechenland gab es bereits über 100 Gebäcksorten.

Von Griechenland aus gelangte die Backkultur nach Rom, wo es bereits im 4. Jahrhundert 250 Bäckereien gab. Diese versorgten das Volk unentgeltlich mit Brot. Ihre Meister schlossen sich in einer Zunft zusammen, wurden in weiter Folge Staatsbeamte und mit der Verteilung von Mehl und Brot beauftragt. Unter Kaiser Augustus (63 v. Chr. bis 14 n. Chr.) wurde die **Zunft der Weißbäcker** gegründet und bald darauf auch die **Zunft der Schwarzbäcker.**

In Mitteleuropa entstanden die ersten gewerbsmäßigen Bäckereien zur Zeit **Karls des Großen** (786–814 n. Chr.). Vielfach waren es die Klöster, die Bäckereien nicht nur für den eigenen Bedarf, sondern auch für die Versorgung der Bevölkerung einrichteten und betrieben.

Mit dem Wachstum der Städte entwickelte sich im 10. Jahrhundert der Bäckerberuf zum „freien" Berufsstand. Verwendet wurde die **Berufsbezeichnung „Beck"** (kurz für mhd. „becker") oder „Pfister" (vom lateinischen „pistor").

Etwa im **12. Jahrhundert** organisierten sich die Bäcker zu **Zünften,** die ihre Interessen gegenüber der Politik vertraten und den Wettbewerb untereinander regelten. In Wien wurde die Bäckerzunft 1227 n. Chr. unter Gildemeister Johann Enikel gegründet.

Mit der zunehmenden Ausdehnung des Bäckerhandwerks begann eine Spezialisierung. So unterschied man zwischen den **Schwarzbäckern,** die Roggen- und Roggenmischbrote herstellten, und den **Weißbäckern,** die Hefe- und Milchbrotwaren sowie Kuchen aus Weizen produzierten. Etwas später entwickelten sich die Zünfte der Lebküchner (Honigkuchenerzeuger) und Wachszieher und mit Beginn des 18. Jahrhunderts die Zunft der Zuckerbäcker.

Im Mittelalter (13. bis 17. Jahrhundert) wurden von den Herrschern Verordnungen über Preis und Gewicht von Brot festgelegt. Bäcker, die sich nicht daran hielten, wurden mit hohen Geldstrafen, aber auch mit Strafen wie **„Bäckerschupfen"** (der Schuldige wurde dabei in einem Käfig einige Male unter Wasser getaucht), Prangerstehen, Daumendrehen und Ohrabschneiden bestraft.

Zu großem Ansehen gelangte das Bäckerhandwerk zur Zeit der Türkenbelagerung (1529 und 1683). Zur Erinnerung an die Gefahr einer türkischen Invasion wurde ein Gebäck geschaffen, das die Form eines Halbmondes hatte – das Hörnchen.

Getreide und Brot sind seit jeher nicht nur Grundnahrungsmittel der Menschen, sie haben auch für ihre religiöse und kulturelle Entwicklung eine bedeutende Rolle gespielt und haben die Lebensart der Menschen, ihren Glauben und ihr Brauchtum verändert.

Reibstein, mit dem das Getreide zermahlen wurde

Wussten Sie, dass ...
die Ägypter auch den Toten Brot mitgaben? Für sie war ein Weiterleben im Jenseits ohne diese „Lebensspeise" nicht vorstellbar.

Wussten Sie, dass ...
die Bäckerzunft meist die älteste der städtischen Innungen war?

Die Zünfte vertraten die Interessen der Mitglieder, regelten die Preise, den Wettbewerb und überprüften die Qualität der Ware, legten Ausbildungsformen, Löhne und Arbeitszeiten fest.

Das Bäckerschupfen kam der Schaulust der Bevölkerung entgegen, den Bäcker kostete es allerdings meist die Existenz – manchmal sogar das Leben

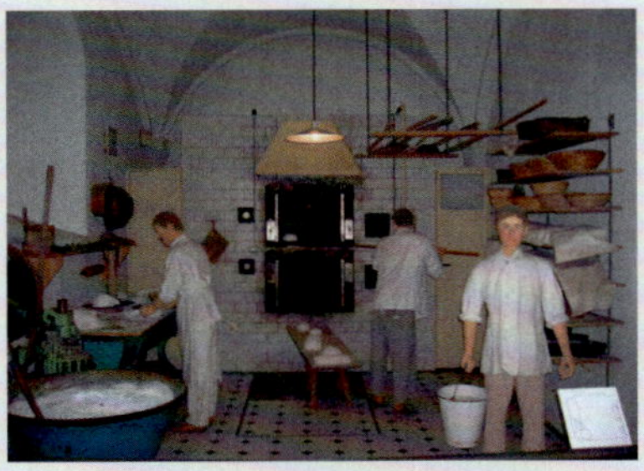

Backstube

Kneter zu Beginn des 20. Jahrhunderts

1850 entwickelten Julius Reinighaus und Adolf Ignaz Mautner-Markhof ein Verfahren zur industriellen Gewinnung von **Backhefe.** Bis dahin wurden die Teige entweder mit Wein- oder Bierhefe oder mit Sauerteig gelockert.

Die Produktionsmethoden der Bäcker waren über Jahrhunderte hinweg einfach geblieben. Der technische Fortschritt vollzog sich erst im Zuge der industriellen Revolution. Es entstanden Misch- und Knetmaschinen, Teigteilmaschinen sowie indirekt beheizbare Backöfen, die die Herstellung der Backwaren wesentlich erleichterten. Gleichzeitig wurde damit die Mechanisierung der Backwarenherstellung eingeleitet.

Seit Ende des 20. Jahrhunderts haben sich die Anforderungen an den Bäckerberuf entscheidend verändert. Handwerkliches Können ist nach wie vor die Grundlage für das erfolgreiche Betreiben einer Handwerksbäckerei. Zusätzlich muss die Bäckerin / der Bäcker jedoch auch Kenntnisse über und Fähigkeiten für die Bedienung von computergesteuerten Maschinen mitbringen und in der Lage sein, mehrere in sich geschlossene Arbeitsabläufe zu überschauen und zu steuern.

Mit dem Bäckerberuf einhergehende schwere körperliche Tätigkeiten gehören längst der Vergangenheit an. Mehlsiloanlagen, moderne Backöfen, wie Etagen- oder Stikkenöfen, Kühlanlagen, Anlagen zur Gärverzögerung und Gärunterbrechung, erleichtern heutzutage die körperliche Arbeit, sodass der Beruf auch für Frauen attraktiv ist.

Der Einsatz moderner Maschinen ermöglicht einen Produktionsprozess zu einer für den Betrieb günstigen Zeit. Der Backprozess wird mithilfe computergesteuerter Backöfen (Ladenbacköfen) in die Verkaufsräume oder sogenannten Backshops ausgelagert. Dort werden mehrmals täglich Tiefkühlteiglinge gebacken, um der Kundin / dem Kunden immer frisches Gebäck anbieten zu können.

Doch nicht nur der technologische Fortschritt hat zu einer Weiterentwicklung des Bäckerhandwerks geführt, auch das veränderte Gesundheitsbewusstsein der Konsumentinnen/ Konsumenten hat wesentlich dazu beigetragen. Die Kundinnen und Kunden erwarten neben Vielfalt, Qualität und Frische, dass das Angebot auch ernährungsbewusst gestaltet wird. Die Produkte sollen joulearm, leicht, individuell im Geschmack und Aussehen sein. Sie müssen aus ernährungsphysiologisch wertvollen und einwandfreien Rohstoffen hergestellt werden.

1.2 Berufsausbildung

Die Bäckerin/der Bäcker stellt Brot, wie Roggenbrot, Schwarzbrot, Mischbrot, Weizenbrot, Vollkornbrot und sonstige ortsübliche Brotsorten her. Des Weiteren fertigt sie/er Brötchen und Formgebäck, Feine Backwaren, Dauerbackwaren wie Zwieback, Hart- und Weichkekse, Salz- und Käsegebäck, Flechtgebäck usw. an.

Um die Ausbildungsziele erreichen zu können, benötigt der Auszubildende folgende Eigenschaften:

- einen guten Geruchs- und Geschmackssinn,
- technisches Verständnis,
- Geschicklichkeit und Fingerfertigkeit,
- Teamfähigkeit,
- Organisationstalent,
- Hygienebewusstsein,
- Kreativität.

Berufsbild

Die Ausbildungsbetriebe und die berufsbildenden Schulen teilen sich die Berufsausbildung. Dieses **duale Ausbildungssystem** verbindet die praktische und theoretische Fachausbildung.

Betriebliche Gegebenheiten (Spezialisierung oder Standort) verhindern oft die Ausschöpfung aller dem Berufsbild entsprechenden Ausbildungsmöglichkeiten. Diskutieren Sie, ob das die Berufsschule ausreichend kompensieren kann oder ob die zwischenbetriebliche Ausbildung forciert werden soll.

Die mit der Ausbildung Betrauten haben alle geltenden Gesetze und Vorschriften zu beachten. **Das Berufsbildungsgesetz vom 23. März 2005 (BGBl. I, S. 931) gibt das Berufsbild vor.** Es regelt genau, was dem Auszubildenden vom Lehrberechtigten oder Ausbildner in welchem Jahr vermittelt wird.

LF	Lehrinhalte	Ausbildungsjahr/Std.		
		1.	2.	3.
1	Unterweisen einer neuen Mitarbeiterin/eines neuen Mitarbeiters	60		
2	Herstellen einfacher Teige/Massen	100		
3	Gestalten, Werben, Beraten und Verkaufen	80		
4	Herstellen von Feinen Backwaren aus Teigen	80		
5	Herstellen von Weizenbrot und Weizenkleingebäck		80	
6	Herstellen von Backwarensnacks		40	
7	Herstellen und Verarbeiten von Sauerteig		80	
8	Herstellen von roggenhaltigem Brot und Kleingebäck		80	
9	Herstellen von Schrot-, Vollkorn- und Spezialbroten			60
10	Herstellen von Feinen Backwaren aus Massen			60
11	Herstellen von Torten und Desserts			80
12	Herstellen von kleinen Gerichten			40
13	Planen und Durchführen einer Aktionswoche			40

Die Ausbildungszeit dauert drei Jahre und wird mit der Lehrabschlussprüfung abgeschlossen.

Berufsaussichten

- Teigmacherin/Teigmacher
- Ofenarbeiterin/Ofenarbeiter
- Bäckerin/Bäcker in der Hotellerie oder auf dem Schiff
- Backstubenleiterin/Backstubenleiter
- Produktionsleiterin/Produktionsleiter
- Gründung eines eigenen Betriebes

Weiterbildungsmöglichkeiten

Um die beruflichen Chancen zu verbessern, stehen folgende Möglichkeiten offen:

- Ergänzungsprüfungen in verwandten Berufen (z. B. Konditorin/Konditor, Köchin/Koch)
- Meisterprüfung
- Weiterbildung zum Betriebswirt des Handwerks
- Besuch einer Fachhochschule/Hochschule für Lebensmitteltechnologie

Verhältniszahlen zwischen Ausbildnern und Auszubildenden lt. Berufsausbildungsgesetz

Fachlich einschlägig ausgebildete Personen	Auszubildende	Auf die Verhältniszahlen nicht anzurechnen sind:
1	2	■ Auszubildende in den letzten vier Monaten ihrer Ausbildung
2	3	
3	4	■ Auszubildende mit verkürzter Lehrzeit
4	5	

! Zusätzliche lebensmitteltechnologische und biotechnologische Kenntnisse verbessern Ihre Berufschancen.

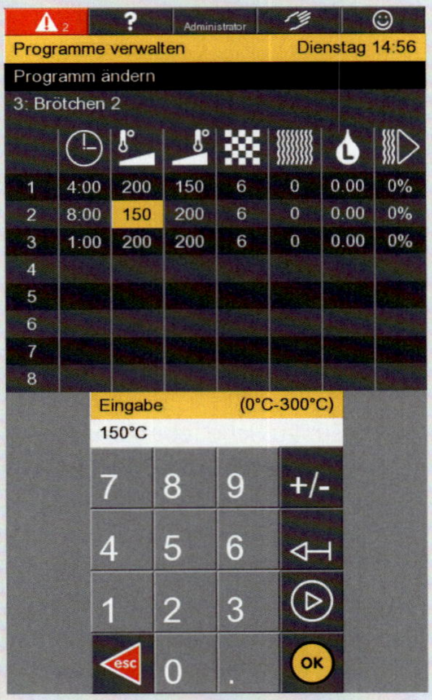

Ein grafisches Schema von einer Vernetzung der Anlagen in Bäckereien finden Sie im digitalen Zusatzpaket.

1.3 Einführung in die berufsspezifische Hard- und Software

Die Elektronische Datenverarbeitung (EDV) ist aus der modernen Bäckerei nicht mehr wegzudenken. Der Beruf der Bäckerin/des Bäckers erfordert daher in der heutigen Zeit neben der handwerklichen Qualifikation auch Kenntnisse im Umgang mit der allgemeinen und mit der berufsspezifischen Hard- und Software. Die EDV wird in folgenden Bereichen eingesetzt:

- Programmierung und Prozesssteuerung
- Vernetzung
- Wartung und Daten-Fernüberwachung
- Rezepturpflege, Warenwirtschaft und Tabellenkalkulation
- EDV-gestützte Kassensysteme
- Textverarbeitung und Internet

Programmierung und Prozesssteuerung

Moderne Backöfen, Kälteanlagen, Knet-, Anschlag- und Ausrollmaschinen etc. werden durch den Einsatz von Mikroprozessoren über eine spezifische Software digital gesteuert. Die Anlagen können wahlweise über ein Display oder ferngesteuert über einen zentralen Computer mit entsprechender Software programmiert werden.

Bei einem Backofen werden die Steuerungsparameter Anbacktemperatur, Ausbacktemperatur, Dauer der Schwadengabe, Schwadenmenge, Öffnen und Schließen des Zuges und gegebenenfalls die Luftumwälzung für die einzelnen Produkte programmiert und gespeichert. Ebenso können bei Kälteanlagen ganze Temperatur-Zeit-Kurven mit der Steuerung der relativen Luftfeuchtigkeit programmiert und gespeichert werden. Bei einer programmierbaren Knetmaschine werden die Knetzeiten der Misch- und Knetphase, bei der Rühr- und Anschlagmaschine die Rührzeiten und bei einer Ausrollmaschine die Walzenabstände je Durchlauf nach den Erfordernissen der einzelnen Produkte programmiert und gespeichert, um den Produktionsprozess gleichmäßiger und zuverlässiger zu steuern und zu kontrollieren.

Vernetzung

Programmierbare Anlagen verfügen über eine Schnittstelle, mit der sie mit einem Personal Computer (PC) verbunden werden können. Werden mehrere Anlagen mit einem zentralen PC verbunden, spricht man von einer Vernetzung der Anlagen. Die Produktionsleiterin/der Produktionsleiter hat auf diese Weise die Möglichkeit, von einem zentralen PC auf alle vernetzten Anlagen direkt zuzugreifen, um diese zu programmieren und die Produktion zu überwachen. Auf diese Weise können Produktionsabläufe, z. B. die Belegungszeiten des Backofens und die Vermeidung von Leerstehzeiten, in denen unnötig geheizt wird, optimiert werden.

Wartung und Daten-Fernüberwachung

Bei programmierbaren Anlagen ist es möglich, diese über eine Schnittstelle durch einen mobilen PC (Laptop) zu programmieren, ein Update der Software vorzunehmen oder die Daten auszulesen. Störungen einer Anlage können von einer Technikerin/einem Techniker des Herstellers entweder vor Ort oder sogar aus der Ferne per Datenübertragung durch das Telefonnetz erkannt und schneller behoben werden. Fällt beispielsweise eine Kälteanlage durch eine Störung in der Nacht aus, so kann die Störung durch Datenübertragung beim Hersteller durch eine Alarmierungsfunktion gemeldet und behoben werden, bevor größere Produktionsausfälle entstehen.

Rezepturpflege, Warenwirtschaft und Tabellenkalkulation

Die betriebseigenen Rezepturen sollten in einem EDV-System hinterlegt und gepflegt werden. Über eine spezielle Software für Konditoreien und Bäckereien ist es möglich, aus den Rezepturen mit den Datensätzen der Rohstofflieferanten beispielsweise eine Kalkulation der Materialkosten für die Rezepturen zu ermitteln. Darüber hinaus beinhaltet eine solche Software das gesamte Warenwirtschaftssystem, um den Lagerbestand der Rohstoffe und erforderliche Bestellungen zu verwalten. Auf diese Weise können unnötige Lagerbestände und deren Kapitalbindung minimiert werden. So können mit einer branchenspezifischen Software wichtige betriebswirtschaftliche Erkenntnisse gewonnen werden, die für den wirtschaftlichen Erfolg einer Bäckerei von großer Bedeutung sind.

EDV-gestützte Kassensysteme

Moderne, EDV-gestützte Kassensysteme ermöglichen es, den Verkauf in den Filialen zu optimieren. EDV-gestützte Kassensysteme erfassen alle Verkaufsvorgänge der einzelnen Produkte und speichern diese ab. Bei täglicher Auswertung der Verkaufsdaten kann festgestellt werden, welche Anzahl der einzelnen Produkte verkauft wurde, wie viele Produkte an die Filiale geliefert wurden, wie hoch die Retouren der einzelnen Produkte sind, welche Produkte sich gut verkaufen, ob die Umsatzzahlen mit den tatsächlich verkauften Artikeln übereinstimmen und welchen Umsatz jede einzelne Verkäuferin/jeder einzelne Verkäufer getätigt hat. Anhand der so gewonnen Daten kann u. a. sehr genau festgestellt werden, wie stark der Umsatz einer Filiale ist, welche Artikel zum Unternehmenserfolg beitragen und welche Artikel eher weniger erfolgreich sind.

EDV-gestütztes Kassensystem

Textverarbeitung und Internet

Zur Erstellung von Geschäftsbriefen, Produktinformationen (z. B. Flyern) und Werbemitteln benötigt die Bäckerin/der Bäcker Kenntnisse über die EDV-gestützte Textverarbeitung. Das Internet stellt ein unverzichtbares Medium zur Informationsbeschaffung dar, z. B. von

- Terminen zu Fachmessen und Seminaren,
- Adressen und Angeboten von Rohstofflieferanten und Anlagenbauern,
- Veranstaltungshinweisen und Fachinformationen des Berufsverbandes und der Innung,
- Informationsrecherchen zum Lebensmittelrecht etc.

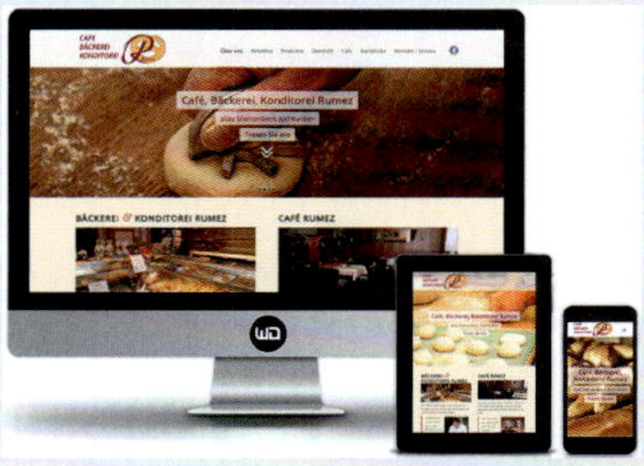

Darüber hinaus können geschäftliche Vorgänge über das Internet abgewickelt werden (z. B. E-Mail, Bestellung von Rohstoffen, Internet-Banking). Viele Bäckereien präsentieren sich bereits mit einer eigenen Homepage und nutzen so das Internet als Instrument des Marketings und der Werbung. Durch die Einrichtung einer eigenen Handelsplattform können bestimmte Bäckereierzeugnisse auch von der Kundin/vom Kunden über das Internet bestellt werden. Durch eine internetbasierte Verkaufsplattform kann der Kundenkreis einer Bäckerei auch über dessen Region hinaus erweitert werden.

Besuchen Sie die Homepage einer Bäckerei und diskutieren Sie anschließend, ob die Homepage die für Sie wichtigen Informationen über die Bäckerei enthält.

? Arbeitsaufgaben

1. Geben Sie einen Überblick über die Geschichte des Bäckerhandwerks.
2. Zählen Sie Eigenschaften auf, die Sie für den Beruf mitbringen sollen.
3. Nennen Sie fünf mögliche Einsatzgebiete, die für Sie nach Beendigung der Ausbildung zur Auswahl stehen.
4. Ermitteln Sie je einen Standort für eine Meisterschule (Bäckerhandwerk), eine Fachschule für Lebensmitteltechnik (Schwerpunkt Back- und Süßwarentechnik), eine Fachhochschule sowie eine Universität mit dem Studiengang Lebensmitteltechnologie.
5. Geben Sie Beispiele aus Ihrem Betrieb zum Einsatz der EDV an.
6. Suchen Sie im Internet und stellen Sie Adressen von Fachverbänden, Fachveranstaltungen, Rohstofflieferanten und von Stellen für Informationen über das Lebensmittelrecht zusammen.

Notizen zu den Arbeitsaufgaben:

2 Hygiene

Hygiene bedeutet:
- Saubere Lebensmittel
- in den Händen von sauberen Menschen,
- die mit sauberen Gerätschaften
- in sauberen Räumen arbeiten.

In allen Lebensmittel verarbeitenden Betrieben spielt die Hygiene eine entscheidende Rolle, da die Herstellung von gesundheitlich einwandfreien Lebensmitteln auch von der Sauberkeit im Betrieb abhängt.

Die Hygiene ist von Bedeutung in Bezug auf
- einwandfreie Einrichtung und Ausstattung der Räumlichkeiten (Betriebshygiene),
- einwandfreie Lebensmittel (Produkthygiene),
- Sauberkeit der Mitarbeiterinnen und Mitarbeiter (Personalhygiene).

Unsere Ziele

Nach Bearbeitung dieses Teilkapitels werden Sie ...
- die wichtigsten Grundlagen der Lebensmittelhygiene in Bäckereien kennen;
- die Wichtigkeit der persönlichen Hygiene erkennen;
- über eine zweckmäßige Arbeitskleidung Bescheid wissen;
- über die Aufgaben der Lebensmittelhygiene informiert sein;
- die Ziele des HACCP-Konzepts kennen.

2.1 Lebensmittelhygiene

Die Lebensmittelhygiene basiert auf folgenden rechtlichen Grundlagen:

- EU-Verordnung (EG) Nr. 852/2004: Allgemeine Lebensmittelhygieneverordnung.
- Lebensmittelhygieneverordnung (LMHV).

Begriffsbestimmungen

Begriffe	Definitionen
Hygiene	■ Sind alle Maßnahmen und Vorkehrungen zur Kontrolle von Gefahren, damit ein Lebensmittel für den menschlichen Verzehr tauglich ist.
Kontamination	■ Ist das Vorhandensein oder Hereinbringen einer Gefahr in ein Lebensmittel.
Gefahr	■ **Physikalische Gefahr:** jeder Fremdkörper, wie Glasscherben, Nussschalen in Nussfüllungen, Steine in Sultaninen, in den Teig gefallener Verputz von Wänden oder Decken usw. ■ **Chemische Gefahr:** Rückstände von Reinigungs-, Desinfektions- oder Schädlingsbekämpfungsmitteln, in den Teig gelangte Brezellauge usw. ■ **Biologische Gefahr:** Schädliche Insekten, Nagetiere, Mikroorganismen (z. B. Schimmelpilze, unerwünschte Wildhefen, Bakterien).

Hinweise zur direkten Wirksamkeit von EU-Verordnungen in den EU-Mitgliedsstaaten sowie Inhalte des Lebensmittel- und Futtermittelgesetzbuches (LFGB) 2006 siehe Kapitel Lebensmittelrecht, Seite 199.

Gliederung der Lebensmittelhygiene

Die Lebensmittelhygiene lässt sich in drei Bereiche gliedern:

Basishygiene	■ Das ist die **gute Hygienepraxis (GHP)** oder ■ das, was wir täglich an Maßnahmen setzen und uns täglich bewusst machen müssen.
Gefahren- oder Risikoanalyse (HACCP)	■ Das ist eine Betrachtung der betrieblichen Abläufe und ■ eine Beurteilung der dabei möglicherweise auftretenden hygienischen Gefahren oder Risiken.
Eigenkontrolle	Sie ist der wesentliche Grundsatz der Lebensmittelhygiene und steht daher über der Basishygiene und der Gefahren- oder Risikoanalyse. Eigenkontrolle bedeutet, dass Lebensmittelunternehmerinnen und -unternehmer folgende Verantwortung tragen: ■ Durchführung der Hygienemaßnahmen, ■ Kontrolle, ob die Maßnahmen in hygienischer Hinsicht auch wirkungsvoll sind, ■ Aufzeichnungen (Dokumentation) zur Eigenkontrolle, ■ Verbesserungsmaßnahmen, wenn sich herausstellt, dass die Hygienemaßnahmen nicht wirkungsvoll sind.

Hygiene in LM-Betrieben

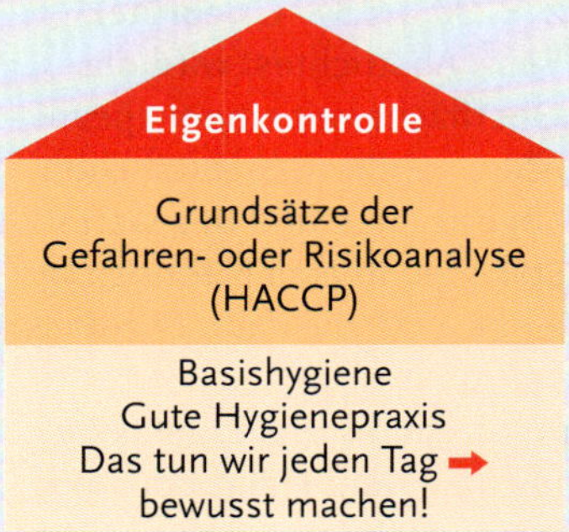

Allgemeine Grundsätze der Lebensmittelhygiene

- **Ziel der Lebensmittelhygiene** ist die **Lebensmittelsicherheit,** d. h. ein hohes Maß an Schutz für Leben und Gesundheit der Verbraucherin/des Verbrauchers.
- Die Hygienemaßnahmen erstrecken sich von der Primärproduktion (Landwirtschaft) bis zum Inverkehrbringen der Lebensmittel einschließlich des Imports und Exports von Waren. Sie gelten nicht für den privaten, häuslichen Bereich.
- Kühl- und Tiefkühlketten dürfen niemals unterbrochen werden.
- Die Hauptverantwortung für die Lebensmittelhygiene liegt bei der Betriebsleitung, bei der Durchführung sind jedoch alle Mitarbeiterinnen und Mitarbeiter einzubeziehen.
- Alle Lebensmittelbetriebe sind verpflichtet, sich bei der zuständigen Lebensmittelaufsicht zu registrieren. Die Registrierung steht im Zusammenhang mit dem Vorsorgeprinzip und der Rückverfolgbarkeit (siehe Kapitel Lebensmittelrecht, Seite 199).
- Um die Umsetzung der Hygienemaßnahmen zu erleichtern, werden von den Interessensvertretungen (z. B. Zentralverband des Deutschen Bäckerhandwerks, Landesinnungsverbände) Leitlinien erarbeitet.

Wissenswertes dazu

- Neben der Eigenkontrolle der Lebensmittelunternehmerin/des Lebensmittelunternehmers wird die Durchführung der Hygienemaßnahmen auch von der **behördlichen Lebensmittelaufsicht** kontrolliert.
- Dabei ist den Lebensmittelaufsichtsorganen nicht nur Zugang zum Betrieb zu gewähren, sondern auch Einblick in alle Aufzeichnungen zur Hygiene und Eigenkontrolle.

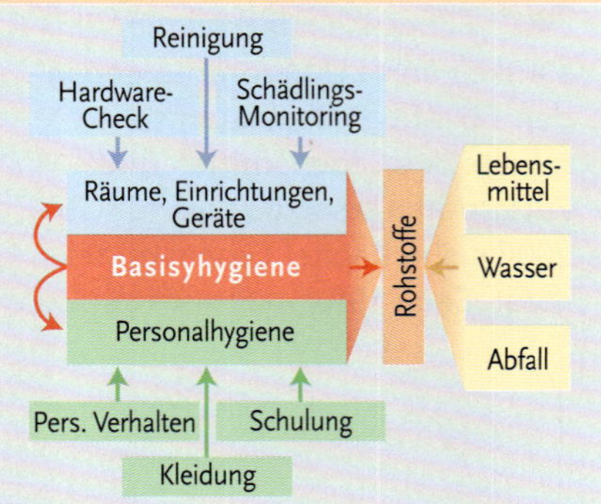

Monitoring = systematisches Überprüfen bzw. Feststellen von Gefahren.

Basishygiene

Die Basishygiene beinhaltet folgende Bereiche:

Betriebshygiene	Produkthygiene	Personalhygiene
Hygiene der Räume, Einrichtungen und Geräte	Hygiene der Lebensmittel und Lebensmittelabfälle	Hygiene der Mitarbeiterinnen und Mitarbeiter
■ Hardware-Check ■ Reinigungsplan ■ Schädlings-Monitoring-plan	■ Rohstoffe, Zwischen- und Endprodukte ■ Wasser ■ Abfälle	■ Persönliches Verhalten ■ Arbeitskleidung ■ Hygieneschulung

2.2 Betriebshygiene – Hygiene der Räume, Einrichtungen und Geräte

Hardware-Check

Bei der Überprüfung der Erfüllung von Hygieneanforderungen an Räume, Einrichtungen und Geräte sind folgende Fragen in Bezug auf Sauberkeit und Instandhaltung zu stellen und bei der Feststellung von Mängeln entsprechende Hygienemaßnahmen zu ergreifen:

Ist der Raum, die Einrichtung, das Gerät sauber?

- Sichtbar sauber, d. h. frei von sichtbaren Verschmutzungen? – Hygienemaßnahme: Reinigung!
- Mikrobiologisch sauber, d. h. frei von Schimmelpilzen, unerwünschten Hefen und Bakterien? – Hygienemaßnahme: Desinfektion!

Ist der Raum, die Einrichtung, das Gerät instand gehalten?

Beispiele für das Gegenteil sind:

- Unebenheiten im Boden (z. B. mit Pfützenbildung).
- Herabfallender Verputz von Decken und Wänden.
- Löcher in Wänden (Insekten- oder Nagetierschlupflöcher).
- Ausgeschlagene Fliesen oder ausgebrochener Fugenmörtel.
- Abblätternde Farbe von Wänden oder Maschinenoberflächen.
- Kondensat- und Schimmelbildung an Decken oder Wänden: mangelnde Entlüftung oder mangelnde Isolierung – Kältebrücken?
- Lose Schrauben oder Muttern an Maschinen und Werkzeugen.
- Abstehende Holzspäne oder Fasern von Holztischen.

Hygienemaßnahmen: Instandsetzung (Reparatur) oder Instandhaltung (Wartung).

Weitere Anforderungen an Räume (speziell an Produktionsräume)

- Glatte, leicht zu reinigende und zu desinfizierende Oberflächen.
- Vermeidung von Schmutzansammlungen (z. B. in Fugen und Ecken) durch ausgebildete Hohlkehlen.
- Angemessene Temperaturen bei der Verarbeitung und Lagerung: Temperaturkontrolle mit Raumthermometer!
- Natürliche oder mechanische Belüftung, leicht zugängliche und leicht zu reinigende Filter; Luftstrom von rein (z. B. Produktionsraum) zu kontaminiert (z. B. Sanitärräume)!

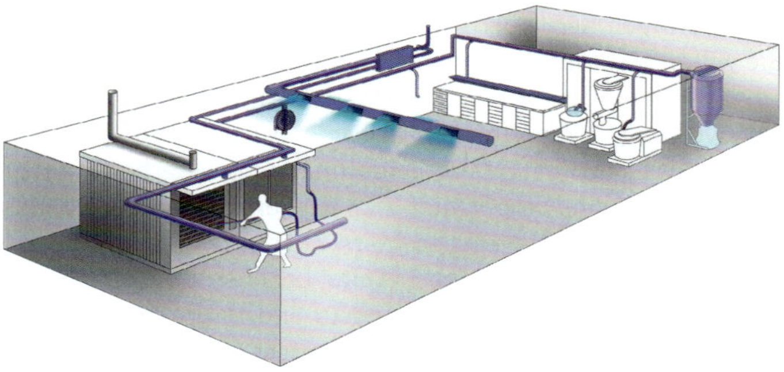

Mehlstaub-Absaug-Anlagen sorgen für hygienisch saubere Luft

Wissenswertes dazu

- Zur Überprüfung der mikrobiologischen Sauberkeit muss ein so genannter **Abklatschtest** oder **Abstrichtest** durchgeführt werden.
- Beim Abklatschtest wird ein spezieller Nährboden auf die Oberfläche eines Raumes, einer Einrichtung oder eines Gerätes aufgedrückt und danach bei z. B. 30 bis 37 °C bebrütet.
- Beim Abstrichtest wird die Oberfläche mit einem speziellen, sterilen Wattestäbchen abgestrichen und das Wattestäbchen in eine Nährlösung eingesetzt, die dann ebenfalls bebrütet wird.
- Nach ein bis drei Tagen kann man auf dem Nährboden oder in der Nährlösung das Mikroorganismenwachstum erkennen.
- Derartige Untersuchungen kann jedes Unternehmen bei einem unabhängigen Labor in Auftrag geben.

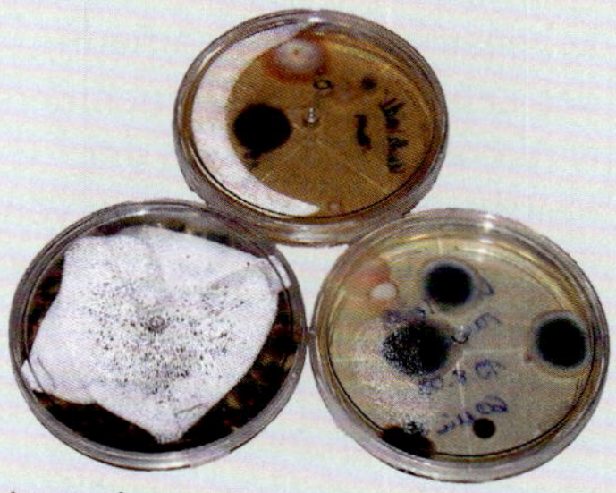

Abstrichtest

Hohlkehle = abgerundeter Übergang zwischen Boden und Wänden.

- Natürliche oder künstliche Beleuchtung: Hygiene-Sichtkontrollen müssen möglich sein.
- Keine Kontamination durch Ableitungen: dichte, verbaute Abflussrohre, kein herabtropfendes Kondensat von Kaltwasserleitungen usw.
- Genügend Toiletten mit Wasserspülung, einwandfreier Ableitung und einem Vorraum mit Handwaschbecken!
- Genügend Handwaschbecken an geeigneten Stellen (siehe Anforderungen an Handwaschbecken).
- Umkleideräume mit getrennter Aufbewahrungsmöglichkeit für Arbeitskleidung (hygienisch rein) und Straßenkleidung (kontaminiert, z. B. Straßenstaub).
- Wasserundurchlässige, wasserabstoßende, waschbare Böden (z. B. Industrie-Estrich mit rutsch- und abriebfester Kunststoffbeschichtung) mit Wasserableitung (Gulli) für Nassreinigung.
- Glatte, wasserundurchlässige, wasserabstoßende, waschbare Wände bis zu einer Höhe von mindestens zwei Metern. Zum Beispiel Fliesen, verschweißte, fugenfreie Kunststoffpaneele oder mit Spezialglas beschichtete Paneele.
- Zu öffnende Fenster mit Insektengittern.
- Berührungsfrei zu öffnende Türen. Klinken müssen regelmäßig gereinigt werden!

Anforderungen an Handwaschbecken

- Ausreichende Anzahl:
  - Im Eingangsbereich von Produktionsräumen.
  - In Hygieneschleusen zwischen Sozial- und Produktionsräumen.
  - Bei Bedarf an bestimmten Arbeitsplätzen und in Zubereitungsbereichen.
  - In Sanitär- und Sozialräumen.
- Getrennt von Waschbecken für Lebensmittel (Kennzeichnung!).
- Warm- und Kaltwasser, möglichst mit berührungsfreier Armatur.
- Handwaschmittel: desinfizierende Flüssigseife aus einem Spender oder Flüssigseife und Desinfektionsmittel aus zwei Spendern.
- Hygienische Trocknung: Papierhandtücher aus dem Spender.

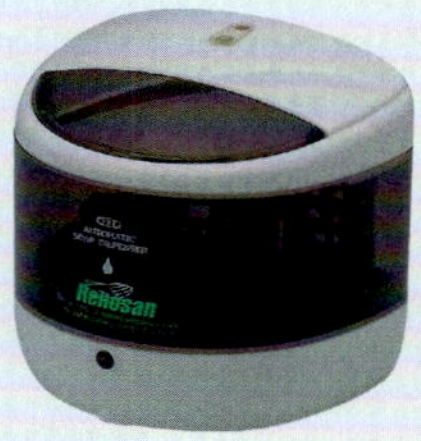

Seifenspender

Handtuchspender

Anforderungen an Einrichtungen, Arbeitsflächen und Werkzeuge

- Ausreichende Arbeitsflächen. Diese dürfen nicht mit Material und Werkzeugen verstellt sein, da eine Reinigung sonst nicht möglich ist.
- Arbeitsflächen aus Nirosta. Ausgenommen sind Tische mit Hartholzarbeitsflächen, die ausschließlich für die Wirkarbeit mit Teigen bestimmt sind.
- Das Umfeld – unter und hinter Einrichtungen – muss leicht zu reinigen sein!
- Werkzeuge (Messer, Paletten, Besen usw.) mit Kunststoffgriffen.
- Einrichtungen, Arbeitsflächen und Werkzeuge müssen leicht zu reinigen und zu desinfizieren sein. Zum Reinigen und Desinfizieren werden verwendet
  - geeignete Vorrichtungen aus korrosionsbeständigem Material, z. B. Nirosta,
  - Warm- und Kaltwasser (für Lebensmittel ausschließlich Trinkwasser!),
  - Geschirrspüler: Waschtemperatur mindestens 65 °C, Spültemperatur mindestens 85 °C (Desinfektion durch Hitzeeinwirkung).
- Brotkörbe aus Peddigrohr regelmäßig trocken reinigen (von Staubmehl befreien). Nach einer Nassreinigung im Ofen durch Hitzeeinwirkung (mindestens 120 °C) mindestens 20 Minuten desinfizieren.
- Textile Materialien, z. B. Spritzbeutel oder Wischtücher, regelmäßig auskochen und trocknen.

! Die Anforderungen an Trinkwasser sind in der Verordnung über die Qualität von Wasser für den menschlichen Gebrauch – Trinkwasserverordnung (TrinkwV 2001) – festgehalten.

Anforderungen an Transporteinrichtungen

- Transportkisten oder -körbe aus Kunststoff regelmäßig heiß, mit Spezialwaschmittel waschen und anschließend trocknen lassen.
- Transportbehälter mit der Aufschrift „Nur für Lebensmittel“ versehen.
- Keine bereits benutzten Kartons für die Auslieferung verwenden.
- Lebensmittel nicht gleichzeitig mit anderen Gütern transportieren.
- Ladeflächen von Liefer-Kfz regelmäßig reinigen.
- Transportkisten und -körbe nur auf einen Rolluntersatz oder eine Unterstellkiste stellen, keinesfalls auf die Straße oder den Gehsteig.
- Holzpaletten und Kartons von Rohstoffen keinesfalls in Produktionsräumen verwenden.

Rolluntersatz

Wissenswertes dazu

Raum-Checklisten sind nach folgender Systematik der Betriebsräumlichkeiten aufgebaut:
- Räume allgemein (auf alle betrieblichen Räume anwendbar)
- Produktion
- Rohstoffübernahme und -lager
- Kühl- und Tiefkühlräume
- Auslieferung und Beförderung
- Verkauf
- Sanitär- und Sozialräume
- Abfallbereich

! In regelmäßigen Abständen muss eine Generalreinigung erfolgen! Zum Beispiel mit Reinigung hinter Maschinen, Kästen und Regalen.

Regeln zur Durchführung des Hardware-Checks

Die Überprüfung erfolgt nach folgenden Regeln:
- Durchführung durch die/den Inhaberin/Inhaber, Geschäftsführerin/Geschäftsführer oder durch die/den beauftragte(n) leitende(n) Mitarbeiterin/Mitarbeiter des Lebensmittelunternehmens.
- Aufzeichnung (Dokumentation) der Durchführung (Raum-Checklisten).
- Überprüfung in regelmäßigen Abständen (alle zwei Jahre).
- Bei festgestellten Mängeln Korrekturmaßnahmen innerhalb einer bestimmten Frist (kurze Behebungsfrist bei Gefahr der Kontamination eines Lebensmittels). Nach Fristende Überprüfung und Bestätigung der Mangelbehebung.
- Behebung zwischenzeitlich aufgetretener Mängel!

Reinigungsplan

Zur Reinigung der betrieblichen Räume, Einrichtungen und Gegenstände muss ein Reinigungsplan erstellt werden. Darin wird festgelegt:

WAS	gereinigt wird: Raum, Gerät, Maschine ...
WANN	und in welchem Zyklus gereinigt wird: täglich, wöchentlich, monatlich.
WIE	gereinigt wird: Methode der Reinigung, z. B. ▪ Vorreinigen, ▪ Hauptreinigen (Geschirrspüler: Temperatur mindestens. 65 °C), ▪ Desinfizieren, ▪ Nachspülen (Geschirrspüler: Temperatur mindestens 85 °C), ▪ Trocknen, ▪ Sonstiges (z. B. Hochdruckreiniger).
WOMIT	gereinigt wird: Gerät, Reinigungsmittel, Type, Dosierung.
WER	für die Reinigung verantwortlich ist: Verantwortliche/Verantwortlicher bzw. Stellvertreterin/Stellvertreter für den Fall von Urlaub oder Krankenstand.

Beispiel für einen Reinigungsplan

WAS	WANN	WIE	WOMIT	WER
Fußboden Backstube	Täglich nach Produktionsende	Kehren, waschen	Bodenreinigungsmittel, eine Verschlusskappe je 10 l-Eimer	Mitarbeiterin/Mitarbeiter A, Stellvertreterin/Stellvertreter Mitarbeiterin/Mitarbeiter B
Schneebesen	Nach jeder Verwendung	Kalt abspülen, manuell waschen, trocknen lassen	Geschirrspülmittel	Bäckerin/Bäcker am Anschlagplatz

Reinigungsdokumentation

Die Durchführung des Reinigungsplans hat in bestimmten Abständen, z. B. alle zwei bis drei Monate, überprüft zu werden. Die Durchführung der Überprüfung muss aufgezeichnet (dokumentiert) werden. Folgende Fragen werden dabei gestellt:
- Ist die Durchführung der Reinigung laut Plan (Was, Wann ...) erfolgt?
- Ist der Reinigungsplan sinnvoll oder zu verbessern?
- Sind ergänzende Maßnahmen, z. B. Schulung, Anweisung des Reinigungspersonals, zu ergreifen?

! Manche Betriebe dokumentieren jede einzelne Durchführung der Reinigung mit Unterschrift der durchführenden Person auf dem Reinigungsplanformular.

Schädlings-Monitoringplan (Schädlingsbekämpfungsplan)

Tierische Schädlinge (Schadinsekten, Nagetiere) stellen ein hohes Maß an hygienischer Gefährdung dar. Neben Fraßschäden sind vor allem die Kontamination mit Ausscheidungen und das Einbringen von Keimen (Bakterien, Schimmelpilzen, unerwünschten Hefen und auch Viren) anzuführen!

Zur Überprüfung des allfälligen Vorhandenseins von Schädlingen hat ein Schädlings-Monitoring zu erfolgen. Das Schädlings-Monitoring erfolgt meist mit speziellen Fallen. Gegen Schadinsekten werden je nach Insektenart (z. B. Küchenschaben, Mehlmotten, Reismehlkäfer usw.) sogenannte Pheromonfallen verwendet. Bei Nagetieren werden am häufigsten die bekannten Klappfallen mit Köder verwendet.

Pheromonfallen = Fallen mit Sexuallockstoffen. Das Insekt nimmt den Lockstoff wahr, gelangt so in die Falle und bleibt an einer Haftschicht kleben.

Bei Verwendung von Pheromonfallen sind die Hinweise des Herstellers zu beachten!

Für das Schädlings-Monitoring in den betrieblichen Räumen muss ein **Schädlingsmonitoringplan** erstellt werden. Darin wird festgelegt

WAS/ WO	überprüft wird: Raum, Ort der Fallenaufstellung (Raumskizze verwenden!).
WIE/ WOMIT	bekämpft wird: Fallen gegen ■ kriechende Insekten (z. B. Küchenschaben, einige Käferarten), ■ fliegende Insekten (z. B. Mehlmotten, fliegende Käferarten), ■ Nagetiere (Mäuse, Ratten).
WANN	und in welchem Rhythmus Fallen aufgestellt und kontrolliert werden: täglich, wöchentlich ...
WER	für die Schädlingsbekämpfung verantwortlich ist: verantwortliche bzw. stellvertretende Person für den Fall von Urlaub oder Krankenstand.

Bei Feststellung des Vorhandenseins von Schädlingen hat umgehend eine Schädlingsbekämpfung zu erfolgen.

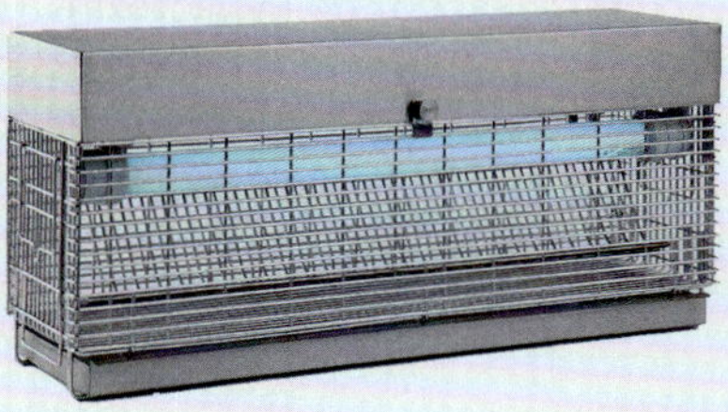

Beispiel für einen Schädlings-Monitoringplan

WAS	WIE	WANN		WER
	Fallen gegen	Aufstellen der Fallen	Kontrolle der Fallen	
Backstube, hinter Gärschrank	Küchenschaben	Nach Angabe des Herstellers (monatlich)	Täglich bei Produktionsbeginn	Ofenarbeiterin/ Ofenarbeiter
Rohstofflager	Nagetiere	Immer wenn Klappmechanismus auslöst	Täglich bei Produktionsbeginn	Teigmacherin/ Teigmacher

Wussten Sie, dass ...
nicht nur Schädlinge, sondern alle Tiere, auch Haustiere, ein Hygienerisiko darstellen?

Sie dürfen in Räumen von Lebensmittel verarbeitenden Betrieben keinesfalls anwesend sein! Nur im Sitzbereich von Kaffeehäusern und ähnlichen gastronomischen Einrichtungen werden Hunde toleriert.

Ein besonderes Hygieneproblem stellen Vögel im Verladebereich von Backwaren dar.

Maßnahmen bei Schädlingsbefall

- Sofortige Meldung an die Betriebsleitung.
- Bei Befall von Rohstoffen Entsorgung des befallenen Materials, umfassende Reinigung im Umfeld des Befalls.
- Schädlingsbekämpfung in Eigenregie (geschultes Personal) oder durch eine Schädlingsbekämpfungsfirma. Für die Bekämpfung in Eigenregie dürfen nur zulässige Mittel verwendet werden. Diese müssen getrennt von Lebensmitteln aufbewahrt werden.
- Vorhandene Schlupflöcher verschließen (Instandhaltungsmaßnahmen).

Viele Betriebe übertragen die Verantwortung für die Schädlingsbekämpfung aus Sicherheitsgründen (Lebensmittel- und Personensicherheit) an Fachfirmen!

Schädlings-Monitoring-Dokumentation (Schädlingsbekämpfungsdokumentation)

Die Durchführung des Schädlings-Monitorings hat alle drei Monate überprüft zu werden. Die Durchführung der Überprüfung muss aufgezeichnet (dokumentiert) werden. Folgende Fragen werden dabei gestellt:

- Ist die Durchführung des Schädlings-Monitorings laut Plan (Was, Wie ...) erfolgt?
- Wurde ein Schädlingsbefall festgestellt?
- Wenn ja, welche Bekämpfungsmaßnahmen wurden gesetzt?
- Ist der Schädlings-Monitoringplan sinnvoll oder zu verbessern?
- Sind ergänzende Maßnahmen, z. B. Schulung, Anweisung des kontrollierenden Personals, zu ergreifen?

2.3 Produkthygiene – Hygiene der Lebensmittel und Lebensmittelabfälle

Hygienisch einwandfreie Bäckereiprodukte lassen sich nur durch einwandfreie Lebensmittel (Rohstoffe) herstellen. Die Einhaltung entsprechender Hygienemaßnahmen – bereits bei der Warenübernahme, bei der Lagerung sowie beim Be- und Verarbeiten von Rohstoffen – soll ihre gesundheitliche Unbedenklichkeit und den einwandfreien Zustand garantieren.

Rohstoffe

Warenübernahme, Wareneingangskontrolle

Es dürfen keine Waren übernommen werden, die auch nach dem Aussortieren (z. B. Aussortieren einzelner fauliger Äpfel), Vorbehandeln oder Verarbeiten nicht mehr für den Verzehr geeignet sind. Dazu zählen

- Rohstoffe mit Schädlingsbefall, z. B. Dörrobstmottenlarven in Sultaninen,
- durch Mikroorganismen verdorbene Rohstoffe, z. B. Eiprodukte, die faulig riechen, oder Nüsse, die von Schimmelpilz befallen sind,
- Rohstoffe, die Fremdstoffe enthalten, z. B. Geruch von Chemikalien oder Fremdkörper wie Steine, Obstkerne, Nussschalen usw.

Von Schimmelpilz befallene Lebensmittel können hochgiftige Schimmelpilztoxine (Mykotoxine, z. B. Aflatoxine) enthalten. Sie dürfen daher nicht übernommen werden (siehe Kapitel Verderb und Haltbarmachung von Lebensmitteln, Seite 190).

Wird der Mangel erst nach Übernahme festgestellt, ist die Ware

- getrennt zu lagern,
- mit „Sperrlager", „nicht verwenden" o. ä. deutlich zu kennzeichnen,
- der Entsorgung oder Rückgabe zuzuführen.

Die wichtigste Prüfmethode ist die **Sicht- und Sinnesprüfung:**

Sichtprüfung	Kontrolle mit dem Sehsinn: jede auffällige Veränderung des Aussehens eines Lebensmittels wahrnehmen, z. B. sichtbaren Schädlingsbefall, Schimmelpilze, Farbveränderungen durch Fäulnis, Fremdkörper usw.
Handprobe	Kontrolle mit dem Tastsinn: z. B. grobe Beimengungen in pulverförmigen Zutaten, schmierige Konsistenz von Hefe bemerken.
Riechprobe	Kontrolle mit dem Geruchssinn: z. B. muffigen Geruch von Mehl, fauligen Geruch von Eiprodukten, sauer gewordene Sahne, Gärungsgeruch von Früchten wahrnehmen.
Kostprobe	Kontrolle mit dem Geschmacks- und Geruchssinn: bei Verkostung eines augenscheinlich einwandfreien Lebensmittels Mängel feststellen, z. B. bitteren Beigeschmack von Hefe, Karton-Beigeschmack von Zutaten in Kartonverpackungen, Lagergeschmack und -geruch von Obst, vor allem bei Äpfeln in der Vertiefung beim Stiel.

Hygienisch besonders heikle Produkte können nach entsprechender Probenziehung zusätzlich zu einer Untersuchung bei einer Stelle für Lebensmitteluntersuchung einer Laborkontrolle zugeleitet werden, z. B. Untersuchung von Eiprodukten auf Salmonellen, Überprüfung von Feigen für Früchtebrot auf Aflatoxine.

Lagerung

Folgende Regeln sind aus hygienischer Sicht zu beachten:

- Getrennte Räume für Rohstoffe, Produktion und Fertigprodukte sowie Tiefkühl- und Kühlware. Dazu gehören auch die Zwischenprodukte in der Gärverzögerung und Gärunterbrechung.
- Reinigungs-, Desinfektions- und ganz besonders Schädlingsbekämpfungsmittel getrennt und verwechslungssicher lagern.
- Lager sauber und in Ordnung halten! Vermeidung der Kontamination im Lager (siehe Reinigungsplan!).
- Verpackungsmaterial sauber und getrennt von Zutaten lagern, um eine Kontamination zu verhindern.

- Einhaltung der höchstzulässigen Lagertemperaturen, besonders bei Lagerung von Kühl- und Tiefkühlprodukten. Dabei sind folgende Punkte zu beachten:
  - Kontrollthermometer: regelmäßige Kontrolle (mindestens einmal täglich). Ideal ist die laufende elektronische Messung, Datenspeicherung und Abweichungswarnung, z. B. Hupe bei Überschreiten der höchstzulässigen Temperatur (Maximaltemperatur).
  - Unterbrechung der Lagertemperaturen: so kurz wie möglich (gilt auch im Verkauf, z. B. Kühlvitrine).
  - Türen so kurz wie möglich offen halten.
  - Regelmäßig abtauen.
  - Störungen sofort an die/den verantwortliche(n) Abteilungs-, Backstubenleiterin/-leiter usw. melden.
- Mindesthaltbarkeitsdatum (MHD) beachten! **„First in – first out"**, d. h., am längsten gelagerte Rohstoffe zuerst verwenden.
- Dokumentation des Wareneinganges, der Lagerung und der Verwendung der Rohstoffe (Rückverfolgbarkeit!).
- Wandabstände einhalten (bei Palettenlager; Reinigung und Schädlings-Monitoring zwischen Wand und Paletten).
- Geöffnete Packungen wieder verschließen, Zutaten in Kisten oder Eimern mit Deckeln verschlossen lagern.
- Leeres Verpackungsmaterial und Abfälle entfernen, Verpackungsmaterial der Zutaten gelangt keinesfalls in den Produktionsbereich!
- Waren vor Entnahme kontrollieren.
- Verdorbene oder abgelaufene Waren aussortieren und deutlich kennzeichnen.

Beispiele für die maximale Lagertemperatur einiger Produktgruppen

Produkte	Maximale Lagertemperatur
Frischeier, ganz, in Schale	+9 °C
Milch und Milchprodukte, ausgenommen Butter	+6 °C
Ei-, Fleischprodukte, ausgenommen Trockeneiprodukte	+6 °C
Speiseeis bei offener Abgabe	–5 °C
Tiefkühlprodukte	–18 °C

Hygienebestimmungen für die Behandlung von Frischeiern in Schale

Ei und Eiprodukte zählen, ebenso wie rohes Fleisch, rohes Obst und Gemüse, zu den **hygienisch sensiblen Lebensmitteln.**

Zur Herstellung von Produkten, die rohe Eier enthalten (z. B. Butterkrems, Tiramisu, Mayonnaise usw.) und nicht ausreichend erhitzt werden (mindestens 75 °C Kerntemperatur) sollten nur hygienisch unbedenkliche Eiprodukte (z. B. pasteurisierte Eiprodukte) verwendet werden. Wenn jedoch in Betrieben Frischeier in Schale verarbeitet werden, sind dabei folgende Regeln einzuhalten:

- Es dürfen nur frische Eier mit sauberer, unverletzter Schale verwendet werden. Knick-, Bruch- oder Schmutzeier sind verboten.
- Die Eier sind an einem speziellen Arbeitsplatz aufzuschlagen und zu trennen. Dieser darf nicht gleichzeitig für eine andere Tätigkeit benützt werden, ist besser räumlich abgetrennt, muss leicht zu reinigen bzw. zu desinfizieren sein.
- Beim Aufschlagen soll der Ei-Inhalt möglichst wenig mit der Schale in Berührung kommen, da sich die Salmonellen auch auf der Schale befinden.
- Es darf zu keiner Berührung mit fertigen Produkten, z. B. Backerzeugnissen kommen.
- Arbeitsfläche, Geräte, Geschirr und Hände sind unmittelbar nach Ende der Tätigkeit zu reinigen und zu desinfizieren.
- Eischalen und Verpackungsmaterial sind unmittelbar nach Ende der Tätigkeit aus dem Betrieb zu entfernen.
- Aufgeschlagene Eier (Vollei, Eigelb und Eiklar) sind ein sogenanntes Eiprodukt, das bei höchstens +4 °C gelagert und innerhalb eines Tages aufgebraucht werden muss.
- Bei längerer Lagerung müssen Eiprodukte tiefgekühlt gelagert werden, oder sie werden pasteurisiert und danach wieder bei höchstens +4 °C gelagert.

Wissenswertes dazu

- Im Sinne der Rückverfolgbarkeit (siehe Kapitel Lebensmittelrecht, Seite 199) ist die Übernahme, Lagerung und Verwendung der Rohstoffe zu dokumentieren.
- Die Dokumente sollten zumindest bis zu einem Jahr nach der Erzeugung des eigenen Produktes aufbewahrt werden. Bei länger haltbaren Erzeugnissen darüber hinaus bis ans Ende der Mindesthaltbarkeit des eigenen Erzeugnisses.

Wussten Sie, dass ...
die Warenkontrolle vor der Verwendung in vielen Betrieben die Aufgabe der Teigmacherin/des Teigmachers ist?

Werden in Bäckereien Frischeier in Schale verarbeitet, handelt es sich dabei ausschließlich um Hühnereier! Eier von anderen Vögeln, z. B. Enten und Gänsen, stellen ein besonders hohes Infektionsrisiko (Salmonellengefahr) dar!

Pasteurisierungstemperaturen und -zeiten von aufgeschlagenen Eiern, erhitzten Krems und Speiseeismixen:

Mindestzeit	Temperatur
10 Minuten	70 °C
1 Minute	77 °C
22 Sekunden	80 °C
4 Sekunden	85 °C
1 Sekunde	100 °C

Wissenswertes dazu

- Zur Desinfektion des gereinigten Eiaufschlagplatzes gibt es spezielle Desinfektionsmittel für Lebensmittelbetriebe.
- Ein sehr wirkungsvolles Desinfektionsmittel ist auch 60 % Alkohol, der aus 96 % Weingeist durch Verdünnung mit Wasser (siehe Mischungsrechnung im Kapitel Fachrechnen, Seite 438) selbst hergestellt werden kann.

Wasser

Grundsätzlich wird in Lebensmittel verarbeitenden Betrieben nur Trinkwasser verwendet. Trinkwasser wird insbesondere auch dann verwendet, wenn es als Eis (z. B. in Kaltgetränken) oder als Dampf (z. B. als Schwaden im Ofen) mit Lebensmitteln Kontakt hat.

Trinkwasser kann folgender Herkunft sein:

- Grund- oder Quellwasser.
- Aufbereitetes Oberflächenwasser: z. B. aus geeigneten Seen oder Bächen.
- Aufbereitetes Niederschlagswasser: z. B. Regenwasser aus Zisternen.

! Oberflächen- und Niederschlagswasser muss immer aufbereitet werden.

Gesetzliche Anforderungen an Trinkwasser

Trinkwasser muss den Bestimmungen der Rechtsvorschriften in verschiedener Hinsicht gerecht werden. Trinkwasser, das diesen Anforderungen nicht entspricht, muss aufbereitet werden:

Anforderungen an Trinkwasser	Aufbereitungsmethoden
Physikalische Anforderungen Z. B. Gehalt an Sandkörnern und anderen Teilchen.	Z. B. Sieben und Filtern
Chemische Anforderungen Z. B. Gehalt an Düngemittel- oder Schädlingsbekämpfungsmittelrückständen.	Z. B. Ausfällen oder Ausflocken von unerwünschten Stoffen
Mikrobiologische Anforderungen Z. B. Bakterien.	Desinfektion durch ■ Chlorung ■ Ozonisierung oder UV-Bestrahlung ■ Abkochen (im Notfall für kleine Mengen), mindestens drei Minuten lang

Wissenswertes dazu

- Wasser oder aufbereitetes Wasser, das den rechtlichen Anforderungen an Trinkwasser nicht entspricht, wird als **Brauchwasser** bezeichnet.
- Brauchwasser wird zur Brandbekämpfung oder zur technischen Heizdampferzeugung oder als technisches Kühlwasser verwendet, nicht jedoch im Kontakt mit Lebensmitteln.

Verantwortlichkeit der Lebensmittelunternehmerin/des Lebensmittelunternehmers

- Sie/er ist für die Beschaffenheit des Trinkwassers verantwortlich, das im Betrieb aus den Wasserhähnen läuft.
- Wenn der Lebensmittelbetrieb Wasser von einem Wasserversorgungsunternehmen bezieht, ist sie/er in jedem Fall für die Wasserbeschaffenheit ab der Übergabestelle, das ist meist der Wassermesser, verantwortlich.
- Einmal pro Jahr sollte sie/er die Beschaffenheit des Wassers von einer Stelle der Lebensmitteluntersuchung überprüfen lassen.

Lebensmittelabfälle und sonstige Abfälle

Grundlagen für die richtige Abfallentsorgung

- Abfälle – auch Lebensmittelabfälle – dürfen nicht in Räumen, in denen mit Lebensmitteln umgegangen wird (außer unvermeidbare Abfälle im Betriebsablauf) gesammelt werden. Die Sammlung erfolgt in eigenen Abfallräumen.
- Die Abfälle müssen in gekennzeichneten, verschließbaren Behältern gelagert werden.
- Die Behälter müssen in einem einwandfreien Zustand, leicht zu reinigen und zu desinfizieren sein. Empfehlenswert ist die Einlage von Müllsäcken, anderenfalls müssen die Behälter regelmäßig gereinigt werden (siehe Reinigungsplan).
- Abfalllager bzw. Abfallsammelräume müssen sauber (siehe Reinigungsplan) und frei von Ungeziefer (siehe Schädlings-Monitoringplan) sein. Die Abfalllagerung muss getrennt erfolgen, um eine Kontamination von Lebensmitteln, Ausrüstung und Betriebsstätten zu vermeiden.
- Die Entsorgung muss hygienisch einwandfrei und umweltfreundlich sein (meist durch ein kommunales Entsorgungsunternehmen).

Erkundigen Sie sich über die gültigen landesrechtlichen Bestimmungen und betriebsinternen Abfallrichtlinien. Darin ist festgelegt, welche Fraktionen getrennt zu sammeln sind!

Kommunal = die Gemeinde(n) betreffend.

2.4 Personalhygiene – Hygiene der Mitarbeiterinnen und Mitarbeiter

Bei der Einhaltung von Hygienestandards geht es darum, die menschliche Gesundheit – im Bäckereibetrieb jene der Konsumentinnen/Konsumenten und Mitarbeiterinnen/Mitarbeiter – zu bewahren. Dies ist nur durch eine verantwortungsvolle Vorgehensweise jedes Einzelnen möglich. Die persönliche Hygiene spielt dabei eine wesentliche Rolle.

Arbeitskleidung

Sie ist für weibliche und männliche Mitarbeiter gleich. Sie besteht aus:

- einer karierten oder weißen Arbeitshose, einem weißen T-Shirt, einer Schürze aus atmungsaktivem, strapazfähigem, wasch- und kochfestem Material,
- einer Kopfbedeckung, die die Kopfhaare vollständig abdeckt. Ideal ist eine Netz- oder Flieshaube (Einweghauben),
- geschlossenen Arbeitsschuhen (auch vorne geschlossenen Arbeitssandalen mit Fersenriemen) mit rutschfester Sohle, die leicht zu reinigen sind,
- einer Jacke ohne Brusttaschen (Gefahr des Herausfallens von Gegenständen) und ohne Knöpfe, um die Gefahr des Loslösens auszuschließen.

Die Arbeitskleidung sollte täglich, bei besonders starker Verschmutzung auch öfter, gewechselt und gewaschen werden. Jedes Lebensmittelunternehmen vereinbart mit seinen Mitarbeiterinnen und Mitarbeitern, wer für das Waschen der Arbeitskleidung verantwortlich ist. Viele Unternehmen schließen mit Mietwäschefirmen Wäsche-, Miet- und Reinigungsverträge ab.

In den Umkleideräumen werden Arbeitskleidung und Straßenkleidung voneinander getrennt aufbewahrt (Kontaminationsgefahr!)

Kunstfasern sind leicht brennbar, auch nicht atmungsaktiv und daher ungeeignet!

! Sicherheitsschuhe mit Stahlkappen und rutschfester antistatischer und schockabsorbierender Profilsohle sind ein zuverlässiger Schutz!

Persönliches Verhalten

Von Beschäftigten in Lebensmittelbetrieben wird ein hohes Maß an persönlicher Hygiene gefordert. Am wichtigsten ist die Hand- und Unterarmhygiene.

Reinigung der Hände und Unterarme

Hände und Unterarme sind bei den Handwaschbecken im Lebensmittelbetrieb mit der vorgesehenen Flüssigseife zu waschen und mit Einwegpapierhandtüchern abzutrocknen. Wenn vorhanden, ist nach dem Trocknen der Hände und Unterarme ein Desinfektionsmittel aus dem Spender zu entnehmen und zu verreiben, das dann nach kurzer Zeit verdunstet (siehe Ausstattung von Handwaschbecken).

Hände und Unterarme sind zu waschen

- bei jedem Betreten des Produktionsbereiches,
- nach jedem Toilettenbesuch,
- nach jeder Essens- und Rauchpause (sofern im Betrieb gestattet),
- nach jedem Anfassen verschmutzter Gegenstände (z. B. Abfallbeseitigung, Rohstoffübernahme usw.).

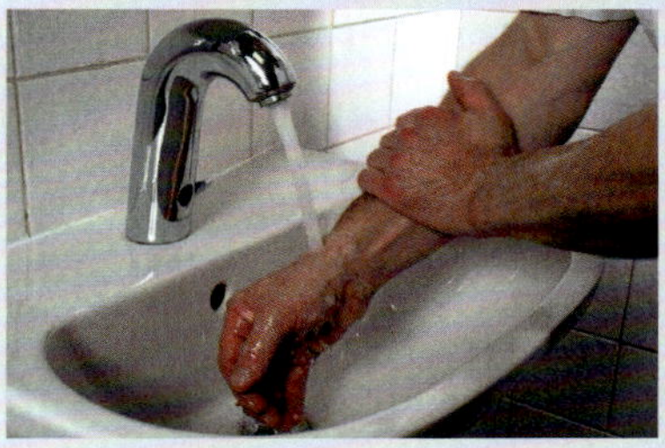

Reinigung der Hände und Unterarme

Körperpflege

Persönliche Hygiene im Lebensmittelbetrieb bedeutet auch:

- täglich gründliche Körperreinigung (Waschen und Duschen),
- gepflegtes Kopfhaar,
- kurzes, gepflegtes Barthaar (Ideal ist die tägliche, gründliche Rasur!),
- kurze, saubere, gepflegte, nagellackfreie Fingernägel (Fremdkörpergefahr durch absplitternden Lack!).

Wissenswertes dazu

- Auf einem Haar befinden sich bis zu 100 000 Keime.
- In 1 g Speichel (Kontakt beim Essen und Rauchen) befinden sich bis zu einer Milliarde Keime.
- In 1 g Fäkalien befinden sich bis zu einer Billion Keime.

Weitere hygienische Verhaltensregeln

- Nicht auf Lebensmittel niesen oder husten!
- Nicht ausspucken!
- Finger nicht ablecken! Bei Verkostungen die Zwei-Löffel-Methode anwenden.

Zwei-Löffel-Methode = die Kostprobe wird vom stets hygienisch saubereren Löffel auf den persönlichen Löffel gegeben, ohne dass sich die beiden Löffel berühren.

Rauchen ist nur in besonders gekennzeichneten, speziell entlüfteten Sozialräumen, unter Zustimmung betroffener Mitarbeiterinnen und Mitarbeiter gestattet!

Wissenswertes dazu

- Detaillierte Ausführungen zur „Leitlinie zur Sicherung der gesundheitlichen Anforderungen an Personen beim Umgang mit Lebensmitteln“ sowie
- die schriftliche Belehrung zur Unterschrift durch die Arbeitnehmerin/den Arbeitnehmer finden Sie unter der Stichwortsuche „Belehrung nach § 43 IfSG“ und im Gesetz zur Verhütung und Bekämpfung von Infektionskrankheiten beim Menschen (Infektionsschutzgesetz [IfSG]) unter www.gesetze-im-internet.de zum Downloaden.

Arbeitnehmerinnen und Arbeitnehmer mit frischen Wunden dürfen ihre Arbeit weiterverrichten, sofern die Wunde wasserdicht verbunden wurde.

Wussten Sie, dass ...
sogenannte Bazillenausscheider ohne Anzeichen einer akuten Erkrankung krankheitserregende Keime ausscheiden?

- Essen und Trinken nur in den vorgesehenen Pausenräumen, nicht am Arbeitsplatz!
- Keine Glasgefäße und andere Glasgeräte verwenden!
- Im Lebensmittelbetrieb nicht rauchen! Rauchen bedeutet Geruchsbelästigung, Schadstoffübertragung und Keimübertragung durch Mundspeichelkontakt!
- Abnehmbaren Schmuck wie z. B. Ketten, Ringe, Uhren abnehmen.
- Den Arbeitsplatz sauber und in Ordnung halten! Nicht benötigte Waren und Gegenstände sofort wegräumen.
- Toiletten sauber halten. Verschmutzungen, Beschädigungen oder der Mangel an Papier, Seife oder Papierhandtüchern sind der Betriebsleitung zu melden!

Meldepflichtige Anzeichen einer Erkrankung (Krankheitssymptome)

Es muss unter allen Umständen vermieden werden, dass Krankheitserreger von einer Mitarbeiterin/einem Mitarbeiter eines Lebensmittelunternehmens über ein Lebensmittel auf die Verbraucherin/den Verbraucher übertragen werden.

Beim Eintritt in ein Lebensmittelunternehmen unterschreiben Arbeitnehmerinnen und Arbeitnehmer eine Erklärung, mit der sie die Belehrung über die Meldepflicht der angeführten Anzeichen von Erkrankungen bestätigen. Gleichzeitig bedeutet die Unterschrift, dass die Arbeitnehmerin/der Arbeitnehmer aktuell keine Anzeichen dieser Erkrankungen aufweist.

Krankheitssymptome

Folgende Krankheitssymptome können Anzeichen von ansteckenden, mit Lebensmitteln übertragbaren Krankheiten sein:

- Durchfall mehr als zweimal pro Tag (gegebenenfalls mit Übelkeit, Erbrechen, Fieber oder Bauchkrämpfen): Verdacht auf bakterielle Ruhr, Salmonellen- oder andere bakterielle Infektionen.
- Blutig-schleimige Durchfälle, Bauchkrämpfe, meist ohne Fieber: Verdacht auf Amöbenruhr.
- Hohes Fieber mit Bauch- und Gelenkschmerzen, Verstopfung, später erbsenbreiartiger Durchfall: Verdacht auf Typhus.
- Reiswasserartige Durchfälle (klar, mit Flocken), hohe Flüssigkeitsverluste: Verdacht auf Cholera.
- Gelbfärbung der Haut oder der Augen, Schwäche, Appetitlosigkeit: Verdacht auf Hepatitis.
- Infizierte Wunden (gerötet, nässend, belegt), im Unterschied dazu „frische“ Wunden.
- Lang anhaltender Husten, Auswurf, Gewichtsverlust: Verdacht auf Tuberkulose.

Vorgehensweise im Krankheitsfall

- Verpflichtende Meldung durch die Beschäftigte/den Beschäftigten an die Betriebsleitung.
- Die Betriebsleitung ordnet sofort einen verpflichtenden Arztbesuch an.
- Die Ärztin/der Arzt hat eine allfällige Erkrankung festzustellen und zu entscheiden, ob eine Gefahr der Keimübertragung durch Lebensmittel besteht.
- Bei Gefahr der Keimübertragung erfolgt ein sofortiges Arbeitsverbot.
- Die Ärztin/der Arzt hebt das Arbeitsverbot erst auf, wenn sichergestellt ist, dass die Krankheit ausgeheilt ist und keine Gefahr der Übertragung von Keimen durch Lebensmittel besteht. Dabei muss auch das „Ausscheiden“ von Keimen berücksichtigt werden.

Die **Maßnahmen zur Personalhygiene** beinhalten drei Teilbereiche:

- Aushang von Dokumenten im Betrieb zur ständigen Einsicht durch alle Mitarbeiterinnen und Mitarbeiter.
- Aushändigen von Kopien gegen Unterschrift beim Eintritt in das Lebensmittelunternehmen, z. B. gemeinsam mit der schriftlichen Belehrung zur Meldepflicht von Krankheitssymptomen.
- Verpflichtende Hygieneschulungen.

Hygieneschulungen

Die/der Inhaberin/Inhaber oder Geschäftsführerin/Geschäftsführer eines Lebensmittelunternehmens hat für die Überwachung, Unterrichtung und Schulung der Mitarbeiterinnen und Mitarbeiter in Hygienefragen zu sorgen. Die Schulungspflicht gilt für alle Beschäftigten, die mit Lebensmitteln in Berührung kommen, d. h. neben den Mitarbeiterinnen/Mitarbeitern in der Produktion auch für Lager-, Transport- und Verkaufspersonal. Themen der Hygieneschulung sind die gute Hygienepraxis und HACCP.

Für die/den Unternehmerin/Unternehmer, Meisterin/Meister, Geschäftsführerin/Geschäftsführer und die leitenden Mitarbeiterinnen/Mitarbeiter empfiehlt sich eine externe Schulung mit einer externen Trainerin/einem externen Trainer mindestens einmal pro Jahr. Alle sonstigen Mitarbeiterinnen/Mitarbeiter sollten mindestens einmal pro Jahr an einer internen Schulung teilnehmen.
Die Hygieneschulung muss schriftlich geplant **(Schulungsplan)** werden. Die Durchführung der Schulung hat mit Unterschrift der Teilnehmerinnen/Teilnehmer und Beilage der Schulungsunterlagen dokumentiert **(Schulungsdokumentation)** zu werden.

Der Schulungsplan enthält folgende Daten:
- Teilnehmer: alle Mitarbeiterinnen/Mitarbeiter, besonders die Neueintritte.
- Themen: je nach Anforderung an die Mitarbeiterin/den Mitarbeiter und an den Arbeitsplatz.
- Häufigkeit: mindestens einmal pro Jahr (plus Ersatztermin für Nichtteilnahme wegen Urlaub oder Krankenstand), bei Neueintritt und Arbeitsplatzwechsel.
- Dauer.
- Vortragende/r (intern, extern).

! **Schulungspläne und -dokumentationen** sind den Hygienedokumenten beizulegen und müssen bei Bedarf den Lebensmittelaufsichtsorganen vorgelegt werden.

2.5 Gefahren- oder Risikoanalyse (HACCP)

Darunter versteht man eine Betrachtung der betrieblichen Abläufe und eine Beurteilung der dabei möglicherweise auftretenden hygienischen Gefahren oder Risiken.

Ziel ist es, Gefahren zu vermeiden, auszuschalten oder auf ein akzeptables Maß zu reduzieren.

Hazard		
Analysis		Gefahren- oder
Critical	→	Risikoanalyse und kritische
Control		Kontrollpunkte.
Points		

Vorgehensweise

- **Darstellung des Produktionsablaufes (Prozesses):** z. B. in Form einer Grafik oder Tabelle.
- **Ermittlung der möglichen Gefahren** für die Sicherheit des Lebensmittels, d. h. mögliche Gesundheitsgefährdung der Verbraucherin/des Verbrauchers.
- **Bestimmung der kritischen Kontrollpunkte (CCP)** im Produktionsablauf.
- **Festlegung von Grenzwerten im CCP:** z. B. höchstzulässige Temperatur für Eiproduktlagerung +4 °C.
- **Verfahren zur Überwachung der CCP:** z. B. elektronische Temperaturmessung.
- **Festlegung von Korrekturmaßnahmen:** Zum Beispiel was geschieht, wenn die Temperatur überschritten wird? Bei kurzfristiger Überschreitung (bis zu zwei Stunden) eine Sinnesprüfung durchführen. Wenn die Qualität in Ordnung ist, das Produkt sofort verwenden, wenn sie gelitten hat oder die Temperatur längere Zeit überschritten worden ist, das Produkt entsorgen.
- **Überprüfungsmaßnahmen, ob HACCP funktioniert:** z. B. Überprüfung der Genauigkeit der elektronischen Temperaturmessung mit einem kalibriertem Thermometer oder Überprüfung einer Warnanzeige bei Temperaturüberschreitung.
- **Dokumentation** (angepasst an die Art und Größe des Betriebs): das HACCP-Konzept selbst und z. B. elektronische Datenspeicherung oder die manuelle Aufzeichnung einer Temperaturablesung einmal täglich oder auch nur die Aufzeichnung von allfälligen Temperaturabweichungen. Aufbewahrung der Daten mindestens ein Jahr.
- **Anpassung des Verfahrens,** wenn sich Änderungen im Betrieb oder am Produkt ergeben (z. B. neue maschinelle Einrichtungen, geänderte Produktrezeptur).

CCP = Kritische Kontrollpunkte bezeichnen einen Schritt im Herstellungsablauf, der unkontrolliert zu einem Verlust der Lebensmittelsicherheit, also zu einer Gesundheitsgefährdung für die Verbraucherin/den Verbraucher führen kann. Deshalb müssen Maßnahmen zur Überwachung und Beherrschung der Gefahr gesetzt werden.

Wissenswertes dazu

Im Zuge der Erstellung eines HACCP-Konzepts können neben kritischen Kontrollpunkten (CCP), auch **nicht kritische Kontrollpunkte (CP)** eingezeichnet werden, die die Qualität eines Lebensmittels beeinträchtigen könnten (z. B. zu hohe Teigtemperatur). Damit wird auch zur Qualitätssicherung ein wesentlicher Beitrag geleistet (günstiger Nebeneffekt des HACCP).

Beispiel: HACCP bei der Teigbereitung – von der Rohstofflagerung im Kühlraum bis zum fertig gekneteten Teig

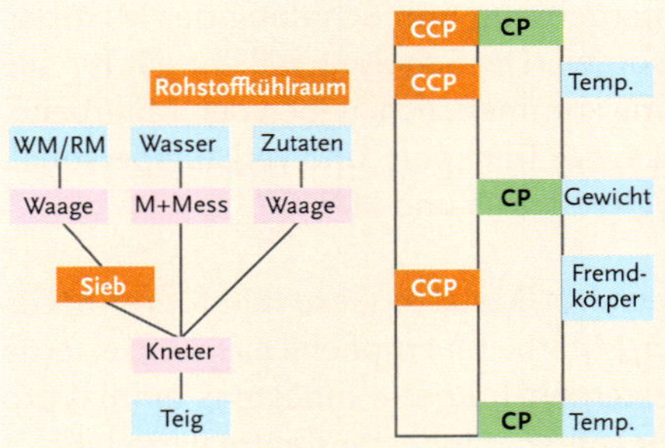

Kritische Kontrollpunkte (CCP)

- Im Rohstoffkühlraum (Temperaturüberwachung).
- Beim Sieben des Mehles (Entfernen von möglichen Fremdkörpern).

Nicht kritische Kontrollpunkte (CP)

- Zutaten- und Teiggewicht.
- Teigtemperatur (ausschlaggebend für die Qualität).

BEISPIEL FÜR DIE EIGENKONTROLLE IN GEWERBLICHEN BÄCKEREIEN
Risikoanalyse für gebackene Waren (z. B. Brot)

Prozessstufe	Mögliches Risiko	Maßnahmen zur Überprüfung	Grenzwerte	Korrekturmaßnahmen	Verantwortlich
Warenübernahme	■ Fremdkörper (F) ■ Schädlinge (S) ■ Verderb (V) ■ Zu hohe Temperatur bei Kühlprodukten (T)	■ Sichtprüfung bei F, S, V ■ Sinnesprüfung bei V ■ Temperaturüberwachung (Thermometer) bei T	Z. B. Eiprodukte maximal +4 °C	■ Rückgabe	
Rohstofflager	■ Zu hohe Temperatur (T) ■ Schädlinge (S) ■ Verderb (V)	■ Temperaturüberwachung (Thermometer) bei T ■ Sichtprüfung bei S ■ Sinnesprüfung und MHD-Kontrolle bei V	Z. B. Eiprodukte maximal +4 °C	■ Sinnesprüfung (z. B. Eigeruch) ■ Wenn in Ordnung, sofortige Verwendung, ■ wenn nicht, Entsorgung	
Wiegen und Kneten	■ Verderb (V)	■ Sinnesprüfung			
Aufarbeitung (inklusive Gare)	■ Fremdkörper aus Anlage, z. B. Brotkörbchen (F)	■ Sichtprüfung			
Backen		■ Temperaturkontrolle aus Qualitätsgründen	Z. B. maximal 240 °C	■ Zu dunkel gebackene Brote aussortieren	
Verpackung	■ Verschmutzung des Verpackungsmaterials	■ Sichtprüfung			
Lagerung und Expedit	■ Schädlinge (S) ■ Verderb (V) ■ Fremdkörper (F)	■ Sichtprüfung bei F, S, V ■ Sinnesprüfung bei V			

Notizen zu den Arbeitsaufgaben:

Arbeitsaufgaben

1. Erklären Sie den Begriff Hygiene.
2. Geben Sie Beispiele für hygienische Gefahren.
3. Nennen Sie die zwei großen Teilbereiche der Lebensmittelhygiene.
4. Beschreiben Sie die Dokumente, die im Zusammenhang mit der Betriebshygiene zu erstellen sind.
5. Erstellen Sie ein Beispiel für einen Reinigungsplan.
6. Zählen Sie die wichtigsten Prüfmethoden auf, die aus hygienischer Sicht bei der Übernahme von Rohstoffen erforderlich sind.
7. Nennen Sie die Lagertemperaturen von Ei-, Milch- und Tiefkühlprodukten.
8. Erläutern Sie, bei welchen Gelegenheiten Hände und Unterarme zu waschen sind.
9. Erklären Sie den Unterschied zwischen kritischen Kontrollpunkten und nicht kritischen Kontrollpunkten. Welche sind Bestandteil eines HACCP-Konzepts?

3 Weizenteigtechnologie

Die Weizenteigtechnologie beinhaltet die Herstellung von Bäckereiprodukten, die aus Mahlerzeugnissen des Weizens hergestellt werden.

In diesem Kapitel erfahren Sie, wie aus dem sogenannten Urteig – einem Teig aus zerriebenen Getreidekörnern und Wasser – durch Hinzufügen von Zutaten (Lockerungsmitteln, Salz, Fett usw.) sowie durch gezielte Maßnahmen bei der Teigherstellung schmackhaftes Kleingebäck und verschiedene Brotsorten hergestellt werden.

Unsere Ziele

Nach Bearbeitung dieses Teilkapitels werden Sie …

- über die backtechnologischen Eigenschaften der Rohstoffe Bescheid wissen;
- die unterschiedlichen Teigführungsarten von Weizenteigen kennen;
- wissen, wie die Mehlinhaltsstoffe beim Knetprozess die Teigbildung beeinflussen;
- wissen, warum Teige vor dem Aufarbeiten eine Ruhezeit benötigen;
- über die manuelle und maschinelle Aufarbeitung von Kleingebäck unterrichtet sein;
- über die Reifungsvorgänge während der Stückgare Bescheid wissen;
- verschiedene Einschießhilfen kennen;
- wissen, warum beim Einschießen der Teiglinge Schwaden in den Ofen eingebracht wird;
- über die Vorgänge beim Backprozess unterrichtet sein;
- über die Behandlung von Brot und Kleingebäck nach dem Ausbacken informiert sein;
- die Herstellung verschiedener Brote und Kleingebäcke aus Weizenteig kennen.

3.1 Erzeugnisse aus Weizenmehl

Kleingebäck (Gebäck)

Weizenbrötchen (Weißbrötchen)

Sie werden aus Weizenmehl hergestellt. Zusätzlich können sie noch bis zu 10 % Roggenmehl, bezogen auf die Gesamtmenge der Mahlerzeugnisse, enthalten.

Semmeln
- Kaisersemmeln
- Sternsemmeln
- Langsemmeln
- Zeilensemmeln usw.

Formbrötchen
- Schnittbrötchen
- Zöpfe
- Stangen
- Hörnchen
- Rosenbrötchen usw.

Milchbrötchen

Milchbrötchen enthalten mindestens 50 l standardisierte Vollmilch oder entsprechende Mengen Kondensmilch und/oder Trockenmilcherzeugnisse, bezogen auf 100 kg Getreideerzeugnisse. Die Zugabe von Butterfett ist zulässig.

- Hörnchen
- Knöpfe
- Zöpfe
- Rundstück usw.

Laugengebäck

Weizengebäck, das aus mehr als 50 % Weizenerzeugnissen hergestellt und dessen Oberfläche vor dem Backen mit einer wässrigen Natronlauge behandelt wird.

- Brezeln
- Stangen
- Brötchen
- Maronen

Grahambrötchen, Weizenschrotbrötchen

Weizenschrotbrötchen enthalten mindestens 90 % Weizenbackschrot, bezogen auf das Gesamtgewicht der Mahlerzeugnisse.

- Stangen
- Brötchen usw.

§ Das **Gewicht von Kleingebäck** liegt nach den Leitsätzen für Brot und Kleingebäck **nicht über 250 g.** Die Leitsätze für Brot und Kleingebäck finden Sie unter www.bmel.de zum Downloaden.

§ **Kleingebäck,** das mit einer der folgenden **Verkehrsbezeichnungen** in den Verkehr gebracht wird, muss den in den Leitsätzen für Brot und Kleingebäck festgelegten Beurteilungsmerkmalen entsprechen:
- Weizenbrötchen,
- Weizenvollkornbrötchen,
- Weizenschrotbrötchen,
- Mehrkornbrötchen,
- Dinkelbrötchen usw.

Dies gilt auch für Kleingebäck, das in der Verkehrsbezeichnung auf eine **wertbestimmende Zutat** hinweist, z. B.
- Milchbrötchen,
- Sultaninenbrötchen,
- Quarkbrötchen,
- Weizenkeimbrötchen usw.

Brote

Sie werden vorwiegend in Laib-, Lang- oder Kastenform gebacken und unterscheiden sich vom Kleingebäck durch ihr Gebäckgewicht.

Weizenbrot (Weißbrot)

Es wird aus Weizenmehl verschiedener Typen hergestellt und enthält maximal 10 % Roggenmehl, bezogen auf das Gesamtgewicht der Mahlerzeugnisse.

Ciabatta

Italienisches Weißbrot.

Sandwich, Baguette, Toastbrot

Sie werden wie Weizenbrot hergestellt.

Grahambrot

Weizenschrotbrot.

Dinkelbrot

Es wird aus mindestens 90 % Dinkelerzeugnissen, bezogen auf das Gesamtgewicht der Mahlerzeugnisse, hergestellt.

! **Brote** haben ein Gebäckgewicht von über **250 g.**

§ **Brot,** das mit einer der folgenden **Verkehrsbezeichnungen** in den Verkehr gebracht wird, muss den in den Leitsätzen für Brot und Kleingebäck festgelegten Beurteilungsmerkmalen entsprechen:

- Weizen- oder Weißbrot,
- Weizenmischbrot,
- Weizenvollkornbrot,
- Weizenschrotbrot,
- Toastbrot,
- Dinkelbrot usw.

3.2 Backtechnologische Eigenschaften der Rohstoffe

Rohstoffe	Backtechnologische Eigenschaften
Mehl	Es ist der Hauptrohstoff bei der Teigbereitung. Helle Weizenmehle der Type 550 ■ bewirken eine hohe Elastizität, ein hohes Gashaltevermögen, eine gute Formbarkeit (Kleber) des Teiges und ■ binden viel Wasser. **Verarbeitungshinweise** ■ Das Mehl vor der Verarbeitung sieben (siehe Vorbereitung der Rohstoffe, Seite 269).
Wasser	Es ist neben Mehl der wichtigste Rohstoff. Für die Teigbereitung wird frisches, nicht zu hartes (10–13° dH) Trinkwasser verwendet. Das Teigwasser ■ ermöglicht die Kleberbildung und -elastizität, ■ regt die Hefetätigkeit (Lösung der Nährstoffe) an, ■ beeinflusst die Porenbildung (Feuchtigkeit zum Ausdehnen der Poreninnenwände).
Milch	Die Inhaltsstoffe sowohl von Frisch- als auch Trockenmilch beeinflussen die Teig- und Gebäckeigenschaften: ■ **Milcheiweiß** erhöht die Wasserbindefähigkeit, die Teige haben eine höhere Teigausbeute, die Gebäcke bleiben länger frisch. ■ **Milchfett** wirkt aufgrund seiner Inhaltsstoffe (Phospholipide, z. B. Lezithin) emulgierend, die Teige haben eine höhere Teigausbeute, die Gebäcke bleiben länger frisch. Es macht den Kleber geschmeidiger und dehnbar, die Teige sind wollig, standfest und leicht formbar. Es erhöht das Gashaltevermögen, die Krume ist weich, zart und feinporig. ■ **Mineralsalze** stärken den Kleber, die Teige sind gärstabiler. ■ **Milchzucker** verbessert die Krustenbräunung und den Geschmack. **Verarbeitungshinweise** ■ Wird Milch anstelle von Wasser verwendet, muss beim Rezept der fehlende Wasseranteil berücksichtigt werden (siehe Kapitel Fachrechnen, Seite 435). ■ Mit Trockenmilch hergestellte Teige haben ein größeres Volumen.
Backhefe	■ Die Hefe soll frisch und triebstark sein. ■ Durch ihre Gärung trägt sie zum charakteristischen Geruch des Teiges bei, ■ bildet die Poren und treibt das Gebäck in die Höhe.
Salz	Es ist eine sehr wichtige Zutat für Brot und Kleingebäck. Salz beeinflusst: ■ **die Teigbeschaffenheit:** Salz fördert die Kleberquellung und stabilisiert den Kleber, der Kleber bleibt fest und elastisch, die Teige haben einen besseren Stand und eine bessere Gashaltung. Eine **zu hohe Salzmenge** bewirkt kurze, schwer formbare, oberflächlich nässende Teige. **Teige ohne Salz** neigen zum Kleben und Breitlaufen und entwickeln eine zu schnelle Gare. Daraus hergestellte Backwaren haben ein kleines Volumen, eine flache Form, eine grobe Porung und eine blasse Farbe. ■ **den Gärverlauf:** Salz entzieht den Hefezellen das Wasser. Dadurch wird bei hohen Salzmengen die Gärung verlangsamt. ■ **die Gebäckqualität:** Salz verbessert den Geschmack, das Volumen, die Krumenstruktur, die Krustenfarbe und Frischhaltung (konservierende Wirkung von Salz siehe Kapitel Verderb und Haltbarmachung von Lebensmitteln, Seite 190).

Wiederholen Sie im Kapitel Lockerungs- und Backtriebmittel, Seite 181, die Lebensbedingungen und Wirkungsweise der Hefe.

Backversuche mit Kochsalz

0,0 % 1,8 % 5,0 %

Empfohlene Salzmengen bei der Teigherstellung:

Backwaren	Salzmenge in %, bezogen auf die Mehlmenge
Weizenvollkornbrot	2,5 %
Weizenbrot	2–2,5 %
Weizenbrötchen	1,8–2,2 %
Blätterteiggebäck	2 %
Sonstige Feine Backwaren	1–2 %

Rohstoffe	Backtechnologische Eigenschaften
Zucker	Der Zuckeranteil beeinflusst: ▪ **die Teigbeschaffenheit:** Mit zunehmendem Zuckeranteil werden die Teige weicher, der Zuguss muss entsprechend reduziert werden. ▪ **die Elastizität:** Ein hoher Zuckeranteil verringert die Dehnbarkeit, die Teige sind kurz und reißen schnell. ▪ **das Gärverhalten:** Zucker dient der Hefe als Nahrung. Ein hoher Zuckeranteil hemmt die Gärung, die Teige reifen langsamer. ▪ **die Krumenstruktur:** Gebäcke mit hohem Zuckeranteil haben eine feste, mangelhaft gelockerte Krume. ▪ **das Gebäckvolumen:** Gebäcke mit einem Zuckeranteil von bis zu 5 % der Mehlmenge haben ein optimales Volumen. Mit zunehmendem Zuckeranteil (Feine Backwaren 10 bis 30 %) verringert sich das Volumen. ▪ **die Krustenbräunung und Rösche:** Die Krustenbräunung ist auf die Karamellisierung des Zuckers und auf die Maillard-Reaktion zurückzuführen. Gebäcke mit hohem Zuckeranteil bräunen rascher, verlieren jedoch nach dem Backen an Rösche, da durch die verkürzte Backzeit die Kruste nur schwach ausgebildet ist und der karamellisierte Zucker die Luftfeuchtigkeit anzieht. ▪ **die Gebäckqualität:** Gebäcke mit ausgewogenem Zuckeranteil haben einen besseren Geschmack.
Fett	Es werden Butter, Margarine und Speiseöle verwendet. Fette mit hohem Schmelzpunkt oder extremem Eigengeschmack (z. B. Tran) eignen sich nicht als Teigzutat. Der Fettanteil beeinflusst: ▪ **die Teigbeschaffenheit:** Mit zunehmendem Fettanteil werden die Teige weicher, der Zuguss muss entsprechend reduziert werden. ▪ **die Elastizität:** Teige mit geringem Fettanteil haben eine höhere Dehnbarkeit und sind geschmeidiger. Ein hoher Fettanteil (über 20 %, bezogen auf die Mehlmenge) verringert die Dehnbarkeit, die Teige sind kurz und reißen schnell. ▪ **das Gärverhalten:** Der Fettanteil hat keinen Einfluss auf die Gärtätigkeit der Hefe im Teig. ▪ **die Krumenstruktur:** Ein Fettanteil bis zu 10 % der Mehlmenge bewirkt eine zarte, feinporige Krume. Mit steigendem Fettanteil wird die Krume engporiger und saftiger. ▪ **das Gebäckvolumen:** Teige mit geringem Fettanteil (bis ca. 5 %) haben ein großes Volumen. Mit zunehmendem Fettanteil verringert sich das Volumen. ▪ **die Gebäckqualität:** Hohe Fettbeigaben verbessern den Geschmack und verlängern die Frischhaltung. **Verarbeitungshinweise:** ▪ Wird Speiseöl anstelle von Butter oder Margarine verwendet, muss der höhere Fettgehalt und der fehlende Wasseranteil beim Rezept berücksichtigt werden (Berechnung des Flüssigkeits- und Fettanteils in Teigen bei Verwendung von reinen Fetten anstelle von Fettemulsionen siehe Kapitel Fachrechnen, Seite 435).
Eier	Eigelb und Eiklar haben unterschiedliche Auswirkungen auf die Teigeigenschaften und Gebäckqualität. **Eigelb** beeinflusst: ▪ **die Teigbeschaffenheit:** Das im Eigelb enthaltene Lezithin dient als Emulgator bei der Verarbeitung mit anderen Zutaten. Speziell Fett und Wasser lassen sich gut vermischen. Im Teig verbessert Lezithin die Vernetzung der Klebereiweiße. Dadurch haben die Teige eine höhere Gärstabilität. ▪ **die Krumenfarbe:** Das im Eigelb enthaltene Karotin bewirkt die Gelbfärbung der Krume.

Backversuche mit Zucker

0 % 5 % 10 % 20 %

Erinnern Sie sich noch:
Was passiert bei der Maillard-Reaktion?

Backversuche mit Fett

0 % 5 % 20 % 40 %

Wissenswertes dazu

Mit steigendem Fettanteil muss die Flüssigkeitsmenge (um ca. 40 % der Fettbeigabe) reduziert werden. Je geringer die Teigflüssigkeitsmenge,

- desto geringer ist die Kleberbildung,
- desto höher ist die Zuckerkonzentration im Teig. Dadurch wird die Gärung gehemmt, und die Gebäcke haben ein kleineres Volumen.

Backversuche mit Hühnerei

ohne Ei	1 Vollei	2 Eigelb	2 Eiklar

Rohstoffe	Backtechnologische Eigenschaften
Eier	■ **die Krustenfarbe:** Die Bräunung der Kruste wird durch Bestreichen mit verrührten Eiern oder Eigelb vor dem Backen verstärkt (Maillard-Reaktion). ■ **die Gebäckqualität:** Die im Eigelb enthaltenen Fette verstärken den Geschmack, machen die Krume feinporig und mürbe und verzögern ihr Austrocknen (längere Frische). **Eiklar** beeinflusst: ■ **das Gebäckvolumen:** Gebäcke mit Eiklar haben ein größeres Volumen. ■ **die Krumenstruktur:** Gebäcke mit hohem Eiklaranteil haben eine trockene Krume, da beim Backprozess ein Großteil des im Eiklar enthaltenen Wassers verloren geht bzw. eine großporige Krume rascher austrocknet.
Backmittel	■ Backmittel mit Emulgatorwirkung steigern die Volumenausbeute. Eine zu große Volumenausbeute wirkt sich jedoch negativ auf den Geschmack aus (siehe Kapitel Backmittel und Convenienceprodukte, Seite 115).

3.3 Weizenteigführungen

Alle backtechnischen Maßnahmen, die gesetzt werden, um die Aroma- und Geschmacksbildung, den Trieb und das Gashaltevermögen eines Teiges zu steuern, werden als Führung – Führung zur optimalen Teigreife – bezeichnet.

Teigführungsarten

Direkte (böhmische) Teigführungen	Indirekte Teigführungen (Vorteigführungen)
▼	▼
Teigherstellung im All-in-Verfahren	Stufenweise Teigherstellung: Vorteig(e) und Hauptteig
▼	▼
■ Kurze Teigführung ■ Lange Teigführung	■ Kurze Vorteigführung ■ Mittlere Vorteigführung ■ Lange Vorteigführung ■ Weizensauerteigführungen

Direkte Teigführung

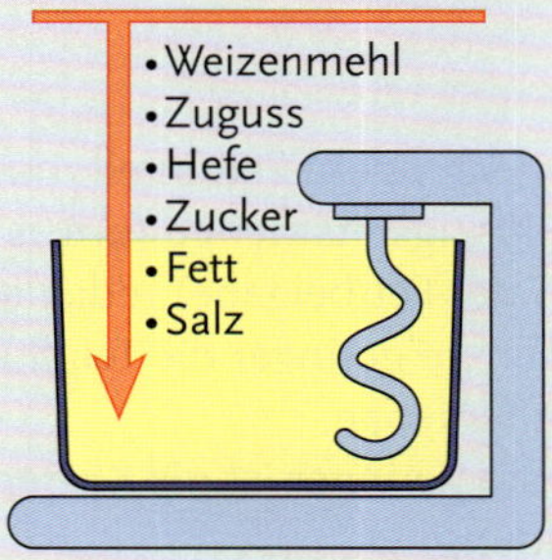

Die Hefemenge richtet sich nach:
- Teigart,
- Teigmenge,
- Teigruhezeit,
- Backmittel,
- Gärzeit.

Direkte (böhmische) Teigführungen

Alle Rohstoffe werden in einem Arbeitsgang zu einem Teig verarbeitet.

Die direkte Teigführung kann kurz oder lang erfolgen:
- **Kurze Teigführung** – bis zu zwei Stunden: Der Teig wird intensiv geknetet, um die Teigentwicklung zu fördern.
- **Lange Teigführung** – über zwei Stunden: Sie trägt aufgrund der längeren Abstehzeiten zur Geschmacksverbesserung der Backwaren bei. Längere Abstehzeiten werden durch Reduzierung der Hefemenge und kühlere Teigtemperaturen erreicht.

Kurze und lange Teigführung unterscheiden sich durch:

Faktoren	Kurze Teigführung	Lange Teigführung
Mehlqualität	Normale Mehle	Normale bis starke Mehle
Backmittel	Emulgator-, Malz-, Mischbackmittel	Mischbackmittel
Teigtemperatur	26–27 °C	20–25 °C
Knetung	Intensivknetung	Langsamknetung
Hefemenge	Bis zu 6 %	1,5 % und darüber

Beispiel: Brötchenteig		
Zutaten	**Kurze Teigführung**	**Lange Teigführung**
Mehl, Type 550	1 000 g	1 000 g
Wasser	580–600 g	580–600 g
Hefe	40 g	20 g
Fett	10 g	10 g
Salz	20 g	20 g
Backmittel	10–20 g	10–20 g
Rezeptgewicht	**1 660–1 690 g**	**1 640–1 670 g**
Knetung	3 Minuten Stufe 1 4 Minuten Stufe 2	8 Minuten Stufe 1 2 Minuten Stufe 2

Vor- und Nachteile der direkten (böhmischen) Teigführungen

Vorteile	Nachteile
▪ Zeitgewinn ▪ Arbeitsersparnis ▪ Gezielte Arbeitsplanung ▪ Weniger Gärverluste ▪ Weniger Fehlerquellen	▪ Geringere Geschmacks- und Aromabildung ▪ Geringere Teigausbeute ▪ Hoher Hefeverbrauch

Indirekte Teigführungen (Vorteigführungen)

Vorteigführungen sind Teigführungen, bei denen vor der Bereitung des Hauptteiges ein **Ansatz** (Vorteig) aus **Mehl, Wasser und Hefe** bereitet wird.

Weizenbrot und Weizenkleingebäck wurden bislang mit direkter Teigführung hergestellt. Jedoch stellte man fest, dass sich diese rationelle Herstellungsweise nicht unbedingt vorteilhaft auf den Geschmack, die Erhaltung der Frische und die Krumenbeschaffenheit der Backwaren auswirkte. Deshalb werden heute viele der Weizengebäcke wieder mit Vorteigführung oder direkter langer Teigführung (Langzeitführung) zubereitet.

Weizenvorteigführungen		
Führung	**Zeit**	**Ziele**
Kurz	Bis zu 1 Stunde	Hefeaktivierung
Mittel	Bis zu 8 Stunden	Je nach Führungsdauer: ▪ Hefeaktivierung ▪ Aromabildung ▪ Verquellung der Mehlinhaltsstoffe
Lang	Über 8 Stunden	▪ Intensivere Aromabildung ▪ Intensivere Hefeaktivierung ▪ Intensivere Verquellung der Mehlinhaltsstoffe (es kommt zur Verbesserung der Dehnbarkeit des Teiges)

Führungsparameter und ihre Auswirkungen

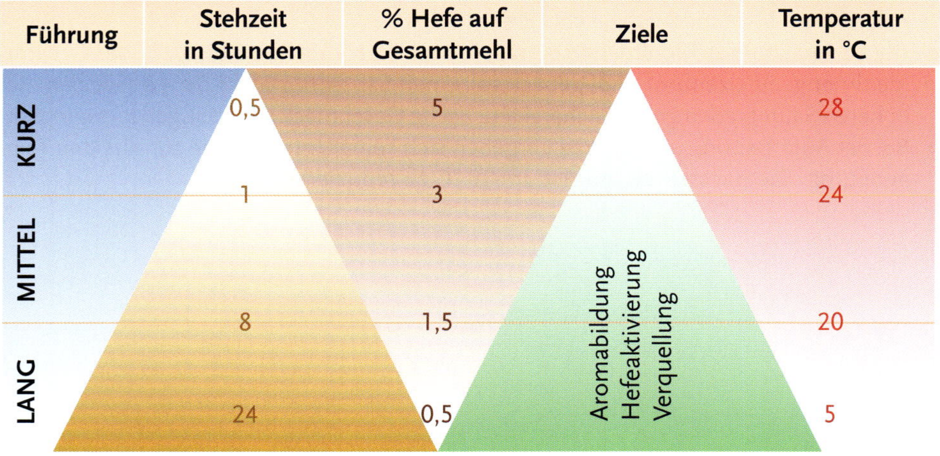

Indirekte Teigführung

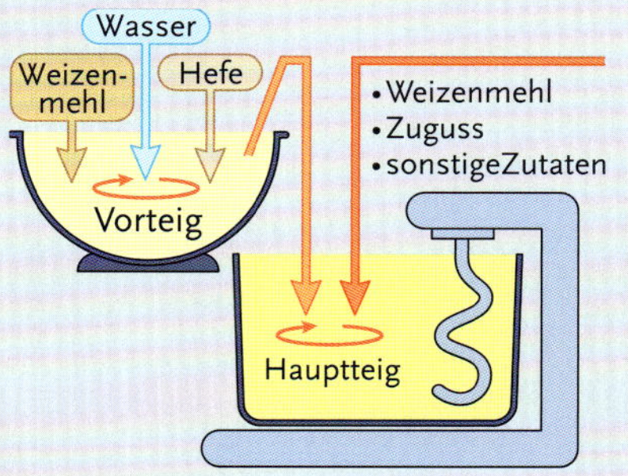

! Bei der kurzen Vorteigführung kommt es zu keiner Hefevermehrung!

Herstellung

- Zur Herstellung des Vorteiges die Hefe und eventuell Backmalz in der Flüssigkeit (Zuguss) aufschlämmen.
- Mit dem Mehl zu einem Teig kneten, abstehen lassen.
- Nach der Abstehzeit mit den restlichen Zutaten mischen und kneten.

Rezeptbeispiele:			
Zutaten	**Kurze Führung**	**Mittlere Führung**	**Lange Führung**
Vorteig:			
Mehl, Type 550	300 g	300 g	200 g
Wasser	300 g	300 g	520 g
Hefe	40 g	20 g	10 g
Backmalz	5 g	–	–
	645 g	**620 g**	**730 g**
Hauptteig:			
Mehl, Type 550	700 g	700 g	800 g
Wasser	300 g	300 g	60 g
Fett	15 g	15 g	15 g
Backmittel	15 g	15 g	15 g
Salz	20 g	20 g	20 g
Rezeptgewicht	**1 695 g**	**1 670 g**	**1 640 g**

Kennzeichen der Vorteigreife

- Erhöhung des Volumens.
- Blasenbildung an der Oberfläche.
- Bei mittlerer und langer Führung hefearomatischer Geruch.
- Bei langer Führung ziehen sich beim Herausleeren aus dem Kessel lange Kleberfäden, was auf die intensive Quellung zurückzuführen ist.

Weizensauerteigführungen

Weizenmehle können wie Roggenmehle versäuert werden. Die Säuerung bewirkt eine Qualitätsverbesserung der Gebäcke, z. B. Geschmack, Rösche usw.

Gewinnung eines Anstellguts zur Herstellung eines Weizensauers

- Verwendung von Starterkulturen (z. B. Laktobazillus plantarum): Sie werden von verschiedenen Firmen angeboten.
- Züchtung aus Roggensauer: Roggensauer (0,5 % der Sauerteigmehlmenge) mit Weizenmehl (Type 550) und Wasser anrühren.
- Abnahme von einem reifen Weizensauer (Weizenvollsauer).

Laktobazillus plantarum = Milchsäurebakterium; bildet nur Milchsäure (siehe dazu Kapitel Roggenteigtechnologie, Seite 293).

Richtwerte für Weizensauerteigführungen

- Je weicher und wärmer die Vorteige geführt werden und je höher der Mineralstoffgehalt der Mehle, desto höher ist der Gehalt an Milchsäure im Weizensauerteig.
- Die Milchsäurebildung hängt von der Teigausbeute und der Vorteigtemperatur ab: Weizensauer mit einer TA von 200 bis 250 und einer Temperatur von 30 bis 35 °C hat den höchsten Milchsäuregehalt. Bei Temperaturen von über 28 °C ist die Säurebildung nach 12 bis 16 Stunden abgeschlossen.
- Die zu versäuernde Mehlmenge beträgt je nach Gebäckart ca. 5 bis 20 % der Gesamtmehlmenge. Weizenbrot und -gebäck soll einen Säuregrad von 3 bis 4 aufweisen. Bei höheren Säuregraden geht der charakteristische Geschmack des Weißgebäcks verloren.
- Bei der Aufarbeitung und Backzeit ergeben sich keine Unterschiede zur direkten Teigbereitung. Die Backtemperatur ist um 10 °C zu reduzieren.

Durchschnittliche Weizensauerzugabemengen bei der Teigbereitung, bezogen auf die Mehlmenge:

Gebäckart	Menge in %
Kleingebäck	5–8 %
Toastbrot	5–10 %
Weißbrot Baguette Ciabatta Rustikale Gebäcksorten	10–15 %
Vollkorngebäck	15–20 %

Vorteigführungen

Die Vorteigführung kann ein- oder zweistufig erfolgen:

Vorteigführung	Herstellung
1-Stufen-Verfahren	■ Anstellgut (2 % der zu versäuernden Mehlmenge) wird mit einer TA von 250 geführt. Die Teigtemperatur beträgt 30 °C. ■ Nach einer Abstehzeit von 16 Stunden hat der Vorteig einen Säuregrad von 8 bis 12 erreicht.
2-Stufen-Verfahren	■ **1. Stufe:** Anstellgut (0,1 bis 1 % der zu versäuernden Mehlmenge) wird mit einer TA von 300 geführt. Die Teigtemperatur beträgt 25 °C, die Abstehzeit 15 bis 20 Stunden. ■ **2. Stufe:** Der Weizensauer der ersten Stufe wird mit Mehl und Wasser, TA 250, aufgefrischt. Die Teigtemperatur beträgt 26 bis 28 °C, die Abstehzeit drei Stunden.

Rezeptbeispiel: Weizenteig mit ein- oder zweistufiger Sauerteigführung		
Einstufiges Verfahren:	Mehl, Type 550	200 g
	Anstellgut	10 g
	Wasser	300 g
Weizensauergewicht		**510 g**
Zweistufiges Verfahren:		
1. Stufe	Mehl, Type 550	50,0 g
	Anstellgut	0,5 g
	Wasser	100,0 g
Weizensauer		150,5 g
2. Stufe	Mehl, Type 550	150,0 g
	Sauer 1. Stufe	150,5 g
	Wasser	300,0 g
Weizensauergewicht		**600,5 g**
Hauptteig:	Weizensauer	500 g
	Mehl, Type 550	800 g
	Wasser	240 g
	Fett	10 g
	Zucker	10 g
	Trockenvollmilch	10 g
	Hefe	40 g
	Salz	20 g
Rezeptgewicht		**1 630 g**

! Beim zweistufigen Verfahren können von der Weizensauermenge 100 g als Anstellgut zur Herstellung eines neuen Weizensauers verwendet werden.

Vor- und Nachteile der indirekten Teigführungen (Vorteigführungen)

Vorteile	Nachteile
■ Ausgeprägte Geschmacks- und Aromabildung ■ Weiche, saftige Krume ■ Längere Frischhaltung ■ Kruste mit lang anhaltender Rösche ■ Quellung der Mehlinhaltsstoffe ■ Wollige, gut formbare, elastische Teige ■ Reduzierung der Backmittelmenge ■ Reduzierung der Hefemenge ■ Verbesserter Trieb bei schweren Teigen ■ Verbesserte Haltbarkeit (möglicher Schutz vor Schimmelbildung und Fadenziehen)	■ Leicht nachlassende Teige ■ Größerer Gärverlust ■ Mehr Fehlerquellen ■ Größerer Arbeitsaufwand (höhere Rüst- und Verteilzeiten) ■ Kleineres Volumen ■ Nachteile bei der Gärverzögerung und Gärunterbrechung

Wussten Sie, dass ...
die Salz-Hefe-Führung von dem Deutschen **Ernst von Stein** entwickelt wurde?

Salz-Hefe-Verfahren

Dieses Verfahren ist eine Besonderheit der Weizenteigherstellung. Es wird verwendet, um plastische, leichter formbare Teige herzustellen.

Aus Hefe und einer 10-prozentigen Salzlösung wird ein Ansatz gemacht. Durch die Salzlösung wird Zellflüssigkeit aus den Hefezellen abgezogen – es kommt zur **Plasmolyse,** d. h. einer Zellhautschädigung durch Ablösen (Schrumpfen). Dadurch wird die Zellhaut durchlässig, und die Hefeenzyme treten aus. Die Hefezellen sterben dabei ab. Die im Zellsaft enthaltenen Gärungsenzyme bleiben jedoch wirksam und gelangen über die Salzlösung in den Teig.

Vorgang bei der Plasmolyse

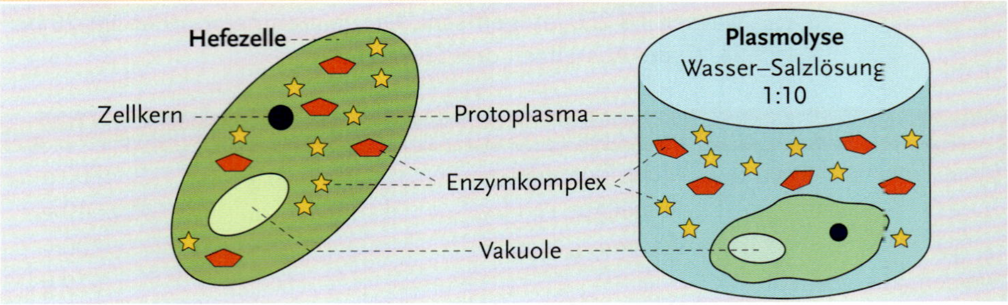

Herstellung des Hefeansatzes

- Salz in Wasser im Verhältnis 1 : 10 lösen.
- Gesamte Hefemenge (bis zu 6 % der Mehlmenge) beigeben und aufschlämmen.
- Den Hefeansatz kühl, bei ca. 5 °C, mindestens 4, maximal 48 Stunden abstehen lassen.
- Der Ansatz kann in Vorratsbehältern aufbewahrt werden (Pumpanlagen mit Dosierung).

Beispiel: Weizenteig mit Salz-Hefe-Ansatz			
Salz-Hefe-Ansatz:	1 Teil Salz (2 %)		20 g
	10 Teile Wasser		200 g
	Hefemenge (6%)		60 g
			280 g
Salz-Hefe-Teig:	Mehl, Type 550		1 000 g
	Restwasser		400 g
	Backmittel (3 %)		30 g
	Fett (1 %)		10 g
	Rezeptgewicht		**1 720 g**

Der Teig kann nach einer Teigruhe von ca. 15 Minuten aufgearbeitet werden.

Vorteile der Salz-Hefe-Führung

- Plastische (weniger zähe) Teige
- Länger frisch bleibende (junge) Teige
- Gleichmäßigere Gärung
- Relativ große Gärtoleranz
- Verarbeitung großer Teigmengen

Die Salz-Hefe-Führung wird heute aufgrund der zunehmenden Automatisierung der Produktion (Teigführungen ohne Teigruhe und Zusammenstoßen) kaum mehr angewendet. Die Vorteile dieser Führung werden ausgeglichen durch

- die Abstimmung der Teigmengen auf die Ofengröße,
- die schnelle Teigbereitung,
- den Einsatz von Backmitteln, die durch ihre Zusammensetzung die Teige rasch zur maximalen Entwicklung führen.

Der Salzanteil ist je nach Bezugsgröße – Mehl oder Wasser – unterschiedlich:

- Bezieht sich die Salzmenge auf die Mehlmenge, so bleibt sie auch bei veränderter TA gleich.
- Bezieht sich die Salzmenge jedoch auf die Zugussmenge, so steigt bzw. sinkt sie mit dem Zugussanteil.

Beispiel:

Salzmenge 1,8 % pro 1 000 g Mehl:	Salzmenge 3 % pro Liter (1 000 g)
TA 166	
1 000 g Mehl 660 g Wasser 18 g Salz	1 000 g Mehl 660 g Wasser 19,8 g Salz
TA 156	
1 000 g Mehl 560 g Wasser **18 g Salz**	1 000 g Mehl 560 g Wasser **16,8 g Salz**

3.4 Teigbereitung

Vorbereitung der Rohstoffe

Vor der Teigbereitung müssen die Rohstoffe eines Rezeptes genauestens berechnet, abgewogen und vorbereitet werden, um eine optimale Qualität des Endproduktes zu gewährleisten.

Die Berechnung des aktuellen Betriebsrezeptes erfolgt mithilfe eines Grundrezeptes (siehe Kapitel Fachrechnen, Seite 435). Das Rezept soll neben den Rezeptbestandteilen noch folgende Angaben enthalten: Teigtemperatur, Misch- und Knetzeit, Teigruhe, Backtemperatur, Backzeit.

Vorbereitung der Rohstoffe	
Mehl	Das Mehl soll kurz vor der Verarbeitung gesiebt werden. Durch das Sieben ▪ werden mögliche Fremdstoffe entfernt, ▪ wird das Mehl aufgelockert (keine Klumpenbildung), ▪ wird das Mehl durchlüftet und nimmt beim Kneten mehr Wasser auf (höhere Teig- und Backausbeute). Die dabei stattfindende Sauerstoffanreicherung fördert die Kleberoxidation bei der Teigknetung. Das Mehl soll beim Teigmischen eine Temperatur von ca. 20 °C haben, da Wärme die Quellfähigkeit der Mehlinhaltsstoffe verbessert.
Wasser	Wasser (Zuguss) ist der einzige Teigbestandteil zur Steuerung der Teigtemperatur. Mit der Wassertemperatur kann die gewünschte Teigtemperatur erreicht werden. Bei der Berechnung der Wassertemperatur (Zugusstemperatur) sind folgende Faktoren zu berücksichtigen: ▪ die gewünschte Teigtemperatur, ▪ die Mehltemperatur, ▪ die Raumtemperatur, ▪ die Vorteigtemperatur, ▪ die Teigerwärmung durch den Knetvorgang. Neben der Wassertemperatur ist auch die Wassermenge genau zu dosieren, entweder durch Messen (Hohlmaß) oder Wiegen oder auch mithilfe eines Wassermisch- und Dosiergeräts (siehe Kapitel Geräte- und Maschinenkunde, Seite 209).
Hefe	▪ Die Hefe soll im Wasser aufgeschlämmt werden, damit sie sich besser im Teig verteilt und um die einsetzende Gärung zu beschleunigen. ▪ Sie soll erst beim Teigkneten mit Salz- oder Säurezusatz zusammentreffen.
Fett, Eier	▪ Sie sollen temperiert verarbeitet werden, um die Teigtemperatur nicht zu beeinflussen. ▪ Die ideale Verarbeitungstemperatur liegt bei 20 °C (Raumtemperatur).
Lösliche Zutaten	▪ Salz und Zucker werden zur besseren Verteilung im Teig im Zuguss gelöst.
Trockene Zutaten	▪ Backmittel, Trockenvollmilch, Quellmehle usw. werden trocken mit dem Mehl gemischt, damit sich die Zutaten gut im Teig verteilen (Verhinderung von Teig- und Gebäckfehlern).

Arbeitsablaufschema für Vorbereitungsarbeiten

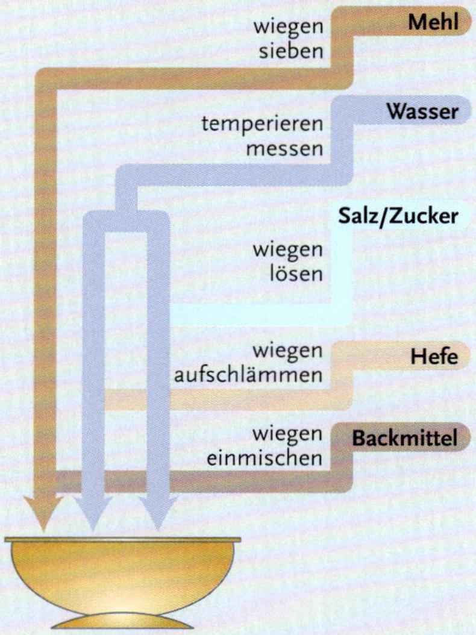

Mischvorgang

Knetvorgang

Der Teig wird in der Knetmaschine zubereitet. Der Knetprozess vollzieht sich in zwei Phasen:

Mischphase

Die Teigbestandteile werden bei niedriger Frequenz (Stufe 1) gründlich gemischt. Es kommt zur gleichmäßigen Verteilung (z. B. Hefe) und Verbindung der Zutaten. Der Teig beginnt sich zu bilden (beginnende Klebervernetzung). Er ist jedoch noch zu wenig geknetet und nicht verarbeitungsfähig.

Reaktionen der Mehlinhaltsstoffe in der Mischphase

Die wichtigste technologische Eigenschaft des Weizens ist sein Teigbildungsvermögen – Mehl und Wasser verbinden sich zu einem Teig. Dieser chemisch-physikalische Prozess wird von der Beschaffenheit der Mehlinhaltsstoffe beeinflusst.

Mehlinhaltsstoffe	Reaktionen und Auswirkungen
Eiweiß	**Wasserbindung** Weizenmehl enthält lösliche und unlösliche Eiweißstoffe. ■ **Lösliche Eiweißstoffe:** Albumine und Globuline werden im Teigwasser kolloidal gelöst. ■ **Unlösliche Eiweißstoffe:** Gliadin und Glutenin binden Wasser (ca. das Doppelte ihres Eigengewichtes) durch Quellung. Die Wassermoleküle schieben sich zwischen die Aminosäureketten der unlöslichen Eiweiße. Die Eiweißstoffe brauchen Zeit, um die Wassermenge zu binden – das Eiweiß quillt.
Stärke	**Wasseranlagerung** ■ Die Stärke lagert Wasser (ca. 50 % des Eigengewichtes) an der Oberfläche an (Porenquellung). ■ Die Wasseranlagerung wird durch Wärme beschleunigt. Es lösen sich die Wasserstoffbrückenbindungen zwischen den Amylose- und Amylopektinmolekülen. Dadurch können die Wassermoleküle leichter eindringen – die Stärkekörner beginnen zu quellen.
Schleimstoffe (Pentosane)	**Schleimbildung** ■ Weizen enthält ca. 2 % Schleimstoffe (Quellstoffe). Diese sind vorwiegend in den Randschichten des Korns (ca. 70 %) enthalten. ■ Sie binden das 10-fache ihres Eigengewichts an Wasser. Dadurch kommt es zur Schleimbildung (Gelbildung) im Weizenteig.
Zellulose	■ Zellfasern saugen das Wasser auf und binden es.
Lösliche Zuckerstoffe	■ Malz- und Traubenzucker lösen sich im Teigwasser. Sie dienen der Hefe als Nahrung und beeinflussen dadurch die Geschmacksbildung und die Krustenbräunung.

! Die **Teigbildung** bzw. **Teigentwicklung** kann anhand des Farinogramms (siehe Seite 102) festgestellt werden.

Knetphase

Dabei werden die Zutaten bei hoher Frequenz (Stufe 2) geknetet.

- Es kommt zur intensiven Vernetzung des Klebers (Bildung des Klebergerüsts). Dadurch steigen die Elastizität und das Gashaltevermögen des Teiges. Durch das Einkneten der Luft bilden und vermehren sich die Poren.
- Die Teigoberfläche ist glatt und trocken. Der Teig hat eine hellere Farbe und löst sich von der Kesselwand.
- Teige nach optimaler Knetung ergeben Gebäcke mit großem Volumen, zarter Porung und heller Krume.

Reaktionen der Mehlinhaltsstoffe in der Knetphase

Mehlinhaltsstoffe	Reaktionen und Auswirkungen
Eiweiß	**Vernetzung (Kleberbildung)** ■ Gliadin und Glutenin verlieren durch Kneten ihre räumliche Struktur. Die Eiweißmoleküle werden aufgefaltet und die Aminosäureketten gestreckt. Dabei werden chemische Verbindungen aufgebrochen. ■ Durch weiteres Kneten werden die Aminosäureketten lamellenartig angeordnet, dazwischen bilden sich neue chemische Bindungen. Die Klebereiweißstoffe schließen sich zu Makromolekülen zusammen, welche den Teig raumnetzartig durchziehen. Die Eiweißstränge können so aneinander vorbeigleiten und sind gegeneinander verschiebbar.

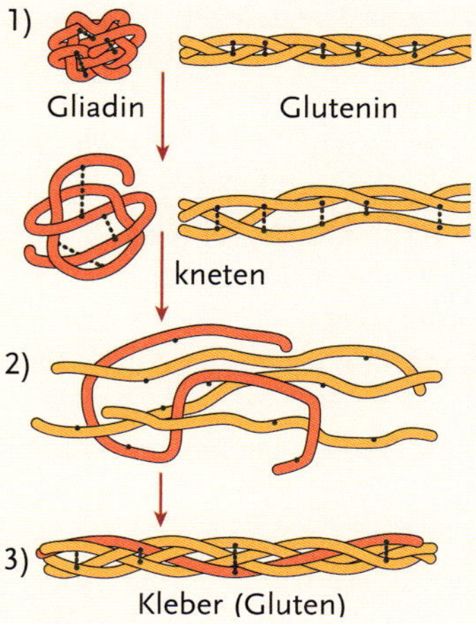

1) Auffaltung und Strecken der gequollenen Peptidketten durch Aufbrechen der Schwefelbrücken
2) Strecken und Übereinandergleiten der Peptidketten
3) Durch Ausbildung von neuen Schwefelbrückenbindungen zwischen den Peptidketten entsteht ein neuer Eiweißstoff: der Kleber (Gluten)

Mehlinhaltsstoffe	Reaktionen und Auswirkungen
Mehlfett	**Kleberoxidation** ■ Die mehleigenen Fettstoffe bedingen die Eigenschaften des Klebers wesentlich. Trotz ihres geringen Anteils (1 bis 1,5 %) haben sie großen Einfluss auf das Backverhalten der Mehle. ■ Während der Mehlreifung werden die mehleigenen Fette oxidiert. Dabei bilden sich freie Radikale, welche die Oxidation der Klebereiweiße bei der Teigbildung verbessern und den Kleber stärken. Die Mehle werden bereits in der Mühle mit L-Ascorbinsäure (Vitamin C) angereichert, die die Mehlreifung unterstützt.

Modell der Kleberbildung

Feuchtkleber besteht aus ⇩

Wasser
Gliadin
Wasser
Glutenin
Wasser
Gliadin
Glutenin
Wasser

Chemische Kräfte (bewirken Verbindungen)
- **Schwefelbrücken**
- **Hydration** (Einlagerung von Wasser; Bildung von Wasserstoffbrücken)
- **Lipoproteidbildung**

Elektrostatische Kräfte (bewirken Oberflächenspannungen)
- **Elektrische Ladung** (durch positiv und negativ geladene Ionen)
- **Ionenbewegung** (Energietransport; wird unterstützt durch Zufuhr von Reibungsenergie, z. B. beim Kneten, Wirken usw.)

! Gliadin und Glutenin bilden mit Wasser den Kleber (Gluten). Wärmeenergie und Backmittel unterstützen die Kleberbildung.

Struktur des Weizenklebers im Teig

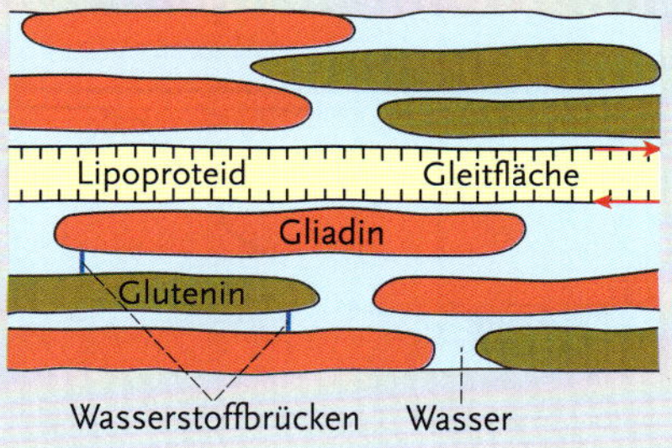

Die Dehnbarkeit und Elastizität des gummiartigen Klebers ermöglicht es, die Gärgase in feinen elastischen Bläschen (Poren) zu halten (relative Gasdichte).

Wissenswertes dazu

- Salzionen (Na^+ und Cl^-) und Säureionen (H^+) beeinflussen die Ladungssituation der Klebereiweißstoffe.
- Emulgatoren und Fett beeinflussen die Lipoproteidbildung.
- Ascorbinsäure fördert die Bildung von Schwefelbrücken durch Oxidation.

Berechnung: Gebundene Wassermenge der Mehlinhaltsstoffe in Litern =

Gesamtwassermenge in Litern
: Gebundene Gesamtwassermenge in %
x Gebundene Wassermenge des Mehlinhaltsstoffes in %

Z. B. 6 l : 77 % x 33 % = 2,57 l ~ **2,6 l**

Einfluss der Schleimstoffe (Pentosane) bei Weizenmehl

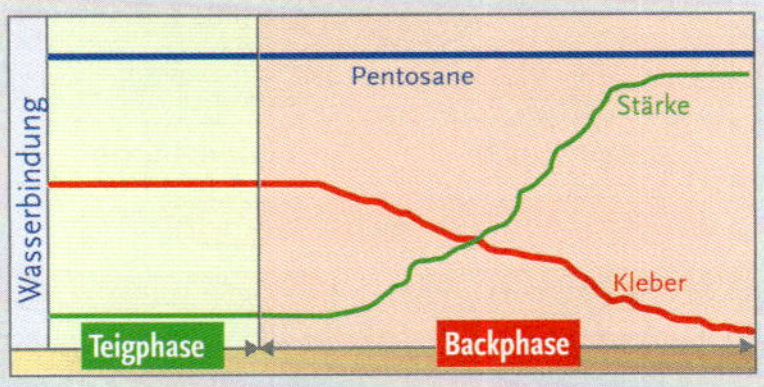

Eine hohe TA bringt der Bäckerin/dem Bäcker backtechnische und wirtschaftliche Vorteile.

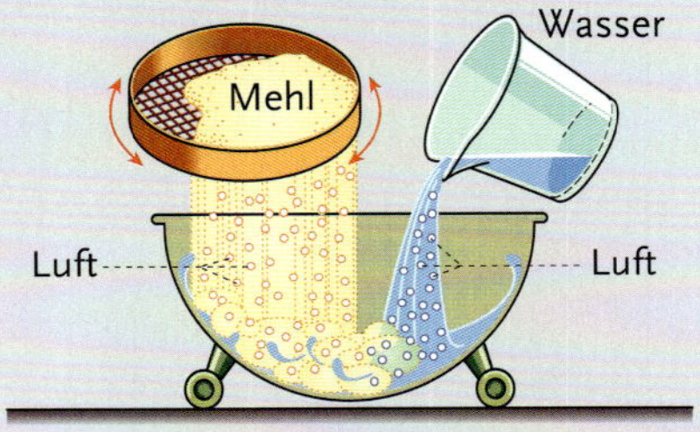

Zutatenreiche, schwere Weizenteige haben eine niedrigere Teigausbeute.

Farinogramm siehe Prüfmethoden im Labor, Seite 102.

Teigbildung

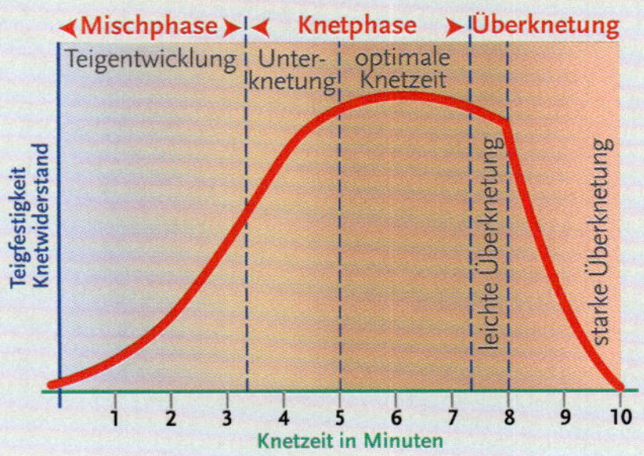

Wasserbindung im Weizenteig

Die Mehlinhaltsstoffe binden beim Knetprozess unterschiedliche Mengen an Wasser. Bei schwankendem Stärke- und Klebergehalt kommt es bei der Teigbildung zu folgender Verteilung des Teigwassers:

Mehlinhaltsstoffe in %		Wasserbindefähigkeit	Gebundene Wassermenge in %	Gebundene Wassermenge in Litern (bei 6 l)
Stärke	67	0,5	33	2,6
Kleber	12	2,0	24	1,9
Schleimstoffe	2	10,0	20	1,5

Wasseraufnahmefähigkeit von Mehlen

Die Wasseraufnahmefähigkeit von Mehlen wird mit einer Kennzahl – der Teigausbeute (TA) – ausgedrückt. Sie gibt das Verhältnis von Mehl zu Wasser an, wobei das Mehl immer 100 Teile sind, z. B. TA 160 = 100 Teile Mehl, 60 Teile Wasser.

Die Höhe der Teigausbeute hängt ab:
- von der Mehlqualität: starke – schwache, helle – dunkle Mehle,
- vom Sieben der Mehle,
- von der Führung: direkte oder indirekte Teigführung,
- von der Knetung: Langsam- oder Intensivknetung,
- von den Teigzutaten: Fett, Zucker, Eier,
- von Säurezusätzen: Mehlbehandlung (Ascorbinsäure), Weizensauer.

Die durchschnittliche Teigausbeute beträgt bei Weizenmehlen 155 bis 160, bei Weizenvollkornschrot 180.

Knetfehler

Überknetung	■ Der Teig wird feuchter, der Kleber gibt nach der Wasserbindung einen Teil des gebundenen Wassers frei. ■ Die Teigoberfläche beginnt zu glänzen. ■ Daraus hergestellte Gebäcke haben ein etwas kleineres Volumen, eine unregelmäßige Porung und eine ungleichmäßige Gebäckoberfläche.
Starke Überknetung	■ Der Teig wird nass, haftet an der Kesselwand und ist kurz (geringe Dehnbarkeit). ■ Die Teigoberfläche klebt. ■ Der Kleber gibt das gebundene Wasser frei und löst einen Teil seiner Bindungen auf. Stark überknetete Teige können nicht weiterverarbeitet werden.

Knetzeit

Die **optimale Knetzeit** ist die Knetzeit, die der Teig zur optimalen Teigentwicklung benötigt. Die **Knettoleranz** ist die Knetzeit, die ein Teig nach Erreichen der optimalen Teigentwicklung ohne Qualitätsverlust erträgt.

Knetoptimum

Anhand des Farinogramms kann die Teigmacherin/der Teigmacher die Teigentwicklung und die Knettoleranz ablesen. Die benötigte Energiemenge für einen Weizenteig liegt bei ca. 1 200 bis 1 400 Anschlägen pro Teig (11– 21 Watt/kg Teig).

Eine längere Langsamknetung bewirkt eine bessere Quellung und Wasserbindung sowie eine schonende Teigbildung.

Grundregel zum Berechnen

Anschläge pro Teig
: Umdrehungen pro Minute
= Gesamtknetzeit in Minuten

Gesamtknetzeit
– Dauer der Mischzeit (Langsamknetung)
= Dauer der Knetzeit (Schnellknetung)

Faktoren, die die Knetzeit beeinflussen:	
Mehlmischung	Die Dauer der Knetung ist je nach Weizen- und Roggenanteil verschieden.
Mehlqualität	Kleberstarke Mehle sollen länger geknetet werden als kleberschwache.
Teigfestigkeit	Weiche Teige müssen länger geknetet werden. Die Knetwirkung erhöht sich mit der Teigfestigkeit.
Teigtemperatur	Niedrige Teigtemperaturen erfordern eine längere Knetzeit, da der Teig bei hohen Temperaturen schneller das Knetoptimum erreicht.
Knetgeschwindigkeit	Je höher die Knetgeschwindigkeit, desto kürzer ist die Knetzeit.
Maschinenkonstruktion	Knetmaschinen unterscheiden sich durch ihren Kraftbedarf. Dieser hängt vor allem von der Form und Größe des Knetwerkzeuges und der Laufgeschwindigkeit ab.
Teigmenge	Die Knetwirkung und die optimale Knetzeit sind bei kleinen und großen Teigmengen unterschiedlich.
Zutaten/Zusätze	Sie können die optimale Knetzeit stark verändern.

Knetsysteme

Die Entwicklung der Knettechnik zeigt sich vorwiegend an der Veränderung der Knetwerkzeuge und Erhöhung der Drehzahl (Umdrehungen pro Minute).

Knetsysteme siehe Kapitel Geräte- und Maschinenkunde, Seite 209.

Zwischen der Teigerwärmung und der Drehzahl besteht folgender Zusammenhang:

Knetsysteme	Drehzahl	Teigerwärmung
Langsamkneter	25–60 U/min	Keine
Schnellkneter	80–120 U/min	3–5 °C
Hochleistungskneter	240 U/min	5–7 °C

Bei starker Teigerwärmung kann mit Crasheis die Teigtemperatur niedrig gehalten werden.

Crasheis-Beigabe bei der Teigherstellung siehe Kapitel Fachrechnen, Seite 435.

Knetergebnis

Die Teige – Weizen- und Roggenteige – sollen nach Beendigung des Knetprozesses folgende Beschaffenheit und Eigenschaften aufweisen:

- **Bindigkeit:** Der Teig ist homogen und entsprechend zäh.
- **Stand:** Guter Stand, der Teig läuft nicht breit.
- **Formbarkeit:** Der Teig lässt sich gut formen und behält die Form.
- **Lockerungsfähigkeit:** Das CO_2 aus der Hefetätigkeit wird durch das Gashaltevermögen und die Dehnbarkeit des Klebers gehalten. Geringe Mengen CO_2 entweichen. Die Lockerungsfähigkeit des Klebers endet erst mit der Gerinnung in der Ofenhitze.

Fertig gekneteter Teig soll beim Anfassen etwas feucht bzw. klebrig sein, die Hand soll jedoch trocken und frei von Teig bleiben. Der Teig muss sich so weit ausdehnen lassen, bis das Licht durchscheint.

3.5 Teigruhe (Teigreife)

Zum Aufarbeiten müssen die Teige reif sein. Die Zeit, die sie nach Beendigung des Knetvorganges bis zum Erlangen der optimalen Teigreife benötigen, wird als Teigruhe bezeichnet. Die Teige erlangen die gewünschte Reife durch:

- **Nachquellen des Klebers:** Nach dem Knetprozess sind die Mehlinhaltsstoffe noch nicht vollständig verquollen. Das freie Teigwasser ist im Klebernetz eingelagert und haftet an der Oberfläche der Stärke. Durch das Nachquellen wird das freie Teigwasser auf größere Flächen verteilt, die Wasserfilme nehmen ab. Dieser Vorgang beschleunigt die Quellung, der Teig wird trockener und gewinnt an Stand.
- **Entspannen des Klebers:** Die Klebermembranen des Weizenteiges weisen unmittelbar nach dem Kneten (besonders bei Intensivknetung) eine hohe Spannung auf. In diesem Zustand ist der Weizenteig nur schwer formbar.
- **Entwicklung der Hefegärung:** Durch sie kommt es zum Einschluss von Gärgasen (CO_2) und somit zur Porenbildung. Lufteinschlüsse aus der Knetung erleichtern die Porenbildung.

Porenbilder

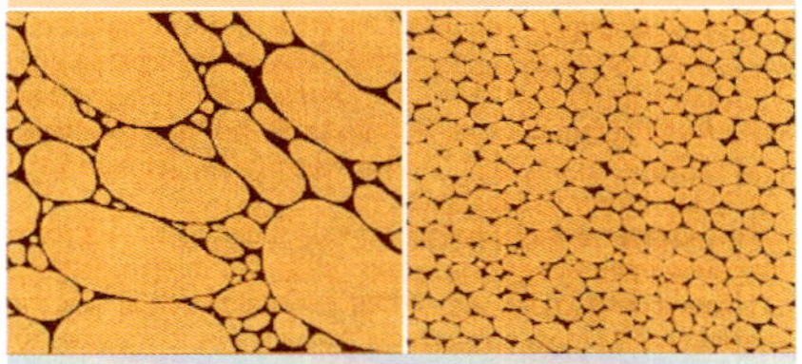

Vor dem Zusammenstoßen — Nach dem Zusammenstoßen

Zusammenstoßen (Ausstoßen) des Teiges

Um die Teigreife zu fördern, sollen die Teige während der Teigruhe ein- bis zweimal zusammengestoßen werden. Beim Zusammenstoßen

- werden die Gärgase teilweise aus dem Teig gedrückt,
- werden die Kleberstränge neu geordnet, wodurch es zur Vermehrung der Poren kommt (besserer Stand, bessere Triebgasbildung, feinere Porung).

Dauer der Teigruhe

Sie hängt von folgenden Faktoren ab:

Faktoren	Kürzere Teigruhe	Längere Teigruhe
Mehlart	Mehle	Schrote
Mehlqualität	Kleberschwache Mehle	Kleberstarke Mehle
Teigführung	Indirekte Teigführung	Direkte kurze Teigführung
Zutaten	Fett, hohe Hefemengen, Emulgator- und Malzbackmittel	Zucker, Malz, geringe Hefemengen
Teigtemperatur	Hohe Temperaturen	Niedrige Temperaturen
Teigkonsistenz	Festere Teige	Weiche Teige
Teiggröße	Große Teige	Kleine Teige
Knetung	Längere Knetung	Kürzere Knetung
Raumtemperatur	Sommer	Winter

! Die Teigruhe beträgt bei direkter kurzer Teigführung bis zu 30 Minuten.

Die richtige Teigreife

Die richtige Teigreife (Teigbeschaffenheit) ist die wichtigste Voraussetzung für ein einwandfreies Backergebnis.

Quellung und Hefetätigkeit im Weizenteig

Einflüsse: Temperatur, Teigfestigkeit – a_W-Wert, Nährstoffe, Sauerstoff

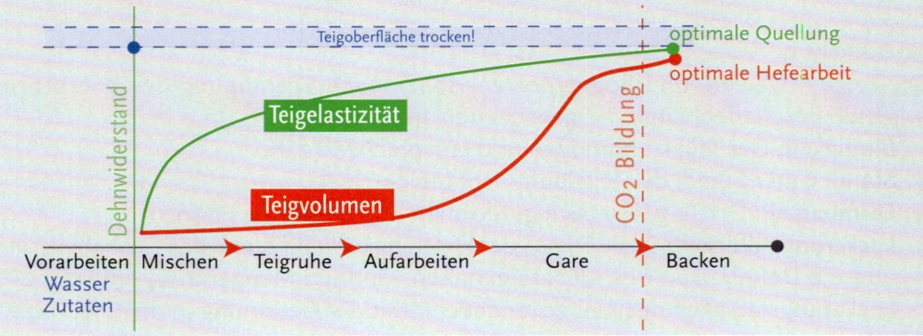

Merkmale von reifen Teigen

- Gute Teigentwicklung (Kleberausbildung).
- Elastische, trockene, wollige Teige.
- Guter Trieb.
- Leichte Formbarkeit.
- Gleichmäßiges Porenbild: mittelgroße Poren, dünner Wassermantel.

Fehler bei der Teigreife

Teige, die die optimale Teigreife noch nicht erreicht oder bereits überschritten haben, lassen sich schlecht aufarbeiten und sind Ursache für eine verminderte Gebäckqualität.

Fehler	Ursache und Auswirkungen
Frischer Teig	■ Zu niedrige Teigtemperatur ■ Teig: langsame Quellung (schlechte Kleberstabilität); schlechter Trieb; nass, klebrig, wenig Stand ■ Porenbild: dicke Porenwände, dicker Wassermantel ■ Gebäcke: kleines Volumen, bräunen schnell, eventuell mit Wasserblasen
Junger Teig	■ Zu kurze Teigruhe ■ Teig: Entwicklung noch nicht abgeschlossen, normale Temperatur und Konsistenz; wenig Trieb; klebt ■ Porenbild: unregelmäßige Porung, dicke Porenwände, dicker Wassermantel ■ Gebäcke: kleines Volumen, feuchte Krume, verklebter Ausbund

Teigreife in verschiedenen Stadien

Junger Teig:
Porenwände dick, dicker Wassermantel

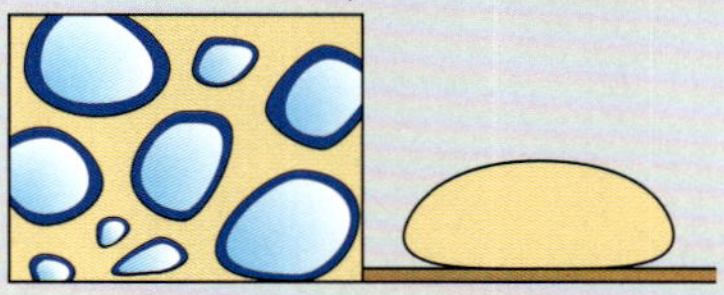

Richtige Teigreife:
Poren mittelgroß, dünner Wassermantel

Alter Teig:
grobe Porung, kein Wassermantel

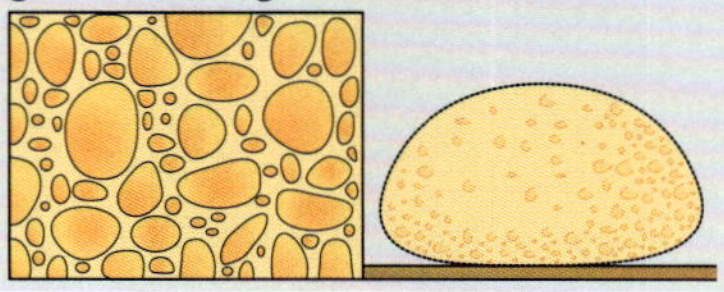

Fehler	Ursache und Auswirkungen
Zu reifer Teig	■ Zu hohe Teigtemperatur, zu hohe Hefemenge, zu feste Konsistenz ■ Teig: rasche Quellung; hautig; spröder, unelastischer Kleber (bockig), schnurrt ■ Porenbild: grobe Porung, kein Wassermantel ■ Gebäcke: kleines Volumen, aufgezogen, schwache Bräunung, schlechter Ausbund
Zu alter Teig	■ Zu lange Teigruhe, weit fortgeschrittener enzymatischer Abbau ■ Teig: normale Temperatur und Konsistenz ■ Porenbild: grobe Porung, kein Wassermantel ■ Gebäcke: kleines Volumen, schwache Bräunung, trockene Krume

Zu jung geführter Weizenteig

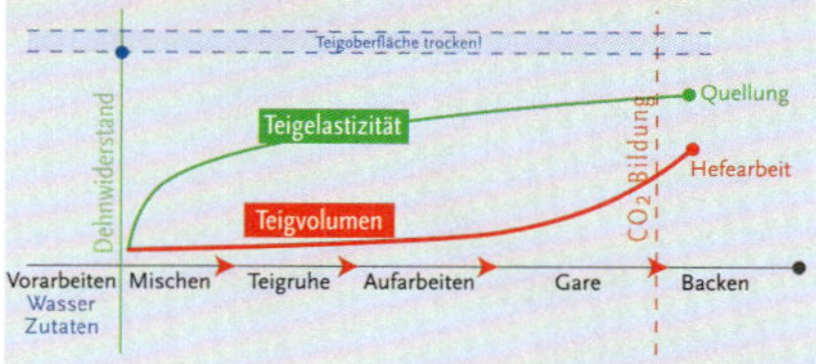

Zu alt geführter Weizenteig

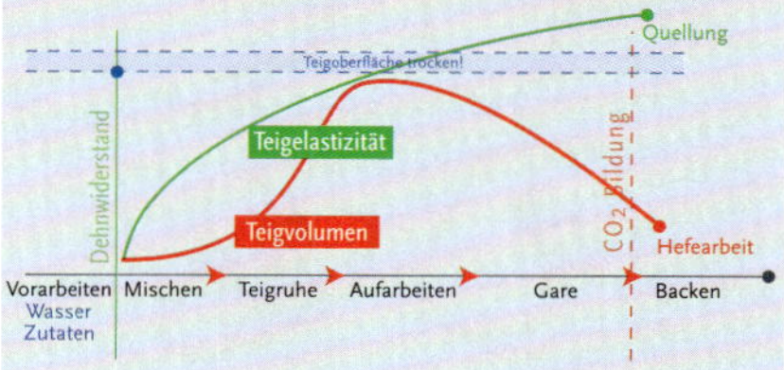

3.6 Aufarbeitung

Darunter versteht man die Verarbeitung nach der Teigruhe bis zur Stückgare. Der Aufarbeitungsprozess beinhaltet folgende Arbeitsschritte:

- Abwiegen, Teilen,
- Rundwirken,
- Zwischengare,
- Formgebung,
- Bestreuen mit Streugut.

Ein wesentlicher Qualitätsfaktor bei der Aufarbeitung von Weizenteigen ist, dass die gesamte Charge, angefangen von der Teigteilung bis hin zur Formgebung, einen gleichmäßigen Grad an Reifung und Lockerung aufweist. Geringfügige Unterschiede können

- bei manueller Aufarbeitung durch das System „First down" bei der Endgare,
- bei maschineller Fertigung (Kopfmaschinen) durch angepasste Chargengrößen und Durchlaufgärschränke (Taktverfahren) ausgeglichen werden.

First down = Der Stikkenwagen wird von unten nach oben mit den Gärgutträgern beladen. Dabei wird mit den Teiglingen begonnen, die als Erste geformt wurden.

Manuelle Aufarbeitung

- Die gewünschte Teigeinlage mit Laufgewichtswaagen oder elektronischen Waagen abwiegen. Für Kleingebäck das 30-fache des Teiglingsgewichts abwiegen. Das entspricht dem Gewicht einer Presse.
- Die Presse rund wirken und kurz entspannen (ruhseln) lassen.
- Mit der Teigteil- und Rundwirkmaschine in 30 Wirklinge teilen und rund wirken.
- Wirklinge auf dem Tisch zusammenziehen (stauben) oder auf mit Dielentüchern belegte Dielen setzen.
- Auf Gare geben **(Zwischengare).** In dieser Entspannungsphase gewinnt der Teig seine Dehnbarkeit wieder. Die Zwischengare kann in der Backstube (Teiglinge zudecken), im Gärraum oder in einem speziellen Zwischengärschrank (nach dem Gondelprinzip) stattfinden.
- Formen.

! Das Gewicht der Teigstücke nach dem Teilen und Rundwirken wird als **Teigeinlage (TE)** bezeichnet. Gewichtsverluste, die bis zum Ausbacken der Teiglinge entstehen, müssen bei der Berechnung der Teigeinlage berücksichtigt werden.

Rundwirken

Das manuelle Rundwirken der Teiglinge stellt eine der wichtigsten handwerklichen Fähigkeiten der Bäckerin/des Bäckers dar:

- Es wird mit beiden Händen gearbeitet, sodass immer zwei Teiglinge gleichzeitig rund gewirkt werden können.
- Die Teiglinge werden seitlich angefasst und mit kreisender Bewegung von außen zur Mitte hin bearbeitet. Dabei bewegt sich die rechte Hand entgegen dem Uhrzeigersinn, die linke Hand im Uhrzeigersinn. Der Bewegungsablauf kann auch in entgegengesetzter Richtung durchgeführt werden.

Dadurch erhält der Teig seine Spannung. Dieser Prozess ist abgeschlossen, wenn die Oberfläche glatt ist und der Teig eine gleichmäßige Spannung aufweist. Anschließend werden die Teiglinge zum Entspannen mit dem Wirkschluss nach unten auf mit Mehl bestaubte Tücher gesetzt, damit der Schluss verklebt.

Rundwirken

Kaisersemmel

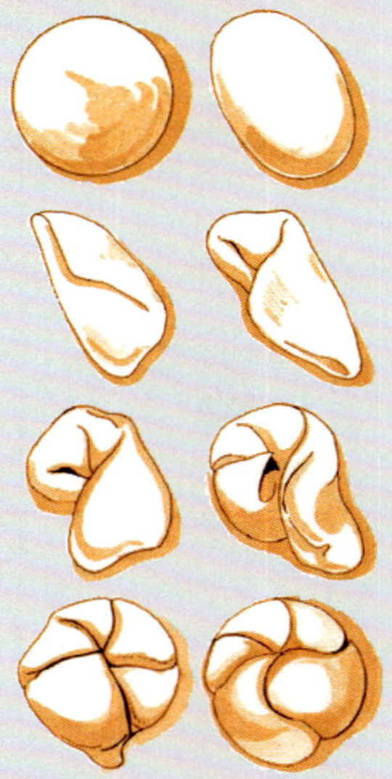

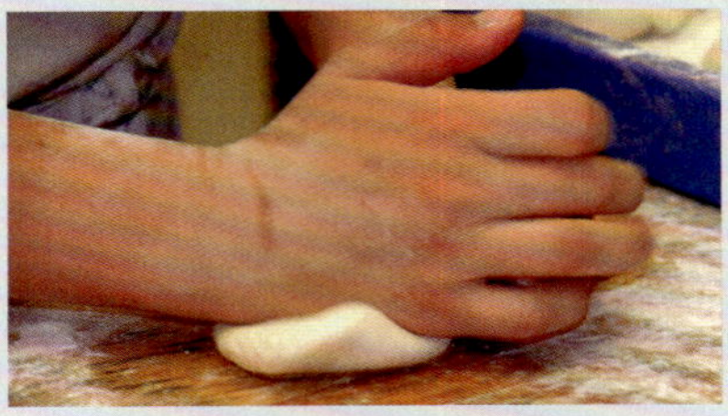

Langwirken

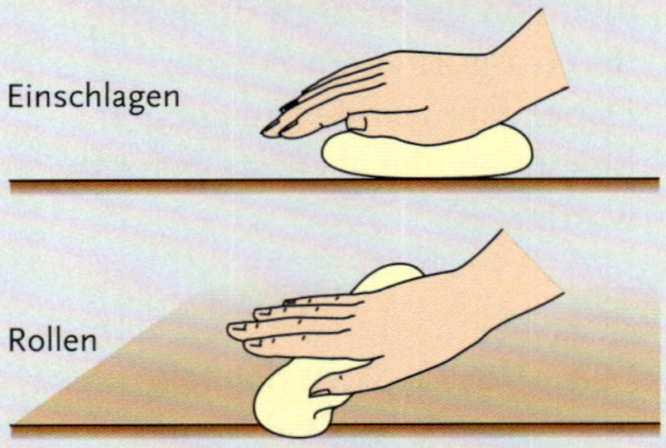

Wussten Sie, dass ...
die Lagen, die beispielsweise beim Wickeln von Salzstangen entstehen, in Teilen Österreichs als **Lauge** oder **Lauche** bezeichnet werden?

Gärsteuerung siehe Kapitel Kältetechnik, Seite 327.

Formgebung

Gebäckformen	Formgebung
Kaisersemmel	Einen 5-teiligen Stern wirken. Diese Formgebung wird oftmals auch als Schlagen bezeichnet. ▪ Teigling durch Pressen oder Ziehen oval formen. ▪ Linken Daumen auf die linke Hälfte des Teigstückes legen, Teig bis etwas zur Mitte darüberklappen. ▪ Mit einem Schlag durch die Handkante auf den Teig die Faltung fixieren. ▪ Den Teig mit den Fingerspitzen der linken Hand in Richtung Körper rollen. ▪ Mit einem Handkantenschlag die Faltung fixieren. ▪ Letzten Arbeitsschritt noch zweimal wiederholen. ▪ Das noch abstehende Teigende etwas wegziehen und in den Hohlraum stecken, in dem vorher der Daumen war. ▪ Das letzte noch abstehende Teigende zusammenpressen. ▪ Mit dem Stern nach unten auf Gärgutträger setzen.
Salzstangen	▪ Teiglinge oval vorlängern. ▪ Aufrollen (wickeln). Dabei sollen drei bis vier Lagen entstehen. ▪ Mit dem Schluss nach oben auf Gärgutträger setzen.
Sandwichs	▪ Teiglinge rund und lang wirken. ▪ Auf Bleche setzen. ▪ Nach der Stückgare nur igeln (stippen) oder dreimal diagonal senkrecht einschneiden.
Langwirken	▪ Den unteren Teil des Teiglings zur Mitte hin einschlagen und mit dem Handballen festdrücken (schlagen). ▪ Anschließend den oberen Teil zur Mitte hin einschlagen und ebenfalls festdrücken. ▪ Die beiden Lagen in der Mitte übereinanderlegen (von oben nach unten) und unter leichtem Druck auf die gewünschte Länge rollen. Dabei ist zu beachten, dass der Schluss schön verklebt und die Oberfläche geschlossen bleibt. ▪ Beim **maschinellen Langwirken** wird der Teigling zwischen zwei Walzen flach gedrückt, anschließend vorne umgeschlagen und auf dem Filzband durch ein Schleppnetz aufgerollt.

Bestreuen mit Streugut

Die mit Wasser befeuchtete Teiglingsoberfläche wird mit Streugut, z. B. Mohn, Sesam, Leinsamen, Sonnenblumenkernen, Kürbiskernen, Schrot, grobem Salz, geriebenem Käse usw. bestreut oder darin eingetaucht. Die Gebäcke werden häufig nach dem Streugut benannt, z. B. Mohnbrötchen, Salzstangen, Käsestangen usw.

Maschinelle Aufarbeitung

Die Teige werden in einem Arbeitsgang in der Kopfmaschine (nach Volumen) geteilt und geschliffen. Dabei muss das Gewicht des Volumens kontrolliert werden. Nach einer ausreichenden Zwischengare im Zwischengärraum werden die Wirklinge maschinell geformt, z. B. mit der Kaisersemmelstanze, und in den Endgärschrank gegeben.

3.7 Stückgare (Endgare, Hauptgare)

Das ist die Gärzeit der geformten Teiglinge bis zum Einschießen in den Ofen. In dieser Zeit sollen die Teiglinge die optimale Gärreife (Ofenreife) erreichen. Die optimale Gärreife ist jener Lockerungsgrad, der zum Erreichen des gewünschten Volumens und des gewünschten Ausbunds, also der gewünschten Gebäckqualität führt.

Während der Stückgare finden folgende Reifungsvorgänge statt:
- Lockerung (Volumenzunahme) durch Hefe und/oder Sauerteig.
- Enzymatischer Abbau des Klebers und der Stärke.

Die **Lockerung** erfolgt hauptsächlich durch die Gärung der Hefe (CO_2) bzw. durch die heterofermentativen Laktobazillen im Sauerteig (auch im Weizensauerteig). Unter dem Gasdruck dehnen sich die vorhandenen Poren auf die zwei- bis dreifache Größe aus. Dadurch werden die Porenwände (Klebermembranen) dünner.

Der **enzymatische Abbau** des Weizenklebers durch Proteinasen führt zum Erweichen des Klebers. Dadurch können sich die Poren leichter ausdehnen.
Amylasen bauen die Stärke zu Malzzucker und Dextrinen ab. Malzzucker dient der Hefe als Nahrung und fördert dadurch die Triebgasbildung. Des Weiteren tragen die Gärprodukte zur Aroma- und Geschmacksbildung der Gebäcke bei.

Gärstabilität

Darunter versteht man das Gashaltevermögen von Teigen im Verhältnis zur Gasentwicklung. Die Gärstabilität von Weizenteiglingen hängt vom Gashaltevermögen des Klebers ab. Bei kurzen Teigen reißt die Klebermembrane, die Triebgase entweichen und Volumen geht verloren.

Gärtoleranz

Die Gärtoleranz bezeichnet die Unempfindlichkeit der reifen Teiglinge gegen das Überschreiten der optimalen Gärreife. Das ist jener Zeitraum, in dem

- die reifen, fertig gegarten Teiglinge dem stärker werdenden Gasdruck standhalten – bis zur Übergare – und
- sie ohne wesentlichen Qualitäts- und Volumenverlust gebacken werden können.

Die Gärtoleranz ist überschritten, wenn der Kleber durch den Druck der Gärgase reißt und die Teiglinge dadurch breit treiben.

Gärklima

Das Gärraumklima wird von der Temperatur, der relativen Luftfeuchtigkeit und Luftbewegung bestimmt.

Die **ideale Gärraumtemperatur** liegt zwischen 30 und 35 °C. Sie sollte durchschnittlich 5 °C über der Teigtemperatur liegen, z. B. Teigtemperatur 26 °C, Gärraumtemperatur ca. 30 °C. Bei höheren Temperaturen kommt es zur Kondenswasserbildung auf der kühleren Teiglingsoberfläche und zu einer ungleichmäßigen, groben Porung in der Randzone.

Die **relative Luftfeuchtigkeit** im Gärraum sollte je nach Gärraumtemperatur 70 bis 80 % betragen. Um die gewünschte Luftfeuchtigkeit zu erhalten, wird Wasserdampf in den Gärraum eingebracht. Moderne Gärräume regeln die Luftfeuchtigkeit automatisch. Sie kann an einem Feuchtigkeitsmesser **(Hygrometer)** abgelesen werden.

Die hohe Luftfeuchtigkeit hält die Oberfläche der Teiglinge feucht und verhindert so die Hautbildung. Die Oberfläche ist elastisch und kann dem Gasdruck von innen nachgeben.

Zusammenhang zwischen Gärraumtemperatur und relativer Luftfeuchtigkeit

Gärraumklima	Gärraumtemperatur	Relative Luftfeuchtigkeit
Trocken	30 °C	70 %
Normal	30 °C	80 %
Normal	35 °C	70 %
Feucht	35 °C	80 %

Ausdehnen der Poren

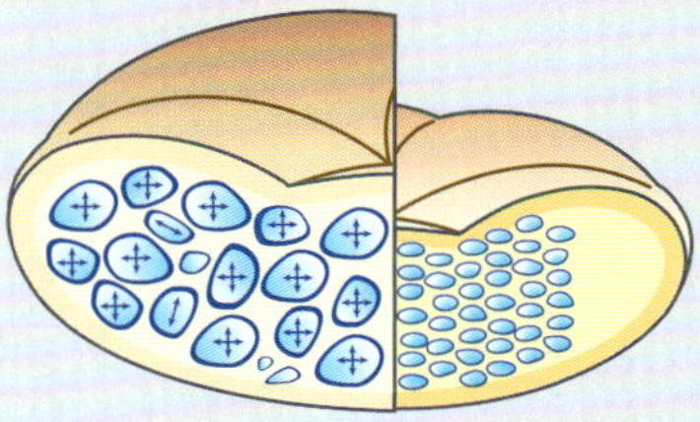

Gärtoleranz

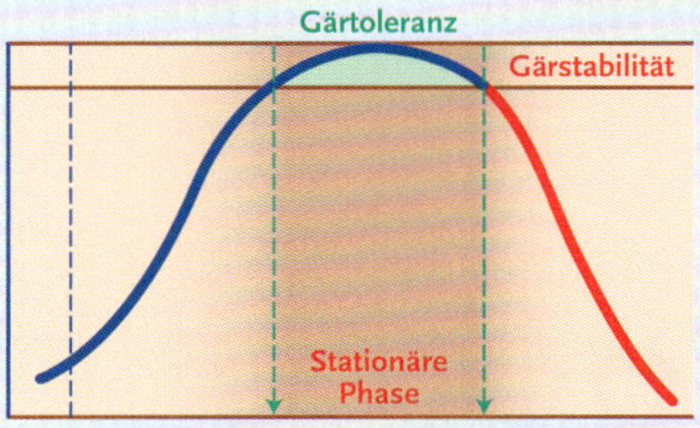

Eine gute Gärtoleranz ist die Fähigkeit eines Teiges, den Zustand der optimalen Gärreife möglichst lange zu halten.

Wissenswertes dazu

- Die **absolute Luftfeuchtigkeit** gibt an, wie viel Gramm Wasser ein Kubikmeter (m^3) Luft aufnehmen kann.
- Die **relative Luftfeuchtigkeit** gibt die Wassermenge in Prozent an, die die Luft bei bestimmten Temperaturen aufnehmen kann.

! Klimaanlagen mit Umwälzung und justierbaren Reglern sorgen für eine gleichmäßige Temperatur und Luftfeuchtigkeit im gesamten Gärraum.

Dauer der Stückgare

Die Dauer der Stückgare kann unter Einhaltung des Rezeptes und der Teigführung, der immer gleichbleibenden Aufarbeitungsmethoden und damit verbundenen Zeiten, der Temperaturen und Gärbedingungen gleichmäßig gehalten werden.

Sie hängt von folgenden Faktoren ab:

- **Teigart:** Weizenteige gären grundsätzlich länger als Roggenteige.
- **Zutaten:** Hohe Hefemengen und hohe Teigtemperaturen verkürzen die Gare. Feste Teige und stark unregelmäßige Lockerung verlängern die Gare.
- **Größe der Teiglinge:** Große Teiglinge benötigen eine längere Gärzeit.

Die durchschnittliche Gärzeit liegt bei herkömmlichen Teigen zwischen 30 und 60 Minuten.

Feststellung der Gärreife (Ofenreife)

Der Gärstand kann am Aussehen **(optisch)** der Teigform oder durch Abtasten **(sensorisch)** der Teiglinge mit den Fingern festgestellt werden. Beim Abtasten wird der Reifegrad am Widerstand und am Verhalten der Druckstelle gemessen.

Knappe Gare	Volle Gare
■ Starker Widerstand ■ Druckstelle verschwindet schnell	■ Geringer Widerstand ■ Druckstelle verschwindet langsam

Optimale Gärreife von Teiglingen

Knappe Gare	Zweidrittel- bis Dreiviertelgare	Volle Gare
■ Bestrichenes, bestreutes oder geschnittenes Brot und Gebäck ■ Ausbundgebäck aus qualitativ schlechtem Mehl ■ Schwere Teige	■ Manuell eingeschossenes Gebäck ■ Ausbundgebäck mit exakter Lagenbildung ■ Plunderteig ■ Siedegebäck aus Hefeteig	■ Brot in Kastenform ■ Gebäck aus kleberstarkem Mehl ■ Gebäck mit glatter Oberfläche ■ Gebäck, das vor dem Backen nur besprüht wird

Gärverlust während der Gare siehe Kapitel Fachrechnen, Seite 435.

Gebäckfehler durch Überschreiten der Gärreife

Gebäckfehler	Ursache und Auswirkungen
■ Kleines Volumen ■ Grobe, unregelmäßige Porung ■ Flache Form ■ Verklebter Ausbund	■ Das Klebernetz wird durch zu viele Gärgase aufgetrieben. Dabei wird der Kleber überdehnt. ■ Die Teiglinge halten der starken Ausdehnung der Gärgase beim Ofentrieb nicht mehr Stand. Die Porenwände reißen, und die Poren fallen zusammen. ■ Die kleinen Poren werden zerstört, und es bilden sich große Poren. ■ Die Gärgase treten aus dem Gefüge aus.

Porenbilder

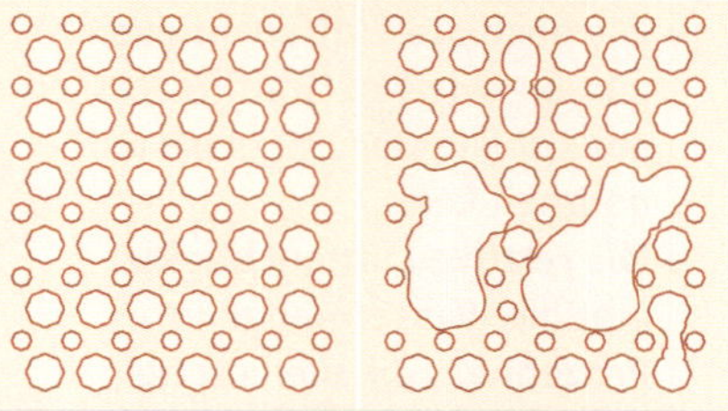

Optimale Gärreife   Übergare

3.8 Einschießen der Teiglinge in den Ofen

Vorbereitung der Teiglinge zum Einschießen

Nach erreichter Ofenreife werden die Teiglinge durch

- Absetzen auf Backgutträger,
- Absprühen oder Abstreichen und
- Schneiden oder Igeln (Stippen)

zum Einschießen in den Ofen vorbereitet.

Absetzen auf Backgutträger

Zum Einschießen in den Ofen müssen die ofenreifen Teiglinge von den Gärgutträgern auf Abziehapparate oder auf Lochbleche abgesetzt werden. Das Umsetzen erfolgt mithilfe von Kippdielen, wenn die Gebäcke mit dem Ausbund nach unten auf Gare stehen. Beim Absetzen muss ein ausreichender Abstand eingehalten werden, um Gebäckfehler (mangelnde Krustenbildung an der Seite [seitenweich]) zu vermeiden.

Absprühen oder Abstreichen

Weizenkleingebäcke und -brote werden vor dem Einschießen mit Wasser besprüht oder abgestrichen. Dadurch

- werden Mehlreste entfernt,
- bleibt die Gebäckoberfläche elastisch und wird Rissbildung verhindert,
- wird die Bräunung und Glanzbildung gefördert,
- haftet Streugut an der Oberfläche.

! Kleingebäck und Brote mit rustikalem Charakter werden vor dem Backen nicht mit Wasser besprüht oder bestrichen.

Schneiden oder Igeln (Stippen)

In der ersten Backphase verliert die Teigoberfläche ihre Dehnbarkeit. Durch das Schneiden oder Igeln können die Gärgase entweichen, ohne dass es zu einer unkontrollierten Rissbildung an der Gebäckoberfläche kommt.

Das **Schneiden** bewirkt eine Vergrößerung des Krustenanteils und damit eine Verbesserung des Geschmacks. Die gewünschte Ausbundbildung hängt vom Zeitpunkt des Einschneidens ab:

- Bei Dreiviertelgare: Tiefer einschneiden, dadurch backt der Ausbund glatt heraus und hat einen schönen Glanz.
- Kurz vor dem Einschießen: Die Schnittstelle bildet sich deutlich aus (stärkerer Ausbund), es kommt zu einer starken Krustenbildung.

Ausbund durch Schneiden

Schneiden und Igeln (Stippen)

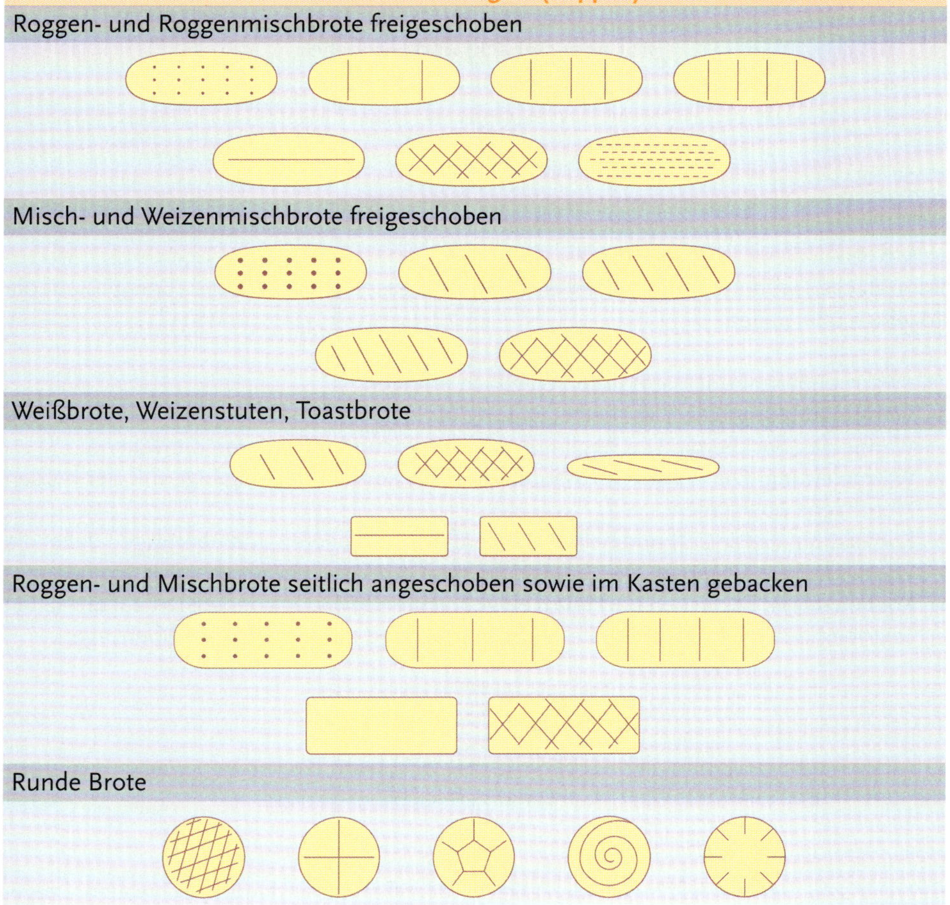

Das **Igeln (Stippen)** mit einem Teigigel (einer Stipprolle) erfolgt immer erst nach dem Abstreichen mit Wasser, um ein Eindringen des Wassers zu vermeiden. Die Menge hängt von der Gärreife der Teiglinge ab, z. B. sollte bei knapper Gare öfter geigelt werden.

Einschießen der Teiglinge

Das Einschießen der Teiglinge hängt vom Ofensystem und der vorhandenen Backfläche ab:

Ofensystem	Beschickung
Etagenofen	Abziehapparat, Kippdielen, Bleche
Stikkenofen	Stikkenwagen mit Blechen
Durchlaufofen	Übergabebrücken

Backflächenberechnungen siehe Kapitel Fachrechnen, Seite 435.

Pro Quadratmeter Backfläche können
- bis zu 70 Stück Weizenkleingebäck,
- bis zu 12 Brote zu je 1 000 g gebacken werden.

Einschießhilfen

Einschießhilfen	Funktionen
Lochbleche	▪ Zum Einschießen und Ausbacken wird bei Zweirandblechen meist noch eine Ofenschüssel, ▪ bei Dreirandblechen ein Haken verwendet.
Abziehapparat Tuchabzieher	▪ Die Teiglinge werden auf den Tuchabzieher gesetzt und in den Ofen geschoben. Das Tuch wird eingehängt und herausgezogen. Beim Herausziehen werden die Teiglinge auf die Backfläche gesetzt. ▪ Das Ausbacken erfolgt mit einer Dreirandblechschüssel.
Übergabebrücke	▪ Sie funktioniert wie der Abziehapparat. ▪ Übergabebrücken sind meist Teil einer vollautomatischen Backanlage (Durchlauföfen).
Stikkenwagen	▪ Er wird zum Einschießen und Ausbacken verwendet. ▪ Der Stikkenwagen ist mit einem Schienensystem für Bleche ausgestattet. Die Anzahl der Bleche variiert je nach Produkt (Brot oder Gebäck) und Hersteller.

Backöfen, Backanlagen, Backbleche usw. siehe Kapitel Geräte- und Maschinenkunde, Seite 209.

3.9 Backen

Wärmeübertragung beim Backen

Beim Backen wird die im Backofen erzeugte und gespeicherte Wärme (Energie) auf die Teiglinge übertragen.

Wärmeübertragung auf die Teiglinge im Backofen

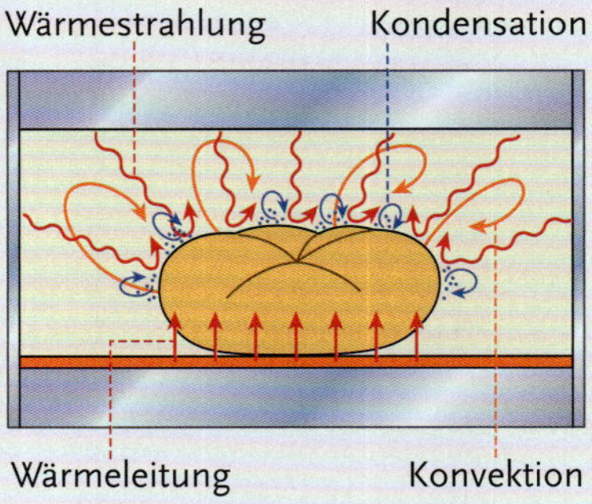

Die Wärmeübertragung kann unterschiedlich erfolgen:
- **Wärmestrahlung:** Die Wärmeübertragung auf das Backgut erfolgt indirekt durch die Wände des Backherds. Die Teiglinge absorbieren und reflektieren die Wärme.
- **Wärmeleitung:** Die Wärme wird durch direkten Kontakt der Teiglinge mit der heißen Herdfläche übertragen.
- **Konvektion:** Heiße Luft und heißer Wasserdampf zirkulieren und übertragen dabei die Wärme auf die Teiglinge. Die Zirkulation kann mit Ventilatoren verstärkt werden.
- **Kondensation:** Der in den Backraum eingebrachte Schwaden kondensiert auf der kalten Teigoberfläche. Die dabei entstehende Wärme wird auf die Teiglinge übertragen.

Backatmosphäre

Zur Erzielung einer optimalen Gebäckqualität wird beim Backen von Weizenteiglingen die Luft im Backofen mit Wasserdampf angereichert.

Schwadengabe

Beim Einschießen der Teiglinge in den Ofen wird heißer Wasserdampf – Schwaden – zugeführt. Er kühlt auf der Teigoberfläche ab und bildet Kondenswasser. Die dabei entstehende Wärme wird auf die Teiglinge übertragen. Die Teigoberfläche ist noch dehnbar und kann dem Druck der Gärgase nachgeben. Das Kondenswasser hält die Teigoberfläche feucht und verzögert dadurch die Krustenbildung.

Der Schwaden bewirkt auch den Glanz der Gebäcke, weil die auf der Gebäckkruste sich bildenden Dextrine im Kondenswasser gelöst werden und sich gleichmäßig auf der Oberfläche verteilen.

Die **Schwadenmenge** und die Einwirkzeit auf die Teiglinge hängen von der Gebäcksorte, der Ofentemperatur und dem Gärstand der Teiglinge ab:

- **Teiglingen mit Übergare** sollte man weniger Schwaden geben, und die Ofentemperatur sollte um 10 bis 20 °C erhöht werden. Durch die trockene Hitze kommt es schnell zur Krustenbildung, wodurch ein Breitlaufen der Brote verhindert wird.
- **Teiglingen mit knapper Gare** sollte man mehr Schwaden geben, und die Ofentemperatur sollte um ca. 10 % reduziert werden. Dadurch wird ein Ausgleich beim Ofentrieb geschaffen. Die Gebäckoberfläche bleibt länger dehnbar, und die Gebäcke ziehen nicht so stark in die Höhe.

Schwadentechnik

Während des Beschwadens muss der Zug geschlossen sein und darf erst am Ende des Backprozesses geöffnet werden. Für Gebäcke, die eine trockene Hitze benötigen, wird nicht beschwadet, der Zug bleibt geöffnet.

Zug = kleine Öffnungen im Backofen, die durch einen Kanal nach außen führen.

- Bei offenem Zug kann dadurch Wasserdampf abgeleitet werden,
- bei geschlossenem Zug sind die Öffnungen mit Klappen abgedeckt, die das Abziehen des Wasserdampfs verhindern.

Gebäckfehler durch mangelnde oder überhöhte Schwadengabe

Zu wenig Schwaden	Zu viel Schwaden
▪ Glanzlose Kruste ▪ Blasse Krustenfarbe ▪ Krustenrisse ▪ Hochziehen der Brote und Gebäcke	▪ Krustenrisse ▪ Zu flache Brot- und Gebäckform

Backprozess

Der Backprozess hat die Aufgabe, den ungenießbaren Teig in ein stabiles, haltbares und wohlschmeckendes Gebäck umzuwandeln.

Beim Backprozess laufen drei Vorgänge ab:

- Ofentrieb,
- Krumenbildung,
- Krustenbildung.

Ofentrieb (Zunahme des Volumens)

Durch die Schwadenbeigabe wird die Wärme aufgrund der Kondensation innerhalb von 10 bis 20 Sekunden auf die Oberfläche der Teiglinge übertragen. Dadurch gerinnen die Klebereiweißstoffe an der Oberfläche und geben ihr Wasser an die Stärke ab. Die Stärke verkleistert vollständig, und es entsteht eine dehnbare, gasdichte Haut.

Ofentrieb

1. Phase

Die Hefe bildet bis zu einer Temperatur von ca. 55 °C CO_2. Diese letzte, verstärkte Triebgasbildung trägt jedoch nur geringfügig zum Ofentrieb bei. Daher beruht der Ofentrieb vorwiegend auf der Ausdehnung der Gase von der Stückgare und dem Einwirken von Hitze. Das endgültige Gebäckvolumen hängt aber hauptsächlich vom Gashaltevermögen ab. Deshalb ist der Reifezustand der Teigstücke für den Ofentrieb von wesentlicher Bedeutung.

Ofentrieb bei unterschiedlicher Ofenreife (Gärreife)

Reifegrade	Gashaltevermögen	Ofentrieb	Porenbild
Knappe Gare	Hoch	Starker Ofentrieb	Dichte, unregelmäßige Porung
Optimale Gare	Mittel	Maximaler Ofentrieb	Gleichmäßige Porung
Übergare	Gering	Schwacher Ofentrieb	Flache Porung

Wärmeübertragung in das Teiginnere beim Backen

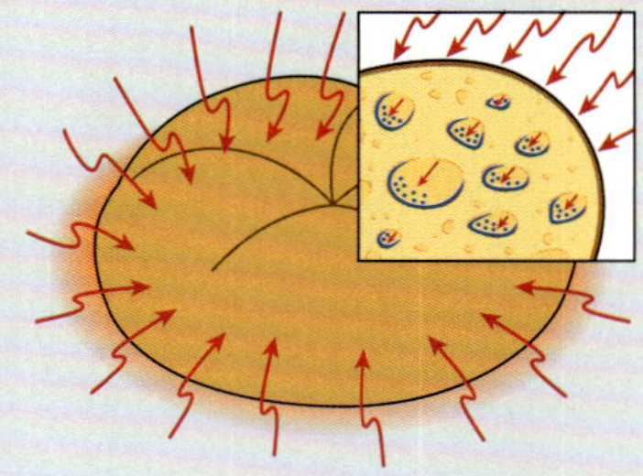

Krumen- und Krustenbildung

2. Phase

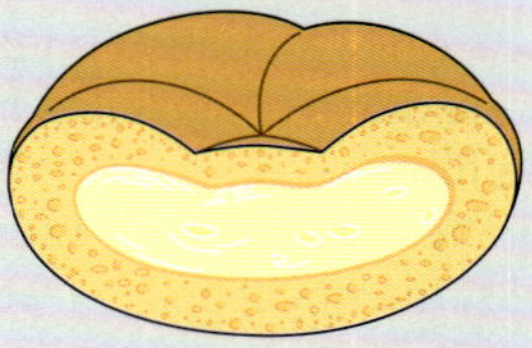

3. Phase

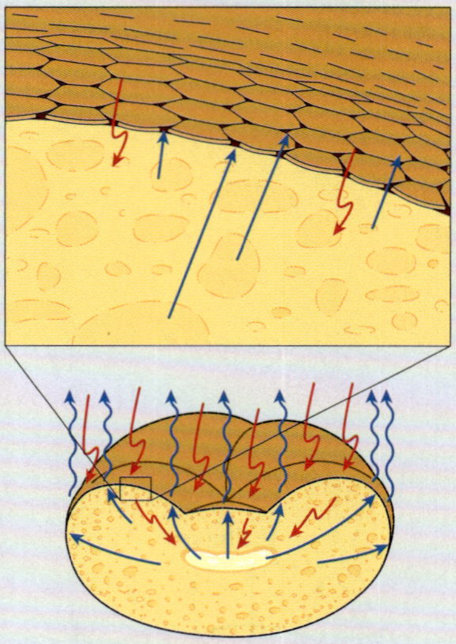

! Ein hoher Verkleisterungsgrad der Stärke bewirkt eine hohe Wasseraufnahme. Das aufgenommene Wasser ist für die Frischhaltung der Gebäcke erforderlich.

! Je besser die Kruste ausgebildet ist, desto aromareicher sind die Gebäcke. Die Aromastoffe in der Kruste machen ca. 80 % des Gesamtaromas aus.

Maillard-Reaktion siehe Seite 14.

Wärmeübertragung in das Teiginnere beim Backen

Von der Teigoberfläche wird die Wärme durch Wärmeleitung, Verdampfung und Kondensation in das Teiginnere übertragen:

- Das Teigwasser wird in den Poren von außen erhitzt. Es verdampft und kondensiert an der kühlen Innenseite der Porenwände.
- Es kommt zu einem Wärmetransfer in das Teiginnere, wodurch das Eiweiß gerinnt und die Stärke verkleistert – die Poren stabilisieren sich.

Krumenbildung

Sie erfolgt durch eine Stärkeverkleisterung bei ca. 80 °C und durch Gerinnung der Klebereiweiße ab ca. 60 °C. Bei Temperaturen von über 75 °C (β-Amylasen) und über 85 °C (α-Amylasen) werden die Enzyme inaktiviert, der Stärkeabbau findet beim Backen von Weizenteigen daher nur sehr begrenzt oder gar nicht statt.

Die Stärkekörner quellen mit steigender Temperatur unter Wasseraufnahme (Wasser, das bei der Denaturierung vom Eiweiß abgegeben wird) auf, bis sie platzen und verkleistern. Es entsteht ein stabiles, elastisches Porengerüst – die Krume.

Krustenbildung

Mit zunehmender Backzeit nimmt der Wassergehalt an der Oberfläche ab. Die Temperatur in der Krume steigt während des Backprozesses auf knapp unter 100 °C. Die Oberflächentemperatur steigt auf über 100 bis ca. 160 °C. Dabei verdampft Teigwasser. Dadurch sinkt der Wassergehalt in der Teighaut von 45 auf unter 10 % ab und die Teighaut trocknet ab – es entsteht eine stabile Randschicht. Sie färbt sich mit zunehmender Backzeit braun und bildet die Kruste.

Vorgänge beim Backprozess in Abhängigkeit von der Teigtemperatur (220 °C Ofentemperatur)

		Feste, spröde Kruste	200 °C	▶ Verkohlung, Bildung von Bitterstoffen
KRUSTENBILDUNG		Feste, spröde Kruste	160 °C	▶ Beginnende Zuckercouleurbildung
KRUSTENBILDUNG		Feste, spröde Kruste	150 °C	▶ Aus Zucker bildet sich brauner Karamell Bildung von Röststoffen (Aromastoffen)
KRUSTENBILDUNG		Feste, spröde Kruste	140 °C	▶ Dextrinbildung schreitet fort (dunkle Dextrine)
KRUSTENBILDUNG		Feste, spröde Kruste	120 °C	▶ Aus Stärke bilden sich Dextrine Beginnende Maillard-Reaktion (Bildung von Melanoidinen)
KRUSTENBILDUNG		Feste, spröde Kruste	100 °C	▶ Wasserverdampfung, die Teighaut wird fester
KRUMENBILDUNG		Gerinnende Eiweißstoffe geben Wasser zur Stärkeverkleisterung frei	90 °C	▶ Verkleisterung der Weizenstärke endet
KRUMENBILDUNG		Gerinnende Eiweißstoffe geben Wasser zur Stärkeverkleisterung frei	85 °C	▶ Alpha-Amylasen werden inaktiviert
KRUMENBILDUNG		Gerinnende Eiweißstoffe geben Wasser zur Stärkeverkleisterung frei	80 °C	▶ Alkohol verdampft bei 78 °C
KRUMENBILDUNG		Gerinnende Eiweißstoffe geben Wasser zur Stärkeverkleisterung frei	75 °C	▶ Beta-Amylasen werden inaktiviert Verkleisterung der Roggenstärke endet, intensiver Stärkeabbau
KRUMENBILDUNG	OFENTRIEB	Gerinnende Eiweißstoffe geben Wasser zur Stärkeverkleisterung frei	70 °C	▶ Klebergerinnung endet
KRUMENBILDUNG	OFENTRIEB	Gerinnende Eiweißstoffe geben Wasser zur Stärkeverkleisterung frei	65 °C	▶ Klebergerinnung und Wasserabgabe Absterben der Mikroorganismen
KRUMENBILDUNG	OFENTRIEB	Gerinnende Eiweißstoffe geben Wasser zur Stärkeverkleisterung frei	60 °C	▶ Hefeenzyme werden inaktiviert Quellung der Stärkekörner, Weizenstärke beginnt zu verkleistern
KRUMENBILDUNG	OFENTRIEB	Gerinnende Eiweißstoffe geben Wasser zur Stärkeverkleisterung frei	55 °C	▶ Roggenstärke beginnt zu verkleistern
KRUMENBILDUNG	OFENTRIEB		35 °C	▶ Starke Hefe- und Enzymtätigkeit

Ofentemperatur und Backdauer

Ofentemperatur

Sie hängt von der Größe und vom Gärstand der Teiglinge sowie vom System der Wärmeübertragung des Backofens ab.

Die Ofenhitze wirkt zuerst auf die Oberfläche der Teige und dringt dann in das Innere ein (siehe Ofentrieb). Durch hohe Anfangshitze bildet sich rasch eine stabile Kruste, die ein Breitlaufen der Teiglinge verhindert. Anschließend muss die Temperatur jedoch gesenkt werden, damit die Kruste während der Backzeit nicht zu dunkel wird.

Bei Weizengebäck wird auf eine rasche Krustenbildung verzichtet, da der Kleber den inneren Zusammenhalt gewährleistet. Damit Weißgebäcke die optimale Rösche erhalten, wird oftmals die Ofentemperatur gegen Ende der Backzeit erhöht oder der Zug geöffnet.

Backdauer

Sie hängt ab

- von der Größe der Backwaren,
- vom Gärstand der Teiglinge – gut gelockerte Teiglinge haben eine kürzere Backzeit, da die Hitze schneller eindringen kann –,
- von der Einwirkung der Hitze auf die Backwaren – Brote in Formen haben eine längere Backzeit als frei geschobene Backwaren.

Zusammenhang zwischen Ofentemperatur und Backverlauf (Backdauer, Kerntemperatur)

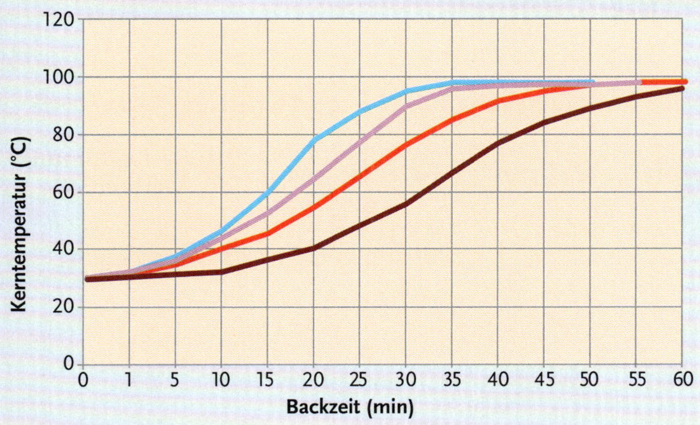

170 °C 200 °C 230 °C 250 °C

Zusammenhang zwischen Brot- und Gebäckart und Backverlauf (Backdauer, Kerntemperatur)

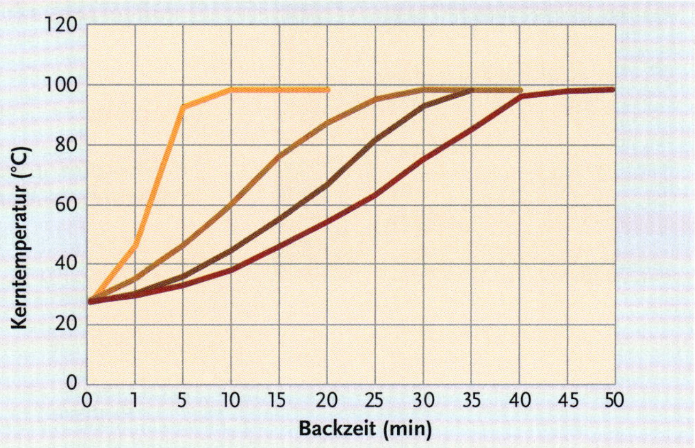

Brötchen Weizenbrot (1 000 g)
Roggenmischbrot (1 000 g) Roggenmischbrot (1 500 g)

Ausbacken

Der Ausbackzeitpunkt für Brot und Kleingebäck wird üblicherweise durch die Bestimmung der Backzeit festgelegt. Um festzustellen, ob die Backwaren auch tatsächlich ausgebacken bzw. durchgebacken sind, bedient man sich folgender Methoden:

- **Überprüfung (Messung) der Kerntemperatur.**
- **Überprüfung der Krustenfarbe:** Die Gebäcke müssen die für die Gebäckart charakteristische Krustenfarbe aufweisen.
- **Überprüfung der Krustenfestigkeit:** Durch Abklopfen (Klopfprobe) des Gebäckbodens bei Broten oder durch Drücken bei Kleingebäcken kann festgestellt werden, ob die Krume durchgebacken ist.
- **Überprüfung des Gewichts** durch Abwiegen der Backwaren.

Klopfprobe: Den Boden des Brotes abklopfen – klingt das Gebäck hohl, ist die Krume durchgebacken, entsteht ein dumpfes Geräusch, ist die Krume teilweise noch teigig.

Fenstern = regelmäßiges, zartes Aufbrechen der Kruste (Muster). Die Fensterbildung weist auf eine reife Teigführung hin und ist für Weizengebäcke typisch.

Backverlust und Gebäckausbeute, siehe Kapitel Fachrechnen, Seite 435.

Altbackenwerden siehe Kapitel Roggenteigtechnologie, Seite 322.

Wärme und Feuchtigkeit begünstigt Schimmelbildung. Siehe Brotverderb, Seite 320.

Nach Verlassen des heißen Ofens dauert es etwa bis zu zwei Stunden, bis die Brote auf Raumtemperatur abgekühlt sind. Während dieser Zeit laufen verschiedene Vorgänge ab:

- **Temperaturabgabe an die Umgebung:** Dabei lässt der Gasdruck im Gebäckinneren nach, es entsteht ein Unterdruck. Das Volumen wird kleiner, es kommt zum „Fenstern" der Kruste. Durch die feinen Risse gelangen die Aromastoffe der Kruste ins Innere der Backwaren.
- **Wasserverdunstung:** Mit der Wärmeabgabe verdunstet Wasser. Gleichzeitig werden auch flüchtige Aromastoffe abgegeben. Durch die Wasserverdunstung entstehen Gewichtsverluste.
- **Retrogradation:** Nach dem Ausbacken beginnt bei einer Temperatur von unter 55 °C die Mehlstärke zu entquellen. Dieser Prozess leitet das **Altbackenwerden** der Brote und Kleingebäcke ein.

Richtlinien für die Behandlung von Brot und Gebäck nach dem Ausbacken

- Gebäcke müssen gut ausdampfen können, um zu verhindern, dass die Rösche verloren geht. Die heißen Brote dürfen weder zu dicht noch übereinander auf Brotbrettern abgesetzt werden, um Mängel wie Druckstellen, feuchte, klebrige Kruste, Wasserstreifen usw. zu vermeiden.
- Schrotbrot wird zum Auskühlen auf einen luftdurchlässigen Lattenrost abgesetzt.
- Kleingebäck und Brote mit glänzender Oberfläche werden nach dem Backen mit Wasser besprüht, um den Glanz zu verstärken.
- Semmeln werden nach dem Ausbacken nur zart besprüht, damit die Kruste nicht weich wird.
- Die kurzfristige Lagerung der Gebäcke bis zum Verkauf erfolgt in einem hellen, luftigen, kühlen und sauberen Brotlager.

Arbeitsablaufschema für die Aufarbeitung von Weizenbrötchen und Weizenbrot

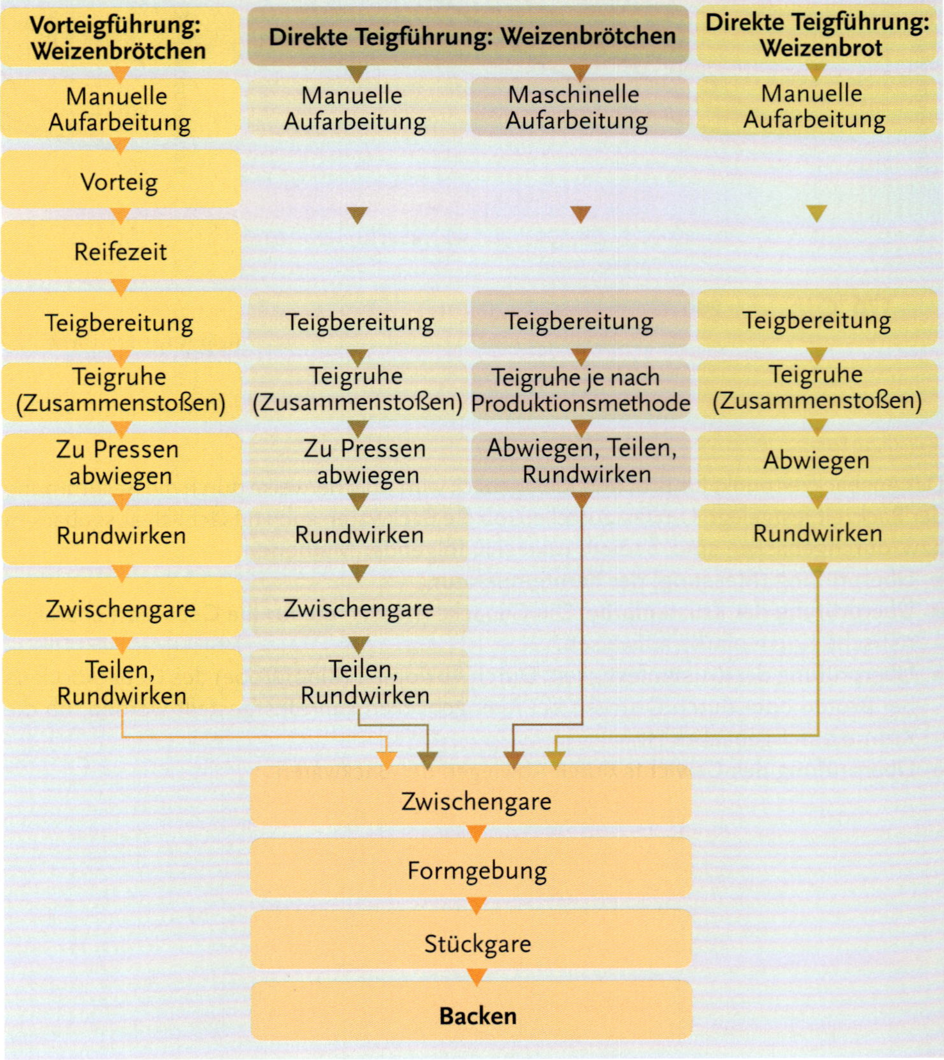

Dieses Fließschema kann für HACCP (siehe Kapitel Hygiene, Seite 257) und zur Arbeitsplatzevaluierung (siehe Kapitel Unfallverhütung, Seite 211) genutzt werden.

3.10 Rezeptbeispiele aus Weizenteig

Weißbrot

5,000 kg Weizensauer	■ Die Herstellung erfolgt indirekt (siehe Weizensauerteigführungen).
8,000 kg Mehl, Type 550	■ Teigtemperatur: 25 °C.
0,100 kg Rapsöl	■ Knetzeit: 6 Minuten Stufe 1, 4 Minuten Stufe 2.
0,100 kg Trockenvollmilch	■ Teigruhe: zweimal 15 Minuten, dazwischen einmal zusammenstoßen.
3,000 kg Wasser	■ Teigeinlage: 600 bis 1 200 g.
0,400 kg Hefe	■ Langwirken, in Brotkörbe legen.
0,100 kg Zucker	■ Bei voller Gare igeln (stippen).
0,200 kg Salz	■ Frei geschoben, mit Schwaden backen.
0,200 kg Backmittel	■ Backtemperatur: 210 °C, auf 200 °C fallend.
17,100 kg Rezeptgewicht	■ Backzeit: 30–40 Minuten.

Toastbrot

Weizensauer:	■ Die Herstellung erfolgt indirekt (siehe Weizensauerteigführungen).
0,0025 kg Anstellgut	■ Teigtemperatur: 25 °C, die Temperatur bei langer Führung reduzieren.
0,500 kg Mehl, Type 550	■ Knetzeit: 6 Minuten Stufe 1, 4 Minuten Stufe 2. Den Teig leicht überkneten, dadurch wird er plastischer und geschmeidiger.
0,750 kg Wasser	■ Teigruhe: zweimal 15 Minuten, dazwischen einmal zusammenstoßen.
Hauptteig:	■ Teigeinlage: 600 g.
1,250 kg Weizensauer	
9,500 kg Mehl, Type 550	
5,250 kg Wasser	
0,750 kg Trockenvollmilch	
0,500 kg Backmargarine	
0,150 kg Zucker	
0,200 kg Salz	
0,400 kg Hefe	
18,000 kg Rezeptgewicht	

Aufarbeitungsmethoden

- **Einstückmethode:** Langwirken und in die Toastbrotform legen.
- **Zweistrangmethode:** Zwei Stränge formen, miteinander verdrehen und in die Toastbrotform legen.
- **Vierstückmethode:** Das länglich geformte Toastbrot in vier Stücke teilen. Stücke eng aneinandergereiht in die Toastbrotform legen.
- **Zehnstückmethode:** Zehn rund gewirkte Teiglinge eng aneinander in die Toastbrotform legen.

- Bei Dreiviertelgare die Formen verschließen. Teiglinge in offenen Toastbrotformen werden bei voller Gare gebacken. Mit Schwaden backen.
- Backtemperatur: 220 °C, auf 200 °C fallend.
- Backzeit: 35–45 Minuten.

Laugenbrezeln

10,000 kg Mehl, Type 550	■ Die Herstellung erfolgt direkt (siehe direkte Teigführungen). Teigtemperatur: 22 °C.
5,000 kg Wasser	■ Knetzeit: 8 Minuten Stufe 1, 2 Minuten Stufe 2.
0,350 kg Hefe	■ Teigeinlage: 1 500 bis 1 800 g (Presse).
0,500 kg Backmargarine	■ Jeden Teigling zu einem gleichmäßigen (bayrische Art) oder konischen (schwäbische Art) Strang ausrollen. Enden im unteren Bereich miteinander verschlingen und andrücken (siehe Foto).
0,200 kg Salz	■ Mit den Enden nach unten auf Gärgutträger setzen.
0,300 kg Backmittel	■ Bei knapper Gare in eine 2- bis 4-prozentige Natronlauge tauchen.
16,350 kg Rezeptgewicht	■ Auf Bleche setzen. Keine Aluminiumbleche verwenden, da die Brezellauge das Aluminium auf die Brezeln überträgt.
	■ Mit grobem Salz bestreuen, eventuell einschneiden.
	■ Ohne Schwaden bei offenem Zug backen.
	■ Backtemperatur: 230 °C, Backzeit: 15 Minuten.

Toastbrot wird in geschlossenen Formen gebacken, damit die Brote eine exakte quadratische Form erhalten und die Kruste schwach ausgebildet ist

Zweistrangmethode

Vierstückmethode

Zehnstückmethode

Sicherheitsvorschriften beim Arbeiten mit Brezellauge siehe Kapitel Unfallverhütung, Seite 211.

Auf Vorrat hergestellte Teiglinge werden erst nach dem Tiefkühlen belaugt, um eine blasige Gebäckoberfläche zu vermeiden.

Wissenswertes dazu

- Baguette ist eine französische Spezialität.
- Der Teig wird mit einer langen Teigführung hergestellt. Dadurch bekommt das Gebäck eine unregelmäßige, grobe Porung.
- Durch das Einziehen in stark bemehlte Tücher erhält das Gebäck sein rustikales Aussehen und eine kräftige Kruste.

Baguette

Weizensauer:	
0,200 kg	Anstellgut
1,000 kg	Mehl, Type 550
1,000 kg	Wasser
Hauptteig:	
2,000 kg	Weizensauer
9,000 kg	Mehl, Type 550
5,000 kg	Wasser
0,200 kg	Backmalz
0,150 kg	Hefe
0,220 kg	Salz
16,570 kg	**Rezeptgewicht**

- Die Herstellung erfolgt indirekt (siehe Weizensauerteigführungen; 1-Stufen-Weizensauerverfahren bei 10 %er Versäuerung: TA 200, Teigtemperatur 28–30 °C, Abstehzeit 16–18 Stunden).
- Bei der Teigbereitung das Salz erst nach halber Knetzeit beigeben.
- Teigtemperatur: 24 °C.
- Knetzeit: 10 Minuten Stufe 1, 4–5 Minuten Stufe 2.
- Teigruhe: 60 Minuten, dazwischen einmal zusammenstoßen.
- Teigeinlage: 340 g, schonend rund wirken.
- 30 Minuten entspannen lassen.
- Lang wirken, dabei sollen die Enden leicht spitz zulaufen.
- In stark bemehlte Tücher einziehen.
- Stückgare: 75 bis 90 Minuten bei Raumtemperatur.
- Bei voller Gare mit einem Holzbrett auf die Abzieher oder Baguettebleche setzen. Fachgerecht einschneiden.
- Mit wenig Schwaden backen.
- Backtemperatur: 250 °C, auf 200 °C fallend.
- Backzeit: ca. 25 Minuten.

! Ciabatta hat einen hohen Krustenanteil und feinen Olivengeschmack.

Ciabatta

1,545 kg	Weizensauer
8,930 kg	Mehl, Type 550
0,300 kg	Mehl, Type 997
0,100 kg	Olivenöl
6,550 kg	Wasser
0,140 kg	Hefe, je nach Reifezeit
0,200 kg	Salz
17,765 kg	**Rezeptgewicht**

- Die Herstellung erfolgt indirekt (siehe Weizensauerteigführungen).
- Teigtemperatur: 24 °C.
- Knetzeit: 10 Minuten Stufe 1, 5 Minuten Stufe 2.
- Den Teig in vier mit Öl gut bestrichene Kunststoffwannen füllen und zudecken.
- Teigruhe: 90 Minuten.
- Auf stark bemehlten Sturzkästen verteilen.
- Oberflächen mit Mehl bestauben und glatt rollen.
- 60 Minuten Teigruhe.
- Mit einem bemehlten Teigabstecher 30 Rechtecke abstechen, Teigeinlage: 150 g.
- Teiglinge mit der bemehlten Seite nach oben auf den Abzieher setzen.
- Mit wenig Schwaden backen.
- Backtemperatur: 250 °C, auf 200 °C fallend.
- Backzeit: ca. 35 Minuten.

Wissenswertes dazu

- Dinkelmehl hat einen höheren Proteingehalt als andere Weizensorten (13 %) und einen hohen Feuchtklebergehalt (über 30 %).
- Der Dinkelkleber hat gute Dehneigenschaften, reagiert jedoch empfindlich auf Überknetung. Überknetete Teige neigen zum Kleben und lassen sich dadurch schwer aufarbeiten.

Dinkelbrot und Dinkelkleingebäck

Vorteig:	
0,010 kg	Starterkultur
1,000 kg	Mehl, Type 630
0,020 kg	Salz
1,000 kg	Wasser
Quellstück:	
1,250 kg	grober Dinkelschrot
3,750 kg	Dinkelvollkornschrot
0,200 kg	Salz
5,000 kg	Wasser

- Die Herstellung erfolgt indirekt (siehe Weizensauerteigführungen). Den Dinkelsauer 12 bis 16 Stunden abstehen lassen. Für Dinkelgebäck die Teigausbeute auf 165 reduzieren, sonst lässt sich das Gebäck nicht aufarbeiten.
- Teigtemperatur: 25 °C.
- Knetzeit: 7 Minuten Stufe 1, 2 Minuten Stufe 2.
- Teigruhe: ca. 60 Minuten.

Aufarbeitung Brot

- Teigstücke zu je 800 g abwiegen, zusammenwirken und kurz entspannen lassen.
- Rund und lang wirken, in Formen ohne Deckel legen.
- Bei voller Gare mit Schwaden backen.
- Backtemperatur: 230 °C, auf 210 °C fallend.
- Backzeit: 30–40 Minuten.

Hauptteig:	
4,000 kg	Mehl, Type 630
0,375 kg	Backfett
0,180 kg	Honig
0,600 kg	Hefe
1,500 kg	Wasser
10,200 kg	Quellstück
2,000 kg	Vorteig
18,855 kg	**Rezeptgewicht**

Aufarbeitung Kleingebäck

- Pressen abwiegen, mit der Teigteil- und rundwirkmaschine teilen und rundwirken.
- Lang wirken, mit dem Schluss nach oben auf Gärgutträger setzen.
- Bei Dreiviertelgare auf Bleche oder direkt auf den Herd kippen (Schluss unten).
- Mit Schwaden backen.
- Backtemperatur: 240 °C, auf 220 °C fallend.
- Backzeit: 18–20 Minuten.

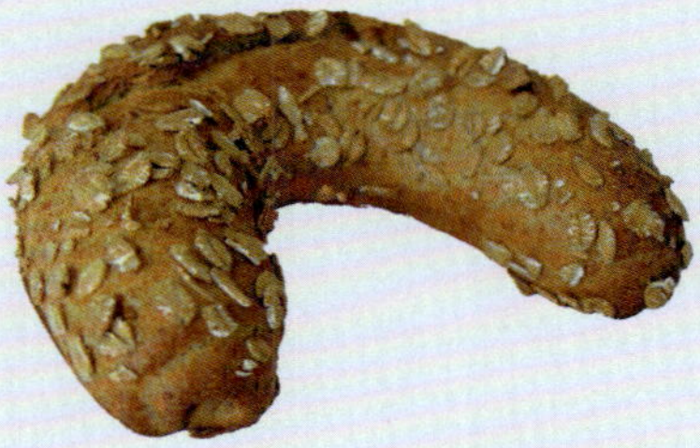

Arbeitsaufgaben

1. Beschreiben Sie einige Kleingebäcke aus Weizenmehl.
2. Beschreiben Sie die backtechnologischen Eigenschaften folgender Rohstoffe: Mehl, Wasser, Salz und Fett.
3. Erklären Sie, wodurch Sie die Geschmacksbildung, den Trieb und das Gashaltevermögen eines Teiges steuern können.
4. Erläutern Sie die direkte Teigführung. Nennen Sie Vorteile dieser Führung.
5. Erklären Sie, wann eine Teigführung als Vorteigführung bezeichnet wird.
6. Nennen Sie Ziele einer langen Weizenvorteigführung.
7. Schildern Sie, wie Sie die Vorteigreife feststellen können.
8. Beschreiben Sie die Gewinnung eines Anstellgutes für einen Weizensauer.
9. Führen Sie Richtlinien an, die bei Weizensauerteigherstellungen zu beachten sind.
10. Erklären Sie das 2-Stufen-Verfahren bei Weizensauerteigführungen.
11. Nennen Sie Vor- und Nachteile von indirekten Teigführungen.
12. Erörtern Sie den Begriff Plasmolyse.
13. Nennen Sie Vorteile, die sich durch das Sieben des Mehles ergeben.
14. Nennen Sie Faktoren, die Sie bei der Berechnung der Wassertemperatur (Zugusstemperatur) beachten müssen.
15. Beschreiben Sie die Reaktion der Eiweißstoffe in der Mischphase.
16. Zählen Sie die Merkmale auf, die ein optimal gekneteter Weizenteig aufweist.
17. Erklären Sie, wie es zur Kleberbildung in der Knetphase kommt.
18. Zählen Sie Faktoren auf, von denen die Höhe der Teigausbeute (TA) abhängt.
19. Schildern Sie, wie Sie die Knetzeit berechnen.
20. Begründen Sie die Ruhephase der Teige vor der Aufarbeitung.
21. Schildern Sie, woran Sie die optimale Reife der Teige erkennen.
22. Beschreiben Sie die manuelle Aufarbeitung von Weizenkleingebäck.
23. Nennen Sie die Reifungsvorgänge, die während der Stückgare stattfinden.
24. Erklären Sie, wovon die Gärstabilität von Weizenteigen abhängt.
25. Schildern Sie, was beim Überschreiten der Gärreife passiert.
26. Erklären Sie die Vorbereitung der Teiglinge zum Einschießen.
27. Erklären Sie die Wärmeübertragung auf die Teiglinge beim Backprozess.
28. Nennen Sie Gründe für die Schwadengabe beim Einschießen der Teiglinge.
29. Erörtern Sie, wovon die Stärke des Ofentriebs abhängt.
30. Schildern Sie die Wärmeübertragung von der Teigoberfläche in das Teiginnere.
31. Beschreiben Sie den Vorgang der Krustenbildung.
32. Nennen Sie Faktoren, von denen die Ofentemperatur und Backdauer abhängen.
33. Erklären Sie, wie Sie feststellen können, ob die Backwaren ausgebacken sind.
34. Beschreiben Sie die Behandlung von Brot und Kleingebäck nach dem Ausbacken.
35. Beschreiben Sie die Herstellung von Dinkelbrot und Dinkelkleingebäck.

Notizen zu den Arbeitsaufgaben:

4 Roggenteigtechnologie

Roggenhaltiges Brot und Gebäck ist saftig, hat einen mild säuerlichen, aromatischen Geschmack und schmeckt bei richtiger Lagerung auch noch nach Tagen hervorragend.

Grundlage der Roggenteigtechnologie ist die Verarbeitung von Roggenmahlerzeugnissen zu

- Roggenbroten,
- Roggenmischbroten,
- sonstigen roggenhaltigen Backwaren.

Der wesentliche Unterschied in der Verarbeitung von Roggen- und Weizenteigen besteht darin, dass Roggenteige erst durch entsprechende Versäuerung backfähig werden.

Roggen ist das dominierende Brotgetreide der kälteren Klimazonen Europas und Russlands. Er gedeiht dort, wo der Weizen „erfrieren“ würde. Sein Anteil an der Weltgetreideernte beträgt nur 2 %!

Unsere Ziele

Nach Bearbeitung dieses Teilkapitels werden Sie ...

- wissen, auf welche Weise die Inhaltsstoffe von Roggenmahlerzeugnissen die Teig- und Backeigenschaften beeinflussen;
- Methoden zur Versäuerung von roggenhaltigen Teigen kennen;
- über unterschiedliche Sauerteigführungen unterrichtet sein;
- wissen, wie Sauerteigberechnungen durchgeführt werden;
- über die Teigbereitung von Roggenteigen Bescheid wissen;
- über besondere Backverfahren für Roggenbrote informiert sein;
- die Herstellung einiger Roggen- und Roggenmischbrote kennen;
- über Brotfehler Bescheid wissen;
- die Ursachen von Brotverderb kennen;
- Methoden zur Verlängerung der Frische von Brot und Kleingebäck kennen.

4.1 Erzeugnisse aus Roggenmehl

Zur Herstellung von roggenhaltigen Backwaren werden folgende Mahlprodukte verwendet:

- Roggenmehl der Type 997 und 1150, Roggenvollkornmehl
- Roggenbackschrot der Type 1800 (fein, mittel, grob), Roggenvollkornschrot
- Weizenmehl der Type 550 und 1050, Weizenvollkornmehl
- Weizenbackschrot der Type 1700, Weizenvollkornschrot

Der Charakter roggenhaltiger Backwaren wird von den Eigenschaften der verwendeten Mahlprodukte, von eventuellen Beigaben und Herstellungsverfahren bestimmt:

Roggenbrot

Es wird aus Roggenmehl verschiedener Typen hergestellt. Zusätzlich kann es noch bis zu 10 % Weizenmehl, bezogen auf die Gesamtmenge der Mahlprodukte, enthalten.

Roggenmischbrot

Es wird aus Roggenmehl verschiedener Typen hergestellt. Es enthält mehr als 10 %, jedoch weniger als 50 % Weizenmehl, bezogen auf die Gesamtmenge der Mahlprodukte.

Weizenmischbrot

Es wird aus Weizenmehl verschiedener Typen hergestellt. Es enthält mehr als 10 %, jedoch weniger als 50 % Roggenmehl, bezogen auf die Gesamtmenge der Mahlprodukte.

Andere Brotsorten

Das sind Brote,

- die besondere Rohstoffe oder Beigaben enthalten, z. B. andere Getreidearten außer Weizen und Roggen, Pseudozerealien, Sonnenblumenkerne, Leinsamen usw.,
- die durch spezielle Herstellungsverfahren hergestellt werden, z. B. Holzofenbrot, Knäckebrot usw.,
- die in ihrer Zusammensetzung auf bestimmte Ernährungsbedürfnisse abgestimmt sind, z. B. Diät bei Diabetes mellitus, Zöliakie (Sprue).

! Roggenmahlerzeugnisse sind wegen ihres hohen Gehalts an Ballaststoffen und sekundären Pflanzenstoffen für die Ernährung besonders wertvoll!

§ **Leitsätze für Brot und Kleingebäck** finden Sie zum Downloaden unter www.bmel.de.

! **Mischbrot** besteht aus 50 % Weizenmehl und 50 % Roggenmehl.

➡ Pseudozerealien siehe Kapitel Getreide und Getreideprodukte, Seite 86.

➡ Ernährungsabhängige Erkrankungen, wie Diabetes mellitus und Zöliakie (Sprue), siehe Kapitel Ernährung und Krankheiten, Seite 76.

Vergleichen Sie die Inhaltsstoffe von Roggen- und Weizenmehl im Kapitel Getreide und Getreideprodukte, Seite 86!

Roggen enthält im Vergleich zu Weizen um ca. 4 bis 5 % **weniger Eiweiß** und um 4 bis 5 % **mehr Schleimstoffe.**

Viskosität = Zähigkeit, Zähflüssigkeit.

Die lange Frische von Roggenbroten beruht auf den Quellvorgängen der Mehlinhaltsstoffe während der Teigbereitung.

Die Enzymaktivität der Amylasen muss durch Säure- und Salzbeigabe reguliert werden. In Auswuchsmehlen ist die Enzymaktivität der Amylasen besonders stark.

Der **pH-Wert** gibt die Stärke der Säure an, die **Säuregrade** geben die Menge der Säure an.

4.2 Backtechnologische Eigenschaften der Roggeninhaltsstoffe

Roggenmahlerzeugnisse haben im Vergleich zu Weizenmahlerzeugnissen aufgrund der unterschiedlichen Zusammensetzung der Mehlinhaltsstoffe andere Teig- und Backeigenschaften.

Roggenmehle enthalten im Vergleich zu Weizenmehlen	Auswirkungen
▪ Weniger quellfähige Eiweißstoffe	▪ Geringeres Gashaltevermögen, geringere Standfestigkeit
▪ Mehr lösliche Zuckerstoffe	▪ Stärkeres Gasbildungsvermögen
▪ Mehr Wasser bindende Pentosane	▪ Höhere Teigausbeute, plastische kurze Teige
▪ Mehr Stärke abbauende Enzyme	▪ Säurezusatz notwendig

Mehlinhaltsstoffe	Auswirkungen auf die Teig- und Backeigenschaften
Eiweiß	▪ Die Eiweißstoffe haben keine Kleber bildenden Eigenschaften. Daher kann der Kleber durch Auswaschen nicht separiert werden. ▪ Die Eiweißstoffe Glutenin und Secalin binden bei der Teigbildung Wasser und geben es während des Backprozesses wieder ab.
Schleimstoffe (Pentosane, Quellstoffe)	▪ Lösliche Schleimstoffe binden Wasser und erhöhen damit die Viskosität der Teige. ▪ Unlösliche Schleimstoffe nehmen bei der Teigbildung große Wassermengen (bis zum 10-fachen des Eigengewichtes) auf (höhere Teigausbeute). ▪ Durch die Wasseraufnahme kommt es zur Schleimbildung. Diese schleimige Masse ist dafür verantwortlich, dass Roggenteige im Vergleich zu Weizenteigen klebriger, unelastischer und kürzer sind. ▪ Die Schleimstoffe durchziehen den Roggenteig raumnetzartig und sind so für die Teigbildung entscheidend. Sie geben dem Teig die Bindung, die er für ein ausreichendes Gashaltevermögen und für einen ausreichenden Stand benötigt.
Stärke	▪ Die Stärke lagert das Wasser an der Oberfläche an (Porenquellung). ▪ Die Roggenstärke verkleistert in einem Temperaturbereich, in dem die Stärke abbauenden Amylasen besonders aktiv sind. ▪ Je mehr Stärke abgebaut wird, umso kleiner wird der Anteil an verkleisterungsfähiger Stärke im Teig, der für die Krumenbildung benötigt wird.
Lösliche Zuckerstoffe	▪ Sie dienen den Hefen und Milchsäurebakterien als Nahrung und beeinflussen die Geschmacksbildung und Krustenbräunung.

Brotqualität – Brotaroma

Die Enzymaktivität der Amylasen wird durch eine Kombination von Säure und Salz reguliert. Entscheidend für die Brotqualität und somit das Brotaroma sind die Art und Menge der Säure. Die Säuremenge richtet sich

- **nach dem gewünschten Brotaroma,** z. B. hohe Säuremenge für ein kräftiges Brotaroma. Dabei ist die Art der Säure zu berücksichtigen. Essigsäure gibt eine kräftigere Säuerung als Milchsäure.
- **nach der Mehlmischung:** Die Säuremenge steigt mit zunehmendem Roggenmehlanteil und Höhe der Typenzahl.
- **Enzymgehalt und -aktivität:** Enzymreiche Roggenmehle benötigen eine höhere Säure- und Salzzugabe zum Teig.

4.3 Brotteigführungen

Versäuerung von roggenhaltigen Teigen

Damit das Roggenmehl bei seiner Verarbeitung **backfähig** wird, müssen die Teige **gesäuert** werden.

Ursprünglich konnte die Säuerung und Lockerung von Roggenteigen nur indirekt, durch Führung eines gärenden Vorteiges – Sauerteiges –, erreicht werden. Dieser Vorteig wurde über mehrere Stufen geführt, die abwechselnd lockernd und säuernd wirkten und von einem Tag auf den anderen weitergeführt wurden.

Heute kann dieses zeitaufwendige Herstellungsverfahren vereinfacht werden durch Verwendung von

- Backhefe aus der Hefefabrik,
- teigsäuernden Backmitteln.

Führungsarten

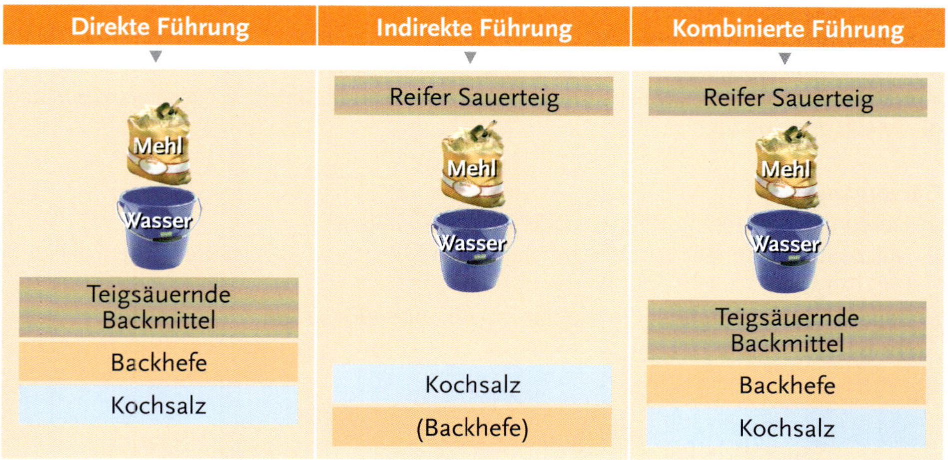

Direkte Führung

Bei dieser Führung werden dem Roggenteig Teigsäuerungsmittel zugegeben.

Herstellung

Die Zutaten Roggenmehl, Weizenmehl, Teigsäuerungsmittel, Wasser, Hefe und Salz werden **in einem Arbeitsgang (All-in-Verfahren)** zu einem Teig verarbeitet.

Wirkungsweise von Teigsäuerungsmitteln in Roggenteigen

Die Stärke abbauenden Amylasen im Roggen bauen die Stärke ab. Dieser Vorgang kann bereits bei der Lagerung des Mehles beginnen und wird ab der Teigbereitung, während der Teigführung, Teigruhe, Stückgare, vor allem jedoch beim Backen fortgesetzt.

Die Roggenstärke verkleistert bei Temperaturen zwischen 52 und ca. 70 °C. In diesem Temperaturbereich sind die Amylasen, vor allem die a-Amylasen noch fähig zum Stärkeabbau. Dadurch verliert die Stärke beim Verkleistern an Wasserbindefähigkeit.

Durch Beigabe von Säuren und Salzen werden die Stärke abbauenden Enzyme stark gehemmt – reguliert. Der nunmehr begrenzt stattfindende Abbau der Stärke ist Voraussetzung für die Bildung einer elastischen Krume.

Beachtenswertes bei der Verwendung von Teigsäuerungsmitteln

Teigsäuerungsmittel weisen unterschiedliche Säuregrade (S°) auf (von ca. 100 S° bis 1 000 S°), sodass die Dosierungen bei der Teigherstellung schwanken. Die Angaben der Herstellerfirmen sind deshalb genauestens zu beachten. Die Dosierung beträgt durchschnittlich 1 000 S° pro Kilogramm Roggenmehl.

Direkte Führung

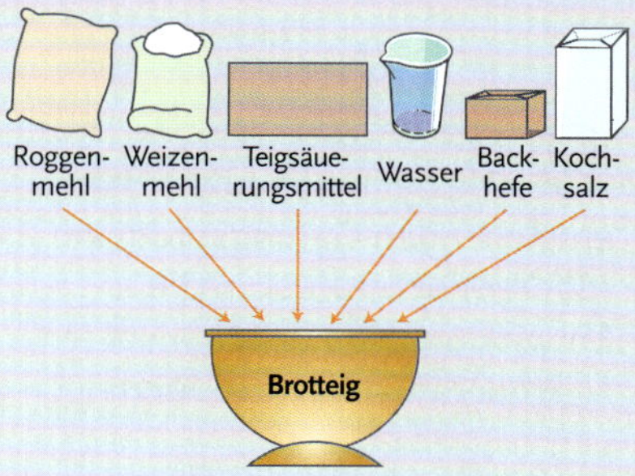

Zusammensetzung und Handelsformen von Teigsäuerungsmitteln, siehe Kapitel Backmittel und Convenienceprodukte, Seite 115.

Teigsäuerungsmittel ermöglichen bei sachgemäßer Verwendung eine problemlose Verarbeitung von Roggenteigen, vor allem bei stark schwankenden Produktionsmengen.

Der Sauerteig ist die älteste Methode zur Säuerung von Brotteigen. Bereits 2 000 Jahre vor Christus entdeckten die Ägypter den Sauerteig. Mit ihm konnte erstmals gelockertes Brot hergestellt werden.

Indirekte Führung – Sauerteigführungen

Der Sauerteig ist ein Teig, dessen Mikroorganismen (z. B. Milchsäurebakterien, Hefen) aus Sauerteig oder Sauerteigstartern sich in aktivem Zustand befinden oder reaktivierbar sind. Sie sind nach Zugabe von Getreideerzeugnissen und Wasser zur fortlaufenden Säurebildung befähigt.

Teile eines Sauerteiges werden als Anstellgut für neue Sauerteige verwendet. Die Lebenstätigkeit der Mikroorganismen wird erst durch Backen oder Heißextrudieren beendet. Die Säurezunahme des Sauerteiges beruht ausschließlich auf dessen Gärung. Damit ist der Sauerteig eine wertbestimmende Zutat für die Bezeichnung Sauerteigbrot.

Sauerteigführungen dienen zur

- Regulierung der Enzymaktivität,
- Geschmacksgebung (angenehmer, mild saurer, voller Brotgeschmack),
- Lockerung des Teiges (Porung, Volumen),
- längeren Erhaltung der Frische von Backwaren,
- Verzögerung von Fadenziehen und Schimmelbefall.

Kleinlebewesen im Sauerteig

Die Gärung des Sauerteiges wird durch verschiedene Mikroorganismen bewirkt, die im Mehl und in der Luft vorkommen. Sorgfältig geführte Sauerteige enthalten zwei Gruppen von Mikroorganismen – Milchsäurebakterien und Sauerteighefen. Diese wandeln Teile der Mehlsubstanz um.

Gärvorgänge

- Durch den Abbau von Roggenstärke entsteht Maltose.
- Milchsäurebakterien wandeln die Maltose in Milch- und Essigsäure sowie in Alkohol und CO_2 um.
- Sauerteighefen vergären die Maltose zu Alkohol und CO_2.

! Die beim Abbau der Stärke entstehenden Gärungsprodukte (Säuren) unterdrücken die Entwicklung von unerwünschten Mikroorganismen im Sauerteig.

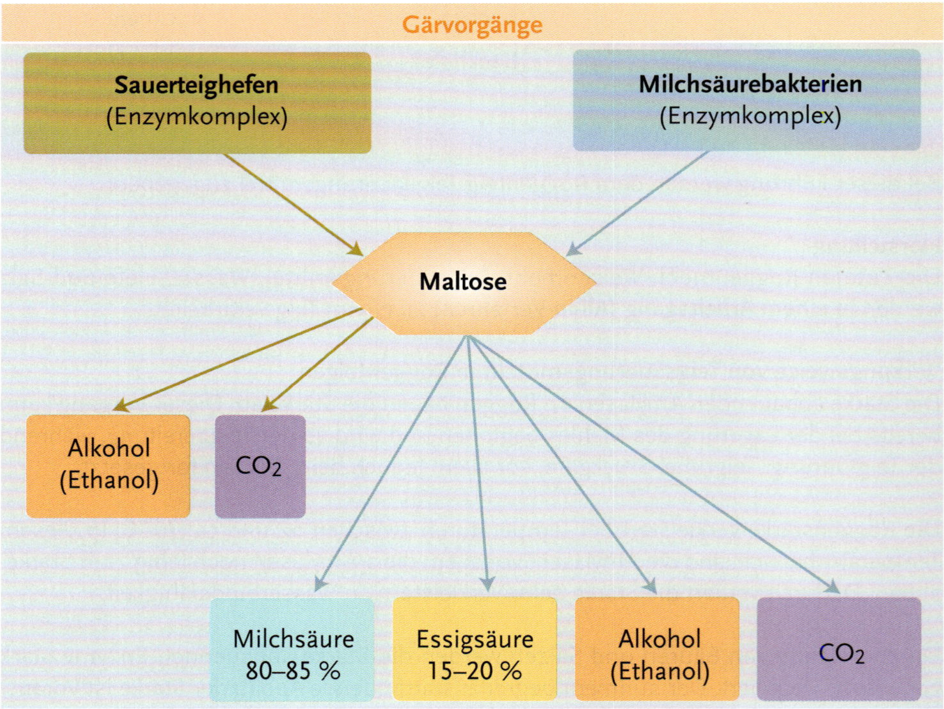

Erwünschte Mikroorganismen im Sauerteig	
Milchsäurebakterien	Im Sauerteig kommen folgende Arten vor: ▪ **Homofermentative Langstäbchen** (z. B. Laktobazillus plantarum) wandeln bei der Vergärung die Zuckerstoffe des Mehles in Milchsäure um. **Milchsäure** ist eine milde, fast geruchlose Gärungssäure, die für die Teigbildung wichtig ist. Sie bildet sich vorwiegend in weichen, warmen Teigen (TA 200, Teigtemperatur 30–40 °C). ▪ **Heterofermentative Kurzstäbchen** (z. B. Laktobazillus brevis) vergären die Zuckerstoffe zu Milch- und Essigsäure, Alkohol (Ethanol) und CO_2. Das CO_2 trägt zur Lockerung bei. **Essigsäure** hat einen intensiven Geruch und Geschmack. Sie ist für die Geschmacks- und Aromabildung notwendig. Die Essigsäure bildet sich vorwiegend in festen, kühlen Teigen (TA 150–180, Teigtemperatur 20–25 °C).
Sauerteighefen	▪ Diese Sprosspilze vergären die Zuckerstoffe des Mehles zu Alkohol und Kohlendioxid. ▪ Im Gegensatz zur Backhefe sind Sauerteighefen säureunempfindlich. Die Lebensgemeinschaft mit den Milch- und Essigsäurebakterien begünstigt ihr Wachstum und fördert die Gärung. ▪ Die optimale Temperatur für ihre Vermehrung liegt zwischen 25 und 28 °C. Zwischen 30 und 35 °C entwickelt sich CO_2 am schnellsten.

Homo = gleich.
Hetero = anders, fremd.

! Das Verhältnis von Milchsäure und Essigsäure beeinflusst den Brotgeschmack.
Teige mit einem Verhältnis von **85 % Milchsäure zu 15 % Essigsäure** oder 80 % Milchsäure zu 20 % Essigsäure ergeben Gebäcke mit einem optimalen Geruch und Geschmack.

! **Unerwünschte Mikroorganismen** wie Kolibakterien und Schimmelpilze treten nur unter dramatischen Hygienemängeln oder als Folge von falschen Führungsparametern ein. Oft erwähnte Essigsäurebakterien wachsen nur in alkoholischen Getränken, wie Wein und Most, und nicht in Sauerteig.

Faktoren, die die Reifung des Sauerteiges beeinflussen

Mahlerzeugnis	Hochausgemahlene Mehle liefern den Mikroorganismen mehr Nährstoffe als helle Mehle. Sie sind deshalb besser zu versäuern als Mehle mit geringer Typenzahl.
Anstellgut	Einwandfreies und reifes Anstellgut ist Voraussetzung für eine fehlerfreie Sauerteigführung.
Abstehzeit (Reifezeit)	Je länger die Abstehzeit ist, desto mehr vermehren sich die Mikroorganismen in einer Sauerstufe. Diese wiederum können umso mehr Mehl bzw. Schrot versäuern. Die Abstehzeit einer Sauerteigstufe kann zwischen 2 und 18 Stunden betragen.
Teigfestigkeit	Mit der Teigausbeute (TA) wird die Festigkeit einer Sauerteigstufe bestimmt. Das wirkt sich auf die Reifung der Stufe aus: ▪ Festere Sauerteige (TA 160) brauchen eine längere Abstehzeit. Aufgrund geringerer Mikroorganismenaktivität reifen sie langsamer, was eine intensivere Entwicklung der Aromastoffe (Essigsäure) begünstigt, ▪ weiche Teige (TA 240) benötigen eine kürzere Abstehzeit, da sich Milchsäurebakterien und Sauerteighefen rascher entwickeln.
Teigtemperatur	Die Sauerteigtemperatur sollte in einem Temperaturbereich zwischen maximal 35 °C und 20 °C liegen. ▪ Warme Teigführungen begünstigen die Milchsäurebildung und Hefegärung, ▪ kühle Teigführungen die Essigsäurebildung.

Sauerteiganteil

Der Sauerteiganteil ist die Menge an Roggenmahlerzeugnissen, die zur Herstellung des Sauerteigs verwendet wird. Sie variiert je nach

- Mehlqualität (enzymstarken oder enzymschwachen Mehlen),
- Mehlmischung (Roggen-, Weizenanteil),
- Sauerteigführung,
- gewünschtem Brotaroma.

Der Sauerteiganteil wird in Prozent, bezogen auf die Gesamtmenge der Roggenmahlerzeugnisse, angegeben.

Mehlmischung	Roggenanteil	Zu versäuernder Roggenanteil
Roggen-, Roggenmischbrot	70–100 %	35–40 %
Roggenmischbrot	50–60 %	50 %
Weizenmischbrot	30–40 %	60–80 %
Weizenmischbrot	10–20 %	100 %

Beispiel: Für die Herstellung eines Roggenmischbrotes werden 75 kg Roggenmehl, 25 kg Weizenmehl und ca. 70 l Wasser verwendet. Der Saueranteil beträgt 40 % und wird vom Roggenmehlanteil berechnet.

$$100\,\% = 75\text{ kg RM}$$

: 100

$$1\,\% = \frac{75\text{ kg}}{100}$$

x 40

$$40\,\% = \frac{75\text{ kg} \times 40}{100} = \mathbf{30\text{ kg RM}}$$

Bei einer TA von 200 im Sauerteig setzt sich das Rezept wie folgt zusammen:

- Sauerteig: 30 kg Roggenmehl, 30 l Wasser.
- Brotteig: 45 kg Roggenmehl, 25 kg Weizenmehl, 40 l Wasser.

Sauerteigstufen

Anstellgut, Anstellsauer

Das ist die Starterkultur (das Impfgut), mit der eine Sauerteigherstellung eingeleitet werden kann.

Gewinnung des Anstellgutes

- **Ansetzen einen Spontansauers:** Die Gärung findet ohne Zusatz von Starterkulturen statt. Dazu wird Roggenmehl oder -schrot mit Wasser gemischt, TA 200, Teigtemperatur 25 bis 30 °C. Dieser Ansatz wird über Nacht an einem warmen Ort stehen gelassen. Der Teig zeigt bereits am nächsten Tag Poren und hat einen leicht gärigen Geruch. Durch zwei- bis dreimaliges Anfrischen mit Mehl und Wasser mit jeweils Abstehzeiten über Nacht kommt es zu einer starken Entwicklung von Sauerteighefen und Milchsäurebakterien – aus der spontanen Gärung wird ein einwandfreies Anstellgut.
- **Kauf eines Reinzuchtsauers:** Anstellgut, das über eine durch Reinzucht gewonnene Mischkultur von Sauerteighefen und Säurebildnern oder nur Säurebildnern entstanden ist. Reinzuchtsauer wird unter labormäßiger Kontrolle herangezüchtet und gewährleistet dadurch eine wesentlich höhere Betriebssicherheit.
- **Abnahme vom reifen Vollsauer:** Der Rest eines reifen Vollsauers ist bereit zum Auffrischen (Einrühren) und Kultivieren des Sauerteigs für den nächsten Tag. Bei sorgfältiger Sauerteigpflege kann dieses tägliche Anstellgut über einen längeren Zeitraum immer wieder verwendet werden.

Backmittelfirmen bieten folgende **Arten von Reinzuchtsauer** an:

- Reinzuchtsauer, der Sauerteighefen, homo- und heterofermentative Milchsäurebakterien enthält,
- Reinzuchtsauer, der nur heterofermentative Milchsäurebakterien enthält, die auch CO_2 bilden,
- Reinzuchtsauer, der ausschließlich homofermentative Milchsäurebakterien enthält (z. B. für Weizensauer).

Lagerung

Das Anstellgut kann über mehrere Stunden oder Tage aufbewahrt werden, ohne dass es seine Vermehrungsfähigkeit verliert:

- Bei kühler Lagerung (5 °C) und abgedeckt ist es mehrere Tage haltbar.
- Durch Tiefkühllagerung bei einer Temperatur von –18 °C kann es über Wochen bis Monate problemlos aufbewahrt werden.
- Durch Zugabe von Mehl oder Schrot. Das heißt, das Anstellgut wird mit Mehl oder Schrot trocken verrieben und anschließend kühl gelagert. In diesem Zustand wird es als Gerstl, Riebel-, Krümel- oder Streuselsauer bezeichnet und ist einige Wochen haltbar. Bei Bedarf wird es mit Wasser aufgefrischt, TA 200, Teigtemperatur 28–30 °C.
- Durch Vakuumverpackung und anschließende Kühlung.

Verwendung

Die Zugabemenge variiert je nach Anzahl der Sauerteigstufen und Abstehzeiten:

- **Mehrstufenführungen:** 2 bis 5 % der zu versäuernden Mehlmenge. Die Prozentangaben beziehen sich auf die Mehlmenge im Anstellgut.
- **Einstufenführungen:** bis zu 20 % der zu versäuernden Mehlmenge.

Anfrischsauer

Das ist die erste Stufe bei der Herstellung einer mehrstufigen Sauerteigführung. Sie dient vorwiegend der **Hefevermehrung** und soll die Säurebildner zur Tätigkeit anregen.

Die im Anstellgut enthaltene Mehlmenge wird etwa um das 4- bis 8-fache vermehrt. Um eine optimale Vermehrung der Sauerteighefen zu erzielen, wird diese Stufe mit einer TA von 220 bis 250 geführt. Die Teigtemperatur sollte 25–28 °C betragen.

Der Anfrischsauer muss gut verarbeitet und durchlüftet werden (Sauerstoffzufuhr). Dies geschieht durch Schlagen und Kneten des Teiges. Die Abstehzeit beträgt vier bis acht Stunden.

Grundsauer

In ihm kommt es zur **Säure- bzw. Aromabildung.** Der Teig wird bei dieser Stufe mit einer TA von 160 bis 180 geführt, um die Tätigkeit der Sauerteighefen zu verzögern.

Die im Anfrischsauer enthaltene Mehlmenge wird etwa um das 8- bis 12-fache vermehrt. Die Milchsäurebakterien sollen sich kräftig vermehren und Säure entwickeln. Bei einer Dreistufenführung und einem Grundsauer über Nacht beträgt die Abstehzeit acht bis zwölf Stunden. Diese kann aus betrieblichen Gründen kürzer oder länger gehalten werden, was jedoch durch die Teigtemperatur (20–26 °C) und Teigfestigkeit (TA) ausgeglichen werden muss.

Vollsauer

Er dient der Aktivierung der Mikroorganismen und rundet das Aroma ab. In ihm soll sich neben der **Milchsäurebildung** (zur Enzymregulierung) vor allem die **Triebkraft der Sauerteighefen** voll entwickeln.

Die im Grundsauer enthaltene Mehlmenge wird etwa um das 2- bis 4-fache vermehrt. In dieser Stufe sollen die Sauerteigbakterien und Sauerteighefen aktiviert werden. Des Weiteren soll eine optimale Quellung und Durchsäuerung erreicht werden. Dies geschieht bei Temperaturen um die 28 bis 32 °C, einer TA von 200 bis 240 und einer Abstehzeit von ca. zwei bis vier Stunden.

Kennzeichen der Gärreife eines Vollsauers

Reifer Vollsauer	Unreifer Vollsauer	Überreifer Vollsauer
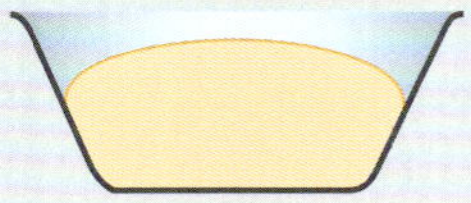		
■ Großes Volumen ■ Gute Auflockerung ■ Glänzende, aufgerissene Oberfläche mit Blasen ■ Bindige Teigbeschaffenheit ■ Aromatischer Sauergeruch	■ Schwache Auflockerung	■ Eingefallene, angetrocknete Oberfläche ■ Stechender Sauergeruch

Bei Angaben der zu versäuernden Mehlmenge ist zu prüfen, ob sich diese auf den Roggenmehlanteil oder auf die Gesamtmehlmenge bezieht.

Die **Vermehrungshöhe des Mehles** hängt von der Abstehzeit in den einzelnen Stufen ab. Der Vermehrungsfaktor von Mikroorganismen ist bei Abstehzeiten zwischen zwei und sieben Stunden gleich der Abstehzeit in Stunden.

Ab acht Stunden wird die Stundenanzahl mit dem Faktor 1,5 multipliziert (z. B. 8 Stunden x 1,5 = Vermehrungsfaktor 12), um eine Übersäuerung zu vermeiden.

Arkadyregel

Vorhandene Mehlmenge
x Abstehzeit (Stunden) der zu bereitenden Stufe
= zu versäuernde Mehlmenge der folgenden Sauerteigstufe

Wussten Sie, dass ...

der Vermehrungsvorgang (Sprossbildung, siehe Seite 182) von einer Hefezelle, je nach Lebensbedingungen, drei bis vier Stunden dauert?

Vom Sauerteig zum Brotteig

Einstufen-Sauerteigführung

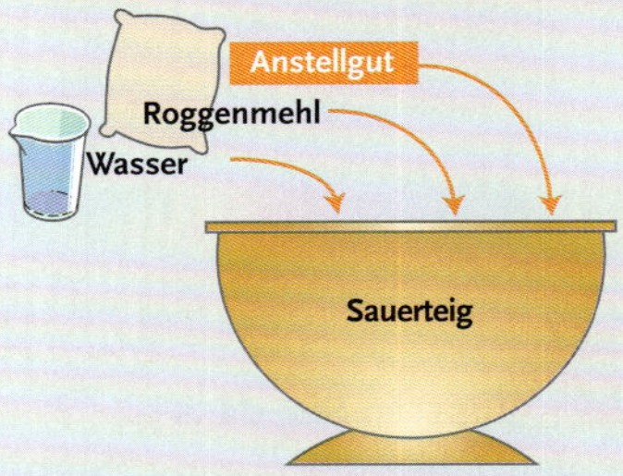

! Mit der Berliner Kurzsauerführung hergestellte Brote haben einen mild säuerlichen Geschmack und eine grobere Porung. Ein wesentlicher Vorteil dieser Führung ist die schnelle Verfügbarkeit des Sauerteigs.

4.4 Sauerteigführungen

Das sind Sauerteigführungen, bei denen die Brotteige die volle Versäuerung aus dem Sauerteig erhalten. Im Laufe der Zeit haben sich unterschiedliche Arten von Sauerteigführungen entwickelt.

Sauerteigführungsarten

Einstufen-Sauerteigführung	Zweistufen-Sauerteigführung	Dreistufen-Sauerteigführung

Bei allen Führungsarten sind folgende Punkte zu planen, zu kontrollieren und gegebenenfalls zu korrigieren:

- Teigtemperaturen am Beginn und am Ende jeder Sauerteigstufe,
- Abstehzeiten nach jedem Auffrischen,
- Vermehrungsmenge jeder Stufe,
- Teigausbeute jeder Stufe,
- Reifezustand und Triebleistung des Sauerteiges,
- Säurebildung (Säuregrad und pH-Wert),
- Brotqualität (Überprüfung durch Schauen, Tasten, Riechen, Schmecken).

Einstufen-Sauerteigführung

Der Sauerteig erreicht in nur einer Stufe die volle Reife. Dies wird ermöglicht durch:

- Verzicht auf Hefevermehrung: Es findet nur eine geringfügige Hefevermehrung statt, deshalb wird dem Brotteig zur Auflockerung Backhefe beigegeben,
- Abstimmung der durchschnittlichen Teigtemperatur und Teigausbeute auf die Lebensbedingungen der Mikroorganismen, damit diese Milch- und Essigsäure im gewünschten Verhältnis bilden können.

Feststellung der Sauerteigreife

Die Reife des Sauerteigs kann nur durch Messen der Säurewerte erfolgen, da durch den geringen Hefeanteil wenig Triebgasentwicklung (Zunahme des Volumens) stattfindet.

Beispiele für Einstufen-Sauerteigführungen

Berliner Kurzsauer

Mit dieser Sauerteigführung kann bereits nach drei Stunden mit der Brotherstellung begonnen werden.

- Anstellgut: 20 % der zu versäuernden Mehlmenge, Wasser nach TA
- TA: 190–200
- Säuregrad: 10–12
- Teigtemperatur: 35 °C
- Abstehzeit: 3–4 Stunden

- Dem Brotteig werden zur Teiglockerung 2–2,5 % Hefe, bezogen auf die Gesamtmehlmenge, beigegeben.
- Die zu versäuernde Mehlmenge beträgt bei Weizenmischbrot 60–100 %, bei Roggenmischbrot 55–70 % und bei Roggenbrot 45–55 % **vom Roggenanteil.**

Detmolder Einstufenführung

Die Detmolder Einstufenführung ist eine Führung, die zur Frischhaltung, Säuerung und Aromatisierung dient.

- Anstellgut: 5 % der zu versäuernden Mehlmenge, Wasser nach TA
- TA: 180–190
- Säuregrad: 18–20
- Teigtemperatur: 30 °C, auf 23 °C fallend
- Abstehzeit: 15–24 Stunden

- Dem Brotteig werden zur Teiglockerung 2 % Hefe, bezogen auf die Gesamtmehlmenge, beigegeben.
- Die zu versäuernde Mehlmenge beträgt bei Weizenmischbrot 50–100 %, bei Roggenmischbrot 40 % und bei Roggenbrot 30–35 % **vom Roggenanteil.**

Salz-Sauer-Führung, Monheimer Salz-Sauer-Verfahren

Sauerteige mit 2 % Kochsalzzugabe werden als Salzsauerteige bezeichnet.
Die Salz-Sauer-Führung ist eine Einstufenführung zur Herstellung von Sauerteig auf Vorrat. Das heißt, mit dieser Sauerteigführung können alle Brote für einen oder mehrere Tage hergestellt werden. Die Reifezeit des Sauers beträgt 18–24 Stunden. Die Abstehzeit kann ungekühlt bis zu drei Tagen betragen.

- Anstellgut: 20 % der zu versäuernden Mehlmenge, Wasser nach TA
- Kochsalzzugabe: 2 % der zu versäuernden Mehlmenge
- TA: 200
- Teigtemperatur: 35 °C, auf 20 °C fallend

- Dem Brotteig werden zur Teiglockerung 2–2,5 % Hefe, bezogen auf die Gesamtmehlmenge, beigegeben. Die beigefügte Kochsalzmenge im Sauerteig muss bei der Teigherstellung berücksichtigt werden.
- Die zu versäuernde Mehlmenge beträgt bei Weizenmischbrot 50–100 %, bei Roggenmischbrot 40 % und bei Roggenbrot 30–35 % **vom Roggenanteil.**

Bei der Salz-Sauer-Führung reguliert das Salz die Tätigkeit von Enzymen und Mikroorganismen.

Sauerteig-Siloführung

Der Sauerteig wird in speziellen Sauerteigsilos (Sauerteiganlagen) entwickelt. Es sind auch mehrstufige Sauerteigführungen mit betriebseigenen Rezepten möglich. Durch die Steuerung des Vollautomaten ist eine gleichbleibende Qualität gegeben.

- Das Anstellgut wird mit der gesamten Vollsauermenge aufgefrischt (mittlere Teigtemperatur von ca. 26–28 °C).
- Während der Reifezeit wird der Sauerteig in Intervallen durchgerührt. Das Rühren verhindert eine zu große Zunahme des Volumens und fördert die Aktivität der Mikroorganismen.
- Der Sauerteig ist im Vergleich zur herkömmlichen Sauerteigherstellung in einer kürzeren Zeit reif und hat eine fließfähige (pumpfähige) Konsistenz (TA 230).

Sauerteiganlagen siehe Kapitel Geräte- und Maschinenkunde, Seite 209.

Rezeptbeispiel: Roggenmischbrotteig mit Einstufen-Sauerteigführungen

	Berliner Kurzsauer	**Detmolder Einstufenführung**
Gesamtmehlmenge	70 kg Roggen/30 kg Weizen	70 kg Roggen/30 kg Weizen
Versäuerung	60 %	40 %
Sauerteig:		
TA	200	180
Teigtemperatur	33 °C, konstant	35 °C, fallend auf 23 °C
Abstehzeit	3 Stunden	18 Stunden
Anstellgut	*)16,800 kg	2,800 kg
Roggenmehl	42,000 kg	28,000 kg
Wasser	42,000 kg	22,400 kg
	100,800 kg	53,200 kg
Brotteig:		
TA	175	175
Teigtemperatur	27–29 °C	27–29 °C
Teigruhe	10–15 Minuten	10–15 Minuten
Sauerteig	84,000 kg	50,400 kg
Roggenmehl	28,000 kg	42,000 kg
Weizenmehl	30,000 kg	30,000 kg
Wasser	33,000 kg	52,600 kg
Salz	2,000 kg	2,000 kg
Hefe	2,000 kg	2,000 kg
Rezeptgewicht	**179,000 kg**	**179,000 kg**

*) Das Gewicht des Anstellgutes wird beim Gewicht des Sauerteiges nicht berücksichtigt, da das Anstellgut vom reifen Vollsauer für den nächsten Tag wieder entnommen wird.

Zweistufen-Sauerteigführung

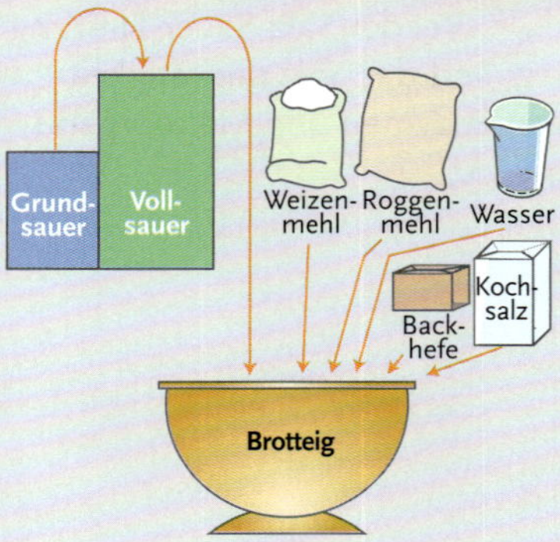

Abstehtoleranz = Zeitraum, in dem der reife Sauerteig einer Stufe zur Brotteigbereitung verwendet werden kann.

*) Das Gewicht des Anstellgutes wird beim Gewicht des Sauerteiges nicht berücksichtigt, da das Anstellgut vom reifen Vollsauer für den nächsten Tag wieder entnommen wird.

Zweistufen-Sauerteigführung

Der Sauerteig erlangt über zwei Stufen – Grundsauer und Vollsauer – die volle Reife.

Beispiel einer Zweistufen-Sauerteigführung

Detmolder Zweistufenführung

Die Detmolder Zweistufenführung besteht aus einer Grundsauer- und einer Vollsauerstufe. Dabei wird der Grundsauer so zubereitet, dass er eine hohe Abstehtoleranz hat.

- **Grundsauer (1. Stufe)**
- Anstellgut: 2,5 % der zu versäuernden Mehlmenge, TA 200
- Anstellgut in Kilogramm x 16 = Mehlgewicht; x 8 = Wassergewicht
- TA: 160–170
- Teigtemperatur: 27 °C, auf 23 °C fallend
- Abstehzeit: 12–16 Stunden

- **Vollsauer (2. Stufe)**
- Grundsauer
- TA: 180
- Teigtemperatur: ca. 27 °C
- Abstehzeit: 3–4 Stunden

- Zur Herstellung des Vollsauers wird der Grundsauer mit Mehl und Wasser im Verhältnis 1 : 1 : 1 vermehrt, d. h. bezogen auf die Grundsauermenge werden die gleichen Teile Mehl und Wasser hinzugegeben, sodass man die dreifache Vollsauermenge erhält.
- Dem Brotteig werden zur Teiglockerung bis zu 2 % Hefe, bezogen auf die Gesamtmehlmenge, beigegeben.
- Die zu versäuernde Mehlmenge beträgt bei Weizenmischbrot 50–100 %, bei Roggenmischbrot 40–50 % und bei Roggenbrot 30–40 % **vom Roggenanteil.**

Rezeptbeispiel: Roggen- oder Roggenmischbrotteig mit Zweistufen-Sauerteigführung

Gesamtmehlmenge	100 kg Roggen	60 kg Roggen/40 kg Weizen
Versäuerung	40 %	50 %
Grundsauer:		
TA: 150		
Teigtemperatur: 27 °C, auf 23 °C fallend		
Abstehzeit: 15 Stunden		
Anstellgut	*)1,000 kg	0,750 kg
Roggenmehl	16,000 kg	12,000 kg
Wasser	8,000 kg	6,000 kg
	24,000 kg	18,000 kg
Vollsauer:		
TA: 180		
Teigtemperatur: 27 °C		
Abstehzeit: 3 Stunden		
Grundsauer	24,000 kg	18,000 kg
Roggenmehl	24,000 kg	18,000 kg
Wasser	24,000 kg	18,000 kg
	72,000 kg	54,000 kg
Brotteig:		
TA	170	165
Teigtemperatur	28–30 °C	26–27 °C
Teigruhe	10 Minuten	20 Minuten
Vollsauer	72,000 kg	54,000 kg
Roggenmehl	60,000 kg	30,000 kg
Weizenmehl	–	40,000 kg
Wasser	38,000 kg	41,000 kg
Salz	1,800 kg	1,800 kg
Hefe	1,000 kg	1,500 kg
Rezeptgewicht	**172,800 kg**	**168,300 kg**

Dreistufen–Sauerteigführung

Sie ist das klassische Modell der Sauerteigführung. Der Teig wird über drei Stufen – Anfrischsauer, Grundsauer und Vollsauer – zur vollen Reife geführt. Damit werden in den einzelnen Sauerteigstufen die unterschiedlichen Lebensbedingungen der Mikroorganismen berücksichtigt. Die Versäuerung und Lockerung des Brotteiges aus dem Sauerteig ist möglich.

Beispiele einer Dreistufen-Sauerteigführung

Grundsauer über Nacht	TA	Teigtemperatur	Abstehzeit
Anfrischsauer	TA 200	25–26 °C	9 bis 17 Uhr
Grundsauer	TA 160	25 °C	17 bis 1 Uhr
Vollsauer	TA 200	30 °C	1 bis 4 Uhr
Vollsauer über Nacht	**TA**	**Teigtemperatur**	**Abstehzeit**
Anfrischsauer	TA 200	25–26 °C	6 bis 10 Uhr
Grundsauer	TA 160	26 °C	10 bis 18 Uhr
Vollsauer	TA 200	28 °C	18 bis 1 Uhr

Rezeptbeispiel: Roggen- oder Roggenmischbrotteig mit Dreistufen-Sauerteigführung (Grundsauer über Nacht)

Gesamtmehlmenge		100 kg Roggen		60 kg Roggen/40 kg Weizen
Versäuerung		45 %		60 %
Anfrischsauer:				
TA: 200				
Teigtemperatur: 25–26 °C				
Abstehzeit: 6 Stunden				
Anstellgut		*)0,417 kg		*)0,333 kg
Roggenmehl	(1,250 kg)	1,250 kg	(1,000 kg)	1,000 kg
Wasser		1,250 kg		1,000 kg
		2,500 kg		2,000 kg
Grundsauer:				
TA: 160				
Teigtemperatur: 25 °C				
Abstehzeit: 8 Stunden				
Anfrischsauer		2,500 kg		2,000 kg
Roggenmehl	(15,000 kg)	13,750 kg	(12,000 kg)	11,000 kg
Wasser		7,750 kg		6,200 kg
		24,000 kg		19,200 kg
Vollsauer:				
TA: 200				
Teigtemperatur: 30 °C				
Abstehzeit: 3 Stunden				
Grundsauer		24,000 kg		19,200 kg
Roggenmehl	(45,000 kg)	30,000 kg	(36,000 kg)	24,000 kg
Wasser		36,000 kg		28,800 kg
		90,000 kg		72,000 kg
Brotteig:				
TA		170		165
Teigtemperatur		29 °C		27 °C
Teigruhe		10 Minuten		20 Minuten
Vollsauer		90,000 kg		72,000 kg
Roggenmehl	(100,000 kg)	55,000 kg	(60,000 kg)	24,000 kg
Weizenmehl		–		40,000 kg
Wasser		25,000 kg		29,000 kg
Salz		1,800 kg		1,800 kg
Hefe keine bis ...		0,500 kg		0,750 kg
Rezeptgewicht		**172,300 kg**		**167,550 kg**

Dreistufen-Sauerteigführung

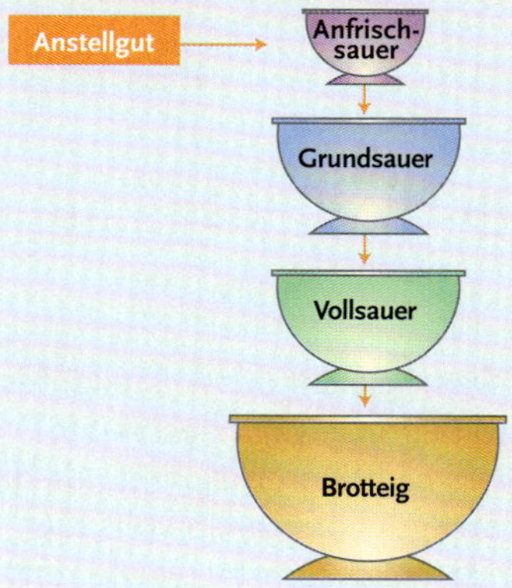

Beispiel: Zeiteinteilung der Sauerteigstufen, wenn die Bereitung des Brotteiges für 1 Uhr angesetzt ist:

- 4 Uhr (Vortag): Das Anstellgut (vom Vollsauer) auffrischen und 6 Stunden reifen lassen (Anfrischsauer).
- 10 Uhr: Anfrischsauer auffrischen und 8 Stunden reifen lassen (Grundsauer).
- 18–19 Uhr: Grundsauer auffrischen und 6 Stunden reifen lassen (Vollsauer).

*) Das Gewicht des Anstellgutes wird beim Gewicht des Sauerteiges nicht berücksichtigt, da das Anstellgut vom reifen Vollsauer für den nächsten Tag wieder entnommen wird.

Wissenswertes dazu

- Diese Führung eignet sich vor allem für Brotteige, bei denen auf die Hefelockerung verzichtet werden soll.
- Die Grundsauerführung über Nacht ist in der Praxis nur dann möglich, wenn ab dem Nachtarbeitsbeginn noch drei Stunden für das Auffrischen und die Reifezeit des Vollsauers zur Verfügung stehen.
- Wenn diese Voraussetzungen nicht gegeben sind, wird üblicherweise der Vollsauer mit langer Stehzeit über Nacht gewählt. Das bedeutet, dass die Stehzeiten (Reifezeiten) der einzelnen Stufen zeitlich verschoben werden.

Rezeptbeispiel: Roggen- oder Roggenmischbrotteig mit Dreistufen-Sauerteigführung (Vollsauer über Nacht)

Gesamtmehlmenge		100 kg Roggen		60 kg Roggen/40 kg Weizen
Versäuerung		42 %		56 %
Anfrischsauer:				
TA: 200 Teigtemperatur: 25–26 °C Abstehzeit: 5 Stunden				
Anstellgut		*)0,180 kg		*)0,800 kg
Roggenmehl	(0,500 kg)	0,500 kg	(0,400 kg)	0,400 kg
Wasser		0,500 kg		0,400 kg
		1,000 kg		0,800 kg
Grundsauer:				
TA: 160 Teigtemperatur: 26 °C Abstehzeit: 7 Stunden				
Anfrischsauer		1,000 kg		0,800 kg
Roggenmehl	(3,500 kg)	3,000 kg	(2,800 kg)	2,400 kg
Wasser		1,300 kg		1,280 kg
		5,300 kg		4,480 kg
Vollsauer:				
TA: 180 Teigtemperatur: 28 °C Abstehzeit: 8 Stunden				
Grundsauer		5,300 kg		4,480 kg
Roggenmehl	(42,000 kg)	38,500 kg	(33,600 kg)	30,800 kg
Wasser		31,800 kg		25,200 kg
		75,600 kg		60,480 kg
Brotteig:				
TA		170		165
Teigtemperatur		29 °C		27 °C
Teigruhe		10 Minuten		20 Minuten
Vollsauer		75,600 kg		60,480 kg
Roggenmehl	(100,000 kg)	58,000 kg	(60,000 kg)	26,400 kg
Weizenmehl		–		40,000 kg
Wasser		36,400 kg		38,120 kg
Salz		1,800 kg		1,800 kg
Hefe		0,500 kg		1,000 kg
Rezeptgewicht		**172,300 kg**		**167,800 kg**

*) Das Gewicht des Anstellgutes wird beim Gewicht des Sauerteiges nicht berücksichtigt, da das Anstellgut vom reifen Vollsauer für den nächsten Tag wieder entnommen wird.

Kombinierte Führung

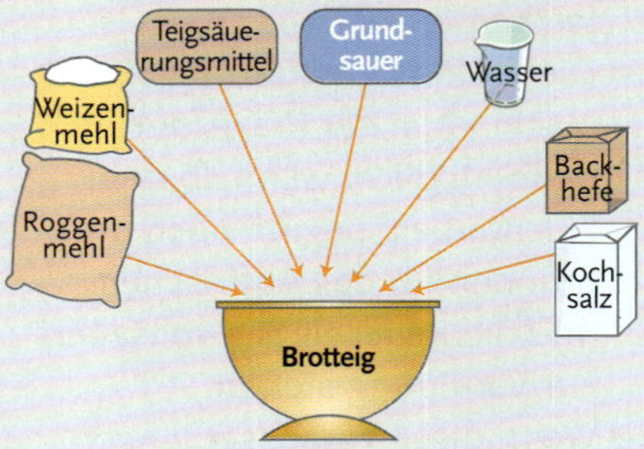

Kombinierte Führung

Sie ist eine Kombination aus direkter und indirekter Führung. Das heißt, ein Teil der notwendigen Säure stammt aus dem Sauerteig, der andere besteht aus teigsäuernden Backmitteln. Bei der Brotteigherstellung wird etwa ein Drittel bis die halbe Menge der normalen Sauerteigmenge zugesetzt. Darauf abgestimmt wird der Anteil des Teigsäuerungsmittels.

Der Sauerteiganteil wird meist aus einer Einstufen-Sauerführung abgedeckt. Der Sauerteig wird fest (TA 150–170) und kühl (23 bis 25 °C) geführt und hat eine Reifezeit von 15 bis 24 Stunden. Diese Sauerteigstufe dient vor allem der Aromabildung, da durch die feste, kühle Teigführung Säure mit einem hohen Anteil an Essigsäure gebildet wird. Durch die hohe Säurekonzentration kann der Sauerteig im reifen Zustand für mehrere Stunden, teilweise bis zu zwei Tagen, bereitgehalten werden.

Die kombinierte Teigführung eignet sich zur Herstellung von verschiedenen Brotteigen.

! Bei der Brotteigbereitung wird dem Teig zur Erreichung der Backfähigkeit ein Teigsäuerungsmittel und zur Lockerung Hefe beigegeben.

Rezeptbeispiel: Roggen- oder Roggenmischbrotteig mit kombinierter Sauerteigführung		
Gesamtmehlmenge	100 kg Roggen	60 kg Roggen/40 kg Weizen
Versäuerung	15 %	20 %
Sauerteig:		
TA: 170		
Teigtemperatur: 24–26 °C		
Abstehzeit: 15–18 Stunden		
Anstellgut	2,500 kg	2,000 kg
Roggenmehl	15,000 kg	12,000 kg
Wasser	10,500 kg	8,400 kg
	28,000 kg	22,400 kg
Brotteig:		
TA	170	166
Teigtemperatur	29–30 °C	26–27 °C
Teigruhe	15–20 Minuten	20–30 Minuten
Sauerteig	25,500 kg	20,400 kg
Roggenmehl	85,000 kg	48,000 kg
Weizenmehl	–	40,000 kg
Wasser (ca.)	59,500 kg	57,600 kg
Teigsäuerungsmittel	2,500 kg	2,000 kg
Salz	2,000 kg	2,000 kg
Hefe	1,500 kg	2,500 kg
Rezeptgewicht	**176,000 kg**	**172,500 kg**

§ Brote, die mit der kombinierten Teigführung hergestellt werden, dürfen **nicht als Sauerteigbrote** bezeichnet werden.

4.5 Sauerteigberechnungen

Musterbeispiel – Mehrstufige Sauerteigberechnung									
Sauerstufe	Zeit	Vermehrungshöhe (Std. x Faktor; Faktor ab 8 Std. = 1,5)	Temperatur in °C	TA	Gesamtverbrauch in kg			Abzuwiegen in kg	
					Mehl in Stufe	Wasser in Stufe	Sauerteig in Stufe	Mehl zum Teig	Wasser zum Teig
Anstellgut	–	–	–	190,0	(0,208)	–	*(0,395)	–	–
Anfrischsauer	14–20	6	26	200,0	4) 1,250	1,250	2,500	d) 1,250	d) 1,250
Grundsauer	20–04	12	24	180,0	3) 15,000	12,000	27,000	c) 13,750	c) 10,750
Vollsauer	04–08	4	30	190,0	2) 60,000	54,000	114,000	b) 45,000	b) 42,000
Teig	08:00	–	27	173,5	1) 120,000	88,200	5) 208,200	7a) 60,000	8a) 34,200

Teiggewicht und **Mehlgewicht,** falls erforderlich, berechnen! *) Das Anstellgut für die Gesamtsauermenge wird nicht einberechnet, da es für den nächsten Tag wieder abzunehmen ist.

? 108 Stück Roggenbrote mit je 1,150 kg Teigeinlage und 60 Stück Roggenbrote mit je 1,400 kg Teigeinlage sollen hergestellt werden. Der Teig soll nach der Dreistufen-Führung versäuert werden. Der Vollsaueranteil beträgt 50 %.

Erstellen Sie ein vollständiges Sauerteigschema nach den angegebenen Führungsdaten!

Teiggewicht:

108 Brote x 1,150 kg TE = 124,200 kg
60 Brote x 1,400 kg TE = 84,000 kg
Teiggewicht (TG) = **208,200 kg**

1) $\frac{\text{Teiggewicht x 100}}{\text{TA Teig}}$ = Mehlmenge im Teig

2) $\frac{\text{Mehlmenge im Teig x Vollsaueranteil in \%}}{100\ \%}$

3) $\frac{\text{Mehlmenge im Vollsauer}}{\text{Vermehrungsstufe Vollsauer}}$

4) $\frac{\text{Mehlmenge im Grundsauer}}{\text{Vermehrungsstufe Grundsauer}}$

5) $\frac{\text{Mehlmenge im Teig x TA Teig}}{100\ \%}$

6) Sauerteig – Mehl

7) Gesamtverbrauch Mehl
a) Teig – Vollsauer
b) Vollsauer – Grundsauer
c) Grundsauer – Anfrischsauer
d) Anfrischsauer – Anstellgut

8) Gesamtverbrauch Zuguss
a) Teig – Vollsauer
b) Vollsauer – Grundsauer
c) Grundsauer – Anfrischsauer
d) Anfrischsauer – Anstellgut

Ein Führungsschema zur Sauerteigberechnung finden Sie im digitalen Zusatzpaket.

Arbeitsaufgaben

1. Aus insgesamt 84 kg Mehl, TA 174, soll ein Roggenmischbrotteig (75 % Roggenmehlanteil) hergestellt werden. Berechnen Sie mit folgenden Angaben die Mehl- und Wassermenge im Teig und in den einzelnen Stufen: 42 % Versäuerung, Anstellgut: TA 200, Anfrischsauer: TA 245, Stehzeit 6 Stunden, Grundsauer: TA 180, Stehzeit 9 Stunden, Vollsauer: TA 200, Stehzeit 3 Stunden.
2. Für den nächsten Tag wurde ein Anfrischsauer mit einem Gewicht von 8,600 kg und einer TA von 210 zubereitet. Dem folgten nach einer Abstehzeit von 6 Stunden ein Grundsauer mit einer TA von 160 und einer Abstehzeit von 7 Stunden sowie ein Vollsauer mit einer TA von 200 und einer Abstehzeit von 2,5 Stunden. Wie hoch ist das Teiggewicht, wenn die Versäuerung 50 %, die TA 172 und der Roggenmehlanteil 90 % betragen?
3. 120 Stück Roggenmischbrot (Roggenanteil 75 %) mit einem Gebäckgewicht von je 1 000 g sollen hergestellt werden. Berechnen Sie mit folgenden Angaben das Rezeptgewicht und die Mehl- und Wassermengen in den einzelnen Stufen: Backverlust 10,5 %, Gär- und Einwiegeverlust 2,5 %, TA 175, Zutaten: 2,2 % Salz und 0,8 % Gewürze, 45 % Versäuerung, Anfrischsauer: TA 200, Stehzeit 6 Stunden, Grundsauer: TA 155, Stehzeit 10 Stunden, Vollsauer: TA 200, Stehzeit 3 Stunden.

4.6 Sauerteigfehler

Sie können durch Nichtbeachtung von Teigausbeute, Teigtemperatur, Stehzeit, Vermehrungshöhe und Reifegrad in den einzelnen Sauerteigstufen entstehen. Der Sauerteig ist dann entweder zu alt oder zu jung.

Sauerteigfehler	Ursache	Auswirkungen
Überreifer Sauerteig	■ Enzymstarke, dunkle Mehle ■ Zu großes Anstellgut ■ Zu geringer Vermehrungsfaktor ■ Zu warme Führung ■ Zu kühle Führung über einen längeren Zeitraum ■ Zu weiche Führung ■ Zu lange Stehzeit	■ Zu hoher Stärke- und Zuckerabbau ■ Verminderung der Teig- und Kleberqualität ■ Schlechte Wasserbindung beim Backen ■ Zu flache Gebäckform ■ Zu kleines Volumen ■ Dichte Porung ■ Stark saures Brotaroma
Unreifer Sauerteig	■ Enzymschwache, helle Mehle ■ Zu kleines Anstellgut ■ Zu großer Vermehrungsfaktor ■ Zu kalte Führung ■ Zu feste Führung ■ Zu kurze Stehzeit	■ Zu wenig Hefevermehrung ■ Zu wenig Säure im Teig ■ Schlechter Trieb ■ Schlechte Quellung ■ Süßblasen auf der Kruste ■ Feuchte, unelastische Krume (Wasserstreifen) ■ Geringe, ungleichmäßige Porung ■ Fades Brotaroma
Untypischer Geruch	■ Fremdgärung	■ Mangelnde Triebkraft und Säurebildung ■ Beeinträchtigung des Brotaromas

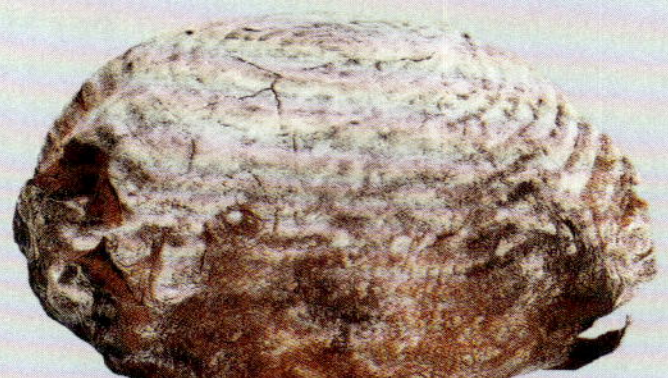

Süßblasen auf der Kruste kennzeichnen Stellen mit Hohlräumen zwischen Kruste und Krume. Sie entstehen durch hohe Enzymtätigkeit der Amylasen in maltosereichem Mehl oder durch zu geringe Versäuerung.

4.7 Teigbereitung

Vorbereitung der Rohstoffe

Die Rohstoffe für Roggenteige werden wie jene für Weizenteige berechnet, abgewogen und vorbereitet (siehe Kapitel Weizenteigtechnologie, Seite 259). Daher werden nachfolgend nur jene Vorbereitungsarbeiten angeführt, die sich durch die Verwendung von Roggenmahlerzeugnissen ergeben.

Vorbereitung der Rohstoffe	
Mehl	■ Das Mehl sieben. Die Wasseraufnahmefähigkeit hängt von der Mehltemperatur ab. ■ Bei Mehlmischungen für Roggen- und Weizenmischbrot ist auf das richtige Verhältnis von Roggen- und Weizenmehl zu achten, da dieses die Farbe und den Geschmack des Brotes beeinflusst. ■ Bei enzymreichen Mehlen den Sauerteiganteil erhöhen oder den Sauerteig stärker aussäuern (höhere Säuregrade).
Wasser	■ Beim Temperieren des Zugusses ist zu beachten, dass Roggenteige im Vergleich zu Weizenteigen nicht so intensiv geknetet werden und es dadurch kaum zu einer Teigerwärmung beim Knetvorgang kommt.
Salz, Hefe	■ Sie sind genau zu dosieren, da sie die Teig- und Gebäckeigenschaften wesentlich beeinflussen. ■ Die Salzmenge wird durchschnittlich mit 2 % berechnet. Sie kann jedoch je nach Führung und Rezept zwischen 1,8 und 2,2 % variieren.
Sauerteig	■ Die Reife des Sauerteigs kontrollieren (den Sauerteiganteil erhöhen oder den Sauerteig stärker aussäuern [höhere Säuregrade]). ■ Säuregrad messen. Der Sauerteig muss bei der Teigbereitung die optimale Reife aufweisen.
Teigsäuerungsmittel	■ Die Angaben des Herstellers müssen genau befolgt werden. Bei kombinierten Führungen ist ihr Anteil auf die Sauerteigmenge abzustimmen.

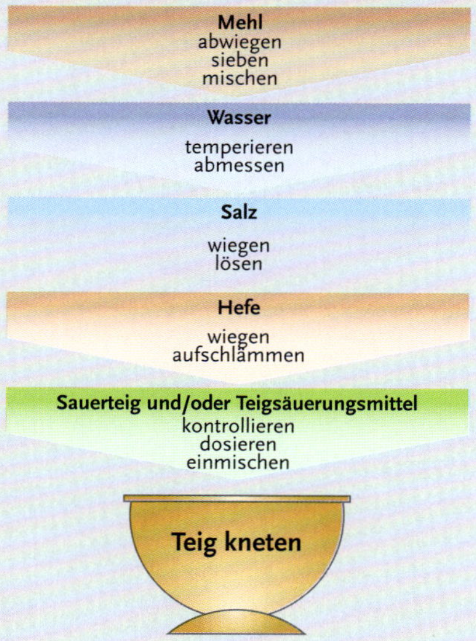

Verarbeitung von Backschroten

Backschrote sind Mahlprodukte, die durch Zerkleinern (Schroten) von ungeschältem oder geschältem und entspelztem Getreide hergestellt werden.

Nach dem Grad der Zerkleinerung unterscheidet man **groben, mittleren und feinen Schrot.** Aus backtechnologischer Sicht ist auch die Vermahlungsart – weich (gequetscht) oder scharf (geschnitten) – von Bedeutung.

Schrote siehe Kapitel Getreide und Getreideprodukte, Seite 86.

Beachtenswertes bei der Verwendung von Backschroten

- Feine Schrote erfordern einen höheren Saueranteil (40 % und darüber) als mittlere und grobe Schrote (ca. 30 %).
- Weiche Schrote müssen stärker versäuert werden als scharfe Schrote.
- Feine Schrote können bei der Teigbildung mehr Wasser aufnehmen.
- Grobe Schrote benötigen eine längere Quellzeit, da bei Wassermangel eine trockene Krume entsteht.
- Teige aus feinem, weich gequetschtem Schrot sind plastischer, besser aufgelockert und haben eine höhere Volumenausbeute.
- Schrote quellen in heißem Wasser schneller als in kaltem.

Verquellung von Backschroten

Die teilweise Verquellung der Schalenanteile und Mehlbestandteile mit Wasser ist für die Qualität von Schrotbroten unerlässlich. Grobe Kornbestandteile nehmen bei der Teigbildung nicht genügend Wasser auf. Dadurch lassen sich die Teige schlechter verarbeiten, und es bildet sich aufgrund der unvollständigen Verkleisterung der Stärke eine trockene Krume.

Bei niedrigen Temperaturen (ca. 35 °C) kommt es leicht zur Buttersäuregärung, die das Brotaroma beeinträchtigt. Durch leichte Säuerung des Quellstücks oder durch Salzzugabe lässt sich diese Fremdgärung vermeiden.

Die Verquellung erfolgt mit warmem oder heißem Wasser:

Quellstück	■ Der Schrot (ca. 20 bis 40 % der Gesamtmahlprodukte) wird mit warmem Wasser (30–40 °C) gemischt, TA 200, und ca. sechs bis acht Stunden zum Quellen stehen gelassen. ■ Bei diesen Temperaturen finden keine Verkleisterung der Stärke und keine Schädigung der Enzyme statt.
Brühstück	■ Der Schrot (ca. 10 bis 30 % der Gesamtmahlprodukte) wird mit heißem Wasser (70–90 °C) gemischt, TA 200, und ca. ein bis zwei Stunden zum Quellen stehen gelassen. ■ Bei Temperaturen von 70 °C kommt es zu einer teilweisen Verkleisterung der Stärke in den Randschichten. Die Enzyme bleiben weitgehend erhalten, sie werden erst bei Temperaturen von über 85 °C inaktiviert. Der Stärkeabbau zu Dextrinen und Zuckern fördert die Gärung und die Bildung aromatischer Aromastoffe.
Kochstück	■ Die ganzen Körner oder der Backschrot werden mit etwa der doppelten Menge Wasser (TA 300) in Wannen gefüllt. Die Mischung wird im Backofen ca. drei Stunden auf 95–100 °C erhitzt und anschließend wieder abgekühlt. ■ Durch das Erhitzen (Kochen) findet eine weitgehende Stärkeverkleisterung, Enzyminaktivierung und Abtötung von Mikroorganismen statt. Infolge der Stärkeverkleisterung erhöht sich die Wasseraufnahme des Brotteiges um 3–4 %. Die Brote haben eine weiche, saftige Krume und halten sich länger frisch. ■ Zur Bereitung eines Kochstückes sind spezielle Anlagen mit Rührwerk, Heizvorrichtung und Kühlwasseranschluss erhältlich.

Knetvorgang

Misch- und Knetphase

Ein zu langer Knetvorgang kann zu Brotfehlern führen.

Roggenteige benötigen im Vergleich zu Weizenteigen nur eine ausreichende Mischphase und Quellzeit zur Teigbildung. Die trockenen Bestandteile verquellen rascher, da die Eiweißstoffe und Schleimstoffe des Roggens wasserfreundlich sind.

Roggenteige benötigen etwa nur 25 bis 30 % der Knetenergie und Knetzeit von Weizenteigen. Erst bei höherem Weizenanteil verlängert sich die Knetzeit. Folgende Faktoren beeinflussen die Knetzeit:

- Mehlmischung,
- Vollkornmehl und Schrot,
- Knetsystem,
- Teigtemperatur,
- Teigkonsistenz,
- direkte oder indirekte Führung.

Knetzeit von Roggen- und Roggenmischbrot

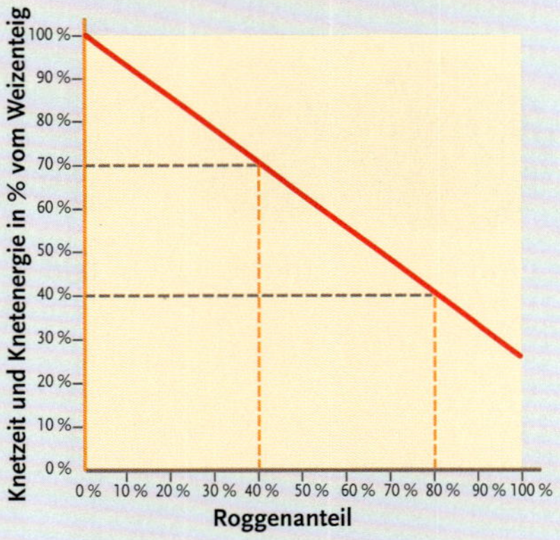

Wasseraufnahmefähigkeit

Die Wasseraufnahmefähigkeit in roggenhaltigen Teigen steigt mit zunehmendem Roggenanteil. Sie ist umso höher, je höher die Typenzahl des Roggenmehls ist. Warme Teigtemperaturen verbessern die Quellung.

Durchschnittliche Teigausbeute von roggenhaltigen Teigen

Brotsorten	Teigausbeute (TA)	Teigtemperatur
Weizenmischbrot	160–165	24–26 °C
Roggenmischbrot	165–170	26–28 °C
Roggenbrot	170–180	28–30 °C

Um die Vorteile hoher Teigausbeuten zu gewährleisten, muss bereits bei der Rezepterstellung der Zusatz von Quellmehl oder Roggenmehl (Type 1150) berücksichtigt werden. Dadurch kann der Teig mehr Zuguss aufnehmen.

Teigkonsistenz

Zur Erreichung einer optimalen Gebäckqualität sollten roggenhaltige Teige möglichst weich geführt werden. Weiche Teige mit hohen Teigausbeuten

- lockern leichter als feste Teige und verbessern dadurch das Volumen der Backwaren.
- bewirken eine optimale Stärkeverkleisterung beim Backen. Dadurch ist die Krume elastischer, schnittfester und hält länger frisch.

- ergeben zunächst eine angenehm feuchte Krume und benötigen deshalb längere Backzeiten. Dadurch entsteht eine stärker ausgebildete Kruste mit vermehrten aromatischen Röstprodukten. Diese gelangen beim Abkühlen der Brote von der Kruste in die Krume.
- lassen sich auch maschinell aufarbeiten.

4.8 Teigruhe (Teigreife)

Bei Roggenteigen dient die Teigruhe zur Nachverquellung aller quellenden Mehlbestandteile (auch Schalenteile) und zum Erreichen einer Mindestgärung. Die Entwicklung der Hefegärung setzt in Roggenteigen wegen des höheren Maltosegehalts früher ein.

Die Dauer der Teigruhe hängt von folgenden Faktoren ab:
- **dem Schalenanteil:** Je höher und gröber der Schalenanteil im Teig, desto länger dauert die Verquellung.
- **der Mehlmischung:** Die Dauer der Teigruhe steigt mit zunehmendem Weizenanteil im Teig.
- **der Führung:** Direkt geführte Brotteige benötigen für die Quellung und Lockerung eine Teigruhe von durchschnittlich 20 bis 40 Minuten. Indirekt geführte Brotteige (Sauerteigführungen) brauchen nur eine kurze Teigruhe, ca. 10 bis 15 Minuten, da bereits ca. 40 % der Mahlerzeugnisse vorverquollen sind und sich aufgrund der langen Teigführung schon ausreichend Lockerungsgase und Aromastoffe entwickelt haben.

Nach der Teigruhe hat der Teig die richtige Reife zum Aufarbeiten: Er ist trockener, wolliger, teilweise gelockert und bindig.

4.9 Aufarbeitung

Nach dem Abwiegen oder Teilen (siehe Kapitel Weizenteigtechnologie, Seite 259) werden die Teiglinge geformt. Sowohl bei der maschinellen als auch bei der manuellen Formgebung ist darauf zu achten, dass beim Rundwirken Staubmehl sparsam verwendet wird. Die Teiglinge sollen nach dem Wirken eine straffe Teigoberfläche und einen exakten, kleinen Wirkschluss haben. Wird zu viel Mehl eingewirkt, entstehen beim Backen Falten in der Kruste, Hohlräume in der Krume, und der Wirkschluss platzt auf.

Bei maschineller Aufarbeitung müssen die Teigeigenschaften den Bedingungen der Aufarbeitungsmaschinen angepasst werden. Die Teige werden nach der Teigruhe nochmals kurz geknetet (zusammengestoßen), um eine gleichmäßige Volumensteilung beim automatischen Abwiegen (über das Volumen) zu ermöglichen.

Nach dem Formen werden die Teiglinge für die Stückgare vorbereitet. Dies erfolgt durch
- Einlegen in Brotkörbe aus Kunststoff,
- freies Absetzen auf Gärbretter oder Einziehen in Tücher,
- Einlegen in Formen (Brotkästen),
- Absetzen auf Beschickungseinrichtungen (Tuchabzieher).

Die Teigbeschaffenheit der Teige wird auf die Gärgutträger abgestimmt. Teiglinge, die zum Breitlaufen neigen, werden zur Stabilisierung der Form in Formen gebacken. Beim Backen in Formen kann der Teig weicher geführt werden (höhere TA).

! Aus rationellen Gründen werden zur Aufarbeitung von Brot Teigteilmaschinen sowie Rund- und Langwirker verwendet. Diese können einzeln oder gemeinsam als Brotanlage eingesetzt werden. Siehe Kapitel Geräte und Maschinenkunde, Seite 209.

4.10 Stückgare (Endgare, Hauptgare)

Die Stückgare von roggenhaltigen Brotteiglingen verläuft unter anderen klimatischen Bedingungen als die Stückgare von Weizenteiglingen (siehe Seite 276).

In Roggenteigen findet aufgrund des höheren Maltosegehalts, der weicheren und wärmeren Teigführung und des geringen Dehnwiderstands (schwacher Kleber) eine rege Gärtätigkeit der Hefe statt. Eine Gärzeit von ca. 30 bis 50 Minuten bewirkt eine optimale Gebäckqualität. Die Gebäcke haben eine gleichmäßige Porung und ein kräftiges Aroma.

Gärklima

Die Stückgare findet meist bei einer Raumtemperatur von 28–32 °C und einer relativen Luftfeuchtigkeit von 70 % statt. Wichtig ist, dass die Gärtemperatur bis maximal 5 °C über der Teigtemperatur liegt, da es sonst zu einer ungleichen Lockerung der Teigoberfläche und des Teiginneren kommt (Brotfehler).

Gärreife

Die Gärreife von Brotteiglingen ist von verschiedenen Faktoren abhängig:

Faktoren	Knappere Gare	Vollere Gare
Mehlmischung	Höherer Roggenanteil	Höherer Weizenanteil
Teigführung	Direkte Führung	Indirekte Teigführung
Aussehen	Schnittmuster	Glatte Oberfläche
Beschickungsart	Gestürzt	In Formen
Ofentemperatur	Niedrigere Temperatur	Höhere Temperatur

Feststellung der Gärreife (Ofenreife)

Die Feststellung der Gärreife erfordert Fachwissen und Erfahrung. Sie kann anhand
- des Volumens (z. B. formfüllend),
- an der Stabilität der Teiglinge (z. B. seitlicher hoher Stand) und
- der Fingerprobe (Fingerdruck – von schnell bis langsam zurückfedernd) beurteilt werden.

Gärtoleranz

Roggenteiglinge können den Zustand der optimalen Gärreife nicht sehr lange halten. Die Zeitspanne, in der sie ohne Qualitäts- und Volumensverlust gebacken werden können, ist relativ gering. Die Gärtoleranz nimmt mit steigendem Roggenanteil ab.

4.11 Backen

Ausführlichere Informationen zum Thema Backatmosphäre und Backprozess siehe Kapitel Weizenteigtechnologie, Seite 259.

Schwadengabe

Roggenteige brauchen beim Backen zur Stabilisierung und Eiweißgerinnung eine eher trockene Hitze. Daher wird weniger Schwaden gegeben und der Zug früher geöffnet. Mit zunehmendem Weizenanteil steigt sowohl die Schwadenmenge als auch die Einwirkzeit.

Die Schwadengabe hängt auch vom Aussehen der Brotoberfläche ab. Beispielsweise wird bei bemehlten, gewünscht gerissenen Oberflächen mit rustikalem Charakter ohne Schwaden eingeschossen.

Backprozess

- **Ofentrieb:** Durch die kleinere, dichtere Porung und den höheren Wassergehalt im Roggenteig kann die Hitze nur langsam eindringen. Daher dauert der Ofentrieb sehr lange an. Der dabei entstehende Druck führt zur Zunahme des Volumens.

- **Krumenbildung:** Sie ist durch Säureeinwirkung im Teig und durch hohe Temperaturen möglich. Grund dafür ist, dass Roggenmehl wesentlich mehr Amylasen enthält und die Roggenstärke in einem Temperaturbereich von 52 bis 70 °C verkleistert, einem Bereich, in dem noch eine erhöhte Amylasenaktivität besteht. Zudem nimmt die Erwärmung in der Krume nur langsam zu.
- **Krustenbildung:** Wegen des höheren Wassergehalts und der üblicherweise stärkeren Krustenausbildung dauert auch diese Phase des Backprozesses länger.

Ofentemperatur und Backdauer

Im Unterschied zu Weizenbroten werden Roggen- und Roggenmischbrote mit höherer (schärferer) Anfangshitze (250 bis 270 °C) angebacken und bei leicht nachlassender Hitze (200 °C) ausgebacken.

Die Backdauer verlängert sich bei angeschobenen oder in Formen gebackenen Broten

Durchschnittliche Backdauer von frei geschobenen Roggen-, Roggenmisch- und Weizenmischbroten

Backgut	Gewicht	Backdauer
Weizenmischbrot	1 000 g	45–50 Minuten
Roggen- und Roggenmischbrot	1 000 g	60 Minuten
	2 000 g	75 Minuten
	3 000 g	90 Minuten

Brotcharakter

Das charakteristische Aussehen einiger Brotsorten entsteht durch das Zusammenwirken von mehreren oder einzelnen Faktoren:
- Gärreife,
- Ofentemperatur,
- Schwadengabe,
- Zugregulierung.

Bemehlte Oberfläche	Abgestrichene, glatte, glänzende Oberfläche	Geschnittene Oberfläche
■ Volle Gare ■ Höhere Ofentemperatur ■ Wenig oder ohne Schwaden ■ Zug beim oder kurz nach dem Einschießen öffnen	■ Knappere bis volle Gare ■ Viel Schwaden ■ Zug nach zwei bis drei Minuten der Backzeit öffnen	■ Knappe Gare ■ Viel Schwaden ■ Zug erst 10 Minuten vor dem Ende der Backzeit öffnen

Mögliche Schnittführungen bei Roggen-, Roggenmisch- und Weizenmischbroten siehe Kapitel Weizenteigtechnologie, Seite 259.

Besondere Backverfahren

Backen mit hohen Anfangstemperaturen – Vorbackmethode

Bei dieser Methode werden die ofenreifen Teiglinge in den ersten zwei bis fünf Minuten des Backprozesses bei Temperaturen von über 300 °C angebacken und anschließend in einen Herd mit normaler Ofentemperatur (10 °C unter Brötchenbacktemperatur) umgebacken. In industriellen Betrieben wird für diese Backmethode dem Durchlaufofen (Netzbandofen) ein spezieller Vorbackofen (Steinbackofen) vorgesetzt.

Vorteile der Vorbackmethode
- Durch die hohe Anfangshitze kommt es rasch zur Krustenbildung. Dadurch können die Aromastoffe nicht mehr entweichen, die Brote haben ein kräftiges Aroma. Ebenso wird ein Breitlaufen der Teiglinge verhindert.
- Lange Backzeiten bewirken eine kräftige Krustenbildung.
- Ein starker Ofentrieb und Nachtrieb beim Umbacken führen zu einer Vergrößerung des Volumens.

Verwendung

Für Roggen- und Roggenmischbrot mit hohem Roggenanteil. Die Brote haben eine leicht rissig gemaserte, kräftige Kruste, eine mehlige Oberfläche und ein gutes Brotaroma.

Landbrot

Pumpernickel

Backen in Dampf – Dampfbackmethode

Diese Backmethode verleiht bestimmten Brotsorten ihr charakteristisches Aussehen und ihren typischen Geschmack.

Die Brotteiglinge werden in Backkästen gefüllt, verschlossen und in speziellen Backkammern mit Dampfzufuhr bei einer Temperatur von 100 bis 110 °C bis zu 20 Stunden gebacken.
Infolge der niedrigen Temperaturen findet dabei ein dem Kochen ähnlicher Garprozess statt, es entsteht nur eine schwache Kruste. Während des lang andauernden Garprozesses bilden sich ausreichend Dextrine, Malzzucker und Melanoidine, die den Broten ihre charakteristische braune Krumenfarbe und den süßlichen Geschmack verleihen.

Vorteile der Dampfbackmethode

- Lange Erhaltung der Frische: Die Brote eignen sich daher gut als Schnittbrot.
- Bessere Verdaulichkeit: Durch das langsame, schonende Backverfahren werden die Nährstoffe gut aufgeschlossen.
- Geringer Backverlust.

Verwendung

Für Vollkornbrote, z. B. Pumpernickel.

Backen mit Unterbrechung – Unterbruch-Backmethode

Mit dieser Backmethode können roggenhaltige Brote rationell auf Vorrat hergestellt werden.
Bei der Unterbruch-Backmethode wird der Backvorgang nach etwa vier Fünftel der Backzeit unterbrochen. Die Roggenbrote sollen zu diesem Zeitpunkt eine Kerntemperatur von 98 °C erreicht haben. In dieser Backphase ist die Stärke bereits verkleistert, die Kruste jedoch noch nicht vollständig ausgebacken.

Die vorgebackenen Brote können bei Raumtemperatur und hoher Luftfeuchtigkeit bis zu 24 Stunden gelagert werden. Vor dem Verkauf werden die Brote fertig gebacken. Die Restbackzeit entspricht etwa dem Doppelten der beim Vorbacken eingesparten Zeit.

Zum Beispiel: Normalbackzeit 60 Minuten, Unterbrechung nach 50 Minuten, Restbackzeit 20 Minuten (zweimal 10 Minuten).

Während dieser Zeit erreicht das Brot wieder eine Kerntemperatur von 98 °C, und es bildet sich eine rösche Kruste.

Vorteile der Unterbruch-Backmethode

- Brote können auf Vorrat hergestellt werden, ohne dass sie dabei an Frische verlieren. Dadurch ist es möglich, mehrmals täglich frisches Brot zum Verkauf anzubieten.
- Verbesserte Krustenbildung.

Schnittbrot

Backen im Zellglasschlauch

Die geformten Teiglinge werden in einen Zellglasschlauch gelegt, auf Gare gestellt und anschließend gebacken. Die Brote werden bis zum Schneiden im Zellglasschlauch gelagert.

Vorteile dieser Methode

- Größtmögliche Hygiene bei der Herstellung,
- wenig Backfehler (Krustenrisse),
- gleichmäßige Form.

Verwendung: für Schnittbrote.

Halbbackmethode (HA-BACK)

Bei der HA-BACK-Methode wird der Backprozess in zwei Schritten – der erste im Herstellungsbetrieb, der zweite am Ort des Verkaufs oder Verzehrs – durchgeführt.

Erster Backprozess (Krumenbildung)
Die gelockerte Krume wird vollständig gebildet und verfestigt. Dabei sind folgende Vorgänge zu beobachten:
- Temperatursteigerung bis über 90 °C im Zentrum der Backware (des Brotes)
- Vollständiger Ofentrieb
- Denaturierung der Eiweißstoffe
- Verkleisterung der Stärke
- Keine ausgeprägte Krustenbildung

Zweiter Backprozess (Krustenbildung)
Bei der Krustenbildung finden folgende Vorgänge statt:
- Dextrinbildung
- Maillard-Reaktion (braune Farbstoffe, Aromabildung)

Nach dem ersten Backprozess werden die Backerzeugnisse meist verpackt, je nach Dauer der Zwischenlagerung teilweise bei Raumtemperatur, manchmal gekühlt oder auch tiefgefroren, an den Ort des Verkaufs oder Verzehrs (z. B. Supermarkt, Gastronomie) transportiert.

Zwischenlagerung
- Mit zunehmender Zwischenlagerungszeit steigen die Gewichtsverluste an, die Volumenausbeute nimmt ab. Die Gewichtsverluste sind nach 72 Stunden gleich denen bei direkter Backmethode. Die Krume wird fester, ist aber nach drei Tagen dennoch weicher und elastischer als nach dem Backen mit direkter Backmethode.
- Eine optimale Frischhaltung wird durch Lagerung unter der Stikkenhaube oder durch Tiefkühllagerung erzielt.
- Vorsicht ist bei Weizengebäck geboten. Es neigt in der Zwischenlagerungszeit aufgrund des höheren Wassergehalts zum Schrumpfen und somit zur Faltenbildung. Dies kann durch Zugabe von Aktivkleber (Weizenkleber) ausgeglichen werden. Durch diese zusätzliche Stabilisierung haben die Gebäcke ein optimales Aussehen und Volumen, gleichzeitig jedoch auch einen starken Klebergeschmack, der von den Kundinnen/Kunden nicht unbedingt akzeptiert wird.

Vorteile der Halbbackmethode
- Durch die abgeschlossene Krumenbildung haben die Gebäcke eine stabile Form und lassen sich problemlos lagern und transportieren.
- Verzögerung des Altbackenwerdens, d. h. längere Erhaltung der Frische.

Verwendung: Fertigbackware für Haushalt und Gastronomie.

! Die HA-BACK-Methode wird auch als „Technologie der teilgebackenen Backerzeugnisse" bezeichnet.

4.12 Rezeptbeispiele aus Roggen- und Roggenmischbrotteigen

Rustikales Kleingebäck

Rustikales Kleingebäck	
Sauerteig:	■ **Sauerteig:** Alle Zutaten mischen, TA 190, Teigtemperatur 28 °C, 16 bis 18 Stunden abstehen lassen. ■ Oder 3 000 g vom reifen Vollsauer verwenden.
0,150 kg Anstellgut	
1,500 kg Mehl, Type 997	
1,350 kg Wasser	
Hauptteig:	■ **Hauptteig:** Alle Zutaten mischen, Teigtemperatur 26 °C, Knetzeit: 4 Minuten Stufe 1, 3 Minuten Stufe 2. ■ Teigruhe: 10 Minuten. ■ Teigeinlage: 1 800 bis 2 000 g (Presse). ■ Teigruhe: 10 Minuten.
2,850 kg reifer Sauerteig	
1,500 kg Mehl, Type 997	
7,000 kg Mehl, Type 550	
5,000 kg Wasser	
0,250 kg Malzbackmittel	■ Teigstücke nach dem Teilen nicht rund wirken. ■ Oberfläche mit Wasser befeuchten, in Streumaterial wälzen oder mit Staubmehl besieben. Auf Bleche setzen. ■ Bei voller Gare eventuell einschneiden. ■ Mit Schwaden backen. ■ Backtemperatur: 230 °C. ■ Backzeit: 20–25 Minuten.
0,200 kg Salz	
0,300 kg Hefe	
0,050 kg Brotgewürz	
17,150 kg Rezeptgewicht	
	Variante ■ Den Brotteig mit direkter Führung herstellen. Dazu jene Menge an Teigsäuerungsmittel verwenden, die laut Hersteller für 10 kg Mehl (70 % Weizenmehl, 30 % Roggenmehl) empfohlen wird. ■ Die Mehl- und Wassermenge aus dem Vorteig kommt zum Hauptteig.

Haferbrot

Haferbrot	
Sauerteig:	■ **Sauerteig:** Alle Zutaten mischen, TA 190, Teigtemperatur 28 °C, 15 bis 20 Stunden abstehen lassen. ■ Oder 4 000 g vom reifen Vollsauer verwenden.
0,200 kg Anstellgut	
2,000 kg Mehl, Type 997	
1,800 kg Wasser	
Quellstück:	■ **Quellstück:** Haferflocken mit Wasser mischen und zwei bis drei Stunden quellen lassen.
2,000 kg Haferflocken	
2,000 kg Wasser (35 °C)	
Hauptteig:	■ **Hauptteig:** Alle Zutaten mischen, Teigtemperatur 27 °C, Knetzeit: 4 Minuten Stufe 1, 2 Minuten Stufe 2. ■ Teigruhe: 20 Minuten. ■ Teigeinlage: 600 bis 650 g. ■ Teigstücke rund wirken, kurz e ntspannen lassen. ■ Langwirken. ■ Mit Wasser bestreichen und in Haferflocken wälzen. ■ Mit dem Schluss nach unten in Brotkörbe oder auf Abzieher setzen. ■ Bei Dreiviertelgare der Länge nach einschneiden. ■ Mit knapper Gare einschießen und erst nach zwei Minuten Schwaden geben. ■ Backtemperatur: 250 °C, auf 200 °C fallend. ■ Backzeit: 45 Minuten, dabei fünf Minuten vor Ende der Backzeit den Zug öffnen.
3,800 kg reifer Sauerteig	
4,000 kg Quellstück	
2,000 kg Mehl, Type 997	
4,000 kg Mehl, Type 550	
3,400 kg Wasser	
0,180 kg Salz	
0,250 kg Hefe	
17,630 kg Rezeptgewicht	
	Variante ■ Den Brotteig mit direkter Führung herstellen. Dazu jene Menge an Teigsäuerungsmittel verwenden, die laut Hersteller für 10 kg Mehl (60 % Weizenmehl, 40 % Roggenmehl) empfohlen wird. ■ Die Mehl- und Wassermenge aus dem Vorteig kommt zum Hauptteig.

Langwirken siehe Kapitel Weizenteigtechnologie, Seite 276.

Kürbiskernbrot

Sauerteig:		■ **Sauerteig:** Alle Zutaten zur Säuerung und Quellung mischen, TA 200, Teigtemperatur 26 bis 28 °C, 16 bis 18 Stunden abstehen lassen.
0,300 kg	Anstellgut	■ **Hauptteig:** Alle Zutaten mischen, Teigtemperatur 26 bis 28 °C, Knetzeit: 4 Minuten Stufe 1, 2 Minuten Stufe 2, dabei die Kürbiskerne erst nach 4 Minuten Mischzeit beigeben.
0,600 kg	Schrottype 1800, fein	■ Teigruhe: 20–30 Minuten.
0,500 kg	Leinsamen	■ Teigeinlage: 600 bis 850 g.
2,400 kg	Mehl, Type 997	■ Teigstücke kernig rund wirken.
3,500 kg	Wasser	■ Laibe formen oder zum Backen in Brotkästen leicht lang rollen.
Hauptteig:		■ Oberfläche mit Wasser bestreichen und in Streugut wälzen.
7,000 kg	reifer Sauerteig	■ Laibe auf Bleche oder Abzieher setzen, länglich geformte Teiglinge in Formen legen.
3,000 kg	Mehl, Type 997	■ Bei voller Gare mit Schwaden backen.
4,000 kg	Mehl, Type 550	■ Backtemperatur: 250 °C, auf 190 °C fallend.
4,000 kg	Wasser	■ Backzeit: 40–50 Minuten.
1,000 kg	Kürbiskerne	
0,180 kg	Salz	
0,250 kg	Hefe	
19,430 kg	**Rezeptgewicht**	
Streugutmischung:		
Weizenkleie, Sesam, gehackte Kürbiskerne		

Kürbiskernbrot

Roggenvollkornbrot

Sauerteig:		■ **Sauerteig:** Alle Zutaten mischen, TA 200, Teigtemperatur 20 bis 24 °C, ca. 18 Stunden abstehen lassen.
0,400 kg	Anstellgut	■ **Brühstück:** Roggenschrot mit Wasser mischen und zwei bis drei Stunden quellen lassen.
4,000 kg	Roggenvollkornschrot, mittel	■ **Hauptteig:** Alle Zutaten mischen, Teigtemperatur 28 °C.
4,000 kg	Wasser	■ Knetzeit: 3-mal 5 Minuten Stufe 1, dazwischen jeweils 15 Minuten Teigruhe.
Brühstück:		■ Teigeinlage: ca. 1 000 bis 1 100 g.
2,000 kg	Roggenvollkornschrot, grob	■ In befettete Formen legen.
2,500 kg	Wasser (90 °C)	■ Bei knapper Gare mit Schwaden und bei geschlossenem Zug saftig und krustenarm ausbacken (geringer Backverlust).
Hauptteig:		■ Backtemperatur: ca. 180 °C.
8,000 kg	reifer Sauerteig	■ Backzeit: ca. 2 bis 3 Stunden, je nach Stückgröße.
4,500 kg	Brühstück	
3,000 kg	Roggenvollkornschrot, fein	
1,000 kg	Mehl, Type 997	
1,500 kg	Wasser	
0,200 kg	Salz	
0,100 kg	Hefe	
18,300 kg	**Rezeptgewicht**	

Roggenvollkornbrot

Wissenswertes dazu

- Dem Roggenvollkornbrotteig können laut Leitsätzen für Brot und Kleingebäck bis zu 20 % Brot (jeweils berechnet als Frischbrot), mit Wasser verquollen, zugesetzt werden.
- Wegen des hohen Säuregrads im Vollkornbrot wird dem Brotteig oftmals 1 bis 2 % Glukosesirup beigemischt, um den sauren Geschmack abzuschwächen.

4.13 Beurteilung von Brot und Kleingebäck

Die Beurteilung von Brot und Kleingebäck erfolgt nach dem **5-Punkte-Prüfschema des DLG-Testzentrums Lebensmittel der DLG e.V.** (Deutsche Landwirtschafts-Gesellschaft). Beispiele von DLG-Prüfschemen für Brot und Kleingebäck finden Sie im digitalen Zusatzpaket.

Wissenswertes dazu

- Die DLG ist eine politisch unabhängige und neutrale Fachorganisation in der Agrar- und Ernährungswirtschaft mit Hauptsitz in Frankfurt am Main.
- Seit 1885 prüft, fördert und kommuniziert die DLG die Qualität von Lebensmitteln und ist hierzu nach internationalen Normen akkreditiert.
- Nähere Informationen zur DLG finden Sie unter www.dlg.org

Trockenkrümeln der Brotkrume = zu dünne oder zu spröde Porenwände brechen beim Schneiden.

Bei der Beurteilung der Gebäckqualität sind neben der fachlich richtigen Ausfertigung der Backwaren vor allem die Qualitätserwartungen der Konsumentinnen und Konsumenten zu berücksichtigen:

Die Konsumentinnen/Konsumenten wünschen Brot und Gebäck mit

- gutem Geschmack und Geruch: Aroma,
- ansprechendem Aussehen: Farbe, Form und Volumen,
- angenehmen Verzehreigenschaften: rösche Kruste, weiche, gut zu kauende Krume,
- lang andauernder Frische,
- hohem Nährwert und hoher Bekömmlichkeit.

Im Rahmen der betriebseigenen Qualitätskontrolle ist es notwendig, Fehler zu erkennen, die möglichen Ursachen zu ergründen und geeignete Gegenmaßnahmen einzuleiten.

Fehler	Ursachen	Auswirkungen auf die Gebäckqualität
Mehlfehler	Auswuchsmehle	Flache Form, kleines Volumen, Süßblasen auf der Kruste, klitschige, unelastische Krume
	Lagerschäden	Muffig riechende bis bitter (ranzig) schmeckende Mehle (Schrot- und Vollkornmehle) und Gebäcke
	Enzymarme Mehle	Dichte Porung, geringes Volumen, trockene Krume, schwache Krustenbräunung, wenig Geschmack
Sauerteigfehler	Siehe Seite 302	
Fehler bei der Teigherstellung	Zu fester Teig	Kleines Volumen, runde Form, dichte Porung, Trockenrisse, Trockenkrümeln
	Zu weicher Teig	Flache Brotform, feuchte Krume, Gärblasen, Abbacken der Kruste
	Zu kalte Führung	Unregelmäßige Porung, feuchte Krume, Süßblasen auf der Kruste
	Zu warme Führung	Unregelmäßige Porung, Hohlräume
Fehler bei der Aufarbeitung	Wirkblasen, aufgeplatzter Schluss, fehlerhafte Form	
Fehler bei der Stückgare	Zu geringe Stückgare	Kleines Volumen, Seitenrisse, mangelnde Lockerung, Krustenrisse, Wasserringe
	Übergare	Flache Form, hohler Boden
Fehler beim Backen	Zu kalte Ofentemperatur	Flache Brotform, helle Kruste, Krumenrisse, aufgeplatzter Wirkschluss
	Zu heiße Ofentemperatur	Runde Form, kleines Volumen, dunkle Kruste, unelastische Krume, Abbacken der Kruste
	Zu lange Schwadenwirkung	Krustenrisse
	Zu wenig Schwaden	Glanzlose, gerissene Kruste
	Zu lange Backzeit	Starke, harte Kruste
	Zu kurze Backzeit	Schwache Kruste, unelastische Krume, Wasserstreifen

Prüfungsmerkmale

Bei der Beurteilung von Brot und Kleingebäck werden folgende Qualitätsmerkmale überprüft:

- Form und Aussehen
- Oberflächen- und Krusteneigenschaften
- Lockerung und Krumenbild
- Struktur und Elastizität
- Geruch und Geschmack

Brotfehler können nur durch den direkten Vergleich mit dem Soll-Qualitätsmerkmal eines Brotes festgestellt werden.

Prüfungsmerkmale	Soll-Qualitätsmerkmale
Form und Aussehen	■ Sie soll einwandfrei und gleichmäßig sein.
Oberflächen- und Krusteneigenschaften	■ Die Kruste soll ausreichend Röst- und Geschmackstoffe enthalten, darf jedoch nicht verbrannt sein. Eine zu dunkle Kruste schmeckt bitter, eine zu schwache Kruste wenig aromatisch. ■ Die Oberfläche bei Glanzbroten soll schön glänzen, Brote mit gewünschten Krustenrissen oder Schnittmustern sollen einen schönen Ausbund haben.
Lockerung und Krumenbild	■ Die Krume soll eine für die Brotsorte charakteristische Lockerung und Porung aufweisen. ■ Das Brot soll das für die Gebäckart typische Volumen aufweisen, z. B. Roggen- und Vollkornbrot kleineres Volumen, Weizenmischbrot großes Volumen.
Struktur und Elastizität	■ Die Krume soll nach dem Auskühlen schnittfest sein. ■ Sie soll elastisch sein, damit sie gut zu kauen und zu bestreichen ist.
Geruch und Geschmack	■ Der Geruch soll frisch, rein, ohne Fremdgerüche sein. ■ Das Brot soll den für die Brotsorte charakteristischen Geschmack aufweisen: Weizenbrot mild-aromatisch, Roggenbrot leicht säuerlich. ■ Brote mit zu geringem Saueranteil schmecken wenig aromatisch.

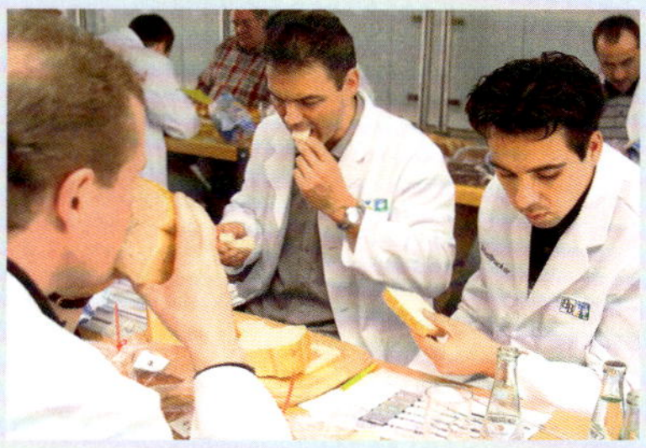

Die Brotprüfung setzt genaue fachliche Kenntnisse über die Soll-Qualitätsmerkmale voraus

4.14 Brot- und Kleingebäckfehler

Jede Abweichung vom Soll-Qualitätsmerkmal kann als Fehler bezeichnet werden. Folgende Fehler können bei Brot und Kleingebäck auftreten:

Formfehler	Krustenfehler	Krumenfehler	Geschmacksfehler
■ Flache Form ■ Runde Form ■ Ungleichmäßige Form ■ Kleines Volumen ■ Hohler Boden ■ Unsauberer Boden ■ Verbrannter Boden ■ Aufgerissener Schluss	■ Krustenrisse ■ Seitenrisse ■ Starke Bräunung ■ Schwache Bräunung ■ Süßblasen. ■ Harte, starke Kruste ■ Weiche, schwache Kruste	■ Unelastische, feuchte Krume ■ Trockenkrümeln ■ Wasserstreifen ■ Wasserring ■ Dichte Porung ■ Große Porung ■ Ungleichmäßige Porung ■ Hohlräume	■ Fader Geschmack ■ Saurer Geschmack ■ Muffiger Geschmack ■ Wenig Aroma ■ Einseitig, ausdruckslos

Weizenbrot- und Kleingebäckfehler

Fehler	Ursachen	Abhilfe
Form und Aussehen		
Ungleichmäßige Form 	■ Bei manueller Aufarbeitung Teiglinge nicht sorgfältig bzw. ungleichmäßig aufgearbeitet ■ Bei maschineller Aufarbeitung Teiglinge nicht sorgfältig aufgesetzt ■ Maschineneinstellung nicht korrekt	■ Teiglinge sorgfältig und gleichmäßig aufarbeiten ■ Teiglinge sorgfältig aufsetzen ■ Maschineneinstellung korrigieren
Aneinandergebacken 	Gebäcke mit teilweise dünnem oder fehlendem Krustenanteil ■ Zu eng geschoben	■ Teiglinge mit mehr Abstand einschießen
Eingefallene Seiten 	Seitenkruste der Gebäcke teilweise eingezogen ■ Teiglinge zu eng geschoben. ■ Zu kurz vorgebacken (HA-BACK) ■ Zu geringe Ofentemperatur bei zu reifer Gare	■ Teiglinge mit mehr Abstand einschießen ■ Vorbackzeit verlängern (HA-BACK) ■ Stückgare verkürzen ■ Ofentemperatur erhöhen
Taillenbildung 	Bei Toastbrot ■ Zu hohe Hefemenge ■ Zu wenig geknetet ■ Zu lange Stückgare ■ Backformen zu eng eingeschossen ■ Zu kurze Backzeit ■ Zu niedrige Ofentemperatur	■ Hefemenge reduzieren ■ Teige leicht überkneten ■ Stückgare verkürzen ■ Backformen mit mehr Abstand einschießen ■ Backzeit verlängern ■ Ofentemperatur erhöhen
Zu kleines Volumen 	■ Kleberschwache Mehle ■ Zu geringe Teigeinlage ■ Backmittelart und -menge nicht abgestimmt ■ Zu lange Gärführung (Gärunterbrechung oder -verzögerung) bei zu hoher Temperatur	■ Kleberstärkere Mehle verwenden ■ Teigeinlage erhöhen ■ Backmittelart und -menge abstimmen ■ Gärführung verkürzen ■ Temperatur senken
Zu großes Volumen 	■ Kleberstarke Mehle ■ Zu hoher Emulgatoranteil im Backmittel ■ Zu hohe Teigeinlage ■ Zu lange Stückgare	■ Kleberschwächere Mehle verwenden ■ Malzbackmittel verwenden ■ Teigeinlage reduzieren ■ Stückgare verkürzen
Verschwommener Ausbund 	■ Zu weicher Teig ■ Zu junger Teig ■ Zu wenig Staubmehl ■ Zu hohe Oberflächenfeuchtigkeit während der Gare und Auftauphase ■ Zu früh gewendet vor dem Einschießen ■ Zu kurze Teigruhe ■ Zu hohe Schwadenmenge	■ Teig fester führen ■ Teigruhe verlängern ■ Mehr Staubmehl verwenden ■ Luftfeuchtigkeit auf Gare und während der Auftauphase reduzieren ■ Später wenden ■ Teigruhe verlängern ■ Schwadenmenge reduzieren

HA-BACK = Halbbackmethode; Teiglinge halb backen (siehe Backverfahren, Seite 309).

Fehler	Ursachen	Abhilfe
Form und Aussehen		
Hochgezogener Ausbund 	Oftmals in Verbindung mit Hohlräumen ■ Kleberstarke Mehle ■ Zu junger Teig ■ Zu kurze Zwischengare vor dem Stanzen	■ Teig intensiver kneten ■ Teigruhe verlängern ■ Zwischengare verlängern
Breiter Ausbund 	■ Mehle mit kurzen Klebereigenschaften ■ Alter, bockiger Teig ■ Zu fester Teig ■ Zu warmer Teig ■ Zu lange Teigruhe ■ Zu trockene Gare	■ Mehle mit guten Klebereigenschaften verwenden ■ Teige früher aufarbeiten ■ Teig weicher führen ■ Teig kühler führen ■ Teigruhe verkürzen ■ Luftfeuchtigkeit auf Gare erhöhen
Hohler Boden 	■ Kleberstarke Mehle ■ Zu volle Gare ■ Zu niedrige Ofentemperatur (Stikkenofen) ■ Zu geringe Unterhitze (Etagenofen)	■ Teig intensiver kneten ■ Stückgare optimieren ■ Ofentemperatur erhöhen (Stikkenofen) ■ Abstehzeiten zwischen dem Einschießen verlängern (Etagenofen)
Flacher Boden 	■ Zu warmer Teig ■ Zu weicher Teig ■ Zu feuchte Gare ■ Zu lange Stückgare ■ Zu viel Schwaden	■ Teig kühler führen ■ Teig fester führen ■ Luftfeuchtigkeit auf Gare reduzieren ■ Stückgare verkürzen ■ Schwadenmenge reduzieren
Unsauberer Boden 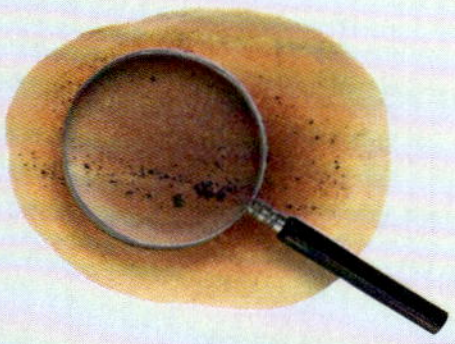	■ Backtrennpapier, Abziehapparat, Backbleche oder Herdplatten verschmutzt	■ Sauberes Backtrennpapier verwenden ■ Abziehapparat, Backbleche und Herdplatten sorgfältig reinigen
Oberfläche und Kruste		
Helle Kruste 	■ Mehle mit zu geringer Enzymaktivität ■ Keine Salzbeigabe ■ Zu fester Teig ■ Zu niedrige Ofentemperatur ■ Zu wenig Schwaden ■ Zu kurze Backzeit	■ Malzbackmittel verwenden ■ Salz beigeben ■ Teig weicher führen ■ Ofentemperatur erhöhen ■ Schwadenmenge erhöhen ■ Backzeit verlängern
Dunkle, rostfarbige Kruste 	■ Enzymstarke Mehle ■ Zu hohe Lagertemperatur bei Gärunterbrechung ■ Zu hohe Ofentemperatur ■ Zu lange Backzeit	■ Salzmenge etwas erhöhen ■ Lagertemperatur bei Gärunterbrechung senken ■ Ofentemperatur senken ■ Backzeit verkürzen
Ungleichmäßige Bräunung 	■ Teilweises Austrocknen (Verhauten) der Teiglinge auf Gare ■ Zu geringe Luftfeuchtigkeit ■ Zu geringe Kälteleistung im Schockfroster	■ Luftbewegung und -geschwindigkeit im Gärschrank reduzieren ■ Luftfeuchtigkeit erhöhen ■ Schockfroster weniger beschicken

Fehler	Ursachen	Abhilfe
Oberfläche und Kruste		
Blasenbildung 	■ Zu hohe Luftfeuchtigkeit im Gärraum ■ Gärführung mit zu langer Lagerzeit, bei zu hoher Lagertemperatur ■ Kondenswasserbildung an der Teiglingsoberfläche durch zu schnelles Auftauen bei Gärunterbrechung ■ Zu hohe Schwadenmenge in der Anbackphase	■ Luftfeuchtigkeit reduzieren. ■ Lagerzeit und Lagertemperatur verringern ■ Langsames Auftauen der Teiglinge bei geringerem Temperaturunterschied ■ Schwadenmenge reduzieren
Absplittern der Kruste 	■ Zu großes Gebäckvolumen ■ Zu warme Gare ■ Austrocknen der Kruste während der Tiefkühllagerung oder beim Schockfrosten ■ Zu hohe Umluftgeschwindigkeit im Stikkenofen ■ Gebäck zu wenig ausgekühlt vor dem Umschichten in Gebäckkörbe	■ Stückgare reduzieren ■ Temperatur auf Gare reduzieren ■ Temperatur beim Schockfrosten darf nicht über der zu erreichenden Kerntemperatur liegen ■ Teiglinge nicht im gleichen Temperaturbereich lagern ■ Umluftgeschwindigkeit reduzieren ■ Gebäck gut auskühlen lassen
Dünne, weiche, nicht gefensterte Kruste 	■ Zu weicher Teig ■ Zu hoher Fettanteil ■ Zu kurze Backzeit bei zu hoher Ofentemperatur ■ Zu hohe Luftfeuchtigkeit bei der Lagerung aufgrund der Jahreszeit (Sommer)	■ Teig fester führen ■ Fettanteil reduzieren ■ Backzeit verlängern ■ Ofentemperatur senken ■ Gebäcke röscher abbacken
Dicke, harte, grobsplittrige Kruste 	■ Mehle mit zu geringer Enzymaktivität ■ Zu fester Teig ■ Zu alter Teig ■ Zu warme Teigführung ■ Zu lange Backzeit bei niederer Ofentemperatur	■ Malzprodukte verwenden ■ Teig weicher führen ■ Teigruhe verkürzen ■ Teig kühler führen ■ Backzeit verkürzen ■ Ofentemperatur erhöhen
Lockerung und Krumenbild		
Ungleichmäßige Porung 	■ Zu weicher Teig ■ Zu warmer Teig ■ Zu lange Teigruhe ■ Zu lange Stückgare durch zu wenig Hefe ■ Zu rascher Temperaturanstieg in der Auftauphase (Gärunterbrechung)	■ Teig fester führen ■ Teig kühler führen (Zuguss) ■ Teigruhe verkürzen ■ Hefezugabe erhöhen ■ Temperatur in der Auftauphase senken
Dichte Porung 	■ Mehle mit zu geringer Enzymaktivität ■ Zu hohe Hefemengen bei zu kurzer Stückgare ■ Zu junger Teig ■ Zu fester Teig	■ Teigruhe verlängern, um die Enzymaktivität zu fördern ■ Hefemenge reduzieren ■ Stückgare verlängern ■ Zugusstemperatur erhöhen ■ Teig weicher führen

! Die Gebäcke müssen nach dem Backen in luftdurchlässigen Gitterkörben vollständig auskühlen, bevor sie in andere Körbe eingezählt werden.

Fehler	Ursachen	Abhilfe
Lockerung und Krumenbild		
Grobe Porung 	■ Mehle mit zu hoher Enzymtätigkeit ■ Zu warmer Teig ■ Zu weicher Teig ■ Zu lange Teigruhe ■ Zu lange Stückgare durch zu geringe Hefemengen	■ Mehle mit geringerer Enzymaktivität verwenden ■ Teig kühler führen (Zuguss) ■ Teig fester führen ■ Teigruhe verkürzen ■ Hefemenge erhöhen
Struktur und Elastizität		
Trockenkrümeln 	■ Mehle mit zu geringer Enzymaktivität ■ Zu fester Teig ■ Zu kurze Teigführung ■ Zu geringer Fettanteil	■ Malzbackmittel verwenden ■ Teig weicher führen ■ Teigführung verlängern ■ Fettanteil erhöhen
Ballen beim Kauen 	■ Mehle mit zu hoher Enzymtätigkeit ■ Zu hoher Fettanteil ■ Zu weicher Teig ■ Zu kurze Backzeit ■ Zu großes Gebäckvolumen	■ Mehle mit geringerer Enzymaktivität verwenden ■ Fettanteil reduzieren ■ Teig fester führen ■ Backzeit verlängern ■ Emulgatorbackmittel reduzieren
Geruch und Geschmack		
Wenig aromatisch	■ Mehle mit geringer Enzymtätigkeit ■ Zu geringe Salzmenge ■ Zu hohe Hefemenge ■ Zu kurze Teigruhe ■ Zu kurze Backzeit	■ Mehle mit höherer Enzymaktivität verwenden ■ Salzzugabe erhöhen ■ Hefemenge reduzieren ■ Teigruhe verlängern ■ Backzeit verlängern
Hefig	■ Zu hohe Hefemenge ■ Zu warme Teige ■ Zu lange Teigruhe	■ Hefemenge reduzieren ■ Teig kühler führen ■ Teigruhe verkürzen
Sauer	■ Zu hoher Weizensaueranteil	■ Weizensaueranteil reduzieren
Salzig	■ Zu hohe Salzbeigabe	■ Salzbeigabe reduzieren
Süß	■ Zu hoher Zucker- oder Honiganteil	■ Zucker- oder Honiganteil reduzieren
Bitter	■ Zu stark geröstete Samen oder Kerne ■ Zu hoher Röstmehlanteil	■ Samen oder Kerne weniger rösten ■ Röstmehlanteil reduzieren
Fremdgeruch	■ Rohstoffe mit Fremdgeruch (Fremdgerüche im Produktionsraum oder Expedit)	■ Geschmacklich einwandfreie Rohstoffe ohne Fremdgeruch verwenden

Brötchenprüfer

Expedit = Versandabteilung.

! Passt ein Geldstück unter das Brot, ist es zu hohl.

Roggen- und Roggenmischbrotfehler

Fehler	Ursachen	Abhilfe
Form und Aussehen		
Starke Bemehlung der Oberseite 	Beim leichten Anklopfen der Brote verbleiben auf dem Tisch deutliche Mehlspuren ■ Zu viel Mehlreste auf dem Gärgutträger ■ Zu stark bemehlt	■ Gärgutträger vor dem Bemehlen ausklopfen ■ Bemehlung reduzieren
Hohler Boden 	■ Zu fester Teig ■ Zu starke Teigsäuerung ■ Zu lange Stückgare ■ Zu lange Backzeit, zu kühle Ofentemperatur	■ Teig weicher führen ■ Teigsäuerung reduzieren ■ Stückgare verkürzen ■ Backzeit verkürzen, Ofentemperatur erhöhen
Flache Brotform 	Brote laufen auf Gare oder im Ofen breit ■ Zu schwache Teigsäuerung ■ Zu weicher Teig ■ Zu lange Stückgare ■ Zu niedrige Ofentemperatur	■ Teig stärker versäuern ■ Teig fester führen ■ Stückgare verkürzen ■ Ofentemperatur erhöhen
Aufgeplatzter Schluss 	■ Zu fester Teig ■ Zu warmer Teig ■ Mehl in Schluss eingearbeitet ■ Zu trockene Gare ■ Zu geringe Stückgare	■ Teig weicher führen ■ Teig kühler führen ■ Kein Mehl einarbeiten ■ Luftfeuchtigkeit im Gärraum erhöhen ■ Stückgare verlängern
Oberfläche und Kruste		
Abgerissene Kruste 	Seitlicher Krustenriss bei Kastenbroten ■ Zu geringe Teigeinlage ■ Zu knappe Stückgare ■ Zu wenig Schwaden ■ Zug zu früh geöffnet	■ Teigeinlage auf die Backform abstimmen ■ Stückgare verlängern ■ Schwadenmenge erhöhen ■ Zug später öffnen
Krustenriss 	Teilweise schon bei der Stückgare sichtbar ■ Zu warme Teigführung ■ Zu alter Teig ■ Zu lange Schwadengabe (Kruste glänzt) ■ Zu kurze Schwadengabe (matte Kruste) ■ Zu niedrige Ofentemperatur	■ Kühlere und jüngere Teigführung ■ Schwadengabe regulieren ■ Ofentemperatur erhöhen

Fehler	Ursachen	Abhilfe
Oberfläche und Kruste		
Blasenbildung 	Hohlräume direkt unterhalb der Kruste ■ Mehle mit zu hoher Enzymaktivität ■ Zu schwache Teigsäuerung ■ Zu weicher Teig ■ Zu kühler Teig ■ Zu feuchte Stückgare ■ Zu viel Schwaden	■ Mehle mit geringerer Enzymaktivität verwenden ■ Teig stärker versäuern ■ Teig fester führen ■ Teig wärmer führen ■ Schwadenmenge auf Stückgare und beim Backen reduzieren
Lockerung und Krumenbild		
Ungleichmäßige Lockerung 	Gebäckuntypische Porung der Krume ■ Zu weicher Teig ■ Zu hohe Restbrotmenge ■ Zu alter Teig ■ Zu lange Stückgare ■ Wirkfehler bei der Aufarbeitung	■ Teig fester führen ■ Restbrotmenge reduzieren ■ Teigruhe verkürzen ■ Stückgare verkürzen ■ Wirkdruck beim Aufarbeiten erhöhen
Wasserring 	Die ringförmige Verdichtung der Krume entsteht im inneren Krumenbereich ■ Zu fester Teig ■ Zu junger Teig ■ Zu kurze Stückgare	■ Teig weicher führen ■ Teigruhe verlängern ■ Stückgare verlängern
Senkrechter Krumenriss 	Entsteht in der Krumenmitte durch übermäßige Spannung beim Backen ■ Enzymarme Mehle ■ Zu fester Teig ■ Zu geringe Stückgare ■ Zu hohe Ofentemperatur	■ Teig weicher führen. ■ Quellmehl oder Restbrot beigeben ■ Teigruhe verlängern ■ Stückgare verlängern ■ Besser stupfen ■ Ofentemperatur etwas senken
Abbacken der Oberkruste 	Brote haben meist auch eine unelastische Krume ■ Auswuchsmehl ■ Zu schwache Teigsäuerung	■ Teig stärker versäuern (Teigsäuerungsmittel)
Struktur und Elastizität		
Unelastische Krume 	■ Feuchte, nasse Krume durch mangelnde Stärkeverkleisterung (Auswuchsmehle) ■ Zu kurze Backzeit	■ Teig stärker versäuern ■ Backzeit verlängern

Zu viele ungequollene Körner

Schrotbrotfehler

Fehler	Ursachen	Abhilfe
Raue Schnittfläche	▪ Zu hoher Anteil an ganzen Körnern oder grobem Schrot ▪ Zu kleines Brüh- oder Quellstück ▪ Zu kurze Stehzeit des Quellstücks ▪ Zu heißer, kurzer Backprozess ▪ Brot war beim Anschneiden noch heiß	▪ Körner- oder Schrotanteil reduzieren ▪ Brüh- oder Quellstück vergrößern ▪ Quellzeit verlängern ▪ Ausreichende Verkleisterung durch langen Backprozess ▪ Brot auskühlen lassen
Krumenrisse	▪ Enzymarmes Getreide ▪ Wassermangel im Teig ▪ Zu volle Gare	▪ Längere Teigruhe ▪ Höhere Teigausbeute ▪ Stückgare verkürzen
Abgebackene Kruste und Krumenrisse	▪ Ungenügende Quellung des Schrotes ▪ Zu hohe Hefemenge ▪ Zu warme Gärraumtemperatur ▪ Zu lange Gärzeit	▪ Quellzeit verlängern ▪ Hefemenge reduzieren ▪ Gärraumtemperatur senken ▪ Stückgare verkürzen
Ungleichmäßige Porung	▪ Zu kurze Knetzeit ▪ Restbrot trocken zugesetzt	▪ Brüh- und Quellstück erhöhen ▪ Restbrot nass zusetzen
Nicht verquollene Körner	▪ Ungenügende Quellung der Körner	▪ Brüh- und Quellstück länger abstehen lassen ▪ Ganze Körner länger vorquellen oder kochen
Zu saurer Brotgeschmack	▪ Zu fester, kühler Schrotsauerteig ▪ Zu hoher Saueranteil, da die Schrote mehr Säure entwickeln ▪ Zu starke Säurebildung	▪ Sauerteig weicher führen (TA 200–220), dadurch entwickeln die Schrote mehr Milchsäure ▪ Geringere Versäuerung
Feuchte, unelastische Krume	▪ Enzymstarker Schrot ▪ Zu schwache Säuerung	▪ Bereits Quellstück versäuern ▪ Teig stärker versäuern
Unelastische Krume	▪ Zu kurze Backzeit	▪ Backzeit verlängern (Kerntemperatur mindestens 96 bis 98 °C)

4.15 Brotverderb

Brotverderb durch Schimmelpilze

Verursacher sind Mikroorganismen – Schimmel- und Hefepilze, die beim Backprozess abgetötet werden. Beim Verderb durch Schimmelpilze spricht man von einer **sekundären Kontamination,** da die Kontamination der Backwaren erst nach dem Backprozess (besonders beim Schneiden von Schnittbrot) stattfindet.

In der Bäckerei treten folgende Schimmel- und Hefepilzarten auf:

- Köpfchenschimmel (Mucor),
- Pinselschimmel (Aspergillus),
- Gießkannenschimmel (Penicillium),
- Kreideschimmel (Hefepilz).

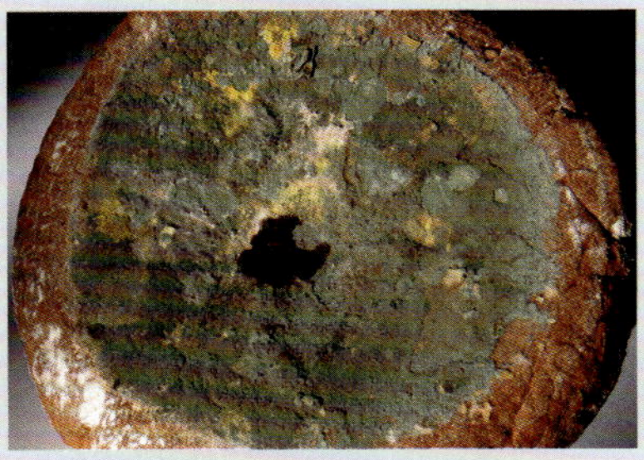

➡ Schimmel- und Hefepilze siehe Kapitel Verderb und Haltbarmachung von Lebensmitteln, Seite 190.

Wirkungsweise

Durch die Luftbewegung werden die Sporen des Schimmels auf die Backwaren übertragen. Nach dem Auskeimen der Sporen auf der Brotoberfläche wachsen die Pilzfäden in das Brot hinein und bilden dort ein Geflecht (Myzel). In Krustenrissen, Stipplöchern und verpacktem Schnittbrot sowie unter günstigen klimatischen Bedingungen (Feuchtigkeit und Wärme) vollzieht sich diese Entwicklung relativ schnell.

Die **Feuchtigkeit** bezieht sich auf das sogenannte freie Wasser im Brot (a_w-Wert).

Für ihr Wachstum benötigen die Schimmelpilze die Nährstoffe der Backwaren. Die beim Stoffwechsel gebildeten Schadstoffe (Mykotoxine) gelangen in die Brotkrume und machen das Brot für den Verzehr untauglich.

Brot mit Schimmelrasen ist verdorben. Der Verzehr von verschimmeltem Brot ist gesundheitsschädlich.

Schimmelrasen = Sporenkolonien der Schimmelpilze.

Schimmelbekämpfung

- Verschimmelte Rohstoffe (Lebensmittel) entsorgen.
- Feuchtwarmes Raumklima vermeiden.
- Holzroste und Lagerregale mit Essigwasser reinigen.
- Mehlverstaubung einschränken.
- Maschinen und Geräte von Rohstoff- und Teigresten säubern.
- Eventuell Luftfilter und Luftbestrahlung in Lagerräumen einsetzen.
- Verpackungsmaterial kühl, trocken und staubfrei aufbewahren.
- Hände regelmäßig reinigen, um eine Übertragung der Schimmelsporen beim Arbeiten zu verhindern (siehe Kapitel Hygiene, Seite 246).
- Bei verpacktem Schnittbrot können chemische Konservierungsmittel verwendet werden (Deklarationspflicht!).
- Geschnittenes Roggenschrot- und Vollkornbrot sowie Pumpernickel nach dem Schneiden und Verpacken sterilisieren, da die Schimmelsporen erst bei einer Temperatur von 85 bis 90 °C abgetötet werden.

Lebenstätigkeit der Schimmelpilze in Abhängigkeit von der Temperatur

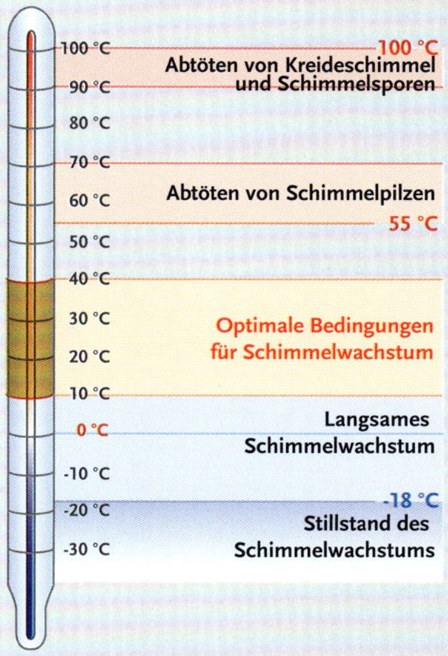

Schimmelpilze und -sporen werden beim Backen abgetötet, jedoch nicht beim Tiefkühlen

Brotverderb durch Heu- oder Kartoffelbazillus – Fadenziehen

Das Fadenziehen ist ein Verderb der Brotkrume, der gelegentlich bei säurearmen Backwaren auftritt. Folglich sind davon vorwiegend Weißbrotsorten betroffen. Der Erreger dieses Verderbs ist der Heubazillus „Bacillus subtilus“. Es handelt sich dabei um eine **primäre Kontamination,** da sich der Bazillus im Mehl befindet.

Wirkungsweise

Der Heu- oder Kartoffelbazillus gelangt bei der Ernte in das Getreide und mit der Vermahlung in das Mehl. Er wird zwar beim Backen abgetötet, nicht jedoch seine Sporen. Diese keimen in der Krume aus. Bereits nach wenigen Stunden sind Veränderungen in der Krume erkennbar und innerhalb weniger Tage kommt es zum typischen Verderbnisbild des fadenziehenden Brotes:

- Die Krume verfärbt sich zusehends bräunlich, wird schmierig, zieht beim Auseinanderbrechen Fäden und fällt schließlich zusammen.
- Dabei entwickelt sich ein süßlicher, ekelerregender Geruch, ähnlich dem von faulendem Obst.

Fadenziehende Brote sind genussuntauglich, der Verzehr führt zu Erbrechen und Durchfällen.

Maßnahmen zur Verhinderung des Fadenziehens

- Die Teige mit Sauerteig oder Teigsäuerungsmitteln versäuern, da die Bakterien gegen Säure empfindlich sind.
- Eventuell auf die Zugabe von Restbrot verzichten, um eine Kontamination zu verhindern.
- Die Backwaren gut ausbacken, dabei wird ein Teil der Sporen zerstört.
- Bei Bedarf dem Teig Fadenschutzmittel zusetzen.
- Nach dem Backen rasch abkühlen, da Wärme und Feuchtigkeit die Lebenstätigkeit der Sporen begünstigt. Sie benötigen zum Auskeimen eine Temperatur von ca. 35 bis 50 °C.
- Die Brote trocken, kühl und luftig lagern.
- Bei Befall die Betriebsräume und Ausstattung desinfizieren.

Alterung der Gebäcke bei verschiedenen Temperaturen

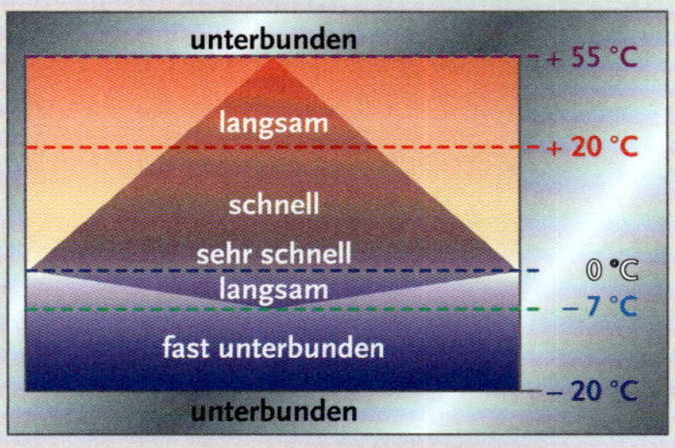

Kühlschranktemperaturen beschleunigen die Retrogradation

! Roggenbrote bleiben im Vergleich zu Weißbroten lange frisch.

4.16 Altbackenwerden (Retrogradation)

Ofenfrische Backwaren behalten ihre Frische nur für kurze Zeit. Danach kommt es zu Veränderungen der Krusten- und Krumenbeschaffenheit, die Backwaren werden dann gemeinhin als „alt" bezeichnet.

- Die Kruste verliert ihre Rösche. Sie wird weich, zäh und nach einiger Zeit hart und spröde.
- Die Krume wird nach und nach fester, trockener, bis sie zuletzt hart und rissig ist.
- Das Brotaroma geht verloren. Geruchs- und Geschmacksstoffe werden weniger.

Das Altbackenwerden setzt unmittelbar nach dem Ausbacken ein. Grund dafür ist die Retrogradation – die Rekristallisation der verkleisterten Stärke. Die verkleisterte Stärke gibt bei diesem Vorgang Teile des gebundenen Wassers ab und verändert dadurch ihre Struktur.

Das bei der Retrogradation freigegebene Wasser wandert von der Krume in die Kruste. Diese verliert dadurch die Rösche und wird weich und zäh. Die Krume wird durch den Wasserverlust immer fester und trockener und kann kein Wasser mehr aufnehmen.

Die dabei entstehenden Gewichtsverluste werden als **Lagerverluste** bezeichnet.

Durchschnittliche Lagerverluste von Brot und Kleingebäck

	Nach 2 Stunden	Nach 24 Stunden	Nach 3 Tagen
Brote	0,5–1 %	1,5–2 %	3 % steigend
Kleingebäck	2 %	5–6 %	

Größere Gewichtsverluste können auftreten

- bei kleineren Gebäcken mit starkem Ausbund und hohem Krustenanteil,
- bei geschnittenem Brot,
- bei angeschobenem Brot.

Maßnahmen zur Erhaltung der Frische

Um die Frische der Backwaren möglichst lange aufrechtzuerhalten, muss der Wasserverlust klein gehalten werden. Dies geschieht

- bei Kleingebäck durch Tiefkühlen: Dazu das Gebäck luftdicht verpacken.
- bei Broten durch gezielte Maßnahmen, die den Wasserhaushalt im Teig erhöhen, die Verquellung verbessern und die Verkleisterungsfähigkeit der Stärke steigern:
  - Verwendung von dunkleren Mehlen,
  - indirekte Teigführungen,
  - weichere, kühlere Teigführungen,
  - Zugabe von Restbrot,
  - Beigabe von Quellmehlen,
  - Fettbeigaben.

Die Retrogradation wird durch Temperaturen von über 55 °C stark verzögert. Das ist jene Temperatur, die nahe der Verkleisterungstemperatur der Stärke liegt.

Mindesthaltbarkeit von Brot

Die Mindesthaltbarkeit ist jene Zeitspanne, in der die Frische und der Genusswert eines Brotes erhalten bleiben. Diese Zeitspanne ist je nach Brotsorte unterschiedlich. Das Mindesthaltbarkeitsdatum muss auf der Verpackung deutlich sichtbar angebracht werden (siehe Kapitel Lebensmittelrecht, Seite 199).

Beispiele für die Mindesthaltbarkeit von Brotsorten

Weizenbrot	1–3 Tage
Weizenmischbrot	2–5 Tage
Roggenmischbrot	5–7 Tage
Roggenbrot	6–10 Tage
Roggenvollkornbrot	8–12 Tage

Arbeitsaufgaben

1. Vergleichen Sie die Inhaltsstoffe von Roggenmehl und Weizenmehl. Wie wirkt sich der höhere Schleimstoffgehalt in Roggenmehlen auf die Teig- und Backeigenschaften aus?
2. Erklären Sie, wie die Enzymaktivität der Amylasen reguliert werden kann.
3. Nennen Sie Faktoren, von denen das Brotaraoma abhängt.
4. Zählen Sie Möglichkeiten zur Versäuerung von Roggenteigen auf.
5. Schildern Sie, was Sie bei der Verwendung von Teigsäuerungsmitteln beachten müssen.
6. Beschreiben Sie die Vorteile von Sauerteigführungen in Bezug auf die Gebäckqualität.
7. Nennen Sie Kleinlebewesen, die sich im Sauerteig befinden.
8. Beschreiben Sie die Bildung von Milch- und Essigsäure im Sauerteig.
9. Nennen Sie die Säure, die dem Brot einen kräftigen Geschmack verleiht. Erläutern Sie das Verhältnis von Milch- und Essigsäure im Teig.
10. Zählen Sie im Sauerteig vorkommende unerwünschte Mikroorganismen auf.
11. Nennen Sie Faktoren, die die Reifung des Sauerteigs beeinflussen.
12. Bei der Herstellung eines Roggenmischbrotes beträgt der Roggenanteil 95 kg. Ermitteln Sie den zu versäuernden Roggenanteil.
13. Beschreiben Sie die Gewinnung eines Anstellsauers.
14. Beschreiben Sie die einzelnen Stufen der Sauerteigentwicklung bei einer Dreistufen-Sauerteigführung.
15. Erörtern Sie, wie Sie die Gärreife eines Vollsauers feststellen können.
16. Erklären Sie, unter welchen Bedingungen der Sauerteig in nur einer Stufe die volle Reife erlangen kann.
17. Nennen Sie Beispiele für Einstufen-Sauerteigführungen.
18. Begründen Sie, warum Sie dem Brotteig bei Führung über zwei Stufen Hefe beigeben müssen.
19. Nennen Sie Vorteile einer kombinierten Führung.
20. Nennen Sie die Ursachen für einen zu alten Sauerteig.
21. Schildern Sie die Auswirkungen, die die Verwendung eines zu jungen Sauerteiges bei der Teigherstellung hat.
22. Erklären Sie, was Sie beim Temperieren des Zugusses beachten müssen.
23. Erklären Sie, warum Schrote vor der Teigbereitung verquollen werden müssen.
24. Nennen Sie den Unterschied zwischen einem Brühstück und einem Quellstück.
25. Erläutern Sie, was Sie beim Kneten von Roggenteigen beachten müssen.
26. Zählen Sie Faktoren auf, die die Dauer der Teigruhe beeinflussen.
27. Erörtern Sie, wie Sie die Ofenreife feststellen können.
28. Nennen Sie die Vorteile der Vorbackmethode.
29. Beschreiben Sie die Herstellung von rustikalem Kleingebäck.
30. Erklären Sie die Herstellung von Roggenvollkornbrot.
31. Bei der Brotbeurteilung soll das Brot den Soll-Qualitätsmerkmalen entsprechen. Wie sollte das Brot demnach sein?
32. Beschreiben Sie einige Gebäckmängel von Weizenbrot und Kleingebäck.
33. Das Roggenbrot hat eine flache Form. Wie können Sie Abhilfe schaffen?
34. Nennen Sie Ursachen für eine abgebackene Kruste und Krumenrisse bei Schrotbroten.
35. Nennen Sie Maßnahmen zur Schimmelbekämpfung.
36. Nennen Sie die Ursache für das Altbackenwerden der Backwaren.
37. Führen Sie Maßnahmen zur Erhaltung der Frische an.

Notizen zu den Arbeitsaufgaben:

5 Kältetechnik

Die Konsumentinnen und Konsumenten möchten zu jeder Tageszeit – frühmorgens wie spätnachmittags – aus einem umfangreichen Sortiment an möglichst noch ofenwarmem Gebäck auswählen können. Um diesen Erwartungen gerecht zu werden, müssten Bäckereibetriebe bei herkömmlicher Backwarenherstellung rund um die Uhr im Einsatz sein. Deshalb versuchte man schon Anfang des 20. Jahrhundert die Abfolge von Teigbereitung, Gärung und Backen zeitlich flexibler zu gestalten. Dabei wurde festgestellt, dass sich Gärungsabläufe durch Kälte gezielt steuern lassen.

Die Kältetechnik ist mittlerweile ein fixer Bestandteil im Produktionsablauf. Sie wird
- zum Frischhalten der Rohstoffe,
- zur Gärsteuerung,
- zum Tiefkühlen von Teiglingen und fertigem Gebäck eingesetzt.

Unsere Ziele

Nach Bearbeitung dieses Teilkapitels werden Sie ...
- über die bei der Kältetechnik stattfindenden physikalischen Prozesse unterrichtet sein;
- über den Kältekreislauf informiert sein;
- über verschiedene Verfahren der Kältetechnik Bescheid wissen.

5.1 Physikalische Grundlagen der Kältetechnik

Die in diesem Abschnitt vermittelten physikalischen Gesetzmäßigkeiten sollen Ihnen helfen, bestimmte Prozesse in der Kältetechnik besser zu verstehen bzw. den Zusammenhang zwischen theoretischer und praktischer Physik zu erkennen.

- **Wärme** fließt immer von einem Medium höherer Temperatur zu einem Medium tieferer Temperatur. **Feuchtigkeit** fließt mit der Wärme immer zur kältesten Stelle.
- Nach dem Ausbacken der Gebäcke kommt es für einen kurzen Moment zu einem Wärmefluss ins Gebäckinnere. Nach drei Minuten findet ein Wärmeausgleich statt. Erst bei einer Raumtemperatur von 25 °C verläuft der Wärmefluss umgekehrt, d. h., Wärme und Feuchtigkeit (Wasser) fließen aus dem Gebäck.

Wärmefluss im Gebäck

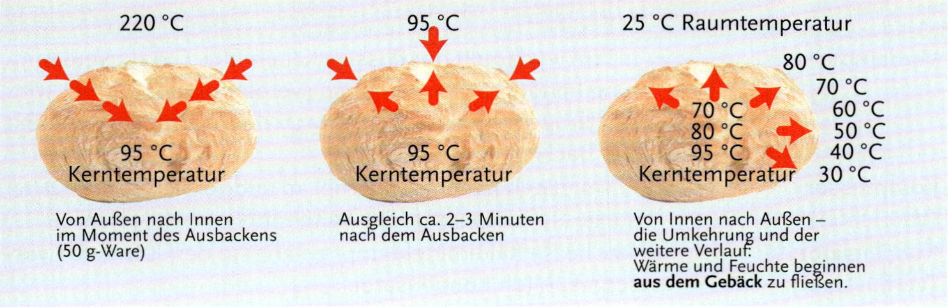

> **Wusstren Sie, dass ...**
> Kälte nicht strahlen kann, dass kein Stoff Kälte abgibt?

- Der **Wasserverlust** von innen nach außen beschleunigt die Retrogradation (siehe Kapitel Roggenteigtechnologie, Seite 288). Sie beginnt nach dem Ausbacken, wenn das Gebäck eine Kerntemperatur von ca. 55 °C erreicht hat.
- Die **Gebäckflüssigkeit** gefriert je nach gelösten Stoffen bei –3 bis –7 °C. Bei –1 bis –7 °C verläuft die Retrogradation der Gebäcke dreimal so schnell.
- Um die **Gebäckflüssigkeit** von –7 °C in Eis zu verwandeln, ist das 83-fache an Wärme (Energie) abzuführen. Außerhalb dieses Temperaturbereiches ist zur Senkung jedes Grades weniger Energie nötig.
- **Eis** verdampft bis zum absoluten Nullpunkt von –273,16 °C. Wenn die Gebäcke bei der Lagerung angeblasen werden, trocknen sie schneller als bei der Aufbewahrung in ruhender Kälte.
- **Hefezellen** zeigen bei Temperaturen zwischen 0 und –20 °C keine Lebensäußerungen mehr und sterben bei –24 °C ab.
- Der **enzymatische Abbau** wird erst bei –16 °C unterbrochen. Das ist bei der Lagerung der Teiglinge übers Wochenende zu berücksichtigen.
- Wie viel Gebäckflüssigkeit beim Tiefkühlen verdunstet, hängt von der Eignung des Kühlgerätes ab. Über lange Zeiträume haben leicht bereifte Verdampfer einen besseren Wirkungsgrad als blanke oder stark vereiste Flächen.
- 75 % der Feuchtigkeit an den Verdampfern stammt aus dem Gebäck. Die Restfeuchte gelangt beim Öffnen der Frostertüre in die Kühlanlage.

Änderung des Aggregatzustandes der Gebäckflüssigkeit

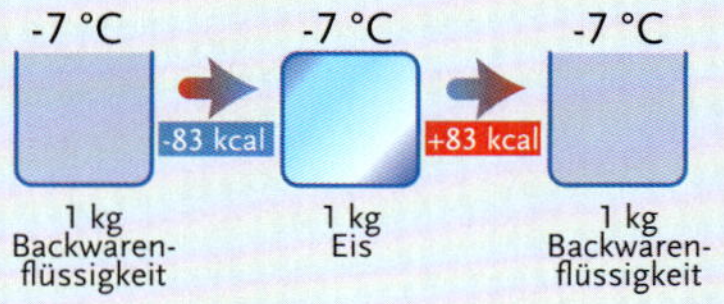

Beim Wechsel des Aggregatzustandes von flüssig auf fest ist jene Energiemenge notwendig, die 83 °C warmes Wasser auf 0 °C abkühlt.

5.2 Kälteanlagen

Zur Erzeugung von Kälte werden Kältemaschinen benötigt. Diese entziehen unter Arbeitsaufwand einem Körper (Backgut) Wärme. Der dafür nötige Energieaufwand ist umso größer, je tiefer die zu erreichende Temperatur liegt.

Die fünf Hauptkomponenten einer Kälteanlage sind

- Kältemittel,
- Verdampfer,
- Kompressor,
- Kondensator,
- Expansionsventil.

Kühlgeräte und Kühlanlagen siehe Kapitel Geräte- und Maschinenkunde, Seite 231.

! Kältemittel müssen strenge Umweltschutzauflagen erfüllen.

Siedepunkt einiger Kältemittel	
R 507	–47 °C
R 404 A	–47 °C
R 717	–33 °C
R 134a	–26 °C

Kältekreislauf

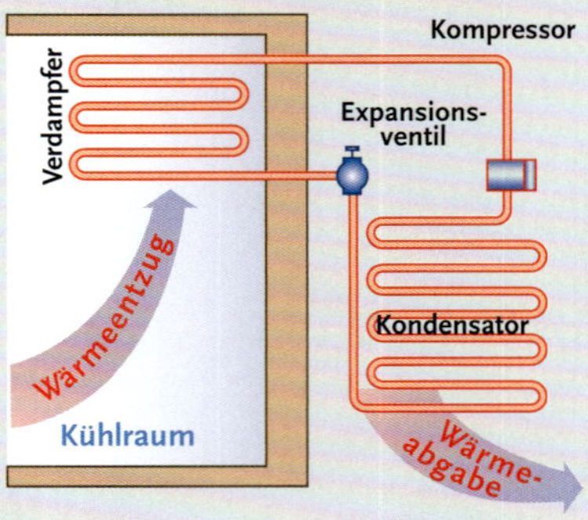

Kältemittel

- Das Kältemittel ist für den Wärmetransport in der Kälteanlage verantwortlich.
- **Kältemittel,** die in einem geschlossenen Röhrensystem zirkulieren sind flüssige Stoffe, die
  - bei niedriger Temperatur und niedrigem Druck **Wärme durch Verdampfung aufnehmen** und sie
  - bei hoher Temperatur und hohem Druck **durch Kondensation wieder abgeben.**
- Kältemittel haben einen sehr niedrigen Siedepunkt.
- Einige Kältemittel sind heute verboten, z. B. Fluor-Chlor-Wasserstoff-Gemische (FCKW), die für den Ozonabbau verantwortlich sind. Als Alternative wurden Blends (Kältemittelmischungen) entwickelt, die verschiedenen Tiefkühlzwecken gerecht werden. Zum Beispiel R 507 ist eine Mischung aus R 143a und R 125 und wird für tiefe Kälte und zum Schockfrosten verwendet.

Kältekreislauf	
Verdampfer	■ In ihm verdampft das flüssige Kältemittel. Die zur Verdampfung benötigte Wärmemenge (Verdampfungswärme) wird der Umgebung entzogen. Durch den Wärmeentzug kühlt das Backgut ab.
Kompressor (Verdichter)	■ Er saugt den Kältemitteldampf an und verdichtet ihn. Dabei steigt die Temperatur des Kältemittels erheblich an.
Kondensator (Verflüssiger)	■ Der heiße Kältemitteldampf gelangt in den luft- oder wassergekühlten Kondensator. ■ Auf seinem Weg durch den Kondensator gibt er Wärme an seine Umgebung ab und wird dabei wieder flüssig. ■ Voraussetzung dafür ist, dass durch den Kompressor ein entsprechend hoher Druck aufgebaut wurde. Beispielsweise braucht das Kältemittel R 507 11 bar, damit es bei –20 °C noch flüssig ist.
Expansionsventil (Entspannungsventil)	■ Das unter Druck stehende Kältemittel wird auf den Ausgangsdruck (Normaldruck) entspannt und in den Verdampfer gesprüht. ■ Damit ist der Kreislauf der Kälte bzw. des Kältemittels wieder geschlossen.

Abtauen

Kommt feuchte Luft mit den kalten Wärmeaustauschflächen des Verdampfers in Verbindung, bildet sich darauf eine Eisschicht. Diese Eisschicht setzt den Wärmeübergang erheblich herab.
Um die Energiekosten so niedrig wie möglich zu halten, soll der Verdampfer alle 24 Stunden abgetaut werden. Die Abtauphase dauert etwa 20 Minuten. In dieser Zeit kann die Temperatur auf bis zu +10 °C ansteigen. Das Abtauen des Eises kostet Energie!

Wissenswertes dazu

- Nachdem das Eis auf dem Verdampfer zu 75 % aus der Feuchtigkeit der Gebäcke gebildet wird, kann am Grad der Vereisung die Eignung des Kühlgeräts festgestellt werden.
- D. h., je weniger der Verdampfer vereist ist, desto weniger Flüssigkeit wurde dem Gebäck entzogen. Dieses spricht für eine gute Qualität und Eignung der Tiefkühlanlage.

5.3 Kälteklima

Das Klima in einer Kälteanlage ist nie konstant. Es ändert sich bei jedem Einbringen von Backgut und bei jedem Abtauvorgang. Dabei steigt die relative Luftfeuchtigkeit in der Anlage gegen 100 % an.
Für ein optimales Klima, eine optimale Luftfeuchtigkeit im Tiefkühlbereich ist es wichtig, dass das Kühlgerät dem richtigen Zweck entspricht. Das heißt, eine in der Gastronomie verwendete Kühlanlage eignet sich nicht zum Frosten von Backwaren in der Bäckerei.

Entspricht die Anlage dem Zweck und ist sie richtig eingestellt, stellt sich ein backwaren- und teiglingsgerechtes Klima von selbst ein. Vorausgesetzt

- die Frostgutmenge wird nicht überschritten,
- die Backwaren sind noch ofenheiß,
- die Frostertüre bleibt nicht zu lange offen,
- der Schockprozess dauert nicht zu lange oder zu kurz.

! Abgekühlte Backwaren erhöhen die relative Luftfeuchtigkeit in der Kühlanlage nur kurzfristig, d. h. nur so lange, bis sie ausgetrocknet sind.

5.4 Kälteverfahren

Die Kälteanwendung bedeutet eine wesentliche Rationalisierung im Bäckerei- und Konditoreibereich, da viele Teiglinge zu einem beliebigen Zeitpunkt geformt und erst bei Bedarf gebacken werden können. Die Kältetechnik wird auch mit Erfolg und immer mehr zum Tiefkühlen von teilweise und fertig gebackenem Gebäck eingesetzt.

In der Bäckerei werden unterschiedliche Methoden angewendet, um den Teigherstellungs- bzw. den Backprozess zu unterbrechen.

Kälteverfahren

- **Teiglinge**
  - Gärsteuerung
    - Gärverzögerung (GV)
    - Gärunterbrechung (GU)
      - ungegart
      - teilweise gegart
- **Gebäck**
  - Frosten
    - teilweise gebacken
    - fertig gebacken

Was passiert beim Kälteverfahren?
Durch das Absenken der Temperatur wird die Entwicklung der Teiglinge verzögert oder unterbrochen, d. h., Vorgänge im Teig, wie Abbau des Teiggerüstes, enzymatische Vorgänge und CO_2-Produktion, werden verlangsamt bzw. vorübergehend gestoppt.

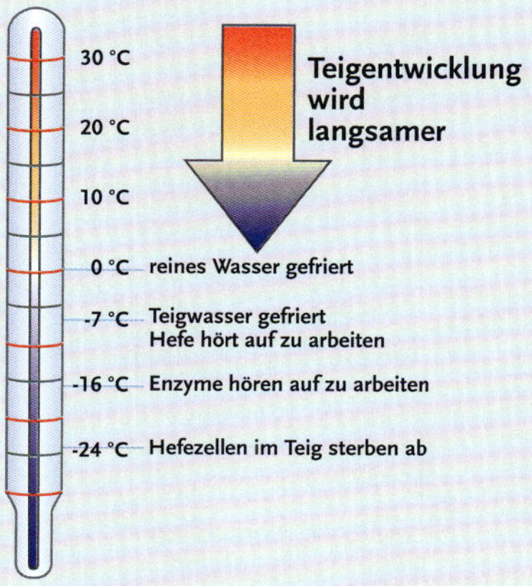

Gärsteuerung (GS)

Darunter versteht man die gesteuerte Gare von Teiglingen durch Gärverzögerung oder Gärunterbrechung. Die Gärzeit wird mittels Hefemenge, Teigtemperatur und Lagertemperatur gesteuert. Durch das Absenken der Temperatur wird die Hefetätigkeit und Enzymaktivität verlangsamt.

Gärverzögerung (GV)

Für diese Verfahren benötigt man speziell steuerbare Kälteanlagen (Gärverzögerer).

Die Teiglinge werden backfertig geformt und auf Backblechen ohne oder nach halber Stückgare möglichst rasch auf eine Kerntemperatur von ca. –3 bis +5 °C abgekühlt. Durch das schnelle Absenken der Temperatur verlangsamt sich die Gärtätigkeit und kommt fast zum Stillstand. Häufig wird dabei auch die Hefezugabe etwas reduziert (ca.1 bis 1,5 % der Mehlmenge), um die Vorteile langer Teigführungen zu nutzen.

Backfertig geformte Teiglinge

Lagerung
Bei der Lagerung der Teiglinge ist eine Luftfeuchtigkeit von 85 bis 90 % nötig, um eine Hautbildung zu vermeiden. Die Lagerdauer sollte 24 Stunden nicht überschreiten, da der Kleber trotz Kühlung von Enzymen abgebaut wird. Die Lagerphase verbessert den Geschmack der Gebäcke.

Endgare
Nach der Lagerung werden die Teiglinge der Endgare zugeführt, und zwar im Gärraum bei einer Temperatur von 30 bis 35 °C und einer relativen Luftfeuchtigkeit von ca. 70 %. Dabei ist ein genau auf die Größe der Teiglinge abgestimmter Temperaturanstieg wichtig, da sonst wegen der unterschiedlichen Gare am Äußeren und im Inneren der Gebäcke Fehler auftreten. Nach beendeter Stückgare werden die Teiglinge wie gewohnt gebacken.

Vorteile der Gärverzögerung	Nachteile der Gärverzögerung
■ Geringer Energieverbrauch ■ Rationelle Produktion (heute produzieren, morgen backen) ■ Problemloser Transport der Teiglinge ■ Gute Quellung der Teiginhaltsstoffe ■ Längere Frische der Gebäcke ■ Besseres Gebäckaroma	■ Begrenzte Lagerzeit, maximal 24 Stunden, daher keine Vorproduktion von Teiglingen vor dem Wochenende ■ Erfordert eine hohe Lagerkapazität

Backfertig geformte Teiglinge

Gärunterbrechung (GU)

Bei der Gärunterbrechung wird die Gärtätigkeit in der Tiefkühlphase gestoppt. Die backfertig geformten Teiglinge werden sofort oder nach der halben Stückgare auf Backblechen gefrostet. Sie sollten möglichst rasch eine Kerntemperatur von –7 °C erreichen.

Frosten (Schockfrosten)

Um Gebäckfehler zu vermeiden, muss das Tiefgefrieren der gegärten Teiglinge immer im **Schockfroster** erfolgen. Die Leistungsfähigkeit des Schockfrosters wird an der Zeit gemessen, die die Teiglinge brauchen, um die Kerntemperatur zu erreichen.

Lagerung

Die Lagerung erfolgt im **Lagerfroster.** Bei kurzfristiger Lagerung beträgt die Lagertemperatur –10 °C. Werden die Teiglinge länger als 24 Stunden gelagert, muss die Temperatur auf –18 °C gesenkt werden, da sonst der Kleber von Enzymen abgebaut wird.
Auch bei der Gärunterbrechung muss bei der Lagerung die Luftfeuchtigkeit ca. 90 % betragen, um ein Austrocknen der Teigoberfläche zu vermeiden. Durch die **Bildung von Eiskristallen** entstehen harte, stapelbare Stücke, die luftdicht verpackt längere Zeit aufbewahrt werden können. Die Gärunterbrechung wird deshalb häufig bei Convenienceprodukten eingesetzt.

Endgare

Nach der Lagerung werden die Teiglinge bei Raumtemperatur aufgetaut und anschließend der Endgare zugeführt.

Vorteile der Gärunterbrechung	Nachteile der Gärunterbrechung
■ Längere Lagerzeiten (je nach Produkt) ■ Größere Chargen ■ Problemloser Transport ■ Vorproduktion von Teiglingen über das Wochenende ■ Kurze Vorlaufzeiten bei gegarten Teiglingen	■ Hoher Energieverbrauch ■ Genaue Einhaltung der Teigtemperatur, Knetzeit und Abkühlbedingungen ■ Lange Vorlaufzeiten bei ungegarten Teiglingen (lange Auftau- und Gärphase)

Auswirkungen der Gefriergeschwindigkeit

Langsames Gefrieren

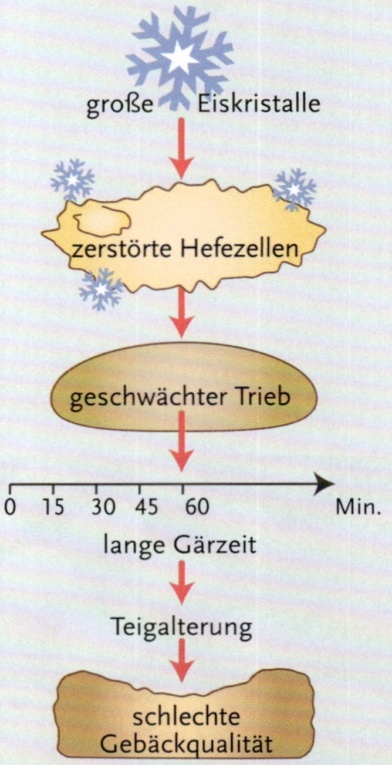

Schnelles Gefrieren

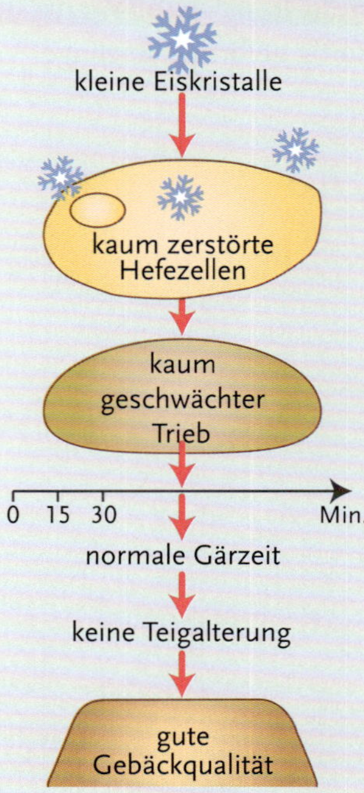

Temperaturverlauf bei der Gärverzögerung und Gärunterbrechung über einen Tag bzw. über mehrere Tage im Teigling

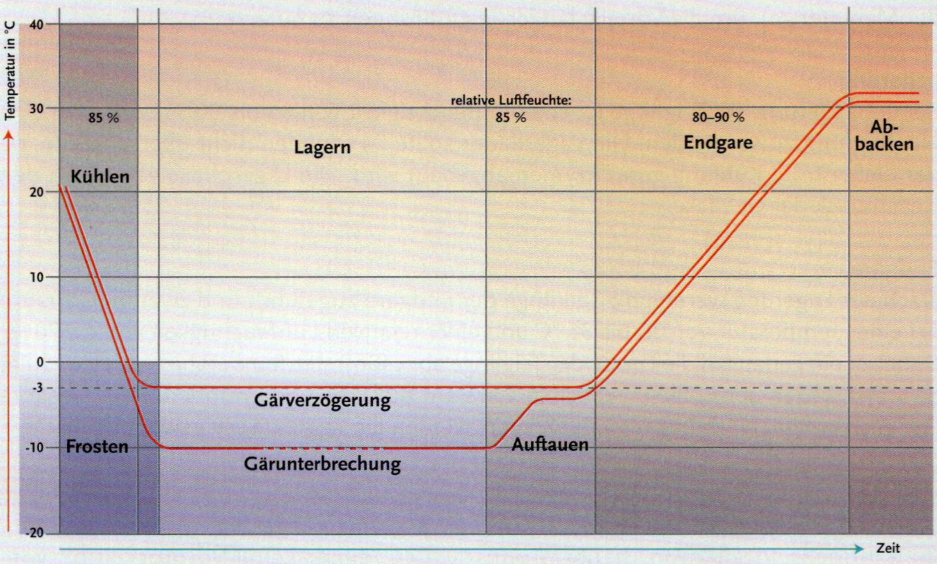

Spezielle Kälteverfahren

Programmiertes Abkühlen teilweise gegarter Teiglinge (PATT-Verfahren)

Bei diesem patentierten Verfahren handelt es sich um eine spezielle Form der Langzeitführung mit genau gesteuerten klimatischen Parametern (Gär- und Abkühltemperatur, Luftfeuchtigkeit).

- Die Teiglinge werden in entsprechenden Anlagen bei tiefen Gärtemperaturen und einer hohen Luftfeuchtigkeit vorgegart.
- Anschließend wird die Temperatur der vorgegarten Teiglinge in einem langsamen Kühlprozess von 25 auf –5 °C abgekühlt, um diesen Zustand über einen möglichst langen Zeitraum zu stabilisieren.
- In dieser Abkühlzeit gären die Teiglinge bis zum gewünschten Volumen und können ein bis zwei Tage später direkt ausgebacken oder tiefgekühlt bei –18 °C gelagert werden.

Durch die lange Abkühlphase ist die Temperaturdifferenz zwischen der Teiglingsoberfläche und dem Teiglingskern sehr klein. Folglich findet auch nur eine geringe Feuchtigkeitswanderung vom Gebäckkern zur Kruste statt. Damit bleibt die Feuchtigkeit in der Krume.

! Die sanfte Langzeitkälte verbessert den Geschmack und die Erhaltung der Frische von Gebäck.

Vorteile des PATT-Verfahrens	Nachteile des PATT-Verfahrens
■ Geringer Energieverbrauch ■ Lang anhaltende Frische der Gebäcke ■ Besserer Geschmack ■ Schnelle Verfügbarkeit des Gebäcks durch unmittelbares Abbacken (keine Gärphase)	■ Sehr gute Mehlqualität (enzymschwache Mehle) erforderlich ■ Konstante Ergebnisse bis maximal 40 Stunden ■ Technischer Aufwand ■ Genaues Einhalten der klimatischen Parameter

Temperaturverlauf beim PATT-Verfahren

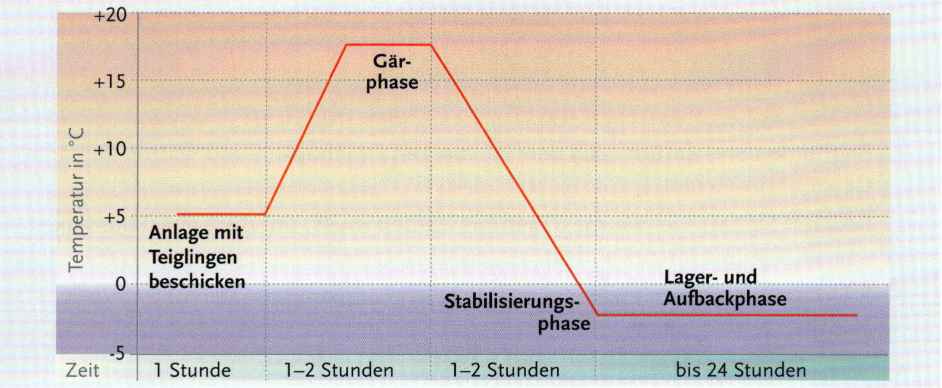

Vakuumkühlung (Vakuumenthalpiekühlung)

Bei diesem Kälteverfahren werden die halb gebackenen Backwaren einem Vakuum ausgesetzt. Dieses hat zur Folge, dass das Wasser im Backgut nicht mehr bei 98 °C, sondern je nach Größe des Unterdruckes schon früher verdampft. Bei 10,01 mbar verdampft das Wasser schon bei +7°C. Die Verdampfungswärme (Verdampfungsenthalpie) wird dabei dem Backgut entzogen, wodurch es abkühlt.

1013,25 mbar = 1 atm (Normaldruck).

Die **Verdampfungsenthalpie** ist jene Wärmemenge, die benötigt wird, um eine bestimmte Menge einer Flüssigkeit vom flüssigen in den gasförmigen Aggregatszustand zu bringen.

Bei der Abkühlung im Vakuum entsteht im Backgut ein größerer Wasserverlust als beim Abkühlen bei Raumtemperatur. Dieser Umstand wird durch eine verkürzte Backzeit ausgeglichen. Die Backzeit wird abgebrochen, sobald die Gebäckkrume stabil ist.

Nach der Vakuumkühlung werden die Backwaren unter keimarmen Bedingungen verpackt und ausgeliefert. Die teilweise gebackenen Backwaren werden von den Verbraucherinnen/Verbrauchern fertig gebacken.

Vorteile der Vakuumkühlung	Nachteile der Vakuumkühlung
■ Abkühlung der Gebäcke innerhalb kürzester Zeit (ca. 4 Minuten)	■ Höhere Flüssigkeits- und Aromaverluste ■ Hohe Anschaffungskosten

Nur schockartiges Einfrosten verhindert, dass die Feuchtigkeit aus der Krume zur Kruste wandert.

Tiefkühlgebäck

Frosten von teilweise und fertig gebackenem Gebäck

Beim Einfrieren müssen die teil oder fertig gebackenen Gebäcke rasch auf eine Kerntemperatur von –7 °C abgekühlt werden, um dem Altbackenwerden entgegenzuwirken. Die Temperaturabsenkung erfolgt im Schockfroster.

Beachtenswertes beim Frosten

- Die Gebäcke müssen beim Einbringen in den Froster noch eine Kerntemperatur von ca. 60 °C haben. Dadurch bildet sich rasch eine ca. 3 mm dicke Eisschicht an der Gebäckoberfläche, die einen weiteren Feuchtigkeitsverlust verhindert.
- Um die Temperatursenkung zu beschleunigen, erfolgt das Frosten bei intensiver Luftumwälzung.
- Nach Erreichen der Kerntemperatur von –7 °C werden die Gebäcke in den Lagerfroster umgeschichtet.
- Um ein Austrocknen während der Lagerung zu vermeiden, müssen die Gebäcke vor dem Frosten oder vor dem Umsetzen in den Lagerfroster wasserdampfdicht verpackt werden.
- Bei längerer Lagerung muss die Temperatur auf –18 °C abgesenkt werden.
- Den Froster nicht überladen, um die Abkühlleistung des Gerätes nicht zu beeinträchtigen.

Backen

Teilweise gebackenes Gebäck	Fertig gebackenes Gebäck
■ Ohne Auftauzeit ■ Mit Schwadengabe ■ Backtemperatur: 240 bis 220 °C (je nach Ofentyp) ■ Backzeit: 10 bis 15 Minuten	■ Auftauzeit von ca. 30 Minuten bei Raumtemperatur ■ Mit Schwadengabe ■ Backtemperatur: ca. 230 °C (je nach Ofentyp) ■ Backzeit: ca. 2 Minuten

Notizen zu den Arbeitsaufgaben:

Arbeitsaufgaben

1. Begründen Sie, warum nach dem Ausbacken Feuchtigkeit und Wärme aus dem Gebäck entweichen.
2. Erklären Sie, wie viel Wärme abgeführt werden muss, um die Gebäckflüssigkeit von –7 °C in Eis umzuwandeln.
3. Erläutern Sie, warum Hefeteiglinge nicht bei Temperaturen von unter –20 °C gelagert werden sollten.
4. Zählen Sie die wichtigsten Komponenten einer Kälteanlage auf.
5. Beschreiben Sie die Aufgabe des Kältemittels.
6. Erklären Sie den Kältekreislauf.
7. Begründen Sie, warum der Verdampfer regelmäßig abgetaut werden soll.
8. Nennen Sie Faktoren, die bei der Auswahl der Kühlanlage zu berücksichtigen sind.
9. Zählen Sie Verfahren auf, mit denen Sie den Teigherstellungs- bzw. den Backprozess unterbrechen können.
10. Beschreiben Sie, worauf Sie bei längerfristiger Tiefkühllagerung von Teiglingen achten müssen.
11. Begründen Sie, warum die Teiglinge bei der Gärunterbrechung schnell gefrostet werden sollten.
12. Schildern Sie die Auswirkungen der Gefriergeschwindigkeit auf die Gebäckqualität.
13. Nennen Sie die Vorteile der Gärunterbrechung.
14. Beschreiben Sie die Abläufe beim PATT-Verfahren.
15. Beschreiben Sie die Vakuumkühlung. Nennen Sie Vor- und Nachteile dieses Kälteverfahrens.
16. Beschreiben Sie, was Sie beim Frosten von teilweise und fertig gebackenem Gebäck beachten müssen.

6 Feine Backwaren aus Teigen

Was wäre eine Bäckerei ohne das Angebot von Nusshörnchen, Berliner Pfannkuchen oder Croissants? Neben dem Verlangen nach dem täglichen Brot will auch die Lust auf Süßes gestillt werden.

Feine Backwaren bereichern nicht nur die Angebotspalette der Bäckerei, sondern sind ein wesentlicher Bestandteil von ihr. Sie unterscheiden sich von Brot und Kleingebäck durch ihre Zusammensetzung (Zutaten, Rezepte) und zum Teil durch die Art ihrer Herstellung.

Die Teige werden durch Kneten mit der Maschine hergestellt. Zur Lockerung werden den Teigen Lockerungs- oder Backtriebmittel zugesetzt, die neben dem Grundrezept den Charakter des Teiges mitbestimmen.

Teigarten

Hefeteige	Plunderteig	Blätterteige	Mürbeteige	Lebkuchenteige	Strudelteig

§ Feine Backwaren unterscheiden sich von Brot und Kleingebäck dadurch, dass die Zugabe an Fett(en) und/oder Zucker(n) in der Summe in der Regel mehr als 10 %, bezogen auf den Getreideanteil und/oder Stärken, beträgt.

Leitsätze für Feine Back- und Konditorwaren finden Sie zum Downloaden unter www.bmel.de.

Unsere Ziele

Nach Bearbeitung dieses Teilkapitels werden Sie ...

- über die Teigführungsarten von Hefefeinteigen unterrichtet sein;
- wissen, wie einige klassische Hefefeinbackwaren hergestellt werden;
- über die Herstellung und Verwendung von Plunderteig Bescheid wissen;
- die verschiedenen Arten von Blätterteig kennen;
- über die Technik des Tourierens informiert sein;
- wissen, worauf bei der Herstellung von Mürbeteigen zu achten ist;
- über die Teigführungsarten von Lebkuchenteigen unterrichtet sein;
- wissen, aus welchen Teigen Käsegebäck hergestellt werden kann;
- über die Herstellung von gezogenen Strudeln unterrichtet sein.

6.1 Hefefeinteige

Hefeteige können auf verschiedene Arten mit unterschiedlichen Zutaten hergestellt werden. Gelockert jedoch werden sie alle durch Hefe. Dadurch bekommen sie ihr Volumen und die feinen Poren.

Man teilt sie je nach Zucker-, Fett-, Ei- und Eigelbmenge in leichte, mittelschwere und schwere Hefeteige ein.

Hefeteigarten

Leichte Hefeteige	Mittelschwere Hefeteige	Schwere Hefeteige
■ Enthalten bis zu 10 % Zucker und bis zu 10 % Fett auf 1 000 g Mehl ■ Gären schnell ■ Die Gebäcke haben ein großes Volumen und sind leicht verdaulich	■ Enthalten bis zu 20 % Zucker und bis zu 20 % Fett auf 1 000 g Mehl	■ Enthalten bis zu 20 % Zucker und über 20 % Fett auf 1 000 g Mehl ■ Gären langsam ■ Die Gebäcke haben ein kleines Volumen und sind schwer verdaulich
■ Für Mohn- und Nussstrudel, Streuselkuchen, Zwetschgenkuchen, als Grundteig für Plunderteige usw.	■ Für Buchteln, Bienenstich, Brioches, Pinzen, Berliner Pfannkuchen und andere Siedegebäcke	■ Für gerührten Hefegugelhupf (Napfkuchen); Savarins, Christstollen, Mohn- und Nussbeugel

Backtechnologische Eigenschaften der Rohstoffe

Siehe Kapitel Weizenteigtechnologie, Seite 262.

Teigführungsarten

Vorteigführungen siehe Kapitel Weizenteigtechnologie, Seite 265.

Teigführungsarten

Direkte (böhmische) Teigführung	Indirekte Teigführung (Vorteigführung)
Teigherstellung im All-in-Verfahren	Stufenweise Teigherstellung: Vorteig(e) und Hauptteig.

Direkte (böhmische) Teigführung

Bei der direkten Führung werden alle Zutaten gleichzeitig verarbeitet **(All-in-Verfahren).** Dieses am häufigsten verwendete Herstellungsverfahren eignet sich für alle leichten und mittelschweren Hefeteige, für Plunderteige sowie für die Herstellung von Teiglingen mit Gärverzögerung bzw. Gärunterbrechung.

Knetprozess siehe Kapitel Weizenteigtechnologie, Seite 270.

Herstellung

- Flüssigkeit mit der Hefe aufschlämmen.
- Mit den Eiern, Eigelb, Zucker, Salz und Aromen verrühren.
- Mit dem Mehl kurz kneten.
- Geschmeidiges Fett beimengen und den Teig kneten und glatt arbeiten.

Kennzeichen von fertig geknetetem Hefeteig

- Der Teig hat eine elastische Bindung,
- eine glatte Oberfläche,
- klebt kaum und fühlt sich an der Oberfläche trocken an.

Indirekte Teigführung (Vorteigführung)

Durch die Vorteigführung erreicht die Hefe schneller ihre Gärleistung, bevor in den Teig gärhemmende Zutaten (Zucker, Fett) in größerer Konzentration eingebracht werden. Durch die Auflockerung des Vorteiges entstehen bei der Zubereitung des Hauptteiges feinste Poren.

Diese Art der Teigführung wird in der Praxis meist nur bei der Zubereitung von mittelschweren und schweren Hefeteigen (Stollen) angewendet.

Herstellung des Vorteiges

- 50–100 % der Flüssigkeit mit der Hefe aufschlämmen. Die **Flüssigkeitsmenge** richtet sich nach der Schwere des Hefeteiges. Bei schweren Hefeteigen kann die gesamte Milchmenge in den Vorteig gegeben werden.
- Mit Mehl (ca. der gleichen Menge wie Flüssigkeit, TA 200) kneten, bis der Vorteig glatt ist (Teigtemperatur ca. 25 °C).
- Mit etwas Mehl bestauben und ca. 15 bis 30 Minuten reifen lassen.

Kennzeichen der Vorteigreife

- Verdoppelung des Volumens.
- Starke Risse an der Oberfläche.
- Neigt beim Abtasten zum Einfallen.

Herstellung des Hauptteiges

Den reifen Vorteig mit dem restlichen Mehl, der restlichen Flüssigkeit und den übrigen Zutaten (eventuell einen Abtrieb herstellen) glatt kneten (siehe Kennzeichen von fertig geknetetem Hefeteig).

Vor- und Nachteile von indirekten Teigführungen siehe Kapitel Weizenteigtechnologie, Seite 267.

Das Stauben des Vorteiges
- verhindert eine Hautbildung an der Oberfläche,
- begünstigt eine konstante Teigtemperatur,
- dient zur Erkennung der Vorteigreife.

Abtrieb = Butter mit den übrigen Zutaten (Eiern, Zucker, Salz und Aromen) schaumig rühren.

Teigbereitung

Nach der Art der Zubereitung unterscheidet man **geknetete** und **gerührte Hefeteige.**

Geknetete Hefeteige

Der Teig wird in der Knetmaschine zubereitet. Siehe Kapitel Weizenteigtechnologie, Seite 270.

- Leichte Hefeteige lange und intensiv kneten (schlagen),
- schwere Hefeteige kurz und langsam (nicht intensiv) kneten.

Gerührte Hefeteige

Sie werden nicht geknetet, sondern zu einem glatten Teig verrührt.

Herstellung

- Vorteig herstellen.
- Abtrieb aus Butter, Zucker, Salz, Eiern und Geschmacksbeigaben herstellen.
- Vorteig, Abtrieb, restliches Mehl und Flüssigkeit zu einem glatten Teig verrühren.
- Eventuell Zutaten wie Sultaninen u. Ä. vorsichtig einarbeiten.

Teigruhe (Teigreife) und Aufarbeitung

Siehe Kapitel Weizenteigtechnologie, Seite 273.

Gärsteuerung

Siehe Kapitel Kältetechnik, Seite 327.

Backen

Beim Backen ist auf die **Backatmosphäre,** die richtige **Backtemperatur** und **Backzeit** zu achten.

Genaue Informationen zum Thema Backen (Schwadengabe, Schwadentechnik, Backprozess) finden Sie im Kapitel Weizenteigtechnologie, Seite 280.

Mit Ei bestrichene Teiglinge werden ohne Schwaden gebacken, um eine matte Oberfläche zu verhindern.

Backtemperatur

Sie hängt von der **Größe** und vom **Gärstand der Teiglinge** sowie vom **System der Wärmeübertragung** des Backofens ab.

- Die Backtemperatur ist am Beginn des Backprozesses meist höher (ca. 210 °C) als am Ende (ca. 180 °C), damit sich rasch eine stabile Kruste bildet, die Kruste während der Backdauer aber nicht zu dunkel wird.
- Bei großen Hefegebäcken (z. B. Stollen) dauert die Wärmeleitung ins Gebäckinnere länger. Deshalb werden sie bei mittlerer, gleich bleibender Hitze gebacken, damit die Kruste nicht zu dunkel wird und die Gebäcke innen ausgebacken sind.

Backzeit

Sie ist abhängig

- von der Schwere des Hefeteiges,
- von der Größe der Backwaren,
- von der Einwirkung der Hitze auf die Backwaren: Backwaren in Formen haben eine längere Backzeit als frei geschobene Backwaren.

Fertigstellung

Sie erfolgt auf verschiedene Arten, z. B. durch das Aprikotieren und Glasieren, das Mit-Puderzucker-Bestreuen, Mit-Früchten-Belegen, Schneiden usw.

Rezeptbeispiele für Feine Backwaren aus leichtem Hefeteig

Die bei den Rezepten angeführten Füllungen und Glasuren finden Sie in den Kapiteln Füllungen, Seite 379, und Glasuren und Überzugsmassen, Seite 383, beschrieben.

Leichter Hefeteig		
1 000 g	Mehl, Type 550	■ Die Herstellung erfolgt direkt. ■ Nach einer Teigruhe von ca. 10 bis 20 Minuten aufarbeiten.
500 g	Milch	
60 g	Hefe	
120 g	Butter	
120 g	Zucker	
60 g	Eigelb (3)	
15 g	Salz	
	Vanille, Zitrone	
1 875 g	**Rezeptgewicht**	

Mohn- oder Nussstrudel – Mohn- oder Nusszopf	
Ca. 9 Stück, TE à 200 g **Backtemperatur:** 190 °C **Backzeit:** ca. 20–30 Minuten	■ Teigstücke abwiegen, rund wirken, zugedeckt ca. 15 Minuten ruhen lassen.
Leichter Hefeteig	■ Rechteckig 4 mm dünn ausrollen, mit je 200 g Mohn- oder Nussfüllung gleichmäßig bestreichen und einrollen (Schluss unten).
Zum Füllen:	
gekochte Mohn- oder Nussfüllung	■ Für Zöpfe die Teigrollen der Länge nach durchschneiden, mit der Schnittfläche nach oben zu einem Zweistrangzopf drehen. ■ In befettete Formen oder auf Backtrennpapier setzen. ■ Auf Gare geben. ■ Strudel mit Ei bestreichen (eventuell stippen). ■ Bei offenem Zug backen. ■ Zöpfe noch heiß aprikotieren und mit Fondant dünn glasieren.

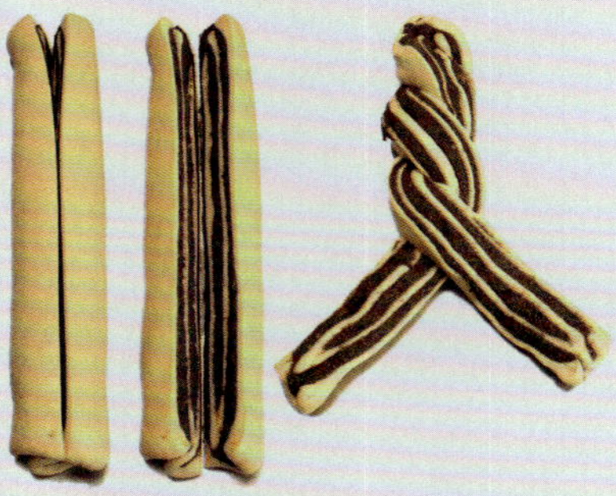

Zweistrangzopf

Schnecken

Ca. 36 Stück **Backtemperatur:** 200 °C **Backzeit:** ca. 15 Minuten	
Leichter Hefeteig	■ Den Hefeteig ca. 5 mm dünn und 720 x 400 mm groß ausrollen.
Zum Füllen:	■ Mit flüssiger Butter bestreichen, Nussstreufüllung aufstreuen, leicht andrücken und einrollen. Oder gekochte Nuss- oder Mohnfüllung aufstreichen und einrollen.
flüssige Butter	■ Teigrolle in 20 mm dicke Stücke schneiden.
Nussstreufüllung oder gekochte Nuss- oder Mohnfüllung	■ Stücke auf Backtrennpapier setzen, dabei die Enden knapp unter den Teigling ziehen. ■ Auf Gare geben, bei geschlossenem Zug backen.
Zum Glasieren:	
Fondant	■ Mit Puderzucker besieben oder ■ aprikotieren und mit Fondant dünn glasieren.

Mohnschnecken

Aprikosen- oder Zwetschgenkuchen

1 Randblech, 650 x 530 mm **Backtemperatur:** 200 °C **Backzeit:** ca. 20–30 Minuten	■ Den Hefeteig in Blechgröße ausrollen und auf Backtrennpapier setzen.
Leichter Hefeteig	■ Mit flüssiger Butter bestreichen, reichlich stippen und mit Nussstreufüllung bestreuen.
Zum Füllen:	■ Eingeschnittene Aprikosen- oder Zwetschgenhälften mit der Schnittfläche nach oben darauflegen und mit Streusel bestreuen.
flüssige Butter	
Nussstreufüllung	■ Auf Halbgare geben (27 bis 30 °C).
Zum Belegen:	■ Bei offenem Zug backen.
ca. 3 000 g entsteinte Aprikosen oder Zwetschgen	■ Noch heiß mit einer Zimt-Puderzucker-Mischung bestreuen.
Zum Bestreuen:	
Streusel (Seite 351)	**Variante** Aprikosen- oder Zwetschgenkuchen ohne Streusel zubereiten und nach dem Backen mit Gelee abglänzen.

Aprikosenkuchen

Rezeptbeispiele für Feine Backwaren aus mittelschwerem Hefeteig

Brioches

Ca. 25 Stück, TE à 80 g **Backtemperatur:** 180 °C **Backzeit:** 15–20 Minuten		■ Den Hefeteig direkt herstellen. ■ 20 Minuten Teigruhe.
1 000 g	Mehl, Type 550	
270 g	Milch	■ Eventuell Rumsultaninen einarbeiten.
70 g	Hefe	
200 g	Butter	■ Teig zusammenstoßen, abwiegen, rund wirken und zehn Minuten ruhen lassen.
90 g	Zucker	■ Zu Knöpfen, Zöpfen, Schnecken u. Ä. formen und auf Backtrennpapier setzen.
70 g	Honig	
100 g	Eier (2)	■ Auf Gare geben. Nach Dreiviertelgare mit Ei bestreichen.
100 g	Eigelb (5)	■ Eventuell mit Hagelzucker bestreuen.
15 g	Salz	■ Bei offenem Zug ohne Schwaden backen.
27 g	Rum	
10 g	Vanille	
10 g	Zitrone	
1 962 g	**Rezeptgewicht**	
Rumsultaninen:		
130 g	Sultaninen	
20 g	Rum	
20 g	Läuterzucker	

Briocheformen

Verschiedene Flechttechniken finden Sie im digitalen Zusatzpaket.

Beim Backen sollen die Schnitte auseinanderklaffen

Pinzen

6 Stück, TE à 330 g
Backtemperatur: 190 °C
Backzeit: 20–30 Minuten

Vorteig:	
350 g	Mehl, Type 550
350 g	Milch
120 g	Hefe
Hauptteig:	
820 g	Vorteig
650 g	Mehl, Type 550
160 g	Zucker
200 g	Butter
160 g	Eigelb (8)
20 g	Salz
5 g	Anis
	Vanille, Zitrone
2 015 g	**Rezeptgewicht**
Eistreiche:	
40 g	Eigelb (2)
50 g	Ei (1)
	Prise Salz

- Den Hefeteig indirekt (eventuell mit Abtrieb) herstellen und 15 Minuten ruhen lassen.
- Teigstücke abwiegen, rund wirken und auf Backtrennpapier setzen.
- Mit Eistreiche bestreichen, auf Gare stellen (20 bis 25 °C) und trocknen lassen.
- Nochmals bestreichen und weiter trocknen lassen.
- Bei Dreiviertelgare mit einer in Öl getauchten Schere bis zur halben Tiefe dreimal symmetrisch einschneiden.
- Ohne Schwaden backen, nach halber Backzeit bei offenem Zug fertig backen.

Beachtenswertes im Umgang mit Siedefetten siehe Kapitel Speisefette, Seite 136.

Bayrische Kücherln

Berliner Pfannkuchen

Ca. 60 Stück, TE à 45 g
Siedefetttemperatur:
160–170 °C

Vorteig:	
450 g	Mehl, Type 550
450 g	Milch
90 g	Hefe
Hauptteig:	
990 g	Vorteig
990 g	Mehl, Type 550
180 g	Zucker
270 g	Butter
100 g	Eier (2)
200 g	Eigelb (10)
20 g	Salz
45 g	Rum
	Vanille, Zitrone
2 795 g	**Rezeptgewicht**
Zum Füllen:	
500 g	Aprikosenkonfitüre

- Den Hefeteig indirekt (eventuell mit Abtrieb) herstellen und 15 Minuten ruhen lassen.
- Zwei Pressen zu je 1 400 g abwiegen, rund wirken und ca. 15 Minuten ruhen lassen.
- Mit der Teigteil- und Rundwirkmaschine teilen und rund wirken.
- Teigstücke auf ein mit Mehl bestaubtes Tuch setzen, zudecken und auf Gare geben.

Backen

- Die Berliner bei Dreiviertelgare mit der Oberfläche nach unten in das heiße Siedefett legen. Bis zum Wenden ca. drei Minuten zugedeckt backen, um eine zu rasche Hautbildung zu vermeiden.
- Nach dem Wenden ca. zwei Minuten offen fertig backen.
- Zur Stabilisierung der Oberfläche bzw. der hellen Randzone die Berliner nochmals umdrehen und für kurze Zeit untertauchen. Gut abtropfen lassen.
- Mit Konfitüre füllen und besieben.

Berliner-Pfannkuchen-Variationen

- **Bayrische Kücherln:** In die Berliner vor dem Backen (bei Halbgare) mit einem Vorlänger eine Vertiefung drücken. Nach dem Backen die Vertiefung mit Konfitüre füllen.
- **Berliner Pfannkuchen mit Pflaumenmusfüllung (Bojars):** Oval geformte Berliner nach dem Backen mit Pflaumenmus füllen und mit Zimtzucker bestreuen.
- **Berliner Pfannkuchen mit Himbeerfüllung:** Berliner nach dem Backen mit Himbeerkonfitüre füllen, Oberseiten in kochend heiße Himbeerkonfitüre tauchen, mit Fondant filieren und mit gerösteten, gehobelten Mandeln bestreuen.
- **Berliner Pfannkuchen mit Vanille- und Schokoladenkrem:** Ausgekühlte Berliner mit Vanille- oder Schokoladenkrem füllen, nach Belieben aprikotieren und glasieren.

Zimtzucker = Mischung aus Zucker und Zimt, z. B. 200 g Zucker und 4 g Zimt.

Filieren = Mit einer Spritztüte die Oberfläche von Gebäck, Torten usw. mit feinen Kuvertüre- oder Fondantstrichen versehen.

Buchteln

Ca. 60 Stück, TE à 45 g
Backtemperatur: 180 °C
Backzeit: ca. 30 Minuten
Hefeteig siehe Berliner Pfannkuchen.

Zum Füllen:

Pflaumenmus oder Aprikosenkonfitüre

- Bis nach dem Rundwirken wie Berliner Pfannkuchen behandeln.
- Teigstücke mit Pflaumenmus oder Aprikosenkonfitüre füllen. Oder wie Berliner Pfannkuchen nach dem Backen mit Konfitüre füllen.
- Teigstücke in flüssige Butter tauchen und mit dem Schluss nach unten eng aneinander in Wannenformen setzen.
- Auf Gare stellen und mit Schwaden backen.
- Nach dem Backen eventuell mit flüssiger Butter bestreichen, stürzen, umdrehen und besieben.

Rezeptbeispiele für Feine Backwaren aus schwerem Hefeteig

Wiener Gugelhupf (Napfkuchen)

4 Gugelhupfformen à ∅ 180 mm, TE à 700 g
Backtemperatur: 170–180 °C
Backzeit: 45–50 Minuten

Vorteig:	
400 g	Mehl, Type 550
400 g	Milch
100 g	Hefe
Hauptteig:	
900 g	Vorteig
600 g	Mehl, Type 550
500 g	Butter
340 g	Zucker
200 g	Eier (4)
240 g	Eigelb (12)
18 g	Salz
11 g	Rum
	Vanille, Zitrone
400 g	Rumsultaninen
3 209 g	**Rezeptgewicht**

- Den Hefeteig indirekt gerührt herstellen und 15 Minuten ruhen lassen.
- Die befetteten Formen mit gehobelten weißen Mandeln auslegen.
- Den Teig einfüllen und auf Gare stellen. Die Gare soll langsam und mit Schwaden (70 % Luftfeuchtigkeit, 27 bis 32 °C) erfolgen.
- Bei Halbgare bei geschlossenem Zug backen.
- Stürzen, auskühlen lassen und mit Puderzucker besieben.

Wissenswertes dazu

- Gerührte Hefeteige sind dickflüssig und werden deshalb in der Rührmaschine gerührt.
- Sie werden in entsprechende Formen (bis etwa zur halben Höhe) gefüllt und bei Halbgare gebacken, da sie bei voller Gare überlaufen würden.

Mohn-, Nuss- oder Mandelbeugel (Spezialität aus Österreich)

Ca. 60 Stück, TE à 37 g
Backtemperatur: 190 °C
Backzeit: 20 Minuten

1 000 g	Mehl, Type 550
290 g	Milch
70 g	Hefe
160 g	Zucker
500 g	Butter
120 g	Eigelb (6)
20 g	Salz
40 g	Rum
	Vanille, Zitrone
2 200 g	**Rezeptgewicht**

Zum Füllen:

Mohn-, Nuss- oder Mandelfüllung

- Den Hefeteig direkt und kalt herstellen.
- Zwei Pressen zu je 1 100 g abwiegen, rund wirken und ca. 10 Minuten kühl ruhen lassen.
- Mit der Teigteil- und Rundwirkmaschine teilen und rund wirken.
- Teigstücke ca. 10 Minuten entspannen lassen.
- Oval ausrollen und je 40 g Füllung der Länge nach aufdressieren.
- Den Teig über die Füllung legen, andrücken und rollen. Dabei sollen spitze Enden entstehen.
- In Beugelform mit dem Schluss nach unten auf Backtrennpapier setzen.
- Mit Eistreiche (siehe Pinzen) bestreichen, kühl stellen und abtrocknen lassen,
- nochmals bestreichen, wieder kühl stellen und abtrocknen lassen.
- Bei offenem Zug backen.
- Ofenheiß mit einem Tuch polieren, damit die Beugel schöner glänzen.

Vorteile der kühlen Teigführung

Die kühle Führung bewirkt, dass ...

- die Entwicklung der Hefe verlangsamt wird und dadurch größere Teigmengen hergestellt und aufgearbeitet werden können,
- die Beugel ihre Triebkraft erst beim Backprozess entfalten.

Nussbeugel Mohnbeugel

Panettone ist eine Mailänder Kuchenspezialität, die ursprünglich nur in der Weihnachtszeit verzehrt wurde, heute jedoch das ganze Jahr über angeboten wird.

Wussten Sie, dass ...
Weizenmehl der Type 550 am ehesten dem in Italien zur Herstellung von Panettone verwendeten Mehl entspricht? Dieses hat einen Mineralstoffgehalt von 0,4 %, enthält 12 % Eiweiß, 14 % Wasser und kann bis zu 70 % Wasser aufnehmen.

Italienische Backwaren, die ähnlich wie der Panettone hergestellt werden:

- **Colomba** ist ein Ostergebäck in Form einer Taube, das mit Mandeln und Puderzucker bestreut und eventuell mit Krem gefüllt und Schokolade glasiert wird.
- **Pandoro** ist eine Spezialität aus Verona, die das ganze Jahr über hergestellt wird. Der Kuchen enthält Backhefe, jedoch keine kandierten Früchte.
- **Cornetto** oder **Pandorino** werden ähnlich wie Croissants zum Frühstück verzehrt. Der Teig wird ebenfalls mit etwas Backhefe hergestellt.

Panettone (Spezialität aus Italien)

5 Stück, TE à ca. 590 g
Backtemperatur: 200 °C, auf 190 °C fallend
Backzeit: 30–40 Minuten

Ansatz (Hefemutter):	
1. Stufe:	
100 g	Mehl, Type 1050
50 g	Anstellgut (Starterkultur)
60 g	Wasser
2. Stufe:	
200 g	Mehl, Type 550
100 g	Sauer (1. Stufe)
120 g	Wasser
3. Stufe:	
350 g	Mehl, Type 550
350 g	Sauer (2. Stufe)
210 g	Wasser
Vorteig:	
260 g	Vollsauer (3. Stufe)
666 g	Mehl, Type 550
253 g	Wasser
140 g	Zucker
150 g	Butter
7 g	Lezithin
Hauptteig:	
1 400 g	Vorteig
334 g	Mehl, Type 550
127 g	Wasser
15 g	Salz
140 g	Zucker oder Honig
150 g	Butter
300 g	Eigelb (15)
3 g	Lezithin
300 g	Sultaninen
200 g	Orangeatwürfel
	Orangenblütenaroma (Menge laut Hersteller)
2 969 g	**Rezeptgewicht**

Ansatz

- **1. Stufe:** Alle Zutaten verrühren. 12 Stunden abstehen lassen.
- **2. Stufe:** Sauer der ersten Stufe mit Mehl und Wasser abfrischen. 8 Stunden abstehen lassen.
- **3. Stufe:** Sauer der zweiten Stufe mit Mehl und Wasser abfrischen. 4 Stunden abstehen lassen (Teigtemperatur 24–26 °C, relative Luftfeuchtigkeit 65–70 %, pH-Wert über 4,2).
- Einen Teil des Ansatzes in ein Leinentuch wickeln, verschnüren, als Ansatz für die nächste Teigbereitung bei 7–10 °C aufbewahren (max. 24 Stunden).

- **Vorteig:** Vollsauer mit den übrigen Zutaten 15 Minuten schnell kneten.
- In Gärgefäße füllen. Bei einer Temperatur von 24–26 °C und einer relativen Luftfeuchtigkeit von 65–70 % ca. 8 Stunden reifen lassen, bis sich das Volumen verdreifacht hat (pH-Wert 4,5, Säuregrad 5).

- **Hauptteig:** Den Vorteig mit den restlichen Zutaten 20 Minuten langsam kneten.

- Teigstücke zu je 590 g abwiegen und wirken.
- Die Wirklinge 40 Minuten zugedeckt absteifen lassen. Die Teigtemperatur soll in dieser Zeit von 24 °C auf 20 °C abkühlen, damit die Teiglinge stabil genug sind, sie in Papierformen (Ø 120–150 mm, Höhe 150–180 mm) zu setzen.
- Die Teiglinge in den Formen 6–8 Stunden auf Gare geben (Temperatur 30 °C, 85 % relative Luftfeuchtigkeit).
- Anschließend ca. 10 Minuten in der Backstube belüften, bis die Oberfläche leicht abgetrocknet ist.
- Oberfläche kreuzförmig einschneiden. Eventuell etwas flüssige Butter in die Schnitte streichen.
- Backen.

- Die Gebäcke mit der Oberseite nach unten aufhängen und im Klimatunnel ca. 5 Stunden abkühlen lassen, damit sie stabil werden.
- Umdrehen, fertig auskühlen lassen. Insgesamt beträgt die Auskühlzeit zwischen 8 und 20 Stunden.
- Oberfläche mit einer Mischung aus 95-prozentigem Alkohol und Essigsäure besprühen, um das Gebäck vor Schimmelbefall zu schützen.

Wissenswertes dazu

- Wenn kein Anstellgut zur Verfügung steht, kann es durch Spontangärung erzeugt werden. Dazu Mehl, Wasser und etwas Bierhefe oder Traubenbeeren ansetzen und mehrmals abfrischen (siehe Kapitel Roggenteigtechnologie, Seite 294).
- Bei der Teigbereitung sollen das Mehl und der Ansatz eine Temperatur von 18 °C, die Zutaten 18–20 °C und der fertige Teig 20 °C aufweisen.
- Zum Aufarbeiten des Teiges wird anstelle von Mehl flüssige Butter verwendet.
- Das Einschneiden der Oberfläche vor dem Backen begünstigt das Aufgehen während des Backprozesses.
- Der Panettone wird zum Abkühlen mit der Oberseite nach unten auf einen Haken gehängt, um eine Volumensabnahme zu verhindern, da das Gebäck ofenheiß noch viel Feuchtigkeit enthält und eine feine Krumenstruktur besitzt.
- Panettone ist ungekühlt bis zu drei Monaten haltbar.

Weihnachtsstollen, Christstollen

6 Stollen, TE à 750 g **Backtemperatur:** 190 °C, auf ca. 170 °C fallend, **Backzeit:** 30–40 Minuten	▪ **Früchtemischung:** Die Früchte mit Rum und Läuterzucker beizen, zugedeckt über Nacht stehen lassen.
Vorteig:	
500 g Mehl, Type 550	▪ Den Hefeteig indirekt (mit Abtrieb) herstellen, dabei den Teig langsam und kurz (ca. drei Minuten) kneten. Teigtemperatur ca. 22–24 °C. Wegen des hohen Fettgehalts hat der Vorteig eine geringere TA (ca. 170).
500 g Milch (20 °C)	
110 g Hefe	
Hauptteig:	▪ 30 Minuten Teigruhe.
1 110 g Vorteig	▪ Die Früchtemischung vorsichtig einarbeiten.
750 g Mehl, Type 550	
600 g Butter	▪ Teigstücke abwiegen, rund wirken, länglich formen.
150 g Zucker	
100 g Honig	▪ Mit dem Vorlänger eindrücken, etwas ausrollen, je eine Rolle Marzipanrohmasse darauflegen, übereinanderschlagen und andrücken.
80 g Eigelb (4)	
18 g Salz	
30 g Rum	▪ Auf Backtrennpapier setzen und auf Gare (24 bis 26 °C) stellen. Die Gare sollte bei Verwendung von Butter ca. 10 bis 15 Minuten betragen.
12 g Vanillearoma	
10 g Zitronenaroma	▪ Bei geschlossenem Zug backen und kurz überkühlen lassen.
10 g Lebkuchengewürz	
2 870 g Rezeptgewicht	▪ Eventuell verbrannte Früchte von der Oberfläche entfernen.
Früchtemischung:	
500 g Sultaninen	▪ Stollen mit flüssiger Butter oder Butterschmalz bestreichen oder kurz hineintauchen.
200 g Zitronatwürfel	
200 g Aranziniwürfel	▪ In vanilliertem Zucker wälzen (Zuckerkruste), auskühlen lassen und nochmals mit Puderzucker besieben.
100 g gehackte weiße Mandeln	
80 g geröstete, gehackte Haselnüsse	
80 g Rum	
60 g Läuterzucker	
Zum Füllen:	
480 g Marzipanrohmasse	

! Je höher der Fettanteil im Stollenteig, desto kürzer ist die Gare.

Wissenswertes dazu

- Neben der klassischen Aufarbeitung können die Stollen auch in Rahmenformen oder speziellen Stollenformen gebacken werden. Allerdings bilden sie beim Backen eine weichere Kruste und haben eine atypische Form.
- Das Bestreichen mit Butter verhindert das Austrocknen der Stollen, die Zuckerschicht durch die Eigenschaften des Zuckers (hygroskopisch) das Hartwerden der Kruste.

Fehler bei Gebäck aus Hefeteigen

Gebäckfehler	Ursache und Erklärung
Gebäckvolumen ist zu klein.	▪ Zu kühle Teigführung ▪ Zu kurze Teigruhe, zu wenig Gare
Strudel sind eingefallen oder rindhohl.	▪ Zu viel Gare, zu weiche Fülle ▪ Zu wenig gestippt, zu kurze Backzeit
Briochegebäck ist zu blass.	▪ Keine Eistreiche verwendet ▪ Zu wenig gebacken, überreifer Teig
Berliner Pfannkuchen sind zu klein.	▪ Zu wenig Gare, Übergare, Hautbildung während der Gare ▪ Ohne Deckel gebacken, zu heiß gebacken
Berliner Pfannkuchen haben eine faltige Oberfläche.	▪ Zu kalt oder zu kurz gebacken ▪ kein zweites Mal gewendet
Berliner Pfannkuchen haben einen kaum sichtbaren Rand und sind zu flach.	▪ Zu viel oder zu wenig Gare
Wiener Gugelhupf (Napfkuchen) ist speckig.	▪ Zu lange gerührt, zu wenig Gare ▪ Zu wenig gebacken
Weihnachtsstollen hat zu graue Krume.	▪ Früchte zu intensiv eingeknetet ▪ Zu hohe Teigtemperatur
Beugel sind rindhohl, reißen auf.	▪ Zu weiche oder zu zuckerhaltige Fülle

Rindhohl

Faltige Oberfläche

6.2 Plunderteig

Der Plunderteig ist ein leichter Hefeteig (Grundteig), in den schichtweise Fett (Butter oder Ziehmargarine) eingezogen (touriert) wird. Dadurch zählen Backwaren aus Plunderteig zu den feinen Hefeteiggebäcken. Die Gebäcke sind im Vergleich zu Hefegebäcken

- mürber,
- haben eine geschichtete (blättrige) Krume und
- eine röschere Kruste.

Die **Lockerung** von Plunderteigen vollzieht sich in zwei Prozessen:

- Die Teigschichten werden biologisch durch die **Gärgase** gelockert (vorwiegend vor dem Backen).
- Die Teigschichten werden beim Backen physikalisch durch den Druck des **Wasserdampfes** voneinander abgehoben.

§ Nach dem Fettanteil (Butter oder die entsprechende Menge Milchfetterzeugnisse oder Margarine) unterscheidet man zwischen **deutschem Plunder** (mindestens 300 g Fett je Kilogramm Mahlerzeugnis) und **dänischem (Kopenhagener) Plunder** (mindestens 600 g Fett je Kilogramm Mahlerzeugnis). **Leitsätze für Plundergebäck** finden Sie unter www.bmel.de (Leitsätze für Feine Backwaren) zum Downloaden.

! Fettärmere Plunderteige werden vorwiegend durch die Gärgase der Hefe gelockert, fettreichere Teige stärker durch Wasserdampf.

Herstellung

Grundteig (Hefeteig)

- Die Herstellung erfolgt direkt und kalt.
- Den Teig nicht zu intensiv kneten, da er beim Tourieren noch bearbeitet wird.
- Die Teigtemperatur soll ca. 12 °C betragen.
- Den Teig in Folie einschlagen und ca. 10 bis 15 Minuten kühl ruhen lassen.

! Durch die kühle Teigführung können sich die Schichten besser bilden.

Ziehfett

Als Ziehfette eignen sich Ziehmargarine und Butter.

- Ziehmargarine etwas durchkneten, rechteckig formen und kühl stellen.
- Butter mit etwas Mehl (ca. 10 % der Fettmenge) glatt arbeiten, formen und kühl stellen.

Ziehmargarine in Plattenform (Plunderplatten) kann sofort verarbeitet werden.

Das Ziehfett sollte beim Tourieren die **gleiche Konsistenz wie der Teig** haben, da

- zu weiches Fett beim Tourieren aus dem Teig gedrückt wird und
- zu hartes Fett sich schlecht mit dem Teig verbindet und beim Tourieren bricht.

Einschlagen des Ziehfettes in den Grundteig

- Den Grundteig rechteckig ausrollen.
- Das Ziehfett auf eine Hälfte des Teiges legen und den Teig darüberschlagen. Teigränder verbinden.
- Rechteckig ca. 15 bis 20 mm dick ausrollen.

Einschlagen des Ziehfettes

Das **Ziehfett** kann auch mit der **Kuvertmethode** (siehe Blätterteige, Seite 344) in den Grundteig eingeschlagen werden.

Technik des Tourierens siehe Blätterteige, Seite 344. Grundsätzlich gilt jedoch:

> Je mehr Ziehfett in den Grundteig touriert wird, desto mehr Ziehfettschichten (Touren) benötigt der Plunderteig.

- Mindestanzahl der Touren: eine einfache und eine doppelte Tour.
- Ab 40 % eingezogenem Fett: drei einfache Touren oder zwei einfache und eine doppelte Tour.

Beachtenswertes beim Tourieren

- Den Teig nicht dünner als 8 mm ausrollen, um Gebäckfehler zu vermeiden.
- Nach dem Tourievorgang den Plunderteig im Kühlraum ca. 15 bis 30 Minuten entspannen lassen und aufarbeiten.
- Werden drei Touren gegeben, sollte man den Teig nach der zweiten Tour ca. 20 Minuten kühl ruhen lassen.

Aufarbeitung

- Den Teig 3 mm dünn ausrollen, entspannen und schneiden.
- Füllen.
- Formen und auf Backtrennpapier setzen.

Stückgare

Plunderteiglinge bei einer **relativen Luftfeuchtigkeit** von ca. **70 %** und einer **Temperatur** zwischen **26 und 28 °C** aufgehen lassen, um ein Austreten der Butter zu vermeiden. Es gilt:

> Je mehr Ziehfett in den Grundteig touriert wird, desto kürzer ist die Garzeit.

Backen

Die Teiglinge vor dem Backen eventuell mit Ei bestreichen oder besprühen und bei 190 bis 200 °C mit Schwaden anbacken.

Fertigstellung

- Noch heiß aprikotieren und mit temperiertem Fondant durchscheinend dünn glasieren oder filieren oder
- mit Vanillepuderzucker besieben oder
- mit Gelee abglänzen.

Rezeptbeispiele für Feine Backwaren aus Plunderteig

Croissants

Die ursprünglich aus Frankreich kommenden Croissants sind auch bei uns ein beliebtes Frühstücksgebäck. Croissants
- werden aus einem zucker- und fettärmeren Plunderteig hergestellt als Kaffeegebäck,
- haben eine glänzende, goldbraune, zartsplittrige Kruste und
- eine lockere, lamellenartige, mürbe Krume.

Ca. 40 Stück, TE à 60 g
Backtemperatur: 200–210 °C
Backzeit: ca. 15 Minuten

Grundteig (Hefeteig):	
1 000 g	Mehl, Type 550
300 g	Milch
60 g	Hefe
80 g	Zucker
90 g	Butter
250 g	Eier (5)
40 g	Eigelb (2)
23 g	Salz
1 843 g	**Hefeteiggewicht**
Ziehfett:	
500 g	Ziehmargarine oder Butter
50 g	Mehl, Type 550, bei Verwendung von Butter
2 393 g	**Plunderteiggewicht**

- Den Plunderteig mit drei einfachen Touren herstellen.

- Den Teig 3 mm dünn ausrollen (400 x 1 200 mm).
- In Dreiecke (200 x 120 mm) schneiden (siehe Abbildung). Dreiecke an den Schmalseiten in der Mitte ca. 20–30 mm tief einschneiden.
- Locker aufrollen und in Hörnchen- oder Stangenform auf Backtrennpapier setzen.
- Auf Gare geben, bei Dreiviertelgare mit Ei bestreichen.
- Ohne Schwaden backen, fünf Minuten vor Ende der Backzeit den Zug öffnen.

Varianten
- Teiglinge vor dem Aufrollen mit einem Schokoladeriegel (à 10 g) oder mit Marzipanrohmasse füllen.
- Für Snacks mit pikanten Füllungen (Schinken-, Käse-, Fleisch-, Gemüsefüllungen usw.) füllen und mit Sesam, Käse, Sonnenblumenkernen u. Ä. bestreuen.

Plunderteiglinge können durch **Gärverzögerung** und **Gärunterbrechung** rationell vorbereitet werden. Siehe dazu Kapitel Kältetechnik, Seite 324.

Aprikotierte, mit Fondant glasierte Plundergebäcke
- haben ein schöneres Aussehen,
- einen besseren Geschmack,
- bleiben länger frisch.

Croissants können auch aus **Vollkornmehl** hergestellt werden. Dazu 600 g der Mehlmenge durch fein gemahlenes Weizen- oder Dinkelvollkornmehl ersetzen und die Milchmenge um 50 g erhöhen.

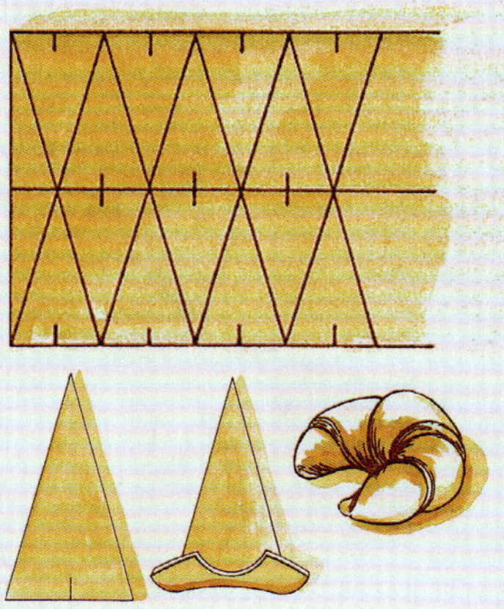

Rezepte für Snacks aus Plunderteig siehe Kapitel Snacks – kleine kalte und warme Speisen, Seite 398.

Die bei den Rezepten angeführten Füllungen, Füllkrems und Glasuren finden Sie in den Kapiteln Füllungen, Seite 379, Füllkrems, Seite 374, und Glasuren und Überzugsmassen, Seite 383, beschrieben.

Kaffeegebäck aus Plunderteig

Ca. 48 Stück, TE à 53 g
Backtemperatur: 190–200 °C
Backzeit: ca. 15–20 Minuten

Grundteig (Hefeteig):	
1 000 g	Mehl, Type 550
340 g	Milch
52 g	Hefe
60 g	Zucker
60 g	Honig
76 g	Butter oder Margarine
200 g	Eier (4)
60 g	Eigelb (3)
22 g	Salz
	Vanille, Zitrone
1 870 g	**Hefeteiggewicht**
Ziehfett:	
670 g	Ziehmargarine/Butter
70 g	Mehl, Type 550, bei Verwendung von Butter
2 540 g	**Plunderteiggewicht**

- Den Plunderteig mit einer einfachen, einer doppelten und einer einfachen Tour herstellen.
- Den Teig 3 mm dünn ausrollen und je nach Gebäck aufarbeiten.
- Auf Backtrennpapier setzen.
- Auf Gare geben.
- Backen und fertigstellen.

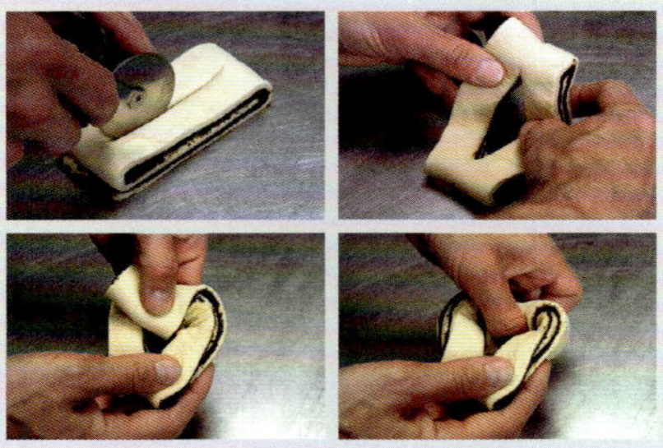

Mohn- oder Nussschlaufen

Ca. 16 Stück

850 g Plunderteig
(640 x 390 mm)

Zum Füllen:
gekochte Mohn- oder Nussfüllung

Zum Glasieren:
Fondant

- Ca. 800 g Füllung auf zwei Dritteln der Teigfläche (640 x 260 mm) auftragen.
- Die freie Teigfläche über die Füllung legen und noch mal übereinander legen.
- In 40 mm breite Stücke schneiden.
- Stücke der Länge nach einschneiden.
- Eine Schmalseite durch die Mitte ziehen.
- Nach dem Backen aprikotieren und glasieren.

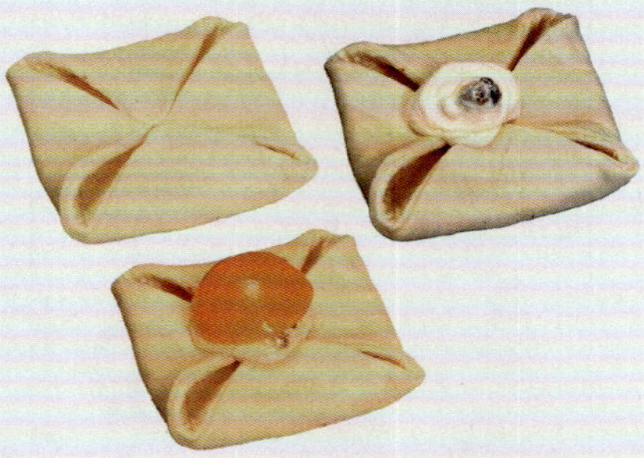

Aprikosentaschen

Ca. 16 Stück

850 g Plunderteig
(480 x 480 mm)

Zum Füllen:
Quarkfüllung oder Vanillekrem

Zum Fertigstellen:
Kompottaprikosen, Gelee

- Plunderteig in Quadrate (120 x 120 mm) schneiden.
- Die diagonal gegenüberliegenden Ecken zur Mitte legen, fixieren.
- Je 20 bis 25 g Quarkfüllung oder Vanillekrem in die Mitte dressieren.
- Je eine halbe Kompottaprikose darauflegen.
- Nach dem Backen mit Gelee abglänzen.

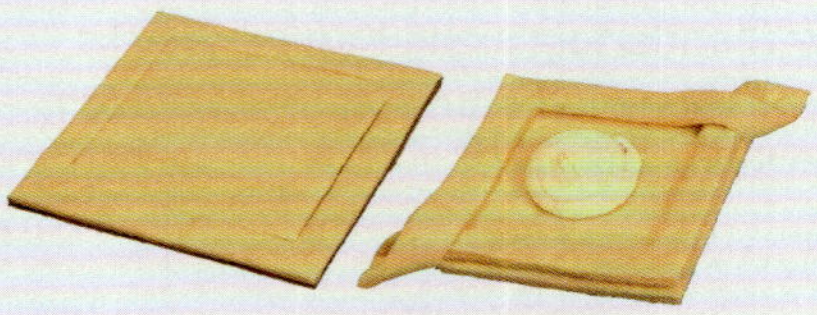

Der Handel bietet Spezialausstecher zum Stanzen dieser Gebäckform an

Früchteplunder, Früchtekörbchen

Ca. 16 Stück

850 g Plunderteig
(480 x 480 mm)

Zum Füllen:
Vanillekrem oder Franchipane- oder Quarkfüllung

Zum Fertigstellen:
Früchte
Gelee

- Plunderteig in Quadrate (120 x 120 mm) schneiden.
- Quadrate parallel zur Kante im Abstand von 15 mm einschneiden, dabei zwei diagonal gegenüberliegende Ecken ganz durchschneiden.
- Mit Ei bestreichen.
- Die durchgeschnittenen Ecken überkreuzen und auf der jeweils gegenüberliegenden Seite fixieren.
- Nach dem Backen die Seiten aprikotieren bzw. glasieren.
- Vanillekrem eindressieren, mit Früchten belegen und gelieren.
- Bei Verwendung von Franchipane- oder Quarkfüllung wird diese bereits vor dem Backen eindressiert.

Mandelhörnchen	
Ca. 16 Stück	■ Plunderteig mit flüssiger Butter bestreichen. ■ Streufüllung darüber streuen, mit dem Rollholz leicht andrücken. ■ In Dreiecke (200 x 120 mm) schneiden. ■ Einrollen und zu Hörnchen formen.
850 g Plunderteig	
(480 x 400 mm)	
Zum Bestreuen:	
ca. 250 g Mandelstreufüllung	
Zum Fertigstellen:	■ Nach dem Backen zweimal mit Butter bestreichen, mit Zimtzucker und anschließend mit Puderzucker bestreuen.
flüssige Butter	
Zimtzucker, Puderzucker	

Fehler bei Gebäck aus Plunderteig

Gebäckfehler	Ursache und Erklärung
Fett fließt bei der Gare aus.	■ Zu hohe Gärraumtemperatur
Fett fließt beim Backen aus.	■ Zu wenig Touren bzw. zu dicke Fettschichten
Gebäckvolumen ist zu klein.	■ Zu geringe Gare
Mangelnde Schichtenbildung.	■ Beim Tourieren zu dünn ausgerollt ■ Zu viele Touren ■ Ziehfett hat nicht die gleiche Konsistenz wie der Teig
Gebäckkruste splittert ab.	■ Trockene Teigoberfläche beim Backen
Mangelnde Krustenbräunung.	■ Zu lange Gare

Fett fließt aus

6.3 Blätterteige

Der Blätterteig ist ein fester Weizenteig (Grundteig), in den schichtweise Fett (Butter oder Ziehmargarine) eingezogen (touriert) wird. Durch diese Technik entstehen Fett- und Teigschichten, die den Gebäcken ihre charakteristischen Eigenschaften geben:

- eine luftige, lockere, blättrige Struktur,
- eine gleichmäßige Bräunung,
- einen geringen Eigengeschmack.

Da Blätterteig nicht süß schmeckt, wird er außer zur Erzeugung von Kaffeegebäck auch zur Herstellung von pikant gefüllten Backwaren, wie Schinkenhörnchen, Strudel, Würstchen im Schlafrock, Käsegebäck u. Ä., verwendet.

Die **Lockerung** erfolgt physikalisch durch die Bildung von **Wasserdampf** beim Backprozess. Ab einer Temperatur von 100 °C verdampft das Wasser in den Teigschichten, der dabei entstehende Druck hebt die Teigschichten. Die gebildete Krume verfestigt sich und erhält die typische blättrige Beschaffenheit.

Blätterteigarten

Deutscher Blätterteig	Französischer Blätterteig	Holländischer Blätterteig
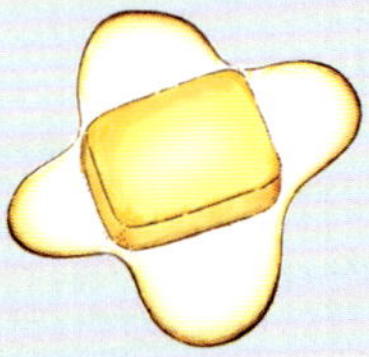		
Ziehfett in den Grundteig einschlagen	Grundteig in das Ziehfett einschlagen	Fett in groben Würfeln in den Teig einarbeiten

§ **Bestimmungen für Blätterteiggebäck** finden Sie in den Leitsätzen für Feine Backwaren unter www.bmel.de zum Downloaden.

Lockerung

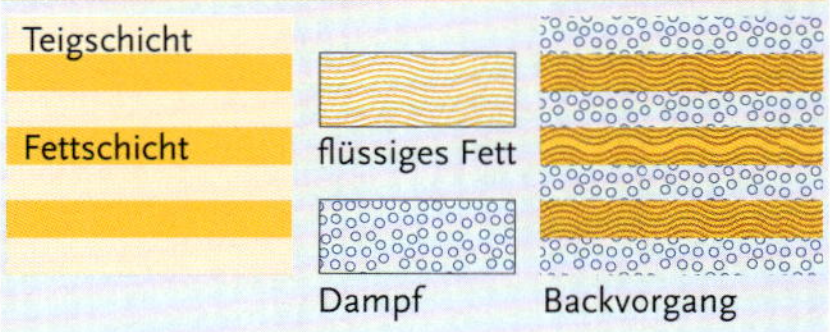

Holländischer Blätterteig wird wegen der einfachen und schnellen Herstellung auch als **Blitz- oder Schnellblätterteig** bezeichnet.

Einfluss der Rohstoffe	
Mehl	■ Sein Kleber sollte von guter Qualität sein, ■ möglichst viel Flüssigkeit binden und ■ eine hohe Dehnbarkeit des Teiges bewirken.
Wasser	■ Es bildet zusammen mit dem im Mehl enthaltenen Eiweiß den Kleber.
Salz	■ Es hemmt die Quellung des Klebers, dadurch wird der Grundteig zäher und elastischer. ■ Es gibt Geschmack und trägt zur Färbung der Backoberfläche bei.
Essig	■ Sein Säureanteil erhöht die Dehnbarkeit und das Bindevermögen des Klebers, wodurch ein größeres Gebäckvolumen erreicht wird.
Rum	■ Er verbessert den Geschmack.
Butter, Ziehmargarine	■ Fett (ca. 5 % der Mehlmenge) macht den Grundteig dehnbarer und erleichtert damit das Tourieren. ■ **Butter** muss kühl (ca. 15 °C) verarbeitet werden. Sie hat einen höheren Wassergehalt, wodurch das Eintourieren erschwert wird. Deshalb wird Butter mit Mehl (10 % der Mehlmenge) angewirkt. Teige mit Butter sind nicht so schön gelockert, haben jedoch einen besseren Geschmack. ■ **Ziehmargarine** ist aufgrund ihrer Zusammensetzung leichter zu verarbeiten. Sie hat ein besseres Bindevermögen und ist dehnbarer.

Herstellung

Deutscher Blätterteig

Der Teig wird im Spiralkneter geknetet. Die Zutaten werden so kalt wie möglich verarbeitet.

Grundteig Ziehfett

Grundteig

- Die Zutaten zu einem glatten Teig kneten.
- Den Teig rund wirken und kreuzförmig einschneiden.
- Zugedeckt ca. 30 Minuten kühl ruhen lassen. In dieser Zeit kann sich der Teig entspannen, wodurch ein Zusammenziehen des Teiges beim Tourieren verhindert wird.

Ziehfett

Siehe Plunderteig, Seite 340.

Einschlagen des Ziehfettes in den Grundteig (Kuvertmethode)

- Den Grundteig ausrollen.
- Ziehfett in die Mitte des Grundteiges legen und mit den Teigenden straff einschlagen.

Technik des Tourierens

Einfache Tour

- Den Teig rechteckig ca. 10 mm dünn ausrollen. Staubmehl abkehren.
- Den Teig in drei Lagen übereinanderlegen.
- Nach jeder einfachen Tour zugedeckt **10 Minuten kühl ruhen lassen.**

! Beim Rollen des Teiges nicht zu stark aufdrücken, da sich sonst die Schichten verschieben.

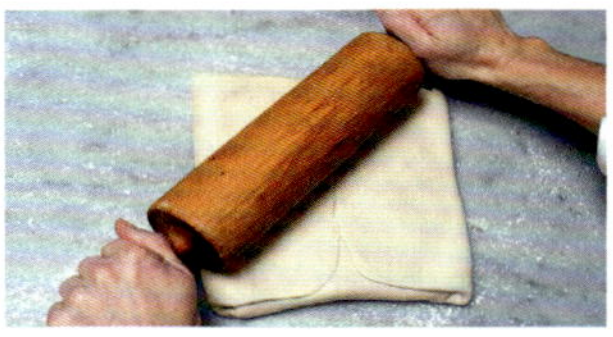

Doppelte Tour

- Den Teig rechteckig ca. 10 mm dünn in der Querrichtung zur vorhergegangenen Tour ausrollen.
- Staubmehl abkehren.
- Den Teig in vier Lagen gleichmäßig übereinanderlegen.
- Nach jeder doppelten Tour zugedeckt **20–30 Minuten kühl ruhen lassen.**

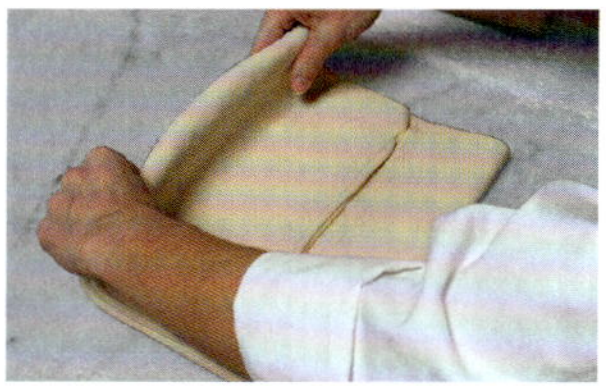
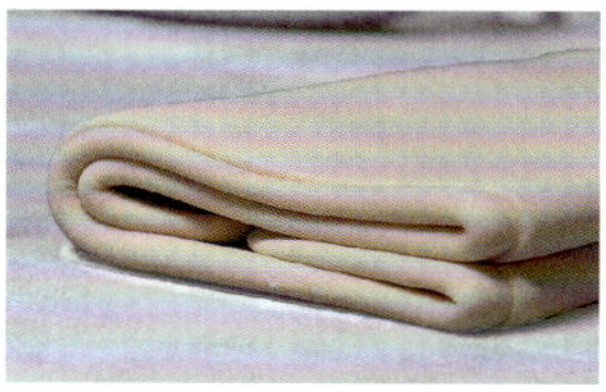

Der Standard beim Tourieren sind zwei einfache und zwei doppelte Touren, die in folgender Reihenfolge durchgeführt werden:

- **Einfache Tour:** Dreimal einschlagen ergibt **3 Lagen.**
- **Doppelte Tour:** Viermal einschlagen ergibt **12 Lagen** (3 Lagen x 4).
- **Einfache Tour:** Dreimal einschlagen ergibt **36 Lagen** (12 Lagen x 3).
- **Doppelte Tour:** Viermal einschlagen ergibt **144 Lagen** (36 Lagen x 4).

Französischer Blätterteig

Der Grundteig wird in das Ziehfett eingeschlagen. Das Fett ist außen. Daher wird in das Ziehfett Mehl eingearbeitet und der Teig besonders kühl verarbeitet. Er wird wie der deutsche Blätterteig touriert, allerdings können die Ruhezeiten zwischen den Touren kürzer gehalten werden. Diese Herstellungsart wird in der Praxis kaum mehr angewendet.

Holländischer Blätterteig

Bei dieser Methode werden die Zutaten für den Grundteig nur kurz gemischt. Gekühlte, grobe Fettwürfel werden in den Grundteig eingearbeitet. Nach einer Teigruhe von ca. 20 Minuten wird der Teig durchgehend touriert, d. h. ohne Ruhezeiten zwischen den Touren.

Durch die kurze Mischzeit ist der Kleber noch nicht ausgebildet und dadurch der Grundteig nicht zäh. Beim Tourieren wird der Teig bearbeitet, was die kurze Mischzeit teilweise ausgleicht. Der Teig hat eine besonders mürbe, jedoch geringe Blätterung und wird deshalb vorwiegend zur Herstellung von flachen Blätterteiggebäcken, wie Blätterteigböden (z. B. für Holländer Kirschtorte) und Käsegebäck, verwendet.

Aufarbeitung

- Nach der Teigruhe den Teig ca. 2 mm dünn ausrollen und für die verschiedenen Produkte weiterverarbeiten. Den Blätterteig mit dem Teigrändel oder einem scharfen Messer schneiden oder mit einem scharfen Ausstecher ausstechen, damit die Schnittstellen nicht zerdrückt werden.
- Beim Bestreichen mit Ei darauf achten, dass die Schnittstellen frei bleiben, da sonst die Teig-Ziehfett-Schichten verkleben und der Teig unregelmäßig aufgeht.
- Die Teiglinge vor dem Backen ca. 30 Minuten kühl ruhen lassen, um ein Zusammenziehen des Teiges während des Backens zu vermeiden.

Wussten Sie, dass ...
sich Blätterteiglinge hervorragend zum Tiefkühlen eignen? Bei längerer Lagerung sollten die Teiglinge luftdicht verpackt werden, um ein Abtrocknen der Teigoberfläche während der Lagerphase zu verhindern.

Backen

Um die typische mürbe Blätterung zu erreichen, ist es wichtig, den Blätterteig **gut auszubacken.**

- **Backtemperatur** (ca. 200 bis 220 °C) und **Backzeit** (ca. 20 bis 30 Minuten) hängen von der Gebäckgröße, der Gebäckart und der Füllung ab. Flache und ungefüllte Gebäcke werden heißer gebacken als Gebäcke mit Frucht- oder Fleischfüllungen.
- Blätterteig wird meist mit Schwaden gebacken.

Fertigstellung

Sie ist je nach Gebäckart unterschiedlich. Kaffeegebäcke werden großteils wie Kaffeegebäcke aus Plunderteig fertiggestellt.

➡ Die bei den Rezepten angeführten Füllungen, Füllkrems und Glasuren finden Sie in den Kapiteln Füllungen, Seite 379, Füllkrems, Seite 374, und Glasuren und Überzugsmassen, Seite 383, beschrieben.

Rezeptbeispiele für Feine Backwaren aus Blätterteig

Blätterteig (Grundrezept)

Grundteig:	
1 000 g	Mehl, Type 550
500 g	Wasser (+4 °C)
60 g	Butter
20 g	Salz
20 g	Zucker oder Malz
40 g	Essig
1 640 g	**Teiggewicht**
Ziehfett:	
900 g	Ziehmargarine/ Butter
90 g	Mehl, Type 550, bei Verwendung von Butter
2 540 g	**Blätterteiggewicht**

- Den Grundteig herstellen und kühl ruhen lassen.
- Das Ziehfett rechteckig formen und kühl stellen.
- Das Ziehfett einschlagen und den Teig tourieren.
- Kühle Teigruhe.
- Je nach Gebäck aufarbeiten.

Kremschnitten, Vanillekremschnitten

Ca. 60 Stück
Backtemperatur: ca. 210 °C
Backzeit: ca. 20 Minuten

2 250 g Blätterteig
(2 Blätterteigböden)

Zum Füllen:
ca. 3 000 g Vanillekrem mit Eischnee

Zum Glasieren:
Fondant

- Den Blätterteig teilen. Teigstücke je 2 mm dünn ausrollen (630 x 390 mm).
- Auf Backtrennpapier setzen und gut stippen.
- Ca. 20 Minuten kühle Teigruhe.
- Mit Schwaden backen.
- Noch heiß zurechtschneiden (600 x 360 mm) und auskühlen lassen.
- Heiße Vanillekrem auf einen Blätterteigboden auftragen. Den zweiten Blätterteigboden mit der Unterseite nach oben darauflegen.
- Oberfläche aprikotieren und mit Fondant glasieren.

Strudel

1 Strudel
Backtemperatur: ca. 200 °C
Backzeit: ca. 20–30 Minuten

450 g Blätterteig

Zum Füllen:
süße Brösel, Biskuit oder Mürbeteig (gebacken, 600 x 60 mm)
ca. 800 g rohe Apfelfüllung oder 500 g Quarkfüllung

Zum Glasieren:
Fondant

- Den Blätterteig 2 mm dünn ausrollen (620 x 260 mm). In zwei Streifen (620 x 120 mm und 620 x 140 mm) schneiden.
- Den schmäleren Streifen auf Backtrennpapier setzen. Süße Brösel aufstreuen oder Biskuit oder Mürbeteig darauflegen.
- Füllung darüber verteilen.
- Längsseiten mit Wasser bestreichen.
- Den breiteren Teigstreifen mit dem Rollschneider einschneiden, darauflegen und andrücken.
- 20 Minuten kühle Teigruhe.
- Mit Schwaden backen.
- Aprikotieren und glasieren.

Schillerlocken

Ca. 24 Stück
Backtemperatur: ca. 210 °C
Backzeit: ca. 25 Minuten

750 g Blätterteig

Zum Glasieren:
temperierte Kuvertüre

Zum Füllen:
Vanillekrem oder Vanillesahnekrem

- Den Blätterteig 2 mm dünn ausrollen (600 x 400 mm). Der Breite nach in 25 mm breite Streifen schneiden.
- Streifen mit Ei bestreichen, auf Schillerlockenformen wickeln und mit genügend Abstand zueinander auf Backtrennpapier setzen.
- 20 bis 30 Minuten kühle Teigruhe.
- Mit Schwaden backen.
- Noch heiß von den Formen klopfen, auskühlen lassen. Oberseiten mit temperierter Kuvertüre überziehen. Füllung eindressieren.

Kaffeegebäck aus Blätterteig

Es wird wie Kaffeegebäck aus Plunderteig hergestellt, jedoch lässt man die Teiglinge vor dem Backen nicht garen, sondern kühl ruhen.

Schweinsohren

Ca. 30 Stück
Backtemperatur: ca. 210 °C
Backzeit: ca. 15 Minuten

600 g Blätterteig

Zum Bestreuen:

Ca. 70 g Zucker oder Zimtzucker

- Den Blätterteig 2 mm dünn ausrollen (500 x 450 mm).
- Mit Zucker bestreuen und diesen mit dem Rollholz leicht andrücken.
- Die Breitseiten des Teiges in 60 mm breiten Lagen zweimal locker zur Mitte hin einschlagen. Die beiden Lagen in der Mitte übereinanderlegen.
- Kühle Teigruhe (eventuell kurz tiefkühlen, um das Schneiden zu erleichtern).
- In 10 bis 15 mm breite Scheiben schneiden. Mit der Schnittfläche auf Backtrennpapier legen.
- Kühle Teigruhe.
- Bei offenem Zug **ohne Schwaden** backen. Wenn die Seitenränder braun sind, die Schweinsohren umdrehen und so lange backen, bis beide Seiten goldbraun karamellisiert sind.

Variante

Schweinsohren nach dem Backen mit Vanillekrem und frischen Früchten fertigstellen.

Schweinsohren

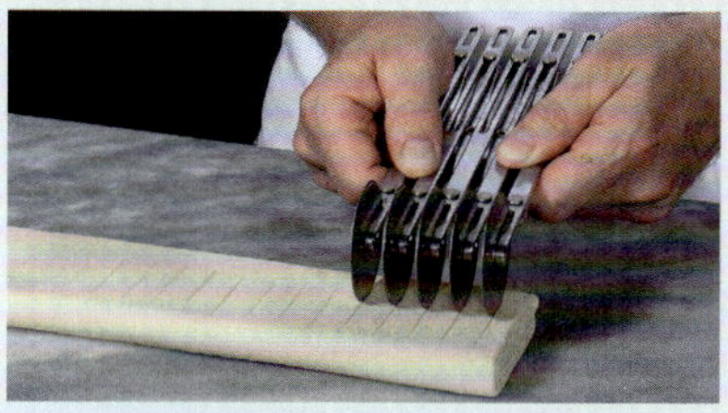

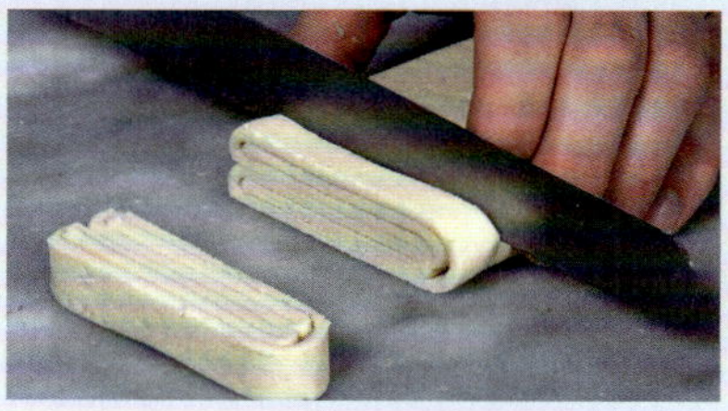

Käsegebäck aus Blätterteig

Käsestangen, Käsebrezeln

Backtemperatur: ca. 210 °C
Backzeit: ca. 12 Minuten

500 g Blätterteig

Käsemischung:

90 g	geriebener Emmentaler
50 g	geriebener Parmesan
	Paprika, Salz, Pfeffer

- Den Blätterteig 2 mm dünn und 200 mm breit ausrollen.
- Mit leicht gesalzener Eistreiche bestreichen.
- Die Käsemischung auf dem Teig verteilen und mit dem Rollholz leicht andrücken.
- Teig in Streifen (200 x 40 mm) schneiden.
- Streifen der Länge nach zusammenlegen und spiralförmig drehen. In Stangen- oder Brezelform auf Backtrennpapier setzen.
- 30 Minuten kühle Teigruhe.
- Mit Schwaden backen.

Varianten

- Käsemischung mit Sesam, Sonnenblumen- oder Kürbiskernen, Kümmel usw. ergänzen.
- Blätterteig vor dem Zusammenlegen der letzten Tour mit einem Teil der Käsemischung bestreuen.
- Oder einen Teil der Käsemischung in das Ziehfett einarbeiten.

Käseröllchen

- Aus Blätterteig mit Käseröllchenformen kleine Blätterteigröllchen herstellen.
- Mit pikanter Krem (siehe Aufstriche, Seite 400) füllen.
- Enden in geriebenen Käse oder geschnittenen Schnittlauch oder gekochtes, geriebenes Eigelb tauchen.

Ausgestochenes oder geschnittenes Käsegebäck

- Blätterteig oder Restblätterteig 2 mm dünn ausrollen und mit leicht gesalzener Eistreiche bestreichen.
- Käsemischung (siehe Käsestangen) aufstreuen, mit dem Rollholz leicht andrücken.
- Beliebige Formen ausstechen oder ausschneiden, auf Backtrennpapier setzen.
- 30 Minuten kühle Teigruhe. Mit Schwaden backen und auskühlen lassen.
- Nach Belieben mit pikanter Krem (siehe Aufstriche, Seite 400) doublieren.

Restblätterteig = Blätterteig, der beim Ausstechen oder Ausschneiden übrig geblieben ist. Er geht nicht mehr so stark auf.

Fehler bei Gebäck aus Blätterteigen

Gebäckfehler	Ursache und Erklärung
Teig zieht sich beim Ausrollen zusammen.	■ Teigruhe beim Tourieren nicht eingehalten
Gebäck zieht sich beim Backen zusammen.	■ Teigruhe vor dem Backen nicht eingehalten
Fett läuft beim Backen aus.	■ Beim Tourieren zu dick ausgerollt ■ Zu wenig Touren ■ Zu niedrige Backtemperatur
Gebäcke gehen unregelmäßig auf.	■ Fehler beim Tourieren: fettfreie Stellen im Teig ■ Schnittstellen durch stumpfes Werkzeug zerquetscht oder durch Eistreiche verklebt
Gebäcke haben eine zu trockene, zu harte Kruste.	■ Teiglinge vor dem Backen nicht bestrichen bzw. zu wenig Schwaden beim Backen
Gebäcke haben ein zu kleines Volumen und blättern zu wenig.	■ Beim Tourieren zu dünn ausgerollt ■ Tourenanzahl stimmt nicht ■ Teigruhe nicht eingehalten
Gebäcke haben eine speckige Krume.	■ Zu kurze Backzeit wegen zu hoher Backtemperatur ■ Zu feuchte Füllungen

Speckige Krume

§ **Bestimmungen für Mürbeteiggebäck (Kekse u. Ä.)** finden Sie in den Leitsätzen für Feine Backwaren unter www.bmel.de zum Downloaden.

! **Alle Mürbeteige bestehen aus den Grundzutaten:**
- Weizenmehl,
- Fett und
- Zucker.

6.4 Mürbeteige

Mürbeteige haben einen hohen Fettanteil, der den Gebäcken die mürbe Beschaffenheit gibt.

Die **Lockerung** erfolgt **physikalisch** durch Fett, Zucker, Luft und Wasserdampf (siehe Kapitel Lockerungs- und Bactriebmittel, Seite 181).

Mürbeteigarten	
Gewirkte Mürbeteige	**Gerührte Mürbeteige**
■ Sie können ausgerollt werden ■ Sie sind nur wenig gelockert ■ Für Teegebäck, Strudel, als Unterböden für Torten und Schnitten, für pikante Backwaren usw.	■ Sie können dressiert werden ■ Sie sind intensiver gelockert ■ Für Linzer Massen, Teegebäck usw.

Einfluss der Rohstoffe	
Mehl	■ Stärkereiches und kleberschwaches Weizenmehl eignet sich am besten zur Herstellung, da sich beim Mürbeteig aufgrund der Teigzusammensetzung (es fehlt die Flüssigkeit) kein Kleber bildet. Deshalb haben Mürbeteige auch kein Gashaltevermögen. ■ Der Ersatz von etwas Weizenmehl durch Weizenstärke macht den Teig weniger zäh.
Butter, Backmargarine	■ Das Fett umschließt die trockenen Zutaten in dicken Schichten. Die Bestandteile haften zwar zusammen (binden), verquellen aber nicht. Durch zu langes Kneten erwärmt sich das Fett und verquillt zum Teil mit den trockenen Zutaten. Der Teig verliert seine Bindung, er wird rissig – **brandig.** Brandiger Mürbeteig reißt beim Ausrollen, und die Gebäcke sind hart. ■ Backmargarine hat einen hohen Schmelzpunkt und wird daher nicht so leicht ölig. ■ Höhere Fettmengen machen den Teig dressierfähig und das Gebäck mürber.

Einfluss der Rohstoffe	
Zucker	■ Zucker kann im Teig nur schwer gelöst werden. Deshalb wird hauptsächlich Puderzucker verwendet. ■ Nicht gelöste Zuckerkristalle färben die Oberfläche beim Backen unregelmäßig braun. ■ Höhere Zuckermengen machen die Gebäcke härter, verleihen ihnen jedoch klare Konturen.
Eigelb, Eier	■ Sie beeinflussen die Teig- und Gebäckeigenschaften: Der Teig hat wegen der Emulgierfähigkeit des Eigelbs eine bessere Bindung, und die Gebäcke sind mürber.
Kerne, Kakaopulver, Schokolade	■ Sie dienen zur Geschmacksverbesserung. ■ Fein geriebene Kerne oder Kakao müssen vom Mehlgewicht abgezogen werden, um das Verhältnis von Zucker zu Fett zu Mehl aufrechtzuerhalten. ■ Grob gehackte Zusätze verändern das Verhältnis nicht.
Aromen, Gewürze	■ Sie verbessern den Geschmack, z. B. Vanille, Zitrone, Zimt, Nelken, Muskat, Kardamom, Salz.

Herstellung

Gewirkte Mürbeteige

Die Zutaten werden kühl verarbeitet und rasch zusammengewirkt.

Herstellung

- Fett, Puderzucker, Salz, Aromen und Gewürze glatt arbeiten.
- Eier dazugeben.
- Mehl und geriebene Kerne beigeben, zusammenwirken.
- Kühle Teigruhe. Dadurch lässt sich der Teig besser aufarbeiten, und man erzielt ein besseres Backergebnis.

Aufarbeitung

- Ausrollen, Staubmehl abkehren, ausstechen oder schneiden oder formen.
- Große Mürbeteigflächen (z. B. Unterböden für Schnitten) vor dem Backen stippen, um Blasenbildung beim Backen zu verhindern.

! Bei **maschineller Verarbeitung** wird der Teig etappenweise auf die gewünschte Ausrollstärke gebracht. Allerdings sollte die Anzahl der Etappen so gering als möglich sein, um ein Reißen des Teiges zu verhindern.

Gerührte Mürbeteige

Herstellung

- Fett, Puderzucker, Aromen und Gewürze schaumig rühren. Für größere Gebäcke (z. B. Linzer Hörnchen) die Masse nicht zu schaumig rühren, da die Gebäcke sonst sehr leicht brechen.
- Eier und Eigelb nach und nach beigeben.
- Gesiebtes Mehl und mögliche Zusätze (geriebene Kerne u. Ä.) einrühren.

Aufarbeitung

- Den gerührten Teig bzw. die Masse rasch in der gewünschten Form dressieren, da es sonst aufgrund der enthaltenen Flüssigkeit zur Kleberbildung kommt. Die Masse wird zäh und lässt sich nur mehr schwer dressieren.
- Durch die Handwärme beim Dressieren kann der Teig brandig werden.

Backen

- **Backtemperatur** (180 bis 200 °C) und **Backzeit** hängen von der Teigart, von der Gebäckgröße sowie von eventuell mitzubackenden Füllungen oder Belägen ab.
- Mürbeteiggebäcke werden ohne Schwaden bei offenem Zug gebacken, damit die Gebäcke ihre Form behalten.

Rezeptbeispiele für Feine Backwaren aus Mürbeteigen

1-2-3-Teig (Grundrezept)

Die Bezeichnung 1-2-3-Teig gibt das Verhältnis von Zucker, Fett und Mehl an.

300 g	Puderzucker
600 g	Butter (Margarine)
900 g	Mehl, Type 550
50 g	Ei (1) oder
60 g	Eigelb (3)
	Prise Salz
	Vanille, Zitrone
1 850 g	**Rezeptgewicht**

- Gewirkten Mürbeteig herstellen.

Verwendung
- Für Teegebäck.
- Als Unterböden für Torten, Schnitten und Desserts.
- Zum Auslegen von Formen.

1-2-3-Teig mit Nüssen

300 g	Puderzucker
600 g	Butter (Margarine)
750 g	Mehl, Type 550
140 g	fein geriebene Walnüsse
140 g	geröstete, fein geriebene Haselnüsse
50 g	Ei (1) oder
60 g	Eigelb (3)
	Prise Salz
	Zimt
1 980 g	**Rezeptgewicht**

Linzer Augen

Backtemperatur: 180 °C
Backzeit: ca. 12 Minuten

1-2-3-Teig

Zum Füllen:
Aprikosen- oder Johannisbeerkonfitüre

Zum Bestreuen:
Vanillepuderzucker

- Den Mürbeteig ca. 3 mm dünn ausrollen. Mit einem gezackten Ausstecher Plätzchen ausstechen. Auf Backtrennpapier setzen.
- Bei der Hälfte der Plätzchen mit einem glatten Ausstecher in der Mitte ein Loch ausstechen.
- Backen und auskühlen lassen.
- Plätzchen mit Konfitüre doublieren und mit Vanillepuderzucker besieben.
- Das „Auge“ im Oberteil mithilfe eines Gießtrichters mit kochend heißer Aprikosenkonfitüre füllen.

Variante
Oberteile vor dem Backen mit Ei bestreichen und in gehobelte weiße Mandeln oder Hagelzucker tauchen.

Doublieren = Zusammensetzen von zwei Gebäckstücken.

Linzer Torte, Linzer Schnitten

3 Tortenringe à ∅ 180 mm
Backtemperatur: Ober- und Unterhitze 200 °C, nach 15 Minuten auf 170 °C fallend
Backzeit: ca. 45 Minuten

250 g	Butter
250 g	Kremmargarine
250 g	Puderzucker
	Vanille, Zitrone,
	Zimt, Nelkenpulver,
	Bittermandelaroma,
	Prise Salz
250 g	Eier (5)
50 g	feinstgehackte Aranzini
330 g	Mehl, Type 550
250 g	geröstete, geriebene Haselnüsse oder geriebene Walnüsse
250 g	süße Brösel
1 880 g	**Rezeptgewicht**

Zum Füllen:
600 g Johannisbeerkonfitüre

Zum Bestreuen:
gehobelte weiße Mandeln

- Gerührten Mürbeteig herstellen.
- Für Linzer Torte ca. zwei Drittel der Masse in die Tortenringe oder für Linzer Schnitten in einen Kapselrahmen streichen oder dressieren.
- Konfitüre mit etwas Abstand zum Tortenring bzw. Kapselrahmen aufstreichen.
- Aus der restlichen Masse mit einer Sterntülle (∅ 8–10 mm) ein schräges Gitter und einen Rand dressieren.
- Mit gehobelten weißen Mandeln bestreuen.
- Backen.
- Mit Puderzucker besieben.

Linzer Torte kann auch aus gewirktem Mürbeteig hergestellt werden

Vanillehörnchen

Backtemperatur: 190 °C
Backzeit: ca. 12 Minuten

280 g	Butter
140 g	Puderzucker
	Prise Salz
	Vanille
50 g	Ei (1)
350 g	Mehl, Type 550
90 g	fein geriebene braune oder weiße Mandeln
90 g	geröstete, geriebene Haselnüsse
1 000 g	**Rezeptgewicht**

Zum Bestreuen:
Vanillepuderzucker

- Gewirkten Mürbeteig herstellen.
- Den Teig zu Stangen rollen. In Stücke à ca. 10 g schneiden.
- Zu Hörnchen formen (Enden etwas spitzer) und auf Backtrennpapier setzen.
- Bei schwacher Unterhitze backen.
- Sofort mit Vanillepuderzucker dicht besieben und auskühlen lassen.
- Eventuell nochmals mit Puderzucker besieben.

Dressierte Linzer Bäckerei – Linzer Hörnchen

Backtemperatur: 190 °C
Backzeit: 10–15 Minuten

330 g	Butter
150 g	Puderzucker
	Vanille, Zitrone
	Prise Salz
50 g	Ei (1)
60 g	Eigelb (3)
410 g	Mehl, Type 550
1 000 g	**Rezeptgewicht**

Zum Füllen:
Aprikosenkonfitüre

Zum Überziehen:
temperierte Kuvertüre

- Gerührten Mürbeteig herstellen.
- Für **Linzer Hörnchen** mit einer großen Sterntülle (∅ 10–12 mm) rasch große Halbmonde,
- für **Teegebäck** mit einer kleineren Sterntülle (∅ 8 mm) kleine Formen (Tropfen, Halbmonde, Herzen, Stangen ...) auf Backtrennpapier dressieren.
- Backen und auskühlen lassen.
- Hörnchen mit viel Konfitüre doublieren und die Spitzen mit temperierter Kuvertüre überziehen.
- Teegebäck nach dem Doublieren mit temperierter Kuvertüre überziehen oder filieren.

Streusel

300 g	Butter
300 g	Zucker
	Vanille
	Zimt (bei Bedarf)
	Prise Salz
450 g	Mehl, Type 550
1 050 g	**Rezeptgewicht**

- Gewirkten Mürbeteig herstellen und kühl stellen.
- Bei Bedarf durch ein grobes Sieb reiben.

Variante
150 g Mehl durch 150 g geröstete, fein geriebene Haselnüsse ersetzen.

Für Streusel werden die Zutaten Zucker, Fett und Mehl im Verhältnis 2 : 2 : 3 verarbeitet

! Käsemürbeteig unterscheidet sich vom herkömmlichen Mürbeteig dadurch, dass er ohne Zucker, aber mit geriebenem Käse und anderen Gewürzen zusammengewirkt wird.

Käsemürbeteig, Käsemürbgebäck

Backtemperatur: 180–200 °C
Backzeit: ca. 20 Minuten

500 g	Butter
500 g	geriebener Käse
	Salz, weißer Pfeffer
	Paprika
500 g	Mehl, Type 550
1 500 g	**Rezeptgewicht**

- Butter, Käse und Gewürze glatt arbeiten.
- Mit dem Mehl kneten. Kühle Teigruhe.
- Den Teig 3 mm dünn ausrollen und mit kleinen Formen ausstechen oder ausschneiden. Auf Backtrennpapier setzen.
- Mit leicht gesalzener Eistreiche bestreichen und mit Mandeln oder Walnüssen belegen. Oder mit Mohn, Sesam, Kümmel, geriebenem Käse usw. bestreuen.
- Backen.
- Nach Belieben mit pikanter Krem (siehe Aufstriche, Seite 400) doublieren.

Kleine Käsegebäcke (Käse-Fours) können auch aus Brandmasse (Seite 370) hergestellt werden.

Mürbeteig wirft Blasen

§ **Bestimmungen für Lebkuchen** finden Sie in den Leitsätzen für Feine Backwaren unter www.bmel.de zum Downloaden.

Fehler bei Gebäck aus Mürbeteigen

Gebäckfehler	Ursache und Erklärung
Mürbeteig hat keine Bindung (brandig).	▪ Zu warmes Fett ▪ Zu lange geknetet
Gerührter Mürbeteig ist zäh.	▪ Masse zu langsam verarbeitet
Mürbeteig reißt beim Rollen.	▪ Teig zu kurz gekühlt oder brandig
Dressierte Gebäcke laufen beim Backen breit.	▪ Zu schaumig gerührt ▪ Zu weicher Teig ▪ Zu niedrige Backtemperatur
Mürbeteig wirft beim Backen Blasen.	▪ Große Flächen nicht gestippt
Gebäcke sind sehr bruchempfindlich.	▪ Zu hoher Fettanteil
Gebäcke sind zu wenig knackig.	▪ Zu geringer Zuckeranteil

6.5 Lebkuchenteige und Lebkuchenmassen

Der Name Lebkuchen ist wahrscheinlich auf die lateinische Klostersprache zurückzuführen, in der das Wort „libum“ nichts anderes als einen Fladen bezeichnete. Eine weitere Möglichkeit den Ursprung des Wortes „Lebkuchen“ zu deuten, bietet auch das mittelhochdeutsche „lebbe“, das man mit „süß“ übersetzen könnte.

Heute unterscheidet man folgende Lebkuchenarten:

Lebkuchenarten	
Honiglebkuchen oder braune Lebkuchen (aus Lebkuchenteigen)	**Oblatenlebkuchen (aus Lebkuchenmassen)**
▪ Sie werden aus Weizenmehl, Roggenmehl, Honig oder verschiedenen Zuckerarten, Gewürzen, Eiern, Fett, Nüssen sowie Früchten hergestellt. ▪ Die Gebäcke sind besonders würzig, sehr süß, saftig oder knackig und lange haltbar.	▪ Sie werden aus Nüssen und/oder Mandeln, Marzipanrohmasse, Zucker, Eiklar, Gewürzen, Früchten und eventuell etwas Mehl hergestellt. ▪ Oblatenlebkuchen sollten relativ frisch angeboten werden.

Die **Lockerung von Lebkuchenteigen** erfolgt chemisch durch Beigabe von Ammoniumbicarbonat und Pottasche. Zur **Kontrolle der Triebwirkung** sollte unbedingt vor der Aufarbeitung des Teiges eine Backprobe durchgeführt werden. Dabei werden **Gebäckfehler** sichtbar:

Zu wenig Trieb	Zu viel Trieb	Optimaler Trieb
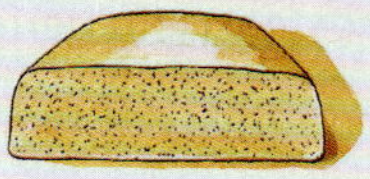	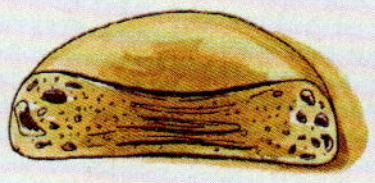	

Lebkuchenmassen werden **physikalisch** durch **Wasserdampf** gelockert und enthalten keine oder nur geringfügige Mengen an chemischen Triebmitteln.

Einfluss der Rohstoffe	
Weizenmehl, Type 550	▪ Es dient zur Krumenbildung (Gashaltevermögen des Klebers). ▪ Kleberschwache Mehle machen den Teig weniger zäh.
Roggenmehl, Type 997	▪ Es verbessert die Teigeigenschaften (verhindert eine zähe Teigbeschaffenheit) und ▪ gibt den Gebäcken einen kräftigen, aromatischen Geschmack. ▪ Der Anteil sollte 25–35 % betragen.
Honig	▪ Er verbessert den Geschmack und die Bräunung der Gebäcke, ▪ erhöht durch seinen hohen Anteil an Invertzucker die Erhaltung der Frische und die weiche Konsistenz der Gebäcke.

Einfluss der Rohstoffe	
Zucker	■ Zucker (Rüben- und Rohrzucker) wird als Süßungs- und Bräunungsmittel zugesetzt und ist für die Lagerfähigkeit verantwortlich. ■ Sirup oder Flüssigzucker verbessert die Teigeigenschaften durch den hohen Anteil an gelöstem Zucker (nicht gelöste Zuckerkristalle färben die Oberfläche beim Backen unregelmäßig braun). Glukosesirup und Invertzucker dienen vor allem der Erhaltung der Frische und weichen Beschaffenheit.
Fett	■ Es macht den Teig geschmeidiger und ■ erhöht die Mürbung und den Geschmack der Gebäcke.
Eier, Eiklar	■ Sie verbessern die Teigbindung, das Gashaltevermögen und den Geschmack der Gebäcke.
Gewürze	■ Sie verleihen den Gebäcken den charakteristischen Geschmack, z. B. Zimt, Nelken, Muskat, Mazis, Anis, Neugewürz, Kardamom, Ingwer, Fenchel, Koriander und Salz. ■ Grundsätzlich rechnet man für 1 000 g Teig ca. 10–15 g Gewürz.
Ammonium-bicarbonat, Pottasche	■ Ammonium beeinflusst den Geschmack und das Aroma. ■ Pottasche bewirkt eine nachlassende, fließende Teigbeschaffenheit (Breitlaufen). ■ Ammoniumbicarbonat und Pottasche werden getrennt in etwa der doppelten Menge an Flüssigkeit aufgelöst und getrennt dem Teig beigegeben, um ein Aufheben der Triebwirkung zu vermeiden. ■ Die durchschnittliche Zugabemenge beträgt bei Ammoniumbicarbonat ca. 5–10 g pro 1 000 g Teig, bei Pottasche ca. 10–15 g pro 1 000 g Teig.

Ammoniumbicarbonat und Pottasche siehe Kapitel Lockerungs- und Backtriebmittel, Seite 181.

Herstellung von Lebkuchenteigen (braunen Lebkuchen)

Teigführungsarten

Braune Lebkuchen werden mit direkter oder indirekter Führung hergestellt.

Indirekte Führung – Lagerteige

Lagerteig

- Honig, Sirup oder Zucker mit Wasser auf 60–80 °C erhitzen. Auf 40 °C abkühlen lassen, um eine vorzeitige Stärkeverkleisterung und Eiweißgerinnung zu verhindern.
- Weizen- und Roggenmehl beigeben, zu einem weichen Teig kneten.
- Kühl und verschlossen mehrere Monate lagern.

Lebkuchenteig

Er wird erst unmittelbar vor der Aufarbeitung hergestellt.

- Den Lagerteig erwärmen.
- Eier und Gewürze schaumig rühren.
- Mit dem restlichen Mehl und dem Lagerteig kneten.
- Die in Flüssigkeit getrennt aufgelösten Triebmittel zusetzen und den Teig einige Minuten kneten.
- Ein bis zwei Tage lagern.

Vorteile der indirekten Führung

- Während der Lagerung bilden Milchsäurebakterien Aromastoffe und Milchsäure. Die Aromastoffe verleihen dem Teig seinen typischen Geschmack. Die Milchsäure ermöglicht durch die Reaktion mit der Pottasche die Triebwirkung (CO_2) und begünstigt die Verkleisterung der Roggenstärke.
- Der Zucker kann sich völlig lösen.

In der Praxis erzielt man bei der Herstellung von Lagerteigen mit folgendem Mischungsverhältnis der Zutaten gute Backergebnisse:

- Weizenmehl zu Roggenmehl 1 : 2,
- Zuckerstoffe zu Mehl 5 : 4.

Grundteig (Lagerteig)

Finden Sie eine Erklärung dafür, warum Lebkuchenteigen, die mit Pottasche hergestellt werden, bei direkter Führung Säure beigegeben werden muss!

Direkte Führung – Frischteige

Bei der direkten Führung wird der Lebkuchenteig mit allen Zutaten, jedoch ohne Herstellung eines Lagerteiges, zubereitet. Die Zutaten werden wie bei der indirekten Führung behandelt.
Auch Frischteige sollten mindestens zwei Tage lagern, um gute Verarbeitungseigenschaften und eine gute Gebäckqualität zu erzielen.

Aufarbeitung von Lebkuchenteigen

- Vor der Aufarbeitung sollte man eine Backprobe durchführen, um bei ungenügender Lockerung eventuell noch etwas Triebmittel nachgeben zu können.
- Anschließend den Teig ausrollen, vom Staubmehl befreien, ausstechen oder schneiden oder formen, eventuell mit Früchten o. Ä. füllen.
- Auf Backtrennpapier oder gewachste Backbleche setzen.
- Mit Milch oder Ei bestreichen, eventuell mit Kernen oder Dickzuckerfrüchten belegen.

Backen von Lebkuchenteigen

Lebkuchenteige werden

- bei ca. 170 bis 190 °C und gleich bleibender Hitze,
- ohne Schwaden gebacken. Eventuell nach halber Backzeit den Zug öffnen.

Fertigstellung von Lebkuchengebäcken

Zuckercouleur = in Wasser aufgelöster, dunkler Karamell.

- Lebkuchen, die nicht glasiert werden, noch heiß mit Dextringlasur oder einem Gemisch aus pasteurisierten Eiern und Zuckercouleur abglänzen.
- Die Gebäcke nach dem Backen sofort vom Backblech schieben, um ein Nachdunkeln zu vermeiden.
- Für glasierte Lebkuchen die noch ofenheißen Gebäcke mit Fadenzuckerglasur bestreichen.
- Ausgekühlte Gebäcke können mit Gelee, Marzipan, Nougat, Konfitüre u. Ä. gefüllt, in Kuvertüre getunkt oder mit Eiweißspritzglasur verziert werden.

Lagerung von Lebkuchengebäcken

Gebäcke aus Lebkuchenteig sind nach dem Backen meist hart und wenig aromatisch. Deshalb sollten sie **so rasch als möglich luftdicht verpackt** und einige Tage oder Wochen gelagert werden. Bei der Lagerung

- wird der Lebkuchen durch die hygroskopische Wirkung der Zuckerstoffe wieder weich und
- werden die Aromastoffe der Gewürze freigesetzt.

Herstellung und Backen von Lebkuchenmassen (Oblatenlebkuchen)

Oblatenlebkuchen werden vielfach auch als Makronenlebkuchen bezeichnet, da die Lebkuchenmasse der Makronenmasse sehr ähnlich ist.

Die Massen werden ähnlich einer Makronenmasse (siehe Kapitel Massen, Seite 368) hergestellt. Da sie sehr weich sind, werden sie meist auf Oblaten gestrichen und bei ca. 180 °C ohne Schwaden gebacken.

Zu den Oblatenlebkuchen gehören:

- Mandellebkuchen,
- Marzipanlebkuchen,
- Nusslebkuchen,
- Elisenlebkuchen,
- weiße Lebkuchen.

Rezeptbeispiele für Gebäck aus Lebkuchenteigen

Einfacher Lebkuchen- oder Honigteig (Grundrezept)

Backtemperatur: Oberhitze 190 °C, Unterhitze 170 °C **Backzeit:** 10–15 Minuten		■ Den Lebkuchenteig indirekt oder direkt herstellen.
Lagerteig:		■ Backprobe durchführen!
1 000 g	Honig	■ Den Lebkuchenteig ca. 4 mm dünn ausrollen, Staubmehl abkehren.
200 g	Glukosesirup	■ Verschiedene Formen ausstechen oder formen.
300 g	Wasser	■ Mit Milch bestreichen, eventuell mit ganzen oder gehobelten oder in Stifte geschnittenen weißen Mandeln belegen.
500 g	Rohzucker	■ Auf Backtrennpapier setzen und backen.
1 000 g	Mehl, Type 997	■ Fertigstellen und verpacken.
600 g	Mehl, Type 550	
Lebkuchenteig:		
550 g	Eier (11)	
15 g	Salz	
120 g	Lebkuchengewürz	
900 g	Mehl, Type 550	
400 g	feinstgehackte Aranzini	
45 g	Ammoniumbicarbonat	
20 g	Pottasche	
5 650 g	**Rezeptgewicht**	

St. Galler Biberle

Backtemperatur: Oberhitze 190 °C, Unterhitze 170 °C **Backzeit:** 10–15 Minuten		■ **Mandelfüllung:** Marzipanrohmasse, Puderzucker, Aranzini, Grand Marnier und Orangenpaste anwirken. Zu Stücken mit je 150 g abwiegen. Stücke zu 400 mm langen Stangen rollen.
1 000 g Honigteig		■ Den Honigteig ca. 2–3 mm dünn ausrollen (480 x 400 mm). In 80 mm breite Streifen schneiden.
Mandelfüllung:		■ Je eine Rolle Marzipanfüllung darauflegen, einrollen und auf Backtrennpapier setzen.
560 g	Marzipanrohmasse	■ Mit Ei bestreichen und backen.
160 g	Puderzucker	■ Eventuell ofenheiß nochmals mit Ei oder Dextringlasur bestreichen. Kühl stellen.
100 g	feinstgehackte Aranzini	■ Stangen in trapezförmige Stücke schneiden und Schnittstellen mit temperierter Kuvertüre überziehen.
70 g	Grand Marnier	
20 g	Orangenpaste	

Gefüllter Lebkuchen

Backtemperatur: Oberhitze 190 °C, Unterhitze 170 °C **Backzeit:** 10–15 Minuten		■ **Fruchtfüllung:** Die Früchte sehr fein hacken und mit den restlichen Zutaten mischen.
1 000 g Honigteig		■ Den Honigteig 3 mm dünn ausrollen.
Fruchtfüllung 1:		■ Scheiben mit ∅ 50 mm und gleich viele Scheiben mit ∅ 40 mm ausstechen.
130 g	Sultaninen	■ Auf die kleineren Scheiben Fruchtfüllung 1 oder Fruchtfüllung 2 dressieren.
130 g	Dörrpflaumen	■ Je eine größere Scheibe darauflegen, andrücken.
130 g	Aranzini	■ Auf Backtrennpapier setzen, mit Milch bestreichen und backen.
130 g	Zitronat	■ Oberseiten noch heiß mit Fadenzuckerglasur dünn bestreichen. Kühl stellen.
80 g	geröstete, grob gehackte Haselnüsse	■ Boden in temperierter Kuvertüre absetzen.
130 g	Johannisbeerkonfitüre	
50 g	Rum	
30 g	Kirschwasser	
	Läuterzucker nach Bedarf	

Die bei den Rezepten angeführten Glasuren finden Sie im Kapitel Glasuren und Überzugsmassen, Seite 383 beschrieben.

Beispiel einer Lebkuchengewürzmischung:
37 g Zimt
20 g Neugewürz
10 g Nelken
15 g Kardamom
15 g Koriander
15 g Fenchel
8 g Muskat

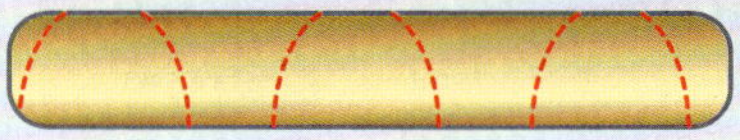

Werden die Teigstangen vor dem Backen in Stücke geschnitten, trocknet die Füllung rascher aus.

Melangieren = im Melangeur (Walzenreibmaschine) bearbeiten.

Gefüllter Lebkuchen

Fruchtfüllung 2:	Rationelle Herstellungsvariante
350 g Dörrpflaumen	▪ Die Hälfte des Honigteigs 2–3 mm dünn ausrollen, auf Backtrennpapier setzen, stippen, mit einem Kapselrahmen umstellen.
350 g Pflaumenmus	▪ Hell backen und etwas überkühlen lassen.
60 g Zwetschgenschnaps	▪ Fruchtfüllung ca. 5 mm hoch auftragen.
Läuterzucker nach Bedarf	▪ Restlichen Teig ausrollen, auf die Füllung legen, mit Milch bestreichen und fertig backen. ▪ Nach Belieben fertigstellen.

Dekorlebkuchenteig

Backtemperatur: Oberhitze 190 °C, Unterhitze 170 °C **Backzeit:** 10–15 Minuten	▪ Den Lebkuchenteig direkt herstellen. ▪ Mindestens zwei Tage verschlossen lagern.
Lebkuchenteig:	▪ Backprobe durchführen.
80 g Wasser	▪ Den Teig ca. 4 mm dünn ausrollen, Staubmehl abkehren.
330 g Rohzucker	
1 250 g Honig	▪ Gewünschte Formen ausstechen, mit Milch bestreichen, eventuell mit Kernen belegen.
80 g Glukosesirup	
1 100 g Mehl, Type 997	▪ Auf Backtrennpapier setzen und backen.
1 000 g Mehl, Type 550	▪ Ofenheiß mit Dextringlasur oder Eistreiche abglänzen.
500 g Eier (10)	
10 g Salz	▪ Mit Eiweißspritzglasur, Marzipan u. Ä. dekorieren.
100 g Lebkuchengewürz	
300 g feinstgehackte Aranzini	**Verwendung**
40 g Ammoniumbicarbonat	Für Figurenlebkuchen, Muttertagsherzen, Lebkuchenhäuser usw.
20 g Pottasche	
5 000 g Rezeptgewicht	

Rezeptbeispiel für Gebäck aus Lebkuchenmasse

Elisenlebkuchen

Ca. 38 Stück à ca. 50 g **Backtemperatur:** 160–170 °C **Backzeit:** 15–20 Minuten	▪ Zucker, Nüsse, Mandeln, Aranzini, Vanillezucker, Zimt, Salz, Zitronenschale, Muskat und Kardamom trocken mischen.
Makronenmasse:	▪ Mit Invertzucker und einem Teil Eiklar zu einer relativ festen Masse mischen.
500 g Zucker	
270 g geriebene Walnüsse	▪ Marzipanrohmasse dazugeben und glatt arbeiten.
280 g geriebene Mandeln	▪ Im Wasserbad auf etwa 60 °C abrösten.
120 g feinstgehackte Aranzini	▪ Auf ein Backblech leeren und auskühlen lassen.
20 g Vanillezucker	▪ Das mit Milch verrührte Ammoniumbicarbonat und Mehl der Masse beigeben, eventuell melangieren.
10 g Zimt	
7 g Salz	▪ Je 50 g auf die Oblaten dressieren oder mit einem Eisportionierer daraufgeben und mit einer Palette oder einem Elisenstreichgerät aufstreichen.
3 g Zitronenschale	
3 g Muskat	
2 g Kardamom	▪ Einige Stunden trocknen lassen.
90 g Invertzucker	▪ Ohne Schwaden backen.
ca. 350 g Eiklar (12)	▪ Noch heiß mit Fadenzuckerglasur bestreichen.
180 g Marzipanrohmasse	**Varianten**
10 g Ammoniumbicarbonat	▪ Lebkuchen nach dem Aufstreichen der Masse mit weißen Mandeln belegen.
20 g Milch	
50 g Mehl, Type 550	▪ Ausgekühlte Lebkuchen mit temperierter Kuvertüre überziehen.
Zum Backen:	
38 Backoblaten (∅ 80 mm)	

Fehler bei Gebäck aus Lebkuchenteigen

Gebäckfehler	Ursache und Erklärung
Gebäcke sind zu hart.	■ Zu hoher Zuckeranteil, zu wenig Trieb ■ Falsch gelagert
Gebäcke sind zu trocken.	■ Zu hoher Weizenmehlanteil, zu lange gebacken
Blasen auf der Gebäckoberfläche.	■ Backtemperatur ist zu hoch ■ Oberfläche mit zu viel Milch bestrichen
Gebäcke sind eingefallen.	■ Zu viel Triebmittel, zu weicher Teig
Gebäcke laufen beim Backen breit.	■ Zu weicher Teig ■ Zu viel Pottasche oder Roggenmehl
Flecken auf der Gebäckoberfläche.	■ Triebmittel oder Zucker ist nicht gelöst

6.6 Strudelteig

Der Teig wird durch vorsichtiges Ziehen mit den Händen dünn ausgezogen und verschieden gefüllt, z. B. mit Obst-, Quark-, Gemüse-, Fleischfüllungen usw.

Strudelteig (Grundrezept)		
1 Strudel, 600 mm Länge		■ Alle Zutaten intensiv kneten, bis der Teig glatt und seidig ist. ■ Teig rund wirken, flach drücken und auf eine mit Öl bestrichene Unterlage setzen. ■ Mit Öl bestreichen und zugedeckt bei Raumtemperatur ruhen lassen. ■ Auf einem bemehlten Strudeltuch zuerst vorrollen und dann mit bemehlten Handrücken unter den Teig greifen und von der Mitte aus gegen die Tischkanten hin durchscheinend dünn ziehen. ■ Je nach Rezept weiterverarbeiten.
320 g	Mehl, Type 550	
8 g	Salz	
24 g	Öl	
200 g	Wasser	
552 g	**Rezeptgewicht**	

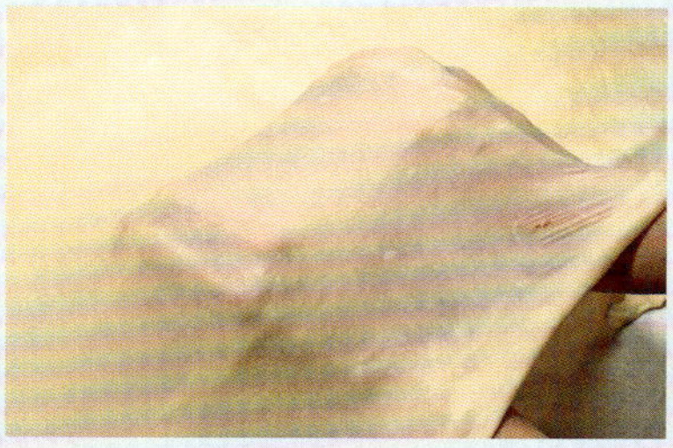
Weizenmehl mit guter Kleberqualität ist Voraussetzung, damit sich der Teig papierdünn ziehen lässt

Apfelstrudel		
1 Strudel, 600 mm Länge **Backtemperatur:** 220 °C, auf 180 °C fallend **Backzeit:** ca. 30–45 Minuten		■ Den Strudelteig laut Grundrezept herstellen.
Strudelteig		
Zum Bestreichen:		
flüssige Butter		
Butterbrösel:		■ **Butterbrösel:** Butter aufschäumen lassen. Brösel beigeben und kurz durchrühren.
60 g	Butter	
100 g	Weißbrotbrösel	
Apfelfüllung:		■ **Apfelfüllung:** Äpfel in 3 bis 4 mm dicke Scheiben schneiden. Mit den übrigen Zutaten mischen und kurz ziehen lassen.
1 200 g	geschälte, entkernte, säuerliche Äpfel	
60 g	Zitronensaft	
120 g	Zucker	
	Zimt	
	geriebene Zitronenschale	
50 g	Sultaninen	
60 g	Rum	

■ Ein Drittel der Teigfläche mit Butterbröseln bestreuen. Apfelfüllung darauf verteilen.
■ Die restliche Teigfläche mit Butter beträufeln.
■ Teigränder abschneiden und den Teig mithilfe des Tuches zum Strudel aufrollen.
■ Mit dem Schluss nach unten auf ein befettetes Randblech setzen und mit Butter bestreichen.
■ Im heißen Rohr anbacken, mit Butter bestreichen und bei verringerter Temperatur fertig backen.
■ Leicht überkühlen lassen und mit Vanillepuderzucker besieben.

Den Teig immer bei der Füllung beginnend zum Strudel aufrollen

Pikante Strudel
Siehe Kapitel Snacks – kleine kalte und warme Speisen, Seite 405.

Notizen zu den Arbeitsaufgaben:

Arbeitsaufgaben

1. Zählen Sie einige Teige auf, die zur Herstellung von Feinen Backwaren verwendet werden.
2. Erklären Sie den Unterschied zwischen direkter und indirekter Teigführung bei der Herstellung von Hefeteigen.
3. Begründen Sie, warum die direkte Teigführung angewandt wird.
4. Beschreiben Sie die Herstellung eines Vorteiges.
5. Nennen Sie Vorteile der Vorteigführung.
6. Schildern Sie, was die Teigruhe bewirkt.
7. Erläutern Sie, worauf beim Backen von Hefegebäcken zu achten ist.
8. Nennen Sie ein Rezept für einen leichten Hefeteig.
9. Beschreiben Sie die Herstellung von Berliner Pfannkuchen.
10. Erklären Sie, wie Pinzen ihre charakteristische Form erhalten.
11. Beschreiben Sie die Herstellung eines gerührten Hefegugelhupfs (Napfkuchens).
12. Schildern Sie die Zubereitung von Mohn- und Nussbeugel.
13. Beschreiben Sie den Lockerungsprozess bei Plunderteigen.
14. Erklären Sie, wovon die Anzahl der Ziehfettschichten (Touren) und die Gärdauer bei Plunderteigen abhängen.
15. Schildern Sie die Herstellung eines beliebigen Gebäckes aus Plunderteig.
16. Nennen Sie mögliche Fehler bei der Herstellung von Plunderteiggebäcken.
17. Erörtern Sie, wodurch Blätterteige gelockert werden.
18. Nennen Sie Möglichkeiten der Herstellung von Blätterteig.
19. Schildern Sie, wie die Fett- und Teigschichten entstehen.
20. Beschreiben Sie die Herstellung des deutschen Blätterteiges.
21. Geben Sie die Anzahl der Touren bei der Herstellung von Blätterteig an sowie die dabei einzuhaltenden Ruhezeiten.
22. Führen Sie zwei typische Gebäcke aus Blätterteig an und beschreiben Sie ihre Herstellung.
23. Nennen Sie mögliche Fehler bei der Herstellung von Blätterteiggebäcken.
24. Beschreiben Sie den Einfluss von Mehl, Zucker und Fett bei der Herstellung von Mürbeteiggebäcken.
25. Erklären Sie, worauf sich die Bezeichnung 1-2-3-Teig bezieht.
26. Beschreiben Sie die Herstellung von gewirkten Mürbeteigen.
27. Erklären Sie die Lockerung von gerührten Mürbeteigen.
28. Nennen Sie Gebäcke aus gerührtem Mürbeteig.
29. Beschreiben Sie die Herstellung einer Linzer Torte.
30. Nennen Sie mögliche Fehler bei der Herstellung von Mürbeteiggebäcken.
31. Zählen Sie Arten von Lebkuchen auf. Beschreiben Sie, wodurch sie sich unterscheiden.
32. Führen Sie die Triebmittel an, die zur Lockerung von Lebkuchenteigen eingesetzt werden. Erörtern Sie, worauf bei ihrer Verwendung besonders zu achten ist.
33. Erklären Sie die direkte und indirekte Teigführung bei der Herstellung von Lebkuchenteigen.
34. Nennen Sie Vorteile, die sich durch die Lagerung des Grundteiges ergeben.
35. Beschreiben Sie die Herstellung von Oblatenlebkuchen.
36. Begründen Sie, warum Lebkuchen nach dem Backen gelagert werden soll.
37. Nennen Sie mögliche Fehler bei der Herstellung von Lebkuchen.
38. Zählen Sie Teige auf, die sich zur Herstellung von Käsegebäck eignen.
39. Nennen Sie zwei Käsegebäcke und beschreiben Sie ihre Herstellung.
40. Beschreiben Sie die Herstellung eines gezogenen Apfelstrudels.

7 Feine Backwaren aus Massen

Massen bestehen großteils aus Eiern, die im Ganzen oder getrennt mit anderen Zutaten schaumig gerührt bzw. geschlagen werden. Die Lockerung erfolgt physikalisch durch das Einschlagen von Luft oder – bei Massen mit einem sehr hohen Fettanteil – auch chemisch durch zusätzliche Beigabe von Backpulver.

Nach der Herstellung unterscheidet man
- Massen mit und
- Massen ohne Aufschlag.

Unsere Ziele

Nach Bearbeitung dieses Teilkapitels werden Sie …
- über die wesentlichen Unterschiede von Teigen und Massen Bescheid wissen;
- verschiedene Massenarten kennen;
- über die back- und verarbeitungstechnischen Auswirkungen der Rohstoffe unterrichtet sein;
- den Unterschied zwischen Wiener Masse und Sandmasse kennen;
- fähig sein, die Sandmasse nach unterschiedlichen Methoden herzustellen;
- über die Herstellung und Verwendung verschiedener Spezialmassen Bescheid wissen.

Besprechen Sie anhand einiger Teig- und Massenarten die wesentlichen Unterschiede
- der Rezeptgrundlagen,
- der Herstellungsverfahren,
- der Konsistenz und
- der Lockerungsart.

Wiederholen Sie das Kapitel Lockerungs- und Backtriebmittel, Seite 181.

Merkmale von Teigen und Massen		
	Teige	**Massen**
Rezeptgrundlagen	■ **Mehl** (Grundrezepterstellung auf 1 000 g Mehl) ■ Wasser oder Milch	■ **Eier** (Grundrezepterstellung auf 50 g Ei [1]) ■ Zucker ■ Fett ■ Weizenmehl und -puder
Herstellungsverfahren	■ Kneten	■ Rühren ■ Schlagen ■ Abrösten
Konsistenz	■ Formbar	■ Fließfähig ■ Streichfähig ■ Dressierfähig
Lockerungsart	■ Biologisch ■ Chemisch ■ Physikalisch	■ Physikalisch ■ Chemisch

Massenarten	
Massen mit Aufschlag	**Massen ohne Aufschlag**
■ Schaummassen ■ Biskuitmassen ■ Wiener Massen ■ Sandmassen	■ Makronenmassen ■ Hippenmassen ■ Brand- oder Brühmassen ■ Röstmassen

Wissenswertes dazu

- Zum Aufschlagen von Eiklar müssen die Gefäße und Geräte frei von Fett oder Eigelb sein, da Fett das Schaumbildungsvermögen beeinträchtigt.
- Gebäcke mit einem sehr hohen Eiklaranteil haben ein größeres Volumen, jedoch ist die Krume großporig und strohig-trocken.

Wussten Sie, dass ...
sich frisches Eiklar schwerer aufschlagen lässt als älteres?

Bei längerer Aufbewahrung nimmt der zähflüssige Anteil des Eiklars ab, wodurch es sich leichter aufschlagen lässt. Es hat jedoch eine geringere Schaumstabilität als frisches Eiklar.

Einfluss der Rohstoffe auf Massen	
Eier ■ Eiklar ■ Eigelb	Eier geben Volumen. Eiklar und Eigelb haben unterschiedliche backtechnologische Eigenschaften. **Eiklar** beeinflusst: ■ die **Schaumbildung:** Die Eiweißstoffe haben ein hohes Gashaltevermögen. Sie halten die eingeschlagene Luft in kleinen Bläschen – Schaum bildet sich. Zucker und Stärke stabilisieren den Schaum. Mit etwas Salz lässt sich der Eischnee rascher aufschlagen. ■ die **Volumenbildung:** Die eingeschlagene Luft im Eischnee dehnt sich unter Einfluss von Hitze aus und bewirkt eine starke Lockerung und ein großes Volumen der Backwaren. Der Eischnee muss sofort weiterverarbeitet werden, denn durch das Absetzen von Wasser verliert er an Volumen. ■ die **Gerüstbildung:** Die Eiweißstoffe des Eiklars gerinnen ab 60 °C. Daher verfestigen sich die Bläschen (Poren) beim Backprozess, und es entsteht ein stabiles Gerüst – eine druckelastische Krume. Die Bildung des Porengerüstes ist bei einer Kerntemperatur von ca. 90 °C abgeschlossen. ■ die **Gebäckqualität:** Gebäcke mit hohem Eiklaranteil und geringem Stärkeanteil haben eine trockene Krume, da beim Backprozess ein Großteil des im Eiklar enthaltenen Wassers verloren geht bzw. eine großporige Krume rascher austrocknet. **Eigelb** beeinflusst: ■ die **Schaumbildung:** Eigelb kann nur wenig schaumig gerührt werden, da der hohe Fettanteil des Eigelbs eine intensive Schaumbildung verhindert. ■ die **Emulgierbarkeit:** Das im Eigelb enthaltene Lezithin dient als Emulgator bei der Verarbeitung mit anderen Zutaten. Speziell Fett und Wasser lassen sich gut vermischen. Dadurch sind Massen geschmeidiger und Krems dressierfähig.

Einfluss der Rohstoffe auf Massen	
Eier ■ Eiklar ■ Eigelb	■ die **Krumenfarbe und -struktur:** Das im Eigelb enthaltene Karotin bewirkt die Gelbfärbung der Krume, der Fettanteil des Eigelbs macht die Krume feinporig und verzögert ihr Austrocknen (längere Frische). ■ den **Geschmack:** Die im Eigelb enthaltenen Fette verbessern den Geschmack.
Zucker	■ Er erhöht die Standfestigkeit des Eischnees. ■ Zucker ist verantwortlich für die Geschmacksgebung und die Färbung beim Backprozess.
Mehl	■ Die Stärke des Mehles bindet die flüssigen Bestandteile der Massen. ■ Das Mehleiweiß macht die Masse zäh.
Stärke	■ Sie erhöht die Standfestigkeit des Eischnees. ■ Ein teilweiser Ersatz von Mehl durch Stärke (Weizenpuder) macht die Krume feinporiger, da durch das Fehlen des Klebereiweißes die Porenbildung nicht unterstützt wird. ■ Je höher der Stärkeanteil, desto dünner die Kruste und desto feinporiger (sandiger) und zarter ist die Krume. ■ Stärke hat ein hohes Wasserbindevermögen. Dadurch werden die Gebäcke mit zunehmendem Stärkeanteil trockener.
Fett	■ Es macht die Massen schwer und saftig. ■ Durch das Schaumigrühren wird Luft gebunden (Lockerung). ■ Durch die Zugabe von flüssigem Fett zu Wiener Massen (leichten Sandmassen) wird ihre Struktur kompakter.
Kerne, Kakao, Schokolade, Früchte	■ Fein geriebene Kerne oder Kakao müssen vom Mehlgewicht abgezogen werden, um das Verhältnis der Grundzutaten aufrechtzuerhalten. Sie werden mit dem Mehl vermengt einmeliert. ■ Die Zugabe von grob geriebenen Kernen, Schokoladestücken, kandierten Früchten oder Sultaninen hat keinen Einfluss auf das Verhältnis der Rezeptzutaten. Sie werden mit Mehl vermengt einmeliert, um ein Absinken während des Backens zu vermeiden.

7.1 Massen mit Aufschlag

7.1.1 Schaummassen (Baisermassen, Meringuemassen)

Sie bestehen vorwiegend aus Eiklar und Zucker. Es können Geschmacksstoffe, Lebensmittelfarben, Weizenpuder, Mehl oder geriebene Kerne beigemengt werden.

Die Schwere der Masse hängt vom Zuckergehalt ab. Er kann bei 30 g Eiklar bis zu 110 g betragen.

Einteilung nach dem Zuckergehalt

Leichte Schaummassen (Grundrezept)		Schwere Schaummassen (Grundrezept)	
Eiklar	30 g	Eiklar	30 g
Zucker	30–50 g	Zucker	60–110 g
Als Beimasse für Krems und Füllungen, zum Abflämmen, für Esterházymasse.		Für Baiserschalen, Eisgebäck und sonstige Dauerbackwaren aus Schaummasse.	

Erinnern Sie sich noch: Was bewirkt die Zugabe von Salz beim Aufschlagen von Eischnee?

Herstellungsmethoden	
Kalt schlagen	■ Eiklar mit Zucker und einer Prise Salz zu Schnee schlagen. ■ Bei schweren Massen wird ein Teil des Zuckers in Form von Puderzucker in den Schnee meliert.
Warm schlagen – Methode 1	■ Eiklar mit Zucker und einer Prise Salz im warmen Wasserbad aufschlagen, bis sich der Zucker gelöst hat. ■ In der Maschine kalt schlagen.
Warm schlagen – Methode 2	■ Zwei Drittel des Zuckers mit Wasser (400 g Wasser pro 1 000 g Zucker) bis zum Kettenflug (119 °C) kochen. ■ Ab dem Zeitpunkt, wo der Zucker zu kochen beginnt, Eiklar mit einem Drittel des Zuckers und einer Prise Salz zu Schnee schlagen. ■ Zuckerlösung nach und nach in den Schnee einschlagen. ■ Die Masse langsam weiterrühren, bis sie Raumtemperatur (ca. 20 °C) erreicht hat.

Wissenswertes dazu

- Da 30 g Eiklar maximal 50 g Zucker lösen können, muss der restliche Zucker entweder durch Kochen gelöst oder als Puderzucker in die Masse eingerührt werden.
- Gebäcke aus kalt geschlagener Schaummasse sind poröse und mürbe und haben eine glanzlose Oberfläche.
- Gebäcke aus warm geschlagener Schaummasse sind fest und haben eine glatte, glänzende Oberfläche.

Für getrocknete Schaummassen wird wegen der Salmonellengefahr nur pasteurisiertes Eiklar oder Trockeneiklar verwendet.

Backen

- **Schwere Schaummassen** werden eher getrocknet als gebacken. Ausnahmen sind Schaummassen, denen Mehl, Kakaopulver oder reichlich geriebene Kerne beigemischt werden. Die auf Backtrennpapier dressierten Gebäcke werden bei 100 bei 150 °C ca. 15 Minuten angebacken und anschließend bei 50 bis 70 °C ca. 12 Stunden getrocknet.
- **Leichte Schaummassen,** z. B. zum Abdecken von Obstkuchen, werden bei ca. 240 °C Oberhitze abgeflämmt. Gebäcke aus Esterházymasse werden bei 200 °C gebacken.
- Der Backofen oder Trockenschrank soll schwadenfrei sein. Der Zug bleibt offen.

Bestimmungen für Backwaren aus Baisermasse finden Sie in den Leitsätzen für Feine Backwaren unter www.bmel.de zum Downloaden.

Rezeptbeispiele für Feine Backwaren aus Schaummassen

Baisermasse, Baiserschalen		
Ca. 120 Baiserschalen **Backzeit:** ca. 10 Minuten bei 150 °C **Trockenzeit:** ca. 6 Stunden bei 50 °C		■ Die Schaummasse kalt geschlagen herstellen. ■ Die Masse spiralförmig auf befeuchtete Baiserhölzer dressieren. ■ Bei ca. 150 °C so lange anbacken, bis die Baiserschalen bruchfrei vom Holz zu lösen sind. ■ Mit der Innenseite nach oben auf ein mit Papier belegtes Backblech legen und bei 50 °C fertig trocknen lassen. ■ Je zwei Baiserschalen unmittelbar vor dem Verkauf mit leicht gesüßter geschlagener Schlagsahne füllen und in eine Dessertkapsel setzen.
300 g	pasteurisiertes Eiklar	
350 g	Zucker	
	Prise Salz	
	Vanille	
350 g	Puderzucker	

Esterházymasse		
20 Tortenblätter à ∅ 180 mm **Backtemperatur:** 200 °C **Backzeit:** ca. 10 Minuten		■ Eiklar, Zucker und Salz zu Schnee schlagen. ■ Haselnuss-Mehl-Zimt-Mischung einmelieren.
670 g	Eiklar (ca. 22)	■ Masse im Tortendurchmesser auf Backtrennpapier streichen. ■ Backen, nach halber Backzeit Zug öffnen. ■ Sofort mit Tortenringen ausstechen.
560 g	Zucker	
	Prise Salz	
560 g	geröstete, geriebene Haselnüsse	
100 g	Mehl, Type 550 oder 405	
	Prise Zimt	

Fehler bei Gebäck aus Schaummassen

Gebäckfehler	Ursache und Erklärung
Schaummasse lässt sich schlecht aufschlagen.	■ Fettes Geschirr und/oder fette Geräte ■ Eigelbreste im Eiklar
Schaummasse wird schmierig.	■ Gekochter Zucker wurde zu früh oder zu rasch eingerührt ■ Masse wurde zu lange geschlagen
Gebäcke sind außen braun und innen weich.	■ Zu hohe Backtemperatur

7.1.2 Biskuitmassen und Wiener Massen

Diese Massen werden zur Herstellung von Tortenböden, Schnitten, Rouladen, Löffelbiskuits, Dekorbiskuit u. Ä. verwendet.

Herstellung

Biskuitmassen	
Herstellungsmethoden	
Kalt getrennt schlagen (Zweikesselmethode)	■ Eigelb mit einem Drittel des Zuckers und den Aromen schaumig schlagen. ■ Eiklar mit zwei Dritteln des Zuckers und dem Salz zu Schnee schlagen. ■ Eigelbmasse und Schnee miteinander verrühren. ■ Mehl, mit Kernen oder Kakao vermischt, einmelieren.
Warm und kalt schlagen (Einkesselmethode)	■ Ganze Eier mit Zucker, Salz und Aromen im Wasserbad bis maximal 40 °C warm schlagen. ■ In der Maschine kalt schlagen (20–25 °C). ■ Mehl, Kerne usw. einmelieren.
Kalt schlagen (Einkesselmethode)	■ Ganze Eier mit Zucker, Salz und Aromen aufschlagen. ■ Mehl, Kerne usw. einmelieren.

Wiener Massen
Wiener Massen werden wie Biskuitmassen – warm und kalt oder kalt getrennt geschlagen – hergestellt. Sie enthalten jedoch zusätzlich Fett.

Wissenswertes dazu

- Kalt getrennt geschlagene Biskuitmassen haben einen besseren Stand, eine größere Porung und ein größeres Volumen als Biskuitmassen, die nach der Einkesselmethode hergestellt werden.
- Fertig geschlagener **Eischnee** muss noch kremig sein. Zu stark ausgeschlagen lässt er sich schwer mit den anderen Zutaten mischen (Schneenester in der Masse!).
- Fertig aufgeschlagene **Eiermasse** ist stabil. Kennzeichen dafür sind gut sichtbare Ringe auf der Oberfläche, die durch die Drehbewegung des Schneebesens entstehen. Die Stabilität kann auch durch eine **Fingerprobe** überprüft werden.
- Wird bei Wiener Massen **flüssiges Fett** eingerührt, so darf es beim Einrühren nicht heißer als **45 °C** sein, da die Eiweißstoffe sonst gerinnen würden. Es wird nach dem Mehl beigegeben, um ein Absinken in der Masse und in weiterer Folge die Bildung von Fettstreifen oder Mehl-Fett-Klümpchen zu verhindern.
- **Biskuit-** und **Wiener Massen** müssen **sofort gebacken werden,** um ein Entweichen der eingeschlagenen Luft zu vermeiden.

Wussten Sie, dass ...
Wiener Massen auch als **leichte Sandmassen** bezeichnet werden?

! Um die ganzen Eier kalt aufzuschlagen, benötigt man eine Maschine mit hoher Umdrehungszahl (z. B. Planetenrührmaschine, siehe Seite 228).

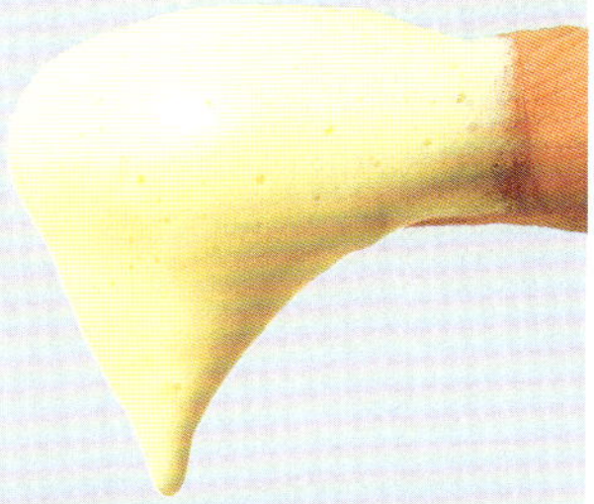

Fingerprobe: Beim Eintauchen mit dem Finger in die Masse bildet sich ein kleiner Haken, der nicht abtropfen darf.

Backverlust beim Backen

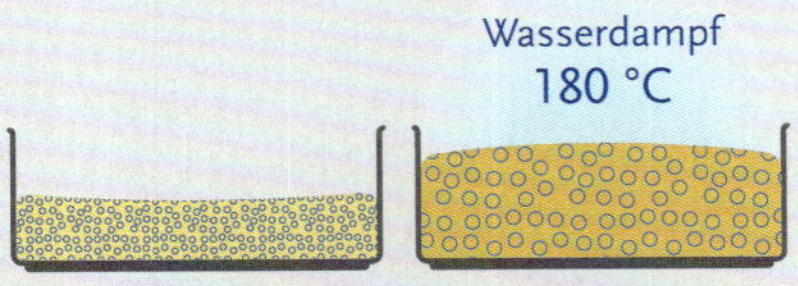

Masse – Backverlust (BV) = Gebäckgewicht (GG < 100 %)

! Je leichter die Masse, umso rascher wird sie gebacken. Je schwerer die Masse, umso langsamer wird sie gebacken.

§ **Bestimmungen für Backwaren aus Biskuitmasse** finden Sie in den Leitsätzen für Feine Backwaren unter www.bmel.de zum Downloaden.

Nussbiskuitmasse	
500 g	Eier (10)
200 g	Zucker
110 g	Mehl, Type 405 oder 550
60 g	fein geriebene Walnüsse
50 g	geröstete, fein geriebene Haselnüsse
	Salz, Vanille, Zitrone, Zimt

Kakaobiskuitmasse	
500 g	Eier (10)
200 g	Zucker
160 g	Mehl, Type 405 oder 550
40 g	Kakaopulver
	Salz, Vanille

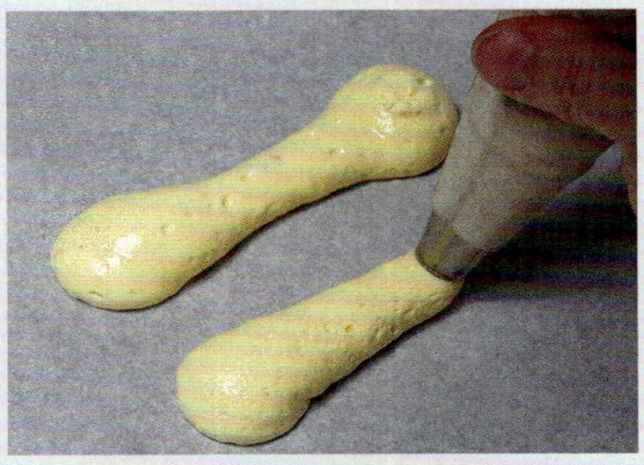

Dressieren von Löffelbiskuits

Backen

Backprozess

- Die eingeschlagene Luft dehnt sich durch die Hitzeeinwirkung aus, lockert so das Backgut und bewirkt die Porenbildung. Durch die Eiweißgerinnung und Stärkeverkleisterung bei ca. 60 bis 70 °C verfestigt sich die Krume. Die Krumenbildung ist bei einer Kerntemperatur von ca. 90 °C abgeschlossen.
- Beim Backen entsteht durch die Hitzeeinwirkung Wasserdampf, der zur Lockerung der Gebäcke beiträgt. Das Verdunsten des Wasserdampfs hat einen **Back- bzw. Gewichtsverlust** zur Folge.

Backtemperatur

- **Leichte Biskuitmassen** werden bei einer Temperatur von ca. **200 bis 210 °C** gebacken, um ein zu starkes Austrocknen zu verhindern.
- **Schwere Biskuitmassen** werden bei ca. **190 °C** gebacken.
- Drei Viertel der Backzeit bei geschlossenem Zug (ohne eingeleiteten Schwaden), ein Viertel bei offenem Zug backen.

Backzeit

Sie ist abhängig von der **Form** und der **Größe der Gebäcke.** Massen, die in Formen gebacken werden, haben eine längere Backzeit als Stückware wie Löffelbiskuits, Rouladen usw.

Rezeptbeispiele für Feine Backwaren aus Biskuitmassen

Grundrezept Biskuitmassen	
Zutaten	Menge
Eier	50 g
Zucker	20–30 g
Weizenmehl, Salz, Aromen	20–30 g

Biskuitmasse, Rouladenbiskuit

1 Backblech, 600 x 500 mm
Backtemperatur: 200 °C
Backzeit: ca. 15 Minuten

300 g	Eiklar (10)
200 g	Zucker
	Salz
200 g	Eigelb (10)
	Vanille, Zitrone
200 g	Mehl, Type 405 oder 550

- Die Biskuitmasse nach der Zweikesselmethode herstellen.
- Auf Backtrennpapier streichen und backen.
- Nach dem Backen sofort auf ein mit Zucker bestreutes Backpapier umdrehen, um ein Ausdunsten zu verhindern.
- Mit **Konfitüre gefüllte Rouladen** noch heiß mit Konfitüre füllen und aufrollen, um ein Brechen beim Rollen zu verhindern.
- Mit **Krem gefüllte Rouladen** nach dem Backen auskühlen lassen, füllen, aufrollen, in Papier straff einrollen, kühl stellen und fertigstellen.

Löffelbiskuits

Ca. 90 Stück
Backtemperatur: 200 °C
Backzeit: ca. 15 Minuten

180 g	Eigelb (9)
70 g	Zucker
	Vanille, Zitrone
270 g	Eiklar (9)
130 g	Zucker
	Salz
220 g	Mehl, Type 405 oder 550

- Die Biskuitmasse kalt getrennt geschlagen herstellen.
- Mit einer Lochtülle (∅ 10 mm) ca. 90 mm lange, taillierte Stangen auf Backtrennpapier dressieren.
- Mit Puderzucker besieben oder mit Zucker bestreuen. Die feine Zuckerschicht karamellisiert beim Backen, schützt das Gebäck vor übermäßigem Austrocknen und verleiht ihm eine sympathische Rösche.
- Bei offenem Zug backen.
- Löffelbiskuits gut ausbacken, damit sie bei der Lagerung nicht zu weich werden.

Schokokuppelmasse, Schokokuppeln

Ca. 100 Stück **Backtemperatur:** Oberhitze 210 °C, Unterhitze 190 °C **Backzeit:** ca. 15 Minuten		
330 g	Eiklar (11)	■ Eiklar, Zucker, Weizenpuder, Salz zu Schnee schlagen.
130 g	Zucker	
100 g	Weizenpuder	
	Salz	
180 g	Eigelb (9)	■ Eigelb mit Aromen und 30 g Mehl glatt rühren.
	Vanille, Zitrone	
100 g	Mehl, Type 405 oder 550	■ Mit dem Schnee verrühren und das restliche Mehl einmelieren.
		■ Masse mit einer Lochtülle (∅ 10 mm) halbkugelförmig auf Backtrennpapier oder auf befettete, bestaubte Knopfbleche dressieren. ■ Mit Weizenmehl oder Weizenpuder leicht bestauben. Die Schalen bekommen dadurch eine glatte, stabile Oberfläche. ■ Bei offenem Zug backen und auskühlen lassen. ■ Vom Papier lösen, umdrehen und mit einem spitzen Messer etwas aushöhlen.
		Schokokuppeln ■ Je zwei Schalen zusammensetzen, aprikotieren und mit Schokoladenfondant (Seite 385) glasieren. Trocknen lassen. ■ Die Hälften trennen und mit einer Sterntülle mit leicht gesüßter geschlagener Schlagsahne füllen.

Die Schokokuppelmasse ist sehr locker, jedoch etwas trocken. Erklären Sie diese Aussage!

Welche Vorteile ergeben sich durch die Verwendung von Knopfblechen?

Rezeptbeispiele für Feine Backwaren aus Wiener Massen

Grundrezept Wiener Massen

Zutaten	Menge
Eier	50 g
Zucker	30 g
Weizenmehl/Weizenpuder	30 g
Fett	10–15 g

Wiener Massen sind durch den Fettanteil feinporiger und saftiger als Biskuitmassen und bleiben länger frisch.

Wiener Masse

2 Tortenböden à ∅ 180 mm, Höhe 50 mm **Backtemperatur:** 190 °C **Backzeit:** ca. 30 Minuten		
200 g	Eigelb (10)	■ Die Wiener Masse nach der Zweikesselmethode herstellen. Dabei das Mehl intensiver einmelieren, da bei einem zu hohen Luftanteil in der Masse die Gefahr besteht, dass sie nach dem Backen zusammenfällt.
70 g	Zucker	
	Vanille, Zitrone	
210 g	Eiklar (7)	■ Die Masse in Tortenringe füllen, dabei von der Mitte zum Rand hochstreichen. ■ Backen. Die Tortenböden sind fertig ausgebacken, wenn sie auf **Fingerdruck** nachgeben und wieder elastisch zurückgehen.
130 g	Zucker	
	Salz	
120 g	Mehl, Type 405 oder 550	■ Nach dem Backen sofort leicht mit Mehl bestauben und umgedreht auf Backtrennpapier setzen, damit der Boden eine glatte Oberfläche und eine schöne Kante erhält. Gleichzeitig wird ein Ausdunsten der Böden verhindert, und sie bleiben saftiger.
80 g	Weizenpuder	
90 g	flüssige Butter	

Bestimmungen für Backwaren aus Wiener Masse finden Sie in den Leitsätzen für Feine Backwaren unter www.bmel.de zum Downloaden.

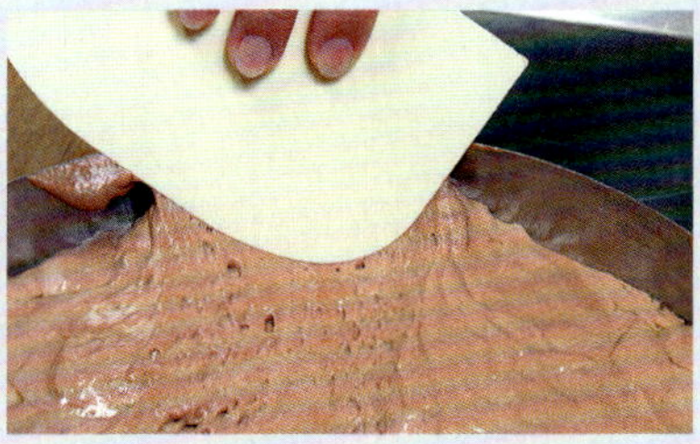

Einstreichen in Tortenringe

Wiener Masse mit Nüssen		Wiener Masse mit Kakao	
180 g	Eigelb (9)	200 g	Eigelb (10)
220 g	Eiklar (ca. 7)	220 g	Eiklar (ca. 7)
200 g	Zucker	200 g	Zucker
140 g	Mehl, Type 405 oder 550	140 g	Mehl, Type 405 oder 550
120 g	fein geriebene Walnüsse	20 g	Weizenpuder
110 g	fein geriebene Haselnüsse	50 g	Kakaopulver
90 g	flüssige Butter	90 g	flüssige Butter
	Salz, Vanille, Zitrone, Zimt		Salz, Vanille

Wiener Masse mit Schokolade	
2 Tortenböden à ∅ 180 mm Höhe 50 mm **Backtemperatur:** 190 °C **Backzeit:** ca. 30 Minuten	■ Eiklar, Zucker und Salz zu Schnee schlagen. ■ Eigelb, Kuvertüre, Butter und Aromen schaumig rühren. ■ Sofort mit dem Schnee und Mehl melieren. ■ Weitere Herstellung siehe Wiener Masse.
210 g Eiklar (7)	
140 g Zucker	
Salz	
180 g Eigelb (9)	
170 g flüssige Kuvertüre	
150 g weiche Butter	
Vanille, Orange	
170 g Mehl, Type 405 oder 550	

Zu fest, kleinporig

Fehler bei Gebäck aus Biskuitmassen und Wiener Massen

Gebäckfehler	Ursache und Erklärung
Mehl- und Schneenester im Gebäck.	■ Schlecht meliert
Gebäck ist zu fest und kleinporig.	■ Zu wenig oder zu lange geschlagen
Löffelbiskuits laufen beim Backen breit.	■ Zu warm geschlagen ■ beim Einmelieren zu intensiv gerührt
Löffelbiskuits haben eine rissige Oberfläche.	■ Oberfläche ist ungenügend gezuckert ■ Zug war beim Backen nicht offen
Gebäck ist eingefallen und hat eine speckige Krume.	■ Zu viel aufgeschlagen, Masse ist zu luftig ■ Zu wenig gebacken ■ Wurde während des Backens zu stark bewegt
Rouladenbiskuit bricht beim Rollen.	■ Zu hoher Mehl- und Zuckeranteil ■ Zu kühl und zu lange gebacken
Schokokuppelschalen haben eine faltige Oberfläche und sind zusammengefallen.	■ Zu hoher Zuckeranteil ■ Zu geringe Backtemperatur ■ Zug war beim Backen nicht offen

7.1.3 Sandmassen

Sandmassen werden zur Herstellung von Gugelhupf (Napfkuchen), Marmorkuchen, Sachertorte, Sandkuchen, Obstkuchen usw. verwendet.

Herstellung

Herstellungsmethoden	
Einkesselmethode	■ Butter mit einem Drittel der Eimenge, Zucker und Aromen schaumig rühren. ■ Restliche Eier und Eigelb nach und nach einrühren. ■ Mehl, mit Weizenpuder und Backpulver versiebt, einmelieren.
Zweikesselmethode	■ Butter mit einem Drittel der Eigelbmenge, einem Drittel des Zuckers und Aromen schaumig rühren. ■ Restliches Eigelb nach und nach einrühren. ■ Eiklar mit zwei Dritteln des Zuckers, Salz und eventuell Weizenpuder zu Schnee schlagen. ■ Schnee mit dem Abtrieb verrühren. ■ Mehl, mit Backpulver versiebt, einmelieren oder Nüsse, Schokolade, Fruchtmischungen usw. mit Mehl vermischt einrühren.

Erinnern Sie sich noch:
Welchen Einfluss hat Stärke (Weizenpuder) auf die Krumen- und Krustenbeschaffenheit?

Wissenswertes dazu

- Fett wird immer gerührt und nicht geschlagen.
- Die Idealtemperatur des Fettes beim Schaumigrühren liegt bei ca. 20 °C.
- Bei einem höheren Eianteil kann der Buttermasse etwas Weizenpuder beigegeben werden, um ein Grießigwerden der Masse (Abtrennen der Butter) zu verhindern.
- Die Eier sollen die gleiche Temperatur wie das Fett haben.
- Wenn man Backpulver verwendet, wird es mit dem Mehl versiebt einmeliert.
- Bei der Herstellung nach der Zweikesselmethode reicht Luft als physikalisches Lockerungsmittel aus, sofern die Masse fachgerecht aufgeschlagen wird. Etwas Backpulver (ca. 10–15 g/1 000 g Mehl) kann jedoch zur Sicherheit beigegeben werden.

Backen

Sandmassen werden in der Regel bei 200 °C ohne Schwaden angebacken (ca. fünf bis zehn Minuten), um ein Absetzen der schweren Zutaten zu verhindern. Anschließend werden sie bei 160–180 °C fertig gebacken, dabei im letzten Viertel der Backzeit den Zug öffnen.

Jedes Sandmasserezept kann sowohl nach der Einkessel- als auch nach der Zweikesselmethode hergestellt werden.

Rezeptbeispiele für Feine Backwaren aus Sandmassen

Schwere Sandmasse, Gleichschwermasse

Die Gleichschwermasse ist eine schwere Sandmasse, bei der die Grundzutaten (Butter, Eier, Zucker, Weizenmehl/Weizenpuder) im gleichen Verhältnis verwendet werden.

Marmorkuchen

2 Gugelhupfformen à ∅ 200 mm
Backtemperatur: 200 °C, auf 180 °C fallend
Backzeit: ca. 50 Minuten

450 g	Butter
140 g	Zucker
	Vanille, Zitrone
180 g	Eigelb (9)
270 g	Eiklar (9)
260 g	Zucker
	Salz
350 g	Mehl, Type 405 oder 550
80 g	Weizenpuder
20 g	Kakaopulver
80 g	flüssige Kuvertüre
20 g	Rum

- Die Sandmasse nach der Zweikesselmethode herstellen, dabei ein Drittel der Masse mit Kakaopulver, Kuvertüre und Rum mischen.
- Helle und dunkle Masse abwechselnd in die befetteten, bestaubten Formen füllen und backen.
- In der Form kurz überkühlen lassen, auf ein Gitter stürzen und auskühlen lassen.
- Mit Puderzucker besieben oder aprikotieren und mit Canacheglasur (Seite 385) glasieren.

Sandkuchen, Teekuchen

2 Kastenformen à 250 x 100 x 75 mm
Backtemperatur: 200 °C, auf 180 °C fallend
Backzeit: 40–50 Minuten

400 g	Butter
140 g	Zucker
	Vanille
200 g	Eigelb (10)
300 g	Eiklar (10)
260 g	Zucker
	Salz
300 g	Mehl, Type 405 oder 550
100 g	Weizenpuder
160 g	gehackte Kuvertüre

- Die Sandmasse nach der Zweikesselmethode herstellen.
- In die befetteten, bestaubten Formen füllen und backen.
- In der Form kurz überkühlen lassen, auf ein Gitter stürzen, umdrehen und auskühlen lassen.
- Mit Puderzucker besieben oder aprikotieren und mit Fondant (Seite 384) glasieren.

Grundrezept Sandmassen

50 g	Ei (1)
50 g	Butter
50 g	Zucker
50 g	Mehl, Type 405 oder 550

Bei leichten Sandmassen liegt der Fettanteil unter 50 g pro 50 g Ei (1).

§ **Bestimmungen für Marmor- und Sandkuchen** finden Sie in den Leitsätzen für Feine Backwaren unter www.bmel.de zum Downloaden.

! Gebackene Kuchen kurz (maximal fünf Minuten) zur Festigung der Masse in der Form überkühlen lassen und anschließend zum Ausdampfen auf ein Gitter stürzen.

! In speziellen Kartons gebackene Sandkuchen bleiben länger frisch und lassen sich besser handhaben.

§ **Bestimmungen für Sachertorte** finden Sie zum Downloaden unter www.bmel.de (Leitsätze für Feine Backwaren).

Grundrezept Sachertorte	
50 g	Ei (1)
20 g	Butter
20 g	Zucker
20 g	Kuvertüre
20 g	Mehl, Type 405 oder 550

Rationelle Herstellungsmethode
- Schnee aus Eiklar, Zucker und Salz zubereiten,
- Butter, Kuvertüre, Vanille und Eigelb manuell gut verrühren,
- sofort mit dem Eischnee und dem Mehl mischen.

Speckige Krume

§ **Bestimmungen für Makronengebäck** finden Sie in den Leitsätzen für Feine Backwaren unter www.bmel.de zum Downloaden.

Obstschnitten	
1 Kapselrahmen, 480 x 240 mm **Backtemperatur:** 200 °C, auf 180 °C fallend **Backzeit:** ca. 40 Minuten	■ Die Sandmasse nach der Einkesselmethode herstellen.
180 g Butter 250 g Zucker Salz, Vanille, Zitrone 200 g Eier (4) 60 g Eigelb (3) 350 g Mehl, Type 405 oder 550 5 g Backpulver	■ Die Masse im Kapselrahmen verstreichen. ■ Mit Früchten, z. B. Aprikosen, Kirschen oder Zwetschgen belegen. ■ Backen. ■ Mit Puderzucker besieben oder aprikotieren oder mit Gelee abglänzen.
Zum Belegen:	
ca. 1 300 g Früchte	

Sachertorte	
2 Tortenringe à ∅ 180 mm, Höhe 50 mm **Backtemperatur:** 180 °C **Backzeit:** 40–50 Minuten	■ Die Sandmasse nach der Zweikesselmethode herstellen, dabei die Kuvertüre mit der Butter- und Eigelbmenge schaumig rühren.
180 g weiche Butter (20 °C) 190 g flüssige Kuvertüre 80 g Zucker Vanille 200 g Eigelb (10) 270 g Eiklar (9) 160 g Zucker Salz 220 g Mehl, Type 405 oder 550	■ Masse in die Tortenringe füllen, dabei von der Mitte zum Rand hochstreichen. ■ Backen und auskühlen lassen. ■ Böden durchschneiden und mit Aprikosenkonfitüre füllen. ■ Aprikotieren und mit Sacherglasur oder Schokoladenfondant (siehe Kapitel Glasuren und Überzugsmassen, Seite 385) glasieren.

Fehler bei Gebäck aus Sandmassen

Gebäckfehler	Ursache und Erklärung
Früchte, Schokolade u. Ä. sinken beim Backen zu Boden.	■ Einlagen wurden nicht mit Mehl vermischt
Gebäcke sind zusammengefallen, und die Krume ist speckig.	■ Zu hohe Backtemperatur ■ Zu kurze Backzeit, wurden ■ während des Backens zu stark bewegt
Sandkuchen springen beim Backen nicht auf, haben keinen Ausbund.	■ Zu rasch gebacken ■ Zu kurz gebacken ■ Oberfläche nicht rechtzeitig eingeschnitten

7.2 Massen ohne Aufschlag

7.2.1 Makronenmassen

Als Makronen bezeichnete Gebäcke bestehen aus Mandeln oder Marzipanrohmasse, Zucker, Eiklar und Aromen. Werden zur Herstellung neben oder anstelle von Mandeln andere Ölsamen, z. B. Haselnüsse, Walnüsse, oder Kokosraspel verwendet, wird dies in der Bezeichnung zum Ausdruck gebracht, z. B. Nuss-, Kokosmakronen u. Ä.

- Mandeln und Zucker werden im Verhältnis 1 : 2,
- Marzipanrohmasse und Zucker im Verhältnis 1 : 1 verarbeitet.

Die **Lockerung** erfolgt **physikalisch** durch den Wasserdampf aus dem Eiklar in Verbindung mit dem Zucker, der das Eiweiß erst bei höheren Temperaturen gerinnen lässt.

Herstellung

Herstellungsmethoden	
Geröstete Makronenmassen	■ Fein geriebene Kerne, Zucker und Eiklar mischen. ■ Im heißen Wasserbad unter ständigem Rühren auf ca. 60 bis 80 °C abrösten. Auskühlen lassen. ■ Bei Bedarf so viel Eiklar dazugeben, bis die Masse eine dressierfähige Konsistenz hat.
Kalt hergestellte Makronenmassen	■ Alle Zutaten glatt rühren. ■ Ruhen lassen, damit sich der Zucker besser löst.

Vorteile gerösteter Makronenmassen
- Bessere Bindung
- Bessere Lösung des Zuckers
- Raschere Hautbildung
- Schönerer Glanz

Wissenswertes dazu

- Während der Ruhezeit nehmen die Eiweißstoffe aus den feinstgeriebenen Kernen das Wasser des Eiklars auf. Je mehr Wasser gebunden ist, desto besser ist die Lockerung der Gebäcke.
- Je feiner die Kerne, desto größer ist die Oberfläche und desto höher ist die Quellfähigkeit. Die Feinheit kann durch Aussieben der Kerne oder durch Melangieren erhöht werden.
- Bei Verwendung von Marzipanrohmasse anstelle von Mandeln muss beim Rezept der Zuckergehalt der Marzipanrohmasse berücksichtigt werden.
- Bei kalt hergestellten Makronenmassen ist die Verwendung von Puderzucker vorteilhaft.
- Die richtige Konsistenz von Makronenmassen sollte immer mithilfe einer Backprobe überprüft werden. Ist die Makronenmasse zu fest, gibt man ihr etwas Eiklar bei. Zu weiche Makronenmasse kann mit Kernen und Zucker (im Verhältnis der Makronenmasse) gefestigt werden.
- Die typisch gerissene Oberfläche von Makronengebäck wird durch den Röstvorgang bzw. durch Beigabe von einem Teil Marzipanrohmasse nach dem Rösten gefördert.

Backen

- Erzeugnisse aus kalt hergestellter Makronenmasse werden vor dem Backen im Trockenschrank getrocknet, bis sich eine deutlich spürbare Haut gebildet hat. Die Trockenphase trägt zur Rissbildung bei.
- Die Gebäcke werden bei 170 bis 180 °C, bei schwacher Unterhitze und bei offenem Zug gebacken.

Rezeptbeispiele für Feine Backwaren aus Makronenmassen

Mandelmakronen	
Backtemperatur: 180 °C, mäßige Unterhitze **Backzeit:** ca. 16 Minuten	■ Geröstete Makronenmasse herstellen. ■ Masse mit Marzipanrohmasse am Marmortisch tablieren, bis sie kühl und glatt ist. ■ Eventuell mit Eiklar verdünnen, bis die Masse eine dressierfähige Konsistenz hat. ■ Gewünschte Formen auf Backtrennpapier dressieren. ■ Bei offenem Zug backen und auskühlen lassen. ■ Mit Konfitüre oder Nougat doublieren und mit temperierter Kuvertüre überziehen oder filieren.
400 g Marzipanrohmasse	
400 g Zucker	
190 g Eiklar (ca. 6)	
Zum Tablieren:	
120 g Marzipanrohmasse	

Haselnuss- oder Walnussmakronen
250 g geröstete, fein geriebene Haselnüsse oder fein geriebene Walnüsse
500 g Zucker
210 g Eiklar (ca. 7)
Vanille, Zitrone
Zum Tablieren:
100 g Marzipanrohmasse

Kokosmakronen	
Backtemperatur: 180 °C, mäßige Unterhitze **Backzeit:** ca. 16 Minuten	■ Eiklar mit 400 g Zucker zu einem noch kremigen Schnee schlagen. ■ Mit Kokosraspeln, 350 g Zucker, Honig und Aromen mischen, bis ca. 65 °C abrösten. ■ Auskühlen lassen. ■ Mehl einmelieren. ■ Eventuell mit Eiklar verdünnen, bis die Masse eine dressierfähige Konsistenz hat.
360 g Eiklar (12)	
400 g Zucker	
400 g Kokosraspel	
350 g Zucker	

Kokosmakronen	
50 g Honig Vanille, Zitrone 30 g Mehl, W 700	■ Mit einer Lochtülle (∅ 10 mm) kleine Tupfen auf Backtrennpapier dressieren. ■ Ohne Trockenphase bei offenem Zug backen.

Fehler bei Gebäck aus Makronenmassen

Gebäckfehler	Ursache und Erklärung
Gebäcke laufen breit.	■ Masse zu weich ■ Zu wenig abgeröstet
Gebäcke backen hohl.	■ Masse zu weich ■ Zu hohe Backtemperatur
Gebäckoberfläche ist grau, glanzlos, nicht gerissen.	■ Zu feste Masse ■ Zu stark abgeröstet

7.2.2 Brand- oder Brühmassen

Ihre Herstellung unterscheidet sich von der anderer Massen dadurch, dass die Verkleisterung der Stärke und die Gerinnung des Klebers durch den Brühvorgang schon vor dem Backprozess stattfinden.

Die **Lockerung** erfolgt **physikalisch** durch Wasserdampf. Eine herkömmliche Krumenbildung ist wegen der vorzeitigen Verkleisterung und Klebergerinnung nicht möglich. Die Gebäcke sind leicht, großporig und weisen ein großes Volumen auf.

Brandmassearten	
Im Backofen gebackene Brandmasse	**In Fett gebackene Brandmasse**
Für Windbeutel, Eclairs, Kremringe, Profiterolen, Tortenböden, dekorative Figuren, Petits Fours oder Käse-Fours	Für Spritzkuchen, Quarkballen ...

Herstellung

- Flüssigkeit (Wasser, Milch), Fett (Butter, Margarine) und Salz aufkochen.
- Gesiebtes kleberreiches Weizenmehl einrühren.
- Abrösten, bis sich die Masse ballenartig von der Kesselwand löst und sich am Topfboden ein weißer Belag bildet.
- Auf ca. 40 °C abkühlen lassen.
- Eier nach und nach in die Masse rühren.

Eier nach und nach einrühren

Wissenswertes dazu

- In Fett gebackene Brandmasse wird mit Milch anstelle von Wasser abgebrüht. Der darin enthaltene Milchzucker (Laktose) trägt zusätzlich zur Bräunung des Backgutes bei.
- Je besser die Masse abgeröstet ist, desto mehr Stärke wird verkleistert und desto höher ist das Bindevermögen. Dadurch kann die Masse mehr Eier (Flüssigkeit) aufnehmen, ohne beim Dressieren breit zu laufen. Das Gebäck wird lockerer.
- Die Eier sollen einzeln – nach und nach – eingerührt werden. Die Konsistenz der Masse wird von der Eimenge bestimmt und kann dadurch besser kontrolliert werden. Nach jedem Ei wird die Masse glatt gerührt, da die abgeröstete Masse die gesamte Eiflüssigkeit nicht auf einmal aufnehmen kann. Durch die langsame Zugabe kann das Eigelb seine Emulgierfähigkeit besser entwickeln. Sie gibt der Brandmasse die glatte, bindige Beschaffenheit.
- Brandmasse für dekorative Ornamente und Figuren wird etwas weicher (höherer Eianteil) gehalten und anschließend durch ein Haarsieb passiert. Sie darf jedoch nicht zu weich sein, damit die Dekorteile nicht breit laufen und blasig werden. Die Ornamente werden auf Silpatmatten oder Backtrennpapier dressiert.

Backen

- **Backen im Backofen:** Die Gebäcke bei 220 °C und starker Unterhitze gut ausbacken. Bei geschlossenem Zug und mit viel Schwaden backen. Die Feuchtigkeit verhindert eine zu schnelle Krustenbildung (die Gebäckoberfläche bleibt länger dehnbar) und fördert dadurch die Volumenentwicklung. Erst im letzten Drittel der Backzeit den Zug öffnen, damit sich eine kräftige Kruste bilden kann.
- **Backen in heißem Fett:** Die Backtemperatur des Siedefettes soll 160–170 °C betragen. Die Krustenbildung lässt sich durch das Abdecken des Fettbackgerätes zu Beginn des Backens verzögern. Die Gebäcke unter zwei- bis dreimaligem Wenden goldbraun backen, damit sie nach dem Backen die Form behalten und nicht in sich zusammenfallen.

Rezeptbeispiele für Feine Backwaren aus Brand- oder Brühmassen

Windbeutel, Eclairs und Kremringe	
Ca. 25 Stück **Backtemperatur:** 220 °C **Backzeit:** ca. 20–25 Minuten	■ Die Brandmasse herstellen.
125 g Milch 125 g Wasser 100 g Butter 4 g Salz 200 g Mehl, Type 550 200–250 g Eier (4–5)	■ Die ausgekühlte Masse mit einer Sterntülle (∅ 12 mm) der Form entsprechend (Krapfen, Stangen, Ringe) auf Backtrennpapier dressieren. ■ Backen. ■ Auskühlen lassen, mit Puderzucker besieben oder aprikotieren und mit Fondant (Seite 384) glasieren. ■ Horizontal durchschneiden und beliebig füllen, z. B. mit Vanille- oder Vanillesahnekrem (siehe Kapitel Füllkrems, Seite 376).

Petits Fours, Käse-Fours
■ Kleine Gebäcke in üblichen Formen dressieren und wie große Brandmassegebäckstücke fertigstellen. ■ Käse-Fours mit pikanter Krem (siehe Aufstriche, Seite 400) füllen.

Spritzkuchen	
Ca. 30 Stück à ∅ 40 mm **Siedefetttemperatur:** 160–170 °C **Backzeit:** je nach Farbe	■ Die Brandmasse herstellen. ■ Die Masse mit einer Sterntülle (∅ 10 mm) in Ringen (∅ 40 mm) auf Backtrennpapier dressieren. ■ Das Papier mit den dressierten Teilen nach unten in das Siedefett legen. ■ Ringe anbacken, Papier abziehen, unter zwei- bis dreimaligem Wenden goldbraun backen.
Zutaten siehe Windbeutel, jedoch anstelle von Wasser Milch verwenden.	**Variante** ■ Ca. 80 mm lange Teilchen in das Fettbad dressieren und backen. ■ Herausnehmen, abtropfen lassen und mit Puderzucker besieben.

Fehler bei Gebäck aus Brand- oder Brühmassen

Gebäckfehler	Ursache und Erklärung
Gebäcke mit zu kleinem Volumen.	■ Zu wenig abgeröstet ■ Zu feste Masse ■ Backtemperatur ist zu hoch oder zu niedrig ■ Zu wenig Schwaden im Backofen bzw. Fettbackgerät
Gebäcke sind breit gelaufen bzw. haben verlaufene Konturen.	■ Zu weiche Masse ■ Zu kühler Backofen, zu kühles Siedefett
Gebäcke fallen nach dem Backen ein.	■ Siedefett zu heiß ■ Zu kurze Backzeit ■ Backofen zu früh geöffnet

! Vor dem Backen sollte man eine Backprobe durchführen, um die richtige Konsistenz zu überprüfen.

➔ Beachtenswertes im Umgang mit Siedefetten siehe Kapitel Speisefette, Seite 136.

! Gebäcke mit reichlich Abstand auf Backtrennpapier dressieren, damit sich beim Backen auch seitlich eine stabile Kruste bilden kann.

Wussten Sie, dass ...
Profiterolen kleine, mit Schlagsahne gefüllte Windbeutel sind, die mit Schokoladensauce übergossen werden? Ungefüllt werden sie als Suppeneinlage verwendet.

Breitlaufen der Gebäcke

Einfallen nach dem Backen

7.2.3 Röstmassen

Die Zutaten dieser Massen werden bei der Herstellung geröstet. Sie werden nicht gelockert, denn sie sollen eine brüchige, karamellisierte Beschaffenheit aufweisen.

Herstellung

- **Grundmasse:** Butter, Zucker, Milch (Schlagsahne), Honig (Glukosesirup) bis 108–110 °C kochen. Die Masse wird dabei zähflüssig.
- Dieser Grundmasse je nach Rezept Kerne und Früchte beimischen und so lange rösten, bis sich die Zutaten gut binden.

Wissenswertes dazu

- Durch den Fettanteil sind Röstmassen etwas mürber im Bruch als andere gekochte Zuckererzeugnisse.
- Honig und Glukosesirup verzögern ein vorzeitiges Auskristallisieren des Zuckers und geben dem Gebäck eine glänzende Oberfläche.
- Für Bienenstich oder Mandelecken soll die Masse eine streichfähige Konsistenz haben. Zu feste Masse kann mit etwas Wasser verdünnt werden.
- Zu dünne Röstmassen fließen beim Backen aus.

! Der Backprozess von Röstmassen ähnelt einem Zuckerkochprozess, bei dem so lange Wasser verdampft, bis das Gebäck wasserfrei ist.

Backen

- Alle Röstmassen werden bei ca. 190–200 °C und offenem Zug gebacken.
- Der Backprozess ist beendet, wenn die Masse keine Blasen mehr wirft und der Zucker karamellisiert ist.

Kämmen

Rezeptbeispiele für Feine Backwaren aus Röstmassen

Florentiner	
Ca. 11 Stück à ∅ 100 mm **Backtemperatur:** 200 °C **Backzeit:** 10–15 Minuten	■ Die Röstmasse herstellen.
30 g Butter	■ Geröstete Masse so heiß als möglich in Florentinerformblechen oder in ca. 20 mm hohen, befetteten Metallringen auf Backtrennpapier verteilen. ■ Hell backen.
110 g Zucker	
100 g Schlagsahne	
40 g Honig	■ Eventuell mit einer halben Dickzuckerkirsche belegen. ■ Auskühlen lassen.
100 g gehobelte, leicht geröstete weiße Mandeln	
35 g fein gehacktes Orangeat	■ Böden mit Kuvertüre bestreichen und auf Papier absetzen. ■ Abstocken lassen, nochmals bestreichen und bogenförmig kämmen.
30 g Pinienkerne	
Zum Überziehen:	
temperierte Kuvertüre	

Florentiner werden auch in kleinen Formen als Teegebäck hergestellt

Mandelecken	
1 Backblech, 440 x 240 mm **Backtemperatur:** 190 °C, mäßige Unterhitze **Backzeit:** 10–15 Minuten	■ Den Mürbeteig ca. 4 mm dünn in Blechgröße ausrollen und stippen. ■ Mit einem Kapselrahmen umstellen und hell backen.
1-2-3-Teig (Seite 350)	
Röstmasse:	■ Die Röstmasse herstellen und gleichmäßig auf dem Mürbeteigboden verteilen. ■ Backen.
80 g Butter	
170 g Zucker	
140 g Schlagsahne	
60 g Honig	■ Noch warm oder erst am nächsten Tag in Dreiecke schneiden. ■ Schnittflächen mit temperierter Kuvertüre überziehen.
50 g fein gehacktes Orangeat	
220 g gehobelte oder in Stifte geschnittene weiße Mandeln	
Zum Überziehen:	■ Die Röstmasse eignet sich auch zur Herstellung von Bienenstich.
temperierte Kuvertüre	

Nussknacker	
Ca. 25 Stück à ∅ 60 mm **Backtemperatur:** 190 °C, mäßige Unterhitze **Backzeit:** 10–15 Minuten	■ Den Mürbeteig 4 mm dünn ausrollen. ■ Böden (∅ 60 mm) ausstechen und in ca. 20 mm hohen, befetteten Metallringen auf Backtrennpapier hell backen. ■ Die Röstmasse herstellen und gleichmäßig auf den Mürbeteigböden verteilen. ■ Backen und auskühlen lassen.
1-2-3-Teig (Seite 350)	
Röstmasse:	
70 g Butter	
140 g Zucker	
140 g Schlagsahne	
70 g Honig	
350 g geschälte, geröstete Haselnüsse	
Zum Überziehen:	
temperierte Kuvertüre	■ Bis zum oberen Rand mit temperierter Kuvertüre überziehen ■ oder Böden mit Kuvertüre dünn bestreichen und wie Florentiner wellenförmig kämmen.

§ **Bestimmungen für Florentiner** und **Nussknacker** finden Sie in den Leitsätzen für Feine Backwaren unter www.bmel.de zum Downloaden.

Fehler bei Gebäck aus Röstmassen

Gebäckfehler	Ursache und Erklärung
Florentiner laufen beim Backen zu stark auseinander.	■ Masse ist zu dünn ■ Zu wenig geröstet
Oberfläche der Florentiner ist glanzlos.	■ Masse ist zu fest ■ Zu viel geröstet
Oberfläche der Mandelecken ist matt und grau.	■ Masse ist zu fest ■ Zu viel geröstet

Arbeitsaufgaben

1. Nennen Sie einige Merkmale von Teigen und Massen.
2. Schildern Sie, wie sich geschlagenes Eiklar auf die Volumen- und Gerüstbildung der Gebäcke auswirkt.
3. Nennen Sie mindestens drei backtechnologische Eigenschaften von Eigelb.
4. Zählen Sie die Bestandteile von Schaummassen auf.
5. Beschreiben Sie die Herstellung von Schaummassen.
6. Schildern Sie, wie sich die Herstellungsweise von Schaumgebäcken auf ihre Beschaffenheit auswirkt.
7. Erklären Sie die Herstellung von Baiserschalen.
8. Zählen Sie Backwaren auf, die aus Biskuitmassen, Wiener Massen und Sandmassen hergestellt werden.
9. Beschreiben Sie die Herstellung von Biskuit- und Wiener Massen.
10. Schildern Sie die Vorgänge beim Backen von Biskuitmassen.
11. Begründen Sie, warum Wiener Massen Fett beigegeben wird.
12. Beschreiben Sie die Methoden, nach denen Sandmassen hergestellt werden.
13. Erklären Sie den Unterschied zwischen Sandmassen und Wiener Massen.
14. Beschreiben Sie den Backprozess von Sandmassen.
15. Nennen Sie einige typische Erzeugnisse aus Sandmassen.
16. Zählen Sie die Bestandteile von Makronenmassen auf.
17. Nennen Sie die Vorteile von gerösteten Makronenmassen.
18. Beschreiben Sie die Herstellung von Brand- oder Brühmassen.
19. Erklären Sie, wodurch Brandmassegebäcke gelockert werden.
20. Schildern Sie, was beim Backen von Brandmassen zu beachten ist.
21. Beschreiben Sie die Herstellung und den Backprozess von Röstmassen.

Notizen zu den Arbeitsaufgaben:

8 Füllkrems

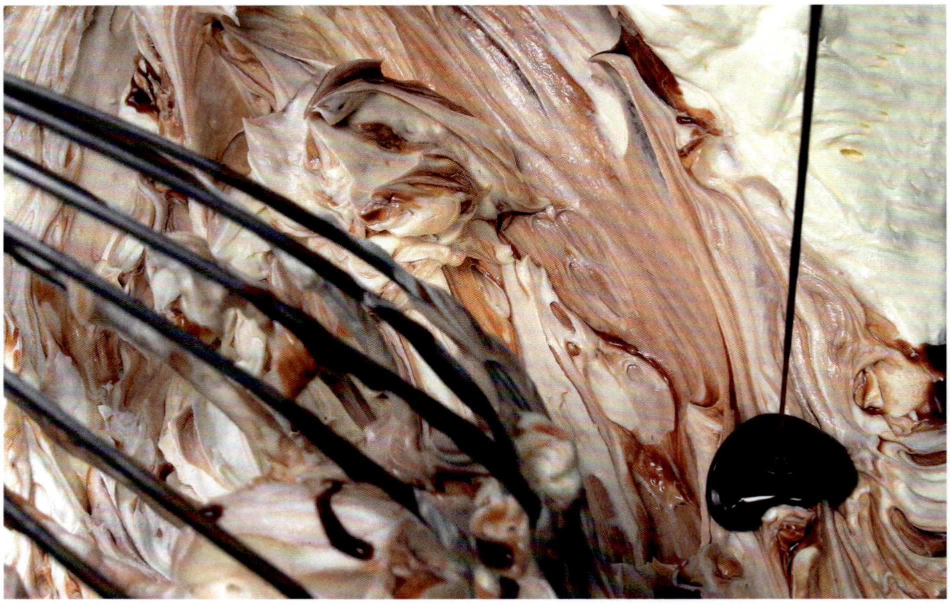

Sie liefern den Geschmack und bestimmen die Beschaffenheit einzelner Produkte. Krems sind Füllungen und zugleich Dekor. Sie sollten locker, luftig oder schaumig sein.

Füllkrems

Gerührte Krems	Gekochte Krems	Geschlagene Krems
Butterkrems	■ Vanillekrems ■ Canachekrems ■ Bayrische Krem	■ Sahnekrems ■ Schlagkrem

Unsere Ziele

Nach Bearbeitung dieses Teilkapitels werden Sie ...

- verschiedene Füllkrems kennen;
- wissen, worin sich die deutsche, italienische und französische Butterkrem unterscheiden;
- die vielseitigen Verwendungsmöglichkeiten von Vanillekrem kennen;
- wissen, wie gekochte Krems hergestellt werden;
- über die Vorbereitung der Gelatine bei der Herstellung von Sahnekrems Bescheid wissen.

Gerührte Krems

Butterkrems

Sie werden zum Füllen von Torten, Schnitten, Rouladen, Desserts und anderen Bäckereierzeugnissen verwendet. Je nach Verwendung werden sie abgeschmeckt.

Das **Litergewicht** der gerührten Krems gibt Hinweis auf ihre Leichtigkeit. Es hängt vom Aufschlagvolumen ab, also davon, wie viel Luft das verwendete Fett beim Aufschlagen einschließen kann. Ein Liter aufgeschlagene Kremmargarine wiegt z. B. ca. 280 g. Im Vergleich dazu wiegt ein Liter aufgeschlagene Butter ca. 480 g.

Deutsche Butterkrem	
2 700 g Litergewicht 420 bis 500 g	■ Die Vanillekrem herstellen (siehe gekochte Krems). Auskühlen lassen, glatt rühren oder passieren. ■ Butter, Puderzucker und Salz schaumig rühren. ■ Vanillekrem einrühren und nach Bedarf abschmecken. ■ Für Dekorzwecke, z. B. Butterkremrosen, die Krem mit Lebensmittelfarben einfärben.
1 500 g Vanillekrem	
1 000 g Butter (20 °C)	
200 g Puderzucker	
Salz	

Französische Butterkrem	
2 100 g Litergewicht 360 bis 450 g	■ **Eiermasse:** Vollei, Eigelb, Zucker, Salz und Vanille warm und kalt schlagen. ■ **Butterkrem:** Butter schaumig rühren, Eiermasse nach und nach einrühren. ■ Nach Bedarf abschmecken.
Eiermasse:	
400 g pasteurisiertes Vollei	
200 g pasteurisiertes Eigelb	
500 g Zucker	
Salz, Vanille	
Butterkrem:	
1 000 g Butter (20 °C)	
1 100 g Eiermasse	

Italienische Butterkrem	
Ca. 1 980 g Litergewicht 320 bis 360 g	■ **Schaummasse:** 400 g Zucker mit Wasser bis 119 °C kochen. ■ Ab dem Zeitpunkt, wo der Zucker zu kochen beginnt, Eiklar mit 200 g Zucker und Salz zu Schnee schlagen. ■ Zuckerlösung in dünnem Strahl nach und nach in den Schnee einschlagen. Die Masse langsam weiterrühren, bis ihre Temperatur ca. 20 °C erreicht hat. ■ **Butterkrem:** Butter schaumig rühren, Schaummasse nach und nach einrühren. ■ Nach Bedarf abschmecken.
Schaummasse:	
300 g pasteurisiertes Eiklar	
200 g Zucker	
Salz	
400 g Zucker	
160 g Wasser	
Butterkrem:	
1 000 g Butter (20 °C)	
980 g Schaummasse	

Käsekrem, Käseaufstrich	
Ca. 330 g	■ Butter mit Margarine schaumig rühren. ■ Quark beimengen. ■ Würzen und abschmecken, z. B. mit Salz, Pfeffer, Paprika, Kümmel, Knoblauch, Senf, Sardellenpaste, Meerrettich usw. ■ Nach Belieben mit fein gehackten Zwiebeln, Essiggurken, gekochten Eiern, gehackter Petersilie, geschnittenem Schnittlauch, Kapern u. Ä. mischen.
40 g Butter	
40 g Margarine	
250 g Quark (20 % Fett. i. Tr.)	
Gewürze	

§ **Bestimmungen für Butterkrems** finden Sie in den Leitsätzen für Feine Backwaren unter www.bmel.de zum Downloaden.

Abschmecken von Butterkrems

Dazu eignen sich

- Spirituosen wie Kirschwasser, Cointreau, Cassis, Amaretto, Maraschino, Rum, Cognac ...
- Kuvertüre, Nougat ...
- Fruchtmark, Fruchtpasten und sonstige Aromapasten.

Die beigegebenen Geschmacksträger geben der Krem den Namen, z. B. Erdbeerbutterkrem, Schokoladenbutterkrem usw.

! Werden zur Herstellung von Krems rohe Eier verwendet, müssen diese mit Zucker auf 75 °C erhitzt werden, um eine Salmonelleninfektion zu vermeiden.

! Bei der Herstellung der Käsekrem kann der Butteranteil zur Gänze durch Sauerrahm, Joghurt, geschlagene Schlagsahne, Crème fraîche ersetzt werden. Der Aufstrich wird dadurch jedoch weicher.

Vanillekrem

Gekochte Krems

Vanillekrems

Vanillekrem (Grundrezept), Konditorkrem, Patisseriekrem

Ca. 1 380 g	
1 000 g Milch 200 g Zucker 80–100 g Krempulver oder Weizenpuder 80 g Eigelb (4) (Vanille)	■ 900 g Milch mit Zucker aufkochen. ■ Restliche Milch, Krempulver (Weizenpuder), Eigelb und eventuell Vanillearoma glatt rühren. ■ In die kochende Milch rühren und unter ständigem Rühren durchkochen lassen. Mit Dehnfolie abdecken oder mit Puderzucker bestreuen. **Verwendung** ■ Für Torten, Schnitten und Desserts, Plunder- und Blätterteiggebäck, ■ als Beimischung für die Butterkrem.

Wissenswertes dazu

- Als Bindemittel für gekochte Krems dienen Krempulver und Weizenpuder. Krempulver enthält geschmacksgebende Zusätze (Vanillearoma) und ist eventuell gefärbt. Weizenpuder ist reine Stärke und geschmacksneutral. Es wird daher meist zum Binden von Frucht- und Weinkrems sowie Grützen verwendet.
- Vanillekrems können durch verschiedene Zusätze, wie z. B. Schokolade, geschmacklich abgewandelt werden.
- Kalte Vanillekrem wird durch Verrühren von Kaltkrempulver und kalter Flüssigkeit hergestellt. Sie enthält bereits vorverkleisterte Stärke, die beim Einrühren der Flüssigkeit ihr Bindevermögen entwickelt.

Vanillekrem mit Eischnee, leichte Vanillekrem

Ca. 2 015 g	
Vanillekrem: 1 100 g Milch 105 g Krempulver 150 g Eier (3) 60 g Eigelb (3) (Vanille) Eischnee: 300 g Eiklar 300 g Zucker	■ Eiklar mit Zucker zu Schnee schlagen. ■ Die Vanillekrem herstellen. Den geschlagenen Eischnee zügig unter die noch kochende Vanillekrem heben und sofort weiterverarbeiten. **Verwendung** Für Kremschnitten und Desserts.

Vanillekrem mit Schlagsahne, Vanillesahnekrem

Ca. 1 000 g	
500 g Vanillekrem 3 Blatt aufgelöste Gelatine 500 g geschlagene Schlagsahne	■ Gelatine in die Vanillekrem rühren. Geschlagene Schlagsahne unterziehen. **Verwendung** Für Torten, Schnitten, Desserts, Petits Fours usw.

Canachekrems

Pariser Krem

Sie wird für alle Waren, in deren Bezeichnung das Wort „Pariser" vorkommt, verwendet. Sie eignet sich sowohl zum Füllen als auch zum Überziehen von Erzeugnissen.

Ca. 2 000 g	
1 000 g Schlagsahne 1 000 g gehackte Kuvertüre	■ Schlagsahne bis mindestens 85 °C erhitzen. ■ Kuvertüre darin auflösen, eventuell homogenisieren (eine Minute pro Liter) und auskühlen lassen. ■ Knapp vor dem vollständigen Abstocken etwas schaumig rühren.

Homogenisieren = mit einem Stab- oder Vakuummixer o. Ä. mixen.

Canachekrem, Trüffelkrem

Sie wird zum Füllen von Torten, Schnitten usw. verwendet. Das Verhältnis von Schlagsahne zu Kuvertüre kann je nach Verwendung und Geschmack variieren.

Ca. 2 750 g	
1 000 g Schlagsahne	■ Schlagsahne mit Butter bis mindestens 85 °C erhitzen.
250 g Butter	■ Kuvertüre darin auflösen, eventuell homogenisieren und auskühlen lassen.
1 500 g gehackte Kuvertüre	**Varianten** ■ Die Canachekrem vor dem Homogenisieren mit Löskaffee, Spirituosen (Konzentraten), Nougat, Vanille u. Ä. abschmecken. ■ Oder nach dem Homogenisieren mit kandierten Früchten, Krokant, geriebenen, gerösteten Nüssen oder Mandeln mischen.

Bayrische Krem, gesulzte Krem, Crème bavaroise

Sie wird zum Füllen von Torten, Schnitten und Desserts sowie zur Herstellung von Dessertkrems verwendet.

Ca. 1 200 g	
500 g Milch	■ Milch und Vanille aufkochen.
Vanille	■ Eigelb und Zucker verrühren und die heiße Milch unter ständigem Rühren beigeben. Unter Rühren auf 85 °C erhitzen.
100 g Eigelb (5)	■ Passieren (abseihen) und die Gelatine darin auflösen.
100 g Zucker	■ Masse im Wasserbad kalt rühren. Wenn die Masse bereits leicht anzieht („sulzt"), die geschlagene Schlagsahne unterziehen.
6 Blatt eingeweichte Gelatine	
500 g geschlagene Schlagsahne	

Geschlagene Krems

Sahnekrems

Sie werden zum Füllen von Torten, Charlotten, Schnitten, Rouladen, Desserts und als Kremspeisen in Gläsern verwendet. Die Vorbereitung der Gelatine sollte bei der Herstellung von Sahnekrems immer der erste Arbeitsschritt sein.

Vorbereitung der Gelatine

- **Gelatineblätter** in kaltem Wasser quellen lassen, bis sie weich sind. Ausdrücken und im Mikrowellenherd oder im warmen Wasserbad schmelzen lassen oder in der heißen Krem auflösen.
- **Gelatinepulver** in kaltem Wasser (vier- bis fünffache Menge des Eigengewichtes) aufquellen lassen. Im warmen Wasserbad oder in der heißen Krem auflösen.
- **Instantgelatinepulver** kann direkt mit den Zutaten verrührt werden.
- Bei Verwendung von **Fonds** zur Bindung von Sahnekrems müssen die Angaben des Herstellers beachtet werden.

Käsesahnekrem

Ca. 1 000 g	
5 Blatt Gelatine	■ Gelatine quellen lassen und auflösen.
250 g passierter Quark (20 % Fett. i. Tr.)	■ Quark mit Joghurt, Puderzucker, Zitronensaft und Weißwein glatt rühren.
200 g Joghurt	■ Gelatine einrühren und geschlagene Schlagsahne rasch unterziehen.
110 g Puderzucker	
20 g Zitronensaft	
50 g Weißwein	
420 g geschlagene Schlagsahne	

Wussten Sie, dass ... die Bayrische Krem auch als „Tausend-Cremen-Creme" bezeichnet wird? Durch den Austausch der Zutaten ergibt sich eine Vielfalt an Varianten. Man kann die Milch durch Wein, Most oder Fruchtsaft ersetzen, nach dem Kaltschlagen Fruchtmark, Schokolade, Nougat, Kaffee, Quark usw. zusetzen und mit verschiedenen Likören abschmecken.

§ **Bestimmungen für Sahnekrems** finden Sie in den Leitsätzen für Feine Backwaren zum Downloaden unter www.bmel.de.

Erinnern Sie sich noch: Worauf ist beim Schlagen von Schlagsahne zu achten?

§ **Bestimmungen für Backwaren, die mit einem Hinweis auf Quark-Sahne (Käse-Sahne), Frischkäse-Sahne** in den Verkehr gebracht werden, finden Sie unter www.bmel.de (Leitsätze für Feine Backwaren) zum Downloaden.

Fruchtjoghurtkrem

8	Blatt Gelatine
270 g	passiertes Fruchtmark
130 g	Puderzucker
200 g	Joghurt
400 g	geschlagene Schlagsahne

Joghurtkrem

6	Blatt Gelatine
420 g	Joghurt
80 g	Zucker
500 g	geschlagene Schlagsahne

Nougatsahnekrem

4	Blatt Gelatine
70 g	Haselnussmark
80 g	Zucker
900 g	geschlagene Schlagsahne

Fruchtsahnekrem, Erdbeer- oder Himbeersahnekrem

Die Basis ist ein Fruchtmark aus frischen oder tiefgekühlten, passierten oder zerkleinerten Früchten.

Ca. 1 000 g	
7,5 Blatt Gelatine	
250 g passiertes Fruchtmark	
130 g Puderzucker	
10 g Zitronensaft	
620 g geschlagene Schlagsahne	

- Gelatine quellen lassen und auflösen.
- Fruchtmark (Erdbeer- oder Himbeermark), Zucker und Zitronensaft verrühren.
- Gelatine einrühren und rasch geschlagene Schlagsahne unterziehen.

Schokoladensahnekrem

Ca. 1 000 g
210 g dunkle Kuvertüre (45 °C)
790 g geschlagene Schlagsahne
20 g Rum oder Weinbrand

- Ca. 200 g geschlagene Schlagsahne mit der Kuvertüre rasch mischen.
- Restliche Schlagsahne mit Rum oder Weinbrand unterziehen.

Variante

- Schlagsahne auf mindestens 85 °C erhitzen.
- Die gehackte Kuvertüre darin auflösen, homogenisieren. Rasch abkühlen und zwölf Stunden bei 4 °C reifen lassen.
- Zur Weiterverarbeitung wie Schlagsahne aufschlagen.

Schlagkrem

Ca. 1 830 g
1 700 g Milch
300 g Butter
500 g Kokosfett
200 g Zucker
50 g modifizierte Stärke
80 g Eigelb (4)

- 1 500 g Milch, Butter, Kokosfett und Zucker auf maximal 85 °C erhitzen.
- Restliche Milch mit Stärke und Eigelb verrührt, beigeben und homogenisieren (eine Minute pro Liter).
- Rasch abkühlen und zwölf Stunden bei 4 °C reifen lassen.
- Zur Weiterverarbeitung wie Schlagsahne aufschlagen.

Notizen zu den Arbeitsaufgaben:

Arbeitsaufgaben

1. Zählen Sie einige Füllkrems auf.
2. Erklären Sie, welchen Hinweis das Litergewicht bei gerührten Krems gibt.
3. Erläutern Sie den Unterschied zwischen der deutschen Butterkrem und der italienischen Butterkrem.
4. Erklären Sie, wie rohe Eier zur Herstellung von Krems behandelt werden müssen, um eine Salmonelleninfektion zu vermeiden.
5. Beschreiben Sie die Herstellung einer leichten Vanillekrem.
6. Erklären Sie die Zubereitung der bayrischen Krem.
7. Beschreiben Sie die Herstellung von Canachekrems.
8. Beschreiben Sie die Vorbereitung der Gelatine bei der Herstellung von Sahnekrems.
9. Erklären Sie die Herstellung einer Fruchtsahnekrem.

9 Füllungen

Sie geben den Erzeugnissen durch ihre Zusammensetzung Geschmack und Charakter und halten sie länger frisch. Die Qualität der Füllungen ist von der Auswahl der Zutaten und ihre Frische abhängig.

Füllungen					
Nuss- oder Mandel-füllungen	Mohn-füllungen	Franchipane-füllung	Frucht-füllungen	Quark-füllung	Punsch-füllung

Unsere Ziele

Nach Bearbeitung dieses Teilkapitels werden Sie ...

- Füllungen für Hefeteig-, Plunderteig-, Blätterteig- und Mürbeteiggebäck kennen;
- über die Herstellung der verschiedenen Füllungen Bescheid wissen.

Bestimmungen für Nuss- und Mandelfüllungen finden Sie in den Leitsätzen für Feine Backwaren unter www.bmel.de zum Downloaden.

Süße Brösel = getrocknete, zerbröselte Abschnitte bzw. Reste von gebackenen Kuchen, Torten usw. ohne Füllungen, Dekorationen u. Ä.

Wussten Sie, dass ...
geröstete Kerne der Füllung ein besseres Aroma verleihen?

Nuss- oder Mandelfüllungen

Streufüllung

Ca. 440 g	
200 g geriebene Nüsse oder Mandeln	■ Alle Zutaten trocken mischen.
100 g Zucker	**Verwendung**
140 g süße Brösel	■ Für Schnecken, Hörnchen usw.,
Zimt	■ zur Saftbindung von Fruchtbelägen, z. B. Aprikosen- oder Zwetschgenkuchen.

Gekochte Nuss- oder Mandelfüllung

Ca. 1 000 g	
270 g Milch	■ Milch mit Zucker und Honig auf 85 °C erhitzen.
50 g Zucker	■ Brösel, Nüsse oder Mandeln und Zimt trocken mischen, mit Rum und Zitrone in die heiße Milch einrühren.
70 g Honig	■ Auskühlen lassen.
150 g süße Brösel	**Verwendung**
160 g geröstete, geriebene Haselnüsse	Für Strudel, Potitzen und Kaffeegebäck.
260 g geriebene Walnüsse oder	
420 g geriebene Mandeln	
40 g Rum	
Zitrone, Zimt	

Kalte Nussfüllung

Ca. 750 g	
250 g geröstete, grob geriebene Nüsse	■ Alle Zutaten mit Milch (Menge je nach Konsistenz) verrühren.
220 g Zucker	**Verwendung**
130 g süße Brösel	Für Kaffeegebäck aus Hefe-, Plunder- und Blätterteig.
20 g Rum	
Zitrone, Zimt	
ca. 125 g Milch	

Mohnfüllungen

Gekochte Mohnfüllung

Ca. 1 000 g	
260 g Milch	■ Milch mit Zucker, Honig und Butter auf 85 °C erhitzen.
60 g Zucker	■ Brösel, Mohn und Zimt trocken mischen, mit Pflaumenmus, Sultaninen und Rum in die heiße Milch rühren.
60 g Honig	■ Auskühlen lassen.
50 g Butter	**Verwendung**
120 g süße Brösel	Für Strudel, Potitzen und Kaffeegebäck.
300 g gemahlener Mohn	
60 g Pflaumenmus	
50 g Sultaninen	
40 g Rum	
Zimt	

Kalte Mohnfüllung

Ca. 700 g	
250 g	gemahlener Mohn
220 g	Zucker
80 g	Pflaumenmus
5 g	Kakaopulver
20 g	Rum
	Vanille
ca. 125 g	Wasser

- Alle Zutaten mit Wasser (Menge je nach Konsistenz) verrühren.

Verwendung
Für Kaffeegebäck aus Hefe-, Plunder- und Blätterteig.

Franchipanefüllung

Ca. 900 g	
500 g	Marzipan- oder Persipanrohmasse
200 g	weiche Butter
80 g	Mehl, Type 550
50 g	Ei (1)
60 g	Eigelb (3)
10 g	Rum
	Vanille, Zitrone

- Marzipan- oder Persipanrohmasse, Butter und Aromen glatt arbeiten (nicht schaumig rühren).
- Ei, Eigelb und Rum einrühren.
- Das Mehl einarbeiten.

Verwendung
Für Kaffeegebäck aus Plunder- und Blätterteig.

Fruchtfüllungen

Sie werden aus frischen Früchten, Kompottobst, dick gezogenen und getrockneten Früchten hergestellt. Auch Konfitüren werden als Füllungen verwendet.

§ **Bestimmungen für Fruchtfüllungen** finden Sie in den Leitsätzen für Feine Backwaren unter www.bmel.de zum Downloaden.

Rohe Apfelfüllung

Ca. 1 000 g	
750 g	geschälte, entkernte, feste, säuerliche Äpfel
80 g	Zucker und
20 g	Zitronensaft (je nach Säuregehalt der Äpfel)
80 g	süße Brösel
50 g	Sultaninen
50 g	grob gehackte Walnüsse
	Zimt

- Äpfel dickblättrig schneiden.
- Mit den restlichen Zutaten mischen.

Verwendung
Für Apfelstrudel, gedeckte Apfelschnitten, Apfeltaschen usw.

Gedünstete Apfelfüllung

Ca. 1 000 g	
850 g	geschälte, entkernte, feste, säuerliche Äpfel
60 g	Zucker und
20 g	Zitronensaft (je nach Säuregehalt der Äpfel)
40 g	Sultaninen
20 g	Rum
	Zimt

- Äpfel dickblättrig schneiden.
- Mit Zucker, Zitronensaft und Sultaninen weich dünsten.
- Mit Rum und Zimt abschmecken.

Verwendung
Für gedeckte Apfelschnitten, Apfeltorten usw.

§ Bestimmungen für quark- bzw. frischkäsehaltige Füllungen finden Sie in den Leitsätzen für Feine Backwaren zum Downloaden unter www.bmel.de.

Gebundene Fruchtfüllung

Ca. 870 g	
250 g	Flüssigkeit (Kompottsaft oder Wasser)
100 g	Zucker
20–25 g	Weizenpuder
500 g	Früchte

- Einen Großteil der Flüssigkeit mit Zucker aufkochen.
- Restliche Flüssigkeit mit Weizenpuder verrühren, beigeben. Unter ständigem Rühren aufkochen lassen.
- Früchte (Sauerkirschen, Johannisbeeren, Stachelbeeren, Blaubeeren) vorsichtig einrühren.
- Zur Frucht passend abschmecken (Zitrone, Vanille, Zimt u. Ä.).

Verwendung
Für Kaffeegebäck aus Plunder- und Blätterteig.

Quarkfüllung

Ca. 1 500 g	
200 g	Puderzucker
40 g	Krempulver oder Weizenpuder
1 000 g	passierter Quark (20 % Fett. i. Tr.)
80 g	Eigelb (4)
50 g	Ei (1)
3 g	Salz
	Vanille, Zitrone
70 g	flüssige Butter
60 g	blanchierte Sultaninen

- Puderzucker und Krempulver trocken mischen.
- Quark, Ei, Eigelb, Salz und Aromen einrühren.
- Sultaninen und Butter beimengen.

Verwendung
Für Kaffeegebäck aus Hefe-, Plunder- und Blätterteig.

Punschfüllung

Ca. 1 730 g	
1 200 g	helles und dunkles Biskuit
300 g	Aprikosenkonfitüre
150 g	Läuterzucker
80 g	Rum (38 Vol.-%)

- Helles und dunkles Biskuit in Würfel schneiden.
- Mit den übrigen Zutaten mischen.

Verwendung
Für Punschtorten, -schnitten und -würfel.

Notizen zu den Arbeitsaufgaben:

? Arbeitsaufgaben

1. Nennen Sie Füllungen, die sich zum Füllen von Kaffeegebäck eignen.
2. Beschreiben Sie die Herstellung von Nuss- oder Mandelfüllungen.
3. Zählen Sie einige Fruchtfüllungen auf.
4. Erklären Sie, was die Stärkebeigabe bei der Quarkfüllung bewirkt.
5. Beschreiben Sie die Herstellung der Franchipanefüllung.
6. Erläutern Sie, welche Aufgaben die Konfitüre bei der Punschfüllung erfüllt.

10 Glasuren und Überzugsmassen

Das Überziehen von Gebäckstücken mit einer Glasur oder Überzugsmasse bewirkt eine längere Erhaltung der Frische, eine Geschmacksverbesserung und eine dekorative Veränderung.

Glasuren	Überzugsmassen
Sie bestehen größtenteils aus Zucker und werden in der Bäckerei meist selbst hergestellt.	Das sind überwiegend Convenienceprodukte, die nur noch geringfügig bearbeitet werden müssen.
■ Spritzglasur ■ Zitronenglasur ■ Fadenzuckerglasur ■ Fondant ■ Sacherglasur ■ Canacheglasur	■ Kuvertüre ■ Fettglasurmasse ■ Dextringlasur ■ Gelees und Konfitüren

Unsere Ziele

Nach Bearbeitung dieses Teilkapitels werden Sie ...

- verschiedene Glasuren und Überzugsmassen kennen;
- wissen, wie Zuckerglasuren hergestellt werden;
- wissen, warum Kuvertüren temperiert werden müssen;
- verschiedene Temperiermethoden kennen;
- wissen, was man unter reversibler und irreversibler Gelierung versteht.

10.1 Glasuren

Spritzglasur, Eiweißspritzglasur, Glace royale

Rezept 1:	
1 100 g	Puderzucker
300 g	pasteurisiertes Eiklar
	Zitronensäure
Rezept 2:	
64 g	Albumin
200 g	Wasser
1 000 g	Puderzucker
100 g	Weizenpuder
	Zitronensäure

- **Rezept 1:** Feinstgesiebten Puderzucker mit Eiklar bis 40 °C warm schlagen.
- Anschließend in der Maschine kalt schlagen, dabei vor Ende des Schlagens etwas Zitronensäure beigeben.

- **Rezept 2:** Albumin mit Wasser mischen, über Nacht quellen lassen.
- Puderzucker, Weizenpuder und 240 g gequollenes Albumin (je nach Konsistenz) in der Maschine langsam rühren (nicht schlagen). Etwas Zitronensäure beigeben.

Verwendung
Für Garnier- und Schreibarbeiten, Dekorteile und Aufsätze.

Zitronenglasur

- Fein gesiebten Puderzucker mit Zitronensaft je nach Verwendungszweck dickflüssig anrühren.
- Wie Fondant erwärmen.
- Mit einem flachen Pinsel auftragen oder mit einer Palette aufstreichen.

Fadenzuckerglasur

1 000 g	Zucker
330 g	Wasser

- Zucker mit Wasser bis 109 °C kochen.
- An der Gefäßwand tablieren, bis die Flüssigkeit leicht milchig wird. Wird die Glasur nicht tabliert, ist sie dünner und durchscheinender, und sie glänzt mehr.

- Die heiße Glasur mit einem Flachpinsel auf die noch heißen Gebäcke dünn auftragen und trocknen lassen.
- Zur Gänze mit Glasur überzogene Gebäcke auf Gitter setzen und trocknen lassen.

Fondant, Fondantglasur

1 000 g	Zucker
330 g	Wasser
100–150 g	Glukosesirup

- Zucker, Wasser, Glukosesirup aufkochen und abschäumen. Bis 114–117 °C weiterkochen.
- Zuckermasse auf eine mit Wasser benetzte Marmorplatte gießen.
- Oberfläche mit kaltem Wasser benetzen, um eine Hautbildung zu vermeiden, und bis ca. 50 °C abkühlen lassen.
- Tablieren, bis sie milchig weiß und starr wird. Mit einem nassen Tuch abdecken, bis die Starre nachlässt.
- Kneten, bis der Fondant weich und glänzend ist.
- In einem verschließbaren Behälter kühl aufbewahren.
- Zum **Glasieren** – je nach Verwendungszweck – mehr oder weniger anwärmen (ca. 36 °C). Mit Wasser oder Läuterzucker verdünnen.
- Nach Bedarf färben und abschmecken.

Verwendung
Zum Glasieren von Torten, Schnitten, Desserts, Kuchen und Kaffeegebäck.

Wissenswertes dazu

- Spritzglasur für Schreib- und Garnierarbeiten sollte eine kremige Konsistenz haben, damit sich der Faden besser ziehen und formen lässt.
- Die Beigabe von Zitronensäure lässt die Spritzglasur schneller aushärten.
- Spritzglasur kann mit Lebensmittelfarben gefärbt werden.
- Zu weiche Spritzglasur, die beim Garnieren breit läuft, mit Puderzucker festigen. Zu feste Glasur mit Eiklar oder Wasser verdünnen.
- Die vorbereitete Glasur mit einem feuchten Tuch abdecken oder verschlossen aufbewahren, um ein Austrocknen der Oberfläche zu vermeiden.

Finden Sie eine Erklärung, warum Fondantglasuren bei der Herstellung Glukosesirup beigegeben wird!

Läuterzucker = Aufgekochte Zuckerlösung. Zucker- und Wassermenge bestimmen die Dichte der Lösung. Zum Beispiel Läuterzucker zum Verdünnen von Glasuren wird aus 1 000 g Wasser und 1 820 g Zucker hergestellt.

Wissenswertes dazu

- Zum Färben und Aromatisieren von Fondant eignen sich Lebensmittelfarben, Spirituosen wie Kirschwasser, Arrak, Rum, Cointreau, Curaçao ..., Kakaopulver, Löskaffee, flüssige Schokolade, Vanille, Zitronensaft usw. Die beigegebenen Geschmacksträger geben dem Fondant den Namen, z. B. Zitronenfondant.
- Die zu glasierenden Gebäcke vorher aprikotieren. Dadurch wird ein Absterben der Zuckerglasur durch Feuchtigkeitsentzug verhindert und ein Absplittern vermieden. Die Gebäcke schmecken besser und bleiben länger frisch.
- Fondant soll nach dem Abtrocknen grifffest sein und einen schönen Glanz haben. Eine kleine Menge pasteurisiertes Eiklar gibt der Glasur einen schönen Glanz.

Schokoladenfondant

Fondant mit 30 % geschmolzener Schokolade, Kuvertüre oder 10 % Kakao(masse) mischen.

Sacherglasur

1 000 g	Zucker	
330 g	Wasser	
750 g	zerkleinerte Kuvertüre oder Schokolade	

- Zucker und Wasser aufkochen.
- Kuvertüre oder Schokolade einrühren, bis sie vollständig gelöst ist. Weiterkochen bis 109 °C.
- Sofort bis zur richtigen Konsistenz tablieren (50–60 °C).
- Bei Bedarf mit Läuterzucker u. Ä. verdünnen.

Verwendung
Für Sachertorten, -schnitten und -desserts.

! Der Sacherglasur kann zur Erzielung eines besseren Glanzes und einer besseren Schneidfähigkeit eine geringe Menge an Speiseöl zugesetzt werden.

Canacheglasur

Herstellung siehe Pariser Krem (Seite 376). Nach dem Homogenisieren abkühlen lassen, bis die Glasur eine dickflüssige Konsistenz hat.

10.2 Überzugsmassen

Kuvertüre, Schokoladenüberzugsmasse

Kuvertüre hat einen wesentlich höheren Fettgehalt (Kakaobutter) als Schokolade, wie sie für Tafelware und andere industrielle Schokoladenartikel verwendet wird. Dadurch ist sie dünnflüssiger und besonders geeignet zum Überziehen von Torten, Schnitten, Kuchen, Desserts, Teegebäck u. Ä.

Damit die Kuvertüre jedoch nach dem Erstarren wieder ihre ursprüngliche feste Konsistenz aufweist, muss sie temperiert werden.

Kuvertüre wird vom Handel in verschiedenen Arten angeboten:
- dunkle Kuvertüre,
- Milchkuvertüre,
- weiße Kuvertüre,
- gefärbte und aromatisierte Kuvertüren.

Temperieren von Kuvertüre

- **Schmelzen:** Die Kuvertüre wird im Wasserbad, Wärmeschrank, Mikrowellenherd oder Trempiergerät auf **45 bis 50 °C** erwärmt. Das ist jene Temperatur, bei der alle Kakaobutterkristalle schmelzen und die Kuvertüre ihre Bindung verliert – die Kakaobutter steigt als spezifisch leichtere Substanz auf, die Oberfläche der Kuvertüre wird grau.
- **Abkühlen:** Nach dem Schmelzen muss die Kuvertüre auf die richtige Verarbeitungstemperatur gebracht werden, um die Schokoladenbestandteile wieder zu binden. Dazu wird die Kuvertüre rasch auf **25 bis 26 °C** abgekühlt. Bei dieser Temperatur kristallisieren die Fettkristalle der Kakaobutter, es bilden sich viele kleine, stabile Fettkristalle – die Kuvertüre dickt ein **(Vorkristallisation).**
- **Wärmen:** Anschließend wird die durch Vorkristallisation zu dick gewordene Kuvertüre auf die entsprechende **Verarbeitungstemperatur** – dunkel Kuvertüre 32,5 °C, Milchkuvertüre 31–32 °C, weiße Kuvertüre 30–31 °C – erwärmt.

Richtig temperierte Kuvertüre hat nach dem Abstocken eine glatte, grifffeste, glänzende Oberfläche und einen knackigen Bruch.

Temperieren von Kuvertüre

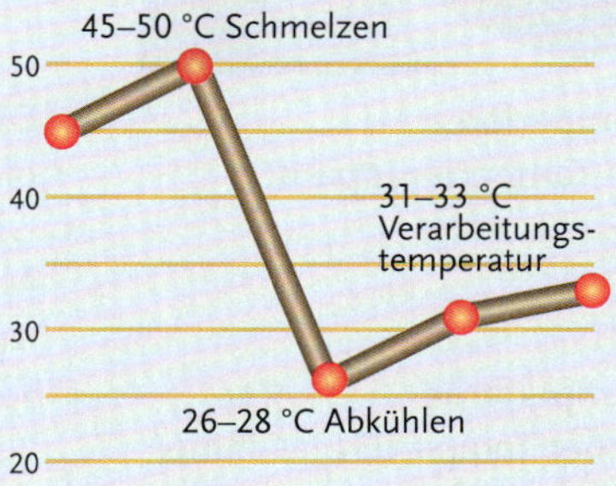

Wissenswertes dazu

- Beim Schmelzen sollten höhere Temperaturen vermieden werden, da sich besonders bei Milchkuvertüre und weißer Kuvertüre durch Milcheiweißgerinnung Klümpchen bilden können.
- Ein Vorkristallisieren der Kakaobutter in der Kuvertüre bewirkt, dass die Fettkristalle beim Erstarren in der Masse gleichmäßig verteilt bleiben und eine matt glänzende Oberfläche entsteht. Wird die geschmolzene Kuvertüre jedoch zu langsam abgekühlt, bilden sich viele große, unstabile Fettkristalle und die Kuvertüre hat nach dem Abstocken eine raue, glanzlose Oberfläche.
- Wird Kuvertüre nach dem Schmelzvorgang nicht temperiert, so bleibt die Kakaobutter an der Oberfläche und ist nach dem langsamen Erstarren der Kuvertüre als grauer Schleier sichtbar **(Fettreif)**.
- Eine graue bzw. streifige Oberfläche kann sich auch bilden, wenn die Kuvertüre bei der Verarbeitung zu wenig durchgerührt wurde oder zu kühl ist.
- Kühlt die Kuvertüre ab, so dickt sie ein. Durch nochmaliges, vorsichtiges Erwärmen oder durch Beigabe von warmer Kuvertüre kann sie wieder auf die richtige Verarbeitungstemperatur gebracht werden. Dunkle Kuvertüre kann dabei auf 35 °C erwärmt werden, da sie viele stabile Kakaobutterkristalle enthält.

Temperiermethoden	
Tabliermethode 	■ Zwei Drittel der geschmolzenen Kuvertüre mit einer Temperatur von 45 bis 50 °C auf einen Marmortisch ausgießen und mit einer Spachtel bis zur dickflüssigen Konsistenz (26 bis 28 °C) tablieren. ■ Sofort mit der noch flüssigen Kuvertüre mischen und gut durchrühren. ■ Sollte die Kuvertüre insgesamt noch nicht kalt genug sein, den Vorgang wiederholen. Die abgekühlte Kuvertüre vorsichtig erwärmen, bis sie die Verarbeitungstemperatur von 31 bis 33 °C erreicht hat.
Impfmethode 	■ Geriebene oder fein gehackte Kuvertüre in kleinen Portionen in die geschmolzene Kuvertüre (45 bis 50 °C) rühren (impfen), bis die Kuvertüre deutlich dickflüssig wird und sich die Stückchen nur noch langsam auflösen. ■ Anschließend durch leichtes Nachwärmen im warmen Backrohr oder durch Zugabe von warmer Kuvertüre auf die Verarbeitungstemperatur von 31 bis 33 °C bringen (eventuell kurz homogenisieren).
Temperieren im Wasserbad	■ Die geschmolzene Kuvertüre mit einer Temperatur von 45 bis 50 °C wird im kalten Wasserbad bis zum Erstarrungspunkt (ca. 26 °C) kalt gerührt und anschließend sofort im heißen Wasserbad wieder auf die Verarbeitungstemperatur von 31 bis 33 °C erwärmt. ■ Nach einer Probe mit der Teigkarte kann sie verarbeitet werden. ■ Bei dieser Methode ist darauf zu achten, dass kein Wasser in die Kuvertüre gelangt, da sie dadurch eingedickt werden würde und dann zum Tunken unbrauchbar wäre.
Temperieren im Mikrowellenherd 	■ Die zerkleinerte Kuvertüre oder Kuvertüretropfen (Pellets) oder -plättchen in einem mikrowellengeeignetem Geschirr in Intervallen von ca. 30 Sekunden schmelzen, nach jedem Intervall gut durchrühren. ■ Nach dem letzten Intervall ist der Wärmeausgleich zu berücksichtigen: Die Kuvertüre kurz stehen lassen, gut durchrühren und die Temperatur kontrollieren.
Temperieren im Temperierapparat	■ Die zerkleinerte Kuvertüre oder Kuvertüretropfen in den Apparat füllen und den Thermostat auf die Verarbeitungstemperatur einstellen. ■ Die Verarbeitungstemperatur hängt vom Gerätetyp, vom Hersteller und von der eingefüllten Menge ab. Es erfordert etwas Übung, bis man das richtige Einstellen beherrscht. Doch sollte man zur Sicherheit eine etwas tiefere Temperatur wählen und bei Bedarf nachwärmen.
Temperieren in der Temperiermaschine	■ Temperiert wird vollautomatisch: Die Kuvertüre wird geschmolzen, abgekühlt und anschließend auf die richtige Verarbeitungstemperatur gebracht.

Beachtenswertes bei der Verarbeitung

- Nur sorgfältig temperierte Kuvertüre verwenden.
- Vor der Verarbeitung der Kuvertüre eine Probe machen.
- Nach dem Wiedererwärmen und während der Verarbeitung immer gut durchrühren.
- Keine warmen Geräte (Messer, Tunkgabeln, Formen, Kämme usw.) verwenden.
- Feuchtigkeit und Flüssigkeiten von der Kuvertüre fernhalten.
- Die Raumtemperatur sollte 22 °C nicht übersteigen, da sonst der Abkühlvorgang zu lange dauert und die Kuvertüre grau wird.
- Die zu überziehenden Produkte sollten eine Temperatur von 22 bis 25 °C haben.
- Die überzogenen Produkte eventuell kurz im Kühlschrank abkühlen.

Verdünnen und Eindicken von Kuvertüre

- **Verdünnen:** Dazu die Kuvertüre schmelzen und vor dem Temperieren mit Kakaobutter bis zur gewünschten Konsistenz verdünnen. Der Kakaobutteranteil ist je nach Kuvertüre unterschiedlich.
- **Eindicken (Spritzschokolade):** Kuvertüre für Garnier- und Schreibarbeiten wird mit Flüssigkeit (Alkohol, Läuterzucker, Wasser, Kondensmilch, Rum) zu spritzfähiger Konsistenz verdickt. Durch kräftiges Verrühren wird ein dehnbarer, reißfester Faden erreicht.

Fettglasurmasse

Sie wird vom Handel in verschiedenen Farben und Geschmacksrichtungen angeboten und darf aufgrund ihrer Zusammensetzung nicht als Schokolade bezeichnet werden (siehe Kapitel Kakao- und Schokoladenerzeugnisse, Seite 164). Fettglasurmassen

- werden nicht temperiert, sondern nur geschmolzen,
- werden mit Öl und – in der warmen Jahreszeit – mit Kokosfett verdünnt,
- bleiben nach dem Erstarren schnittfähig.

Dextringlasur

100 g	Weizenpuder
ca. 500 g	Wasser

- Weizenpuder bei ca. 140 °C mittelbraun rösten.
- Mit Wasser mischen und unter Rühren kochen, bis sich eine Haut bildet. Bei Bedarf Wasser beigeben.
- Sofort die noch heißen Gebäcke damit bestreichen.

Verwendung
Zum Abglänzen von Lebkuchengebäck.

Gelees und Konfitüren

Agar-Agar-Gelee

25 g	Agar-Agar-Fäden
750 g	Wasser (4 °C)
1 500 g	Wasser
1 000 g	Zucker
500 g	Glukosesirup

- Agar-Agar-Fäden in kaltem Wasser einweichen, zehn bis zwölf Stunden quellen lassen, abseihen und ausdrücken.
- Mit 1 500 g Wasser aufkochen, 15 Minuten zugedeckt ziehen lassen.
- Zucker und Glukosesirup beigeben und aufkochen lassen.
- Vor der Weiterverarbeitung mit Zitronensaft abschmecken und eventuell färben.
- Agar-Agar-Gelee etappenweise aufgießen oder mit einem Flachpinsel auftragen oder aufsprühen.

Verwendung
Für alle Erzeugnisse, die mit frischem Obst belegt werden.

Rezeptbeispiel: Dunkle Spritzschokolade

100 g	dunkle Kuvertüre
30 g	Honig
80 g	Kondensmilch

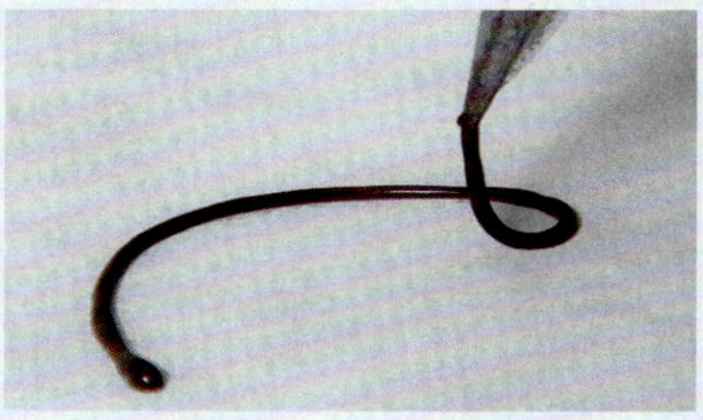

! Spritzschokolade ist auch als Convenienceprodukt erhältlich.

! Dextringlasur ist als pulverisierte Fertigmischung im Handel erhältlich.

Erinnern Sie sich noch:
Woraus wird Agar-Agar gewonnen?

Wissenswertes dazu

- Pulverisiertes Agar-Agar benötigt keine Quellzeit.
- Agar-Agar-Gelee **geliert reversibel,** d. h., es kann durch Erwärmen wieder flüssig gemacht werden.
- Mit Säure versetztes Gelee verliert beim Erwärmen an Gelierkraft.

Pektin (Braunband) ist in Drogerien oder Reformhäusern erhältlich.

Pektingelee, Kaltgelee

Es kommt flüssig in den Handel (Convenienceprodukt), kann jedoch auch selbst auf Vorrat hergestellt werden.

800 g Wasser 200 g Zucker 12 g Pektin (Braunband) 400 g Zucker 400 g Glukosesirup	▪ Wasser, 200 g Zucker und Pektin fünf Minuten kochen. ▪ Restlichen Zucker und Glukosesirup beigeben und nochmals aufkochen lassen. ▪ Auskühlen lassen und abfüllen. ▪ Bei Bedarf Zitronensäure einrühren und gelieren.

Wissenswertes dazu

- Pektingelee wird durch Zusatz von Zitronensäure zum Erstarren gebracht.
- Pektingelee wird wie Agar-Agar-Gelee verwendet, jedoch ist die Gelierung **irreversibel,** d. h., das Gelee kann nicht mehr verflüssigt werden.
- Pektingelee eignet sich besonders zum Gelieren von Sahnekremtorten, da es kalt verwendet wird.

Fruchtspiegel, Erdbeer- oder Himbeerspiegel

670 g Fruchtmark 150 g Zucker 9 Blatt aufgelöste Gelatine	▪ Fruchtmark mit Zucker erhitzen. ▪ Gelatine einrühren. ▪ Abseihen und auftragen. **Verwendung** Als Oberflächenglasuren für Torten, Schnitten und Desserts

Geleepulver

Das sind vorgefertigte Mischungen, die mit Wasser und Zucker nach Angaben des Herstellers aufgekocht werden. Ein Zusatz von Säure, anderen Geschmacksstoffen und Farbe nach dem Kochen ist möglich. Es wird wie Agar-Agar-Gelee verwendet.

Konfitüren, Gelees

Sie können als dünne Oberflächenglasuren verwendet werden, wenn sie mit etwas Zuckerzusatz aufgekocht und anschließend mit einigen Tropfen Säure versetzt werden. Auch hier werden von der Industrie gebrauchsfertige Produkte angeboten, die nur noch erhitzt werden müssen.

Notizen zu den Arbeitsaufgaben:

Arbeitsaufgaben

1. Begründen Sie, weshalb Backwaren mit Glasuren oder Überzugsmassen überzogen werden.
2. Zählen Sie einige Zuckerglasuren auf.
3. Beschreiben Sie die Herstellung der Spritzglasur. Worauf ist bei der Herstellung besonders zu achten?
4. Schildern Sie, wie Gebäckstücke auf das Glasieren mit einer Zuckerglasur, z. B. Fondantglasur, vorbereitet werden.
5. Beschreiben Sie die Herstellung der Sacherglasur.
6. Erklären Sie, warum Kuvertüren temperiert werden müssen.
7. Beschreiben Sie die verschiedenen Temperiermethoden.
8. Erörtern Sie, worauf Sie bei der Verarbeitung von temperierter Kuvertüre achten müssen.
9. Schildern Sie, was bei der Verwendung von Fettglasurmassen zu beachten ist.
10. Erklären Sie den wesentlichen Unterschied zwischen Agar-Agar- und Pektingelee.
11. Begründen Sie, weshalb Gelees Säure zugesetzt wird.

11 Konditoreierzeugnisse

Das appetitliche Aussehen und die geschmackliche Harmonie sind Qualitätsmerkmale der Konditoreierzeugnisse. Dazu zählen Torten, Schnitten, Rouladen, Stückdesserts und Petits Fours. Diese werden in verschiedenen Formen und mit unterschiedlichsten Füllungen bzw. Massen hergestellt.

Unsere Ziele

Nach Bearbeitung dieses Teilkapitels werden Sie ...

- wissen, was Sie bei der Herstellung von Konditoreierzeugnissen beachten müssen;
- den Aufbau verschiedener Torten kennen;
- wissen, was Sie bei der Herstellung von Schnitten und Rouladen beachten müssen;
- über die rationelle Herstellung von Stückdesserts und Petits Fours Bescheid wissen.

Beachtenswertes bei der Herstellung von Torten, Schnitten, Rouladen, Stückdesserts und Petits Fours

- **Krems** und **Füllungen** bestimmen den Charakter verschiedener Konditoreierzeugnisse, z. B. Vanille-, Butter-, Sahne- und Canachekrems oder Konfitüren. Unterschiedliche **Geschmacksrichtungen** wie z. B. Schokoladen-, Nuss-, Kaffee-, Quark-, Joghurt- und Fruchtgeschmack ermöglichen die Vielfalt dieser Produkte.
- Die **Konsistenz** der Krems sollte mit der Krumenstruktur der Böden harmonisieren.
- Eine dünne **Konfitüreschicht** unter der Krem rundet den Geschmack ab und verzögert gleichzeitig ein Durchweichen der Böden.
- **Böden** gibt es in verschiedenen Variationen, z. B. Böden aus Biskuit- und Wiener Masse, aus Sand- und Schaummasse, aus Baumkuchenmasse, aus Mürbeteig oder aus Makronen- und Brandmasse.
- **Tränken** dürfen nicht zu süß sein und sind dem Erzeugnis entsprechend abzuschmecken. Das Tränken der Böden dient der Geschmacksverbesserung, Saftigkeit und länger anhaltenden Frische.
- **Spirituosen** sollen den Eigengeschmack der Produkte unterstreichen, aber nicht zu stark in den Vordergrund treten.
- Der **Zuckergehalt** der Böden, Krems, Glasuren u. Ä. sollte aufeinander abgestimmt werden.
- Glasierte, eingestreute oder dünn mit Marzipan eingedeckte Erzeugnisse ermöglichen eine längere **Frische der Erzeugnisse.**
- Beim **Dekor** sollten Arbeitsaufwand und optische Wirkung in einem ausgewogenen Verhältnis stehen.

Die folgenden Massen, Krems, Füllungen und Glasuren sind in den einzelnen Kapiteln beschrieben.

11.1 Torten

Sie werden in verschiedenen Formen angeboten:

- **Runde Torten:** im Ganzen, in verschiedenen Größen oder in Stücke geschnitten (Aufschnitttorten).
- **Form- bzw. Fassontorten:** ovale, rechteckige, dreieckige, herzförmige Torten usw.
- **Kuppeltorten.**
- **Etagen- und Aufsatztorten,** z. B. Hochzeitstorten.

§ **Bestimmungen für Sahne-, Sahnekrem-, Butterkrem- und sonstige Kremtorten** finden Sie unter www.bmel.de (Leitsätze für Feine Backwaren) zum Downloaden.

Sahne-, Sahnekremtorten

Sahnekremtorten werden aus lockeren Sahnekrems und Böden mit zarter Krume hergestellt. Sie verdrängen immer mehr die sättigenden und schweren Butterkremtorten.

Aufbau von Sahnekremtorten

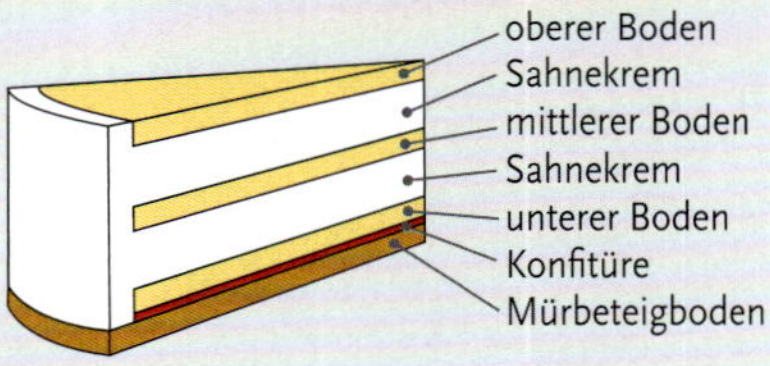

Beachtenswertes beim Einsetzen von Sahnekremtorten

- Sahnekremtorten eignen sich hervorragend zum Tiefkühlen bzw. für die rationelle Herstellung. Dabei werden die Tortenringe vor dem Einsetzen mit Folienstreifen ausgelegt. Zum Abziehen der Folienstreifen müssen die Torten noch gefroren sein. Dadurch bleibt der Tortenrand vollkommen glatt und kann als Teil des Gesamtdekors eventuell auch unbedeckt bleiben.
- Auf Vorrat hergestellte Sahnekremtorten sollten erst bei Fertigstellung glasiert oder auf einen Mürbeteigboden gesetzt werden, da Mürbeteig frisch am besten schmeckt.
- Zur schöneren Optik bzw. Erhaltung der Frische kann der Innenrand der Tortenringe mit einem Streifen Dekorbiskuit, mit Dekorlöffelbiskuits u. Ä. ausgelegt werden.

Dekorbiskuit

Beispiele für die Zusammensetzung von Sahnetorten

Bezeichnung	Masse, Teig	Füllung	Dekor
Schwarzwälder Kirschtorte	Kakaobiskuitmasse oder Wiener Masse mit Schokolade, Mürbeteigboden	Sahnekrems, Sauerkirschen, Konfitüre	Schokoladenspäne, Stückdekor
Käsesahnetorte	Wiener Masse, Mürbeteigboden	Käsesahnekrem, Konfitüre	Schlagsahne oder Zitronengelee
Fruchtsahnetorte	Wiener Masse, Mürbeteigboden	Fruchtsahnekrem, Konfitüre	Früchte, Gelee

Schwarzwälder Kirschtorte

Charlotten

Charakteristisch sind die Löffelbiskuits am Rand oder die in dünne Scheiben geschnittene, mit Aprikosenkonfitüre gefüllte Biskuitroulade, welche die Oberfläche oder die ganze Charlotte bedeckt. Charlotten werden mit verschiedenen Sahnekrems gefüllt, die Biskuitteile werden mit Gelee abgeglänzt.

Charlotte

Butterkrem- und Trüffelkremtorten

Diese Torten bleiben länger frisch als Sahnetorten.

Beispiele für die Zusammensetzung von Butterkrem- und Trüffelkremtorten

Bezeichnung	Masse, Teig	Füllung	Dekor
Prinzregenten-Torte	Dünne Böden aus Sand- oder Wiener Masse	Schokoladenbutterkrem	Kuvertüre
Frankfurter Kranz	Sand-, Wiener oder Biskuitmasse	Butterkrem	Mandel- oder Nusskrokant, Stückdekor
Esterházytorte	Dünne Böden aus Esterházymasse	Nougatbutterkrem	Fondant mit Esterházymuster
Nusstorte	Wiener Masse mit Nüssen	Nussbutterkrem, Konfitüre, Tränke	Fondantglasur oder Krem, Stückdekor
Trüffeltorte	Sachermasse oder Wiener Masse mit Schokolade	Trüffelkrem, Konfitüre, Tränke	Schokospäne oder Canacheglasur, Stückdekor

Prinzregenten-Torte

Frankfurter Kranz

Weitere Torten

Bezeichnung	Masse, Teig	Füllung	Dekor
Linzer Torte	Linzer Masse oder Teig	Johannisbeerkonfitüre	Gehobelte Mandeln, Puderzucker
Mohntorte	Mohnmasse, Mürbeteigboden	Johannisbeerkonfitüre, Tränke	Puderzucker oder Zitronenglasur
Gebackene Käsetorte	Quarkmasse, Mürbeteigboden	Kompottaprikosen	Puderzucker
Sachertorte	Sachermasse	Aprikosenkonfitüre	Sacherglasur
Baumkuchentorte	Sandmasse		Aprikotur, Kuvertüreglasur
Punschtorte	Biskuitmasse	Aprikosenkonfitüre, Punschfüllung	Aprikotur, rosa Fondant, Stückdekor
Obsttorte	Wiener Masse	Vanillekrem, Konfitüre	Früchte, Gelee

Linzer Torte

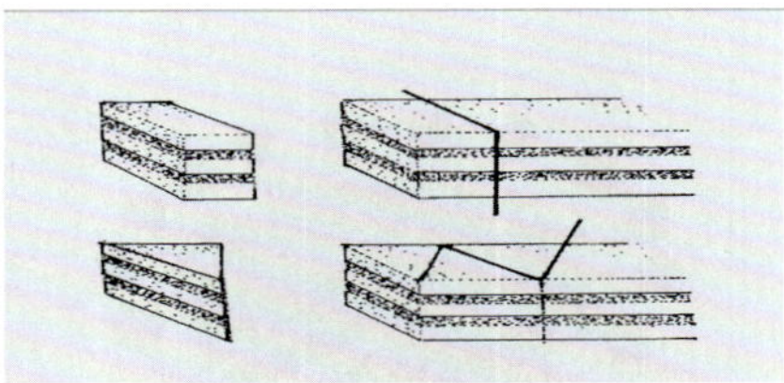

11.2 Schnitten

Um rationelles Arbeiten zu gewährleisten, können alle Torten in Form von Schnitten hergestellt werden, ohne dass sich dabei das Rezept wesentlich ändert. Die Zusammensetzung bzw. der Aufbau der Schnitten ist ähnlich.

Bezeichnung	Masse, Teig	Füllung, Herstellung	Dekor
Pyramiden 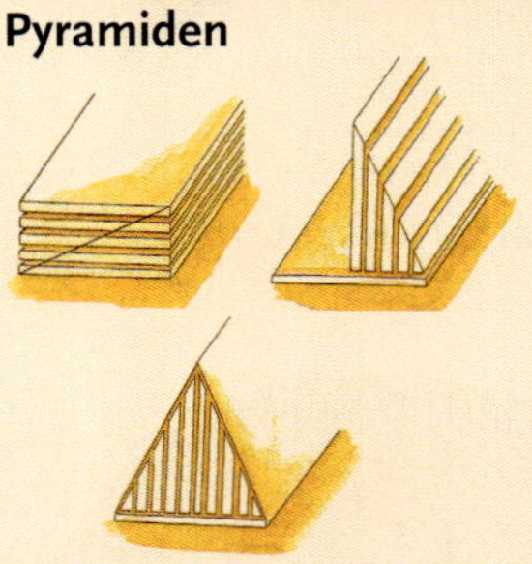	Biskuitmasse	■ Fünf Streifen mit Schokoladenbutterkrem zusammensetzen, kühl stellen. ■ Einen sechsten Streifen als Boden mit Krem bestreichen. ■ Zusammengesetzte Streifen diagonal durchschneiden, mit Krem bestreichen. ■ Erste Hälfte mit kurzer Fläche auf den Bodenstreifen kippen, zweite Hälfte drehen und ansetzen.	Dünn mit Krem einstreichen, mit Canacheglasur oder Fettglasurmasse glasieren
Schaumschnitten mit Früchten	Mürbeteig, Biskuitmasse, Schaummasse zum Abflämmen	Konfitüre, Vanillekrem, Früchte, Schaummasse zum Abflämmen	Abgeflämmtes Gitter aus Schaummasse, gehobelte Mandeln
Bananenschnitten	Wiener Masse	Vanillesahnekrem, der Länge nach halbierte Bananen, Schokoladensahnekrem	Canacheglasur
Kardinalschnitten	Schneemasse, Biskuitmasse	Zwei Massestreifen herstellen: ■ Mit einer Lochtülle drei Streifen Schneemasse im Abstand von ca. 15 mm dressieren. ■ Mit einer Lochtülle je zwei Streifen Biskuitmasse in die Zwischenräume dressieren. ■ Nach dem Backen mit Kaffeesahne- oder Erdbeersahnekrem zusammensetzen.	Puderzucker

11.3 Rouladen

Rouladen werden meist aus Biskuit- oder Wiener Masse hergestellt. Auch hier charakterisieren eine Vielfalt an Füllungen und Krems die einzelnen Produkte.

Beachtenswertes bei der Herstellung von Rouladen

- Mit **Konfitüre gefüllte Rouladen** gleich nach dem Backen mit (eventuell heißer) Aprikosenkonfitüre füllen, aufrollen und in Papier straff einrollen.
- Mit **Krem gefüllte Rouladen** nach dem Auskühlen eventuell tränken, dünn mit passender Konfitüre bestreichen, Butter- oder Sahnekrem darüberstreichen, aufrollen, in Papier straff einrollen und kühl stellen. Um eine kompakte runde Form zu erreichen, das übergeschlagene Papier beim Einrollen mit einem Lineal und leichtem Druck unter die Roulade schieben.
- **Fertigstellen:** mit Puderzucker besieben, einstreichen, mit Marzipan eindecken, einstreuen oder glasieren, dekorieren.

11.4 Stückdesserts

Stückdesserts sind wie Schnitten rationell hergestellte Portionsspeisen. Sie werden in Form von Törtchen, Würfeln, Röllchen, Bomben, Herzen, Stangen usw. angeboten. Präsentiert werden sie in Dessertkapseln oder auf einem Dessertteller.

Herstellung von Sahne- und Joghurtkremdesserts

- Die Krem in vom Fachhandel angebotene Stückdessertformen (mit Gegenstück zum Herausdrücken) oder Flexipanformen füllen und mit einem dünnen Masseboden abdecken. Oder den Masseboden einlegen und anschließend die Krem einfüllen.
- Im Kühlbereich absteifen lassen oder tiefkühlen.
- Formen und Folienstreifen entfernen (am besten im leicht gefrorenen Zustand) und Desserts fertigstellen (z. B. mit Früchten belegen und mit Gelee abglänzen).

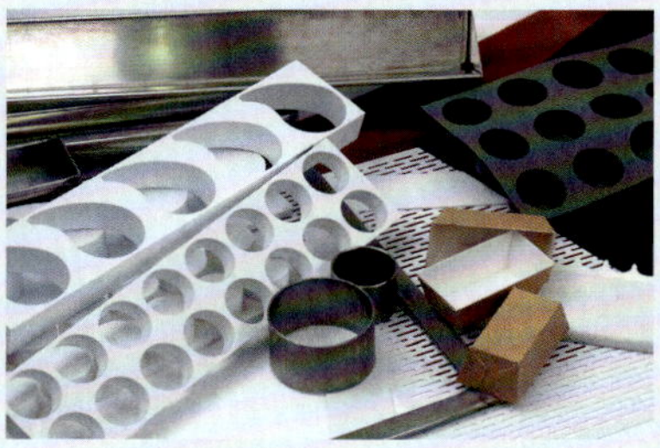

Beispiele für die Zusammensetzung von Stückdesserts

Bezeichnung	Masse, Teig	Füllung	Dekor
Windbeutel, Eclairs, Kremringe	Brandmasse	Sahne- und Butterkrems	Fondant oder Puderzucker
Obstschüsserln, Schiffchen, Torteletts	Mürbeteig, Biskuitmasse	Vanillekrem oder Konfitüre	Frisch- oder Kompottobst, Gelee
Punschwürfel	Biskuitmasse	Punschfüllung	Aprikotur, rosa Fondant
Kleine Schnitten	Biskuit- oder Esterházymasse	Wie bei herkömmlichen Schnitten	Klassisch
Schokokuppeln	Schokokuppelmasse	Geschlagene Schlagsahne	Aprikotur, Schokoladenfondant
Marzipankartoffeln	Schokokuppelmasse	Pariser Krem	Marzipan, Kakaopulver
Ischler Törtchen	Mandelmürbeteig	Konfitüre, Pariser Krem oder Schokoladenbutterkrem	Kuvertüre oder Glasurmasse, halbe weiße Mandel
Pariser Spitz	Mürbeteig	Pariser Krem	Kuvertüre
Bananenmakronen	Makronenmasse	Bananen, Trüffelkrem oder Schokoladenbutterkrem	Kuvertüre oder Glasurmasse, grob gehackte Pistazien
Biskuitomeletten	Biskuitmasse	Geschlagene Schlagsahne oder Fruchtsahnekrem	Puderzucker, frische Früchte, Gelee

Außerdem zählen dazu individuell kreierte Desserts bzw. Stückdesserts für bestimmte Anlässe wie Muttertag, Ostern, Halloween, Neujahr usw.

11.5 Petits Fours

Petits Fours sind kleine, mundgerechte Stücke, die vorwiegend bei Empfängen, Partys oder Buffets angeboten werden. Sie werden wie Schnitten oder Stückdesserts hergestellt, wobei der Kreativität der Bäckerin/des Bäckers keine Grenzen gesetzt sind.

Arbeitsaufgaben

1. Beschreiben Sie den Aufbau von Sahnekremtorten.
2. Beschreiben Sie die Zusammensetzung von drei Torten (Masse, Füllung, Dekor).
3. Nennen Sie drei Arten von Schnitten und erklären Sie ihre Herstellung.
4. Beschreiben Sie die Herstellung einer mit Sahnekrem gefüllten Roulade.
5. Nennen Sie Möglichkeiten, um Petits Fours mit Sahne- oder Joghurtkrems rationell herzustellen.

Notizen zu den Arbeitsaufgaben:

12 Backerzeugnisse für besondere Ernährungsbedürfnisse

Kein Gluten, keinen Milchzucker ... – immer mehr Menschen leiden an einer Lebensmittelunverträglichkeit oder haben eine Lebensmittelallergie. Damit jedoch auch die Betroffenen Brot und Gebäck genießen können, haben sich einige Bäckereien auf die Herstellung von Backerzeugnissen für besondere Ernährungsbedürfnisse, z. B. eiweißarm, glutenfrei, salzfrei, spezialisiert.

Unsere Ziele

Nach Bearbeitung dieses Teilkapitels werden Sie ...

- die lebensmittelrechtlichen Anforderungen an Backerzeugnisse für besondere Ernährungsbedürfnisse kennen;
- über die Herstellung von glutenfreien Backerzeugnissen Bescheid wissen;
- über Backerzeugnisse mit verändertem Nährwert informiert sein;
- sonstige Backerzeugnisse für besondere Ernährungsbedürfnisse kennen.

Lebensmittelallergie oder Lebensmittelunverträglichkeit?

- Eine **Lebensmittelallergie** ist eine Fehlfunktion des Immunsystems. Es stuft die Bestandteile des zugeführten Lebensmittels fälschlicherweise als schädliche Stoffe ein, bildet dagegen Antikörper und die typischen Reaktionen einer Allergie machen sich bemerkbar, z. B. Juckreiz und Rötungen.
- Eine **Lebensmittelunverträglichkeit,** z. B. Laktoseintoleranz, basiert auf einer **Stoffwechselstörung.** Meist sind mangelnde Abbauvorgänge im Magen-Darm-Bereich die Ursache. Folglich sind die Symptome stark auf den Verdauungstrakt bezogen, z. B. Bauchschmerzen und Durchfall, in weiterer Folge können aber auch die Haut und der Kreislauf betroffen sein.

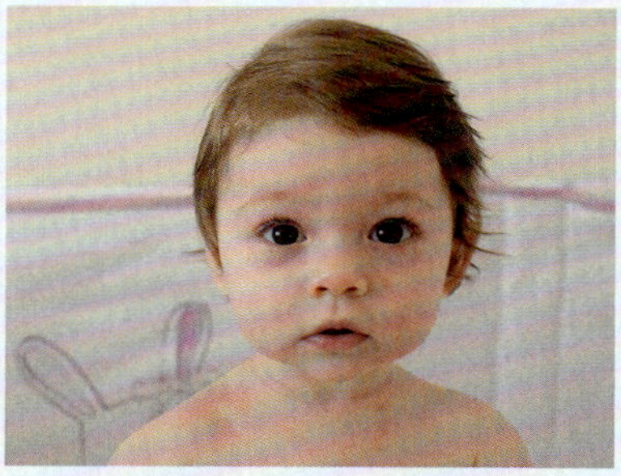

Um eine allergische Reaktion auszulösen, reichen schon kleinste Mengen eines allergenen Stoffes

Lebensmittelrechtliche Bestimmungen für spezielle Lebensmittelgruppen

Diätetische Lebensmittel sind nach den aktuellen lebensmittelrechtlichen Regelungen (EU-Verordnung Nr. 609/2013) nur mehr auf folgende Lebensmittelgruppen beschränkt:

- Säuglingsanfangsnahrung und Folgenahrung;
- Getreidebeikost und andere Beikost (für Säuglinge in der Umstellungsphase während des Abstillens);
- Lebensmittel für besondere medizinische Zwecke, die unter ärztlicher Aufsicht eingenommen werden;
- Tagesrationen für eine gewichtskontrollierende Ernährung.

Weitere Informationen zu Allergenen finden Sie im Kapitel „Lebensmittelrecht“, Seite 205.

In Bäckerei- und Konditoreibetrieben gibt es somit keine diätetischen, sondern nur Backerzeugnisse für „besondere Ernährungsbedürfnisse“.

12.1 Glutenfreie Backerzeugnisse

Sie werden gemäß EU-Verordnung Nr. 828/2014 hergestellt. Demnach bedeuten folgende Kennzeichnungen:

- „Glutenfrei“: höchstens 20 mg Gluten pro Kilogramm Backerzeugnis
- „Sehr geringer Glutengehalt“: höchstens 100 mg Gluten pro Kilogramm Backerzeugnis

Zusätzlich darf die Kennzeichnung den Hinweis „Geeignet für Menschen mit Glutenunverträglichkeit“ oder „Geeignet für Menschen mit Zöliakie“ enthalten.

Beachtenswertes bei der Herstellung

Zur Herstellung von glutenfreien Backerzeugnissen dürfen folgende Zutaten oder Erzeugnisse daraus verwendet werden.

- Getreidearten: Mais, Reis, Hirse
- Pseudogetreidearten: Buchweizen, Amarant, Quinoa
- Glutenfreie Stärkemehle, die aus glutenhaltigen Getreidearten (Weizen, Roggen, Gerste, Hafer) durch Auswaschen des Glutens hergestellt wurden. Dabei ist jedoch im Rahmen der Allergenkennzeichnung auf die Getreideart hinzuweisen.

Psyllium (Flohsamenschalen)

Zur Teigbildung und Lockerung mit einem ausreichenden Gashaltevermögen sind folgende Zutaten üblich, z. B.:

- Leinsamen, geschrotet und eingeweicht
- Psyllium (Flohsamenschalen)
- Guarkernmehl oder Johannisbrotkernmehl (Zusatzstoffe)

Ganz besonders ist auf die Vermeidung von Staubkontaminationen durch Mehle von glutenhaltigen Getreidearten zu achten. Glutenfreie Backerzeugnisse können daher meist nur in von der Herstellung normaler Backerzeugnisse völlig getrennten Räumen mit eigenem Belüftungssystem hergestellt werden.

Schon ein Teelöffel Weizen- oder Roggenmehl überschreitet den Grenzwert von 20 mg Gluten pro Kilogramm Backerzeugnis.

Wissenswertes dazu

Glutenfreie Lebensmittel erhalten nach Vorlage entsprechender lebensmittelrechtlicher Prüfberichte von der Deutschen Zöliakie-Gesellschaft e. V. (DZG, www.dzg-online.de) die Berechtigung zur Verwendung des Glutenfrei-Siegels auf dem jeweiligen Erzeugnis.

12.2 Backerzeugnisse mit verändertem Nährwert

Sie sind im Anhang I (zulässige nährwertbezogene Angaben) zur Verordnung (EG) Nr. 1924/2006 (Health-Claims-Verordnung) geregelt. Nachfolgend einige Beispiele.

Energiereduziert

- Ein Lebensmittel/Backerzeugnis ist energiereduziert, wenn der Brennwert um mindestens 30 % gegenüber einem vergleichbaren Erzeugnis verringert ist.
- Dabei sind die Eigenschaften anzugeben, die zur Reduzierung des Gesamtbrennwerts des Lebensmittels führen, z. B. Verwendung von Ballaststoffen (Kleie) anstelle von Mehl.

Zuckerarme Konfitüre

Fettarm

Ein Lebensmittel/Backerzeugnis ist fettarm, wenn das Produkt weniger als 3 g Fett pro 100 g enthält.

Zuckerarm

Ein Lebensmittel/Backerzeugnis ist zuckerarm, wenn das Produkt nicht mehr als 5 g Zucker pro 100 g enthält.

Natriumarmes Lebensmittel

Natriumarm, kochsalzarm

Ein Lebensmittel/Backerzeugnis ist natrium- bzw. kochsalzarm, wenn das Produkt nicht mehr als 0,12 g Natrium oder 0,3 g Salz pro 100 g enthält.

Ballaststoffquelle

Ein Lebensmittel/Backerzeugnis ist eine Ballaststoffquelle, wenn das Produkt mindestens 3 g Ballaststoffe pro 100 g enthält.

Wissenswertes dazu

- Den Anforderungen an natrium- bzw. kochsalzarme Backwaren zufolge ist deren Herstellung nur unter Verwendung von Speisesalzersatzstoffen möglich.
- Damit verbunden sind Geschmacksveränderungen und die Verwendung allfällig zugelassener Zusatzstoffe.

12.3 Sonstige Backerzeugnisse für besondere Ernährungsbedürfnisse

Nachfolgende Erzeugnisse sind zum gegenwärtigen Zeitpunkt lebensmittelrechtlich noch nicht geregelt.

Erzeugnisse

Laktosefrei	Vegetarisch	Vegan
Derzeit ist jeder auch nur geringfügige Gehalt an Milchprodukten einschließlich Laktose nach der Allergenkennzeichnung zu deklarieren.	Die Verwendung von Zutaten tierischen Ursprungs ist auf Milch und Milchprodukte, Ei und Eiprodukte sowie Honig eingeschränkt.	Die Verwendung von Zutaten tierischen Ursprungs, einschließlich Zusatzstoffen (z. B. Emulgatoren aus tierischen Fetten) und Verarbeitungshilfsstoffen (z. B. Gelatine als Filterhilfsmittel für flüssige Zutaten) ist verboten.

Veganes, laktosefreies Brot

Arbeitsaufgaben

1. Definieren Sie die Begriffe „glutenfrei“ und „sehr geringer Glutengehalt“.
2. Beschreiben Sie die Verwendung von glutenfreien Zutaten.
3. Erklären Sie die Begriffe „zuckerarm“ und „Ballaststoffquelle“.
4. Beschreiben Sie die Problematik, die bei der Herstellung „kochsalzarmer“ Backerzeugnisse auftritt.

Notizen zu den Arbeitsaufgaben:

13 Snacks – kleine kalte und warme Speisen

Das Essen neben der Arbeit, auf dem Weg zur Schule oder zur Arbeit, Snacking und Fingerfood sind Esstrends, die unsere Esskultur stark verändert haben. Für die Bäckereien hat sich dadurch eine neue Marktsituation eröffnet. Neben Brot und Gebäck führen viele Betriebe ein umfangreiches Sortiment an kleinen kalten und warmen Speisen, sogenannten Snacks.

Die Bäckerin/der Bäcker muss dem zunehmenden Gesundheitsbewusstsein der Kundinnen/Kunden gerecht werden und Snacks produzieren, die sich in Art und Qualität deutlich vom Fast Food abheben. Der Kreativität sind dabei keine Grenzen gesetzt. Wichtig ist, dass die Speisen täglich mit frischen Produkten zubereitet werden und die Kundin/der Kunde aus einem abwechslungsreichen Sortiment auswählen kann.

Das Snackangebot kann bestehen aus
- frischem Brot und Weißgebäck, belegt oder gefüllt mit Aufstrichen, Blattsalaten, Gemüse, Käse, Schinken u. Ä.,
- gefülltem Gebäck aus Plunder- und Blätterteig, z. B. gefüllten Croissants, Schinken-, Gemüsestrudel u. Ä.,
- Pizzastücken und Pizzastangen,
- pikanten Kuchen, z. B. Speck- oder Zwiebelkuchen,
- Salaten, z. B. griechischem Salat.

Unsere Ziele

Nach Bearbeitung dieses Teilkapitels werden Sie ...
- die Zubereitung von verschiedenen Salaten und Aufstrichen kennen;
- wissen, wie Sandwichs und Wraps hergestellt werden;
- einige kalte und warme Snacks aus Plunder- und Blätterteig kennen;
- wissen, welche Teige sich zur Herstellung von Salz- und Käsebäckereien eignen;
- über die Herstellung von Pizzas, pikanten Strudeln und Kuchen unterrichtet sein.

13.1 Kleine kalte Speisen

Salate

Mayonnaise

Ca. 300 g		
40 g	pasteurisiertes Eigelb	■ Eigelb, Senf, Salz und Pfeffer verrühren und unter ständigem Rühren tropfenweise Öl einlaufen lassen (Achtung, Gerinnungsgefahr!). Immer wenn die Mayonnaise bindet, kann Öl hinzugefügt werden. ■ Mayonnaise mit Essig oder Zitronensaft vollenden und pikant abschmecken.
1 TL	Senf	
	Salz, weißer Pfeffer	
250 g	Pflanzenöl (20 °C)	
15 g	Zitronensaft oder Essig	
	Worcestersauce	
	Tabasco	

Cocktailsauce

Ca. 350 g		
200 g	Mayonnaise	■ Für die Sauce alle Zutaten verrühren und würzen. ■ Geschlagene Schlagsahne unterziehen.
3 EL	Ketchup	
	Meerrettich	
20 ml	Weinbrand	
	Salz, Tabasco	
50 ml	leicht geschlagene Schlagsahne	

Essig-Öl-Marinade für Gemüsesalate

1 Teil	Essig (Balsamico)	■ Alle Zutaten mischen.
2 Teile	Öl (Olivenöl)	
	etwas Wasser	
	Salz, Pfeffer, Kräuter	

Griechischer Salat

1 Portion		
70 g	Tomatenspalten	■ Alle Zutaten mit Marinade mischen. ■ Mit Schafkäse belegen und mit etwas Basilikum bestreuen.
30 g	halbierte Gurkenscheiben	
20 g	rote, gelbe, grüne Paprikawürfel	
20 g	in Streifen geschnittener Eissalat	
20 g	entkernte schwarze Oliven	
20 g	Zwiebelringe	
	Essig-Öl-Marinade	
Zum Belegen:		
30 g	Schafkäsewürfel	
Zum Bestreuen:		
	frisches Basilikum	

Blattsalat mit Gemüse, Schinken und Käse

2 Portionen		
1	hart gekochtes Ei	■ Das Ei in Spalten schneiden. ■ Salat (Lollo Rosso, Eichblatt-, Endiviensalat u. Ä.) in mundgerechte Stücke teilen. ■ Mit den übrigen Zutaten in einer Schüssel anrichten. ■ Mit Cocktailsauce marinieren.
50 g	Tomatenspalten	
100 g	gelbe und grüne Paprikastreifen	
40 g	Schinkenstreifen	
40 g	Käsestreifen (Emmentaler)	
100 g	Blattsalat	
60 g	Cocktailsauce	

Wissenswertes dazu

- Der Säuregehalt der Mayonnaise kann mit einem Teststreifen überprüft werden. Liegt der pH-Wert über 4,5, sollte noch Zitronen- oder Essigsäure beigegeben werden.
- Mayonnaise kann mit Essigwasser, saurer Sahne, Joghurt und Schlagsahne gestreckt werden.
- Geronnene Mayonnaise kann durch neuerliches Einrühren in Eigelb wieder gebunden werden.

! Bei der Herstellung von Snacks mit Mayonnaise, Saucen, Dressings und leicht verderblichen Rohstoffen (z. B. Fisch, Mozzarella, Aufschnitt, Frischkäse) ist die Einhaltung der **Kühltemperatur** von maximal **+7 °C** zu beachten.

! In Plastikboxen angerichtete Salate sind bei den Kundinnen und Kunden sehr beliebt. Sie werden gerne als Mittagessen oder als leichte Zwischenmahlzeit mitgenommen.

Aufstriche

Gewürz-, Kräuter- und Knoblauchbutter	
Ca. 250 g	■ **Gewürzbutter:** Butter schaumig rühren. ■ Mit den restlichen Zutaten abschmecken. ■ **Kräuterbutter:** Gewürzbutter mit Kräutern (Petersilie, Estragon, Kerbel, Schnittlauch usw.) mischen. ■ **Knoblauchbutter:** Gewürzbutter mit Knoblauch mischen.
Gewürzbutter:	
250 g Butter	
etwas scharfer Senf	
Salz, weißer Pfeffer,	
Worcestersauce, Zitronensaft	
Kräuterbutter:	
Gewürzbutter	
4 EL fein gehackte Kräuter	
Knoblauchbutter:	
Gewürzbutter	
1 kleine gepresste Knoblauchzehe	

Gervais = Kremiger Frischkäse nach der Art von Charles Gervais (1830–1872).

Kräuteraufstrich		
Ca. 450 g		■ Butter mit Quark und Gervais verrühren. ■ Zwiebeln und Kräuter (Petersilie, Kresse, Kerbel, Dille, Schnittlauch) beigeben. ■ Würzen.
200 g	Quark (20 % Fett i. T.)	
100 g	weiche Butter	
50 g	Gervais	
70 g	fein gehackte Zwiebeln	
4 EL	fein gehackte Kräuter	
	Salz, Pfeffer	

Wussten Sie, dass ...
Liptauer im Original aus Brimsen hergestellt wird?
Der Brimsenkäse ist ein schwach gereifter, quarkähnlicher Labkäse aus Schaf- oder Kuhmilch und enthält ca. 25 bis maximal 48 % Fett in der Trockenmasse. Er hat einen buttrig-milden Geschmack.

Liptauer

Eiaufstrich

Liptauer		
Ca. 500 g		■ Butter mit Quark und Gervais verrühren. ■ Mit Kapern, Zwiebeln, Essiggurken und Kräutern mischen. ■ Mit Salz, Pfeffer, Kümmel, Paprika, Sardellenpaste und Knoblauch abschmecken.
200 g	Quark (20 % Fett i. T.)	
100 g	weiche Butter	
50 g	Gervais	
30 g	fein gehackte Kapern	
70 g	fein gehackte Zwiebeln	
30 g	fein gehackte Essiggurken	
2 EL	fein gehackte Kräuter, Gewürze	

Eiaufstrich		
Ca. 600 g		■ Butter mit Quark und Gervais verrühren. ■ Mit Eiern, Zwiebeln, Essiggurken und Schnittlauch mischen. ■ Mit Salz, Pfeffer, Senf und eventuell etwas Curry abschmecken.
200 g	Quark (20 % Fett i. T.)	
100 g	weiche Butter	
50 g	Gervais	
150 g	hart gekochte, fein gehackte Eier	
70 g	fein gehackte Zwiebeln	
30 g	fein gehackte Essiggurken	
1 EL	fein geschnittener Schnittlauch	
	Gewürze	

Brote

Belegte Brote

Zum Belegen einer Brotscheibe benötigt man ca. 50 g Belag.

- In Scheiben geschnittenes Weiß-, Roggen- oder Roggenmischbrot mit schaumig gerührter, abgeschmeckter Butter dünn bestreichen.
- Dekorativ mit Schinken, Wurst, Käse, Fisch und diversen Salaten belegen.
- Mit Eischeiben, Essiggurken, Kräutern, Oliven, Tomaten und Gemüse garnieren.
- Eventuell dünn mit Aspik abglänzen, um ein Austrocknen zu verhindern.

Rezeptbeispiele

Vollkornbrot mit Rohkost

1	Scheibe Vollkornbrot
70 g	Kräuteraufstrich
	grüne und gelbe Paprikawürfel
3	Radieschenscheiben
2	in Stifte geschnittene Gurkenscheiben
2	Tomatenscheiben
1	Eischeibe
	Schnittlauch

Schinkenbrot

1	Scheibe Weißbrot
10 g	Gewürzbutter
1	Blatt Endivien-, Eisberg- oder Eichblattsalat
ca. 30 g	Schinken
2	Gurkenscheiben
1	Eischeibe
	Schnittlauch

Aufstrichbrote

Zum Bestreichen einer Brotscheibe benötigt man ca. 50 g Aufstrich.

- In Scheiben geschnittenes Weiß-, Roggen- oder Roggenmischbrot mit einem Teil des Aufstrichs bestreichen.
- Den restlichen Aufstrich dekorativ aufdressieren.
- Beliebig garnieren (z. B. mit Eischeiben, Essiggurken, Tomatenscheiben, gehackten Aufstrichgrundbestandteilen u. Ä.).
- Brotscheibe eventuell in Schnitten schneiden.

Sandwichs

Sandwichs werden nach ihrem Belag bezeichnet.

- Eine entrindete Toastbrotscheibe mit schaumig gerührter, abgeschmeckter Butter oder Mayonnaise dünn bestreichen.
- Beliebig belegen (Schinken, Wurst, Gemüse, Käse, Lachs u. Ä.; ca. 50 g Belag pro Sandwich). Eventuell mit Mayonnaise, Salatblättern, Tomaten-, Gurken-, Eischeiben ergänzen.
- Mit einer entrindeten Toastbrotscheibe abdecken und in Dreiecke oder Rechtecke schneiden.
- Bis zur Hälfte in eine Papierserviette einschlagen.

Wussten Sie, dass ...
in Italien Sandwichs als Tramezzini bezeichnet werden?

Rezeptbeispiele

Tramezzini mit Mozzarella und Tomaten

2	Toastbrot- oder Tramezzinischeiben
20 g	Mayonnaise
1	Blatt Endivien-, Eisberg- oder Eichblattsalat
30 g	in dünne Scheiben geschnittener Mozzarella
4	Tomatenscheiben
	frisches Basilikum, Salz, Pfeffer

Tramezzini mit Lachs und Rucola

2	Toastbrot- oder Tramezzinischeiben
20 g	Cocktailsauce
10 g	Rucola
40 g	in dünne Scheiben geschnittener Räucherlachs
3	Eischeiben
	eventuell etwas Zitronensaft

Wraps, Tortillas

Das sind dünne, gefüllte Fladenbrote. Die Fladenbrote werden meist als Convenienceprodukt (tiefgekühlt) zugekauft und weiterverarbeitet.

- Die Füllung (Thunfisch-, Blattspinat-, Käsefüllung usw.) der Länge nach in der Mitte der aufgetauten Fladenbrote auftragen.
- Die Brote beiderseits der Füllung zur Mitte hin ca. 20–30 mm einschlagen.
- Der Länge nach straff einrollen.
- Mit dem Schluss nach unten für einige Sekunden auf ein heißes Backblech wegsetzen, um ein Aufgehen der Fladenbrote zu verhindern.
- Den Wrap diagonal durchschneiden. Jede Hälfte in einer Papierserviette eingeschlagen servieren.

Rezeptbeispiele

Wrap mit Schafkäse und Tomaten

1	Fladenbrot
50 g	in Streifen geschnittener Eisberg- oder Endiviensalat
40 g	Schafkäsewürfel
40 g	Tomatenwürfel
40 g	Gurkenwürfel
	frisches Basilikum

Wrap mit Spinat und Lachs

1	Fladenbrot
100 g	blanchierter Blattspinat
80 g	in dünne Scheiben geschnittener Räucherlachs
1	EL klein gehackter Dill
	Salz, Pfeffer

Blanchieren = ein vorbereitendes Garverfahren. Gargut für eine bestimmte (kurze) Zeit in kochendes Wasser eintauchen, überbrühen und danach mit kaltem Wasser abfrischen.

Kleingebäck

Gefülltes Kleingebäck

- Beliebiges Kleingebäck (Laugengebäck, Ciabatta, Vollkorngebäck usw.) horizontal durchschneiden.
- Unterteil mit schaumig gerührter, abgeschmeckter Butter dünn bestreichen.
- Mit diversen Salaten, Schinken, Wurst, Käse, Fisch, Eischeiben, Essiggurken, Tomaten, Paprika usw. belegen (ca. 80 g Belag pro Gebäck).
- Oberteil daraufsetzen.

! Kleingebäcke mit eingebackenen Zutaten, wie Schinken-, Käse-, Speck- und Zwiebelwürfeln können sowohl kalt als auch warm angeboten werden.

Rezeptbeispiele

Laugenbrötchen mit Camembert

1	Laugenbrötchen
15 g	Kräuterbutter
1	Blatt Endivien-, Eisberg- oder Eichblattsalat
40 g	Camembert
	grüne Paprikaringe
2	Tomatenspalten

Weizenvollkornbrötchen mit Tomaten und Eiern

1	Weizenvollkornbrötchen
15 g	Kräuterbutter
1	Blatt Endivien-, Eisberg- oder Eichblattsalat
4	Tomatenscheiben
4	Eischeiben
	Schnittlauch

Ciabatta mit Schafkäse	
1	Ciabatta
15 g	Kräuterbutter
1	Blatt Endivien-, Eisberg- oder Eichblattsalat
50 g	in dünne Scheiben geschnittener Schafkäse
4	Zwiebelringe
4	Gurkenscheiben
4	Tomatenscheiben
2	mit Paprika gefüllte Oliven
	Oregano

Kalte Plunder- und Blätterteigstücke

- Den Plunder- oder Blätterteig ca. 3 mm dünn ausrollen.
- Schneiden, formen (z. B. Körbchen, Hörnchen, Rollen, u. Ä.) und backen. Bei einigen Gebäcken wird die Füllung mitgebacken, z. B. Spinat-, Tomatenfüllung.
- Beliebig füllen und belegen, z. B. mit Kräuteraufstrich, Mayonnaise, Wurst, Schinken, Eischeiben, Tomaten, Spargel, Käse, Fisch, Salat (ca. 50 bis 80 g pro Stück).
- Mit Aspik dünn abglänzen, um ein Austrocknen zu verhindern.

Salz- und Käsebäckereien

Salz- und Käsebäckereien sind besonders zum Jahreswechsel und in der Faschingszeit ein beliebtes Party- und Buffetgebäck. Sie können aus verschiedenen Teigen hergestellt werden:

- **Blätterteig:** Käseröllchen, -stangen, ausgeschnittenes und ausgestochenes Käsegebäck (siehe Rezeptbeispiele für Feine Backwaren aus Blätterteig, Seite 347).
- **Käsemürbeteig:** Mürbeteigschiffchen, -torteletts, ausgestochenes und ausgeschnittenes Käsemürbegebäck (Seite 351).
- **Brand- oder Brühmasse:** Käse-Fours (Seite 371).
- **Brotteigen:** Canapés.

13.2 Kleine warme Speisen

Überbackene Brote und Kleingebäcke

Baguette	
2 Stück **Backtemperatur:** 210 °C **Backzeit:** ca. 5 Minuten	
1	Baguette
30 g	Kräuterbutter
80 g	blanchierte Brokkoliröschen
100 g	Schinkenstreifen
50 g	Tomatenwürfel
	Salz, Pfeffer
60 g	geriebener Emmentaler
	gehackte Petersilie

- Baguette der Länge nach halbieren.
- Jede Hälfte mit Kräuterbutter bestreichen.
- Brokkoli, Schinkenstreifen und Tomatenwürfel mischen, mit Salz und Pfeffer würzen.
- Auf den Baguettehälften verteilen.
- Mit Käse und Petersilie bestreuen.
- Überbacken.

! Plunderteig für Snacks ist zuckerfrei.

➔ Backen von Plunder- und Blätterteiggebäck siehe Kapitel Feine Backwaren aus Teigen, Seiten 341, 345.

! Salz- und Käsebäckereien aus Blätterteig, Brand- oder Brühmasse sollten täglich frisch gebacken werden. Bäckereien aus Käsemürbeteig können auch einige Tage im Voraus hergestellt werden.

Wissenswertes dazu

Speisen zum Warmhalten müssen nach dem Erhitzen bei einer Temperatur von über **75 °C (Kerntemperatur)** heiß gehalten werden. Ein Temperaturabfall auf 70 °C kann in der letzten Stunde der Heißhaltezeit toleriert werden.
Die **Heißhaltezeit** darf insgesamt **drei Stunden** nicht überschreiten.

Roggen- oder Roggenmischbrot mit Salami und Pilzen	
2 Stück **Backtemperatur:** 210 °C **Backzeit:** ca. 5 Minuten	■ Die Brotscheiben kurz toasten. ■ Tomatensauce aufstreichen. ■ Mit Salami, Champignons und Oliven belegen. ■ Mit Käse, Salz, Pfeffer und Oregano bestreuen. ■ Überbacken.
2 Scheiben Roggenbrot	
80 g Tomatensauce (siehe Pizza)	
140 g Salami	
4 schwarze Oliven	
60 g blättrig geschnittene Champignons	
80 g blanchierte Brokkoliröschen	
120 g geriebener Emmentaler	
Salz, Pfeffer, Oregano	

Toast

Schinken-Käse-Toast	
1 Stück	■ Eine Toastbrotscheibe dünn mit Gewürzbutter bestreichen. ■ Mit einem Schinken-, Käseblatt und wieder mit einem Schinkenblatt belegen. ■ Mit der zweiten Toastbrotscheibe abdecken. ■ Im Toaster goldbraun toasten.
2 Toastbrotscheiben	
15 g Gewürzbutter	
2 Blatt Schinken	
1 Blatt Gouda	

Warme Plunder- und Blätterteigstücke

Anschwitzen = in Fett ohne Bräunung leicht anlaufen lassen.

Schinkenhörnchen	
10 Stück **Backtemperatur:** 200 °C **Backzeit:** ca. 15 Minuten	■ **Schinkenfüllung:** Zwiebeln in Olivenöl anschwitzen. ■ Mit Schinken, saurer Sahne, Petersilie und Eigelb mischen, würzen und kühl stellen. ■ Den Plunder- oder Blätterteig 2 mm dünn ausrollen und in Dreiecke (90 x 90 mm) schneiden. ■ Füllung auftragen und Hörnchen formen. ■ Auf Backtrennpapier wegsetzen, mit Ei bestreichen und in die Mitte eventuell etwas Kümmel streuen. ■ Kühle Teigruhe. ■ Backen.
200 g Plunderteig (Seite 342) oder Blätterteig (Seite 346)	
Schinkenfüllung:	
40 g klein geschnittene Zwiebeln	
1 TL Olivenöl	
150 g fein gehackter Schinken	
2 EL saure Sahne	
1 EL gehackte Petersilie	
20 g Eigelb (1)	
Salz, Pfeffer	
Zum Bestreichen:	
50 g Ei (1)	

Würstchen im Schlafrock	
Ca. 24 Stück **Backtemperatur:** 210 °C **Backzeit:** ca. 25 Minuten	■ Den Blätterteig 2 mm dünn ausrollen (600 x 300 mm). ■ Der Breite nach in 25 mm breite Streifen schneiden. ■ Streifen mit Ei bestreichen und die Würstchen damit umwickeln (wie bei Schillerlocken). ■ Mit dem Schluss nach unten auf Backtrennpapier wegsetzen. ■ Mit Ei bestreichen, mit etwas Kümmel und Salz bestreuen. ■ 20 Minuten kühle Teigruhe. ■ Backen.
750 g Blätterteig (Seite 346)	
24 Würstchen (Frankfurter, Debrecziner)	
Zum Bestreichen:	
50 g Ei (1)	
Zum Bestreuen:	
Kümmel, Salz	

Pikante Strudel

Sie werden aus Blätterteig und gezogenem Strudelteig hergestellt.

Gemüsestrudel

1 Strudel, 400 mm Länge **Backtemperatur:** 180 °C **Backzeit:** ca. 30 Minuten	■ Den Strudelteig laut Grundrezept herstellen (700 x 450 mm).
Strudelteig (Seite 357)	
Zum Bestreichen:	
flüssige Butter	
Gemüsefüllung:	■ **Gemüsefüllung:** Das Wurzelgemüse (gelbe Möhren, Sellerie) in 5 mm dünne und 30–40 mm lange Stifte schneiden und blanchieren.
40 g Butter	■ Butter in einer Kasserolle zergehen lassen. Gemüse beigeben, mit Schlagsahne aufgießen und einkochen lassen. Kurz überkühlen lassen.
750 g grüne Bohnen, Blumenkohl, Brokkoli, Wurzelgemüse	■ Eigelb einrühren und abschmecken.
200 g Schlagsahne	■ Gemüsefüllung auf etwa einem Drittel der Teigfläche verteilen. Restliche Teigfläche mit Butter beträufeln.
40 g Eigelb (2)	■ Teigränder abschneiden und den Teig mithilfe des Tuches zum Strudel aufrollen.
gehackte Petersilie	■ Mit dem Schluss nach unten auf ein befettetes Randblech wegsetzen und mit Butter bestreichen. Backen.
Salz, Pfeffer	

Sauerkraut-Selchkarree-Strudel

1 Strudel **Backtemperatur:** 200 °C **Backzeit:** ca. 20–30 Minuten	■ Den Blätterteig ausrollen (550 x 180 mm). ■ Entlang einer Längsseite in 80 mm Breite mit einem Gitterschneider einschneiden.
300 g Blätterteig (Seite 346)	■ Auf Backtrennpapier wegsetzen.
Füllung:	■ Auf die ungeschnittene Seite abwechselnd Sauerkraut und Selchkarree aufschichten.
300 g Sauerkraut	
250 g geschnittenes Selchkarree	■ Den Rand mit Ei bestreichen. ■ Geschnittene Seite als Gitter darüberlegen, Rand andrücken.
Zum Bestreichen:	
50 g Ei (1)	■ Strudel mit Ei bestreichen, mit Kümmel bestreuen. Kühle Teigruhe.
Zum Bestreuen:	
Kümmel, Salz	■ Backen.

Pikante Kuchen

Auslegeteig, Pastetenteig, geriebener Teig

1 000 g Mehl, Type 550	■ Mehl, Salz und Butter krümelig verreiben.
20 g Salz	■ Mit Eiern und Wasser rasch zu einem Teig verarbeiten.
400 g kalte Butter/Margarine	
100 g Eier (2)	■ Zu Ziegeln formen und kühl ruhen lassen.
350 g Wasser	■ Je nach Rezept weiterverarbeiten.
1 870 g Rezeptgewicht	

! Lassen Sie den Teig beim Einlegen in die Form etwas über den Formenrand stehen. Schneiden Sie den überschüssigen Teig erst nach halber Backzeit mit einem Messer ab. Dadurch bekommt die Quiche einen besonders schönen, gleichmäßigen Rand.

Quiche Lorraine, Lothringer Specktorte

2 gezackte Tortenformen à ∅ 240 mm, 30 mm Höhe **Backtemperatur:** 180 °C **Backzeit:** ca. 40 Minuten	■ Den Auslegeteig dünn ausrollen. Etwas größer als die Form schneiden. Locker in die Form legen und mit den Fingerkuppen nach und nach festdrücken.
300 g Auslegeteig	■ Stippen und kühl stellen.
Zum Belegen:	■ **Belag:** Zwiebeln in feine Streifen schneiden und in Öl anrösten.
500 g Zwiebeln	
Öl	■ Speck in Streifen schneiden und kurz anrösten.
400 g Frühstücksspeck	■ **Royale:** Butter in einer Kasserolle aufschäumen. Mehl beigeben und mit Milch aufgießen.

Miniquiches werden in kleinen Tortelettformen (Ø à 80 mm) hergestellt

Royale:	
25 g	Butter
30 g	Mehl, Type 405 oder 550
360 g	Milch
	Salz, Pfeffer, Muskat
360 g	Schlagsahne
300 g	Eier (6)
Zum Bestreuen:	
50 g	geriebener Hartkäse

- Abschmecken, zwei bis drei Minuten kochen lassen.
- Schlagsahne und Eier einrühren und mixen (Stabmixer).

- Abwechselnd Zwiebeln und Speck in die vorbereiteten Formen geben und mit Royale übergießen.
- Mit Käse bestreuen und auf der untersten Schiene im Backrohr backen.

Pizzas

Runde Pizza

7 Stück à 240 g, Ø 250–300 mm
Backtemperatur: 200 °C
Backzeit: ca. 15 Minuten

Pizzateig:	
1 000 g	Mehl, Type 550
520 g	Wasser (4 °C)
70 g	Hefe
70 g	Olivenöl
20 g	Salz
20 g	Zucker
Tomatensauce:	
10 g	Olivenöl
70 g	fein gehackte Zwiebeln
400 g	Tomatenmark
2	gepresste Knoblauchzehen
	Salz, Pfeffer, Oregano, Basilikum
Zum Bestreichen und Belegen:	
Olivenöl, Tomatensauce;	
Salami, Schinken, Käse, Pilze …	

- **Pizzateig:** Den Hefeteig direkt herstellen (siehe Kapitel Feine Backwaren aus Teigen, Seite 332).
- Nach einer Teigruhe von ca. 10 bis 20 Minuten aufarbeiten.

- **Tomatensauce:** Zwiebeln in Olivenöl anschwitzen.
- Tomatenmark (oder geschälte Dosentomaten) beigeben und mit Salz und Pfeffer würzen.
- Einkochen lassen, bis die Sauce sämig ist.
- Mit Oregano und Basilikum abschmecken.

- Teigstücke auswiegen, rund wirken und fünf Minuten ruhen lassen.
- Teig mit bemehlten Händen auseinanderdrücken oder mit kreisenden Bewegungen dünner formen oder mit einem Rollholz zu Fladen ausrollen.
- Dünn mit Olivenöl bepinseln und Tomatensauce darauf verteilen.
- Belegen und mit Oregano bestreuen.
- Backen.

Pizzen lassen sich problemlos aufbacken oder wiedererwärmen, schmecken jedoch frisch, noch ofenheiß, am besten

Pizzastücke, Pizzastangen

- Den Pizzateig ausrollen, in bestaubte Randbleche wegsetzen und stippen.
- Wie die runde Pizza bestreichen, belegen und bestreuen.
- Nach dem Backen in Stücke schneiden.

Minipizzas

- Den Pizzateig in Teigstücke zu je 30 g auswiegen und rund wirken.
- Bei Dreiviertelgare mit Mehl bestauben und in der Mitte eindrücken.
- Auf bestaubte Bleche wegsetzen und stippen.
- Mit einer Mischung aus Tomaten-, Mozzarella-, Schinkenwürfeln, blättrig geschnittenen Champignons und Oregano füllen. Backen.

Pizzastücke und Minipizzas sind bei den Kundinnen und Kunden sehr beliebt, da sie ohne Besteck verzehrt werden können

Arbeitsaufgaben

1. Beschreiben Sie die Herstellung von Kräuterbutter.
2. Erklären Sie die Herstellung von Sandwichs und Wraps.
3. Zählen Sie Snacks auf, die Sie aus Kleingebäck zubereiten können.
4. Beschreiben Sie die Herstellung von Schinkenhörnchen.
5. Schildern Sie die Zubereitung von pikanten Kuchen.
6. Beschreiben Sie die Herstellung von Pizzastangen.

Notizen zu den Arbeitsaufgaben:

14 Brauchtums-, Dekor- und Schaugebäck

Die Geschichte des Brotes ist so alt wie die der menschlichen Kultur. Die Beschäftigung mit der Gebäckkunde gibt Einblick in die Kultur- und Religionsgeschichte.

Schon bei den Ägyptern war es üblich, den Verstorbenen Grabbeigaben in Form von Getreide und Brot mit auf den Weg ins Jenseits zu geben. Der Toten- und Fruchtbarkeitskult waren ausschlaggebend für die Entwicklung von Gebildbroten.

Gebildbrote sind von Hand geformte, figürliche Gebäcke. Immer schon war der Mensch bestrebt, die Dinge nach seinem Willen zu formen und zu gestalten.

Auch der heidnische Brauch, zur Besänftigung und zur Erlangung des Wohlwollens der Götter, blutige Menschen- oder Tieropfer darzubringen, wurde durch den christlichen Einfluss im Laufe der Zeit aufgegeben, und die lebendigen Opfergaben wurden durch Teignachbildungen ersetzt.

Die Klöster übernahmen die einst heidnischen Gebildbrote in ihre Backstuben, deuteten sie um und entwickelten sie weiter. Symbole aus der heidnischen und christlichen Mythologie verschmolzen miteinander und hielten sich als Gebildbrot und Brauchtumsgebäck bis in unsere heutige Zeit.

Unsere Ziele

Nach Bearbeitung dieses Teilkapitels werden Sie ...

- den Hintergrund wichtiger Jahresfesttage kennen;
- über verschiedene Formen von Gebildbroten informiert sein;
- gängige Brauchtumsgebäcke kennen;
- über verschiedene Dekortechniken für Dekor- und Schaugebäck unterrichtet sein;
- wissen, wie Dekor- und Schaugebäcke hergestellt werden.

14.1 Brauchtumsgebäck – Gebildbrote

Zu bestimmten religiösen Feierlichkeiten werden traditionelle Brote – Gebildbrote – gebacken und verzehrt.

Hintergrund wichtiger Jahresfeste

Allerheiligen – Allerseelen

Am 1. und 2. November gedenken gläubige Christen seit Jahrtausenden ihrer Toten. Während man zu Allerheiligen aller Heiligen und Märtyrer gedenkt, gedenkt man zu Allerseelen der armen Seelen im Fegefeuer.
Diese armen Seelen können jedoch nur durch gute Werke (Gebete, Messen, Almosen) der Menschen Erlösung finden. Darum hat sich der Brauch entwickelt, am Allerseelentag arme Leute mit Brot, Gebäck oder anderen Gaben zu beschenken.

Weihnachtsfest

Schon immer gedachte man in dieser Jahreszeit – in der es kalt ist und die Nächte lang sind – der Mächte der Natur, der Götter und der Seelen der Verstorbenen. Es wurden Feste zur Stärkung der Sonne veranstaltet. Dabei verzehrte man Gerichte und Gebäcke, von denen man annahm, dass sie die Gesundheit und die Lebenskraft im neuen Jahr festigen würden. Zu den verwendeten Lebensmitteln zählten neben Butter und Honig vor allem Dörrobst (Birnen, Zwetschgen), Äpfel und Nüsse.

Die Gebäcke der Weihnachtzeit werden etwa vom Nikolaus- bis zum Dreikönigstag gebacken.

Bischof von Myra

Der **Nikolaustag** am 6. Dezember ist ein wichtiger Festtag in der Weihnachtszeit. Der heilige Nikolaus war Anfang des 4. Jahrhunderts der Bischof von Myra (in der heutigen Türkei). Er gilt als der Schutzpatron der Müllerinnen/Müller und Bäckerinnen/Bäcker. Der Brauch des Füllens der vor die Tür gestellten Schuhe basiert auf einer Legende von den drei Jungfrauen. Angeblich wurden die Jungfrauen des Nachts vom heiligen Nikolaus mit Goldkugeln beschenkt, um sie mit einer Mitgift auszustatten.

Erst im Jahre 354 nach Christus wurde in Rom der **Weihnachtstag** – die Geburt Christi – mit 25. Dezember festgesetzt. An diesem Tag, der Wintersonnenwende, wurde bis dahin der Geburtstag des „Sol invictus" (Gott der unbesiegbaren Sonne) gefeiert.

Viele der heutigen Brauchtümer wurden von den alten Römern übernommen. Beispielsweise das gegenseitige Beschenken mit Glückssymbolen zum **Neujahrsfest.**

Das Weihnachtfest endet am 6. Januar, dem Tag der **Heiligen drei Könige.** Die Bibel erzählt von den drei Weisen, die, vom Stern geführt, das Jesuskind finden und ihm ihre Geschenke – Gold, Weihrauch und Myrrhe – überreichen. Auch heute noch ziehen am Dreikönigstag verkleidete Sternsinger von Haus zu Haus, überbringen Neujahrswünsche und bitten um Gaben für die Armen.

Osterfest

Das Osterfest ist das wichtigste Fest der Christen. Es beginnt nach dem Fasching am Aschermittwoch mit einer 40-tägigen Fastenzeit. In der letzten Woche, der Karwoche, feiern die Christen den Tod und die Auferstehung Jesu Christi. In der Nacht vom Karsamstag zum Ostersonntag beginnt das eigentliche Fest. Es dauert zuerst 40 Tage bis Christi Himmelfahrt und anschließend noch 10 Tage bis Pfingsten.

Das Osterfest im Frühjahr symbolisiert die Erneuerung und das ewige Leben. Darum werden zu diesem Fest vor allem Fruchtbarkeits- und Erleuchtungssymbole geschenkt.

Weitere Brauchtumsanlässe sind neben der Faschingszeit z. B. die Geburt und Taufe eines Kindes oder verschiedene Hochzeitsbräuche.

Gebildbrotarten

Unter Gebildbrote versteht man speziell geformte Gebäcke, die zu gewissen Festen und Anlässen im Jahr hergestellt und verzehrt werden.

Die vielfältigen Formen der Gebildbrote lassen sich in fünf Gruppen einteilen:

Menschengestalten	Sie stellen vielfach Gottheiten, Naturmächte oder Heilige dar, z. B. Masken, Krampus, Nikolaus usw.
Tiergestalten	Sie symbolisieren Fruchtbarkeit, Glück, Gesundheit und ein langes Leben, z. B. Hirsch, Hahn, Henne, Hase, Schwein, Fisch, Bock, Pferd usw.
Sternzeichen- und Gestirnsformen	Sie symbolisieren Glück und Segen, z. B. Schnecken, Doppelspiralen, Radformen, Ringe, Brezeln, Hörnchen (Mondform), Himmelsleitern.
Geflochtene	Typische Formen sind Zöpfe, Nester, geflochtene Ringe oder Sterne, Knöpfe usw.
Sinnbildhafte	Sie sind oftmals ein Taufgeschenk und sollen die Sexualität und die Fruchtbarkeit fördern, z. B. Bohrer, Geige, Pfeife, Revolver, Schlüssel, Tasche.

Wussten Sie, dass ...
Zopfgeflechte den Haaropfern antiker Kulturen nachempfunden sind? Nach Ansicht vieler Völker befindet sich dort die Kraft des Menschen.

Gängige Brauchtumsgebäcke

Gebäck	Charakteristika
Neujahrsschwein	■ Diese Glücksbringer werden größtenteils aus feinem Hefeteig rund ausgestochen und gefüllt. ■ Mit kleinen Teigstücken werden die Ohren und der Rüssel geformt und aufgelegt.
Neujahrsstern	■ Vier- oder sechsteilige Zöpfe werden bis zur Hälfte geflochten. ■ Die übrigen Stränge werden so aneinandergelegt und geflochten, dass ein Stern entsteht.
Neujahrsrad	■ Kleine, handgeformte Spiralen aus feinem Hefeteig werden im Kreis aufgelegt, mit dem Schluss in der Mitte zusammengedrückt und mit einer Schnecke verziert.
Neujahrsfische	■ Die Glücksbringer werden meist als Zeilengebäck aus Briocheteig oder aus Biskuitmasse hergestellt.
Neujahrs- oder Osterschinken	■ Ein geräucherter Schinken, der in einem Brotteig gebacken wird.
Berliner Pfannkuchen	■ Ein rundes Siedegebäck aus feinem Hefeteig, mit Aprikosenkonfitüre gefüllt. ■ Charakteristisch ist der weiße Rand.
Schneeballen	■ Dieses Siedegebäck wird zur Faschingszeit aus einem trieblosen eigelbreichen Teig hergestellt. ■ Der Teig wird ausgerollt und rechteckig geschnitten. Die Rechtecke werden an einer Längsseite mehrmals eingeschnitten, unregelmäßig zusammengelegt und in einem Doppelsieb gebacken. ■ Nach dem Abtropfen werden sie mit Puderzucker besiebt.
Osterbrezeln	■ Große Brezeln aus Hefeteig für die Patenkinder.
Osterhörnchen	■ Große Hörnchen aus Hefeteig für die Patenkinder.
Osterpinzen	■ Feiner Hefeteig in Laibform, der mehrmals mit Eigelb bestrichen wird. Vor dem Backen wird er dreimal symmetrisch mit einer Schere eingeschnitten. ■ Manchmal wird auch ein buntes Hühnerei mitgebacken. ■ Die Form der Pinzen erinnert an ein Priesterbarett.
Osterzopf	■ Er wird wie der Allerheiligenzopf hergestellt. ■ Manchmal wird auch ein buntes Ei mitgebacken.
Muttertagsherz	■ Zwei fünfteilig geflochtene Zöpfe aus feinem Hefeteig werden herzförmig aneinandergelegt und mit Teigrosen und -blättern verziert.

Neujahrsrad

Berliner Pfannkuchen

Osterpinze

Muttertagsherz

Himmelsleiter

Allerheiligenzopf

Baumkuchen

Früchtebrot

Nikolaus

Weihnachtsstollen

Gebäck	Charakteristika
Himmelsleiter	▪ Meist mehrere kleine, aneinander gebackene Doppelspiralen aus feinem Hefeteig.
Reindling	▪ Ein schwerer Hefeteig wird ausgerollt und mit Zucker, Zimt, Rosinen und Nüssen bestreut. ▪ Nach dem Aufrollen wird er in einer Form (Reindl [Kasserolle], Napfkuchenform) gebacken.
Allerheiligenzopf	▪ Vier- oder sechsteilig geflochtener Zopf aus feinem Hefeteig (Briocheteig), der mit Hagelzucker, gehobelten Mandeln oder handgeformten Vögelchen verziert wird.
Allerseelenlaib	▪ Kleine, flache Laibchen, die ursprünglich aus Roggenmehl, gemischt mit andern Getreidearten, hergestellt wurden. Heute werden sie oftmals auch aus Weizenmehl in rundlicher oder länglicher Form erzeugt.
Baumkuchen, Prügelkuchen	▪ Eine Sandmasse wird auf einer sich drehenden Walze schichtweise gebacken. ▪ Das Gebäck ist vor allem in der Weihnachtszeit und bei Hochzeiten sehr beliebt.
Früchtebrot im Beugelteig	▪ Eine rechteckig geformte Früchtemischung aus Dörrbirnen, -zwetschgen, kandierten Früchten, Mandeln, Sultaninen usw. wird in einen dünn ausgerollten Beugelteig eingeschlagen. ▪ Die Oberfläche wird mit Mandeln, Kirschen und Angelika dekoriert.
Früchtebrot	▪ Brotteig, gemischt mit Dörrbirnen, -zwetschgen, kandierten Früchten, Nüssen, Mandeln, in Langform gebacken.
Ringel-, Schnur-, Spagatkrapfen	▪ Rechteckig dünn ausgerollter Buttermürbeteig wird über eine Spagatkrapfenform gelegt und in heißem Fett gebacken. ▪ Nach dem Überkühlen werden die Gebäcke in einer Zimt-Zucker-Mischung gewälzt. ▪ Dieses vorwiegend in der Winter- und Weihnachtszeit gebackene Gebäck ist auch bei Hochzeiten sehr beliebt.
Krampus	▪ Aus feinem Hefeteig ausgeschnittene, geflochtene oder zusammengesetzte männliche Figur mit Hörnern auf dem Kopf. ▪ Vor dem Backen werden meist Sultaninen als Augen und Knöpfe eingedrückt. Nach dem Backen wird die Figur oft mit einer Rute und einer aufgespritzten Zunge dekoriert.
Nikolaus	▪ Die Figur wird entweder aus Lebkuchen ausgestochen und nach dem Backen mit Marzipan, Kuvertüre, Spritzglasur usw. dekoriert, ▪ oder aus feinem Hefeteig geformt und dekoriert.
Spekulatius	▪ Der Gewürzspekulatius ist in Deutschland ein typisches Weihnachtsgebäck, das durch die Gewürze Kardamom, Gewürznelken und Zimt den charakteristischen Geschmack erhält. ▪ Der Mürbeteig wird vor dem Backen in figürliche Formen aus Holz oder Metall (Model) gepresst. Die Abbildungen auf dem Gebäck stellen meist die Nikolausgeschichte dar.
Weihnachtsstollen (Christstollen)	▪ Ein schwerer Hefeteig mit Früchten und eventuell Marzipan. ▪ Der Stollen wird entweder von Hand geformt oder in einer speziellen Stollenform gebacken. Die Form soll eine Wiege darstellen. ▪ Zur Verbesserung der Haltbarkeit wird der Stollen nach dem Backen mit flüssiger Butter bestrichen und in Puder- oder Kristallzucker gewälzt.

14.2 Dekor- und Schaugebäck

Dekor- und Schaugebäck spiegeln die Kreativität und die Fähigkeit eines Betriebes wider. Sie sind ein wirkungsvoller Blickfang, egal ob bei Ausstellungen oder im Schaufenster – diese Werke werden bestaunt.
Innovativ gestaltet, sind sie ein guter Werbeträger und dienen gleichzeitig dazu, sich von industriellen Großbetrieben abzuheben.

Das Angebot reicht von Anlassgebäcken, wie Flechtgebäcken, Körben, Sternzeichen, Masken usw., über dekorierte Brote bis hin zu Figuren und Landschaftsgestaltungen.

Arten von Dekor- und Schaugebäck

- **Dekorbackwaren:** Das sind geflochtene und verzierte Gebäcke aus feinem (mittelschwerem) Hefeteig (siehe Kapitel Feine Backwaren aus Teigen, Seite 335), z. B. Seepferdchen, Eidechsen, Sternzopf, Fische, Schmetterlinge, Osterkörbe usw.
- **Essbare Dekorbrote:** Das sind herkömmliche Brote, die gegen Ende des Backprozesses mit einem angefeuchteten, toten Teig dekoriert werden.
- **Schaubrote:** Sie werden größtenteils aus toten oder triebarmen Teigen hergestellt und sind nicht oder nur wenig gelockert, z. B. Figuren, Bilderrahmen, Masken, Kränze usw.

Rezeptbeispiele für Dekor- und Schaugebäck

Weizenmischbrotteig	
600 g Mehl, Type 550	■ Den Brotteig mit direkter Führung herstellen (siehe Kapitel Roggenteigtechnologie, Seite 291).
400 g Mehl, Type 997	■ Teigtemperatur: 24 °C.
550 g Wasser	■ Knetzeit: 7 Minuten Stufe 1, 3 Minuten Stufe 2.
25 g Hefe	■ Teigruhe: 25 Minuten.
70 g Backmargarine	■ Teigeinlage je nach gewünschter Gebäckgröße.
20 g Teigsäuerungsmittel (je nach Hersteller)	■ Formen oder ausrollen, eventuell igeln und dekorieren.
20 g Salz	■ Frei geschoben, mit Schwaden backen.
1 660 g Rezeptgewicht	■ Backtemperatur: 220 °C, auf 160 °C fallend. ■ Backzeit: 50–70 Minuten.

Toter Teig, Weizen- und Roggenbrotteig	
Heller Teig (Weizenbrotteig):	■ Die Herstellung der Teige erfolgt direkt. Heller Teig siehe Kapitel Weizenteigtechnologie, Seite 264, dunkler Teig siehe Kapitel Roggenteigtechnologie, Seite 291.
900 g Mehl, Type 550	■ Teigtemperatur: 20 °C.
100 g Mehl, Type 997	■ Knetzeit: 5 Minuten Stufe 1, 5 Minuten Stufe 2.
ca. 540 g Wasser	■ Teigruhe: 15 Minuten.
2 g Hefe	■ Teigeinlage je nach gewünschter Gebäckgröße.
90 g Backmargarine	■ Dekorteile modellieren und auflegen.
20 g Zucker	■ Mit etwas Schwaden backen.
20 g Salz	■ Backtemperatur: 180 °C, auf 160 °C fallend.
ca. 1 570 g Rezeptgewicht	■ Backzeit: 30–50 Minuten.
Dunkler Teig (Roggenbrotteig):	
900 g Mehl, Type 997	**Verwendung**
100 g Mehl, Type 550	■ Für Platten, Böden, als Hintergrund von Schaustücken.
600–650 g Wasser (4 °C)	■ Zum Modellieren von verschiedenen Dekorteilen, z. B. Rosen, Blätter, Sterne, Trauben, Ähren usw.
45 g Teigsäuerungsmittel	
20 g Salz	
ca. 1 650 g Rezeptgewicht	
Zum Färben:	
Kakaopulver oder Zuckercouleur nach Bedarf	

Schriftmasse zum Backen	
100 g Mehl, Type 550	■ Mehl mit Puderzucker und Kakaopulver versieben.
50 g Puderzucker	■ Mit Wasser glatt rühren.
50 g Kakaopulver	■ Mit einer Spritztüte oder einem Spritzbeutel mit kleiner Tülle aufspritzen, z. B. Buchstaben.
130 g Wasser	

Dekortechniken

- **Flechten:** Für Dekorbackwaren aus feinem Hefeteig, z. B. Korbgeflechte, Hintergrundplatten.
- **Wirken, Rollen** und **manuelle Formung:** Kugeln, Ähren, Buchstaben, Blätter usw.
- **Ausschneiden, ausstechen, einritzen, einkerben:** Zum Ausschneiden können auch selbst gefertigte Schablonen verwendet werden, z. B. Herzen, Weinblätter, Figuren usw.
- **Bestauben der Gebäckoberfläche** mit Roggenmehl, Type 997.
- **Bestreuen oder Eintauchen:** Oberfläche mit Streugut (Sesam, Leinsamen, Mohn, geriebenen Nüssen und Mandeln, Salz, Kümmel usw.) behandeln.

Herstellung von Dekor- und Schaugebäcken

Allgemeine Richtlinien zur Herstellung

Teigbereitung

- Die Teige eher kühl (24 °C) und schonend kneten, damit sie leichter formbar sind.
- Den fertigen Teig immer abdecken und kühl stellen.

Aufarbeiten

- Grundplatten für Dekorplatten oder Figurenaufbau ca. 10–15 mm dick ausrollen.
- Für ausgestochene oder geschnittene Dekorteile den Teig 2–3 mm dünn ausrollen und tiefkühlen. Dadurch wird ein Verformen beim Ausstechen oder Schneiden verhindert.
- Um einen glatten Schnitt und einen schönen Rand zu erhalten, das Messer oder den Ausstecher vorher kurz in Mehl oder Öl tauchen.
- Dekorteile, die mit Roggenmehl, Type 997, besiebt oder mit Streugut bestreut werden, vorher mit Ei oder Wasser bestreichen.
- Schriften werden wegen der leichteren Formbarkeit aus einem stark roggenhaltigen Teig (toten Teig) bereitet. Die Buchstaben werden entweder aus dünn ausgerollten Teigsträngen geformt oder aus dem dünn ausgerollten, tiefgekühlten Teig ausgestochen. Sie können auch aus Schriftmasse aufgespritzt werden.

Gare

- Die Teiglinge vor dem Backen ausreichend entspannen lassen, um Verformungen und Rissbildung zu verhindern.
- Die Gärraumtemperatur sollte ca. 36 °C betragen, die relative Luftfeuchtigkeit 50–70 %.
- Die Teiglinge bei Dreiviertelgare in den Ofen einschießen.

Backprozess

- Essbare Brote und Dekorbackwaren werden bei herkömmlichen Ofentemperaturen gebacken.
- Schaubrote für Auslagen werden kühler, bei 150–180 °C, und länger gebacken, um Rissbildung zu vermeiden.

Ausfertigung

- Dekorstücke auf einem Gitterrost auskühlen lassen, um ein Weichwerden zu verhindern.
- Die Teiglinge zur Erzielung eines schönen, natürlichen Glanzes vor dem Backen mit Ei bestreichen. Oder die Gebäcke nach dem Backen mit Dextringlasur (siehe Seite 387) abstreichen.
- Schaubrote für Auslagen können auch mit reinem Lack auf Kunstharzbasis abgeglänzt werden.

Herstellung eines Dekorgebäckes

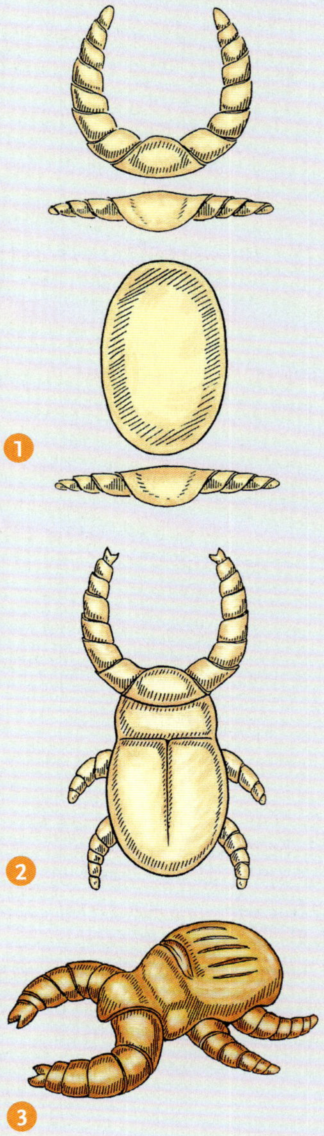

Ausgestochenes und geschnittenes Dekor- und Schaugebäck

Einfache Blume

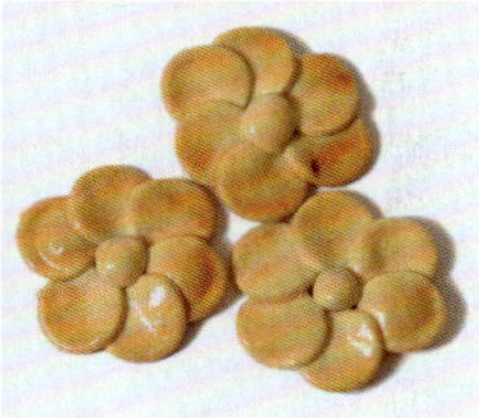

- Mit einem Ausstecher sechs kleine Teigscheiben ausstechen.
- Scheiben kreisförmig überlappend anordnen.
- Eine kleine Kugel als Blütenstempel in der Mitte aufsetzen, andrücken.

Margerite

- Mit einem gezackten Ausstecher 2 mm dünne Teigscheiben ausstechen.
- Blütenblätter mit einem Messer oder Apfelspaltenteiler einkerben.
- In der Mitte einen Kreis als Blütenstempel einkerben.

Rosen

- Fünf dünne Teigscheiben der Länge nach überlappend anordnen.
- Scheiben der Länge nach einrollen.
- Rolle in der Mitte abdrücken und durchschneiden.

Weinblatt

- Schablone auf den tiefgekühlten Teig legen, und mit einem scharfen Messer das Blatt ausschneiden.
- Mit dem Messerrücken die Blattnarben einkerben.

Weintrauben

- Teig zu 10 mm dicken Stangen rollen.
- Stangen in kleine Teilchen schneiden.
- Teilchen zu Kugeln rollen.
- Mit etwas Wasser zu einer Traube zusammensetzen.

Ähren

- Teigstränge ausrollen, dabei soll an einem Ende eine kolbenartige Verdickung entstehen.
- Verdickung mit einer spitzen Schere in der Mitte und am Rand einschneiden.

Hahn

- Hefe-, Brot- oder toten Teig 15 mm dick ausrollen.
- Körper mithilfe einer Schablone ausschneiden.
- Für die Schwanzfedern, den Hals und den Kamm 2–3 mm dünne Teigstreifen aus tiefgekühltem Teig mit Wasser anfeuchten, in Streugut tauchen und aufsetzen.
- Restlichen Körper mit Ei bestreichen.

Schwein

- Hefeteig ca. 10 mm dick ausrollen und kurz tiefkühlen.
- Körper mithilfe einer Schablone ausschneiden.
- Das Ohr aus einem 5 mm dünnen Teig ausstechen, mit Wasser befeuchten und auflegen.
- Schwänzchen formen, befeuchten und aufsetzen.
- Augen und Rüssel eindrücken.
- Auf Gare stellen. Vor dem Backen zweimal mit Ei streichen.
- Konturen vor dem Einschießen mit einer Schere oder einem Messer einkerben.
- Ohne Schwaden backen.

Brot mit aufgelegtem, geritztem und mit Mehl bestaubtem Dekor

- Brotteig rund wirken und entspannen lassen. Etwas flach rollen.
- Ausgestochene, mit Wasser befeuchtete Dekorelemente auflegen.
- Mit Roggenmehl besieben.
- Mit einem scharfen Messer den Rand einritzen.
- Einzelne Dekorteile können auch in Streugut getaucht werden.
- Auf Gare stellen.
- Vor dem Einschießen gut igeln.
- Bei 220 °C ohne Schwaden backen.

Schauplatte

- Brotteig 10–15 mm dick ausrollen und entspannen lassen.
- Gut igeln und mit Wasser bestreichen.
- Die vorbereiteten Dekorelemente auflegen.
- Auf Gare stellen.
- Bei 200 °C, auf 180 °C fallend, mit etwas Schwaden backen.

Geflochtenes Dekor- und Schaugebäck

Kreuzzopf

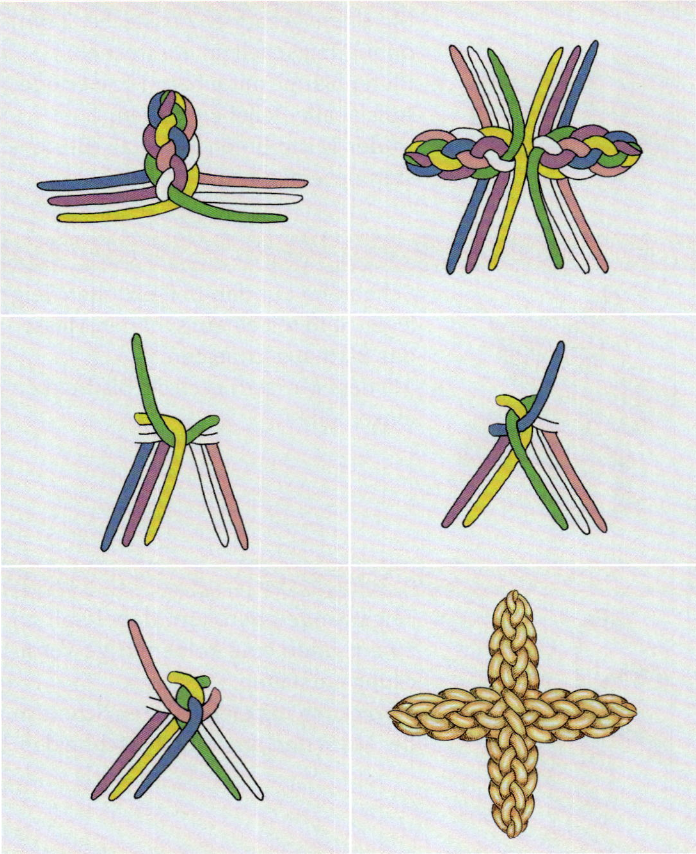

Sternzopf

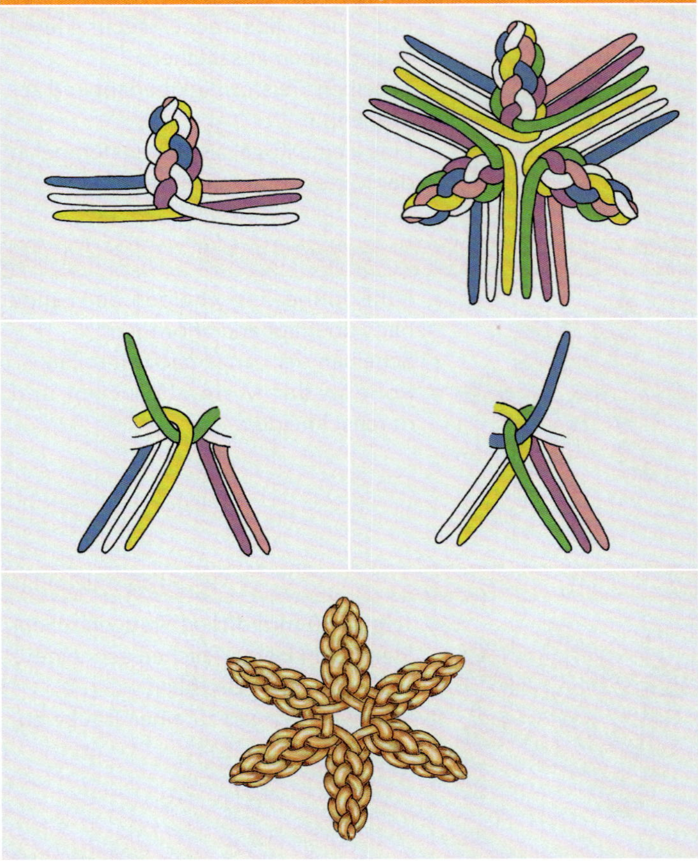

Eidechse oder Seepferdchen

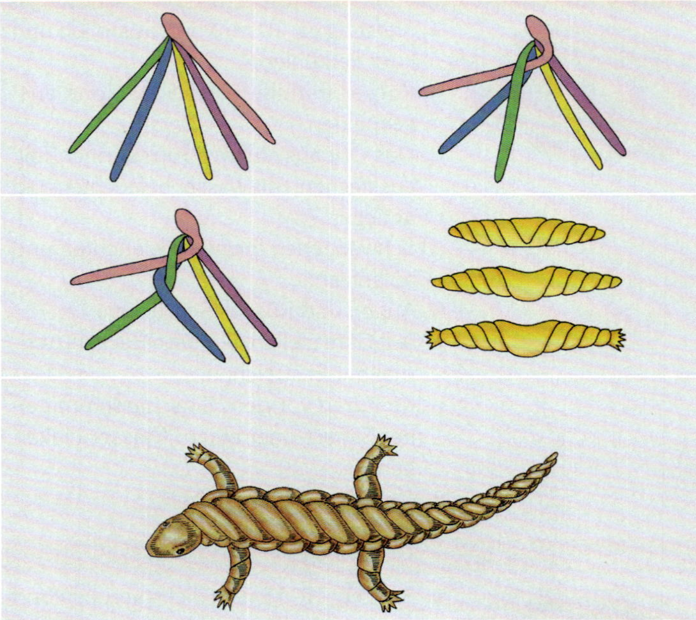

Korbgeflecht

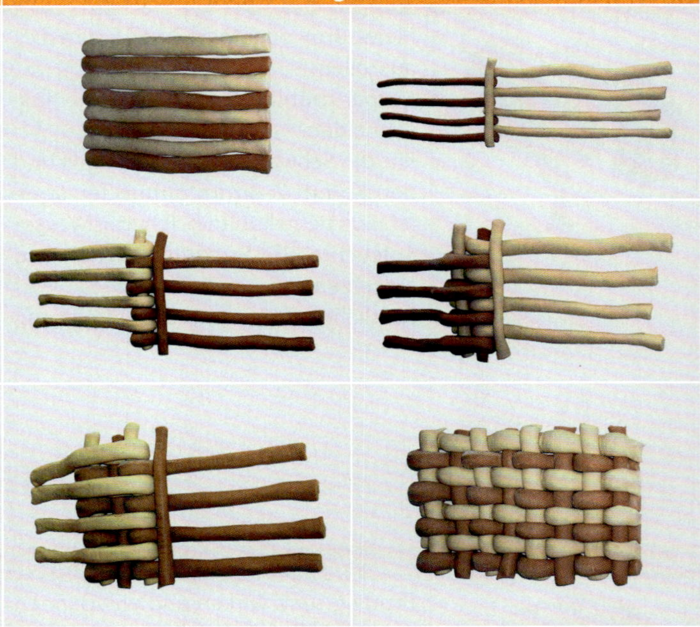

Notizen zu den Arbeitsaufgaben:

Arbeitsaufgaben

1. Nennen Sie die wichtigsten Jahresfesttage.
2. Zählen Sie einige Arten von Gebildbroten auf.
3. Nennen Sie einige traditionelle Brauchtumsgebäcke.
4. Beschreiben Sie die verschiedenen Dekortechniken.
5. Erklären Sie die Herstellung von zwei Dekor- oder Schaugebäcken.
6. Entwerfen Sie ein Dekor für ein Schaubrot Ihrer Wahl.

15 Getränke

Kaffee, Tee, Schokolade und sonstige heiße sowie kalte Getränke gehören neben Brot und Gebäck zur Angebotspalette jeder modernen Bäckerei.

Unsere Ziele

Nach Bearbeitung dieses Teilkapitels werden Sie ...

- sowohl klassische als auch internationale Kaffeegetränke kennen;
- wissen, worauf Sie bei der Zubereitung von Kaffeegetränken achten müssen;
- die Zubereitung von schwarzem und grünem Tee sowie von Früchte- und Kräutertee erklären können;
- wissen, was Sie bei der Zubereitung von Eistees beachten müssen;
- heiße und kalte Schokoladengetränke nennen können;
- die Herstellung von Milchmixgetränken erklären können.

15.1 Kaffeegetränke und Kaffeespezialitäten

Kaffee wird wegen seines unvergleichlichen Aromas und seiner, den Kreislauf anregenden Wirkung sehr geschätzt. Kaffee wird zum Frühstück, nach dem Essen, mittags und abends und in manchen Ländern, wie Amerika, auch zu den Mahlzeiten genossen.

Die deutsche Kaffeekultur besitzt eine jahrhundertealte Tradition. Im Jahre 1673 wurde in Bremen erstmals Kaffee ausgeschenkt und zwei Jahre später war Kaffee auch am Hofe des großen Kurfürsten in Berlin bekannt. Das erste Kaffeehaus wurde 1679 in Hamburg eröffnet, dem folgten Kaffeehäuser in Regensburg (1686), Leipzig (1694), Bremen (1697) und Berlin (1721).

Die Bäckerin/der Bäcker sollte die wichtigsten Kaffeerezepte und -zubereitungsarten kennen, um sie den Gästen erklären und empfehlen zu können.

Zubereitung

Aroma und Geschmack hängen von vielen Faktoren ab:

Qualität des Rohkaffees	▪ Hochlandkaffee: milder, aromareicher Kaffee. ▪ Tieflandkaffee: höherer Säure- und Gerbstoffgehalt.
Röstung des Rohkaffees	▪ Helle Röstung: höherer Säureanteil, weniger Bitterstoffe, leicht fruchtiger Geschmack. ▪ Mittlere Röstung: ausgewogenes Verhältnis von Säure und Bitterstoffen. ▪ Dunkle Röstung: mehr Bitterstoffe, intensiver, nachhaltiger Geschmack.
Mahlgrad und Aufgussverfahren	▪ Fein, mittel oder grob gemahlen, je nach Zubereitungsverfahren (Filter-, Espressomaschinen). ▪ Zu fein gemahlener Kaffee schmeckt streng, ▪ zu grob gemahlener Kaffee schmeckt dünn und leer.
Dosierung	▪ Je nach Stärke, Geschmack und Bekömmlichkeit 6 bis 8 g pro Tasse (ca. 130 ml).
Wasserqualität	▪ Hartes Wasser laugt den Kaffee nicht so gut aus, da die Aromastoffe nicht gelöst werden können.
Brühtemperatur und -zeit	▪ Wassertemperatur von ca. 90 bis 96 °C.
Aufbewahrungszeit	▪ Den Kaffee nur für den unmittelbaren Bedarf aufbrühen, da sich bereits nach 30 Minuten Farbe und Geschmack des Kaffees nachhaltig verändern. ▪ Die Warmhaltetemperatur im Vorratsbehälter darf 85 °C nicht übersteigen.
Verpackung und Lagerung	▪ Kühl, trocken und aromageschützt, damit der Kaffee geschmacklich einwandfrei bleibt.

! Je feiner der Kaffee gemahlen ist, desto besser wird er ausgelaugt, desto intensiver wird der Geschmack, aber auch die Bitterstoffe treten hervor.

Zubereitungsverfahren

Kaffee lässt sich auf unterschiedliche Weise zubereiten. Nachfolgend sind jene Zubereitungsverfahren beschrieben, die in der Bäckerei von Bedeutung sind.

Aufgussverfahren	Charakteristika
Espressobrühung mit Dampf- oder Pumpendruck	▪ Der Espresso hat, von Italien ausgehend, fast die ganze Welt erobert. Der Kaffee ist stark konzentriert und wird unter Druck zubereitet. Die Bitterstoffe werden ebenfalls ausgelaugt und geben dem Kaffee den besonderen Geschmack. ▪ Gut zubereiteter Espresso hat immer eine Creme (Schaumkrone).
Filtermaschine (Melittamethode)	▪ Der gemahlene Kaffee wird in einem Papier- oder Dauerfilter mit frischem, nicht kochendem Wasser aufgegossen (Frühstückskaffee). ▪ Für einen Liter Wasser rechnet man 50 bis 60 g Kaffee.
Vollautomatische Kaffeemaschinen	▪ Sie garantieren eine hohe und gleichbleibende Qualität des Kaffees.

Wussten Sie, dass ...
Melitta Bentz, eine Dresdner Hausfrau, 1908 durch das Experimentieren mit Löschblättern aus Schulheften ihrer Söhne den Papierfilter erfand?
Seither gehört der Kaffeesatz in der Tasse der Vergangenheit an.

Fehler bei der Zubereitung von Espresso

Fehler	Ursache
Wenig Aroma, zu leicht	■ Kaffeedosierung zu niedrig ■ Röstung zu hell ■ Mahlung zu grob ■ Brühtemperatur unter 90 °C
Zu sauer	■ Röstung zu hell und zu schnell ■ Kaffeesorte zu säureintensiv ■ Röstkaffee zu alt (ranzig)
Zu bitter	■ Röstung zu dunkel ■ Minderwertige Kaffeesorte ■ Mahlgrad zu fein ■ Extraktionszeit zu lange
Fremdgeschmack	■ Mindere Bohnenqualität ■ Röstkaffee zu alt (ranzig) ■ Maschine verschmutzt
Wenig bis keine Creme	■ Mahlung zu grob oder zu fein ■ Maschine oder Tassen verschmutzt ■ Brühtemperatur unter 85 °C

Service

Im Service sollte Folgendes beachtet werden:

- Heiße Kaffeegetränke ausschließlich in vorgewärmten Kaffeeschalen und Kaffeekannen servieren.
- Zucker und Süßstoff einstellen.
- Frisches Sahne und frische Milch sind eine Selbstverständlichkeit.
- Es empfiehlt sich, zur Neutralisierung des Geschmackes immer ein Glas kaltes Wasser zum Kaffee zu servieren.

Wussten Sie, dass ...
Kaffeegetränke früher nach der Farbe bestellt wurden? Der Gast konnte sich auf einer Farbtafel mit 20 Farbschattierungen den gewünschten Farbton seines Kaffees aussuchen.

Kleiner Brauner und **großer Brauner** werden oftmals mit einem kleinen Kännchen Sahne separat serviert.

Heiße Kaffeegetränke

Kaffeeklassiker, Wiener Kaffeeklassiker	
Kleiner Espresso, kleiner Schwarzer, kleiner Mokka, Piccolo	■ Einen kleinen Kaffee aus der Espressomaschine ohne Milch in einer Mokkaschale servieren. ■ Pro Tasse 6–8 g gemahlener Kaffee (eineinhalb bis zwei Kaffeelöffel) und 50–70 ml Wasser.
Großer Espresso, großer Schwarzer, großer Mokka	■ Einen großen Kaffee aus der Espressomaschine ohne Milch in einer Doppelmokkaschale servieren. ■ Pro Tasse 12–16 g gemahlener Kaffee (drei bis vier Kaffeelöffel) und 100–140 ml Wasser.
Espresso kurz (Ristretto)	■ Espresso mit etwa der halben Wassermenge zubereiten. Die Tasse maximal bis zur Hälfte füllen.
Verlängerter	■ Einen kleinen Espresso mit der doppelten Wassermenge auf einen großen Espresso verlängern, in einer Doppelmokkaschale servieren.
Großer Brauner	■ Großer Espresso mit Sahne oder kalter Milch.
Kleiner Brauner	■ Kleiner Espresso mit Sahne oder kalter Milch.
Kapuziner	■ Kleiner Espresso mit einigen Tropfen Sahne oder Milch. ■ Die Farbe des Kaffees entspricht der Farbe einer Kapuzinerkutte, wovon sich auch der Name ableitet.
Konsul	■ Kleiner Espresso mit einigen Tropfen kalter Sahne. ■ Er ist etwas heller als der Kapuziner.
Schale Nuss	■ Kurz gehaltener kleiner Espresso mit etwas Sahne. ■ Er ist nussbraun.
Schale Gold	■ Einen kleinen Espresso mit warmer Sahne (1 : 2) goldfarbig zubereiten.
Wiener Melange	■ Kaffee und aufgeschäumte Milch (1 : 1) in einer Melangeschale servieren.

Wussten Sie, dass ...
das Aromatisieren von Kaffeegetränken mit Coffee Flavors (Sirupen) ein aus Amerika kommender Trend ist? Er findet auch bei uns immer mehr Anhänger.

So stellen Sie kompakten Milchschaum her:

- Milch mit 4–8 °C in eine Milchkanne füllen, dabei darf das Gefäß nur zur Hälfte gefüllt werden.
- Vor dem Eintauchen des Dampfrohres das Ventil kurz öffnen, bis nur mehr Dampf austritt.
- Zuerst den Dampf knapp unterhalb der Milchoberfläche einströmen lassen, um das Volumen zu vergrößern,
- anschließend den Dampf in das untere Drittel einbringen. Dadurch verkleinern sich die Luftblasen, es entsteht ein sämiger, kompakter Milchschaum.
- Die Temperatur der Milch darf dabei 70 °C nicht übersteigen.

Wissenswertes dazu

- Türkischer Kaffee wird immer im Çesve serviert, mit einer kleinen Kaffeetasse und Untertasse; dazu gibt man einen kleinen Teller mit ein bis zwei Stück Lokum oder Rahat (Gummiarabikum).
- Cappuccino wird in Deutschland und in manchen Betrieben Österreichs anstatt mit Milchschaum mit geschlagener Schlagsahne serviert. Deshalb sollte man sich bei den Gästen erkundigen, welche Variante sie bevorzugen.

Kaffeeklassiker, Wiener Kaffeeklassiker	
Einspänner	■ Einen Espresso mit geschlagener Schlagsahne im Einspännerglas servieren. ■ Eventuell mit Puderzucker bestreuen.
Fiaker	■ Einen Espresso mit Cognac oder Rum im Einspännerglas servieren. ■ Mit geschlagener Schlagsahne garnieren.
Franziskaner	■ Einen kleinen Espresso mit viel heißer, aufgeschäumter Milch im Einspännerglas servieren. ■ Mit geschlagener Schlagsahne und Schokoladespänen garnieren.
Mokka gespritzt	■ Espresso mit Cognac, Weinbrand oder Rum in einer Doppelmokkaschale servieren.

Internationale Kaffeespezialitäten	
Kaffee Kirsch (Schweiz)	■ Espresso mit Kirschwasser oder Kirschbrandy. ■ Zucker und Sahne nach Geschmack.
Pharisäer (Deutschland)	■ Einen gesüßten großen Espresso mit 40 ml Rum oder Kümmelschnaps in einer Doppelmokkaschale oder einem Laufglas servieren. ■ Mit geschlagener Schlagsahne garnieren.
Rüdesheimer Kaffee (Deutschland)	■ Drei Stück Würfelzucker und 40 ml angewärmten Weinbrand in eine vorgewärmte Rüdesheimer-Kaffee-Tasse geben und anzünden. Maximal eine Minute brennen lassen, dabei mit einem langen Löffel so lange umrühren, bis sich der Zucker gelöst hat und der Alkohol verbrannt ist. ■ Mit heißem Kaffee aufgießen und mit vanillierter, geschlagener Schlagsahne und Schokoladespänen garnieren.
Irish Coffee (Irland)	■ 40 ml Irish Whiskey und ca. zwei Kaffeelöffel Braunzucker in ein Irish-Coffee-Glas geben. ■ Über dem Bunsenbrenner so lange drehen, bis sich der Zucker gelöst hat, und mit einer Tasse heißem Kaffee aufgießen.
Türkischer Kaffee (Türkei)	■ In das Kupferkännchen (Çesve) feinst gemahlenen Bohnenkaffee (pro Tasse einen gehäuften Kaffeelöffel), Zucker nach Geschmack und kaltes Wasser geben. ■ Aufkochen lassen, jedoch darauf achten, dass sich die Schaumkrone nicht zerkocht.
Cappuccino (Italien)	■ Ein Drittel Espresso, ein Drittel heiße Milch, ein Drittel Milchschaum in einer Melangeschale servieren. ■ Eventuell mit Kakao oder Schokoladespänen bestreuen.
Caffè Latte (Italien)	■ Einen Espresso in eine große Tasse gießen und mit heißer Milch aufgießen (10–15 % Kaffee : 85–90 % Milch). ■ Mit etwas Milchschaum garnieren.
Latte macchiato (italienisch: gefleckte Milch)	■ Heiße Milch in einen Tumbler geben und in die Mitte einen kleinen Espresso eingießen. ■ Mit Milchschaum garnieren, eventuell mit Kakao bestreuen.

Kalte Kaffeegetränke

Geeister Kaffee	■ Kalten, schwarzen, mit Läuterzucker gesüßten Kaffee in einem Tumbler (Glas mit einem doppelt dicken Glasboden) mit Eiswürfeln servieren.
Berliner Eiskaffee	■ Vanilleeis, Kaffeeextrakt, geschlagene Schlagsahne zu kremiger Konsistenz verrühren. ■ In ein Laufglas füllen, mit geschlagener Schlagsahne garnieren.
Wiener Eiskaffee	■ Vanilleeis und kalten Espresso (ein Viertel der Eismenge) in ein Laufglas füllen, mit geschlagener Schlagsahne garnieren.

15.2 Teegetränke und Teespezialitäten

Tee wird nicht nur zu Hause, sondern auch in vielen Bäckereien immer lieber getrunken. Er kann heiß oder kalt, mit oder ohne Eiswürfel und zu jeder Tages- und Jahreszeit genossen werden. Damit Teetrinken jedoch zum Genuss wird, sollte die Bäckerin/der Bäcker über die Zubereitung der verschiedenen Teesorten Bescheid wissen.

Zubereitung

Aroma und Geschmack des Teegetränks hängen von vielen Faktoren ab:

Qualität des Tees	■ Hochwertige Teesorten verwenden.
Wasserqualität	■ Möglichst weiches Wasser verwenden, da sich das feine Aroma besser entfalten kann.
Teekannen und Zubehör	■ Teekannen, Teesiebe aus Edelstahl und Porzellan oder Baumwollnetze und Papierfilter müssen dem Tee genügend Raum zum Entfalten geben. ■ Teekannen mit kochend heißem Wasser vorwärmen und mit lauwarmem Wasser ausspülen.
Dosierung	■ **Schwarzer und grüner Tee:** pro Tasse ein Teelöffel (ca. 2 g = 1 TL), eventuell ein zusätzlicher für die Kanne). Eistees werden mit der doppelten Menge Tee zubereitet. ■ **Früchte- und Kräutertee:** pro Tasse 3–5 g.
Brühtemperatur	■ **Schwarzen und Früchtetee** mit kochendem Wasser aufgießen. Das Wasser aus dem Automaten – 80 °C – ist für die Teezubereitung nicht geeignet. ■ **Grünen Tee** mit ca. 70 °C heißem Wasser (aufkochen und abkühlen lassen) übergießen.
Ziehzeit	■ **Schwarzer Tee** der bis zu drei Minuten zieht, wirkt anregend. Lässt man ihn länger ziehen – drei bis maximal fünf Minuten –, wirkt er beruhigend auf Magen und Darm. Schwarztee, der länger als fünf Minuten zieht, schmeckt bitter. ■ **Grüner Tee:** ein bis zwei Minuten. ■ **Kräuter- und Früchtetee:** fünf bis zehn Minuten.

Service

Im Service sollte Folgendes beachtet werden:

- Schwarzen Tee mit frischer, kalter Milch (keine Kondensmilch) oder Sahne oder Rum und einer Auswahl an Zuckersorten servieren.
- Heiße Teespezialitäten immer in einer vorgewärmten Teetasse oder Teekanne servieren, da der Tee bei jeder Abkühlung an Aroma verliert.
- Eistees, Teecocktails oder sonstige Teespezialitäten in gut gekühlten Gläsern (Tumblern) mit Unterteller, Serviette, Limonadenlöffel und Trinkhalm servieren.

Heiße und kalte Teegetränke

Himbeertee	■ Schwarzen Tee mit Himbeersirup erhitzen. ■ Einige mit Arrak gebeizte Himbeeren beigeben.
Ingwertee	■ 3 bis 4 dünne Scheiben einer frischen Ingwerwurzel mit 250 ml Wasser aufkochen. ■ 1 TL schwarzen Tee damit übergießen und zwei Minuten ziehen lassen.
Apfeleistee	■ 125 ml kalten schwarzen Tee, 15 ml Zitronensaft, 20 ml Orangensaft, 40 ml Apfelsaft und Honig (nach Geschmack) mischen, in einen Tumbler mit Eiswürfeln gießen.
Orangeneistee	■ 125 ml kalten schwarzen Tee, 125 ml Orangensaft, 20 ml Läuterzucker in einen Tumbler mit Eiswürfeln gießen. ■ Mit einer Orangenscheibe am Glasrand dekorieren.

Tee gehört mit Kaffee zu den wichtigsten Aufgussgetränken der Welt und ist nach Wasser das am häufigsten getrunkene Getränk überhaupt.

! Je feingradiger der Tee, desto ergiebiger ist der Aufguss.

Wussten Sie, dass ...
mit grünem Tee bis zu acht Aufgüsse gemacht werden können? Teekenner kennen die feinen geschmacklichen Unterschiede.

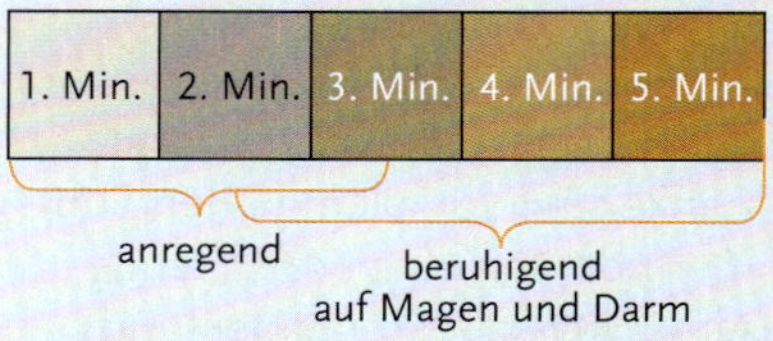

Die Stärke von Schwarztee bestimmt man durch die Menge, seine Wirkung durch die Dauer des Ziehenlassens.

! Grüner Tee wird pur getrunken und nicht gesüßt, um sein zartes Aroma nicht zu beeinträchtigen.

Wissenswertes dazu

- Für Eistee sollte man den heißen Tee in ein Glas gießen, das zu zwei Dritteln mit Eiswürfeln gefüllt ist. Durch die Schockwirkung (heißer Tee auf Eis) bleiben Wirkstoffe, Aroma, Geschmack und Farbe voll erhalten.
- Der dazu verwendete Schwarze oder Früchtetee sollte mit der doppelten Menge Tee zubereitet werden.

15.3 Kakaogetränke und Kakaospezialitäten

Kakao- und Schokoladengetränke sind nicht nur beliebte Frühstücksgetränke, sie werden auch gerne zwischendurch zu einem Stück Kuchen oder sonstigem Gebäck getrunken.

Service

Im Service sollte Folgendes beachtet werden:

- Heiße Kakao- und Schokoladengetränke werden in Kakao- oder Schokoladentassen, in Portionskannen sowie in feuerfesten Gläsern (Laufgläsern, Einspännergläsern usw.) mit Unterteller, Serviette und Kaffeelöffel serviert.
- Kalte Kakaogetränke serviert man in einem gut gekühlten Tumbler mit Unterteller, Serviette, Limonadenlöffel und Trinkhalm.

Kakao	▪ Kakaopulver (pro Portion ca. 5 g) mit Zucker und etwas heißem Wasser in einer Schale anrühren. ▪ In heißes Wasser oder heiße Milch einrühren.
Trinkschokolade	▪ Die fein geriebene Schokolade (pro Portion ca. 20–25 g) mit der gleichen Menge heißem Wasser und eventuell einem Kaffeelöffel Zucker glatt rühren. ▪ Mit ca. 200 ml heißer Milch aufgießen und verrühren. ▪ Eventuell mit geschlagener Schlagsahne und Kakaopulver vollenden.
Kakao vital	▪ 125 ml kalten Kakao mit 40 ml Orangensaft in einem Tumbler servieren.
Lumumba	▪ 100–150 ml kalten Kakao mit 40 ml Weinbrand und Eiswürfeln im Shaker mixen, in einen Tumbler abseihen. ▪ Mit geschlagener Schlagsahne und Kakao garnieren.

! Eisgekühlte Milchmixgetränke sind vor allem in den Sommermonaten eine erfrischende Alternative zu Limonaden und sonstigen Getränken.

15.4 Milchmixgetränke

Milchmixgetränke werden aus Milcherzeugnissen (Frischmilch, Butter-, Sauer-, Soja-, Acidophilusmilch, Joghurt oder Kefir) und geschmacksgebenden Zutaten wie Früchten, Schokolade, Kakao, Speiseeis usw. im elektrischen Aufsatzmixer hergestellt. Anschließend werden sie in einem gekühlten Tumbler (eventuell mit Eiswürfeln), mit leicht gesüßter geschlagener Schlagsahne und Früchten garniert, serviert.

Bananenmilch	▪ Eine reife Banane mit 200 ml Milch und Honig (nach Geschmack) mixen, in einen Tumbler füllen. ▪ Mit geschlagener Schlagsahne, Bananenscheiben und Minzeblatt garnieren.
Erdbeermilch	▪ 80 g Erdbeeren mit 170 ml Milch und Läuterzucker mixen. ▪ In einen Tumbler füllen, mit geschlagener Schlagsahne, Erdbeere und Minzeblatt garnieren.

? Arbeitsaufgaben

1. Nennen Sie Faktoren, die Geschmack und Aroma von Kaffeegetränken beeinflussen.
2. Gestalten Sie eine Kaffeekarte mit mindestens fünf klassischen und drei internationalen Kaffeegetränken. Führen Sie bei allen Getränken die Kaffeebezeichnung, die Zubereitung, das Service und den Preis an. Achten Sie auf ein ansprechendes Layout (Fotos etc.).
3. Erklären Sie die Zubereitung von schwarzem Tee, Früchte- und Kräutertee.
4. Erläutern Sie, was Sie bei der Zubereitung von Eistees beachten sollten.
5. Nennen Sie heiße und kalte Schokoladengetränke.
6. Zählen Sie die Bestandteile von Milchmixgetränken auf.

Notizen zu den Arbeitsaufgaben:

16 Verkauf und Präsentation

Jeder Betrieb lebt vom Verkauf seiner Produkte – so auch die Bäckerei. Daher muss neben der Erzeugung von qualitativ hochwertigen Backwaren auch die Präsentation der Ware und des Betriebes nach außen im Mittelpunkt wirtschaftlicher Überlegungen stehen.

Das Erscheinungsbild der Bäckerei hat sich in den letzten Jahren stark gewandelt. Es reicht heute nicht mehr, die Bevölkerung mit dem Grundnahrungsmittel Brot zu versorgen – die Konsumentinnen und Konsumenten verlangen neben einwandfreier Qualität der Backwaren vor allem auch Abwechslung.

Die moderne Bäckerin/der moderne Bäcker versucht deshalb, Brot und Brötchen nicht nur zu verkaufen, sondern sie mithilfe von Ladenbacköfen den ganzen Tag über frisch anzubieten. Eine Vielzahl an Spezialbroten, Kleingebäcken, Feinen Backwaren und Snacks rundet das Angebot ab.

Untersuchungen zeigen, dass der Erfolg oder Misserfolg eines Bäckereibetriebes im Allgemeinen von drei Faktoren abhängt:
- vom äußeren und inneren Erscheinungsbild des Betriebes,
- von der Freundlichkeit und Beratungskompetenz der Verkäuferin/des Verkäufers,
- von der erstklassigen Qualität der Produkte.

Unsere Ziele

Nach Bearbeitung dieses Teilkapitels werden Sie ...
- über das äußere und innere Erscheinungsbild eines Betriebes Bescheid wissen;
- wissen, worauf bei der Einrichtung der Verkaufsräume und Gestaltung der Schaufenster zu achten ist;
- über das Backen im Laden informiert sein;
- wissen, wie Sie durch gezielte Werbemaßnahmen und Produktpräsentation Ihren Kundenstock erweitern können;
- über die Lagerbedingungen von Backwaren informiert sein;
- verschiedene Verpackungsmaterialien kennen.

16.1 Bäckerladen

Der Bäckerladen und seine Filialen sind die Visitenkarte jeder Bäckerin/jedes Bäckers. Darum ist neben der Qualität der Waren besonders auf das äußere und innere Erscheinungsbild des Betriebes zu achten.
Die richtige Auswahl der Geschäftseinrichtung, die Platzierung der Ware und das harmonische Gesamtbild tragen entscheidend zum Erfolg im Verkauf bei.

Sowohl die Einrichtung als auch das Sortiment richten sich nach den örtlichen Gegebenheiten (Bevölkerung, Lage und Image des Betriebes, Kundenfrequenz usw.) sowie nach den Ernährungstrends.

Äußeres Erscheinungsbild

Wichtig für das äußere Erscheinungsbild ist die Außenfront. Sie wirbt um die Kundinnen und Kunden

- mit der Gebäudefassade,
- mit dem Eingangsbereich,
- mit den Schaufenstern und
- mit der Firma (Name, Logo usw.).

Außenfassade

Sie muss durch Farbe und grafische Gestaltung als Signal wirken und einen hohen Wiedererkennungswert haben, d. h. sie muss in das Corporate-Identity-Konzept passen.

Corporate Identity = einheitliches Firmenbild, das durch die charakteristische Gestaltung des gesamten Betriebes, die einheitliche grafische Gestaltung aller Drucksorten und andere Maßnahmen erzeugt wird.

Eingangsbereich

Die Gestaltung muss so großzügig sein, dass ein Betreten der Bäckerei ohne Schwellenangst möglich ist. So können potenzielle Käuferinnen und Käufer ohne den Druck, etwas kaufen zu müssen, eintreten, sich umsehen und gegebenenfalls das Geschäft, ohne etwas gekauft zu haben, wieder verlassen.

Schaufenster

Das Schaufenster repräsentiert die Bäckerei nach außen und ist das wertvollste Werbemittel, um das Kaufinteresse der Verbraucherinnen und Verbraucher zu wecken.

Schaufenstergestaltung

Wer im Wettbewerb um die Gunst der Verbraucherinnen und Verbraucher bestehen will, muss alle Möglichkeiten nutzen, seine Waren im besten Licht zu zeigen und durch besondere Angebote oder Verkaufsaktionen die Leistungsfähigkeit seines Betriebes unter Beweis zu stellen. Es genügt heute nicht mehr, diverse Backwaren ins Schaufenster zu stellen und dann auf Kundschaft zu warten.

Schaufenster sollten einige Voraussetzungen erfüllen:

- Das Schaufenster ist Bestandteil des gesamten Geschäftes. Es sollte deshalb mit der Außenfassade und dem Verkaufsraum eine Einheit bilden.
- Moderne Schaufenster geben auch den Einblick in den Verkaufsraum frei.
- Ein besonders günstiger Eindruck entsteht, wenn das Verkaufspult als eine Fortsetzung des Schaufensters in den Verkaufsraum gebaut ist. Man kann so das breite Gesamtsortiment des Geschäftes zeigen.
- Die Beleuchtung der Schaufenster soll die angebotene Ware durch das richtige Licht vorteilhaft erscheinen lassen (siehe Schaufensterbeleuchtung).

Eye-Catcher

Bei der Gestaltung des Schaufensters ist Folgendes zu beachten:

- Die Gehrichtung der Passantinnen und Passanten bestimmt den Standort des Blickfangs **(Eye-Catcher)** und die schwerpunktmäßige Anordnung der Schaustücke. Sie sollten auf der entgegengesetzten Seite der Gehrichtung angeordnet sein.
- Die Schaufenster nicht überladen. Es genügen wenige, aber attraktive Stücke, um die Passantinnen und Passanten auf die Leistungsfähigkeit und den Leistungsumfang des Betriebes aufmerksam zu machen.
- Plakate mit wenig Text als Blickfang verwenden. Die nimmt die Passantin/der Passant im Vorübergehen leichter auf als Bilder mit viel Schrift. Plakate attraktiv (z. B. mit dem Computer) gestalten.

! Betrachten Sie beim Arrangieren der Backwaren die Auslage des Öfteren aus der Sicht der Kundschaft.

- Hat das Schaufenster nur eine Ebene, können die Gebäcke auf dekorativen Platten mit leichtem Neigungswinkel auf den Schaufensterboden gestellt werden.
- Im Hintergrund können aber auch Aufbauten mit verschiedenen Ebenen angebracht werden. Durch Abdecken mit Dekorationsstoff und Einschlagen mit anderen Materialien entsteht ein attraktiver Grundaufbau.
- Als Dekoration eignen sich Werkzeuge aus der Backstube, Bilder, Plakate (Poster), Tücher, Spiegel und anderes, zum Schaufensterthema passendes Dekormaterial (z. B. getrocknetes Getreide, Blumen usw.).
- Preisschilder und Deklarationen gehören zum entsprechenden Gebäck.
- Auch Schaufensterattrappen können verwendet werden. Sie haben den Vorteil, dass sie lange haltbar sind und in der nächsten Saison wiederverwendet werden können.

Firma

Wie die Außenfassade muss sie einen hohen Wiedererkennungswert haben. Das Logo oder der Namenszug ist das Kernstück der Corporate Identity, das mit allen anderen Gestaltungselementen harmonieren soll.

Inneres Erscheinungsbild

Beim Betreten einer Verkaufsstelle nimmt die Kundschaft das Geschäft und die darin ablaufenden Aktivitäten zunächst als Ganzes wahr. Die aus diesem Erscheinungsbild resultierende Atmosphäre wirkt sich auf die Stimmung der Käuferinnen und Käufer und auf ihr Kaufverhalten aus.

Die Gestaltung der Einrichtung hat dieser Erkenntnis Rechnung zu tragen. Die Einrichtung ist dem Betriebstyp anzupassen, wobei gewisse Einrichtungstrends zu berücksichtigen sind.

Sie muss weiters folgende Kriterien erfüllen:

- Äußeres und inneres Erscheinungsbild der Verkaufsstelle müssen von der Gestaltung her eine Einheit bilden.
- Wände, Decken, Böden, Beleuchtung sind in die Gestaltung mit einzubeziehen.
- Das Bild der Verkaufsstelle muss durch die zur Schau gestellten Waren bestimmt sein. Die Kundinnen und Kunden wünschen eine übersichtliche Gestaltung des Sortiments. Dazu ist es notwendig, die Vielfalt an Produkten (Brote, Kleingebäcke, Snacks, Feinen Backwaren, Saisonprodukte, Milchprodukte usw.) zu kategorisieren und sie in Gruppen zusammengefasst zu präsentieren. Die Präsentationszone muss auch beim Stoßgeschäft einsehbar sein.
- Verkaufsfördernde Maßnahmen müssen bei der Planung der Raumaufteilung berücksichtigt werden. Der Raum sollte unbedingt von einem Fachmann/einer Fachfrau eingerichtet werden.

Gebäckzange

Neben der Einrichtung wirken sich folgende Faktoren positiv auf das Erscheinungsbild aus:

- Die verschiedenen Produktgruppen sollten zur leichten Orientierung der Kundschaft in Regalen, Vitrinen, auf Ständern oder Podesten ihren Stammplatz haben.
- Saisonwaren (Valentinstag, Ostern, Muttertag, Nikolaus usw.) sollten so platziert werden, dass die Kundin oder der Kunde einen schnellen Überblick über das Warenangebot bekommt.
- Gebäcke oder Feine Backwaren sollten mit einer Gebäckzange oder speziellen Handschuhen angegriffen werden.

Grundsätzlich ist darauf zu achten, dass der Laden einen sauberen, hellen und freundlichen Eindruck vermittelt. Er sollte gut belüftet und frei von Fremdgerüchen sein.

Verkaufshandschuh

Brotregale und Gebäckvitrine

Vitrine für Feine Backwaren

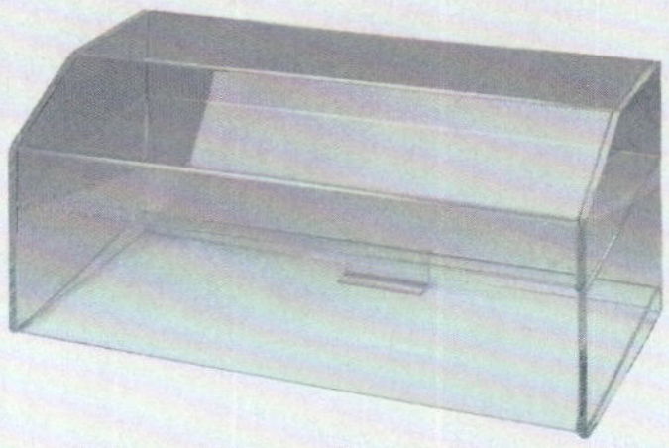
Thekenaufsatz

Regal- und Vitrinenbeleuchtung

Regale

- Die mit einem Holz- oder Metallrost ausgestatteten Brotregale sind an der Wand befestigt. Zur optischen Vergrößerung des Warenangebotes werden sie oftmals mit Spiegeln hinterlegt.
- Bei den Etiketten ist zu darauf zu achten, dass die Produktinformation und der Preis in einer gut lesbaren, nicht zu kleinen Schrift ausgeführt sind.

Vitrinen

Sie sind in mehrere Temperaturzonen eingeteilt. Dadurch kann auf die unterschiedlichen Temperaturanforderungen der Produkte Rücksicht genommen werden.

- Verschiedene Kuchen oder kalte Snacks werden in gekühlten Vitrinen angeboten.
- Vitrinen für warme pikante Speisen können mit Wärmeplatten und Wärmelampen ausgestattet werden.
- Kleingebäck wird entweder in Gebäckvitrinen oder in Körben oder Plastikboxen unterhalb des Brotregals angeboten.
- Auf der Theke dürfen unverpackte Lebensmittel nur so platziert werden, dass keine negative Beeinflussung durch die Kundschaft (z. B. durch Anhauchen, Anhusten, Berühren etc.) stattfinden kann. Dazu sind Schutzvorrichtungen wie Abschirmungen, Aufsätze oder Abdeckungen anzubringen. Unverpackte Lebensmittel dürfen nicht zur Selbstbedienung angeboten werden.

Kühlanlagen in Vitrinen

Die richtige Kühlung der Bäckerei- und Konditoreitheke ist entscheidend für die Qualität der Produkte. Herkömmliche Bäckereien finden meist mit normalen Umluftkühlvitrinen (z. B. für Kuchen und Schnitten) ihr Auslangen. Für Mischbetriebe (Bäckerei und Konditorei), die auch Sahnekremwaren anbieten, empfiehlt es sich, moderne Kühlanlagen mit Luftentkeimungssystemen anzuschaffen.

Die Luftentkeimungssysteme bedienen sich der keimtötenden Wirkung von UV-Strahlen. Die Mikroorganismen werden mit der Luft eingesaugt und in einer geschlossenen Kammer mit UV-Strahlen abgetötet. Anschließend wird die so gereinigte Luft wieder an die Umgebung abgegeben. Dadurch kann die Anzahl von Bakterien, Hefen oder Schimmelpilzen in der Vitrine erheblich reduziert werden.

Beleuchtung

Allgemein sollte man bei jeder Art von Beleuchtung darauf achten, dass der Energieverbrauch und die Wärmeabstrahlung der Lampen so gering wie möglich sind.

Grundbeleuchtung	■ Die Grundbeleuchtung leuchtet den ganzen Verkaufsraum gleichmäßig aus. Dazu werden Leuchtstoffröhren oder Halogenmetalldampflampen mit Reflektoren verwendet.
Akzentbeleuchtung	■ Sie wird zusätzlich zur Grundbeleuchtung verwendet, um bestimmte Warengruppen, Raumteile oder Aktionsartikel hervorzuheben.
Regal- und Vitrinenbeleuchtung	■ Die Regale sollten so ausgeleuchtet sein, dass die Ware optimal zur Geltung kommt und Produktinformationen (Produktname, Preis ...) gut lesbar sind. Dies ist besonders wichtig für Regale, die sich im hinteren Ladenbereich befinden. ■ Für die Beleuchtung von Produkten im Bäckereibereich werden meist Leuchtstoffröhren mit einem warmen, bräunlichen Farbton verwendet, um die natürliche Farbe von Brot und Gebäck zu verstärken. Dadurch sehen diese frisch und appetitlich aus.
Schaufensterbeleuchtung	■ Die Beleuchtung der Schaufenster soll das Gebäckangebot und Dekorationen durch das richtige Licht vorteilhaft aussehen lassen. Sie hängt vom jeweiligen Umgebungslicht, der Sonneneinstrahlung und dem anzubietenden Sortiment ab. ■ Es empfiehlt sich, eine versteckte Grundbeleuchtung mit Leuchtstofflampen zu installieren. Anschließend kann ein Stromschienensystem mit verschiedenen Strahlern (Kaltlichtlampen) montiert werden, um bestimmte Bereiche hervorzuheben. Diese haben eine hohe Lichtstärke bei geringer Wärmeabstrahlung.

Backen im Laden

Es gibt kaum noch Bäckerfilialen, die nicht ihren eigenen Backofen besitzen. Durch das Backen im Laden können Brot, Gebäck und Feine Backwaren mehrmals täglich – von Ladenbeginn bis Ladenschluss – frisch angeboten werden. Der Duft frischer Backwaren regt die Kundschaft zum Kauf der Produkte an.

Weitere Vorteile sind die Senkung des Retourwarenanteils, da nach dem jeweiligen Bedarf gebacken werden kann, und die Verlagerung von Teilen der Produktion in den Laden.

Ladenbackofen

Folgende **Ofensysteme** werden verwendet:

- Backofen mit Heißluftumwälzung: hohe Flexibilität, wenig Platzverbrauch.
- Etagenbackofen: etwas höherer Platzbedarf.

Zum Backen im Laden werden Teiglinge und halb gebackene Gebäcke eingesetzt:

Teiglinge	Je nach Gär- und Temperaturzustand der Teiglinge unterscheidet man: ■ Teiglinge mit Langzeitführung. ■ Teiglinge mit Gärverzögerung. ■ Teiglinge mit Gärunterbrechung. ■ Gegarte, gefrostete Teiglinge. Der Zustand der Teiglinge muss bei der Führung zur Ofenreife sowie beim Backen berücksichtigt werden.
Halb gebackene Produkte	■ **Kleingebäck:** Der Backvorgang wurde nach zwei Dritteln der Backzeit unterbrochen. Das Gebäck kommt in Polypropylenbeutel (siehe Verpackungsmaterialien) verpackt oder tiefgekühlt in die Filialen. ■ **Brot:** Es wird mit der Unterbruch-Backmethode (siehe Kapitel Roggenteigtechnologie, Seite 308) auf Vorrat hergestellt und kann im Kühlschrank bis zu fünf Tagen gelagert werden.

Gärsteuerung von Teiglingen siehe Kapitel Kältetechnologie, Seite 327.

Kaffee- und Getränkebereich

Viele Bäckereien servieren ihren Kundinnen und Kunden neben Backprodukten auch Kaffee, Tee und sonstige Getränke. Der dafür vorgesehene Steh- oder Sitzbereich ist meist in den Verkaufsraum integriert. Dabei muss besonders darauf geachtet werden, dass eventuell erlaubtes Rauchen die Qualität der Backwaren nicht beeinträchtigt.

Das Kaffeeangebot trägt entscheidend zur Umsatzsteigerung des Betriebes bei. Viele Kundinnen und Kunden genießen, egal ob zum Frühstück, als Zwischenmahlzeit oder am späten Nachmittag, zum Kaffee gerne ein Stück Feingebäck oder einen pikanten Snack.

Bäckerei-Café

16.2 Werbung und Präsentation

Speziell Klein- und Mittelbetriebe können nur durch effiziente Werbemaßnahmen und Präsentation des Betriebes im Wettbewerb um die Gunst der Verbraucherinnen und Verbraucher bestehen.

Welche Werbemaßnahmen ergreift Ihr Betrieb, um Kundinnen und Kunden zu gewinnen?

Mögliche Werbemaßnahmen

- Verkostungen.
- Gut sichtbar angebrachte Aktionstafeln, z. B. über Brot- oder sonstigen Regalen.
- Hängeschilder von der Decke.
- A-Ständer vor dem Eingang mit Produktinformationen.
- Folder mit Informationen über Aktionen einzelner Brot- und Gebäcksorten.
- Postwurfsendungen.
- Sammelpässe: Die Kundschaft erhält für die gesammelten Stempel oder Marken Produkte oder Einkaufsrabatte.

Folder = Faltprospekt, -broschüre.

16.3 Freundlichkeit und Beratungskompetenz der Verkäuferin/des Verkäufers – Qualität der Präsentation

Sich (oder etwas) zu präsentieren heißt, sich (oder etwas) in der Öffentlichkeit zu zeigen bzw. darzustellen. Außer dem Erscheinungsbild und der sorgfältigen und appetitlichen Ausstellung der Ware trägt der richtige Umgang mit den Kundinnen und Kunden wesentlich zu einer guten Präsentation bei.

Voraussetzung ist, dass die Geschäftsabläufe professionell organisiert sind. Professionalität zeigt sich in der Fähigkeit,

- betriebliche Abläufe zu koordinieren,
- Preis und Leistung in Einklang zu bringen,
- fachliche Kompetenz zu vermitteln,
- Kundenwünsche zufriedenstellend und termingerecht zu erledigen,
- die angebotenen Leistungen aus der Werbung zu erfüllen,
- Reklamationen entgegenzunehmen und zufriedenstellend zu erledigen.

Persönlichkeitsbild der Verkäuferin/des Verkäufers

Eigenschaften und Merkmale einer guten Verkäuferin/eines guten Verkäufers

- Gepflegte äußere Erscheinung: Kleidung, Körperpflege und Körperhaltung.
- Verhaltensweise: Freundlichkeit, Ehrlichkeit, Verschwiegenheit, Sorgfalt, Ordnungsliebe, Pünktlichkeit und Fleiß.

Kenntnisse einer guten Verkäuferin/eines guten Verkäufers

- Warenkenntnisse: Sie/er soll der Kundschaft die Ware zeigen und erklären können und sie damit bei der Auswahl unterstützen.
- Kenntnisse über den Kundenkreis: Sie/er soll die Stammkundschaft und ihre Vorlieben und Besonderheiten kennen.
- Umgangsformen: Höflichkeit und Sicherheit im Umgang mit der Kundschaft sind wichtige Voraussetzungen.
- Kommunikationsfähigkeit: Sie/er kann ein sachliches Gespräch (Dialog) über die Ware und ihren Nutzen für die Kundschaft führen.

Ablauf eines Verkaufsgesprächs

- Begrüßung
- Bedarfsermittlung
- Vorlegen der Ware
- Verkaufsargumentation
- Kaufaufforderung
- Kaufabschluss
- Bestärkung der Kundschaft, dass sie gut gewählt hat
- Frage nach weiteren Wünschen
- Verpackung, Inkasso
- Dank und Verabschiedung

Auftreten des Verkaufspersonals der Kundschaft gegenüber

Die Kundschaft könnte je nach Veranlagung ein gewisses Maß an Angst oder Scheu dem Geschäft oder dem Verkaufspersonal gegenüber haben. Daher ist es oberstes Gebot, der Kundin/dem Kunden stets freundlich gegenüberzutreten.

Grußformeln

- Guten Tag! Grüß Gott!
- Guten Morgen, Frau Maurer! Guten Abend, Herr Janßen!

Eröffnungsfragen – Bedarfsermittlung

- Was darf es für Sie sein?
- Kann ich Ihnen behilflich sein?
- Haben Sie schon gewählt?
- Was darf es denn sein, Herr Dr. Saalfeld?

Bestärkung bei der Kundenauswahl
Die Kundschaft ist oft, nachdem sie gewählt hat, unsicher, ob sie auch das Richtige genommen hat. Um sie zu bestärken, sollten Sie die Vorzüge des gewählten Produktes hervorheben, z. B. das Mehrkornbrot ist ernährungsphysiologisch besonders wertvoll und hält sich lange frisch.

Zusatzverkäufe
Nach getätigtem Verkauf, aber vor Ausstellen des Kassenzettels, wird die Kundschaft nach weiteren Wünschen befragt:
- Was darf es denn sonst noch sein?
- Darf ich Ihnen sonst noch etwas zeigen?
- Darf ich Sie unser neues Produkt kosten lassen?

Darf ich Ihnen sonst noch etwas zeigen?

Behandlung von Reklamationen
Reklamationen können berechtigt oder unberechtigt sein. Bedenken Sie aber immer, dass die für die Kundschaft positive Erledigung einer Reklamation Ihnen viel mehr bringen kann, als wenn Sie (auch berechtigterweise) auf Ihrem Standpunkt beharren, nämlich eine zufriedene Kundschaft, die sicherlich wiederkommen wird!

! Reklamationen lassen sich
- durch sorgfältiges Arbeiten im gesamten Betrieb und
- genaue Kontrolle der Ware vor dem Verkauf vermeiden.

Richtiges Verhalten bei Reklamationen
- Behandeln Sie Reklamationen immer nach dem Grundsatz: **Der Kunde ist König!**
- Entschuldigen Sie sich bei der Kundschaft und zeigen Sie Verständnis für ihre Verärgerung!
- Erledigen Sie die Reklamation großzügig!

16.4 Lagerung und Verpackung von Backwaren

Das Altbackenwerden von frischem Brot und Gebäck kann durch fachgerechte Lagerung und Verpackung verzögert werden. Entsprechendes Verpackungsmaterial sorgt für eine längere Frischhaltung und dient zum Schutz vor Verunreinigungen.

Lagerung
Lagerung nach dem Ausbacken
Siehe Kapitel Weizenteigtechnologie, Seite 284.

Qualitätsmängel durch unsachgemäße Lagerung
- Kruste: Verlust der Rösche.
- Krume: Sie wird durch den Feuchtigkeitsverlust fester.
- Geruch und Geschmack: Sie werden durch Fremdgerüche negativ beeinflusst.
- Oberfläche und Aussehen: Druckstellen, Krustenabsplitterungen, feuchte Krusten usw.

Lagerbedingungen
Sie werden durch Temperatur, Luftfeuchtigkeit und Licht beeinflusst.

Anforderungen an Lagerräume	
Temperatur und Luftfeuchtigkeit	Lagerräume sollen kühl und trocken sein. Die Temperatur soll ca. 20 °C betragen, die relative Luftfeuchtigkeit ca. 60 %. ▪ Zu kühle Temperaturen beschleunigen den Alterungsprozess. ▪ Zu warme Temperaturen können bei ungesäuertem Weißbrot zum Verderb durch Fadenziehen führen. ▪ Zu feuchte Lagerung bewirkt ein Weichwerden der Kruste (Schimmelgefahr!). ▪ Zu geringe Luftfeuchtigkeit führt zum Austrocknen und Hartwerden der Kruste.
Licht	Lagerräume müssen lichtgeschützt sein, da Sonneneinstrahlung Fettverderb und Farbveränderungen verursacht.

Zu warme Brote erhöhen die Temperatur und Luftfeuchtigkeit im Lager. Dadurch bildet sich Kondenswasser auf den Backwaren und es kommt zur Schimmelbildung. Deshalb die Brote nach dem Ausbacken mit genügend Abstand gut abkühlen und ausdampfen lassen.

Anforderungen an Lagerräume	
Geruch	Lagerräume dürfen keine Fremdgerüche haben, da Brot und Gebäck diese Gerüche anziehen und annehmen.
Reinigung und Belüftung	Lagerräume sollen regelmäßig gereinigt und belüftet werden. ■ Mit Schimmel befallene Ware sofort entfernen und den Lagerplatz mit Essigwasser reinigen, um eine Vermehrung der Schimmelsporen zu verhindern. ■ Den Lagerraum am besten mit entkeimter Luft (z. B. UV-Bestrahlung) belüften.

Kennzeichnungspflicht von verpackter Ware (Handelsware) siehe Kapitel Lebensmittelrecht, Seite 203.

Verpackung

Viele der in der Bäckerei angebotenen Produkte kommen geschnitten oder im Ganzen abgepackt in den Handel. Da unterschiedliche Produkte für verschiedenste Zwecke verpackt werden müssen, verwendet man unterschiedliche Verpackungsmaterialen.

Aufgaben der Verpackung

- Sie schützt die Ware vor Umwelteinflüssen, Beschädigungen, Verunreinigungen und Mengenverlust.
- Sie verlängert durch besondere physikalische Verfahren (z. B. Begasung mit Schutzgas) die Haltbarkeit und Frischhaltung der Backwaren erheblich.
- Von der Herstellung in der Bäckerei bis zum Verkauf in der Filiale wird die Ware mehrmals umgeschlichtet und zwischengelagert. Mithilfe von Verpackungen lassen sich die Produkte leichter und sicherer lagern.
- Sie verhindert, dass die Ware während des Transportes übermäßigen Beanspruchungen ausgesetzt ist. Durch genormte Verpackungen lässt sich auch der Raumbedarf beim Transport verringern.
- Durch den Namen und das Logo auf der Verpackung sowie deren Farbe und Form wird diese für die Kundschaft unverwechselbar. Sie ist dadurch oft kaufentscheidend.
- Auf der Verpackung angebrachte Etiketten, Aufdrucke o. Ä. informieren die Kundschaft über Art, Menge, Gewicht, Preis, Herstellung, Zutaten usw. Ein aufgedruckter EAN-Code ermöglicht das schnelle Einlesen an Scannerkassen.
- Mengen- und gewichtsmäßige Portionierung der Backwaren.

Verpackungsmaterialien

1 µm = 1 Mikrometer = 1 tausendstel Millimeter = 1 millionstel Meter.

Verpackungsmaterial	Eigenschaften	Verwendung
Polypropylen (PP)		
Folie zum Verschweißen Säcke, Beutel	■ 100 % Aromaschutz ■ Hochtransparent ■ Hohe Festigkeit und Steifigkeit (30–50 µm) ■ Backwaren können damit verpackt, in ihnen pasteurisiert oder begast werden	■ Für Feine Backwaren, ■ Kleingebäck, ■ Brot, ■ halb gebackene Backwaren mit Begasung
Folie mit Mikrolochung	■ Schutzfunktion ■ Gebäck bleibt knusprig und frisch	■ Für Brot, ■ Sandwichs, ■ Baguette, ■ Kleingebäck
Polyethylen (PE)		
Schrumpffolie Folie zum Verschweißen	■ Schutzfunktion ■ Verlängerung der Frischhaltung ■ Schrumpft beim Erhitzen ■ Hohe Festigkeit (30–50 µm)	■ Für Brot
Dehnfolie (Frischhaltefolie)	■ Hohe Reißfestigkeit ■ Verlängerung der Frischhaltung ■ Klebt selbstständig an der Ware	■ Für Brot, ■ zum Abdecken von Produkten

Verpackungsmaterial	Eigenschaften	Verwendung
Viskose		
Zellglas (Zellophan)	■ Dünne, transparente Folie ■ Wasserdampfdurchlässig ■ Knistereffekt	■ Für verschiedene Backwaren, ■ Süßwaren, ■ als Sichtfenster bei Papierverpackungen
Papier		
Wachspapier	■ Bedingt hitzebeständig ■ Bedruckbar ■ Schutzfunktion	■ Für kalte und warme Snacks, ■ Brot
Seidenpapier	■ Chlorfrei gebleichtes Papier ■ Bedruckbar	■ Für Brot, ■ Baguette usw.
Säckchen mit und ohne Sichtfenster	■ Keine Frischhaltung	■ Für Gebäck, ■ Snacks, ■ Feine Backwaren usw.
Servietten		■ Für Snacks, ■ Feine Backwaren
Karton		
Faltkarton	■ Schutz- und Transportfunktion	■ Für Snacks
Pappteller		■ Für Feine Backwaren

16.5 Konservierungsmethoden

a_w-Wert

Mikroorganismen benötigen für ihre Stoffwechselaktivitäten freies, ungebundenes Wasser. Dabei ist nicht der Gesamtgehalt an Wasser in einem Lebensmittel entscheidend, sondern jener Wasseranteil, der nicht durch Salz, Zucker, Eiweiß, Mehl, Stärke usw. gebunden ist.

Dieses freie (aktive) Wasser wird durch eine Messzahl, den sogenannten a_w-Wert ausgedrückt. Je höher der a_w-Wert ist, umso besser vermehren sich die Mikroorganismen in Lebensmitteln. Die Wasseraktivität wird in einem Bereich von 0 bis 1 angegeben. Reines Wasser hat einen a_w-Wert von 1.

Wasseraktivität (a_w-Wert) von Mikroorganismen

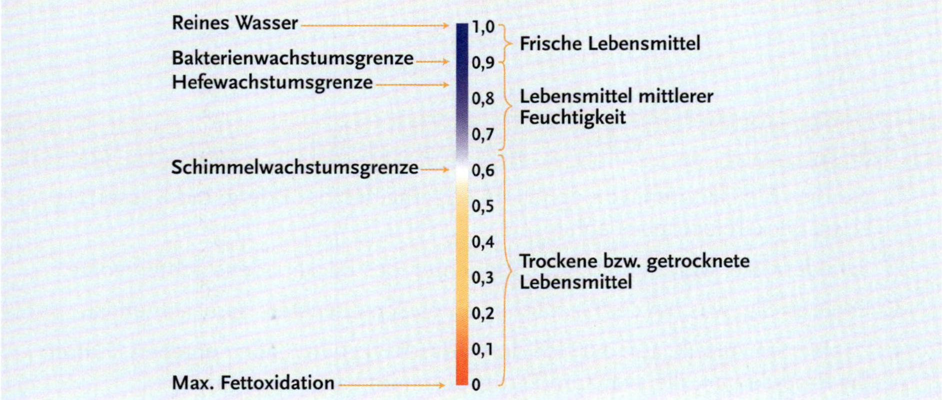

Besonders verpacktes Brot und Kleingebäck neigt schnell zur Schimmelbildung. Um die Haltbarkeit der Backwaren zu verlängern, werden folgende Methoden angewendet:

- Schutzbegasung,
- Infrarotbestrahlung,
- Pasteurisierung,
- Zugabe von Konservierungsmitteln bei der Herstellung (Schnittbrot).

Material	Bedruckbar	Reißfest	Hitzebeständig	Wasserdampfdicht	Gasdicht	Lichtdicht
PP	erfüllt	erfüllt	erfüllt	erfüllt	erfüllt	nicht
PE	erfüllt	erfüllt	bedingt	nicht	nicht	nicht
Zellglas	nicht	bedingt	nicht	nicht	erfüllt	nicht
Wachspapier	erfüllt	bedingt	nicht	nicht	nicht	erfüllt

(Farblegende: orange = erfüllt die Eigenschaft. / hell = erfüllt die Eigenschaft bedingt. / grau = erfüllt die Eigenschaft nicht.)

erfüllt die Eigenschaft.
erfüllt die Eigenschaft bedingt.
erfüllt die Eigenschaft nicht.

! Da es immer wieder neue Produkte gibt, ist es ratsam, sich ständig über Neuerungen zu informieren, da eine attraktive Verpackung einen Wettbewerbsvorteil gegenüber der Mitbewerberin/dem Mitbewerber darstellt.

➡ Konservierungsmethoden siehe Kapitel Verderb und Haltbarmachung von Lebensmitteln, Seite 194.

Beispiele für a_w-Werte von Backwaren:

Backwaren	a_w-Wert
Brot	0,89–0,97
Pumpernickel	0,86–0,89
Hefegebäck	0,80–0,97
Kuchen	0,80–0,90
Lebkuchen	0,55–0,75

➡ Verpackungsanlagen siehe Kapitel Geräte- und Maschinenkunde, Seite 237.

Eigenschaften der Gase
Kohlendioxid (CO_2)
▪ Farblos. ▪ Leicht säuerlicher Geruch. ▪ Gut wasserlöslich. ▪ Ungiftig. ▪ Schwerer als Luft. ▪ Hemmt das Wachstum und die Vermehrung von Mikroorganismen.
Stickstoff (N_2)
▪ Farb- und geruchlos. ▪ Schwerer als Luft. ▪ Hemmt das Wachstum und die Vermehrung von Mikroorganismen durch Verdrängung des benötigten Sauerstoffes.
Argon (Ar)
▪ Farb- und geruchlos. ▪ Schwerer als Luft. ▪ Verdrängt den Sauerstoff effektiver als Stickstoff.

Beispiele für die Haltbarkeit von Backwaren durch Begasung mit Schutzgas:

Lagertemperatur 20–25 °C	Unter Luft	Unter Schutzgas
Roggen-, Weizenbrot	2–4 Tage	14 Tage
Toastbrot	5 Tage	28 Tage

Natürliche Konservierungsmethoden

Methoden	Charakteristika
Vakuum	Durch Luftabsaugung wird Schimmelbefall verhindert, da die Schimmelsporen nicht auskeimen können.
Begasung mit Schutzgas	Es werden vor allem halb gebackene Brote oder Gebäcke mit Schutzgas konserviert. Schutzgas verzögert den Verderb und erhöht die Haltbarkeit der Produkte auf natürliche Weise. Folgende Gase werden dazu verwendet: ▪ Kohlendioxid (CO_2). ▪ Stickstoff (N_2). ▪ Argon (Ar).
Infrarotbestrahlung	Bei der Bestrahlung der verpackten Backwaren mit Infrarot-Strahlen werden die Keime innerhalb der Verpackung abgetötet.
Pasteurisieren	Verpackte Backwaren werden 15 Minuten lang auf einer Kerntemperatur von 75 °C gehalten. Diese Methode ist z. B. in Backöfen mit bewegter Backatmosphäre und einer Temperatur von ca. 130 °C möglich.
Sonstige Methoden	Die Haltbarkeit von Backwaren lässt sich durch Berücksichtigung folgender Faktoren bei der Herstellung wesentlich verbessern: ▪ Einhaltung der Hygienestandards. ▪ Brote gut ausbacken. ▪ Sauerteigherstellung.

Chemische Konservierungsmethoden

Zur Herstellung von verpacktem Schnittbrot dürfen dem Teig chemische Konservierungsmittel (z. B. Sorbin- oder Propionsäure und ihre Salze) zugesetzt werden. Diese sind deklarationspflichtig und dürfen bis zu einem bestimmten Grenzwert beigegeben werden.

Notizen zu den Arbeitsaufgaben:

? Arbeitsaufgaben

1. Nennen Sie Faktoren, von denen im Allgemeinen der Erfolg und Misserfolg eines Bäckereibetriebes abhängt.
2. Schildern Sie, worauf man beim Einrichten des Bäckerladens achten sollte.
3. Erklären Sie, was bei der Gestaltung eines Schaufensters zu beachten ist.
4. Zählen Sie Vorteile auf, die sich durch das Backen im Laden ergeben. Führen Sie Produkte an, die sich zum Fertigbacken im Laden eignen.
5. Entwerfen Sie Werbemaßnahmen für drei Bäckereiprodukte Ihrer Wahl.
6. Beschreiben Sie die Eigenschaften und Kenntnisse, die eine gute Verkäuferin/ein guter Verkäufer haben soll.
7. Nennen Sie Anforderungen, die an Lagerräume gestellt werden.
8. Beschreiben Sie verschiedene Verpackungsmaterialien.
9. Erläutern Sie, welche Auswirkungen der a_w-Wert auf die Haltbarkeit von Lebensmitteln hat.
10. Beschreiben Sie physikalische Konservierungsmethoden, die die Haltbarkeit der Backwaren verlängern.

FACHRECHNEN FÜR BÄCKERINNEN/BÄCKER

1 Maße und Gewichte

Um Produkte von gleichbleibender Qualität herstellen zu können, sind die Kenntnisse der Maße und Gewichte für die Bäckerin/den Bäcker von größter Wichtigkeit. Grundsätzlich ist das Wiegen der Zutaten genauer als das Messen.

Für die Anfertigung und Verwendung gewerblicher Rezeptvorlagen ist es von Vorteil, eine einheitliche Maßeinheit festzulegen. Am besten wird in allen Rezepten die Maßeinheit angegeben, die die Waagen des Betriebes aufweisen. Dadurch werden Wiegefehler vermieden.

Unsere Ziele

Nach Bearbeitung dieses Teilkapitels werden Sie ...

- die gebräuchlichsten Maß- und Gewichtseinheiten kennen;
- über die in der Bäckerei und Konditorei angewendeten Maße für Eier unterrichtet sein;
- fähig sein, verschiedene Maßeinheiten umzurechnen.

Im Buch verwendete Abkürzungen

Abkürzungen	Bezeichnungen	Abkürzungen	Bezeichnungen
°C	Grad Celsius	TE	Teigeinlage
Fett. i. Tr.	Fett in der Trockenmasse	TT	Teigtemperatur
Vol.-%	Volumprozent	TA	Teigausbeute
kJ	Kilojoule	NTA	Netto-Teigausbeute
kcal	Kilokalorie	BTA	Brutto-Teigausbeute
BE	Broteinheit	MTA	Messbare Teigausbeute
Ø	Durchmesser	GEV	Gär- und Einwiegeverlust
EL	Esslöffel	BV	Backverlust
TL	Teelöffel	GA	Gebäckausbeute
RM	Roggenmehl	GG	Gebäckgewicht
WM	Weizenmehl	VA	Volumenausbeute
MT	Mehltemperatur	SZ	Schlüsselzahl
MG	Mehlgewicht	€	Euro
MT	Mehltemperatur	MK	Materialkosten
RT	Raumtemperatur	BK	Betriebskosten
VTT	Vorteigtemperatur	SK	Selbstkosten
ZG	Zuguss	CA	Café-Aufschlag
ZGT	Zugusstemperatur	RuG	Risiko und Gewinn
KEW	Kneterwärmung	NVP	Netto-Verkaufspreis
RG	Rezeptgewicht	BVP	Brutto-Verkaufspreis
TG	Teiggewicht	MwSt.	Mehrwertsteuer

Vol.-% = Volumprozent; der Volumenanteil eines Stoffes, der in 100 cm³ einer Lösung enthalten ist.

Gebräuchliche Maß- und Gewichtseinheiten

Abkürzungen	Bezeichnungen	Abkürzungen	Bezeichnungen
g	Gramm	l	Liter
kg	Kilogramm	mm	Millimeter
ml	Milliliter	cm	Zentimeter
cl	Zentiliter	dm	Dezimeter
dl	Deziliter	m	Meter

Umrechnung verschiedener Maßeinheiten

Gewichtsmaße		
1 kg =	1,000 kg =	1 000 g
1/2 kg =	0,500 kg =	500 g
1/4 kg =	0,250 kg =	250 g
1/8 kg =	0,125 kg =	125 g
	0,100 kg =	100 g
	0,010 kg =	10 g
	0,001 kg =	1 g

Litermaße				
1 l =	1,000 l =	10,00 dl =	100,0 cl =	1 000 ml
1/2 l =	0,500 l =	5,00 dl =	50,0 cl =	500 ml
1/4 l =	0,250 l =	2,50 dl =	25,0 cl =	250 ml
1/8 l =	0,125 l =	1,25 dl =	12,5 cl =	125 ml
	0,100 l =	1,00 dl =	10,0 cl =	100 ml
1/16 l =	0,0625 l =	0,625 dl =	6,25 cl =	62,5 ml
	0,010 l =	0,10 dl =	1,0 cl =	10 ml
	0,001 l =	0,01 dl =	0,1 cl =	1 ml

Wasser bei +4 °C:
1 l = 1,000 kg
1 dl = 0,100 kg
1 cl = 0,010 kg

Grundsätzlich ist das Wiegen der Zutaten (z. B. Wasser) genauer als das Messen des Volumens

In der Bäckerei und Konditorei werden unterschiedliche Eimaße angewendet. Grundsätzlich gilt:

- **Zählen** ist wegen der unterschiedlichen Größe der Eier ungenau
- **Messen** ist besser
- **Wiegen** ist am genauesten. Das gilt auch für Wasser und sonstige Flüssigkeiten

Eimaße					
Betriebsübliche Eigewichte in Gramm			Betriebsübliche Eigewichte in Liter		
1 Ei	=	50 g	1 Liter Eier	=	ca. 20 Stück
1 Eiklar	=	30 g	1 Liter Eiklar	=	ca. 33 Stück
1 Eigelb	=	20 g	1 Liter Eigelb	=	ca. 50 Stück

Längenmaße			
1,000 m =	10,00 dm =	100,0 cm =	1 000 mm
0,100 m =	1,00 dm =	10,0 cm =	100 mm
	0,10 dm =	1,0 cm =	10 mm
		0,1 cm =	1 mm

Flächenmaße			
1 m² =	100 dm² =	10 000 cm² =	1 000 000 mm²
	10 dm² =	1 000 cm² =	100 000 mm²
	1 dm² =	100 cm² =	10 000 mm²
		10 cm² =	1 000 mm²
		1 cm² =	100 mm²

Notizen zu den Arbeitsaufgaben:

Arbeitsaufgaben

1. Zählen Sie Eimaße auf, die in der Bäckerei und Konditorei angewendet werden.
2. Nennen Sie das Gewicht von einem Deziliter Wasser bei +4 °C.
3. Was bedeuten folgende Abkürzungen: BE, BV, TA, GEV, MG, GA, TT, ZGT?

2 Fachrechnen

Fachrechnen ist einfach, logisch, berufsbezogen und Erfolg versprechend. Mit dieser Einstellung sollten Sie an dieses Kapitel herangehen.

Unsere Ziele

Nach Bearbeitung dieses Teilkapitels werden Sie ...

- wissen, wie man Brotmehlmischungen herstellt;
- wissen, wie man die Mengenangaben eines Grund- oder Arbeitsrezeptes nach Bedarf verkleinert oder vergrößert;
- wissen, wie man den Fettanteil von Plunderteig berechnet;
- wissen, wie man die Zugusstemperatur bei der Herstellung von Weizenhefeteigen berechnet;
- die Berechnung der Teigausbeute beherrschen;
- wissen, wodurch Gär- und Einwiegeverluste entstehen;
- wissen, wie man das Rezeptgewicht berechnet;
- wissen, wovon die Gebäckausbeute abhängt;
- wissen, wie man Backflächenberechnungen durchführt;
- wissen, wie man die Mengenangaben der Masse für eine Torte bestimmter Größe in die Mengen einer Masse für eine Torte anderer Dimension umrechnet;
- wissen, wie man den Mindestgehalt von Rohstoffen und Zutaten in Rezepten berechnet;
- wissen, wie der durch Zutaten veränderte Wassergehalt eines Teiges zu korrigieren ist;
- verschiedene Kalkulationsmethoden kennen.

2.1 Umrechnungen verschiedener Maßeinheiten

Bevor Sie mit dem eigentlichen Fachrechnen beginnen, sollten Sie die unterschiedlichen Maßeinheiten nochmals wiederholen.

Arbeitsaufgaben

Gewichtsmaße

1. Wie viel kg sind 750 g?
2. Wie viel g sind 3,256 kg?

Längenmaße

1. Wie viel dm, cm und mm sind 1,25 m?
2. Wie viel cm und mm sind 1,5 dm?
3. Wie viel mm sind 25 cm?
4. In wie viele Stücke kann eine Roulade mit einer Länge von 50 cm geschnitten werden, wenn ein Stück 25 mm haben soll?

Betriebsübliche Eigewichte

1. 1 kg Eier sind wie viel Stück?
2. 1 kg Eiklar sind wie viel Stück Eiklar?
3. 1 kg Eigelb sind wie viel Stück Eigelb?
4. Wie viel kostet 1 kg Eier bzw. 1 kg Eigelb, wenn ein Ei bzw. ein Eigelb 0,12 € kostet?

Betriebsübliche Eimaße

1. Wie viel Stück Eier sind 1/8 l?
2. Wie viel Stück Eiklar sind 3/4 l?
3. Wie viel Stück Eigelb sind 1/4 l?

Litermaße, bezogen auf Wasser

1. Wie viel dl, cl, ml und kg sind 1,25 l?
2. Wie viel cl, ml und kg sind 2 dl?
3. Wie viel ml und kg sind 5 cl?
4. Wie viel Achtel sind 1,5 l?
5. Wie viel Viertel sind 3,5 l?
6. Wie viel Achtel sind 3/4 l?
7. Wie viel Sechzehntel sind 1/4 l?

? Welche Eimaße werden in Ihrem Betrieb verwendet?

Flächenmaßberechnungen bei Teigen

Musterbeispiel – Stückberechnung

Ein Blätterteigfleck misst 1 080 x 600 mm. Wie viele Stücke in der Größe von 120 x 100 mm können daraus geschnitten werden?

1 080 mm : 120 = 9 Teile
600 mm : 100 = 6 Teile

6 x 9 Teile = 54 Stück

Antwort: Aus dem Format 1 080 x 600 mm können 54 Teigstücke à 120 x 100 mm geschnitten werden.

Arbeitsaufgaben

1. Wie groß muss ein Plunderteigfleck ausgerollt werden, wenn daraus 20 Stücke in der Größe von 120 x 120 mm geschnitten werden sollen?
2. Ein Blätterteigfleck wird 960 x 540 mm ausgerollt. Wie viele Stücke im Format von 120 x 90 mm können daraus geschnitten werden?
3. Ein Blechkuchen in der Größe von 790 x 580 mm soll in Stücke geschnitten werden. Beim Schneiden fällt an allen Seiten ein Rand von 10 mm ab. Wie viele Stücke in der Größe von 70 x 80 mm können daraus geschnitten werden?

2.2 Schlussrechnungen (Prozentrechnungen)

Schlussrechnungen benötigt man in der Bäckerei, wenn ein bestimmtes Verhältnis, ein Prozentwert oder ein Preis ermittelt werden soll.

Musterbeispiel – Schlussrechnung
Wie viel kosten 450 g Mehl, Type 550, wenn 1 000 g Mehl 0,38 € kosten?

Grundregeln zum Berechnen

- **Berechnung der Einheit:** Wenn 1 000 g Mehl 0,38 € kosten, dann kostet 1 g Mehl den tausendsten Teil davon → man dividiert durch 1 000.
- **Berechnung der neuen Mehrheit:** Wenn 1 g Mehl 0,00038 € kostet, dann kosten 450 g Mehl 450 mal so viel → man multipliziert mit 450.

: 1 000

x 450

$$1\,000 \text{ g} = 0{,}38 \text{ €}$$

$$1 \text{ g} = \frac{0{,}38 \text{ €}}{1\,000}$$

$$450 \text{ g} = \frac{0{,}38 \text{ €} \times 450}{1\,000} = \mathbf{0{,}17 \text{ €}}$$

Antwort: 450 g Mehl, Type 550 kosten 0,17 €.

Arbeitsaufgabe

Für einen Brotteig werden 36,000 kg Mehl verwendet. Davon sind 25,200 kg Roggenmehl, der Rest besteht aus Weizenmehl. Wie viel Prozent vom Gesamtmehl entfallen auf Roggen- und Weizenmehl?

2.3 Brotmehlmischungen

Für Mischteige werden oft Mehle verschiedener Getreidearten und Mehltypen verwendet. Das gesamte Mehlgewicht (einschließlich aller Getreidemahlerzeugnisse) im Teig beträgt 100 %.

Musterbeispiel – Brotmehlmischung
50 kg Mehl für einen Brotteig bestehen aus:

70 %	Roggenmehl, Type 997
30 %	Weizenmehl, Type 1050
100 %	**Mehlmischung**

Wie viel beträgt der Anteil der einzelnen Mehlsorten und -typen in Kilogramm?

: 100

x 70

x 30

$$100\,\%\text{ Mehl} = 50 \text{ kg}$$

$$1\,\%\text{ Mehl} = \frac{50 \text{ kg}}{100}$$

$$70\,\%\text{ RM} = \frac{50 \text{ kg} \times 70}{100} = \mathbf{35 \text{ kg RM}}$$

$$30\,\%\text{ WM} = \frac{50 \text{ kg} \times 30}{100} = \mathbf{15 \text{ kg WM}}$$

Probe: 35 kg RM + 15 kg WM = 100 kg Gesamtmehl.

Antwort: Der Anteil der einzelnen Mehlsorten und -typen in Kilogramm beträgt 35 kg Roggenmehl und 15 kg Weizenmehl.

Arbeitsaufgaben

1. Berechnen Sie die Menge der einzelnen Getreidearten für Mehrkornbrot:

Gesamtgewicht in kg	28,000	46,000	65,800	82,400	122,000
67 % Roggen					
12 % Weizen					
14 % Dinkel					
7 % Hafer					

2. Berechnen Sie den prozentuellen Anteil der Getreideerzeugnisse für folgende Mehlmischung:

48,000 kg	Mehlmischung	=	100 %
28,500 kg	Roggen	=	
6,000 kg	Hafer	=	
12,000 kg	Weizen	=	
1,500 kg	Quellmehl	=	

3. Berechnen Sie mithilfe der soeben ermittelten prozentuellen Anteile die Menge der einzelnen Getreideerzeugnisse sowie das Gesamtgewicht der Mehlmischung.

Gesamtgewicht in kg	66,800				
Roggen		42,600			
Hafer			12,500		
Weizen				18,700	
Quellmehl					1,300

2.4 Mischungsrechnungen

Mithilfe von Mischungsrechnungen berechnen Sie

- das Mischungsverhältnis von Getreidemahlerzeugnissen,
- den Preis von Teegebäck, das zu unterschiedlichen Preisen und in unterschiedlichen Mengen verkauft wird.

Die Berechnung erfolgt durch die Kreuzrechnung.

Reihenfolge bei der Kreuzrechnung

- Die gegebenen Werte (Sorten, Mehltypen usw.) werden in auf- oder absteigender Reihenfolge untereinandergeschrieben. Der gewünschte Wert (Mischwert) wird zwischen dem darüber- und dem darunterliegenden Wert eingetragen.
- Nun wird die Differenz der gegebenen Werte zum gewünschten Wert gebildet.
- Werte, die kleiner als der gesuchte Wert sind, werden mit einem Minus versehen, Werte, die größer sind, mit einem Plus.
- Bei drei oder mehreren gegebenen Werten werden nun alle positiven Werte addiert, ebenso alle negativen Werte.
- Die Additionsergebnisse werden über Kreuz ausgetauscht und auf die kleinste Zahl gekürzt bzw. erweitert.
- Die gekürzten Zahlen geben die Anteile je Sorte, Mehltype usw. und das Mischungsverhältnis an.

Musterbeispiel – Mischungsverhältnis von Mehltypen

Die in Deutschland verwendeten Mehltypen entsprechen meist nicht den in ausländischen Rezepten verwendeten Mehltypen. Um jedoch ein optimales Backergebnis zu erzielen, kann die erforderliche Mehltype durch Mischen hergestellt werden.

Aus den Mehltypen 550 und 1050 sollen 100 kg Weizenmehl gemischt werden, das der österreichischen Type W 700 entspricht.

Wie viel Kilogramm von jeder Mehltype müssen gemischt werden?

Ermittlung des Mischungsverhältnisses durch die Kreuzrechnung

Sorten	Mischgröße	Summe +/–	Summenausgleich, umgekehrt	Mischungsverhältnis	Mischungsverhältnis, gekürzt	Benötigte Menge in kg
550		+ 150	350	350	7	70 kg
	700				: 50	
1 050		– 350	150	150	3	30 kg
					10 Teile =	**100 kg**
					1 Teil =	**10 kg**

Kontrollrechnung: 70 kg + 30 kg = 100 kg

Antwort: Es müssen 70 kg der Type 550 und 30 kg der Type 1050 gemischt werden, um 100 kg Weizenmehl der Type W 700 zu erhalten.

Musterbeispiel – Durchschnittspreis von Teegebäck

Der Durchschnittspreis wird ermittelt, wenn mehrere Sorten und Mengen von Teegebäck mit unterschiedlichen Preisen erzeugt werden.

Ermitteln Sie den Durchschnittspreis folgender Teegebäcksorten:

Sorte	Menge in kg	Preis/kg laut Kalkulation in €
1. Sorte	5,600	9,40
2. Sorte	3,500	6,55
3. Sorte	8,400	12,10
4. Sorte	5,200	18,50
5. Sorte	6,800	25,80

5,600 kg	x	9,40	=	52,64 €
3,500 kg	x	6,55	=	22,93 €
8,400 kg	x	12,10	=	101,64 €
5,200 kg	x	18,50	=	96,20 €
6,800 kg	x	25,80	=	175,44 €
29,500 kg			=	448,85 €

:29,500	29,500 kg Teegebäck	= 448,85 €
	1 kg Teegebäck	$= \frac{448{,}85\ €}{29{,}500}$ = **15,22 €**

Antwort: 1 kg Teegebäck kostet 15,22 €.

Musterbeispiel – Mischungsverhältnis von Teegebäck

Aus fünf verschiedenen Teegebäcksorten zu 28 €, 27 €, 23 €, 18 € und 16 € pro Kilogramm soll eine Teegebäckmischung zu einem Mischpreis von 20 € pro Kilogramm hergestellt werden.

Wie viel Kilogramm von jeder Sorte müssen gemischt werden?

Ermittlung des Mischungsverhältnisses durch die Kreuzrechnung

Sorten	Mischgröße	Summe +/–	Summenausgleich, umgekehrt	Mischungsverhältnis	Mischungsverhältnis, gekürzt	Benötigte Menge in kg
1.	28	+8		6	1	0,111 kg
2.	27	+7 } 18	6	6	1	0,111 kg
3.	23	+3		6	1	0,111 kg
	20				: 6	
4.	18	–2 } 6		18	3	0,333 kg
5.	16	–4	18	18	3	0,333 kg
					9 Teile =	**1,000 kg**
					1 Teil =	**0,111 kg**

Kontrollrechnung: (0,111kg x 3) + (0,333 kg x 2) = 1,000 kg

Antwort: Es müssen je 0,111 kg von der 1., 2. und 3. Sorte und je 0,333 kg von der 4. und 5. Sorte gemischt werden.

Arbeitsaufgaben

1. In einem Fünfkornbrot sollen Weizen, Roggen, Gerste, Hafer und Mais im Verhältnis 50 : 30 : 10 : 5 : 5 enthalten sein.
   - Wie viel Kilogramm sind von jeder Sorte für 48 kg Mischmehl abzuwiegen?
   - Im Mehllager sind nur noch 1,500 kg Hafer vorrätig. Wie viel Kilogramm Mischmehl können hergestellt werden?
2. Im Verkaufsraum müssen die Brotregale desinfiziert werden. Hierzu benötigen Sie 2,700 l Desinfektionslösung in einer Konzentration von 2,5 %, um die Schimmelsporen zu bekämpfen. Das Konzentrat hat laut Hersteller eine Konzentration von 20 %.
   - Mischen Sie Wasser mit dem Konzentrat, sodass Sie 2,700 l einer 2,5-prozentigen Desinfektionslösung erhalten.
3. Sie wollen eine Teegebäckmischung mit einem Kilopreis von 17,80 € herstellen. Eine Sorte hat einen Kilopreis von 12,72 €, und die zweite Sorte hat einen Kilopreis von 24,71 €.
   - Wie soll das Mischungsverhältnis sein?
   - Es werden 20 kg Teegebäck benötigt. Wie viel Kilogramm braucht man jeweils von den beiden Sorten?

2.5 Umrechnungen von Teigrezepten mit der Schlüsselzahl (dem Umrechnungsfaktor)

Grundrezepte können auf verschiedener Basis erstellt werden:

Grundrezepterstellung auf der Basis von Mehl

Alle **Teigzutaten** (Wasser, Hefe, Salz ...) werden **am Grundwert von 1 kg Mehl** bemessen. Da das Mehl im Teig 100 Prozent entspricht, können alle Teigzutaten in Prozentzahlen, bezogen auf das Mehl, angegeben werden.

Rezeptbeispiel					
1,000 kg Weizenmehl, Type 550	=	100	Teile	=	100 %
0,600 kg Wasser	=	60	Teile	=	60 %
0,020 kg Salz	=	2	Teile	=	2 %
0,025 kg Backmittel	=	2,5	Teile	=	2,5 %
0,035 kg Hefe	=	3,5	Teile	=	3,5 %
0,010 kg Butter	=	1	Teil	=	1 %
0,010 kg Milchpulver	=	1	Teil	=	1 %
1,700 kg Rezeptgewicht (RG)	**=**	**170**	**Teile**	**=**	**170 % Teigausbeute (BTA)**

Grundrezepterstellung auf der Basis von Wasser

Alle **Teigzutaten** werden **am Grundwert von 1 Liter Wasser** bemesssen. Diese Art der Grundrezepterstellung wurde früher verwendet, da die Wassermenge am leichtesten zu messen war. In der modernen Bäckerei werden Literrezepte wegen der unterschiedlichen Mehlqualitäten, Teigfestigkeit und Teigausbeute nicht mehr verwendet.

Die Darstellung und der Rechenvorgang sollen jedoch helfen, diese alten Rezepte auf Mehlbasis umzustellen, um eine gleichbleibende Qualität bei der Teigherstellung zu erzielen.

Rezeptbeispiel
1,000 kg/1,000 l Zuguss
1,700 kg Weizenmehl, Type 1050
0,034 kg Salz
0,042 kg Backmittel
0,060 kg Hefe
0,017 kg Butter
0,017 kg Milchpulver
2,870 kg Rezeptgewicht (RG)

Grundrezepterstellung auf der Basis einer Charge

Alle **Teigzutaten** werden in einer **betriebsüblichen Menge** angegeben.

Rezeptbeispiel
2,600 kg Weizenmehl, Type 550
1,150 kg Zuguss
0,260 kg Zucker
0,260 kg Butter
0,200 kg Eigelb (10)
0,150 kg Hefe
0,120 kg Milchpulver
0,060 kg Backmittel
4,800 kg Rezeptgewicht (RG)

Vom Grundrezept zum Arbeitsrezept

Im Betrieb arbeitet man mit betriebsinternen Rezepten. Allerdings kann es vorkommen, dass aufgrund einer Bestellung eine bestimmte, von der Norm abweichende Menge produziert werden soll.

Zur Berechnung der gewünschten Produktionsmenge – des Arbeitsrezeptes – benötigt man eine Zahl als Umrechnungsfaktor (Schlüsselzahl), mit der die Mengenangaben der einzelnen Zutaten des jeweiligen Grundrezeptes multipliziert werden.

Arbeitsrezept	:	Grundrezept	=	**Schlüsselzahl (SZ)**
Grundrezept	x	Schlüsselzahl	=	**Arbeitsrezept**

Musterbeispiel – Rezeptumrechnung für Weizenteig

Das Grundrezept für Weizenkleingebäck hat ein Rezeptgewicht von 1,700 kg. Aufgrund einer Bestellung muss das Rezeptgewicht auf 35,700 kg erhöht werden. Berechnen Sie mithilfe der Schlüsselzahl das benötigte Arbeitsrezept.

1. Schlüsselzahl:

   Arbeitsrezept: 35,700 kg : Grundrezept: 1,700 kg = **21**

2. Arbeitsrezept:

Weizenkleingebäck		
Grundrezept auf Mehlbasis	**Schlüsselzahl**	**Arbeitsrezept**
1,000 kg Mehl, Type 550	x 21	21,000 kg Mehl, Type 550
0,600 kg Wasser	x 21	12,600 kg Wasser
0,020 kg Salz	x 21	0,420 kg Salz
0,025 kg Backmittel	x 21	0,525 kg Backmittel
0,035 kg Hefe	x 21	0,735 kg Hefe
0,010 kg Butter	x 21	0,210 kg Butter
0,010 kg Milchpulver	x 21	0,210 kg Milchpulver
1,700 kg Rezeptgewicht		**35,700 kg Rezeptgewicht**

Musterbeispiel – Rezeptumrechnung für Briocheteig

Aufgrund einer Bestellung sollen 75 Briochezöpfe mit einer Teigeinlage von je 0,400 kg hergestellt werden. Berechnen Sie mit Hilfe der Schlüsselzahl das benötigte Arbeitsrezept.

1. Schlüsselzahl:

Arbeitsrezept: 30,000 kg (0,400 kg x 75) : Grundrezept: 4,800 kg = **6,25**

2. Arbeitsrezept:

Brioches		
Grundrezept	**Schlüsselzahl**	**Arbeitsrezept**
2,600 kg Mehl, Type 550	x 6,25	16,250 kg Mehl, Type 550
1,150 kg Zuguss	x 6,25	7,1875 kg Zuguss
0,040 kg Salz	x 6,25	0,250 kg Salz
0,260 kg Zucker	x 6,25	1,625 kg Zucker
0,260 kg Butter	x 6,25	1,625 kg Butter
0,200 kg Eigelb (10)	x 6,25	1,250 kg Eigelb (10)
0,150 kg Hefe	x 6,25	0,9375 kg Hefe
0,080 kg Milchpulver	x 6,25	0,500 kg Milchpulver
0,060 kg Backmittel	x 6,25	0,375 kg Backmittel
4,800 kg Rezeptgewicht		**30,000 kg Rezeptgewicht**

? Arbeitsaufgaben

Berechnen Sie mit den oben angegebenen Grundrezepten und mithilfe der Schlüsselzahl das benötigte Arbeitsrezept für:

1. 72,250 kg Weizenteig.
2. 111 Stück Briochezöpfe à 0,400 kg Teigeinlage.

2.6 Plunderteig

Musterbeispiel – Fettanteilsberechnung

Für Plunderteig müssen nach den Leitsätzen für Feine Backwaren je 100 kg Mahlerzeugnisse und/oder Stärken sowie mindestens 30 kg Butter oder Margarine verwendet werden.

Wie viel Kilogramm Fett sind bei einem Grundteig aus 2,500 kg Mehl mindestens zu verarbeiten?

: 100 → x 2,500

100 kg Mehl = 30 kg Fett

$1 \text{ kg Mehl} = \frac{30 \text{ kg}}{100}$

$2{,}500 \text{ kg Mehl} = \frac{30 \text{ kg} \times 2{,}500}{100} = \mathbf{0{,}750 \text{ kg}}$

Antwort: Es sind mindestens 0,750 kg Fett zu verarbeiten.

Arbeitsaufgaben

1. Wie viel Kilogramm Fett muss in 4,300 kg Hefegrundteig eintouriert werden, wenn pro Kilogramm Hefegrundteig 35 % Fett vorgesehen sind?
2. Der Hefegrundteig wiegt 2,600 kg und das eintourierte Fett 1,040 kg. Wie groß ist der Prozentanteil des eintourierten Fettes?
3. Wie viel Hefegrundteig benötigen Sie für 2,800 kg Ziehfett, wenn 25 % Fett pro Kilogramm Hefegrundteig verwendet werden?

Musterbeispiel – Berechnung der Fettschichten

Eine einfache Tour ergibt drei Fettschichten, eine doppelte Tour vier Fettschichten.

Verhältnis zwischen Fettanteil und Touren

Fett pro 1 000 g Hefegrundteig	Touren	Fettschichten
25 %	1 einfache + 1 doppelte	3 x 4 = 12
30 %	3 einfache	3 x 3 x 3 = 27
40–50 %	2 einfache + 1 doppelte	3 x 3 x 4 = 36
	1 einfache + 2 doppelte	3 x 4 x 4 = 48

Je höher der Fettanteil, umso mehr Touren und folglich mehr Fettschichten.

Arbeitsaufgaben

1. Wie viele Fettschichten entstehen, wenn zwei doppelte Touren gegeben werden?
2. Welche Touren müssen Sie noch geben, wenn ein Plunderteig bereits neun Fettschichten aufweist, aber 27 Fettschichten haben soll?

2.7 Blätterteige

Für Blätterteig müssen nach den Leitsätzen für Feine Backwaren je 100 kg Getreideerzeugnisse mindestens 62 kg Butter oder Margarine verwendet werden.

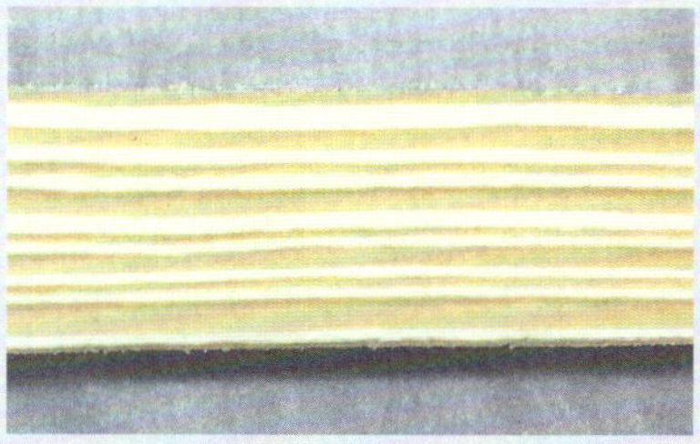

Tourierter Blätterteig

Musterbeispiel – Berechnung des Anteils an Zutaten

In 1 625 g Grundteig sind 1 000 g Mehl und 100 g Butter enthalten. Zum Tourieren werden 800 g Butter und 80 g Mehl verwendet. Wie ist das Verhältnis zwischen Fett und Mehl?

100 g Butter im Grundteig	1 000 g Mehl im Grundteig
+ 800 g Butter zum Tourieren	+ 80 g Mehl zum Tourieren
900 g Gesamtfett	1 080 g Gesamtmehl

: 1 080 → x 900

1 080 g = 100 %

$1 \text{ g} = \frac{100\ \%}{1\ 080}$

$900 \text{ g} = \frac{100\ \% \times 900}{1\ 080} = \mathbf{83{,}33\ \%}$

Antwort: Der Fettanteil beträgt 83,33 % Fett, bezogen auf 100 % Mehl.

Arbeitsaufgaben

1. In 4,800 kg Grundteig sind 3,100 kg Mehl und 0,350 kg Butter enthalten. Zum Tourieren werden 2,400 kg Ziehfett verwendet. Berechnen Sie den Fettgehalt in Prozenten, bezogen auf den Mehlanteil.
2. Für einen Blätterteig werden 6,400 kg Mehl verarbeitet. Der Grundteig enthält 7,5 % Butter. Wie viel Kilogramm Ziehfett müssen nach den Leitsätzen für Feine Backwaren noch eintouriert werden?

2.8 Mürbeteige

Der klassische Mürbeteig – 1-2-3-Teig – besteht grundsätzlich aus:
einem Teil Zucker + zwei Teilen Fett + drei Teilen Mehl = sechs Teilen.

Musterbeispiel – Berechnung des Verhältnisses der Zutaten
Wie viel Kilogramm Zucker, Butter und Mehl benötigen Sie für die Herstellung von 1,800 kg klassischem Mürbeteig?

1,800 kg : 6 = 0,300 kg = 1 Teil

0,300 kg x 1 = 0,300 kg Zucker
0,300 kg x 2 = 0,600 kg Butter
0,300 kg x 3 = 0,900 kg Mehl
= 1,800 kg Mürbeteig

Antwort: Man benötigt 0,300 kg Zucker, 0,600 kg Butter und 0,900 kg Mehl zur Herstellung von 1,800 kg klassischem Mürbeteig.

Arbeitsaufgaben

1. Wie viel Kilogramm Zucker, Butter und Mehl benötigen Sie für 6,900 kg Teig bei einem Zutatenverhältnis von einem Teil Zucker, zwei Teilen Butter und drei Teilen Mehl?
2. Wie viel Kilogramm Zucker, Butter und Mehl benötigen Sie für 3,500 kg Spekulatiusteig bei einem Zutatenverhältnis von drei Teilen Zucker, einem Teil Butter und vier Teilen Mehl?
3. Wie verhält sich die Zutatenmenge bei 7,400 kg Mürbeteig, wenn das Zutatenverhältnis zwei Teile Zucker, drei Teile Butter und vier Teile Mehl beträgt?

2.9 Berechnung der Zugusstemperatur bei Teigen

Bei der Herstellung von Vor- und Hauptteigen wirkt sich die Teigtemperatur auf das Gärverhalten, die Teigbeschaffenheit und die Gebäckqualität aus. Die Teigtemperatur beträgt je nach Produkt 15 bis 35 °C. Sie kann durch das Temperieren des Zugusses – Wasser oder Milch – geregelt werden.

Bei der Berechnung der Zugusstemperatur sind zu berücksichtigen:
- die Mehltemperatur (MT),
- die Raumtemperatur (RT),
- die Vorteigtemperatur (VTT),
- die Kneterwärmung (KEW).

! Je schneller und intensiver das Knetwerkzeug arbeitet und je länger der Knetvorgang dauert, desto wärmer wird der Teig.

Musterbeispiel – Berechnung der Zugusstemperatur ohne Berücksichtigung der Kneterwärmung

Grundregeln zum Berechnen

	Gewünschte Teigtemperatur
x	Anzahl der Temperaturen, die berücksichtigt werden
–	Vorgegebener Temperatur(en)
=	**Zugusstemperatur**

Temperaturangaben	Zugusstemperatur
▪ Gewünschte Teigtemperatur ▪ Mehltemperatur (MT)	Gewünschte Teigtemperatur **x 2** (MT, WT) – MT
▪ Gewünschte Teigtemperatur ▪ Mehltemperatur (MT) ▪ Raumtemperatur (RT)	Gewünschte Teigtemperatur **x 3** (MT, RT, WT) – (MT + RT)
▪ Gewünschte Teigtemperatur ▪ Mehltemperatur (MT) ▪ Raumtemperatur (RT) ▪ Vorteigtemperatur (VVT)	Gewünschte Teigtemperatur **x 4** (MT, RT, VTT, WT) – (MT + RT + VTT)

Gewünschte Teigtemperatur:	26 °C
Mehltemperatur:	18 °C
Raumtemperatur:	30 °C

26 °C x 3 – 18 °C – 30 °C = **30 °C**

Antwort: Die Zugusstemperatur beträgt 30 °C.

Probe:

	Mehltemperatur + Raumtemperatur + Zugusstemperatur
:	3
=	Gewünschte Teigtemperatur

18 °C + 30 °C + 30 °C = 78 °C : 3 = **26 °C**

Musterbeispiel – Berechnung der Zugusstemperatur unter Berücksichtigung der Kneterwärmung

Grundregeln zum Berechnen

	Gewünschte Teigtemperatur
–	Kneterwärmung
x	Anzahl der Temperaturen, die berücksichtigt werden
–	Vorgegebener Temperatur(en)
=	**Zugusstemperatur**

Gewünschte Teigtemperatur:	26 °C
Kneterwärmung	4 °C
Mehltemperatur:	18 °C
Raumtemperatur:	30 °C

26 °C – 4 °C = 22 °C x 3 – 18 °C – 30 °C = **18 °C**

Antwort: Die Zugusstemperatur beträgt 18 °C.

Probe:

	Mehltemperatur + Raumtemperatur + Zugusstemperatur
:	3
+	Kneterwärmung
=	Gewünschte Teigtemperatur

18 °C + 30 °C + 18 °C = 66 °C : 3 = 22 °C + 4 °C = **26 °C**

➡ Wassermisch- und Dosiergeräte temperieren und dosieren das Wasser automatisch. Siehe Kapitel Geräte- und Maschinenkunde, Seite 209.

! Es ist ratsam, die Teigtemperatur nach dem Knetvorgang zu kontrollieren.

! Um die richtige Teig- und Zugusstemperatur konstant halten zu können, benötigen Sie schnell reagierende Thermometer (Digitalthermometer).

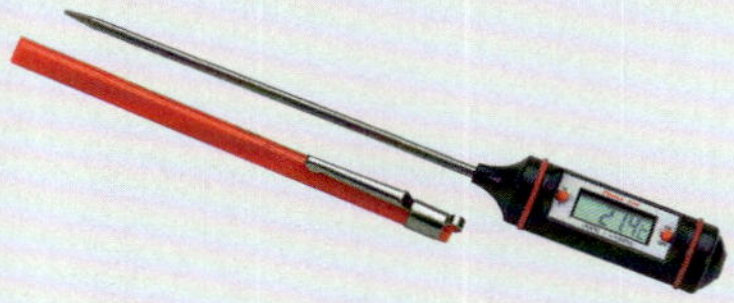

? Arbeitsaufgabe

Ergänzen Sie in den Beispielen 1 bis 4 die Temperaturen für den Zuguss, im Beispiel 5 die gewünschte Teigtemperatur.

Beispiele	1	2	3	4	5
Gewünschte Teigtemperatur	24 °C	26 °C	30 °C	20 °C	
Mehltemperatur	18 °C	20 °C	19 °C	18 °C	20 °C
Raumtemperatur	25 °C	24 °C	26 °C	–	25 °C
Vorteigtemperatur	–	–	32 °C	–	–
Kneterwärmung	–	3 °C	–	2 °C	4 °C
Zugusstemperatur					15 °C

Musterbeispiel – Berechnung des Crasheis-Anteils im Zuguss

In den Sommermonaten kann es vorkommen, dass die Temperatur des Leitungswassers nicht kühl genug ist, um die gewünschte Teigtemperatur zu erhalten. In diesem Fall wird bei der Teigbereitung

- Wasser aus gekühlten Wasserbehältern (1 bis 5 °C) oder
- Crasheis aus dem Automaten verwendet.

Bei Verwendung von Crasheis wird zuerst die Temperatur des Leitungswassers ermittelt. Anschließend wird die Differenz zur gewünschten Zugusstemperatur gebildet. Die Differenzgrade ergeben den Crasheis-Anteil der gesamten Zugussmenge in Prozenten.

Errechnete Zugusstemperatur: 10 °C
Temperatur des Leitungswassers: 15 °C   15 °C – 10 °C = **5 °C = 5 %**

Antwort: 5 % der gesamten Zugussmenge werden als Crasheis zugesetzt.

2.10 Gewichtsverluste und Ausbeuten

Die folgende Übersicht fasst die produktionsbedingten Verluste (z. B. durch Gärtätigkeit der Hefe, Einwiegen, Verarbeiten und Backen) sowie die Ausbeuten, die sich immer auf 100 Teile Mehl bzw. Schrot beziehen, zusammen.

Zutaten	Menge	Ausbeuten aus 100 Teilen Mehl	
Weizenmehl	1,000 kg		100
+ Zuguss	0,610 kg	= Netto-Teigausbeute (NTA bzw. TA)	161
+ Hefe	0,050 kg		
+ Salz	0,020 kg		
+ Backmittel	0,020 kg		
= Rezeptgewicht (RG)	1,700 kg	= Brutto-Teigausbeute (BTA)	170
– Gär- und Einwiegeverlust (GEV)	0,030 kg		
= Teiggewicht (TG)	[1] 1,670 kg	= Messbare Teigausbeute (MTA)	167
– Gär- und Backverlust (BV)	0,200 kg		
= Gebäckgewicht (GG)	[2] 1,470 kg	= Gebäckausbeute (GA)	147

1 **Mess- bzw. Wiegepunkt 1:** Summe der abgewogenen Teigeinlagen (TE).

2 **Mess- bzw. Wiegepunkt 2:** Summe der Gebäckgewichte (GG) zum Zeitpunkt des Verkaufs (Verkaufsgewicht) einschließlich Auskühl- und Lagerverlust.

Wissenswertes dazu

- Der Gär- und Einwiegeverlust (GEV) ist der Gewichtsverlust, der durch Einwiegen und durch Gärvorgänge, besonders bei indirekter Teigführung, entsteht (siehe Seite 449).
- Der Backverlust (BV) entsteht überwiegend durch Verdampfen von Wasser beim Backen. Als Messpunkte der Produktion dienen zur Verlustberechnung das eingewogene Teiggewicht (Teigeinlage) und das ausgewogene Gebäckgewicht (z. B. zur Einhaltung von Gewichtsvorschriften).

- Ausgehend von den Mess- bzw. Wiegepunkten der Produktion schließt der Backverlust somit alle Gewichtsverluste nach dem Abwiegen (Gär-, Verarbeitungs-, Back- und Auskühlverlust) mit ein. Für die Produktion ist nämlich entscheidend, welcher Verlust vom Abwiegen bis zum fertigen Gebäck entsteht, um z. B. für ein erforderliches Gebäckgewicht auf das einzuwiegende Teiggewicht zurückzurechnen.

2.10.1 Netto-Teigausbeute (NTA)

Die **Netto-Teigausbeute (NTA), auch Teigausbeute (TA) genannt,** bezieht sich nur auf das Mehlgewicht (MG) und die Menge an Zuguss (ZG). Die anderen Zutaten bleiben unberücksichtigt.

Die **Netto-Teigausbeute (NTA)** gibt an, wie viel Kilogramm Teig (Mehl und Zuguss) man aus 100 kg Mehl erhält. Das bedeutet, die **Mehlmenge beträgt immer 100 Teile** (100 %). Die Teigausbeute gibt Aufschluss über die Wasseraufnahmefähigkeit eines Mehles, die Teigkonsistenz und die zu erzielende Teigmenge.

Die **Wasseraufnahmefähigkeit des Mehles** hängt von folgenden Faktoren ab:

- Eiweißgehalt (Kleberqualität),
- Schalenanteil (Ausmahlungsgrad bzw. Type),
- Vorbereitung (Sieben),
- Knetung.

Musterbeispiel – Berechnung der Teigausbeute (TA)
Aus 35,000 kg Mehl (MG) und 20,300 kg Zuguss (ZG) wird ein Teig bereitet. Wie hoch ist die Teigausbeute (TA)?

MG + ZG = 35,000 kg + 20,300 kg = 55,300 kg

35 kg Mehl = 55,300 kg Teig

: 35

1 kg Mehl = $\frac{55{,}300 \text{ kg}}{35}$

x 100

100 kg Mehl = $\frac{55{,}300 \text{ kg x } 100}{35}$ = **157,9**

Antwort: Die Teigausbeute beträgt 158 %.

$$\textbf{TA} = \frac{\text{TG x } 100}{\text{MG}}$$

Musterbeispiel – Berechnung des Teiggewichts (TG)
Aus 42 kg Mehl (MG) wird ein Teig, TA 166, hergestellt. Ermitteln Sie das Teiggewicht (TG).

100 kg Mehl = 166 kg Teig

: 100

1 kg Mehl = $\frac{166 \text{ kg}}{100}$

x 42

42 kg Mehl = $\frac{166 \text{ kg x } 42}{100}$ = **69,720 kg**

Antwort: Das Teiggewicht beträgt 69,720 kg.

$$\textbf{TG} = \frac{\text{TA x MG}}{100}$$

Musterbeispiel – Berechnung des Mehlgewichts (MG)
37,100 kg Teig, TA 158, sollen hergestellt werden. Wie hoch ist das erforderliche Mehlgewicht (MG)?

158 kg Teig = 100 kg Mehl

: 158

1 kg Teig = $\frac{100 \text{ kg}}{158}$

x 37,100

37,100 kg Teig = $\frac{100 \text{ kg x } 37{,}100}{158}$ = **23,480 kg**

Antwort: Das Mehlgewicht beträgt 23,480 kg.

$$\textbf{MG} = \frac{\text{TG x } 100}{\text{TA}}$$

Musterbeispiel – Berechnung des Zugussgewichtes (ZG)

89,750 kg Teig (TG), TA 172, sollen hergestellt werden. Wie hoch ist das erforderliche Zugussgewicht (ZG)?

: 172	172 kg Teig	=	72 l Zuguss
	1 kg Teig	=	$\frac{72\ l}{172}$
x 89,750	89,750 kg Teig	=	$\frac{72\ l \times 89{,}750}{172} = \mathbf{37{,}570\ l}$

$$ZG = \frac{(TA - 100) \times TG}{TA}$$

Antwort: Der Zugussanteil beträgt 37,570 l.

Arbeitsaufgaben

1. Aus 49,250 kg Mehl wird ein Teig, TA 166, hergestellt. Berechnen Sie die erforderliche Menge an Zuguss!
2. 58,820 kg Teig, TA 162, sollen hergestellt werden. Wie viel Kilogramm Mehl und Zuguss enthält der Teig?
3. 78,340 kg Teig, TA 164, sollen hergestellt werden. Wie hoch ist das Zugussgewicht?
4. Aus 96,000 kg Mehl und 68,500 kg Zuguss wird ein Teig hergestellt. Wie hoch ist die Teigausbeute?

2.10.2 Rezeptgewicht (RG) – Brutto-Teigausbeute (BTA)

Die Summe aus allen im Rezept angeführten Zutaten ergibt das Rezeptgewicht (RG).

Die **Brutto-Teigausbeute (BTA)** gibt das Verhältnis von Mehl (Mahlprodukten) zu allen Zutaten des Rezeptes an, wobei die **Mehlmenge immer 100 Teile (100 %)** beträgt.

Rezeptgewicht und Brutto-Teigausbeute siehe Gewichtsverluste und Ausbeuten.

Musterbeispiel – Berechnung der Brutto-Teigausbeute (BTA)

Ein Weizenteig mit einem Teiggewicht von 33,200 kg, TA 158, 2 % Salz, 3 % Hefe, 2 % Backmittel und 1 % Fett soll zubereitet werden.

1. Wie hoch ist die Brutto-Teigausbeute (BTA)?

   BTA = 158 % + 2 % + 3 % + 2 % + 1 % = 166 %

   Antwort: Die Brutto-Teigausbeute beträgt 166 %.

2. Erstellen Sie das genaue Rezept dieses Teiges.

: 166	166 Teile	=	33,200 kg
	1 Teil	=	$\frac{33{,}200\ kg}{166} = \mathbf{0{,}200\ kg}$

Rezept						
Mehl, Type 550	=	100 Teile			=	20,000 kg
Wasser	=	58 Teile			=	11,600 kg
Salz	=	2 Teile	x	0,200 kg	=	0,400 kg
Hefe	=	3 Teile			=	0,600 kg
Backmittel	=	2 Teile			=	0,400 kg
Fett	=	1 Teil			=	0,200 kg
Rezeptgewicht	**=**					**33,200 kg**

Arbeitsaufgaben

1. Aus 42 kg Roggenmehl und 18 kg Weizenmehl wird ein Brotteig, TA 173, hergestellt. Zusätzlich werden pro Liter Zuguss 0,032 kg Salz, 0,035 kg Hefe, 0,042 kg Teigsauer und 0,014 kg Brotgewürz verwendet. Berechnen Sie die Menge der einzelnen Zutaten! Wie hoch sind das Rezeptgewicht und die Brutto-Teigausbeute?
2. Das betriebseigene Rezept für Kleingebäck besteht aus:

33,000 kg	Mehl, Type 550	1,150 kg	Backmittel
19,500 kg	Wasser	1,300 kg	Hefe
0,650 kg	Salz	0,450 kg	Fett

   Berechnen Sie die Netto- und die Brutto-Teigausbeute.
3. Für die Produktion von 420 Stück Brötchen ist ein Rezept mit folgenden Angaben zu erstellen: TA 162, 3 % Hefe, 2 % Salz, 2 % Backmittel, 1,6 %Fett, Pressen (Bruch) 30-teilig zu je 1,850 kg.

   Berechnen Sie die einzelnen Zutatenmengen (ohne Berücksichtigung des Gär- und Einwiegeverlustes).
4. 39,100 kg Weizenteig mit einer Brutto-Teigausbeute von 170 wurden hergestellt. Der Teig enthält 2 % Salz, 2 % Backmittel, 4 % Hefe und 1 % Fett. Erstellen Sie ein genaues Rezept des Teiges. Wie hoch ist die Wasseraufnahmefähigkeit des verwendeten Weizenmehls?

2.10.3 Gär- und Einwiegeverlust (GEV)

Darunter versteht man den Gewichtsunterschied zwischen dem Rezeptgewicht und dem Teiggewicht. Diese Gewichtsunterschiede entstehen durch

- Gärverluste während der Teigruhe: durch die Umwandlung von festen Nährstoffen (Mehlstärke und Zucker) in flüchtige Stoffe (CO_2 und Alkohol). Der Gärverlust hängt von den Gärbedingungen ab und ist je nach Teigführung unterschiedlich.
- Wasserverdunstung an der Teigoberfläche.
- Verluste beim Arbeiten, z. B. beim Entnehmen des Teiges aus der Knetmaschine, beim Abwiegen usw.

Der **Gärverlust** beträgt
- bei direkter Teigführung zwischen 0,5 und 1,5 %,
- bei indirekter Teigführung zwischen 1 und 3 %.

Bei der Berechnung des GEV ist zu beachten, dass das Rezeptgewicht 100 % beträgt.

Grundregeln zum Berechnen

Rezeptgewicht	(kg)	Rezeptgewicht	(%)
– GEV	(kg)	– GEV	(%)
= Teiggewicht	**(kg)**	**= Teiggewicht**	**(%)**

Musterbeispiel – vom Rezeptgewicht zum Teiggewicht

24 kg Baguetteteig wurden mit langer Teigführung hergestellt. Der Gär- und Einwiegeverlust beträgt 1,7 %. Wie hoch sind der Gär- und Einwiegeverlust und das Teiggewicht in Kilogramm?

$$100\ \% = 24{,}000\ \text{kg}$$

: 100

$$1\ \% = \frac{24{,}000\ \text{kg}}{100}$$

x 1,7

$$1{,}7\ \% = \frac{24{,}000\ \text{kg} \times 1{,}7}{100} = \mathbf{0{,}408\ kg}$$

$$\text{GEV (kg)} = \frac{\text{MG (kg)} \times \text{GEV (\%)}}{100\ (\%)}$$

TG = RG – GEV = 24,000 kg – 0,408 kg = **23,592 kg**

Antwort: Der Gär- und Einwiegeverlust beträgt 0,408 kg, das Teiggewicht 23,592 kg.

Musterbeispiel – vom Teiggewicht zum Rezeptgewicht

48 Brote zu je 1,150 kg wurden in den Ofen eingeschossen. Es wurden 2,5 % Gär- und Einwiegeverlust festgestellt. Wie hoch war das Rezeptgewicht?

Teiggewicht (TG) = 1,150 kg x 48 = 55,200 kg
100 % – 2,5 % = 97,5 %

$$97{,}5\,\% = 55{,}200\text{ kg}$$

: 97,5

$$1\,\% = \frac{55{,}200\text{ kg}}{97{,}5}$$

x 100

$$100\,\% = \frac{55{,}200\text{ kg} \times 100}{97{,}5} = \mathbf{56{,}615\text{ kg}}$$

$$\textbf{RG (kg)} = \frac{\text{TG (kg) x 100 (\%)}}{(100\,\% - \text{GEV}\,\%)}$$

Antwort: Das Rezeptgewicht betrug 56,615 kg.

Arbeitsaufgabe

Berechnen Sie das Rezept- und Teiggewicht in Kilogramm. Geben Sie den Gär- und Einwiegeverlust in Gramm und Prozenten an.

Rezeptgewicht (RG)	Teiggewicht (TG)	GEV (g)	GEV (%)
151,600 kg	148,872 kg		
	61,139 kg		2,8 %
9,700 kg		155 g	
		840 g	1,4 %

2.10.4 Backverlust (BV)

Brot muss nach den Leitsätzen für Brot und Kleingebäck ein bestimmtes Gebäckgewicht bzw. Verkaufsgewicht aufweisen. Dazu sind Kenntnisse des Backverlustes unumgänglich.

Das ist jener Gewichtsverlust, der durch das Verdampfen des Wassers (der Teigflüssigkeit) und des Alkohols beim Backen sowie beim anschließenden Auskühlen entsteht.

Der Backverlust hängt von folgenden Faktoren ab:
- Gebäckgröße,
- Gebäckform, z. B. Ausbund, Krustenanteil,
- Rezept, z. B. Flüssigkeitsmenge,
- Backart, z. B. frei geschoben oder in der Form,
- Backtemperatur,
- Backzeit, z. B. Grad des Ausbackens.

Neben diesen Faktoren wird die Höhe des Backverlusts weitgehend von dem in der Kruste entstehenden Gewichtsverlust bestimmt. Dieser beträgt in der Kruste zwischen 25 und 40 %. Im Vergleich dazu ist der Backverlust in der Krume mit ca. ca. 5 bis 15 % relativ gering.

Durchschnittliche Backverluste

Gebäckform/-art	Gebäckgewicht	Backverlust
Kleingebäck	0,050 kg	17 bis 25 %
Weizenbrot, frei geschoben	0,500 kg	14 bis 16 %
Brot, frei geschoben	1,000 kg	9 bis 15 %
Kasten- und Großbrote	1,000–2,000 kg	8 bis 10 %

Bei der Berechnung des Backverlusts ist zu beachten, dass das Teiggewicht (TG) 100 % beträgt. Der Backverlust kann in Gramm oder in Prozenten, bezogen auf das Teig- bzw. Massegewicht, angegeben werden.

Grundregeln zum Berechnen

Teiggewicht (TG)	Teiggewicht (TG)	Gebäckgewicht (GG)
– Backverlust (BV)	– Gebäckgewicht (GG)	+ Backverlust (BV)
= Gebäckgewicht (GG)	**= Backverlust (BV)**	**= Teiggewicht (TG)**

Musterbeispiel – vom Teiggewicht zum Gebäckgewicht

Für einen Laib Brot wurden 2,250 kg Teig eingewogen (Teigeinlage [TE] = 2,250 kg). Nach dem Ausbacken hat das Brot ein Gewicht von 2,000 kg.

1. Wie hoch ist der Backverlust in Gramm?

   BV (g) = TG – GG = 2,250 kg – 2,000 kg = 0,250 kg = 250 g

   Antwort: Der Backverlust beträgt 250 g.

2. Wie hoch ist der Backverlust in Prozenten?

$$2{,}250\ \text{kg} = 100\ \%$$

: 2,250

$$1\ \text{kg} = \frac{100\ \%}{2{,}250}$$

x 0,250

$$0{,}250\ \text{kg} = \frac{100\ \% \times 0{,}250}{2{,}250} = \mathbf{11{,}1\ \%}$$

Antwort: Der Backverlust beträgt 11,1 %.

$$\textbf{BV (\%)} = \frac{\text{TG (\%) x BV kg}}{\text{TG (kg)}}$$

Musterbeispiele – vom Gebäckgewicht zum Teiggewicht

1. Ein Weizenmischbrot soll nach dem Ausbacken 0,750 kg wiegen. Wie hoch muss das Teiggewicht (TG) sein, wenn mit 14 % Backverlust (BV) zu rechnen ist?

   GG (%) = TG (%) – BV (%) = 100 % – 14 % = 86 %

$$86\ \% = 0{,}750\ \text{kg}$$

: 86

$$1\ \% = \frac{0{,}750\ \text{kg}}{86}$$

x 100

$$100\ \% = \frac{0{,}750\ \text{kg} \times 100}{86} = \mathbf{0{,}872\ kg}$$

Antwort: Bei einem zu erwartenden Backverlust von 14 % benötigt man 0,872 kg Teig, um auf ein Gebäckgewicht von 0,750 kg zu kommen.

$$\textbf{TG (kg)} = \frac{\text{GG (kg) x 100 (\%)}}{(100\ \% - \text{BV}\ \%)}$$

2. Eine Produktion ergibt 15,000 kg Gebäck. Der Backverlust wird mit 15 % angenommen und der GEV mit 1,4 %.

   Wie viel Kilogramm beträgt das Teiggewicht bei dem zu erwartenden Backverlust?

$$85\ \% = 15{,}000\ \text{kg}$$

: 85

$$1\ \% = \frac{15{,}000\ \text{kg}}{85}$$

x 100

$$100\ \% = \frac{15{,}000\ \text{kg} \times 100}{85} = \mathbf{17{,}647\ kg\ TG}$$

BV = TG – GG = 17,647 kg – 15,000 kg = 2,647 kg Teig

Antwort: Bei einem zu erwartenden Backverlust von 15 % werden 17,647 kg Teig benötigt, um 15,000 kg Gebäck zu erhalten.

Wie viel Kilogramm beträgt das zu berechnende Rezeptgewicht bei einem zu erwartenden Gär- und Einwiegeverlust von 1,4 %?

98,6% = 17,647 kg

: 98,6

$1\ \% = \frac{17{,}647\ \text{kg}}{98{,}6}$

x 100

$100\ \% = \frac{17{,}647\ \text{kg} \times 100}{98{,}6} =$ **17,898 kg RG**

GEV = RG – TG = 17,898 kg – 17,647 kg = **0,251 kg**

Antwort: Bei einem zu erwartenden Gär- und Einwiegeverlust von 1,4 % beträgt das erforderliche Rezeptgewicht 17,898 kg, um 17,647 kg Teig zu erhalten.

Musterbeispiel – vom Rezeptgewicht zum Gebäckgewicht

Laut Rezept erhält man 8,500 kg Rezeptgewicht (RG). Der Gär- und Einwiegeverlust wird mit 1,6 % angenommen, und der Backverlust beträgt erfahrungsgemäß 17 %.

1. Wie viel Kilogramm betragen der Gär- und Einwiegeverlust und das Teiggewicht?

100 % = 8,500 kg

: 100

$1\ \% = \frac{8{,}500\ \text{kg}}{100}$

x 1,6

$1{,}6\ \% = \frac{8{,}500\ \text{kg} \times 1{,}6}{100} =$ **0,136 kg GEV**

TG = RG– GEV = 8,500 kg – 0,136 kg = **8,364 kg**

Antwort: Nach einem Gär- und Einwiegeverlust von 0,136 kg beträgt das Teiggewicht 8,364 kg.

2. Wie viel Kilogramm betragen das Gebäckgewicht und der Backverlust?

100% = 8,364 kg

: 100

$1\ \% = \frac{8{,}364\ \text{kg}}{100}$

x 17

$100\ \% = \frac{8{,}364\ \text{kg} \times 17}{100} =$ **1,422 BV**

GG = TG – BV = 8,364 kg – 1,422 kg = **6,942 kg**

Antwort: Nach einem Backverlust von 1,422 kg beträgt das Gebäckgewicht 6,942 kg.

? Arbeitsaufgaben

1. Man erhält 15 Stück Briochezöpfe mit einem Gebäckgewicht von 0,500 kg. Der Backverlust beträgt 14 % und der Gär- und Einwiegeverlust 1,2 %. Berechnen Sie das Teiggewicht, den Backverlust, das Rezeptgewicht und den Gär- und Einwiegeverlust in Gramm und Kilogramm.
2. Ein Brotteig hat ein Rezeptgewicht von 73,300 kg. Der Gär- und Einwiegeverlust wird mit 1,2 % berechnet und der Backverlust mit 13 %. Wie viele Brotlaibe mit einem Gebäckgewicht von 0,500 kg können gebacken werden?

3. Berechnen Sie das Rezeptgewicht, wenn man 1 200 Gebäcke mit je 0,060 kg herstellen will. Der Gär- und Einwiegeverlust beträgt erfahrungsgemäß 0,8 % und der Backverlust 22 %.
4. Berechnen Sie in der folgenden Tabelle das Rezept-, Teig- und Gebäckgewicht in Kilogramm, den Gär- und Einwiegeverlust und Backverlust in Gramm und in Prozenten.

RG (kg)	GEV (g)	GEV (%)	TG (kg)	BV (g)	BV (%)	GG (kg)
91,600 kg		1,5 %			12,5 %	
		0,6 %			18,0 %	32,200 kg
	2 200 g	1,4 %		21 690 g		
	400 g			4 350 g	24,5 %	

2.10.5 Gebäckausbeute (GA)

Die Gebäckausbeute bezieht sich auf das Gebäckgewicht, das man aus 100 Teilen Mehl erhält.

Die Gebäckausbeute drückt somit das Verhältnis von der eingesetzten Mehlmenge zum fertigen Backwarengewicht aus. Sie ist abhängig von

- der Mehlqualität und -art (Wasseraufnahmefähigkeit),
- der Teigzusammensetzung,
- den Gär-, Einwiege- und Backverlusten.

Durchschnittliche Gebäckausbeute	
Gebäckform/-art	**Gebäckausbeute**
Vollkornbrot	bis 160 %
Roggenbrot	140 bis 150 %
Mischbrot	135 bis 140 %
Kleingebäck	125 bis 135 %

Grundregeln zum Berechnen

$$GA\ (\%) = \frac{GG\ (kg) \times 100\ \%}{MG\ (kg)} \qquad GG\ (kg) = \frac{GA\ (\%) \times MG\ (kg)}{100\ \%} \qquad MG\ (kg) = \frac{GG\ (kg) \times 100\ \%}{GA\ (\%)}$$

Musterbeispiel – Berechnung der Gebäckausbeute

Aus 34,500 kg Mehl (MG) werden 50 kg Gebäck hergestellt. Wie hoch ist die Gebäckausbeute (GA)?

$$34{,}500\ kg = 100\ \%$$

: 34,500

$$1\ kg = \frac{100\ \%}{34{,}500}$$

x 50

$$50\ kg = \frac{100\ \% \times 50}{34{,}500} = \mathbf{145}$$

GG = TG – BV = 8,364 kg – 1,422 kg = **6,942 kg**

Antwort: Die Gebäckausbeute beträgt 145.

? Arbeitsaufgaben

1. Es sollen 60 Stück Mischbrote mit je 0,750 kg produziert werden. Die Gebäckausbeute beträgt erfahrungsgemäß 139 %. Wie viel Kilogramm Mehl müssen verarbeitet werden?

2. Vor der nächsten Mehllieferung sind noch 900 kg Brot herzustellen. Die zur Herstellung verwendete Mehlmischung besteht aus 60 % Roggenmehl (Type 997), und 40 % Weizenmehl (Type 1050). Wie viel Kilogramm Mehl von jeder Sorte müssen noch vorrätig sein, wenn die zu erwartende Backausbeute 142 % beträgt?
3. Wie viele Mischbrote mit einem Gebäckgewicht von 0,500 kg können aus 58,500 kg Weizenmehl (Type 1050) und 19,500 kg Roggenmehl (Type 997) produziert werden, wenn die Gebäckausbeute 138 % beträgt?
4. In einer Großbäckerei werden täglich aus 1 200 kg Weizenmehl 32 400 Brötchen à 50 g hergestellt. Wie hoch ist die Gebäckausbeute?

2.10.6 Volumenausbeute (VA)

Die Volumenausbeute gibt an, wie viel Kubikzentimeter (cm^3) Gebäckvolumen aus 100 g Mehl erzielt werden. Sie ist je nach Mehlart, Mehlqualität und Lockerungsart unterschiedlich. Es gilt: Je höher der Wert der Volumenausbeute, desto besser die Mehlqualität.

Die Volumenausbeute kann durch Backversuche und Volumenmessung mit Rapssamen (Rübsamen) festgestellt werden.

Durchschnittliche Volumenausbeute

Gebäckart	Volumenausbeute	Volumen aus 100 g Mehl
Kleingebäck	450–900 %	450–900 cm^3
Weißbrot	400–500 %	400–500 cm^3
Weizenmischbrot	350–450 %	350–450 cm^3
Roggenmischbrot	275–330 %	275–330 cm^3
Roggenbrot	250–300 %	250–300 cm^3
Roggenschrotbrot	170–200 %	170–200 cm^3

Grundregeln zum Berechnen

$$VA\ (cm^3) = \frac{\text{Gebäckvolumen } (cm^3) \times 100\ g}{\text{Mehlmenge } (g)}$$

Musterbeispiel – Berechnung der Volumenausbeute

Ein aus 600 g Mehl hergestelltes Gebäck hat ein Volumen von 2 400 cm^3. Wie hoch ist die Volumenausbeute?

: 600, x 100

$$600\ g\ \text{Mehl} = 2\,400\ cm^3$$

$$1\ g\ \text{Mehl} = \frac{2\,400\ cm^3}{600}$$

$$100\ g\ \text{Mehl} = \frac{2\,400\ cm^3 \times 100}{600} = \mathbf{400\ cm^3}$$

Antwort: Die Volumenausbeute beträgt 400 cm^3 pro 100 g Mehl.

? Arbeitsaufgabe

Ein Weizenmischbrot mit einem Gebäckgewicht von 1 015 g (1 000 g Sollgewicht), GA 145, hat ein Volumen von 2 940 cm^3. Wie hoch ist die Volumenausbeute?

2.11 Backflächenberechnungen

Der Backofen ist das Kernstück jeder Bäckerei. Entscheidend für die Wirtschaftlichkeit eines Betriebes ist die vorhandene Backfläche. Sie bestimmt die Backwarenmenge, die an einem Arbeitstag gebacken werden kann.

Beispiele

Blechgröße	Backfläche	Anzahl der Backwaren
980 x 580 mm	ca. 0,57 m^2	45 Brötchen oder 30 bis 36 Stück Formgebäck.
780 x 580 mm	ca. 0,45 m^2	35 Brötchen oder 24 bis 30 Stück Formgebäck.
600 x 400 mm	ca. 0,24 m^2	20 Brötchen oder 13 bis 16 Stück Formgebäck.

Pro Quadratmeter Backfläche können je nach Ofennutzzeit folgende Backwarenmengen hergestellt bzw. Mehlmengen verarbeitet werden:

Backfläche	Ofennutzzeit	Backwarenmenge/Mehlmenge
1 m^2	1 Stunde 20 Minuten	■ 12 bis 15 kg Brot oder ■ 60 bis 90 Stück Gebäck (2 Bleche).
1 m^2	1 Stunde 3 x 20 Minuten	■ 12 bis 15 kg Brot oder ■ 180 bis 270 Stück Gebäck (3 x 2 Bleche).
1 m^2	1 Stunde	■ 7 bis 9 kg Mehl.
1 m^2	6 Stunden	■ Ca. 50 kg Mehl (ein Sack).

! Eine optimale Backflächenauslastung hilft Energiekosten sparen. Bei halber Ofenauslastung steigt der Energieverbrauch um beinahe 20 % an!

! 600 x 400 mm große Backbleche werden in Ladenbacköfen und Kleinstikkenöfen verwendet.

? Arbeitsaufgaben

1. In einer Bäckerei wird mit einem Etagenofen und einem Stikkenofen gebacken. Der Etagenofen ist mit 12 Blechen à 780 x 580 mm ausgestattet, der Stikkenofen mit 18 Blechen à 980 x 580 mm. Wie groß ist die Gesamtbackfläche?
2. Ein Elektrobackofen verfügt über fünf Etagen mit je 1 660 mm Tiefe und 1 200 mm Breite.
   - Wie groß ist die Backfläche?
   - Wie viele Bleche à 780 x 580 mm haben in einer Etage, wie viele im gesamten Ofen Platz?
3. Pro Quadratmeter Backfläche können 84 Brötchen und 18 Brote à 0,750 kg gebacken werden. Wie viele Brötchen können in drei Stunden, wie viele Brote können in vier Stunden gebacken werden? Es wird der in der Arbeitsaufgabe 2 angeführte Elektrobackofen verwendet.
4. In einer Backstube stehen ein Etagen- und ein Stikkenofen (siehe Arbeitsaufgabe 1) zur Verfügung. Pro Quadratmeter Backfläche und Stunde werden durchschnittlich 8 kg Mehl verarbeitet. Die Ofennutzzeit beträgt von Montag bis Freitag sechs Stunden und am Samstag acht Stunden. Wie hoch ist die Mehlmenge, die in vier Wochen verbacken wird?

2.12 Flächen- und Volumenberechnungen

Diese Berechnungen sind nötig, um die Menge einer Masse oder eines Teiges auf eine bestimmte Blech-, Kapsel- oder Tortengröße umzurechnen. Des Weiteren kann damit der Umrechnungsfaktor für das Rezept ermittelt werden.

Grundregeln zum Berechnen

Flächen		Volumen	
Kreis (Torte)	$= r^2 \times \pi$	Zylinder (Torte)	$= r^2 \times \pi \times h$
Rechteck (Blech, Kapsel)	$= l \times b$	Quader (Kapsel)	$= l \times b \times h$

Abkürzungen

l = Länge
b = Breite
h = Höhe
π = 3,14

Musterbeispiel – Flächenberechnung

Für eine Blechpizza, 980 x 580 mm, benötigt man 2,800 kg Pizzateig. Aus dieser Menge sollen runde Pizzas mit einem Durchmesser von 320 mm gebacken werden.

1. Wie viele Pizzaböden können hergestellt werden?

   Fläche der Blechpizza : Fläche der runden Pizza = Stückzahl

   Fläche der Blechpizza = 980 x 580 mm = 568 400 mm^2
   Fläche der runden Pizza = 160 x 160 mm x 3,14 (π) = 80 384 mm^2

   568 400 mm^2 : 80 384 mm^2 = 7

   Antwort: Es können 7 Stück Pizzaböden hergestellt werden.

2. Wie viel Gramm beträgt das Teiggewicht je Pizzaboden?

   2,800 kg : 7 = 0,400 kg

   Antwort: Das Teiggewicht je Pizzaboden beträgt 400 g.

Musterbeispiel – Volumenberechnung

Das Rezept einer Sandmasse ist für eine Tortenform mit einem Durchmesser von 280 mm und einer Höhe von 50 mm berechnet. Wie viel Masse wird benötigt, dass man damit einen Kapselrahmen in der Größe von 400 x 620 x 50 mm füllen kann? Ermitteln Sie die Schlüsselzahl (den Umrechnungsfaktor) für das Rezept.

Volumen des Kapselrahmens : Volumen der Tortenform = **Schlüsselzahl**

Volumen des Kapselrahmens	=	400 x 620 x 50 mm	=	12 400 000 mm^3
Volumen der Tortenform	=	140 x 140 mm x 3,14 x 50 mm	=	3 077 200 mm^3

12 400 000 mm^3 : 3 077 200 mm^3 = **4,03**

Antwort: Die Schlüsselzahl beträgt 4,03. Damit werden die Mengenangaben der einzelnen Zutaten des Sandmasserezeptes multipliziert.

Wissenswertes dazu

- Die **Schlüsselzahl** hat einen **Wert über 1** (die Menge der Zutaten wird größer), wenn das zu berechnende **Volumen größer** ist.
- Hingegen hat die Schlüsselzahl einen **Wert unter 1** (die Menge der Zutaten wird kleiner), wenn das zu berechnende **Volumen kleiner** ist.

Arbeitsaufgaben

1. Das Rezept der Linzer Masse ist für zwei Backrahmen à 590 x 580 x 40 mm berechnet. Aus dieser Masse sollen Torten mit einem Durchmesser von 180 mm und einer Höhe von 35 mm hergestellt werden. Für wie viele Torten reicht die Masse?
2. Zur Herstellung eines Bienenstiches in der Größe von 600 x 400 mm benötigt man 1,700 kg Hefeteig und 0,820 kg Bienenstichmasse, bestehend aus 0,240 kg Butter, 0,120 kg Puderzucker, 0,120 kg Honig, 0,090 kg Wasser, 0,010 kg Vollmilchpulver und 0,240 kg gehobelten Mandeln. Aufgrund einer Bestellung muss die Masse für zwei Backrahmen à 780 x 580 mm berechnet werden. Ermitteln Sie das dafür nötige Rezept.

2.13 Rezeptumrechnungen nach den Leitsätzen

Die Leitsätze enthalten Bestimmungen für den Mindestgehalt an Rohstoffen und Zutaten in Rezepten. Die meisten Mindestzugabemengen beziehen sich auf die Mehlmenge im Rezept.

Beispiele

Dinkelbrot	Es wird aus mindestens 90 % Dinkelerzeugnissen, bezogen auf das Gesamtgewicht der Mahlerzeugnisse, hergestellt.
Mehrkorn-brot	Enthält neben den Mahlerzeugnissen des Roggens und Weizens noch Mahlerzeugnisse anderer Getreidearten wie Gerste, Hafer, Hirse, Reis, Mais und Dinkel. Jede Getreidesorte ist mit mindestens 5 % enthalten.

Das Gesamtgewicht der Mahlerzeugnisse beträgt 100 %. Der geforderte Prozentanteil an bestimmten Getreidearten wird von der gesamten Mehlmenge berechnet und durch diese Produkte ersetzt.

Bei Backwaren, die in ihrer Bezeichnung auf Zusätze wie Ölsaaten (Leinsamen, Sonnenblumen- und Kürbiskerne), Weizenkeime oder Butter hinweisen, wird der laut Deutschem Lebensmittelbuch (Leitsätzen) vorgeschriebene Mindestanteil von der gesamten Mehlmenge berechnet und zugesetzt.

Musterbeispiel – Berechnung des Dinkelmehlanteils

Aus insgesamt 40 kg Mehl wird Dinkelbrot mit einem Dinkelanteil von 95 % hergestellt. Wie viel Kilogramm beträgt der Dinkelmehlanteil?

$$100\ \% = 40\ \text{kg Mehl}$$

: 100

$$1\ \% = \frac{40\ \text{kg}}{100}$$

x 95

$$95\ \% = \frac{40\ \text{kg} \times 95}{100} = \mathbf{38\ kg}$$

Antwort: Der Dinkelmehlanteil beträgt 38 kg.

Musterbeispiel – Berechnung des Ölsaatenanteils

Aus 24 kg Mehl wird Sonnenblumenkernbrot hergestellt. Nach den Leitsätzen muss das Brot mindestens 8 % Sonnenblumenkerne, bezogen auf das Gewicht der Getreidemahlerzeugnisse, enthalten. Wie hoch ist der Ölsaatenanteil in Kilogramm?

$$100\ \% = 24\ \text{kg Mehl}$$

: 100

$$1\ \% = \frac{24\ \text{kg}}{100}$$

x 8

$$8\ \% = \frac{24\ \text{kg} \times 8}{100} = \mathbf{1{,}920\ kg}$$

Antwort: Der Anteil an Sonnenblumenkernen beträgt 1,920 kg.

? Arbeitsaufgaben

1. Die Gesamtmehlmenge für Mehrkornbrot beträgt 40 kg. Wie viel Kilogramm Roggen, Weizen, Gerste, Hafer und Hirse werden benötigt, damit das Brot den Leitsätzen für Brot und Kleingebäck entspricht?
2. Wie viel Kilogramm Butter enthält Buttertoast, der aus 12,500 kg Mehl (Type 550) nach den Leitsätzen für Brot und Kleingebäck (mindestens 5 kg Butter je 100 kg Getreideerzeugnisse) hergestellt wird?
3. Wie viel Kilogramm Kürbiskerne werden zur Herstellung von Kürbiskernbrot benötigt, wenn 36 kg Mehl verarbeitet werden?

2.14 Berechnung des Flüssigkeitsanteils in Teigen

Zur Geschmacks- und Qualitätsverbesserung der Backwaren werden bei der Teigbereitung oftmals

- Teigzutaten durch andere Zutaten ersetzt, z. B. Wasser durch Milch, Butterschmalz durch Butter, oder es werden
- zusätzliche Zutaten beigegeben, z. B. Eier zu Hefefeinteigen.

Dabei ist jedoch zu beachten, dass diese Zutaten aufgrund ihrer Zusammensetzung den Wassergehalt im Teig verändern können. Um ein gleichbleibendes Backergebnis zu erzielen, ist eine Umrechnung des Rezeptes erforderlich.

Musterbeispiel – Berechnung des Flüssigkeitsanteils in Teigen bei Verwendung von Eiern

Das Rezept für Hefefeinteig soll durch Beigabe von 15 Eiern verbessert werden. Um wie viel Gramm muss die Zugussmenge reduziert werden, wenn ein Vollei durchschnittlich 40 g Wasser und 10 g Trockenstoffe enthält?

40 g x 15 = **600 g**

Antwort: Die Zugussmenge muss um 600 g reduziert werden.

Musterbeispiel – Berechnung des Flüssigkeits- und Fettanteils in Teigen bei Verwendung von reinen Fetten anstelle von Fettemulsionen

Fettemulsionen wie Butter und viele Margarinesorten enthalten 85 % Fett und ca. 15 % Wasser. Reine Fette wie Butterschmalz und Öle hingegen bestehen aus 100 % Fett.

2,400 kg Butter in einem Stollenteigrezept sollen durch Butterschmalz ersetzt werden.

1. Wie viel Kilogramm Butterschmalz werden benötigt?

$$100\,\% = 2{,}400 \text{ kg Butter}$$

: 100

$$1\,\% = \frac{2{,}400 \text{ kg}}{100}$$

x 85

$$85\,\% = \frac{2{,}400 \text{ kg} \times 85}{100} = \mathbf{2{,}040\ kg}$$

Antwort: Es werden 2,040 kg Butterschmalz benötigt.

2. Um wie viel Gramm muss die Zugussmenge erhöht werden?

2 400 g – 2 040 g = 360 g

Antwort: Die Zugussmenge muss um 360 g erhöht werden.

Musterbeispiel – Berechnung des Flüssigkeitsanteils in Teigen bei Verwendung von Milch anstelle von Wasser

100 kg Vollmilch enthalten ca. 87,500 kg Wasser und ca. 12,500 kg Trockensubstanzen.

Für die Herstellung von Milchgebäck (z. B. Milchbrötchen) muss als Zuguss Vollmilch anstelle von Wasser verwendet werden. Wie viel Kilogramm Vollmilch sind anstelle von Wasser zu verwenden, wenn der Teigausbeute entsprechend 16,500 kg Wasser vorgesehen sind?

$$87{,}500 \text{ kg Wasser} = 100 \text{ kg Vollmilch}$$

: 87,500

$$1 \text{ kg} = \frac{100 \text{ kg}}{87{,}500}$$

x 16,500

$$16{,}500 \text{ kg} = \frac{100 \text{ kg} \times 16{,}500}{87{,}500} = \mathbf{18{,}857\ kg}$$

Antwort: Es werden 18,857 kg Vollmilch anstelle von 16,500 kg Wasser benötigt.

Musterbeispiel – Berechnung des Flüssigkeitsanteils in Teigen bei Verwendung von Milchpulver anstelle von Frischmilch

Ein Hefefeinteig soll aus 22 kg Mehl bei einer TA von 156 (Vollmilch) hergestellt werden.

1. Wie viel Kilogramm beträgt der Milchanteil?

100 kg Mehl = 56 kg Vollmilch

: 100

$$1\text{ kg} = \frac{56\text{ kg}}{100}$$

x 22

$$22\text{ kg} = \frac{56\text{ kg} \times 22}{100} = \mathbf{12{,}320\ kg}$$

Antwort: Der Milchanteil beträgt 12,320 kg.

2. Wie viel Kilogramm Wasser und Milchpulver werden benötigt, wenn 134 g Vollmilchpulver in 866 g Wasser aufgelöst einen Liter Vollmilch ergeben?

100 kg Vollmilch = 87,500 kg Wasser

: 100

$$1\text{ kg} = \frac{87{,}500\text{ kg}}{100}$$

x 12,320

$$12{,}320\text{ kg} = \frac{87{,}500\text{ kg} \times 12{,}320}{100} = \mathbf{10{,}780\ kg\ Wasser}$$

0,866 kg Wasser = 0,134 kg Vollmilchpulver

: 0,866

$$1\text{ kg} = \frac{0{,}134\text{ kg}}{0{,}866}$$

x 10,780

$$10{,}780\text{ kg} = \frac{0{,}134\text{ kg} \times 10{,}780}{0{,}866} = \mathbf{1{,}668\ kg\ Vollmilchpulver}$$

Antwort: Es werden 10,780 kg Wasser und 1,668 kg Vollmilchpulver anstelle von 12,320 kg Frischmilch benötigt.

! Die Summe aus Wasser und Vollmilchpulver liegt über 12,320 kg, da Vollmilchpulver noch Restwasser enthält, welches in der Berechnung vernachlässigt wurde.

Arbeitsaufgaben

Ein Rezept für einen Hefefeinteig aus 16 kg Mehl soll mit folgenden Angaben erstellt werden: TA 145, 18 % Butter, 10,5 % Zucker, 4,5 % Hefe, 3 % Backmittel, 1,8 % Salz.

1. Berechnen Sie die Menge der einzelnen Zutaten und die Menge an Vollmilch als Zuguss.
2. Wie viel Gramm hat der verbleibende Milchanteil, wenn zur Geschmacksverbesserung zusätzlich pro Kilogramm Mehl 4 Eier beigegeben werden und anstelle von Butter Butterschmalz verwendet wird?

2.15 Nährwertberechnungen und Berechnungen der Inhaltsstoffe für Diabetikerinnen/Diabetiker

Backwaren, die für die Ernährung bei Diabetes mellitus hergestellt werden, sind laut Lebensmittelgesetz anmelde- und deklarationspflichtig. Für die Berechnung benötigt man eine Nährwerttabelle (siehe DigiBox), um den Gehalt an Kohlenhydraten (Zucker, Broteinheiten), Eiweiß, Fett und den Energiegehalt (Kilokalorien und Kilojoule pro Portion bzw. pro 100 g) eines Lebensmittels berechnen zu können. Die Inhaltsstoffe der Zutaten im Rezept sind in der Nährwerttabelle pro 100 g verzehrbaren Anteil angegeben.

Beispiel Schlagsahne mit 30 % Fettgehalt: 100 g enthalten

- 288 kcal/1 207 kJ,
- 2,5 g Eiweiß (EW),
- 3,2 g Kohlenhydrate (KH),
- 0 g Ballaststoffe (Ball),
- 30 g Fett usw.

Gewicht pro Stück
564 g : 12 = 45,5 g

Energie gesamt
1 kcal = 4,2 kJ
1617 kcal x 4,2 = 6 791 kJ

Broteinheiten (BE) gesamt
1 BE = 12 g Kohlenhydrate
151,47 KH : 12 = 12,6 BE

Musterbeispiel – Nährwert- und Energieberechnung für einen Kuchen

Orangenkuchen – 12 Stück à ca. 45 g					
Zutaten	**in g**	**kcal**	**EW in g**	**KH in g**	**Fett in g**
Margarine	100	709,00	0,20	0,40	80,00
Flüssiger Süßstoff	3	–	–	–	–
Orangenschale	15	18,75	0,24	3,75	0,02
Eigelb	40	139,20	6,44	0,12	12,86
Eiklar	60	30,00	6,66	0,42	0,12
Zucker	40	162,00	–	39,42	–
Weizenvollkornmehl	160	494,40	18,25	95,24	3,77
Backpulver	3	4,65	0,01	1,13	–
Orangensaft	100	45,00	0,92	8,79	0,16
Zitronensaft (frisch)	25	14,00	0,17	2,02	0,15
Gesamtgewicht	**546**	**1 617,00**	**32,89**	**151,47**	**97,08**
		= 6 791 kJ		= 12,6 BE	

Der Orangenkuchen hat ein Gesamtgewicht von 546 g und ergibt 12 Stücke à ca. 45 g.

Beispiel einer Nährwertberechnung

Eigelb				
Menge	**kcal**	**EW**	**KH**	**Fett**
100 g	348	16,1 g	0,3 g	31,9 g
40 g	348 : 100 x 40 = 139,2	16,1 g : 100 x 40 = 6,44 g	0,3 g : 100 x 40 = 0,12 g	31,9 g : 100 x 40 = 12,86 g

Die Nährwerte für Eiklar, Zucker, Weizenvollkornmehl, Orangensaft, -schale und Zitronensaft werden ebenfalls auf diese Weise berechnet und in die Tabelle eingetragen.

Musterbeispiel – Energie- und Nährwertberechnung pro Stück und pro 100 g

Energie und Nährwert	Pro Stück à 45 g	Pro 100 g
Energie	135 kcal/566 kJ	296 kcal/1 244 kJ
EW	2,74 g	6,02 g
Fett	8,09 g	17,78 g
KH	12,62 g	27,74 g
BE	1,00	2,30

Berechnung

Energie und Nährwert	Pro Stück à 45 g	Pro 100 g
Energie in kcal	1 617 : 12 = 134,75	1 617 : 564 x 100 = 296,15
Energie in kJ	6 791 : 12 = 565,91	6 791 : 546 x 100 = 1 243,77
EW in g	32,89 : 12 = 2,74	32,89 : 546 x 100 = 6,02
Fett in g	97,08 : 12 = 8,09	97,08 : 546 x 100 = 17,78
KH in g	151,47 : 12 = 12,62	151,47 : 546 x 100 = 27,74
BE (1 BE = 12 g KH)	12,62 KH : 12 = 1	27,74 KH : 12 = 2,3

? Arbeitsaufgabe

Entnehmen Sie aus der Nährwerttabelle (siehe DigiBox) die Inhaltsstoffe, berechnen Sie aufgrund des vorgegebenen Beispiels die Mengen, die Energie und den Nährwert pro Stück und pro 100 g. Geben Sie den Energiegehalt sowohl in Kilokalorien als auch in Kilojoule an.

Brioches – 85 Stück à ca. 50 g					
Zutaten	**in g**	**kcal**	**EW in g**	**KH in g**	**Fett in g**
Eigelb	200				
Vollmilch	450				
Wasser	550				
Butter	300				
Zucker	550				
Mehl (Type 550)	2 200				
Hefe	100				
Salz	35				
Sultaninen	250				
Rum	50				
Vanillezucker	10				
Zitronenschale	10				
Orangenschale	10				
Gesamtgewicht		= kJ		= BE	

Energie und Nährwert pro Stück und pro 100 g

Energie und Nährwert	Pro Stück à 50 g	Pro 100 g
Energie kcal/kJ		
EW		
Fett		
KH		
BE		

2.16 QUID-Berechnungen

Bei Backwaren bezieht sich die prozentuelle Mengenangabe der verwendeten Zutaten in der Zutatenliste immer auf das Gebäckgewicht.

Musterbeispiel – Quantitative Inhaltsstoff Deklaration (QUID) von Buttertoast

Das Rezeptgewicht von Buttertoast beträgt 3,000 kg, der Gär-, Einwiege- und Backverlust 10 %. Berechnen Sie den Butteranteil in Prozenten.

Rezeptbeispiel			
2,000 kg	Mehl, Type 550	0,040 kg	Salz
0,550 kg	Milch	0,030 kg	Malzbackmittel
0,550 kg	Wasser	**3,300 kg**	**Rezeptgewicht**
0,130 kg	Butter		

3,300 kg RG = 100 %

: 100

$1\,\% = \frac{3{,}300\text{ kg}}{100}$

x 90

$90\,\% = \frac{3{,}300\text{ kg} \times 90}{100}$ = **2,970 kg Gebäckgewicht**

2,970 kg = 100 %

: 2,970

$1\text{ kg} = \frac{100\,\%}{2{,}970}$

x 0,130

$0{,}130\text{ kg} = \frac{100\,\% \times 0{,}130}{2{,}970}$ = **4 % Butter**

Antwort: Der Butteranteil beträgt 4 %.

Erinnern Sie sich noch:Unter welchen Voraussetzungen ist eine mengenmäßige Zutatenkennzeichnung laut europäischer QUID-Richtlinie verpflichtend?

Arbeitsaufgabe

Kürbiskernbrot soll nach folgendem Rezept hergestellt werden. Der Gär-, Einwiege- und Backverlust beträgt erfahrungsgemäß 15 %. Berechnen Sie den Kürbiskernanteil in Prozenten.

Rezeptbeispiel	
6,150 kg	Mehl, Type 997
4,000 kg	Mehl, Type 550
7,650 kg	Wasser
2,000 kg	Kürbiskerne
0,500 kg	Leinsamen
0,250 kg	Hefe
0,200 kg	Salz
	Rezeptgewicht

2.17 Kalkulation

Der Erfolg eines Betriebes zeigt sich zum Jahresende am erwirtschafteten Ertrag. Dieser resultiert aus dem Umsatz nach Abzug der Kosten. Die Kalkulation ist eine wesentliche Voraussetzung, den wirtschaftlichen Erfolg eines Betriebes insgesamt und einzelner Artikel im Besonderen zu prüfen.

! Progressiv kalkulieren bedeutet vorwärtskalkulieren, retrograd kalkulieren rückwärtskalkulieren.

Progressive und retrograde Kalkulation

Progressive Kalkulation – von den Materialkosten zum Brutto-Verkaufspreis			Retrograde Kalkulation – vom Brutto-Verkaufspreis zu den Materialkosten		
	Materialkosten	MK		Brutto-Verkaufspreis	BVP
+	Betriebskosten	BK	–	Reduzierte Mehrwertsteuer	MwSt.
=	Selbstkosten	SK	=	Netto-Verkaufspreis	NVP
+	Risiko und Gewinn	RuG	–	Risiko und Gewinn	RuG
=	Netto-Verkaufspreis	NVP	=	Selbstkosten	SK
+	Reduzierte Mehrwertsteuer	MwSt.	–	Betriebskosten	BK
=	**Brutto-Verkaufspreis**	**BVP**	=	**Materialkosten**	**MK**

Wissenswertes dazu

Mit einer **bäckereispezifischen Software** können die Einkaufspreise des Rohstofflieferanten eingelesen und mit den betriebseigenen Rezepturen und Produktionskosten kalkuliert werden. Auf diese Weise können die Rohstoffkosten, Lagerbestände und die Gewinne bzw. Verluste einzelner Artikel (Ertragsziffer) schnell und effektiv ermittelt werden.

Musterbeispiel – von den Materialkosten zum Brutto-Verkaufspreis im Laden (progressive Kalkulation)

Aus einem Weizenhefeteig wurden Formbrötchen hergestellt. Ermitteln Sie den Brutto-Verkaufspreis für ein Formbrötchen, das nach folgendem Rezept hergestellt wurde! Die Betriebskosten betragen 928 % der Materialkosten, Risiko und Gewinn 35 %, und die Mehrwertsteuer liegt bei 7 %.

Reihenfolge bei der Berechnung

1. Berechnen Sie die Materialkosten für das gesamte Rezept!
2. Kalkulieren Sie den Brutto-Verkaufspreis wie folgt:
   - Addieren Sie zu den Materialkosten die Betriebskosten. Sie erhalten die Selbstkosten.
   - Addieren Sie zu den Selbstkosten Risiko und Gewinn. Sie erhalten den Netto-Verkaufspreis.
   - Addieren Sie zum Netto-Verkaufspreis die Mehrwertsteuer. Sie erhalten den Brutto-Verkaufspreis.
3. Teilen Sie den Brutto-Verkaufspreis durch die Anzahl der Brötchen.

Zutaten		Preis/kg	Gesamtpreis MK
20,000 kg	Weizenmehl Type 550	0,35 €	7,00 €
11,600 kg	Zuguss	–	–
0,800 kg	Hefe	1,50 €	1,20 €
0,300 kg	Zucker	1,50 €	0,45 €
0,300 kg	Salz	0,30 €	0,09 €
0,300 kg	Backmargarine	2,90 €	0,87 €
Rezeptmenge für 17 Pressen = 510 Formbrötchen			**9,61 €**

	MK	=	9,61 €	→	100 %
+	BK	=	89,18 €	→	928 %
=	SK	=	98,79 €	→	100 %
+	RuG	=	34,58 €	→	35 %
=	NVP	=	133,37 €	→	100 %
+	MwSt.	=	9,34 €	→	7 %
=	**BVP**	=	**142,71 €**	→	**107 %**

BVP je Brötchen = 142,71 € : 510 St. = 0,2798 € ~ 0,28 € = **28 Cent**

Antwort: Der Brutto-Verkaufspreis für ein Formbrötchen beträgt 28 Cent.

Musterbeispiel – von den Materialkosten zum Brutto-Verkaufspreis im Café (progressive Kalkulation)

Beim Verkauf von Backwaren im Café ist ein zusätzlicher Café-Aufschlag (z. B. 25 %) auf den Netto-Verkaufspreis zu berücksichtigen. Zusätzlich ist zu beachten, dass der übliche Mehrwertsteuersatz im Café 19 % beträgt. Berechnen Sie den Brutto-Verkaufspreis für ein Stück Formbrötchen.

Reihenfolge bei der Berechnung

1. Addieren Sie zum Netto-Verkaufspreis im Laden (NVP 1) einen Café-Aufschlag von 25 %. Sie erhalten den Netto-Verkaufspreis im Café (NVP 2).
2. Addieren Sie zum Netto-Verkaufspreis 2 die Mehrwertsteuer (erhöhter Satz!). Sie erhalten den Brutto-Verkaufspreis im Café.
3. Teilen Sie den Brutto-Verkaufspreis durch die Anzahl der Brötchen.

	Materialkosten	(MK)	=	9,61 €	→	100 %
+	Betriebskosten	(BK)	=	89,18 €	→	928 %
=	Selbstkosten	(SK)	=	98,79 €	→	100 %
+	Risiko und Gewinn	(RuG)	=	34,58 €	→	35 %
=	Netto-Verkaufspreis 1	(NVP 1)	=	133,37 €	→	100 %
+	Café-Aufschlag	(CA)	=	33,34 €	→	25 %
=	Netto-Verkaufspreis 2	(NVP 2)	=	166,71 €	→	100 %
+	Erhöhte Mehrwertsteuer	(MwSt.)	=	31,67 €	→	19 %
=	**Brutto-Verkaufspreis**	**(BVP)**	**=**	**198,38 €**	→	**119 %**

BVP je Brötchen = 198,38 € : 510 St. = 0,3889 € ~ 0,39 € = **39 Cent**

Antwort: Der Brutto-Verkaufspreis für ein Formbrötchen beträgt im Café 39 Cent.

Musterbeispiel – vom Brutto-Verkaufspreis im Laden zu den Materialkosten (retrograde Kalkulation)

Der Brutto-Verkaufspreis für 510 Formbrötchen im Laden beträgt 142,71 €. Berechnen Sie die Materialkosten für ein Formbrötchen.

	BVP	=	142,71 €	→	107 %		
–	MwSt.	=	9,34 €	→	7 %		
=	NVP	=	133,37 €	→	100 %	→	135 %
–	RuG	=	34,58 €	→			35 %
=	SK	=	98,79 €	→	100 %	→	1 028 %
–	BK	=	89,18 €	→			928 %
	MK	**=**	**9,61 €**	→			**100 %**

MK je Brötchen = 9,61 € : 510 = 0,0188 € ~ 1,9 Cent

Antwort: Die Materialkosten für ein Stück Formbrötchen betragen ca. 1,9 Cent, die Betriebskosten ca. 18 Cent.

Musterbeispiel – vom Brutto-Verkaufspreis im Café zu den Materialkosten (retrograde Kalkulation)

1. Die Brutto-Verkaufspreis für 510 Formbrötchen im Café beträgt 198,38 €. Berechnen Sie die Materialkosten für ein Stück Formbrötchen.

	BVP	=	198,38 €	→	119 %						
–	MwSt.	=	31,67 €	→	19 %						
=	NVP 2	=	166,71 €	→	100 %	→	125 %				
–	CA	=	33,34 €	→			25 %				
=	NVP 1	=	133,37 €	→			100 %	→	135 %		
–	RuG	=	34,58 €	→					35 %		
=	SK	=	98,79 €	→					100 %	→	1 028 %
–	BK	=	89,18 €	→							928 %
	MK	**=**	**9,61 €**	→							**100 %**

MK je Brötchen = 9,61 € : 510 = 0,0188 € ~ 1,9 Cent

Antwort: Die Materialkosten für ein Formbrötchen betragen ca. 1,9 Cent, die Betriebskosten ca. 18 Cent.

Musterbeispiel – vom Ladenpreis zum Cafépreis (progressive Kalkulation)

Ein Formbrötchen kostet im Laden 28 Cent. Berechnen Sie den Verkaufspreis für ein Formbrötchen im Café.

	BVP	=	0,28 €	→	107 %
–	MwSt.	=	0,02 €	→	7 %
=	NVP 1	=	0,26 €	→	100 %
+	CA	=	0,07 €	→	25 %
=	NVP 2	=	0,33 €	→	100 %
+	MwSt.	=	0,06 €	→	19 %
=	**BVP**	**=**	**0,39 €**	→	**119 %**

Antwort: Der Preis je Brötchen beträgt 39 Cent.

Musterbeispiel – vom Cafépreis zum Ladenpreis (retrograde Kalkulation)

	BVP	=	0,39 €	→	119 %		
–	MwSt.	=	0,06 €	→	19 %		
=	NVP 2	=	0,33 €	→	100	→	125 %
–	CA	=	0,07 €	→			25 %
=	NVP 1	=	0,26 €	→			100 %
+	MwSt.	=	0,02 €	→			7 %
=	**BVP**	**=**	**0,28 €**	→			**107 %**

Antwort: Der Preis je Brötchen beträgt 28 Cent.

Arbeitsaufgaben

1. Wie teuer muss ein Sesambrötchen im Laden verkauft werden, wenn die Materialkosten für 100 Brötchen 2,00 €, die Betriebskosten 900 % der Materialkosten und Risiko und Gewinn 30 % betragen?
2. Am Rosenmontag werden in der Bäckerei Blischke in der Zeit von 7:00 bis 12:30 Uhr 600 Berliner Pfannkuchen hergestellt. Zu welchem Ladenpreis können an diesem Tag fünf Berliner Pfannkuchen angeboten werden, wenn die Materialkosten für 100 Stück 7,00 € betragen und ein Stundenkostensatz von 57,00 € sowie 30 % Risiko und Gewinn zu berücksichtigen sind?
3. Im Café Gawenda kostet ein Stück Himbeerkuchen 1,80 €. Berechnen Sie den Ladenpreis für einen ganzen Obstkuchen, wenn dieser in 14 Stücke geteilt wurde. Der Café-Aufschlag beträgt 30 %. Berücksichtigen Sie die jeweiligen Mehrwertsteuersätze.
4. Eine ganze Sahneroulade wird im Laden um 12,00 € angeboten. Wie viel kostet ein Stück Sahneroulade im Café, wenn die Roulade in 8 Stücke geteilt wird und der Café-Aufschlag 25 % beträgt?
5. In der Bäckerei Janßen soll eine Erdbeersahnetorte für 28,00 € im Laden angeboten werden.
   - Berechnen Sie unter Berücksichtigung der Mehrwertsteuer den Risiko- und Gewinnanteil in Euro und Prozenten, wenn folgende Daten zugrunde gelegt werden: Stundenkostensatz 57,00 €, Herstellungszeit 15 Minuten, Materialkosten 6,00 €.
   - Berechnen Sie den Risiko- und Gewinnanteil in Euro und Prozenten, wenn aufgrund einer geringeren Gesamtstückzahl für die Herstellung einer Torte 20 Minuten benötigt werden.
6. In der Bäckerei Eden wird ein Roggenmischbrot für 2,60 € verkauft. Die Betriebskosten liegen bei 260 % der Materialkosten, der Anteil an Risiko und Gewinn beträgt 20 %. Berechnen Sie die Materialkosten.

7. Für die Herstellung eines Königskuchens fallen Materialkosten von 0,80 € und Betriebskosten von 1,40 € an. Der Risiko- und Gewinnanteil beträgt 35 %. Berechnen Sie den Ladenpreis des Königskuchens.
8. Wie viel kostet im Café Mengay ein Stück Baumkuchen zu 125 g, wenn die Materialkosten für 5,000 kg Baumkuchen 15,00 €, die Betriebskosten 350 %, Risiko und Gewinn 30 % und der Café-Aufschlag 20 % betragen?

Kalkulationsmethoden

Der Erfolg und die Genauigkeit der Kalkulation hängen u. a. von der **Kalkulationsmethode** ab. Die in vielen Bäckerbetrieben auch heute noch angewandte Rohaufschlagskalkulation – Prozentzuschlag auf die Materialkosten – führt jedoch oft zu falschen Aussagen, was folgendes Beispiel verdeutlichen soll:

Kalkulation A Zur Herstellung eines Gebäcks werden Butter, Marzipan und Mandeln verwendet:			Kalkulation B Anstelle von Butter, Marzipan und Mandeln werden Margarine, Persipan und Erdnüsse eingesetzt:		
	MK laut Rezept	2,00 €		MK laut Rezept	1,00 €
+	BK (200 %)	4,00 €	+	BK (200 %)	2,00 €
=	NVP	6,00 €	=	NVP	3,00 €
+	MwSt. (7 %)	0,42 €	+	MwSt. (7 %)	0,21 €
=	**BVP**	**6,42 €**	**=**	**BVP**	**3,21 €**

Bei der Kalkulation A stehen zur Deckung der Gemeinkosten, des Lohns und des Gewinns 4,00 € zur Verfügung. Bei der Kalkulation B sind es nur noch 2,00 €, obwohl die Fertigung beider Produkte den gleichen Arbeitsaufwand verursacht. Daran erkennt man, dass lohnintensive Produkte mit zu geringen Betriebskosten und materialintensive Backwaren mit zu hohen Betriebskosten belastet werden.

Wertschöpfungsrechnung

Um den wirtschaftlichen Erfolg zu gewährleisten, muss die Bäckerin/der Bäcker eine zukunftsorientierte Kalkulationsmethode anwenden, die verschiedene Parameter zu erfüllen hat. Die moderne Ausstattung in den Betrieben führt dazu, dass das Verhältnis zwischen den Fixkosten (feststehenden Kosten) und den variablen Kosten (sich ständig verändernden Kosten) immer ungünstiger wird.

Fixkosten	Variable Kosten
▼	▼
Sind unabhängig von der Produktionsmenge ■ Anschaffungskosten für technische Anlagen, ■ Gebäudemieten, ■ Leasingkosten u. Ä.	Verändern sich mit der Produktionsmenge ■ Materialkosten, ■ umsatzbezogene Verkaufsprovisionen usw.

Für die Wertschöpfungsrechnung müssen zunächst folgende Faktoren ermittelt werden:
- Materialkosten,
- Arbeitszeit je Gebäckart,
- Stundenkostensatz.

Die Bäckerin/der Bäcker muss für ihren/seinen Betrieb ermitteln, wie viel Kosten für eine produktive Arbeitsstunde anfallen. Es ist nicht sinnvoll, sich dabei auf Richtwerte zu beziehen, sondern es sollte der tatsächliche **Stundenkostensatz** des eigenen Betriebes berechnet werden. Diese Berechnung sollte wegen ständiger Veränderungen **einmal jährlich** durchgeführt werden.

Als Basis für die Ermittlung des Stundenkostensatzes dienen die Ergebnisse der Finanzbuchhaltung. Neben den Aufwendungen aus der Finanzbuchhaltung müssen die **Unternehmerkosten** (kalkulatorischen Kosten) berücksichtigt werden, um die sichere Existenz des Betriebes zu gewährleisten.

Grundregel zur Berechnung des Stundenkostensatzes

	Betriebliche Aufwendungen (BA)
+	Unternehmerkosten (UK)
:	Produktionsarbeitsstunden (PAS)
=	**Stundenkostensatz (SK)**

Unternehmerkosten beinhalten
- das unternehmerische Risiko,
- die Eigenmiete (für kostenlos zur Verfügung gestellte Räumlichkeiten),
- die eventuelle Versteuerung des Anlagevermögens,
- die geleistete Arbeitszeit der Unternehmerin/des Unternehmers,
- die angemessene Verzinsung des eingesetzten Kapitals.

Angaben

Grundrezept für Schnittbrötchen		
Menge	**Zutaten**	**Preis/kg**
1,000 kg	Weizenmehl, Type 550	0,40 €
0,580 kg	Zuguss	–
0,030 kg	Hefe	1,30 €
0,015 kg	Salz	0,30 €
0,015 kg	Zucker	1,10 €
0,010 kg	Margarine	2,90 €
1,650 kg	**Rezeptgewicht**	

Teigeinlage: 55 g je Stück
Auftragszeit: 211,96 Minuten bei Abbacken im Etagenofen nach Zeitrichtwerttabelle 1, 95,92 Minuten bei Abbacken im Etagenofen nach Zeitrichtwerttabelle 2
Stundenkostensatz: 57,00 €
Retouren (R): 5 %

Das Verhältnis von Aufwendungen und Unternehmerkosten zur verfügbaren Arbeitszeit für die Produktion ergibt den Stundenkostensatz.

Musterbeispiel – Preisfindung und Preisbeurteilung (einstufige Wertschöpfungsrechnung)

1 500 Schnittbrötchen mit einer Teigeinlage von je 55 g werden in zwei Betrieben mit unterschiedlicher technischer Ausstattung (siehe Zeitrichtwerttabellen 1 und 2) hergestellt.

1. Berechnen Sie mithilfe der Schlüsselzahl das Arbeitsrezept in Kilogramm.
2. Berechnen Sie die Materialkosten des Arbeitsrezeptes in Euro.
3. Ermitteln Sie den Ladenverkaufspreis für ein Schnittbrötchen nach der Zeitrichtwerttabelle 1.
4. Berechnen Sie den Bruttoverkaufspreis für ein Schnittbrötchen im Café bei einem Aufschlag von 25 % nach der Zeitrichtwerttabelle 1.
5. Ermitteln Sie den Ladenverkaufspreis für ein Schnittbrötchen nach der Zeitrichtwerttabelle 2.
6. Berechnen Sie den Bruttoverkaufspreis für ein Schnittbrötchen im Café bei einem Aufschlag von 25 % nach der Zeitrichtwerttabelle 2.
7. Ermitteln Sie durch Preisbeurteilung die Ertragsziffer.

Zeitrichtwerttabelle 1 – Betrieb mit einfacher technischer Ausstattung

Schnittbrötchen	150	300	600	900	1 200	1 500
Seriengröße in Pressen/Stückzahl	Etagenbackofen 5 Pressen	Etagenbackofen 10 Pressen	Etagenbackofen 20 Pressen	Etagenbackofen 30 Pressen	Etagenbackofen 40 Pressen	Etagenbackofen 50 Pressen
Einwiegen ohne Siloanlage	1,6	2,7	4,8	6,9	9,1	11,2
Überwachen des Knetvorganges	1,4	1,7	2,5	3,2	3,9	4,6
Wiegen und Wirken der Pressen von Hand	2,5	4,0	7,0	10,0	13,0	16,0
Teigteilen und Rundwirken mit Automat	5,0	7,1	11,3	15,5	19,8	24,0
Langrollen mit Ausrollmaschine	7,2	12,6	23,4	34,3	45,1	55,9
Manuelles Schneiden	4,1	6,5	11,1	15,8	20,5	25,2
Einschieben mit Abziehgerät in Etagenbackofen	2,7	5,1	9,7	14,4	19,1	23,7
Ausbacken aus Etagenbackofen	2,3	3,5	5,8	8,1	10,4	12,7
Tätigkeitszeit Minuten	**26,80**	**43,20**	**75,60**	**108,20**	**140,90**	**173,30**
Verteilzeit 20%	5,36	8,64	15,12	21,64	28,18	34,66
Rüstzeit 4 Minuten	4,0	4,0	4,0	4,0	4,0	4,0
Auftragszeit Minuten	**36,16**	**55,84**	**94,72**	**133,84**	**173,08**	**211,96**
Stückzeit Minuten	**0,241**	**0,186**	**0,158**	**0,149**	**0,144**	**0,141**

Zeitrichtwerttabelle 2 – Betrieb mit guter technischer Ausstattung

Schnittbrötchen		150			300			600			900			1 200			1 500	
Seriengröße in Pressen/ Stückzahl	Etagenbackofen	5 Pressen	Stikkenofen	Etagenbackofen	10 Pressen	Stikkenofen	Etagenbackofen	20 Pressen	Stikkenofen	Etagenbackofen	30 Pressen	Stikkenofen	Etagenbackofen	40 Pressen	Stikkenofen	Etagenbackofen	50 Pressen	Stikkenofen
Einwiegen mit Siloanlage	1,4		1,4	1,7		1,7	2,3		2,3	3,0		3,0	3,6		3,6	4,2		4,2
Überwachen des Knetvorganges	1,4		1,4	1,7		1,7	2,5		2,5	3,2		3,2	3,9		3,9	4,6		4,6
Bedienen einer teil-automatischen Brötchenanlage	2,5		2,5	4,0		4,0	7,0		7,0	10,0		10,0	13,0		13,0	16,0		16,0
Schneiden von Hand	4,1		4,1	6,5		6,5	11,1		11,1	15,8		15,8	20,5		20,5	25,2		25,2
Einschieben mit Blechen in Etagenbackofen/ Stikkenofen	2,3		0,8	3,6		0,8	6,1		0,8	8,7		1,6	11,3		1,6	13,9		1,6
Ausbacken aus Etagenback-ofen/Stikkenofen	2,3		0,8	3,5		0,8	5,8		0,8	8,1		1,6	10,4		1,6	12,7		1,6
Tätigkeitszeit Minuten	**14,00**		**11,00**	**21,00**		**15,50**	**34,80**		**24,50**	**48,80**		**35,20**	**62,70**		**44,20**	**76,60**		**53,20**
Verteilzeit 20%	2,80		2,20	4,20		3,10	6,96		4,90	9,76		7,04	12,54		8,84	15,32		10,64
Rüstzeit 4 Minuten	4,0		4,0	4,0		4,0	4,0		4,0	4,0		4,0	4,0		4,0	4,0		4,0
Auftragszeit Minuten	**20,80**		**17,20**	**29,20**		**22,60**	**45,76**		**33,40**	**62,56**		**46,24**	**79,24**		**57,04**	**95,92**		**67,84**
Stückzeit Minuten	**0,139**		**0,115**	**0,097**		**0,075**	**0,076**		**0,056**	**0,070**		**0,051**	**0,066**		**0,048**	**0,064**		**0,045**
Zusätzliche Stückzeit für GV oder GU inkl. 20 % Verteilzeit	0,006		0,006	0,003		0,003	0,002		0,002	0,002		0,002	0,002		0,002	0,001		0,001

1. Berechnung des Arbeitsrezeptes

Arbeitsrezept: 82,500 kg (0,055kg x 1 500) : Grundrezept: 1,650 kg = **50**

Schnittbrötchen		
Grundrezept	**Schlüsselzahl**	**Arbeitsrezept**
1,000 kg Weizenmehl, Type 550	x 50	50,000 kg Weizenmehl, Type 550
0,580 kg Zuguss	x 50	29,000 kg Zuguss
0,030 kg Hefe	x 50	1,500 kg Hefe
0,015 kg Salz	x 50	0,750 kg Salz
0,015 kg Zucker	x 50	0,750 kg Zucker
0,010 kg Backmargarine	x 50	0,500 kg Backmargarine
1,650 kg Rezeptgewicht		**82,500 kg Rezeptgewicht**

Preisfindung (progressive Kalkulation)

2. Berechnung der Materialkosten

Arbeitsrezept	Preis pro kg	Gesamtpreis
50,000 kg Mehl, Type 550	0,40 €	20,00 €
29,000 kg Zuguss	–	–
1,500 kg Hefe	1,30 €	1,95 €
0,750 kg Salz	0,30 €	0,23 €
0,750 kg Zucker	1,10 €	0,23 €
0,500 kg Backmargarine	2,90 €	1,45 €
82,500 kg Rezeptgewicht		**24,46 €**

Antwort: Die Materialkosten für 1 500 Schnittbrötchen betragen 24,46 €.

3. Ermittlung des Ladenverkaufspreises für ein Schnittbrötchen nach der **Zeitrichtwerttabelle 1**

	MK	24,46 €			
+	BK	201,36 €	BK	=	$\frac{\textbf{211,96} \text{ Minuten x } 57{,}00\ €}{60 \text{ Minuten}}$
=	SK	225,82 €			
+	R	11,29 €	R	=	$\frac{225{,}82\ € \text{ x } 5\ \%}{100\ \%}$
=	NVP	237,11 €			
+	MwSt.	16,60 €	MwSt.	=	$\frac{237{,}11\ € \text{ x } 7\ \%}{100\ \%}$
=	**BVP**	**253,71 €**			

253,71 € : 1 500 = 0,1691 ~ **0,17 €**

Antwort: Nach der Zeitrichtwerttabelle 1 kostet ein Schnittbrötchen im Laden 0,17 €.

4. Berechnung des Bruttoverkaufspreises für ein Schnittbrötchen nach der **Zeitrichtwerttabelle 1** im Café

	MK	24,46 €			
+	BK	201,36 €	BK	=	$\frac{\textbf{211,96} \text{ Minuten x } 57{,}00\ €}{60 \text{ Minuten}}$
=	SK	225,82 €			
+	R	11,29 €	R	=	$\frac{225{,}82\ € \text{ x } 5\ \%}{100\ \%}$
=	NVP 1	237,11 €			
+	CA	59,28 €	CA	=	$\frac{237{,}11\ € \text{ x } 25\ \%}{100\ \%}$
=	NVP 2	296,39 €			
+	MwSt.	56,31 €	MwSt.	=	$\frac{296{,}39\ € \text{ x } 19\ \%}{100\ \%}$
=	**BVP**	**352,70 €**			

352,70 € : 1 500 = 0,2351 ~ **0,24 €**

Antwort: Nach der **Zeitrichtwerttabelle 1** kostet ein Schnittbrötchen im Café 0,24 €.

5. Ermittlung des Ladenverkaufspreises für ein Schnittbrötchen nach der **Zeitrichtwerttabelle 2**

	MK	24,46 €			
+	BK	91,12 €	BK	=	$\frac{\textbf{95,92} \text{ Minuten x } 57{,}00\ €}{60 \text{ Minuten}}$
=	SK	115,58 €			
+	R	5,78 €	R	=	$\frac{115{,}58\ € \text{ x } 5\ \%}{100\ \%}$
=	NVP	121,36 €			
+	MwSt.	8,50 €	MwSt.	=	$\frac{121{,}36\ € \text{ x } 7\ \%}{100\ \%}$
=	**BVP**	**129,86 €**			

129,86 € : 1 500 = 0,0865 ~ **0,09 €**

Antwort: Nach der Zeitrichtwerttabelle 2 kostet ein Schnittbrötchen im Laden 0,09 €.

6. Berechnung des Bruttoverkaufspreises für ein Schnittbrötchen nach der **Zeitrichtwerttabelle 2** im Café

	MK	24,46 €	
+	BK	91,12 €	$BK = \frac{95{,}92 \text{ Minuten} \times 57{,}00\ €}{60 \text{ Minuten}}$
=	SK	115,58 €	
+	R	5,78 €	$R = \frac{115{,}58\ € \times 5\ \%}{100\ \%}$
=	NVP 1	121,36 €	
+	CA	30,34 €	$CA = \frac{121{,}36\ € \times 25\ \%}{100\ \%}$
=	NVP 2	151,70 €	
+	MwSt.	28,82 €	$MwSt. = \frac{151{,}70\ € \times 19\ \%}{100\ \%}$
=	**BVP**	**180,52 €**	

180,52 € : 1 500 = 0,1203 ~ **0,12 €**

Antwort: Nach der Zeitrichtwerttabelle 2 kostet ein Schnittbrötchen im Café 0,12 €.

Preisbeurteilung (retrograde Kalkulation)
Dabei wird das Produkt nach seiner Ertragskraft beurteilt.

Vom Bruttoverkaufspreis (vorhandenen Marktpreis) werden alle Kosten abgezogen, die als durchlaufende Posten zu betrachten sind:
- **MwSt.:** Sie wird direkt an das Finanzamt abgeführt.
- **Materialkosten:** Sie werden an den Lieferanten abgegeben.
- **Retouren:** Sie können nicht mehr verwendet werden und sind daher kalkulatorisch als Abfall zu betrachten.

Übrig bleibt die Wertschöpfung, die sich durch die betriebliche Leistung errechnet. Durch den Vergleich der Wertschöpfung mit dem kostenträchtigsten Faktor des Betriebes – der Arbeitszeit – kann eine fundierte Aussage über die Wirtschaftlichkeit getroffen werden. Die Wertschöpfung dividiert durch den Zeitbedarf der Produktion (Auftragszeit) ergibt die erzielbare **Wertschöpfung pro Minute.**

! Die Wertschöpfung pro Minute muss mindestens so hoch sein wie der Kostensatz pro Minute.

Ertragsziffer
Dividiert man den Wert der erzielbaren Wertschöpfung pro Minute durch den Kostensatz pro Minute, erhält man die Ertragsziffer.

$$\textbf{Ertragsziffer} = \frac{\text{Wertschöpfung pro Minute}}{\text{Kostensatz pro Minute}}$$

Aussagekraft der Ertragsziffer

1,0	=	Volle Ertragskraft
0,...	=	Verlustbringer
> 1,0	=	Gewinnbringer

7. Ermittlung der Ertragsziffer durch Preisbeurteilung

Preisbeurteilung im Laden			Preisbeurteilung im Café		
	BVP	253,71 €		BVP	352,70 €
–	MwSt.	16,60 €	–	MwSt.	56,31 €
=	NVP	237,11 €	=	NVP 2	296,39 €
–	MK	24,46 €	–	CA	59,28 €
–	R	11,29 €	=	NVP 1	237,11 €
			–	MK	24,46 €
			–	R	11,29 €
=	Wertschöpfung	201,36 €	=	Wertschöpfung	201,36 €
:	Zeitbedarf/Produktion	211,96	:	Zeitbedarf/Produktion	211,96
=	Wertschöpfung/Minute	0,95 €	=	Wertschöpfung/Minute	0,95 €
:	Kostensatz/Minute	0,95 €	:	Kostensatz/Minute	0,95 €
=	**Ertragsziffer**	**1,00**	**=**	**Ertragsziffer**	**1,00**

Kostensatz pro Minute =
Stundenkostensatz : 60 =
57 € : 60 = **0,95 €**

Antwort: Die Ertragsziffer ist 1, d. h., die erzielbare Wertschöpfung pro Minute ist gleich hoch wie der Kostensatz pro Minute – eine volle Kostendeckung wird erzielt.

Weitere Arbeitsaufgaben finden Sie im digitalen Zusatzpaket.

Arbeitsaufgaben

1 200 Schnittbrötchen werden in zwei Betrieben mit unterschiedlicher technischer Ausstattung (siehe Zeitrichtwerttabellen 1 und 2) nach folgenden Angaben hergestellt:

Grundrezept für Schnittbrötchen (= 10 Pressen)		
Menge	**Zutaten**	**Preis/kg**
10,000 kg	Weizenmehl, Type 550	0,40 €
5,800 kg	Zuguss	–
0,400 kg	Hefe	1,30 €
0,150 kg	Salz	0,30 €
0,150 kg	Zucker	1,10 €
0,150 kg	Backmargarine	2,90 €
16,650 kg	Rezeptgewicht	

1. Berechnen Sie mithilfe der Schlüsselzahl das Arbeitsrezept in Kilogramm.
2. Berechnen Sie die Materialkosten des Arbeitsrezeptes in Euro.
3. Ermitteln Sie den Ladenverkaufspreis für ein Schnittbrötchen nach der Zeitrichtwerttabelle 1.
4. Berechnen Sie den Bruttoverkaufspreis für ein Schnittbrötchen im Café bei einem Aufschlag von 25 % nach der Zeitrichtwerttabelle 1.
5. Ermitteln Sie den Ladenverkaufspreis für ein Schnittbrötchen nach der Zeitrichtwerttabelle 2.
6. Berechnen Sie den Bruttoverkaufspreis für ein Schnittbrötchen im Café bei einem Aufschlag von 25 % nach der Zeitrichtwerttabelle 2.
7. Ermitteln Sie durch Preisbeurteilung die Ertragsziffer bei einem Ladenverkaufspreis von 0,30 € pro Stück.
8. Ermitteln Sie durch Preisbeurteilung die Ertragsziffer bei einem Verkaufspreis im Café von 0,48 € pro Stück.

ANHANG

Fachausdrücke

In jeder Branche wird eine eigene Fachsprache verwendet, die zur schnelleren Verständigung von Arbeitsabläufen beiträgt oder berufsspezifische Produkte bezeichnet. Zur Fachsprache gehören vor allem Fachbegriffe und Fremdwörter, die entweder außerhalb des Fachgebietes sehr ungebräuchlich sind oder in diesem eine andere Bedeutung haben.

A	
abblättern, absplittern	Lösen der Gebäckkruste von der Krume, besonders nach dem Tiefkühlen von Gebäcken durch die Volumenausdehnung des Wassers
abflämmen, flämmen	Gebäcke und Dekorteile im heißen Ofen bei Oberhitze (240 °C) oder mit der Heißluftpistole oberflächlich bräunen
abglänzen	Gebäckstücke oder Früchte dünn mit Gelee, Konfitüre oder Gummiarabikum bestreichen
abrösten	Makronenmassen, Röstmassen, Brand- oder Brühmassen im Kessel auf offenem Feuer oder im → Wasserbad unter Rühren erhitzen
Abtrieb	Butter mit Zutaten (Zucker, Eiern, Geschmacksbeigaben u. Ä.) schaumig rühren
abtrocknen	Glasierte Gebäcke bei mäßiger Wärme trocknen lassen, bis sich eine grifffeste Haut bildet
absteifen	Teigoberfläche zur Hautbildung trocknen lassen
abstreichen	Teiglinge oder Backwaren vor und nach dem Backen mit einer weichen Abstreichbürste (Quast) mit Wasser bestreichen
abwiegen	Den Teig zu kleineren, gleichmäßigen Stücken (→ Pressen) teilen
abziehen	▪ Mandeln in kochendem Wasser überbrühen und schälen ▪ Oder Vanillekrem oder Vollei und Eigelb unter ständigem Rühren auf mindestens 70 °C erhitzen
Aleuronschicht (Ölzellenschicht)	Schicht mit wabenförmigen Zellen zwischen dem Mehlkörper und den Schalen des Getreidekorns
All-in-Verfahren	Alle Zutaten gleichzeitig verarbeiten
Alkoholische Gärung	Hefepilze vergären Zuckerstoffe in Alkohol und Kohlendioxid
Alpha-Amylase, α-Amylase	Stärkeabbauendes Enzym
Ammoniumhydrogen-, Ammoniumbicarbonat	Chemisches Backtriebmittel, das nur für flache, trocken ausgebackene Gebäcke verwendet wird
Amylograph	Gerät zur Mehluntersuchung
Amylopektin **Amylose**	Bestandteil der Stärke
anbacken	▪ Erster Backschritt mit hohen Temperaturen beim Backen von Brot ▪ Oder Teige, z. B. Mürbeteig, vor der Weiterverarbeitung (z. B. Aufstreichen einer Masse) kurze Zeit backen, um ein Durchbacken zu gewährleisten bzw. ein Durchweichen zu verhindern
Anfrischsauer	Erste Stufe einer dreistufigen Sauerteigführung; dient zur Hefevermehrung
angeschoben	Teiglinge so setzen, dass sie im Ofen aneinanderstoßen
ankratzen	Teigreste mit einem Spachtel am Rand des Knetkessels abstreifen
Anstellgut, Anstellsauer	Ansatz einer Sauerteigführung; wird zur Vermehrung des Sauerteiges für den nächsten Arbeitstag verwendet
aprikotieren	Die Gebäckoberfläche mit heißer Aprikosenkonfitüre bestreichen
Arkardyregel	Dient zur Berechnung der erforderlichen Mehlmenge in den einzelnen Sauerteigstufen
Aspirateur	Getreidereinigungsmaschine in der Müllerei
aufarbeiten	Formgebung des Teiges
auffrischen	Zugabe von Mehl und Wasser zu einer Sauerteigstufe (bei Mehrstufen-Sauerteigführungen)
aufschlämmen	Einen festen, unlöslichen Stoff mit Flüssigkeit mischen (Suspension), z. B. Hefe mit Wasser oder Milch verrühren
ausbacken	Brot backen, bis der Backprozess beendet ist
Ausbund	Typische Oberflächenausbildung während des Backens, z. B. Schnittausprägung bei Schnittbrötchen
Ausmahlungsgrad	Gibt an, wie viel Kilogramm Mehl aus 100 kg Getreide gemahlen werden können
ausrollen	Teige mit einem Rollholz oder einer Ausrollmaschine auf die gewünschte Stärke ausrollen

B	
Backmittel	Zusammengesetzte Zutat, die dem Teig zur Qualitätssicherung der Backwaren zugesetzt wird
Backpulver	Chemisches Backtriebmittel für schwere Massen
Backverlust	Gewichtsverlust während des Backprozesses
Ballenprobe	Mehl in der Hand fest zusammendrücken, um den Wassergehalt des Mehles zu überprüfen
belaugen	Auftragen der Brezellauge

besprühen	■ Teiglinge oder Backwaren vor und nach dem Backen mit Wasser besprühen ■ Oder Backwaren nach dem Backen mit Gelee besprühen
Beta-Amylase, β-Amylase	Stärkeabbauendes Enzym
binden	Mit Bindemittel eindicken
Böhmische Teigführung	Direkte Weizenteigführung
brandig	Durch zu langes Kneten oder zu weiches Fett verlieren Mürbeteige ihre Bindung, das Fett tritt aus
Brotkörbe	Körbe als Gärgutträger für Brotteiglinge
Brühstück	Getreideerzeugnisse mit kochendem Wasser übergießen und stehen lassen, damit sie quellen
C	
Canache, Ganache	Krem aus Schlagsahne und Kuvertüre, eventuell mit Butter und Geschmacksbeigaben
Convenienceprodukte	Halbfertigfabrikate für die rationelle Herstellung von Backwaren
D	
darren	Trocknen und Rösten von Getreideprodukten
Dauerbackwaren, Dauergebäck	Gebäck bzw. Backwaren, die längere Zeit haltbar sind, z. B. Knäckebrot, Zwieback, Teegebäck, Lebkuchen usw.
deklarieren	Verpackte Ware kennzeichnen
Dextrine	Abbauprodukte der Stärke
direkte Führung	→ All-in-Verfahren
doublieren	Zusammensetzen von zwei Gebäckstücken
Dreiviertelgare	Aufgehen eines Hefeteiges bis zu drei Viertel seines maximalen Volumens
dressieren, aufdressieren	Mit Krems oder Massen bestimmte Formen spritzen
drücken	Rund gewirkte, länglich gerollte Teigstücke mit einem Rollholz in der Mitte eindrücken
Dunst	Mehlkörperteilchen; der Feinheitsgrad liegt zwischen Grieß und Mehl
E	
Eclair, Blitzkuchen	Längliches, gefülltes Gebäck aus Brandmasse
einschießen	Gegärte Teiglinge in den heißen Backofen einbringen
einschlagen	■ Formgebung bei der Herstellung von Brot und Gebäck ■ Oder das Einziehen des Fettes (Einschlagen des Ziehfettes) beim Tourieren
einteilen	Ausgerollten Teig in gleich große Stücke teilen
Emulgatorbackmittel	Backmittel, das → Emulgatoren enthält
Emulgatoren	Zusatzstoffe zur Verbesserung der Teig- und Gebäckeigenschaften
entspannen lassen	■ Teiglinge ruhen lassen ■ Oder ausgerollte Teige ruhen lassen, um ein → Schnurren zu verhindern
Enzyme	Wirkstoffe, die andere Stoffe auf- oder abbauen, ohne sich dabei selbst zu verändern
Extensograph	Gerät zur Mehluntersuchung
F	
Fadenziehen	Durch Heu- oder Kartoffelbazillusbefall hervorgerufener Brotverderb. Das Brot stinkt, ist schmierig und ungenießbar
Fallzahl	Mehlkennzahl; gibt den Grad des Stärkeabbaus an
färben, einfärben	Verschiedene Glasuren, Massen, Marzipan usw. mit natürlichen oder künstlichen Lebensmittelfarbstoffen farblich gestalten
Farinograph	Gerät zur Mehluntersuchung
Feuchtkleber	Klebermenge; wird durch Auswaschen der Stärke aus einem Weizenmehlteig abgetrennt
filieren	Mit einer Spritztüte die Oberfläche von Gebäck mit feinen Kuvertüre- oder Fondantstrichen versehen
flechten	Formungsprozess
Fondant	Zuckerglasur
frei geschoben	Teiglinge frei liegend so setzen, dass sie im Ofen nicht aneinanderstoßen
G	
Gare	Lockerung von Teiglingen im Gärraum
garnieren, dekorieren	Gebäck, Torten usw. ausschmücken, verzieren
Gärstabilität	Gashaltevermögen des Teiglings während der → Gare (Stückgare)
Gärtoleranz	Unempfindlichkeit eines Teiglings gegen das Überschreiten der optimalen Gärreife
Gärung	Anaerober Stoffwechsel (ohne Sauerstoff), z. B. Hefe- und Milchsäuregärung
Gärunterbrechung	Die Gärung wird durch Tiefkühlen der Teigstücke zum Stillstand gebracht

Gärverzögerung	Verlangsamung der Stückgare durch Kühlung (ohne Gefrieren) der Teiglinge
Gebäckgewicht	Gewicht der Backwaren nach dem Auskühlen
gerinnen	Ausflocken (Festwerden) des Eiweißes
Gerstl	Ein mit Roggenmehl trocken verriebener → Anstellsauer
glasieren	Backwaren mit Glasur oder Überzugsmasse versehen
Grieß	Mahlprodukt
grießig	Abtrennen des Fettes beim Abtrieb durch zu hohe oder zu kalte Flüssigkeitszugabe
Griffprobe	Mehl wird zwischen den Fingerspitzen gerieben, um die Körnung festzustellen
Grundsauer	Zweite Stufe einer dreistufigen Sauerteigführung; dient zur Säurebildung
Grünkern	Unreif geerntete, gedarrte (→ darren) Körner des Dinkels

H	
Hagelzucker	Grobkörnige, backfeste Zuckersorte
Hefeansatz	Vorteig aus Hefe, Flüssigkeit und Mehl
Hefemürbeteig	Teigmischung aus Hefe- und Mürbeteig (1 : 1)
heterofermentative Gärung	Verschieden gärige Milchsäurebakterien wandeln Zuckerstoffe in Milchsäure, Essigsäure und Kohlendioxid um
homofermentative Gärung	Gleich gärige Milchsäurebakterien wandeln Zuckerstoffe nur in Milchsäure um
homogenisieren	■ Milch wird mit hohem Druck durch feine Düsen gepresst, damit sich die Fettkügelchen gleichmäßig in der Flüssigkeit verteilen ■ Oder mit einem Stab- oder Vakuummixer mixen; ermöglicht eine homogene (innige) Verbindung der Zutaten, z. B. bei Canache

I	
igeln	Mit einem Teigigel Löcher in Teigstücke stechen
indirekte Führung	Vor der eigentlichen Teigbereitung wird ein → Vorteig hergestellt

K	
Kaisersemmel	Rundgebäck mit handgeschlagenem oder maschinell gestanztem Fünferstern
kalt schlagen	Warm geschlagene Massen schlagen, bis sie auf Raumtemperatur abgekühlt sind und einen ausreichenden Stand aufweisen
kämmen	Strukturieren von Kuvertüren und Krems, z. B. mit dem Florentinerkamm
Kegelrundwirker	Maschine zum Rundwirken von Weizen- und Weizenmischbrotteigen
Kleber	Gerüstbildendes Eiweiß des Weizens
klopfen	Klopfprobe; fertig gebackenes Brot klingt beim Abklopfen hohl
kneten	Vermengen aller Zutaten und → Teigausbildung mithilfe mechanischer Energie (Knetmaschinen)
koagulieren	Eiweiß geht vom flüssigen in den festen Zustand über (gerinnt)
kombinierte Führung	Die Versäuerung erfolgt durch Säuerungsmittel und Sauerteig
Konditionierung	Befeuchten und Abstehenlassen des Getreides vor der Vermahlung
Konservierungsstoffe	Stoffe, die Lebensmitteln zugesetzt werden, um sie vor Verderb durch Mikroorganismen zu schützen
Korinthen	Getrocknete, kernlose blaue Trauben
Krume	Das weiche Innere von Brot und Gebäck
Kruste	Das Äußere (Oberfläche) von Brot und Gebäck

L	
laminieren	Maschinell → tourieren
Langrollmaschine	Maschine zum Langwirken von Teigen
Läuterzucker, Zuckersirup	Durch Aufkochen und Abschäumen gereinigte, zuckerhaltige Flüssigkeit

M	
Maltosezahl	Mehlkennzahl
melangieren	Verschiedene Rohstoffe zwischen Walzen fein quetschen
Melieren, mischen	Unterheben von trockenen Substanzen in Massen
Mineralstoffgehalt	Die Angabe dient zur Unterscheidung der Mehltypen

O	
Ofentrieb	Volumenzunahme der Teiglinge im Ofen während des Backprozesses

P	
passieren	Früchte, Quark oder Krems durch ein engmaschiges Sieb oder Passiertuch drücken
pasteurisieren	Lebensmittel durch Erhitzen keimarm machen
Pekarprobe	Mehluntersuchungsmethode
Poren, Porung	■ Durch Gase entstandene Hohlräume in Teigen, ■ durch Einschlagen von Luft entstandene Hohlräume in Massen
Pottasche (Kaliumcarbonat)	Chemisches Lockerungs- bzw. Backtriebmittel
Pressen	Ausgewogene, rund gewirkte Teigstücke für die Teigteil- und Rundwirkmaschine

Q	
quellen	Aufnahme von Flüssigkeit
Quellmehle	Vorverkleisterte Stärkeprodukte
Quellstück	Getreideerzeugnisse mit warmem Wasser übergießen und stehen lassen, damit sie quellen

R	
reifen lassen	Teige bei entsprechender Temperatur und Zeit sich entwickeln lassen
Restblätterteig	Übrig gebliebener Blätterteig, geht nicht mehr so stark auf
Rösche	Knusprige, feinsplittrige Beschaffenheit der Kruste
rund wirken	Rundformen von Brötchenteiglingen oder Brotteigen

S	
Sandwich	Länglich geformtes Weißbrot
Sauerteig	Ein in Gärung befindlicher Teig
scharfe Hitze	Backen mit hoher Temperatur
Schimmelpilze	Meist mehrzellige, Toxin bildende Lebewesen, die sich durch Sporenbildung vermehren
schleifen	Manuelles Rundformen von Brötchenteiglingen
Schmachtkorn	Kümmerlich ausgebildetes Getreidekorn
schnurren	Das Sich-Zusammenziehen von Teigen
Schrot	Grob zerkleinertes Getreide
Schwaden	Wasserdampf im Backofen
Sedimentationswert	Mehlkennzahl
Siebmaschinen	Mehlaufbereitungsmaschine zum Auflockern und Reinigen von Mehl
Siedegebäck	In heißem Siedefett gebackene (frittierte) Backerzeugnisse
stauben	Mit wenig Mehl besieben
Steinmetzschrot, -mehl	Mahlprodukte, die aus Getreide durch Nassschälen von der äußeren Fruchtschale befreit und anschließend geschrotet und gemahlen werden
sterilisieren	Lebensmittel durch Erhitzen keimfrei machen
Stikken	Fahrbares Gestell mit Blechen
Stippen	Zerkleinerte Schalenteile des Getreidekorns
stippen	→ igeln
Stückgare	→ Gare
Streusel	Streugut für Feine Backwaren aus Mehl, Fett und Zucker
stüpfeln	Maschinelle Formgebung der Oberfläche, z. B. Semmelstern
Sturzkästen	Vorrichtung (Holzrahmen) zum Wenden von Teiglingen
Sultaninen	Große, getrocknete, kernlose weiße Weintrauben
Süße Brösel	Getrocknete, zerbröselte Abschnitte bzw. Reste von gebackenen Kuchen, Torten usw. ohne Füllung, Dekorationen u. Ä.

T	
TA, Teigausbeute	Kennzahl für die Teigfestigkeit; die TA-Zahl ermöglicht es, Mehle nach ihrer Wasseraufnahmefähigkeit zu unterscheiden, und dient unabhängig vom Rezept zur Bestimmung der Teigfestigkeit
tablieren	Abkühlen von Massen durch mehrmaliges Aufstreichen und Wiederzusammennehmen auf einer Tischplatte, gekochten Zucker auf einer Marmorplatte so lange bearbeiten, bis er weiß wird (→ Fondant)
Teigausbildung	Klebervernetzung durch intensive Knetung
Teigeinlage	Abzuwiegendes Gewicht je Teigling
Teiglinge	Geformte, noch ungebackene Teigprodukte
Teigruhe	Zeitraum zwischen Knetende und Aufarbeitung
tourieren	Arbeitsvorgang bei der Herstellung von Blätter- und Plunderteig, um dem Teig Schichten zu geben

tränken	Benetzen, Anfeuchten oder Durchtränken von Backerzeugnissen mit aromatisiertem Zuckersirup, Spirituosen u. Ä.
Trieur	Getreidereinigungsmaschine
Typenzahl	Gibt an, wie viel Milligramm Mineralstoffe in 100 g getrocknetem Mehl enthalten sind

U	
umsetzen	Versetzen der Brote von einem heißen Herd in einen kühleren Herd

V	
verhauten lassen	→ absteifen
Vollsauer	Letzte Stufe einer dreistufigen Sauerteigführung; dient zur Aktivierung der Mikroorganismen
vorlängen	Teigstücke vor dem Wickelprozess ausrollen
Vorteig	Vor der Herstellung des Hauptteiges bereiteter Teig aus Mehl/Mahlprodukten, Wasser und Hefe

W	
warm schlagen	Massen im warmen → Wasserbad aufschlagen, anschließend → kalt schlagen
Wasserbad	Wasser erhitzen und Massen, Krems u. Ä. darin aufschlagen
wegsetzen, setzen	Gebäckstücke auf eine andere Unterlage geben
Wickelmaschine	Maschine, die flache Teigstücke zu Hörnchen, Stangen usw. formt
wirken	Teigstücke formen, sodass sie Spannung erhalten
Wirklinge	Gewirkte Teiglinge

Z	
Zimtzucker	Mischung aus Zucker und Zimt
Zuckercouleur	In Wasser aufgelöster dunkler Karamell
Zug, geschlossener	Backen mit Dampf; die zum Entweichen von Dampf vorgesehene Öffnung des Ofens geschlossen halten, damit die entstehende Feuchtigkeit im Ofen bleibt
Zug, offener	Backen ohne Dampf durch Öffnen der dazu vorgesehenen Vorrichtung des Ofens
zusammenstoßen	Gärgase aus einem aufgegangenen Teig herausdrücken
Zwischengare	Kurze Gare und Teigentspannung zwischen dem Rund- und Langwirken
Zymase	Komplex aus verschiedenen Hefeenzymen

Baking-Terms

Fachausdrücke der Bäckerei und Konditorei

Deutsch	Englisch
A	
abrösten	*to sautè*
Alkohol	*alcohol*
Amylase	*amylase*
anschlagen	*whip shortly*
aprikotieren	*to glacé with apricot icing*
Aroma	*aroma, flavo(u)r*
aufarbeiten	*to mould*
aufschlagen	*to whip*
aufstreichen	*to spread*
Ausbund	*break, spring*
Ausmahlungsgrad	*milling yield*
Ausrollmaschine	*dough rolling machine*
B	
Backblech(e)	*baking sheet(s)*
backen	*to bake*
Bäcker(ei)	*baker(y)*
Backfähigkeit	*baking ability*
Backform(en)	*mould(s)*
Backmittel	*improver*
Backprobe	*test baking*
Backpulver	*baking powder*
Backrohr	*oven*
Backtrennpapier	*baking paper*
Backverlust	*baking loss*
Backwaren	*baked goods*
Backzeit	*baking time*
Baisermasse	*meringue mixture*
Ballaststoffe	*bulkage*
Baumkuchen	*pyramid cake*
Belegfrüchte	*topping fruits*
Berliner Pfannkuchen	*doughnut(s)*
besprühen	*to spray (with)*
bestreuen	*to sprinkle (with)*
Bindemittel	*thickening*
binden	*to thicken*
Biskuitmasse	*sponge mixture*
Biskuitroulade	*sponge roll*
Blätterteig, Butterteig	*puff pastry*
Brandmasse	*choux pastry*
bräunen	*to brown*
Briocheteig	*brioche dough*
Brot	*bread*
Butter	*butter*
Butterkrem(s)	*butter cream(s)*
Buttermilch	*buttermilk*
C	
Canachekrem, Canache	*canache cream*

D	
Dehnbarkeit	*extensibility*
Dekor	*décor*
dick ziehen	*to pull thick*
direkte Teigführung	*straight dough*
dressieren	*to pipe*
E	
Eigelb	*egg yolk*
Eiklar	*egg white*
einfallen	*to collapse*
einschießen	*to load*
einschlagen	*to fold*
Eins-zwei-drei-Teig (1-2-3-Teig)	*one-two-three dough*
Eischnee	*whipped whites (of eggs)*
Enzym	*enzyme*
Emulgator	*emulsifier*
Ernährung	*nutrition*
Essenz	*essence*
Essigsäure	*acetic acid*
Esterházymasse	*hazelnut mixture, Esterházy style*
Extrakt	*extract*
F	
färben	*to colour*
Farbstoff(e)	*colouring*
Feine Backwaren	*fancies, pastries*
Fertigmehl	*ready mix*
fest	*firm*
Fett	*fat*
Fettgebackenes, Siedegebäck	*fritters*
Fettsäure	*fatty acid*
Feuchtigkeit	*moisture*
flambieren	*to flame*
flämmen, abflämmen	*to flame*
Florentiner	*Florentines, almond pastries*
flüssig, Flüssigkeit	*liquid*
Fondant, Fondantglasur	*fondant*
formen	*to mould*
frisch	*fresh*
füllen, gefüllt	*to fill, filled*
G	
Gärdauer	*fermentation time*
Gare	*proof*
garnieren	*to garnish*
Gärraum	*fermentation room*
Gärunterbrechung	*frozen dough process*
Gärverlust	*fermentation loss*
Gärverzögerung	*dough retarding process*
Gebäck	*pastries*
gefrieren	*to freeze*

Gehalt	*content*
Gerinnung	*coagulation*
Gerste	*barley*
Geruch	*smell*
Geschmack	*taste*
Getreide	*grain, cereal*
Gewürz	*spice*
glasieren	*to ice*
Glasur(en)	*glaze(s)*
Grieß	*semolina*
Gugelhupf, Napfkuchen	*kouglof*

H	
Haltbarkeit	*keeping quality*
Handwerk	*trade*
Hartweizen	*durum wheat*
Hefe	*yeast*
Hefeansatz, Vorteig	*predough*
Hefeteig(e)	*yeast dough(s)*
homogenisieren, mixen	*to homogenize, to mix*
Honig	*honey*
Honigkuchen	*honey cake*

K	
Kakaopulver	*cocoa powder*
kalt schlagen	*to whip until cold*
Karamell	*caramel*
Kartoffelstärke	*potato starch*
Kerne (Nüsse, Mandeln)	*seeds (nuts, almonds)*
Kleber	*gluten*
Kleie	*bran*
kleine Küche	*small dishes*
kneten	*to knead*
Knetmaschine	*mixer*
Kohlenhydrat	*carbohydrate*
Konditor(ei)	*confectioner(y)*
Konfitüre	*jam*
konservieren	*to preserve*
Krem(s)	*cream(s)*
Krume	*crumb*
Kruste	*crust*
Kuchen	*cake(s), flan(s)*
Kuvertüre	*chocolate*

L	
Lagerung	*storage*
Laib	*loaf*
Läuterzucker	*sugar syrup*
Lebensmittelfarbe	*food colour*
Lebkuchen	*gingerbread*
Lezithin	*lecithin*
Linzer Masse (Teig)	*Linz mixture (dough)*
Lockerheit	*sponginess, fluffiness*
Löffelbiskuitmasse	*finger biscuit mixture*
Luftfeuchtigkeit	*humidity*

M	
Magermilch	*skim milk*
Mais	*corn*
Makronen	*macaroons*
Makronenmasse	*macaroon mixture*
Malz	*malt*
Malzmehl	*malt flour*
Margarine	*margarine*
Marmelade	*jam, marmalade (orange)*
Marzipan	*marzipan*
Masse(n)	*mixture(s)*
Mehl	*flour*
melieren	*to blend*
Milch	*milk*
Milchsäure	*lactic acid*
Milchsäurebakterien	*lactic acid bacteria*
Milchzucker	*milk sugar*
Mineralstoffgehalt	*mineral material content*
mischen	*to mix*
Mürbeteig	*short pastry*

N	
Nährwert	*nutritional value*
Nuss	*nut*

O	
Oberfläche	*surface*
Oblate	*ricepaper*
Öl	*oil*

P	
Pariser Krem	*Parisian cream*
passieren	*to pass, to strain*
Pastete	*pie*
Plunderteig	*Danish pastry*
Pore(n)	*pore(s)*
Prise Salz	*pinch of salt*
Prüfung	*control*
Puderzucker	*icing sugar*
Punschfüllung	*punch filling*
pürieren	*to mash*

Q	
Quarkfüllung(en)	*curd cheese filling(s)*
Quellmehl	*pregelatinized flour*
quetschen	*to crush*

R	
reiben	*to grate*
Reis	*rice*
Rezept/Grundrezept	*basic recipe*
Roggen	*rye*
Rohrzucker	*cane-sguar*
Rösche	*crispness*
Rosine	*raisin*

Röstmasse	*roast mixture*
Roulade(n)	*Swiss roll(s)*
rühren	*to stir*

S	
Sachermasse	*Sacher mixture*
Sahne	*cream*
Sahnekrem(s)	*cream(s)*
Salz	*salt*
Sandkuchen	*Genoese cake*
Sandmasse	*Genoese mixture*
Säure	*acid*
Schaummasse	*meringue mixture*
Schimmel	*mould*
Schlagkrem	*whipped cream*
schlagen	*to beat*
Schneebesen	*whisk*
Schnitte(n)	*slice(s), bar(s)*
schnurren	*to shrink*
Schokokuppelmasse	*savoy sponge mixture*
Schrot	*whole meal*
Schwaden	*steam*
Schweineschmalz	*lard*
Semmeln	*rolls*
Sieb	*sieve*
Speisesalz	*salt*
Spritzbeutel	*piping bag*
Spritzgebäck	*drop pastries, deposited pastries*
Spritzglasur	*icing*
Spritztüte	*icing bag (cornet)*
Stand	*stability*
Stärke	*starch*
Staubzucker	*icing sugar*
Streumehl	*dusting flour*
Streusel	*crumbles*
Strudelteig	*strudel dough*
Stückdesserts	*dessert pastries*
Stückgare	*final proof*

T	
tablieren	*beating of fondant*
Teegebäck	*tea biscuits*
Teig(e)	*dough(s)*
Teigbereitung	*dough preparation*
Teigling(e)	*dough piece(s)*
Teigruhe	*rest period of the dough*
Teigstück(e)	*dough piece(s)*
teilen	*to divide*
tiefkühlen	*to freeze*
Torte(n)	*gateau(s), tart(s)*
Tortenring(e)	*cake ring(s)*
Tortenspiegel	*cake sauce*
Trockensubstanz	*dry solids*
trocknen	*to dry*
Trüffelkrem	*truffle cream*

U	
Übergare	*overfermentation*
Überzugsmasse(n)	*icing(s)*
unterziehen, einmelieren	*to mix in*

V	
Vanille	*vanilla*
Vanillekrem	*vanilla cream*
Vermahlung	*milling*
Verpackung	*packing, wrapping*
Vollkornbackwaren	*wholemeal baked goods*
Volumen	*volume*
Vorteig	*predough*

W	
warm schlagen	*to whip until warm*
Wasser	*water*
Wasserbad	*water bath*
Wassergehalt	*water content*
Wasserverlust	*water loss*
Weinsäure	*tartaric acid*
Weißbrot	*white bread*
Weizen	*wheat*
Weizenmehl	*wheat flour*
Wiener Masse	*Viennese mixture, fine hot Genoese mixture*
wirken	*to work up (dough)*
Wirkmaschine	*moulder*

Z	
Zitrone	*lemon*
Zitronensäure	*citric acid*
Zöpfe	*plaited buns*
Zucker	*sugar*
Zuckercouleur	*caramel*
zusammensetzen, doublieren	*to double*
Zusatzstoff(e)	*additive(s)*
Zwieback	*rusk*

Stichwortverzeichnis

A

B

H

N

X

Z

Rezeptverzeichnis

Literaturverzeichnis

Auinger-Pfund u. a.: Lehrbuch der Konditorei, Trauner Verlag, Linz, 4. Auflage 2005 (SBNr. 1.582)

Backmittelinstitut e. V. (Hrsg.): Die Gärsteuerung mittels Kältetechnik – ein modernes Verfahren der Backwarenherstellung, Bonn, 2. Auflage 2003

BakeMark Deutschland/BIB-Ulmer Spatz (Hrsg.): Dem Mehl auf der Spur, Bingen am Rhein

BakeMark Deutschland/BIB-Ulmer Spatz (Hrsg.): Perfekte Brotqualität, Bingen am Rhein, 1. Auflage 2004

BakeMark Deutschland/BIB-Ulmer Spatz (Hrsg.): Perfekte Brötchenqualität, Bingen am Rhein, 1. Auflage 2005

Breiteneder u. a.: Konditorei, Patisserie, Bäckerei, Trauner Verlag, Linz, 2. Auflage 2005

Bundesanstalt für Pflanzenschutz (Hrsg.): Wichtige Krankheiten und Schädlinge im Getreide- und Maisbau, Wien 1983

Bundeskanzleramt (Hrsg.): Österreichisches Lebensmittelbuch (Codex Alimentarius Austriacus), Verlag Brüder Hollinek, Purkersdorf

Burgstaller: Österreichisches Festtagsgebäck, Trauner Verlag, Linz 1983

Havel u. a.: Spezielle Fachkunde für Bäcker, öbv & hpt GmbH & Co. KG, Wien 1998

Ireks-Arkady-Institut für Bäckereiwissenschaft (Hrsg.): Bäckereitechnisches Handbuch, Kulmbach, 11. Auflage

Janßen u. a.: Die Bäckerei, Cornelsen Verlag, Berlin 1995

Jünger (Hrsg.): Bäckerkälte ... und viel mehr, Verlag videel OHG, Niebüll 2001

Klinger: Grundlagen der Getreidetechnologie, B. Behr's Verlag GmbH & Co. KG, Hamburg 1995

Landesinnung Wien der Bäcker: 6 000 Jahre Brot – 750 Jahre Wiener Bäckerinnung, Wien 1977

Loderbauer: Das Konditorbuch, Verlag Dr. Felix Büchner/Handwerk und Technik GmbH, Hamburg 2004

Lösche (Hrsg.): Kältetechnologie in der Bäckerei, B. Behr's Verlag GmbH & Co. KG, Hamburg 2003

Reischl u. a.: Ernährung bewusst, aktuell, lebensnah, Trauner Verlag, Linz, 3. Auflage 2005 (SBNr. 110.689)

Schild: Der junge Bäcker, Band 1, Fachbuchverlag Pfanneberg & Co., Gießen 1996

Schünemann: Lernfelder der Bäckerei – Produktion, Gildebuchverlag GmbH & Co. KG, Alfeld/Leine, 1. Auflage 2005

Schünemann u. a.: Technologie der Backwarenherstellung, Gildebuchverlag GmbH & Co. KG, Alfeld/Leine, 8. Auflage 2002

Skobranek: Bäckereitechnologie, Verlag Dr. Felix Büchner/Handwerk und Technik GmbH, Hamburg 1998

Steffen: Flechten – Formen – Modellieren, Deutscher Bäcker-Verlag, Bochum

Stief: Flechtgebäck und figürliches Gebäck, München, 7. Auflage 1984

Verein Getreidewirtschaft Marktforschung: Brot, eine 6000jährige Kulturgeschichte, Bohmann Druck und Verlag, Wien

www.lexikon-der-schaedlinge.de

www.die-schaedlingsbekaempfer.com

Bildnachweis

Fotolia: Seiten 9, 10, 19, 22, 25 (2), 28 (Mitte), 32, 48, 57, 59, 64, 71 (Mitte), 74 (3), 77 (Knäckebrot), 82 (2), 83, 87, 88 (Ähren-, Rispen-, Kolbengetreide), 91, 92 (Silos), 109 (Zuckerrohr), 112 (Biene), 124, 136, 142, 145 (Pfirsiche), 150 (Datteln), 151 (faulige Äpfel), 153 (Möhren), 154 (Zwiebel, Kürbis), 155, 173, 198, 199 (EU-Button, Paragraphen), 246, 254, 260 (Milchbrötchen/Rundstück), 394, 399 (Griechischer Salat), 406 (Pizzaessen), 410 (Nikolaus), 417 (Großer Brauner), 419, 420 (2)

MEV Verlag: Seiten 18, 28 (Wassertrinken), 45 (Hände), 49, 50, 56 (Zigaretten), 60, 62, 66, 73 (Bild unter Ernährungskreis), 76, 80, 193, 415

Deutsche Gesellschaft für Ernährung e. V. (DGE): Seiten 23, 30, 38, 61, 73 (Ernährungskreis), 75

Austria Presse Agentur (APA): Seite 36

Informationszentrale Deutsches Mineralwasser (IDM): Seite 45

Fissler GmbH, Idar-Oberstein: Seite 47

Mag. Reinhold Rothschedl: Seite 56

Coca-Cola: Seite 79

Hansa-Milch AG, Upahl: Seiten 81, 131, 133 (Butter)

Bühler AG, Salzburg: Seite 95 (Aspirateur, Trieur, Walzenstuhl)

Brabender®, Duisburg: Seiten 99, 100 (Trockenschrank, Glutograph), 101 (Amylograph), 102 (4), 103 (4), 105 (3)

Perten Instruments, Hamburg: Seiten 100 (Glutomatic), 101 (Fallzahlgerät)

BOL Dipl.-Päd. Johann Sandbichler, BOL Dipl.-Päd. Hannes Payer, Innsbruck: Seiten 86, 104, 177, 212 (2), 216, 239, 240, 255 (Schülerinnen/Schüler), 259, 260 (Kaiser-, Zeilensemmel, Mohnzopf, Salzstange, Hörnchen, schwäbische und bayrische Brezel, Gebäckkorb), 261 (Wecken, Sandwich, Baguette), 262 (4), 263 (4), 264 (4), 275, 285 (4), 289 (Roggenmischbrot [2]), 303, 307 (angeschobene Brote), 310 (rustikales Kleingebäck), 320 (Brotschimmel), 328, 333 (Stauben des Vorteiges), 335 (Briocheformen), 336 (Berliner Pfannkuchen), 342 (Plundergebäck), 350 (2), 351 (Streusel), 396 (Brot), 407, 409 (Berliner Pfannkuchen), 410 (Allerheiligenzopf), 412 (Grafiken), 413 (Brot), 423 (Verkaufsstelle), 425 (Aktionstafel), 432, 434, 435, 443

Karlheinz Knoch: Seite 92 (Mutterkorn)

Deutsche Zuckergesellschaft: Seite 109 (Zuckerrübe)

www.northerncamper.com: Seite 112 (Ahornsirup)

www.naturalhelp.ch: Seite 93 (Ackersenf)

Backaldrin Österreich: Seiten 115, 122 (3), 261 (Ciabatta, aufgeschnitten; Toastbrot; Dinkelbrot, Kastenform), 286 (3), 287, 288, 289 (Weizenmischbrot [2]), 311 (Roggenvollkornbrot), 338

StR Friedrich Holz, Kaiserlautern: Seiten 126, 127, 139, 248

Käsehof, Seekirchen: Seite 133 (Käseharfe)

Peter Kölln KGaA, Elmshorn: Seite 140

Gemeinschafts-Konditorei Herford-Sundern GmbH & Co. Produktions KG, Hiddenhausen: Seite 158

Info-Zentrum Schokolade, Leverkusen: Seiten 160 (3), 161 (4), 162 (7)

Kaffee- und Tee-Verband, Wien: Seiten 166 (2), 167 (Trocknen, Schäl- und Poliermaschine), 170

Max Planck Gesellschaft, München: Seite 190

Prof. Dr. Rüdiger Blume, Universität Bielefeld: Seite 192 Pinselschimmel

US Department of Health and Human Services: Seite 192 Köpfchen-, Gießkannenschimmel

Minimax Mobile Services GmbH & Co. KG, Fotograf Fany Fazil, Bad Urach: Seiten 210 (Feuerlöscher), 214 (Grafik)

Holthaus Medical GmbH & Co. KG, Remscheid: Seiten 210 (Verbandkästen), 214 (Verbandkasten)

GLORIA GmbH, Wadersloh: Seite 213

Rieber: Seite 219 (GN)

Kolb, Meiningen: Seiten 219 (Backstubenplan), 220–223 (63), 224 (5), 225 (2), 228 (Funktionsprinzip), 230 (Handstüpfler), 231 (Kälteschrank), 232, 233 (Grafik Thermoölofen), 237 (Universalreib- und Gatterbrotschneidemaschine), 248 (Mehlstaub-Absaug-Anlage), 249 (3), 324, 327, 330, 357 (gezogener Teig), 423 (Verkaufshandschuh), 424 (Thekenaufsatz), 446

hb-technik, Schwanenstadt: Seiten 224 (Siebmaschine), 227–228 (Sauerteig-Produktionsmaschine)

Werner & Pfleiderer, Dinkelsbühl: Seiten 209 (Stanzmaschine, Spiralkneter, Stikkenofen), 226 (Hubkneter), 229 (3), 230 (Rund- und Langwirkmaschine), 235 (Grafik Netzbandofen)

BÄKO-Österreich: Seiten 215 (Löschdecke), 228 (Planetenrühr- und Knetmaschine, Teigteilmaschine), 231 (Ausroll- und Wickelmaschine), 236

Dipl.-Päd. Herbert Jenecek, Wien: Seiten 226 (Gabelkneter), 241 (Reibstein), 242 (2), 414 (Korbgeflecht), 421, 422, 424 (Vitrine für Feine Backwaren), 425 (Ladenbackofen)

König, Graz: Seiten 226 (Doppel- und Spiralkneter), 227 (Hebekipper), 230 (Kleingebäckanlage), 235 (Stikkenofen, Schnittzeichnung)

Diosna, Osnabrück: Seite 227 (Maschine zur kontinuierlichen Teigbereitung)

REIMELT, Rödermark: Seite 227 (Grafik Anlagenschema, kontinuierliche Teigbereitung)

MIWE GmbH, Arnstein: Seiten 209 (Ladenbackofen), 233 (Holzbackofen), 234 (Schnittzeichnung Etagenbackofen), 244

Saropack, Wiener Neudorf: Seiten 237–238 (Verpackungsmaschine und -anlage)

Berger, Werkzeug-, Maschinen- und Apparatebau GmbH, Berlin: Seite 251

BakeMark Deutschland / BIB-Ulmer Spatz, Bingen am Rhein: Seiten 313, 314–317 (25), 318–319 (12), 320 (Schrotbrot)

BOL Dipl.-Päd. Christian Kaltenbacher, Innsbruck: Seite 337 (gebackene Beugel)

Backmittelinstitut, Bonn: Seiten 339 (Gebäckfehler [2]), 343 (Gebäckfehler), 348, 366, 368 (speckige Krume), 371 (Gebäckfehler [2])

BOL Dipl.-Päd. Wolfgang Nimmervoll, Linz: Seite 357 (Teig mit Apfelfüllung)

BOL Dipl.-Päd. Helga Hölbling, Klagenfurt: Seite 390

Edition Teubner, Das große Buch der Kuchen und Torten, Füssen 1997: Seite 391 (Schwarzwälder Kirschtorte)

LfFP Olaf Spilker, Neustadt: Seite 391 (Prinzregenten-Torte, Frankfurter Kranz)

Trauner Verlag, Österreichisches Festtagsgebäck, Linz 1983: Seiten 409 (Neujahrsrad, Muttertagsherz), 410 (Himmelsleiter)

Konditorei Kreutzkamm, München: Seite 410 (Baumkuchen)

WMF, Innsbruck: Seite 417 (Espressomaschine)

Mag. Wolfgang Kraml: Seiten 21, 47 (Eiswürfel), 54, 77 (Fisch), 81, 88 (2), 89 (4), 90 (3), 108, 110, 111, 125, 128, 138, 143, 144 (3), 145 (Zwetschgen, Erdbeeren, Himbeeren), 146 (4), 147 (6), 148 (4), 149 (3), 150 (Ananas, Bananen, Mango, Karambole), 151 (Physalis), 152, 153 (Rhabarber, Tomaten), 154 (Zucchini), 156, 157, 159, 164, 165, 167 (Kaffeekirschen, rohe und geröstete Robustabohnen), 169, 171, 174 (4), 175 (7), 176 (4), 179 (3), 180 (3), 181, 184, 188, 197, 199 (Hintergrund), 210, 211, 213, 214, 215 (Schocklagerung), 228 (Arbeitsstellung), 229 (Teiglinge), 255 (Reinigen der Hände), 260 (Stern-, Langsemmeln, Schnittbrötchen, Milchhörnchen, -knopf, -stange, Laugenstange, -marone, Grahambrötchen [3]), 261 (Störibrot; Ciabatta, ganz; Grahambrot [2]; Dinkelbrot, rund), 270, 276 (2), 277, 278, 279 (2), 283 (2), 284, 289 (Roggenbrot [2], andere Brotsorten [3]), 305, 307, 308 (2), 309, 310 (Haferbrot), 311 (Kürbiskernbrot), 331, 334 (2), 335 (Mohnschnecken, Aprikosenkuchen), 336 (Pinze, Bayrische Kücherln), 337 (Buchteln, Gugelhupf, rohe Beugel), 339 (Stollen), 340 (2), 341, 342 (Plunderschlaufen, -taschen, -körbchen), 343 (Mandelhörnchen, Blätterteigschichten), 344 (7), 345 (3), 346 (4), 347 (6), 350 (Linzer Torte), 351 (Vanillehörnchen, dressierte Linzer Bäckerei, Käsegebäck), 352, 353 (2), 354, 355 (3), 356 (2), 357 (Teig ausziehen, gebackener Apfelstrudel), 359, 361, 362 (2), 363, 364, 365 (3), 367, 368 (Obstschnitten), 369 (2), 371 (Windbeutel, Spritzkuchen), 372 (2), 373, 374, 376 (2), 378, 379, 380 (3), 381 (3), 382 (3), 383, 384 (2), 385 (2), 386 (3), 387, 388, 389, 391 (Charlotte, Linzer Torte), 392 (2), 393 (2), 398, 399 (Salatbox), 400 (3), 401 (5), 402 (8), 403 (2), 404 (4), 405 (2), 406 (runde Pizza), 409 (Osterpinze), 410 (Früchtebrot, Weihnachtsstollen), 413 (9), 414 (Kreuz-, Sternzopf, Eidechse), 416 (3), 418 (2), 423 (Gebäckzange), 424 (Brotregale), 426, 428 (3), 431

wawidesign – Creative media Services: Seite 245

https://de.wikipedia.org/wiki/Nikolaus_von_Myra: Seite 408
© REICHL BROT GmbH: Seiten 421, 425 (Bäckerei-Café)
Schweitzer Ladenbau GmbH: 424 (Regal- und Vitrinenbeleuchtung)

Rechteinhaber unbekannt
Seite 163: Fettreif
Seite 241: Bäckerschupfen
Seite 325: Ausbund durch Schneiden
Seite 395: Glutenfreies Brot
Seite 396: Zuckerarme Konfitüre, natriumarmes Lebensmittel
Seite 427: Brotregal

Links

www.gesetze-im-internet.de:
Trinkwasserverordnung, Verordnung über die Zulassung von Zusatzstoffen zu Lebensmitteln, Zusatzstoffe und ihre E-Nummern, Verordnung über Kakao- und Schokoladenerzeugnisse (Kakaoverordnung)

www.bmel.de
Leitsätze für Brot und Kleingebäck, Leitsätze für Feine Backwaren, Lebensmittel-, Bedarfsgegenstände- und Futtermittelgesetzbuch, Verordnungen (geltende Fassung)

www.bzga.de
Informationen und Hilfe bei Essstörungen

Danksagung

Besonders bedanken möchten wir uns bei folgenden Firmen und ihren engagierten Mitarbeiterinnen und Mitarbeitern, die durch ihre Fachbeiträge bei der Entstehung dieses Buches geholfen haben:

Firma BACKALDRIN Österreich GmbH, Kornspitzstraße 1, 4481 Asten; Frau Silvana Strohmaier, Herrn Mag. Jürgen Reimann sowie allen Mitarbeiterinnen und Mitarbeitern der Backstube

BACKMITTELINSTITUT, Markt 9, D-53111 Bonn; Herrn Amin Werner

Firma BÄKO-Österreich, Im Südpark 194, 4030 Linz-Pichling; Herrn Mario Moser

Firma BakeMark Deutschland / BIB-Ulmer Spatz, Mainzer Straße 152–160, D-55411 Bingen am Rhein; Herrn Stefan Keller, Herrn Nikolei Krone

Firma BRABENDER® GmbH & Co. KG, Kulturstraße 51–55,D- 47055 Duisburg; Frau Rosemarie Wortmann, Herrn Dipl.-Ing. Markus Löns

Firma BÜHLER AG, Münchner Bundesstraße 142, 5020 Salzburg; Frau Roswitha Rußmann, Herrn Alois Lechner

Firma DIOSNA Dierks & Söhne GmbH, Am Tie 23, D-49086 Osnabrück; Herrn Benno Brink, Frau Ann Christin Jack

Firma Hansa-Milch AG, D-23936 Upahl; Frau Christine Blank

Firma Minimax Mobile Services GmbH & Co. KG, D-72574 Bad Urach, Frau Anna Maria Mrcela, Frau Silke Westermann

Firma Holthaus Medical GmbH & Co. KG, D-42899 Remscheid; Herrn Andreas Holthaus

Firma Berger, Werkzeug-, Maschinen- und Apparatebau GmbH, D-13437 Berlin; Herrn Wolfgang Berger

Firma GLORIA GmbH, D-59329 Wadersloh; Herrn Marcel Neisemeier

Firma hb-technik, Atzbacher Str. 33, 4690 Schwanenstadt; Frau Eva Maria Ofner

Firma KOLB, Stobernweg 2, 6812 Meiningen; Frau Iris Stroppa, Frau Maria-Luise Murr, Herrn Helmuth Heinz

Firma KÖNIG Maschinen Gesellschaft mbH, Statteggerstraße 80, 8045 Graz-Andritz; Herrn Klaus Bernhard MBA

Firma PERTEN Instruments GmbH, Am Neuländer Gewerbepark 8, D-21079 Hamburg; Herrn Dr. Horst Grunewald, Frau Sabine Pohle

Firma SAROPACK Handels-GmbH, Industriezentrum NÖ Süd, Straße 2, 2355 Wiener Neudorf; Herrn Heinz Cibulka

Firma WERNER & PFLEIDERER Lebensmitteltechnik GmbH, Von-Raumer-Str. 8–18, D-91550 Dinkelsbühl; Herrn Paul Einwaller

Firma REIMELT GmbH, Messenhäuser Straße 37–45, D-63322 Rödermark; Frau Christine Niedermeier

Firma MIWE Michael Wenz GmbH, Michael-Wenz-Str. 2–10, D-97450 Arnstein; Frau Charlotte Steinheuer

Firma Käsehof reg. Gen. m.b.H., A-5201 Seekirchen; Frau Petra Knoll

Bäckerei-Konditorei Gradwohl, 2340 Mödling; Herrn Peter Gradwohl

Bäckerei-Konditorei Hofmann, 4020 Linz; Herrn BIM Heinz Hofmann

Bäckerei-Konditorei REITER, 4020 Linz; Herrn Klaus Reiter, Frau Eva Hönisch